地球系统与演变

汪品先　田　军　黄恩清　马文涛　著

科学出版社
北　京

内 容 简 介

三十年来“全球变化”的研究，把地球科学推上了一个新台阶。地球上的大气圈、水圈、岩石圈和生物圈连成一个完整的系统，牵一发而动全身，甚至地球内部和表层的物质和能量交换，也在影响着人类享用的环境与资源，而这就是地球系统科学的研究对象。本书是在二十年教学科研实践基础上编写而成，前五章介绍各圈层的构成与来历，后五章讨论不同时间尺度的地球系统演变，最后两章介绍地球系统科学的研究方法和理论。全书以圈层间相互作用为主题，重点突出机理追究和问题探讨，不以灌输知识为目的。

全书版面活跃、形式新颖，各章均配有内容提要和思考题，适于地球科学各学科作研究生辅助教材使用；同时尽量反映国内外研究的最新进展，提供千余篇文献供读者追索，适于地球科学工作者或者关心环境变化的读者，用作拓宽知识领域、激活研究思路的参考书。

图书在版编目 (CIP) 数据

地球系统与演变 / 汪品先等著．—北京：科学出版社，2018. 6

ISBN 978-7-03-057604-0

Ⅰ. ①地…　Ⅱ. ①汪…　Ⅲ. ①地球系统科学　Ⅳ. ①P

中国版本图书馆 CIP 数据核字 (2018) 第 110035 号

责任编辑：韩　鹏　孟美岑 / 责任校对：张小霞
责任印制：赵　博 / 封面设计：北京图阅盛世文化传媒有限公司

科学出版社 出版
北京东黄城根北街 16 号
邮政编码：100717
http://www.sciencep.com
涿州市般润文化传播有限公司印刷
科学出版社发行　各地新华书店经销

*

2018 年 6 月第　一　版　开本：787 × 1092　1/16
2025 年 3 月第七次印刷　印张：36 1/2
字数：839 000

定价：158.00 元

（如有印装质量问题，我社负责调换）

前　言

20世纪80年代开始的全球变化研究，是20世纪科学界最大的亮点之一。为了追踪人类排放碳的去向，科学界从大气、海洋到植被、土壤，来了次空前的大清查。研究的结果，一方面引发了气候政治的国际斗争，使“全球变暖”成为历史上第一个由科学界提出的全球性政治问题；另一方面也掀起了学术高潮，将人类生存环境的问题，拓展到整个地球系统的科学研究。“全球变化”提出的科学问题要求向时空伸展，驱使学术界将地球表层看作整体，从宇宙大爆发追踪到人类智能的产生，诞生了研究“地球系统科学”的新领域。

现代科学的发展，经历了从分解到集成的回返过程。起先的趋势是学科越分越细，到一定程度又回过头来相互结合，集成为系统科学，地球系统科学就因此而诞生。在大数据时代知识爆炸的背景下，不但需要有综述的书刊加以汇总，更需要有科学知识本身的集成。这种集成的思想境界，在学术界其实早就出现过，比如二百年前德国的洪堡德就在其《植物地理学札记》里提出“地球总物理学”的概念，认为全球的大气、海洋、地质和生物有着相互联系，应该连接起来观测和研究（Jackson，2009）。但是这种先哲的预见，只有在科技的发展与积累基础上，等到20世纪后期方才实现。特别是航天技术使人类克服地心引力，离开地球用遥感的宏观视角认识地球。五百年前哥白尼从地球向外看，提出“日心说”替代了“地心说”；现在是离开地球向里看，通过“显宏镜”看到了整个的地球系统，可比喻为“第二次哥白尼革命”（Schellnhuber，1999）。

全球变化提出了人类生存环境的问题，而问题的解答却要求超越人类本身的时空尺度。拿碳来说，人类排放的碳被大气、海洋和土壤植被三者分担，但是进入土壤的碳可以待上百年，进入海洋的可以超过十万年，都比大气里长得多。于是需要跨越地球圈层、横穿时空尺度，这就是“地球系统科学”（汪品先，2003）。进一步又发现，全球变化所研究的碳循环和水循环，都不限于地球表层，地幔里大量的水和碳都在和地球表层发生相互作用，只是时间太长、埋藏太深，不易被人类发现。于是又提出了地球内部和表层过程相结合的研究，称为“行星循环”或者“地球连接”（IODP，2011）。

回顾历史，地球系统科学的源头在于全球变化的研究。1983 年，美国国家宇航局建立了“地球系统科学委员会（Earth System Sciences Committee）”，1988 年发表了“地球系统科学”报告（NASA，1988），提出著名的“Bretherton 图”，展示大气、海洋、生物圈之间，有着物理过程和生物地球化学循环的相互作用。1996 年，美国提出将“地球系统科学”列入教学计划。从此之后，“地球系统科学”的课程和教科书接踵而来。在我国，地球系统科学的新方向早就受到重视，课程和出版物也为数众多，只不过出于理解的不同，有的变成了地球科学的“百科全书”，有的用作遥感观测或者数值模拟的新名称（汪品先，2014）。本书出版的目的之一就是想正本清源，展示出这是探索地球圈层相互作用，整合各种学科，将地球作为一个完整系统来研究的学问。

在地球科学的诸多领域中，环境变化的研究和地球系统有着特殊的关系。这是因为环境变化涉及的地球圈层最多，环境变化中时间尺度的叠加也最为复杂。因此，这本教材最适合的读者，可能是有关环境变化学科的研究生。同时，地球科学任何学科的研究生，都可能从这本教材里找到与自己所研究问题的学科连接，拓宽视野，从相关学科的进展获得启发。为了便于自学，每章之前都列有提要，每章之后附有思考题，并且对书中重要的观点和论据，都提供了文献出处，便于读者进一步追索。

本书是作者 20 年课堂实践和三年编写工作的产物。同济大学海洋学院从 1996 年起开设“全球变化”课，2001 年开设“地球系统”课，2011 年两课合并为“地球表层系统与演变”，是一门随着国内外学术发展而与时俱进的研究生课程。三年来，全书和各章的结构均经反复修改，最终由分属 3 个部分的 12 章组成。第一部分从圈层结构入手，用五章的篇幅分别介绍地球系统的组成与起源、地球的表层与地幔、水循环、碳循环和生物圈；第二部分以时间尺度为纲，从第 6 章到第 9 章分别讨论构造尺度、轨道尺度和人类尺度的过程，并且对气候演变的转型和突变进行专门介绍；第三部分即最后的三章探讨地球系统的研究历史、方法与展望，包括全球变化、定量研究和地球系统运行机制的探索。本书是集体劳动的成果，除作者外，全书每章还特邀相应专家审阅，承陈大可、郭正堂、黄奇瑜、焦念志、林间、柳中晖、石耀霖、孙立广、孙枢、孙卫东、田丰、赵美训、周力平教授大力相助，提出宝贵意见，改进了本书的质量，谨此深表谢忱。感谢同济大学研究生院教改项目和海洋地质国家重点实验室的资助。

全书图片由魏小丽清绘。李科、杜金龙、冯华、凤羽、李金澜、李方舟进行了初期的文字编辑和图片校对工作。

参考文献

汪品先 . 2003. 我国的地球科学向何处去？地球科学进展 , 18(6): 837–851.

汪品先 . 2014. 对地球系统科学的理解与误解——献给第三届地球系统科学大会 . 地球科学进展 , 29: 1277–1279.

IODP. 2011. Illuminating Earth's Past, Present, and Future. The International Ocean Discovery Program, Scientific Plan for 2013–2023. Washington DC: IODP-MI. 84.

Jackson S T. 2009. Alexander von Humboldt and the General Physics of the Earth. Science, 324: 596–597.

NASA. 1988. Earth System Science: A Closer View. Report of the Earth System Sciences Committee of the NASA Advisory Council January, 1988.

Schellnhuber H J. 1999. "Earth system" analysis and the second Copernican revolution. Nature, 402: C19–C22.

目　录

内容提要：

● 地球各个圈层（除内核不了解外）内都有环流，自上而下圈层的密度加大，流速减慢。圈层间的界面，都有物质和能量的穿越。

● 氢和氦是宇宙大爆发的直接产物，占宇宙中元素丰度的 98% 以上。地球上众多的元素是在恒星演化中产生的，比 Fe 更重的元素由超新星爆发形成，只能来自太阳系之外。

● 地球的年龄为 45 亿年，与太阳和月球几乎一道产生，相差不过几千万年。月球是在地球形成约三千万年的时候，由一颗星体撞击熔融后形成，地球上层也熔融为岩浆海。

● 地幔占地球体积的 2/3、质量的 4/5，是地球的主体。地幔与地核的分异推测是通过“铁灾变”快速完成，地幔与地壳的分异则是长期的复杂过程，至今还在进行。

● 地球在距今 40 亿年进入太古宙后才有地质记录，此前的冥古宙由于不断的外来撞击和内部喷发，不可能有稳定环境。地球冷却后，大气中水蒸气凝聚降落，方才形成海洋。

● 最早的生命很可能出现在海底的热液活动区，属于化学自养、不产氧的嗜热微生物。最早的化石是微生物和由其生命活动产生的叠层石，至少在距今 35 亿年前已经产生。

● 最早进行有氧光合作用的是蓝细菌，起始于 27 亿年前。被吞噬的蓝细菌通过“内共生”变为叶绿体，产生了藻类；以后再发展为多细胞和陆生植物，使地球的生物生产力提高了几个数量级。

● 地球大气圈最大的转折是 24 亿年前的“大氧化事件”，从 CO_2 为主的还原大气变为含 O_2 的氧化大气。这次事件发生的背景，推测是太古宙末陆壳增多、岩浆活动成分变化的转折。

● 大气氧化后的陆地风化作用产生大量 SO_4^{2-}，输送入海后与有机质相遇，在深海产生 H_2S，使得元古宙的海洋只是表层氧化，深层水却是还原环境，导致生物演化的停滞。要到元古宙末发生第二次氧化事件，大气含氧量才接近现代水平，从而引发生命的大发展。

地球系统与演变

第1章 地球系统的组成与起源

1

理解地球系统的今天、预测它的明天，都需要知道它的昨天和前天。研究地球系统的演变、揭示其中的规律，先得了解地球系统的组成。本章从圈层结构和地球起源的简介入手，对地球的早期演化进行讨论，作为后面章节的引论。

1.1 地球系统的圈层结构

1.1.1 地球系统的圈层及其构成

在太阳系的各个行星中，地球的圈层最多。水星、火星、金星和地球四颗内行星，固态部分的圈层结构比较相近，都有铁质的地核、石质的地幔和地壳（图 1-1）；而流态的部分却相差悬殊，只有地球才有水圈。金星、地球和火星都有大气圈，但火星的大气极为稀薄，大气压力只相当于地球上的 0.007。金星的大气圈又太稠，大气压力比地球上高 90 倍。这种差别，既说明地球的特殊性，又反映出行星演化的阶段性。太阳系内行星形成的起点相近，而演化的结果只有地球至今保持了变化的活力和结构的多样性。比如火星在 30 亿年前曾经有过辉煌，有过火山和水圈的活动，形成过沉积岩。但是到地球太古宙晚期的时候，火星的这些活动都已经停止，即便几百万年前偶尔还有火山活动，至今偶尔还有流水的踪迹，却已经回天乏力，剩下一片荒凉。

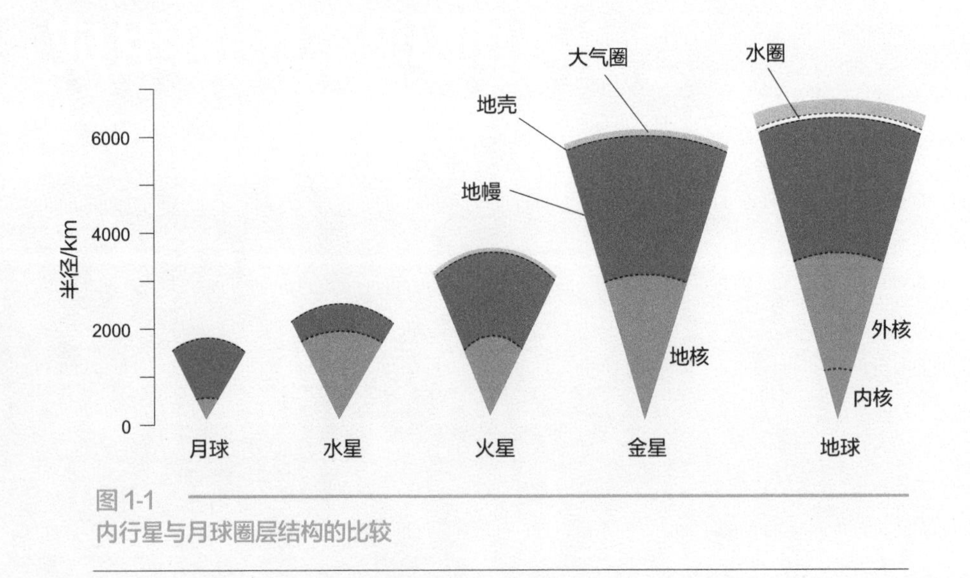

图 1-1
内行星与月球圈层结构的比较

地球的各个圈层中，人类历来只接触大气圈、水圈和岩石圈，常常将这三者叫做“表层系统”，甚至提倡建立“地球表层学”。这三者确实是传统地球科学的研究对象，通过“系统”的名称强调其间的相互关系，客观上是自然地理学的进一步发展。但是随着科学向地球内部推进，这种划分也受到挑战：岩石圈的下部本身就属于地幔，将“表层系统”的下界划在地幔的内部，非常不利于对地球表面过程的理解。其实站在人类的角度看，以我们所居住的地面为界，下面有地核、地幔和地壳，上面有水圈和大气圈，这就是地球所谓的“内圈层”和“外圈层”（图 1-2）。

人类站在地面上谈论“天高地厚”，如果只指大气圈而且不包括没有明确外界的外逸层，那么“天高”可以算 700 km；“地厚”是明确的，固体地球的半径是 6370 km。两者相加，构成 7000 多千米半径的星球，这就是地球系统。地球系统内部的物质按重力分异，重的在下、轻的在上，构成了地球的圈层。各个圈层的厚度和密度如附注 1 所示。地球圈层密度变化最大的有两处：一处在地幔和地核之间，密度相差一个数量级；更大的差异在大气圈和地壳之间，差三个数量级。下面将要讲到，地幔与地核的分异、大气和大洋的产生，是地球圈层形成过程中最为重大的变化。

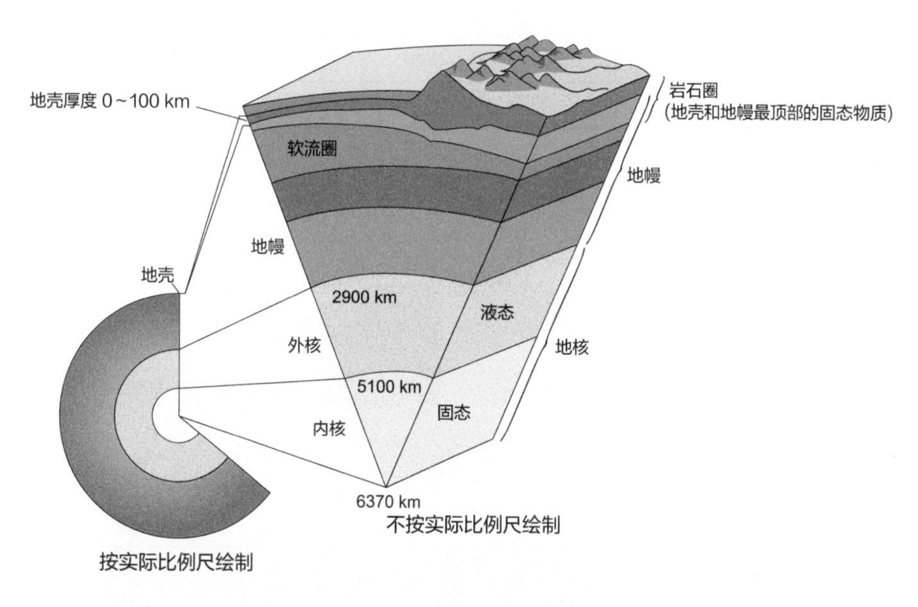

图 1-2
地球的圈层结构（图片来自维基百科，经编辑修改）

地球每个圈层的内部都有分层。地核主要由铁、镍元素组成，其密度高达 9.7~16 g/cm^3，使得地球整体密度超过 5.5 g/cm^3，成为太阳系里密度最大的行星。地核分内、外两部分，推测内核呈固态、外核呈液态。外核的温度在 4000 ℃以上，内核超过 5000 ℃，和太阳表面一样高。地幔由铁镁的硅酸盐组成，分上下两部分，上地幔 400 km 厚，下地幔 2200 km 厚，两者间有 300 km 左右的过渡层。上地幔顶部和地壳合在一起组成板片参加板块运动，是地质学研究构造运动的对象，称为岩石圈，厚度在 100 km 上下；在其下面的 300 km 厚的上地幔称作软流圈，呈塑性状态能够黏滞变形，与上覆的岩石圈不同。在地幔中段的过渡带，地震波速突然增大，这里也是最深震源之所在。下地幔压力增大、地震波速加快，底层受地核物质的直接影响，称为 D" 层，在地幔循环中起着重要作用。人们比较熟悉的是地壳，玄武岩质的洋壳和花岗岩质的陆壳厚度、结构都不相同（图 1-3A）。洋壳在大洋中脊产生，上涌岩浆形成的玄武岩洋壳一边冷却一边向两边扩张，最后在板块俯冲带隐没，返回地幔

附注 1：地球圈层的质量

粗略地说，地球的体积有一万多亿立方千米，质量将近 60 万亿亿 t，其中人类能直接接触的“表层系统”，所占的份额微乎其微。在这个尺度上，大气圈和水圈的质量太小，可以忽略不计。而“内圈层”中，论体积，地核占 16.2%，地幔占据 83%，地壳还不到 1%；论质量，地核占 32.5%，地幔占 67%，而地壳所占不过 0.5%，远不如蛋壳在鸡蛋里占有的比例。无论按体积还是按质量，地幔都是地球的主体，越来越多的证据表明，地球表层许多变化的根源在于地幔。

项目	内核	外核	地幔	地壳	水圈	大气圈
厚度 /km	1200	2300	2860	35	4	700
密度 /（g/cm^3）	12.6~16	9.7~12.2	3.3~5.7	2.7~2.9	1	≤ 10^{-3}

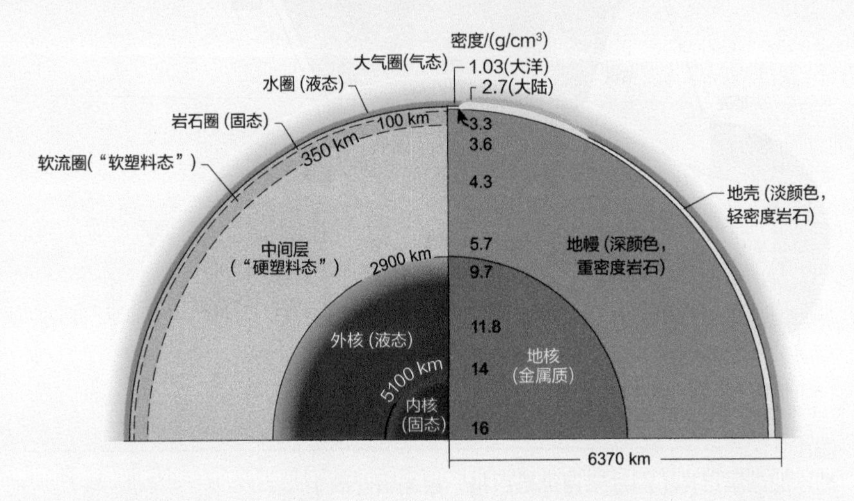

地球圈层的厚度与密度（图片来自 https://www.studyblue.com，经编辑修改）

（图 1-3B）。但是这些板块运动的基本概念只是指的洋壳，不能用于大陆。陆壳成因更加复杂，我们将在第 2 章里进一步讨论。

水圈和大气圈内部，也都有明显的分层结构。从温度看，海洋有温跃层将上部的混合层与下部的海水主体分开；从光线和生物分布看，海洋可分为真光带、弱光带、半深海与深海，以及水深 6000 m 之下的深渊带（Hadal Zone）。大气圈和我们关系最为密切的是离地面 10~20 km 以内的对流层和向上直到 50 km 左右的平流层。前者是地球表面水文循环的场所，后者是臭氧层分布的位置。地面以上 50~85 km 的中间层，是烧毁流星的高空，再向上直到 700~800 km 的电离层，是在太阳高能辐射和宇宙线激励下，发生电离、产生极光的高空，并且温度上升，亦称为“热层”。更高的逃逸层只有稀少的粒子分布，密度比地表大气低十几个量级，与地外太空并无明显的界限（图 1-4），

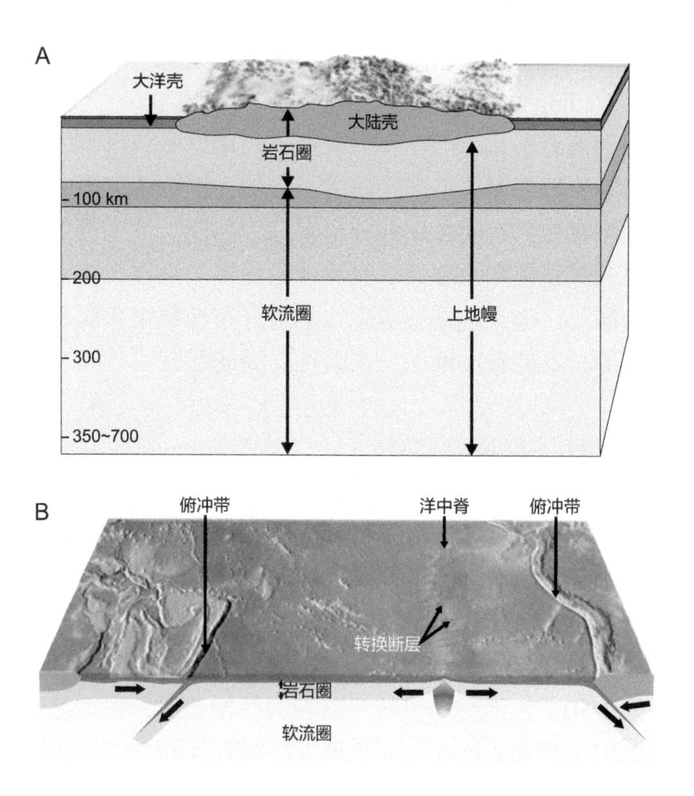

图 1-3
地壳

A. 陆壳和洋壳及其差别；B. 洋壳的产生和隐没（以太平洋为例）

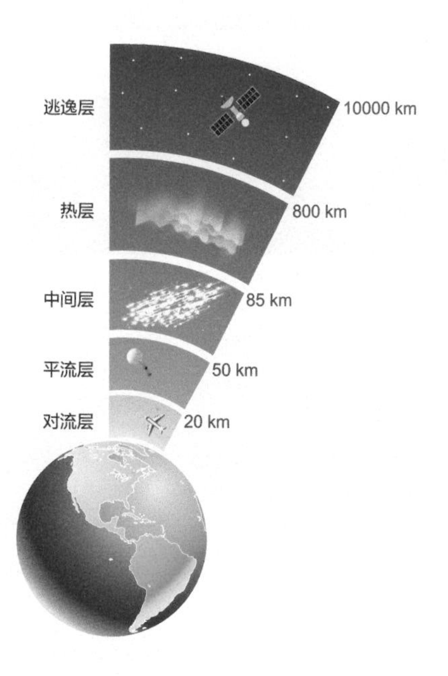

图 1-4
大气圈内的分层（图片来自 https://depositphotos.com/，经编辑修改）

地球的大气也从这里向太空逸散，好在这种过程相当缓慢：每秒钟全球总共散失将近3000 g 氢和 50 g 氦（Catling and Zahnle，2009）。

地球的每一个圈层都有不止一门学科在研究，而地球系统科学的特点就在于穿越界限“上穷碧落下黄泉”，把各圈层串起来研究。当然，地球还可以分出更多的圈层。水圈的一部分结冰呈固态存在，有时候单独分出来称为冰圈。地壳顶层的土壤层，有时候也被称作土壤圈以强调其特色和重要性。其实谈论最多的圈层，应该是分布在地球表层与内部之间的“生物圈”，但是现在知道生物不但分布在整个水圈和地面，还可以渗透到地壳和大气圈的内部，不能看作地球结构的独立组成部分。

1.1.2 圈层中的环流和圈层界限

地球每个圈层都有自己三维空间里的环流，通常采用示意图表达。大气圈对流层里早已识别出各种方向的环流，如经圈方向的哈德雷环流、纬圈方向的沃克环流，这些环流反映了地球表层水汽循环的强度，决定着对流层顶的高度（图 1-5A）。水圈里最大规模的环流，是大洋的温盐环流，其中研究最多的是大西洋的经向环流，决定着全大洋化学和生物环境的变化（图 1-5B）。地幔环流从岩石圈到核幔边界，在地球表面的表现就是板块运动和地幔柱形成的“大型火成岩省”，是地球表层构造运动和岩浆活动的根源（图 1-5C）。

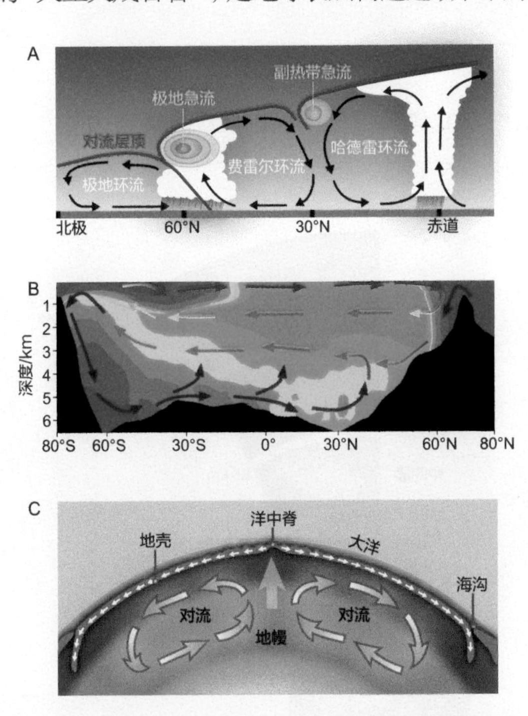

图 1-5

地球圈层中三维空间的环流

A. 大气圈经圈方向的环流（图片来自 http://www.uen.org，经编辑修改）；B. 大西洋的经向环流（图片来自 www.bitsofscience.org，据 Rolf Schuttenhelm，经编辑修改）；C. 地幔环流与板块运动旋回（图片来自 https://www.thinglink.com，经编辑修改）

由于人类“下海”的经历有限、“入地”的能力更差，因此深海和地球内部环流的模型都不够成熟，包含着许多假设和想象，关于环流的形式和动力在学术界都有不少争议。但是环流的存在应该没有疑问，提出的模型只要不被当做教条，也都有利于对地球系统的理解。其中最少实际观测的是地核的环流。现在知道，地球的磁场来自由液态金属组成的外核，外核流体载电的环流将电能转为磁能，被喻为“地球电动机(geodynamo)”(图 1-6)。外核以铁为主的金属在高温下呈熔融状态，以每年 10 km 的速度流动 (Buffet，2000)。这种环流形成了磁场，环流的变化会引起地球磁场的倒转和盛衰，载入地质记录。

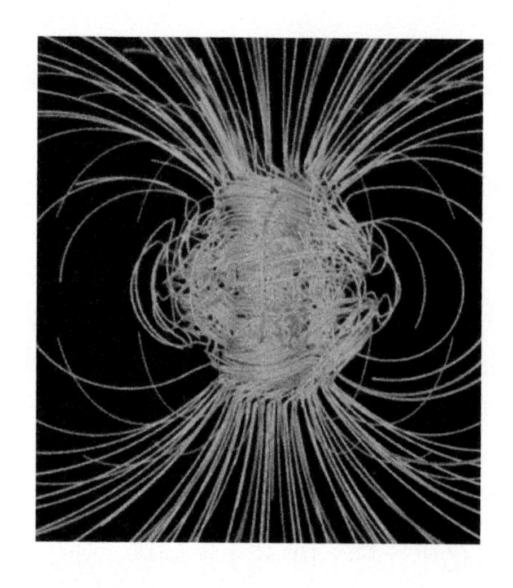

图 1-6
地球电动机：由外核造成的地磁场，显示两极结构 (Buffet，2000，据 Glatzmaiers and Roberts，1995 改)
黄、蓝两色表示进入和流出地核的磁力线

当然，这里展示的都只是示意图，现实里的环流要复杂得多。从空间看，研究较好的大气环流和表层洋流，都呈涡流形态出现，而不是简单的线性运动；从时间看，所有的环流都有变异，引起地球系统在不同层次、不同尺度的变化。因此绝不能把海流和气流看成河流，有人比喻：“如果说河流测量值的变异是 10 ± 1，海流测量值的变异可以是 1 ± 10” (Munk，2002)。

随着观测的进展，越来越多地发现在各个圈层之间，也都在进行相互交换，换句话说，地球各个圈层都是“漏”的。比如海底就是“漏”的，不但有大陆的地下水可以从海底流出，形成“海底地下水排放”，即 SGD (submarine groundwater discharge)，还有从海底深处向上流出的“热液”与“冷泉”，构成水圈与岩石圈的交换 (图 1-7)。从蒸发到降水的水汽循环，就是我们熟知的大气圈和水圈间的交流，这种交流一般局限在对流层里。但是在热带区，蒸发的水汽也可以冲破对流层顶，进入平流层，造成所谓的“平流层喷泉” (stratospheric fountain)。至于地幔环流的“漏”出，可以在地球表面产生十分严重的后果：我们看到的火山、“热点”，就是地幔物质穿出地壳的表现。甚至我们知道最少的地核，同样也有“渗漏”现象：从地球表面的“热点”分析来自地幔底部

D" 层的岩浆，发现地核的物质确实穿越核幔边界进入了地幔底部（Walker and Walker，2005）。这种地核“渗漏”，很可能是地磁场变化和地幔环流变化的原因。

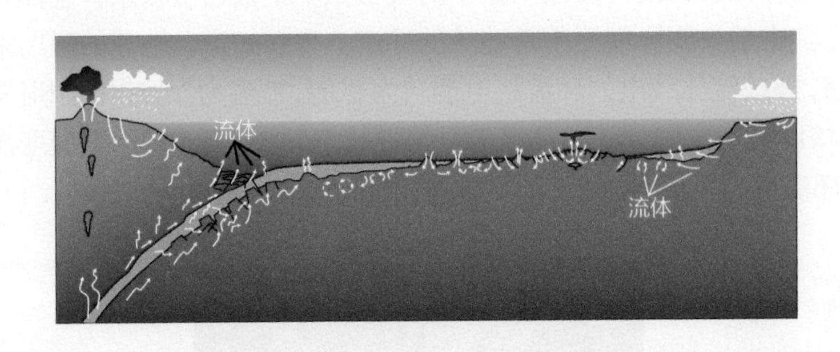

图 1-7
海底是“漏”的（据 IODP，2003 改）

值得专门提出的，是各个圈层环流速度的巨大差异。大气环流的时间以天计，大洋深部环流以千年计，岩石圈的板块运动以百万年计，而地幔深处造成超级大陆的大旋回，动辄以数亿年计。如何将不同圈层不同时间尺度的过程连接起来一道分析，这就是地球系统科学面临的挑战。设想一个穿越圈层的水分子，在大气圈里的滞留时间只有几天（10^{-2} 年），到海洋里可以上千年（10^3 年），进入极地冰盖可达 10^4~10^5 年，一旦随板块俯冲进入地幔深处，滞留时间就要以亿年计算（10^8 年）。同样，如果我们考察一处土壤，就至少要面对岩石圈、生物圈、水圈和大气圈的相互作用，它们在土壤中变化的时间尺度大不相同：来自岩石圈的矿物以 10^4 年计，生物圈的有机质以 10^2~10^3 年计，水以 10^{-2}~10^{-1} 年甚至以分钟计算，而气体的变化自然更快。它们之间如何相互作用，这是一个多尺度的复杂问题。多圈层、多尺度是地球系统的特色，也是地球科学与其他科学不同的难点所在。

1.2 地球的起源

1.2.1 宇宙大爆炸和元素起源

宏观视野是地球系统研究的必要前提，因此理解地球的演化就要上溯到它的起源；而谈论地球起源，又得从宇宙起源说起。现在普遍认为，宇宙是在约 138 亿年前，由一个密度极大且温度极高的奇点（singularity）爆炸、膨胀而成（见附注 2）。虽然谁也说不清这奇点究竟是什么，宇宙大爆炸（Big Bang）的理论已经从早期的猜想，发展到具有天文学物理证据的科学模型，其间经历了长期发展、反复证明的科学旅程。

随着天文观测技术的发展，20 世纪 20 年代末美国的哈勃（Edwin Hubble）根据星系谱线红外移的现象，论证了此前不久被提出的“宇宙膨胀假说”：星系看起来都在远离我们而去，而且距离越远，离开的速度越高。照此推想，最初的宇宙应当聚集在极小的体积内，后来经过膨胀方才形成今天的宇宙。这项宇宙大爆炸起源的假说，由比利时

附注 2：宇宙膨胀假说

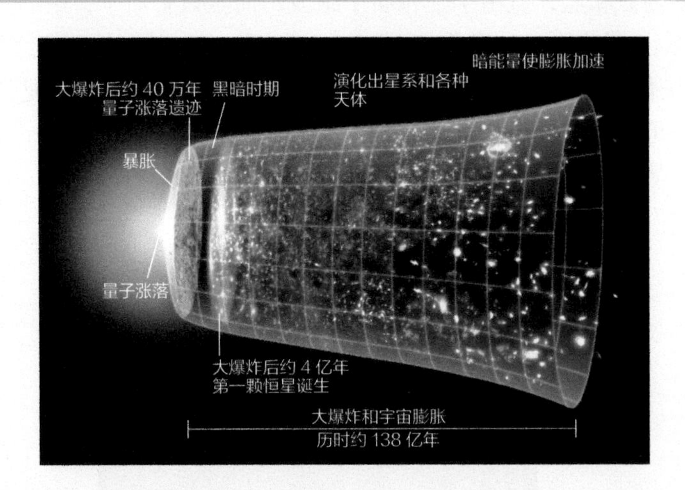

宇宙膨胀的模型（图片来自 https://www.space.com，经编辑修改）

宇宙膨胀从假说到被理论证明，是 20 世纪的科学突破。根据现在的理解，宇宙在 138 亿年前，从只有 10^{-40} m 大小、温度却高达 10^{32} K 的“奇点”开始急速膨胀（暴胀），然后经过 10^{-4} 秒冷却到 10^{12} K 时出现质子和中子，3 分钟以后降到 10^{9} K，中子能够和质子反应形成氦核。到宇宙大爆发 38 万年后的时候温度降到 3000 K，电子和氢核、氦核结合成氢原子、氦原子，电子减少后光子可以自由传播，成为遗留在宇宙里的“微波背景辐射”，就像是宇宙诞生将近 40 万年时的一张纪念快照。

早期宇宙的物质基本上是均匀分布的，但是暴胀时微小的不均匀性会进一步发展。就在接下来的“黑暗时期”，物质逐渐聚集，到爆炸以后 4 亿年时出现了第一颗恒星，恒星的发光结束了这长久的“黑暗时期”。以后的上百亿年里，有各种各样的星系和天体产生，你我今天生活着的地球就是其中之一。

神父勒梅特（Georges Lemaître）和从苏联移居美国的伽莫夫（George Gamow）提出后，引起了宇宙膨胀说和稳恒态宇宙说的激烈争论。这场争论直到 20 世纪 60 年代，才因宇宙元素丰度的测定和微波背景辐射的发现结束，宇宙大爆炸起源的理论终于确立。

这两项发现都和伽莫夫教授相关。他根据研究推断：宇宙大爆炸的早期可以产生微波辐射残留至今。1964 年，这种“微波背景辐射”被研究通信天线的两位美国青年无意中发现，原来这正是他们无论如何都消除不掉的本底噪音。这种存在于天空各个方向的微波背景辐射，就是大爆炸初期的产物，从而为宇宙大爆炸的假说提供了证明。他们两位也因此获得了 1978 年度的诺贝尔奖，这就是彭齐亚斯（Arno Penzias）和威尔逊（Robert Wilson）。

宇宙大爆炸理论的另一证据，来自元素的起源。20 世纪 40 年代伽莫夫和他的学生提出了宇宙膨胀和元素起源的新论点，认为大爆炸之初的几分钟，随着宇宙温度下降，质子和中子聚变为氦和氢，氦由中子和质子组成，而氢只有质子，最后形成宇宙的元素比就是 1 个氦核比 3 个氢核。这项推算，和 25% 为氦、73% 是氢的观测结果完全一致（图 1-8）。这篇“论化学元素起源”的重要文章于 1948 年发表，有趣的是伽莫夫他们将作者姓氏按希腊字母排序，成为署名“α、β、γ”的论文传世（Alpher et al.，1948），开拓了研究天文演变中化学元素产生途径的新方向（Turner，2008）。

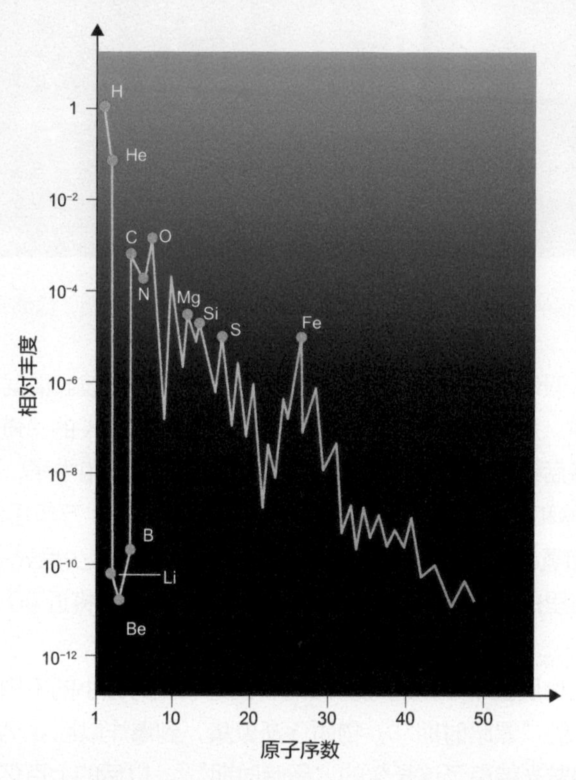

图 1-8

宇宙中元素丰度的比较（图片来自 http://astronomy.nju.edu.cn，经编辑修改）

注意：相对丰度用的是对数坐标

根据宇宙大爆炸的理论，只有氢和氦才是直接从大爆炸产生的，它们构成了宇宙的主体。至于元素表里的其他元素，都是在后来通过恒星的演变而产生的，所有这些元素虽然加起来在宇宙里只占 2%，却是构成地球的主体。随着星云坍缩而形成的恒星，当中心温度达到 1000 万 K 时，氢会开始聚变成氦，并依靠核聚变的能量开始发光；在消耗完核心中的氢之后，氦又会聚变为碳和氧，变成“红巨星”。如果这种核反应继续下去，就会聚变产生镁、硅等更重的元素，直到铁为止，因此恒星演化末期，在其中心会形成一个铁核。恒星生命的终点，是超新星爆发，星体的物质急剧地向外抛出，其中不但有大量的铁，还有比铁更重的金、铅、铀等许多元素（CPEP，2003）。因此种类丰富的元素表应当归功于恒星，一颗恒星就像一座“老君炉”，利用氢元素冶炼出各种重元素。

归纳起来，元素的起源有三“代”：①最早的元素在宇宙大爆炸以后 3 分钟就出现，主要是氢，其次是氦，还有少量的锂；②太阳和其他恒星都能将氢聚合为氦，发出巨量的能量，而恒星演化的后期成为“红巨星”，可以将氦聚变为碳、氧、硅等各种元素，直到铁为止；③ 比铁更重的元素，是在恒星演化的终点通过超新星爆发形成，并且散向太空（图 1-9）。恒星的寿命取决于其大小，我们的太阳预期寿命百亿年，现年 45 亿岁，处在壮年期，正在不断地用氢的聚变为我们供应能量，再过 50 亿年，随着氢的耗尽，将进入“红巨星”阶段而极度膨胀，连地球都会被吞没其中。只可惜太阳的质量还不够大，最终的归宿是颗白矮星，而不会出现超新星爆发的壮烈场面。

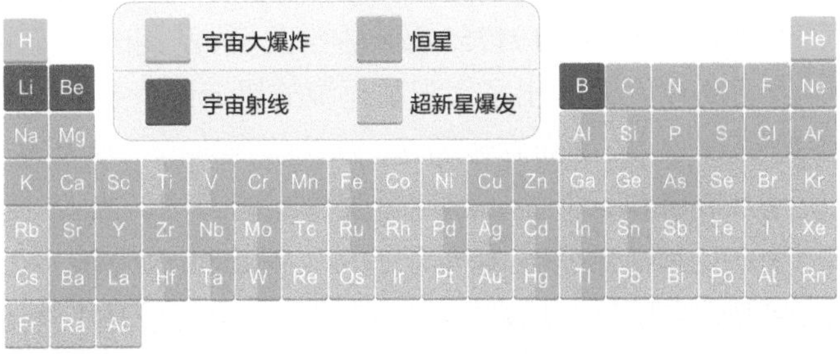

宇宙大爆炸
恒星
宇宙射线
超新星爆发
H He
Li Be B C N O F Ne
Na Mg Al Si P S Cl Ar
K Ca Sc Ti V Cr Mn Fe Co Ni Cu Zn Ga Ge As Se Br Kr
Rb Sr Y Zr Nb Mo Tc Ru Rh Pd Ag Cd In Sn Sb Te I Xe
Cs Ba La Hf Ta W Re Os Ir Pt Au Hg Tl Pb Bi Po At Rn
Fr Ra Ac

图 1-9
化学元素的不同来源（图片来自维基百科，经编辑修改）

至于地球的元素丰度，和宇宙或者太阳系的情况截然不同，这里氢、氦的比例微乎其微（图 1-10）。组成地球的元素除了氢、氦之外都是恒星的产物，不过不是来自太阳，而是来自从前其他恒星的超新星爆发。太阳并不是第一代的恒星，因此不但我们的地球，连我们身体里的铁、磷、钙等各种元素，也都是太阳系外的“移民”，属于前代恒星的珍贵遗产。

宇宙
其他1.9%
He 氦20.9%
H 氢77.2%
太阳系
其他3%
He 氦27%
H 氢70%
地球
其他1.5%
硫1.9%
钙铝2.2%
镍2.4%
Mg 镁12.7%
Si 硅15%
O 氧29.5%
Fe 铁34.6%
地壳
其他<2%
钾1.68%
钠2.3%
镁2.77%
钙5.06%
铁5.8%
Al 铝8%
Si 硅27.2%
O 氧45.2%
水圈
其他<2%
钠1.1%
氯1.9%
H 氢10.8%
O 氧84.6%
生物圈
其他<0.8%
钙0.30%
氮0.5%
H 氢6.6%
C 碳39.4%
O 氧52.4%
大气圈
（底层大气）
其他<0.04%
氩0.94%
O 氧20.94%
N 氮78.08%

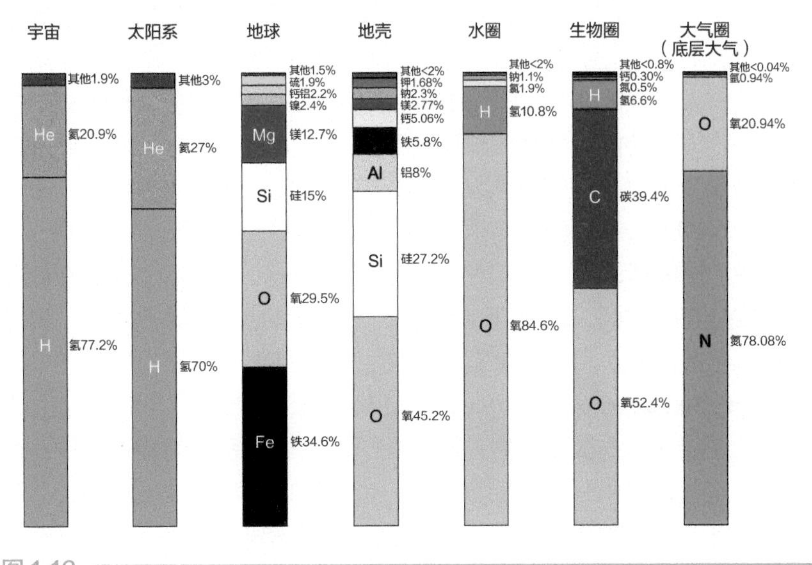

图 1-10
宇宙、太阳系和地球元素丰度的比较

宇宙大爆炸理论的确立，对地球系统科学至关重要。宇宙起源问题已经不再是一种虚无缥缈的哲学猜测，而是具有物质基础、得到实际证明的科学理论。它不但为追踪地球的前世今生提供了依据，也为地球上众多的元素指出了起点，为在不同尺度上追溯地球系统的演变，提供了科学的源头。

1.2.2 太阳系和地球的形成

从早期假说开始，地球的形成就是和太阳系的形成联系在一起的，这就是“星云说”。18世纪，德国的康德（Immanuel Kant）1755年从哲学角度，法国的拉普拉斯（Pierre-Simon Laplace）1796年从物理数学角度提出了太阳系起源的星云说，主张太阳系起源于高温、旋转的气体星云，随着冷却、收缩而旋转加速，从边缘抛出的物质环逐个聚集成为行星。正因为早期的假说是从高温星云开始，地球是其冷却的产物，当19世纪的进化论提出地球有过几亿年历史的时候，物理学泰斗开尔文（William Kelvin）就从物理原理出发加以反对：因为地球形成之后只会越来越冷，最初的热量几千万年就耗损完毕，历史维持不了那么长，引发了一场地质学与物理学的争论。现在知道地球有四十多亿年历史，好像是物理学输给了地质学，其实不然，因为核物理学在19世纪前期还没有诞生。要等到1898年居里夫人发现放射性元素，1904年卢瑟福（Ernest Rutherford）从铀矿物测得五亿年的放射性年龄之后，方才证明地球历史的久长，同时还说明元素衰变能够使地球内部加温，从而彻底否定了地球产生后逐渐冷却的粗浅认识。

按照现在的认识，太阳系起源还是从星云开始。如上所述，宇宙大爆发后的膨胀过程中，分布不均匀的物质发生收缩，经过几亿年后形成众多的星系，银河系就是其中之一。银河系内成千亿颗恒星中，有一颗就是我们的太阳。约50亿年前，一团以氢分子为主的气体-尘埃漩涡开始收缩，形成所谓的“太阳星云”，由于自转的离心力而逐渐变扁，其中收缩快、密度高的中心区形成了太阳，外围比较小的物质团形成了包括地球在内的八大行星。

太阳的质量占太阳系的99%以上，足以将行星吸引在自己的周围。星球的形成是物质收缩的过程，收缩的动能又会转为热能而升温。当太阳的核心温度升到约700万K的时候，氢就开始聚变为氦，进行发热发光的核聚变反应，进入“主序星”阶段。太阳现在的表面温度为6000 K，中心温度高达1500万K，但这是逐渐升温的结果，太阳演化的早期温度低得多。据估算，太古宙早期太阳光度（Solar luminosity）比现在低25%，如果地球上的大气成分与今相似，23亿年前地球上的海水都应当在冰点之下。但是地质记录表明，三四十亿年前就有沉积岩、就有微生物，这就是天文学家提出的“早期太阳黯淡悖论（Faint young Sun paradox）”（Sagan and Mullen，1972）。当时地球上的海水不但并未冻结，而且还能让生物演化发展，原因在于地球表层系统的特殊条件：可能因古太古代时丰富的温室气体产生强烈的温室效应；也可能由于海水盐度较高、冰点偏低；又可能因为大气里缺乏生物成因的云凝结核，因而对太阳辐射的反射率较低（Rosing et al.，2010）。何况早期地球低纬地区的海水，即使在温室气体较低的条件下，也不至于冰封（Wolf and Toon，2013）。

在太阳系形成的过程中，外围物质先是聚成石质和冰质的尘埃颗粒，再由颗粒作为凝聚核的物质团块相互碰撞和黏合，形成若干千米大小的星子（planetesimals），星子再碰撞结合为月球或者火星大小的星胚（planetary embryos），最终形成地球一类的内行星。远离太阳的星胚主要由各种冰质颗粒构成，因此可以形成引力强大的原行星，吸引氢、氦等元素；而太阳在形成过程中又将氢、氦“吹”向远处，集合在这类星胚周围形成巨大的外行星。行星的发育过程很快，太阳系形成以后 10 万年就产生了星胚，1000 万年后就形成了地球的雏形，相当于现在地球质量的 64%（图 1-11；Jacobson，2003；Stevenson，2008）。

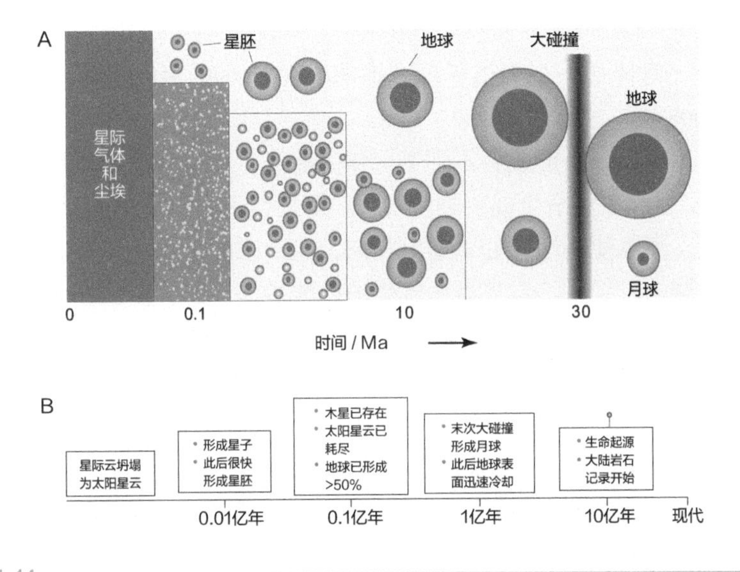

图 1-11
地球形成的过程

A. 从气体尘埃云到月球形成（据 Jacobson，2003 改）；B. 从星际云到生命起源（据 Stevenson，2008 改）；注意 A 图的年龄坐标不按比例，B 图按对数坐标，均从左向右变新

从太阳向外，在水星、金星、地球、火星四个内行星，和木星、土星、天王星、海王星四个外行星之间，分布着十多万个小行星，形成“小行星带”。推测这些约 1 km 大小的小行星，就是当初未能参加行星建造、散落在外的剩余星子。小行星运行轨道不一，其中与地球轨道相交并且大小超过 1 km 的就有约 2000 颗，它们有可能与地球相遇。白垩纪末的大灭绝，推测就是由一颗小行星撞击地球所“引爆”。至于小的碎片撞上地球的就不计其数，这就是陨石，99% 的陨石来自小行星带。现在地球受到天体碰撞的概率已经极低，但是行星就是靠星子碰撞产生的。碰撞是今天的灾难，却是当时的常态。月球的形成，就是这种碰撞的结果。

1.2.3　月球的碰撞产生和地球的岩浆海

现在认为，地球和月球在产生时间上相当接近，成因上紧密相连，以至于没有办法撇开月球谈论地球起源。但这并非科学界早先的期待，而是分析了月岩标本之后取得的新认识。

月球质量相当于地球的 1/80，其成因很久以来就属于科学家的想象空间，有的认为月球是从地球撞出去的，有的认为是被地球“俘虏”来的，也有认为两者是一道产生的。比如达尔文的次子、天文学家乔治·达尔文（George　Darwin）就提出月球是被地球甩出去的，太平洋是留在地球上的“伤痕”。真正解开月球成因之谜的，是 1969 年登月采回的月岩样品：分析发现，月岩中的氧同位素和放射性年龄都几乎和地球一样。但是地球物理证据却说明月球的核比起地球的核小得太多：地核占地球质量约 33%，月核占月球质量才 1%~3%，显然有不同的成因。这种种证据都指向月球的碰撞成因：按照现在的理解，月球是一个相当于现在地球 1/10 大小的星胚从侧面碰撞地球的产物（Stevenson，2008）。

这场碰撞发生在太阳系形成后不到 1 亿年的时候，正是太阳系里星子、星胚到处碰撞，地球在这种“乱世”里增生成长的阶段。一颗相当于火星大小的星体斜向撞击地球，产生极大的能量，高温使得地球处于熔融状态，撞上来的星体和地球表面的硅酸盐，共同形成了围绕地球的岩浆盘。岩浆盘里气化的硅酸盐，一部分消失在太空之外，一部分随着冷却返回地球，而其余的部分就变成了月球（图 1-12；Stevenson，2008）。所以月球的诞生，是这颗相当于地球 1/10 大小的星胚，和地球先“合二为一”，后又“一分为二”的结果，因此“我泥中有你，你泥中有我”，可以有相似的成分和年龄。可是物质分配并不平等：许多星胚里的铁并入了地球而不是月球，所以月球里铁核的比例要比地球小得多。科学家风趣地把月球比作地球和这颗星胚连理产生的骨肉，用希腊神话里月神母亲忒伊亚（Theia）的芳名，来称呼这颗产生月球的星胚（Herwartz et al.，2014）。

可惜真正的月球表面，不见得有那么多的诗情画意。月球上既有布满撞击坑的“高原”，也有低凹平坦的“月海”。满布月壳表面的陨石坑，主要产生在距今 41 亿至 38 亿年的“晚期大轰炸（Late Heavy Bombardment）”期间（Gomes et al.，2005），也就是太阳系行星形成以后 7 亿年，相当于地质上的冥古宙到太古宙的初期。这又是探月的成果，因为月球上大量陨击熔岩的放射性年龄集中在这段时间，推测可能是木星和土星的位移打破太阳系里的平衡所导致的一场灾难。当然地球不能例外，也应该遭受了类似的“轰炸”，只是地球的表层随着后来的板块运动而改头换面，已经很难看到当时的陨石坑。

月球是地球系统研究中不能忽视的因素。太阳系的内行星里，唯独地球获得了月球这样的伴侣；而月球的出现，又改变了地球一生的命运，表现在地球物理和地球化学两方面。在地球物理方面，月－地系统的建立改造了地球的重力场。月球和地球之间的引力不但形成了地球上的潮汐，同时还改变着两者的距离和转速：月球和地球的距离越来越大，旋转的速度越来越快，而地球的转速却在减慢。这种变化的速度太慢，不是人类寿命期间能够察觉的，但是在地质历史上却十分重要，因为它改变着地球轨道运动的周期，我们在后面讲气候变化周期时还会讨论。而在地球化学方面，经过星胚忒伊亚（Theia）碰撞后“失忆”了的地球，又和新生的月球双双陷入了“岩浆海”的厄运。

所谓岩浆海，就是我们熟悉的岩石成为炙热的液态。地球早期到底有没有岩浆海，

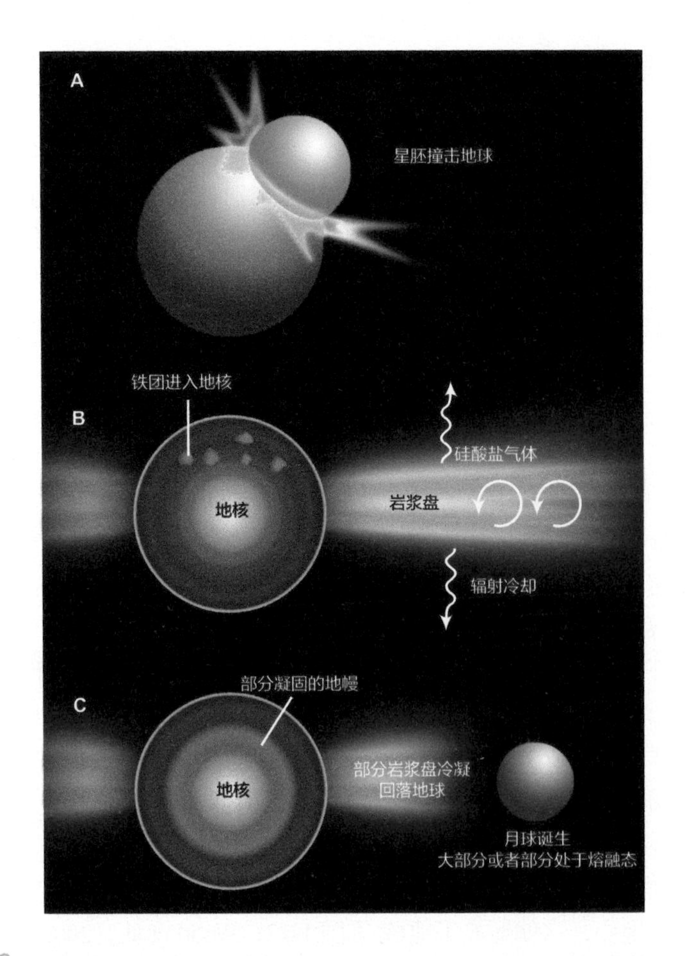

图 1-12
产生月球的大碰撞（据 Stevenson，2008 改）

A. 星胚撞击地球；B. 围绕地球轨道形成岩浆盘，散出硅酸盐气体，而星胚的铁团掉入地核；
C. 岩浆盘的外部冷凝成为月球，其余并回地球，地球内部的地幔正在逐渐固化

长期存在争论，倒是月球上斜长石的研究证明岩浆海的存在，反过来解答了地球的问题。“阿波罗”探月带回来月壳的斜长石，密度低而且形成在先，这只能用熔融的岩浆海里发生分异来解释：岩浆海里斜长石上浮成为月壳，构成现在月球上的高原；而较重的橄榄石和辉石，则下沉成为月幔。月球的证据也同时回答了地球上的问题：地球圈层的分异，同样发生在岩浆海里。现在知道，太阳系形成早期在频繁的撞击下，从星子到行星早期都会发育岩浆海，成长中的地球当然不能例外（Elkins-Tanton，2012）。只是当初的岩浆海，现在的地球上已经难有踪迹，不过也有人主张：地幔底部的 D" 层（见第 2 章），有可能就是当年岩浆海的残迹（Labrosse et al.，2007）。

说到这里已经十分清楚：太阳、地球、月亮几乎“同年”，都是在距今 46 亿 ~45 亿年间先后形成，相差不出几千万年，并且构成了密切相关的系统。这个日－地－月三位一体的系统，在地球系统演变的各个环节里，都可能时时发挥着作用，只是还没有引起我们应有的重视。

1.3 地球圈层的分异

地球化学的证据表明，地球圈层的分异，发生在距今 44.5 亿年前后。不但铁质的地核，连挥发性成分组成的水圈、大气圈，也都在那时候从岩浆海里分异而来（Drake，2000）。地球最大的圈层是占其体积 84% 的地幔，地球系统两个最大的温度界限都在地幔：地幔顶部的岩石圈和地幔底部所谓的 D" 层。因此，岩浆海发生的分异首先在于地幔的形成，而质量将近地球 1/3 的地核如何与地幔分离，是地球圈层分异的首要问题。

1.3.1 地核、地幔和地壳的形成

地核和地幔的形成，实质上就是铁、镍、钴、锰一类的亲铁元素，和硅、铝、镁、钙一类亲石元素的分异。分异之前的地球，化学成分应当和现在的碳质球粒陨石相近，与现在的地幔、地壳相比，亲铁元素与亲石元素的比例要高得多，Fe/Al 值高达 20，而现在的上地幔只有 2.7，到地壳则降到 0.6，因为亲铁元素集中到了地核里。

地球是在三千多万年的时间里，由大量的星子（即加积体）聚合而成，然而每颗星子都同时含有铁和硅铝为代表的两类成分。这两类成分，即便在地球内部的高温高压下，也还像油和水一样不能融合。星子带来的铁质究竟如何并入地球的核心，引起了学术界多年的争论。现在推断，原始的地球上部是岩浆海，内部却是固态，星子撞击并入地球，较轻的硅铝质留在上层，较重的金属“团滴”穿过熔融的硅酸盐层下降，停滞在地下约 400 km 深处的岩浆海底部，聚集成一个金属“池”；等到这个金属层变为不稳定，再以大团滴的形式降向地心，这就形成了地核（图 1-13；Wood et al.，2006）。直到今天，人类对于地核与地幔都只有间接的了解，并不清楚这种分异会不会是个复杂而多次发生的过程。目前的理解，是在忒伊亚（Theia）撞击后，促使停留在地幔中段的金属层突然下沉，引发了核幔分离的灾变，构成地球发展历史上第一个最重要的改组事件（Stevenson，

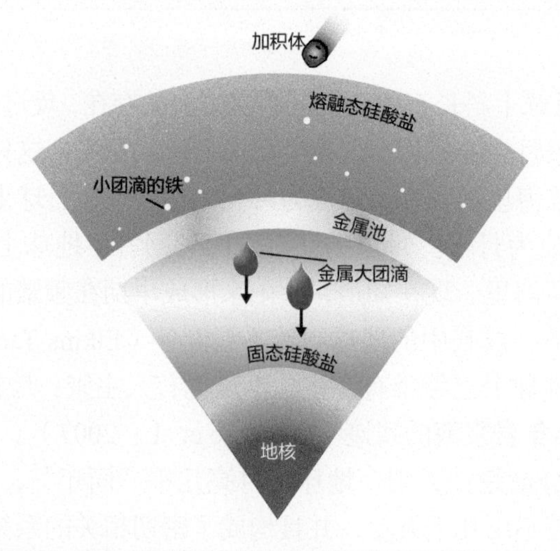

图 1-13
地核形成中亲铁成分的聚集（据 Wood et al.，2006 改）

2008），具有“铁灾变（iron catastrophe）”之称。

相反，地壳和地幔的分异并不是一次灾变，而是个长期过程，直到今天还在继续进行。大陆和大洋地壳不同，地球上最老的陆壳有 44 亿年，而洋壳不到 2 亿年，因为洋壳是在板块循环中不断更新的。如果把地球历史比作一天，洋壳的记录只有 50 分钟，不属于地球起源的讨论范围，需要讨论的是大陆地壳的出现。现代的大陆增生发生在板块俯冲带的岛弧，显然不是最早陆壳出现的模式，因此追溯大陆地壳的起源，需要另辟蹊径寻找最早大陆的遗迹，这就是重矿物锆石。

锆石可以是一种宝石，可是它最可贵之处不在于装饰而在于科学。锆石只能在花岗岩或者长英质火成岩里形成，属于大陆型酸性岩浆活动的产物，但是在风化搬运中十分稳定，是一种能可靠指示物源的重矿物。因此，作为碎屑矿物的锆石，有可能保留着最早大陆地壳的证据。果然，30 年前在澳大利亚西北部（以下简称西澳）发现了 44 亿年前的锆石（Wilde et al.，2001）。锆石几乎都出自大陆地壳的花岗岩，现在母岩虽然已经消失，而锆石的发现却揭示了大陆的起源，说明地球上岩浆海形成后不出一亿年，就已经形成了大陆地壳（Valley et al.，2014）。地球形成早期的地质记录极为零星，前面所说 41 亿至 38 亿年前的“晚期大轰炸”，可以完全抹掉最初大陆的地质记录，幸亏有锆石坚强地保住了历史的真面目。

现在大陆地壳覆盖地球表面的 40%，平均年龄高达 22 亿年，一半以上在太古宙结束之前就已经形成，显然不能用当代岛弧增生的模式解释其成因。科学家们推测，早期的大陆形成可能与地幔柱有关，在“巨大火成岩省”的海底高原上出现（Stein and Ben-Avraham，2007）。板块运动的起源将在第 2 章里作进一步的讨论，但是无论如何大陆地壳的形成标志着地球表面已经降温，可以允许板块运动发生。如果格陵兰西南 38 亿年前形成的蛇绿岩套，确实是最早板块运动的证据，那么最晚在“晚期大轰炸”刚结束之后，就有海底扩张发生（Furnes et al.，2007）。总之，地壳和地幔的分异，也是在地球形成后很早的时期已经开始。

1.3.2　水圈与大气圈的形成

洋壳的不断更换，使得大洋形成的时间难以考证，但是最早的沉积岩是在格陵兰，测年为 38.6 亿年（Moorbath，2009）。更早的记录只见于锆石，上述西澳杰克山（Jack Hills）的锆石年龄为 44 亿年，其中氧同位素 $\delta^{18}O$ 为 7.4‰。因为地幔的 $\delta^{18}O$ 是 5.3‰，风化或低温过程产物的 $\delta^{18}O$ 为 10‰，处在两者之间的中间值 7.4‰，说明这锆石是地幔物质和地面水相互作用的产物，从而间接证明 44 亿年前已经有海洋存在（Pinti，2005）。

大洋的水从哪里来？答案牵涉到地球起源的“材料”：如果撞击聚集形成地球的星子星胎里面含水，地球起源就是“湿”的，那么水圈的水就是来自地球本身；如果地球起源是“干”的，星子星胎并不含水，就需要从外面来水，最可能的就是由彗星带来。可以用水的同位素——氘和氢的比值（D/H）来检验两种观点。结果发现地球上水的 D/H 接近陨石，与彗星显然迥异，从而排除了外来水为主的假说。现在认识到地球起源是“湿”

的，氢和水分随着增生的颗粒并入地球。考虑到后来大碰撞等种种过程，当初地球的水分应当比现在丰富得多（Drake，2005）。地球从增生开始到地核分异和深部脱气，此段时期里有大量的星体撞击，有大量的碳质球粒陨石带来水分。然而这里说的是水的来源，至于液态水如何在地球表面汇聚成为海洋，又要从大气说起。

和其他内行星一样，地球增生时候的大气成分主要是氢、氦和氧，忒伊亚碰撞引起的熔融，驱散了这类挥发元素，形成了岩浆盘。当时地表温度极高，地球表面的硅酸盐也蒸发成为气体。随后的冷却，首先使大气里的硅酸盐在几千年里迅速凝固（Sleep et al., 2001），留下 CO_2-H_2O 的浓厚大气，很像今天的金星。当地表温度继续下降，地球表面形成一层玄武岩将大气和地球内部隔开后，大气温度就会急剧下降，水分迅速凝结，推测会发生一个“超级洪水（universal deluge）”期，接连下了几百年的暴雨，雨量比现在的热带还高出将近十倍（Abe，1993）。可以想象，这种高温大雨对于地面会有强烈的风化作用。

所以大洋的起源，是一种降温过程（Pinti，2005）。但是当时的大洋和大气都很不稳定，前面说过当时太阳的强度只有现代的3/4或2/3。虽然大气中有丰富的 CO_2、CO 等温室气体，可以避免地表温度过低，但是温室气体也可以与玄武岩相互作用产生 $CaCO_3$，为地幔所吸收，因此数百万年或者更短的时间里温度可以降到冰点。与此相反，陨石撞击可以激起岩浆作用引发大火，地球又会回到高温。地球形成的初期，有大量的星子在相互撞击，因此大洋受到撞击以后沸腾、变干都有可能。撞击的星子如果有 200 km 大，就可以将海水升温到 100 ℃；如果有 500 km 大，就能使海水全部蒸干（Nisbet and Sleep，2001）。此类现象的反复，使得当时的地球成为“火”和“冰”的“地狱”，在地质学上称为“冥古宙（Hadean）”，包括从地球产生到 40 亿年前共 5 亿年的时间（Nisbet，1991）。虽然冥古宙几乎不可能有直接的地质记录，却又是地球基本环境的奠定期，非常值得我们今天来“忆苦思甜”加以追忆。图 1-14 所示，是冥古宙地球表层环境的概念模式：忒伊

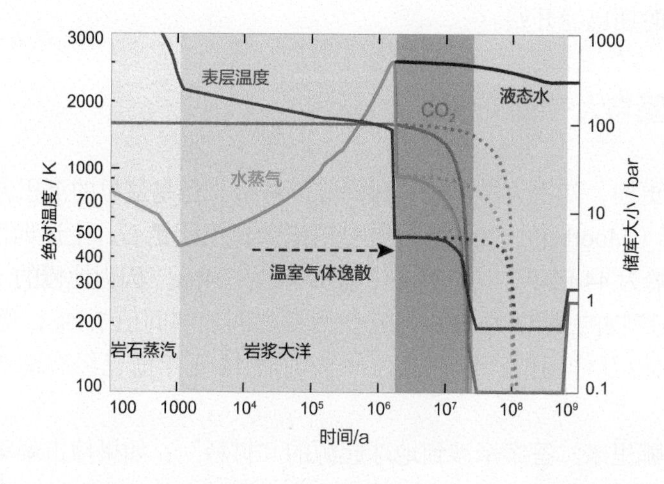

图 1-14

冥古宙地球表层环境，示温度、液态水和二氧化碳的演变（据 Zahnle et al., 2006 改）

横坐标为对数时间坐标，左端以产生月球的碰撞时间为起点。最初的千年里大气为气化的硅酸盐，接着有 200 万年的岩浆海，然后出现液态的大洋。虚线表示另外一种可能

亚碰撞后的千年里，地球大气由气态的硅酸盐组成；其后的 200 万年间，地球表面是熔融地幔横流的岩浆海；大气圈里有高达 100 bar ①的 CO_2；之后 CO_2 逐渐被地幔吸收，出现液态水，地面温度也从最初的 1700 K 急剧下降（Zahnle et al.，2007）。

冥古宙的名称取自希腊神话里地狱之神、冥王哈迪斯（Haides），专指岩石的地质记录出现前的“史前”时期，也象征当时的地球表面，上有祸从天降、下有岩浆翻滚的恶劣环境，很难有生命能够生存于这种水深火热的苦海之中。有待地球表层稳定和降温之后，才会出现生命起源和万物争妍的环境。

1.4　生命和光合作用的起源

生命是地球系统最大的特色，尤其在光合作用产生后，改变了地球各圈层的物质循环和化学成分，大大增加了地球表面事物的多样性。就地球上的矿物种类来说，地球形成初期只有 60 种左右，新太古代“大氧化事件”以后增加到 4000 种，现在地球上 4400 种矿物的出现大部分都是直接或间接与生命活动相关的（Hazen and Ferry，2010）。生物圈不仅改造了大气圈，改造了地面与海底的性质，甚至改变了整个行星的地球化学循环。有人主张，是生物圈通过光合作用吸收的太阳能，驱动了地球上花岗岩和稳定大陆的形成，因此可以说是生命缔造了地球上的大陆（Rosing et al.，2006）。鉴于生命、光合作用和氧化大气圈的重要性，有必要对三者的起源逐一进行讨论。

1.4.1　生命起源的证据和理论

生命起源是自然科学甚至是哲学界的基本问题之一，自从进化论产生以来，科学界提出过数不清的各种假说。化学家如奥巴林、米勒从化学角度，试图通过实验室的合成来探索生命起源；古生物学家从地质记录里寻找最早的生物化石；生物学家试图通过原核生物的基因来探索生命起源。现在从分子生物学角度探索生命起源，提出了“核糖核酸（RNA）世界”的假说，认为地球上早期生命分子先出现的是 RNA，然后才出现蛋白质和脱氧核糖核酸（DNA），因此追溯生命起源应当从“RNA 世界”开始。

从地球系统的角度讨论生命起源，主题在于最早生命出现的场合与条件。达尔文对生命起源没有专门的论述，只是在给朋友的信里说到，可能是在“一个小的暖水池”里，原始汤里有各种元素，后来增加了一个不知道什么的东西，就形成了生命。这是达尔文 “原始汤（primeval soup）”的设想，现在一般认为，生命起源于海洋。近年来随着地外生物研究的进展，另一种呼声越来越高：生命可能根本不是在地球上起源。火星上曾经有过水流的发现，促进了生命来自火星或者火星上有过“生命第二个起源地”之类的假说。前面所说的“RNA 世界”，就是在火星上比地球上更加容易出现（Webb，2013）。不仅如此，由于有机质在陨石中多次发现，科学家提出在太阳系形成之前的星

① 1 bar=10^5Pa=1 标准大气压

云盘里，就可以产生有机质（Ciesla and Sandford，2012）。其实生命演化史的节奏也令人困惑：从一堆氨基酸演变出细菌，应当比从细菌演变到人类的所跨越的步子大得多，时间也应当更长。但是现在看来这第一步的时间反而较短，地球起源到生命起源用了不过十亿年，而生命起源到人类产生要用三十多亿年，是不是这第一步过程的前段并非在地球上发生？这也是科学家怀疑生命地外起源的原因之一。

假如果真如此，狭义的生命起源就不属于地球科学的范畴。不过地外起源迄今为止还只是一种猜想，既难否定也不能证明。退一步说，即便地外起源将来得到证明，地球上的生物圈仍然得有个起点，生物开始在地球上繁衍还需要一定条件。当地球还是岩浆海的时候，传来再多的外来生命还是发展不起生物圈来，因此生命起源依旧是地球系统演化的重要环节。犹如一场战争，谁开第一枪固然重要，但这不见得是回答战争起因的核心问题。下面的讨论，一方面从地质记录，另一方面从地球形成初期的表层环境，来看最早生命出现的可能途径。

前面说过，刚冷却下来的早期地球，浓厚的大气层由 CO_2 和 H_2O 组成，类似今天的金星，却没有氧气。没有氧气也就没有臭氧层，太阳辐射光谱中的紫外线就不会被臭氧层吸收。今天的紫外线是生物的死敌，能够杀菌、致癌，而当时的紫外线同样会杀害暴露在阳光下的生命。由此推论，地球上最早的生命只能产生在水下，而且在缺氧的还原环境里生活。深海热液和热液生物群的发现，揭示了生命活动除了依靠太阳能以外，还可以靠地球的内热，而这恰好是地球演化早期的特色。因此，深海热液给生命起源的研究增添了新的活力，近年来广泛认为海底热液口附近，最有可能是地球上生命的起点。对此我们接下来再讨论，现在先看地质记录。

地质记录里，肉眼能看到的最早化石是叠层石。这其实还称不上化石，只是一种生物造成的沉积结构。如果病毒不算生物，生物里最简单的就是没有细胞核的“原核生物”（见附注 3）。叠层石就是蓝细菌一类原核生物活动的产物，生命活动引起周期性的矿物沉淀，加上沉积颗粒的捕获和胶结，形成薄层状的生物沉积构造。

太古宙形成的化石无非两类：叠层石和微体化石，到现在至少已经报道有 46 处叠层石和 40 处微体化石（Schopf，2006）。年龄最老的化石，集中在澳大利亚西部、格陵兰西部和南非，都是在发现最老沉积岩的地区。澳大利亚的西部有一套 30000 m 厚的沉积与火山岩，距今 35 亿 ~30 亿年。早在二十多年前，就在那里的 Apex 燧石中发现了 11 种丝状细菌，其中 8 个是新种（Schopf，1993），于是多年来广泛认为化石最早出现在 35 亿年前。生命活动更早的证据来自格陵兰西部，那里的 Isua 火山与沉积岩距今 38 亿年（Nutman et al.，1997），因为其无机碳同位素特别轻，$\delta^{13}C$ 仅为 –22‰ 至 –28‰，被解释为生物成因，从而认为生命起源的时间应当早于 35 亿年（Schidlowski，1988）。最近，西澳碎屑锆石里发现的石墨包裹体，被认为是生物成因，而锆石测年得 41 亿年，比已知最老的岩石还早 1 亿年（Bell et al.，2015）。

然而依靠形态鉴定的微生物化石，或者根据同位素测定推测的生命活动一般都受到了质疑。人们发现在热液脉的燧石里，也可以有类似细菌的结构，但是属于无机成因；又发现在热液环境下，也可以产生非常轻的碳同位素，和生物造成的难以区分（Brasier et al.，2002，2004）。为回答这些疑问，科学界从化学等方面都有新的研究进展，但究

附注 3：原核生物和真核生物

生物细胞分真核和原核两类：原核细胞没有细胞核，也没有叶绿体、线粒体等细胞器的分化，从而与真核细胞不同（附图 A）。包括动植物在内的多细胞生物，都是由真核细胞组成，单细胞的原生生物也是真核生物，包括我们熟悉的浮游藻类和有孔虫、放射虫等在内。与真核生物（Eukaryotes）相对应的是原核生物（Prokaryotes），包括细菌、古细菌两大类微生物，它们的原核细胞是构造最简单、个体最微小的生物。但是现在海洋里的生物量 90% 属于原核生物，地球历史的 85%时间里只有原核生物，从还原到氧化环境都有分布，占据了地球系统时空坐标中的一大片，而我们熟悉的动物、植物，其实只是真核生物中的一部分。

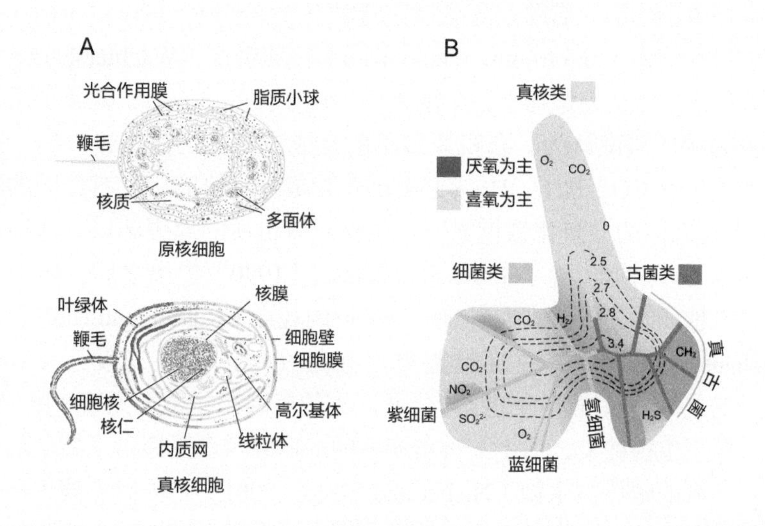

生物最基本的分类

A. 生物的两类细胞，注意原核细胞无细胞核（据 Lipps，1993 改）；B. 三大类生物的演化时间与生存环境，粗线条表示生物三大类的不同演化方向；虚线表示距今时间（单位：十亿年）；灰色与深绿色表示氧化还原环境（据 Banfield and Marshall，2000 改）

原核生物过于细小，不但人类的肉眼看不见，甚至在一般显微镜下也不见得看得出名堂，长期以来在地球科学里没有位置。现在知道，我们熟悉的许多“地质过程”，从碳酸盐的岩溶到沉积矿产的形成，其实都与原核类的生物过程有关。如果说真核生物的多样性在于其结构形态和行为特征，那么原核生物的多样性在于新陈代谢的类型。真核生物只能以“燃烧”氧作为能源，原核生物却能“燃烧”多种成分（SO_4^{2-}，NO_3^-）获得能量，依靠不同的新陈代谢类型，产生多种多样的生物地球化学效应 (Nealson，1997)。

竟这些丝状细菌和低碳同位素值是不是生物成因，直到现在还是个有争议的问题，看来单靠形态和同位素证据难以得出结论。

近年来一个新的视角是寻找微生物席（microbial mat）的证据。微生物席由铺在水下表面上的原核生物层层叠加而成，叠层石就是由微生物席和沉积物所构成，但微生物席不限于叠层石。从沉积学入手，通过岩石、地球化学分析和野外的观测，有可能找到微生物席形成的纹层（Westall，2009）。比如在距今34亿年的南非Buck Reef燧石层中，就找到了微生物席的非叠层石纹层，说明是在浅水缺氧环境下光合作用细菌的产物（Tice and Lowe，2004）。又如西澳距今34.5亿年叠层石的微观组构分析，也确定了微生物席造成的有机质层（Allwood et al.，2009）。这种种发现，有力地支撑地球生命大约从35亿年开始的观点。

有了地质记录的基础，我们回过来再来讨论生命起源的理论。地球上的生命起源可以归结为冷而慢、热而快的两大类假说。前一类主张在已经富有RNA、蛋白质等高分子的液体里，缓慢地自我合成（self assembly），这种过程时间长，但不需要高温、高能；后一种主张直接由小分子，借助于高能量在高温下突变形成，具体讲可以在热液和硫化铁环境下通过自养代谢（autotrophic metabolism）快速合成（Wächtershäuser，2000）。前面说过，近年来广泛认为地球上最早的生命出现在海底热液口，就属于后一类假说。

生命热液起源的假说认为，有机质最早的合成应当发生在热液口的“黑烟囱”内壁上，因为热液中有CO、NH_3、H_2等必要的化学成分，热液口又有急剧的温度梯度和pH梯度，加上有烟囱的“硫化铁世界”提供合成有机质的理想环境。这种全新的生命起源假设，自从25年前德国的G. Wächtershäuser（1990）提出之后，尽管还有争论，却已经得到越来越多的支持，成为当前广泛流行的观点（Russell and Hall，2002；Huber and Wächtershäuser，2006），而且起源更可能是在低温热液口发生（Martin et al.，2008），依靠的是海底橄榄岩的蛇纹岩化所产生的甲烷和能量（见第3章“附注3：蛇纹岩化”）。至于生物种类，由于太古宙初期的地球经常遭受撞击，最早的生物应当是化学自养、不产氧的嗜热微生物（Nisbet and Sleep，2001）。依靠热液生存的化学自养生物，注定只能在热液出口附近成活，地理分布十分有限，在地球上产生的影响十分有限；只有获得了利用太阳能的本事，生物才能远离热液口、占领全球，才能高效率地改造地球表层系统的化学环境。

1.4.2 光合作用起源的探索

因此，地球上所谓生命起源，是指生物质开始利用地球内热，通过化学合成反应制造有机质，而利用太阳光能是后来的事。从化能合成到光合作用，是生命演化早期最重要的跃进，从此以后生命活动才能够调控地球系统的演变方向，使地球成为具有自我调节能力的系统。

光合作用是将光能转变为化学能的过程，植物利用叶绿素，将CO_2和H_2O转化为有机物，并释放出氧气，简单说来可以用下式表达：

$$6CO_2+6H_2O \longrightarrow C_6H_{12}O_6+6O_2$$

我们熟悉的陆生植物都是利用叶绿素作为光合色素，利用H_2O和CO_2反应产生O_2，属于产氧光合作用（oxygenic photosynthesis）。近几十年来发现生物合成有机质具有多种途径，产氧光合作用只是我们今天常见的一种。最为震撼的是20世纪70年代末热液生物群的发现。比如热液口成群生活的管状蠕虫，既没有口也没有消化器官，全靠共生的硫细菌制造有机物。它们生活在一片漆黑的深海海底，根本谈不上光合作用，而是依靠热液带上的地球内部能量，进行有机物的化学合成（chemosynthesis；Cavanaugh et al.，1981）。和光合作用不同，硫细菌利用硫化氢而不是水去和 CO_2 反应，合成有机物的同时也不是释放氧气，而是形成固体硫储存体内：

$$12H_2S + 6CO_2 \longrightarrow C_6H_{12}O_6\ (=\text{carbohydrate}) + 6H_2O + 12S$$

生物化学合成有机物的发现，不但挑战了“万物生长靠太阳”的概念，展现出代谢过程的多样性，而且启示了地球上初期生命活动可能采取的形式。其实光合作用并不一定要依靠叶绿素，也不一定要产生氧气。 世界上有许多种细菌能够进行光合作用，但是不用叶绿素也不产生氧气，而是利用菌绿素（bacteriochlorophyll）产生硫，或者采用其他途径（Xiong et al.，2000）。这些发现拓宽了代谢作用的概念，对认识光合作用起源有着极其重要的意义。

广义说来，生物将无机碳（CO_2）变成有机碳（$C_6H_{12}O_6$），都是一种氧化还原反应：无机碳变有机碳需要获得电子，把氧化的无机碳转变为还原的有机碳。光合作用产生有机质，是碳的还原；呼吸作用消耗有机质，是碳的氧化。氧化还原反应的实质就是电子的转移，因此光合作用甚至整个代谢作用，都可以说是在调节着地球表层的电子库（Falkowski，2008）。叶绿素的光合作用中，电子的来源是水，放出的是氧；硫细菌的化学合成中，电子的来源是硫化氢，排出的是硫。

如果地球上最早的生命是在深海热液区，那就不可能依靠光合作用。前面说过，最早的生物应当是化学自养、不产氧的嗜热原核生物。原核生物有着多种多样的代谢作用途径，其中唯一能够进行产氧光合作用的就是蓝细菌（Cyanobacteria）（附注 4）。蓝细菌现代分布极其广泛，地质历史上也极早出现。学术界普遍认为：有氧光合作用的头功应当归于蓝细菌，它们是产氧光合作用的创始者，也是大气圈 O_2 储库“第一桶金”的贡献者。

蓝细菌是地球上最早进行产氧光合作用的生物。现在已经无从考证究竟什么时候开始，但是其分子化石曾经在西澳 27 亿年前的页岩中发现（Brocks et al.，1999），因此至少当时就有生物产氧。 这是生物起源以来最大的革新，因为产氧光合作用制造有机物的效率提高了几个数量级。有人估计，有氧光合作用之前全球每年生物产生的碳为 2×10^{12}~20×10^{12} mol，只相当于现在全球生产力的 1/4500~1/450（Canfield，2005）。一旦光合作用产生的氧气在大气中占有显著地位，生命过程就能改变地球的表层系统，并进而改变地球的内部。

从保存的早期化石来看，蓝细菌以微生物席的形式进行光合作用。而根据现代微生物席的观测，这类光合作用可以引起连锁反应：依靠光合作用的光能自养微生物席所产生的 H_2 与 CO 气体，还可以为长在一起的化能自养和异养微生物所利用。这种过程对于今天的地球环境作用不大，但是在生物圈演化的头 20 亿年具有全球影响：因为产氧光合作用使生物生产率提高千百倍，当时微生物席产生的少量 H_2、CO 和 CH_4，可以通过产氧光合作用高生产力的放大作用，改变整个大气与大洋的化学成分（Hoehler et al.，2001）。

不过产氧光合作用的出现，绝不等于大气里就会有氧气，因为产生出来的氧会被消耗，不见得能够保存。因此大气氧化是个长期而复杂的过程，从生命起源到大气含氧，

附注 4：蓝细菌

微生物的代谢作用五花八门，有的只会分解现成的有机质，属于异养型；有的自己能合成有机质，称为自养型。自养型微生物有多种途径进行“自养”，但都需要通过电子转换才能将二氧化碳还原合成有机质，硫细菌利用硫、铁细菌利用铁的价位提供电子，但都不产生氧气，唯独蓝细菌（Cyanobacteria）的光合作用能够产氧。

蓝细菌含有叶绿素，能够在光合作用时释放氧气，是一类分布很广的原核微生物。不仅是日常生活中用到的发菜、小球藻属于蓝细菌，在现代海洋里的原绿球藻（*Prochlorococcus*）和聚球藻（*Synechococcus*）也属于蓝细菌，是海洋初级生产力和碳循环的主角之一。而淡水中的蓝细菌可以勃发成灾，形成水华，导致水体变色、水质恶化。

蓝细菌曾被称为蓝藻或蓝绿藻，其实不对，因为藻类专指真核生物。蓝细菌没有细胞核，但细胞中央含有核物质，通常呈颗粒状或网状。蓝细菌没有叶绿体，染色质和色素都是均匀地分布在细胞质中，因此与真核生物不同。但有一点和植物体内的叶绿体相似：蓝细菌细胞里也有进行光合作用的类囊体（thylakoid）（见下图）。

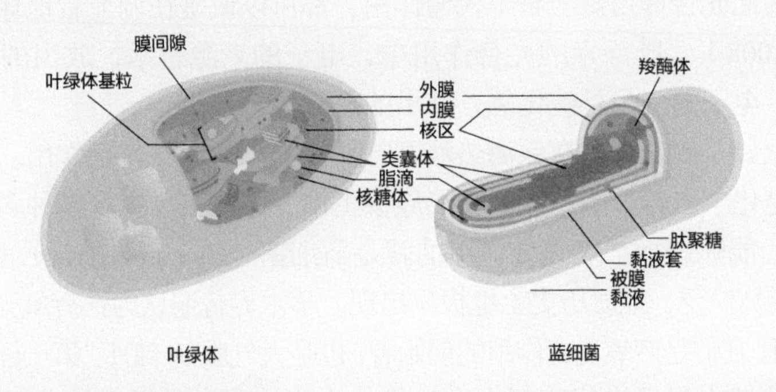

蓝细菌和叶绿体内部构造的比较（图片来自 Wikipedia answer，经编辑修改）

从生物的角度至少要经过三道关口：第一，要能够利用太阳能进行光合作用；第二，要会利用水来提供电子将无机碳还原为有机碳，同时放出氧气，也就是产氧光合作用；第三，要从原核生物演化出真核生物。蓝细菌的光合作用影响有限，在巨大的地球表面系统里只能算“星星之火”。需要在细胞里形成专司光合作用的叶绿体，并进一步出现多细胞生物，才能在显生宙产生植被，绿化大地、改造大气。而真核细胞叶绿体的产生，又是蓝细菌在生物演化中的一大贡献。 有关生物演化的过程，我们留到第 5 章“生物圈及其演化”里再来展开。这里先从大气的角度进行讨论，光合作用产生的氧，如何能在大气里面保存，使得大气圈从还原转为氧化。

1.5 氧化大气圈的形成

行星地球的一大特色在于其氧化的大气。太阳系里金星的大气 98% 是 CO_2，而木星大气主要由氢和氦组成，都属于还原或中性环境。地球的氧化大气来之不易，它是几十亿年圈层相互作用的产物。据推断在冥古宙，当撞击事件形成月球之后的 1000 年里，高温的地球大气由气态的硅酸盐组成，属于“岩石大气”；其后的 200 万年间，地幔在地球表面横流成“岩浆海”，挥发性元素逸出形成 H_2O 和 CO_2 为主的大气；此后地面温度逐步下降，出现液态水的大洋，CO_2 通过海洋被地幔吸收（Zahnle，2007），但还是没有氧气。理论上，紫外线分解 H_2O 也能产生氧气，但是有强烈的负反馈。因此地球上的自由氧几乎全靠生物过程产生。总而言之，地球早期产生的大气属于还原或者中性性质，氧化大气形成的原因在于生命活动。

1.5.1　大氧化事件

与生命起源相比，氧化大气起源的研究相对容易，因为大气成分可以有沉积和地球化学的记录，而最早的沉积要比最早的生物好找得多。话虽如此，太古宙大气里究竟是否有氧，学术界也有过不同意见。美国的 H. Holland 三十年前就提出太古宙大气无氧，但是他从前的学生、美籍日本人 H. Ohmoto 却认为距今 38 亿年前大气就有氧。这场多年的师生之争，最后以老师的胜利告终。关键的判决来自同位素证据：用硫同位素可以检验大气是否含氧。同位素分馏通常是因为各种同位素的质量不同，但是光化学过程也可以造成“非质量分馏效应（mass independent fractionation，MIF）”。太阳光分解 SO_2 就会造成非质量分馏，在有氧的大气里分解的产物全部被氧化掉。而当大气无氧时，分解的产物不能全被氧化，进入沉积记录的硫就带有非质量分馏的同位素特征；如果没有这种分馏的特征，就说明大气里已经有氧，太阳光不能分解 SO_2。对前寒武纪的硫化物和硫酸盐进行分析，结果表明 24.5 亿年前大气中有这种 SO_2 分解发生，证明此前大气无氧；此后，24.5 亿 ~20.9 亿年前的同位素发生变化，说明有氧气出现（Fraquher et al.，2000）（图 1-15）。这就是现在所说的 24 亿年前的“大氧化事件（Great Oxidation Event）”（Kerr，2005）。

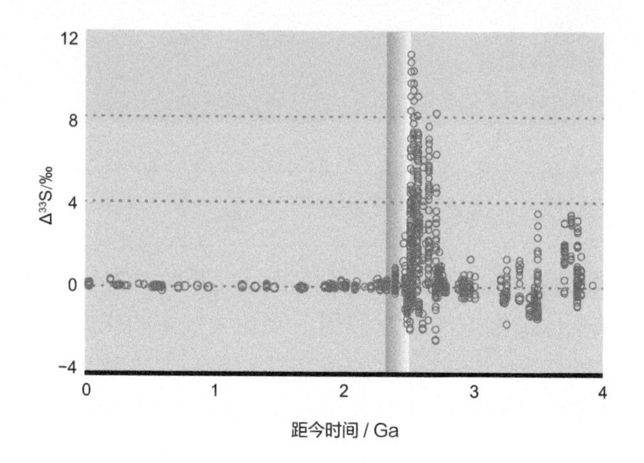

图 1-15
大氧化事件的硫同位素证据（据 Lyons and Reinhard，2011 改）
$\Delta^{33}S = 0$ 说明大气中有 O_2 出现，粗条示大氧化事件

“大氧化事件”有着充分的沉积学证据。在还原性大气条件下，雨水的化学风化不产生氧化效应，因此大氧化事件之前的地层里，分布着菱铁矿、沥青铀矿、黄铁矿等还原环境下的碎屑矿物。在今天的条件下，这类矿物极容易氧化，难以形成碎屑矿物，而在太古宙即使经过河流的长途搬运还能保存。虽然当时的“氧化”和今天不同，大氧化事件产生的大气含氧量最初可能只相当于现在的 1%，但是风化作用却已经属于氧化类型，这类还原性质的碎屑矿物已经不复存在（Sverjensky and Lee，2010）。

大氧化事件的直接产物是条带状含铁建造（banded iron formation，即 BIF）。这是前寒武纪的细条带状硅质赤铁矿矿床，由铁的氧化物、硫化物、碳酸盐类矿物和燧石，构成条带状的互层（图 1-16）。世界上富铁矿 70% 属于这种类型，我国的鞍山式铁矿便是其中之一。 分布的广泛说明这是一种开放海洋的沉积，只能在还原大气和海水中形成，因为只有还原的二价铁 Fe^{2+} 才能溶解于水，在海水里传播；一旦氧化变为三价铁 Fe^{3+}，就会立刻沉淀。这类铁矿虽然最早在 37 亿年就有发现，最主要的分布时段却是 24 亿 ~ 18 亿年，也就是从大氧化事件开始。这是因为海水里还原的 Fe^{2+} 和蓝细菌产生的氧相遇，氧化为 Fe^{3+} 沉淀下来。当时的氧含量不高，沉降以后又会回到还原环境和 Fe^{2+} 的积聚，等到下一番的氧化。因此大洋的铁矿呈周期性沉淀，形成条带状的互层。

图 1-16
元古宙条带状含铁建造（图片来自维基媒体，https://commons.wikimedia.org）

前面说过，产氧光合作用在距今 27 亿年前已经开始，为什么还要等上 3 亿年，大气才能氧化？原因在于地球圈层的相互作用。氧在大气中的积聚取决于生产和消耗的平衡，在光合作用产氧的同时，还有更多的过程在耗氧。首先是生物的呼吸，光合作用产生的氧可以被呼吸作用的消耗抵消。其次是风化作用，无论有机物还是黄铁矿一类还原成分的物质，只要能风化就会消耗 O_2。再次是火山喷发的气体，无论 H_2 还是 H_2S，只要遇到 O_2 就会发生相互作用，作用的结果就是消耗 O_2（Canfield，2005）。上述三项，有氧呼吸和产氧光合作用是配套的，能够变化的是后两项。

先说风化，只有暴露在地面或者海底的岩石、土壤才会有风化作用，假如有机物或者黄铁矿埋入地下就难以风化，其结果就有利于 O_2 在大气里的聚集。而地层的埋藏还是暴露取决于构造运动，根源在于地球的内部过程。再说火山喷发，喷发的气体是变化的。如果地球内部过程使喷发气体从还原向氧化转移，也会减少大气 O_2 的消耗。所以说有氧光合作用的产生和大氧化事件相差 3 亿年，可能是受到地球内部过程的牵制。

果然，27 亿 ~24 亿年前正好是地球内部发生巨变的时期。有人比较了全球 7 万个岩浆岩的地球化学成分，发现太古宙时候地幔温度在 1500~1600 ℃或更高，地幔的熔融程度高达 35%，到现在已经分别下降到 1350 ℃和 10%。其中一个转折关键就在距今 25 亿年的太古宙 / 元古宙之交。背景是冥古宙以后地幔逐渐变冷，地壳的厚度和体积加大，花岗岩岩浆形成的深度变浅，岩浆岩的化学成分随之发生变化（White，2012）。地球内部的变化反映到表层，表现之一是陆壳增大、海平面相应下降，于是原来的海底火山喷发变为陆地喷发。同是火山活动，海陆喷发并不一样：陆地火山承受的压力比海底小得多，成分也相应不同。海底喷发多 H_2S、陆地喷发多 SO_2，前者要消耗氧、后者不消耗氧，因此火山气体本身的变化，是大气 O_2 聚集的重要驱动力（Lyons and Reinhard，2011）。

可见太古宙 / 元古宙之交是地球系统的一场改组，地球降温后进入稳定状态，是这场改组的实质。24 亿年前的大氧化事件正是地球系统趋向成熟，在地球表层的表现之一，不能都说成是蓝细菌的功劳。从长尺度讲，氧的聚集和碳的埋藏相对应，大气聚氧的实质是将沉积的碳通过板块作用送入地幔，而这种作用只有在地球降温、板块运动稳定时才能发生。其实太古宙末地球系统的改组，实质上是地球摆脱高温的少年期，进入低温的成年期，太古宙 / 元古宙之交岩浆变化的记录，好比是为地球拍摄的一张“成年纪念照”（White，2012）。

从岩浆到大气，都在太古宙末发生转折。地球系统改组给表层环境带来的是全方位的变化，应该说至今还缺乏充分认识。比如说，地球上的冰期从此以后才会发生，因为此前大气里的 CO_2、CH_4 和 H_2O，本质上都是温室气体，只有大气中的 CO_2 减少、CH_4 消失之后，地表才能降温到水的冰点以下。再比如表生矿物的种类，在此之后急剧增多。因为还原环境下的金属矿物只有一种价位，氧化环境下可以出现各种不同价位的化合物，于是太古宙之后出现了许多新的矿物。比如大氧化事件以前铀只存在于一种沥青铀矿中，大氧化之后铀矿就增加到 200 种之多（Sverjensky and Lee，2010）。

1.5.2　硫化氢海洋

地质记录告诉我们：27 亿年前不仅有了产氧光合作用，还有了真核生物，正好为生物界的大发展创造了条件；但是元古宙并没有生物大发展的记录。生命演化的下一次大跃进，居然还要等差不多 20 亿年，等到元古宙末期才发展出多细胞生物，直到“寒武纪生命大爆发”。是什么因素造成生物演化的大停滞，出现地质历史上“黑暗的中世纪”？原因在于硫循环。在表层海水氧化之后，深层海水并没有跟上，中间出了个硫化氢海洋（图 1-17A）。

24 亿年前的大氧化事件说的是大气氧化，并不是海洋。上层海洋和大气密切交换，应当同步氧化；而深层海水却是另一个世界，并没有随着氧化，其中原因在于硫循环。

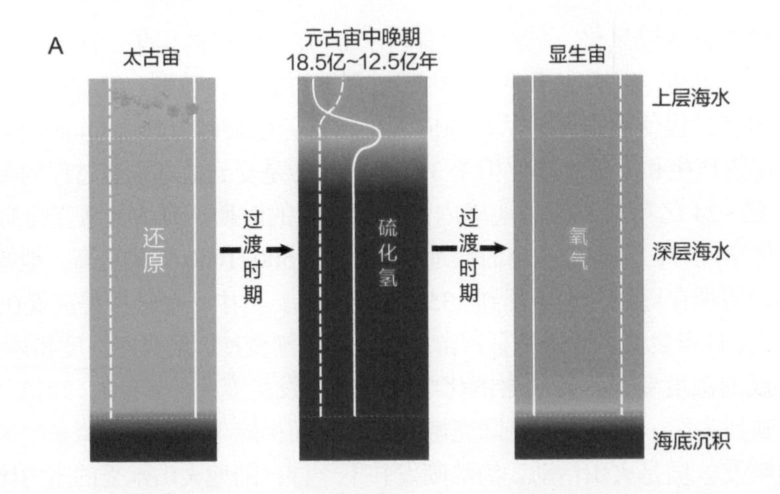

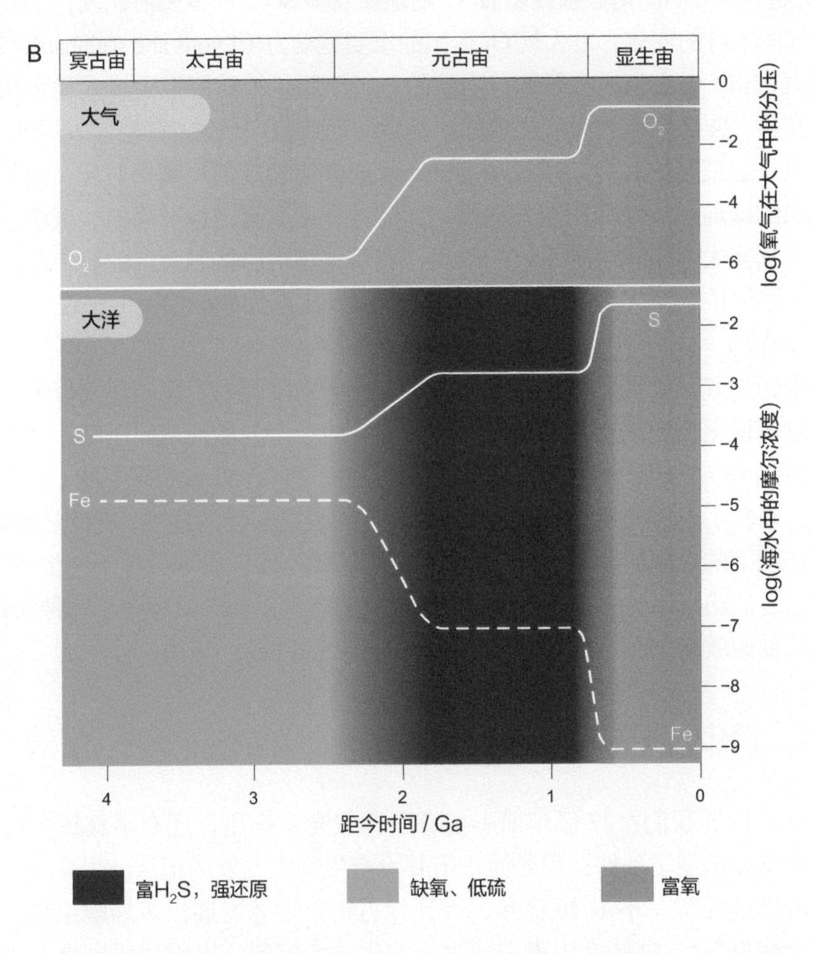

图 1-17
海洋从还原到氧化演变的概略示意图

A. 海水：从上层到海底，左为太古宙还原的海洋，中为元古宙中晚期上层海水氧化，深层海水为硫化氢浸染的还原性，右为显生宙氧化的海洋（据 Anbar and Knoll，2002 改）；B. 大气与海水中氧、硫和铁元素的丰度变迁（据 Anbar，2008 改）

元素在地球系统里的循环相互牵制，硫和氧的性能相似，研究氧的演变离不了硫，离不了还原的 H_2S 和氧化的 SO_2 之间的平衡。与现代大洋不同，太古宙的大洋里很少有硫酸根（SO_4^{2-}）。大氧化事件将出露地面的 FeS_2 氧化为 SO_4^{2-} 溶解于水，随着河水流入海洋，在还原的海洋里形成大量 H_2S。大气氧化并没有给深海带来氧气，反而形成了硫化氢的海洋，破坏了生命元素在海里的循环途径，对于表层海洋生物同样不利。这种“硫化氢海洋”，最初是由丹麦地质学家 Donald Canfield 提出，作为元古宙生命演化停滞的解释（Canfield，1998），因此也被称为“Canfield 海洋”。

“Canfield 海洋”是地球圈层相互作用的一个典型案例，在生物圈的作用下，大气和海水中氧、硫、铁三种元素的相关变化，揭示了地球表层系统几十亿年来化学变化的框架（图 1-17B）。大氧化事件在海水增加硫酸盐含量的同时，又通过有氧光合作用的发展加强了有机物的生产。两者相遇，就促进了海洋黄铁矿的生成，如下式所示：

$$16H^+ + 8SO_4^{2-} + 2Fe_2O_3 \longleftrightarrow 8H_2O + 4FeS_2 + 15O_2$$

氧气的增加引起硫循环的改变，结果沉淀了 FeS_2、放出了氧气。正是硫化氢海洋的形成，使得 24 亿年前开始广泛形成的条带状含铁建造，在大约 18 亿年前告一段落。

大气和大洋的氧化，改变着地球表层整个的化学系统，包括碳循环的生物泵。推测在太古宙缺氧的大洋里，还原 Fe^{2+} 可能在海洋碳循环过程中扮演过主角（图 1-18A），原核生物产生的有机碳和 Fe^{2+} 发生相互作用推动碳循环；在古 – 中元古代的“硫化氢海洋”里，Fe^{2+} 可能仍然起着关键性作用（图 1-18B）；要到新元古代海洋氧化之后，Fe^{2+} 才从海洋里消失（图 1-18C），由氧和有机碳直接作用推动生物泵的碳循环（Lyons et al.，2014）。

纵观地球历史，大气含氧量的增加过程多经反复，并不顺利。太古宙大气中几乎不含氧气，即便有痕量的 O_2，其浓度也够不上今天的千分之一。24 亿年前的大氧化事

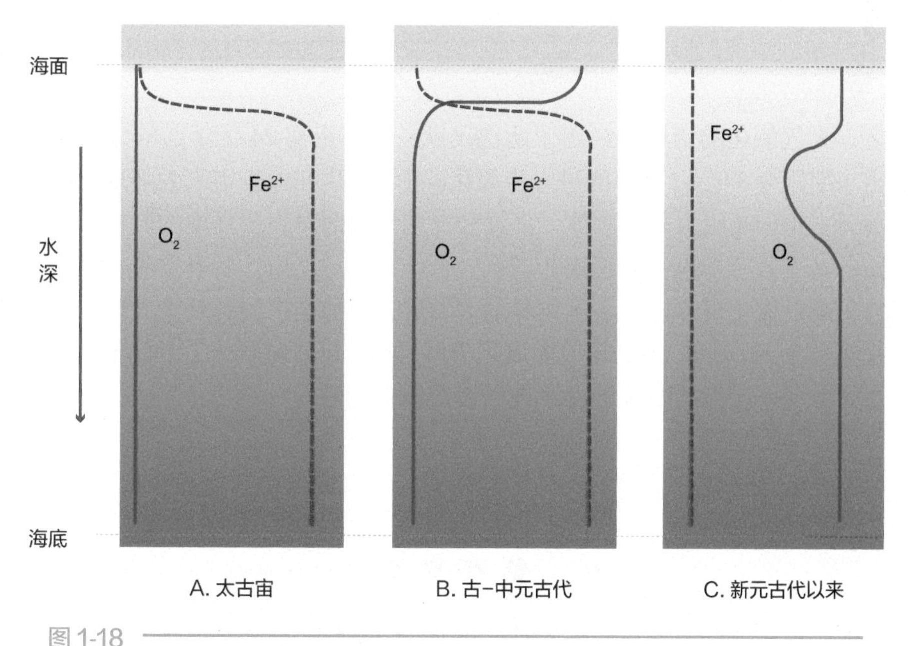

图 1-18
大洋二价铁 Fe^{2+} 和氧含量的地质演变（据 Lyons et al.，2014 改）

件使 O_2 超越今天水平的 1% 以上，但是 20 亿年前又行下降，有可能降回大氧化之前的水平，到 18 亿年前随着条带状含铁建造时代的结束，方才回升到今天含量的 5% 到 18% 水平（Canfield，2005）。元古宙末期，随着罗迪尼亚（Rodinia）超级大陆的分解，全球沉积速率大增，大量有机碳的埋藏降低了大气中温室气体的含量，增多了氧气，导致几次“雪球地球”式的大冰期（Kaufman et al.，1997），也造成了大约 7.5 亿年前的第二次氧化事件，大气含氧量方才达到现代的水平（Lyons and Reinhard，2009）（图 1-19）。

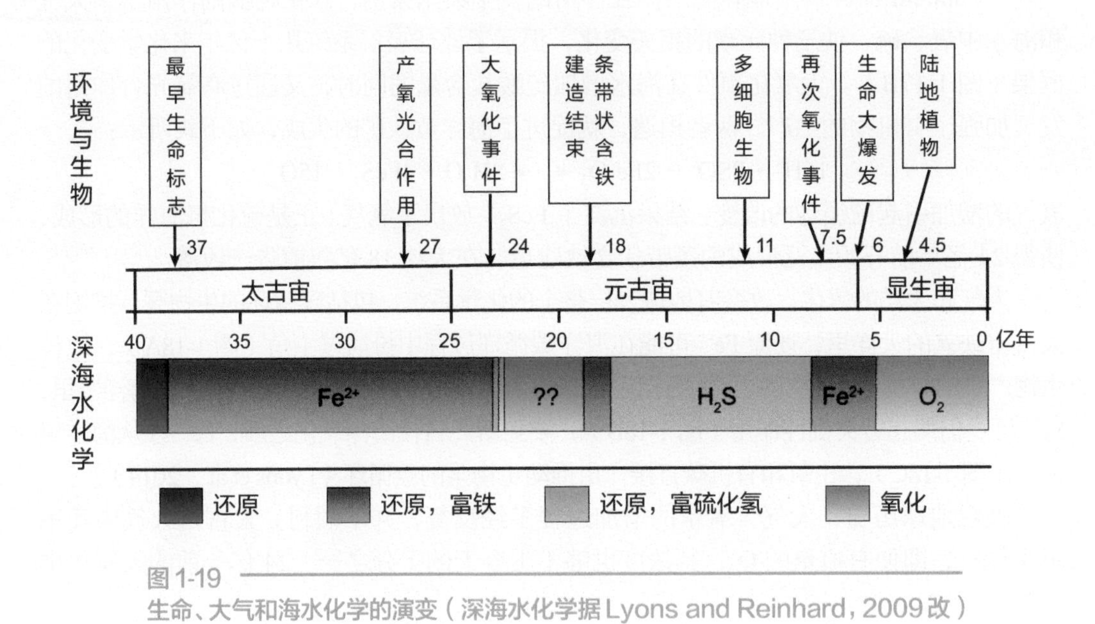

图 1-19
生命、大气和海水化学的演变（深海水化学据 Lyons and Reinhard，2009 改）

总之，大气氧化的历史中经历了两次飞跃：元古宙初 24 亿年前的大氧化事件，以及元古宙末期距今 8 亿 ~7 亿年的进一步氧化。前者发生在太古宙末大陆地壳剧增之后，后者接着元古宙末超级大陆的解体，都反映出地球内部对表层环境的调控作用。两者又和生物圈的演变紧密相连：前者接在产氧光合作用起源之后，后者发生在生命大爆发之前。元古宙末的氧化事件迎来了生物界的大发展，从海洋扩展到整个大地，从 6 亿多年前一直延续到今天。然而 24 亿年前大氧化事件之后，却出现了一二十亿年的停滞时期，根源在于海洋——深海的 H_2S 贻误了地球表层演化的进程。

参考文献

Abe Y. 1993. Physical state of the very early Earth. Lithos, 30(3): 223–235.

Allwood A C, Grotzinger J P, Knoll A H, et al. 2009. Controls on development and diversity of Early Archean stromatolites. Proceedings of the National Academy of Sciences of the United States of America, 106(24): 9548–9555.

Alpher R A, Bethe H, Gamow G. 1948. The origin of chemical elements. Journal of Washington Academy of Sciences, 38(8): 288.

Anbar A D. 2008. Elements and evolution. Science, 322(5907): 1481–1483.

Anbar A D, Knoll A H. 2002. Proterozoic ocean chemistry and evolution: a bioinorganic bridge? Science, 297(5584): 1137–1142.

Banfield J F, Marshall C R. 2000. Genomics and the Geosciences. Science, 287(5453): 605–606.

Bell E A, Patrick B, T Mark H, et al. 2015. Potentially biogenic carbon preserved in a 4.1 billion-year-old zircon. Proceedings of the National Academy of Sciences of the United States of America, 112(47): 14518–14521.

Brasier M D, Jephcoat A P, Kleppe A K, et al. 2002. Questioning the evidence for Earth's oldest fossils. Nature, 416(6876): 76–81.

Brasier M, Green O, Lindsay J, et al. 2004. Earth's oldest (approximately 3.5 Ga) fossils and the 'Early Eden hypothesis': questioning the evidence. Origins of Life & Evolution of the Biosphere, 34(1–2): 257–269.

Brocks J J, Logan G A, Buick R, et al. 1999. Archean molecular fossils and the early rise of eukaryotes. Science, 285(5430): 1033–1036.

Buffett B A. 2000. Earth's core and the geodynamo. Science, 288(5473): 2007.

Canfield D E. 1998. A new model for Proterozoic ocean chemistry. Nature, 396(6710): 450–453.

Canfield D E. 2005. The early history of atmospheric oxygen: Homage to Robert M. Garrels. Annual Review of Earth and Planetary Sciences, 33: 1–36.

Catling D C, Zahnle K J. 2009. The Planetary Air Leak. Scientific American, 300(5): 36–43.

Cavanaugh C M, Gardiner S L, Jones M L, et al. 1981. Prokaryotic cells in the hydrothermal vent tube worm *Riftia pachyptila* Jones: Possible chemoautotrophic symbionts. Science, 213(4505): 340–342.

Ciesla F J, Sandford S A. 2012. Organic Synthesis via Irradiation and Warming of Ice Grains in the Solar Nebula. Science, 336(6080): 452–454.

CPEP (Contemporary Physics Education Project). 2003. Chapter 10, Origin of the Elements. In: Nuclear Science—Guide to Nuclear Science Wall Chart (3rd edition). Berkeley, California: Lawrence Berkeley National Laboratory.

Drake M J. 2000. Accretion and primary differentiation of the Earth: A personal journey. Geochimica et Cosmochimica Acta, 64(14): 2363–2369.

Drake M J. 2005. Origin of water in the terrestrial planets. Meteoritics & Planetary Science, 40(4): 519–527.

Elkinstanton L T. 2012. Magma Oceans in the Inner Solar System. Annual Review of Earth and Planetary Sciences, 40(40): 113–139.

Falkowski P G, Isozaki Y. 2008. The story of O_2. Science, 322(5901): 540–542.

Farquhar J, Bao H, Thiemens M. 2000. Atmospheric influence of Earth's earliest sulfur cycle. Science, 289(5480): 756–758.

Furnes H, Wit M D, Staudigel H, et al. 2007. A vestige of Earth's oldest ophiolite. Science, 315(5819): 1704–1707.

Glatzmaiers G A, Roberts P H. 1995. A three-dimensional self-consistent computer simulation of a geomagnetic field reversal. Nature, 377(6546): 203–209.

Gomes R, Levison H F, Tsiganis K, et al. 2005. Origin of the cataclysmic Late Heavy Bombardment period of the terrestrial planets. Nature, 435(7041): 466–469.

Hazen R M, Ferry J M. 2010. Mineral evolution: mineralogy in the fourth dimension. Elements, 6(1): 9–12.

Hazen R M, Papineau D, Bleeker W, et al. 2008. Mineral evolution. American Mineralogist, 93(11–12): 1693–1720.

Herwartz D, Pack A, Friedrichs B, et al. 2014. Identification of the giant impact Theia in lunar rocks. Science, 344(6188): 1146–1150.

Hoehler T M, Bebout B M, Des Marais D J. 2001. The role of microbial mats in the production of reduced gases on the early Earth. Nature, 412(6844): 324–327.

Huber C, Wächtershäuser G. 2006. α-Hydroxy and α-Amino acids under possible Hadean, volcanic origin-of-life conditions. Science, 314(5799): 630–632.

IODP 科学规划委员会 . 2003. 地球海洋与生命：IODP 初始科学计划 . 上海：同济大学出版社 , 96.

Jacobsen S B. 2003. How old is planet Earth? Science, 300(5625): 1513–1514.

Kaufman A J, Knoll A H, Narbonne G M. 1997. Isotopes, ice ages, and terminal Proterozoic earth history. Proceedings of the National Academy of Sciences of the United States of America, 94(13): 6600–6605.

Kerr R A. 2005. The story of O_2. Science, 308: 1730–1732.

Labrosse S, Hernlund J W, Coltice N. 2007. A crystallizing dense magma ocean at the base of the Earth's mantle. Nature, 450(7171): 866–869.

Lipps J H. 1993. Fossil Prokaryotes and Protists. Boston：Blackwell Scientific Publications.

Lyons T W, Reinhard C T. 2009. Early Earth: Oxygen for heavy-metal fans. Nature, 461(7261): 179–181.

Lyons T W, Reinhard C T. 2011. Earth science: Sea change for the rise of oxygen. Nature, 478(7368): 194–195.

Lyons T W, Reinhard C T, Planavsky N J. 2014. The rise of oxygen in Earth's early ocean and atmosphere. Nature, 506(7488): 307–315.

Martin W, Baross J, Kelley D, et al. 2008. Hydrothermal vents and the origin of life. Nature Reviews Microbiology, 6(11): 805–814.

Moorbath S. 2009. The discovery of the Earth's oldest rocks. Notes & Records of the Royal Society of London, 63(4): 381–392.

Munk W. 2002. The Evolution of physical oceanography in the last hundred years. Oceanography, 15(1): 135–141.

Nealson K H. 1997. Sediment bacteria: who's there, what are they doing, and what's new? Annual Review of Earth and Planetary Sciences, 25(25): 403–434.

Nisbet E G. 1991. Of clocks and rocks— The four aeons of Earth. Episodes, 14: 327–331.

Nisbet E G, Sleep N H. 2001. The habitat and nature of early life. Nature, 409(6823): 1083–1091.

Nutman A P, Bennett V C, Friend C R L, et al. 1997. ~3710 and ≥ 3790 Ma volcanic sequences in the Isua (Greenland) supracrustal belt; structural and Nd isotope implications. Chemical Geology, 141(3–4): 271–287.

Pinti D L. 2005. The origin and evolution of the Oceans. In: Lectures in Astrobiology. Berlin: Springer. 83–112.

Rosing M T, Bird D K, Sleep N H, et al. 2006. The rise of continents—An essay on the geologic consequences of photosynthesis. Palaeogeography Palaeoclimatology Palaeoecology, 232(2): 99–113.

Rosing M T, Bird D K, Sleep N H, et al. 2010. No climate paradox under the faint early Sun. Nature, 464(7289): 744–747.

Russell M, Hall A J. 2002. From geochemistry to biochemistry: Chemiosmotic coupling and transition element clusters in the onset of life and photosynthesis. The Geochemical News, 113: 6–12.

Sagan C, Mullen G. 1972. Earth and Mars: evolution of atmospheres and surface temperatures. Science, 177(4043): 52–56.

Schidlowski M. 1988. A 3,800-million-year isotopic record of life from carbon in sedimentary rocks. Nature, 333(6171): 313–318.

Schopf J W. 1993. Microfossils of the Early Archean Apex chert: new evidence of the antiquity of life. Science, 260(5108): 640–646.

Schopf J W. 2006. Fossil evidence of Archaean life. Philosophical Transactions of the Royal Society of London, 361(1470): 869–885.

Sleep N H, Zahnle K, Neuhoff P S. 2001. Initiation of clement surface conditions on the earliest Earth. Proceedings of the National Academy of Sciences of the United States of America, 98(7): 3666–3672.

Stein M, Ben-Avraham Z. 2007. Mechanisms of continental crust growth. Treatise on Geophysics, 68: 171–195.

Stevenson D J. 2008. A planetary perspective on the deep Earth. Nature, 451(7176): 261–265.

Sverjensky D A, Lee N. 2010. The great oxidation event and mineral diversification. Elements, 6(1): 31–36.

Tice M M, Lowe D R. 2004. Photosynthetic microbial mats in the 3,416-Myr-old ocean. Nature, 431(7008): 549.

Turner M S. 2008. From α β γ to precision cosmology: The amazing legacy of a wrong paper. Physics Today, 61(12): 8–9.

Valley J W, Cavosie A J, Ushikubo T, et al. 2014. Hadean age for a post-magma-ocean zircon confirmed by atom-probe tomography. Nature Geoscience, 7(3): 219–223.

Wächtershäuser G. 1990. Evolution of the first metabolic cycles. Proceedings of the National Academy of Sciences of the United States of America, 87(1): 200–204.

Wächtershäuser G. 2000. Life as we don't know it. Science, 289(5483): 1307–1308.

Walker R J, Walker D. 2005. Does the core leak? Eos Transactions American Geophysical Union, 86(25): 237–242.

Webb R. 2013. Primordial broth of life was a dry Martian cup-a-soup. New Scientist. 2013-9-13. http://www.newscientist.com.

Westall F. 2009. Life on an anaerobic planet. Science, 323(5913): 471–472.

White W M. 2012. Geochemistry: Portrait of Earth's coming of age. Nature, 485(7399): 452–453.

Wilde S A, Valley J W, Peck W H, et al. 2001. Evidence from detrital zircons for the existence of continental crust and oceans on the Earth 4.4 Gyr ago. Nature, 409(6817): 175–178.

Wolf E T, Toon O B. 2013. Hospitable archean climates simulated by a general circulation model. Astrobiology, 13(7): 656–673.

Wood B J, Walter M J, Wade J. 2006. Accretion of the Earth and segregation of its core. Nature, 441(7095): 825–833.

Xiong J, Fischer W M, Inoue K, et al. 2000. Molecular evidence for the early evolution of photosynthesis. Science, 289(5485): 1724–1730.

Zahnle K, Arndt N, Cockell C, et al. 2007. Emergence of a habitable planet. Space Science Reviews, 129(1–3): 35–78.

思考题

1. 地球上是先有大气还是先有海洋？ 在地球演化历史中，是大气的变化大，还是海洋的变化大？

2. 为什么说地幔是地球系统里最重要的圈层？地幔上接地壳、下连地核，在圈层的分异过程中，地幔的上界和下界哪个分异更快？

3. 为什么氢和氦是宇宙里为数最多的元素？为什么地球和宇宙的元素丰度大不相同？想一想，你身体里的元素组成，和地球哪个圈层比较接近？

4. 为什么说是探月工程揭示了地球早期演化的关键环节？有什么证据说明月球和地球几乎一道产生？假如没有月球，地球系统会有哪些不一样？

5. “冥古宙”几乎没有地质记录，当时地球系统演化的推论是靠哪里来的证据？地球形成后一亿多年就有了大陆，这又是怎么知道的？

6. 凭什么说生命最可能是在深海起源？地球上的自养生物可以依靠外来的太阳能进行光合作用，也可以依靠地球内部能量进行化学合成，前者比后者有哪些优越性？假如地球上只有化学合成，生物圈也会进化吗？

7. 根据什么说 24 亿年前发生了“大氧化事件”？其实有氧光合作用在 27 亿年前就已经开始，为什么大气圈的自由氧气，还要再等 3 亿年方才出现？

8. 大气氧化，会通过什么渠道影响地球表层的硫循环？条带状含铁建造是最重要的富铁矿，为什么集中在 24 亿到 18 亿年里形成，后来几乎不再出现？

9. 元古宙延续将近 20 亿年，为什么在这段长时间里生物演化没有什么重要进展？为什么大气圈的“大氧化事件”没能带动海水的氧化？深层的海水，后来是怎样氧化的？

10. 为什么大地植被是绿的，而不是红的？为什么说光合作用是地球系统吸收利用太阳能最为成功的一种形式？

推荐阅读

布莱森 . 2005. 万物简史 . 第 10、11、16、19、21 等章 . 严维明等译 . 南宁：接力出版社 .

汪品先 . 2009. 穿凿地球系统的时间隧道 . 中国科学：D 辑，(10): 1313–1338.

Canfield D E. 2005. The early history of atmospheric oxygen: homage to Robert M. Garrels. Annual Review of Earth Planetary Sciences, 33: 1–36.

Contemporary Physics Education Project (CPEP). 2003. Chapter 10, Origin of the Elements. In: Nuclear Science—Guide to Nuclear Science Wall Chart (3rd edition). Berkeley, California: Lawrence Berkeley National Laboratory.

IODP. 2013. 照亮地球：过去、现在与未来 . 中国综合大洋钻探计划办公室译 . 上海：同济大学出版社 .

Kerr R A. 2005. Earth science. The story of O_2. Science, 308(5729): 1730–1732.

Langmuir C H, Broecker W S. 2012. How to Build a Habitable Planet: The Story of Earth from the Big Bang to Humankind. Chapter 3, The raw material: Synthesis of elements in stars. New Jersey: Princeton University Press. 51–82.

Lyons T W, Gill B C. 2010. Ancient sulfur cycling and oxygenation of the early biosphere. Elements, 6(2): 93–99.

Nisbet E G, Sleep N H. 2001. The habitat and nature of early life. Nature, 409(6823): 1083–1091.

Pinti D L. 2005. The origin and evolution of the oceans. In: Lectures in Astrobiology. Berlin: Springer. 83–112.

内容提要：

● 大洋和大陆地壳的成分和密度不同，因此大陆平均约 840 m 高，大洋平均近 3700 m 深。两者的年龄悬殊，陆壳平均 22 亿年，洋壳最老不过 2 亿年，原因是产生的机制不同。

● 洋壳生成处海底上凸，形成中脊；洋壳俯冲处海底深凹，形成海沟。大洋中脊扩张的速度不一，产生不同类型的洋壳；大洋板块俯冲的速度各异，同样产生出增生型和剥蚀型的活动边缘。

● 大洋地壳随板块移动而不断更新，而陆壳的形成机制复杂得多。推测前寒武纪主要靠地幔柱上升形成，现在主要靠板块边缘的岛弧增生，通过“俯冲带加工厂”改变着地幔深部和地球表层的环境。

● 由超级大陆的聚合与解体构成的威尔逊旋回，呈数亿年的准周期出现，其中研究最好的是晚古生代聚合、晚中生代解体的联合大陆。超级大陆的分合，是地球表层环境演变最大、延续最长的旋回。

● 在大陆地壳形成时产生的锆石能够稳定保存，为超级大陆的历史再造提供了有力证据。根据目前资料看，超级大陆的出现可能有着 4 亿 ~5 亿年一次的准周期性。

● 与超级大陆对应的是超级大洋或称外大洋（如太平洋），不同于超级大陆瓦解生成的内大洋（如大西洋）。内大洋沿大洋中脊双向扩张；而作为外大洋的太平洋板块呈辐射状拓展。

● 地幔柱上升可以产生“热点”、形成火山链，超级地幔柱上升可以形成洋底高原的“大火成岩省（LIP）”或者陆上的“溢流玄武岩”，造成表层环境的重大灾变和生物灭绝事件。

● 地幔底部的 D" 层成分并不均匀，在非洲和太平洋底下，各有一个“大型剪切波低速区（LLSVP）”，是地幔柱产生的源区。两者分居东、西两半球，形成地球深部结构的两极性，并决定着地球表层超级大陆和超级大洋的位置。

● 俯冲潜入地幔的板片，降落到核幔边界的大型剪切波低速区，可以形成超级地幔柱破坏超级大陆、更新超级大洋的地壳。因此板块运动、地幔柱和地幔底部低速区相互作用的地幔环流，是地球深部过程与表层系统交换的主要形式。

● 东亚和西太平洋三角区，在地球表面介于太平洋和印度洋两大俯冲带之间，在地幔底部介于非洲和太平洋两大剪切波低速区之间，是两亿年来俯冲板块的“坟场”，因而构造和岩浆活动活跃。一旦停止在地幔中层的板片坠落，可以引起巨大的构造变动。

地球系统与演变

第2章 地球表层与地幔

2

地幔占地球体积的84%、质量的60%，是地球众多圈层中的主体。生活在地球表面的人类，很容易把地球表层看成是“地球系统”。第1章里介绍过，地球各个圈层都有不同时间尺度的环流，其实地球系统里时空尺度最大的旋回，并不是在地球表层，而是发生在地球深部的地幔里。无论大陆的产生与瓦解，还是大洋的开启与关闭，根子都在地幔深处。在地球表层，地幔环流最重要的作用在于地壳的产生和消亡，因此我们就从地壳谈起。

2.1 地壳的形成和板块运动

地壳是从地幔物质分出来的。月球表面的斜长石是早期岩浆海的证据（见1.2.3节），同时也说明月球至今还保留着当初形成的原始地壳。地球的历史复杂得多，岩浆海时期的原始地壳早已不复存在，现在的地壳分为洋壳和陆壳两类。陆壳的范围大于陆地。从地球系统的高度看，海岸线只是海水分布的界限，而大洋和大陆地质的界限在洋壳和陆壳之间，是两类地壳相当稳定的界限，不会随着潮汐周期或者冰期旋回而移动。两类地壳无论成分、年龄、厚度等都有巨大的不同（表2-1）。

表2-1 两类地壳的比较

项目	洋壳	陆壳
成分	玄武岩质	安山岩质
厚度	5~10 km	25~70 km
密度	平均2.9 g/cm^3	平均2.7 g/cm^3
面积占比	60%	40%
体积占比	30%	70%
年龄	<2亿年	平均约22亿年
产生位置	洋中脊	板块俯冲带和地幔柱

按照重力均衡的概念，较轻的地壳会“浮”在较重的地幔（密度3.2~3.3 g/cm^3）之上，地壳越厚，地形越高。洋壳比陆壳薄，因此现在地球上大陆的平均高度约在海平面以上840 m，大洋的平均深度将近3700 m（图2-1）。陆壳平均厚度35~40 km（Moony et al.，1998），是洋壳（平均6~7 km厚）的6倍，尽管面积不如洋壳，体积却占全球地壳的70%。陆壳的化学成分非常特殊，比如其重量的60.6%是硅，4.4%是镁，在太阳系里独一无二。陆壳的形成，是个复杂的过程：因为从地幔物质直接产生的是玄武岩质的地壳，陆壳的成分却相当于中性岩浆岩，需要通过再融熔及岩浆分异，才可能富集硅铝而产生陆壳。总之，地壳的物质都来自地幔，但是经过了这些复杂的过程，两者的成分大不相同，比如大陆的质量虽然只相当于地幔的0.57%，却集聚了地幔40%的钾（Hawkesworth and Kemp，2006a）。

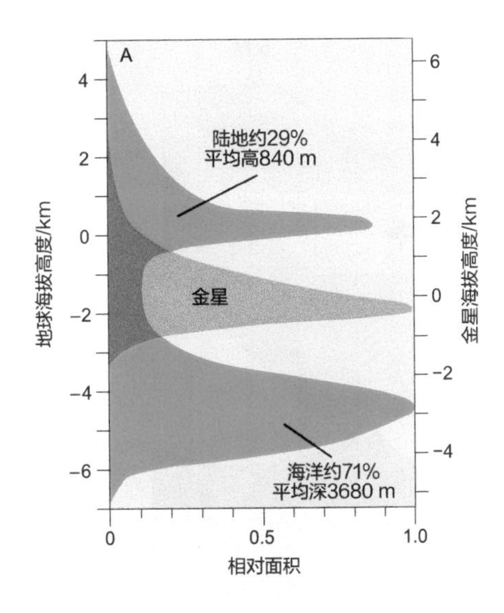

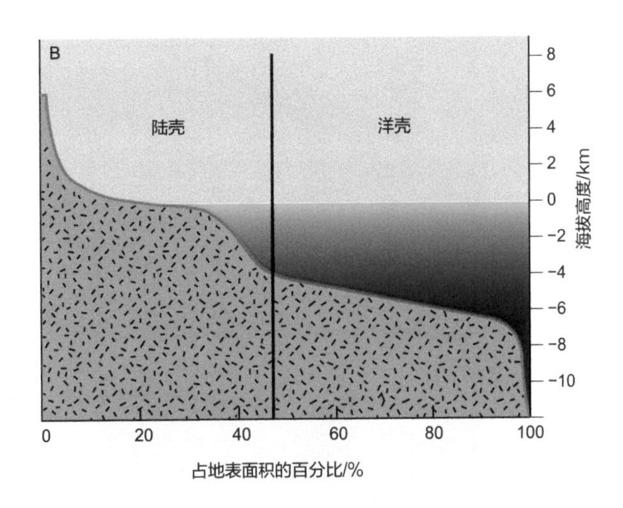

图 2-1
陆壳与洋壳

A. 地球表面的高度分布，与金星比较（据 Taylor and McLennan，1996 改）；B. 陆壳与洋壳剖面示意图

2.1.1　洋壳的产生与俯冲

地球科学在 20 世纪最大的突破，在于板块理论的确立。通过深海地形和地磁的测量，加上 20 世纪 60、70 年代之交深海钻探提供的证据（许靖华，1985；金性春等，1995），地球“板块运动”的概念终于建立，魏格纳的“大陆漂移说”终于得到承认：不过“漂移”的不是“大陆”、地壳，而是岩石圈。地球上最大的山脉不在陆上、而在海底，穿过各个大洋的洋中脊绵延六万多千米，随着玄武岩的溢出，新的大洋地壳在这里形成，海底从这里扩张，直到另一个板块的边缘俯冲隐没（图 2-2）。这俯冲带可以是大陆边缘，比如今天太平洋板块向东俯冲到美洲的西岸；也可以俯冲在另一个大洋板块之下，例如今天西太平洋板块俯冲在马里亚纳板块和汤加板块之下（见图 1-3）。因此，洋中脊就是大洋板块产生的地方，所谓“大陆漂移”其实就是洋壳生长使得海底扩张造成的结果。

洋底玄武岩在洋中脊产生时，记录了当时的地球磁场。根据古地磁测定和玄武岩的地球化学测年，可以得出洋壳的年龄是从洋中脊向两边变老，最老的洋壳也还不过 2 亿年（图 2-3A）。唯一的例外是古老洋壳的残片，比如东地中海底还保留着 3.4 亿年前的古生代特提斯洋壳（Granot，2016）。然而海底扩张的速度有着显著的时空差异，各个大洋在各个时段的扩张速率都有变化，现在快速扩张的是太平洋中脊，每年扩张高达 100~200 mm；大西洋属于慢速扩张，每年扩张只有 20~40 mm；扩张更慢的是西南印度洋和北冰洋，每年扩张不到 20 mm（图 2-3；Müller et al.，2008；Harris et al.，2014）。

扩张速率的不同可以影响洋底的地形，因为慢速扩张的洋中脊裂谷面积宽大，与快速扩张的中脊不同（图 2-3B）。然而更为重要的区别在于洋壳：不同扩张速率的洋中

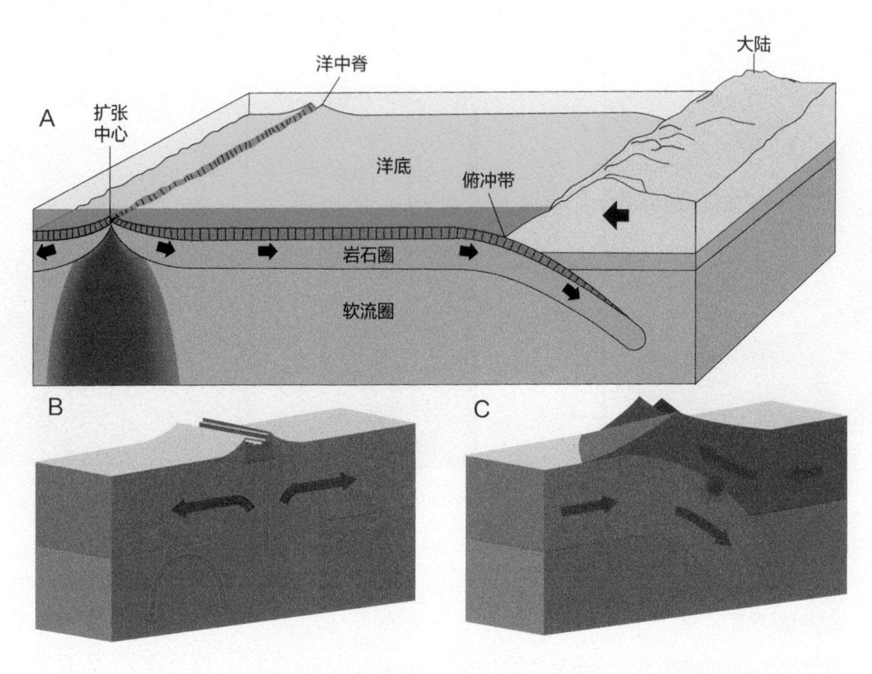

图 2-2
板块运动与洋壳的形成与俯冲（图片 B 和 C 来自维基百科，经编辑修改）

A. 大洋板块从形成到俯冲；B. 洋中脊的洋壳形成；C. 洋壳向大陆的俯冲

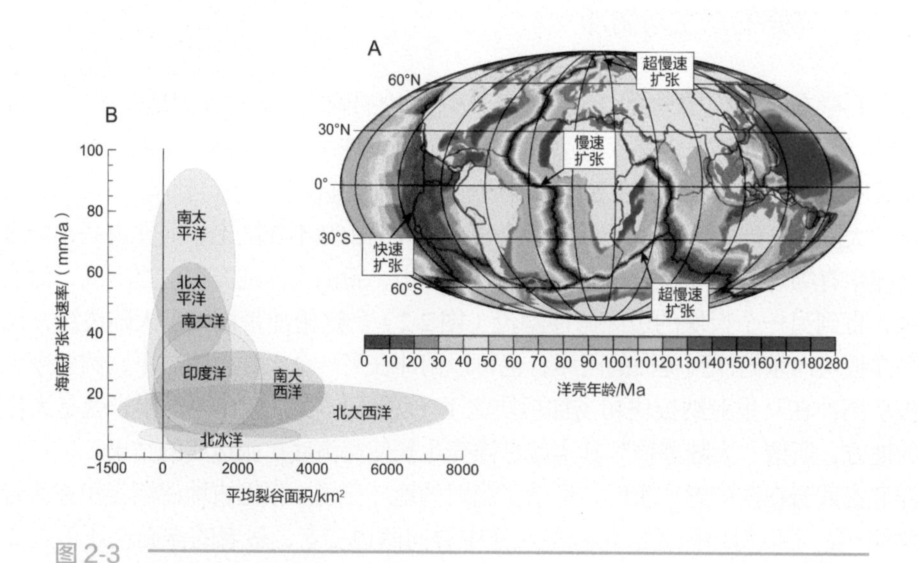

图 2-3
现代洋壳的年龄与扩张速率的差异

A. 洋壳年龄分布（据 Müller et al.，2008 改）；B. 各大洋海底扩张速率和裂谷面积的比较（据 Harris et al.，2014 改）

脊所产生的洋壳，有着不同的成分、结构与厚度（Dick et al.，2006）。20 世纪 70 年代以来，洋壳结构采用所谓 Penrose 模型，自下而上由橄榄岩、辉长岩、基性岩墙和枕状玄武岩组成（见附注 1 附图），被地学界广泛引用。实际上这种模式只适用于快速扩张的海洋如太平洋，而慢速、超慢速扩张的洋壳有着不同的结构。其实，洋壳结构的模式来自陆上的古洋壳蛇绿岩套，由于钻探技术的困难，至今没有从海底取到大洋地壳的完整剖面。

通过深海钻探打穿地壳，在原位探索地幔顶层，是地学界 60 年来的梦想，这就是“莫霍钻（Mohole）”计划。1957 年，现年百岁的美国海洋学泰斗 W. Munk 提出从船上钻进海底，直到地壳和地幔的界线“莫霍面”（见附注 1）。果真，在美国国家科学基金会支持下，1960 年开始执行莫霍钻计划，1961 年从墨西哥西岸外试钻取回 13 m 的洋壳玄武岩，于是士气大振；但是技术上的困难和巨大的预算，使莫霍钻计划的可行性引起剧烈的争论，最后于 1966 年被众议院投票否决，莫霍钻的十年梦断（金性春等，1995）。进入 21 世纪，学术界旧梦重温，但是直到如今打穿莫霍面的技术难题依然困扰着科学界（Umino et al.，2013），尤其是不同扩张速率的不同洋壳结果各异，很难想象靠一口深钻孔就能取到答案。近年来，甚至于对莫霍面的含义提出了疑问，多年前在西南印度洋已经发现：莫霍面有可能是地幔岩蛇纹岩化的下界，不一定就是地壳和地幔的界面（Muller et al.，2000）。如果证实，那就是说海水可以下渗进入上地幔，形成可供微生物生存的巨大深部空间。

前面介绍了洋中脊是个出口，地幔物质从中出来产生了洋壳；而俯冲带就是洋壳连同陆壳风化剥蚀的产物，重新回归地幔的入口。洋壳的俯冲带在地貌上表现为海沟，通常也是地震频发的活动边缘。和洋壳的产生一样，其俯冲隐没也有着显著的时空差异。可以分出两类俯冲带：一类增生，一类剥蚀（图 2-4）。全球大洋大约有 38 个俯冲带，

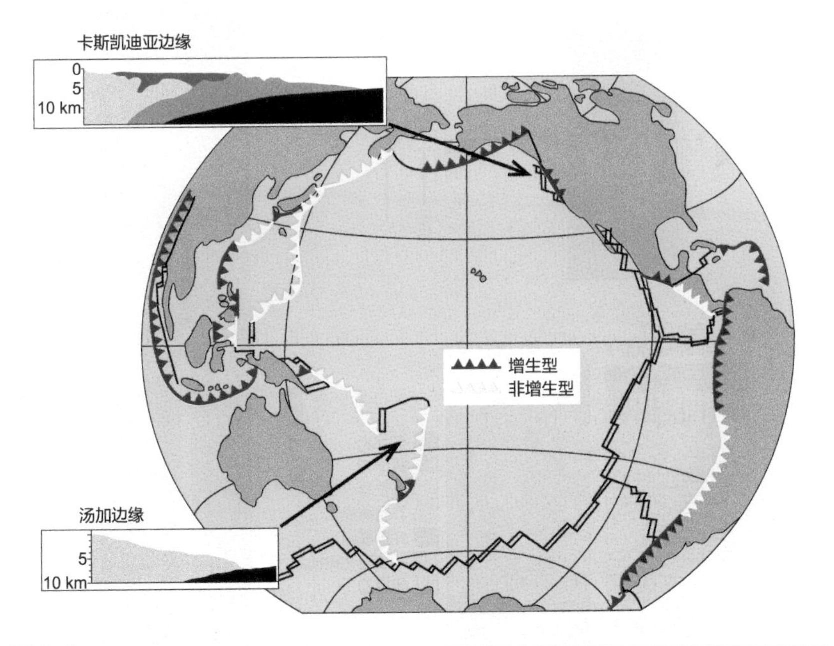

图 2-4
现代大洋的两类俯冲带：增生型和非增生型俯冲带，包括增生型卡斯凯迪亚边缘和非增生型汤加边缘的切面图（据 NSF，2004[1]及 Clift and Vannucchi，2004 改绘）

① NSF. 2004. MARGINS Science Plan. Lamon-Doherty Earth Observatory of Columbia University, New York.

附注 1：莫霍面与莫霍钻

1909 年，克罗地亚的 A. Mohorovicic 发现地下 33 km 处地震波的波速发生了明显的变化，由原来的 6~7 km/s 突变到 8 km/s，后来的研究认为这是地壳和地幔的分界线，称之为莫霍洛维奇不连续面，简称莫霍面（附图 A）。地幔是地球最主要的圈层，然而至今只能依靠地球物理方法间接认识地幔的性质，或者依靠出露在陆地或者海底的古老或移位的标本来分析地幔。由于洋壳的厚度是陆壳的几分之一，因此从深海海底打穿地壳，原位探索地幔，是地球科学界长期以来的梦想。比较各大洋的地壳，西南印度洋超慢速扩张的洋壳最薄，近来国际大洋钻探已经开始执行 SloMo 计划，探索“慢速扩张脊下地壳和莫霍面的性质”，跳过洋壳的上层，在“构造窗口”直接钻探其下层和地幔（附图 B 右；Dick et al.，2016）；然而，钻探经典的大洋岩石圈剖面还需要到东太平洋（附图 B 左；Ildefonse et al.，2007）。几十年来，大洋钻探对洋壳进行了多次钻探，但至今穿透的还只是洋壳的顶部，距离“莫霍钻”的目标还十分遥远。

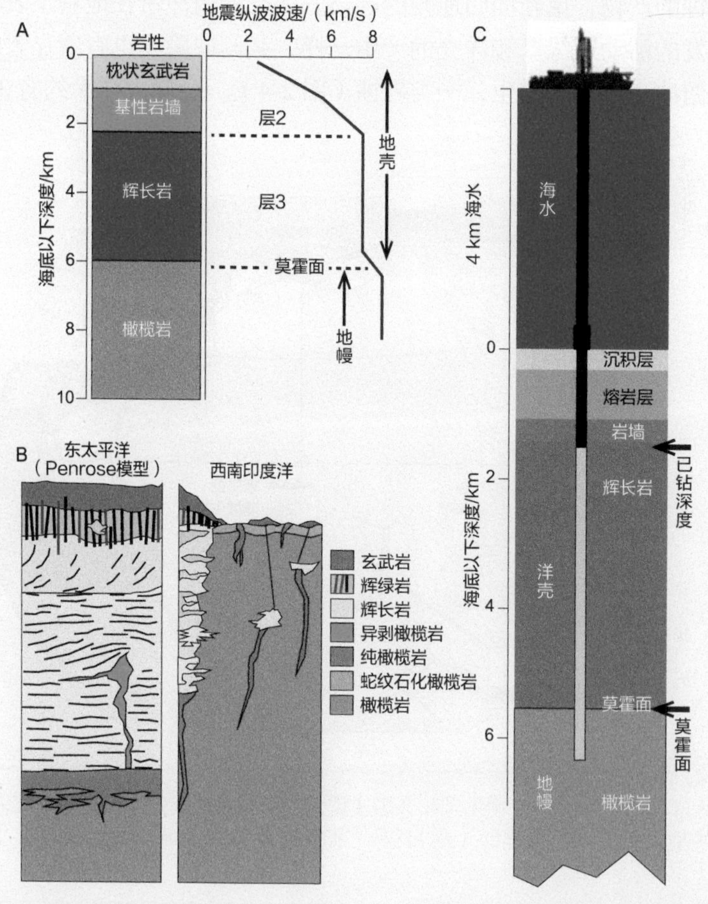

A. 莫霍面的地震与岩性剖面（Mével，2003）；B. 洋壳的不同结构（据 Dick et al.，2006 改）；C. 岩石圈的已有大洋钻探深度（黑色）与莫霍钻深度（灰色）（据 IODP，2011 改）

总长 48000 km，其中 56% 属于增生型[①]。增生型的活动边缘板块汇聚速度比较慢，海沟的沉积厚度在千米以上，比如北美的卡斯凯迪亚边缘（Cascadia；图 2-4）。在厚重的沉积物压力下发育泥火山和底辟作用，常有天然气水合物聚集。另一类是非增生型或者叫剥蚀型的活动边缘，板块汇聚较快，海沟地形陡峻，常有火山岩、侵入岩和地幔岩出露，沉积岩一般只在弧前盆地里发育，西南太平洋的汤加边缘（Tonga）便是一例（Clift and Vannucchi，2004）。通过大洋钻探几十年的努力，两类俯冲带的分布大体上已经掌握[①]（图 2-4）。洋壳俯冲的岛弧区，也正是大陆地壳形成的地方，而只有增生型的俯冲带，才可以形成大陆增生的岛弧。关于岛弧地壳的形成，我们在后面（见 2.1.3 节）再来讨论。

2.1.2　大陆地壳及其古老性

在地球表层系统里，大陆起着关键作用。陆地承载着地球上将近 99% 的生物量，陆地为大洋提供营养元素和陆源沉积，从地球系统来说，沉积作用无非是陆壳向洋壳的物质转移过程。但是，我们很少意识到陆壳是如何地来之不易：在已知的星球中，只有地球才有大陆；与洋壳相比，陆壳的形成要复杂得多。生活在陆地上的人类，习惯于把大地称为自己的母亲，其实直到几十年前，根本就不知道自己“母亲”的来历。

大陆地壳的范围大于陆地。从地球系统的高度看，海岸线只是海水分布的界限，海平面以上是陆地；而大洋和大陆的地质界限在洋壳和陆壳之间，是两类地壳相当稳定的界限，不会随着潮汐周期或者冰期旋回而移动。两类地壳无论成分、密度、厚度等都有巨大的不同（表 2-1）。不但地壳，大洋和大陆的岩石圈也大不相同：大洋岩石圈厚 50~140 km，大陆岩石圈有 40~280 km 厚，但是密度不如大洋岩石圈大（Pasyanos，2010）。一项至关重要却往往不被重视的区别，是陆壳的年龄比洋壳老得多，原因在于两者的产生机制根本不同。洋壳的产生是个连续过程，新洋壳在洋中脊产生的同时，老洋壳在俯冲带消失，所以洋盆不断地在“换底”，世界上最老的洋壳也还不过 2 亿年。陆壳的形成过程复杂，新地壳在俯冲带和地幔柱形成，而形成的机制与时间分布至今还在争论。地质历史上大陆的形成和破坏几经反复，原有的大陆经过多次的分解与拼接，但是其核心部分仍然十分稳定，被称为克拉通（见附注 2），于是陆壳的平均年龄就高达 22 亿年。大陆是地球的特色，地球在演化早期生成陆壳，对于地球表层系统的环境产生过至为关键的作用。推测二十多亿年前新生大陆地壳的化学风化，消耗了当时大气中高含量的 CO_2，为大气圈的氧化作出了贡献（Lowe and Tice，2004）。

大陆地壳的古老性显而易见：世界大陆区的古陆块是由各期的陆壳碎块拼接而成，新生陆壳的比例很小，而且大多是由古老陆壳改造而成。现在地球上最重要的太古宙的地盾分布在北美、南美、南非、北欧和澳大利亚，以它们为核心，周围有元古宙的克拉通以及后来的造山带作为沉积地层的基底（图 2-5；Lee et al.，2011）。

---

① NSF. 2004. MARGINS Science Plan. Lamon-Doherty Earth Observatory of Columbia University, New York.

附注 2：克拉通

克拉通是 craton 的音译，来自希腊文κράτος（强硬、强度），是近百年前和造山带（orogen）一道提出的名词，指大陆地壳长期稳定的部分。造山带是活动的，历经岩浆、构造运动作用而形成山脉；克拉通却不受造山作用影响，是坚硬而稳定的地壳。克拉通是前寒武纪的产物，大多数克拉通都在太古宙形成，构成大陆的核心部位，因此也叫陆核（continental nucleus）。没有沉积地层覆盖的克拉通叫地盾，被沉积地层覆盖的叫地台（见附图；Cawood et al.，2013），我国的华北克拉通就是地台。不过华北克拉通与众不同，自从 2 亿年前遭受破坏，再度出现强烈的构造与岩浆活动，推测是太平洋板块俯冲导致岩石圈减薄的结果（郑永飞、吴福元，2009；吴福元，2010）。

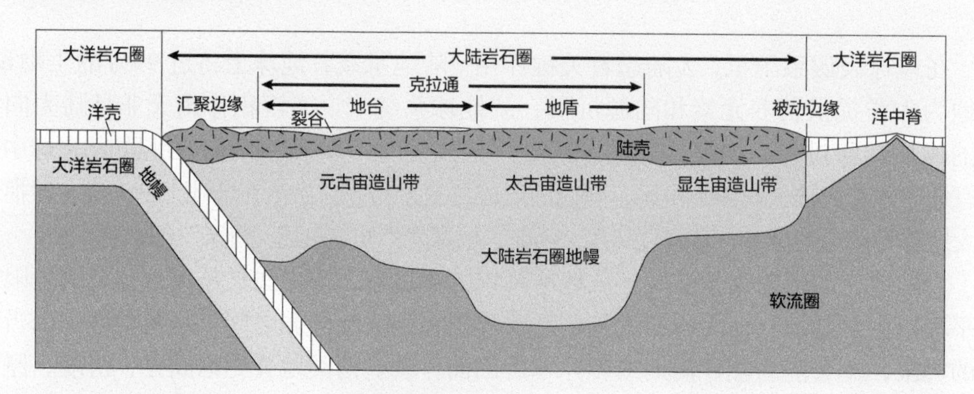

克拉通与岩石圈的切面图
（据 Cawood et al.，2013 改）

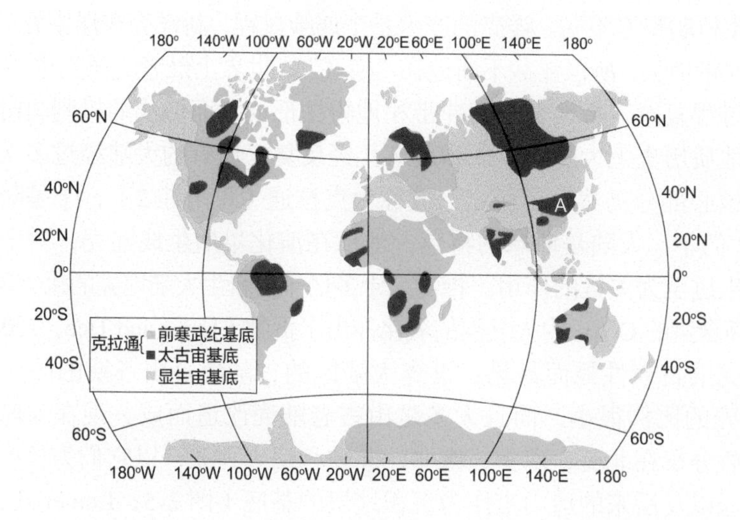

图 2-5
克拉通的地理分布与陆壳基底年龄（据 Lee et al.，2011 改）
红色为太古宙，蓝色为前寒武纪，绿色为显生宙基底，A 指华北克拉通

克拉通在形成以后没有明显的构造和岩浆活动，上覆沉积盖层呈近水平状产出，现今也无明显地震活动，是地球上最稳定的地区。板块理论回答了洋壳的形成和消亡，却不能够回答陆壳的成因问题。为什么克拉通能够稳定几十亿年？现在知道克拉通下面的岩石圈可以有 200 km 厚，比大洋岩石圈多一倍，在软流圈里“长根”；由于这种岩石圈密度和热流值比较低，而刚度比较高，所以克拉通能够避免遭受后期地质作用的改造而长期保持稳定。克拉通下面的地幔温度低、黏滞性大，缺乏水分，很难卷入通常的地幔环流。这种岩石圈只有在地球演化的早期才能形成，所以典型的克拉通是太古宙的产物。

克拉通能够长期经历造山运动而不被破坏，但是绝不意味着地理位置也能稳定不变。在地质历史上，大陆经过了长距离和复杂的位移，而识别位移的突破口在古地磁测量。根据岩石的“化石磁性”，可以求出岩石形成时所处的纬度和地磁极的地理位置。古地磁测量的结果，为各个克拉通求得了地质历史上的运动轨迹，比如各个太古宙地块在元古宙的位置，无论北欧、南美还是澳大利亚都是各行其道（图 2-6；Pesonen et al.，2012）。在古地磁研究的基础上，结合地层古生物等多种方法，可以为各个地质年代提出大陆分布的古地理图，为板块运动中的海陆迁移提供根据（见 2.2 节）。

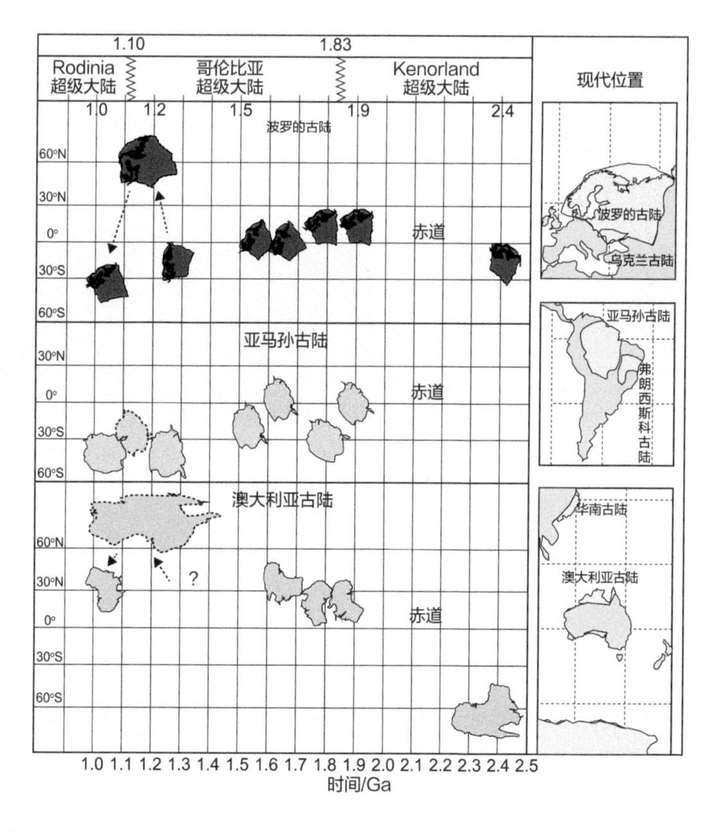

图 2-6
太古宙古大陆在元古宙的位移：根据古地磁测量的推测（据 Pesonen et al.，2012 改）

2.1.3 大陆增生与“俯冲带加工厂”

地壳是地幔物质在地球表层分异作用的产物，这种分异作用随着地球的演变而不同。地球形成早期随着岩浆海的冷凝，产生了原始地壳，但是这类地壳像个盖子，并不发生板块运动。洋壳的形成比较简单，地幔物质从洋中脊流出就能形成，而陆壳的形成过程复杂，什么时候和怎样产生，至今都还存在争论。由于陆壳平均年龄 22 亿年，一种观点认为大陆的形成主要在前寒武纪；另一种观点认为陆壳从冥古宙之后都在形成，现在陆壳年龄老是因为板块运动，使得新产生的地壳俯冲消亡。这场争论我们留到下一节（见 2.1.4 节）再来讨论，现在先来看一下当代发生的大陆增生。

前面说过，陆壳的成分与安山岩一类的中性岩浆岩相当，不可能从地幔物质直接产生，只能由地球表面和地球内部物质共同组成，因此陆壳的形成需要经过复杂的过程。在现在的地球上，板块的俯冲带正是地球表面和深部物质汇合的地方。大洋板块俯冲的时候，不但将玄武岩等岩浆岩，还将沉积岩和海水一道带进地幔深处。随着俯冲深度的增加，俯冲板片不断发生变质、脱水。最终，俯冲板片到了 80 km 的深处，角闪石发生分解，释放出水分和其他挥发性物质，降低了地幔固相线，使得地幔熔融、岩浆上涌，通过火山爆发和岩浆活动，沿着俯冲带形成火山弧（图 2-7 B；Taylor and McLennan，1996）。

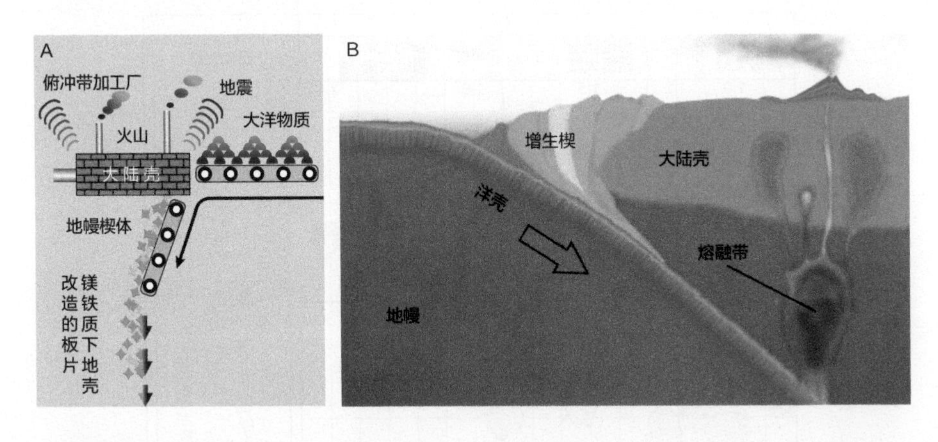

图 2-7
现代岛弧地壳形成的示意图
A. 产生陆壳的“俯冲带加工厂”（据 Tatsumi，2005 改）；B. 洋壳的俯冲和陆壳的产生（据 Taylor and McLennan，1996 改）

具体说来有两种情况：如果是大洋板块俯冲在大陆板块底下，形成的是大陆弧，比如北美西岸的卡斯凯迪亚山脉（Cascadia），或者南美西岸的安第斯山脉；如果俯冲带发生在大洋内部，大洋板块向大洋板块俯冲，形成的是大洋弧（Rudnick，1995），都造成大陆增生。比如西太平洋沿着菲律宾海的东缘，从北边的伊豆 – 小笠原海沟到南边的马里亚纳海沟，绵延 2800 km 长的伊豆 – 小笠原 – 马里亚纳岛弧（Izu-Boning-Mariana Arc，IBM 岛弧），就是典型的大洋弧。这里是太平洋板块上残存的最老的洋壳，洋壳地温低、水深大，因此得以俯冲到年轻的菲律宾板块之下，形成典型的大洋内部的俯冲带，成为当代地球上最深的海洋，水深将近 11000 m 的“挑战者深渊（Challenger Deep）”就在其南端的马里亚纳海沟中（图 2-8A）。这里的俯冲作用从始新世开始，经过 4800 万年之后，当年的俯冲带已经落在西边。现在沿着活动俯冲带正在发育新的陆壳，虽然还处在陆壳发育的中期，已经出现陆壳结构的特征，厚度已经比正常洋壳厚一倍（图 2-8B；Stern et al.，2003）。地球上最高的山脉来自两个大陆板块的碰撞，最深的海洋源自两个大洋板块的俯冲。当然，洋内俯冲带不止一个，世界第二深渊（水深 10800 m）所在的汤加海沟，水深几近 8000 m 的阿留申海沟，也都是洋内俯冲带。

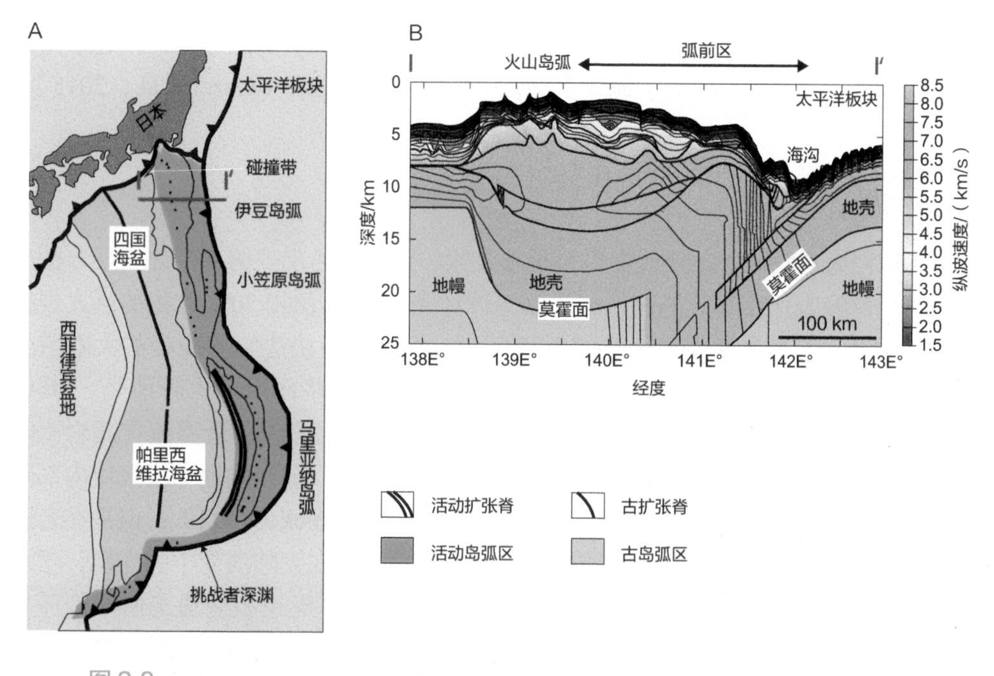

图 2-8
IBM 岛弧地壳的形成（据 Stern et al.，2003 改）

A. 岛弧古今俯冲带以及 I-I’剖面位置；B. 沿 32.5°N 的 I-I’剖面，示太平洋壳的俯冲和新地壳的形成

如此看来，陆壳是在大洋俯冲带，由洋壳和沉积物等物质，通过岩浆作用改造而成。1998 年美国国家科学基金会启动大陆边缘研究计划，其中一项重要研究内容叫做“俯冲带加工厂（subduction factory）”，简称 SubFac①，就是把俯冲带比喻为一个工厂，原料是洋壳和大洋沉积，产品是岩浆和陆壳，而生产过程的“废品”就是经过脱水和熔融过程后俯冲到地幔深处的板片（图 2-7A；Tatsumi，2005）。“俯冲带加工厂”的研究意义重大，因为这不但展示了大陆地壳的产地，而且还提供了地球表层与深部物质循环的证据。但是其研究程度却相当低下，原因就在于板片俯冲的深度太大，很大程度上只能依靠间接的方

① NSF. 2004. MARGINS Science Plan. Lamon-Doherty Earth Observatory of Columbia University, New York.

法研究，比如利用岛弧火山活动产物的地球化学指标（如 ^{10}Be 等）探索俯冲带深部的过程。其中，西太平洋 IBM 岛弧是几十年来大洋钻探的重点之一。为了探索“俯冲带加工厂”，大洋钻探比较了正要俯冲的海洋沉积和该区火山物质的成分，在火山物质里发现了俯冲沉积物的踪迹。IBM 岛弧的北边已经到了大气环流的西风带，因此随着从南到北向西风带靠近，来自亚洲的风尘降落显著增多，于是大洋沉积物中 Th/La 值明显升高。有趣的是大洋钻探发现在相应岛弧的火山物质中，Th/La 值也由南向北增加，为板块物质俯冲后又回返表层提供了实际证据（Plank et al.，2007）。

大洋俯冲带的新生陆壳，可以产生严重的环境效应。南北美洲之间的“中美陆桥”，就是 7000 万年前大洋内部的俯冲带演化产生的大陆地壳。这片新陆壳体量不大，但是在上新世最终连接南、北美洲大陆，切断了太平洋和大西洋的海流通道，架起了南北美洲陆地生物交流的桥梁，改组了地球表层各个圈层的宏观格局（Gazel et al.，2015）。

2.1.4 陆壳形成期与形成机制之争

现代过程为理解陆壳的形成提供了重要线索，但是以当代“俯冲带加工厂”的生产效率，很难解释为什么陆壳能够形成占据全球地壳 40% 面积和 70% 体积的巨大规模。其实陆壳的产生有两种机制：一种是前面所说，发生在板块边缘俯冲带的大陆增生；另一种发生在板块内部，由地幔柱（mantle plume）的岩浆作用产生新地壳。其中，地幔柱有非常强大的熔融能力，能引起大规模火山活动，形成巨量溢流玄武岩（flood basalt）构成的大火成岩省（large igneous province，LIP）。现在的地球上板块内部陆壳的生产量并不突出，估计只及大陆边缘俯冲带的 1/3（Rudnick，1995）；但是在若干地质时期曾经非常重要，比如白垩纪或二叠纪。有关地幔柱在大陆演变中的作用，学术界意见有所分歧，在本章第 3 节（2.3）里还要讨论。但是，无论板块边缘俯冲带还是板块内部地幔柱的岩浆作用产物都是玄武岩，与陆壳的中性（安山岩）成分不符。因此提出了种种假说来解释陆壳的化学特点（Rudnick，1995），包括在太古宙地热流过高时期，岩浆活动成分与今不同；或者是由于拆沉作用（delamination），岩石圈根部因变冷而重于周围地幔，导致在重力上失稳、拆离，并沉陷到下伏热地幔中并被后者置换的过程（Kay and Kay，1993）都有可能影响陆壳的成分。

也许比陆壳成分更引起争议的是它的年龄。既然陆壳平均年龄有 22 亿年，直观的结论就在古老的地质年代里，必定有过大陆地壳形成的高峰期。从地质资料看，大量的陆壳产生在太古宙 / 元古宙交接的距今 25 亿年前后，而显生宙产生的陆壳比例很小。据此推想，应当是地幔柱产生陆壳的机制在太古宙更加活跃，才能有大量的陆壳形成，从而不同于现在大陆增生的岛弧模式（图 2-9；Taylor and McLennan，1996）。但是，这种简单的大陆生长模式很快受到了挑战。

追溯陆壳的形成历史并不容易。最简单的办法是直接看现存大陆基底的年龄分布，但是陆壳经过反复的剥蚀、重组，现在看到的是最后保存的结果，并不是最初产生的陆壳。22 亿年的平均年龄，不等于陆壳产生的真实年龄；更可能是现在保存的陆壳偏老，因为后来大量的地壳随着板块运动已经俯冲消失。由于地质记录的局限性，往往需要借

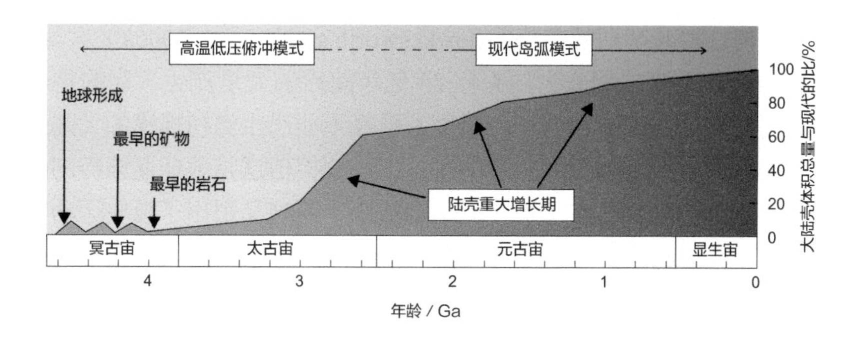

图 2-9
大陆地壳形成年龄和机制变化示意图（据 Taylor and McLennan，1996 改）
以现在的体积总量为 100%，根据不同年龄的比例展示大陆地壳主要在太古宙晚期形成。图中的观点和数据后来受到挑战

助间接标志去追溯历史。比如世界海平面变化的记录不靠海岸线，而靠深海有孔虫壳体的氧同位素（见 3.4.1 节）。研究陆壳，比较合理的也是间接方法，根据矿物或者地球化学标志推测当时产出多少陆壳，比如用锆石或者钕同位素。这里又分两种：沉积岩和岩浆岩。地质记录里的沉积岩，本质上就是陆壳风化的产物，而且主要来自上地壳。因此新生的陆壳虽然是岩浆岩，能够全面反映上地壳平均成分的反而是细粒的沉积岩（比如页岩）。不过上地壳只占陆壳的小部分，想要知道整个地壳的生产历史，还是要分析岩浆岩的地球化学特征。下面展示的就是这两种办法求出的结果：锆石测年得出陆壳产生有 27 亿年前、19 亿年前和 12 亿年前三个高峰，而沉积岩记录并不显示有这种峰值（图 2-10）。究竟什么机制造成陆壳生产的这类高峰值，至今仍是个未解之谜。很难理解俯冲作用会有这种突然加速的时期，一种可能的解释是地幔柱的作用：这三大时期不是俯

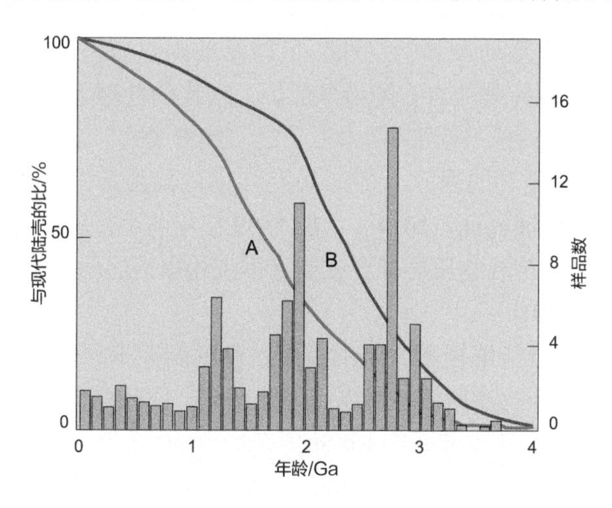

图 2-10
陆壳产生的历史（据 Hawkesworth and Kemp，2006a 改）
橙色柱表示岩浆岩提供的新生陆壳年龄；A、B 表示沉积岩提供的稳定陆壳体积增长史，A 根据页岩的 Nd 同位素，B 根据 Pb 同位素

冲，而是板内地幔柱岩浆活动的产物（Hawkesworth and Kemp，2006a）。

如果以上的推理不错，那么大陆壳在25亿年前后的大量产生，靠的是地幔柱而不是板块俯冲，而今天板块俯冲带的大陆增生，已经不能产生当初规模的大陆地壳。为什么有如此大的变化，学术界的答案并不一致，不过都相信这是地球逐渐冷却的结果。大陆壳两种形成模式的交替，反映了板块运动的活跃，而这又引出了板块运动什么时候开始的争论问题（Korenaga，2013）。

2.1.5 板块运动起源的假说

根据现在的观点，板块运动并不是被地幔环流拖着走，板块运动90%的动力来自板片的俯冲，而不是被张裂的大洋中脊拉开的（Anderson，2001；Murphy and Nance，2008）。因此板片什么时候能插入地幔，是板块运动何时开始的关键所在。具体说，有人主张地球形成的早期就有板块运动，有的主张板块运动在距今10亿年前方才开始。最近在澳大利亚发现44亿年前的锆石，在加拿大发现44亿年前岩浆岩的化学特征和现在IBM岛弧俯冲带的相似，从而支持大陆地壳甚至板块运动早在冥古宙就已经开始的主张（Turner et al.，2014；Valley et al.，2014）。

然而最近的资料推测，板块运动要到30亿年前才开始（Hawkesworth et al.，2016）。地球形成初期的岩浆海（见1.2.3节），延续不过千把万年（图2-11的阶段1），最早的陆壳，在冥古宙已经出现。但是直到30亿年前，地壳形成的条件与今大不相同，由于地热温度依然过高（图2-11的阶段2），推测应以地幔柱活动为主，在地球表面表现为强烈的火山活动，推测当时的地球犹如今天最靠近木星的卫星“木卫一（Io）”，火山迸发、熔岩横流，通过“热管模式”散发热量（Moore and Webb，2013）。今天地球的地热流平均0.065 mW/m^2，而木卫一的地热流高达2.5 mW/m^2，相当于地球的40倍，是太阳系里火山活动最强的星球。星球发散内热有不同的途径，热流低的如月球（0.012 mW/m^2）靠完整的岩石圈传导散热，现代的地球靠板块运动散热，而当时地球的热流较今高出3~5倍，应当采用木卫一的“热管模式”散发热量。今天地球的板块运动也是地壳物质再循环的途径，而在30亿年前的高温条件下，地球岩石圈的拆沉作用更容易发生（Johnson et al.，2014），加上39亿年前小行星撞击的“晚期大轰炸”（Gomes et al.，2005），地壳物质再循环主要靠拆沉和撞击这两种作用进行（图2-11B）（Hawkesworth et al.，2016）。

岩浆岩里的Rb/Sr值能够指示岩浆的类型：基性岩浆Rb/Sr值低，酸性岩浆Rb/Sr值高，而后者只有在表层物质回流地幔以后才能形成，因此是板块俯冲、现代类型陆壳形成的标志。统计表明，新生陆壳的Rb/Sr值在距今30亿年以后急剧增高，因而被认为是板块运动开始的标志（图2-11A；Dhuime et al.，2015）。但是现在地球上板块运动的形成并非一蹴而就，受地球热结构的限制，30亿年前太古宙开始的还只是“热俯冲”（图2-11的阶段3），板片俯冲的深度有限，但是已经有超级大陆的旋回（见“2.2 威尔逊旋回与超级大陆”），已经有显著的大陆剥蚀使得海水的Sr同位素增高（Hawkesworth et al.，2016）。

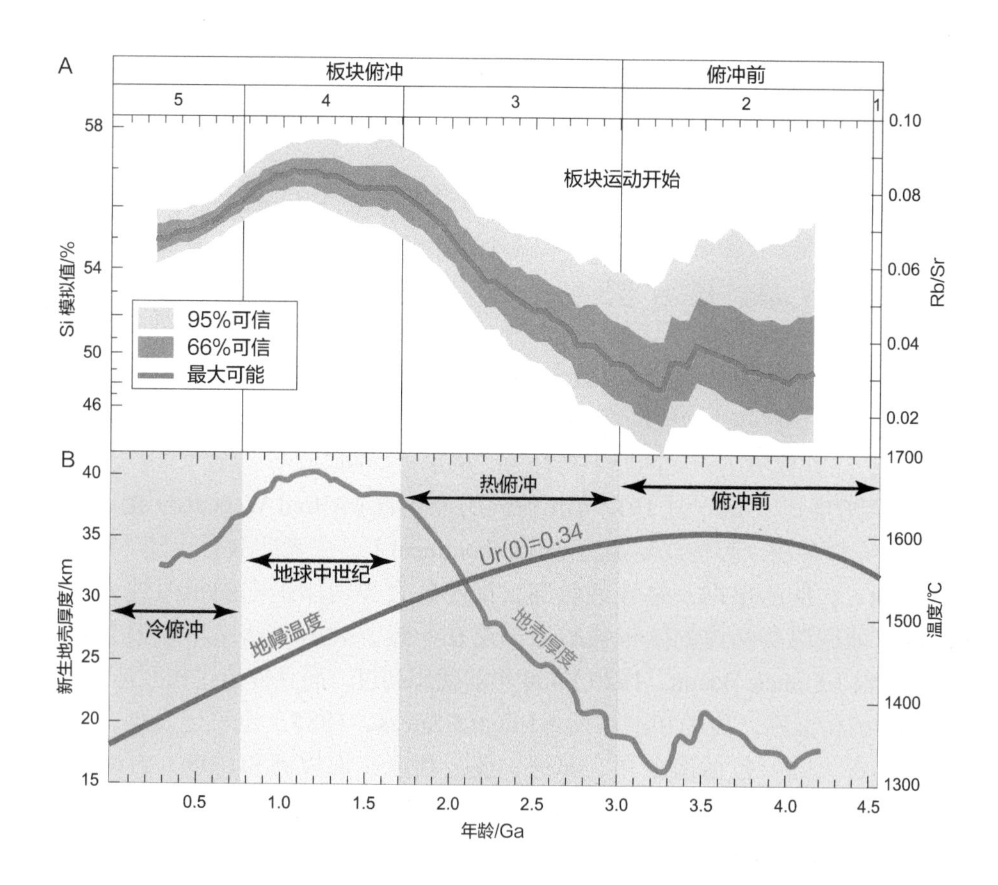

图 2-11
陆壳形成的地质演变

A. 新生陆壳的 Rb/Sr 和 SiO_2 值（据 Dhuime et al.，2015 改）；B. 新生陆壳厚度与地幔温度：橙线为 Rb/Sr 值指示的新生陆壳厚度，绿线为推算的地幔温度（据 Hawkesworth et al.，2016 改）；1~5 表示五个演化阶段：1. 岩浆海；2. 板块俯冲前；3. 热俯冲阶段；4. 地球的“中世纪”；5. 冷俯冲阶段

大约 17 亿年前，地球进入了演化停滞的“中世纪”，岩石圈破裂的被动大陆边缘不够活跃，随着地幔逐步降温大陆岩石圈增厚，同时也反映为地球表层环境演化的停滞（图 2-11 的阶段 4；Cawood and Hawkesworth，2014）。要到元古宙晚期的距今 7.5 亿年左右，地球的板块运动方才转入当代的运作模式，随着地幔进一步降温的板块开始“冷俯冲”，板片可以插入地幔的深处，发生高压和超高压的变质作用（图 2-11 的阶段 5；Hawkesworth et al.，2016）。

纵观太阳系，固态星球的表面形象取决于其散热方式。月球和木卫一这两颗卫星大小相似，但是面貌相反。寂静的月球已经很少有热量释放，表面满布陨石坑，一派衰老景象；木卫一和板块运动前的地球相似，散热的“热管模式”造成了一副火山活动不断的狰狞面孔。而地球借助于板块的新生与俯冲散热，避免了这两种极端现象，形成了宇宙罕见的、有绿水青山的宜居环境。这种环境来之不易，关键在于地幔的温度：过冷了成月球、过热了成木卫一。地球的陆壳早就出现，但是板块运动产生以后来了个“一球两制”：新生的陆壳按照板块运动的新办法俯冲“回收”，老的陆壳按老办法部分保留，于是形成了今天陆壳 22 亿年的高龄。

2.2 威尔逊旋回与超级大陆

2.2.1 联合大陆的聚合与瓦解

1966 年 8 月，加拿大地质学家威尔逊（John Tuzo Wilson）发表了论文《大西洋曾经关闭而又打开过吗？》，从而吹响了地球科学里海底扩张、板块学说的号角。大陆聚合而又分裂，这种板块运动旋回后来被称为“威尔逊旋回”。

超级大陆的思想，最早是 1912 年由德国的魏格纳（Alfred Wegener）提出来的，认为各大陆原先都合在一起构成超级大陆（Urkontinent），或者叫联合大陆（Pangea，德语为 Pangäa）。他的根据一是地理轮廓，指的是大洋两岸走向的相似性；二是古生物地层，有证据说明两边的陆相盆地原来连在一起。大西洋两岸岸线相互对应，其实英国的培根（Francis Bacon，1620）400 年前就想到过，而且提出过相互连接的可能；古生物地层的相似性，奥地利的休斯（Eduard Suess，1885）也早已发现，他发现今天南半球的各大陆，包括南美洲、非洲、澳大利亚、南极洲和印度，古生代地层古生物十分相似，从而推测存在过一个相互连接的古大陆，并且借用印度的地名称为“冈瓦纳大陆（Gondwanaland）”（图 2-12）。

然而从“大陆漂移假说”到板块构造理论的流行，还要等到 20 世纪的 60 年代，而且首先得力于古地磁研究。岩石的“化石磁性”，可以告诉我们岩石形成当时所处的纬度和地磁极的地理位置。但是欧洲和北美得出晚古生代的古地磁极位置相差太远，只有

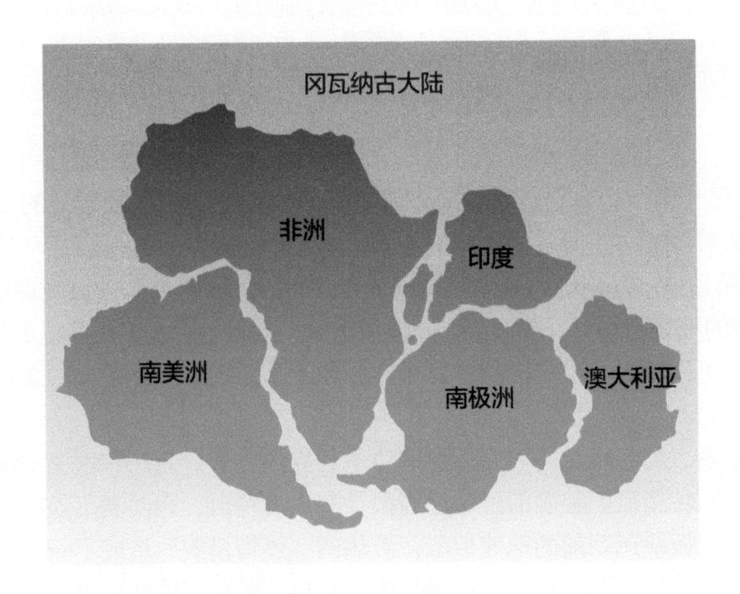

图 2-12
冈瓦纳古大陆假说（图片来自 http://www.ruby-sapphire.com，经编辑修改）

假设当时没有大西洋才能解释。而随着板块学说的建立，古大陆的分合及其位置的再造正式提上日程，其起点就是威尔逊论证的大西洋海盆的开和关（Wilson，1966）：它的关闭形成了联合大陆 Pangea，它张开的结果就是今天还在继续扩张的大西洋。

关于大西洋的来历，还是要从上面提到的冈瓦纳大陆说起。和今天相反，古生代初的北半球以大洋为主（“古太平洋”），大陆聚集在南半球即冈瓦纳大陆，北半球只有较小的劳亚大陆（Laurentia）和波罗的地块（Baltica），三者之间的海洋叫 Iapetus（图 2-13A），因为它两边大体上是今天大西洋两侧的陆地，所以也有人叫它古大西洋（Proto-Atlantic）。大西洋（Atlantic）的名字来自希腊神 Atlas，而 Iapetus 就是 Atlas 的父亲，名字起得很有道理。后来在奥陶纪晚期，冈瓦纳北部张裂产生新的大洋，叫做 Rhetic 洋（图 2-13B），因为希腊神话里 Rhea 是 Iapetus 的姊妹。这个 Rhetic 洋从美洲到欧洲延伸 10000 km 长，志留纪时拓展到 4000 km 宽，并且逐渐扩展，到泥盆纪时逼得 Iapetus 洋逐渐关闭（图 2-13C）。二叠纪时冈瓦纳和劳亚大陆碰撞，Rhetic 洋完全关闭，从而形成了联合大陆（图

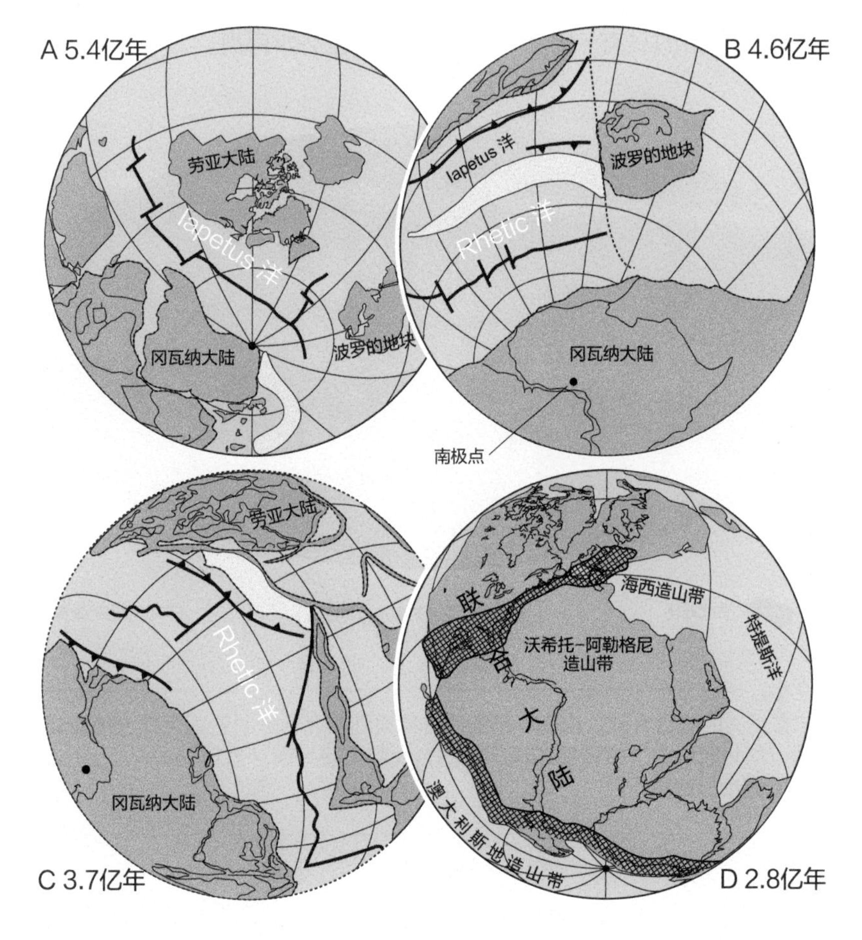

图 2-13
联合大陆形成欧美之间的古生代大洋（据 Murphy and Nance，2008 改）

A. 寒武纪初的 Iapetus 洋；B. 奥陶纪产生 Rhetic 洋；C. 泥盆纪 Iapetus 洋关闭；D. 二叠纪 Rhetic 洋完全关闭，联合大陆形成；黄色是从冈瓦纳分裂出的陆块，网格指示造山带

2-13D；Nance and Linnemann，2008）。可见，大西洋确实“曾经关闭而又打开过”，不过“打开”的才是大西洋本身，而“关闭”掉的是她的父亲和姑妈——这就是大西洋的“前世今生”。

联合大陆几乎吞并了地球上所有的大陆，但是并不完全：中国的古陆不在里头。这确实出人意料，在当时的联合大陆里“中国”非但并不居中，而且“华南”“华北”两个地块游离在外，和联合大陆之间还隔了个“古特提斯洋（Paleo-Tethys）”（图 2-14）。“特提斯”的名词又来自希腊神话：Tethys 是海神 Oceanus 的妹妹兼夫人。Ocean 被用来称呼大洋，Tethys 用来命名冈瓦纳和劳亚大陆之间的中生代古大洋，向东张开并连接当时的泛大洋（Pan-Thalassic Ocean；见图 2-14）。从元古宙末到石炭纪的“原特提斯洋（Proto-Tethys）”开始，这块被称为“特提斯洋”的地区，从摩洛哥到东南亚，曾经多次出现过东西向的洋盆，相应也提出种种名称，比较广泛接受的有古生代的“古特提斯洋（Paleo-Tethys）”，晚古生代到始新世的“新特提斯洋（Neo-Tethys）”，它们由北向南逐个产生而又依次俯冲隐没（Stampfli，2015），但是随着非洲与欧洲大陆碰撞大为缩水，现在残留的只有一个地中海，论面积还不如南海。

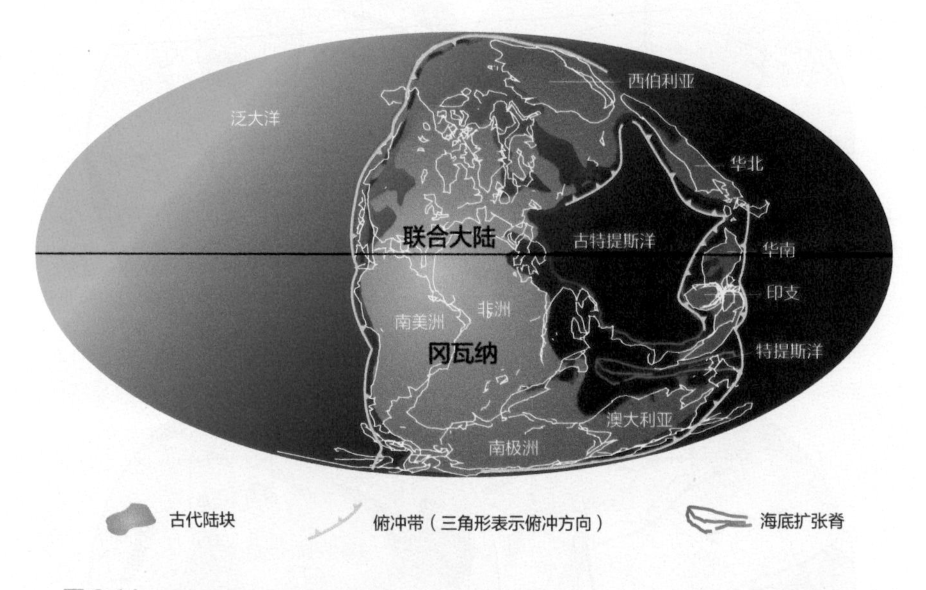

图 2-14
晚二叠世时的联合大陆，由南半球的冈瓦纳大陆和北半球的劳亚大陆连接而成。华南、华北地块由“古特提斯洋”与联合大陆相隔（图片来自 www.scotese.com，经编辑修改）

联合大陆的解体确实和大西洋的形成相关。先是早侏罗世大西洋盆地开始张裂，后是中侏罗世印度洋开始张裂。大西洋的张裂始于中部，然后向南北双向扩展（Stampfli，2000），具体过程我们在第 6 章里还有机会讨论。北大西洋张裂的位置，靠近古生代 Iapetus 和 Rhetic 两个大洋关闭的地方（图 2-15），因此真的像是关而又开。至于西印度洋的张裂，印度和非洲分开，实质上是冈瓦纳古陆的分解（Gaina et al.，2013；图 2-15）。

冈瓦纳古陆从元古宙末期开始形成，到二叠纪合并为联合大陆的重要部分，古生代二三亿年里一直是地球上最大的大陆。冈瓦纳古陆之所以能够持久不散，自有其下地幔深部的原因，我们到本章第 4 节（2.4）再来讨论；而中侏罗世东、西冈瓦纳的脱离，也是地幔柱上升深部过程的后果（Torsvik and Cocks，2013）。

综上所述，联合大陆随着冈瓦纳和劳亚大陆在二叠纪合并而成，又到侏罗纪随着大西洋和印度洋的张裂而分解，显示了一个超级大陆完整的生命史。如果加上冈瓦纳古陆的历史，就可以为整个古生代和早中生代的区域地质研究提供历史背景。相对不清楚的是我国区域地质的全球背景，因为华南、华北长期处在联合大陆之外，周围大洋的历史，比如是否有过所谓的“古亚洲洋”等，都是尚待研究的课题。

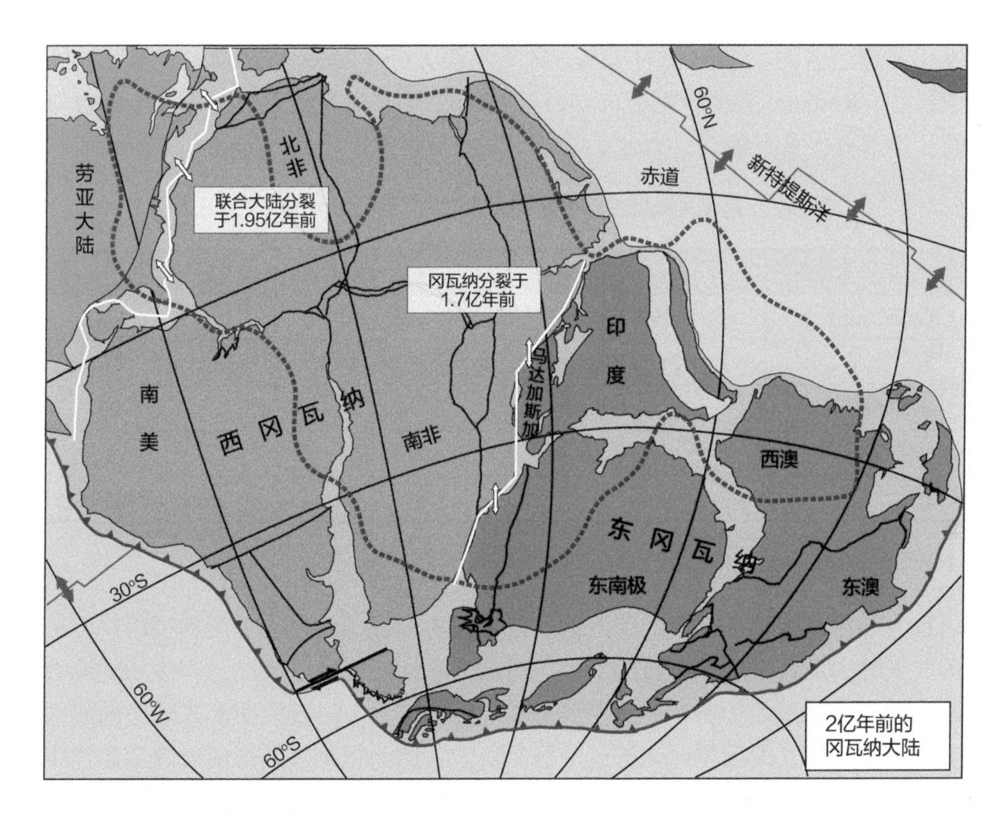

图 2-15
2 亿年前联合大陆南部古地理图（据 Torsvik and Cocks，2013 改）
有箭头的白线示冈瓦纳大陆两大分解事件的位置：左线示早侏罗世初开始北大西洋的张裂，右线示中侏罗世开始西印度洋的张裂 红虚线表示地幔剪切波低速区（即LLSVP，详见2.4节）

2.2.2　地质历史上的超级大陆

联合大陆是研究程度最高的超级大陆。地质历史上出现过的超级大陆，远不止一个联合大陆，但是时代越久远，可靠程度也越低。最早的超级大陆至今说不清楚，太古宙仅较大的克拉通就有 35 个，周边都有元古宙的裂谷，可见当初都是从更大的大陆分裂而来，但是究竟哪些克拉通曾经相互连接，是否在太古宙曾经联合为超级大陆，现在还不能回答（Bleeker，2003）。当然也有简便的办法，把地理相近、测年相似的克拉通划在一起就有了古超级大陆，比如30亿年前的Ur大陆（Rogers，1996），科学家们对于前寒武纪的超级大陆已经提出过太多的名称，不见得都有充分根据。证据比较可靠的始自太古宙的末期，包括27亿~25亿年前开始形成的Kenorland大陆，19亿~18亿年前的哥伦比亚（Columbia）或者Nuna大陆，以及11亿年前起逐渐聚集的Rodinia大陆，大体上对应于大陆形成的三大高峰期（图2-10）。如果考虑到5.5亿年前形成的冈瓦纳大陆和2.5亿年前出现的联合大陆，大致上可以推论超级大陆有4亿~5亿年出现一次的准周期性（LePichon and Huchon，1984；Worsley et al.，1986）。但如果要问地质历史上究竟有过多少超级大陆，这又是个不好回答的问题，重要的原因是定义不一。有人主张面积要超过当时大陆总和的75%，才算超级大陆（Meert，2012），按此计算，至少哥伦比亚，Rodinia和联合大陆Pangea可以当之无愧。关于各个超级大陆聚合与分解的时间，学术界也多有争议，大致上可以归纳如下表（表2-2；Condie，1998）。

表2-2 超级大陆聚合与分解的大致时间（据Condie，1998）

超级大陆	聚合期/亿年	分解期/亿年	旋回总长*/亿年
Kenorland	30~25	22~20	—
哥伦比亚	21.5~16.5	15~13	8.5
Rodinia	13.2~10	7~5.3	7.9
冈瓦纳	6.5~5.5	1.6~0	6.5
联合大陆	4.5~2.5	1.6~0	4.5

* 指从聚合开始到分解结束的时间

超级大陆再造的难点在于缺乏证据。根据板块学说，大洋的关闭都是板块俯冲的结果，因此大陆的聚合必定伴有造山事件。超级大陆的形成也是大陆地壳生长的高峰，这种高峰在地质记录里的一种标志就是锆石（见附注3）。锆石只在形成陆壳的酸性火成岩和变质岩中产生，而且在风化搬运中极为稳定，因此超级大陆形成时碎屑矿物中会出现锆石含量的高峰。从碎屑锆石的分布，可以清晰地看出27亿、19亿年前的两大峰值，相当于上面说到的Kenorland和哥伦比亚大陆时期，以及11亿年前的Rodinia及8亿年后的冈瓦纳和联合大陆时期（图2-16；Hawkesworth et al.，2010；Meert，2012）。

在前寒武纪各个超级大陆中，研究最为成熟的是Rodinia大陆（图2-17）。虽然该名词1990年才提出，但现在已经有了比较清楚的认识：Rodinia的演变是个长期过程。这个超级大陆聚合的时间各地不一，先后从13亿年前开始，延续到9亿年前结束；同样，Rodinia的分解也是从8.25亿年前延续到7.4亿年前。如果按从聚合完成到分解结束计算，超级大陆的寿命是1.5亿年（Li et al.，2008；Rino et al.，2008）。Rodinia超级大陆的演化，对于地球表层环境有过重大影响。有人认为，正是Rodinia的解体导致全球岩石的化学风化作用加强，消耗了温室气体，才会在7亿年前发生低纬区也发育冰盖的“雪球”时期（Hoffman and Schrag，2002）。

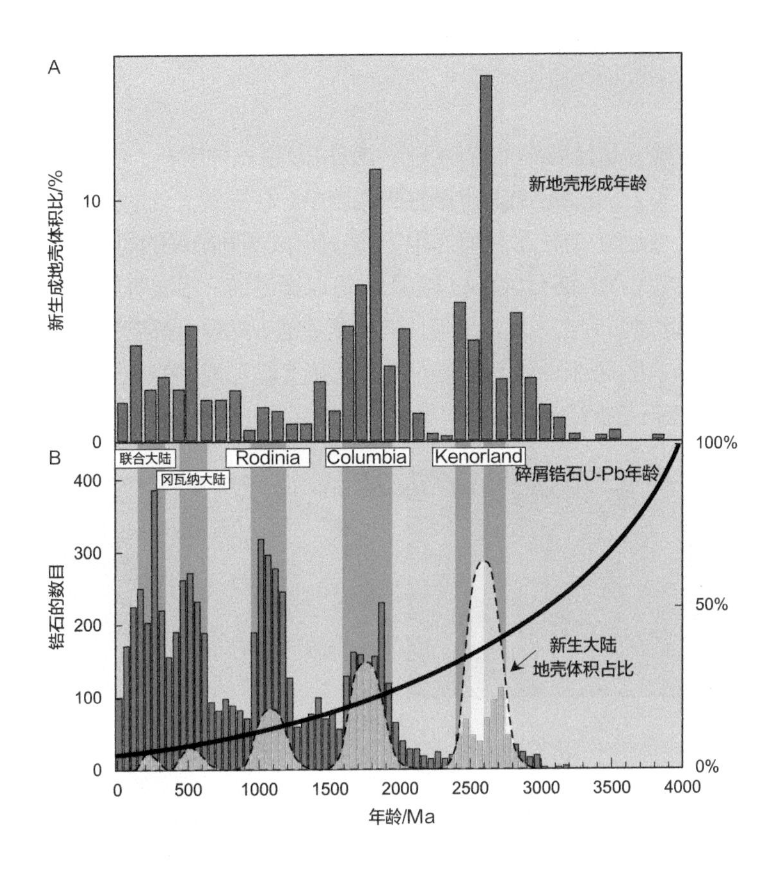

图 2-16

锆石 U-Pb 年龄高峰指示的超级大陆形成期（据 Hawkesworth et al.，2010 改）

A. 基于岩浆岩锆石年龄等推断的新地壳形成比例；B. 碎屑锆石的年龄分布，虚线示新地壳形成比例的高峰，粗弧线示地壳生长速率

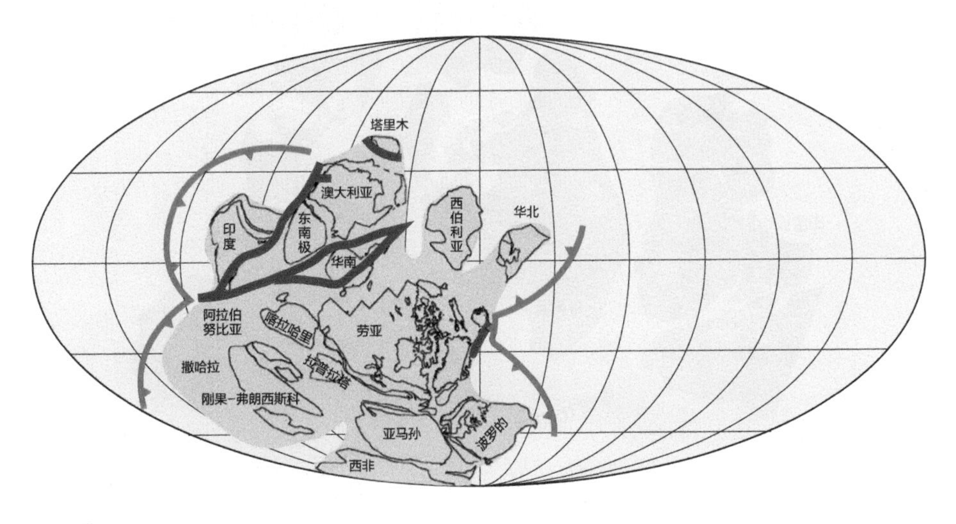

图 2-17

9 亿年前的 Rodinia 超级大陆（据 Li et al.，2008 改）

红色为碰撞造山带，绿色为活动边缘俯冲带

附注 3：锆石

锆石的化学成分是硅酸锆（$ZrSiO_4$），既可以是一种宝石，也可以是提炼金属锆的原料。广泛存在于花岗岩或其他酸性火成岩中，在形成大陆地壳时产生。锆石的化学性质稳定，能够经受变质、风化等作用，保持其形成不同阶段的同位素年龄（见图），可以作为碎屑矿物保存。锆石含有 U 和 Th，可以通过铀－铅法等方法测年，获得其结晶的时间，因此是研究古大陆形成年代的重要依据。地球上最老的矿物，就是西澳 44 亿年前的锆石。图 2-16 所示 30 多亿年来超级大陆形成期的准周期性，就是在将近 20 万颗碎屑锆石分析结果基础上，经质量过滤后得出的（Voice et al.，2011）。

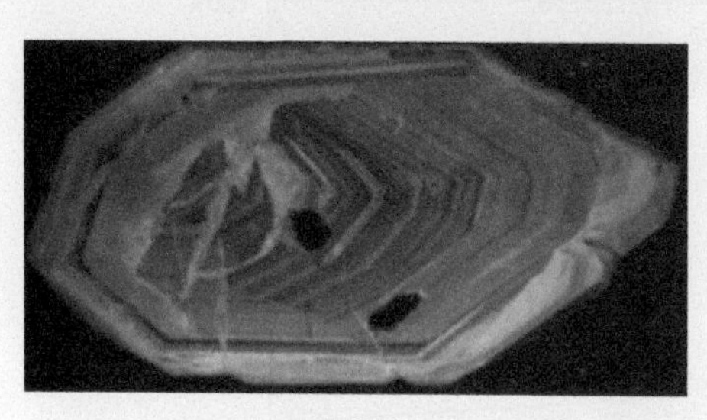

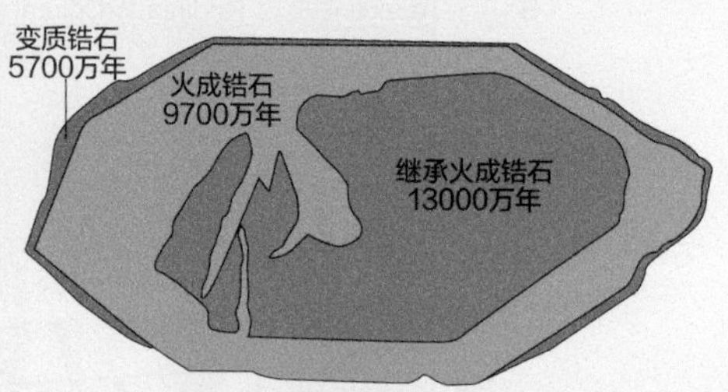

同一颗锆石能提供不同形成阶段的年龄（据 Stanley and Luczaj，2014 改）

元古宙早期的哥伦比亚超级大陆是十多年前方才提出来的（Zhao et al.，2004），研究程度相对要低得多。一般认为其聚合期可能从 21 亿年前到 19 亿年前，我国的华北克拉通就是大致 19 亿年前碰撞联接哥伦比亚大陆的，其分解过程大约延续到 15 亿年前（图 2-18；Santosh et al.，2010）。

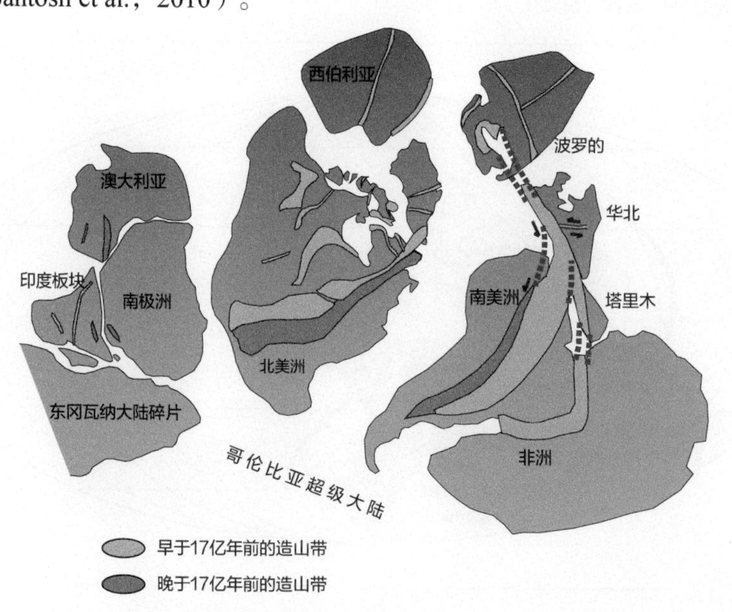

图 2-18
哥伦比亚超级大陆（据 Kusky et al.，2010 改）

超级大陆分合的威尔逊旋回，是地球表层系统演变的重要原因，大陆的规模和地理位置，都对全球气候有重大影响。地质资料和数值模拟证明：超级大陆可以造成“超级季风（megamonsoon）”。数值模拟和一些地质资料表明，在联合大陆最盛期，气候的大陆性极强，雨量集中在特提斯洋附近，内陆降雨量几乎为零，而内陆的冬夏温差可以高达 50 ℃（Kutzbach and Gallimore，1989）。同样，大陆的地理位置也能影响气候。有人将大陆的分布划为三类极端状况：大陆呈经向分布（“切片型”）（图 2-19A），大陆位于南北两极（“帽盖型”）（图 2-19B），和大陆沿赤道分布（“指环型”）（图 2-19C），通过数值模拟求取其气候效应。模拟的结果，居然是大陆分居两极时地球表面温度最高，处于赤道时温度最低（Worsley and Kidder，1991）。

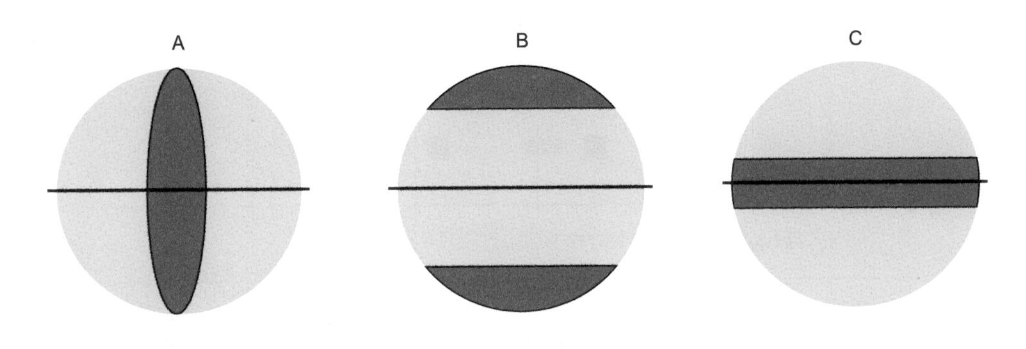

图 2-19
大陆地理位置的气候影响（据 Worsley and Kidder，1991 改）
A. 切片型；B. 帽盖型；C. 指环型

威尔逊旋回对于生物圈也有影响。简单地说：全球的生物多样性与大陆的分合相关。大陆联合时发生全球性的海退，生物分省减少，生物总的多样性下降；反之，大陆分解时全球性海进，生物分省增加，总的多样性上升（Valentine and Moores，1972）。

2.2.3　内大洋与外大洋的演变

讨论超级大陆的演化，绕不开超级大洋。全球的大陆聚集成一个，意味着大洋也是一个；大陆分散为好多个，必然出现好多个大洋。随之而来的概念是内大洋和外大洋：在原来的超级大陆范围以内，由裂谷扩张而形成的大洋，属于内大洋，如现在的大西洋、印度洋，周边是被动大陆边缘；在超级大陆以外，不受裂谷扩张直接影响的是外大洋，如今天的太平洋，周围是活动大陆边缘的俯冲带（图 2-20；Murphy and Nance，2008）。由于被动大陆边缘的沉积容易保存，地质历史上讨论的大洋，大多属于内大洋，比如前后几个世代的特提斯洋。前面说过，华南、华北长期游离在联合大陆之外，对于超级大陆的信息保留不多，但是对当时的超级大洋却是近水楼台。例如三叠纪时华北和阿穆尔地块之间的“蒙古－鄂霍次克洋”，就是超级大洋的巨大海湾，记录了超级大洋演变的信息（Golonka，2007）。

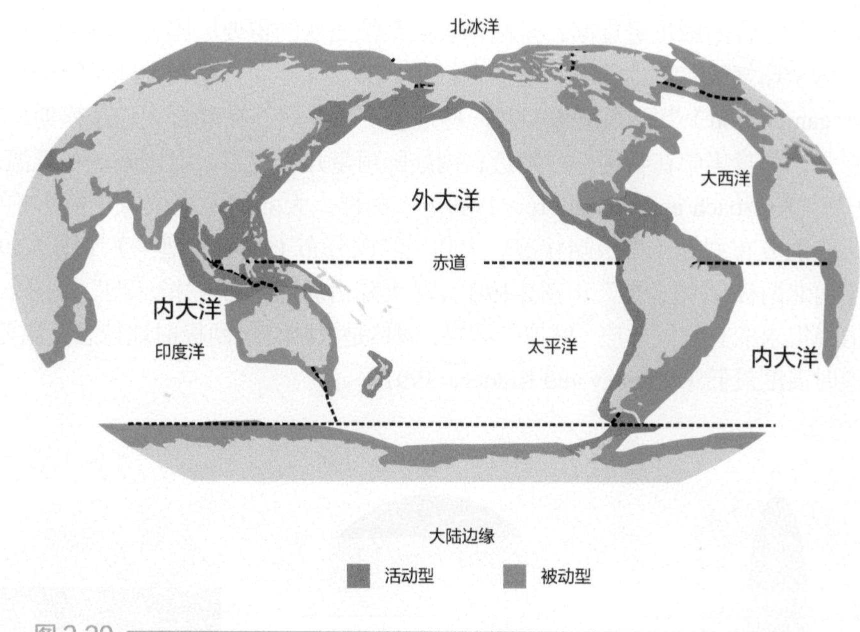

图 2-20
现代的内大洋和外大洋（据 Harris et al.，2014 改）

外大洋也就是超级大洋，以俯冲带和超级大陆相交界，这就是今天太平洋周围火山活动环的位置。因此，外大洋周边是俯冲带，属于活动大陆边缘；内大洋由超级大陆裂解产生，中央是洋中脊，两边是被动大陆边缘，包括现在的大西洋和印度洋（图 2-20）。

在威尔逊旋回里，超级大陆经历的是聚合与分解，超级大洋经历的则是扩张和俯冲隐没。但是洋壳周转比陆壳快得多，过去的超级大洋已经随着板块俯冲而消失，难以像超级大陆那样复原再造。然而近年来随着层析成像的进展，可以根据潜入地幔深处的古老板片，结合地球表面残留的外来地体（exotic terranes），对古老的超级大洋进行推测性的再造。拿联合大陆开始分解的 2 亿年前来说，当时超级大洋（Panthalassa）的板片，已经随着太平洋区新板块的产生而逐渐俯冲消失，但是在层析成像和地体研究的基础上，可以推测大洋中部有过洋内俯冲带，分出了东边的塔拉撒（Thalassa）大洋和西边的蓬托斯（Pontus）大洋，而俯冲带产生的陆块已经漂移到大洋周边，成为今天东亚的外来地体（图 2-21；van der Meer et al.，2012）。

联合大陆解体的表现就是新内大洋的产生，主要是大西洋和印度洋在中生代开始的张裂。与此同时，中生代的超级大洋（也有人叫做“原太平洋”）的洋底，也经过了新老交替，变成了今天的太平洋。不过太平洋不等于太平洋板块，现在的太平洋板块从侏罗纪中期开始发育后逐渐扩大，至今已经占领了几乎整个太平洋底，而早期形成的中生代洋壳只剩西北太平洋的一块。内、外大洋扩张的结果，形成了当前世界三大洋为主的局面，但是两类大洋的扩张形式不同。内大洋的扩张是典型的板块运动，有洋中脊向两侧拓展；外大洋则不同，太平洋的发展成辐射状推进。因此中生代晚期的外大洋，西北边有伊邪那岐（Izanagi）板块，东边有法拉荣（Farallon）板块，南边有菲尼克斯（Phoenix）板块（图 2-22A，B）。随着太平洋板块的产生和扩大，上述三大板块逐渐俯冲消失（图 2-22C，D；Smith，2007），只有法拉荣板块的西缘，分成胡安•德富卡（Juan de Fuca）、科库斯（Cocos）、纳斯卡（Nazca）几个小型的板块继续向美洲俯冲（Schellart et al.，2010）。

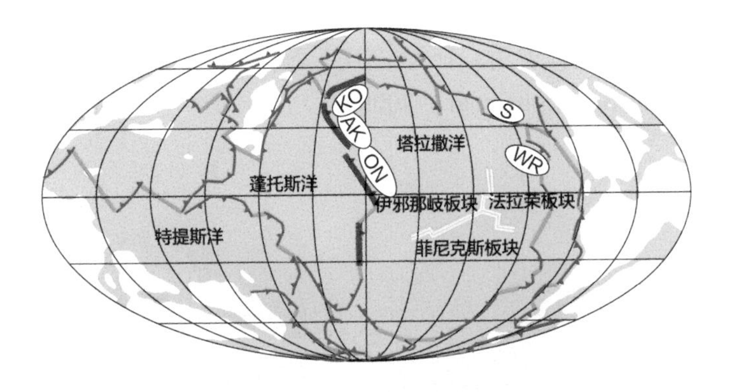

KO(Kolyma-Omolon)：科雷马河–奥莫隆河地块
AK(Anadrv-Kovrak)：阿纳德尔河–科里亚克地块
ON(Oku-Niikappu)：奥库–新冠地块
S(Stikinia)：斯蒂金河地块
WR(Wrangellia)：雅格利亚地块

图 2-21
推测的 2 亿年前超级大洋 (Panthalassa)（据 van der Meer et al.，2012 改）

黄色曲线表示新生板块的扩张脊；白色椭圆为当时超级大洋内的地体，现在已随新生板块扩张并入太平洋周围的陆地（KO、AK、ON 代表现在日本岛弧附近的地体，S 和 WR 代表现在北美西岸的地体）；红线为推测的洋内俯冲带

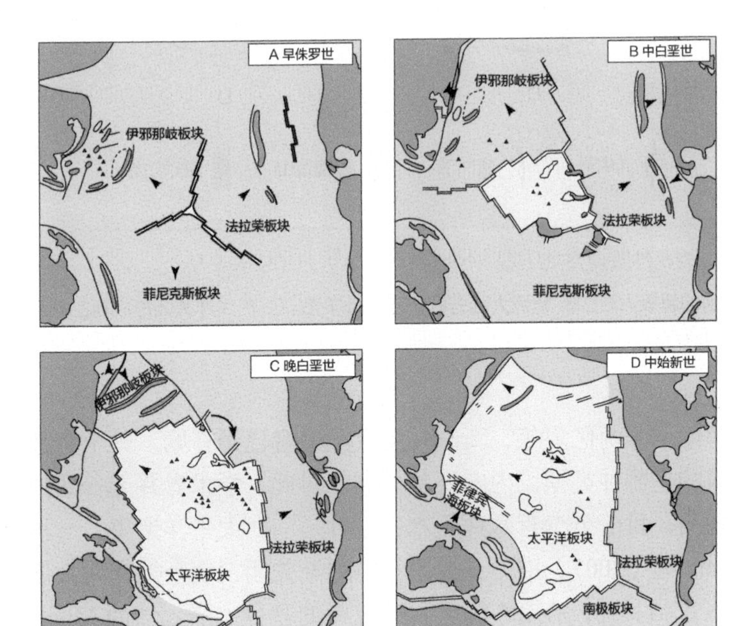

图 2-22
太平洋板块的发育（据 Smith，2007 改）

超级大陆分解的结果是新大洋的产生，而超级大陆聚集的结果就是旧大洋的消亡。消亡的可以是内大洋，也可以是外大洋。换句话说，大陆汇聚既可以靠内大洋的关闭，实现内向（introvert）聚合；也可以靠外大洋的关闭，实现外向（extrovert）聚合（图 2-23）。古生代 Iapetus 和 Rhetic 内大洋关闭而形成联合大陆，就是内向聚合或者叫内向关闭；新元古代 Rodinia 超级大陆瓦解后，在 6 亿年前又形成 Pannotia 大陆，形成的方式却是外向聚合或者外向关闭（Murphy et al.，2009）。

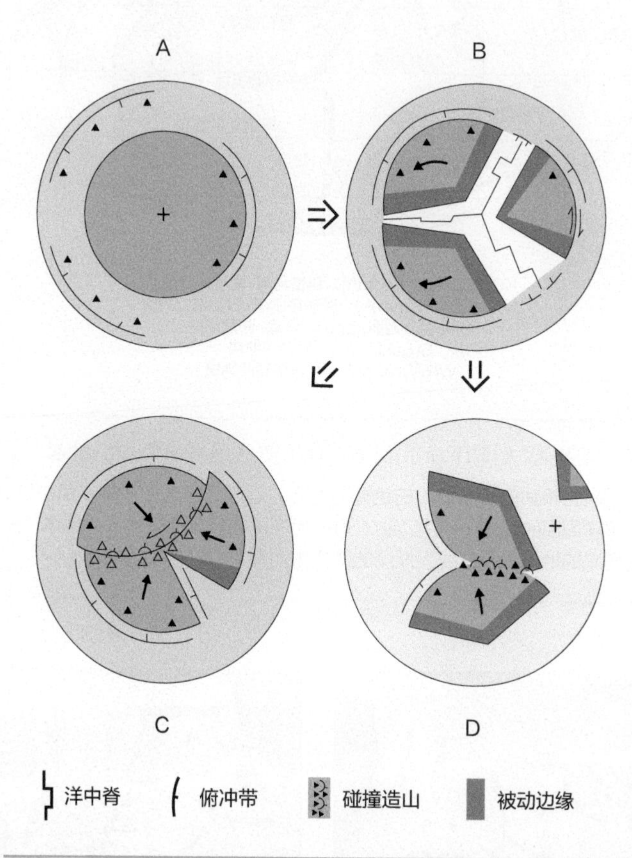

图 2-23
超级大陆的两种聚合方式（据 Murphy et al.，2009 改）

A. 分解前的超级大陆；B. 超级大陆分解，产生新洋壳；C. 内大洋关闭形成新的超级大陆；D. 外大洋关闭产生新的超级大陆

联合大陆解体至今两亿多年，新一轮的大陆聚合已经开始。一个有趣的问题是：这一回的聚合采取的是哪种类型，内向还是外向？对此，学术界并无一致的意见。关于未来超级大陆的预测，目前至少有两种版本：一种是向西太平洋聚集，一种是聚集到北极周围。Maruyama 等（2007）推测：太平洋将逐渐关闭，现今处在两大俯冲带之间的西太平洋三角地区首当其冲，在 2.5 亿年后形成新的联合大陆。然而 Mitchell 等（2012）总结 8 亿年来的记录，发现大陆聚合既非“内向”也非“外向”，而是每个超级大陆的中心移动约 90°，由此预测亚洲和美洲将要相向汇聚，1 亿年后将形成“Amasia”超级大陆，汇聚的中心就在现在的北冰洋。

2.3 地幔柱与大火成岩省

2.3.1 热点与地幔柱

地球表层与地幔之间进行交流，无论大洋中脊还是俯冲带，都属于板块运动的表现；但是两者间的交流并不以板块运动为限。最有名的例子是夏威夷群岛的火山链，既不是洋中脊、又不在俯冲带，但是来自地幔的火山岩浆活动长期活跃。威尔逊在半世纪前就提出假设：夏威夷火山链是板块缓慢移动经过地下的“热点（hot spot）”时，留下的一串火山（图 2-24A；Wilson，1963）。一股地幔物质像股热柱那样升上地面，造成火山活动，这就是地幔柱上方的“热点”。大洋钻探对火山链的玄武岩基底取样分析，证明这是从白垩纪晚期 8000 万年来的产物（图 2-24 B；Tarduno et al.，2003）。这类“热点”在地球表面有四五十个，有的也可以和洋中脊相关，最活跃的热点有大西洋的冰岛、印度洋的留尼汪和太平洋的加拉巴哥群岛等等。

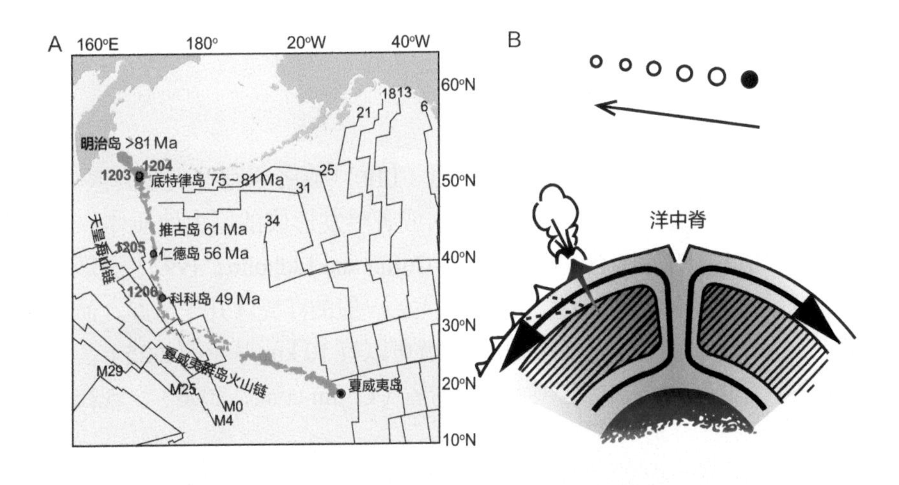

图 2-24
夏威夷群岛火山链

A. 大洋钻探 ODP197 航次钻孔位置（红点）及玄武岩基底年龄，灰线示磁异常条带（据 Tarduno et al.，2003 改）；B. 火山链的成因假说：板内热点（下）和板块移动留下的火山系列（上）（据 Wilson，1963 改）

解释热点原因的“地幔柱”假说，早在 20 世纪 70 年代初就已经提出（Morgan，1971）；20 世纪 80 年代初又提出地幔柱是俯冲板块再循环的产物（Hofmann and White，1982）。然而 20 世纪 90 年代起地幔柱的研究才急剧升温，原因在于得到了实验证明。这项假说的关键，在于“地幔柱”来源于 2900 km 深处核幔边界的认识，从而把观测到的地质过程和全深度的地幔环流联系起来，从而解释了众多的地质现象。但是，“地幔柱”假说还是遭到一些学术权威的反对，如 Anderson 相信地幔对流的动力是顶层的冷却，而不是从深部升上来的地幔柱（Anderson and Natland，2005）；Foulger 认为冰岛的岩浆活动其实是洋壳俯冲后熔融所致，没有必要假设深源的热地幔形成羽流（Foulger et al.，2005）。尽管还在继续受到批评和质疑，“地幔柱”假说应该说已经相当成熟（Campbell，2007）。

地幔环流，是地球化学和地球物理界多年来学术争论的一大热点。这种争论反映了地球深部过程研究的弱点。假设地幔的羽流源头在于核幔边界，但是地幔底部太深，只能靠间接办法验证。地球物理通过地震层析成像，去深处寻找“地幔柱流”；地球化学通过痕量元素和同位素，去探测有没有外核的成分升上地球表面。但是寻找中的地幔柱流的热柱是个直径不过百来千米，温差也才两三百度的结构，很难靠一般的地震波发现；而地幔的物质成分如此多变，找到了同位素异常也很难判断就一定是外核来源的物质（Meibom，2008；黄金水、傅容珊，2010）。现在，地幔深部的层析成像技术显著进步，下地幔的地幔柱证据大为增加（Montelli et al.，2006；Campbell，2007）。可是地幔深部过程的探索还在起步阶段，科学的争论只会随着研究的深入而增多。比如现在洋底最大的翁通－爪哇海台是个白垩纪的“巨大火成岩省”，推想是超级地幔柱的产物；但是也有一种意见，认为可能是一个 20 km 大小的天体撞击的结果，因此只涉及上地幔过程（Ingle and Coffin，2004）。这后一类设想虽然不见得有充分的根据，却反映了我们对地幔过程的了解很不成熟，前面还有很长的路要走。

2.3.2 大火成岩省

超级地幔柱的地质表现，就是大火成岩省（LIP）或者叫巨型火成岩区。20 世纪 90 年代初期开始提出的时候，是指基性岩浆侵入或者喷发形成的巨大地质体，面积至少在 10 万 km^2 以上，而形成的过程不过几百万年（Coffin and Eldholm，1992）。最为壮观的是洋底高原，这类大火成岩省规模巨大、厚度惊人。一般的洋壳才几千米厚，而洋底高原的洋壳可以厚达 40 km，光是喷发来源的上地壳就可以有 10 km 厚（图 2-25）。迄今为止，至少有 10 个大洋钻探航次探索过这类大火成岩省（Coffin et al.，2006）。现在，大火成岩

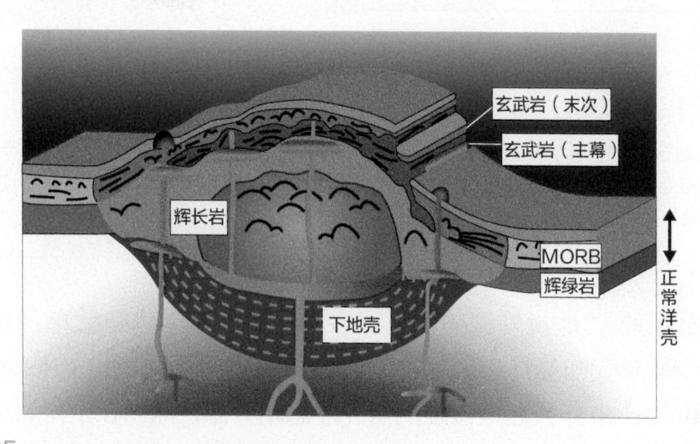

图 2-25
大火成岩省海底高原构造示意图（据 Coffin et al.，2013[①]改）

① Coffin M, Bach W, Erba E, et al. 2013. CHIKYU+ 10 International Workshop Report.

省和洋中脊、俯冲带一样，成为研究地球深部活动的窗口，但是不一定和板块运动相联系，而是来自“超级地幔柱”的活动。前面说过，板块运动是地球特有的现象，地幔柱却不然，大火成岩省可能是月球和其他星球岩浆活动的主要形式，是太阳系类地星球释热的常见途径。

大火成岩省形式多样，从陆地上的溢流玄武岩到深海的海底高原都是超级地幔柱的产物。陆地上如俄罗斯西伯利亚、印度德干高原、我国峨眉山的溢流玄武岩，洋底的如太平洋翁通－爪哇和印度洋凯尔盖朗洋底高原，此外还有洋中脊、洋盆溢流玄武岩和海山群等各种岩浆体（图 2-26；Coffin et al.，2006）。与大洋中脊张裂的连续性不同，地幔柱是一种间隙性活动。地幔柱的上升可以是在板块张裂的时候，如北大西洋张开时形成的大火成岩省，现在已经分居在洋中脊的两边；也可以跨越海陆，如印度的德干高原通过 200~300 km 宽的海山脊，连接到马斯克林（Mascarene）海底高原。大火成岩省年龄分布的特色，是白垩纪到始新世（距今 150~50 Ma）占的比例最高（图 2-26 的红色）。这一方面是由于洋底更新迅速，两亿年前的洋底早已潜没在地幔深处；另一方面白垩纪确实出现过地幔柱活动的高峰。

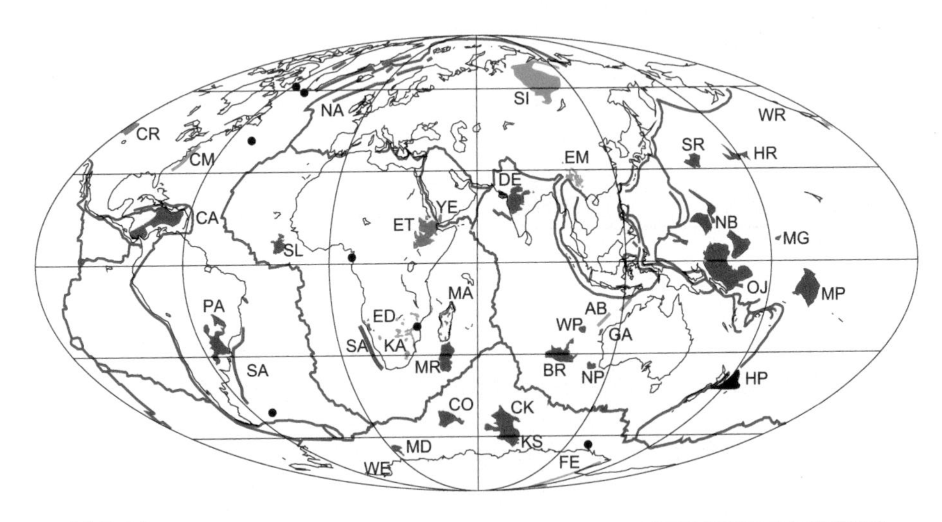

图 2-26
显生宙大火成岩省分布图（据 IODP，2013 改）
颜色表示形成年代：天蓝色大于 150 Ma，红色 150~50 Ma，绿色 50~0 Ma，黑色未定年

现在世界上最大的洋底高原，西南太平洋的翁通－爪哇大火成岩省，就是在白垩纪形成的。翁通－爪哇洋底高原面积 200 万 km^2，可以与青藏高原（250 万 km^2）相比；体积大约 5000 万 km^3，相当于两个南极冰盖（2450 万 km^3）（Larson and Erba，1999）。这还不够，调查发现白垩纪形成时的大火成岩省还要更大，远远超过现在看到的翁通－爪哇洋底高原。不但当初洋底高原的一部分已经沿着所罗门群岛俯冲消失，西南太平洋还有马尼希基（Manihiki）和希古朗基（Hikurangi）两大块洋底高原，白垩纪形成时也是翁通－爪哇的一部分，后来才从翁通－爪哇高原分裂出去（图 2-27A；Taylor，2006）。如果回到 125 万年前，海底高原的面积可能还要翻番，西南太平洋当时的火成岩体应当极为巨大（图 2-27B）。

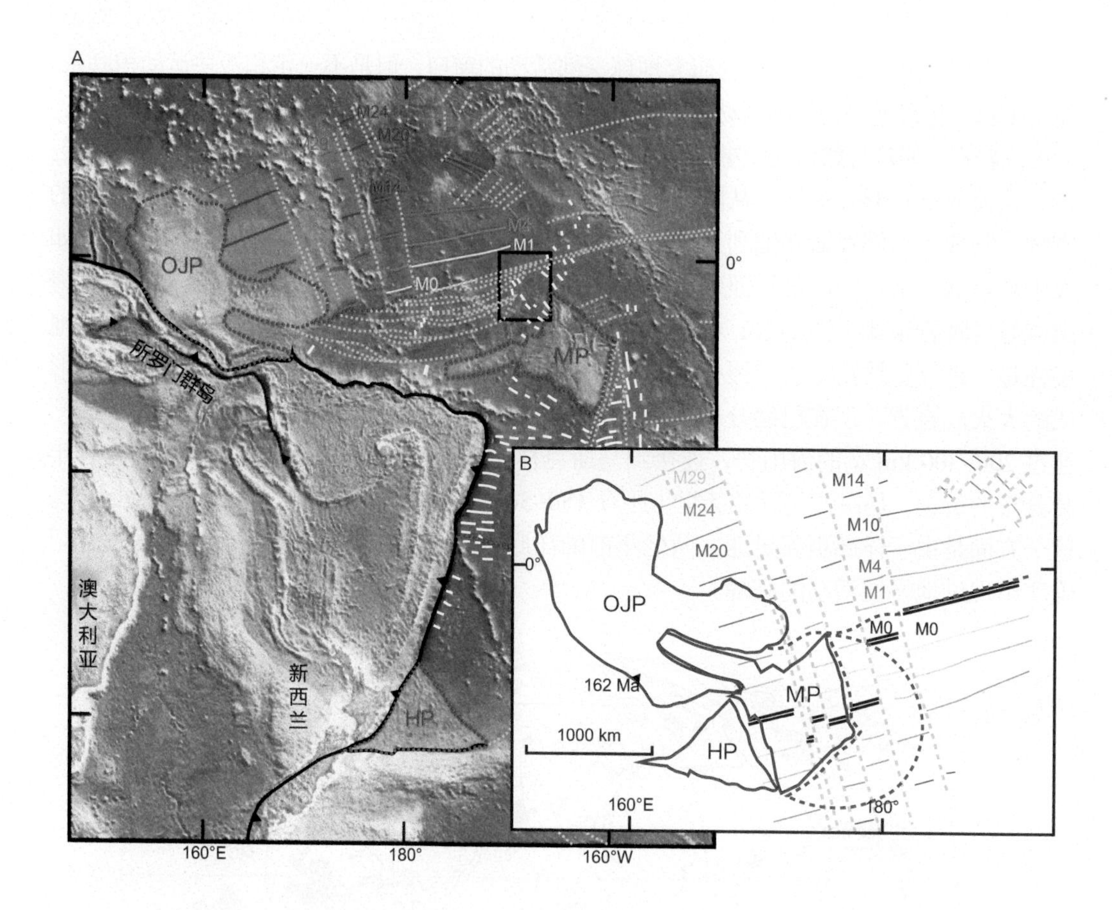

图 2-27
世界最大的大火成岩省：翁通－爪哇洋底高原（据 Taylor，2006 改）

A. 西南太平洋地形图，示 OJP 翁通－爪哇 (Ontong-Java)、MP 马尼希基 (Manihiki)、HP 希古朗基（Hikurangi）洋底高原；B. 洋底高原在白垩纪形成时（1.25 亿年前）的位置复原，示洋底磁异常条带，虚线示可能已经消失的洋底高原

这样巨大火成岩体的形成，必然会改变地球表层系统的环境。人类历史上记载的巨型火山爆发如 1883 年东南亚 Krakatao 火山爆发，威力相当于 13000 颗广岛原子弹，而白垩纪形成大火成岩省的火山活动，每次的喷发量应当超过这类事件上百倍，在几十万年时间里经过上千次的喷发，所产生的环境后果不能用人类历史见闻的尺度来衡量。1.25 亿 ~1.20 亿年前，翁通－爪哇洋底高原的形成引起了大洋 Sr 同位素（Larson and Erba，1999）和 Os 同位素（Tejada et al.，2009）的剧变，诱发了中白垩世的全球海平面上升和大洋缺氧事件，沉积了深海大洋的黑色页岩（OAE，Oceanic Anoxic Events）（Tarduno et al.，1991；Tejada et al.，2009），构成地球深部过程造成表层系统剧变的典型实例。

与洋底高原相比，陆地大火成岩体造成的环境后果应当更加直接，因此也更为严重。以二叠纪末期为例，西伯利亚在 2.5 亿年前形成的溢流玄武岩现在面积 30 万 km^2，推断当时的总面积可达 390 万 km^2（Reichow et al.，2002）；我国西南距今 2.5 亿年前形成的峨嵋玄武岩，现在的剩余面积 30 万 km^2，形成时的面积肯定也要大得多（Shellnutt，

2014），两者都伴有生物灭绝事件。大火成岩省形成时的岩浆活动必然引起地球表层环境的突变，造成温室气体骤增、深海海底缺氧等一系列后果；也有可能使原有洋壳在地幔柱头部再循环而释出有害气体，如 SO_2、HCl 等都可以使生物被毒害致死，导致生物灭绝事件（Sobolev et al.，2011）。古生代中期以来的统计表明，海洋生物的灭绝事件，和大火成岩省的形成密切相关，重大的灭绝期和大火成岩省的形成时间往往相互对应（图 2-28）。不过看起来不是说火成岩活动总量越大，绝灭的属数就愈多，而是受单次喷发事件的毒性大小制约。比如白垩纪的洋底高原形成时岩浆活动量极为巨大，但是造成的生物灭绝并不严重（Bond and Wignall，2014）。关于大火成岩省与生物灭绝的关系，在后面第 6 章我们还会讨论。

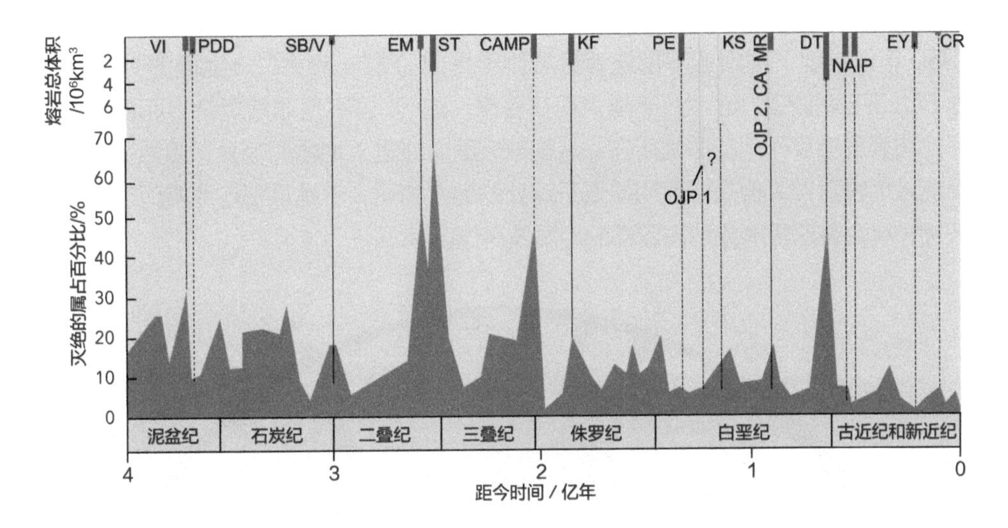

图 2-28

4 亿年来海洋生物灭绝和大火成岩省形成的相关性（据 Bond and Wignall，2014 改）

褐色示海洋动物属的灭绝量，细垂线示海、陆大火成岩省形成事件，上方粗垂线示熔岩总量（深蓝色为陆地、浅蓝色为洋底大火成岩省）

2.4　地幔环流及其两极性

2.4.1　地幔底部低速区的不均匀性

近年来地球深部探索的重大进展，在于地幔底部地震波低速区的发现。地震层析成像揭示的地幔底部结构，一方面为白垩纪以前的大陆古地理再造提供了经度坐标（Torsvik et al.，2008）；另一方面为地幔深部过程提供了直接证据，两者都为认识地球表层与深部的耦合关系开辟了新的途径。进入新世纪以来，借助于地震层析成像等技术，发现了地幔深部有着明显的不均匀性。地面以下大约 2880 km 是地幔和地核的边界，边界之上 250~350 km 的范围地震波速度异常，被称为 “D" 层”（见附注 4）。因为上面有俯冲板片的堆积，下面有地核物质的泄漏，这 D" 层的成分和温度分布都非常复杂。

附注 4：地幔的 D" 层

地球物理用地震波探索地球深部的结构，而地震波的传播速度取决于穿越的物质性质：密度越大、温度越低则波速越快。地震波速突变的深度，也就是地球内部结构的界面。地面以下大约 2880 km，是地幔和地核的边界，也就是地震波的古登堡间断面。所谓 D" 层，是指核幔边界上地幔最底层的大约 200 km。D" 层的成分和性质非常复杂，既有俯冲后堆积在地幔底部的古老板片，又有从地核泄漏出来的富铁物质，还有人认为是地球形成初期岩浆海的残留。

D" 层的名称反映了科学界对于地幔认识的深入过程。1942 年地球物理学家用字母为固体地球的分层编号，从地壳的 A 层到内核的 G 层，下地幔排到 D 层。到 1950 年代发现下地幔的下部还有分层，于是把 D 层一分为二，上面的 1800 km 为 D'，下部的 200 km 为 D" 层。现在看来，这 D" 层不但非常复杂，而且是地球深部和表层相互作用的关键所在。从地球表面俯冲进入地幔的板片，因为密度较大而沉入地幔深部，但是温度明显低于深处的地幔物质，于是堆积在地幔深部的俯冲板片，就会在这里形成地幔深部的地震波高速区。

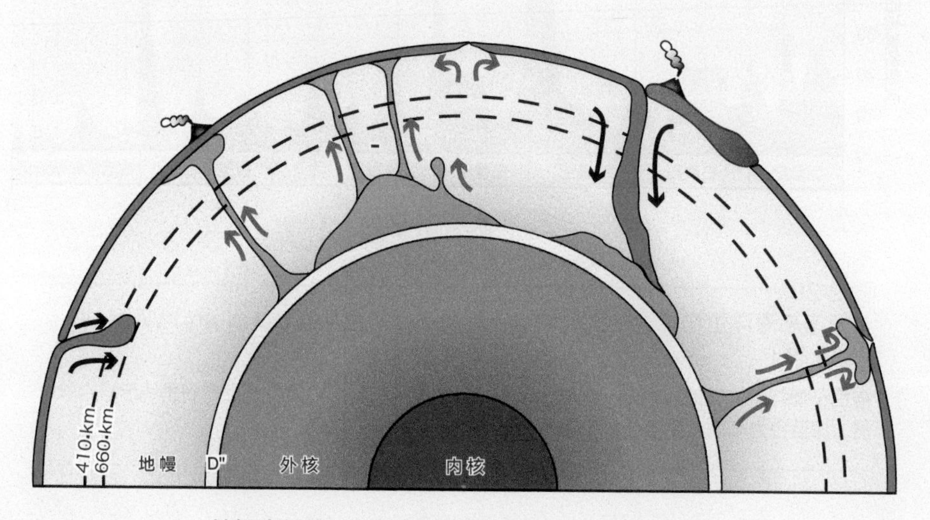

地幔底部的 D" 层（据 Coffin et al.，2006 改）

具体说，在太平洋和非洲下方的地幔底部，都有地震剪切波速度特别低的低速区，反映出其化学成分的异常（Breger and Romanowicz，1998；Ritsema et al.，1999）。进一步研究得知，地幔底部这两个大型低速异常区，是由致密物质所造成：非洲底下这些致密物堆成脊状，太平洋底下堆成较圆的形状，当时推论是俯冲板块的产物（McNamara and Zhong，2005）。这两个化学成分异常、物质致密的低速区在地理上近乎两极分布：东半球在太平洋底下，西半球在非洲底下，被称为大型剪切波低速区（large low-shear-velocity provinces，LLSVP）。这两个巨大的高密度低速区，应当是地球上最大的分区结构：他们各有 15000 km 长，论面积两者相加占据核幔界面的 50%。非洲下面的低速区从地幔底部向上伸展到 1000 km，太平洋的向上至少也有 400~500 km（图 2-29；Garnero and McNamara, 2008）。非洲和太平洋下方这两个低速区，分别被命名为“Tuzo”和“Jason”，用来纪念威尔逊（J. Tuzo Wilson）和摩根（Jason Morgan）这两位对认识地球深部结构作出历史贡献的科学家（Burke，2011）。

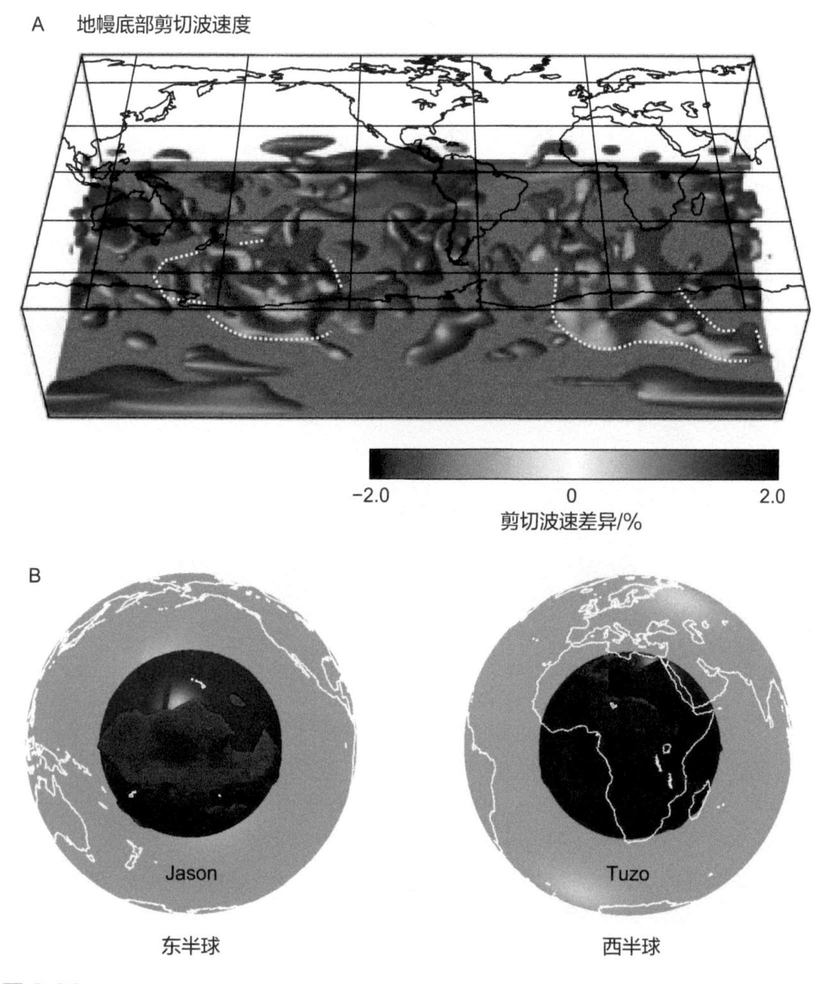

图 2-29
地幔底部的两大剪切波低速区（LLSVP）

A. 从地球表面到地幔底部的三维示意图，颜色表示从 660 km 深处到核幔边界之间的剪切速度（红色低、蓝色高），黄色虚线示低速区边界 (Bull et al.，2009)；B. 两个半球的低速区：东半球——太平洋下方，西半球——非洲下方（图片来自维基百科，经编辑修改）

东西两半球地幔底部的低速带，好比是地球深部的东西两极。历来只知道地球有南北极，现在发现地幔底部的不均匀性，反映出地球原来还有东西两极。目前对这种两极性的了解太少，要谈其成因为时过早。近来有人推测，这种巨大的低速区，有可能是地球形成早期的产物。如果将地球的剩余大地水准面（residual geoid），去和火星的对比，可以发现两者在近赤道区都有两极对偶的隆起。这种内部结构很可能是地球形成之初遭受撞击、产生月球时留下的早期构造（见 1.2.3 节）。因为撞击事件之后地球的能量大为减弱，再也不可能进行大幅度的物质重新分配，只能留在赤道线上传留至今，与火星遭受早期碰撞后的命运相似（Burke et al.，2012）。

地幔底部低速带和地球表层系统的相互联系，正是当前地球科学的前沿问题之一。地球东西半球的两极性，其实也见于地球上层的岩石圈。比如 Pavoni 和 Müller（2000）以现在板块张裂的大洋中脊为界，划出太平洋板块（P）和非洲板块（A）周围的两个大圈，前者从塔斯马尼亚以南到温哥华岛西北，总长 2 万 km，中心位置（P）在 169.8° W，2.6° S；后者从亚速尔群岛到亚丁湾，全长 2.4 万 km，中心位置（A）是 11.6° E，2.4° N（图 2-30）。这种双极结构，尤其是非洲板块环，与上述地幔底部的结构明显地遥相对应。

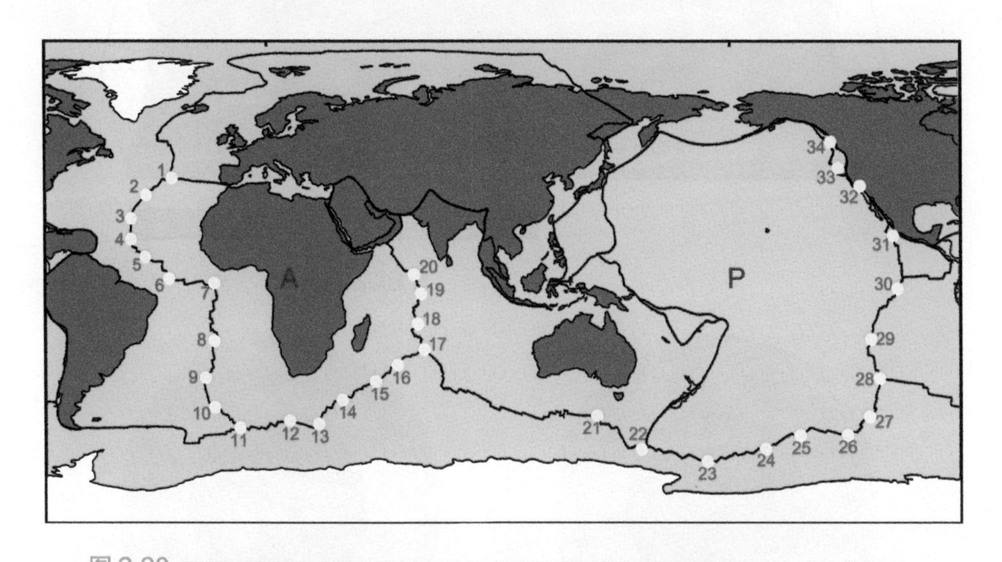

图 2-30

岩石圈东西两极示意图（据 Pavoni and Müller，2000 改）

大洋中脊的连线勾勒出太平洋和非洲两个大圈，其中心 P 和 A 构成东、西两极。数字号码标志洋中脊的活动区：太平洋圈从 21 到 34，非洲圈从 1 到 20

另一方面，地幔低速区的发现也为古大陆再造提供了经度坐标。确定大陆的古地理位置，再造白垩纪 1.3 亿年以来的古地理位置根据最为充分，因为有多种方法可以采用，包括岩石古地磁测定的视极移（apparent polar wonder），海底残留的磁异常条带，热点移动轨迹的火山链，以及古生物地层方法等（Torsvik and Cocks，2012）。但是海底磁异常条带和火山链的方法都难以应用到白垩纪以前，因为世界洋底过于年轻，而更大的困难在于联合大陆以前的古大陆再造。确定古大陆的纬度可以应用古地磁方法，并且可以参考古气候证据，但是古地磁不能确定古经度，因此古经度位置的再造就完全缺乏标准。现在有了地幔底部长期稳定的 LLSVP，就为古地理再造提供了出路：LLSVP 在西半球的地面表现为非洲，而非洲在最近 1 亿年间移动不过 500 km，因此可以假定非洲大陆不动，并以此确定经度坐标，为古地理再造提供参考系（Torsvik et al.，2008）。

2.4.2　地幔环流与地球的东西两极结构

地幔底部低速带的发现，改变了我们对于地幔环流的认识，进而揭示了岩石圈演变的深部原因。对于地幔的结构，地球物理和地球化学界长期存在争论。地球化学家看地幔，看的是化学成分。岩浆活动是地幔物质的相变，而相变必然引起化学元素和同位素的分馏。当岩浆结晶成为矿物的时候，有一批微量元素比如 Rb、Sr、Ba、Zr、Hf、Nb 之类，因为受到离子半径、电荷或者化合键的限制，难以进入造岩矿物晶体结构中，而是相对富集在残余的岩浆中，这类元素叫做“不相容元素（incompatible elements）”。通过研究对比“大洋中脊玄武岩（mid-ocean-ridge basalts，MORB）”与“岛弧玄武岩（ocean island basalts，OIB）”，地球化学家发现在 660 km 以上的上地幔里，不相容痕量元素含量低于平均值，同位素也与下地幔不同，可见地球表层的岩浆作用所影响的主要是上地幔，上、下地幔在化学成分上分属两个库，各有各的地幔环流。然而地球物理学家看的却是地震记录，他们明明看见俯冲板片穿越 660 km 的界面进入地幔底部，可见上、下地幔之间的界面是“漏”的。于是产生了两种意见之争：地幔究竟是个“分层蛋糕”，还是个“水果布丁”（Carlson，1988；Tackley，2008）。20 世纪末期的层析成像证据，表明俯冲板片确实深入到下地幔，地幔底部有着上千千米的稠密物质；从约 1600 km 深处以下，地幔物质比上覆的地幔密度大 4%（van der Hilst and Kárason，1999）。

现在看来，地球物理和地球化学理论都有道理。660 km 上下，确实有化学成分的界面，而有的俯冲板片也确实能深潜达到核幔边界。在此基础上，得出了地幔结构新的模式（Tackley，2008）：有的地方俯冲板块可以穿越 660 km 的界面直达核幔边界，在地幔底部形成“板片坟场”；但在有的地方俯冲板块到了上、下地幔的界面就发生弯曲，停留在 660 km 界面带（图 2-31）。如果富含不相容元素的热化学异常物质，在下涌流的推挤下聚集在地幔底部，就会形成上面所说的大型剪切波低速区（LLSVP）。地幔柱就在 LLSVP 的周边产生，而在 LLSVP 顶部可以产生超级地幔柱，后者再产生出次一级的地幔柱。在这种低速区上方的地球表面，就是发生地幔上涌的地区。

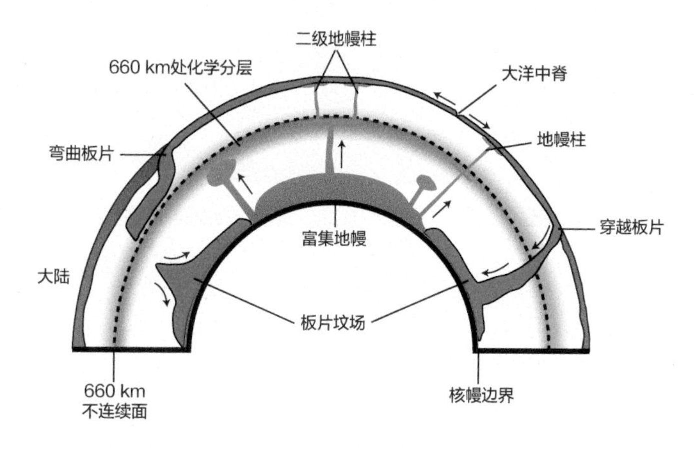

图 2-31
地幔结构示意图（据 Tackley，2008 改）

前一节讨论的大火成岩省（LIP），源头就在 LLSVP 的边缘。资料证明，2 亿年来形成的大型火成岩省，都是从 LLSVP 边缘的 D" 带上升的地幔柱（Torsvik et al.，2006）。进一步说，LLSVP 区内部还有地震波速特别低、大小不足 100 km 的板块，厚度也只有 5~40 km，但是地震波速度比周围低 10%~30%，据推测这就是局部熔融的“超低速区（ultra-low velocity zones，ULVZs）”，地幔柱就是从这里升起来的（Thorne et al.，2013）。假如把现在各个大型火成岩省（图 2-32A），回归到当初活动时的古地理位置（图 2-32B），就可以看到 2.3 亿年来的大型火成岩省，都是发生在 LLSVP 的边缘（Hassan et al.，2015）。

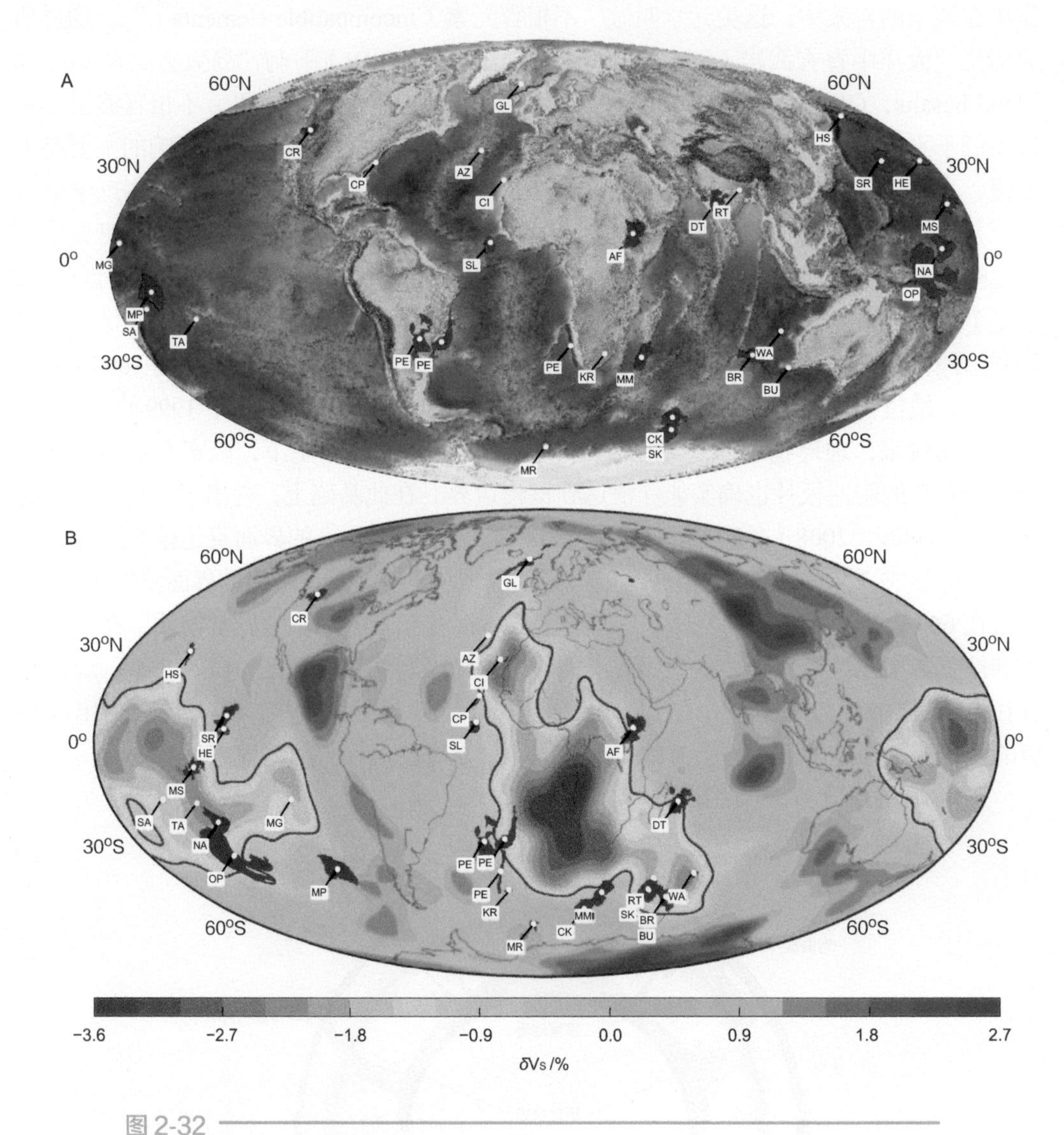

图 2-32
大火成岩省（LIP）和地幔底部低速区（即 LLSVP）地理位置的比较（据 Hassan et al.，2015 改）

A. 大火成岩省（红色）和热点（黄色）的现代地理分布；B. 大火成岩省和热点的古地理位置复原，底色示 2850 km 深处的层析成像，等值线示波速 δVs，粗红线示地幔底部低速区（即 LLSVP）的位置

地球表层来自地幔 LLSVP 区的，还有金刚石。金刚石的母岩金伯利岩是一种偏碱性的超基性岩，常呈岩筒状成群出现。金刚石形成于深度 >150 km 的地幔深处，在高温和高压下结晶而成，只有富含二氧化碳的金伯利岩爆破式喷发才会被带到地球表面，形成含金刚石的金伯利岩。现在世界上的金刚石主要产地分布在南非、澳大利亚等克拉通区，金伯利岩的时代以白垩纪为主。地震层析成像表明，金伯利岩产于 LLSVP 周边的地幔柱发生带。将 3.2 亿年以来的 1395 个金伯利岩产处回归原位，发现其中 80%（1112 个）产在地幔柱发生带附近，只有加拿大的一批例外；同时，25 个大火成岩省也都围绕 LLSVP 分布（图 2-33；Torsvik et al.，2010）。

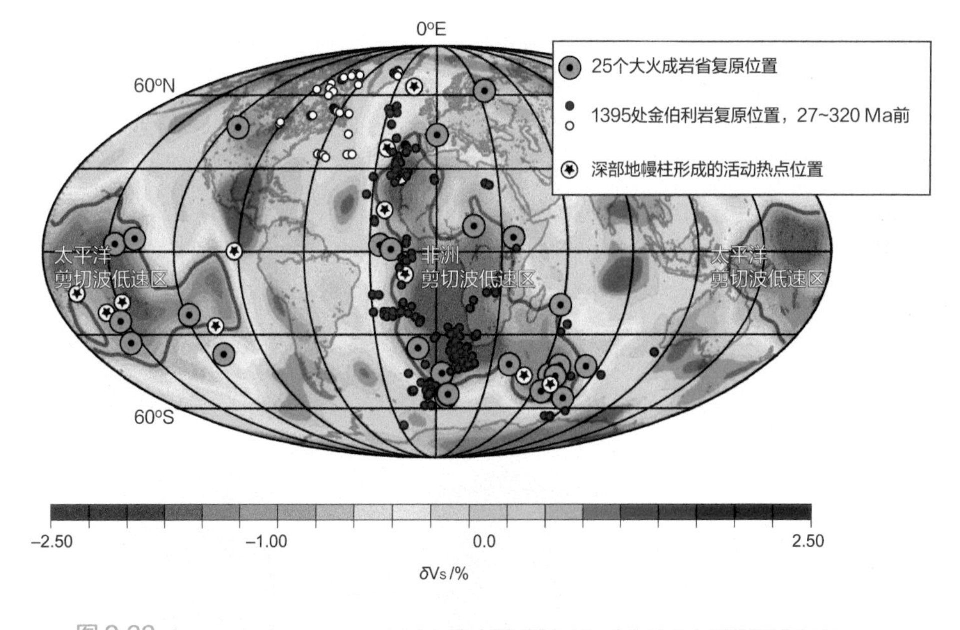

图 2-33
3.2 亿年以来的大型火成岩省和金伯利岩分布古地理复原位置和地幔底部大型剪切波低速区（LLSVP）的比较（据 Torsvik et al.，2010 改）
底色示 2850 km 深处的层析成像，等值线示波速 δVs，灰色线表示现代大陆的分布

2.4.3　威尔逊旋回的前因与后果

综上所述，地幔底部的两大低速区（LLSVP）的周边是地幔柱的源区（图 2-32，图 2-33），其中心是太平洋板块和非洲板块的核部（图 2-29，图 2-30），从而构成了地球从内部到表层的东、西两极。如果和“2.2 威尔逊旋回与超级大陆”对比，就可以看到：这对低速区的上方就是当年的联合大陆 Pangaea 和超级大洋 Pan-Thalassa，现在超级大陆已经分散，但是下地幔的变化滞后，其格局至今犹存。换句话说，地幔底部正是地质历史上发生威尔逊旋回的源头。理解超级大陆和地幔低速区的关系，先要说明地幔移动和地轴的关系。

一个很自然产生的问题是：为什么地球深部构造的两极在东西半球而不是南北半球？为什么地幔低速区 LLSVP 的中心都在赤道？原因在于地球的旋转。在地质的长时间尺度上，整个地球的地幔物质是在移动的。由于离心力的作用，凡是多余的物质都会向赤道移动。上面所说的板块俯冲、大火成岩区的形成，都是地幔物质分配的变动，都会影响地幔物质整体重新分配，使得地幔底部低速区（即 LLSVP）在赤道区形成（Evans，1998，2003）。

近年来学术界提出了种种假说，将超级大陆的板块旋回、大火成岩省、地幔柱和地幔深部低速带联系起来。其中的关键是：超级大陆一旦形成，就会对地幔环流发生反馈作用。对于下伏的地幔来说，超级大陆起着热屏蔽作用，热的长期积累最终造成热地幔柱的上升，破坏超级大陆。因此正是超级大陆的形成，为自己的崩溃准备了条件（Yoshida and Santosh，2011）。图 2-34 所示，是地幔对流数值模拟的结果，展现“超级地幔柱（superplume）”在超级大陆旋回中的作用（Li and Zhong，2009）。与小规模的地幔流（图 2-34A）不同，大规模的超级地幔柱一旦形成，就会启动超级大陆分合的旋回。原来分散的大陆会向下沉地幔柱的方向聚合（图 2-34B），形成新的超级大陆（图 2-34C）。当超级大陆形成之后，俯冲板片向其下方堆积，而在其上方受到超级大陆岩石圈的屏蔽作用，地幔对流散热不畅，在地幔底部形成新的超级地幔柱（图 2-34D）。超级地幔柱的上升，使得超级大陆开始瓦解（图 2-34E），然后分散的大陆再度集结，进入新一轮的循环（图 2-34B）。超级大陆旋回的机制探索，是当前地球科学的热点之一，这里介绍的只是其中的一种模型。由于这类大旋回的时间长度高达 6 亿 ~8 亿年（见表 2-2），已经达到地球整体演化的尺度，很可能根本没有两个超级大陆的形成机制是一样的，有待通过大量的探测与模拟作进一步的深入研究（Murphy，2013）。

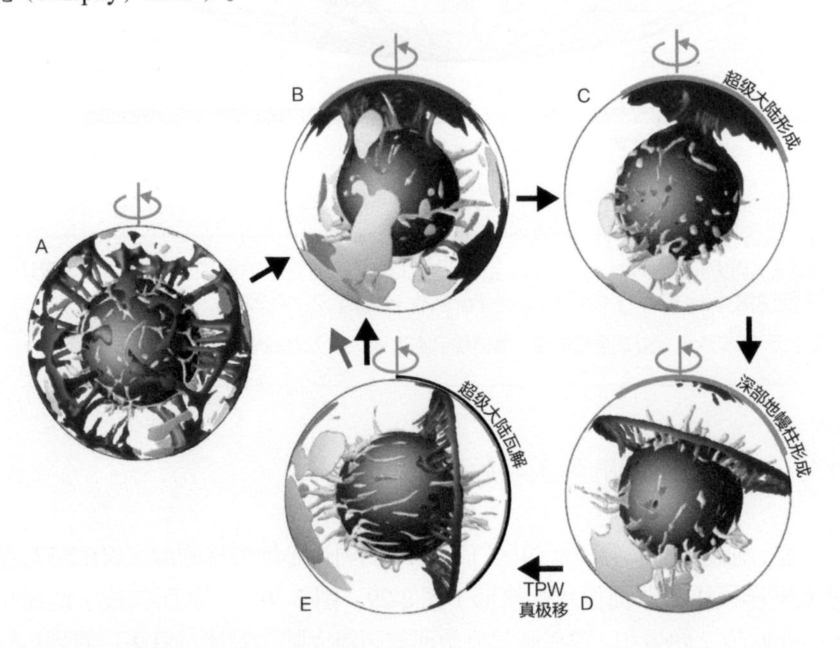

图 2-34

超级大陆旋回与地幔对流的数值模拟（据 Li and Zhong，2009 改）

颜色表示地幔流：蓝色——冷而下沉；黄色——热而上升。A. 小规模的地幔流；B. 当两个半球分别形成下沉和上升地幔流时，分散的大陆向下沉的超级地幔柱聚集；C. 形成超级大陆；D. 受超级大陆的屏蔽，地幔深部热量聚集，在超级大陆下方形成新的超级地幔柱；E. 超级地幔柱上升，导致超级大陆分解，进入新一轮的超级大陆旋回尽管机制问题不容易解决，地球表面大陆的分合确实呈准周期状态出现，也确实引起过全球规模的环境和生命演变。威尔逊旋回板块运动的直接效应，是海底扩张和大洋地壳生产速率的变化，从而影响海水以至大气的成分。具体说来，随着联合大陆解体和现代太平洋板块的产生和拓展，世界大洋地壳的生长速率发生变化。由于太平洋板块的快速生长，新生代前半段全球洋壳的生产速率增加了 20%，而新生代后半段减慢了 12%，尤其是最近两千万年以来随着东太平洋法拉荣（Farallon）板块向北美板块的俯冲消失，岩石圈增长速率减少 18%（图 2-35；Conrad and Lithgow-Bertelloni，2007）。海底扩张的速率直接决定着洋中脊的物质交换，影响海水的 Sr 同位素值、Mg^{2+}/Ca^{2+} 值等一系列化学成分，进而改变大气 CO_2 浓度和气候，甚至改变生命演化的进程，有关的过程，留在后面相应章节里再作讨论。

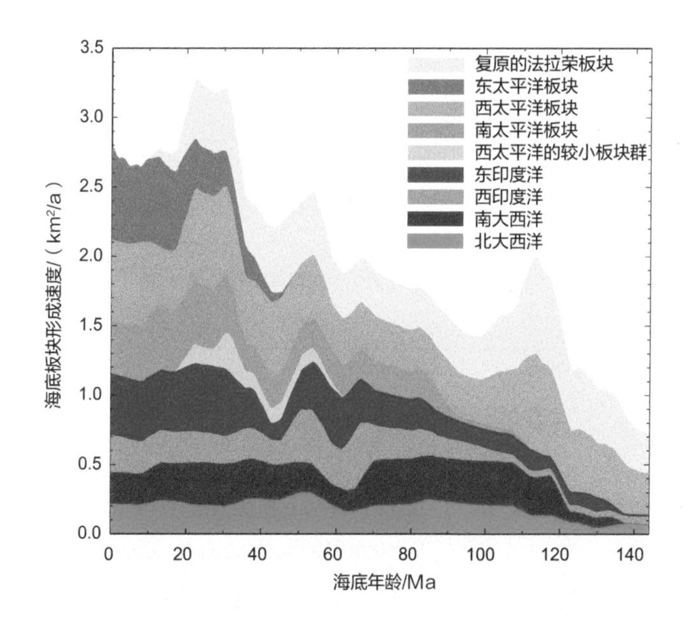

图 2-35
白垩纪以来世界各洋盆海底板块形成速率的变化，顶上一排的法拉荣板块已经俯冲消失（据 Conrad and Lithgow-Bertelloni，2007 改）

威尔逊旋回也直接影响全球的海平面变化。因为大洋中脊两侧新生的洋壳浮力强，海水比较浅，随着洋壳的冷却和远离中脊而逐渐沉降，使得海水加深。因此当超级大陆分解和大洋张裂时，会发生全球性的海面上升；而在大陆聚合过程中海面逐渐下降。以联合大陆为例，在大陆聚合的古生代阶段，全球海面下降，而在其分解的中生代阶段，全球海面上升（图 2-36；Murphy and Nance，2013）。地球深部和表层系统的共同变化，提出了周期性的问题：超级大陆数亿年的准周期性（见 2.1.4 节），是不是反映了地球系统整体变化的准周期？早在 20 世纪 80 年代，地质界就提出过构造运动周期性的问题，现在知道从地幔底部到大气成分，都会经受由地幔深层环流所引起的威尔逊旋回的影响，如果这种超级的周期性得到证实，将会是地球系统中规模最大、为时最长的准周期，值得学术界特殊关注（Nance et al.，2014）。

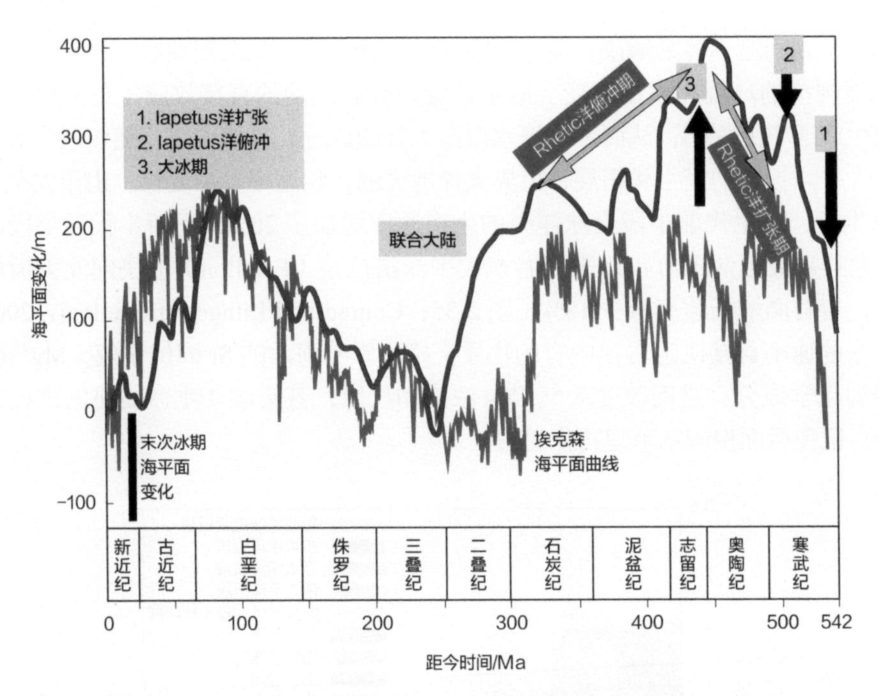

图 2-36
威尔逊旋回与全球海平面变化：联合大陆的聚合使海平面下降（据 Murphy and Nance，2013 改）

2.4.4 西太平洋演变的深部原因

对于中国地球科学界来说，最为有趣的可能还不是东西两半球的地幔深部低速带，而是介于两者之间的"西太平洋三角"（Western Pacific Triangular Zone，WPTZ）。前面说过，和两个地幔深部低速区相对应，地面存在着太平洋和非洲两大板块，构成现代地球的东西两极（图 2-30），而介于两者之间的"西太平洋三角"，就是东亚大陆和西太平洋边缘海地区（图 2-37 上）。这个三角形地带夹在东西两边的俯冲带之间：古太平洋板块由东向西、印度－澳大利亚板块由西南向东北俯冲。因为俯冲板片的冷却作用，西太平洋三角的上、下地幔的温度都是全球最低的。海水随着板片俯冲而进入地幔，在 410～660 km 的中地幔形成含水层，并且在 410 km 深处形成含水的地幔柱流上升（图 2-37 下）。由于水的渗入减低了地幔的黏滞性，因此东亚一带又是地球上构造运动最活跃的地区（Maruyama et al.，2007）。

"西太平洋三角"是中生代晚期以来西太平洋两亿多年来的特色，这里是全球岛弧和边缘海集中的海域。全球 34 个岛弧，西太平洋三角独占 22 个。由于两亿多年来的板片俯冲，西太平洋三角的下面长期有冷地幔的下沉，形成了"板片墓地（slab graveyard）"（Maruyama et al.，2007）。据估计，1.5 亿年以来有 3 万 km 的俯冲板片埋在这里，其中来自太平洋方向的 1.8 万 km，来自印度洋方向的 1.2 万 km（Komiya and Maruyama，2007）。正是"墓地"的"阴湿"造就了西太平洋大量的"小板块"和边缘海。如果用层析成像考察地幔深部的环流，可以看到"西太平洋三角"下方是下沉的亚洲超级地幔柱，介于非洲和太平洋两大上升的超级地幔柱之间（图 2-38；Maruyama et al.，2007）。

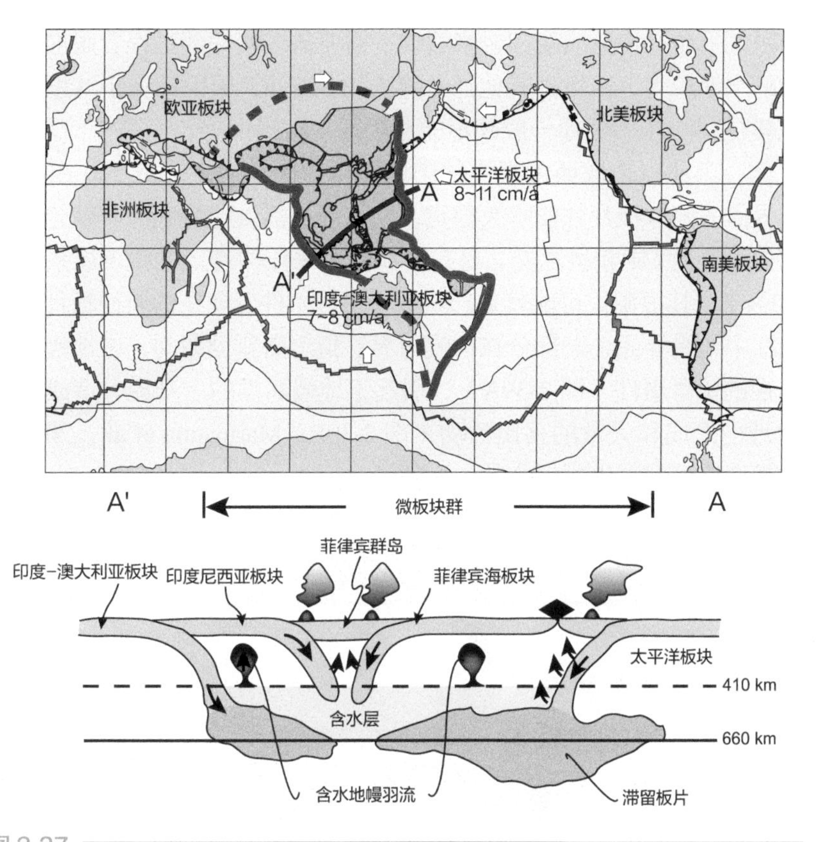

图 2-37
西太平洋三角（据 Maruyama et al.，2007 改）

上 . 平面图，示东亚和西太平洋的三角地带（红线）处在双边俯冲带之间；下 . A'-A 剖面图，660 km 附近深灰色阴影示滞留板片，蓝色示含水的中地幔层

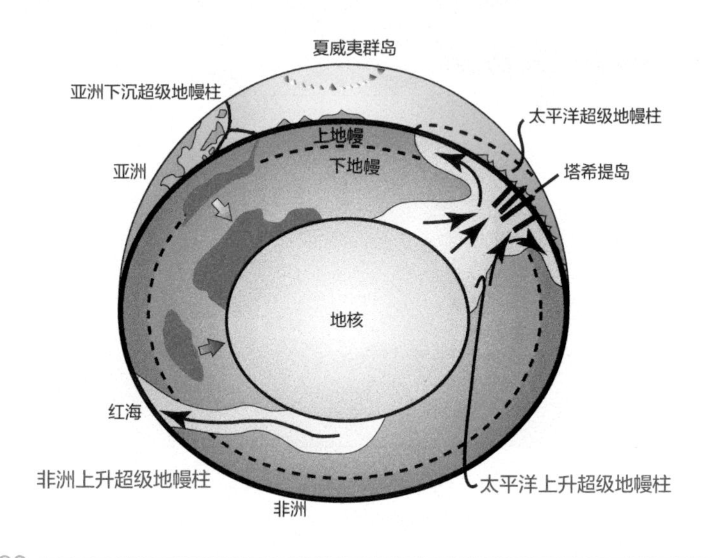

图 2-38
全球的地幔环流示意图：亚洲下沉超级地幔柱（绿色），介于非洲和太平洋两大上升超级地幔柱之间（据 Maruyama et al.，2007 改）

东亚和西太平洋的构造演变和岩浆活动，需要从地幔深部过程着眼加以解读。今天的西太平洋的水深最大，比世界其他洋盆深大约 600 m，原因就在于这里的板块俯冲和下沉超级地幔柱。俯冲的板片一般并不能直接插入地幔深处，而是停滞在 660 km 附近上下地幔之间，因此也造成西太平洋的中地幔界面比其他大洋冷 200~300 ℃。但是停滞在中地幔界面的俯冲板片并非永久稳定，一旦坍塌落入地幔底部，就会引起巨大的构造变动。比如渐新世 / 中新世之交，是东亚和西太平洋构造运动和表层系统的一次巨变（Wang，2004），其根源很可能就是一次板块坍塌事件。现在的俯冲板片呈双峰分布：一部分停滞在中地幔界面，一部分在核幔边界。猜想渐新世期间，中地幔界面的停滞板片发生灾难性的坠落事件（图 2-39A），引起下地幔高温的上升流，造成中新世西太平洋和东亚盆地的形成和大量的火山活动（图 2-39B；Maruyama et al.，2007），如果得到证实，将是地球深部与表层耦合的一大例证。

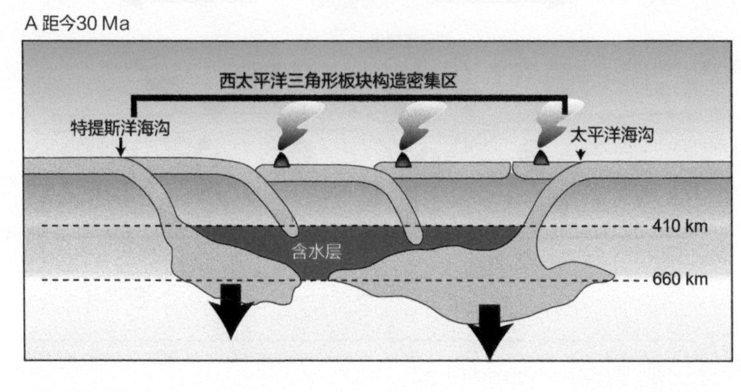

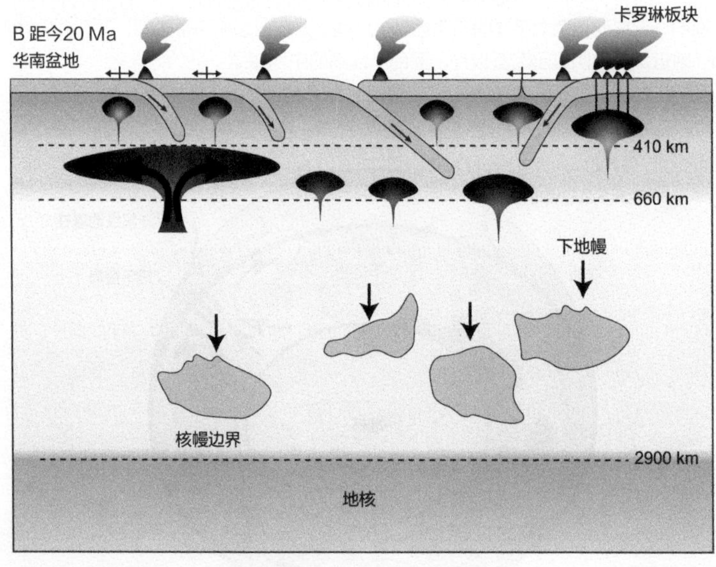

图 2-39
渐新世 / 中新世之交西太平洋三角停滞板片坍塌事件的假设（据 Maruyama et al.，2007 改）

A. 距今 30 Ma，渐新世时，停滞在中地幔界面的俯冲板片开始向下坍塌；B. 距今 20 Ma，中新世时，坍塌的板片激起高温地幔的上升回流，引起火山活动

参考文献

黄金水，傅容珊 . 2010. 热点与地幔热柱假说 . 见：10000 个科学难题 • 地球科学卷 . 北京：科学出版社 . 572–576.

金性春，周祖翼，汪品先 . 1995. 大洋钻探与中国地球科学 . 上海：同济大学出版社 .

全球碳计划 . 2004. 全球碳计划（Global carbon project）——科学框架与实施 . 柴育成，周广胜，周莉，许振柱译 . 北京：气象出版社 .

吴福元 . 2010. 稳定的大陆克拉通为什么会被破坏？见：10000 个科学难题 • 地球科学卷 . 北京：科学出版社 . 358–360.

许靖华，何起祥 . 1985. 地学革命风云录 . 北京：地质出版社 .

郑永飞，吴福元 . 2009. 克拉通岩石圈的生长和再造 . 科学通报，(14): 1945–1949.

Anderson D L. 2001. Geophysics. Top-down tectonics? Science, 293(5537): 2016–2018.

Anderson D L, Natland J H. 2005. A brief history of the plume hypothesis and its competitors: Concept and controversy. In: Plates, Plumes, and Paradigms. Geological Society of America.

Bleeker W. 2003. The late Archean record: a puzzle in ca. 35 pieces. Lithos, 71(2): 99–134.

Bond D P G, Wignall P B. 2014. Large igneous provinces and mass extinctions: an update In: Volcanism, Impacts, and Mass Extinctions: Causes and Effects. Geological Society of America.

Breger L, Romanowicz B. 1998. Three-dimensional structure at the base of the mantle beneath the central pacific. Science, 282(5389): 718–720.

Bull A L, McNamara A K, Ritsema J. 2009. Synthetic tomography of plume clusters and thermochemical piles. Earth and Planetary Science Letters, 278(3): 152–162.

Burke K. 2011. Plate tectonics, the Wilson Cycle, and mantle plumes: geodynamics from the top. Annual Review of Earth and Planetary Sciences, 39: 1–29.

Burke K, Werner S C, Steinberger B, et al. 2012. Why is the areoid like the residual geoid? Geophysical Research Letters, 39(17): L17203.

Campbell I H. 2007. Testing the plume theory. Chemical Geology, 241(3): 153–176.

Carlson R W. 1988. Layer cake or plum pudding? Nature, 334: 380–381.

Cawood P A, Hawkesworth C J. 2014. Earth’s middle age. Geology, 42(6): 503–506.

Cawood P A, Hawkesworth C J, Dhuime B. 2013. The continental record and the generation of continental crust. Geological Society of America Bulletin, 125(1–2): 14–32.

Clift P, Vannucchi P. 2004. Controls on tectonic accretion versus erosion in subduction zones: Implications for the origin and recycling of the continental crust. Reviews of Geophysics, 42(2): RG 2001.

Coffin M F, Eldholm O. 1992. Volcanism and continental break-up: a global compilation of large igneous provinces. Geological Society, London, Special Publications, 68(1): 17–30.

Coffin M F, Duncan R A, Eldholm O, et al. 2006. Large igneous provinces and scientific ocean drilling: Status quo and a look ahead. Oceanography, 19(4): 150–160.

Condie K C. 1998. Episodic continental growth and supercontinents: a mantle avalanche connection? Earth and Planetary Science Letters, 163(1): 97–108.

Conrad C P, Lithgow-Bertelloni C. 2007. Faster seafloor spreading and lithosphere production during the mid-Cenozoic. Geology, 35(1): 29–32.

Dhuime B, Wuestefeld A, Hawkesworth C J. 2015. Emergence of modern continental crust about 3 billion years ago. Nature Geoscience, 8(7): 552–555.

Dick H, Natland J, Ildefonse B. 2006. Past and future impact of deep drilling in the oceanic crust and mantle. Oceanography, 19(4): 72–80.

Dick H J B, MacLeod C J, Blum P, et al. 2016. International Ocean Discovery Program Expedition 360 Preliminary Report: Southwest Indian Ridge Lower Crust and Moho the nature of the lower crust and Moho at slower spreading ridges (SloMo Leg 1). Integrated Ocean Drilling Program: Preliminary Reports, (360): 1–50.

Evans D A. 1998. True polar wander, a supercontinental legacy. Earth and Planetary Science Letters, 157(1–2): 1–8.

Evans D A D. 2003. True polar wander and supercontinents. Tectonophysics, 362(1): 303–320.

Foulger G R, Natland J H, Anderson D L. 2005. A source for Icelandic magmas in remelted Iapetus crust. Journal of Volcanology and Geothermal Research, 141(1): 23–44.

Gaina C, Torsvik T H, van Hinsbergen D J J, et al. 2013. The African Plate: A history of oceanic crust accretion and subduction since the Jurassic. Tectonophysics, 604: 4–25.

Garnero E J, McNamara A K. 2008. Structure and dynamics of Earth’s lower mantle. Science, 320(5876): 626–628.

Gazel E, Hayes J L, Hoernle K, et al. 2015. Continental crust generated in oceanic arcs. Nature Geoscience, 8(4): 321–327.

Golonka J. 2007. Late Triassic and Early Jurassic palaeogeography of the world. Palaeogeography, Palaeoclimatology, Palaeoecology, 244(1): 297–307.

Gomes R, Levison H F, Tsiganis K, et al. 2005. Origin of the cataclysmic Late Heavy Bombardment period of the terrestrial planets. Nature, 435(7041): 466–469.

Granot R. 2016. Palaeozoic oceanic crust preserved beneath the eastern Mediterranean. Nature Geoscience, 9(9): 701–705.

Harris P T, Macmillan-Lawler M, Rupp J, et al. 2014. Geomorphology of the oceans. Marine Geology, 352: 4–24.

Hassan R, Flament N, Gurnis M, et al. 2015. Provenance of plumes in global convection models. Geochemistry, Geophysics, Geosystems, 16(5): 1465–1489.

Hawkesworth C J, Kemp A I S. 2006a. Evolution of the continental crust. Nature, 443(7113): 811.

Hawkesworth C J, Kemp A I S. 2006b. The differentiation and rates of generation of the continental crust. Chemical Geology, 226(3): 134–143.

Hawkesworth C J, Dhuime B, Pietranik A B, et al. 2010. The generation and evolution of the continental crust. Journal of the Geological Society, 167(2): 229–248.

Hawkesworth C J, Cawood P A, Dhuime B. 2016. Tectonics and crustal evolution. GSA Today, 26(9): 4–11.

Hoffman P F, Schrag D P. 2002. The snowball Earth hypothesis: testing the limits of global change. Terra Nova, 14(3): 129–155.

Hofmann A W, White W M. 1982. Mantle plumes from ancient oceanic crust. Earth and Planetary Science Letters, 57(2): 421–436.

Ildefonse B, Christie D M, Mission Moho Workshop Steering Committee. 2007. Mission Moho workshop: drilling through the oceanic crust to the Mantle. Scientific Drilling, 4: 11–18.

Ingle S, Coffin M F. 2004. Impact origin for the greater Ontong Java Plateau? Earth and Planetary Science Letters, 218(1): 123–134.

IODP. 2013. 照亮地球：过去、现在与未来（Illuminating Earth's past, present, and future）. 中国综合大洋钻探计划办公室译 . 上海：同济大学出版社 .

Johnson T E, Brown M, Kaus B J P, et al. 2014. Delamination and recycling of Archaean crust caused by gravitational instabilities. Nature Geoscience, 7(1): 47–52.

Kay R W, Kay S M. 1993. Delamination and delamination magmatism. Tectonophysics, 219(1–3): 177–189.

Komiya T, Maruyama S. 2007. A very hydrous mantle under the western Pacific region: implications for formation of marginal basins and style of Archean plate tectonics. Gondwana Research, 11(1): 132–147.

Korenaga J. 2013. Initiation and evolution of plate tectonics on Earth: theories and observations. Annual Review of Earth and Planetary Sciences, 41: 117–151.

Kutzbach J E, Gallimore R G. 1989. Pangaean climates: megamonsoons of the megacontinent. Journal of Geophysical Research: Atmospheres, 94(D3): 3341–3357.

Larson R L, Erba E. 1999. Onset of the Mid-Cretaceous greenhouse in the Barremian-Aptian: Igneous events and the biological, sedimentary, and geochemical responses. Paleoceanography, 14(6): 663–678.

Le Pichon X, Huchon P. 1984. Geoid, Pangea and convection. Earth and Planetary Science Letters, 67(1): 123–135.

Lee C T A, Luffi P, Chin E J. 2011. Building and destroying continental mantle. Annual Review of Earth and Planetary Sciences, 39: 59–90.

Li Z X, Zhong S. 2009. Supercontinent-superplume coupling, true polar wander and plume mobility: plate dominance in whole-mantle tectonics. Physics of the Earth and Planetary Interiors, 176(3): 143–156.

Li Z X, Bogdanova S V, Collins A S, et al. 2008. Assembly, configuration, and break-up history of Rodinia: a synthesis. Precambrian Research, 160(1): 179–210.

Lowe D R, Tice M M. 2004. Geologic evidence for Archean atmospheric and climatic evolution: Fluctuating levels of CO_2, CH_4, and O_2 with an overriding tectonic control. Geology, 32(6): 493–496.

Maruyama S, Santosh M, Zhao D. 2007. Superplume, supercontinent, and post-perovskite: mantle dynamics and anti-plate tectonics on the core-mantle boundary. Gondwana Research, 11(1): 7–37.

McNamara A K, Zhong S. 2005. Thermochemical structures beneath Africa and the Pacific Ocean. Nature, 437(7062): 1136–1139.

Meert J G. 2012. What's in a name? The Columbia (Paleopangaea/Nuna) supercontinent. Gondwana Research, 21(4): 987–993.

Meibom A. 2008. The rise and fall of a great idea. Science, 319(5862): 418–419.

Mével C. 2003. Serpentinization of abyssal peridotites at mid-ocean ridges. Comptes Rendus Geoscience, 335(10): 825–852.

Mitchell R N, Kilian T M, Evans D A D. 2012. Supercontinent cycles and the calculation of absolute palaeolongitude in deep time. Nature, 482(7384): 208–211.

Montelli R, Nolet G, Dahlen F A, et al. 2006. A catalogue of deep mantle plumes: New results from finite-frequency tomography. Geochemistry, Geophysics, Geosystems, 7(11): Q11007.

Mooney W D, Laske G, Masters T G. 1998. CRUST 5.1: A global crustal model at 5 × 5. Journal of Geophysical Research: Solid Earth, 103(B1): 727–747.

Moore W B, Webb A A. 2013. Heat-pipe Earth. Nature, 501(7468): 501–505.

Morgan W J. 1971. Convection plumes in the lower mantle. Nature, 230(5288): 42–43.

Muller M R, Minshull T A, White R S. 2000. Crustal structure of the Southwest Indian Ridge at the Atlantis II fracture zone. Journal of Geophysical Research: Solid Earth, 105(B11): 25809–25828.

Müller R D, Sdrolias M, Gaina C, et al. 2008. Age, spreading rates, and spreading asymmetry of the world's ocean crust. Geochemistry, Geophysics, Geosystems, 9(4): Q04006.

Murphy J B. 2013. Whither the supercontinent cycle? Geology, 41(7): 815–816.

Murphy J B, Nance R D. 2008. The Pangea conundrum. Geology, 36(9): 703–706.

Murphy J B, Nance R D. 2013. Speculations on the mechanisms for the formation and breakup of supercontinents. Geoscience Frontiers, 4(2): 185–194.

Murphy J B, Nance R D, Cawood P A. 2009. Contrasting modes of supercontinent formation and the conundrum of Pangea. Gondwana Research, 15(3): 408–420.

Nance R D, Linnemann U. 2008. The Rheic Ocean: origin, evolution, and significance. GSA Today, 18(12): 4–12.

Nance R D, Murphy J B, Santosh M. 2014. The supercontinent cycle: a retrospective essay. Gondwana Research, 25(1): 4–29.

Pasyanos M E. 2010. Lithospheric thickness modeled from long-period surface wave dispersion. Tectonophysics, 481(1): 38–50.

Pavoni N, Müller M V. 2000. Geotectonic bipolarity, evidence from the pattern of active oceanic ridges bordering the Pacific and African plates. Journal of Geodynamics, 30(5): 593–601.

Pesonen L J, Mertanen S, Veikkolainen T. 2012. Paleo-Mesoproterozoic supercontinents—A paleomagnetic view. Geophysica, 48(1–2): 5–47.

Plank T, Kelley K A, Murray R W, et al. 2007. Chemical composition of sediments subducting at the Izu-Bonin trench. Geochemistry, Geophysics, Geosystems, 8(4): Q04I16.

Reichow M K, Saunders A D, White R V, et al. 2002. 40Ar/39Ar dates from the West Siberian Basin: Siberian flood basalt province doubled. Science, 296(5574): 1846–1849.

Rino S, Kon Y, Sato W, et al. 2008. The Grenvillian and Pan-African orogens: world's largest orogenies through geologic time, and their implications on the origin of superplume. Gondwana Research, 14(1): 51–72.

Ritsema J, van Heijst H J, Woodhouse J H. 1999. Complex shear wave velocity structure imaged beneath

Africa and Iceland. Science, 286(5446): 1925–1928.

Rogers J J W. 1996. A history of continents in the past three billion years. The Journal of Geology, 104(1): 91–107.

Rudnick R L. 1995. Making continental crust. Nature, 378(6557): 571–578.

Santosh M, Zhao D, Kusky T. 2010. Mantle dynamics of the Paleoproterozoic North China Craton: a perspective based on seismic tomography. Journal of Geodynamics, 49(1): 39–53.

Schellart W P, Stegman D R, Farrington R J, et al. 2010. Cenozoic tectonics of western North America controlled by evolving width of Farallon slab. Science, 329(5989): 316–319.

Shellnutt J G. 2014. The Emeishan large igneous province: a synthesis. Geoscience Frontiers, 5(3): 369–394.

Smith A D. 2007. A plate model for Jurassic to Recent intraplate volcanism in the Pacific Ocean basin. Geological Society of America Special Papers, 430: 471–495.

Sobolev S V, Sobolev A V, Kuzmin D V, et al. 2011. Linking mantle plumes, large igneous provinces and environmental catastrophes. Nature, 477(7364): 312–316.

Stampfli G M. 2000. Tethyan oceans. In: Winchester J A, Piper J D A (eds.) Tectonics and Magmatism in Turkey and the Surounding Area. Geological Society of London, Special Publications, 173. 1–23.

Stanley S M, Luczaj J A. 2014. Earth System History, 4th Edition. New York: W. H. Freeman.

Stern R J, Fouch M J, Klemperer S L. 2003. An overview of the Izu-Bonin-Mariana subduction factory. In: Inside the Subduction Factory. Washington: AUG. 175–222.

Tackley P J. 2008. Geodynamics: Layer cake or plum pudding? Nature Geoscience, 1(3): 157–158.

Tarduno J A, Sliter W V, Kroenke L, et al. 1991. Rapid formation of Ontong Java Plateau by Aptian mantle plume volcanism. Science, 254: 399–403.

Tarduno J A, Duncan R A, Scholl D W, et al. 2003. The Emperor Seamounts: Southward motion of the Hawaiian hotspot plume in Earth's mantle. Science, 301(5636): 1064–1069.

Tatsumi Y. 2005. The subduction factory: how it operates in the evolving Earth. GSA Today, 15(7): 4–10.

Taylor B. 2006. The single largest oceanic plateau: Ontong Java-Manihiki-Hikurangi. Earth and Planetary Science Letters, 241(3): 372–380.

Taylor S R, McLennan S M. 1996. The evolution of continental crust. Scientific American, 274(1): 76–81.

Tejada M L G, Suzuki K, Kuroda J, et al. 2009. Ontong Java Plateau eruption as a trigger for the early Aptian oceanic anoxic event. Geology, 37(9): 855–858.

Thorne M S, Garnero E J, Jahnke G, et al. 2013. Mega ultra low velocity zone and mantle flow. Earth and Planetary Science Letters, 364: 59–67.

Torsvik T H, Cocks L R M. 2012. From Wegener until now: The development of our understanding of Earth's Phanerozoic evolution. Geologica Belgica, 15(3): 181–192.

Torsvik T H, Cocks L R M. 2013. Gondwana from top to base in space and time. Gondwana Research, 24(3): 999–1030.

Torsvik T H, Smethurst M A, Burke K, et al. 2006. Large igneous provinces generated from the margins of the large low-velocity provinces in the deep mantle. Geophysical Journal International, 167(3): 1447–1460.

Torsvik T H, Steinberger B, Cocks L R M, et al. 2008. Longitude: linking Earth's ancient surface to its deep interior. Earth and Planetary Science Letters, 276(3): 273–282.

Torsvik T H, Burke K, Steinberger B, et al. 2010. Diamonds sampled by plumes from the core-mantle boundary. Nature, 466(7304): 352–355.

Turner S, Rushmer T, Reagan M, et al. 2014. Heading down early on? Start of subduction on Earth. Geology, 42(2): 139–142.

Umino S, Nealson K, Wood B. 2013. Drilling to Earth's mantle. Physics Today, 66(8): 36–41.

Valentine J W, Moores E M. 1972. Global tectonics and the fossil record. The Journal of Geology, 80(2): 167–184.

Valley J W, Cavosie A J, Ushikubo T, et al. 2014. Hadean age for a post-magma-ocean zircon confirmed by atom-probe tomography. Nature Geoscience, 7(3): 219–223.

van der Hilst R D, Kárason H. 1999. Compositional heterogeneity in the bottom 1000 kilometers of Earth's mantle: toward a hybrid convection model. Science, 283(5409): 1885–1888.

van der Meer D G, Torsvik T H, Spakman W, et al. 2012. Intra-Panthalassa Ocean subduction zones revealed by fossil arcs and mantle structure. Nature Geoscience, 5(3): 215–219.

van Hunen J, Moyen J F. 2012. Archean subduction: Fact or fiction? Annual Review of Earth & Planetary Sciences, 40: 195–2192

Voice P J, Kowalewski M, Eriksson K A. 2011. Quantifying the timing and rate of crustal evolution: global compilation of radiometrically dated detrital zircon grains. The Journal of Geology, 119(2): 109–126.

Wang P. 2004. Cenozoic Deformation and the History of Sea-Land Interactions in Asia. In: Continent-Ocean Interactions Within East Asian Marginal Seas.Washington: American Geophysical Union. 1–22.

Wilson J T. 1963. A possible origin of the Hawaiian Islands. Canadian Journal of Physics, 41(6): 863–870.

Wilson J T. 1966. Did the Atlantic close and then re-open? Nature, 211(5050): 676–681.

Worsley T R, Kidder D L. 1991. First-order coupling of paleogeography and CO_2, with global surface temperature and its latitudinal contrast. Geology, 19(12): 1161–1164.

Worsley T R, Nance R D, Moody J B. 1986. Tectonic cycles and the history of the Earth's biogeochemical and paleoceanographic record. Paleoceanography, 1(3): 233–263.

Yoshida M, Santosh M. 2011. Supercontinents, mantle dynamics and plate tectonics: A perspective based on conceptual vs. numerical models. Earth-Science Reviews, 105(1): 1–24.

Zhao G, Sun M, Wilde S A, et al. 2004. A Paleo-Mesoproterozoic supercontinent: assembly, growth and breakup. Earth-Science Reviews, 67(1): 91–123.

思考题

1. 地球上的陆壳主要在前寒武纪，主要是太古宙形成，洋壳却是在晚中生代以后形成的，怎么解释？

2. 为什么洋壳可以直接由地幔产生，而陆壳一定要由洋壳改造而成？为什么陆壳的增生发生在俯冲带，而不能在大洋中脊产生？

3. 大陆地壳的生成出现过距今 27 亿年、19 亿年、12 亿年前后的三大高峰，这是怎么知道的？这些高峰和威尔逊旋回有什么关系？

4. 超级大陆的形成和瓦解，动力从哪里来？为什么这类的准周期那么长，要等上几亿年才能有一次威尔逊旋回？

5. 试用表格形式展示，外大洋与内大洋有哪些区别。制表时建议将下伏地幔的深部过程、大洋板块的扩展形式、大陆边缘的构造特色等包括在内。

6. 现在的大洋里，你知道有哪些大型火成岩省？地幔柱造成大型火成岩省，对于地球表层系统会有哪些影响？

7. 地球表层系统通过哪些途径影响地幔的成分？为什么说地幔底部低速带的不均匀性，也是地球表面过程造成的？

8. 地幔底部低速带和地球表面海陆分布具有对应性，表现为地球两个半球的两极性，但为什么是东西两极，而不是南北两极？

9. 为什么说威尔逊旋回是对地球表层系统影响最大的旋回？请针对地球表层的岩石圈、水圈、大气圈和生物圈，分别说明威尔逊旋回的影响。

10. 为什么东亚岸外的边缘海特别多，全世界 70% 的边缘海盆地集中在西太平洋？

推荐阅读

汪品先 . 2009. 地球深部与表层的相互作用 . 地球科学进展 , 24(12): 1331–1338.

许靖华 , 何起祥 . 1985. 地学革命风云录 . 北京：地质出版社 .

郑永飞 , 吴福元 . 2009. 克拉通岩石圈的生长和再造 . 科学通报 , (14): 1945–1949.

Burke K. 2011. Plate tectonics, the Wilson cycle, and mantle plumes: Geodynamics from the top. Annual Review of Earth & Planetary Sciences, 16(39): 1–29.

Coffin M, Duncan R, Eldholm O, et al. 2006. Large igneous provinces and scientific ocean drilling: status quo and a look ahead. Oceanography, 19(4): 150–160.

Condie K C. 1998. Episodic continental growth and supercontinents: a mantle avalanche connection? Earth & Planetary Science Letters, 163(1–4): 97–108.

Korenaga J. 2013. Initiation and evolution of plate tectonics on Earth: theories and observations. Annual Review of Earth & Planetary Sciences, 41(41): 117–151.

Maruyama S, Santosh M, Zhao D. 2007. Superplume, supercontinent, and post-perovskite: Mantle dynamics and anti-plate tectonics on the Core-Mantle Boundary. Gondwana Research, 11(1–2): 7–37.

Nance R D, Murphy J B, Santosh M. 2014. The supercontinent cycle: A retrospective essay. Gondwana Research, 25(1): 4–29.

Tatsumi Y. 2005. The subduction factory: How it operates in the evolving Earth. GSA Today, 15(7): 4–10.

内容提要：

● 水是地球表面数量最多的分子，水的固、液、气三相共存，是地球作为行星最大的特征。正是依靠三相转换和水分子的极性，使得水循环成为地球表面圈层间能量和物质交换的主要载体。

● 地球表层水 98% 呈液态，固态不到 2%，气态水虽然只占十万分之一，全部降落地面也只有 2.5 cm 厚，却对气候环境的影响最大。水汽集中分布在热带大气层的下部，由低纬向高纬输送，可以形成高浓度水汽的“大气河流”，也可以穿越对流层顶造成“平流层喷泉”。

● 大陆的液态水主要是地下水，其数量比湖水多百倍、比河水多万倍，此外在海洋底下还有地下水。最深、最老的湖泊是构造湖，而面积最大的是冰期时的冰缘湖。

● 显生宙将近 6 亿年来，只是最近的两百多万年来南北两极都有冰盖。冰盖下面的水流系统和冰盖边缘的冰架，都是冰盖的不稳定因素，在冰盖消融过程中起着重要作用。

● 地球内部可能有着比表层系统更多的水。地幔里的水结合在矿物的晶格里，尤其富集在上、下地幔之间的过渡带。表层水和深部水通过洋中脊和俯冲带进行交换，是进行板块运动的必要条件。

● 蛇纹石含水量高达 13.8%，超基性岩在海底的蛇纹石化中吸水，在俯冲过程中失水，是地球表层向深部输送水分的一种关键性途径；蛇纹岩化时产生甲烷和热量，有可能为生命起源创造了条件。

● 地球气候过程的关键在于水的三相转换。水在气 / 液态转换中的能量转移是固 / 液态转换的 7 倍，因此低纬过程是地球表层能量输运的引擎。热带辐合带的南北位移，大洋“暖池”和“冷舌”的东西呼应，引起季风降雨的变化，是地球表面水循环变化最活跃的因素。

● 地质历史上大部分时间并没有大冰盖，极地发育冰盖的“冰室期”只占小部分时间，但是距今 7 亿年前后可能出现过冰盖直达低纬区的“雪球”式地球。

● 水循环在地球表层造成了两个对流不稳定区：低纬区上层海水蒸发，形成上升气流，是水的气 / 液态转换造成向上的不稳定；高纬区高密度水下沉，产生深层水，是水的固 / 液态转换造成向下的不稳定。

● 氧的稳定同位素为定量研究水循环，提供了最为有效的手段，$\delta^{18}O$ 标志被广泛用来追踪高纬冰盖消长和低纬降水及植被蒸腾作用等变化。然而水循环和其中同位素分馏的复杂性，使 $\delta^{18}O$ 的应用引起多种争论，只能通过深入理解现代过程，并寻找更多的替代性标志才能解决。

地球系统与演变

第 3 章 地球系统的水循环

3

地球系统的圈层相互作用，是通过物质在圈层间的转移来实现的。对于地球表层系统来说，最重要的物质就是水分子和碳原子。地球表层不同时空尺度的种种现象，从气候变化到生物演替，无不贯穿着水循环和碳循环这两大基本过程，前者偏于物理作用，后者着重化学作用，这两大红线构成了地球表层系统演变的基础，也是第3、4两章的主题。

3.1 水的特性与地球表面过程

水是地球表面上数量最多的分子。组成水的H和O都是宇宙中丰度最高的元素（见图1-8，图1-9），因此水在太阳系里并不罕见，尤其是外行星和彗星含有大量的水分。土星、天王星和海王星，在中心的岩石核外面都有5000 km或者上万千米厚的水层，外面才是几万千米厚的气体层，因此这些外行星的含水量超过地球四五万倍。此外，十年前被排除出“行星”行列的冥王星，推测也是由岩石和水冰所组成，由此向外还有数千个冰质的天体围绕着太阳运行，组成所谓的“柯伊伯带（Kuiper Belt）”，相当于太阳系边缘的一个大冰库（Faure and Mensing，2007）。

当然还有彗星，彗星主要由水和其他成分的冰组成。在比冥王星轨道还要远几千倍的太阳系外围，有个可能包含着多达1000亿颗彗星的“彗星云团”，太阳系里这个巨大的“冰库”，含水量可以和天王星与海王星水的总量相比，难怪有人怀疑过彗星可能是地球上海水的起源（参见“1.3.2 水圈与大气圈的形成”）。总的来看，太阳系里水的总量可能相当地球的一二十万倍。

但是宇航考察只看见地球是个蓝色星球，因此说太阳系里只有地球有水，这是指星球表层的液态水，只有地球才是有液态水包裹的。在内行星中，金星太热，表面温度460 ℃，只在大气里有水汽；火星太冷，表面温度–60 ℃，只有固态的水冰。尽管火星在30亿年前曾经有过火山活动和液态水圈，形成过沉积岩（Malin and Edgett，2000）；最近还发现有近期水流的证据（Ojha et al.，2015），但这只能是季节性的局部现象，并不改变整个火星极度干旱的现状。只有地球表面平均温度15 ℃，能够满足水“三相共点”的要求，具备固态冰、液态水和水汽同时并存的物理条件（图3-1；Webster，1994）。

水是地球上唯一能够在天然条件下三态同时并存的分子。比如说地球上的甲烷是气体，要在冷到–137 ℃以下的土卫六（土星最大的卫星，Titan）上，大气里的甲烷才会凝结，降下“甲烷雨”来冲刷地面的水冰。地球上储藏甲烷的“可燃冰”其实还是水冰，是将甲烷包裹在“笼”里的笼状水合物。有了“三相共点”的条件，地球上不同状态的水才能互相转换，造成了地球表面各种的天气和气候现象。

水在地球表层系统中特殊的重要性，还在于它物理化学的特性。正因为水分子的比热值高、水的热容大，在液态和气态之间转换时能够吸收和放出巨大的热量，水的蒸发和降水才会输送如此多的能量，潜热才会在大气圈能量转换中起决定作用。在地球上，水又是唯一的一种固体密度小于液体密度的物质。正是依靠这种特征，冰才会浮在水面，生物才能在水底过冬，春天来临时才有季节性回水，带来高生产力。

水最为突出的特点，在于其分子的极性。水分子由两个氢原子和一个氧原子构成，

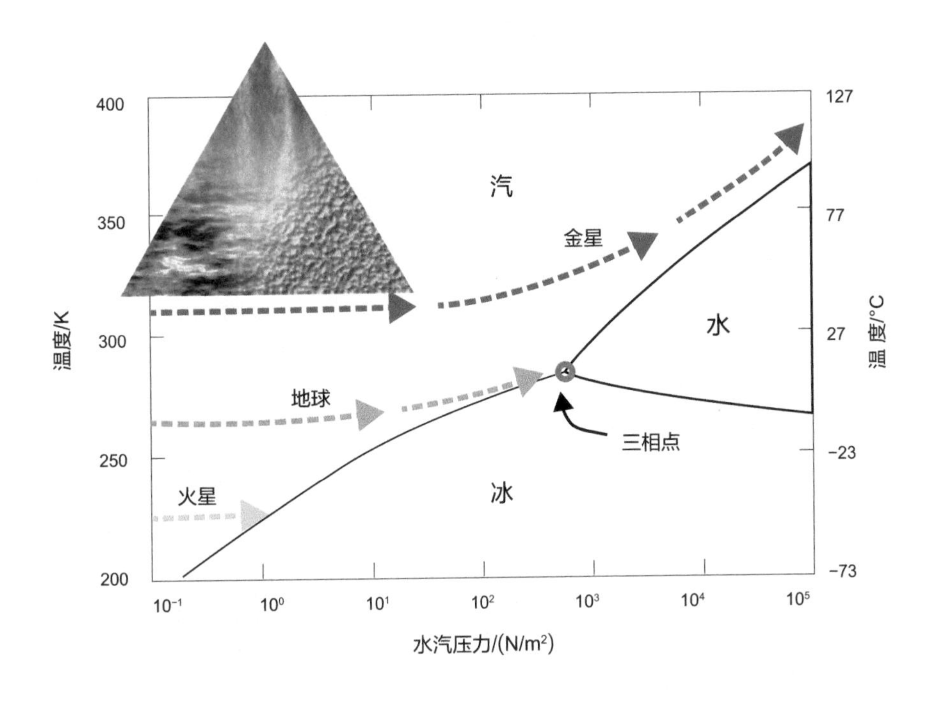

图 3-1
地球上水的三相共点（据 Webster，1994 改）
固、液、汽三态的转换取决于温度和水汽压力，在太阳系内行星的演化中，金星太热、火星太冷，只有地球满足了三相共点的条件

但是斜向一边，三个原子形成 104.5°角，和 CO_2 的分子不同（图 3-2）。氧原子通过分别与两个氢原子各形成一对共用电子对的方式，以所谓“共价键”结合，但由于共用电子对明显靠近氧原子一侧，使得分子内正负电荷的中心不相重合：在氧原子附近形成负电荷中心，在氢原子附近形成正电荷中心，这就是水分子的极性。正因为有了极性，一个水分子中的氢原子能够与附近另一个水分子中的氧原子发生正负电荷相吸现象，形成所谓的氢键结合（图 3-2A）。上面所说固态水的密度会比液态水小，就是与氢键的存在相关。

水的许多物理化学性质都与水分子的极性密切相关。比如按照周期表里的排序来说，水与它同族的 H_2S 相比，熔点和沸点都应当更低，但事实正好相反，因为存在氢键，水分子间的作用力大大增强，需要更多的能量才能破坏它们原有的结构。极性又使得水分子和许多极性物质都能形成分子间的作用力，从而破坏其他物质的原有物理形态。因此水的溶解能力特别强，绝大部分无机物质以及一部分有机物质都能被水溶解。水的溶解能力不但是岩石圈风化剥蚀和许多沉积作用的基础，也是营养物质能够溶于水中为生物所吸收，进行生物地球化学循环的基础。

尤为突出的是水的特性对于生命活动的重要性。正是依靠着强烈的表面张力和水分子之间的黏着力，植物才能通过毛细管作用将水分从土壤送到树冠。具体说来，一株百米高的大树为了顶部细小叶片的生存，每天要送上 150 kg 的水。然而从根部送到树顶需要经过 24 个昼夜，需要保证微细导管里百米长的水丝不断运作，靠的就是水分子的

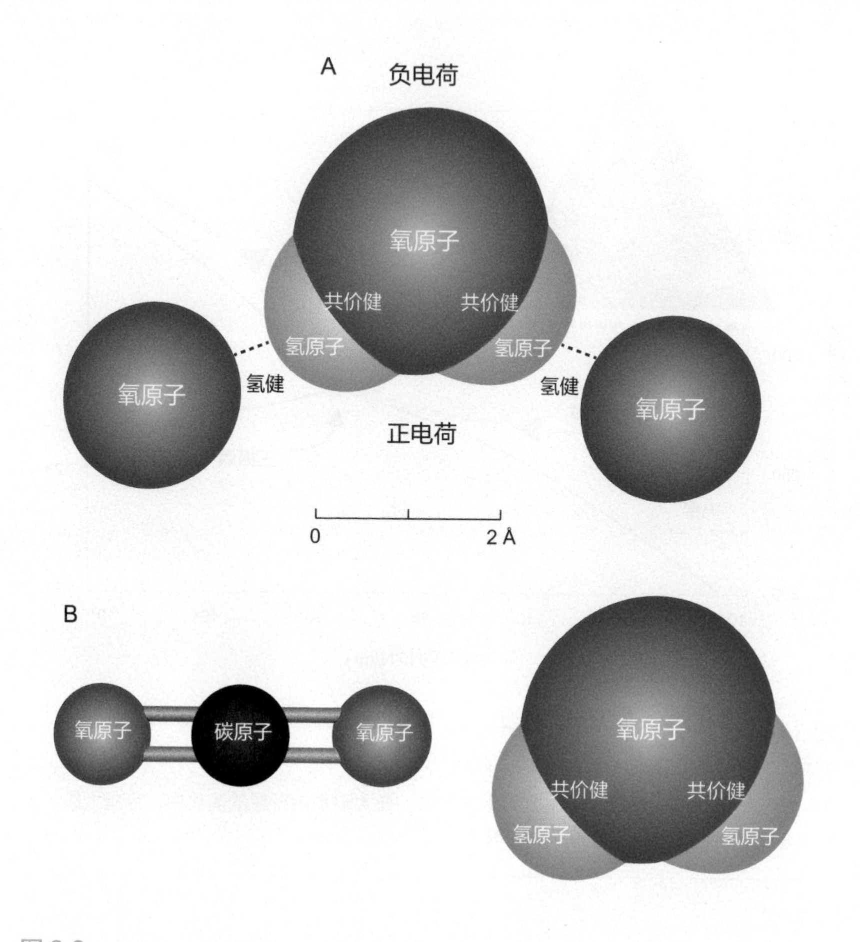

图 3-2
水分子的极性

A. 水分子正负电荷的形成；B. 水分子和二氧化碳分子结构的不同

内聚力以及附着力的差异，能够克服地心引力向上攀升。

既然水是地球生命的支柱，很容易将地外生命的探索和水的寻找结合起来。已经热议了二十多年的是火星上的生命。如果地球的生命起源在 38 亿年前，也就是太阳系陨石“大轰炸”期结束的时候，当时的火星上也有液态水（见附注 1），和地球的环境大体相似，那为什么生命不能在火星上产生呢？进一步说，生命会不会是在火星上产生后传到地球上来，因此 “生命起源”真正的证据也许要到火星上去寻找（McKay，2010）？再说，外行星某些卫星上可能至今存在着海洋，那里会不会是寻找地外生命更好的去处？谈论最多的是木星的卫星“木卫二（Europa）”，可能存在着 5 万 m 深的海洋（见附注 2）。土星有着众多的冰质卫星，其中特别令人瞩目的是南极喷射盐水的“土卫二（Enceladus）”（Collins and Goodman，2007），很可能在冰层底下有着全球规模的大洋（Thomas et al.，2016）。不过需要注意的是这些卫星上的液体不一定是水。比如土星最大的卫星“土卫六（Titan）”的湖泊里，最可能是液化的甲烷而不是水（Stofan et al.，2007）。

附注 1：火星上的水

火星是地球的近邻，稀薄大气层的气压只相当于地球大气的百分之一，而火星地面的面积却相当于地球大陆的总和，因此是历史上人类行星探测的首选，也是半世纪来宇航探测最多的行星。19 世纪用低倍望远镜观测，曾经误以为火星上有大“运河”，于是有人联想到是“火星社会主义”的大工程，也有人发出“火星人来袭新泽西”的警告，开创了星球大战科幻潮流的先河。直到 1965 年探测器发回的照片才驱散了跨世纪的幻想，还了火星的真面目：和月球一样，火星表面布满了撞击坑（Forget et al.，2008）。

新世纪的火星探测进入了新阶段，在火星表面见到了水流形成的河谷（见附图；Som et al.，2009），在环形坑里发现了层理清晰的沉积岩（Malin and Edgett，2000），都说明有过水流活动，但是这类活动应当发生在地质时期里。2008 年，“凤凰号”探测器在火星北极挖掘表面红土时发现发亮的小方块，证明了近地表存在水冰 (Smith et al.，2009)；最近又发现火星山丘上的季节性斜坡纹线，是夏季液态水流的证据（Ojha et al.，2015）。与地质证据不同，这些发现说明火星上正在发生着固态和液态的水循环，为探索生命的存在提供了有力的支撑。由于火星和地球有诸多的相似性，从地质历史到全球变化，火星都为地球科学研究提供了对比和借鉴；而火星上水的发现和生命起源的可能，更激起了广泛的兴趣，难怪几年前还爆出过“移民火星”的闹剧。

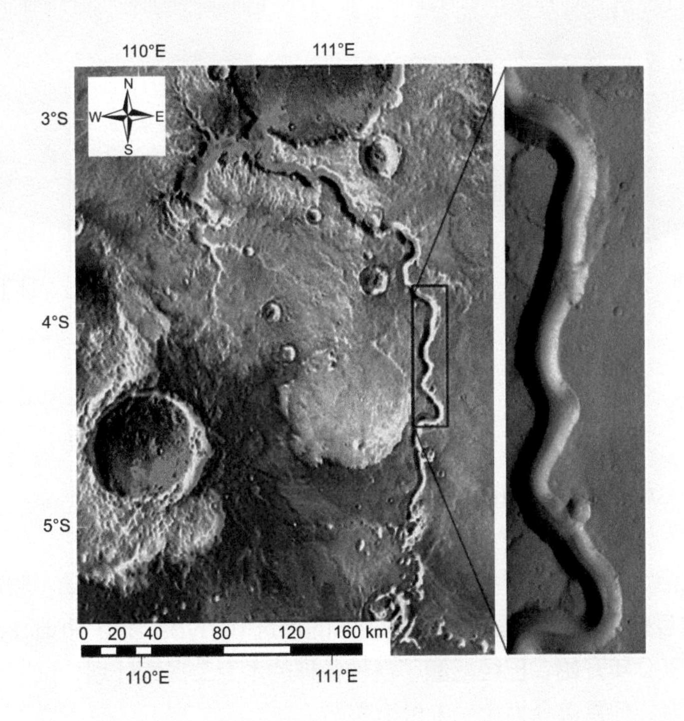

火星表面的环形坑和河谷（据 Som et al.，2009 改）

附注 2：木卫二的冰下海洋

伽利略 1610 年发现了木星四颗卫星，其中之一就是木卫二 Europe。木卫二略小于月球，它的表面形态表明为冰层覆盖，而密度表明其成分像类地行星：中心是个金属核，核外是岩石圈，然后是水圈。水圈的表面是个冰层，估计厚度在 10 km 以上（Billings and Kattenhorn，2005）。神秘的是冰层下面液态水的海洋（Carr et al.，1998）。木星是太阳系里最大的行星，质量超过地球三百多倍，对于周围的卫星产生极大的潮汐作用，而潮汐波产生的巨量动能，足以使冰下海洋的温度保持在冰点之上。据推测，木卫二的海水有上百千米的深度，水量相当于两个地球上的大洋，因而很可能是太阳系里最大的海洋。有时候木卫二也会喷出水泉，居然能够冲到 20 个珠穆朗玛峰的高度！

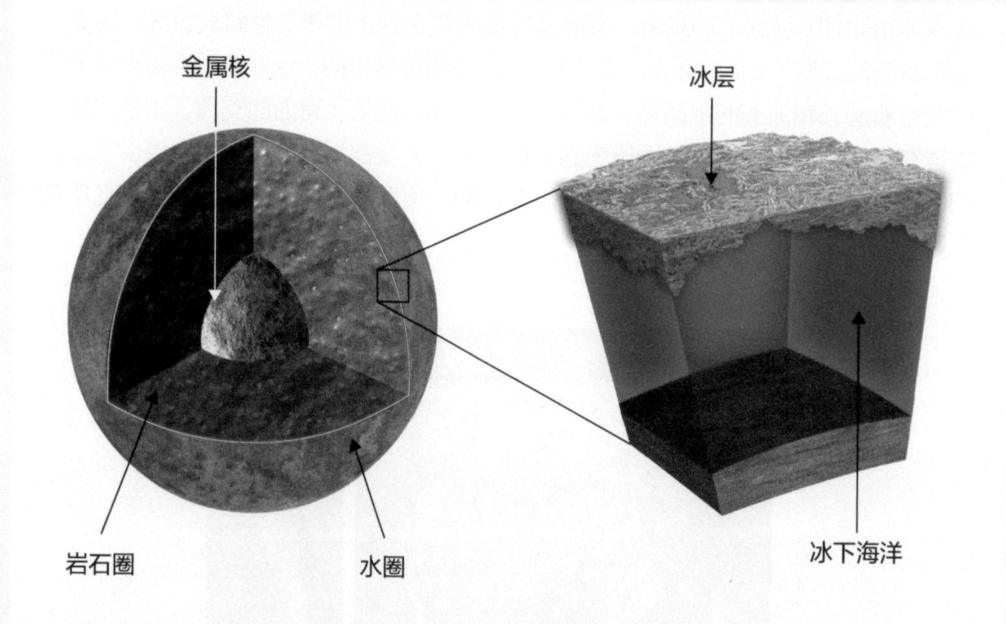

木卫二的冰下海洋

图片来自 NASA/JPL，1999，http://photojournal.jpl.nasa.gov/catalog/PIA01669，经编辑修改

在如此巨大的海洋里，很可能有生命存在。木卫二的火山活动，和海水和海底岩石圈的相互作用，应当是探索地外生命的首选 (Chyba and Phillips，2001)。确实，从 2000 年开始，已经酝酿了各种各样的木卫二探索计划，试图解开冰下海洋的生命之谜，但是迄今为止尚未付诸实施。

3.2　地球系统中水的赋存

3.2.1　地球表层水的分布与变化

地球表层总共有水 13.86 亿 km^3，其中大约 97% 在海里。如果说数字太大很难想象，那就可以拿长江作比较：长江入海的流量每年将近 1000 km^3，就是说大致要用 140 万年才能灌满世界大洋。绝大部分的水是液体，固态水不足 2%，主要是极地的冰盖，而大气圈里的气态水，论质量只占十万分之一。陆地上的液态水主要是地下水，我们平时最为熟悉的河水，只占地球表面水量的百万分之一二（图 3-3 右）。在地球各个圈层里，水圈是最小的。如果全球的水聚到一起，也只相当于地球上一颗大水珠，而其中可供我们用的淡水只是一颗极小的小水珠，至于江河湖泊的淡水，那更是肉眼不易分辨的一丁点（图 3-3 左）。

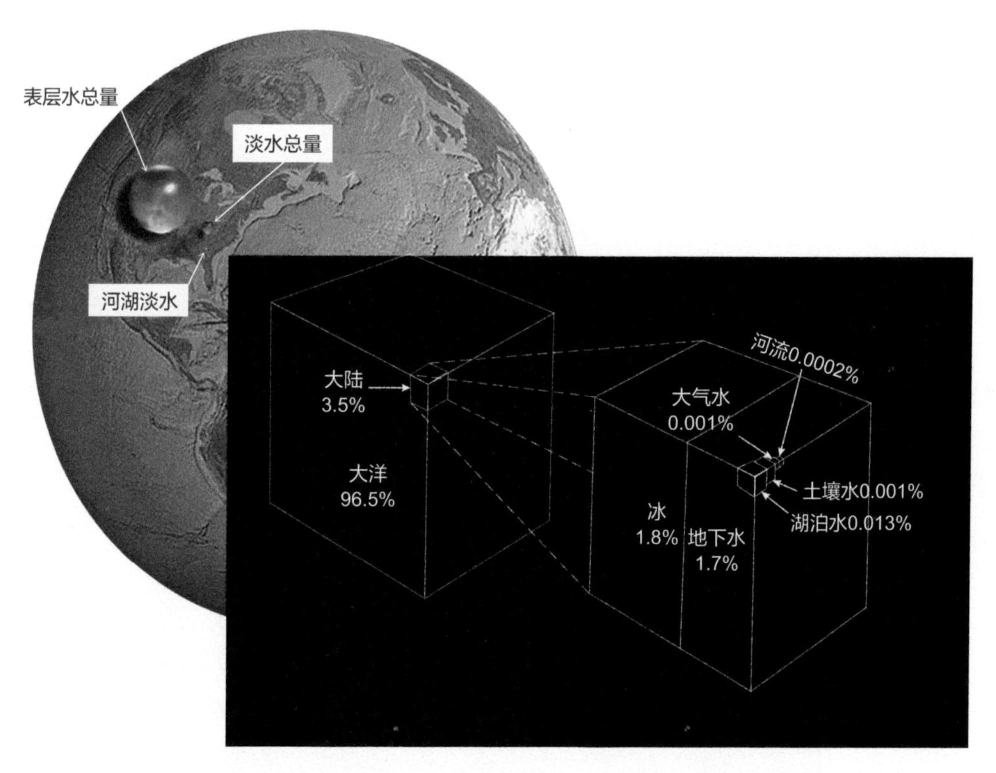

图 3-3
地球表层水的分布（图片来自 http://water.vsgs.gov, 经修改）

地球表层系统里的水，不仅容量悬殊，各自的运转速率也大不相同。相比之下，河流水的储量很小，但是在地球表面过程中的作用巨大，原因在于滞留时间短。河水的平均滞留时间 2~6 个月，是海水三千多年的万分之一；而水汽在大气圈里平均只停留 9 天，比大洋水的周转速率快十多万倍（表 3-1）。地球系统中的水循环就是不同储库间的相互交换，正是这种周转速率的差异，决定了水循环过程的非线性。

表 3-1 不同水储库的滞留时间（据 USGS Water Science School 等）

储库			储量 /km^3	滞留时间
固态水	南极冰盖		24360000	20000 年
	冰川			20~100 年
	季节性冰雪			2~6 月
液态水	海洋		1338000000	3200 年
	土壤水		16500	1~2 月
	地下水	浅层	23400000	100~200 年
		深层		10000 年
	湖泊		176400	50~100 年
	河流		2100	2~6 月
气态水	大气水		12900	9 天

3.2.1.1 气态水

1. 水汽含量

水在大气圈里只占大气质量的 2.5%，其中 99.5% 呈气态出现。如果大气水全部降落到地球表面，只能形成 2.5 cm 的薄层，但是全球每年平均降水 100 cm，可见水汽在空中的周转很快，平均滞留时间只能有 9 天。大气层里水汽的垂向分布以低空为主，向上减少。大约一半的水汽集中在 1500 m 高度以下，只有 5%~6% 的水汽分布在 5000 m 以上的高空，而一万多米以上的平流层水汽更少，还不到总含量的 1%（据 NASA Water Vapor Project）。水汽的水平分布也极不均匀。水汽的饱和度随温度上升而上升，因此大气水汽含量随着纬度上升而下降。如果将大气层中的水汽总量进行对比，最高值出现在西太平洋暖池区，从热带向两极递减，只是在沙漠上空偏低（图 3-4）。

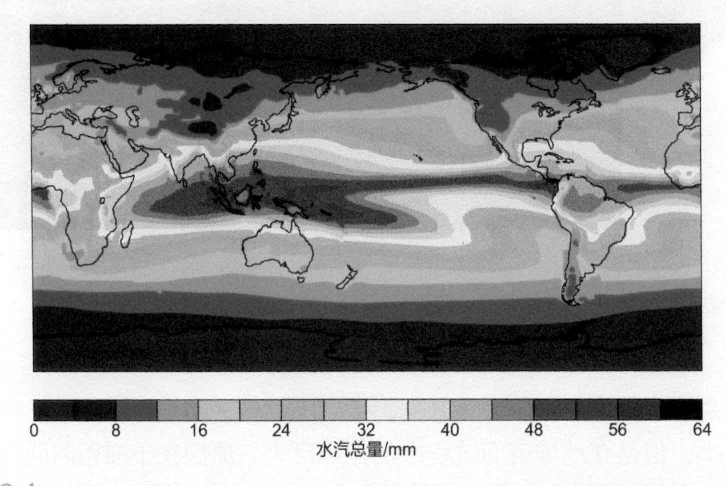

图 3-4
大气中水汽总量分布图（1988~1992 年）（数据来自 NASA Water Vapor Project)

然而就是这点微不足道的以气态出现的水，在地球表层气候环境变化中起着关键性的作用。水汽的蒸发和凝聚，调控着地球表面接受的太阳能。据估算，地球接受的太阳辐射量只有 26% 到达地面，48% 主要被水汽蒸发作用引起的种种效应所吸收（Stevens and Bony，2013）；而从低纬输向高纬总能量的 50%，是由水汽的潜热完成的（Sherwood et al.，2010）。同时，水汽还是地球上最重要的温室气体，75% 的温室效应由水汽造成（Bengtsson，2010）。尽管如此，形成云雨的湿对流，至今仍然是气候研究中最为薄弱的环节。

湿对流研究的难点在于云。地球表面大约 2/3 被云层覆盖，云在大气层里一边对入射的太阳辐射进行反射，一边又减少向外的红外辐射，输送着地球表面的水分，改变着大气环流的路径，是气候变化的关键环节。但是云里的水“三相”并存，水汽凝结成小水滴和小冰晶，属于微米到毫米等级的微物理过程，而从云到雨的过程中又有气溶胶的参与。这种复杂的过程，构成了理解地球水文循环的难点，以及气候模拟和预测中的不确定因素（Baker，1997）。

大气中水汽的含量极不稳定，每时每刻都在变化，所以天气预报并不容易。近年来随着遥感和无线电探空技术的发展，对于大气柱水汽含量的研究，从区域到全球都有进展。比如从欧洲 20 世纪晚期 30 年的资料看来，发现伊比利亚半岛南部水汽在减少（<0.04 mm/a），而阿尔卑斯区和北大西洋上空却在增长（>0.04 mm/a）（Mattar et al.，2010）。全球而言，20 世纪晚期全球可降水有所增长，平均每十年增加 0.40 ± 0.09 mm 或者说 1.3% ± 0.3%，这种变化显然与海面温度上升相关（Trenberth et al.，2005）。然而根据水汽增多的现象，还不能简单地得出全球变暖使得水文循环加快的结论。如果将降水考虑进去，可以发现水汽在大气层中的滞留时间在加长，热带陆地的降水在减少，因此水文循环可能反而在减慢（Bosilovich et al.，2005）。当然水文循环极为复杂，用来讨论的观测资料年限太短，据此得出可靠结论还为时太早。

上面说的是现在的大气圈。由于水汽的饱和度随温度而变，大气水汽含量在冰期旋回中必然经历重大变化。现在两极冰盖的发育造成巨大的经向温差，相应带来水汽含量强烈的梯度（图 3-4），而白垩纪“温室期”就没有这种现象。更为悬殊的是地球演化早期大洋起源的前夕，大气中的水汽含量曾经从极高值一落千丈（参见图 1-14 中的淡蓝色线）。至于水汽地理分布的变化，更是水循环演变的基本内容，我们在后面还会讨论。

2. 大气河流

大气层里的水汽分布不匀、变幻多端，不但有蒸发降水的垂向运动，还有大幅度的横向迁移，低纬的水汽向高纬输运，海洋的水汽向大陆输运。我们可以设想在地球表层系统里，水以其三相进行运动：冰盖和冰川的冰流，江河海洋里的水流，以及大气层里的水汽流。只是三者运动的速度有几个数量级的差异：冰流一天只有几厘米，海流一小时可以流几千米，随风搬运的水汽流一秒钟就有几十米。水汽最为剧烈的运动就是我们都很熟悉的热带气旋，每年造成西太平洋的台风或者大西洋的飓风灾害。然而水汽的剧烈运动并不限于热带，中纬度区一种重要的现象就是“大气河流”。

20 世纪 90 年代初，科学家发现大气中水汽输运的浓度在有的地方特别高，而且这种高浓度区呈长条分布，可以称之为“大气河流”或者叫“对流层河流”。大气河流主要出现在大洋上方，是水汽集中输运的渠道。南北两半球在任何时候都有 3~5 道“大气河流”，它们只占中纬度宽度的 10%，却承担着从低纬向两极输送 90% 水汽的任务（Zhu and Newell，1998）。一条“大气河流”有几千千米长、几百千米宽，在北美、西欧、北非等地都有报道，一条“大气河流”典型的流量是每秒 1.6×10^8 kg，和亚马孙河的流量相当，是季风区外降水分布的重要途径。

大气河流也是热带外气旋传播的途径，中纬区风暴灾害的重要来源。一旦来自大洋的大气河流遇到大陆的地形阻挡，就可以形成暴雨水灾。图 3-5 所示，是造成美国和英国暴雨水灾的两个实例：2004 年 2 月 16 日东北太平洋上方的大气河流，来到北美大陆，于 2 月 17 日造成了加利福尼亚北部 Russian 河流域的暴雨灾害，沿岸山区在 60 小时里降雨超过 250 mm，而水汽居然来自 7000 km 外的夏威夷一带（图 3-5 左），这种“大气河流”引发的暴雨，该区从 1997 年以来的 8 年里已经经历过 7 次（Ralph et al.，2006）；另一个例子是北大西洋上空 2009 年 11 月 19 日的比湿（单位大气中的水汽含量）分布（图 3-5 右），这类大气河流给英国和西欧大陆带来水灾，1970 年以来英国 10 次最大的水灾都和大气河流相关（Lavers et al.，2011）。

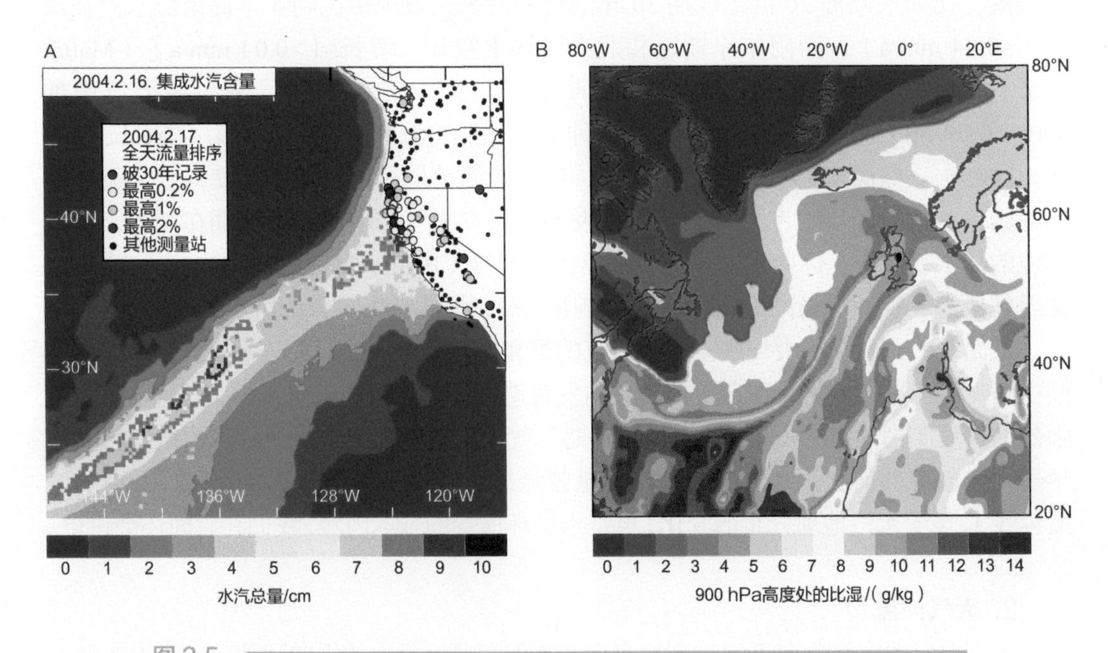

图 3-5
大气河流实例

A. 2004 年 2 月 16 日东太平洋上方的大气河流，造成 2 月 17 日加利福尼亚北部的暴雨（据 Ralph et al.，2006 改）；B. 2009 年 11 月 19 日北大西洋上方的大气河流，图示 900 hpa 的比湿（据 Lavers et al.，2011 改）

水汽运动除了“大气河流”之外还有“平流层喷泉”。上面说过，水汽集中在对流层下部，平流层里含量极低，但是也会出现热带区蒸发过强，深对流的水汽穿越对流层顶，出现“平流层喷泉”。例如西太平洋暖池和印度洋季风区的上空，就观测到这种穿越圈层的现象（Newell and Gould-Stewart，1981）。因此，在热带深对流区确实存在穿越对流层顶的“上射（overshooting）区”。据统计，有 1.3% 的热带对流系统能够高达 14 km，其中的 0.1% 可以抵达 380 K 位温的高度，而且在陆地上空更容易发生（Liu and Zipser，2005），对于平流层的化学和热学形式以及水汽分布，都会产生严重的影响。

3.2.1.2　液态水

1. 海水

海洋无疑是水在地球表层最大的储库，但是这储库的大小并不完全清楚。比如大洋的平均深度，一百年前就确定是约 3800 m，但是近来认为还不到 3700 m（3682 m；据 Charette and Smith，2010）。值得注意的是大洋海水的分层结构（图 3-6）。我们通常接触的是能够被风力驱动、有阳光进入的上层 200 m 左右，但这层“有光带”只占海水总量的 2%。在几百米的弱光带（twilight zone）之后直到 6000 m 水深，是完全黑暗的大洋深层区，这才是大洋的主体，海水的滞留时间长达三千多年（表 3-1），就是指的这些深层水。这是全大洋密度最高的海水，现在最重的底层水来自南大洋，其次是来自北大西洋的深层水。近年来受到重视的是 6000~11000 m 的大洋深渊带（hadal zone），这是大洋板块俯冲的深海沟，最典型的就是西太平洋马里亚纳海沟，那里的“挑战者深渊（Challenger Deep）”水深 10916 m，是地球表面最深的去处。全球有 22 条深逾 6000 m 的深渊带，总面积只占海洋的 1%~2%，但是其 5 km 的深度范围却占了海洋总深度的 45%，有着特殊而神秘的物理化学和生态环境，为此国际学术界组织了 HADES（Hadal Ecosystem Studies）计划进行超深渊的生态研究（Lee，2012），我国也正在积极进行现场探索。

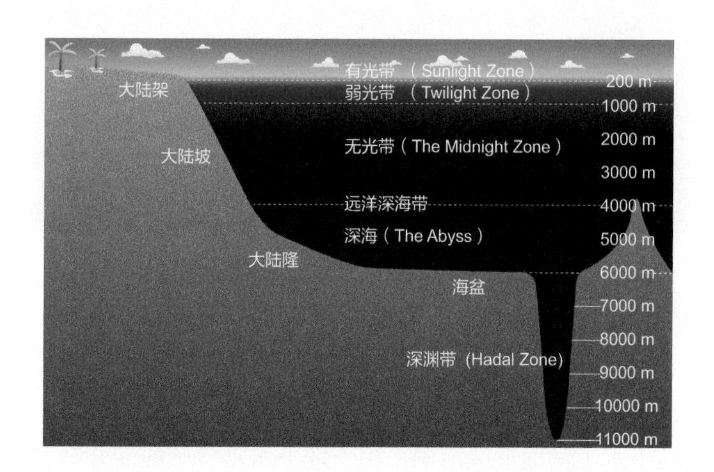

图 3-6
大洋海水的分层（据 NOAA National Weather Service 改绘）

但是这里说的又是现在的大洋，地质历史上不但有“沧海桑田”、海面升降，连整个大洋水的体积也在变化，只是至今没有可靠的衡量办法。地球表面的海陆面积，一直都是三七开的吗？什么时候才开始有现代这种上万米的深海？至今我们没法回答。两个陆壳相撞产生高山，两个洋壳相撞产生深海沟，现代最深的马里亚纳海沟，就是太平洋板块向菲律宾海板块俯冲的产物。这种现象是不是在古生代难以发生？是不是古生代的大洋比现在浅？这些问题恐怕只能留给后人来回答。

2. 地下水

变化更大的当然是陆上的地表水，河流改道、湖泊淤缩是人类生活中经历的过程，陆地水文也已经属于常识范畴。这里需要讨论的是通常被忽视的地下水，其实地下水才是大陆上液态水最主要的储库，相当于地球上全部河水总量的一万倍；地球上的淡水除了冰，主要就是地下水（表 3-1；图 3-3）。从地球系统的角度看，河流水和湖泊水，只不过是地下水的露头，但是历来的研究者只看地面，不见地下。雨水降落大地后汇成河流，奔流入海；其实还有地下水的渠道，这就是“海底地下水排放（submarine ground water discharge，SGD）”。运用同位素示踪，发现有大量淡水经由地下的渠道入海，作为海底泉水在近岸浅海泄出。注入大西洋的海底地下水排放量就达每年 2×10^{13}~4×10^{13} m^3，之多，竟然相当于河水注入量的 80%~160%（Moore et al.，2008）。当然，海水也会通过地下通道进入陆地，造成盐水入侵。因此 SGD 排放的并非单纯的淡水，还混有入侵陆地的海水。但是，这种地下水过程严重影响着海水的化学平衡，尤其是近海的生态环境（图 3-7；Church，1996）。

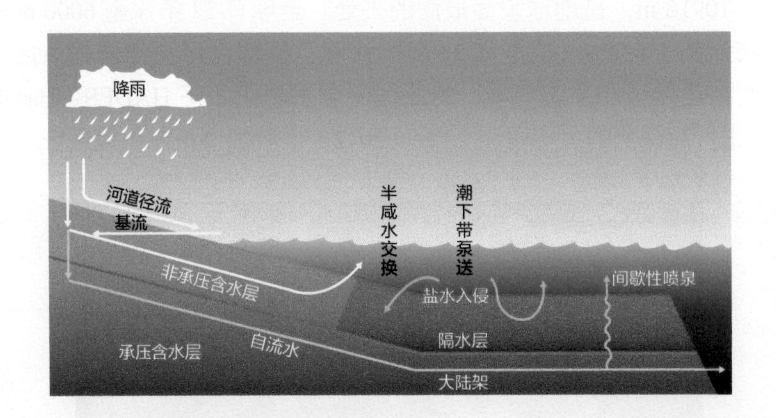

图 3-7
海底的地下水泉（据 Church，1996 改）

地下泉水的影响不以海洋为限，同样可以在湖底发生。北美五大湖之一的休伦湖，湖底的石灰岩因地下水上涌而形成溶洞。由于地下水富含硫酸盐并缺氧，不利于鱼类等动物生存，这些湖底溶洞竟成了微生物的世界，水深 30 m 以上的浅水洞里微生物进行光合作用，水深超过 90 m 深水洞里的微生物只能依靠无氧的化学合成作用（Biddanda et al.，2013）。类似的湖底地下水的分层现象，也见于瑞士阿尔卑斯山区的小湖里（Del Don et al.，2001），可见地下水对于海洋和湖泊的水化学，都可以造成严重影响。总之，将地面水和地下水连接起来，才能正确理解陆地流水的水温和生物地球化学过程。比如河水和河床岩石的相互作用十分短暂，而地下水与流经岩层的接触时间长得多，将两种相互作用一道考虑，才可以正确理解河水的化学过程（Sophocleous，2002）。

至于河水与地下水的交流更是普遍规律，尤其在干旱区，间歇性河流在枯水季节河水断流、河床裸露，其实地下水流还可以存在。在岩溶区和干旱区，同一条河流可以在地面和地下交替流淌，照样可以像地面河流一样剥蚀岩石、切割地形、形成河网（Howard and Griffith，2009）。这种种告诉我们地下和地面水属于同一系统。进一步说，地球上的液态水可以看成一个整体。海水蒸发，变为雨水降落大地，河流就是雨水返回海洋之前在地面的通道，另一条通道是地下水，流得很慢，但早晚也将回到海里。地下水在地面的"露头"是湖泊，河流在中途停留处也是湖泊，其实海洋就可以看作地球上最大的湖泊。

3. 湖泊

湖泊是个小海洋，只是时空尺度小得多。较深的湖泊，也和海洋一样有表层流和底层流，也会发生浊流和上升流，许多古海洋学的方法也可以用于古湖泊学（汪品先，1991）。表生湖泊在地质尺度上都是短寿的，现在世界上的湖泊多数形成于末次冰期之后，年龄不过两万年，其中不少湖泊正在濒临消亡。古代26000 km^{2}的云梦泽，到现在的洞庭湖只剩下1/10的面积；号称世界第四大湖的咸海，也从68000 km^{2}的面积收缩了10倍。当然这里有人类活动甚至错误开发的恶果，但是沉积淤塞是冰期后许多湖泊的共同命运。

现代地球上的许多湖泊都和冰盖的演变有关。"千湖之国"芬兰有大小湖泊6万多个，就是冰期时在大陆冰川覆盖下形成的冰蚀湖和冰碛湖。北美的五大湖是世界上最大的淡水湖群，占有全球液态淡水总量的21%，同样也是末次冰期北美大冰盖的产物，在一万多年前随着冰盖的消融而形成（Larson and Schaetzl，2001）。然而在冰期旋回中，最大的"超级湖泊"出现在冰盖前方，也就是融冰水聚积形成的冰缘湖。这种巨型湖泊一旦突破障碍奔流入海，就可以引发严重的气候突变事件。最为著名的是加拿大哈得孙湾南边的阿加西（Agassiz）湖（图3-8A），大约12000年前由北美冰盖的融冰水集聚而成，最大的时候面积达到163000 km^2，相当于今天世界上最大湖泊里海的两倍。大概8500年前开始，随着冰盖的瓦解，"超级大湖"里的融冰水突然注入哈德孙湾（图3-8B；Clarke et al.，2003），大量淡水进而影响北大西洋深层水的生产，终于在8200年前，引发了一场近万年来最严重的气候突变事件：在短短的两百年间平均温度下降5 ℃（Kleiven et al.，2008）。

不仅是北美冰盖，欧亚冰盖也有冰缘的"超级湖泊"。距今6万~5万年和9万~8万年前，西伯利亚和俄罗斯平原一些大河，原来向北注入北冰洋的流水被冰盖阻挡，在下游聚成冰缘湖，其面积可以和阿加西湖媲美（Mangerud et al.，2004）。这类冰缘湖产生的气候后果之一是降低夏季温度，从而助长冰盖的增长、推迟冰盖的消融（Krinner et al.，2004）。现在来回顾冰期旋回，当年的冰缘湖大多已经消失，有的依然存在，比如北美的五大湖；也有的变成了浅海，比如北欧的波罗的海，至今在海底还铺着当初的冰川沉积。

与上述表生湖泊不同的是构造湖，世界上最深的贝加尔湖（1641 m）和坦噶尼喀湖（1470 m）都是裂谷湖，贝加尔湖至今还以每年2 cm的速率扩张着。构造湖的寿命比表生湖长得多，贝加尔湖有2500万年，坦噶尼喀湖有上千万年的历史。这类深水构造

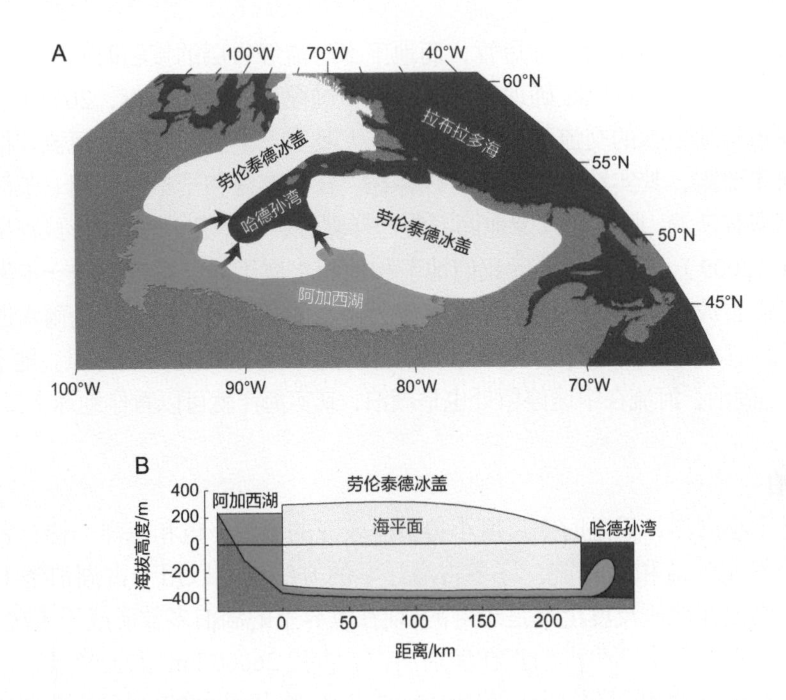

图 3-8
末次冰消期北美冰缘“超级湖泊”阿加西湖 (A) 及其最终突破障碍注入哈德孙湾 (B) 的示意图（据 Clarke et al.，2003 改）

湖储存着大量的淡水资源，据估算一个坦噶尼喀湖就占有全球地面淡水资源的 18%。从地质角度看，构造湖泊是陆相生油的主力。我国东部在新生代早期的裂谷运动，形成了大量湖泊，为陆上和近海产生大量油气的构造背景（朱伟林，2009）。始新世是中国大湖发育的时期，中生代以来我国地形强烈东倾，构造湖泊大幅度减少，进入大江大河期，改变了地貌景观。

3.2.1.3 固态水

1. 极地冰盖

固态水有时被称为“冰冻圈”，全面讲包括大陆冰盖和冰川、冰架、海冰、湖冰、河冰、冻土和雪。从地球系统宏观尺度讲，最重要的是两极的冰，包括大陆上的冰盖及其延伸到海上的冰架，以及海水结成的海冰。除去地下水不算，地球表面的淡水 90% 结成了冰（表 3-1；图 3-3），而且集中分布在南北两个极区，其中体积 3000 万 km^3 的南极冰盖，比北极格陵兰冰盖大约大十倍，两者相加占全球冰盖的 97%（表 3-2；图 3-9；Vaughan et al.，2013）。由表 3-2 可见，固态水的分布主要在于大陆，有冰和雪分布的地区差不多占全球大陆面积的一半，而在海洋上所占面积的比例要小一个量级。

南北两极最大差别在于海陆分布：南极圈的核心是陆地，北极圈的核心是海洋，这种差异决定了两者不同的演化历史和气候影响。近来对于南北极冰盖认识的重大进展在于深部，包括南极冰盖地下水流系统的发现和地质基底的认识，以及北冰洋海底冰碛地貌的水下探索。

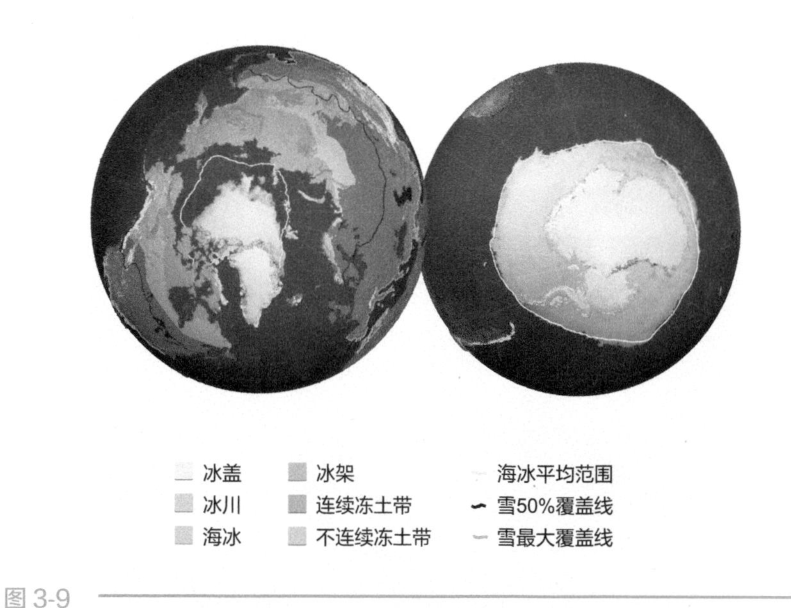

图 3-9
现代南北两极的冰冻圈（据 Vaughan et al.，2013 修改）

表 3-2　地球表面固态水的地理分布（Vaughan et al.，2013）

陆地	占陆地面积 /%	海平面当量 /m
南极冰盖	8.3	58.3
格陵兰冰盖	1.2	7.36
冰川	0.5	0.41
永久冻土	9~12	0.02~0.10
季节冻土	33	—
季节雪覆盖	1.3~30.6	0.001~0.01
北半球河冰与湖冰	1.1	—
总计	52.0~55.0	约 66.1
海洋	**占海洋面积 /%**	**体积 /km^3**
南极冰架	0.45	约 380
南极海冰：南半球夏季 / 春季	0.8/5.2	3.4/11.1
北极海冰：北半球秋季 / 冬春季	1.7/3.9	13.0/16.5
海底冻土	约 0.8	—
总计	5.3~7.3	—

南极洲以平均海拔 3500 m 的横贯南极山脉（Transantarctic Mountains）和威德尔海（Weddell Sea）、罗斯海（Ross Sea）为界，分为东半球的东南极和西半球的西南极，东南极是个大陆，西南极由长条状的南极半岛和岛屿组成（图 3-10）。东南极冰盖坐落在大陆之上，像座白色的高原相对稳定；西南极的相当部分是在海水之上的冰架，容

易消融，比如一百多万年前就曾经融化消失（Poland and DeConto，2009）。相比之下，以北冰洋为核心的北极冰盖更不稳定，通常所说的第四纪冰期旋回，指的就是北半球冰盖的大幅度消长。

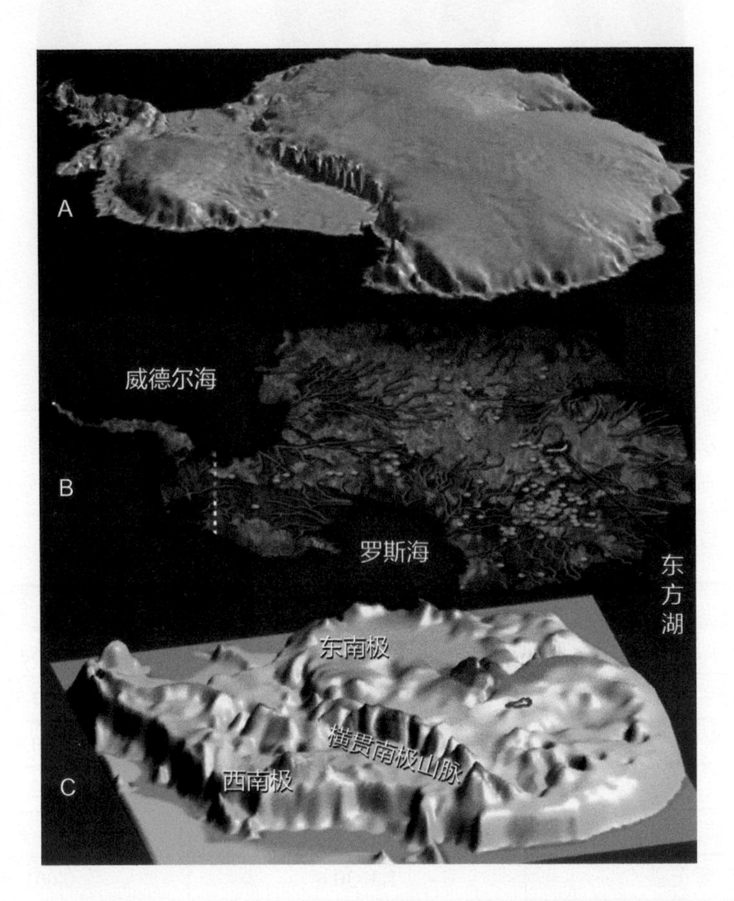

图 3-10
南极冰盖（A）及其冰下河系（B）和地质基底（C）（据 Inman, 2007 等改）

2. 冰下水系

最值得注意的是南极冰下的水流系统。已经发现南极冰盖下面至少有 200 个冰下湖泊，它们之间可以有冰下河道相互连通，形成水网。南极冰下湖水的总量估计超过 10000 km^3，相当全球淡水湖水量的 8% 以上，如果平铺在南极面上，也会有 1 m 深，其中最大的是“东方湖（Lake Vostok）”。这个压在 4000 m 冰层下面的大湖面积 14000 km^2，水深 800 m，为世界第七大湖。比东方湖小的如 90° E 湖和苏维埃湖（Lake Sovetskaya），也都是 800~900 m 的构造深湖，推想都是在南极冰盖形成以前的地面湖，被埋在冰下而成（Priscu et al.，2008）。东方湖上方正是俄罗斯南极冰钻东方站的所在，冰芯的底层属于冻结的湖水，从冰芯分析结果看，东方湖里至少有微生物生存（Karl et al.，1999）。如果东方湖果真是南极冰盖形成前距今 1400 万年的地表湖，其中的微生物在约 350 个大气压和 −3 ℃的低温中依靠化学能维持生活，其研究将具有极大的科学价值（Siegert et al.，2001）。至今俄罗斯科学家们还在反复努力，改进采样技术，证实东方湖微生物的存在（Bulat，2016）。

除了湖泊河流之外，冰盖底下还有地下水。冰下的沉积物和基岩孔隙中都有地下水分布，估计冰下湖的总面积不会超过南极的 1%，而冰下地下水却可以遍布整个南极大陆，相当于地球上一片最大的“湿地”，其含水量应超过冰下湖成百倍（Priscu et al.，2008）。一项重要的发现是冰盖下水系的活动能力。两个冰下湖的水可以相互流动，根据冰盖顶面卫星测高记录，有一次大约 1.8 km^3 的水在 16 个月里顺坡流到 290 km 外，造成的湖面落差有 4 m 之多（Wingham et al.，2006）。更大的冰下湖泄水事件发生在地质历史上。在无冰覆盖的横贯南极山脉发现一个 50 km 长的基岩沟谷，600 m 宽、250 m 深，据推断是 14.4~12.4 Ma 期间的冰下湖水泄出所造成，当时流速应达每秒 1.6×10^6~2.2×10^6 m^3，很可能与中中新世的气候突变有联系（Lewis et al.，2006）。

冰下的水流还可以和冰上的水流连成一个系统。格陵兰的冰盖比南极冰盖温度高，冰面上的融水可以顺着裂缝下渗，变为冰盖流动的润滑剂，从而成倍地加速流动，甚至提高一个数量级。湖面融冰水积成的湖泊，可以突然深入冰盖转入冰下，引起冰盖灾变式的事件（Alley et al.，2008）。

极地冰下湖的发现，具有重大的环境意义。大陆冰盖是一个有液态水交织在固态水里面的动态系统，这种液态水可以是地热原因造成，也可以是基底冰盖形成时的“遗迹”，或者像格陵兰那样由表层融冰水下渗而来，但是都会增加冰盖的活动性。这类夹在岩石与冰盖之间的湖水，主要是因冰盖的形变而发生转移，而且总体来说向着海洋流出，有时也会发生突变性的“洪水”，不仅影响冰盖稳定性和海平面，还会因为湖水所含的微生物和化学成分而对大洋产生影响。

3. 冰架与海冰

冰架是冰盖在海上的延伸：巨大的南极冰盖在自身重力的作用下，从内陆高原向周边以几千条冰川的形式向沿海滑动，浮在海面上的部分就是冰架。南极冰架占南极冰盖总面积的 10%，主要分布在西南极两边的罗斯海和威德尔海（图 3-10）。和坐落在大陆上的东南极不同，西南极冰盖的相当一部分浸在海平面之下，整个西南极冰盖可以说是“漂”在海上，在“着地界线（grounding line）”里面的是陆上冰盖，外面的就是冰架（图 3-11）。这种海上冰盖很不稳定，加上西南极降雪量明显大于东南极，冰川向海洋的流速也快得多，因此无论对冰期旋回还是当前的全球变暖，西南极的反应都要强烈得多（Bindschadler，2006）。冰消期冰盖崩解的时候冰架首当其冲，末次冰期以来的两万年间，西南极冰架的着地界线后退了 1300 km（Conway et al.，1999）。

现在的冰架，主要在南极发育，北极只有较小的冰架。然而冰架能以每年 2500 m 的速度移向海洋，冰架破裂落入海中就成为冰山，无论南北极周围都有冰山漂出。每年从格陵兰西部产生的冰山就有上万座，而南大洋的冰山产量更要高出一个量级，常常有几千米长、几百米高的巨大冰山出现。比如 2000 年从南极罗斯冰架上崩裂下来的 B15

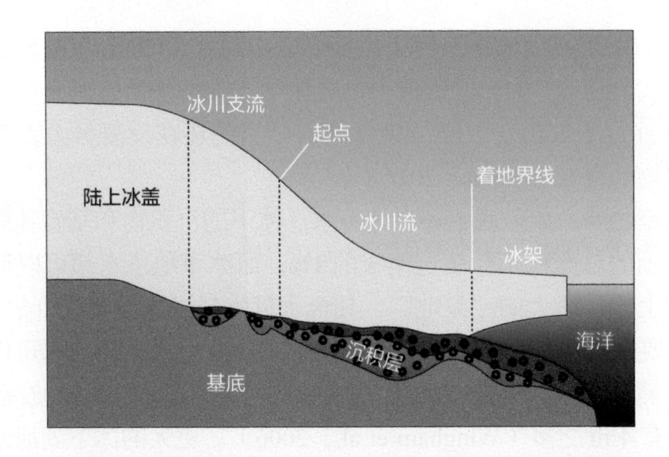

图 3-11
西南极冰架示意图（据 Bindschadler，2006 改）

冰山，面积 1.1 万 km^2，将近两个上海市那么大，可以产生重大的环境效应。冰山是冰海混杂堆积物的载体，在研究冰消期海洋过程中具有重要意义（Licht，2009）。

冰架的活动，还会对海底地貌进行改造。通过地球物理方法对海底地形进行高精度测量，结合浅地层和地震剖面，可以辨识冰架流动在海底隆起上留下的痕迹，再造冰盖的演变史，最为成功的是北极巴伦支海陆架上，对末次冰消期历史的研究（Patton et al., 2015）。北冰洋的水下研究揭示，北极冰盖亚洲部分在 14 万年前的 MIS 6 期范围最大，当时北冰洋的冰架逼近北极，范围之大可以与现在的南极相比（Jakobsson，2010）；而以后的冰期逐次收缩，到末次冰期时范围最小（Svendsen et al.，2004），刷新了我们对北极冰盖历史的认识。

海洋上固态水的另一种形式是海冰。海冰占地球表面 7%，占大洋表面的 12%，但是有显著的季节变化。海冰不但影响地表的反射率，而且影响大洋环流，近年来北冰洋海冰面积的缩小就产生了明显的气候效应（Serreze et al.，2007）。与冰山不同，冰山归根结底源自降落的雪冰，含有大气层水循环中同位素分馏的信息；海冰却是海水温度过低的产物，其形成过程不经过同位素分馏，因此很难在地质记录里找到海冰变化的证据。幸好生活在海冰地面的特殊硅藻能形成特殊的有机化合标志物（Belt et al., 2007），最近正成功地用于北冰洋海域的古海洋学研究（Müller et al.，2009），可望为再造海冰分布和盛衰提供证据（见 3.3.2 节）。

3.2.2 地球内部的水与板块运动

3.2.2.1 地球内部水的储量与分布

液态水是地球的特色，地球表面 70% 是海洋。但这只是地球的表面，如果拿整个地球来比，海洋水的重量只占整个地球的 0.025%，而哪怕最“干”的大洋中脊岩浆里，也有 0.2%~0.3% 的水。自然产生的问题是：地球的内部，是不是也应该有水（Jacobsen and van der Lee，2006）？的确，越来越多的地球物理证据表明地幔里有水。上地幔比较丰富，可以在 50~200 ppm①之间，下地幔比较贫乏，不超过 20 ppm，而含水最丰富的是地下 410~670 km 深处的过渡带（图 3-12；Hirschmann，2006）。

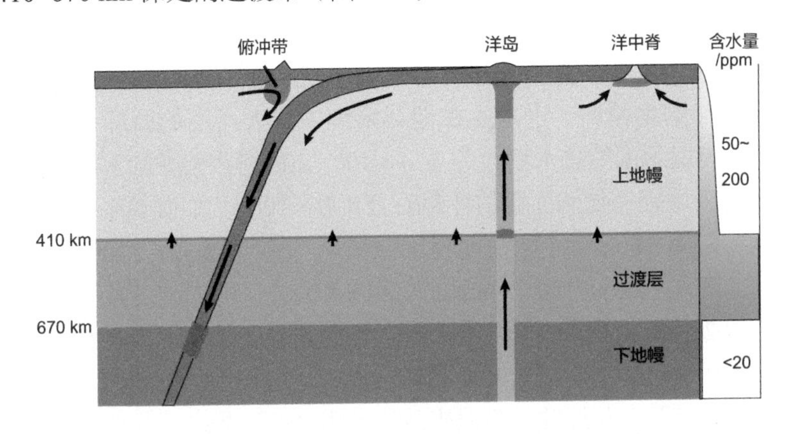

图 3-12
地幔的含水熔融（红色斑）和含水量的推测（据 Hirschmann，2006 改）

当然，和地球表面的水不同，地幔里的水不同于固、液和气态，是结合在矿物的晶格里面，可以看作为水的“第四态”存在。其实进入晶格的并不是水分子，在地幔的高温高压下，是水分子分裂出的羟基（OH）进入硅酸盐矿物。上下地幔含水的不同，与地幔的矿物构成有关。上地幔主要成分是橄榄石，而橄榄石储水的能力随深度而增大：从 10 km 深处的约 25 ppm 增加到 410 km 处的约 1400 ppm，甚至 4000 ppm，因此上地幔含水量向下递增。进入超过 410 km 的过渡层，橄榄石在更大的高压下产生尖晶石结构而变为尖晶橄榄石，先是瓦茨利石（Wadsleyite），压力再大就形成林伍德石（Ringwoodite），储水的能力急剧增大，使得过渡层成为地幔储水的主力，总含水量可以与地表的大洋媲美（图 3-12）。深度超过 670 km 的下地幔情况就完全不同，在极度的高温高压下橄榄石之类都变得不稳定，估计下地幔的含水能力小于 20 ppm，相当于地幔里的“沙漠”。下地幔体积极大，深度从 670 km 到 2950 km，但是研究程度极低，因此对于下地幔的含水量的猜测差距十分悬殊，多到相当于三个大洋，少到大洋的 3%，相差一百倍（Hirschmann，2006）。

但是所有这些依靠的都是地球物理的间接方法和高温高压人工实验的方法。说是地幔里有水，能不能拿块标本出来看看？最近还真的从巴西得到了一“块”标本，只是小得可怜，是一颗 40 μm 大小的矿物林伍德石，含在 0.09 g 的金刚石里（Pearson et al.，2014）。上面说过，林伍德石是储水能力很强的地幔矿物，金刚石通过火山作用随着金伯利岩从地幔深处喷出来的时候，带上了这颗含水 1.5% 的矿物，首次为地幔含水提供了直接证据（Keppler，2014）。后来，又发现林伍德石可以穿越 670 km 深处的过渡层底部，带下水分在下地幔的顶层引起局部熔融作用（Schmandt et al.，2014）。这样，地幔过渡带富含水分的认识，已经得到证明。

① 1 ppm=10^{-6}

3.2.2.2　地球表层与内部的水交换

综上所述，地球有两个水储库：表层系统的以液态的海水为主，地球内部的以地幔矿物的羟基为主。两者之间交流渠道也是两个：一个是板块俯冲带，水随着俯冲板片进入地幔深处；一个是洋中脊和大洋岛屿的火山活动，水随着岩浆活动返回地面。这就构成了行星地球的水循环，也是水在地球系统中最大尺度的循环（图 3-13）。如上所说，今天地球表层水圈的总水量大约 1.4×10^{18} t，由海沟俯冲的水通量约为每百万年 24×10^{16} t，而进入地幔深处的通量估计每百万年 9×10^{16} t。如此算来，地球表层系统里水圈的水，至少每隔 16 亿年才能在地幔深处循环一遍（Hacker，2008）。但是地幔里究竟有多少水，没有一致的看法。Ohtani（2005）估计，地幔过渡带可含 1%~3% 的水，下地幔含水可达 2.5~3 个大洋，与过渡带相当，也就是说整个地幔有 5~6 个大洋的水。按此计算，那就要 80 亿 ~100 亿年才能循环一周，超过了地球的年龄。这就是说，地球内部可以有“元老水”，从地球产生以来就没有出来亮过相。

但是这是个既难证明又不好否定的观点。一种研究方法是用同位素，无论是 O 还是 H，在地球内部和表层系统的交换中都会发生同位素分馏。地幔水的 $\delta^{18}O$ 高（+7‰），地表海水的 $\delta^{18}O$ 低（0‰），两者的交换必定会反映为海水 $\delta^{18}O$ 的变化。现在地球上俯冲下去的水多、从火山回上来的水少，这种不对等的交换必然使海水的 $\delta^{18}O$ 缓慢变高。果然，根据海相化石的分析结果，海水 $\delta^{18}O$ 值从寒武纪以来的近 6 亿年里变高了 8‰（Veizer et al.，1999）。据此推断，显生宙以来海水减少了 6%~10%（Wallman，2001）。按照这种速率，有人推测全球大洋将在 20 亿年之后干枯。但是，地球内部水的储存及其与表层系统的交换机制，在地球历史上肯定有过巨大的变化，而我们的认识

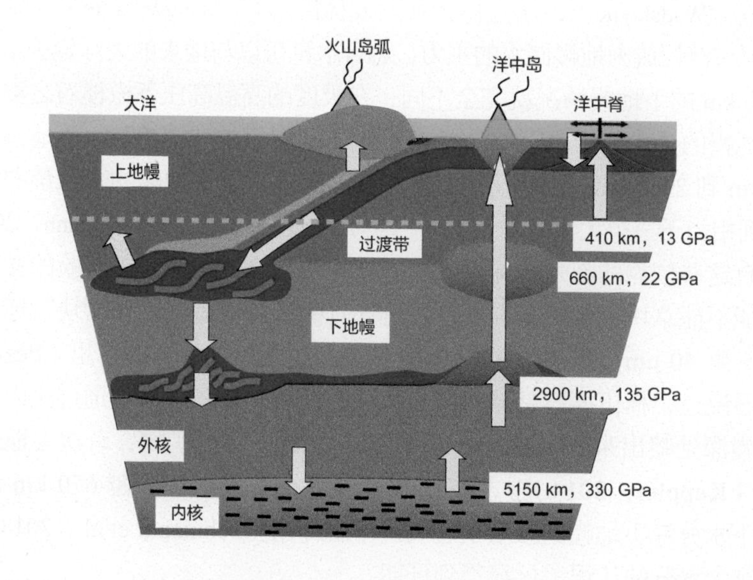

图 3-13
地球内部的水循环（修改自 Ohtani，2005）
深蓝色示俯冲板片，箭头指水的输运方向，浅蓝色向地幔，黄色向表层

还处在起步阶段。尤其是地球形成的初期，水从地球内部喷出形成了大气（见“1.3.2 水圈与大气圈的形成”），二三十亿年前太古宙必然有过巨变，因此对为期数十亿年的任何猜想，目前都缺乏根据。

研究地球表层与内部水交换的另一种同位素是氢，即 D/H 值。地球内部的水以羟基（OH）的形式进入矿物格架，其中的氢是气（H）不是氘（D），因而地球内部水的 δD 值要比表层水低得多，两者之间的交换必然改变海水的 δD 值。果然，前寒武纪的 δD 值比显生宙低得多，岩盐包裹体里水的 δD 也是志留纪比二叠纪的低，和氧同位素一样反映表层系统水向深部的转移（Lécuyer et al.，1998）。

但是地表水返回地球内部的这种趋势从何时开始，并不清楚。从地幔看，现在的原始地幔物质，含水量都比洋中脊和岛弧的玄武岩高，可见原来的地幔要湿得多（Rüpke et al.，2006）。现在可以肯定说的是：地幔里含有大量的水，并且和表层水发生交换。地球这两大水储库的容量，以及两者之间的通量和交换方式，都在发生变化。至于变化的方向、速度和机制问题，都有待找到更好的研究方法才有可能回答。

3.2.2.3　板块运动与水

地球行星尺度的水交换和板块运动紧密相连：一方面，板块运动是地球表层与内部水交换的载体；另一方面，水又是从板块俯冲到岩浆活动的必要条件。岩石圈之所以能够呈板块移动，靠的是下垫的软流圈，而软流圈靠着水才能降低黏滞系数（Mierdel et al.，2003）。地幔岩里如果 1000 个 Si 能加上一个 H，其黏滞度就会下降两个量级，因此富含水的软流圈为缺水的岩石圈提供了板块运动的条件。岩石圈通常以每年 2~15 cm 的速度移动，下垫的软流圈产生的剪切力更大（图 3-14；Hirschmann and Kohlstedt，2012）。进一步从行星尺度上看，板块运动不但发生在俯冲带和洋中脊，并且与整个地幔的对流相耦合，其中地幔内部富含水分的过渡带起着关键作用（Bercovici and Karato，2003）。

洋壳的俯冲，是表层水进入地球内部的通道。跟着板块向下俯冲的有海洋沉积，有大洋地壳，还有地幔的蛇纹岩。根据 30 年大洋钻探（DSDP，ODP）岩芯的统计，俯冲带海洋沉积的成分与上地壳相似，矿物中的含水量约为 7%（Plank and Langmuir，1998）。俯冲板片在下潜过程中大部分水分被挤压排出，同时随着温度压力的增大而发生反应。结果一部分物质就通过俯冲位置的岛弧上返，包括火山和岩浆，还有未来形成陆壳的材料；另一部分作为板片被送入地幔深处。沿着俯冲带发生的物理化学反应，是地球表层系统的重要过程，被喻为“俯冲带加工厂”（Tatsumi，2005）。前面在第 2 章里（见 2.1.3 节）已经介绍过：输入的“原料”不同，“产品”也有差异，俯冲带沉积物的特色，在岛弧火山物质的成分上也有反映，从而为地球表层与深部相互作用提供了又一个典型实例。

俯冲带水交换中最值得专门讨论的是蛇纹石（附注 3）。上地幔的橄榄岩上升出露到海底，与下渗的海水相互作用而发生蛇纹石化，最终变成蛇纹岩。蛇纹岩在大洋底下广泛分布，在大西洋沿着转换断层发育，厚达 2~3 km，由热液循环的海水通过断层改

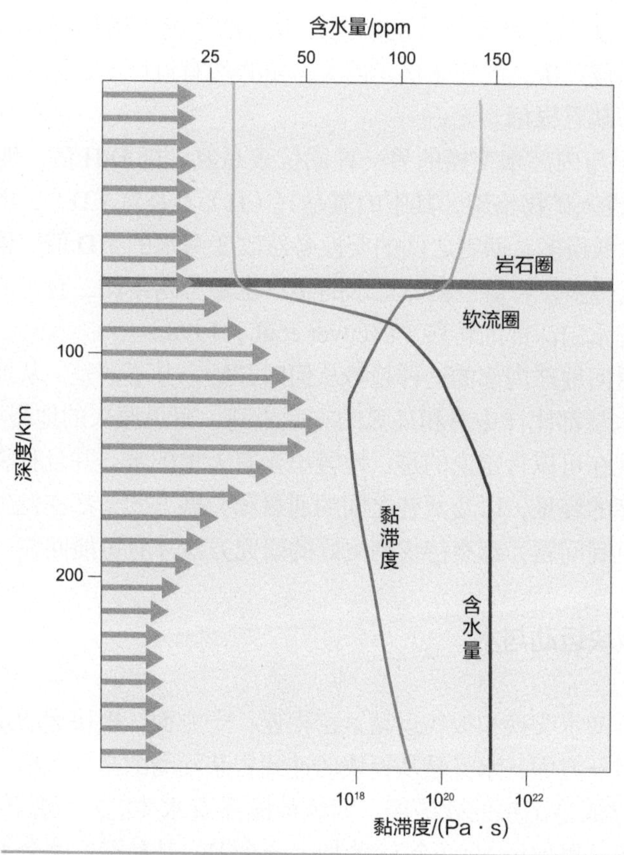

图 3-14
板块运动与水：软流圈的含水量使黏滞度降低，为岩石圈的移动提供条件（修改自 Hirschmann and Kohlstedt，2012）

横箭头表示对流运动的相对速度

造超基性的橄榄岩而形成；在太平洋俯冲带，俯冲的地幔因海水渗入发生的蛇纹石化可以深达约 50 km。蛇纹石的含水量高达 13.8%，因此超基性岩的蛇纹石化就是个吸水过程，而在俯冲过程中蛇纹石又失去水分，构成了地球表层向深部输送水分的一种关键性途径（Kerrick，2002；余星等，2011）。实验证明，蛇纹石失水可以引起岩石的破碎，是俯冲带地震的重要机制（Dobson et al.，2002）。不仅如此，洋底岩石的蛇纹石化，还是个放出甲烷的过程（Charlou et al.，1998）。因此，洋底的蛇纹石化和俯冲带深部的去蛇纹石化，都是地球系统中表层与深部相互作用的重要环节。

蛇纹岩经历板块运动的另一端，是地幔物质的上涌，包括洋中脊的海底扩张和地幔柱的岩浆活动。这两者的先决条件都是地幔物质的熔融，而水的存在又是岩浆熔融的必要条件。同样 1000 m 深处的地幔，有水的熔融 800 ℃就够，而无水的熔融要求 1500 ℃。无论俯冲带还是洋中脊，在水的作用下都可以形成若干熔融区，成为岩浆产生的源头（见图 3-12 中的红斑），俯冲带的 40~60 km 处就有可能产生 15% 的熔体（Grove et al.，2006）。可以相信，地质历史上板块运动和威尔逊旋回的演变，必定与地球内部水循环的变化相关。一旦将来揭示出水在地幔中的环流机制，地球表面的构造演变必然真相大白。

附注 3：蛇纹岩化

蛇纹岩化是超基性的橄榄石经过低温变质，发生氧化和水解作用变为蛇纹石的过程。蛇纹石是含水的富镁硅酸盐矿物，含水量高达 13.8%，因此橄榄岩变蛇纹岩时密度从 3.3 g/cm^3 降到 2.7 g/cm^3，体积增加 30%~40%，并且释放热量和甲烷。地幔橄榄岩的蛇纹岩化和俯冲带蛇纹岩的脱水作用，可以引起一系列的反应。一方面，俯冲的海洋沉积与热液改造的玄武岩经过变质作用，将水分提供于地幔楔，使得地幔的橄榄岩蛇纹岩化；另一方面，蛇纹岩脱水作用提供的水，又为岛弧的岩浆活动创造条件（Kerrick，2002）。

蛇纹岩化不仅通过板块活动影响地球系统，而且还影响地球表层的生物地球化学循环。由蛇纹岩化造成的低温热液作用，在大西洋造成了 Lost City 的“白烟囱”群和热液生物（见第 5 章）。近年来又提出了生命起源的低温热液假说，因为蛇纹岩化产生的甲烷和热量，已经为生命的产生创造了条件 (Russell et al.，2010)。具体设想，月球撞击事件后千万年或上亿年之后，地球早期大气的 CO_2 进入地幔，其浓度由 25 bar 降到 1 bar 以下，当时海水的 pH 仅为 6，而海底蛇纹岩中流动液体的 pH 却高达 9~11，巨大的梯度有利于生命的产生 (Sleep et al.，2011)。进一步说，地幔物质的蛇纹岩化也会在其他星球上发生，因此，蛇纹岩化在地外生命起源的探索中，也是重要的机制之一。

大西洋底的蛇纹石标本，宽 16 cm，白色线纹为碳酸盐脉（图片来自 NOAA）
http://oceanexplorer.noaa.gov/explorations/05lostcity/background/serp/serpentinization.html

3.3　地球表层系统的水循环

3.3.1　水循环的全球视野

水的移动是地球表面见得最多也研究得最多的一种过程，但是将全球表层系统的水作为一个整体来研究，却只有将近 30 年的历史。历来水循环过程的研究是分段进行的，河水、湖水、海水、土壤水、地下水、大气水，各有各的学科分头研究。想要定量探讨全球的水循环，首先大气里有多少水汽就说不出来。早先只会在地面或者船上测，1958 年起才会使用气象气球（radiosonde），但是精度太差，直到近 10 年对流层中部的测量误差还可以高达 20%。转机在于卫星遥感和同位素等新技术的发展，为水循环的全球视野提供了可能。1979 年开始大量使用遥感技术测量湿度，1988 年开始用微波成像（SSMI），广泛使用微波和红外（如 HIRS）技术。除此之外，还采用了飞机测量，雷达和激光雷达（lidar）等手段，最近还出现了用遥感手段测水汽同位素组成的技术，根本改变了水汽测量的途径（Sherwoodet al.，2010）。

新的技术促进了新的科学。1988 年起，世界气候研究计划（WCRP）启动了"全球能量与水循环试验（GEWEX）"大型研究计划，通过大规模的观测和模拟探索全球的水循环（Chahine，1992）。近年来以卫星观测为基础，开展了水循环各个环节的全球观测，包括降水、土壤湿度、水汽、蒸发与蒸腾、水平面和根据重力测出的地下水分布等等，实现了土壤湿度与海水盐度（SMOS）计划，地表水与海水地形（SWOT）计划，全球降水测量（GPM）计划，以及测量云和气溶胶垂向剖面的 EarthCORE 计划等，为全球水循环的研究创造了条件（Fernández-Prieto et al.，2012）。

从全球分布来看，地球表面的水 97% 在海洋，0.001% 在大气，其余的主要在冰盖和地下水库（表 3-1；图 3-3）。从海陆交换来看，海洋蒸发的水超过降水，多余的水汽输运到陆地降落。每年全球水的蒸发量为 50 万 km^3，其中来自陆地和海洋的分别是 14% 和 86%。海洋每年大约被蒸发掉 1 m 厚的水，但海洋蒸发的水分 90% 仍降落在海洋，10% 才输往陆地；陆地水分的 1/3 流向海洋，2/3 在陆上循环（Gimeno et al.，2011）。陆上的降水大约 35% 来自海洋，其余的 65% 靠陆地蒸发的水汽，也就是陆地内部的水循环（图 3-15）。但是从长时间的尺度看，陆地所有的水归根结底都来自海水的蒸发，都属于全球水循环的不同环节，只是循环的速度大不相同：水在大气圈里的滞留时间不到 10 天，而大洋水的滞留时间长达 3000 多年，从而造成全球水循环的复杂性（Chahine，1992）。

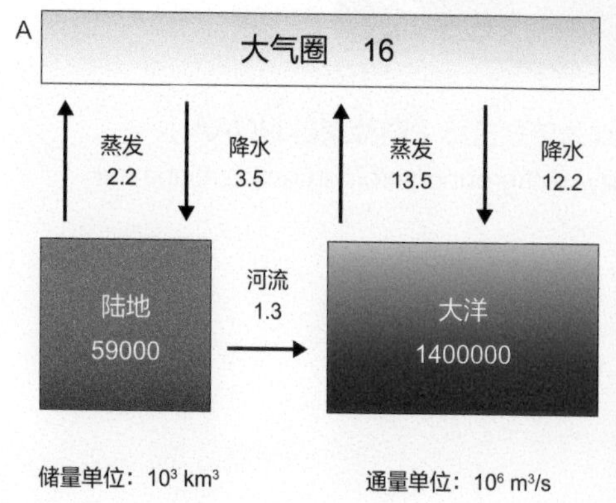

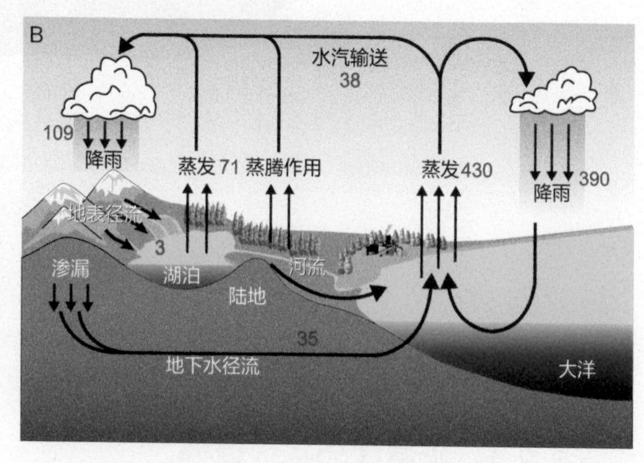

图 3-15
地球表层的水循环

A. 每秒通量和水储库（据 Schmitt，1995 改）；B. 每年通量（单位为 1000 km^3/a；据 Bengtsson，2010 改）

地球表面 86% 的蒸发量和 78% 的降水量都发生在海里，大洋的热容量比大气多 1100 倍，因此海洋是地球上水文循环的主体。与大洋相比，河流的作用太小：密西西比河的总径流量还不及大西洋降水量的 1%。各个大洋之间相比，相对狭窄的大西洋蒸发量大于降水量，而广阔的太平洋降水量大于蒸发量，因此大西洋水的盐度比太平洋高（图 3-16），而太平洋海面比大西洋高出 50 cm。这种差别驱动了两者之间北冰洋的洋流：较淡的太平洋水从白令海峡流进，朝着北大西洋的方向流出（Schmitt，2008）。

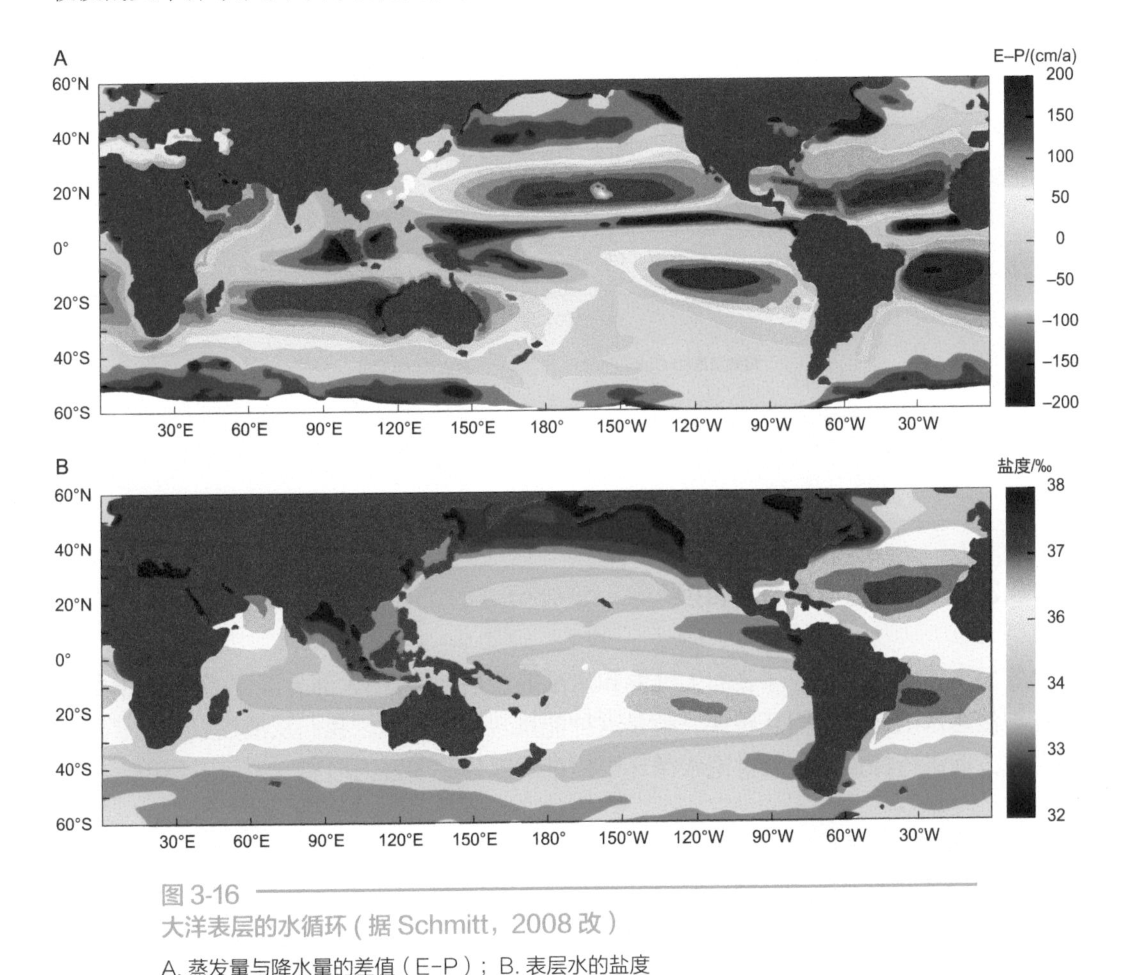

图 3-16
大洋表层的水循环（据 Schmitt，2008 改）
A. 蒸发量与降水量的差值（E–P）；B. 表层水的盐度

当然这里说的水储库、水循环都是粗线条的梗概，难以表达复杂的实际情况。大气里的水含量确实极少，但是太阳辐射能激起的地球表层水循环正从这里开始：蒸发的水汽升入大气圈，超过饱和度以后形成水滴组成的云，然后降到地面。在植被覆盖的地面，一部分雨水在地面汇入河流，一部分渗入土壤，这两者的命运大不相同。这里每个环节都有专门的学科探讨，比如大洋海水在三维空间里的环流，决定着地球表层系统的演变，属于物理海洋学，我们在第 9 章的 9.2.4 节里还要讨论。除了物理过程外，还有生物地球化学过程。陆地生物圈里，动物和植物体积的 70% 都是水，更不用说水生生物。然而，水循环中最为关键的，还是气、水、冰三者间的相变，需要下文作专门讨论。

3.3.2 水的三相转换与气候

地球气候过程的关键，在于水的三相转换，其中固态和气态间的直接转换并不重要，主要是气态 / 液态和固态 / 液态的转换，前者以低纬区为主，后者以高纬区为主。由于气 / 液态转换中涉及的能量转移，是固 / 液态转换的 7 倍（图 3-17），所以低纬气候过程在地球系统中的作用不容忽视。

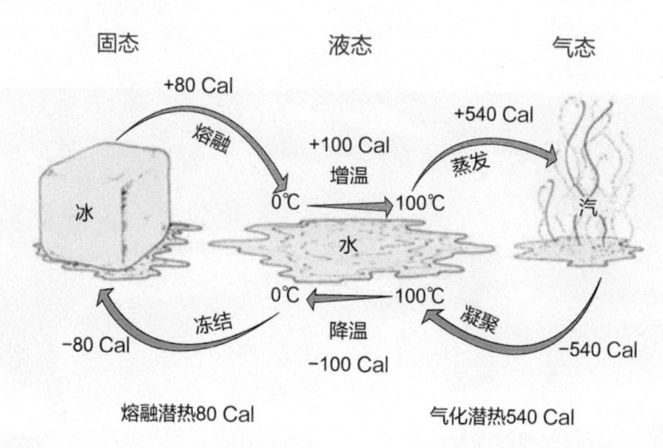

图 3-17
水在三相转换中的热能传输
1 Cal=4.184 J

3.3.2.1 气态与液态的转换

气候变化实质上是地球表面大气圈和水圈的能量转移，绝大部分能源来自太阳辐射。气态与液态水的运动和相互转换，就是这种能量转移的载体。我们从潜热、季风、暖池等三个方面进行探讨，最后讨论水循环中最难的部分——云物理和气溶胶的作用。

1. 潜热

大气中热量的输送有感热（sensible heat）和潜热（latent heat）两种途径。前者就是风，靠温度差别直接输送；后者则是通过水的气态 / 液态转换来实现。当液态水在地面或海面蒸发为气态时，会吸收热量降低下垫面的温度；而气态水在空中凝结时，又会放出热量升高周围大气的温度。这种地表面和大气层之间，通过水汽相变引起的热量交换就是潜热输送。地球表面接受的太阳辐射量以热带为最多，热量通过感热和潜热两种形式由低纬向高纬输送（图 3-18），再加上地球自转惯性引起的偏移和下垫面海陆分布的影响，决定了地球表层大气和大洋环流的基本格局。

然而地球表面的热量输送，又取决于温度和温度差。就感热而言，热带和极地的温差越大，感热传输也越大；潜热的传输也要看温度。水的气态 / 液态转换取决于温度和压力，在理想情况下遵守克劳修斯－克拉珀龙（Clausius-Clapeyron）公式。当温度升高时，水汽的饱和度增大，大气里的含水量增高。在当前地球的气候条件下，表面温度每增加 1 ℃，水汽可以增加 7%。因此理论上讲，在没有极地冰盖的“暖室期”，水汽的饱和度高，大气的含水量大，有利于潜热的输送；而极地发育大冰盖的“冰室期”，经向温差大，有利于感热的传送。但是地质记录的情况并非如此简单，盛冰期的极地冰盖所以能够发育壮大，关键是没有大量来自低纬的热输送，原因之一是感热和潜热输送的相互关系。

低纬温度高，但是最强的潜热输送并不在赤道附近（图 3-18 中的蓝线），因为有哈德雷环流（Hadley Cell，见附注 4）在起作用。感热是从赤道输向两极，而潜热在热带却是随着哈德雷环流反方向朝赤道输送的。具体说，水汽的密度比干的大气轻，因此水汽蒸发驱动热带气流上升，升到高空温度下降，到了亚热带又因为下沉增压而增温，然后随着信风回到赤道区，这种三维空间的环流是携带水分进行的，因此在热带的低空又把水汽向赤道输送，造成热量的反方向运动（图 3-19），这就解释了为什么最强的潜热输送不在赤道（图 3-18）（Pierrehumbert，2002）。由此可见，感热和潜热的输送在一定条件下可以产生相反的效果。

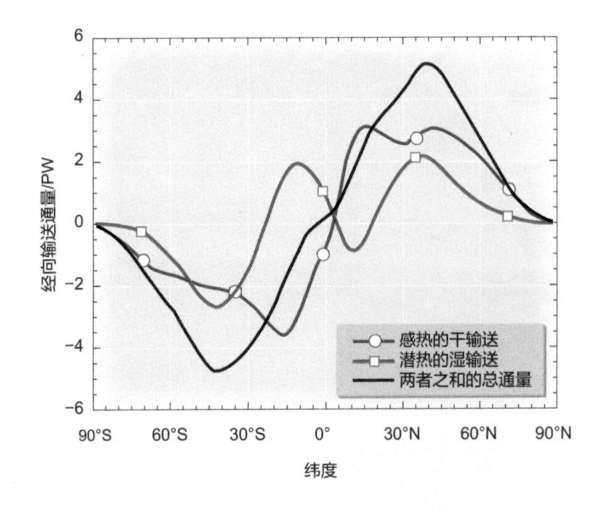

图 3-18
热量的北向输送（据 Pierrehumbert，2002 改）
红色：感热的干输送；蓝色：潜热的湿输送；黑色：两者之和的总通量

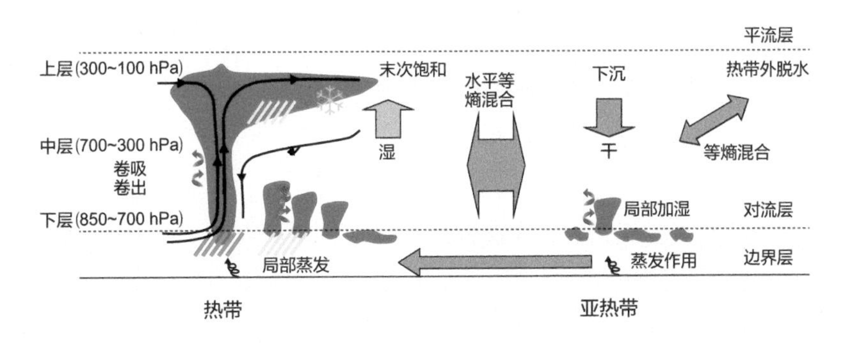

图 3-19
低纬大气环流示意图，展示亚热带水分分布的控制机制（据 Sherwood et al.，2010 改）

附注 4：热带辐合带与哈德雷环流圈

大气圈受太阳辐射和地球自转影响，形成高、中、低纬三个环流圈，其中在赤道到 30° 左右低纬区的，叫做哈德雷环流圈（Hadley Cell），或者信风环流圈。两半球的信风气流在赤道附近汇合，成为热带辐合带（intertropical convergence zone，ITCZ），常年雨量丰沛，被喻为气候赤道。热带辐合带的空气受热上升向高纬输送，到高空逐渐冷却并降水后，干旱的空气在纬度 30° 附近沉降，造成副热带的干旱区。空气在副热带纬度下沉分为两支，其中一支由地表向赤道移动，在低纬地区形成闭合环流，这就是哈德雷环流圈。

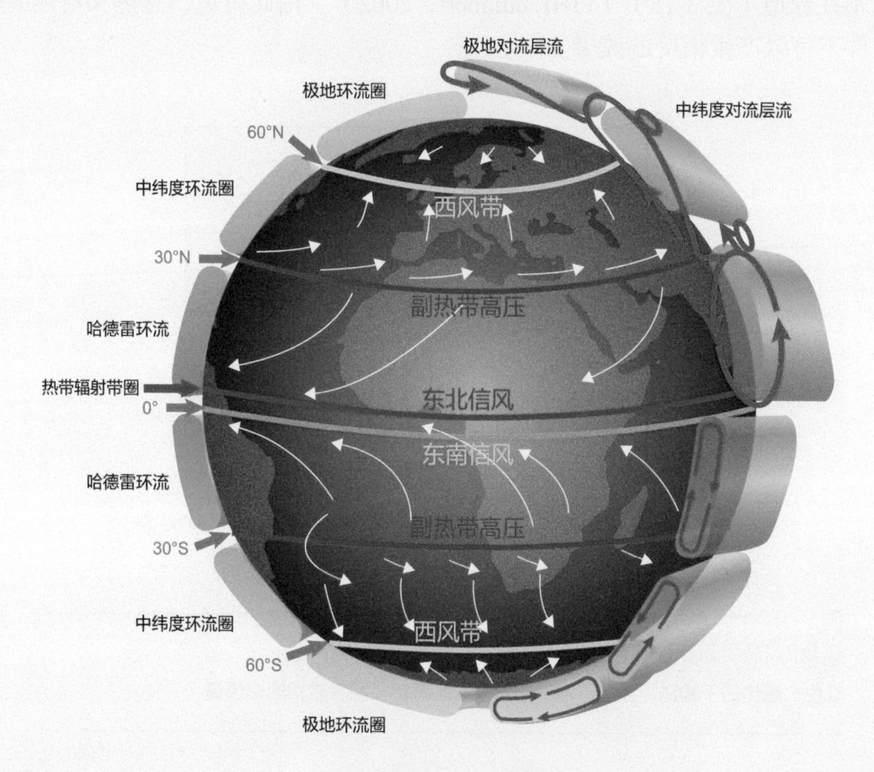

地球大气的三大环流圈

热带辐合带附近空气上升，到 30° 附近降落，随信风回到赤道，构成哈德雷环流圈（原始图片来自维基百科，https://en.wikipedia.org/wiki/Hadley_cell，经编辑修改）

感热和潜热的复杂关系，对于正确理解气候变化至关重要。盛冰期时极地和热带温差加大，从热带到极地的感热输送相应增强；但是因为水汽的能量输送能力低下，潜热的经向输送减弱，结果并没有大量热能向高纬输送，从而有利于极地寒冷气候的保持（Pierrehumbert，2002）。总之，不同纬度区的主要机制有所不同：高纬区以干输送为主，低纬区以湿输送为主。地球表面的热量传输，必须将干、湿两种输送相结合，在三维空间里进行探讨。

2. 季风

地球上的水文循环在低纬区最为活跃。据23年（1979~2001年）的统计，30° N~30° S之间的降水量，超过全球总量的56%，其中最大的降水发生在热带辐合带（图3-20；Adler et al.，2003）。然而降水量最大的变率，却发生在季风区内。

热带辐合带有着显著的季节位移：夏季移向北半球，冬季移向南半球，移动的幅度在大陆地区显著增大，这就是季风区（图3-21）。ITCZ降雨带在南北半球的位移，也就造成了雨带的季节轮替，这就是季风降雨。长期以来，只看到季风随着海陆升温速率差异而产生的一面，认为只是一种区域现象，近年来遥感资料提供了海洋降水的信息，认识到季风是一种全球现象，是大气环流随着ITCZ的南北位移而发生季节反转的表现。今天的地球上除南极洲外，所有的大陆都有季风发育，包括北半球的亚洲季风、非洲季风和北美季风，以及南半球的澳大利亚－印尼季风、南非季风和南美季风（图3-21绿色区；Wang and Ding，2008）。论面积季风区只占全球的19%，而降雨量却占31%。每年7~9月，全球热带、亚热带的雨水有70%降落在北半球的季风区。同时，季风降雨的变化幅度最大，使得季风成为全球水循环研究中最为重要的环节（Wang et al.，2017）。

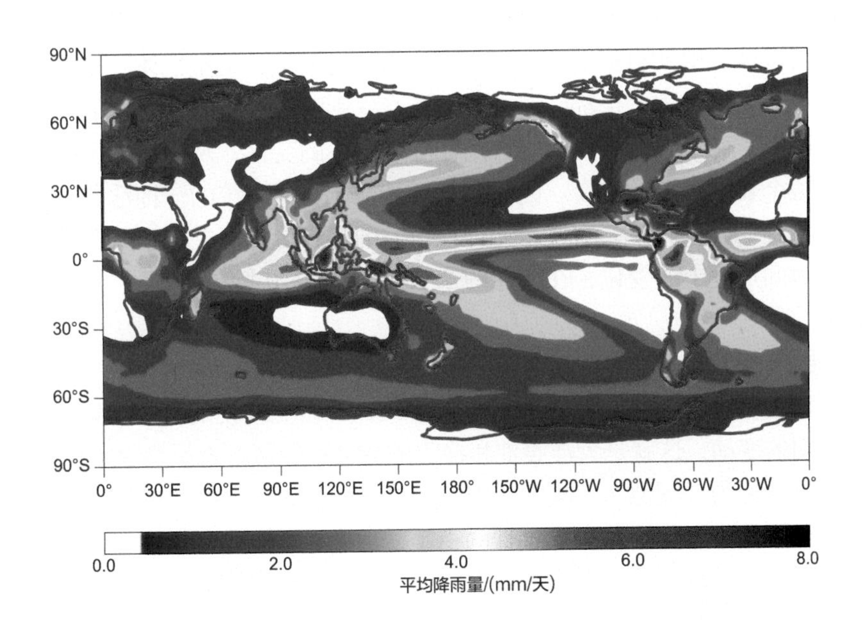

图3-20
1979~2001年23年间平均降雨量分布图（据Adler et al.，2003改）

在现代社会，有一半以上的人口生活在季风区，季风降雨决定着每年的旱涝灾害和大片土地的农业收成。历史上，季风气候的崩解，导致许多古文明的衰落，从四千年前埃及、两河流域和印度古文明的衰落和迁徙，到一千年前玛雅文化的消失，都与季风降水的急剧减少相关。地质记录里，季风的盛衰更是古环境、古植被演变的原因。驱动季风环流的是太阳辐射和海陆升温的差异，因此季风对于这两者的变化都十分敏感；同时季风又受气候系统内部反馈机制的影响，使得季风对于外力驱动的响应变得复杂（汪品先，2009；Wang et al.，2014）。

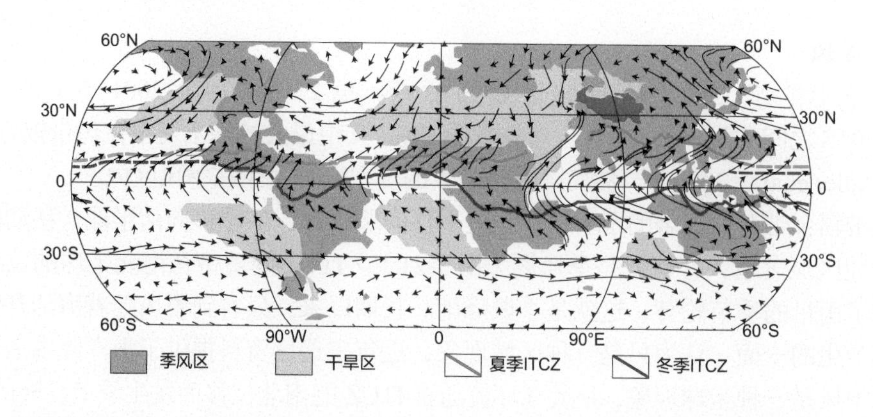

图 3-21
现代全球的季风区和 ITCZ 的分布（据 Wang et al.，2014 改）

从外力驱动看，无论太阳耀斑（黑子）的活动，或者地球运行轨道的变化，都可以引起全球季风的盛衰；而下垫面的变化，从火山活动到威尔逊旋回造成的海陆变迁、高原隆升，都可以改变区域季风的格局及其对太阳辐射的响应。从气候系统内反馈看，海水温度、冰雪覆盖、植被更替等都会改变下垫面的反射率，温室气体、气溶胶等大气特征和厄尔尼诺等大气过程，也都会对季风环流产生影响。反过来，季风的盛衰或者区域季风系统的改组，又会导致风化剥蚀作用和陆地水系的变化，从而造成生物群的更迭迁徙，甚至于整个表层系统的改变。因此，季风是地球表层系统的一种活跃而认识不足的因素，上述种种的因果关系，有许多还处在研究的起步阶段。关于季风在轨道、构造和千年等各种时间尺度上的变化，在后面的章节中还将分别讨论。

3. 暖池

以上的论述表明：全球季风是“气候赤道”ITCZ 南北移动的产物。其实在热带大洋还有东西方向的变动，这就是大洋暖池和冷舌的消长和位移。表层温度常年超过 28.5 ℃的热带大洋，被称为“暖池”。太阳辐射热在热带最为集中，暖池区终年有大量水汽蒸发上升，如果把热带比作地球表层过程的引擎，那么暖池就是引擎的“锅炉”。现代的大洋有两个暖池：温度最高、面积最大的在西太平洋和东印度洋，较小的一个在太平洋和大西洋之间（图 3-22）。

西太平洋暖池，或者称为印度－太平洋暖池，包括新几内亚北侧的热带太平洋，印尼一带的“海洋大陆（Maritime Continent）”和热带印度洋的东端，是水汽蒸发的重要源区（Yan et al.，1992）。暖池的存在，反映出热带太平洋在沃克环流驱动下的东西不对称性：表层的暖水向西运移，使得东太平洋较低温的次表层水出露水面，形成“冷舌”（图 3-22）。如果暖池的暖水向东扩展，东太平洋冷舌较凉的次表层水不能上升到海面，就会出现厄尔尼诺现象（图 3-23A）；相反，如果暖池的暖水向西退缩，冷舌的上升流过于强劲，就会出现拉尼娜现象（图 3-23C）。因此，西太平洋暖池不仅是大气水汽的重要来源，也是导致全球气候年际变化厄尔尼诺－南方涛动（ENSO）现象的源头，暖池提供的水汽和厄尔尼诺的出现，又调控着季风降雨的分布，可见暖池是低纬气候变化的关键因素。

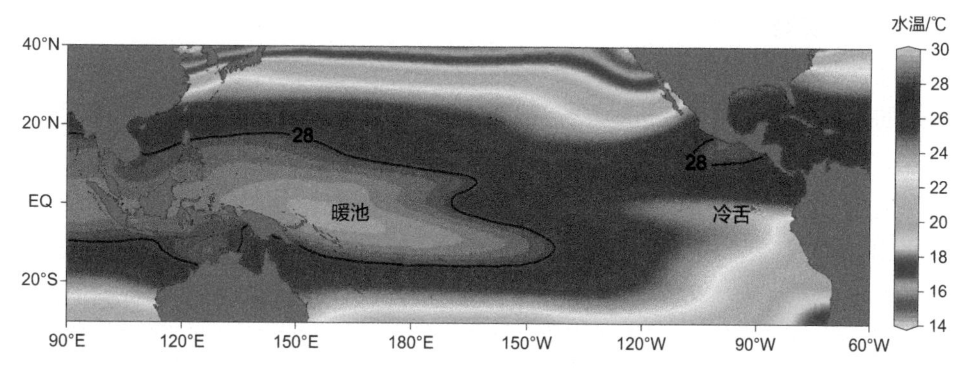

图3-22
现代大洋的表层水温和暖池分布示意图（据O'Brien et al.，2014改）

然而西太平洋暖池本身，又经历着不同时间尺度上的明显变化。西太平洋暖池的形成，应当和印尼众多岛屿的隆升、“海洋大陆”的出现有关（Dayem et al.，2007）。而在盛冰期时暖池区有大量浅海出露，可能导致降雨量减少和盐度增加（De Deckker et al.，2002）。近半世纪来，气候热带、也就是哈德雷环流的范围向极地拓展了2°~8°，因而热带大气的体积增大了5%（Seidel et al.，2008）。相应地西太平洋暖池不但有显著的变淡和增暖的趋势（Cravatte et al.，2009），暖池的范围也在向西扩张，从而使得沃克环流也向西伸展，给东非带来干旱的影响（Williams and Funk，2011），展现出暖池对气候系统的广泛影响。

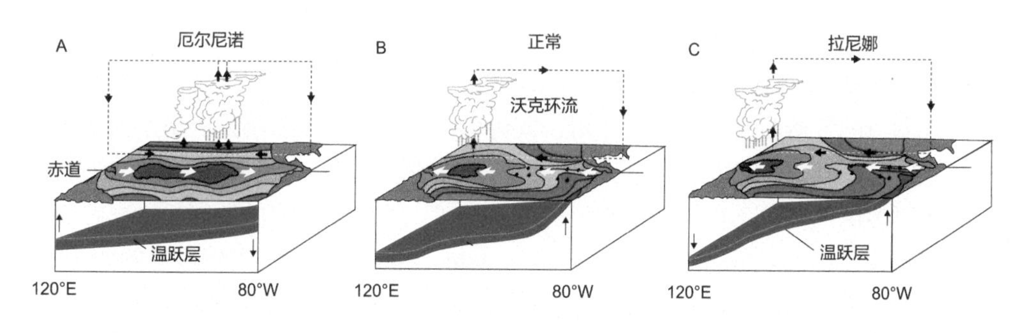

图3-23
西太平洋暖池暖水（红色）和厄尔尼诺现象关系的示意图（图片来源NOAA/PMEL/TAO Project Office，经编辑修改）

近年来发现，西半球的大洋也有暖池。所谓“西半球暖池”或者“大西洋暖池”包括墨西哥湾、加勒比海、北太平洋东端和热带大西洋的西边，与西太平洋暖池的区别不仅在于规模较小，而且全部位于北半球（Wang and Enfield，2001）。西半球暖池有明显的季节变化，不仅温度升降，而且暖池的面积可以有三倍的张缩。尽管西半球暖池没有像西太平洋暖池那样影响全球气候，但是对于西半球夏季降水和大西洋飓风都有重要影响，而且也是大西洋两侧雨水的重要来源（Gimeno et al.，2011）。

4. 云和气溶胶

云是表层水循环中研究最差的一个环节，尽管卫星观测、数值模拟等都有很大的进展，云的微物理过程和云在气候系统中的反馈机制，至今认识有限，是当前气候预测中不确定因素的首要来源。气候系统中云的作用有两方面，一是影响地球表面的辐射量，二是和其他过程一起参加水文循环。云可以使入射到地球的太阳辐射反射到宇宙空间，减少地球接收的太阳辐射量；还可以通过吸收和射出地球（红外）辐射，为地表和云下的大气保温，产生温室效应。因此有云和无云大气层的能量平衡可以大不相同（Kiehl and Trenberth，1997）。

另一方面，云又是水循环中液态/气态转换的关口。只有大气中含水量大幅度超过饱和度的时候（至少达到 120% 以上），才会凝结成为水滴；但是如果有悬浮微粒作为核心，只要超过饱和度 1% 的水汽就能在其上凝结成水滴，这就是“云凝结核”（cloud condensation nuclei，CCN）。由于悬浮在大气中的微粒都能在不同程度上起凝结核的作用，所以大气凝结核和大气气溶胶微粒实际上是同义词，不过真正成为造云致雨的大气凝结核的，只是气溶胶质粒中很少的一部分。

气溶胶我们很熟悉，雾霾就是气溶胶。天然的气溶胶主要来自火山喷发的硫酸和风尘的矿物；另外还有生物成因的气溶胶，包括海洋生物产生的二甲基硫（Dimethyl sulfide，DMS）和陆地植物产生的非甲烷烃（nonmethane hydrocarbons，NMHCs）（Andreae and Crutzen，1997）。二甲基硫 [$(CH_3)_2S$] 是大气中最为常见的生物成因硫化物，95% 由海洋的浮游藻类产生（Stefels et al.，2007）。多种海洋浮游植物能产生 DMS，最为突出的是颗石藻的勃发。据统计：在 40° N~60° N 海区，颗石藻 *Emiliania huxleyi* 每年的勃发可产生 40~130 万 t $CaCO_3$ 的碳和 1 万 t DMS 的硫（Brown and Yoder，1994）。因此海洋生产力的升降，可以间接影响大气的水循环。

大气圈里的气溶胶有两方面的作用：既可以作为云凝结核影响云层里水滴的大小、密度和降水，又可以直接影响大气层的反照率，改变能量平衡。在当前环境污染的背景下，人工产生过多的气溶胶不但造成雾霾天气，甚至可以影响太阳光的辐射量，已经有人惊呼“全球黯化（global dimming）”的现象（Wild，2009）。至于天然过程例如 1991 年菲律宾的皮纳图博（Pinatuba）火山爆发喷出 2000 万 t SO_2，造成全球温度下降 0.5 ℃。地质时期有着大量事例，说明气溶胶的直接或间接的气候效应。以白垩纪的大暖期为例，由于大洋分层、环流滞缓，导致生产力下降，从而减少云凝结核的产量，其结果是云滴增大、云层减少，使得反照率降低，这种间接的影响，有可能是促成白垩纪高温气候的反馈机制之一（Kump and Pollard，2008）。

3.3.2.2 固态与液态的转换

水从液态转为固态有两种渠道：一种是直接结冰，无论海水、河水、地下水都可以结冰；另一种是通过降雪，先蒸发为气态然后凝聚为固态。既然 97% 的水在海洋，我们集中从海洋的角度来讨论固态与液态的转换。

1. 冰盖和冰室期

陆地上的降雪积聚压实，就成为高山上的冰川，或者陆地上的冰盖。山地冰川的演变可以留下地貌和堆积物的遗迹，古气候研究的起点就是阿尔卑斯山的古冰川；但是全球山地冰川储积的水量，还够不上极地冰盖的百分之一（见表 3-2），从全球水循环的角度看极地冰盖才是重点。

当代的地球，两极都有大陆冰盖，末次盛冰期时的北美冰盖厚逾 3000 m，体积比南极冰盖还大，全球的冰盖是现在的 2.7 倍（Clark and Mix，2002），相当于地球表面 5% 的水冻结成为固态。与无冰盖的地球相比，极地大冰盖的发育改变了地面反照率和经向温差，使得地球表层系统进入另一种运行模式。因此，一部地质历史也就是“冰室期（Ice-House）”和没有大冰盖的“暖室期（Hot-House）”的交替。显生宙以来，已知至少在古生代有过两次大冰期：4.4 亿年前后奥陶－志留纪和三亿年前后石炭－二叠纪的冰期（图 3-24）。

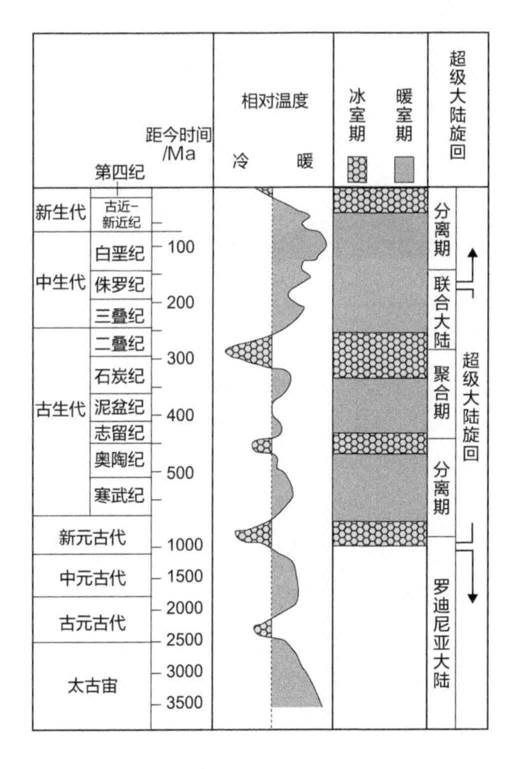

图 3-24
地质历史上的大冰期（据 Arnaud and Martini，2009 改）

然而第四纪两极发育冰盖，是显生宙五亿多年来地质历史上绝无仅有的特例。地质历史上大部分时间并没有大冰盖，一般的冰室期也只是单极有冰盖覆盖，只是在新生代晚期，三千多万年前的早渐新世形成南极冰盖，大约三百万年前形成大规模的北极冰盖（图 3-25），虽然大洋钻探表明零星冰盖的出现要早得多（Moran et al.，2006）。在地球形成以来的46亿年里，太古宙的地热温度过高，难以设想有冰盖形成。因此冰室期从元古宙开始出现，尤其会发生在威尔逊旋回大陆分解和聚合的转折期（图3-24）。令人惊奇的是大约8亿~6亿年前的新元古代期间，居然在当时的赤道附近发现冰碛物，于是产生了“雪球地球（Snowball Earth）”的假说，认为当时整个地球被冰包裹，这引起学术界的热烈争论（见附注5）。地质历史上大冰期的成因至今并不清楚，也有一种意见认为有“银河系的冬天”，认为地球在最近的6亿年中出现的几次冰室期，都和太阳与银河系旋臂相遇有关（Svensmark，2007）。但是无疑的事实是：冰室期在地球历史上相对短暂，两极都被冰盖覆盖更是绝无仅有的例外。因此，第四纪是地球历史上的一种特例（Hay，1994），对于认识地球系统来说并非理想的切入点。

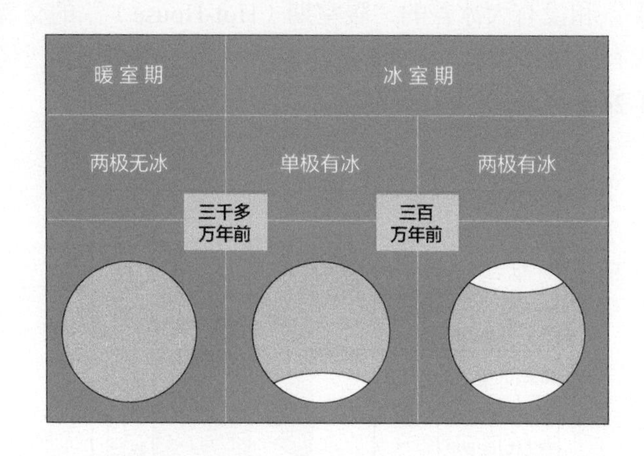

图3-25
新生代冰室期的发育历史

2. 冰盖的消融

冰盖生长慢、消融快，因而冰期旋回的同位素曲线呈锯齿状，早已众所周知。从环境演变的角度看，冰消期的信息也显得特别重要，因为其中充满了气候环境的突变和气候环境系统的非线性反馈。冰盖的消融伴随着海平面的回升，末次冰消期里海平面总共回升130 m，但是回升的速率并不均匀，比如距今14600~14300年前，300年里就上升了16 m（Hanebuth et al.，2000），相当于每10年上升半米以上。这种突然上升应当与冰盖的突然消融相关，然而大陆冰盖究竟如何分解消融，我们很少了解。

近年来冰盖消融研究的重要进展，在于冰盖动力学。宏观地讲，各大冰盖下的地质地形条件大不相同：北美冰盖基本上是在结晶岩的地盾之上，西伯利亚的冰盖是在沉积岩的软基底之上，而西南极冰盖是在岛弧之上，各自的熔融历史必然大不相同。冰盖底下可以是“冷基底（cold-based）”，冰盖结冰到底，因此不能流动；也可以是“暖基底（warm-based）”，冰盖底下有水，能产生冰流（basal flow），冰流可以侵蚀破坏冰盖。据模拟计算，北美冰盖在末次冰期旋回的盛冰期时60%~80%面积是在冷基底上，相对稳定，而到冰消期时候只有10%~20%在冷基底上，因此迅速瓦解（Marshall et al.，2002）。

经过对西南极冰盖的实际观测，发现熔融确实是发生在冰盖的底部，较暖的海水通

附注 5：雪球地球假说

20 年前，哈佛大学 P. F. Hoffman 教授提出“雪球地球”假设，认为新元古代距今 7 亿年前后出现过从两极到赤道全部被冰覆盖的局面（Hoffman et al., 1998）。证据是冰碛物的地理分布：根据古地磁分析再造古大陆的位置，发现冰碛物的分布到了当时的赤道地区。从记录看，“雪球”现象在 5.5 亿、6.4 亿和 7.5 亿年前后都曾经出现过（见附图）。“雪球地球”假设引起了世纪之交国际学术界的轰动和争论，反对意见之一是元古宙的测年精度过于粗犷，难以分辨不同地点的冰碛物是否真的同时产生。即便在“雪球派”的内部，也还有软雪球和硬雪球之争：“硬雪球”主张连赤道都被冰覆盖，但是这样的地球能不能支持生命的延续，变成了问题；“软雪球”认为赤道区还留有无冰的空当，可供生物“避难”。

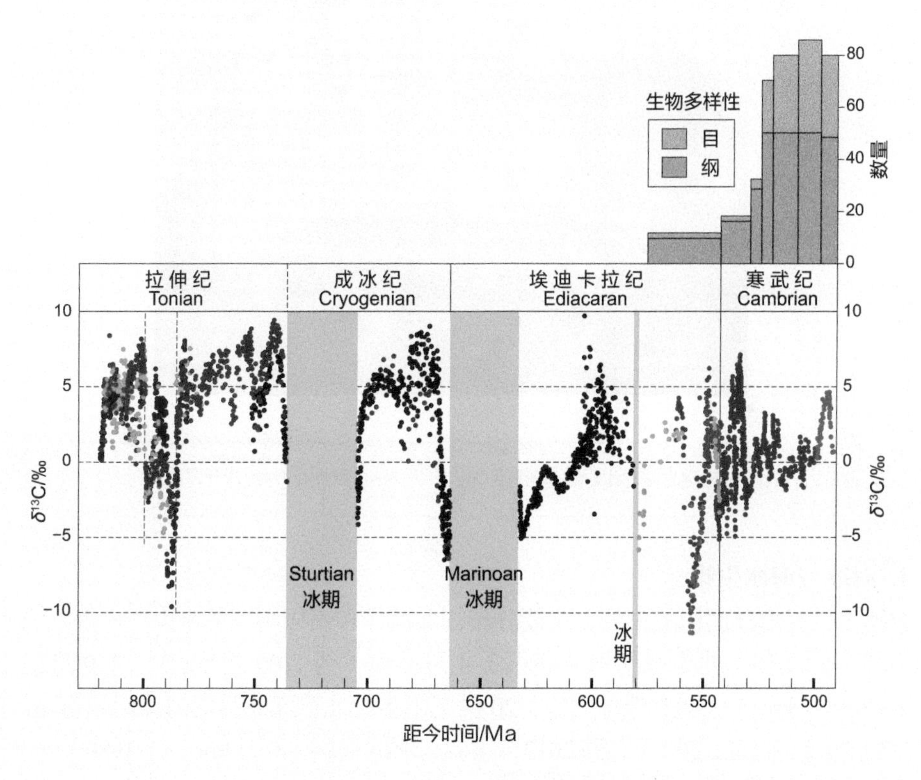

新元古代的“雪球地球”期，以及距今 6 亿年前后的“生命大爆发”
（据 Halverson et al., 2005 改）

尽管这场争论远未结束，但这种奇特的地质景观引起广泛的学术兴趣。比如“雪球地球”上的水循环如何进行？尤其是在什么样的大气条件下，地球又能摆脱冰盖的羁绊而重新回春（Pierrehumbert, 2004）？联系到距今 6 亿 ~5 亿年前后发生的“寒武纪大爆发”（见附图），这一系列事件之间，有哪些因果关系？“雪球地球”为地球系统科学，提供了绝好的研究实例。

过陆架的海槽影响冰架，从而引起冰流加速进入海洋，崩解了的冰盖碎块成为冰山向较低纬度的海区漂去（Pritchard et al.，2012）。逐渐远离冰盖的冰山不仅会撞沉轮船造成灾害，也会在漂流途中对周围海洋的生态环境产生影响。西南极威德尔海的冰山带有丰富的陆源营养物质，冰山及其上下周围生活着独特的生物群，从藻类、磷虾到鱼和鸟类，俨然像“沙漠里的绿洲”（图 3-26），每座冰山周围 3~4 km 范围内都有叶绿素增高的现象（Smith et al.，2007）。随着飘移，冰山逐渐融化，释出淡而冷并富含 Fe 等陆源成分的水，影响周围一二十千米至少 10 天之久（Helly et al.，2011）。可见冰山的分裂、消融，不但是水循环的一个环节，还是影响表层环境和碳循环的重要过程。大量冰山的熔融可以导致海水分层、削弱甚至停止大洋深层水的产生，引发气候突变事件，在后面第 9 章还将专门讨论。

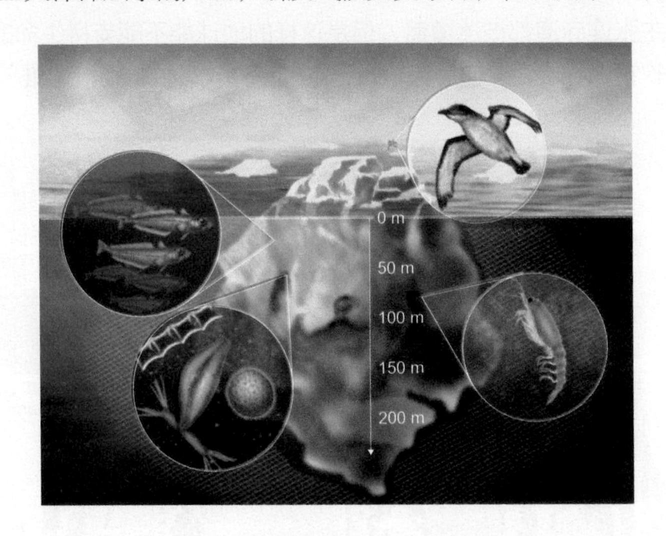

图 3-26
冰山支持的生物群示意图（图片来自 NSF Press Release 07070）

3. 海冰与海冰生物

海冰占世界海洋面积的 12%，主要分布在北冰洋和南极周围的南大洋。海水具有显著的季节和年际变化。北半球的海冰面积 3~4 月最大（约 1100 万 km^2），8~9 月最小（约 700 万 ~800 万 km^2）。随着全球变暖，20 世纪下半叶北冰洋 9 月的海冰面积每 10 年平均缩小 8%（Stroeve et al.，2007）。到 2012 年 9 月，海冰只剩 340 万 km^2，比 1980 年同时（750 万 km^2）减少了 55%（图 3-27）。海冰的减少使得海面反照率下降，从而增加了海水的温度，使得加拿大岸外上层海水的热含量增加 25%。海水变暖又进而影响周围的陆地，加快了格陵兰冰盖的熔融和北极周围冻土带的融化（Jeffries et al.，2013）。

所以海冰发育是北极区气候环境的关键因素，通过改变海气交换和反照率而影响区域热通量。其实更加有趣的是生产力：海冰减弱了太阳辐射，妨碍浮游生物的生长，一旦海冰减少，就能够使海洋生产力回升。出人意料的海冰消融可以诱发冰下浮游生物的勃发。2011 年 7 月，美国调查船在北冰洋楚科奇海陆架发现海冰下面有浮游藻类勃发，其丰度是周围无冰海域的 4 倍。原因是初夏的融化聚积在海冰表面的水潭起了聚光作用，附近海流又带来营养物质，辐射量和营养盐的结合造就了冰下生物的勃发（Arrigo

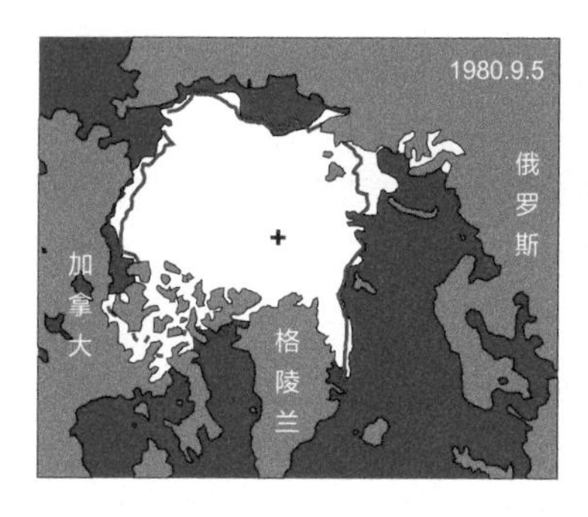

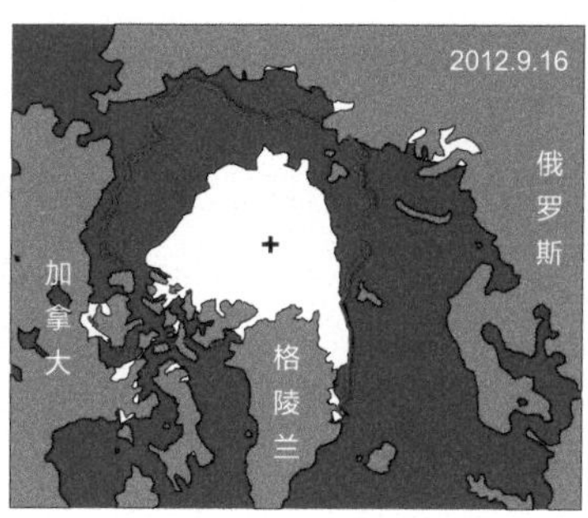

图 3-27
北冰洋海冰面积收缩图（据 Jeffries et al.，2013 改）

et al.，2012）。这项发现告诉我们海冰生态环境的复杂性，很难用简单的模型表达。

对于生活在海冰内外的生物，我们很少了解。其实生物不但生活在海冰上、下，海冰里面也有自己的生物群，最主要的是硅藻。当温度急剧下降时海水迅速结冰，会将卤水包裹其中，被捕获的细菌、藻类、桡足类、蠕虫等等就在海冰的窟窿里生存。到现在，海冰里已经识别出成千种的单细胞真核生物，而微生物已经达到 1500 种（Poulin et al.，2011），北冰洋浮游植物的生产力，1/4 归功于海冰生物群①。根据威德尔海的观测，海冰生物群的 2/3 是硅藻，因此特定的海冰硅藻比如 *Fragilariopsis* 的化石，可以用作古海冰分布的标志（Gersonde and Zielinski，2000）。在海洋沉积中，既可以有海冰以外的浮游生物的化石，也可以有海冰生物的化石，虽然主要都是硅藻，根据类别的不同还是可以识别海冰的分布范围（图 3-28；Xiao et al.，2015）。但是硅藻化石保存的几率有限，近年来采用海冰硅藻特有的有机化学标志物 IP_{25}（Belt et al.，2007），为新生代古海冰分布的再造提供了宝贵的手段（Stein et al.，2012）。

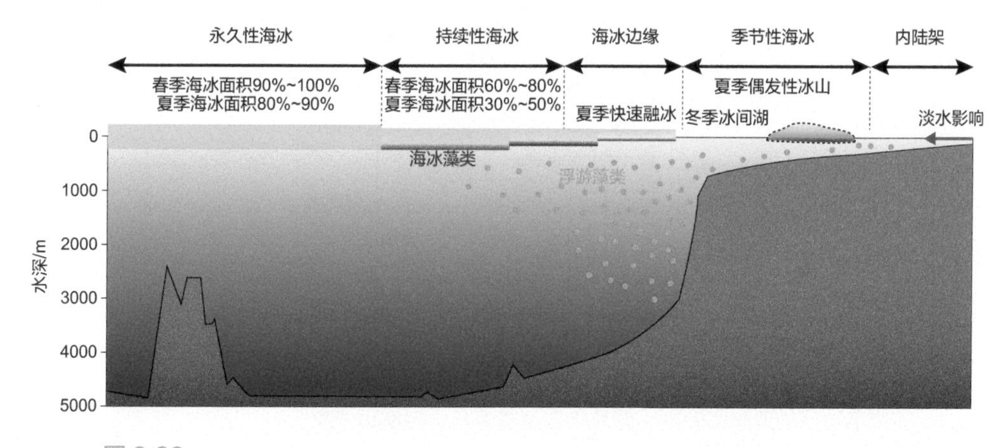

图 3-28
海冰和海冰生物分布示意图（据 Xiao et al.，2015 改）

① Legeżyńska, Joanna. 2009. Sea ice ecosystems. Marine biodiversity Wiki. http://www.coastalwiki.org/wiki/Sea_ice_ecosystems

3.3.2.3 三相转换的气候意义

上述种种，都说明水循环是气候过程的基本载体，贯穿于气候系统能量输运的全过程。地球表层由太阳辐射得到热量，而散热冷却有一半需要依靠水汽的蒸发；云的冷凝降水释放潜热，承担着大气环流热能输运的 30%；大气层的温室效应，大约 2/3 来自水汽（Chahine，1992）。前面说过，所有生物体中最多的成分也是水，正是水循环给了地球生命的活力。

当然，水的三相转换不限于气态和液态之间，固态和液态的转换也至关重要，只是前者的能量转移是后者的 7 倍（图 3-17）。同时固态水对于气候系统还有两项重要影响：反照率和深层水。太阳辐射到了地球表面会受到地面的反射，不同性质下垫面的反照率极为悬殊：海水的反照率不到 10%，树林在 10% 上下，而冰雪的反照率可以高达 80% 以上（图 3-29）。末次盛冰期时 1/3 的大陆被冰雪覆盖，大量的太阳辐射遭到反射，严重影响了地球表层的能量分布。另一方面，从低纬进入高纬的上层海水冷冻结冰，将高盐的卤水排到低温的海域，形成低温高盐的高密度水下沉，成为大洋的深层水，从而改变三维空间的大洋环流（见 9.2.4 节）。可见水的固 / 液态转换对于气候系统的影响，远远超出了直接的热量输运。

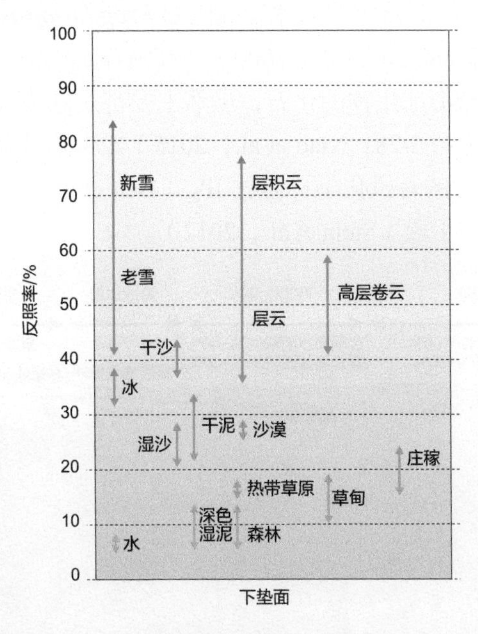

图 3-29
不同下垫面的反照率差别（图片来自维基百科，经编辑修改）

归纳起来，水的三相转换在气候系统里造成了两个对流不稳定区：在低纬区，高温低盐的上层海水蒸发，因为形成上升气流而不稳定；在高纬区，形成低温高盐的高密度水下沉，因为产生深层水而不稳定。这就构成了三相转换在空间里的两种模式：前者是气 / 液态转换，方向朝上；后者是固 / 液态转换，方向朝下（图 3-30；Webster，1994）。

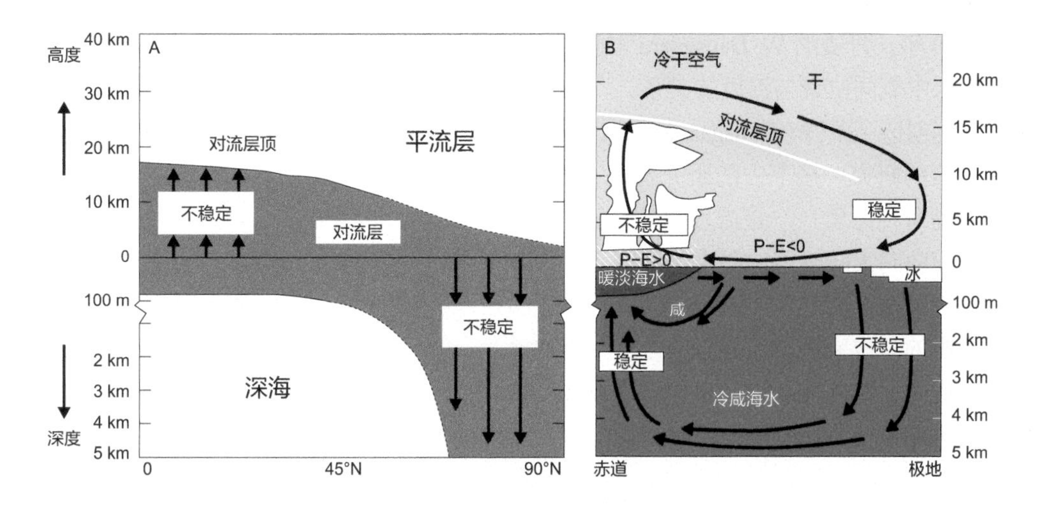

图 3-30

气候系统两大不稳定区的水循环（据 Webster，1994 改）

高纬：固态 / 液态转换，为向下的对流不稳定区；低纬：气态 / 液态转换，为向上的对流不稳定区。A. 基本模式；B. 物理过程的解释

同样，在时间域里也有两种模式：在地球上没有大冰盖的“暖室期”，整个气候系统建立在水的气 / 液态转换的基础之上；而极地发育大冰盖的“冰室期”，高纬区水的固 / 液态转换可以产生全球影响，改变原来基于气 / 液态转换的气候模式和大气、海洋的环流格局。生活在“冰室期”里的人类，如何辨识地球系统在“暖室期”和“冰室期”里的差异，是一项富有挑战性的任务（图 3-25）。不应该忘记的是地质历史上“冰室期”不占优势，应该说“暖室期”才是地球表层系统运行的基本模式。R. Pierrehumbert（2002）曾经把气候演变比喻为“CO_2 和水的双人舞，而冰盖是位重要的客串演员”。当前的第四纪正是“客串演员”上场的一幕，当我们在为客串演员喝彩的时候，不应该忽略了双人舞的主角。

3.4 追踪水循环的地质标志

探索地质年代里水循环的演变历史，必须依靠地质记录里水循环的替代性标志，其中最为重要的就是稳定同位素。

3.4.1 水文循环中的氢、氧同位素分馏

水分子中的氧和氢原子，在水的三态转换中都会发生同位素分馏，从而为水循环的研究提供了理想的工具，其中氧同位素应用最广，是水循环研究的基本手段之一。自然界中氧以 ^{16}O、^{17}O、^{18}O 三种同位素的形式存在，其中 ^{16}O 是在星系演化过程中从氢到氦经聚变而成，相对丰度高达 99.756%，是自然界氧的主体；^{17}O 的丰度最低，只有 0.039%；^{18}O 的相对丰度稍多，为 0.205%，^{18}O 和 ^{16}O 的比值，是水文循环中同位素分析的主要内容。

1960年，丹麦的W. Dansgaard发现格陵兰冰芯的氧同位素 $^{18}O/^{16}O$ 值特别低，从而发现了降水中氧同位素与温度的关系，$^{18}O/^{16}O$ 值随温度下降而下降，为后来用冰芯 $\delta^{18}O$ 再造古温度创造了条件（Dansgaard et al.，1960；Dansgaard，1964）；另一方面，也开创了雨、雪同位素的研究。接下去的研究发现，氧同位素能够反映水文循环，而决定同位素分馏的主要是两种因素：一是温度效应，这是指雨点凝聚时的温度；二是降水效应，指的是水汽从海面向大陆输运过程中逐渐降水，先降下的水同位素 $\delta^{18}O$ 偏高，随着向高纬、高山推进则越来越轻，因此极地冰芯的同位素值最低（图3-31）。这里的关键在于蒸发过程中，重的同位素容易留在液态之中，因此水汽中的氧比同温度的水 $\delta^{18}O$ 要低1‰；而降水过程中，重的同位素优先降落，因此越向内陆，雨水的同位素越轻。这种趋势，在我国现代降雨 $\delta^{18}O$ 分布图中十分清晰（Wei and Gasse，1999）。

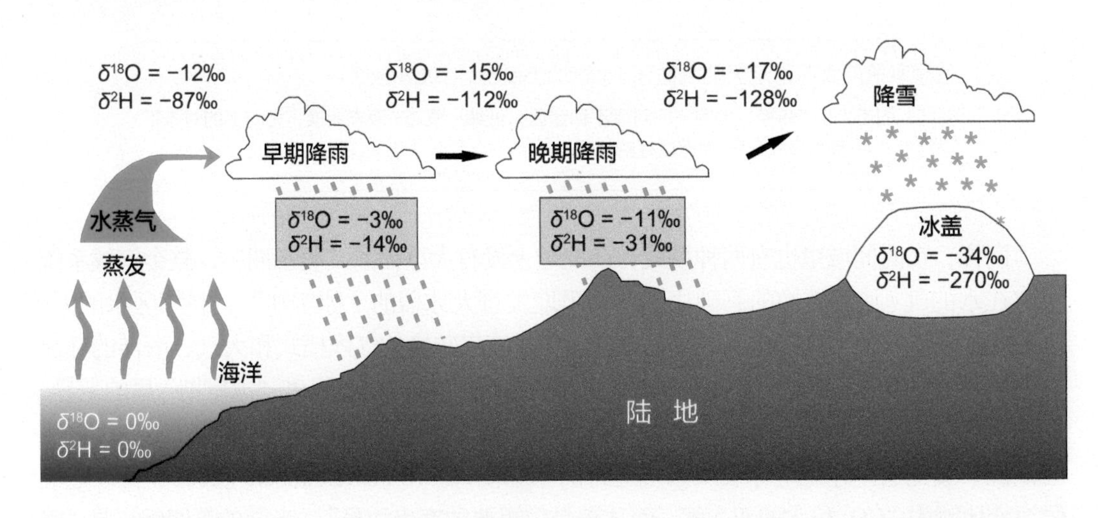

图3-31
降水效应对于氢、氧同位素的影响（据Hoefs，1997和Coplen et al.，2000改）

多年来，利用 $\delta^{18}O$ 研究水的固态/液态转换，从而追踪极地冰盖消长、对比冰期旋回，已经在地质界广泛使用，根据海水氧同位素值消除温度和盐度效应后，得出陆地冰盖的变化，这在后面第7章还要讨论。利用 $\delta^{18}O$ 研究水的气态/液态转换是一个新命题，在季风演变等研究中迅速发展，但由于现代过程的理解较差，地质过程的替代性标志亦欠成熟，至今还是一个争议不断的研究领域。除了上面讲到了蒸发/降水过程之外，海水是水循环的起点，植被是陆地水循环的特色，这两者的研究进展表明，地球表面的水循环比我们原来想象的更为复杂。

现代大洋水的 $\delta^{18}O$ 有很大的时空变化。从表层水的地理分布可以看出，由于低纬暖水区蒸发的较轻同位素水通过大气运入高纬区，所以太平洋和大西洋的表层水 $\delta^{18}O$ 都是低纬暖水高，高纬冷水低；同时由于太平洋低纬区盐度比大西洋低，$\delta^{18}O$ 也比较低（图3-32；LeGrande and Schmidt，2006）。然而表层水 $\delta^{18}O$ 的分布受到水循环和大洋环流等多种因素的影响，由于陆地降水与海面降水比例的变化，6000年前和现在海

水 $\delta^{18}O$ 的布局就很不相同（Oppo et al.，2007）。如果对于水循环的复杂性不加考虑，就可能导致海洋 $\delta^{18}O$ 地层应用中的错误。

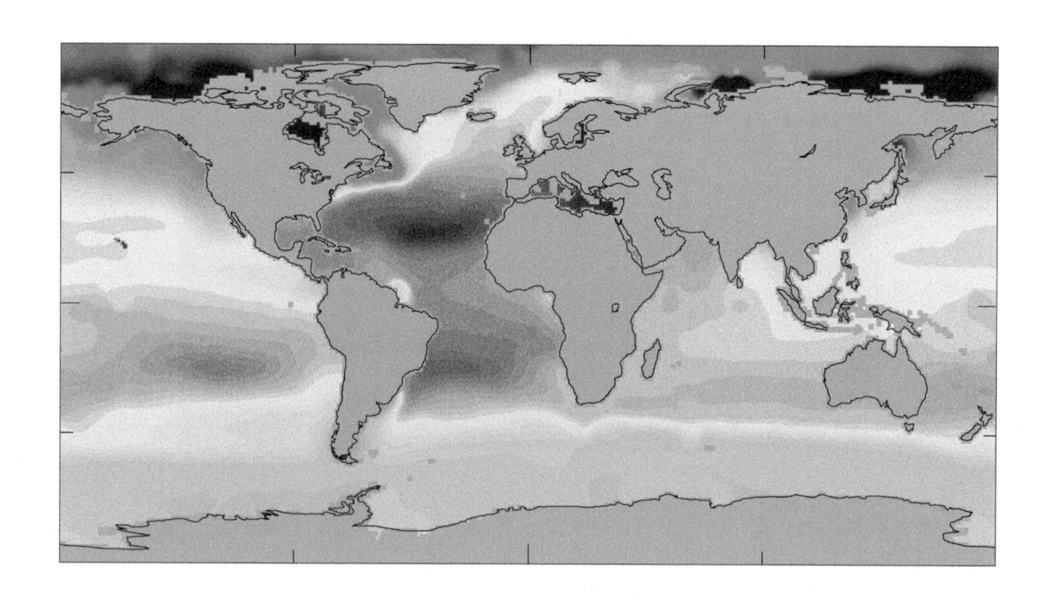

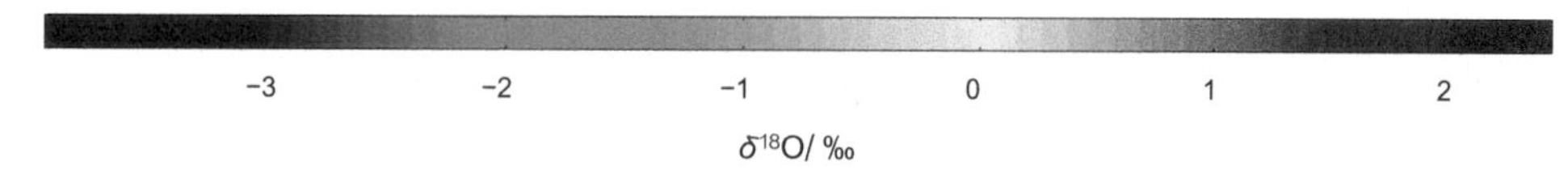

图 3-32
现代上层 5 m 海水的氧同位素分布，1°×1° 网格化计算结果（据 LeGrande and Schmidt，2006 改）

陆地植被的生命过程对于水循环有重大影响，既有蒸腾作用的生物物理作用，也有光合作用的生物化学作用。植物从土壤吸收水分送到叶片，就有氧同位素分馏，即所谓蒸腾作用（transpiration）；植物进行光合作用和呼吸作用，也有氧同位素分馏。陆地植物蒸腾作用可以产生重大的同位素分馏效应，这在相对干旱的地区尤其显著。一种以色列的“约旦柽柳（*Tamarix jordanis*）”，水的 $\delta^{18}O$ 在根部为 −4.3‰，上升到叶部后，叶子水的 $\delta^{18}O$ 可以升高到 25.2‰（图 3-33；Yakir，1998）。蒸腾作用的同位素分馏和植物对于陆地水循环的贡献，都是当前研究的重点内容。

水分子中另一个元素氢的同位素，即氘（D）和氕（H）的比值，也是水循环研究的标志物。尤其是高等植物单种类脂化合物单体同位素的 D/H 值，已经在古气候研究中成功应用（Sauer et al.，2001），只是植物的 D/H 值不仅与气候干湿相关，还受生物等诸多因素控制，从雨水的 D/H 同位素成分、蒸腾作用，到植物类型等一系列因素都有影响（Tipple and Pagani，2013），有待在广泛分析的基础上揭示机制，才能可靠地用于古水循环的再造。

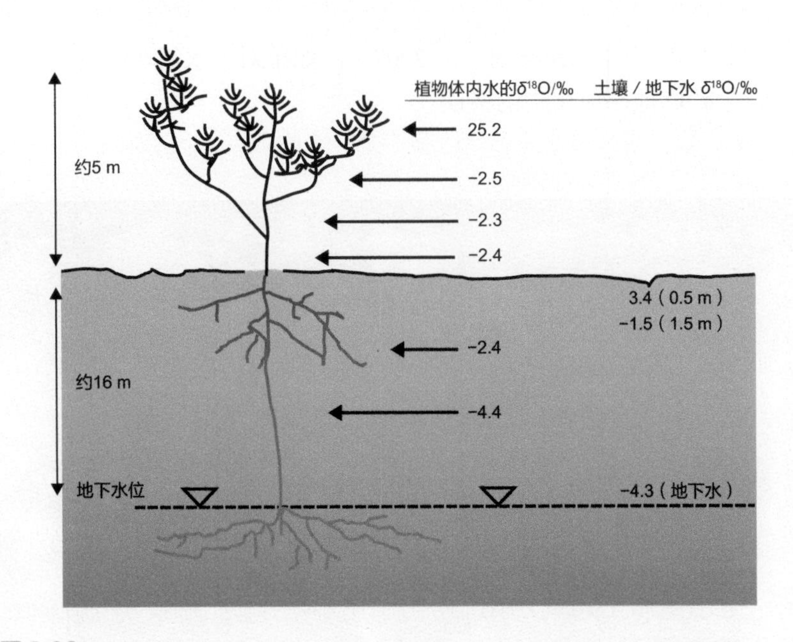

图 3-33
陆地植物蒸腾作用与氧同位素变化：以以色列的“约旦柽柳”为例（据 Yakir，1998 改）

3.4.2 水文循环的其他替代性标志

除了三相转换之外，研究水文循环的重大课题就是追踪水的运动。追踪的一种办法是考察其运动本身所留下的痕迹，比如水流的波痕或者冰川的擦痕；而在更大范围内追踪水的运动，需要依据不同水源所赋予的特征。无论呈固态、液态还是气态，都可以根据源头水的特征加以区别。长期以来，地质科学已经发展了一系列的替代性标志，用于辨识固态和液态水的运动。追踪海上冰山运移轨迹最常用的标志是冰筏碎屑（ice rafting debris，IRD），是随着崩解的海冰飘入海洋的未分选碎屑物，在北大西洋辨识冰山轨迹、识别 Heinrich 气候事件中起着关键作用（Hemming，2004）。浮冰承载的漂砾和碎屑，当浮冰倾覆或融化后，即坠落为坠石（dropstone），其大小显著超过地层中的沉积物，不可能由正常水流运来，只能是垂向掉落海底的砾石，因此可以用坠石指示浮冰搬运（Bennett et al.，1996）。但是其他机制也可以产生相似的效果，比如美国中新世暖期的浅海沉积中发现过坠石，但是进一步研究发现这是漂流木带来的砾石，推测是跟着大洪水时拔起的大树带入海中，与寒冷气候无关（Vogt and Parrish，2012）。

与冰盖分解出来的冰山不同，海冰是海水结冰形成，其冻结和融化过程并不发生同位素分馏（见 3.2.1 节），因此海冰在地质记录里的替代性标志长期匮缺。后来发现，有小个体的硅藻可以生活在海冰的底面，靠透过冰块的阳光和进入冰块底部细孔的海水与营养，在特殊环境下生存繁衍，一定条件下也能在沉积物中有所保存（Gersonde and Zielinski，2000）。前面说到过，真正能够广泛使用的，不是这类硅藻本身，而是由它们产生的有机地球化学标志物“具有 25 个碳原子的海冰标志物（Ice Proxy with 25 carbon atoms）”，简称 IP_{25}。这种由海冰硅藻产生的有机化合物，主要形成在第一年新海冰的底面，在地层中容易保存（图 3-34），已经成为再造极区海冰流动范围甚至数量分布的标志（Stein et al.，2012；Belt and Müller，2013），为极地气候环境再造和水循环中固态与液态转换的定量研究提供了新的途径。

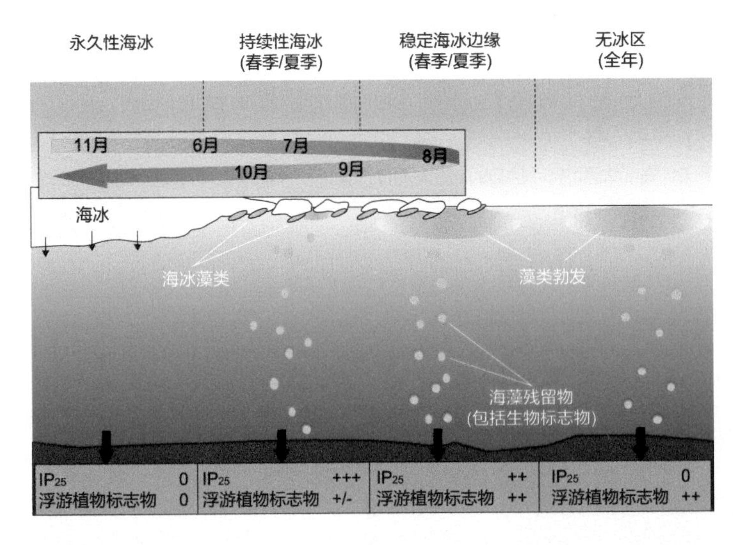

图 3-34
海冰硅藻及其有机物标志 IP_{25} 的产生和沉积（据 Stein et al.，2012 改）

液态水流的变化，是从水文学到古海洋学的典型命题。沉积学、微体古生物学和同位素的标志，为研究海洋表层和海洋深部洋流变化提供了有力的工具。从世界洋流三维空间的变化来看，研究最为成功的当然是北大西洋深层水和南大洋底层水在冰期旋回中生产和分布的变化。近年来越来越受到重视的是同位素方法，尤其是在研究大西洋经向流的演变中，得到了成功的应用。其中盐度较高的北大西洋深层水（NADW）和温度较低的南极底层水（AABW），都可以用有孔虫壳体记录的无机碳同位素值 $\delta^{13}C$（图 3-35；Ravelo and Hillaire-Marcel，2007），或者沉积样品中的钕同位素值 ε_{Nd}（图 3-36；von Blanckenburg，1999）加以辨认。事实上，放射成因的同位素钕（Nd）、铅（Pb）、铪（Hf）、锶（Sr）、锇（Os）都是从大陆风化输入海洋沉积，因此都带有大陆源区的印记。但是 Sr 和 Os 在大洋的滞留时间远远超过大洋海水混合一遍的时间尺度，因此可以指示板块运动的历史、用于全球的地层对比；Pb、Hf、尤其是 Nd 的滞留时间和海水混合的时间尺度相似，因而是指示水团运动的绝佳标志物，正在获得日益广泛的应用（Frank，2011）。

地球系统科学中一个有趣的题目，是全球表层水三态的相对比例，也就是有多少水呈固态、多少水呈气态的问题。当 C. Emiliani（1955）分析有孔虫氧同位素分析证实米兰科维奇旋回的时候，相信 $\delta^{18}O$ 反映的是温度信息；但是后来 N. Shackleton（1967）

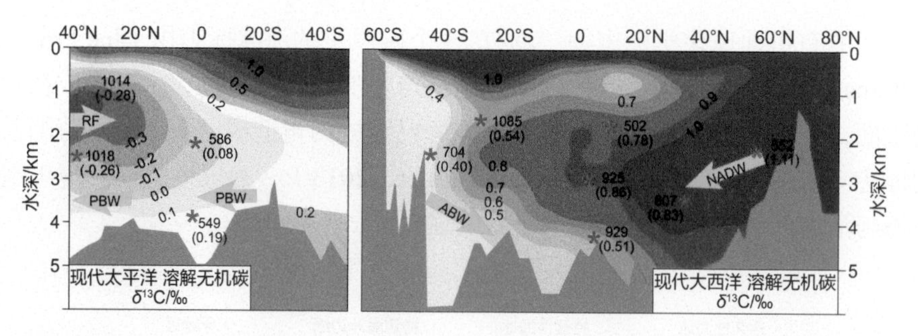

图 3-35

现代大洋海水无机碳同位素 $\delta^{13}C$ 的经向剖面（据 Ravelo and Hillaire-Marcel，2007 改）

左. 太平洋；右. 大西洋；NADW. 北大西洋深层水；AABW. 南极底层水；PBW. 太平洋底层水；RF. 中层回转水

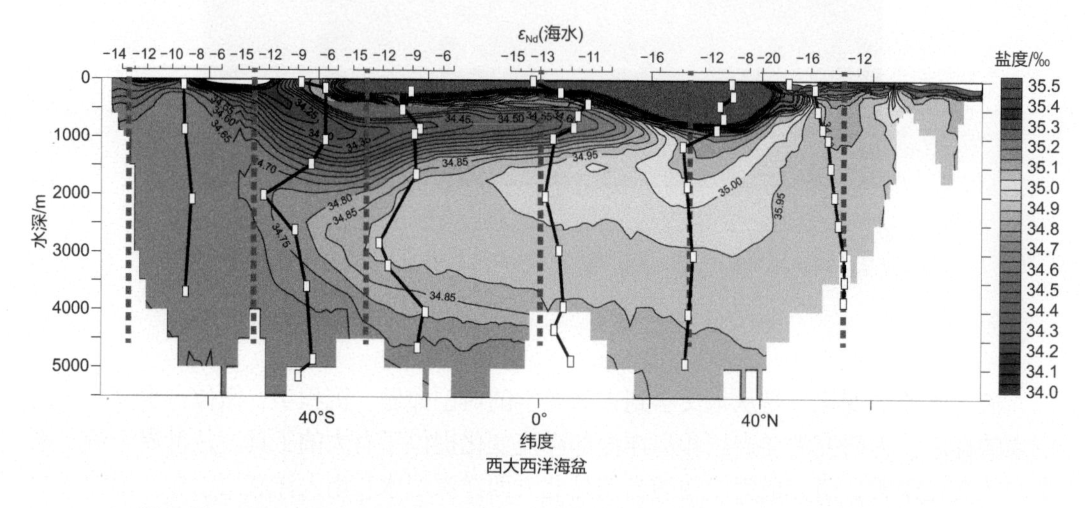

图 3-36

现代大西洋西部的经向剖面（据 von Blanckenburg，1999 改）

由北向南的北大西洋深层水盐度较高；黑色曲线表示 ε_{Nd} 的水柱剖面，可以看出北大西洋深层水（低盐度）此值较轻。由于北大西洋周围的大陆古老，ε_{Nd} 为 −13.5，南大洋周围的陆地较新，60°S 处的 ε_{Nd} 为 −9，容易区分。

证明，$\delta^{18}O$ 反映的是大陆冰盖的冰量，也就是大洋的海平面。20 世纪 70 年代以来，有孔虫 $\delta^{18}O$ 被普遍用作冰期旋回的标志，其前提就是赞成有孔虫氧同位素指示的是固态冰的比例。只是近十多年来发现底栖有孔虫 $\delta^{18}O$ 也含有温度变化的信息（Shackelton，2000），需要经过校正才能接近全球冰量的指标。至于全球气态水比例的变化，至今并没有替代性标志。其实大气中水分的多少，是水循环的一种关键性参数。现代地球上的气态水只占总水量的十万分之一（图 3-3），很难指望也能用氧同位素分馏作为标志，有待另辟蹊径，很可能是通过间接的地球化学方法，寻找定量再造的标志物。

参考文献

汪品先 . 1991. 开展含油气盆地的古湖泊学研究——代序言 . 见 : 古湖泊学译文集 . 北京：海洋出版社 .

汪品先 . 2009. 全球季风的地质演变 . 科学通报 , (5): 535–556.

余星 , 初凤友 , 陈汉林 , 等 . 2011. 深海橄榄岩蛇纹石化作用的研究进展 . 海洋学研究 , 29(1): 96–103.

朱伟林 . 2009. 中国近海新生代含油气盆地古湖泊学与烃源条件 . 北京：地质出版社 .

Adler R F, Huffman G J, Chang A, et al. 2003. The Version-2 Global Precipitation Climatology Project (GPCP) Monthly Precipitation Analysis (1979 Present). Journal of Hydrometeorology, 4: 1147–1167.

Allan R P, Liepert B G. 2010. Introduction: Anticipated changes in the global atmospheric water cycle. Environmental Research Letters, 5(2010): 25201.

Alley R B, Fahnestock M, Joughin I. 2008. Understanding glacier flow in changing times. Science, 322(5904): 1061–1062.

Andreae M O, Crutzen P J. 1997. Atmospheric aerosols: biogeochemical sources and role in atmospheric chemistry. Science, 276(5315): 1052–1058.

Arnaud E, Martini, I P. 2009. Glaciations, Pre-Quaternary. In: Gornitz V (ed.) Encyclopedia of Paleoclimatology and Ancient Environments. Dordrecht: Springer. 384–389.

Arrigo K R, Perovich D K, Pickart R S, et al. 2012. Massive phytoplankton blooms under Arctic sea ice. Science, 336(6087): 1408.

Baker M B. 1997. Cloud microphysics and climate. Science, 276(5315):1072–1078.

Belt S T, Müller J. 2013. The Arctic sea ice biomarker IP25: a review of current understanding, recommendations for future research and applications in palaeo sea ice reconstructions. Quaternary Science Reviews, 79(4): 9–25.

Belt S T, Massé G, Rowland S J, et al. 2007. A novel chemical fossil of palaeo sea ice: IP. Organic Geochemistry, 38(1): 16–27.

Bengtsson L. 2010. The global atmospheric water cycle. Environmental Research Letters, 5(2): 025202.

Bennett M R, Doyle P, Mather A E. 1996. Dropstones: their origin and significance. Palaeogeography Palaeoclimatology Palaeoecology, 121(121): 331–339.

Bercovici D, Karato S. 2003. Whole-mantle convection and the transition-zone water filter. Nature, 425(6953): 39–44.

Biddanda B A, Nold S C, Ruberg S A, et al. 2013. Great lakes sinkholes: A microbiogeochemical frontier. Eos Transactions American Geophysical Union, 90(8): 61–62.

Billings S E, Kattenhorn S A. 2005. The great thickness debate: Ice shell thickness models for Europa and comparisons with estimates based on flexure at ridges. Icarus, 177(2): 397–412.

Bindschadler R. 2006. The environment and evolution of the West Antarctic ice sheet: setting the stage. Philosophical Transactions: Mathematical, Physical and Engineering Sciences, 364(1844): 1583–1605.

Bosilovich M G, Schubert S D, Walker G K. 2005. Global changes of the water cycle intensity. Journal of Climate, 18(10): 1591–1608.

Brown C W, Yoder J A. 1994. Coccolithophorid blooms in the global ocean. Journal of Geophysical Research, 99(c4): 1467–7482.

Bulat S A. 2016. Microbiology of the subglacial Lake Vostok: first results of borehole-frozen lake water analysis and prospects for searching for lake inhabitants. Philosophical Transactions of the Royal Society A, 374: 20140292.

Carr M H, Belton M J, Chapman C R, et al. 1998. Evidence for a subsurface ocean on Europa. Nature, 391(6665): 363–365.

Chahine M T. 1992. The hydrological cycle and its influence on climate. Nature, 359(6394): 373–380.

Charette M A, Smith W H F. 2010. The volume of Earth's ocean. Oceanography, 23(2): 112–114.

Charlou J L, Fouquet Y, Bougault H, et al. 1998. Intense CH_4, plumes generated by serpentinization of ultramafic rocks at the intersection of the 15°20' N fracture zone and the Mid-Atlantic Ridge. Geochimica et Cosmochimica Acta, 62(13): 2323–2333.

Church T M. 1996. An underground route for the water cycle. Nature, 380(6575): 579–580.

Chyba C, Phillips C. 2001. Possible ecosystems and the search for life on Europa. Proceedings of the National Academy of Sciences of the United States of America, 98(3): 801–804.

Clark P U, Mix A C, Bard E. 2002. Ice sheets and sea level of the Last Glacial Maximum. Quaternary Science Reviews, 21(1–3): 1–7.

Clarke G, Leverington D, Teller J, et al. 2003. Paleoclimate. Superlakes, megafloods, and abrupt climate change. Science, 301(5635): 922–923.

Collins G C, Goodman J C. 2007. Enceladus' south polar sea. Icarus, 189(1): 72–82.

Conway H, Hall B L, Denton G H, et al. 1999. Past and future grounding-line retreat of the West Antarctic Ice Sheet. Science, 286(5438): 280–283.

Coplen T B, Herczeg A L, Barnes C. 2000. Isotope engineering—using stable isotopes of the water molecule to solve practical problems. In: Environmental Tracers in Subsurface Hydrology. 79–110.

Cravatte S, Delcroix T, Zhang D, et al. 2009. Observed freshening and warming of the western Pacific Warm Pool. Climate Dynamics, 33(4): 565–589.

Dansgaard W. 1964. Stable isotopes in precipitation. Tellus, 16(4): 436–468.

Dansgaard W, Nief G, Roth E. 1960. Isotopic distribution in a greenland iceberg. Nature, 185(4708): 232–232.

Dayem K E, Noone D C, Molnar P. 2007. Tropical western Pacific warm pool and maritime continent precipitation rates and their contrasting relationships with the Walker Circulation. Journal of Geophysical Research Atmospheres, 112(D6): 151–156.

De Deckker P, Tapper N J, van der Kaars S. 2002. The status of the Indo-Pacific Warm Pool and adjacent land at the Last Glacial Maximum. Global & Planetary Change, 35(1): 25–35.

Del Don C D, Hanselmann K W, Peduzzi R, et al. 2001. The meromictic alpine Lake Cadagno: Orographical and biogeochemical description. Aquatic Sciences, 63(1): 70–90.

Dobson D P, Meredith P C, Boon S A. 2002. Simulation of subduction zone seismicity by dehydration of serpentine. Science, 298(5597): 1407–1410.

Emiliani C. 1955. Pleistocene temperatures. Journal of Geology, 63(6): 538–578.

Faure G, Mensing T M. 2007. Introduction to Planetary Science. Netherlands: Springer. 409–418.

Fernández-Prieto D, van Oevelen P, Su Z, et al. 2012. Advances in Earth observation for water cycle science. Hydrology and Earth System Sciences, 16: 543–549.

Forget F, Costard F, Lognonné P. 2008. Planet Mars: Story of Another World. Netherland: Springer.

Frank M. 2011. Geochemical proxies of ocean circulation and weathering inputs: Radiogenic isotopes of Nd, Pb, Sr, Hf, and Os. In: IOP Conference Series: Earth and Environmental Science. IOP Publishing, 14(1): 012010.

Gersonde R, Zielinski U. 2000. The reconstruction of late Quaternary Antarctic sea-ice distribution—the use of diatoms as a proxy for sea-ice. Palaeogeography Palaeoclimatology Palaeoecology, 162(3–4): 263–286.

Gimeno L, Magaña V, Enfield D B. 2011. Introduction to special section on the role of the Atlantic warm pool in the climate of the Western Hemisphere. Journal of Geophysical Research, 116(116): 999–1010.

Gornitz V. 2009. Encyclopedia of Paleoclimatology and Ancient Environments. Springer Netherlands.

Grove T L, Chatterjee N, Parman S W, et al. 2006. The influence of H_2O on mantle wedge melting. Earth and Planetary Science Letters, 249(1–2): 74–89.

Hacker B R. 2008. H_2O subduction beyond arcs. Geochemistry, Geophysics, Geosystems, 9(3): Q03001. doi: 10.1029/2007GC001707.

Halverson G P, Hoffman P F, Schrag D P, et al. 2005. Toward a Neoproterozoic composite carbon-isotope record. Geological Society of America Bulletin, 117(9): 1181–1207.

Hanebuth T, Stattegger K, Grootes P M. 2000. Rapid flooding of the sunda shelf: A late-glacial sea-level record. Science, 288(5468): 1033–1035.

Hay W. 1994. Pleistocene-Holocene fluxes are not the Earth's norm. In: Hay W, Usselman T (eds.) Material Fluxes on the Surface of the Earth: Studies in Geophysics.Washington DC: National Academy Press. 5–27.

Helly J J, Kaufmann R S, Stephenson Jr G R, et al. 2011. Cooling, dilution and mixing of ocean water by free-drifting icebergs in the Weddell Sea. Deep Sea Research Part II: Topical Studies in Oceanography, 58(11–12): 1346–1363.

Hemming S R. 2004. Heinrich events: Massive late Pleistocene detritus layers of the North Atlantic and their global climate imprint. Reviews of Geophysics, 42(1): 235–273.

Hirschmann M M. 2006. Water, melting, and the deep Earth H_2O cycle. Annual Review of Earth Planetary Sciences, 34: 629–653.

Hirschmann M, Kohlstedt D. 2012. Water in Earth's mantle. Physics Today, 65(3): 40–45.

Hoefs J. 1997. Stable Isotope Geochemistry. Berlin: Springer.

Hoffman P F, Kaufman A J, Halverson G P, et al. 1998. A Neoproterozoic snowball Earth. Science, 281(5381): 1342–1346.

Howard K, Griffith A. 2009. Can the impacts of climate change on groundwater resources be studied without the use of transient models? Hydrological Science Journal, 54(4): 754–764.

Inman M. 2007. The dark and mushy side of a frozen continent. Science, 317(5834): 35–36.

Jacobsen S D, Lee S V D. 2006. Earth's Deep Water Cycle. Washington DC: American Geophysical Union

Geophysical Monograph.

Jakobsson M, Nilsson J, O'Regan M, et al. 2010. An Arctic Ocean ice shelf during MIS 6 constrained by new geophysical and geological data. Quaternary Science Reviews, 29(25–26): 3505–3517.

Jeffries M O, Overland J E, Perovich D K. 2013. The Arctic shifts to a new normal. Physics Today, 66(10): 35–40.

Karl D M, Bird D F, Björkman K, et al. 1999. Microorganisms in the accreted ice of Lake Vostok, Antarctica. Science, 286(5447): 2144–2147.

Keppler H. 2014. Geology: Earth's deep water reservoir. Nature, 507(7491): 174–175.

Kerrick D. 2002. Serpentinite seduction. Science, 298(5597): 1344–1345.

Kiehl J T, Trenberth K E. 1997. Earth's annual global mean energy budget. Bulletin of the American Meteorological Society, 78(2): 197–208.

Kleiven H K, Kissel C, Laj C, et al. 2008. Reduced North Atlantic deep water coeval with the glacial Lake Agassiz freshwater outburst. Science, 319(5859): 60–64.

Krinner G, Mangerud J, Jakobsson M, et al. 2004. Enhanced ice sheet growth in Eurasia owing to adjacent ice-dammed lakes. Nature, 427(6973): 429–432.

Kump L R, Pollard D. 2008. Amplification of Cretaceous warmth by biological cloud feedbacks. Science, 320(5873): 195.

Larson G, Schaetzl R. 2001. Origin and evolution of the great lakes. Journal of Great Lakes Research, 27(4): 518–546.

Lavers D A, Allan R P, Wood E F, et al. 2011. Winter floods in Britain are connected to atmospheric rivers. Geophysical Research Letters, 38(23): L23803. doi: 10.1029/2011GL049783.

Lécuyer C, Gillet P, Robert F. 1998. The hydrogen isotope composition of seawater and the global water cycle. Chemical Geology, 145(3–4): 249–261.

Lee J J. 2012. Marine science. Ocean's deep, dark trenches to get their moment in the spotlight. Science, 336(6078): 141–143.

Legrande A N, Schmidt G A. 2006. Global gridded data set of the oxygen isotopic composition in seawater. Geophysical Research Letters, 33(12). doi: 10.1029/2006GL026011.

Lewis A R, Marchant D R, Kowalewski D E, et al. 2006. The age and origin of the Labyrinth, western Dry Valleys, Antarctica: Evidence for extensive middle Miocene subglacial floods and freshwater discharge to the Southern Ocean. Geology, 34(7): 513–516.

Licht K. 2009. Antarctic glaciation history. In: Gornitz V (ed.) Encyclopedia of Paleoclimatology and Ancient Environments. Dordrecht: Springer. 24–31.

Liu C, Zipser E J. 2005. Global distribution of convection penetrating the tropical tropopause. Journal of Geophysical Research Atmospheres, 110(D23): 3219–3231.

Luis G, Raquel N, Anita D, et al. 2013. A close look at oceanic sources of continental precipitation. Eos Transactions American Geophysical Union, 92(23): 193–194.

Malin M C, Edgett K S. 2000. Sedimentary rocks of early Mars. Science, 290(5498): 1927–1937.

Mangerud J, Jakobsson M, Alexanderson H, et al. 2004. Ice-dammed lakes and rerouting of the drainage of northern Eurasia during the Last Glaciation. Quaternary Science Reviews, 23(11–13): 1313–1332.

Marshall S J, James T S, Clarke G K C. 2002. North American Ice Sheet reconstructions at the Last Glacial Maximum. Quaternary Science Reviews, 21(1): 175–192.

Mattar C, Sobrino J A, Julien Y, et al. 2011. Trends in column integrated water vapour over Europe from 1973 to 2003. International Journal of Climatology, 31(12): 1749–1757.

Mckay C P. 2010. An origin of life on Mars. In: Cold Spring Harbor Perspectives in Biology. US: Cold Spring Harber Laboratory Press.

Mierdel K, Keppler H, Smyth J R, et al. 2007. Water solubility in aluminous orthopyroxene and the origin of Earth's asthenosphere. Science, 315(5810): 364–368.

Moore W S, Sarmiento J L, Key R M. 2008. Submarine groundwater discharge revealed by 228Ra distribution in the upper Atlantic Ocean. Nature Geoscience, 1(5): 309–311.

Moran K, Backman J, Brinkhuis H, et al. 2006. The Cenozoic palaeoenvironment of the Arctic Ocean. Nature, 441(7093): 601–605.

Müller J, Massé G, Stein R, et al. 2009. Variability of sea-ice conditions in the Fram Strait over the past 30,000 years. Nature Geoscience, 2(11): 772–776.

Newell R E, Gouldstewart S. 1981. A Stratospheric Fountain? Journal of the Atmospheric Sciences, 38(12): 2789–2789.

O'Brien C L, Foster G L, Martínezbotí M A, et al. 2014. High sea surface temperatures in tropical warm pools during the Pliocene. Nature Geoscience, 7(8): 606–611.

Ohtani E. 2005. Water in the Mantle. Elements, 1(1): 25–30.

Ojha A L, Wilhelm M B, Murchie S L, et al. 2015. Spectral evidence for hydrated salts in recurring. Nature Geoscience, 8(11): 606–611.

Oppo D W, Schmidt G A, Legrande A N. 2007. Seawater isotope constraints on tropical hydrology during the Holocene. Geophysical Research Letters, 34(13): 173–180.

Patton H, Andreassen K, Bjarnadóttir L R, et al. 2015. Geophysical constraints on the dynamics and retreat of the Barents Sea ice sheet as a paleobenchmark for models of marine ice sheet deglaciation. Reviews of Geophysics, 53(4): 1051–1098.

Pearson D G, Brenker F E, Nestola F, et al. 2014. Hydrous mantle transition zone indicated by ringwoodite included within diamond. Nature, 507(7491): 221–224.

Pierrehumbert R T. 2002. The hydrologic cycle in deep-time climate problems. Nature, 419(6903): 191–198.

Pierrehumbert R T. 2004. High levels of atmospheric carbon dioxide necessary for the termination of global glaciation. Nature, 429(6992): 646–649.

Plank T, Langmuir C H. 1998. The chemical composition of subducting sediment and its consequences for the crust and mantle. Chemical Geology, 145(3–4): 325–394.

Pollard D, Deconto R M. 2009. Modelling West Antarctic ice sheet growth and collapse through the past five million years. Nature, 458(7236): 329–332.

Poulin M, Daugbjerg N, Gradinger R, et al. 2011. The pan-Arctic biodiversity of marine pelagic and sea-ice unicellular eukaryotes: a first-attempt assessment. Marine Biodiversity, 41(1): 13–28.

Priscu J C, Tulaczyk S, Studinger M, et al. 2008. Antarctic subglacial water: Origin, evolution and ecology. In: Vincent W, Laybourn-Parry J (eds.) Polar Lakes and Rivers. Oxford: Oxford Press. 119–136.

Pritchard H D, Ligtenberg S R, Fricker H A, et al. 2012. Antarctic ice-sheet loss driven by basal melting of ice shelves. Nature, 484(7395): 502–505.

Ralph F M, Neiman P J, Wick G A, et al. 2006. Flooding on California's Russian River: Role of atmospheric rivers. Geophysical Research Letters, 33: L13801. doi: 10.1029/2006GRL026689.

Ravelo A C, Hillaire-Marcel C. 2007. Chapter eighteen: The use of oxygen and carbon isotopes of foraminifera in paleoceanography. Developments in Marine Geology, 1: 735–764.

Rüpke L, Phipps M J, Eaby D J. 2006. Implications of subduction rehydration for Earth's deep water cycle. In: Jacobsen S D, Van Der Lee S (eds.) Earth's Deep Water Cycle. Washington D C: American Geophysical Union Geophysical Monograph. 263–276.

Russell M J, Hall A J, Martin W. 2010. Serpentinization as a source of energy at the origin of life. Geobiology, 8(5): 355–371.

Sauer P E, Eglinton T I, Hayes J M, et al. 2001. Compound-specific D/H ratios of lipid biomarkers from sediments as a proxy for environmental and climatic conditions 1. Geochimica et Cosmochimica Acta, 65(2): 213–222.

Schmandt B, Jacobsen S D, Becker T W, et al. 2014. Dehydration melting at the top of the lower mantle. Science, 344(6189): 1265–1268.

Schmitt R W. 1995. The ocean component of the global water cycle. Reviews of Geophysics, 33(33): 1395.

Schmitt R W. 2008. Salinity and the global water cycle. Oceanography, 21(1): 12–19.

Seidel D J, Fu Q, Randel W J, et al. 2008. Widening of the tropical belt in a changing climate. Nature Geoscience, 1(1): 21–24.

Serreze M C, Holland M M, Stroeve J. 2007. Perspectives on the Arctic's shrinking sea-ice cover. Science, 315(5818): 1533.

Shackleton N. 1967. Oxygen isotope analyses and pleistocene temperatures re-assessed. Nature, 215(5096): 15–17.

Shackleton N J. 2000. The 100000-year ice-age cycle identified and found to lag temperature, carbon dioxide, and orbital eccentricity. Science, 289(5486): 1897–1902.

Sherwood S C, Roca R, Weckwerth T M, et al. 2010. Tropospheric water vapor, convection, and climate. Reviews of Geophysics, 48(2): 2500–2522.

Siegert M J, Ellisevans J C, Tranter M, et al. 2001. Physical, chemical and biological processes in Lake Vostok and other Antarctic subglacial lakes. Nature, 414(6864): 603–609.

Sleep N H, Bird D K, Pope E C. 2011. Serpentinite and the dawn of life. Philosophical Transactions of the Royal Society of London, 366(1580): 2857–2869.

Smith K L, Robison B H, Helly J J, et al. 2007. Free-drifting icebergs: hot spots of chemical and biological enrichment in the Weddell Sea. Science, 317(5837): 478–482.

Smith P H, Tamppari L K, Arvidson R E, et al. 2009. H_2O at the Phoenix landing site. Science, 325: 58–61.

Som S M, Montgomery D R, Greenberg H M. 2009. Scaling relations for large Martian valleys. Journal of

Geophysical Research: Planets, 114: E02005. doi: 10.10291/2008JE003132.

Sophocleous M. 2002. Interactions between groundwater and surface water: the state of the science. Hydrogeology Journal, 10(1): 52–67.

Stefels J, Steinke M, Turner S, et al. 2007. Environmental constraints on the production and removal of the climatically active gas dimethylsulphide (DMS) and implications for ecosystem modelling. In: van Leeuwe M A, Stefels J, Belviso S, et al. (eds.) Phaeocystis, Major Link in the Biogeochemical Cycling of Climate-relevant Elements. Dordrecht: Springer. 245–275.

Stein R, Fahl K, Müller J. 2012. Proxy reconstruction of Arctic Ocean sea ice history—From IRD to IP25. Polarforschung, (82): 37–71.

Stevens B, Bony S. 2013. Water in the atmosphere. Physics Today, 66(6): 29–34.

Stofan E R, Elachi C, Lunine J I, et al. 2007. The lakes of Titan. Nature, 445(445): 61–64.

Stroeve J, Holland M M, Meier W, et al. 2007. Arctic sea ice decline: Faster than forecast. Geophysical Research Letters, 34(9): 529–536.

Svendsen J I, Alexanderson H, Astakhov V I, et al. 2004. Late Quaternary ice sheet history of northern Eurasia. Quaternary Science Reviews, 23(11–13): 1229–1271.

Svensmark H. 2007. Cosmoclimatology: a new theory emerges. Astronomy & Geophysics, 48(1): 118–124.

Tatsumi Y. 2005. The subduction factory: How it operates in the evolving Earth. GSA Today, 15(7): 4–10.

Thomas P C, Tajeddine R, Tiscareno M S, et al. 2016. Enceladus's measured physical libration requires a global subsurface ocean. Icarus, 264: 37–47.

Tipple B J, Pagani M. 2013. Environmental control on eastern broadleaf forest species' leaf wax distributions and D/H ratios. Geochimica et Cosmochimica Acta, 111(1): 64–77.

Trenberth K E, Fasullo J, Smith L. 2005. Trends and variability in column-integrated atmospheric water vapor. Climate Dynamics, 24(7–8): 741–758.

Vaughan D G, Comiso J, Allison I, et al. 2013. Observations: Cryosphere. In: Stocker T F, Qin D, Plattner G K, et al. (eds.) Climate Change 2013: The Physical Science Basis. Contribution of Working Group I to the Fifth Assessment Report of the Intergovernmental Panel on Climate Change. Cambridge, New York: Cambridge University Press. 317–382.

Veizer J, Ala D, Azmy K, et al. 1999. $^{87}Sr/^{86}Sr$, $\delta^{13}C$ and $\delta^{18}O$ evolution of Phanerozoic seawater. Chemical Geology, 161: 59–88.

Vogt P R, Parrish M. 2012. Driftwood dropstones in Middle Miocene Climate Optimum shallow marine strata (Calvert Cliffs, Maryland Coastal Plain): Erratic pebbles no certain proxy for cold climate. Palaeogeography Palaeoclimatology Palaeoecology, 323–325(1): 100–109.

von Blanckenburg F. 1999. Perspectives: Paleoceanography—Tracing past ocean circulation? Science, 286(5446): 1862–1863.

Wallmann K. 2001. The geological water cycle and the evolution of marine $\delta^{18}O$ values. Geochimica et Cosmochimica Acta, 65(15): 2469–2485.

Wang B, Ding Q. 2008. Global monsoon: Dominant mode of annual variation in the tropics. Dynamics of Atmospheres & Oceans, 44(3–4): 165–183.

Wang C, Enfield D B. 2001. The tropical western hemisphere warm pool. Geophysical Research Letters, 28(8): 1635–1638.

Wang P X, Wang B, Cheng H, et al. 2014. The global monsoon across time scales: is there coherent variability of regional monsoons? Climate of the Past, 10(3): 1–46.

Wang P X, Wang B, Cheng H, et al. 2017. The global monsoon across time scales: Mechanisms and outstanding issues. Earth-Science Reviews, 174: 84–121.

Webster P J. 1994. The role of hydrological processes in ocean-atmosphere interactions. Reviews of Geophysics, 32(4): 427–476.

Wei K, Gasse F. 1999. Oxygen isotopes in lacustrine carbonates of West China revisited: implications for post glacial changes in summer monsoon circulation. Quaternary Science Reviews, 18(12): 1315–1334.

Wild M. 2009. Global dimming and brightening: A review. Journal of Geophysical Research Atmospheres, 114: D00D16. doi: 10.1029/2008JD011470.

Williams A P, Funk C. 2011. A westward extension of the warm pool leads to a westward extension of the Walker circulation, drying eastern Africa. Climate Dynamics, 37(11–12): 2417–2435.

Wingham D J, Siegert M J, Shepherd A, et al. 2006. Rapid discharge connects Antarctic subglacial lakes. Nature, 440(7087): 1033–1036.

Xiao X, Fahl K, Müller J, et al. 2015. Sea-ice distribution in the modern Arctic Ocean: Biomarker records from trans-Arctic Ocean surface sediments. Geochimica et Cosmochimica Acta, 155: 16–29.

Yakir D. 1998. Oxygen-18 of leaf water: a crossroad for plant-associated isotopic signals. In: Griffiths H (ed.) Stable Isotopes: Integration of Biological, Ecological and Geochemical Processes. Oxford: BIOS Scientific Publishers. 147–168.

Yan X H, Ho C R, Zheng Q, et al. 1992. Temperature and size variabilities of the Western pacific warm pool. Science, 258(5088): 1643–1645.

Zhu Y, Newell R E. 1998. A Proposed algorithm for moisture fluxes from atmospheric rivers. Monthly Weather Review, 126(3): 725–735.

思考题

1. 水分子的极性是什么原因造成的？所有的生命活动都离不水，水在生物圈里所以能发挥如此巨大的作用，和极性有什么关系？

2. 地球表面的水“三相共存”，并且都在流动，能不能比较一下：自然界固态、液态、气态水的流动，有哪些相似点，又有哪些不同点？

3. 为什么说河水、湖水，都可以看成地下水的“露头”？为什么说海洋其实就是最大的湖泊？

4. 冰盖下面的湖泊是怎样形成的？在什么条件下，冰下水系和冰架会发生突变，促成冰盖的崩解和消融？

5. 为什么说地球内部的水，可以看成是水存在的“第四态”？又为什么说，没有水就没有板块运动?

6. 岩石的蛇纹岩化和生命起源有什么关系?

7. 为什么气候系统中的能量输运主要靠水的气态 / 液态的转移? 为什么说季风降水，是地球表层水循环变化最活跃的因素? 而季风降水的变化，又是受哪些因素控制?

8. “雪球地球”的假说是根据什么地质记录提出来的? 什么机制能够导致“雪球”的形成，又有什么机制能够使地球摆脱“雪球”式的冰盖?

9. 为什么说低纬暖池好比气候系统的“引擎”，而高纬海区好比气候系统的“开关”?

10. 古气候学研究水的三相转换，最常用的替代性标志是什么? 哪些方法可以用来在地质记录里辨认冰、液态水、和水汽三者的运动?

推荐阅读

Alley R B, Fahnestock M, Joughin I. 2008. Understanding glacier flow in changing times. Science, 322(5904): 1061–1062.

Hirschmann M, Kohlstedt D. 2012. Water in Earth’s mantle. Physics Today, 65(3): 40–45.

Hoffman P F, Kaufman A J, Halverson G P, et al. 1998. A Neoproterozoic snowball Earth. Science, 281(5381): 1342–1346.

Keppler H. 2014. Geology: Earth’s deep water reservoir. Nature, 507(7491): 174.

Kerrick D. 2002. Serpentinite seduction. Science, 298(5597): 1344–1345.

Ravelo A C, Hillaire-Marcel C. 2007. Chapter Eighteen: The use of oxygen and carbon isotopes of foraminifera in Paleoceanography. Developments in Marine Geology, 1: 735–764.

Stein R, Fahl K, Müller J. 2012. Proxy reconstruction of Arctic Ocean sea ice history—From IRD to IP_{25}. Polarforschung, (82): 37–71.

Wang P X, Wang B, Cheng H, et al. 2017. The global monsoon across time scales: Mechanisms and outstanding issues. Earth-Science Reviews, 174: 84–121.

Webster P J. 1994. The role of hydrological processes in ocean-atmosphere interactions. Reviews of Geophysics, 32(4): 427–476.

内容提要：

● 碳是地球上存在形式最为复杂的元素，也是一切有机化合物和生命体的基础。关键在于碳原子有多种化合价和多种成键方式，能形成上百万种化合物，包括以 C—C 共价键为基础的有机高分子。

● 地球的碳储库自上而下变大，从大气圈、生物圈、水圈、岩石圈到地幔，碳储库的总质量相差 7 个量级；而各储库碳的滞留时间自上而下变长，相差 9 个量级，储库越大碳循环越慢。

● 人类活动排放的 CO_2 只有一半留在大气，其余主要被生命活动吸收，转入海洋和土壤。海洋生物圈的碳储量比陆地生物圈少几百倍，但是周转快，两者生产有机碳的年产量相近，吸收大气 CO_2 的能力相当。

● 地球系统的碳循环主要是氧化与还原，也就是无机碳和有机碳之间的转换。三十几亿年来的生命活动通过光合作用，用太阳辐射能将无机碳还原，形成了埋藏的有机碳库和氧化的大气圈，使地球成为适宜居住的行星。

● 海洋是碳从大气固定到岩石圈的中介，表层海水通过生物泵和溶解泵将碳吸入海洋，深层海水又通过沉积作用将碳送入岩石圈，其中既有生命过程（生物泵）又有物理过程（溶解泵），既有有机碳（软体泵）又有无机碳（碳酸盐泵）的输运。

● 冰期旋回中冰盖消长和大气 CO_2 浓度的增减密切相关，其中南大洋作为全球深层海水环流的主要推手，调控 CO_2 的作用最大，冰期大气中减少的 CO_2 最可能储藏在南大洋深部。

● 陆地生物圈的碳储库主要在森林，但是土壤储碳量是植物的两倍以上。地面以上最大的植物碳库在热带森林，而地面以下最大的碳库却在高纬，环北极冻土带占全球地下有机碳储库的一半。

● 构造尺度上的碳循环主要是地幔和表层系统之间的交换：碳从岩石风化后通过河流进入大洋，又从地球深处通过变质和火山作用返回大气。深海海底的甲烷和二氧化碳的水合物，是深部碳进入表层的又一途径。

● 地质历史上，海水化学和海洋碳酸盐沉积的类型都随着生物圈发生演变。中生代中期，海洋碳酸盐沉积的重心从浅海移向深海，从此之后方才确立起海洋对大气 CO_2 变化的“缓冲”作用。

地球系统与演变

第 4 章
地球系统的碳循环

4

4.1 引言：温室气体与碳

地球表层系统里，重要性能够和水并列的物质，就只有碳。论丰度碳在宇宙里排第四，在地球上排 15 位，但是以其独有的性质，成为地球系统中最为重要的一种元素。碳元素在地球上的存在形式最为复杂，碳的化合物有上百万种。这是因为碳原子可以呈+4、+2、0、–4 等多种化合价参与化学反应，具有多种多样的成键方式。碳不但能形成无机化合物，还可以通过原子间的共用电子的共价键形成有机化合物，从单键的甲烷、双键的乙烯、三键的乙炔（图 4-1），到形成多键的链和环，是有机化合物的结构基础。碳原子相互之间的结合能力非常强，以极强的 C—C 键为基础，单个有机高分子化合物里的碳原子数量可以多达几千、几万个，甚至有几十万个之多。正因为有这种特征，在地球系统里 C 是所有的有机化合物和生命体的基础。其他如元素表里和 C 同族的 Si（见第 1 章图 1-9），也可以形成 Si—Si 键，似乎也有可能成为生命体的基础；但是 Si—Si 键的强度弱得多，即便在地外星球上也难以起 C 的作用，“硅基生命体”只是出现在幻想小说里。不过 C 和 Si 两个元素在地球系统里都有突出的地位：C 是生物圈里的主干元素，Si 是岩石圈里的主干元素（Langmuir and Broecker，2012）。

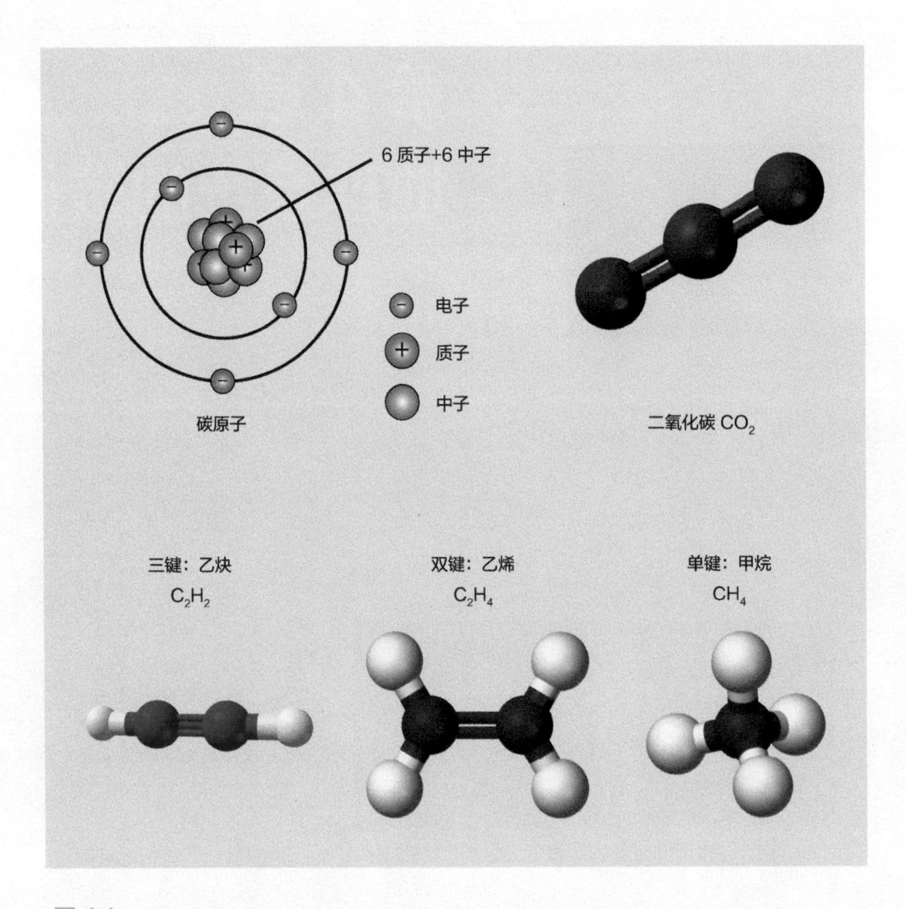

图 4-1
碳原子和几种最简单碳化合物的结构

碳和水一样，是地球表层系统中作用最大、用途最广的物质。首先，碳是最重要的生命元素，所有的有机化合物都是含碳化合物，构成生物圈的基础；其次，碳是地球上温室气体主要成分，二氧化碳、甲烷、氟立昂都是碳的化合物，也是当前人类“全球变化”追踪的对象；再者，碳还是所有矿物燃料和生物燃料的基础，是迄今为止人类社会最主要的能源，而且从金刚石到纳米碳材料，碳还是高新技术的基础。

然而，地球系统里对碳循环的特殊重视，来自全球变化的研究。人类排放的 CO_2 只有一半留在大气里，“漏失的碳”哪里去了？20 世纪 80 年代“全球变化”的研究，就是“上穷碧落下黄泉”，从整个地球表层系统追踪碳循环开始的。于是水循环和碳循环成了地球表层跨圈层追踪的两大红线，其中水循环如何驱动气候过程，本质上属于物理问题；而碳循环主要是化学或者说生物地球化学问题，比水循环有更大的复杂性。

如果说，地球表层系统中水赋存状态的变化以气、液、固三相的转换为主，那么碳的赋存主要取决于氧化还原环境。和 N、S 等生源要素一样，C 是一种多价元素：可以失电子氧化为 CO_2 或者碳酸盐，呈 +4 价；也可以得电子还原为碳氢化合物（最简单的如 CH_4），呈 –4 价；还可以形成碳水化合物（最简单的如 CH_2O），呈中性。碳氢化合物和碳水化合物都有 C—H 键，属于有机化合物，区别于没有 C—H 键的无机化合物。地球表层碳的还原主要依靠太阳辐射能的光合作用，将无机碳转变为有机碳，其中大部分通过呼吸作用重新氧化成为无机碳（CO_2），只有一小部分通过沉积作用进入岩石里的有机碳库，成为地球储存几十亿年来太阳辐射能的宝库。地球表层系统里的碳循环，主要是碳在有机和无机世界里的转移，呈不同的形式出现（表 4-1），其实本质也就是氧化和还原之间的变化。

表 4-1　氧化还原环境与碳的赋存

	还原	中性	氧化
大气（与气溶胶）	CH_4	烟煤	CO_2
海水	溶解有机碳，颗粒有机碳		溶解无机碳：CO_2，HCO_3^-，CO_3^{2-}
沉积	烃类，有机碳	黑炭	碳酸盐
地幔		石墨，金刚石	火成碳酸盐
地核	Fe_xC_x		

4.2　地球系统各圈层中碳的赋存

如果不考虑岩石圈里碳酸盐等固态碳库，地球表层系统的碳库总储量约为 40 多万亿吨（$>4\times10^4$ Gt），其中 38 万亿 t 在海里（图 4-2；Houghton，2007），是在人类时间尺度上进行碳循环的组成部分。如果从地质角度看，除了上述“表层”碳库之外，还有高三个数量级的地质碳库，包括 6 万万多亿 t（$>6\times10^7$ Gt）的碳酸盐和 15000 多万亿 t（$>1.5\times10^7$ Gt）的有机碳，在至少万年以上的地质尺度上进行碳循环（Berner and Caldeira，1997）。

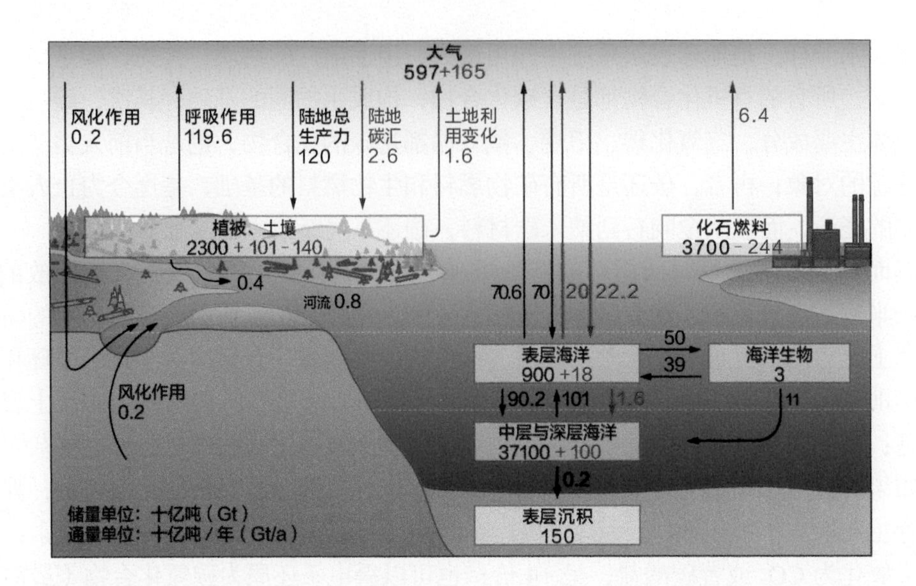

图 4-2
全球碳储库和年通量（20 世纪 90 年代数据；据 IPCC，2007 改）
黑色表示工业化前的储量与通量，红色表示人类活动引起的储量与通量变化

4.2.1 大气圈

现在大气里碳的总量有 7 千亿 ~8 千亿 t（700~800 Gt），听起来数量很大，其实碳在大气圈里的浓度很低，不过因为有温室效应而显得特别重要。CO_2 是水汽以外最主要的温室气体，浓度只有大气的万分之四；另一种温室气体甲烷（CH_4）的浓度还不到百万分之二，但是产生的温室效应很强。大气 CO_2 浓度 2011 年升至 391 ppm，现在已经破 400 ppm 界线，但这里说的是全球平均数，实际上大气圈的 CO_2 浓度并不均匀，有明显的时空变化。

20 世纪前期人类并不知道，也不关心大气里有多少碳。就像活化石植物水杉的发现一样，大气 CO_2 的浓度变化是先从地质研究提出，后来才有现代记录的。早在 19 世纪末，瑞典的 Svante Arrhenius 就提出大气 CO_2 的增减可能引起冰期旋回；而现代大气 CO_2 的浓度变化，要等到美国的 Charles David Keeling 从 1958 年起才在夏威夷高山上开始测量。结果发现，空气中的 CO_2 浓度随着光合作用不但有昼夜的变化，而且有明显的季节升降（Keeling，1960）；同时还发现了 CO_2 浓度有逐年上升的趋势，直至现在。测量表明，大气 CO_2 浓度的分布受植被生长和海气交换控制。现在陆地植被主要在北半球，因此 CO_2 浓度在北半球生长季前夕的 5 月最高、10 月最低（图 4-3）。这根著名的“基林”曲线，是人类实测 CO_2 的最长记录，开始测量时候想要发表文章都很困难，被认为“没有意义”，几十年后才发现其重要性，Keeling 在 2005 年获得了泰勒奖。

虽然说大气圈的碳库对人类生存环境至关重要，但是在自然界的地球表层碳储库里，只是微不足道的一小部分：大气圈的碳含量比水圈的碳含量低两个数量级（图 4-4），比岩石圈碳含量低六个量级。因此，大气圈的 CO_2 浓度对其他圈层里的“风吹草动”都十分敏感，都可以通过温室效应影响气候。

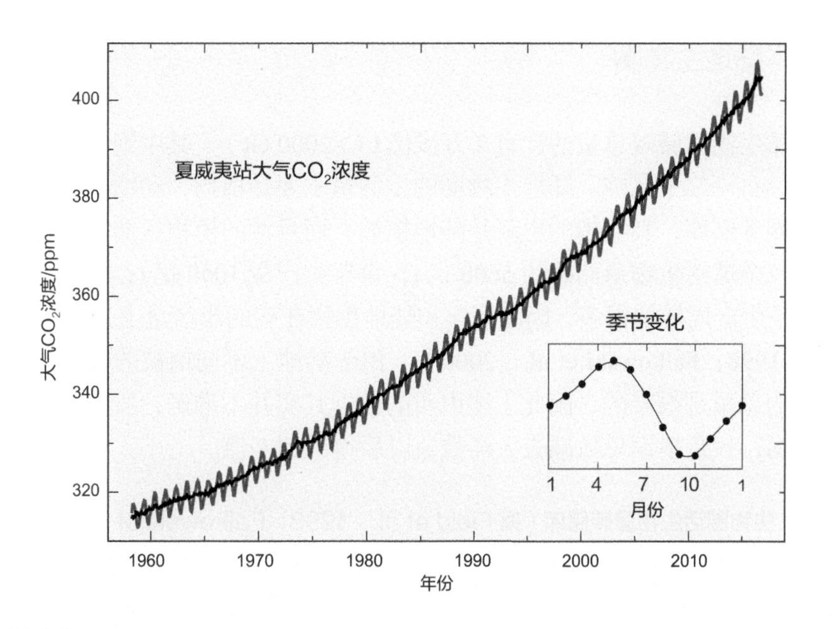

图 4-3
1958 年以来夏威夷 Manua Loa 站大气 CO_2 浓度实测记录（图片来自 NOAA，http://www.esrl.noaa.gov，经编辑修改）

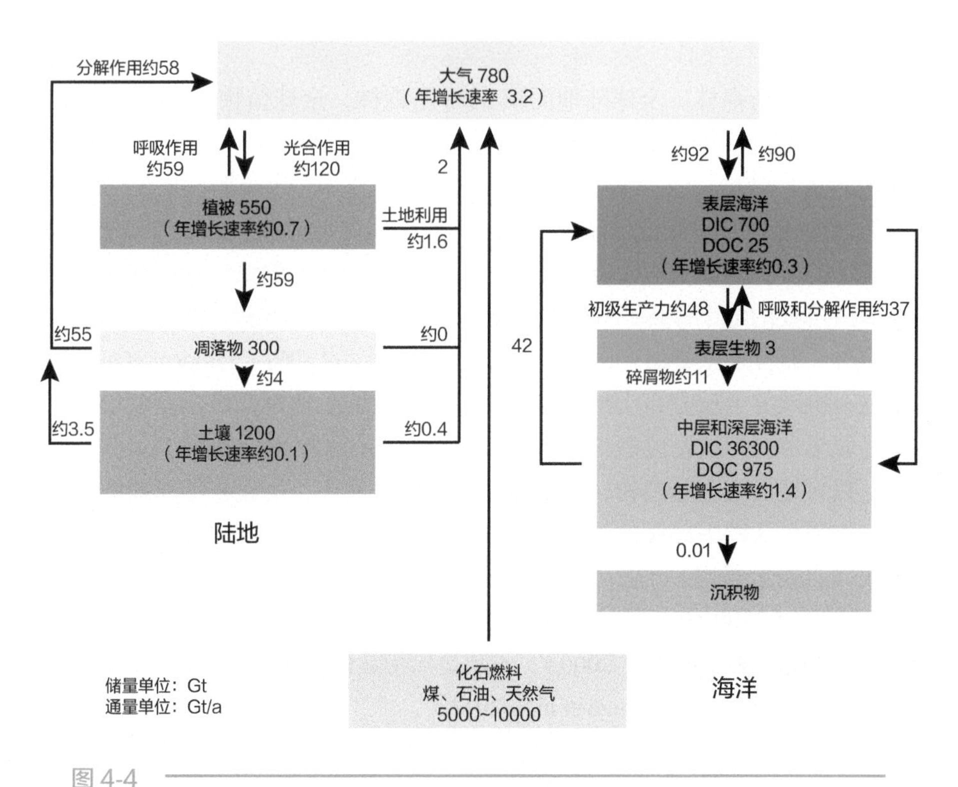

图 4-4
全球碳循环（20 世纪 90 年代数据；据 Houghton，2007 改）
注意此图与图 4-2 的部分数据有所不同，反映出不同作者的估算差异

4.2.2　陆地生物圈

整个地球生物圈储碳总量估计有 2 万多亿 t（>2000 Gt），其中绝大部分在陆地上，海洋生物圈只有一二十亿吨。陆地生物圈的生物量主要是植物，动物只占千分之一。因此所谓生物圈碳储库，其实指的也就是陆地植被，而且活的植物里储碳还没有死的植物多。据估计，全球活生物量储碳约 5600 亿 t，每年生产量 1049 亿 t；其中海洋的生物量虽然低，但是生产周转快得多，因此海洋和陆地生物在碳的年产量上几乎持平（表 4-2；Field et al.，1998；Falkowski et al.，2000）。由于陆地上不同植被的含碳量变化极大，要测出全球的总量是很难的，因此上述引用的数据其实并不准确，所谓全球陆地生物圈碳平衡的数据，只是根据总数减去大洋数值以后得出的差值。

表 4-2　生物圈活生物量碳储库（据 Field et al.，1998；Falkowski et al.，2000 等）

碳储库	总储量 /Gt	年产量 /(Gt/a)	单位面积产量 /[g/(m^2 · a)]
陆地植物	560	56.4	426
海洋生物	1~2	48.6	140
陆地、海洋合计	560	104.9	
微生物	13~550		

陆地植物主要指森林。全球陆地面积 30% 是森林，全球植物总生物量的 92% 属于森林、66% 属于热带森林（Pan et al.，2013）。相比之下，草原的面积更大，但是储碳量却微不足道。陆地植被生物量所储的碳和大气圈的碳储量都是几千亿吨，属于同一量级；然而植被里死的有机质储碳多得多，土壤里的碳是植物碳的 2~3 倍（图 4-4；Houghton，2007）。地面植物含碳在低纬区多，而土壤里含碳量最高的却是北半球的高纬区。全球最重要的地下碳库，是从西伯利亚到加拿大的环北极冻土带，面积相当于全球土壤的 16%，而含碳总量却高达全球地下有机碳储库的 50%（Tarnocai et al.，2009）。于是在陆地有机碳的全球分布上出现有趣的反差：活的生物量在热带密度最大，而地下土壤碳却是北半球高纬区密度最大（图 4-5；Scharlemann et al.，2014）。

可见，只看地面之上的植物，不看地下的土壤，就不可能正确估算陆地的碳储量。不但如此，如果对于地下储碳的深度估计不足，同样不能认识陆地碳循环的真实规模。全球在土壤顶层最上部的 1 m 里，含有的碳是 1.5 万亿 t（1500 Gt）；如果顶层算到 3 m 厚，那就有 2.3 万亿 t（2300 Gt）碳。值得注意的是这种地下有机碳，在高温多雨的热带落叶林最多（Jobbágy and Jackson，2000），尤其是热带湿地的泥炭层，厚度可以超过 10 m，是生物圈碳储库的重要组分（Page et al.，2011）。

近年来科学界的一大发现，是地球上微生物的数量极大，我们在第 5 章里还将专门讨论，但是微生物储碳量的估计就更不准确。加上了微生物，全球生物量就大大增加，但是调查研究还在起始阶段，对于全球海洋和陆地微生物总量的估计值相差极为悬殊：多到含碳 5500 亿 t，和全球植物的总量相当（Whitman et al.，1998）；少到 130 亿 t

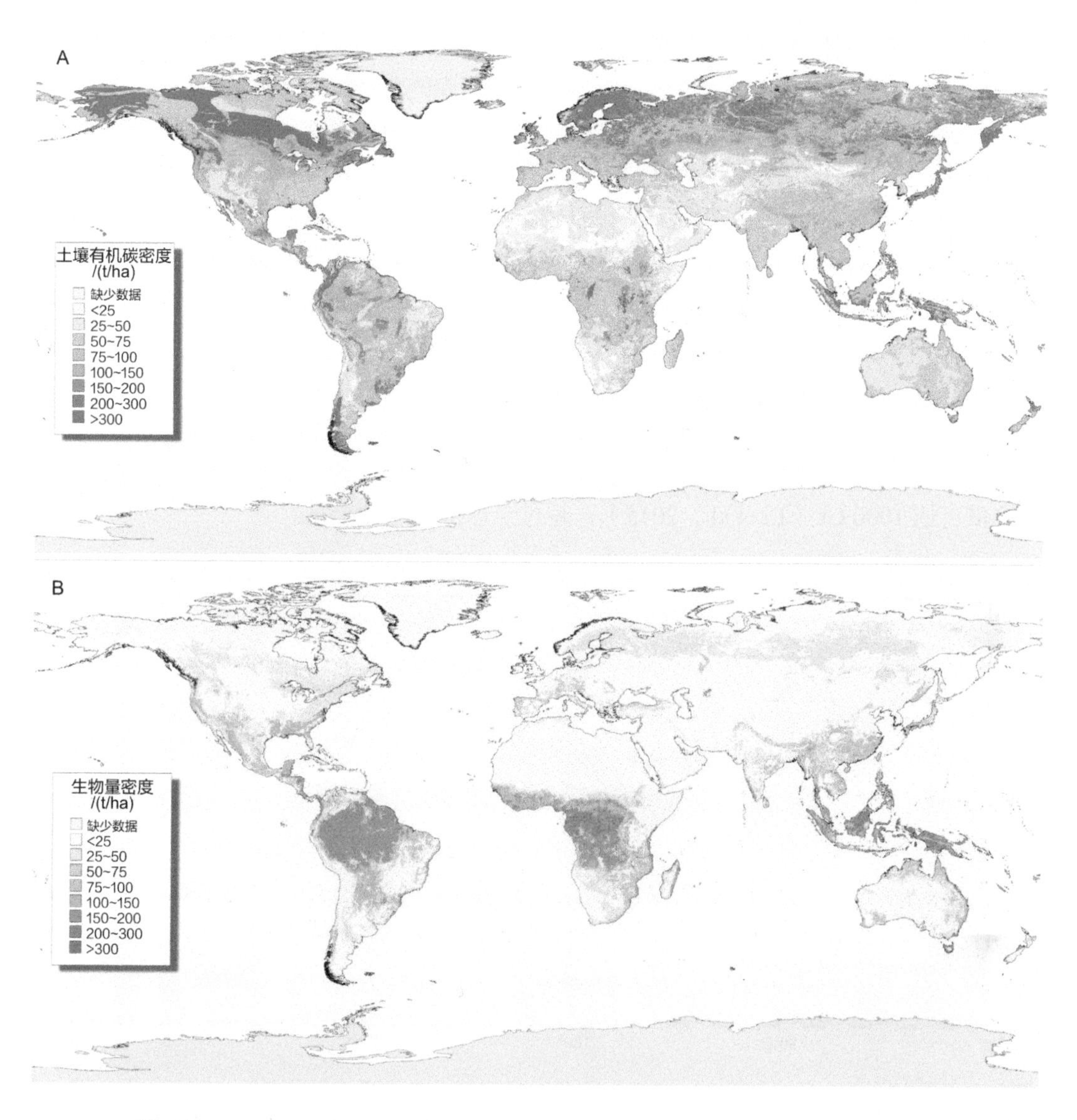

图 4-5
陆地有机碳密度分布图（据 Scharlemann et al.，2014 改）
A. 土壤（顶层 1 m 内）；B. 生物量（地上与地下活生物量）

（Kallmeyer et al.，2012），两者相差 40 倍以上（表 4-2）。总而言之，生物圈是地球表层系统里极为活跃的碳储库，但是我们对它的定量认识还差得很远。

4.2.3　水圈

大洋水体是地球“表层”碳库中最大的一个，碳存量高达 38 万亿 t（38000 Gt），是大气的五六十倍。溶解在大洋中的几乎全是无机碳，如果把生物和颗粒都算上，有机碳总含量也不过 1 万亿 t，比无机碳低几十倍（Falkowski et al.，2000）。大洋的主体是中层、深层水，同样大洋的碳储库主要也在中、深层（图 4-4）。其实无机碳的浓度，深层水只比表层水高 15% 左右。表层与中、深层储库的悬殊是两者体量差异造成的。

大洋是地球表层不同圈层之间碳交换的主要场合，因此海洋水体中的碳有着强烈的时空变化。对大气，海水是大气 CO_2 浓度变化的缓冲剂，通过海气交换造成表层 CO_2 分布的地理格局；对海底，海水调节着海底碳酸盐的沉积与溶解，可以改变海水中 CO_2 浓度的垂向变化。现代世界大洋中含碳量分布的测量，从 1970 年代 GOSECS 计划开始，经过 20 世纪 90 年代 GLODAP 计划等的努力，精度和覆盖面都已经大有提高，如图 4-6 所示，是 90 年代表层海水溶解无机碳分布图（Key et al.，2004）。

地球表层的水 97% 在海里，陆地的河湖水只及其万分之一，其中的含碳量不必在此讨论。然而陆地上的液态水主要是地下水，占据地球表层总水量的 1%~2%（表 3-1）。最近发现沙漠底下的地下水，能随着灌溉水而聚集无机碳，由此推测全球沙漠地下水含碳总量可达 1000 Gt（Li et al.，2015），超过全球植物的含碳量。

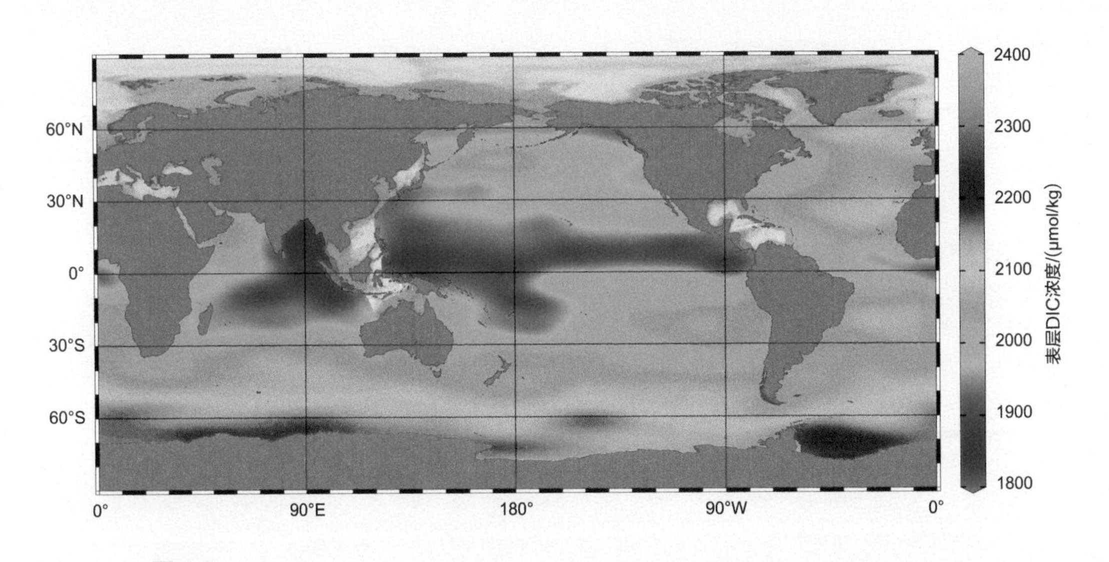

图 4-6
20 世纪 90 年代大洋表层溶解无机碳分布图 [数据来自 Global Ocean Data Analysis Project (GLODAP) climatology]

4.2.4 岩石圈与地球深部

与地球表层碳库的 40 万亿 t（4×10^4 Gt）相比，岩石圈里的碳要多出将近 2000 倍：其中多数是无机碳，在碳酸盐岩石里（$>6\times10^7$ Gt），少数是有机碳，作为干酪根在页岩里（1.5×10^7 Gt）（Falkowski et al.，2000）。这些岩石圈里的碳，绝大部分并不直接参加上述地球表层的碳循环，但是至少有两类例外：一是海底的碳酸盐沉积（见图 4-2 的“表层沉积”）；二是地下的“化石燃料”（见图 4-2），包括煤、石油、天然气。前者是海洋碳循环的归宿，从水圈进入岩石圈；后者是人类开采利用的能源，从岩石圈放回大气圈。

地球深部有多少碳，现在并不知道，只能从陨石提供的地球物质来源，或者从大洋中脊流出的地幔物质进行推论。地幔里碳的含量肯定不均匀，假如是含量占 50 ppm 到 550 ppm 的混合体，那么整个地幔大概有（0.8~12.5）$\times 10^8$ Gt（Desgupta and Hirschmann，2010），高于岩石圈十多倍，比地球表层碳库高出四个量级。尽管地幔中碳的相对含量极低，对于地球表层系统却有着重大影响，是构造尺度上碳循环的主要机制。地表的碳酸盐通过板块俯冲过程带入深部地幔，然后再通过火山作用把深部碳以 CO_2 的形式释放回大气，形成地球深部与表层之间的碳循环，对此后面还将讨论。因为硅酸盐中碳的溶解度太低，固体地幔中的碳主要是以包裹体的形式存在于矿物颗粒中，也有少量存在于矿物的裂隙及矿物之间的缝隙中（见张洪铭、李曙光，2012 综述）。

根据氧化还原条件的不同，地幔里的碳作为副矿物或者包裹体呈不同形式出现：可以是碳的氧化物，比如火成碳酸盐（carbonatite）或者流体包裹体里的 CO_2；可以是单质碳，如石墨和金刚石；也可以是还原碳，如包裹体里的 CH_4（Deines，2002）。火成碳酸盐在地面很少见，著名的是坦桑尼亚东非大裂谷 Ol Doinyo Lengai 火山流出的碳酸盐岩浆。石墨可以在矿物表面或者裂缝里，呈薄膜或者颗粒出现。

有趣的是金刚石。前面说过（见 2.4.2 节），金刚石形成于 150~450 km 下的地幔深处，在上千度的高温和高压下结晶而成，只有火山爆破才会随着熔岩流上升接近地球表面，形成含金刚石的金伯利岩。现在知道，除了大陆克拉通区的金伯利岩之外，大洋岩石圈下的地幔也会产生金刚石出现在蛇绿岩里（Yang et al.，2015）。其实大量金刚石富集在上下地幔的过渡层里，只是送上地面的机会太少，使得金刚石成为珍稀的宝石。本来在宇宙里碳的丰度不低，金刚石并不像在地球表面那样罕见。科学家们认为有的星球上可能下“钻石雨”（McKee，2013），也有的星球本身就是颗“钻石星”（Bailes et al.，2011）（见附注 1）。

至于地核里的碳，那就更加不清楚了。从地震波揭示的密度看，地核的成分不可能只是铁，必定还要有包括碳在内的较轻元素存在。根据高温高压试验结果推想，地球内核应当有碳和铁的化合物如 Fe_7C_3，改变了地核的物理性质（Prescher et al.，2015）。

4.2.5　碳储库与稳定同位素

每个碳原子核有 6 个质子和 6 个中子，但是少量的碳原子多 1 个中子，于是形成两种稳定同位素 ^{12}C 和 ^{13}C。自然界里主要是 ^{12}C，占 98.89%，^{13}C 只占 1.11%。由于光合作用将无机碳转化为有机碳时偏向于用 ^{12}C，因此这两种同位素的比值可以用来识别碳循环中的无机和有机碳，也就是氧化和还原之间的转换，通常用 $\delta^{13}C$ 表示[①]。有机碳 $\delta^{13}C$ 偏轻，无机碳 $\delta^{13}C$ 偏重，碳循环造成的氧化和还原之间的变换（表 4-1），都会记录为碳同位素的变化。

和氧同位素一样，碳同位素用于环境再造也是从海洋有孔虫壳体的方解石开始，但

① $\delta^{13}C(‰)=[(^{13}C/^{12}C)_{样品}/(^{13}C/^{12}C)_{标准}-1]\times 1000$

附注 1：金刚石

金刚石是由碳元素组成的单质晶体，每个碳原子都与另外四个碳原子形成共价键，构成正四面体，晶体中不存在独立的小分子，整个晶体相当于一个大分子，因此具有最大的硬度和独特的光学性质，是在地幔高温高压条件下形成的原子晶体。随着板块俯冲进入地幔的碳酸盐，在高温高压下熔融，和地幔里的金属铁相互作用，还原为碳原子，如果温度压力比较低就形成石墨，比较高就形成金刚石（Rohrbach and Schmidt，2011）。由于金刚石的密度稳定，当地幔变热涌升的时候相对变重，于是停留在 400~600 km 的地幔过渡带，形成金刚石富集层。

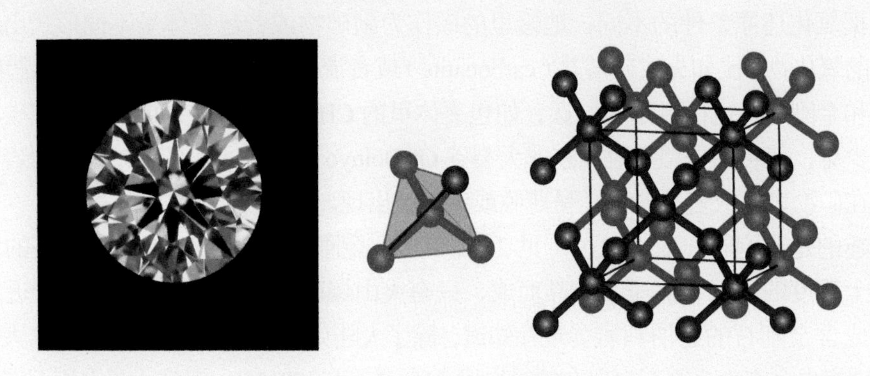

金刚石及其晶体结构

形成金刚石的自然条件，其实在地球以外的星球上更容易出现。因为甲烷在宇宙里有广泛的分布，只要有高温高压的条件，就可以形成金刚石，比如天王星和海王星。近来科学家们提出，土星和木星也可以形成金刚石，因为太空船“卡西尼”号在土星的上层云团中发现过巨型闪电雷暴，推测足以使大气中的甲烷转化为金刚石。红外图片上的黑色风暴区域，很可能就是甲烷分子分解成碳，形成烟灰颗粒的区域，这些碳颗粒下沉，随着压力增大和温度提高先变为石墨，最后变为金刚石，这种现象被形容为下“钻石雨”（McKee，2013），虽然这类假设有人并不赞成。更加惊人的是距地球 4000 光年的一颗白矮星，最低密度只有 23 g/cm^3，推测主要由碳组成，如果正确，那就可能整个星球就是由金刚石组成的“钻石星”（Bailes et al.，2011）。

是碳同位素的应用要晚得多。无论 δ^{18}O 还是 δ^{13}C，当时都将海洋碳酸盐定义为 0，而在碳的氧化还原序列中碳酸盐处在氧化一端，因此各个储库中的碳都呈现负值：大气的 δ^{13}C 是 –7‰，地幔的 δ^{13}C 是 –5‰，而有机碳 δ^{13}C 都是负值，只有海水里的无机碳才是 0‰。不同的生命过程中，碳同位素分馏的程度不同：一般树木的 δ^{13}C 在 –25‰左右，C_4 草本植物大约 –13‰，而微生物活动形成的甲烷碳同位素可以轻到 –50‰上下（图 4-7），分馏的不同为追踪碳循环的过程提供了宝贵的证据。

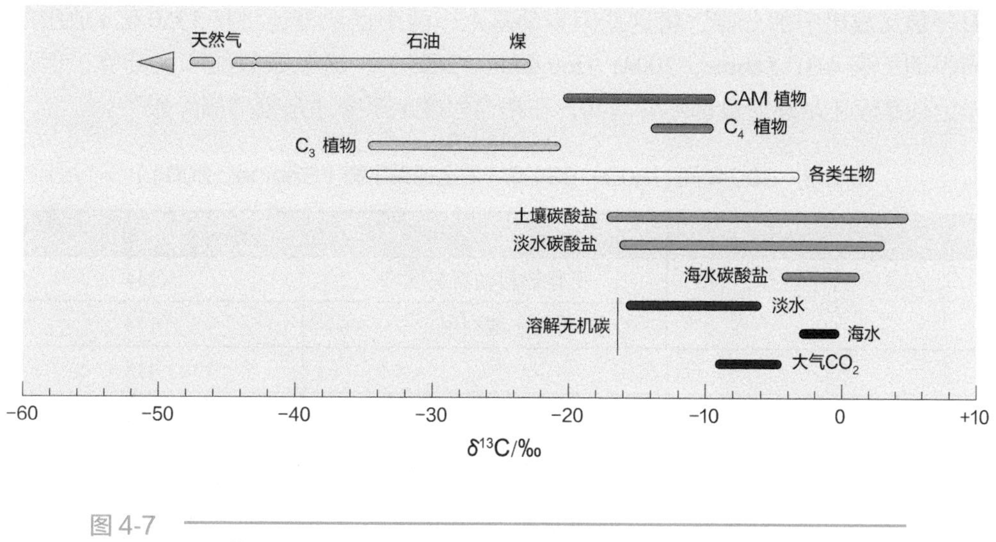

图 4-7
不同碳储库 $\delta^{13}C$ 的数值范围（据 Leavitt，2009 改）

4.3 地球表层系统的碳循环

碳循环主要是生物地球化学过程，因此比水循环复杂得多。为便于阅读，我们把生命活动的部分放在第5章里展开，而本章分成三个层次讨论碳循环：先从现代过程，也就是人类排放二氧化碳的去处开始；再转入冰期旋回，在万年尺度上讨论冰期和碳循环的关系；然后在构造尺度上，讨论“地质碳库”的演变。

4.3.1 寻找失踪的碳

人类对于碳循环的关切，源自 CO_2 的温室效应。虽然作为物理现象的温室效应，在19世纪早期已经发现，但是首先提出大气 CO_2 增多会造成全球变暖的，是诺贝尔化学奖得主，瑞典的 Svante Arrhenius（1896），不过他预计20世纪 CO_2 浓度增加只有6 ppm，比实际记录少了十多倍。与今天不同，直到1970年大气 CO_2 的增加并不被认为是坏事；相反，它不但可以提高粮食产量，还可以预防新冰期的来临，应当是人类的福音，提出温室气体导致全球变暖会威胁人类生存环境，是20世纪80年代以来的事（《全球变化及其区域响应》科学指导与评估专家组，2012）。

当学术界意识到温室效应的重要性，着手给大气 CO_2 认真“查账”的时候，却发现收支无法平衡：大气 CO_2 浓度的增加量，明显少于化石燃料燃烧的释出量。于是学术界又去寻找“失踪的碳”，追踪地球表层的碳循环。据估算，19~20世纪燃烧的矿物燃料，加上石灰燃烧总共释出2440亿t的碳，而大气中只增加了1650亿t碳，两者有很大的差距（表4-3）。在此期间海洋通过生物泵等作用吸收一部分碳，而森林砍伐、农田开垦又放出一部分碳，将这些因素都算上，两个世纪里还是有 1350 亿 t 放出的碳去向不明（表 4-3；Sabine，2004；Houghton，2007）。这笔账只能和大陆算，但是大陆无论碳储库还是碳通量都不容易测，在相当程度上至今还是笔“糊涂账”。

表 4-3　200 年间 (1800~1994 年) 的全球碳平衡（Sabine，2004）

	过程	质量 /Gt
放出	矿物燃料与石灰燃烧	244
	土地利用	174
合计放出		418
吸收	大气圈增加	165
	海洋吸收	118
合计吸收		283
差值：陆地应吸收		135

碳平衡“糊涂账”的根源在于碳循环实测数据的不足，和由此造成的碳循环具体机制不明。现在碳循环的模式，建立在“平面式”的数据之上：CO_2 浓度是根据近地面的数据，陆地生物圈根据地面以上的活生物量，海洋是根据真光带的观测。其实，碳循环是个穿越圈层的立体过程（《全球变化及其区域响应》科学指导与评估专家组，2012）。至今陆地上“失踪的碳”还是个未解之谜，看来相当一部分是在地下进了土壤，或者还有一部分进了地下水，有待下面逐一讨论。

4.3.2　表层海的碳汇与碳源

海洋是个大碳库，通过表层的海气交换调控着大气 CO_2。在中、高纬度的海区吸收 CO_2，低纬度海区释放 CO_2（图 4-8），总体来算海洋每年吸收大气约 16 亿 t 碳（Takahashi et al.，2009）。如果细心的读者将图 4-8 和图 4-6 比较，就会发现放出 CO_2 的海面（如赤道大洋），偏偏是溶解无机碳的低值海区，而吸收 CO_2 的反而是溶解无机碳的高值区。原来表层海水的 CO_2 通量，主要取决于海水溶解度和生命过程（“溶解度泵”、“生物泵”，见下文），而海水溶解无机碳的含量，主要取决于物理过程，包括大洋环流和水文循环的影响（Murnane et al.，1999）。这些跨越圈层的过程具有不同的时间尺度，从而增加了碳循环研究的复杂性。

海洋对大气 CO_2 的吸收作用，可以形象地比喻为“泵”，具体有三种机制：溶解度泵、生物泵、碳酸盐泵。最直观的是溶解度泵，如果海面上大气 CO_2 的分压比表层海水的大，CO_2 就会溶解在海水里直到两者平衡。而冷水里 CO_2 的溶解度比暖水高，现在的北大西洋高纬区溶解了大量的 CO_2，因此这里是表层海水吸收最强的海域（图 4-8），又冷又咸的海水因密度过大而下沉，将溶解的碳带入深层海水。

生物泵通过海洋浮游植物的光合作用，每天从大气吸收的碳超过 1 亿 t（Behrenfeld et al.，2006）。但是这些碳并不能直接进入深海，通常需要通过生源颗粒的沉降作用带

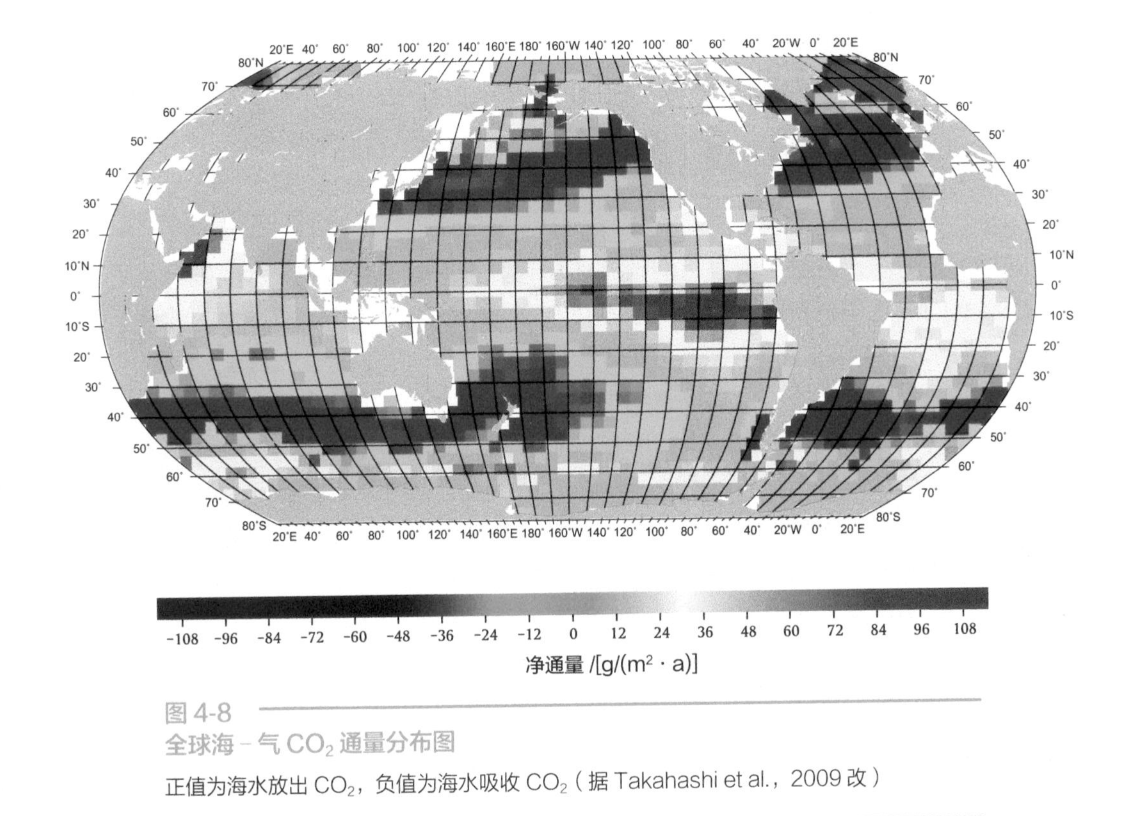

图 4-8
全球海－气 CO_2 通量分布图
正值为海水放出 CO_2，负值为海水吸收 CO_2（据 Takahashi et al.，2009 改）

入深海或沉积物中。另外，像颗石藻之类具有碳酸钙质骨骼的浮游植物，一方面通过有机质的形成从大气吸收 CO_2，另一方面其钙质骨骼的生产又会向大气释放 CO_2：

$$Ca^{2+} + 2HCO_3^- \longrightarrow CaCO_3 + H_2O + CO_2 \uparrow$$

因此，具钙质骨骼的浮游生物泵具有两重性：有机碳泵（或者叫“软体泵”）吸收碳，而碳酸盐泵释放碳（图 4-9）。

海洋和大气的碳交换并不都是生物的作用。CO_2 在海水里的溶解受多种物理因素控

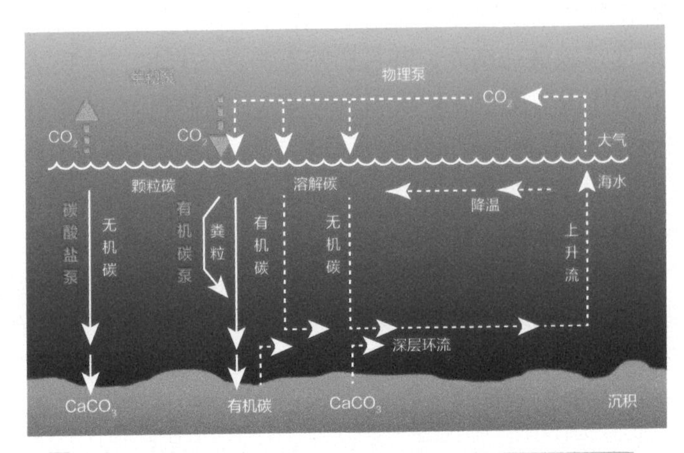

图 4-9
海洋吸收大气 CO_2 的生物泵和物理泵

制，海水里的碳又会随海水的流动而运移，因此碳的海气交换不但有生物泵，还有物理泵（图 4-7），两者的结合决定着大气和海水之间的碳循环。

4.3.3 深层海的碳汇与碳源

同样都是海洋，表层和深层水的碳循环却有着根本的不同：表层水的碳是与大气交换，深层水的碳是和岩石圈交换，两者不在一个时间尺度上运作。表层水的溶解无机碳比中、深层水少 50 倍（图 4-4），可是表层水的碳循环以年、月计，深层水以千年计。表层和深层两个碳储库的成分和数量也大不相同，与大气交换的表层水，其碳储库不足海水总碳量的 1/50，真正的海洋碳储库在深水。海洋的碳库主要是无机碳，比有机碳多几十倍（图 4-4），与陆地完全不同。海洋与大气通过生物泵和溶解度泵进行碳交换，输入以无机碳为主；而输出则有有机碳和无机碳两种沉积，最后有一部分进入岩石圈以至于地幔（图 4-9）。

因此，对深层海水来说碳循环的主要内容是碳酸盐的变化：深海海底碳酸盐的沉降和溶解，属于千年以上时间尺度的缓慢过程，在冰期旋回中是海洋调剂大气 CO_2 的重要途径，我们留在下一节（4.4.2 节）讨论。当前大气 CO_2 增加造成的后果主要在表层海水，即 pH 下降带来的所谓“大洋酸化”，影响所及还是在表层海水里的珊瑚和翼足类的文石骨骼。

近些年来深海探索的一个重要发现，是海底冷泉排放的碳。最为著名的是可燃冰，它是锁在冰的晶格里的天然气，所以学名叫天然气水合物（见附注 2）。可燃冰是一种高度压缩的固态天然气，主要成分是甲烷，只有在低温和高压下才能形成，所以在千米上下的深海底里分布最广，分布范围可能占海洋总面积的 10%。甲烷可以是海底地层里的有机质在缺氧环境中由细菌分解而成，也可以来自地球深部。一旦海水温度上升或者压力减小，天然气水合物也会立刻分解而放出 160 倍体积的甲烷，尽管对于其总储量的估计差异十分悬殊，工业开采也尚待实现，却无疑是新世纪重要的新能源。

海底可燃冰释出的甲烷在海水中上升、氧化，形成海底的冷泉，支持着化学合成的冷泉生物，形成冷泉碳酸盐结壳，并且影响着海洋的环境。冷泉活动在今天和地质历史上都起着重要的作用，由于冷泉碳酸盐的 $\delta^{13}C$ 值特别低，不难在地质记录里发现（Campbell，2006）。海底释放碳的不仅有冷泉，还有热液。在北大西洋中脊的侧翼，深海蛇纹岩化造成的低温（90 ℃）热液口，就形成了碳酸盐质的“白烟囱”，可以高达数十米（Ludwig et al.，2006）。

需要特别介绍的是海底热液支持的二氧化碳湖。深海热液区从深部释出的 CO_2，可以在海水的高压低温下形成水合物或者变成液态，从海底喷出。在冲绳海槽水深约 1400 m 的热液口，早在 1990 年就发现除了黑烟囱外还有液态的 CO_2 从海底呈气泡状释出，与 3.5 ℃的冷海水接触后立即形成 CO_2 的水合物管（图 4-10 B；Sakai et al.，1990）。同样在西太平洋马里亚纳北弧，水深 1600 m 的海底火山上，也有两种液体喷出：一种是 103 ℃富含 CO_2 的热液，一种是 <4 ℃富含珠滴的冷液，珠滴的 98% 由 CO_2 组成（图 4-10A；Lupton et al.，2006）。这种种现象的根源在于海底有 CO_2 水合物覆盖在液态

附注 2：笼状构造水合物

为什么 CH_4 和 CO_2 在深海低温高压条件下，都会形成水合物？原来这都是所谓笼状构造（clathrate），也就是一种分子被锁在另一种分子的晶格里。可燃冰是甲烷分子锁在水分子的固态晶格里（见下图），如此形成的天然气水合物（gas hydrate），就是一种笼状构造水合物（clathrate hydrate）。如果锁的不是 CH_4 而是 CO_2，那就是另一种笼状构造水合物。科技界正在研究，能不能在开采海底可燃冰的同时，把人类产生的 CO_2 送进晶格里取代 CH_4，在开采甲烷的同时又截存了 CO_2，一举两得 (Park et al.，2006)。

笼状构造水合物，其实在低温高压的海底环境中很容易形成，比如在输气管里就会形成水合物，引起管道堵塞的工程问题。这类水合物在地外星体的低温条件下更是十分常见。火星上曾发现有"流水活动"的证据，但由于温度过低，火星上的水呈固态、CO_2 呈液态，观测到的"流水活动"实际上是 CO_2 水合物爆发后的气化，形成气体支持的密度流，与火山爆发相似（Hoffamn, 2000）。再如土星的卫星土卫二（Enceladus）是个小月亮，直径只有 500 km，但是在其南极有间隙性喷口，喷出含冰晶的水汽，现在看来这也是 CO_2 水合物，在地表以下几千米的冰层里发生汽化喷发的表现（Gioia et al.，2007）。

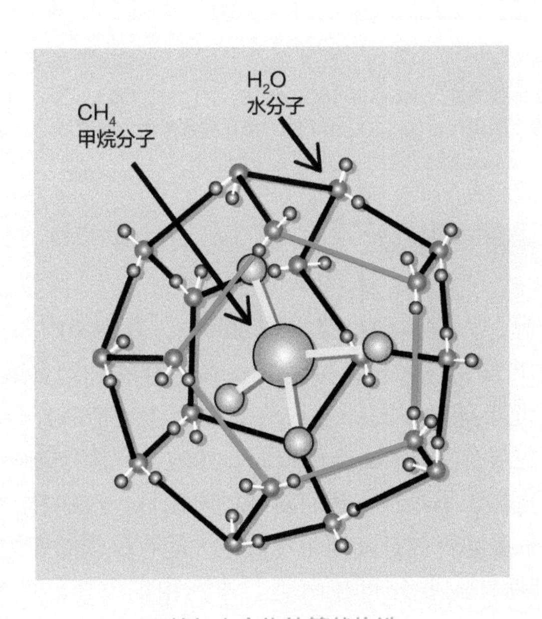

天然气水合物的笼状构造

的 CO_2 之上，堪称海底的"二氧化碳湖"（Iganaki et al.，2006；Nealson，2006）。

当然，甲烷和二氧化碳要在深海底下高压低温条件下才呈液态，这是在今天地球条件下的现象，如果放眼太阳系看外行星的一些卫星，那就是另一番景象。土星最大的卫星土卫六（Titan），表面温度 –180 ℃，甲烷、乙烷都呈液态，甲烷湖可以有地球上里海那么大的面积（Stofan et al.，2007；Raulin，2008），只不过湖床不是岩石，而是固态的水冰，“湖水”的来源也是靠甲烷雨、乙烷雨注入湖盆，其特殊景色超越地球人的想象。

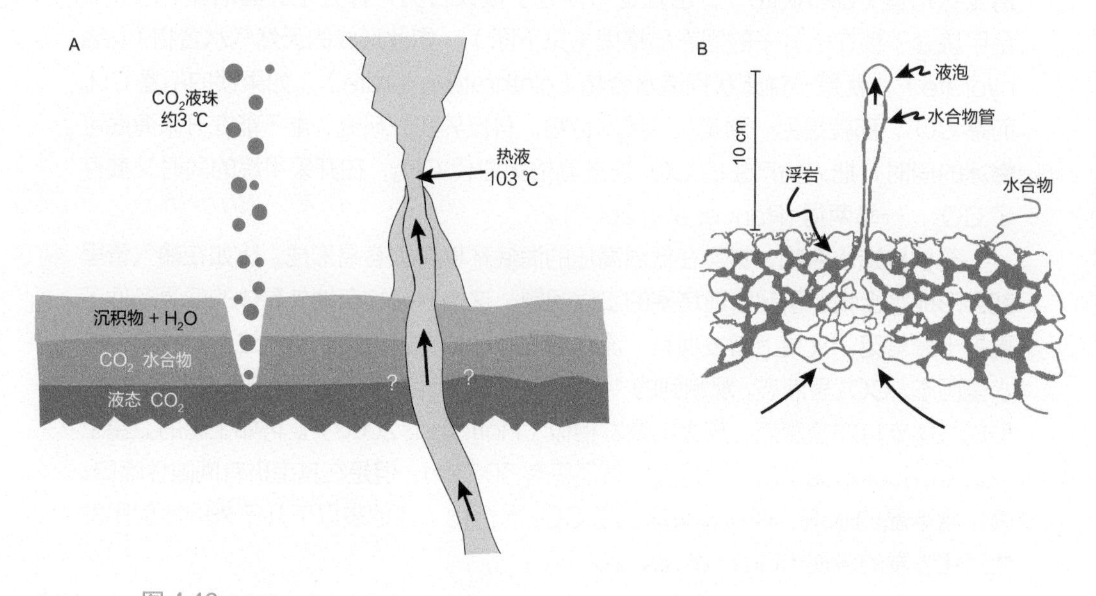

图 4-10
深海 CO_2 湖的喷口

A. 太平洋马里亚纳弧海底火山（水深 1600 m）的 CO_2 喷口（据 Lupton et al.，2006 改）；
B. 冲绳海槽热液口附近（水深 1400 m）的二氧化碳水合物（据 Sakai et al.，1990 改）

4.3.4 陆地的碳汇与碳源

根据几年前的计算，人类活动每年排碳 80 亿 t，其中 80% 来自矿物燃料，20% 来自土地利用；这些碳 40% 留在大气，余下的 60% 海洋和陆地各取一半。从前的认识，陆地吸收碳的主角是北半球中、高纬度的植被，但是大气 CO_2 分布的实测结果表明热带才在陆地碳汇中起主导作用（Burgermeister，2007）。热带森林在全球碳循环中起着关键作用，其中包括雨林、季雨林，还有湿地的湿雨林、红树林，而从碳储库角度看，还有湿地的泥炭。热带湿地森林是陆地生物圈最大的有机碳储库之一。

现在地球上热带森林主要分布在南美、非洲和东南亚岛屿地区，总共储碳大约 2470 亿 t，其中 1/2 在南美洲的亚马孙河盆地，非洲的刚果河盆地和东南亚各占 1/4（图 4-11；Saatchi et al.，2011）。亚马孙河盆地是当今地球上最大的森林所在地，在全球碳循环中举足轻重，每年通过光合作用和呼吸作用处理的碳就有 180 亿 t，全球的氧气有 20% 来自这里，因而有“地球的肺”之称。然而热带森林对气候变化反应灵敏，比如 2010 年亚马孙河盆地的干旱严重损害植物碳库，加上森林火灾排放储碳，干旱条件压制光合作用，大大削减了储碳能力（Gatti et al.，2014）。

陆地的碳汇不但有地面以上的植物，还有地面以下，我们平常看不见的土壤储碳，

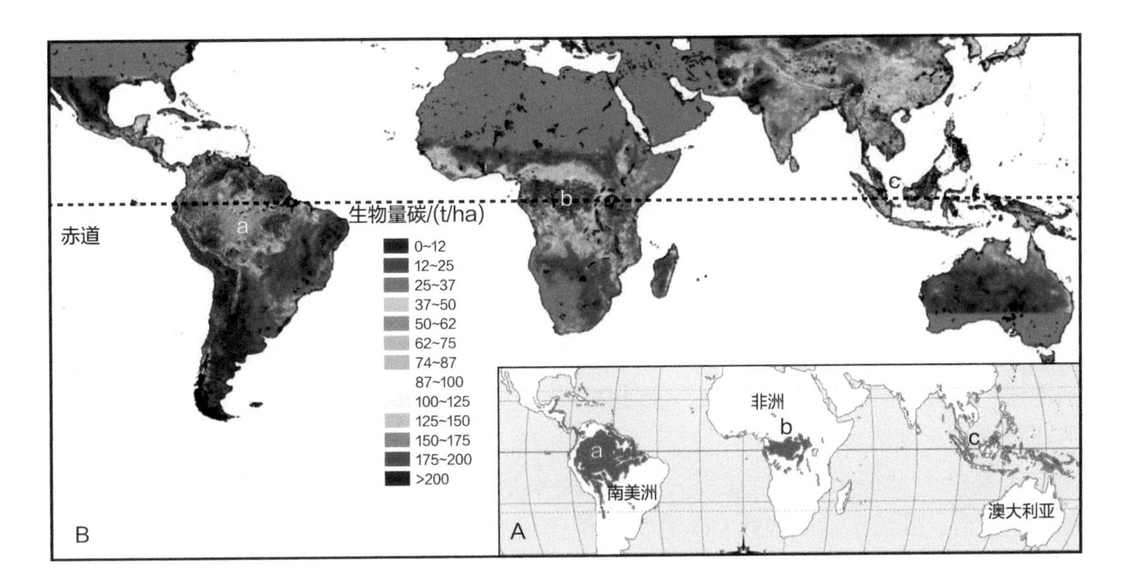

图 4-11
世界三大陆热带森林分布图（据 Saatchi et al.，2011 改）
A. 热带雨林分布区；B. 生物量碳储库；a. 亚马孙河盆地；b. 刚果河盆地；c. 东南亚

而且后者比前者大得多。以前只看地下几十厘米，至多一米以内的碳，现在知道土壤储碳的深度大得多，热带湿地泥炭的厚度可以在 10 m 以上（Page et al.，1999），西伯利亚有的冻土带储碳的平均厚度达 25 m（Zimov et al.，2006），更加凸显了地下碳库在全球碳循环中的重要性。

永久冻土带不仅是全球最重要的地下碳库，还是个非常不稳定的陆地碳储库，只要升温变暖，就可能融化而释放出碳。现在的北半球冻土带里，有的冻土早在十多万年前 MIS 6 冰期时已经形成，12 万年前的上次间冰期（MIS 5）只是融化了一部分；而有的冻土却形成很晚，只是三四百年前小冰期的产物。据估计，现在温度在 0 ℃和 –2.5 ℃之间的冻土，随着全球变暖到 2100 年都可能融化，影响到北半球冻土带一半的面积。而且冻土带的碳库还不以陆地为限，环北冰洋冻土带还向北冰洋的大陆架延伸，其中包括大面积的海底冻土，可以产生更大的气候影响（Grosse et al.，2011）。冻土带对于升温的反应，包含着复杂的生物地球化学过程，其中有微生物活动加强分解有机碳，可以释放另一种温室气体 CH_4，由此产生的温室气体排放，也将在变暖过程中长期延续（Schuur et al.，2015）。

陆地储碳与全球变暖的关系，牵涉到复杂的圈层相互作用。随着全球变暖，陆地生态系统的碳汇作用究竟是加强还是减弱？十几年前的主流观点是陆地碳汇作用加强，因为根据所谓“CO_2 施肥”的原理，植被生长应当加速。但是近年来新的观测和新的计算，发现的却是相反的趋势：树木生长反而在减慢，而热带树林的碳源作用却有所加强（《全球变化及其区域响应》科学指导与评估专家组，2012）。

大陆储碳，不限于植被的有机碳，比如沙漠底下就可能有我们意想不到的碳储库。这里说的是无机碳，它在盐碱地的地下水里最容易溶解，因为 CO_2 在水里的溶解度随盐度呈线性增大，而随碱度呈指数增长。最近发现：塔里木沙漠底下也可以通过灌溉水等机制，将盐碱地的无机碳通过淋滤作用送入地下水，估算每年可有 3.6 Tg 碳，说明干旱区咸的地下水里有个巨大的碳库，开启了探索当代碳储库的新途径。这类现象在美国西部的沙漠区也有发现，应当属于全球现象。如果所有干旱区都以塔里木沙漠的速度储碳，那么全球干旱区地下咸水的碳储库可以高达一万亿吨（1000 Gt），是陆地植物和土壤之外又一个陆地大碳库（Ma et al.，2014；Li et al.，2015）。

以上讨论了海水、地下咸水的碳循环，并不是说陆地淡水在碳循环里不重要，比如河流就是放出 CO_2 的碳源。虽然淡水碳储库的量不大，但碳的通量可以相当可观，从陆地送入河湖水体里的碳，相当于送到海洋里碳的两倍（Cole et al.，2007）。应当注意的还有甲烷，湖泊和沼泽不但会沉积大量有机碳，还会排放出甲烷，而甲烷的温室效应比 CO_2 高一个量级，只不过是作为碳源，而不是碳汇。有人估计，淡水排放 CH_4 造成的温室效应，抵消了陆地吸收 CO_2 作为碳汇作用的 25%（Bastviken et al.，2011）。总之，科学界要全面认识地球表面的碳循环，还有很长的路要走。

4.3.5 生命过程与水、碳循环

以上讨论了表层海和陆地的碳循环，从生物泵到土壤储碳，说的主要都是生物的生产力，借助光合作用实现无机碳和有机碳之间的转换。其实生物还可以影响水的三态转换，通过水循环来间接影响碳循环，从而实现生命过程、水循环和碳循环三者的联动。这类作用的范围很广，陆地上云、雨的形成都受到植被的影响，而水循环的变化又会反过来影响植被，不过这类过程都并不直观，很容易被我们忽略。

确实，植被的形成改变了陆地水循环的途径。雨水降落地面之后的命运在很大程度上受植物摆布，从根部输送到叶部再返回大气，从而减缓了地面的水流，改变了当地的气候，反过来又影响植被，进而影响土壤和碳循环。植物根系从土壤吸收上来的水分，用来植物生长的只是很小的一部分，97% 以上都是送到叶部后重新汽化回归大气，这就是所谓的“蒸腾作用”（见 3.4.1 节）。蒸腾作用中的水通量比你想象的大得多：庄稼生长从土壤里吸水，总水量是其干重的 200~1000 倍；一颗大的橡树，每年要从土壤吸取 150 t 水。估计全球大陆吸收的太阳能，有一半用在蒸腾作用上，每年送回大气的水高达 6 万 km^3 左右，将近一个里海的水量。根据同位素估计，全球大陆从地面蒸发返回大气的水，有 80%~90% 通过植物，剩下的小部分才是直接蒸发的（Jasechko et al.，2013）。可见植被是陆地水循环的主角，而另一方面植被本身的生长又受水循环调控，因此生命过程成了水、碳循环相互连接的环节。

植被对陆地水循环的另一种影响，是产生气溶胶影响大气的降水过程（Gaberščik and Murlis，2011）。我们在第 3 章里已经介绍过，海洋浮游藻类产生的二甲基硫 DMS 变成硫酸，就是大气中最常见的生物成因气溶胶（3.3.2 中的“云和气溶胶”）；而陆地气溶胶的种类更多，植物产生的孢子花粉和植物碎屑，就可以直接进入大气成为气溶胶（图 4-12）。图 4-12 展示了两类气溶胶：一类如浪沫、尘土、野火烟末，和生物成因的花粉、植物碎屑、微生物等，属于原生气溶胶；另一类如海洋浮游生物产生的

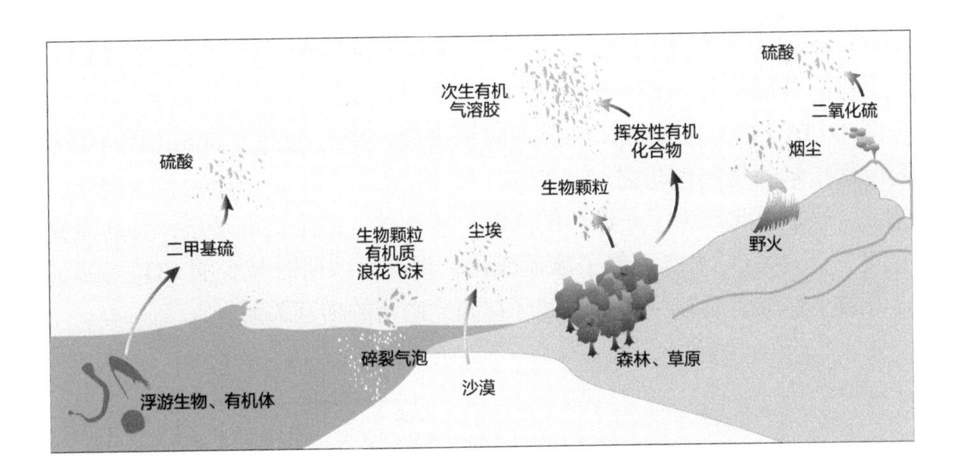

图 4-12
自然产生的气溶胶（据 Andreae, 2007 改）

包括浪沫、尘土、野火烟末，以及生物产生的花粉、植物碎屑和微生物等原生气溶胶；二甲基硫、二氧化硫和挥发性有机质等形成的次生气溶胶

二甲基硫、火山喷发的 SO_2 和挥发性有机质，经过转化以后形成次生气溶胶（Andreae，2007）。

气溶胶对气候的直接影响在改变大气层的反射率和透明度，间接的影响则在于降水云滴的形成（Lohmann and Feichter，2005）。气溶胶是悬浮在大气中的微粒，水汽能在其上凝结而成小水滴，通常称为凝结核。成云的过程，既与凝结核的性质又与水汽的饱和度有关，水汽饱和度只要超过 1% 就能有水汽在其上凝结的，称为云凝结核（cloud condensation nuclei，CCN）。CCN 才是真正造云致雨的大气凝结核，但它们只占气溶胶质量的很少一部分，这类气溶胶颗粒较大，最少也得要有 0.06~0.09 μm 以上的直径（Andreae，2007）。

以上讨论的都是自然过程，现在陆地上人类活动产生大量的气溶胶，使得陆上大气与海洋大气的气溶胶含量差距十分悬殊，只有人类活动稀少地区如亚马孙河盆地，气溶胶的浓度与海洋上空相似（Roberts et al.，2001）。正因为气溶胶含量的背景值低，亚马孙河盆地降水的过程对气溶胶的浓度变化十分敏感。这里能够成为云凝结核 CCN 的是直径 1 μm 以上的气溶胶，而生物成因的这类气溶胶都是亚马孙雨林的产物（Pöschl et al.，2010）。因此，雨林产生的气溶胶影响降雨，降雨影响雨林的生产力和碳循环，于是生命过程构成了将水、碳循环连接起来的环节。

4.4 冰与碳：冰期旋回里的碳循环

“冰碳不同器而久，寒暑不同时而至”——《韩非子•显学》，地球表层是一个“冰碳同器”的系统，因此就难以“久”而不变。这里说的“冰”指的是冰盖的涨缩，“碳”指的是大气里的 CO_2。大气 CO_2 浓度变化，只有 1958 年以来的测量记录，幸好在极地冰芯的气泡里，保留了古代的大气，现在已经测到 80 万年以来的变化（Lüthi et al., 2008）。重要的发现是大气 CO_2 浓度和冰期旋回相一致：深海有孔虫壳体 $\delta^{18}O$ 指示的冰期时（图 4-13A）CO_2 浓度低，间冰期时浓度高，相差上百个 ppm（图 4-13B），连冰芯氢同位素指示的气温也与之一起变化（图 4-13C），说明了冰盖与碳循环和水循环的密切关系。但是由此产生了一连串的问题：冰和碳，谁是鸡谁是蛋？是冰盖变化带动了 CO_2 浓度，还是 CO_2 浓度引起了冰盖变化？再说，冰期时减少的 CO_2 去哪了？是什么机制，导致了地球表层碳循环与水循环有如此密切的相互关系？

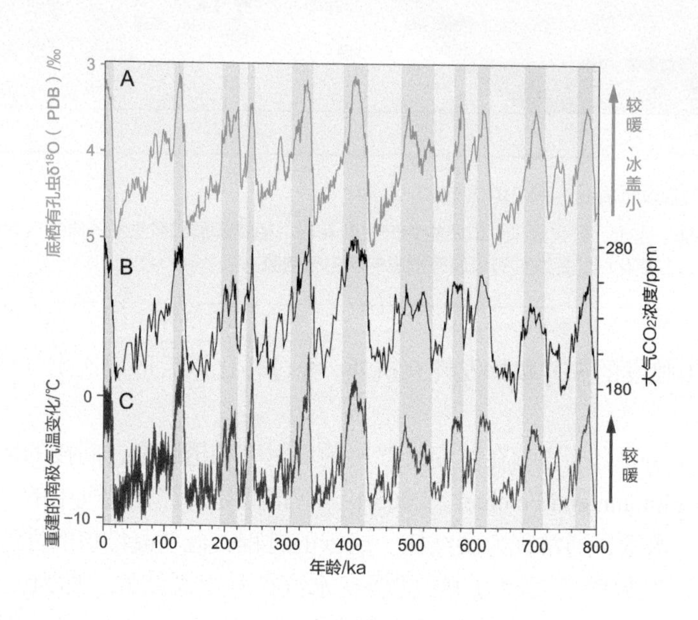

图 4-13
南极冰芯记录的 80 万年冰期旋回中大气 CO_2 的浓度变化（据 Sigman et al., 2010 改）

4.4.1 海洋碳泵

海气交换，是调控大气 CO_2 浓度最有效的途径，深层海水又是表层系统最大的碳库，因此冰期时大气减少的 CO_2 应当到海洋去找。海洋最大的碳库是溶解无机碳（DIC；表 4-4），与海底的碳酸盐的堆积相结合，可以有效吸收大气 CO_2。海水里的 DIC 以三种化学状态存在：溶解的二氧化碳（CO_2）、碳酸根（CO_3^{2-}）和碳酸氢根（HCO_3^-），三者的比例与海水的 pH 值相关。大气 CO_2 浓度升高，表层海水溶解的 CO_2 增多，海水 pH 降低。比如 1750~2000 年两个半世纪里，人类活动的碳排放使大气 CO_2 增多，表层大洋海水的 pH 就从 8.2 降到 8.1，下降 0.1；如果人类排放不能遏制，2300 年 pH 有可能下降 0.7，这就是所谓“海水酸化”。海水的 pH 直接控制碳酸盐的溶解和沉积，“酸化”的海水可以促使碳酸钙溶解，首先威胁文石骨骼的生物如翼足类和一些造礁珊瑚。冰期时大气 CO_2 比间冰期下降约 90 ppm，表层海水 pH 必然增高，于是碳酸盐沉积作用加强，

将大气的 CO_2 送入海底沉积层；碳酸盐沉积超过一定阈值，海水的碳酸系统又会失去平衡而放出 CO_2，从而又回到间冰期状态。这种假说在 20 世纪 80 年代提出时受到学术界的广泛支持，可惜后来得到的地质证据却提出了异议（Zeebe，2012）。

分析古海水 pH 的方法，早期采用的方法是统计有孔虫壳体的保存，或者测算沉积物中碳酸盐的百分含量，但是这些方法都受到其他因素的干扰。后来发现 B/Ca 值或者 B 同位素的方法，大为改进了海水 pH 的定量技术（Yu and Elderfield，2007）。采用新方法得出的结果相当矛盾，有的根据南大洋实例认为冰期时全球表层海水 pH 有显著上升（Rickaby et al.，2010），有的从全球总体分析认为海水 pH 变化不大（Zeebe and Marchitto，2010），后者的结论也得到全大洋碳酸盐沉积量统计的支持（Catubig et al.，1998）。总之，海水 DIC 调控冰期旋回中大气没有异议，但是这些无机碳的去处依然不明，有待取得广泛的古海水 pH 等数据，加以揭示。

上述争议涉及的是碳在海洋内部的去处，而大气 CO_2 进入海水的生物泵，则已经查明主要在南大洋发生。进入冰期时，表层海洋通过生物泵吸收大气 CO_2，送入深层海水，但究竟是哪部分海洋取走了 CO_2 呢？这就是南大洋。海洋生物泵作用的强弱，取决于营养盐的供应，而开放大洋表层水的营养盐主要来源，是自下而上的深层水上涌。南大洋是世界大洋从中层到底层水的主要产地，也是世界大洋深层水回返表层的主要海域，因此既能长期维持高生产力、吸收大气 CO_2，又能将碳送往海洋深部，是冰期旋回里海洋调控大气 CO_2 的主要渠道（Sarmiento and Toggweiler，1984）。

可见不同海区在冰期旋回的碳循环中的作用不同，不但在表层和深层海水之间，低纬和高纬、南半球与北半球的高纬海洋，在碳循环中的作用也都有根本的不同。低纬海洋接受太阳辐射量最大，高温的上层海水密度低，造成海水分层而和深部海水的交流受阻，温度较低的下伏海水难以将营养盐送上表层，因此生物泵的效率低下。相反，高纬海区是深部海水与表层交换的主要海域，生物泵效率高，吸收大气 CO_2 的能力较强（图 4-14A）。就在高纬海区内部，生物泵的效率也不相同：北大西洋高纬水能够直接和墨

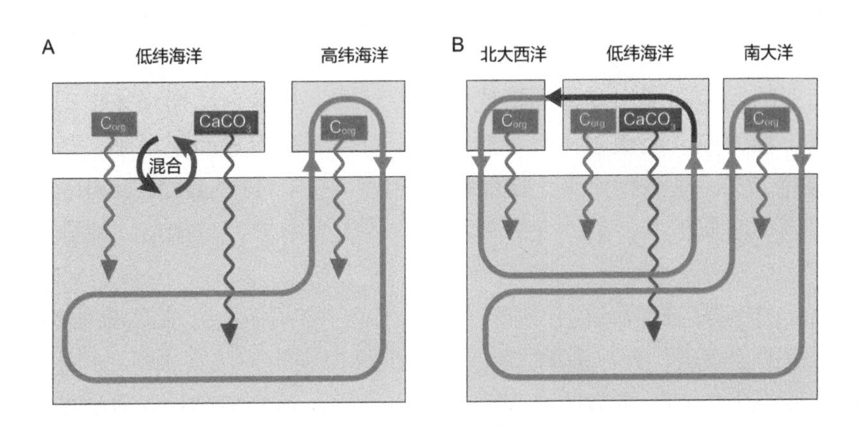

图 4-14
不同海区在大洋生物泵中的不同作用（据 Hain et al.，2014 改）

灰色为深层海水，黄色和浅蓝色为表层海水；绿色波状线为软体（有机碳）泵，蓝色波状线为碳酸盐（无机碳）泵

西哥湾暖流的低纬水交流，但是产生的深层水温度不够低，其密度不足以沉入大洋底部；只有南大洋形成的深层水温度最低，能够沉入海底进行全球范围的对流（图4-14B；Hain et al.，2014）。

4.4.2 陆地碳库

和海洋相反，冰期旋回中陆地碳库不但不能吸收大气CO_2，还是大气的碳源。在冰期旋回中，地球表面最明显的景观变化是陆地植被：北美西欧现在的大片针叶和落叶林区，末次盛冰期时压在冰盖之下；附近的地区虽然无冰，原来的树林也变为草原植被，生物量大为降低。一般认为，末次盛冰期陆地植被的生物量减少1/4，因此大陆碳储库在冰期时必然缩小，到冰消期再逐渐恢复。然而冰期时陆地碳储库究竟减少多少，其实并不知道，文献中所说的数据，其实是用冰期底栖有孔虫壳体方解石的碳同位素间接推算出来的。由此得出陆地储碳量减少幅度的估计值，相差十分悬殊，从几千亿到一万亿吨不等（Ciais et al.，2013）。

正确认识陆地碳储库的变化，需要取得直接证据，比如根据孢子花粉和有机地球化学分析结果，通过植物群系的再造求取生物量。但是，相同的植物不等于相同的生物量，因为低碳大气还会对光合作用产生影响。何况陆地植被碳储库里植物本身只占少数，地下土壤是植物的2~3倍，因此再造土壤碳在冰期旋回里的变化，是近年来的重要研究方向。比如上述的环北极冻土带就是在末次冰消期形成，根据泥炭^{14}C测年判断，最早从16500年前开始，到12000~8000年前迅速扩张（MacDonald et al.，2006）。此外，热带和南美洲也有大片泥炭形成，全球范围内估计全新世形成的泥炭地储碳超过6000万t（Yu et al.，2010）。

一个根本性的问题，是陆地碳库在冰期旋回扮演的角色。研究冰期旋回碳循环，着眼点都在于解释为什么大气CO_2浓度在冰期里降低，而陆地植被在冰期时收缩而排放CO_2，与大气变化的要求相背而行，于是把冰期碳储库变化的责任都“推”在海洋头上。但是实际情况可能并不如此简单，首先低纬区的大陆架就是例外。冰期时全球海平面下降，东南亚的巽他陆架出露海面形成的热带雨林，却是个冰期里才出现的碳库。陆地碳储库以土壤为主，土壤里又以泥炭为主，而今天东南亚面积虽小，却独占全球热带泥炭总量的77%，是当代热带土壤储碳的主力（图4-11；Saatchi et al.，2011）。冰期时陆架出露、面积扩大，必然使热带泥炭储碳大为增加，与冰期陆地排放CO_2的趋势相反。

这种相反的趋势也在高纬区出现。冰期里冰盖的扩展既会埋藏原来的植被，也会埋藏暖期时聚集的土壤碳，到冰消期才释放。数值模拟表明，从盛冰期到间冰期可以放出547 Gt碳，使得大气CO_2浓度增高30 ppm，这又是与冰消期陆地吸收碳的趋势相反的因素（Zeng，2003）。同时，从西伯利亚到阿拉斯加，都发现有冰期里变成永久冻土带的储碳层，含碳量高达约2.6%，冻土层厚达25 m，总的含碳量高达约5000亿t。如果把这种种因素加起来，大陆在冰期里有着相当强的储碳机制，陆地是冰期的碳源、间冰期的碳汇的流行说法，也许还需要重新论证（Zimov and Chapin，2006）。

4.4.3 碳循环的时间尺度

综上所述，冰期和间冰期大气 CO_2 浓度大约有 90 ppm 幅度的变化（图 4-13），涉及地球表层各个圈层，主要的调控机制在于海洋，通过海洋生物圈和海水的生物地球化学过程改变着大气 CO_2 浓度，而陆地植被和土壤也起着重要作用。无论冰期的大气，还是当前的大气，都有个 CO_2 去向不明的问题，但是当前人类碳排放所涉及的碳循环过程属于大气与表层海洋、大气与生物圈的交换，涉及的过程为十年、百年的时间尺度；而冰期旋回中的碳循环变化，涉及深层海水及其与海底沉积物的交换，属于千年和万年的时间尺度（图 4-15A）。

其实碳循环发生在各种时间尺度上。第 7 章里将会谈到，轨道驱动的碳循环周期可以跨越冰期旋回，涉及岩石风化作用的 40 万年长周期，属于地质碳储库的变化（图 4-15B）。因此在地质现实中，表层碳库和地质碳库的变化之间并没有界限。地球系统里冰与碳的旋回，相关而不相等，经过冰期旋回后，各个碳储库并不需要回归原点，发生的变化完全可以跨越冰期得到积累。比如上面讲到的高纬区的冻土碳库，随着间冰期的到来发生融化而放出甲烷，但是完全可以局部保留而跨越冰期。阿拉斯加 13 万年前的火山灰覆盖在残留冰楔之上，说明这里的永久冻土在 12 万年前的末次间冰期只经历了部分熔融，几十米深的冻土只熔融了几米（Reyes et al.，2011）。类似的现象在海底碳酸盐溶解、陆地植被交替等周期变化中都会发生，需要在冰期旋回的研究中注意。

A

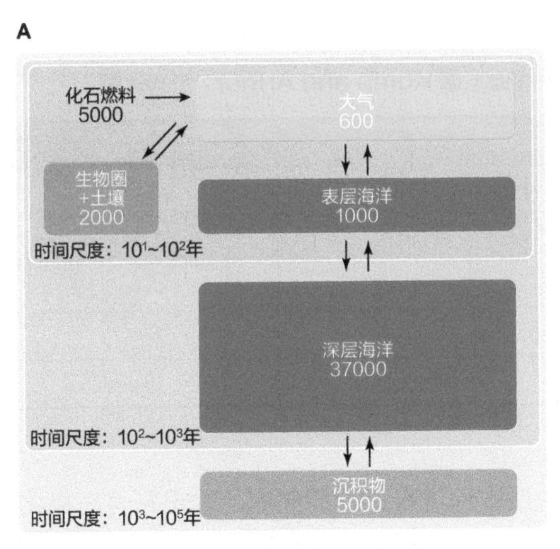

B

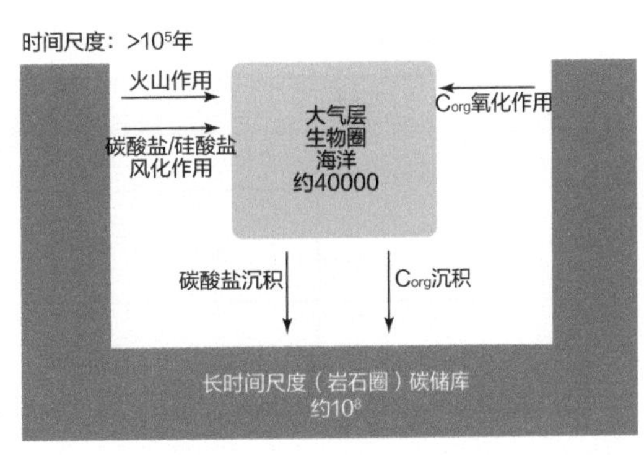

图 4-15
不同时间尺度的碳循环（据 Zeebe，2012 改）
A. 表层碳储库；B. 地质储库；碳储库单位为十亿吨（Gt）

最后，在较短的时间尺度上，应当有更多的碳循环过程有待认识，极地冰山造成海洋生产力的突发事件便是一例。现代南大洋的生产力受 Fe 的限制，而南极冰盖产生的冰山可以带来大量的“Fe 肥”，估计每年总量可达 7 万 t 到 20 万 t（Death et al.，

2014）。效果尤其显著的是巨型冰山，一座长逾 18 km 的冰山带来的营养，能够在超过其长度 4~10 倍的海域范围内提高生产力（Dupart et al.，2016），由此造成影响海洋碳循环的事件，并没有进入上述“冰与碳”研究的视野。全面考虑不同时间尺度的碳循环，正是未来研究的方向。

4.5 地质碳储库的演变

4.5.1 地质碳储库

地质尺度上的碳循环普遍超越人类观测的时限，需要通过替代性标志再造。幸好有碳同位素分馏为碳循环过程提供了地质记录（图 4-7），尤其是海水无机碳的 $\delta^{13}C$，是研究碳循环地质过程的主要依据。不仅地球，火星上碳酸盐的 $\delta^{13}C$，也能为再造其 30 亿年前的碳循环提供线索（Hu et al.，2015）。地质碳库包括地壳和地幔里的碳，在地球表层发生的碳循环过程都会在大洋 $\delta^{13}C$ 留下记录。从地质角度上看，大洋碳储库主要有两种来源：火山活动和变质作用从地球内部喷出的碳和陆地风化作用从岩石溶出的碳。进入海水的碳又有两种出路：既可以作为有机碳，又可以作为无机碳沉积下来。由于每一项的碳同位素都有所不同（表 4-4），无论改变来源或出路中的任何一项，海水中溶解无机碳的 $\delta^{13}C$ 就会变化。

表 4-4 地质尺度碳循环同位素成分的显生宙平均值（据 Kump and Arthur，1999 编）

大洋碳循环	成因		$\delta^{13}C$ 平均值
输入	火山与深部		–5‰
	陆地岩石风化	有机碳	–22‰
		无机碳	0‰
输出	沉积埋藏	有机碳	–29‰
		无机碳	1‰

地质储库和表层储库之间的碳循环通过地质作用进行：地质储库的输出是岩石风化后通过河流进入大洋，和地球深处通过变质和火山作用返回大气的碳，两者可以下列方程式分别表达：①硅酸盐的风化作用

$$CaSiO_3+CO_2 \longrightarrow CaCO_3+SiO_2$$

和②沉积岩的脱钙作用

$$CaCO_3+SiO_2+3H_2O+ CO_2 \longrightarrow 3H_2O+2CO_2+CaSiO_3$$

而由表层返回地质储库的碳则是碳酸盐与有机质的埋藏，这也就是所谓的“尤里旋回（Urey cycle）”（Sleep and Zahnle，2001）。

与大气、海水和生物组成的表层碳库不同，地质碳库的碳储量大、周转慢，包括现

在海底的沉积和岩石圈及其下面的地幔。岩石圈里的碳要比表层碳库多出将近两千倍，其中还原的有机碳只占大约 17%，而地幔里碳的总量更要高出一个量级（表 4-5；Des Marais，2001）。地质储库的碳循环，可以分为沉积循环、变质循环和地幔－地壳循环三部分。沉积循环包括现在海底的沉积层和陆地上的沉积岩与表层碳库之间的交换；变质循环指已经随板块俯冲但还没有进入地幔深处的岩石，在高温高压下发生变质作用的交换；地幔碳循环指地幔和地壳之间的碳循环，属于地幔环流的表现，时间尺度以亿年计（图 4-16；Des Marais，2001）。

表 4-5　表层和地质储库中的氧化和还原碳（据 Des Marais，2001 改）　单位：10^{18} mol

储库		还原碳	氧化碳	合计
表层库	大气圈	—	0.06	0.06
	生物圈：植物与藻类	0.13		0.13
	水圈	—	3.3	3.3
沉积层	远洋沉积	60	1300	1360
	大陆边缘沉积	>370	>1000	>1370
地壳	沉积岩	750	3500	4250
	火成岩与变质岩	100	?	>100
地幔		27000		

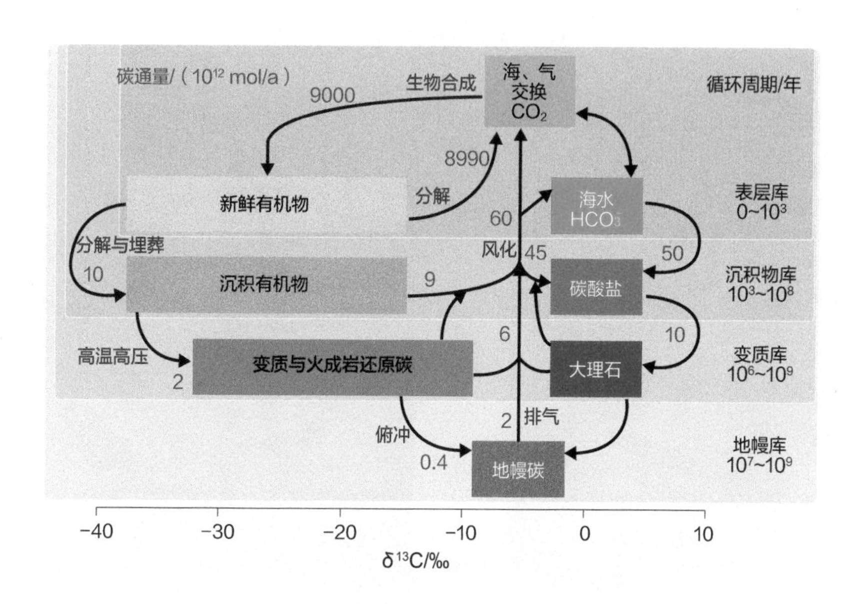

图 4-16

地质和表层碳储库的碳循环（据 Des Marais, 2001 改）

横坐标为不同储库的碳同位素范围，纵坐标为不同循环的时间尺度，箭头示过程，数字为相应过程的碳通量

地幔碳循环的过程虽然缓慢，却不应当理解为对表层系统的影响微弱。地幔对流在地球表面的出口就是火山，其中大陆边缘俯冲带的火山弧对碳循环贡献最大：每年喷出的碳有 1.5 亿 t，大洋中脊喷出的只有 0.12 亿 ~0.6 亿 t，而板块内部的火山活动，一年喷出的碳只有 0.01 亿 ~0.3 亿 t（Kerrick，2001）。这是因为在洋壳俯冲带，上覆板块陆壳里的碳酸盐，经过高温高压发生变质作用放出 CO_2，从火山弧喷出。最近有学者提出，在威尔逊旋回的超级大陆分解阶段，新洋壳的产生和俯冲作用活跃（见 2.2 节），沿大陆边缘出现火山弧喷发 CO_2，增加大气的温室效应。统计表明，正是这种大陆分解期（如寒武纪和侏罗 / 白垩纪交界时）地球进入"暖室期"；相反，在大陆聚合、超级大陆形成期岛弧及其火山活动减弱，地球进入"冰室期"（如元古宙末期的"雪球地球"期）（Kump，2016；McKenzie et al.，2016）。

4.5.2 早期地球的碳储库演变

在产生月球的大碰撞之后不久，地球上就出现了以 CO_2 为主的大气圈，经历了下垫面是岩浆海的冥古宙时期（见第 1 章图 1-14）。冥古宙的地幔旋回极其活跃，大量挥发性成分通过岩浆活动送入地球表层，将大量的碳送入大气圈（图 4-17 左）；而显生宙成熟的地球系统里，板块运动是地幔与表层之间碳循环的主流，深部 CO_2 的排放受到限制（图 4-17 右）（Dasgupta，2013）。

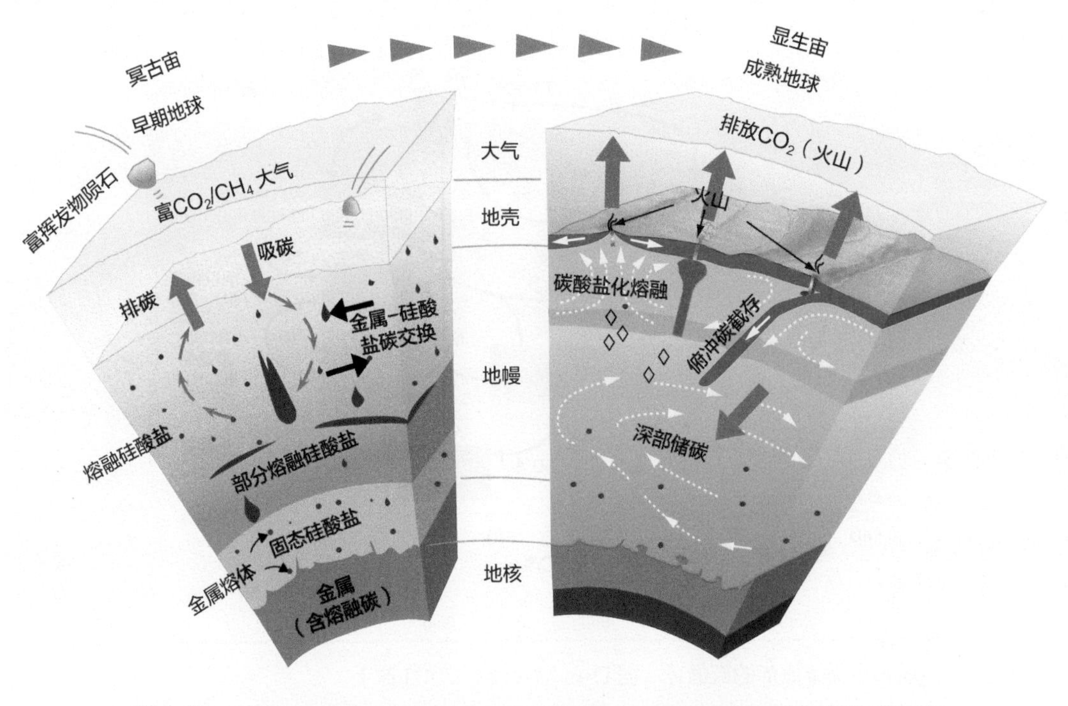

图 4-17
冥古宙和显生宙地幔碳循环的比较（据 Dasgupta，2013 改）

附注 3：大气圈成分多样性

大气圈的成分，是星球演化的产物。现代地球的含氧大气是生命活动的结果，在宇宙中十分独特。太阳系的内行星中，水星的大气压力只有地球大气的 $1/10^{12}$，几乎没有大气，金星、火星的大气以 CO_2 为主，和地球的太古宙早期相似；外行星中，木星、土星、海王星都是以氢为主、氦为辅，还有少量的甲烷，与宇宙大爆发产生的结果最为接近，推想和地球在增生形成的初期相近。

月球上没有大气，然而土星的卫星土卫六 (Titan)，却有着比地球上稠密得多的大气，主要由氮气组成，还有一点甲烷等，这种小星球上的氢气早已向太空逃逸干净。

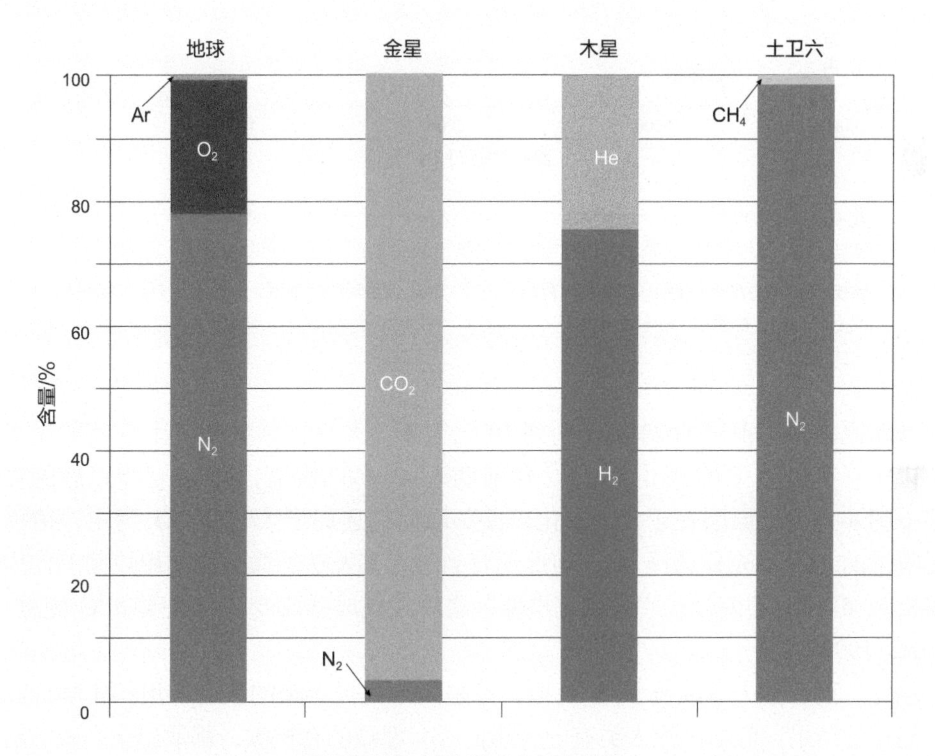

不同星球大气化学成分的多样性

各种星球大气的化学成分多种多样，反映了星球及其演化阶段的不同（见附注 3）。现在地球上碳储库的分布格局，就是长期生命活动的结果。地球表层的碳归根结底来自地幔，地幔释放到表层的碳有一部分还原成为有机碳，同时放出自由氧，才形成了氧化大气。这个过程最好的见证就是碳同位素，地幔 $\delta^{13}C$ 为 –5‰，经过同位素分馏后，还原为有机碳的 $\delta^{13}C$ 约为 –29‰，氧化的无机碳为 1‰，所以有机和无机碳之间 $\delta^{13}C$ 相差约 30‰。24 亿 ~20 亿年前和 8 亿 ~5.5 亿年前的两次大氧化事件，大量有机碳埋藏，从而使得无机碳 $\delta^{13}C$ 变重（图 4-18）。

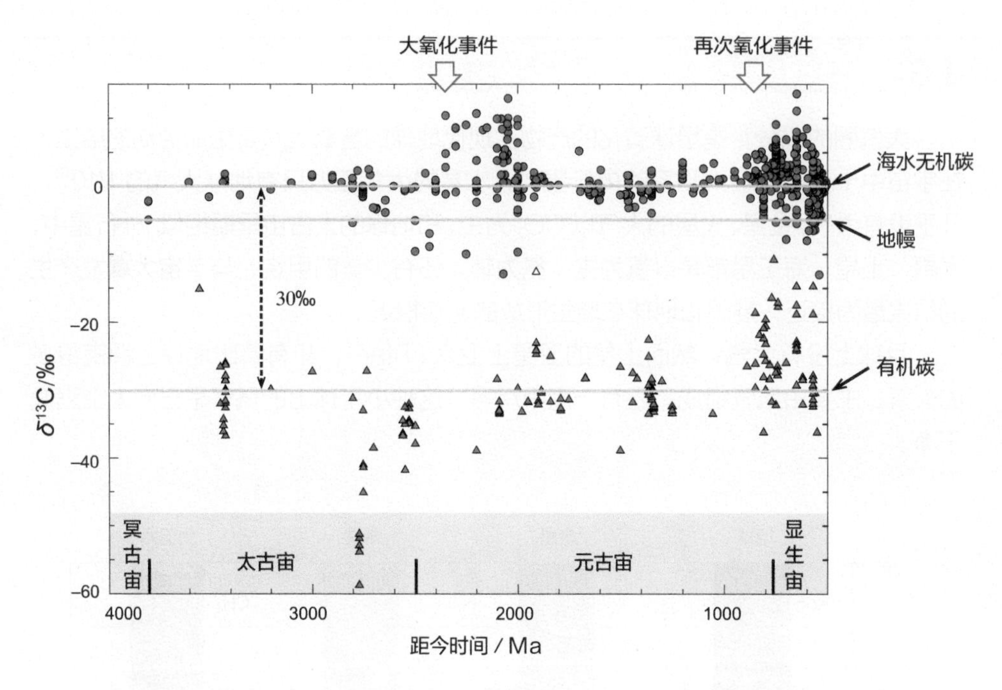

图 4-18

无机碳和有机碳同位素值的地质演变（据 Hayes and Waldbauer，2006 改）

横线示现代海水无机碳、地幔碳和有机碳的平均值：海洋沉积 $\delta^{13}C$ 无机碳（1‰）和有机碳（−29‰）相差 30‰（表 4-4）

具体说，元古宙早期 22 亿年前到 19 亿年前，大气含氧量 $[O_2]$ 上升到现代水平的 15% 以上，有机碳 $\delta^{13}C$ 值也从 22 亿年前低于 −30‰的轻值，向 19 亿年以后的较重值转移（图 4-19）。原因在于"大氧化事件"以前的还原型大气以 CO_2 为主，植物可以从无限量的 CO_2 中充分选择 ^{12}C，何况还有当时极其发达的微生物如甲烷菌的作用，使得有机碳 $\delta^{13}C$ 更加偏轻；"大氧化事件"之后大气成分改变，有机碳 $\delta^{13}C$ 变重（Des Marais，1997）。

总之，现在的大气成分和 $\delta^{13}C$ 值，都是三十几亿年来的光合作用和化学合成作用能量储存的结果。假如设想人类有一天能把所有埋藏的有机碳，都取出来当做燃料送回大气变为无机碳，那么三十几亿年来的积累就会前功尽弃，地球表层就会回到当初 CO_2 的还原大气（Hayes and Waldbauer，2006；Langmuirand Broecker，2012）。

4.5.3 显生宙的碳储库演变

4.5.3.1 海洋碳同位素变化

然而这些认识都来之不易。由于成岩过程中碳酸盐的重结晶对碳同位素的影响比氧同位素更大，所以 20 世纪 80 年代以前，总以为古老大洋海水的 $\delta^{13}C$ 在 0‰ 左右波动，除了许多"噪音"外基本不变，直到 20 世纪 90 年代才纠正了这种看法（Veizer et al.,

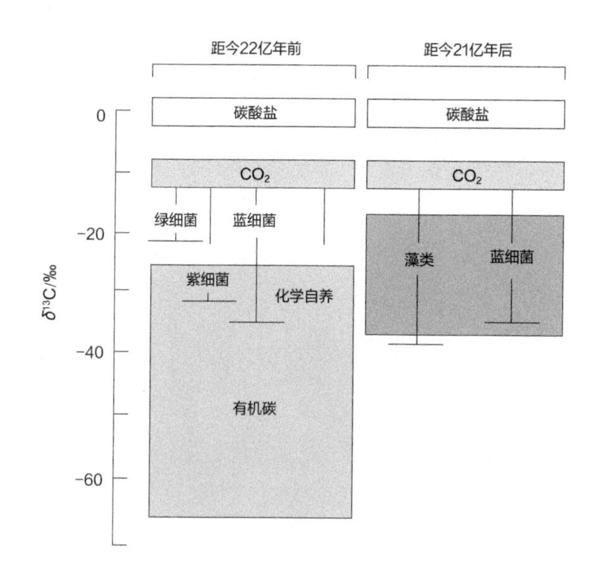

图 4-19
元古宙早期距今 22 亿年前后大洋有机碳 $\delta^{13}C$ 值（棕色区）的差别（据 Des Marais，1997 改）

1999）。图 4-20 所示，是显生宙海水无机碳 $\delta^{13}C$ 的变化曲线，反映了全球有机碳库的变化：从奥陶纪晚期到志留纪在 4 亿年前的 $\delta^{13}C$ 重值期，大约反映了陆生植物演化产生后的发育和海洋生物的繁盛；石炭－二叠纪 3 亿年前后的 $\delta^{13}C$ 重值期，可能是对应大量煤炭的埋藏（图 4-20A）。陆生植被的演化发育也会反映在大气 CO_2 浓度上。地球的演化就是大气 CO_2 浓度下降的历史，图 4-20B 的实线所示是显生宙 CO_2 相对浓度 R_{CO_2}，也就是 CO_2 浓度超过现在全新世数值的倍数。从 R_{CO_2} 曲线可以看出，古生代早期大气 CO_2 浓度是现在的 15~25 倍，后来随着 $\delta^{13}C$ 的变重而下降，应当都是植被发展、有机碳储库增大的后果（Lerman，2009）。

以上的讨论，都是用最粗的线条勾勒显生宙地球表层碳储库的变化，实际上有大量的重要细节未加提及，地球系统的演变绝不会如此单纯。举例来说，三十年前就发现中新世中期以来的 1400 万年里，大洋 $\delta^{13}C$ 值居然变轻 2.5‰之多，如果海水 $\delta^{13}C$ 变化反映的是有机碳和无机碳埋藏的比例，那就意味着全球有机碳库大幅度收缩，应该有大量原来埋藏的有机碳遭受氧化，也就是说大气含氧量 $[O_2]$ 应当减少 20%（图 4-20C；Shackleton，1985），但这与地质记录并不符合。后来发现，应该是别的因素在起作用，比如说光合作用同位素分馏能力的减弱，缩小了有机碳和无机碳的同位素差异（Hayes et al.，1999）；或者是构造运动加剧，使得古老地层的有机碳风化释出（Cramer et al.，2003），都可以造成 $\delta^{13}C$ 变轻。事实上地质记录中有机碳和无机碳 $\delta^{13}C$ 的差值一般在 30‰左右，但是新生代后期有机碳 $\delta^{13}C$ 显著变重，两者差距急剧缩小（图 4-18；Hayes et al.，1999），很可能反映了植物对于低 CO_2 大气的适应，在光合作用中降低了选用碳同位素的标准。所有此类问题，都需要有更多的证据和模拟才能回答。

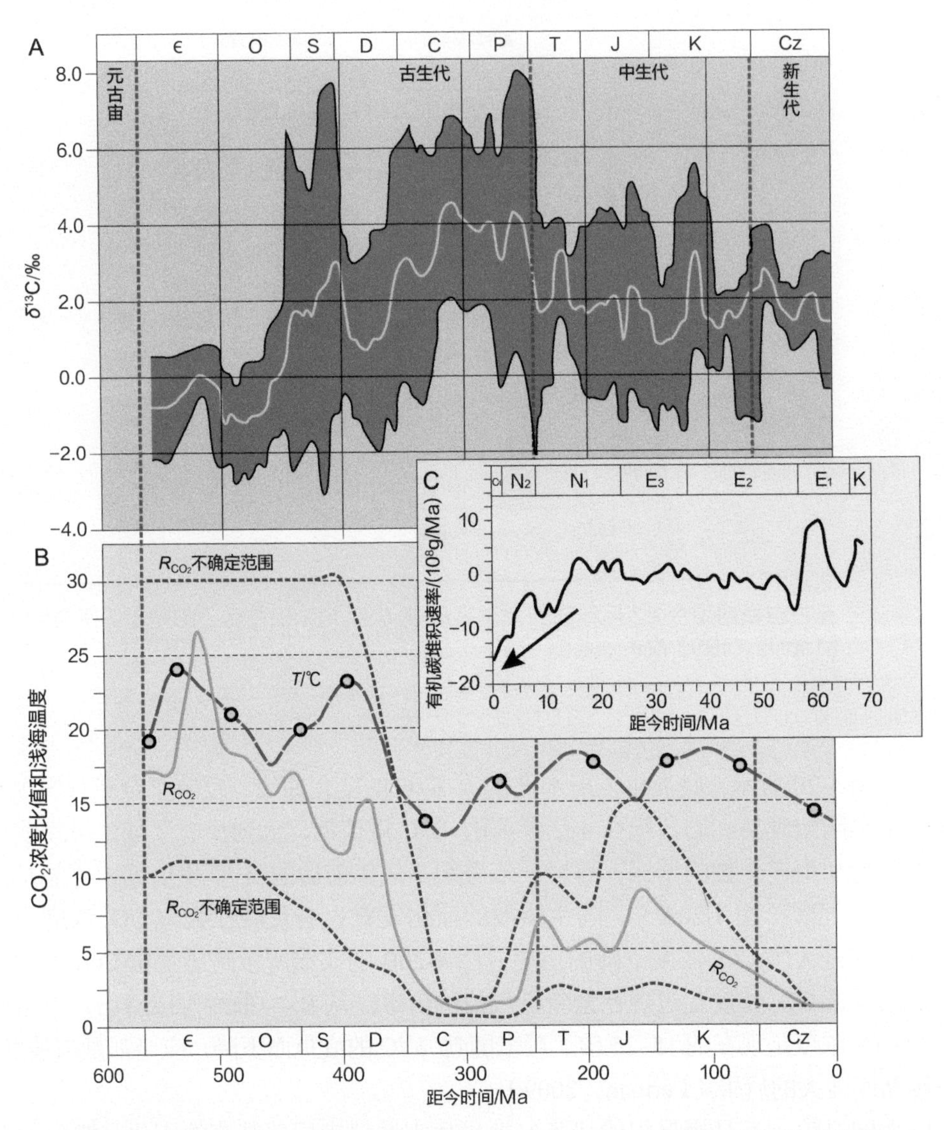

图 4-20
显生宙海水 $\delta^{13}C$ 和大气 CO_2 的变化

A. 海洋无机碳的 $\delta^{13}C$ 变化（根据腕足类、箭石等化石测得）（据 Veizer et al.，1999 改）；B. 大气 CO_2 相对浓度 R_{CO_2}（超过全新世浓度的倍数）及其不确定范围，蓝色虚线表示浅层海水温度 T（据 Lerman，2009 改）；C. 根据海洋无机碳 $\delta^{13}C$ 推测的新生代全球有机碳堆积速率变化（据 Shackleton，1985 改），示 14 Ma 以来有机碳储库减小（箭头），但此种推算已被否定（见正文）

4.5.3.2 海洋碳酸盐沉积

海洋碳酸盐沉积，是大洋碳储库演变历史最直接也是最简便的分析依据。不同时期碳酸盐沉积的特征，反映了海水化学的演变历程。今天大洋碳酸盐沉积以生物的钙质骨骼为主，其物质来源有二：一方面由陆地风化作用通过河流带入，另一方面依靠大洋中脊的热液作用供应。合起来每千年的供应总速率为 0.11 g/cm^2，但是生物制成 $CaCO_3$ 骨骼沉降海底的速率是每千年 1.3 g/cm^2，入不敷出，因此海水中 $CaCO_3$ 不饱和，需要靠深海海底的 $CaCO_3$ 溶解作用提供补充，保持平衡。深海碳酸盐溶解速率和沉积速率相等的深度，叫做碳酸盐补偿面（CCD，Carbonate Compensation Depth），是深海沉积分布中一条最重要的界面（见附注 4）。碳酸盐补偿面的深度变化，也是地质历史上碳循环演变的识别标志（同济大学海洋地质系，1989）。

海洋碳酸盐沉积的演变，记录了碳循环转型的历程，而这种转型正是生物圈演化的反映。地质历史表明，大洋碳酸盐最初属于化学沉积，至多只有原核类的微生物参与其化学过程；然后发展到真核生物骨骼组成的生源沉积，生源沉积又从浅水底栖生物转到深海浮游生物。这里贯穿着地球系统中水圈和生物圈共同变化的经历，也是大

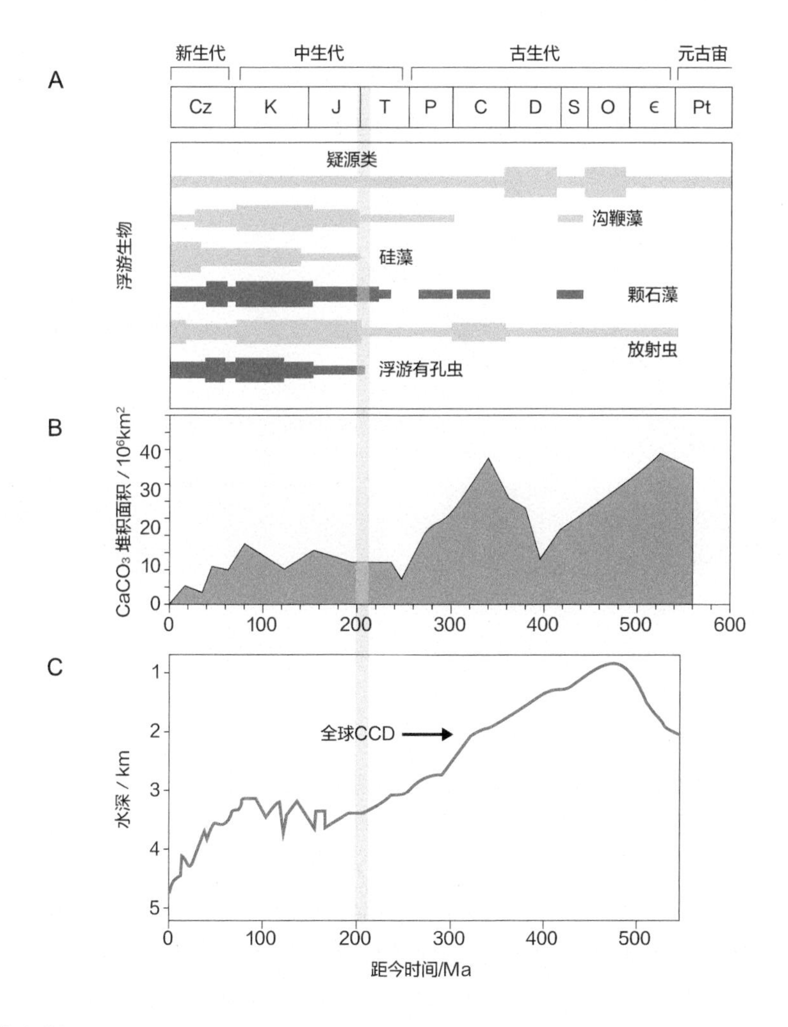

图 4-21
显生宙大洋碳酸盐沉积的变化（据汪品先，2006 改）

A. 主要浮游生物类别；B. 碳酸盐堆积面积；C. 全大洋碳酸盐补偿深度；黄色条带指示海洋化学的“中生代中期革命”

附注 4：海底雪线

一百多年前英国“挑战者号”环球考察的一大发现，是海底沉积的一条深度界线：水深大约 4500 m 以上的海底，是以浮游有孔虫和颗石类壳体为主的灰白色碳酸盐质软泥，以下是褐色黏土，所含生物骨骼以硅藻、放射虫之类的硅质壳体为主。两者之间颜色反差强烈，被喻为“海底雪线”，这就是碳酸盐补偿面（CCD）。海底雪线的深度有着明显的时空变化，CCD 越深的海底碳酸盐保存越好，比如今天的大西洋 CCD 在 5000 m 上下，而太平洋在 4000 m 左右，因此太平洋海底的钙质化石保存比大西洋差。

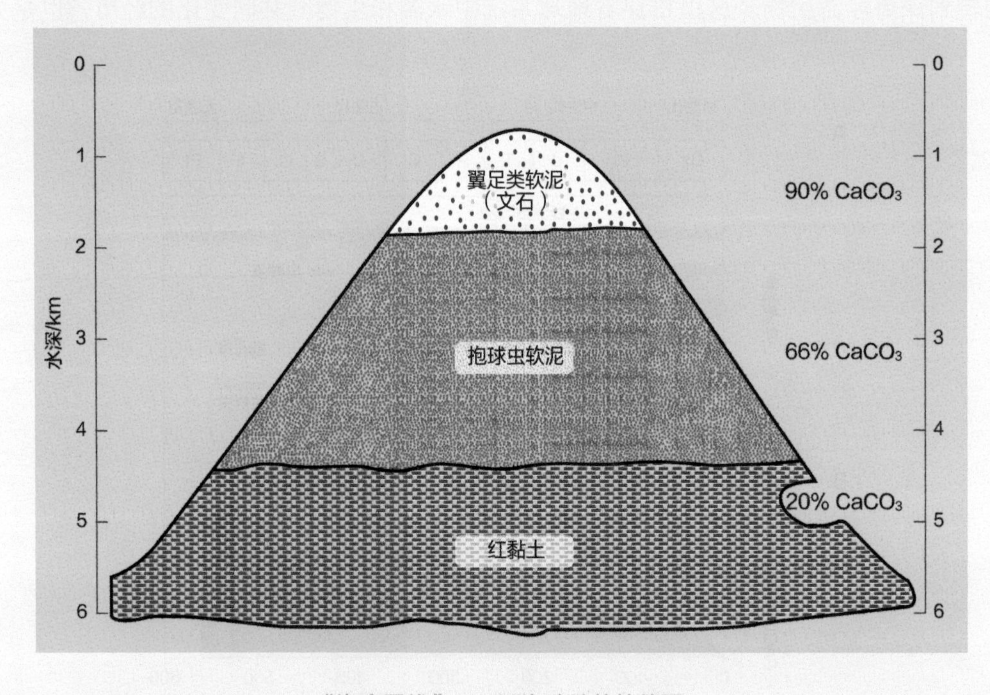

“海底雪线”——深海碳酸盐补偿面

洋碳酸盐补偿深度 CCD 在显生宙逐步加深的过程（图 4-21）。这一方面是由于中、新生代钙质浮游生物繁盛，远洋碳酸盐供应增加；另一方面也是海平面下降、浅海面积减少的结果。据估算，海平面下降 1 m，CCD 下降 6 m，而显生宙大陆逐渐北移，使得适于碳酸盐沉积的热带浅海面积减少。显生宙低纬（<30°）浅海面积减少的平均速率是约 52.6×10^3 km^2/Ma，同期浅海碳酸盐沉积的面积也以约 63.0×10^3 km^2/Ma 的速率缩小，结果是生源碳酸盐沉积向深海转移。只有在转移之后，深海碳酸盐沉积的堆积和溶解，才成为地球表层系统碳循环的重要环节，出现了调控大气 CO_2 浓度的新型缓冲机制（汪品先，2006）。

生源碳酸盐沉积由浅海型向深水性的转折，是大洋碳循环的转型，可以比喻为海洋化学的“中生代中期革命”（Ridgwell, 2005）。有人将这三部曲简化归纳为三种模式：

非生源沉积为主的“死亡大洋”（Strangelove Ocean），浅水型的“贝壳大洋”（Neritan Ocean）和深水型的“白垩大洋”（Cretan Ocean）（Zeebe and Westbroek，2003）。三者分别相当于太古宙、古生代和中生代中期以来的海洋。因此，今天海洋碳酸盐沉积在碳循环中所起的重要作用，是地质历史上的新现象，只有当大洋化学演化到“白垩大洋”的阶段之后，才可以通过 CCD、溶跃面的升降，调剂海水和大气化学成分，才有深海碳酸盐对大气 CO_2 的响应机制，形成了地球表层系统中的一种负反馈。

需要提醒的是上述海洋碳酸盐沉积的演变，说的只是显生宙在生物圈作用下的海洋系统，地球早期并非如此。在大氧化事件之前的太古宙，还原条件下海水中有 Fe^{2+} 存在，阻止碳酸盐结晶，海水中过饱和的碳酸盐难以形成晶核产生微晶方解石，却有利于文石纤维的缓慢生长（Sumner and Grotzinger，1996）。当时的浅海碳酸盐台地上，文石和方解石能够直接在海底结晶，形成碳酸盐介壳，而不是像后来那样先要在海水里形成碳酸盐晶体再沉降海底（Sumner and Grotzinger，2004）。元古宙大氧化事件以后海水不再含 Fe^{2+}，纤维状文石不再形成，但当时繁盛的生物尚无矿物质骨骼，因此广泛发育的生物成因碳酸盐是叠层石——一种由微生物活动诱发的化学沉淀碳酸盐，标志着海洋碳酸盐沉积的第一次转型（Sumner and Grotzinger，1996）。寒武纪“生命大爆发”时众多门类的多细胞动物化石突然出现，生源碳酸盐沉积主要来自浅海的底栖生物；“中生代中期革命”之后，生源碳酸盐沉积由底栖生物的浅海型转向浮游生物的深水型，构成了大洋碳循环的又一次重要转型（Ridgwell，2005），方才形成了今天的海洋碳酸盐系统，及其在冰期旋回中发挥的作用。

参 考 文 献

《全球变化及其区域响应》科学指导与评估专家组 . 2012. 深入探索全球变化机制——国家自然科学基金委重大研究计划的战略研究 . 中国科学：地球科学 , 42 (6): 795–804.

同济大学海洋地质系 . 1989. 古海洋学概论 . 上海：同济大学出版社 .

汪品先 . 2006. 大洋碳循环的地质演变 . 自然科学进展 , 16(11): 1361–1370.

张洪铭 , 李曙光 . 2012. 深部碳循环及同位素示踪：回顾与展望 . 中国科学：地球科学 , 42(10): 1459–1472.

Andreae M O. 2007. Aerosols before Pollution. Science, 315(5808): 50–51.

Arrhenius S. 1896. XXXI. On the influence of carbonic acid in the air upon the temperature of the ground. The London, Edinburgh, and Dublin Philosophical Magazine and Journal of Science, 41(251): 237–276.

Bailes M, Bates S D, Bhalerao V, et al. 2011. Transformation of a star into a planet in a millisecond pulsar binary. Science, 333(6050): 1717–1720.

Bastviken D, Tranvik L J, Downing J A, et al. 2011. Freshwater methane emissions offset the continental carbon sink. Science, 331(6013): 50–50.

Behrenfeld M J, O’Malley R T, Siegel D A, et al. 2006. Climate-driven trends in contemporary ocean productivity. Nature, 444(7120): 752–755.

Berner R A, Caldeira K. 1997. The need for mass balance and feedback in the geochemical carbon cycle. Geology, 25(10): 955–956.

Burgermeister J. 2007. Missing carbon mystery: Case solved? Nature Reports Climate Change, 3: 36–37.

Campbell K A. 2006. Hydrocarbon seep and hydrothermal vent paleoenvironments and paleontology: Past developments and future research directions. Palaeogeography Palaeoclimatology Palaeoecology, 232(2): 362–407.

Catubig N R, Archer D E, Francois R, et al. 1998. Global deep-sea burial rate of calcium carbonate during the Last Glacial Maximum. Paleoceanography, 13(3): 298–310.

Ciais P, Sabine C, Bala G, et al. Carbon and Other Biogeochemical Cycles: Climate Change 2013: The Physical Science Basis. Contribution of Working Group I to the Fifth Assessment Report of the Intergovernmental Panel on Climate Change Change, Chapter 6.

Cole J J, Prairie Y T, Caraco N F, et al. 2007. Plumbing the Global Carbon Cycle: Integrating Inland Waters into the Terrestrial Carbon Budget. Ecosystems, 10(1): 172–185.

Cramer B S, Wright J D, Kent D V, et al. 2003. Orbital climate forcing of $\delta^{13}C$ excursions in the late Paleocene-early Eocene (chrons C24n-C25n). Paleoceanography, 18(4): 21.

Dasgupta R, Hirschmann M M. 2010. The deep carbon cycle and melting in Earth's interior. Earth & Planetary Science Letters, 298(1): 1–13.

Dasgupta R. 2013. Ingassing, storage, and outgassing of terrestrial carbon through geologic time. Reviews in Mineralogy & Geochemistry, 75(1): 183–229.

Death R, Wadham J L, Monteiro F, et al. 2014. Antarctic ice sheet fertilises the Southern Ocean. Biogeosciences, 11(10): 2635–2643.

Deines P. 2002. The carbon isotope geochemistry of mantle xenoliths. Earth Science Reviews, 58(3): 247–278.

Des Marais D J. 1997. Isotopic evolution of the biogeochemical carbon cycle during the Proterozoic Eon. Organic Geochemistry, 27(5): 185–193.

Des Marais D J. 2001. Isotopic evolution of the biogeochemical carbon cycle during the Precambrian. Reviews in Mineralogy and Geochemistry, 43(1): 555–578.

Duprat L P A M, Bigg G R, Wilton D J. 2016. Enhanced Southern Ocean marine productivity due to fertilization by giant icebergs. Nature Geoscience, 9(3): 219–221.

Falkowski P, Scholes R J, Boyle E, et al. 2000. The global carbon cycle: A test of our knowledge of Earth as a system. Science, 290(5490): 291–296.

Field C B, Behrenfeld M J, Randerson J T, et al. 1998. Primary production of the biosphere: integrating terrestrial and oceanic components. Science, 281(5374): 237–240.

Gaberščik A, Murlis J. 2011. The role of vegetation in the water cycle. Ecohydrology & Hydrobiology, 11(3): 175–181.

Gatti L V, Gloor M, Miller J B, et al. 2014. Drought sensitivity of Amazonian carbon balance revealed by atmospheric measurements. Nature, 506(7486): 76–80.

Gioia G, Chakraborty P, Marshak S, et al. 2007. Unified model of tectonics and heat transport in a frigid enceladus. Proceedings of the National Academy of Sciences of the United States of America, 104(34): 13578–13581.

Grosse G, Romanovsky V, Jorgenson T, et al. 2011. Vulnerability and feedbacks of permafrost to climate change. Eos Transactions American Geophysical Union, 92(9): 73–74.

Hain M P, Sigman D M, Haug G H. 2014. The biological pump in the past. In: Treatise on Geochemistry. Netherland: Elsevier. 491–528.

Hayes J M, Waldbauer J R. 2006. The carbon cycle and associated redox processes through time. Philosophical Transactions of the Royal Society B Biological Sciences, 361(1470): 931–950.

Hayes J M, Strauss H, Kaufman A J. 1999. The abundance of ^{13}C in marine organic matter and isotopic fractionation in the global biogeochemical cycle of carbon during the past 800 Ma. Chemical Geology, 161(1–3): 103–125.

Hoffman N. 2000. White Mars: A new model for Mars' surface and atmosphere based on CO_2. Icarus, 146(2): 326–342.

Houghton R A. 2007. Balancing the global carbon budget. Annual Review of Earth and Planetary Sciences, 35: 313–347.

Hu R, Kass D M, Ehlmann B L, et al. 2015. Tracing the fate of carbon and the atmospheric evolution of Mars. Nature Communications, 6(11): 10003.

Inagaki F, Kuypers M M, Tsunogai U, et al. 2006. Microbial community in a sedimen-hosted CO_2 lake of the southern Okinawa Trough hydrothermal system. Proceedings of the National Academy of Sciences of the United States of America, 103(38): 14164–14169.

IPCC. 2007. Climate Change 2007: The Physical Science Basis. In: Solomon S, Qin D, Manning M, Chen Z, Marquis M, Averyt K B, Tignor M, Miller H L (eds.) Contribution of Working Group I to the Fourth Assessment Report of the Intergovernmental Panel on Climate Change. Cambridge: Cambridge University Press.

Jasechko S, Sharp Z D, Gibson J J, et al. 2013. Terrestrial water fluxes dominated by transpiration. Nature, 496(7445): 347–350.

Jobbágy E G, Jackson R B. 2000. The vertical distribution of soil organic carbon and its relation to climate and vegetation. Ecological Applications, 10(2): 423–436.

Kallmeyer J, Pockalny R, Adhikari R R, et al. 2012. Global distribution of microbial abundance and biomass in subseafloor sediment. Proceedings of the National Academy of Sciences of the United States of America, 109(40): 16213–16216.

Keeling C D. 1960. The concentration and isotopic abundance of carbon dioxide in the atmosphere. Tellus, 12(2): 200–203.

Kerrick D M. 1960. Present and past nonanthropogenic CO_2 degassing from the solid earth. Reviews of Geophysics, 39(4): 565–585.

Key R M, Kozyr A, Sabine C L, et al. 2004. A global ocean carbon climatology: Results from Global Data Analysis Project (GLODAP). Global Biogeochemical Cycles, 18(4): GB4031.

Kump L. 2016. Mineral clues to past volcanism. Science, 352(6284): 411–412.

Kump L R, Arthur M A. 1999. Interpreting carbon-isotope excursions: carbonates and organic matter. Chemical Geology, 161(1–3): 181–198.

Langmuir C H, Broecker W S. 2012. How to Build a Habitable Planet: The Story of Earth From the Big Bang to Humankind. Princeton: Princeton University Press.

Leavitt S W. 2009. Carbon isotopes, stable. In: Gornitz V. Encyclopedia of Paleoclimatology and Ancient Environments. Berlin: Springer. 133–136.

Lerman A. 2009. Carbon Cycle. In: Gornitz V. Encyclopedia of Paleoclimatology and Ancient Environments. Berlin: Springer. 107–118.

Li Y, Wang Y, Houghton R A, et al. 2015. Hidden carbon sink beneath desert. Geophysical Research Letters, 42(14): 5880–5887.

Lohmann U, Feichter J. 2005. Global indirect aerosol effects: a review. Atmospheric Chemistry & Physics, 5(3): 715–737.

Ludwig K A, Kelley D S, Butterfield D A, et al. 2006. Formation and evolution of carbonate chimneys at the Lost City Hydrothermal Field. Geochimica et Cosmochimica Acta, 70(14): 3625–3645.

Lupton J, Butterfield D, Lilley M, et al. 2006. Submarine venting of liquid carbon dioxide on a Mariana Arc volcano. Geochemistry Geophysics Geosystems, 7(8): Q08007.

Lüthi D, Floch M L, Bereiter B, et al. 2008. High-resolution carbon dioxide concentration record 650,000–800,000 years before present. Nature, 453(7193): 379–382.

Ma J, Liu R, Tang L S, et al. 2014. A downward CO_2 flux seems to have nowhere to go. Biogeosciences Discussions, 11(7): 6251–6262.

Macdonald G M, Beilman D W, Kremenetski K V, et al. 2006. Rapid early development of circumarctic peatlands and atmospheric CH_4 and CO_2 variations. Science, 314(5797): 285–288.

Mckenzie N R, Horton B K, Loomis S E, et al. 2016. Continental arc volcanism as the principal driver of icehouse-greenhouse variability. Science, 352(6284): 444–447.

McKee M. 2013. Diamond drizzle forecast for Saturn and Jupiter. Nature News, 09 October, 2013. doi: 10.1038/nature. 13925

Murnane R J, Sarmiento J L, Le Quéré C. 1999. Spatial distribution of air-sea CO_2 fluxes and the interhemispheric transport of carbon by the oceans. Global Biogeochemical Cycles, 13(2): 287–305.

Nealson K. 2006. Lakes of liquid CO_2 in the deep sea. Proceedings of the National Academy of Sciences of the United States of America, 103(38): 13903–13904.

Page S E, Rieley J O, Shotyk O W, et al. 1999. Interdependence of peat and vegetation in a tropical peat swamp forest. Philosophical Transactions of the Royal Society of London, 354(1391): 1885–1897.

Page S E, Rieley J O, Banks C J. 2011. Global and regional importance of the tropical peatland carbon pool. Global Change Biology, 17(2): 798–818.

Pan Y, Birdsey R A, Phillips O L, et al. 2013. The structure, distribution, and biomass of the World's forests. Annual Review of Ecology Evolution & Systematics, 44(44): 593–622.

Park Y, Kim D Y, Lee J W, et al. 2006. Sequestering carbon dioxide into complex structures of naturally occurring gas hydrates. Proceedings of the National Academy of Sciences of the United States of

America, 103(34): 12690–12694.

Pöschl U, Sinha B, Chen Q, et al. 2010. Rainforest aerosols as biogenic nuclei of clouds and precipitation in the Amazon.Science, 329(5998): 1513–1516.

Prescher C, Dubrovinsky L, Bykova E, et al. 2015. High Poisson's ratio of Earth's inner core explained by carbon alloying. Nature Geoscience, 8(3): 220–223.

Raulin F. 2008. Planetary science: Organic lakes on Titan. Nature, 454(7204): 587–589.

Reyes A V, Froese D G, Jensen B J L. 2010. Permafrost response to last interglacial warming: Field evidence from non-glaciated Yukon and Alaska. Quaternary Science Reviews, 29(23): 3256–3274.

Reyes A V, Zazula G D, Kuzmina S, et al. 2011. Identification of last interglacial deposits in eastern Beringia: a cautionary note from the Palisades, interior Alaska. Journal of Quaternary Science, 26(3): 345–352.

Rickaby R E M, Elderfield H, Roberts N, et al. 2010. Evidence for elevated alkalinity in the glacial Southern Ocean. Paleoceanography, 25(1): PA1209.

Ridgwell A. 2005. A Mid Mesozoic revolution in the regulation of ocean chemistry. Marine Geology, 217(3): 339–357.

Roberts G C, Andreae M O, Zhou J, et al. 2001. Cloud condensation nuclei in the Amazon Basin: "marine" conditions over a continent? Geophysical Research Letters, 28(14): 2807–2810.

Rohrbach A, Schmidt M W. 2011. Redox freezing and melting in the Earth's deep mantle resulting from carbon-iron redox coupling. Nature, 472(7342): 209–212.

Saatchi S S, Harris N L, Brown S, et al. 2011. Benchmark map of forest carbon stocks in tropical regions across three continents. Proceedings of the National Academy of Sciences of the United States of America, 108(24): 9899–9904.

Sabine C L, Feely R A, Johnson G C, et al. 2004. A mixed layer carbon budget for the GasEx-2001 experiment. Journal of Geophysical Research Oceans, 109(C8): 101–111.

Sakai H, Gamo T, Kim E S, et al. 1990. Venting of carbon dioxide-rich fluid and hydrate formation in mid-okinawa trough backarc basin. Science, 248(4959): 1093–1096.

Sarmiento J L, Toggweiler J R. 1984. A new model for the role of the oceans in determining atmospheric PCO_2. Nature, 308(5960): 621–624.

Scharlemann J P, Tanner E V, Hiederer R, et al. 2014. Global soil carbon: understanding and managing the largest terrestrial carbon pool. Carbon Management, 5(1): 81–91.

Schuur E A, Mcguire A D, Schädel C, et al. 2015. Climate change and the permafrost carbon feedback. Nature, 520(7546): 171–179.

Shackleton N J. 1985. Oceanic carbon isotope constraints on oxygen and carbon dioxide in the Cenozoic atmosphere. In: Sundquist E, Broecker W (eds.) The Carbon Cycle and Atmospheric CO_2: Natural Variations Archean to Present. Washington: AGU. 412–417.

Sigman D M, Hain M P, Haug G H. 2010. The polar ocean and glacial cycles in atmospheric CO_2 concentration. Nature, 466(7302): 47–55.

Sleep N H, Zahnle K. 2001. Carbon dioxide cycling and implications for climate on ancient Earth. Journal of Geophysical Research Planets, 106(E1): 1373–1399.

Stofan E R, Elachi C , Lunine J I, et al. 2007. The lakes of Titan. Nature, 445(7123): 61–64.

Sumner D Y, Grotzinger J P. 1996. Were kinetics of Archean calcium carbonate precipitation related to oxygen concentration? Geology, 24(2): 119–122.

Sumner D Y, Grotzinger J P. 2004. Implications for Neoarchaean ocean chemistry from primary carbonate mineralogy of the Campbellrand-Malmani Platform, South Africa. Sedimentology, 51(6): 1273–1299.

Takahashi T, Sutherland S C, Wanninkhof R, et al. 2009. Climatological mean and decadal change in surface ocean pCO_2, and net sea-air CO_2, flux over the global oceans. Deep Sea Research Part II Topical Studies in Oceanography, 56(11): 2075–2076.

Tarnocai C, Canadell J G, Schuur E A G, et al. 2009. Soil organic carbon pools in the northern circumpolar permafrost region. Global Biogeochemical Cycles, 23(2): 2607–2617.

Veizer J, Ala D, Azmy K, et al. 1999. $^{87}Sr/^{86}Sr$, $\delta^{13}C$ and $\delta^{18}O$ evolution of Phanerozoic seawater. Chemical Geology, 161(1): 59–88.

Whitman W B, Coleman D C, Wiebe W J. 1998. Prokaryotes: The unseen majority. Proceedings of the National Academy of Sciences of the United States of America, 95(12): 6578–6583.

Yang J, Meng F, Xu X, et al. 2015. Diamonds, native elements and metal alloys from chromitites of the Ray-Iz ophiolite of the Polar Urals. Gondwana Research, 27(2): 459–485.

Yu J, Elderfield H. 2007. Benthic foraminiferal B/Ca ratios reflect deep water carbonate saturation state. Earth & Planetary Science Letters, 258(1): 73–86.

Yu Z, Loisel J, Brosseau D P, et al. 2010. Global peatland dynamics since the Last Glacial Maximum. Geophysical Research Letters, 37(13): 69–73.

Zeebe R E. 2012. History of seawater carbonate chemistry, atmospheric CO_2, and ocean acidification. Annual Review of Earth & Planetary Sciences, 40(1): 141–165.

Zeebe R E, Marchitto T M. 2010. Glacial cycles: Atmosphere and ocean chemistry. Nature Geoscience, 3(6): 386–387.

Zeebe R E, Westbroek P. 2003. A simple model for the $CaCO_3$ saturation state of the ocean: The “Strangelove”, the “Neritan”, and the “Cretan” Ocean. Geochemistry, Geophysics, Geosystems, 4(12): 1104.

Zeng N. 2003. Glacial-interglacial atmospheric CO_2 change—The glacial burial hypothesis. Advances in Atmospheric Sciences, 20(5): 677–693.

Zimov S A, Chapin F S. 2006. Permafrost and the global carbon budget. Science, 312(5780): 1612–1613.

思考题

1. 为什么是碳而不是别的元素，成为地球上最主要的生命元素？碳和硅在周期表里同族，为什么碳成为生物圈的基础，而硅成了岩石圈的主角？

2. 为什么说全球变化的核心问题是碳循环，而不是水循环？为什么碳循环的研究比水循环更加复杂？

3. 为什么地球表层从还原到氧化环境的转变，关键在于碳的转换？为什么说地球上的有机碳储库，其实是三十多亿年光合作用储存的太阳能？

4. 海洋对大气 CO_2 变化起着“缓冲”作用，其中涉及海洋和大气的碳交换，有哪些属于生命过程，哪些属于物理过程？

5. 不同海区在海洋生物泵中的作用不同。试对：①表层和深层；②低纬和高纬；③南、北半球高纬海区在生物泵中所起的作用进行比较。

6. 陆地植被最大的碳储库，为什么地上在热带，地下却在高纬区？

7. 人类排放的 CO_2 去哪里了，科学家是通过什么方法知道的？大气、海洋和陆地，现在最不清楚的碳储库是哪个？

8. 冰期时大气里 CO_2 减少，跑哪里去了？推测主要去了南大洋的深部，有什么根据？

9. 现在的大洋碳酸盐补偿面（CCD）在四五千米的深水，比古生代深得多。为什么显生宙以来 CCD 变深？海水化学“中生代中期革命”的原因又是什么？

推荐阅读

全球碳计划 . 2004. 全球碳计划（Global carbon project）——科学框架与实施 . 柴育成，周广胜，周莉，许振柱译 . 北京：气象出版社 .

汪品先 . 2002. 气候演变中的冰和碳 . 地学前缘 , 9(1): 85–93.

汪品先 . 2006. 大洋碳循环的地质演变 . 自然科学进展 , 16(11): 1361–1370.

Archer D, Winguth A, Lea D, et al. 2000. What caused the glacial/interglacial atmospheric pCO_2 cycles? Reviews of Geophysics, 38(2): 159–189.

Ciais P, et al. 2013. Carbon and other biogeochemical cycles. In: Climate Change 2013: The Physical Science Basis. Cambridge: Cambridge University Press. 465–570.

Ridgwell A, Zeebe R E. 2005. The role of the global carbonate cycle in the regulation and evolution of the Earth system. Earth & Planetary Science Letters, 234(3–4): 299–315.

Ruddiman W F. 2001. Earth’s Climate: Past and Future. New York: W. H. Freeman and Company. 234–253.

Sigman D M, Hain M P, Haug G H. 2010. The polar ocean and glacial cycles in atmospheric CO_2 concentration. Nature, 466(7302): 47–55.

Zeebe R E. 2012. History of seawater carbonate chemistry, atmospheric CO_2, and ocean acidification. Annual Review of Earth & Planetary Sciences, 40(1): 141–165.

内容提要：

● 地球生态系统的基础是微生物，海洋生物量的 90% 以上属于原核生物，其中包括微米量级的微型光合生物。

● 地球上有两类生物圈：除了依靠太阳能通过光合作用在氧化环境下制造有机物的生物圈外，还有海底热液区的“黑暗食物链”，以硫细菌为基础，依靠地球内热能量通过微生物化学合成作用在还原环境下制造有机物。在海底下面上千米的沉积物里，甚至在玄武岩里，也有由大量微生物组成的“深部生物圈”。

● 分子生物学在生物分类、演化中的应用，改变了形态分类的原有概念，揭示出细菌、古菌和真核生物的三分原则，还揭示出内共生造成的基因横向转移，及其在真核类起源和演化中的重大意义。

● 生物的新陈代谢，本质上都是氧化还原电位场里的电子转移。真核生物的新陈代谢都是基于含氧的光合作用，而原核生物在海底黑暗、缺氧环境下的新陈代谢，却具有高度的多样性。

● 生物体的有机分子主要由 H、O、C、N、S、P 六大元素组成，C、N、S、P 都有很强的价位变换能力。生源元素来自不同圈层，N 来自大气圈，P 来自岩石圈，通过生命活动中的相互耦合影响着其他圈层。

● 海水中的 90% 以上的有机碳是溶解有机碳，而 90% 以上的溶解有机碳具有惰性，可以长期不参加碳循环。与此相应，海洋有两种碳循环：真核生物的经典生物泵产生颗粒有机碳，属于快循环；微生物碳泵产生溶解有机碳，属于慢循环。两者的消长与营养供应相关，是海洋碳循环演变的重要内容。

● 多细胞动植物的产生，极大地拓展了生物圈在地球表面的分布，强化了对太阳能的利用效率，加速了生物自身的演化进程，同时也改造了从陆地到海底的环境。

● 生物圈的发展使其本身成为重要的环境因素，典型的例子是中新世晚期广大草原形成时，从陆上的有蹄类哺乳动物到海洋里的硅藻，都与之发生协同演化。

地球系统与演变

第5章 生物圈及其演化

5.1 重新认识生物圈

自从生命起源，地球上的水循环和碳循环都离不开生物的作用，所谓碳循环，在很大程度上就是碳的生物地球化学过程。从另一方面看，三十几亿年来的生命演化史，也就是地球表层各个系统相互作用、共同演化的经历。

5.1.1 地球系统里的生物圈

地球系统讨论的生物圈和人类生活里接触的生物圈，有着不同的含义。人类以自己为中心，从生物圈里首先看见的是包括自己在内的动物，连地质学划分年代的根据也是动物化石，地质年代表里“古生代”“新生代”的“生”字，原文就是动物——后缀是“-zoan”。然而放在地球系统里，动物只是生物圈里很小的一部分。对人类来说，生物圈里最显眼的是生态系统顶端的变化，例如三叶虫出现、恐龙灭绝，都是生物圈演变的显著标志。就像人类社会，改朝换代的标志当然是皇帝的更替，“演义”的主角当然是帝王将相。但如果想要揭示历史演变的原理，那就要从社会经济组织、财赋制度的运行入手，需要有所谓“大历史观”（黄仁宇，1997）。地球系统科学就是自然界的“大历史”，生物圈的意义不在于生物类别的演替，而是生物在地球系统里对能量和物质的转换。因此，进行光合作用的植物是生态系统的基础，相当于创造社会财富的“劳动群众”。动物当然重要，正是脊椎动物的长距离运动传播种子，扩大了植物的地理分布；正是钻泥动物的搅动改造了陆地的土壤层，促进了植物的繁荣生长。但是地球生态系统的基础不是动物，而是植物和下面将要介绍的微生物，这才是“真正的英雄”。

生态系统是个金字塔，营养层次越高生物量越少。从生物量看，地球上的生物圈主要是树木。陆地植物总生物量的 92% 属于森林，海洋的生物量比陆地少几百倍，陆地动物也比植物的生物量少上千倍。人类通常注意的是大个体的生物，但是论生物量反而不如小个体的生物。在一片热带雨林里，蚂蚁的总生物量会超过森林里全部脊椎动物的总和；在全球范围里，南极磷虾的生物量，超过了近 70 亿全人类的总和。

上面说的是生物量，如果拿生物多样性来比较，那么动物的种类就要比植物多，虽然全球生物多样性的准确数据很难取得。除了研究特别多的门类比如鱼和鸟，一般的生物门类都缺乏全球性的调查统计。至于微生物（原核生物），连什么叫“种”都说不清楚，因此能说种数的只是真核生物。科学家 250 年来已经描述了一百几十万个物种，其中主要是动物，光昆虫就有上百万种，植物才二三十万种。至于还有多少种没有描述，不同人的猜测相差太大，少到几百万、多到上亿。近来有人推测地球上总共大约有 870 万种真核类，其中 220 万种生活在海里（Mora et al.，2011）。

本章对与生物圈的介绍，采用的是“大历史”概念，讨论生物在各圈层能量、物质转换中的作用。我们先介绍生物圈概念的更新，尤其是微生物探究的进展；接着讨论生命过程的化学方面，尤其是生源要素的循环；然后转入生物和环境，讨论生物演化和地球系统的关系。

5.1.2　微生物——地球生态系统的基础

微生物的研究是从病菌开始的，因而落下了微生物对人类有害的恶名，这桩冤案直到近几十年才得到平反：地球表面微生物几乎无所不在，它们原来是地球生态系统的基础，危害人类的只是其中的一小部分。陆地上，微生物活跃在生命活动的每个环节里；海洋里，微生物更是生物量的主体，是海洋生物圈物质循环的必要环节，其中包含着参加制造有机物的“正能量”。

5.1.2.1　微型光合生物

20 世纪晚期，对海洋生物圈的认识发生了根本性的变化。在海底，发现了不靠光合作用的黑暗食物链和海底下面的深部生物圈；即便在人们了解比较多的有光层里，也发现了前所未知的光合微生物。我们熟悉的海洋浮游植物本来都很小，无论硅藻、甲藻还是颗石藻，都是几十微米到毫米级的个体，构成了海洋光合作用的主体。但是 1980 年前后采用新技术观测的结果，发现这些藻类都不算小，海洋里进行光合作用的还有更小的生物。这就是属于蓝细菌的聚球藻 *Synechococcus* 和原绿球菌 *Prochlorococcus*，前者才 1~2 μm 大，后者更小，只有 0.7 μm 左右。按照个体大小分类，聚球藻和原绿球菌都属于 picoplankton 的范畴，有时译作“微微型浮游生物”，我们这里称作微型光合生物。这些新发现冲击了海洋生态学的传统概念，原来只知道真核类的浮游植物进行光合作用，现在知道微小的原核生物不但也能进行光合作用（见附注 1），而且还是分布最广、为数最多的海洋生物，于是海洋生产力、生物泵的概念，都需要更新。

现在知道，原绿球藻是数量最大的光合作用生物，每升海水里可以有上亿个个体，繁殖速度可以每天让个体数量翻上一倍，因而是地球上生物量和生产力最高的单一物种。原绿球藻从海面到真光层底部都有分布，能够在极弱的光照条件下进行光合作用，是贫养大洋中光合生物量的主要成分。有人估计在 0°~60° 纬度范围内，占微型浮游植物总碳量的 3/4（焦念志，2006）。

如果我们能像爱丽丝那样漫游一下微观世界，拿微生物的“眼光”看海水（图 5-1），就可以看见纳米级生态系统里的胶质和黏液，看见在 1 mm^3 海水里，有上万个病毒，上千个细菌，成百个原绿球藻和各自十个左右的聚球藻、真核藻类和原生动物，而且在这些大小不等的微型生物之间，有着密切的相互作用（Azam and Malfatti，2007）。这种新的视野，改变了我们对海洋生物圈的认识：原来微生物才是海洋生物圈的主体。

原来海洋生物量的 90% 以上，属于原核生物。如果把有核酸颗粒的都作为生物统计，那么海洋里论个体数最多的是病毒。每一毫升海水中有上百万个病毒，论个数占了大洋中有核酸颗粒的 94%，估计全大洋有 10^{30} 个病毒，连起来长度超过 60 个银河系。但是毕竟个体小，论生物量在大洋只占 5%。相反，原核生物在大洋中占据有核酸颗粒总数不到 10%，生物量却超过 90%。原生生物的藻类在海洋表层可以占到生产量的一半，但是下面在大洋中层、深层只有百分之几或者更少，所以总的生物量还不如病毒（图 5-2；Suttle，2007）。

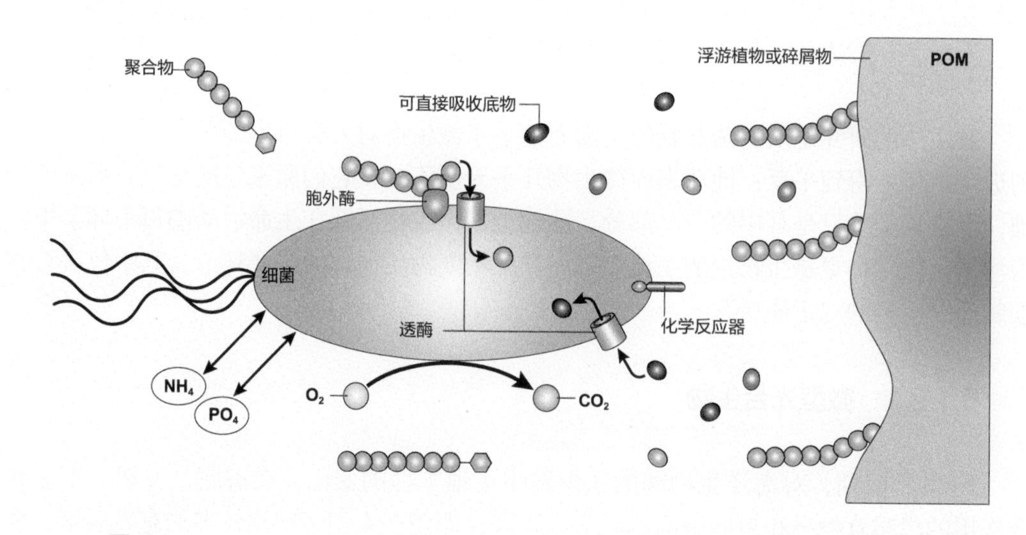

图 5-1
纳米－微米尺度的海洋细菌生态系（据 Azam and Malfatti，2007 改）
右侧是藻类或其碎片的有机质，中央为细菌，图示水解作用驱动着物质穿越细胞膜

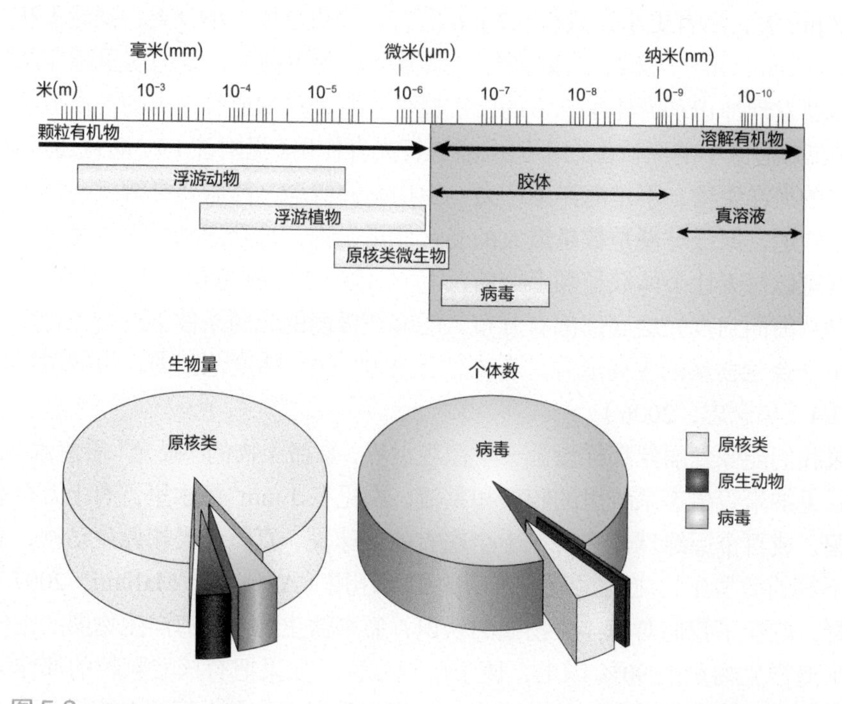

图 5-2
海洋里各类微生物的大小尺度（上），生物量和个体数（下）的比较（据 Suttle，2007 改）

微小的生物居然是海洋生物圈的主体，这是生物对海洋环境的适应。陆上由参天大树组成的陆地植被和海洋里肉眼看不见的浮游生物，两者的年产量居然相近，关

附注 1：原核生物和真核生物

生物分为真核生物（Eukaryotes）和原核生物 (Prokaryotes) 两大类。原核生物包括细菌和古菌，都是单细胞生物，最明显的特点是没有细胞核，从而与真核类相区别。我们接触的动物、植物、藻类、原生动物等，都属于真核生物。原核生物小得多，在 1~10 μm 等级，属于微生物。比原核生物更小的是病毒（见右图），不过病毒算不算生物都有争议。

两大类之间的区别其实还要深刻得多：真核细胞里的 DNA 比原核类多出上千倍，而且都集中在细胞核里；真核细胞里有专门的小器官，负责呼吸、光合作用等功能，原核细胞没有这些结构，全靠细胞膜承担这些职责。

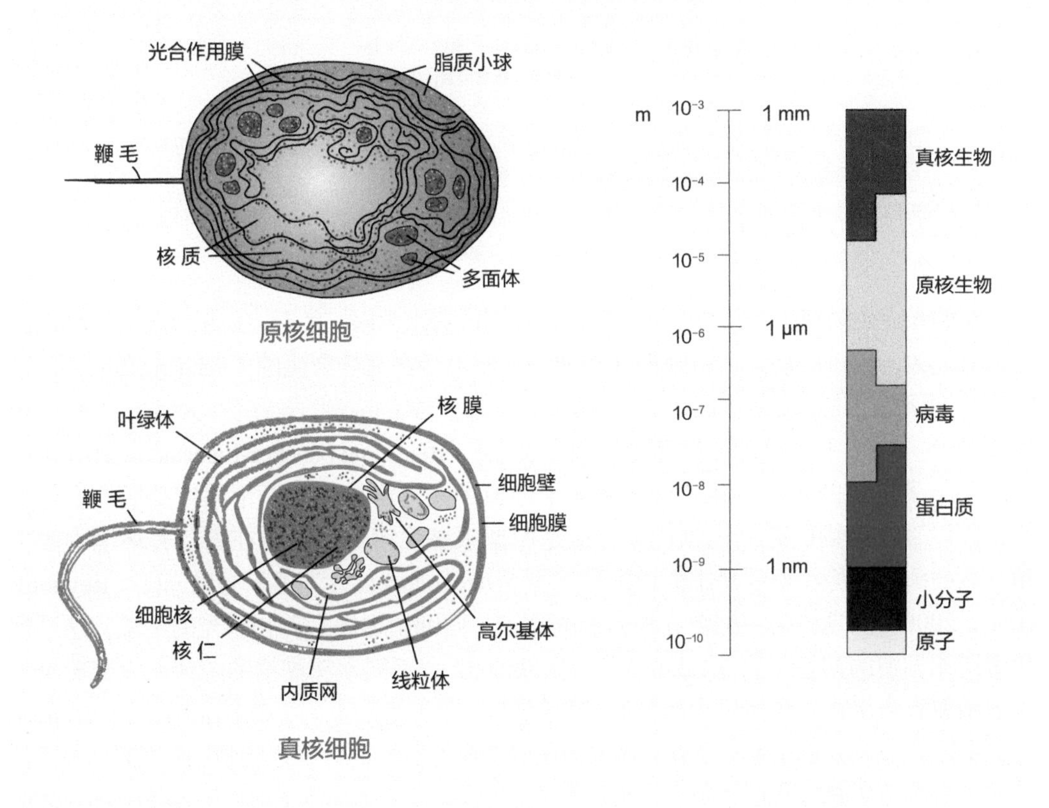

键在于浮游生物的高生产力。个体小意味着表面积和体积的比例高。生物通过其表面进行物质交换，表面积与体积的比值是 $4\pi r^2/(4/3\pi r^3)=3/r$，半径（$r$）越小比值越大、交换越有效。图 5-3 所示，是各类生物个体的生物量（按含碳克数计）与年生产力（相对比值）的关系，细菌要比多细胞的大动物高出几个量级。就此而论，一个微米级大小的细菌，新陈代谢的速率可以比人类高出十万倍。一种海洋细菌 *Beneckea natrigens*，在最佳条件下不到十分钟就能分裂一次，每克干重产生的能量相当于 2 kW。说形象些，质量相当于 100 个人的 *B. natrigens*，能够产出 1000 MW 的能量，相当于一个核电站（Pomeroy et al.，2007）！

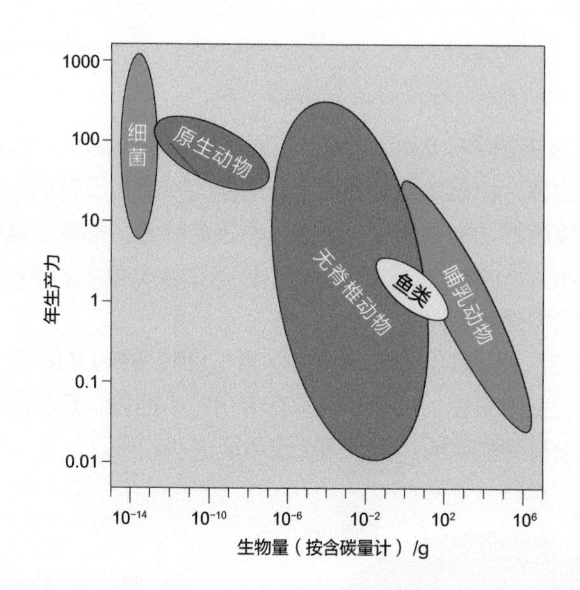

图 5-3
生产力与生物大小的关系（据 Pomeroy et al.，2007 改）
横坐标用生物量表示不同生物的个体大小，纵坐标为活有机质年产量（倍数）的相对比较

微型光合生物在生态系统中的重要性，并不以海水为限。实际上最早进行光合作用的生物蓝细菌，很可能是太古宙晚期在陆地淡水而不是在海洋产生的（Schirrmeister et al.，2013），而元古宙初蓝细菌的分布拓展到海洋，激起产氧的高潮，导致了“大氧化事件”（见 1.5.1 节），改变了地球表层系统演化进程的轨迹（Blank and Sánchez-Baracaldo，2010）。经过二十多亿年的生命演化，现代地球上湖泊中的浮游植物，无论纬度高低、水体深浅，都以真核生物的硅藻占据优势，但是微型原核生物仍然可以在寡营养环境中唱主角，蓝细菌的优势类型还是上面说的聚球藻 *Synechococcus*，湖里和海里一样（Reynolds et al.，2000）。真核类占据营养和光照的高点，蓝细菌退居寡养和弱光的生境，这是现代海洋和湖泊的共性（见 5.1.2.4 节）。据欧洲 32 个不同水深湖泊的统计，以聚球藻为主的微型光合生物，在生产力越低时越占优势。叶绿素含量（以 Chl a 计）低于 10 μg/L 时，微型光合生物可占整个浮游植物生物量的 70% 以上，而叶绿素含量超过 100 μg/L 时，只能占 10%（Vőrős et al.，1998）。水柱里的水生生物，在海洋和湖泊里有着许多相似性。

5.1.2.2 黑暗食物链和深部生物圈

1. 化学合成和黑暗食物链

20 世纪 70 年代末，海洋科学最大的发现是深海热液。美国“阿尔文号”载人深潜器于 1977 年在加拉帕戈斯（Galapagos）太平洋中脊水深 2500 m 处，发现了深海热液和热液口特殊的生物群（Corliss et al.，1979）；接着又于 1979 年在东太平洋加利福尼亚附近发现了热液口的黑烟囱。这里也是在水深 2500 m 处，有滚滚“黑烟”从海底喷出，原来是 300~400 ℃的高温热液带着金属硫化物黑色颗粒从地下深部升起，在喷口形成硫化物的“黑烟囱”(Spiess et al., 1980)。深海热液是地球内部的物质能量冒出海底的窗口，不但形成着金属硫化物矿床，而且通过热液输出的元素改变着海水的成分。自此之后，深海热液和热液矿床的探测取得了巨大进展，到2009年为止全球已经发现521个活动的热液喷口，其中大约一半在大洋中脊，另外沿俯冲带的火山岛弧和弧后盆地各有1/4（Beaulieu et al.，2013），离我们最近的就在冲绳海槽。

不过我们这里要讨论的只是热液口特殊的生物群。深海热液的发现中，最为出人意料的是热液口密密麻麻的动物，色彩鲜艳的管状蠕虫群体，数不清的螺类和贝类、虾类和螃蟹，层层叠叠围绕着热液口。大洋深处一无阳光、二无养分，生产力应该极其低下，而如此稠密热液生物群的出现，就像沙漠里的绿洲一样特殊。哪里来的营养元素和能量？原来热液生物群的基础是化学合成生活方式的微生物。深海热液不但还原缺氧，而且呈强烈酸性(pH=2~4)，只有微生物能够通过其中CH_4、H_2S、H_2、S等成分的氧化获得能量，依靠化学合成制造有机物，再由这些细菌支持各种热液动物，构成热液生物群（Fisher et al.，2007）。

热液生物群的发现，改变了人类对生物圈的基本概念。原来地球上存在着两大生物圈：我们熟悉的是由叶绿素做基础，依靠太阳辐射能，通过光合作用在有氧环境下制造有机物；而热液生物群的基础是硫细菌，依靠地球内部的地热能，通过化学合成的途径在无氧环境下制造有机物（Gold，1992）。因此，地球上有着两种食物链，“万物生长靠太阳”说的是前一种生物圈，也就是人类生活所依靠的“有光食物链”，在现代地球上占据压倒性优势；后一种属于“黑暗食物链”（图5-4），曾经是地球演化早期生物

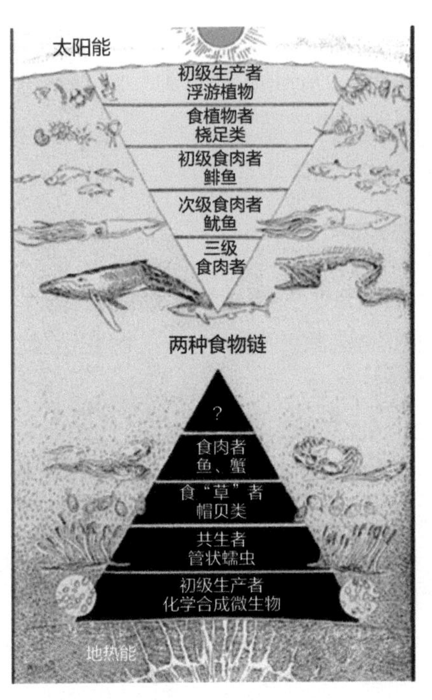

图5-4
有光食物链和黑暗食物链

圈的起点，随着氧化大气的建立早已“功成身退”，在当前的地球表层系统中屈居海洋和地下的深处。笼统地说，在化学元素表里，“有光食物链”靠的是氧，“黑暗食物链”靠的是硫；在能源产生的物理机制上，“有光食物链”靠的是太阳内部的核聚变，“黑暗食物链”靠的是地球内部的核裂变。论原理，前者相当于氢弹、后者相当于原子弹，“氢弹”产生的能量虽然距离地球遥远，还是比“原子弹”强。

然而以化学合成为基础的黑暗食物链，也有着不同寻常的表现。以上介绍的是在黑烟囱区的高温、酸性环境下，以硫细菌为基础的高温热液生物群（Corliss et al.，1979），后来在大西洋中脊区又发现了低温热液生物群。这种低温热液是地幔橄榄岩在海水作用下发生蛇纹岩化的产物，温度在 40 ℃与 90 ℃之间，pH 为 9~11，呈碱性，微生物基础是甲烷菌而不是硫细菌，但同样支持以化学合成为基础的“黑暗食物链”。不过低温热液作用产生的矿物是碳酸盐，不是硫化物，因此海底形成的是几十米高的白烟囱而不是黑烟囱（Kelley et al.，2005）。

不但热液作用产生化学合成为基础的生物群，海底天然气水合物释出口的“冷泉”同样产生了“黑暗食物链”。早在多年前，“阿尔文号”在墨西哥湾就发现了和热液口类似的动物群，但是其基础是水合物释出口的甲烷和甲烷菌（Paull et al.，1984）。由于冷泉无论在活动还是被动大陆边缘都有广泛分布，其生物群也已经有过大量报道。冷泉动物以贝类和管状蠕虫为主，包括许多在沉积物里生活的类型（Levin，2005）。现在知道，无论是热液还是冷泉，只要海底有充足的能源和物源，都可以出现“黑暗食物链”。

化学合成生物群的研究方兴未艾。热液生物群发现以后的 30 年里，平均每个月有两个新种发现，尽管“黑暗食物链”的生物多样性远逊于通常的“有光食物链”（Ramirez-Llodra et al.，2007）。不仅如此，各个海洋的热液生物群也有生物地理上的区别，比如著名的巨型管状蠕虫 *Riftia pachyptila* 见于太平洋而不见于大西洋，全大洋大体上可以分为六个热液生物区，但是这些奇异生物的来源如何，它们在深海海底的迁移途径，都是有待今后探索的题目（Bachraty et al.，2009）。

2. 深部生物圈

上述发现，说明海水和海底上生活着巨大数量的微生物。而同样惊人的发现，是在海底下面居然还有微生物群。地层深处有没有微生物在活动，早在 90 年前就提出过这个问题，当时在美国石炭纪油田水里，发现有还原硫酸盐的细菌在活动，引发了这些细菌是否从石炭纪开始就在地下生活的疑问（Bastin，1926）。半个多世纪之后，随着核废料地下深埋的安全问题，再度提出地下水源区有没有微生物在深部生存的问题，在核基地钻取深层地下水进行探索。结果发现，钻探最深的 500 m 处也有细菌（Fredrickson and Onstott，1996）。进一步到其他地区采样，结果证明细菌确实在地下广泛存在，最深的竟达 2800 m，温度可以高达 75 ℃（Onstott et al.，1998）。

海底下面微生物的研究，也已经有 80 年的历史：当时发现海底沉积里的细菌比海水里多，而且埋藏越深厌氧细菌越多（ZoBell and Anderson，1936）。但当时指的是近海的近表层沉积而不是深海，60 年前的结论是深海沉积在顶层 7.5 m 以下，就不再有活的细菌（Morita and Zobell，1955）。变化发生在 1985 年开始的大洋钻探计划（Ocean

Drilling Program，ODP），美国“决心号”钻探船到达各大洋几千米水深的区域钻取深海岩芯。大洋钻探计划一开始的重大发现就是深海沉积深部的微生物。从 1986 年到 1992 年太平洋区的五个航次（ODP 第 112，128，125，138，139 航次），都在深部的沉积岩芯中发现有微生物，其中最深的是在日本海的 ODP 128 航次，海底以下 518 m 的深处还有细菌发现，只是各处钻孔的微生物丰度都是从海底向下急剧减少，从近表层每立方厘米的十亿多个，减到 500 m 深的一千多万个（Parkes et al.，1994）。

大洋钻探在太平洋的发现犹如一声惊雷，唤起了学术界对海底下面微生物群的注意，在海底以下的深处，居然还有巨大数量的微生物生活着，甚至深海玄武岩里还有细菌生活，构成所谓的“深部生物圈”。然而这个“深部生物圈”究竟有多大，至今并不清楚。微生物能够在海底下多大的深度生存？北大西洋纽芬兰大陆边缘 ODP 210 航次的钻井里，直到埋深 1626 m 相当于一亿多年前的地层里还有微生物发现，地温已经高到 60~100 ℃，丰度却仍能保持在每立方厘米 150 万个左右，并没有向下急剧减少的趋势，说明分布应该更深（Roussel et al.，2008）。目前最深纪录是 2008 年大洋钻探在新西兰东南的钻孔，在埋深 1912 m 处发现有活的微生物（Ciobanu et al.，2014）。看来深度分布的限制在于温度，可能约 122 ℃是个极限（Takai et al.，2008）。

“深部生物圈”的规模多大，是一个重要而有争议的问题。Whitman 等（1998）估算，全球在水里的原核类微生物有 1.2×10^{29} 个，土壤里 2.6×10^{29} 个，大陆地下 2.5×10^{29}~25×10^{29} 个，海底下面最多，有 35×10^{29} 个，合计生物量 3000 亿 t，因此得出结论说：全球微生物有 70% 生活在海底和陆地的地下，地下的“深部生物圈”占据地球上活生物量的 30%。然而这种估计可能过高，后来根据东南太平洋环流区和赤道东太平洋 34 个站位的测量推算，海底下面的“深部生物圈”只有 2.9×10^{29} 个，减少了 92%，只相当于 41 亿 t 生物量，对全球原核类总个数的估计也减少了 1/2 到 3/4（Kallmeyer et al.，2012）。但是最近比较全面的估计，海底下面的“深部生物圈”总量为 5.39×10^{29} 个（Parkes et al.，2014），数目有所回升，但仍然明显低于 Whitman 等（1998）的估计。导致不同估算结果的原因是数据来源不一：太平洋的几十个站位以低生产力海域为主（图 5-5 的紫色点；Kallmeyer et al.，2012）；Parkes 等（2014）的数据来自太平洋、大西洋、地中海 106 个站位总共 1738 个测量值（图 5-5 的黑点），可能代表性较强。值得注意的是从表层向下，细胞密度的对数值随着埋深的对数下降，是两种不同统计的共同趋势，说明深部生物圈的密度向下减少的趋势是普遍现象（图 5-5；Parkes et al.，2014）。

关于“深部生物圈”数量规模的争论，一时不可能有结论：因为实测的样本太小，不足以作全球性的推论。其实上面说的还只是沉积层里的微生物，几十年的大洋钻探表明，深海海底的玄武岩洋壳，也是微生物生活的范围。不同于沉积层，洋壳并不含有机质，微生物是通过火山玻璃的“风化”作用获取营养。从第四纪到白垩纪，从快速扩张到慢速扩张的洋壳，都有被微生物风化蚀变的玄武岩（见附注 2）。虽然玄武岩里微生物的密度不高，但由于这类大洋的上地壳分布广泛，总体积可达 1×10^9 km^3，因此其环境效应不容小觑（Fisk et al.，1998）。不过玄武岩里的“深部生物圈”也有深度限制，主要是在上部 300 m，地温 20~80 ℃的区间（Furnes and Staudigel，1999）。其实大陆地壳的花岗岩里，也有微生物的活动，通过地下水的分析已经早有发现，每毫升地下水含有细胞 1×10^3 个至 1×10^7 个不等（Pedersen，1997）。我们对火成岩里微生物分布的了解，远比沉积层里的要差，因此要对整个深部生物圈的大小做出客观的定量估计，还有待更多的调查。

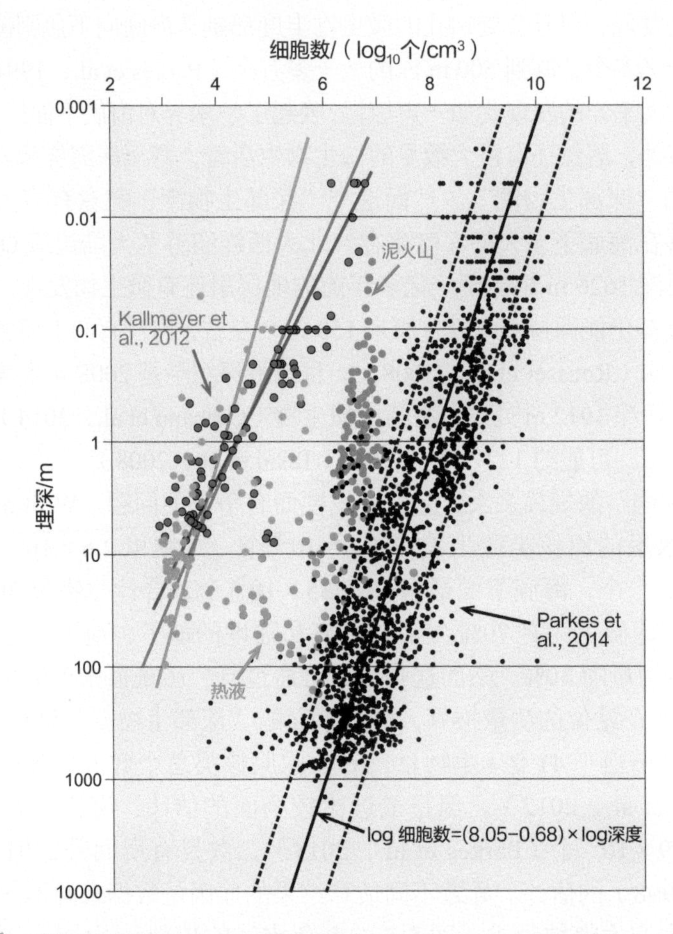

图 5-5

深部生物圈：海底下微生物细胞数的深度分布（据 Parkes et al.，2014 改）

示不同作者数值的差异，注意纵、横均为对数坐标

不仅是规模，“深部生物圈”的组分也有待进一步调查。基因分析表明，海底深处的沉积中，除原核类之外也有真核类存在。比如大洋钻探在新西兰以东的 U1352 井，真核类分布最深可到井下 1700 多米（Ciobanu et al.，2014）。“深部生物圈”出现的真核类，既不是我们熟悉的动植物，也不是海水里常见的藻类，而主要是真菌类微生物（Edgcomb et al.，2011），比如东太平洋深海发现白垩纪地层里就有活着的真菌（Monastersky，2012）。

3. 极端环境的微生物

“深部生物圈”的发现，挑战了对于生命环境的原有概念，原来微生物的分布，远

附注 2：玄武岩里的微生物

洋壳在海水中遭受的风化作用，长期以来被认为纯属化学反应。深入研究发现，除化学风化外广泛存在微生物的“风化”作用。如附图所示，大洋钻探深海底玄武岩的切片上可以看出微生物沿着岩石缝隙，在火山玻璃里形成 1 μm 左右细的管道（A），里面还可以分节（B），用电子探针可以测到有 C、N、P 成分，管道末端含干酪根，看来是微生物“打洞”的证据。微生物侵蚀玄武岩形成的结构多样，可以是管道状，也可以是球粒状，至今见于洋壳上部 550 m 以内。其实不但在海底，陆地上古老的甚至太古宙的玄武岩里也发现有微生物风化，但是不能确定这类微生物活动是什么时候开始的（Furnes et al.，2007）

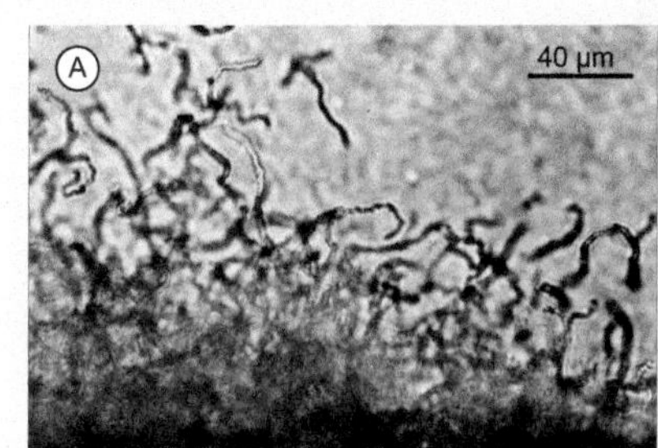

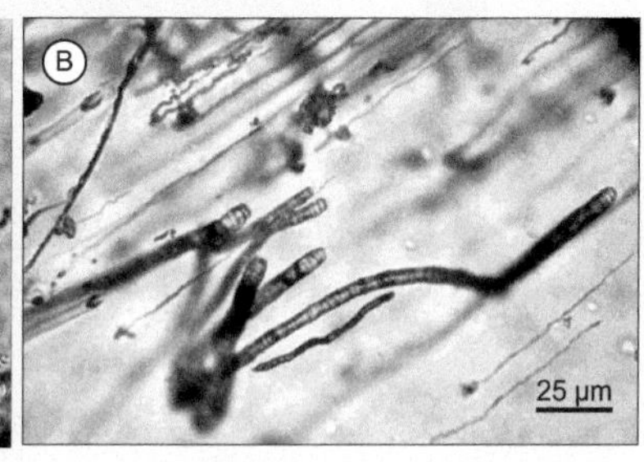

玄武岩里的微生物：火山玻璃的微生物风化作用（据 Furnes et al.，2007 改）

远超越了我们已知的生命极限，于是提出了“嗜极生物（extremophile）”的概念，专指极端环境下生活的微生物。从美国黄石公园 90 ℃的热泉，到南极冰下的东方湖，都有这类极端生物存在。而 20 世纪 90 年代以来微生物研究的一大进展，是耐热微生物群的发现。它们都出现在海底火山喷发或者海底热液作用区，在 55 ℃仍能生活的称嗜热微生物（thermophile），到 90 ℃还能生长的叫极端嗜热微生物（hyperthermophile）。近 15 年来八次火山爆发，有五处都从喷出物中发现有嗜热或者极端嗜热微生物群。火山爆发时，海底常伴有热水涌出，从中取样，十个里有九个样品含有嗜热或极端嗜热微生物。其丰度一般是每升水中 200 个，但考虑到热涌出后至少稀释了 1000 倍，原来在地下的丰度应当在每升 20 万个以上。此外，在洋底热液喷出口产生的弥散流（diffuse flow）中，也多次发现有嗜热或极端嗜热微生物。最能适应高温的看来就是古菌，热液口的嗜热古菌在 113 ℃下还可以生长（图 5-6）。不同生物适应的温度范围不同，鱼类不超过 40 ℃，高等植物不超过 48 ℃，真核生物的温度上限也就是约 60 ℃，而原核生物的温度上限要高得多（图 5-6；Rothschild and Mancinelli，2001）。

同样，海洋生物一般适应近于中和的酸碱度，因为海水 pH 就是 8.2。鱼类和蓝细菌不出现在 pH<4 的环境，植物和昆虫不能容忍 pH<2 或 pH<3，但是微生物从 pH=0 到 pH=11 都会有分布（Rothschild and Mancinelli，2001）。其实微生物对于生命活动条件最大的挑战，还不在于生存环境的物理化学参数，而是新陈代谢的速度。与热液口“自养”的微生物不同，深部生物圈的微生物被封存在地层孔隙微小的空间里，只

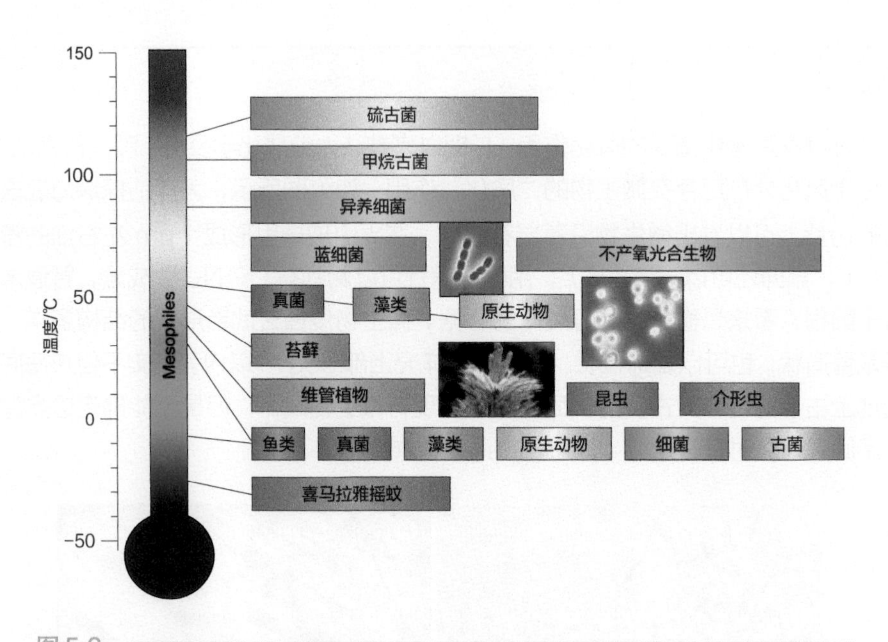

图 5-6
生命活动的温度界限：不同颜色示生物大类（据 Rothschild and Mancinelli, 2001 改）
Mesophiles 指常温，即不太热也不太冷的温度，通常指 20~45 ℃

能依靠地层里的有机物实行“异养”。这种微生物从地中海底第四纪的腐泥层，到美国白垩纪的有机质页岩里都有发现，它们的新陈代谢极其缓慢，但“寿命”极长。这些微生物究竟是如何存活的？当然，这种“水深火热”的环境下“生活质量”无从谈起，基本上处于休眠状态，即便如此，也得有最低限度的能量和修补细胞的物质。此外，这些微生物繁殖速度如何？有人推测细胞分裂的周期起码得有上千年，但是如此缓慢的生命过程如何理解？

针对“深部生物圈”的种种问题，大陆和海底都在展开深部的原位试验。陆地方面如瑞典哥德堡大学 1987 年就建立了地下深部生物圈实验室，在火成岩基岩的 450 m 深处研究微生物的活动过程（董海良等，2009）；瑞士在 400~500 m 深处的花岗岩里钻孔，进行微生物实验（Konno et al.，2013）。海洋方面主要围绕大洋钻探进行，比如在东太平洋安装深海井塞（CORK）观测海底地下水与微生物；在井下进行多年试验，考察不同岩石类型与微生物的相互作用（Orcutt et al.，2010）等等。深部生物圈的发现，引起了一系列深层次的科学思考，诸如生命分布的物理化学环境极限，超低速新陈代谢的可能性。一个极有前景的研究领域，是利用深海极端环境来探索地外生命。缺氧条件下，合成有机质、进行新陈代谢的多种途径，为我们设想地外生命提供了极大的启发，为深部生物圈和地外生物的研究构建了桥梁。

5.1.2.3 微生物与地球系统科学

微生物研究成果历来在医学上应用，一旦进入地球科学，就产生了莫大的影响。光合微生物和地底之下微生物的大量发现，不仅冲击了生命科学的传统概念，而且改变着人类对地球系统的许多原有认识。原来说的一些“地质过程”，从白云石的产生到金矿的形成，其实都有可能是微生物活动的结果（Vasconcelos et al.，1995；Gwynne，2013）。于是，“地球微生物学（Geomicrobiology）”应运而生，1978年还办起了《地球微生物学杂志》（*Geomicrobiology Journal*）。关于地球微生物学，中文文献中已经有不少报道（如董海良等，2009；殷鸿福、谢树成，2011；谢树成、殷鸿福，2014），此处只就微生物海洋学及其影响进行重点介绍。

近20年的技术发展，使得微生物学对地球科学的影响剧增，其中来势最猛的当数“微生物海洋学（microbial oceanography）”。既然海洋里90%的生物量属于微生物，既然进行光合作用的生物数量上以微生物为主，那么对于微生物分布的定量了解，就成为海洋研究的迫切任务。然而新的科研目标都是在新的技术支撑下实现的，只有1 μm大小的微生物，不可能靠形态特征在光学显微镜下识别；微生物在浩瀚海洋三维空间里的分布，也不可能依靠逐个采样的方法来完成。基因技术和遥感技术提供了突破口，依靠分子生态学、宏基因组学、微生物遥感遥测和生态模拟，现在已经有可能取得全大洋微生物分布的信息。作为新学科的微生物海洋学，就是将海洋微生物学、微生物生态学和海洋学的知识结合起来，探索微生物在海洋生态系统的生物地球化学变化中所起的作用（Karl，2007）。比如以原绿球藻为代表的原核类微生物和以硅藻为代表的真核藻类在大洋里的相对丰度，不可能全部通过实测求得，而用上述方法根据生态模型得出的海洋上层微生物生物地理分布，就明显展示出原绿球藻在中低纬亚热带环流区、硅藻和其他真核生物在高纬海区占据优势的特征（图5-7；Follow et al.，2007）。

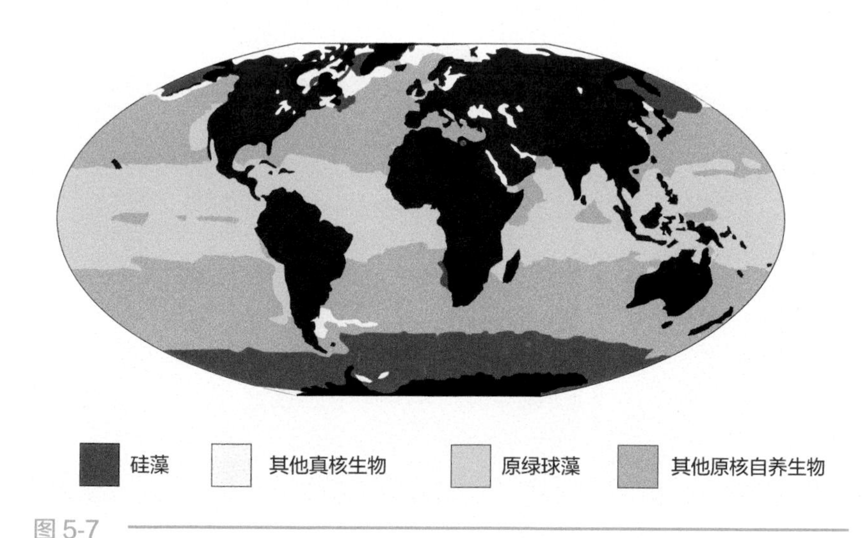

图5-7
现在海洋上层（0~5 m水深）四大类光合作用浮游生物的地理分布的生态模拟（据Follows et al.，2007改）

海洋微生物的传统研究方法是菌株培养。即在实验室条件下分析已经获得培养的微生物菌株，但这种方法不仅费时费事，而且绝大部分海洋微生物是不可培养的，因此局限性太大，难以满足研究微生物与环境关系等方面的需求。随着基因测序成为常规手段，现在的技术是将分子生物学技术应用于海水样品分析，不是检测某一种生物的基因，而是对海水里的微生物做全面的基因测序。同时，发挥海洋观测装置微型化的优势，可以在海里进行原位实时的基因组测定。比如在一个深海观测站，可以将探头安置在水下，原位分析海水里微生物群落的 DNA 和 RNA，通过卫星将数据输送到实验室（图 5-8；Bowler et al.，2009），取得微生物变化的时间序列。也可以制成便携式设备，放到海里进行遥控监测，比如美国的“环境样品处理系统”（Environmental Sample Processor，ESP）。如果说从前要靠向实验室输送海水样品来检测微生物群落的变化，那么现在将“实验室放在海里”，依靠海底观测技术直接进行微生物生态的检测，为微生物海洋学的研究开拓新的途径（参见上海海洋科技研究中心，2011，2.3.2 节之“2. 基因技术与微生物海洋学”）。

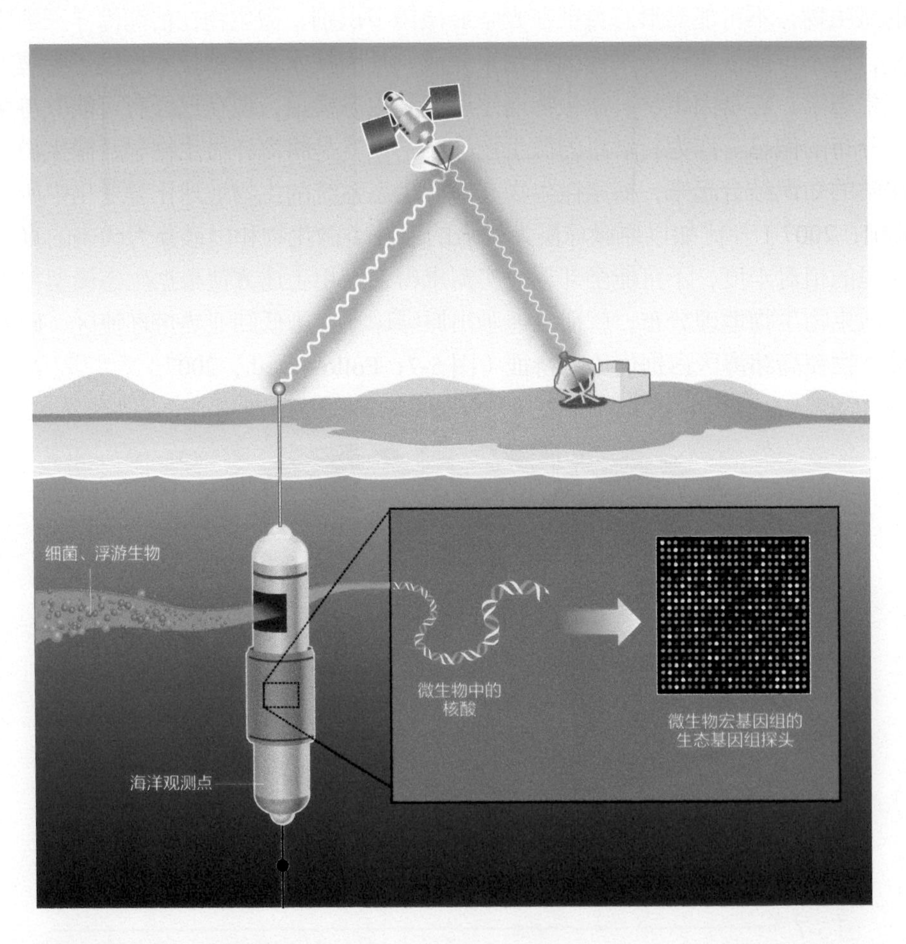

图 5-8
用于监测海洋微生物活动的微型基因组探头（据 Bowler et al.，2009 改）

微生物海洋学研究的范围不限于海水，海底的微生物同样影响海洋。“深部生物圈”里的微生物，尽管是占地球上生物量的 30% 还是 3% 尚有争论，尽管代谢作用慢得出奇，但至少在地质时间尺度上必然影响海水的生物地球化学循环。“深部生物圈”的有机碳和营养元素，是不是也会从海底释出，进入海水？近来发现，海水里的病毒可以产生重要的生物地球化学效应：病毒感染可以改变宿主的生命史和演变，比如对颗石藻的感染，可以破坏颗石藻的勃发（Rohwer and Thurber，2009）。浮游病毒（见附注 3）作为海洋微型生物的“杀手”，通过对宿主微型生物的裂解，改变着海洋生态系统中的物质和能量循环，形成“病毒环（viral loop）”或者“病毒回路（viral shunt）”，可以改变生物泵的效率，改变海洋微型生物的丰度次序（Suttle，2007）。有人提出，病毒不但在水里，也能对深海海底沉积甚至“深部生物圈”里的微生物构成威胁，可能是其中 80% 微型生物的“杀手”，通过“病毒回路”每年为海洋输送 3.7 亿 ~6.3 亿 t 碳，在深海碳循环中起重要作用（Danovaro et al.，2008；Ledford，2008）。不但如此，病毒本身的成分也有生物地球化学的作用，至少对于海水中磷的储存和循环产生影响（Jover et al.，2014）。

5.1.3　生物的重新分类

5.1.3.1　从形态分类到化学分类

人类对所接触的生物进行分类，当然根据看到的形态和行为，最显著的动物和植物之分，早在公元前 4 世纪就由亚里士多德提出，沿用至今。至于地质界对于化石的分类，就只能依据其骨骼形态。但是微生物根本谈不上形态，分类依据靠的是分子生物学。一旦把微生物和动、植物放到一起，生物分类就只能重新洗牌。目前建立在基因组学、蛋白组学基础上的生物分类，已经与经典生物学的形态分类大不相同。

包括蘑菇、霉菌在内的真菌类，怎么看都像是植物，菜单上蘑菇也是“素”的；但是从分子生物学看，真菌却是离动物更近。真菌和动物有共同的鞭毛虫祖先，有共同的基因特征，而与植物反而更远：真菌细胞壁的主要成分是几丁质，植物细胞壁的主要成分是纤维素。于是将近半世纪前就提出将真菌和动、植物并列，视作为生物的一个独立界别，到 20 世纪 90 年代随着分子生物学的深入而得到公认（McLaughlin et al.，2009）。因此生物分类在 20 年前流行的是五个界的方案：除了动物界、植物界和真菌界之外，还有单细胞动物的原生生物界，和上面重点讨论的原核生物界（见附注 1；图 5-9 左）。而生物分类更加深刻的变化，是由研究古菌引起的。

古菌和细菌无论大小或者形态都有所相似，只是古菌最初是作为极端环境生物而引起注意的，比如分布在热泉、盐池里，后来才知道从大洋到土壤里都有广泛分布。原先一直以为古菌是细菌的同类，名字也叫“古细菌”。直到 40 年前，两位生物化学和遗传学家发现：如果比较核糖体 RNA，古菌更接近真核类，而和细菌之间的差别要大得多（Woese and Fox，1977）。在进一步研究的基础上，Woese 等（1990）正式提出将生物分为三个域：真核生物域、真细菌域和古细菌域，“域”要比“界”更高。为突出与细菌的区别，他们建议将古细菌更名为古菌（图 5-9 右）。生物三分天下，多细胞的动植物只是真核生物中的一部分。如果将图 5-9 左、右两图对比，传统的分类方案里多细胞动植物是生物界的主流，而在新方案里只是三分之一里的小部分。

附注 3：病毒

病毒是由蛋白质和核酸组成的生命体，具有遗传功能和借助宿主复制等生命特征，但是没有自己的细胞结构，只能在其他活细胞（宿主）中增殖，因此算不算生物都有过争论，过去主要因为其病害作用才受重视。20 世纪 90 年代开始，才认识到海洋病毒的广泛分布和巨大数量，是海洋生态系统中一个重要环节。有的病毒感染微生物后能够引起宿主细胞的裂解，故称为噬菌体。病毒是地球上数量最多的生命体，每毫升海水中有 300 万到 1 亿个，估计全球有约 4×10^{30} 个病毒，前面说过，如果逐个相连，其长度相当于银河系直径的 60 倍（Suttle，2005）。海洋病毒的种类也极多，估计 100 L 海水里有 5000 个基因型（genotype），在 1 kg 沉积物里可以有 100 万个基因型（Rohwer and Thurber，2009）。

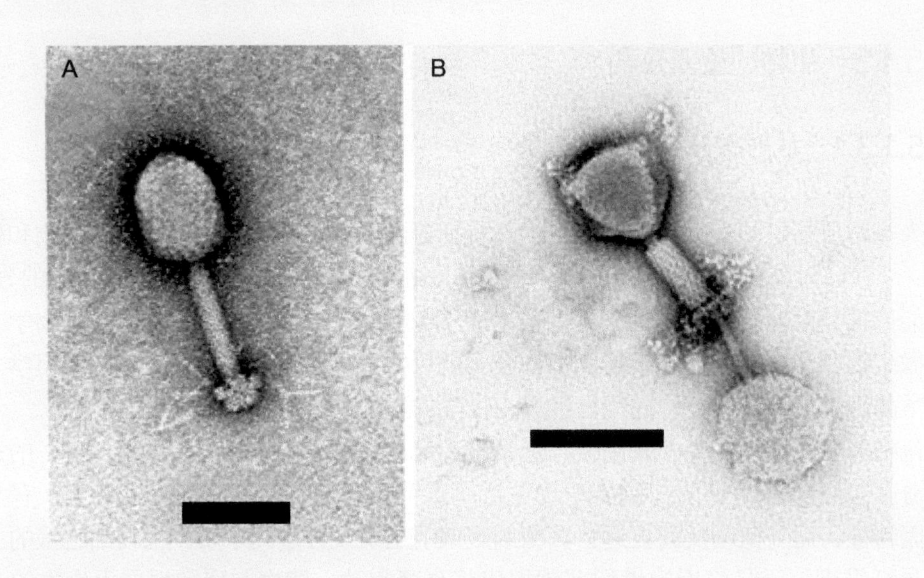

侵染原绿球藻和聚球藻的海洋病毒，标尺为 20 nm（据 Breitbart et al.，2007 改）

对持有“人类中心观”的读者来说，看到这种分类可能感觉不舒服，其实应该是非常合理的。本来微生物是生物圈的主体，不但数量上（图 5-2），种类上也占据压倒多数。从分子生物学的角度看，原核类的基因多样性远远超过真核类，因为原核类在地球上已经生活、演化了 35 亿年，比真核类的“资历”高出许多倍（Nealson，1997）。只是我们习惯的生命演化指的都是多细胞生物，但是地球上的生命史在 85% 时间里只有微生物在演化，其中当然经历了众多的台阶，生物从单细胞进化到多细胞，就是其中的一个。

现在的多细胞生物中，多的可以包含上万亿个（10^{12}）细胞，但是所有多细胞生物原先都来自单细胞，个体发育中都有个单细胞阶段。单细胞到多细胞的演变并非一次完成，许多不同门类的生物分别都有自己的转变过程，而且同一门类里也可以发生多次。所以要转变为多细胞，当然是因为有好处，因为从单细胞到多细胞可以使得体积增大，避免被吃掉，同时可以更好地取得营养和储存营养，还有利于捕食和运动（Kaiser，

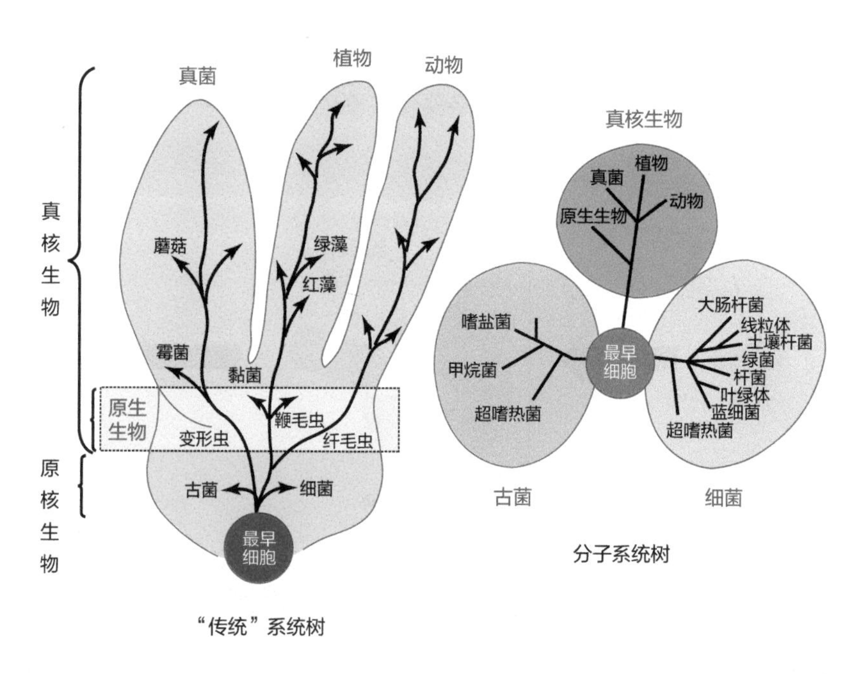

图 5-9
生物分类的比较（据 Nealson, 1997 改）
左 . 传统的系统分类；右 . 分子生物学的系统分类

2001）。多细胞的出现大大推进了生命活动的影响，根据生物钟的推算，多细胞型蓝细菌的出现及其多样性的增加，与 25 亿年前“大氧化事件”的开始相对应，可见是生物进化促进了大气圈的改造（Schirrmeister et al.，2013）。

5.1.3.2 真核生物的演化和分类

生命早期演化的另一个重大台阶，是真核生物的形成，即如何从简单的原核细胞，演化成具有各种细胞器的真核细胞，而其中的关键环节是生物的“内共生（endosymbiosis）”理论，认为这些细胞器来自独立的单细胞生物。具体地说，一个被吞噬的原核生物，可以在更大的原核生物里存活下来，经过长期共生演变成为细胞器，蓝细菌成了叶绿体，好氧细菌成了线粒体，这就形成了真核细胞（图 5-10；Falkowski，2015；保罗 • G • 法尔科夫斯基，2018）。因此，内共生带来基因的水平转移（horizontal transfer），是生命演化的重要途径，最早的内共生结果就是真核生物的起源。

不同生物之间的共生现象十分常见，而所谓“内共生”的不同之处，是在一个细胞内部的共生现象。“内共生”的思想早在 19 世纪就已经萌芽，当时注意到绿色植物细胞里的叶绿体和蓝细菌非常相像（参见第 1 章“附注 4：蓝细菌”），猜想叶绿体可能是蓝细菌共生的演化结果。“内共生”作为产生真核细胞的理论，是 L. Margulis 于 1970 年从分子生物学角度提出的。在进行光合作用的生物里，细胞核基因只能为线粒体和叶绿体的一部分蛋白质编码，线粒体和叶绿体都另有自己的基因组，而且与细菌的基因组相像。推想这第一次的内共生发生在元古宙晚期，在 15.6 亿年以前的某个时间；到了大约 15 亿年前，真核生物又分出了绿藻和红藻的两大系列（Yoon et al.，2004）。

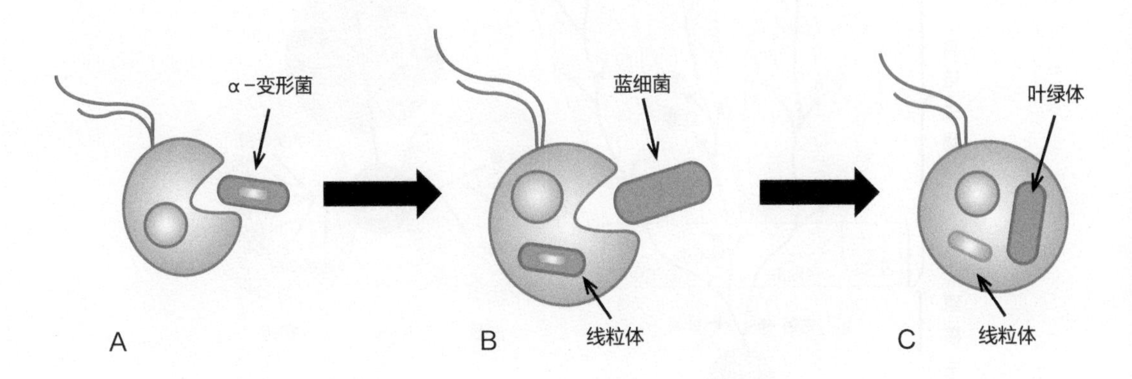

图 5-10
内共生示意图（据 Falkowski，2015 改）

A. 较大的古菌吞噬一个较小的 α－变形菌；B. α－变形菌成为线粒体，一个蓝细菌被吞噬；C. 变成真核细胞；实际是个长期演化过程

进行光合作用的真核生物细胞里都有质粒体（plastid），这是一种含有色素的细胞器，也就是装有叶绿素的叶绿体，但是还含有其他辅助色素，配合叶绿素参加光合作用，比如橙色的胡萝卜素、黄色的叶黄素。它们平时被叶绿素的颜色掩盖，陆地植物要等到季节变化叶绿素减少，才会显露这类色素，使得叶子变黄。进行光合作用的基本色素是叶绿素，主要的都是叶绿素 a，其他种类的叶绿素只是起辅助作用。真核类早期演化产生的绿藻和红藻两大系列，也和蓝细菌一样主要靠叶绿素 a 进行光合作用，但是绿藻系列还有叶绿素 b，红藻系列还有叶绿素 c，构成了藻类演化的“绿枝”与“红枝”（Quigg et al.，2003），在以后的演化中分道扬镳。“红枝”全部在海洋里发展，成为大洋里的主角；而“绿枝”还从海洋登上了陆地，构成陆生植物，为大地披上了绿装。从地质历史看，“红”“绿”两枝的分化可能在元古宙晚期已经发生，但是“红枝”在海洋里的大发展还要到中生代的三叠纪以后。请注意无论绿藻还是红藻，进行光合作用的主要色素都是绿的，都是叶绿素，“红枝”系列的色素也并不是红的。两者之间是在辅助色素上有区别，这种差别反映了真核光合生物的演化过程，说明真核藻类宏观演化中的关键环节还是在于内共生（图 5-11；Falkowski et al.，2004）。

通过内共生实现基因的水平转移，在生物演化中有重大作用。蓝细菌变成叶绿体是初次内共生，此后内共生在生物界继续发生，而且能在真核细胞和真核细胞之间发生，结果产生出新的藻类，这就是“二次内共生”。现在的浮游藻类，无论硅藻、颗石藻、甲藻，都是二次甚至三次内共生的产物，而揭示内共生历史的正是这些不同的质粒体（图 5-11；Delwiche，1999）。但是“绿枝”和“红枝”两大系列的走向不同：“绿枝”系列登上了陆地，主宰陆地植被；“红枝”系列在海洋里发展，产生了红藻、褐藻等多种色彩的海洋生物。这里海水对阳光的滤波作用有一定的影响：叶绿素进行光合作用的能量主要来自红光，而红色的长波段在海水顶面已经被吸收，海洋藻类需要其他色素帮助，为叶绿素收集更多的能量。

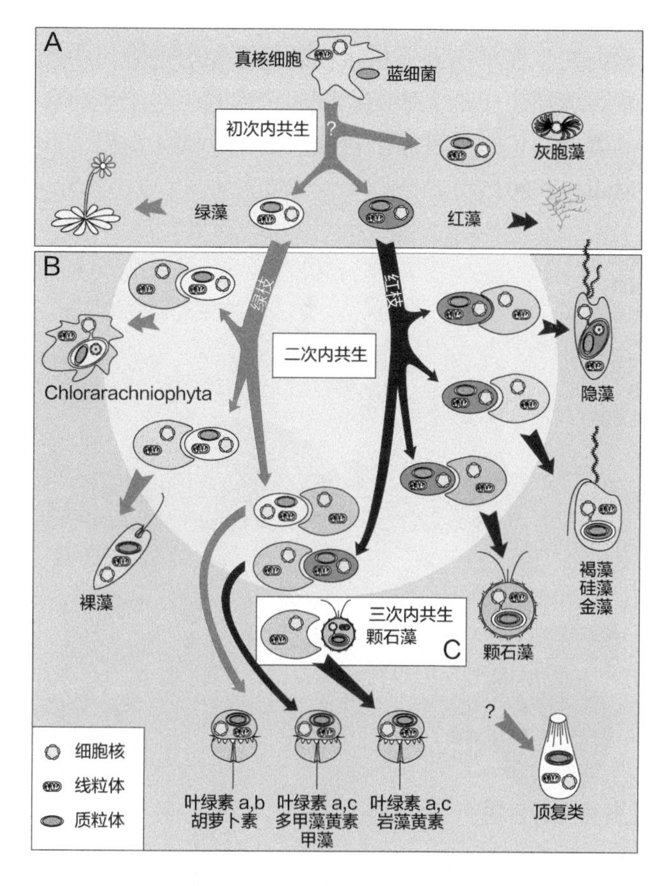

图 5-11
内共生在藻类演化中作用的假设，通过质粒体的比较得出（据 Delwiche，1999 改）
A. 初次内共生；B. 二次内共生；C. 三次内共生；红、绿亮色表示“红枝”和“绿枝”两大系列

现代海洋浮游植物的三大主角——沟鞭藻，颗石藻和硅藻，都是“红枝”藻类的演化产物，但其中异军突起的是硅藻，在今天的大洋里占据约 40% 初级生产力，贡献约 50% 有机碳。原因在于硅藻的演化优势——产生了储存养分的空泡，占细胞体积 40% 的空泡，能够储存高浓度的硝酸盐和磷酸盐，足够进行几次细胞分裂之用。因此硅藻特别适应营养来源不稳定的海域，比如上升流区，一旦营养来临就能快速“勃发”；而沟鞭藻和颗石藻则喜好比较平稳的水域。至于广袤的亚热带环流区，是自养型原核类的天下，生物泵的效率相对低下（见图 5-7）。

这种“红”、“绿”分化的结果，决定了陆地和海洋光合生物的差异。从生物分类来看，海洋植物在质粒体和分子生物学的差异，塑造了许多门类；而陆地植物基本上就是“绿枝”系列一大门类独霸的天下（图 5-12）。这是个极其成功的门类，演化产生了至少275000个物种；相比之下，主要在海里的水生光合生物只有约25000个物种，总生物量不及全球的1%，但是周转极快，论生产力能占全球45%，与陆地光合生物几乎在同一水平上（Falkowski et al.，2004）。

上述种种，说明内共生在单细胞真核生物的起源和宏观演化中都起过极为重要的作用，从而对地球表层环境产生了巨大影响。同时，内共生对于生命科学的演化理论，尤其是"物竞天择"的概念，也是一种新的挑战，为生命演化提出了一系列哲学问题等待进一步的研究（O'Malley，2015）。

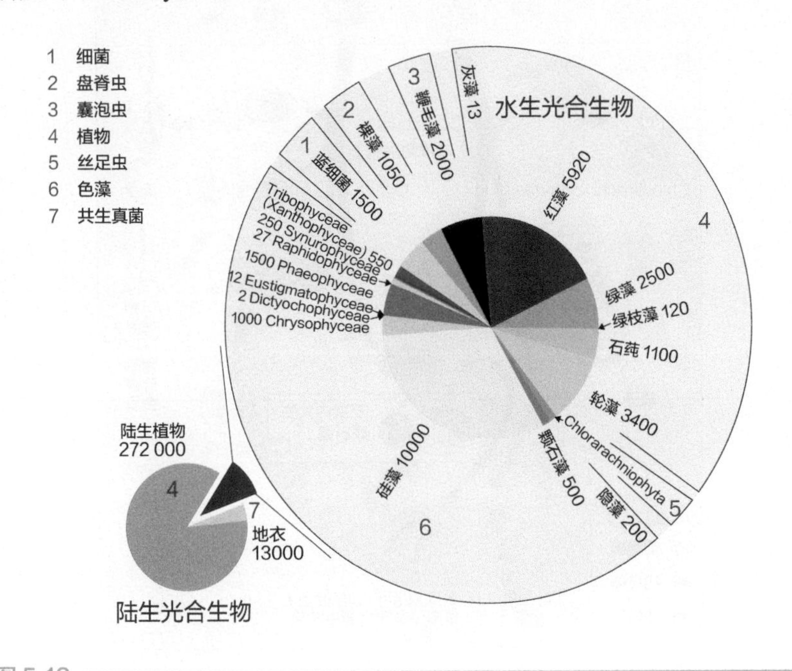

图 5-12

光合生物的类别（据 Falkowski et al.，2004 改）

左下侧示全球光合生物的组成，绿色为陆生植物；右侧大圈示水生生物；黑色数字为种数，红色1~7表示光合生物的大类

生物重新分类的冲击，当然不限于微生物或者光合生物，而是震撼了整个真核生物的原有方案。震源还是来自单细胞的真核类，原来都塞到"原生生物门"里的种类，经过分子生物学的甄别，一个个都独立成"门"，同时出现了更高层的分类，把真核类划为六个超级大类（super-groups；Ald et al.，2005）。于是真核生物原有的大类划分也不再安宁。本书无意卷入或者介绍其中的争论，只是想用一幅图片表明：在真核类高层次分类的众多门类中，你我所熟悉的多细胞动物（Metazoa）和多细胞植物（属于Chloroplastida）所占的位置非常局限（图 5-13；Ald et al.，2012）。在地球系统生物圈的大千世界里，自封为"万物之灵"的人类接触的其实只是个非常狭小的角落。

生物学从传统的形态分类发展到分子生物学的化学分类，是一个脱胎换骨的深刻变化，绝不可能在短时间里完成，对于建立在形态分析基础上的化石研究，尤其是个重大的挑战。按照内共生的概念，传统的达尔文式系统分类树（图 5-14A），应当被包含侧向基因转移的新型系统树（图 5-14B）所代替（Doolittle，1999）。如何将形态和分子生物学相结合，将现代和化石记录的分类相结合，是学术界今后长时期里的任务。

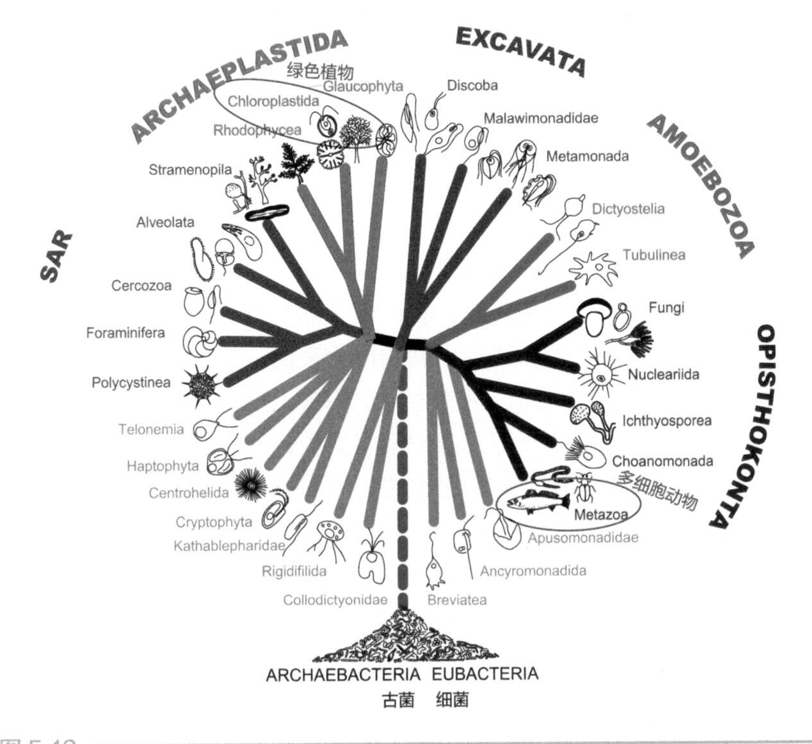

图 5-13
真核生物的新系统分类（据 Ald et al.，2012 改）
外圈和不同颜色示超级大类，红圈勾出我们熟悉的多细胞动、植物的位置

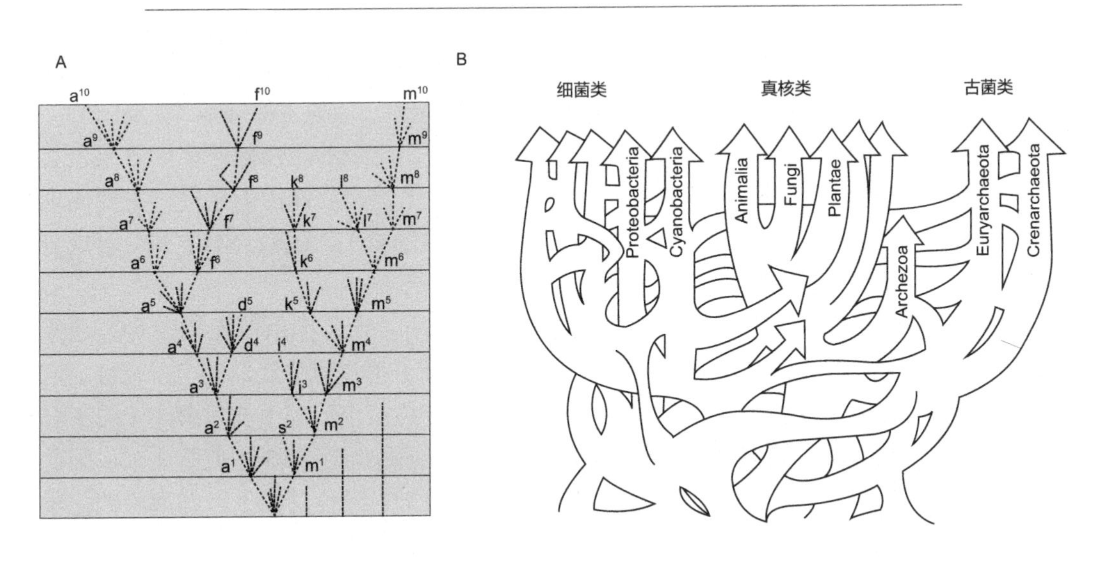

图 5-14
两种不同的生物演化系统树（据 Doolittle，1999 改）
A. 传统的达尔文式演化系统树；B. 包含侧向基因转移的新型系统树

5.2 生产力与化学过程

从地球系统的运行和演变的角度看，生物圈的重要性首先在于其化学过程。正是生物的演化将地球的大气从还原型改造为氧化型，进而又随着板块俯冲将氧化的物质带进地幔。而所有这一系列变化的起点，在于生物的新陈代谢。

5.2.1 新陈代谢途径的多样性

微生物研究的进展拓宽了我们的视野，不仅改变了生物分类的基础，而且丰富了对于生物新陈代谢的认识。依靠叶绿素制造有机质、靠有氧呼吸产生能量，是我们所习惯的新陈代谢模式，但不是唯一的模式。上面的讨论表明，真核生物的多样性在于其结构形态和行为特征上的差异，因此可以依靠生物形态来识别分类归属。但是原核生物谈不上形态特征，它们的多样性在于新陈代谢的不同类型，不能靠形态来识别种类。

在化学层面上，生物的新陈代谢都是氧化还原电位场里的电子转移。碳在元素表里属于价位变幅最大的一类，可以从正四价变到负四价，因此是电子转移的媒介。我们习惯的有氧光合作用（见 1.4.2 节），就是利用太阳光的辐射能将水分子 H_2O 里氧的电子转移给 CO_2 里的碳，碳从 CO_2 里的正四价变为有机质 $C_6H_{12}O_6$ 里的零价，并放出自由氧：

$$6CO_2+6H_2O \longrightarrow C_6H_{12}O_6+6O_2$$

与此对应，在海底黑暗、缺氧的环境下，硫细菌利用 H_2S 而不是水与 CO_2 反应，合成有机物的同时形成固体硫储存体内，给出电子的是 H_2S 不是水：

$$12H_2S+ 6CO_2 \longrightarrow C_6H_{12}O_6+ 6H_2O+ 12S$$

以上两例，前者是太阳能驱动下真核生物的光合作用，后者是深海海底冷泉和热液区的化学合成作用，属于原核生物所特有，而给出电子的可以是 H_2，CH_4，H_2S，$S_2O_3^{2-}$，NO_2^-，NH_3，Fe^{2+} 等，接受电子的可以是 O_2，CO_2，SO_4^{2-}，NO_3^-，Fe^{3+} 等（Fisher et al.，2007）。所以说，真核生物只能以“燃烧”氧作为能源，原核生物却能“燃烧”SO_4^{2-}、NO_3^- 等不同成分获得能量，具有不同的新陈代谢类型，产生的生物地球化学效果也就多种多样（Nealson，1997）。这种支持原核生物进行化学合成作用的条件，主要出现在深海冷泉和热液口的黑暗环境，依靠从地球内部提供的 CH_4，H_2S，NH_3，Fe^{2+} 等成分（图 5-15；Bach et al.，2006）。

将生命活动比作电流，抓住了新陈代谢的化学本质。光合作用使无机碳 CO_2 还原为有机碳，呼吸作用使有机碳重新氧化为无机碳，实际上都是氧化还原的电子转移。宏观说来，今天地球内部还原环境的物质，从深海海底的热液出口向上输入海洋（图 5-15 黄色箭头）；地球表层氧化环境的物质，从海面向下沉降（图 5-15 红色箭头）。因此海洋里的自养生物，也从上层的光合作用自养（图 5-15 的绿色圆圈），向海底的化学合成自养（图 5-15 的黑色圆圈）过渡（Bach et al.，2006）。

事实上从单个细胞直到整个地球的规模，都可以将生命活动比喻为电子流。微观地讲，每个细胞就像一个“纳米生物机器（nanobiological machine）”，这是微生物在生命演化早期产生的蛋白质组合所构成（Falkowski et al.，2008）。宏观地讲，整个地球好比一个燃料电池。燃料电池里输入氢和氧，可以产生电流、点亮灯泡（图 5-16A）。而在地球系统里，让还原的 C、Fe 或 S 和 O 相互反应，就会在生物圈里产生生命活

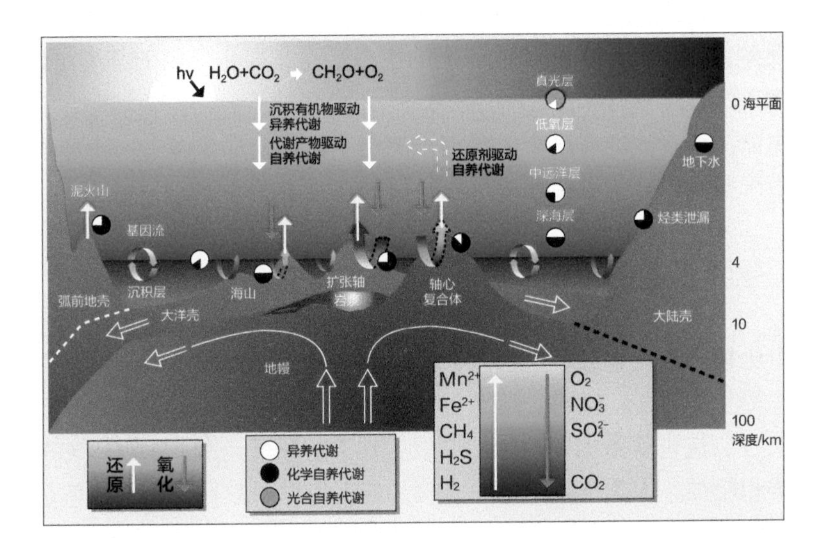

图 5-15
大洋深处黑暗环境下原核类微生物生长的能量来源（据 Bach et al., 2006 等）

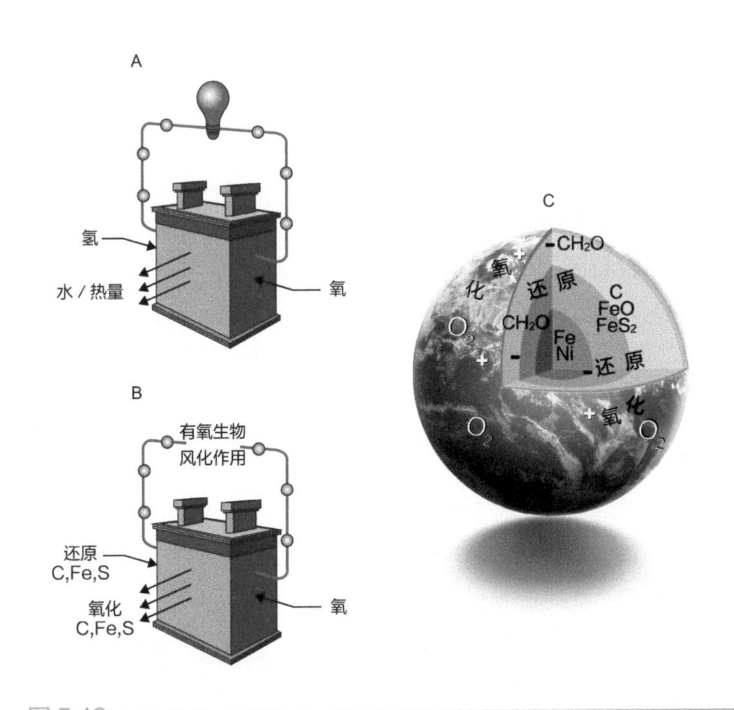

图 5-16
生物圈和地球的氧化与还原（据 Langmuir and Broecker, 2012 改）

A. 燃料电池：输入 H 和 O，产生电流；B. 地球系统好比燃料电池：输入还原成分和 O，产生有氧的生命活动和氧化环境下的风化作用；C. 现代的地球：表层氧化，内部还原，两者相遇时产生能量

动，在岩石圈里产生风化作用，相当于点亮灯泡的电流（图 5-16B）。氧化环境在整个宇宙里极其独特，是多少亿年来生命活动的结果，至今只知道在地球上存在。与太古宙的早期地球不同，现代的地球表层已经氧化，内部还处在还原环境（图 5-16C），产生了巨大的反差，从而大大加强了地球上的生命活动和风化作用的强度（Langmuir and Broecker，2012）。

如果把生命活动看成地球这个大电池里的电子转移，那么微生物新陈代谢途径的多样性，必然带来多种多样的氧化还原反应，反映在元素循环上。

5.2.2 生源要素的循环

元素表里比较轻的元素进了生物圈，比较重的进了岩石圈。地球上总共九十多种天然元素中，进入生物体的有 28 种，然而 99% 有机化合物的分子主要由六大元素组成：H，O，C，N，S，P，这也就是主要的生源要素。其中前三个元素（H，O，C）最多，组成了所有的糖类和脂类。人类身体重量的 93%，或者说原子数目的 98%，就是由这三种元素组成。后三种元素没有那么多，但都是至关重要的成分。N 是所有氨基酸的必要元素，而含 S 的氨基酸是蛋白质必不可少的成分，至于 P 是遗传物质核酸和组成细胞膜的磷脂所必需的，因此都是“生命攸关”的元素。因此，数量不大的生命元素可以起“四两拨千斤”的作用，影响碳循环的进行。著名“铁假说”的根据就是这个原理：世界大洋有 20% 左右的面积为“高营养盐低叶绿素”的海区，N、P 等营养元素都不缺，缺的居然是生物体里的微量元素——Fe。可见，想要理解碳循环，就必须了解相关元素的循环。

在前面水循环和碳循环两章里已经讨论了 H、O、C 三种元素，在这里需要重点讨论的是后三个元素：N，S，P，也就是三种主要的营养盐。在地球系统中三者的储库不同：N 主要在大气里，通过微生物作用进入海洋和沉积物；S 主要在地球内部，通过火山活动送入表层；P 主要在岩石圈，依靠风化作用进入海洋。他们共同的特长是价位变化，从氨（NH_3）到硝酸（NO_3^-），从硫化氢（H_2S）到硫酸（SO_4^{2-}），从罕见的磷化氢（PH_3）到常见的磷酸（PO_4^{3-}），都可以在氧化还原环境中应变自如。这些元素的化学价位范围很宽，S 可以从 –2 到 +6，N 和 P 可以从 –3 到 +5，它们就凭着这种高超的价位变化能力在有机和无机世界中周旋。生物不可能单由碳和水组成，因此碳循环一定和这些生源要素的循环耦合在一起。

5.2.2.1 氮循环和碳循环

氮是现代大气圈的主要成分（图 1-10），应当是取之不尽、用之不绝的。但是作为惰性气体，首先要变成活性氮（还原为氨，或者氧化为硝酸、亚硝酸）才能进入生物圈，而这全得依靠微生物的生命活动。当然雷电也可以激活惰性的 N_2，产生硝酸跟着雨水降落地面，但是为数太少，不能和生物固氮相比。在所有元素的生物地球化学循环中，氮循环与微生物的关系最为密切。氮和碳一样，在生物圈里的循环也是首先要从大气固氮开始，而生物的固氮作用和固碳的光合作用的起源，都属于地球系统早期演化中的重大革新。

海洋里最重要的固氮生物是一种蓝细菌，叫束毛藻（*Trichodesmium*），能够将大气的 N_2 变为 NH_3，束毛藻会形成群体漂浮，勃发时可以使海水颜色变红，红海的名字就是这么来的。近年来海洋固氮作用的研究大有进展，发现多种古菌和细菌都有固氮功能（Horner-Devine and Martiny，2008）。陆地的固氮作用也是一样，由土壤或者植物根瘤里的固氮菌将 N_2 变为 NH_3。NH_3 不稳定并立即转成 NH_4^-，最后变成硝酸，因此都属于硝化作用（图 5-17）：

$$2\ NH_4^+ + 3\ O_2 \longrightarrow 2\ NO_2^- + 2\ H_2O + 4\ H^+$$

$$2\ NO_2^- + O_2 \longrightarrow 2\ NO_3^-$$

固氮是生命过程，但是聚集在海水里的却是无机的硝酸盐，已经激活的氮成为海洋生物重要的营养成分。相反，微生物在缺氧条件下进行呼吸，可以将电子给予硝酸盐作为氧化剂，为大气输送温室气体 N_2O，最终将氮还原为 N_2（图 5-17）：

$$2\ NO_3^- + 10\ e^- + 12\ H^+ \longrightarrow N_2 + 6\ H_2O$$

这就是反硝化作用，由微生物活动产生的无机氮，又被微生物重新送回到空气中。从固氮的硝化作用到反硝化作用，构成了海洋的氮循环（Arrigo，2005）。从上面的反应式可以看出：硝化作用是要有氧的，可见太古宙固氮作用的起源，只能发生在有氧光合作用产生之后（Falkowski，1997）。

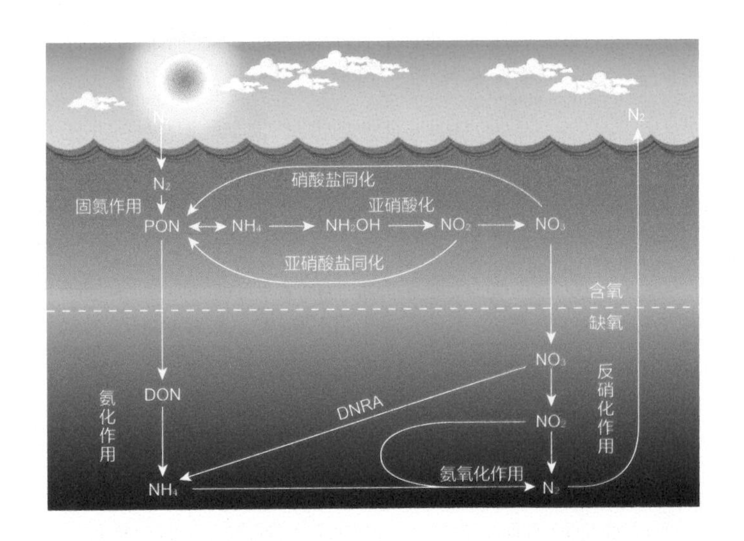

图 5-17
海洋氮循环（据 Arrigo，2005 改）
展示海洋上层氧化环境下的固氮作用和海洋底层还原环境下的反硝化作用；DNRA (Dissimilatory Nitrate Reduction to Ammonium) 指硝酸盐异化还原成氨，PON 为颗粒有机氮，DON 为溶解有机氮

氮循环与气候变化、碳循环密切相关。固氮作用活跃使得海洋生物泵加强，吸收更多的 CO_2；相反，反硝化作用的加强会增加大气中的 N_2O，并通过减少硝酸盐而削弱生物泵的作用，有利于大气 CO_2 增多。氮循环在万年和千年尺度上的变化，可以通过极

地冰芯气泡中 N_2O 的浓度和海洋氮同位素 $\delta^{15}N$ 留下地质记录，成为追溯气候和温室气体演变的重要根据（Altabet et al.，2002）。

和碳循环一样，氮循环也是当前人类保护生态环境的重点课题。原因在于人工氮肥的大量使用，在提高粮食产量的同时，带来了水陆生态系统的富营养化和全球性的酸化，从而成为碳循环和全球变暖研究中的一个新焦点。氮循环不仅以 C/N 的数量值，而且通过一系列相互作用影响着碳循环（图 5-18；Gruber and Galloway，2008）。这种"氮－碳－气候"的相互作用，应当贯穿着整个地球历史，并不以人类时间尺度为限。氮和氧一样，都是现代大气的主要成分，不同的是氧靠生命作用逐渐积累形成，氮却是在早期大气里已经存在（Zahnle et al.，2010）。不过经过几十亿年来微生物氮循环生命活动的洗礼，现在存在大气里的 N_2 当然早已不是几十亿年前的原物。

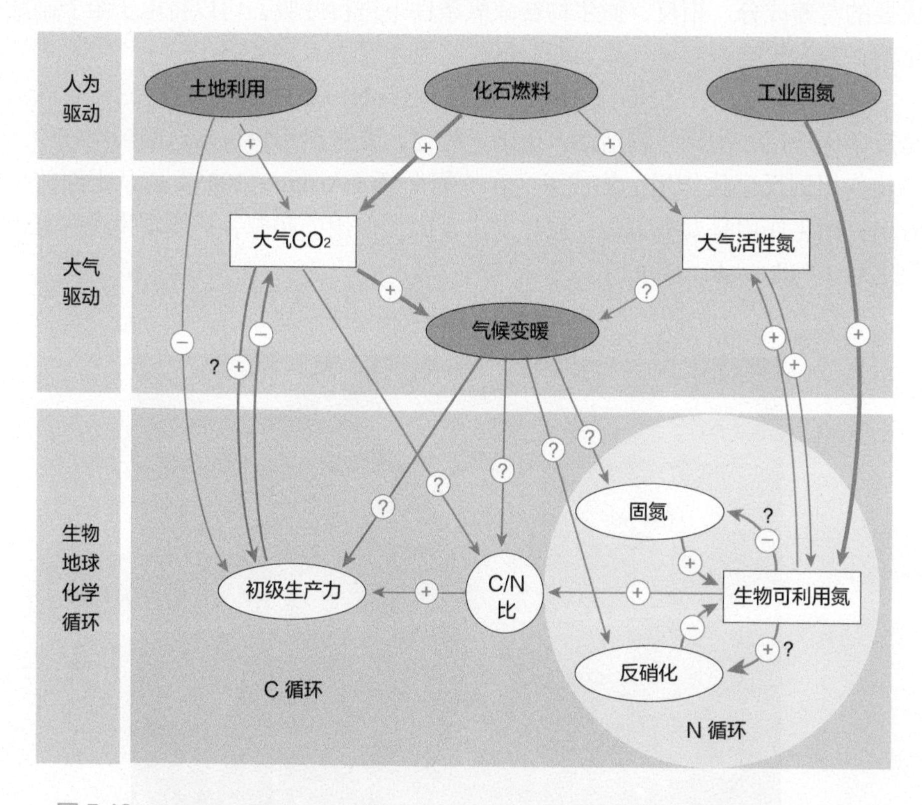

图 5-18
氮－碳－气候的相互作用，表示 21 世纪人类活动对其相互作用的影响（据 Gruber and Galloway，2008 改）

橙色箭头表示人类活动的直接影响，蓝绿色箭头表示自然过程的影响，箭头的粗细表示影响的强弱，圆圈中的正、负号分别表示加强和减弱，问号表示影响尚不确定

汇总起来，氮循环和碳循环有着很大的相似性，两者都以从大气中索取为起点，两者都以无机的储库为主，而且氮循环和碳循环都是在有机和无机化合物之间的转换，都是氧化还原的电子转移过程（图 5-19；Capone et al.，2006）。可惜氮循环的研究与碳循环不同，不可能通过遥感做全球性的测量，因此氮循环的理解要困难得多。

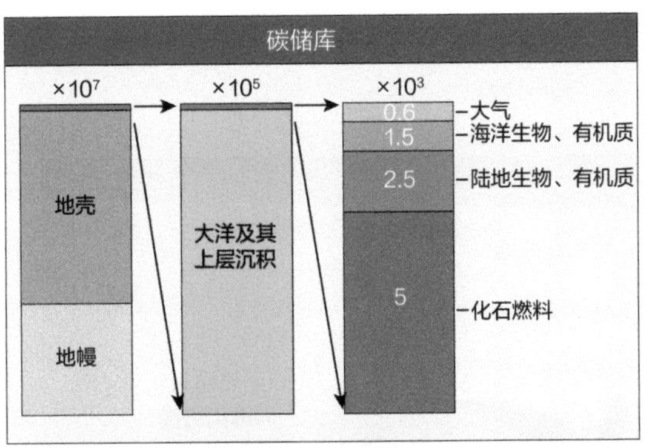

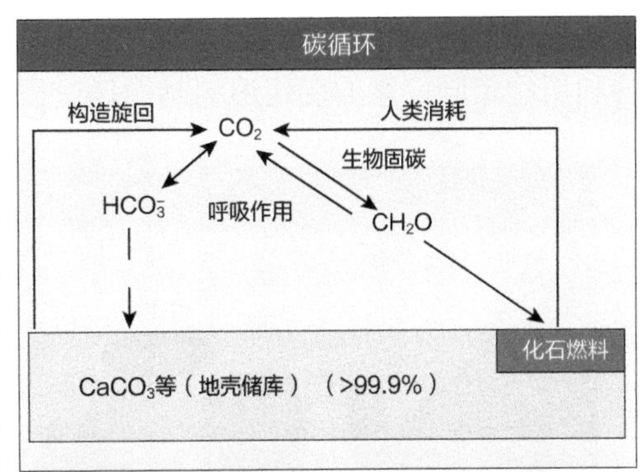

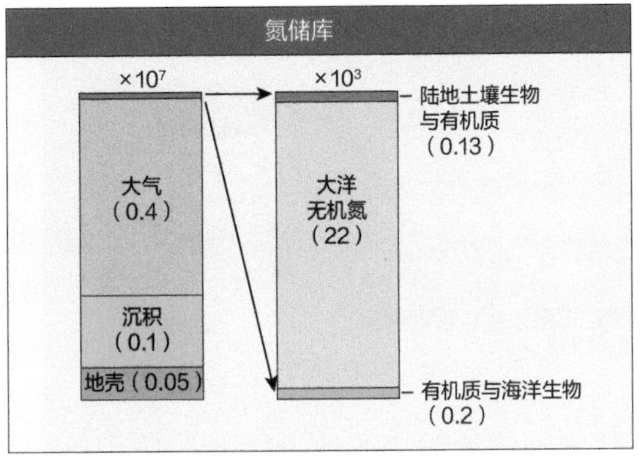

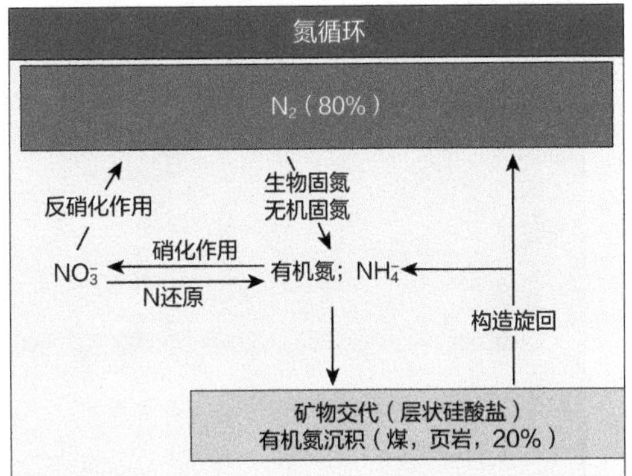

图 5-19
氮循环和碳循环的比较（据 Capone et al.，2006 改）
图中数值单位为 10^{15} g

5.2.2.2　限制性营养元素：磷还是氮

磷和氮、碳都不相同：在地球的常温常压下磷呈固态出现，因此磷的循环除了岩石就是在海洋、土壤和生物体里进行，并不进入大气圈。生物圈里的磷来自岩石圈，主要是沉积岩里的磷灰石，靠风化作用随水流输入土壤和海洋，然而磷循环的速度很慢，基本上是在地质时间尺度里进行。对于海洋生物来说，碳和氮可以从大气取之不尽，只要微生物有能力去固定；磷却只能等河流从陆上冲刷土壤而来，属于地质过程而受气候变化和构造运动的控制。

今天大陆上 1226 亿 t 磷，98% 在土壤里，2% 在生物体里，土壤里磷的滞留时间平均 600 年，在植物里磷的滞留时间平均 13 年。土壤磷的来源是岩石里的矿物磷灰石 $Ca_5(PO_4)_3OH$，但是磷灰石的矿物磷不能直接为生物利用，有待变成土壤孔隙里的磷酸，或者是附着在土壤颗粒、结合进土壤有机物里的磷，才能进入生物圈循环，其中大陆边缘低氧或缺氧的沉积有利于这类活性磷的释出。但是每年输入海洋可以被生物利用的磷只有 200 万 ~300 万 t，也就是说对于海洋来说，活性磷在陆地储库里的滞留时间长达 4 万 ~6 万年，相当于冰期旋回的时间尺度，反映了磷循环可能对于气候的轨道周期具有贡献（图 5-20；Filippelli，2009）。和氮一样，磷也能通过生物泵影响碳循环和气候变化，遗憾的是磷没有稳定同位素，只有 ^{31}P 才是稳定的，因此不能像别的生源元素那样利用稳定同位素的变化追溯其循环过程。

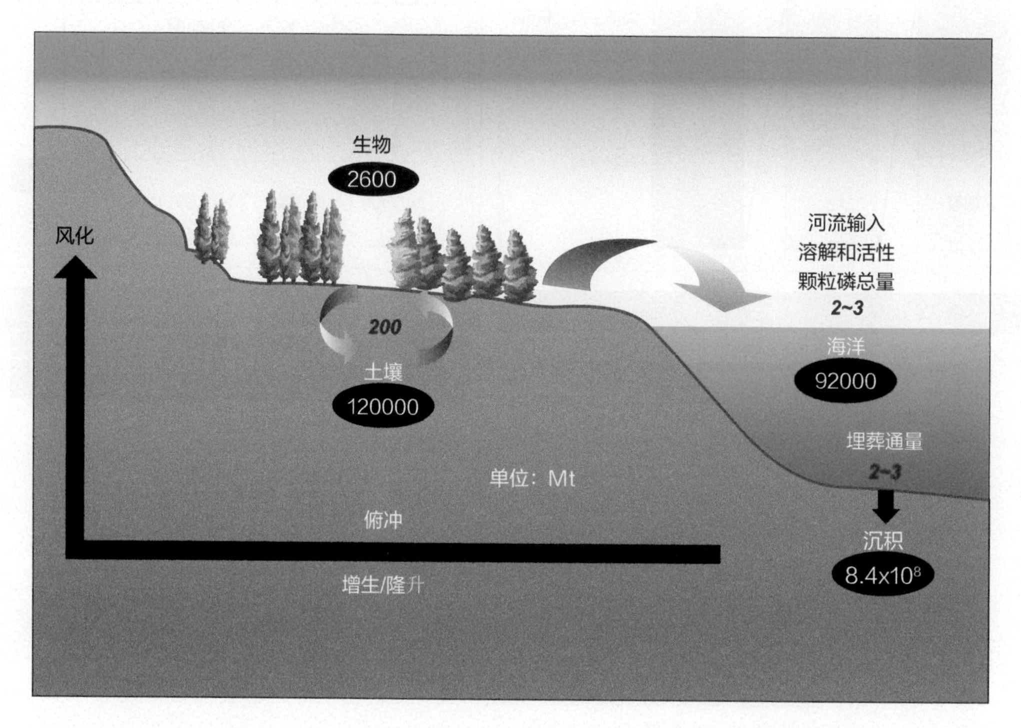

图 5-20
海陆之间的磷循环（据 Filippelli, 2009 改）
数字为磷的储量（白色正体）和通量（蓝色斜体），储量单位为 Mt，通量单位为 Mt/a

这种河流入海的沉积作用时间尺度在万年以上，正是地质学研究的对象，所以在各种生源要素中，磷很早就引起地质学界的注意。海洋磷循环受控于沉积作用，沉积输入的加强能提高海水的磷含量，比如青藏高原隆升加强陆地风化，有可能导致晚中新世的"生源物勃发"（Filippelli，2008）。既然生源元素里的氮来自大气，磷来自陆地，研究陆地的地质界长期以来自然地将磷看作大洋生产力的主要制约因素，但是现在看来事情并不如此简单。

上面讨论了生源要素氮和磷及其对碳循环的影响，还需要讨论的是三种元素相互之间的关系。这方面最为著名的发现是所谓"Redfield 比值"：海洋浮游生物体内的 P∶N∶C 比例，都是 1∶16∶106。连海水也一样，P∶N 的比例就是 1∶16，只是碳元素因为有大量无机碳存在，含量更高（Redfield，1958）。是什么原因使得浮游生物和海水里保持这种相同的比例？研究表明：不是浮游生物反映海水中的元素含量，而是浮游生物造成了海水中的 P∶N 的值。浮游生物采集的元素在死亡、分解之后进入海水，多少亿年的积累塑造了海水的成分。这是第一次提出生命活动对海水化学成分的贡献，第一次提出生源元素在海水里的定量关系（图 5-21），也得到了 60 年来研究的证实。现在知道，P∶N 的值可以有相当大的变化，1∶16 只是个平均值（Klausmeier et al.，2004）。然而 Redfield

比值的发现，正确地提出了生源元素循环之间相互衔接的问题。既然氮和磷两者都极为重要，都是海洋生物圈里的“紧缺物质”，那么究竟是谁在决定海洋的生产力：是氮，还是磷？

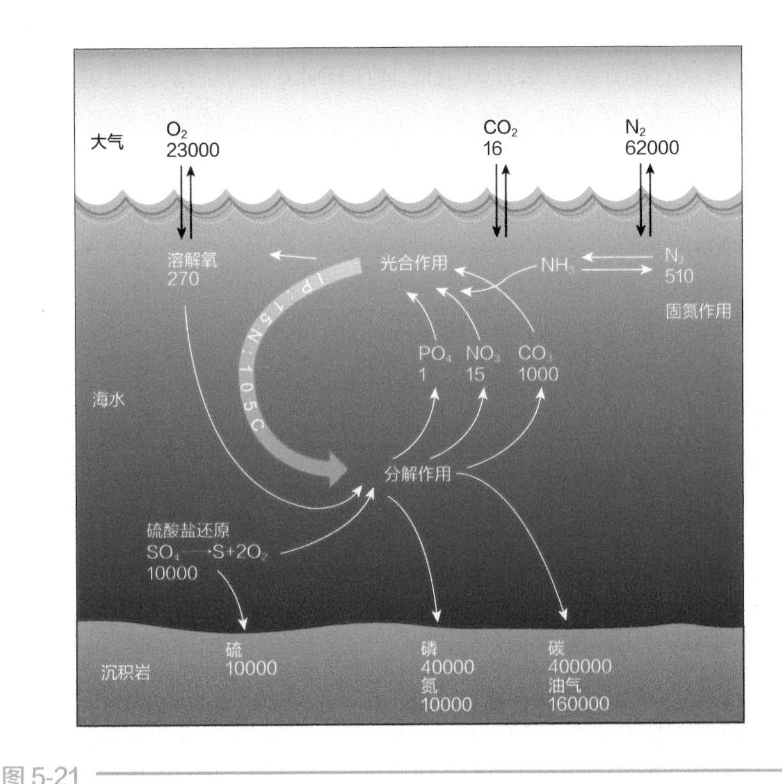

图 5-21

生物化学循环图（据 Redfield，1958 改）

该图表示各种生源元素在大气、海水和沉积岩中的丰度比值。以磷在海水中的原子数为 1，对其他元素的丰度进行相应换算

在地质尺度上讲，这“1∶16∶106”的 Redfield 比值是一种新现象。在太古宙缺氧的地球上，海水里只能有 NH_3，不能有 NO_3^-，相反磷却是丰富得多。依靠固氮微生物几十亿年的劳作，通过生物体分解后在海水里的积累，方才达到了现代海洋里磷和氮 1∶16 的比值关系。冰期旋回中生物泵和碳的埋藏有过周期性的变化，陆地风化作用和河流入海的沉积作用都可以改变海水里磷的丰度。但是计算结果发现磷的变化过小，不足以解释冰期碳储库的重大变化。相反，固氮作用和反硝化作用的显著变化，可以通过氮的海洋储库改变碳循环，有可能是冰期旋回中海洋生产力变化的驱动力（Falkowski，1997）。近年来冰期旋回中氮循环的研究成为古海洋界的一大热点，取得了一系列高分辨率的 $\delta^{15}N$ 记录，揭示了海洋氮储库在冰期旋回，尤其是冰消期时的变化，但是其幅度还不足以解释碳循环的变化（Deutsch et al.，2004），海洋生物地球化学变化的复杂性，超过我们的直觉想象。

实际上，海洋氮循环本身又被一些痕量元素控制，最突出的是铁。世界大洋有两大块“高营养盐低叶绿素”（high-nutrient，low-chlorophyll，HNLC）的海域，包括南大洋和东北太平洋，占大洋总面积 20%，那里磷、氮、硅都不缺，但浮游植物生产力就是上不去，造成表层海水里营养盐过剩的奇怪现象，可能的原因在于缺铁。在缺氧环境下演化产生的固氮细菌，要求海水里要有 Fe^{2+}，而大氧化事件以后的大洋，已经不再含有能溶于水的还原 Fe^{2+}。现在海洋只能依靠风尘带来的 Fe^{2+}，比如风尘丰富的大西洋和西北太平洋都没有剩余的营养盐，唯独风尘稀少的 HNLC 海域营养盐过剩，推测就是 Fe^{2+} 欠缺拖了生产力的后腿。美国的 John Martin 进一步推想：冰期时大气 CO_2 减少，可能就是风尘作用强盛，使得大洋生产力上升，吸收了 CO_2。在 1988 年做一次报告中，说出了他的名言："给我半船铁，我就能造出个冰期！"这就是著名的"铁假说"（Martin and Fitzwater，1988）。

为了对"铁假说"进行验证，1993 年在赤道太平洋进行海上试验，将二价铁直接投入海洋，结果生产力提高了 3~4 倍（Martin et al.，1994）。如果"铁假说"得到确证，那就不仅可以解释冰期旋回中生物泵的效率，而且可以为当前过多的温室气体提供出路，采用"铁施肥"技术将大气 CO_2 封存在海里。自此之后，各国举行了十余次不同规模的海上"铁施肥"试验，都证明了能够诱发浮游植物勃发、增强生产力；但是，生产力提高能够维持多长时间、对碳封存有多大的实际效果，都还存在一系列问题，至今仍是学术界争论的题目（Buesseler et al.，2008）。

5.2.2.3 硫循环和生源要素的耦合

又一个关键性的生源元素是硫。硫酸根（SO_4^{2-}）是海水里丰度最高的离子之一，仅次于钠和氯，因此是海水 pH 和碱度举足轻重的影响因素。沉积有机物呼吸作用的 50%，是通过微生物的硫酸盐还原作用完成的。至于黄铁矿的沉淀，历来是海洋硫循环的重要出口。生命过程之所以能够使大气氧化，黄铁矿陪同有机碳的沉积和埋藏，功不可没。

硫是地球表层氧化还原条件的调控者，微生物的新陈代谢可以使得硫酸盐还原、硫化物氧化，这些主要通过有机碳的矿化作用影响碳循环。而在地质尺度上，硫酸盐和硫化物的埋藏控制着海水的氧化还原环境。尽管火山爆发和焚烧化石燃料可以把硫送入大气，硫循环的主要过程发生在海水和沉积岩之间。石膏和黄铁矿的沉积和风化，是地质历史上调节海洋氧化还原的重要机制（Fike et al.，2015），研究上可以通过硫同位素 $\delta^{34}S$ 和沉积矿物的地质记录再造硫循环的演变历史（Halevy et al.，2012）。

应该说，硫在太古宙生物圈里的作用比今天更大。氧和硫，就像碳和硅一样，在元素表里都是"上下铺"的关系，有着许多化学上的相似性。在大气尚未氧化之前，硫是许多生物新陈代谢电子转换中的主角，起着类似于今天氧的作用。直到现在，诸如深海热液口之类极端还原环境下，还是硫细菌构成了生态系统的最底层，重演着多少亿年前的故事。在基于分子生物学的生命演化树的根部，也有着不少对硫或者硫酸进行还原作用的微生物，他们都应当是生物圈演化早期的"元老"（Canfield and Raiswell，1999）。

硫酸根（SO_4^{2-}）在现代海洋里极其丰富，在太古宙的大洋里却很少见到。在第 1 章介绍"硫化氢海洋"时已经说过，那是大氧化事件将出露地面的 FeS 氧化为 SO_4^{2-} 溶解于水，随着河水流入海洋，在还原的海洋里形成大量 H_2S。再经过进一步的氧化，方才形成今天富含硫酸根的大洋。因此，硫循环是地球表层系统早期演化的关键过程（Schidlowski，1989）。

早期地球硫循环的研究，对于地外星球的研究也有重要意义。火星探测的一大意外发现，就是硫的广泛分布。沉积或者热液成因的硫酸盐矿物，见证了火山喷发 SO_2 激发的硫循环。尽管没有生命活动，推测硫循环在火星表面起着类似地球上碳循环的功能（Gaillard et al.，2013）。

以上讨论了氮、硫、磷，加上前面水循环和碳循环两章有关生命过程的讨论，已经覆盖了全部六大生源要素，而这六者又是相互耦合的。生命元素的耦合不仅由于生物体的成分，而且还是生命活动的要求。前面说过，新陈代谢的实质是氧化还原的电子转移。既然如此，生命元素在生命活动中的循环必然需要耦合：一种元素的氧化，必定要求另一种元素还原。图 5-22 所示，就是五大生命元素生物化学新陈代谢的耦合关系（Schlesinger et al.，2011）。

氧化 → 还原（横向）；还原 → 氧化（纵向）

	H_2O/O_2	C	N	S
H_2O/O_2	X	光合作用 $CO_2 \longrightarrow C$ $H_2O \longrightarrow O_2$		
C	呼吸作用 $C \longrightarrow CO_2$ $O_2 \longrightarrow H_2O$	X	反硝化作用 $C \longrightarrow CO_2$ $NO_3 \longrightarrow N_2$	硫酸盐还原 $C \longrightarrow CO_2$ $SO_4 \longrightarrow H_2S$
N	异养硝化作用 $NH_4 \longrightarrow NO_3$ $O_2 \longrightarrow H_2O$	化学自养 （硝化作用） $NH_4 \longrightarrow NO_3$ $CO_2 \longrightarrow C$	氨氧化 $NH_4+NO_2 \longrightarrow N_2$ $+2H_2O$	?
S	硫的氧化 $S \longrightarrow SO_4$ $O_2 \longrightarrow H_2O$	化学自养 （硫基光合作用） $S \longrightarrow SO_4$ $CO_2 \longrightarrow C$	自养反硝化 $S \longrightarrow SO_4$ $NO_3 \longrightarrow N_2/NH_4$	X

图 5-22
生物化学新陈代谢的耦合关系（据 Schlesinger et al.，2011 改）

归纳起来，不仅整个生物圈可以看成是个“燃料电池”，每个活细胞也都要在细胞膜两侧造成电场。这种在氧化还原梯度下电子的转移，构成了所有代谢作用的基础，而在全球尺度上执行这种转移的主角是微生物。因此，我们可以把全球的生物圈看成一个巨型的电场，生物主要成分六大元素的生物通量，通过氧化还原反应连成一体，好比一个电流板，除了 P 以外，其他五种元素的通量主要都来自微生物，采用着从反硝化作用到产氧光合作用的各种代谢途径。这个全球电场有两根“电线”：大气和海洋，而催化这些氧化还原反应的主要是四百种左右的基因，这就是地球上的“微生物引擎”（Falkowski et al.，2008）。

从化学角度研究生命过程，目前还只是处在起步阶段。比如说 Redfield 比值的发现，无疑是个重大进展，但现在回过头来看，这也只是个现代海洋里的平均值，这种比值的构成原因尚不清楚，遑论其演变经历。具体分析，真核藻类的两大系列（见图 5-11）就不相同：“红枝”藻类对磷的要求就比“绿枝”藻类高。“绿枝” C∶P ≈ 200，N∶P ≈ 27；“红枝” C∶P ≈ 70，N∶P ≈ 10。关键在于藻类本身的不同，快速繁殖、容易勃发的藻类比如“红枝”里的硅藻，需要保证生长的机制，因此核糖体 DNA 要求有较多的磷，也就是 N∶P 值较低；而只图保持成活的藻类则无此要求，因此其酶和色素蛋白质的 N∶P 值就比较高。总之 P∶N∶C 的比值有很大的时空变化，不能只看其平均数（Arrigo，2005）。

此外，生物体 28 种元素都有作用，我们讨论的六种只是择其大者，但是数量少不等于不重要，保健常识就足以告诉我们为什么痕量元素不容忽视，“铁施肥”只是一例。新生代海洋里一个重要元素是硅，硅是地壳里丰度第二的元素，仅次于氧。然而，地球上硅循环中生物的作用又主要限于真核生物，这在常量元素中是绝无仅有的（Maliva et al.，1989）。因此，生物演化历史上对于硅的“开发利用”偏晚，要到在新生代晚期，随着硅藻成为海洋中最占优势的浮游植物，硅的生物地球化学作用才变得格外显著。对于第四纪来说，硅藻的生产力在世界大洋里举足轻重，学术界多次提出：硅藻在浮游植物群落中的比值增高，可以改变大洋碳储库，甚至导致冰期的发生（Matsumoto et al.，2002）。

总之，从化学角度探索生物圈的演变及其影响，是地球科学中的新篇章。生源要素的循环和碳循环相互耦合，又与地球表层其他圈层相互作用，构成了地球系统中一个重要环节。生源元素来自不同圈层，氮来自大气圈，磷来自岩石圈，通过生命活动中的相互耦合影响着其他圈层，其深入研究是今后地球系统科学研究的一个潜在突破口。

5.2.3　生物泵和海洋有机碳

5.2.3.1　微生物碳泵和溶解有机碳

微生物研究的进展，不但要求我们重新认识生物圈，也要重新认识碳储库，最为突出的是海洋有机碳。对于海水里有机碳储库的新认识，来自三四十年前的技术新发展。关于深层海水里的有机物，长期以来一无所知。总以为海洋上层的浮游生物死亡后，掉落海底一边下沉一边降解，是一种有机物颗粒缓慢、均匀的沉积过程。20 世纪 70 年代晚期发明了沉积捕获器，能够连续观测深海沉积物的沉降过程，结果发现海洋表层浮游生物的产物，通过粪粒和聚合体居然可以在几天之内到达深海底（Honjo，1997），说明海洋沉积作用并非是想象中的缓慢过程，而是快速的突发事件，并且有强烈的季节差异和年际变化。但是沉积捕获器的对象是颗粒物，因此得出的认识是颗粒有机物的沉降决定海洋碳循环，而溶解有机物在碳循环中可以忽略不计，后来证明这又是个错误概念。测量海水中溶解有机碳（dissolved organic carbon，DOC）含量的传统方法，是20世纪50年代发明的过硫酸盐氧化法，不但效率不高，而且不能测得高聚合物的DOC，因此总认为DOC含量变化不大。1988年发明了高温燃烧的新技术，得出的DOC浓度实测值比原来的高出2~5倍（Sugimura and Suzuki，1988），接着又经过20年的国际对比研究，高分辨率和高效率的DOC测量技术已经成熟。现在知道，海水里有机质主要是溶解有机碳DOC，全大洋DOC库的碳和大气圈里的含碳量相当，占海水中有机碳的90%以上（Hansell and Carlson，2015）。

如果说沉积捕获器的长期观测，揭示了生物泵的间隙性和事件性，改变了人们对生物泵在时间上的看法，那么海洋巨大DOC库的发现，纠正了人们对生物泵在空间分布上的看法（参见第4章图4-9）。原来只以为有光的上层海洋和海底才是重要的，中间占海水主体的深水部分只是颗粒的过路途径，本身在碳循环中并无作为。巨大DOC库的发现，说明深海以微生物为主的生物过程起着关键而未被了解的作用，正在又一次纠正我们对大洋生物泵的看法。

海洋溶解有机质是非常复杂的混合物，主要由腐殖质和一些较活跃的生化组分（碳水化合物、类固醇、乙醇、氨基酸、烃类、脂肪酸）构成，但目前只有其中10%~20%的组分被鉴别出来。海洋DOC主要的源是真光带的自养生产，而微生物的矿化作用则是主要的汇。DOC的来源主要在于海洋浮游植物，来自浮游植物的分泌、病毒裂解、颗粒有机质的再溶解以及各种营养层次上的“漏食”现象（Hansell et al.，2009）。这样产生的DOC，不能被通常的浮游生物所利用，但是可以被细菌吸收利用形成颗粒有机碳（POC），再通过原生动物的摄食重新回到主食物链（图5-23A红色）。这就改变了我们原来对生物泵的理解：经典的生物泵只涉及生物体和颗粒有机质（图5-23A绿色和5-23B），而现在认识到水层中的微生物能够利用DOC，在主食物链之外另有自己的微生物环（microbial loop）（Azam et al.，1983）。

DOC在海洋有机碳储库中占据优势并不奇怪。既然海洋的生物量90%属于微生物，如果考虑到微生物的表面积和新陈代谢的速率比一般生物高得多，那么微生物的生物地球化学作用就远不止90%（Pomeroy et al.，2007），因此海水里的有机碳90%是DOC，POC只占少数是必然现象。其实，这个巨大DOC碳库的主要组分是“惰性”的，即惰性溶解有机碳（recalcitrant dissolved organic carbon，RDOC），可以保持在海水里几千年不再进入大气碳循环（Benner and Herndl，2011），起到储碳的作用。将有机碳从活性状态转化为惰性状态的这个过程就是“微生物碳泵（microbial carbon pump，MCP）”。我们知道，经典的生物泵是基于POC沉降的，而MCP不依赖于沉降。所以海洋里的有机碳有两种命运：进入经典“生物泵”的是POC，周转快；进入“微生物泵”的多数沦为RDOC，周转慢，这两者的差别，在地质尺度上有重大意义（Jiao et al.，2010）。

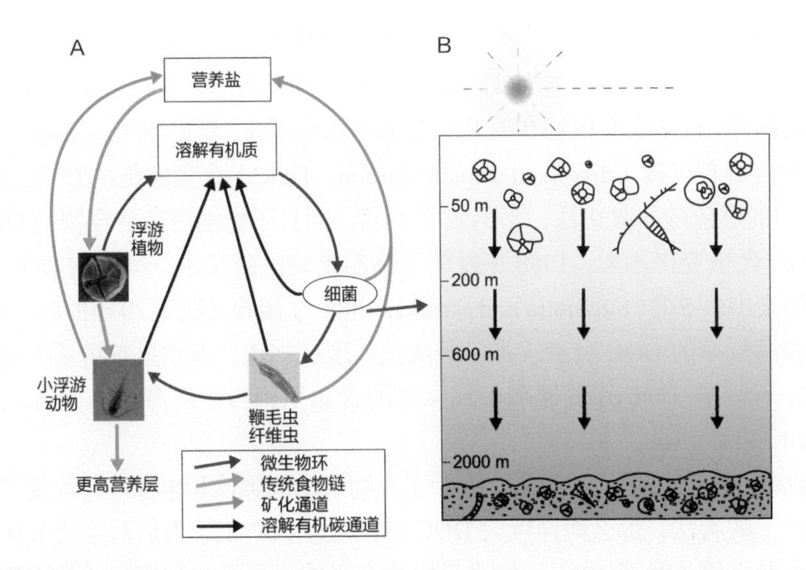

图 5-23
生物泵和微生物环

A. 海洋浮游生物和溶解有机质的各种转换通道，红色表示微生物环；B. 经典生物泵

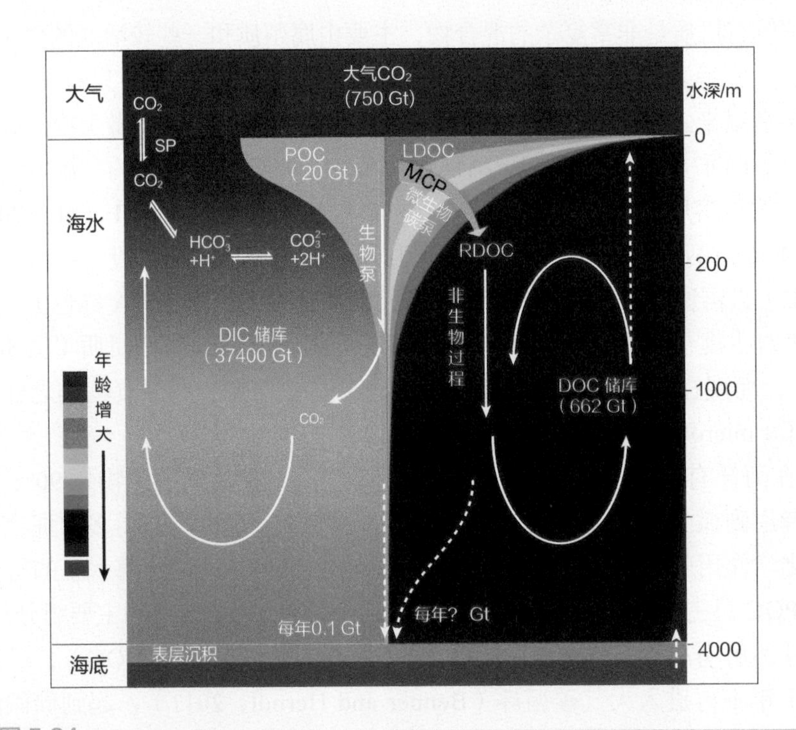

图 5-24
海洋生物泵、微生物碳泵和海洋碳储库的形成（据 Jiao et al.，2010 改）

左半边示经典生物泵，右半边示微生物碳泵（MCP）；海洋的溶解无机碳（DIC）储库由生物泵造成的颗粒有机碳（POC）矿化和碳酸盐溶解泵 (SP) 所形成，惰性溶解有机碳（RDOC）储库主要由微生物碳泵所形成；数字示碳储量和年通量；LDOC 和 RDOC 分别表示活性溶解有机碳和惰性溶解有机碳

5.2.3.2　两种类型的碳循环

RDOC 的发现和“微生物碳泵”的提出，在空间上探明了表层和海底之间广大深海海域在碳循环中的作用；在时间上将 DOC 的分布拓展到地质尺度的范畴，揭示了生物驱动海洋碳循环的一种新机制，也就是说海洋生物碳循环有快、慢两种方式。经典的生物泵是快循环，主线是真核类产生 POC 并沉降到海底（图 5-23B，图 5-24 左）；新发现的微生物碳泵是个慢循环，产生的 DOC 只有微生物能用，其中 RDOC 长期留在海水里（图 5-23A 红色，图 5-24 右）。在今天的海洋里，这两者的分布与营养盐的供应相关：寡营养大洋的光合生物以原绿球藻之类的微生物为主，碳循环主要走慢通道（参见图 5-7）；而硅藻之类的真核类浮游植物在营养盐丰富的高纬海区占据优势，主要是快循环（图 5-24）。上面说过，沉积捕获器发明以来的观测表明，海洋生源物的沉积是以藻类勃发和快速突发事件形式发生的；而以微生物碳泵为主的慢循环及其产物 RDOC，属于低营养条件下的一种“背景”状态，是生物碳循环在微生物主持下的惨淡经营。一旦有丰富的营养盐输入，就能激发起真核生物的繁殖发展，转入经典生物泵的快循环（图 5-25）。

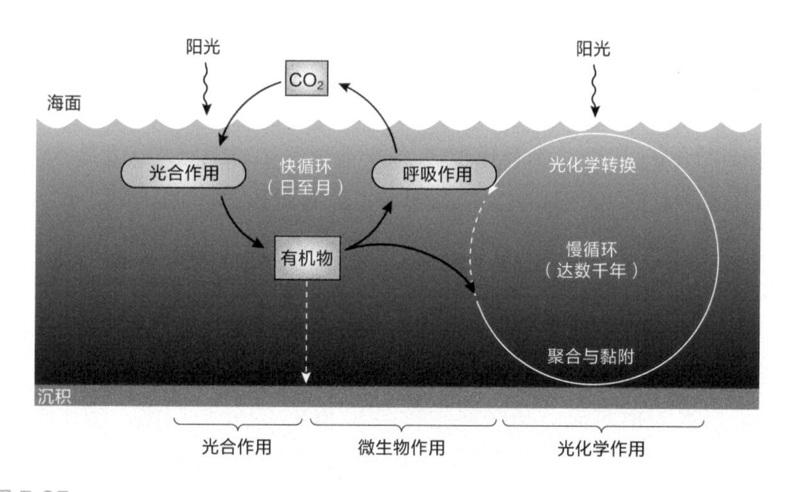

图 5-25
海洋碳循环的快、慢两种循环（据 Jiao et al.，2010 改）

因此今天的海洋，大片的空间上是微生物碳泵和 DOC 的天下。世界大洋最大面积的开放海域，比如北大西洋和北太平洋的亚热带环流区，都以寡营养和低生产力为特征。谁都知道，海洋里有机质的生产和消耗是必须平衡的。但是测量结果发现一种怪现象：全大洋呼吸作用消耗的碳，远多于浮游生物产生的碳，于是全球碳循环出现了呼吸与生产的失衡之谜（del Giorgio and Durate，2002）。其实谜底在于微生物：大洋在通常情况下是“异养型”的，只有微生物在消耗有机物。而进行光合作用的“自养型”状态只有在条件具备时，才作为“插曲事件”出现。夏威夷深海锚系的长期观测表明：只有在有光带以下有营养输入时，生产力才会突然增高，这就是“营养加载”（nutrient loading）的概念（图 5-26；Karl，2007）。

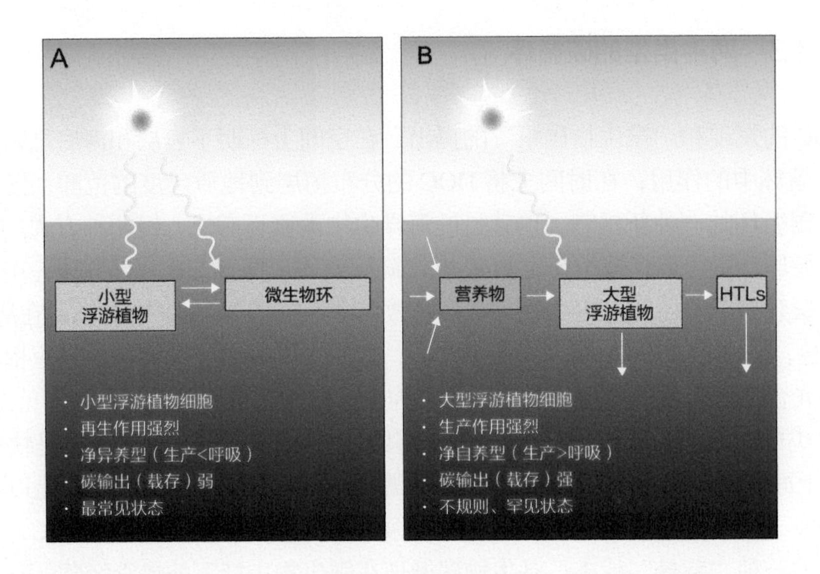

图 5-26

开放大洋生态系受营养变化的效果（据 Karl，2007 改）

A. 背景状态；B. 营养激发状态；图中 HTLs 指高营养级生物（high trophic level），包括浮游动物和鱼类

两种类型碳循环的发现，具有重要的海洋学意义。DOC 的总量是 6620 亿 t，相当于海洋生物量总碳含量的200倍以上，是海洋最大的有机碳储库，但浓度只有34~80 μmol/L。DOC 的源头主要是浮游生物的光合作用，因此在海洋的上层最多，并随着各大洋的洋流转移：在大西洋是表层向北流、深层向南流，在西太平洋海底是由南向北流（图 5-27）。经典生物泵产生的 POC 原则上呈垂向沉降，而 DOC 却是随波逐流，与物理海洋学的过程紧密结合，是大洋的生物地球化学过程和物理过程相互结合的媒介，因此现代海洋 DOC 的分布与水团相对应。与经典生物泵和 POC 的分布相比，微生物碳泵和 DOC 分布的特征空间尺度都比较大，容易得出区域乃至全球的信息，是古今海洋学研究的有效途径（Hansell et al.，2009）。

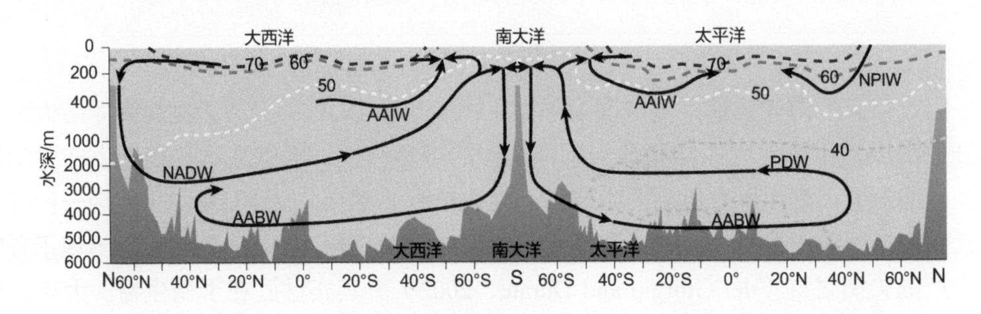

图 5-27

现代大西洋和太平洋 DOC 浓度（μmol/kg）分布示意图（据 Chen，2011 改）

AAIW. 南极中层水；NPIW. 北太平洋中层水；NADW. 北大西洋深层水；PDW. 太平洋深层水；AABW. 南极底层水

5.2.3.3　海洋有机碳库的演变

对于地质尺度上生物泵的研究来说，两种碳循环机制的发现有着“醍醐灌顶”的启发作用。既然微生物产生的 RDOC 长时间里保留在海水中，微生物碳泵的概念就为海洋有机碳提出了一种封存机制，在千年以上时间尺度里退出碳循环，类似于 POC 在海底沉积物中的埋藏。换句话说，经典生物泵和微生物碳泵的消长，直接影响 POC 和 DOC 的比值，从而影响有机碳和无机碳在海底的埋藏。我们在第 4 章里谈过，有机碳和无机碳的同位素 δ^{13}C 相差悬殊（>20‰）（表 4-4），而海水 δ^{13}C 的变化取决于有机碳和无机碳埋藏的比例（见 4.5.3），因此，海洋生物圈两种碳循环相对关系的变化，必然会反映在海水 δ^{13}C 上而进入地质记录（Wang et al.，2014）。

最鲜明的例子是寡营养大洋的硅藻纹层。不同于一般的富硅藻沉积，这种硅藻藻席沉积几乎全由单一属种大细胞硅藻组成，这些被称作“树荫”属种的硅藻适应分层的海水，可以利用深部营养盐，在低光条件下生长，也可以在水柱中垂直迁移。这往往是高纬富含硅和营养盐的海水进入低纬大洋次表层后，将低营养条件下的“背景”状态转为营养激发状态，引发硅藻的迅速勃发，以藻席的形式沉降，形成纹层状的硅藻沉积，在低纬太平洋或大西洋中都有记录（Kemp et al.，2006）。图 5-28 所示的是南大西洋（南纬

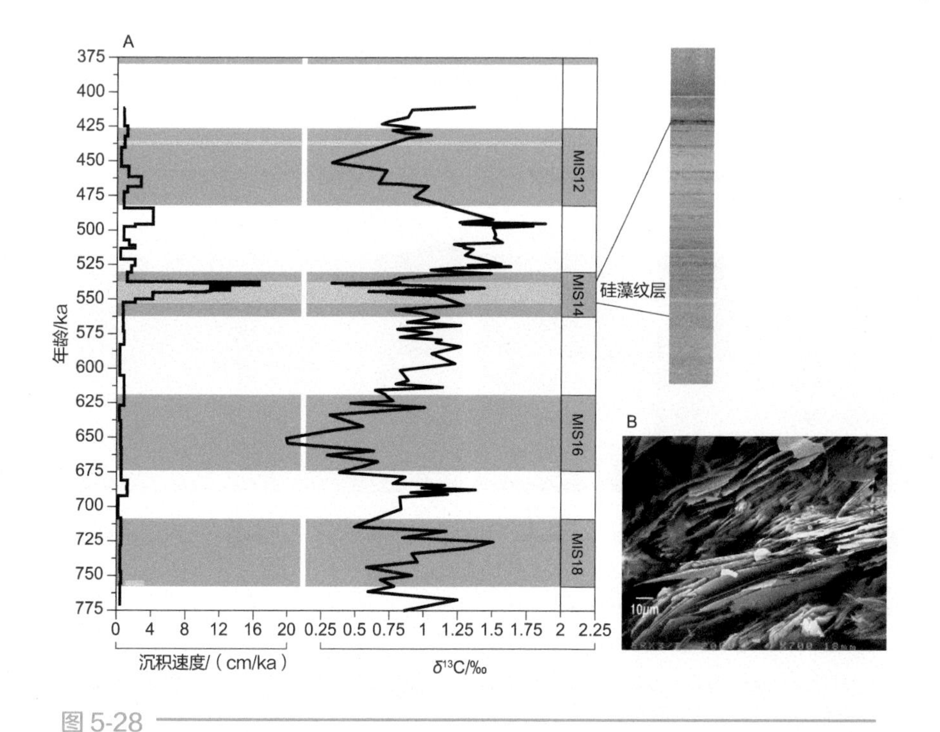

图 5-28
寡养海区营养激发形成硅藻沉积的实例

A. 南大西洋 GeoB 3801-6 站 80 万 ~40 万年前地层的沉积速率和浮游有孔虫碳同位素 δ^{13}C，灰色示间冰期，黄色示硅藻纹层（Rackebrandt et al.，2011）；B. 电镜扫描照片，示单种巨型硅藻组成的硅藻纹层，标尺为 10 μm（该区中新世标本；据 Kemp et al.，2006 改）

29°S，水深 4300 m）的一个实例。这里的第四纪地层是典型的远洋软泥，沉积速率低下（1~2 cm/ka），距今 54 万年前突然出现单种的硅藻纹层，沉积速率上升十倍，碳的同位素突然变轻（Rackebrandt et al.，2011）。此类现象，在南大洋周围的冰期旋回中多有发现，在间冰期和冰消期里富含硅和营养盐的南大洋水随着融冰北上，从南极极锋到亚热带大洋造成蛋白石沉积的高峰，进而在低纬太平洋和大西洋中造成大片硅藻席的纹层，应当在冰期旋回高低纬相互作用中起着重要作用（Wang et al.，2014）。

放眼地球历史，生物圈的碳循环有过巨大的演变。生命产生之前，谈不上生物的碳循环；在真核生物产生之前，也谈不上颗粒有机碳 POC 和经典生物泵。原核生物的产生，带来了生物固碳和呼吸作用，但那种微生物最简单的新陈代谢造成的碳循环，不可能有现在的“微生物碳泵”那样复杂。学术界做了认真研究，并且至今有热烈争论的，还是前寒武纪的末期，从大约 10 亿年前“雪球地球”开始到元古宙结束，即所谓的“新元古代”。

新元古代大洋的重大特点，是海水 $\delta^{13}C$ 值的大起大落。距今 7 亿年前后出现过强烈的负异常，$\delta^{13}C$ 变幅度之大（>10‰），为整个地球历史之仅见。有人推论：当时海洋有机碳储库特别大，海水中溶解有机碳 / 溶解无机碳（DOC/DIC）的值远高于今天，因此无机碳 $\delta^{13}C$ 值极不稳定，而有机碳的 $\delta^{13}C$ 值却变化不大（Rothman et al.，2003）。虽然有机碳大储库的假设引起不少争论，但可以设想的是，新元古代的海洋里经典生物泵很不发育，很少有 POC 的沉积埋藏，而微生物碳泵产生的 RDOC 大量囤积，类似火山爆发之类的事件都很容易引起海水无机碳 $\delta^{13}C$ 值的重大变化（图 5-29；Ridgwell，2011）。

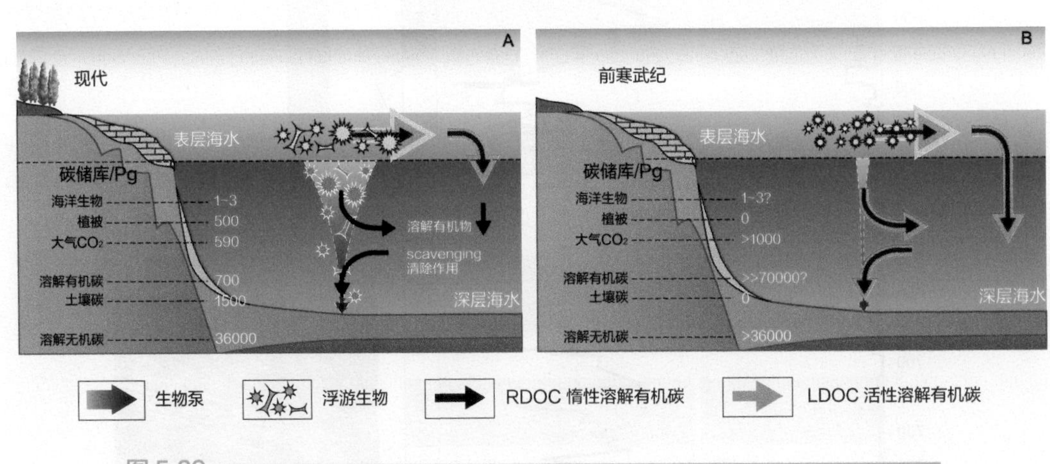

图 5-29
两类海洋碳循环（据 Ridgwell，2011 改）

A. 现代：经典生物泵（蓝箭头）和微生物碳泵（灰黑箭头）共同运作；B. 前寒武纪：经典生物泵微弱，微生物碳泵为主

进入显生宙，就不再有如此大幅度的 $\delta^{13}C$ 偏移。幅度大的 $\delta^{13}C$ 偏移莫过于生物大灭绝，例如古生代末二叠纪－三叠纪界限的大灭绝，$\delta^{13}C$ 负偏移约为 9‰；中生代末的恐龙大灭绝，$\delta^{13}C$ 负偏移只有大约 2‰，远小于元古宙。至于上新世以来，冰期旋回中

的 δ^{13}C 震荡幅度更小，只在 0.3‰ ~0.5‰范围。δ^{13}C 变幅缩小，反映了大洋碳库结构随着生物演化而改组，DOC 相对于溶解无机碳的比值大幅度降低，逐步形成了现代格局的海洋碳循环。

5.3　生物演化与地球系统

生物圈构成和生物圈化学过程的新认识，提供了进一步理解生物演化和地球系统相互关系的机会。我们先来回顾地球历史上，生物圈如何通过新陈代谢作用的革新，来拓展自己的地盘和影响，然后再来评价生命过程在地球系统演变中的作用。

5.3.1　生物圈的发展

尽管生命起源的地点并不清楚，究竟是浅水的“原始汤”还是深海的热液口，但有一点是清楚的：最早的生命体不但个体细小、数量稀少，而且只出现在地球表层某个角落。经过 35 亿年的演变，今天的生物圈遍布海洋和陆地，从地下深处到高空云端都有生命。深海“黑暗生物圈”的微生物，至少深入到海底下面 1900 m（见 5.1.2.2）。高空则早在 40 年前就发现 50000 m 高处还有活细菌，微生物可以作为云核在大气对流层里传播，然后随着雨雪返回地面（Hamilton and Lenton，1998）。回顾一部生命演化史，实际上就是生物圈逐渐扩大生态空间和生态系统的结构逐渐复杂化的过程。从生命起源之后，生物圈主要经过了五次大发展，每次随着生物的演化拓展了新的生态空间：① 原核生物细菌和古菌的分异；② 真核生物的产生；③ 多细胞生物产生；④ 生物登上陆地；⑤ 智能的产生（Knoll and Bambach，2000）。从地质记录出发，可以对其中② ~ ④三步作进一步的讨论。

5.3.1.1　真核生物和多细胞生物的产生

前面说过，真核生物的产生大概发生在大氧化事件前后，由古菌类的原核生物通过“内共生”机制形成（见 5.1.3.2 节；图 5-10）。真核生物起源是生命科学中的一个研究热点，然而现有的认识几乎都来自分子生物学的证据，至于起源时间、形成机制至今都存在热烈的争论，但是不属于本书讨论的范围。这里需要强调的是真核生物起源的重要性：比起原核细胞来，真核细胞的体积要大出 3~4 个量级，内部构造更有原则性的区别。在原核细胞里，核酸、蛋白质等都是分散流动的，而在真核细胞里都有条不紊地安置在细胞核和小器官里，因此两者新陈代谢的效率不可同日而语（Koonin，2015）。前面说过，现代海洋深处热液口等极端环境下进行化学合成的都是原核生物，而真核生物都是依靠光合作用为生。两者相比，真核生物的光合作用是生产力发展上极大的创新：今天全大洋热液活动区的微生物每年产生出大约 0.2×10^{12}~2.0×10^{12} mol 有机碳，而全球光合作用产生的有机碳每年有 9000×10^{12} mol，相差将近万倍（Des Marais，2000）。含氧光合作用和真核生物的出现，不但使生物界个体的体积增大（图 5-30；Payne et al.，2011），更为进一步演化产生多细胞动植物、加快演化速率准备了条件。

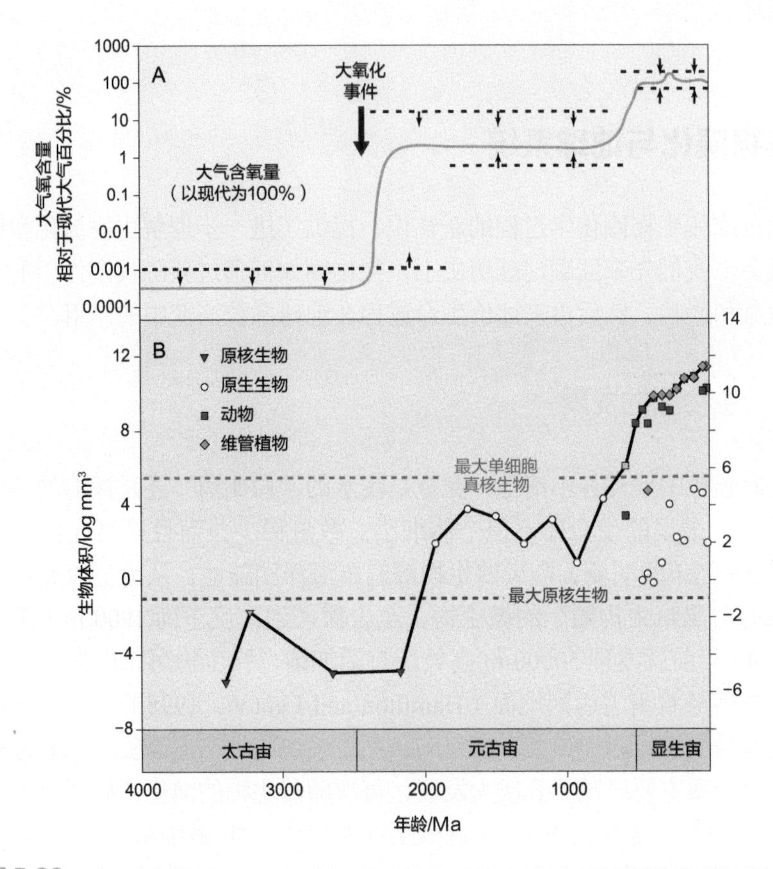

图 5-30

生物体最大体积的地质演变及其和大气含氧量的关系（据 Payne et al.，2011 改）

A. 大气含氧量的演变，虚线表示变化范围；B. 各时期生物体最大体积的变化，在元古宙大氧化事件只有原核生物；注意纵坐标体积为对数坐标

从单细胞到多细胞的变化过程，其实并没有想象中的那样伟大。在单细胞和多细胞生物之间，其实并没有截然的界限。好些单细胞生物可以形成群体，这就是最简单的多细胞生物，迄今找到最老的化石，西澳 35 亿年前的丝状细菌，就是群体多细胞生物（见 1.4.1 节；Schopf，1993）。群体的形成并不是生物界的一次重要的演化改组，而是在多种类别中多次发生。不过只要单细胞生物抱团形成群体，就可以带来生态上的优势：多细胞群体增大了体积，可以逃过轮虫或小节肢类等小型滤食动物的虎口，细胞之间形成的外细胞质可以储存营养元素等（Kaiser，2001）。但是真正质的变化，还是要等到多细胞动物和植物的出现，那是在元古宙的末期。

迄今为止我们讨论的重点是自养生物，无论靠化学合成还是光合作用都是自养。早期地球上的生物也确实只能有自养生物，因而是个扁平的生态系统：都是生产者，没有植食动物，更没有食肉动物，因此也谈不上食物链和营养级。这“平等”的生物圈极其平静，没有竞争，也很难演化。打破平静的是大概七八亿年前的元古宙末期，先是演化产生了食用单细胞生物的原生动物，接着就是多细胞动物和植物的出现（图 5-31）。当时的动物化石主要是软体及其印模，但是动物的出现建立了多营养级的生态系统，激起生物多样性的急剧增加，加速了生物演化的步伐，增强了生物圈的环境效应（Stanley，1973）。从单细胞到多细胞生态系统的转换，犹如人类社会从一个“日出而作，日入而息”的个体户，变成大企业、大农场的转折。动物发展出各种复杂的器官、多样的身体构型（body plan）和行动方式，不但加大了身体的体积、动作的力度和位移的长度，而且加快了生物演化的步伐，极大地丰富了生物多样性。即使从个体大小看，生物圈二十多亿年时间里只是毫米级和厘米级，而显生宙几亿年的时间里就飞速发展，产生出三十多米长的蓝鲸和高逾百米的红杉（图 5-30），演化的加速可见一斑。

进入显生宙后，生物的演化走上了快车道，其中环境影响最为深远的，当推底栖动物和骨骼的出现、生物圈登陆、中生代中期的海洋化学革命。

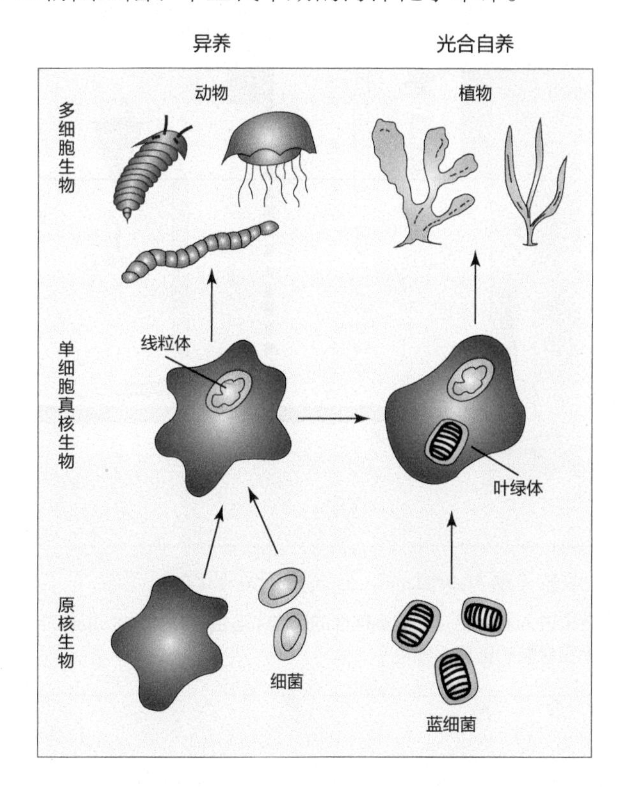

图 5-31
原核生物→真核生物→多细胞动、植物的演化示意图（据 Stanley and Luczaj，2015 改）

5.3.1.2 底栖动物及其骨骼的出现

新元古代“雪球地球”结束后，在离今 8 亿 ~7 亿年前出现第二次氧化事件（见第 1 章图 1-19），促发了生物圈的转折。60 年前澳大利亚南部埃迪卡拉（Ediacara）发现了一批没有骨骼的无脊椎动物化石，类似水母、蠕虫和节肢动物形状，说明6.35亿年前多细胞动物门类大量涌现，被称为"埃迪卡拉动物群"。三十多年前我国云南澄江发现了大批具有骨骼的无脊椎和脊索动物化石，"澄江动物群"的发现说明5.43亿年前开始的寒武纪，在最初的两千多万年时间内演化出现了绝大多数无脊椎动物门，证明了"寒武纪生命大爆发"是生命史上最为惊人的演化突变（图5-32）。

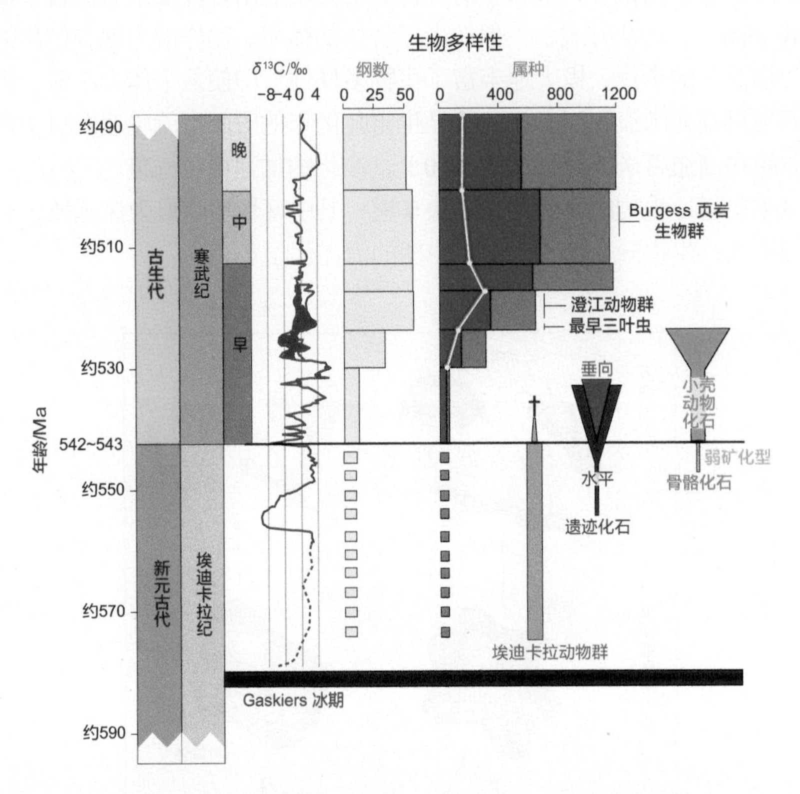

图5-32

寒武纪生命大爆发（据Marshall, 2006简化和修改）

表示出从元古宙末进入寒武纪，生物多样性的剧增（蓝色），生物扰动从二维到三维（红、紫色），以及化石骨骼的出现（绿色）

埃迪卡拉动物群和澄江动物群，主要记录的都是浅海沉积里的底栖动物，反映出当时海底出现了有利的生态环境，主要是含氧量的增加。第二次氧化事件之后，海底的水层不仅摆脱了硫化物的困扰（见1.5.2节，图1-17），而且氧化大气已经在同温层里产生臭氧，能够屏蔽紫外线对于生物的伤害。但是六亿多年前的埃迪卡拉动物群并没有矿物质的骨骼，一般都以过滤浮游生物或者食用海底的菌席为生，缺乏积极移动的能力。动物界下一次的重大变革，发生在五亿多年前寒武纪的开始，其中一个关键在于食肉类动物的出现，不但改变了生态系统的构成，而且激起了生物演化的高潮。

食肉动物的出现，第一次向动物界宣告了死亡的威胁，促使各种动物寻找躲藏的出路：或者建造外壳，或者加快逃逸，或者钻进海底，当然也可以构筑生物礁作为防护。

生物界的这些新招当然要有客观条件，比如寒武纪澄江动物群最大的特点是大量硬体化石的出现，具有碳酸钙、磷酸钙等矿物成分，前提是海水中 Ca^{2+} 等离子增多，原因或者是海底扩张和洋中脊活动加强，或者是大陆长期风化，为元古宙末的大洋提供了建造骨骼所需的离子（Peters and Gaines，2012）。而对于动物来说，需要的是生物体自身的演变。

多细胞动物起源的确切时间不好说，但是从遗迹化石看应当在距今 5.65 亿年之前。根据实体化石和分子生物学的证据判断，最早出现的应该是海绵类和水母类的动物，元古宙末期的许多印模化石属于这两大类。这些多细胞生物的身体构型大体上都属于辐射对称的范畴，无所谓腹背、前后；而人类和人类所熟悉的动物一般都具有两侧对称的构型。各动物门类两侧对称的身体构型何时起源，其共同祖先（所谓 urbilaterian）究竟是什么类型，属于当今生物学理论探讨的一大热点（Knoll and Carroll，1999；Peterson et al.，2004）。动物的身体构型远不止两侧对称，包括内部肠道发育、神经联络，外部眼睛的产生，目前都在通过分子生物学和古生物学相结合的途径进行探索（Erwin，1999）。这里要强调的是两侧对称的身体构型与矿物质骨骼相结合，使得动物的运动能力和环境影响急剧提升，为寒武纪开始的海底世界带来了生气。

底栖动物的演化发育改造了海底。寒武纪以前，海底生物以微生物为主，普遍的形式是覆盖海底的菌席，连埃迪卡拉型的底栖动物也以海底菌席为生，这种海底沉积在上下之间不能交换，却能像脚印那样留下动物身体的印记。进入寒武纪，海底含氧量的提升使得底栖生物活跃起来，产生的钻泥生物不但能留下三维空间的遗迹化石，还能像耕地那样将海底沉积翻松（图 5-33；Seilacher，1999）。这场“寒武纪海底变革”改变了沉积环境，打开了底栖生物新的生境，把海底的生态环境从二维变成了三维空间（Fox，2016）。

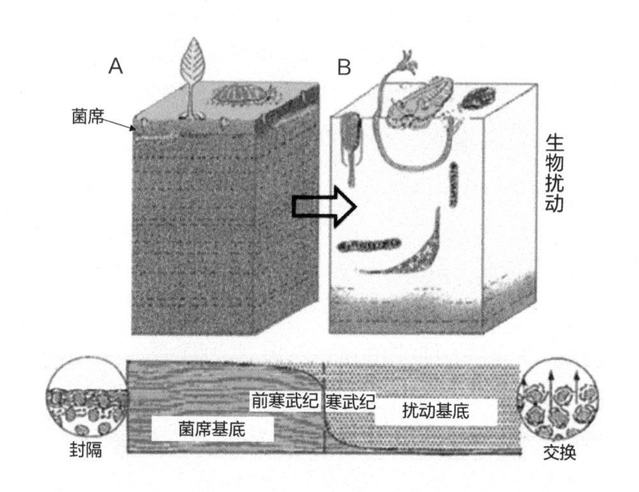

图 5-33
寒武纪海底变革（据 Seilacher，1999 简化和修改）

A. 新元古代海底有菌席覆盖，沉积层相互封隔，无生物扰动与交换；B. 寒武纪海底有生物扰动，沉积层上下混合、交换，底质变得松软

5.3.1.3 生物圈登陆

现代的人类很难想象早古生代以前没有生命的大陆：没有植被、没有土壤，只有裸露的岩石和风化碎屑的堆积。虽然在潮湿的陆地上，元古宙时就可能有过原核类的微生物，但是很难产生什么影响。生物圈登陆的变化发生在4亿年前后的志留纪、泥盆纪，完成在泥盆纪的晚期。

陆地上要有动物，前提是要有植物；陆地上要有植物，前提是要有土壤。因此猜想打前站的是菌席和地衣：蓝细菌的菌席先在潮间带发育，然后拓展到陆地；地衣是真菌和光合生物（绿藻或蓝细菌）共生的生物体，能够分泌地衣酸腐蚀岩面，促进土壤的形成。到泥盆纪末形成的陆地生物圈，主要是构造复杂的植物体。与海里的水生生物不同，陆地植物需要有复杂而专门化的结构，顶部进行光合作用，底部从土壤吸收水分，中间有输送和支撑的部分相连。陆地植物的出现不但直接吸收了大气的CO_2，根系的发育又加强了硅酸盐岩石的风化作用，有可能是石炭纪出现冰期的原因之一（Kenrick and Crane，1997）。

登上陆地是生物史上极大的创新。脱离了海水的生物需要直接面对太阳的曝晒和风雨变幻，需要去谋取水分和营养。猜想最初是海岸带的轮藻经受住了脱离海水的考验，以后又演化出维管植物，具有木质部和韧皮部，可以垂向输运水分和养料（Knoll and Bambach，2000）。陆地植被的形成，提高了地球对太阳辐射能的利用，改变了地球表面的景观，对地球表层从大气到地貌产生了全方位的影响。比如地面，有根系网加固的土壤层抗冲刷的能力大为加强，因此陆地植被产生以后对河流冲刷地面的能力产生阻力，河道形成曲流蜿蜒而行，于是在同样条件下的辫状河，演变为曲流河。

也是在三四亿年前泥盆纪的晚期，鱼类中演化出具有肺和四肢的类型，登上陆地，成为两栖类四足动物。到石炭纪的时候，已经有大量能飞的节肢动物，生物界开始向大气圈进军。3亿年前的巨型蜻蜓张开翅膀有75 cm宽，要知道无脊椎动物并没有肺，而大型飞行动物耗氧量巨大；但是当时大气中含氧量高达35%，树木可以长到45 m高，蜻蜓单靠体内扩散作用就足以输氧。至于脊椎动物上天，还得再等上1亿年。总之，三四亿年前的陆地，已经被动植物占领。

5.3.2 浮游生物演化与环境

上面的讨论都是围绕海洋底栖生物的演变，其实海洋浮游生物演变产生的环境效应，比底栖生物更为显著，不过地球历史上浮游生物的主角，历来是单细胞而不是多细胞生物。现代海洋里具有钙质壳体的浮游生物，在现在的海洋碳循环中举足轻重，前面所说海洋的碳酸盐泵，就是靠浮游生物的沉降将$CaCO_3$带入海底（见4.3.2节，图4-9），但这种机制到中生代中晚期方才建立。早期海洋的浮游生物并没有矿物质的骨骼，海洋里形成生源碳酸盐的是底栖而不是浮游生物。在古生代，主要是无脊椎动物形成的浅海碳酸盐沉积，并没有现代大洋的深海钙质软泥。转折发生在中生代的中期，具体说是从三叠纪晚期到侏罗纪，大量出现颗石藻和浮游有孔虫等具钙质壳体的浮游生物，形成深海碳酸盐。生源碳酸盐沉积由底栖生物的浅海型，转向浮游生物的深水型（参见第 4 章图 4-21；Ridgwell，2005）。从此之后，深海碳酸盐沉积的堆积和溶化，才成为地球表层系统碳循环的重要环节，出现了调控大气 CO_2 浓度的新型缓冲机制。有关内容，4.5.3.2 节中已有介绍，此处不再重复。

生物圈发展到一定规模，本身就成为地球表层的重要环境因素，进而影响生物的演变。海面浮游生物的发展，一方面受陆地生物圈的影响，另一方面又为海洋底栖生物提供了养料。到了“显”生宙，生物圈范围扩大、遍及海陆，这种生物圈内部的相互作用也就变得“显”著起来。

海洋化学“中生代中期革命”前后，浮游植物的主体发生了变化。从地质记录看，古生代海洋浮游植物以疑源类（Acritarchs）藻类为主，在演化上属于“绿枝”系列；而三叠纪以后的海洋藻类以甲藻、颗石藻等为主，属于“红枝”系列（见 5.1.3.2 节与图 5-11 介绍）。古生代晚期“绿枝”植物成功登上了陆地，成为覆盖大地、绿化地球的主体；“红枝”则坚守海洋阵地，成为海洋藻类的主体（Falkowski et al.，2004）。两者分道扬镳的原因，可能在于一些微量元素上。“绿枝”藻类的光合作用，除叶绿素 a 外还要求叶绿素 b，对 Fe、Zn、Cu 的要求高，而 Fe 在古生代早中期海水里的溶解度比后来高，因此对于“绿枝”藻类有利，到了中生代以后优势就让位给了“红枝”（Martin and Quigg，2013）。

回顾显生宙的海洋生物，底栖动物经历了三大阶段：以三叶虫为代表的“寒武纪动物群”称雄在古生代早期；以腕足类、珊瑚等为主的“古生代动物群”繁盛在古生代中、后期；古生代以后，主要是以软体动物、鱼类等为代表的“现代动物群”，而且从中生代到现在，无论分类的多样性还是个体数量的丰度都在逐步增高（图 5-34 上）。与此对应的是“红枝”的浮游植物，三叠纪以后甲藻和颗石藻占领海洋上层，白垩纪开始硅藻迅速发展，成为新生代海洋最成功的浮游植物（图 5-34 下）。只要包括硅在内的营养盐到位，硅藻就能迅速勃发，其他藻类只能望其后尘。正是中新生代“红枝”藻类的繁盛，为海底的底栖动物提供了养料，才使得中新生代海洋底栖生物的多样性和丰度逐渐上升，造就了新生代海洋生物空前繁荣的景象（图 5-34；Martin and Quigg，2013）。

新生代海洋生物的繁荣，也应该归功于陆地生物的演化。被子植物在中生代后期的起源，是植物演化中的重大革新，到新生代迅速发展为陆地植被的主角，加速了陆地风化和向海洋输送养料的效率。格外突出的事件是草原的出现。“草”的主体是禾本科植物，尽管在白垩纪已经演化出现，广大草原的形成却要等到合适的气候条件。现在草原占全球陆地（除南极外）面积的 40%，是陆地上最大的生态系统，禾本科植物是人类粮食的主要来源，因此现代草原面积之大在很大程度上是人类毁林耕地的结果。自然界植被演化的巨变发生在晚新生代，8~3 Ma 前，当时全球气候变冷和季风的盛行，使得以 C_4 型光合作用为特色的禾本科植物有机会大显身手，草原植被迅速蔓延（见附注 4）。由于树木的生长对于水分要求较高，而 C_4 植物能够适应季节性降雨，因此在森林和荒漠之间，又出现了新的草原景观（Retallack，2001）。

晚中新世草原的发育，改变了地球表面的环境，从地面反射率到水分存储运移都受到影响，而草本植物和食草动物的协同演化，更是古生物学的典型例子。比如马的牙齿由低冠齿演化为高冠齿，反映了食性从鲜嫩树叶为主到粗糙的草料为食的转变；马的体型也由小到大、由低到高，反映了对开阔草原环境的适应（图 5-35）。比较不被注意的是草原发育对海洋浮游生物的影响。草类植物特有的植物硅酸体，可以占植物干重的

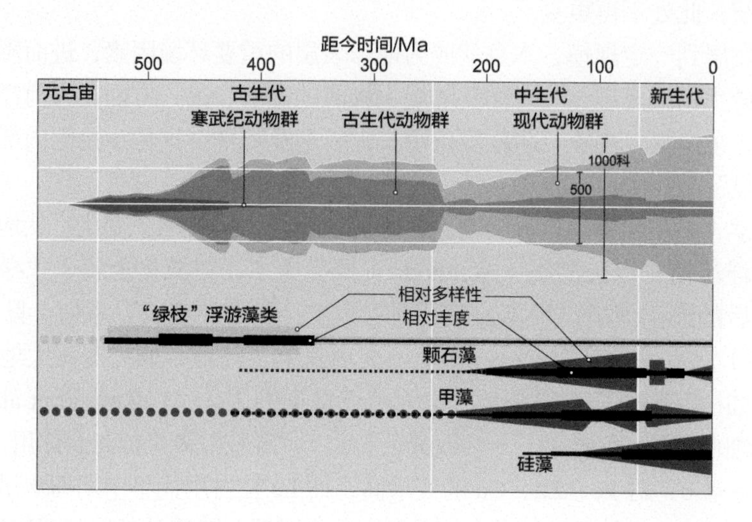

图 5-34
显生宙海洋底栖动物和浮游生物发展的相关性（据 Martin and Quigg，2013 修改和简化）

上部：底栖动物的多样性（科数）；下部：浮游植物的多样性（彩色）和丰度（黑色），绿色标志“绿枝”浮游植物（疑源类等），红色标志“红枝”浮游植物（颗石藻、甲藻、硅藻）

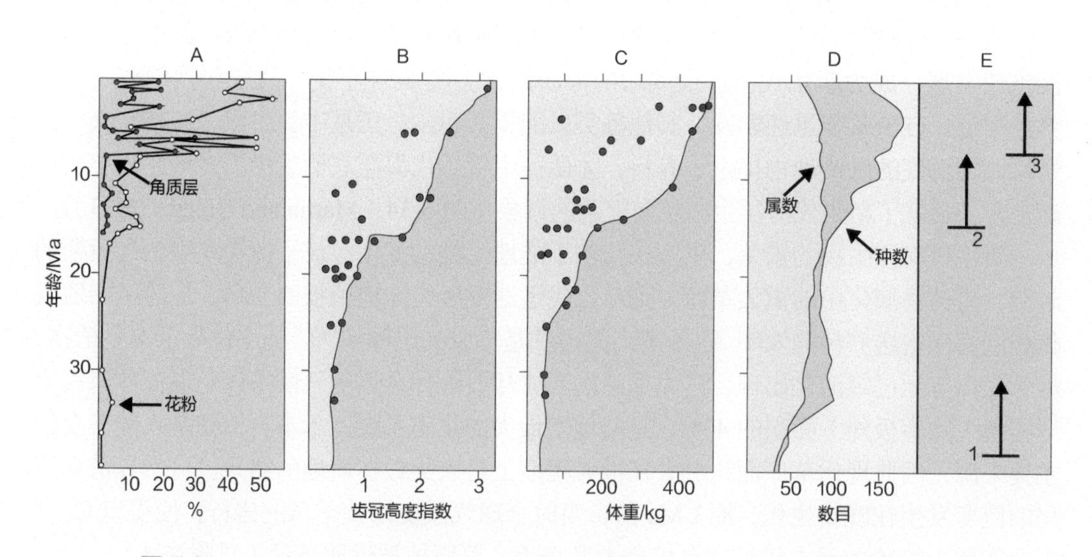

图 5-35
新生代晚期生物圈内部的协同演化（据贺娟、汪品先，2005；Retallack, 2001 改）

A. 草的丰度用花粉及角质层的百分比表示；B. 马的齿冠高度；C. 马的体型；D. 硅藻分异度(用属数与种数表示)；E. 草原植被演化事件；1. 始新世/渐新世交界时草类植物的扩张；2. 中新世中期 C_4 草类的扩张；3. 中新世晚期 C_4 草类占据优势

附注 4：C_3 和 C_4 植物

C_3、C_4 植物是按植物光合作用的类型及初级产物的差异来划分的。所谓 C_3 和 C_4 是指光合作用中最先产生的碳水化合物有几个碳原子，3 个碳的叫 C_3，4 个碳的叫 C_4。光合作用产生时大气 CO_2 十分丰富，随着后来 CO_2 浓度下降，原来的 C_3 途径不够适应，于是植物演化出新的途径来加以改进，C_4 光合作用途径就是先富集 CO_2 再合成有机质的一种改良，适应晚新生代季节性干旱的环境。

多数植物的光合作用类型属于 C_3 型，蕨类、裸子植物、木本被子植物，大麦、小麦、大豆、马铃薯、菜豆和菠菜都是 C_3 植物；而禾本科多数属于 C_4 植物，比如高粱、玉米、甘蔗。草原有 C_3 植物和 C_4 植物为主的两类，C_3 类分布在纬度和海拔较高的地区，C_4 类分布在纬度和海拔较低的地区，特别是季节性干旱的季风区。

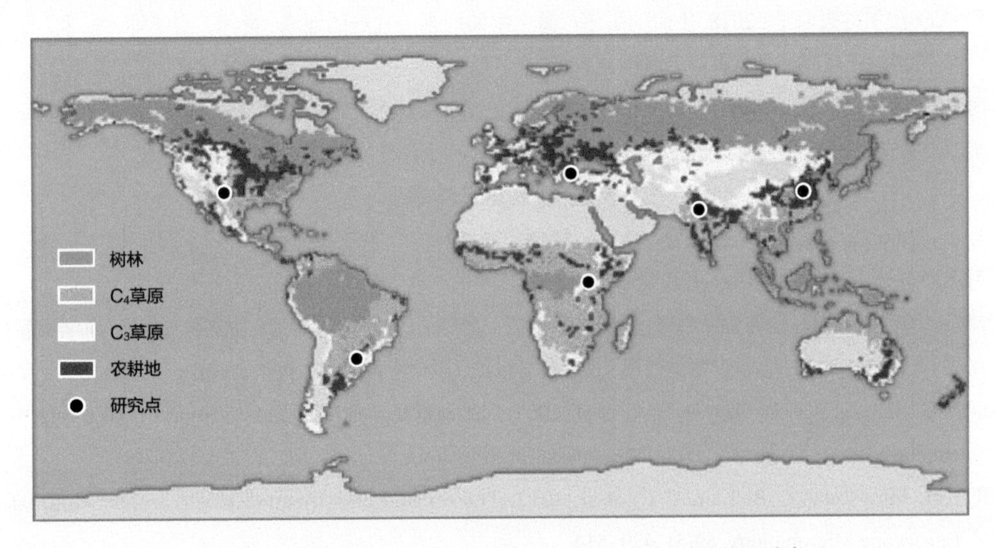

C_3 和 C_4 植物草原的分布（据 Edwards et al.，2010 改）

15%，而硅酸体在水中的溶解度是矿物硅酸盐的两倍。因此，草类的繁盛大大促进了大陆风化向海洋输送硅的能力，从而促使硅藻在新生代晚期迅速发展（图 5-35D），成为当代大洋浮游植物中最成功的一类。硅藻和草类的繁盛，不仅改变了地球表层系统一系列元素的平衡，而且增大了气候系统的不稳定性，是新生代气候周期演变的重大因素之一（Falkowski et al.，2004），也是海洋生物与陆地植被协同发展的绝佳实例。

本章对生物圈组成和分布的新认识进行了简述，对地球表层系统中生物圈引起的化学过程进行了讨论，还展示了生物圈演化对于地球系统的影响。正是生物圈的发展，塑造了当今的地球表层系统，不仅将还原环境转化为氧化环境，而且改造了陆地的地貌景观和海底的物理性质。这里没有谈及的，是生物圈和地球内部的相互作用。生物圈在地球表层造成的变化，通过俯冲板块进入地球内部改变了地幔的性质和成分。尤其是大氧化事件后，地球表层氧化环境下富集的痕量元素、改变了的稳定同位素，都会带进地幔。地表的生物固氮和碳酸盐沉积，最终都会导致地幔氮的增加和碳的减少（Sleep et al.，

2012）。相反，海水和地幔岩石相互作用产生的蛇纹岩和海底碱性的热液水，有可能为地球早期生命起源创造了条件（Sleep et al.，2011）。所有这些，都是当前和未来地球科学面对的新命题。

总之，三十多亿年的生命史回味无穷。生物改造了地球，也改造了自身。生命活动主要是在太阳能驱动下进行，实际上为地球提供了长期储存太阳能的独特机制，这些能量的结晶就是丰富多彩的当代地球。

参 考 文 献

保罗 • G • 法尔科夫斯基 . 2018. 生命的引擎：微生物如何创造宜居的地球 . 肖湘，蹇华哗，张宇，徐俊，刘喜鹏，王风平译 . 上海：上海科技教育出版社 .

董海良 , 于炳松 , 吕国 . 2009. 地质微生物学中几项最新研究进展 . 地质论评 , 55(4): 552–580.

贺娟 , 汪品先 . 2005. 晚中新世植被变更与光合作用演化 . 地球科学进展 , 20(6): 618–626.

黄仁宇 . 1997. 中国大历史 . 北京：生活 • 读书 • 新知三联书店 .

焦念志 . 2006. 海洋微型生物生态学 . 北京：科学出版社 .

上海海洋科技研究中心 . 2011. 海底观测：科学与技术的结合 . 上海：同济大学出版社 .

殷鸿福，谢树成 . 2011. 地球生物学概述 . 见：谢树成 , 殷鸿福 , 史晓颖等 . 地球生物学 . 北京：科学出版社 .

谢树成 , 殷鸿福 . 2014. 地球生物学前沿：进展与问题 . 中国科学：地球科学 , 44(6): 1072–1086.

Adl S M, Simpson A G B, Farmer M A, et al. 2005. The new higher level classification of eukaryotes with emphasis on the taxonomy of protists. Journal of Eukaryotic Microbiology, 52(5): 399–451.

Adl S M, Simpson A G B, Lane C E, et al. 2012. The revised classification of eukaryotes. Journal of Eukaryotic Microbiology, 59(5): 429–514.

Altabet M A, Higginson M J, Murray D W. 2002. The effect of millennial-scale changes in Arabian Sea denitrification on atmospheric CO_2. Nature, 415(6868): 159–162.

Arrigo K R. 2005. Marine microorganisms and global nutrient cycles. Nature, 437(7057): 349–355.

Azam F, Malfatti F. 2007. Microbial structuring of marine ecosystems. Nature Reviews. Microbiology, 5(10): 782–791.

Azam F, Fenchel T, Field J G, et al. 1983. The ecological role of water-column microbes in the sea. Marine Ecology Progress Series, 10(3): 257–263.

Bach W, Edwards K J, Hayes J M, et al. 2006. Energy in the dark: fuel for life in the deep ocean and beyond. Eos, Transactions American Geophysical Union, 87(7): 73–78.

Bachraty C, Legendre P, Desbruyères D. 2009. Biogeographic relationships among deep-sea hydrothermal vent faunas at global scale. Deep Sea Research Part I: Oceanographic Research Papers, 56(8): 1371–1378.

Bastin E. 1926. The presence of sulphate reducing bacteria in oil field waters. Science, 63: 21–24.

Beaulieu S E, Baker E T, German C R, et al. 2013. An authoritative global database for active submarine hydrothermal vent fields. Geochemistry, Geophysics, Geosystems, 14(11): 4892–4905.

Benner R, Herndl G J. 2011. Bacterially derived dissolved organic matter in the microbial carbon pump, 46–48. In: Jiao N, Azam F, Sanders S (eds.) Microbial Carbon Pump in the Ocean. Washington, DC: Science/AAAS. doi:10.1126/science.opms.sb0001.

Blank C E, Sanchez-Baracaldo P. 2010. Timing of morphological and ecological innovations in the cyanobacteria—a key to understanding the rise in atmospheric oxygen. Geobiology, 8(1): 1–23.

Bowler C, Karl D M, Colwell R R. 2009. Microbial oceanography in a sea of opportunity. Nature, 459(7244): 180–184.

Breitbart M, Thompson L R, Suttle C A, et al. 2007. Exploring the vast diversity of marine viruses. Oceanography, 20(2): 135–139.

Buesseler K O, Doney S C, Karl D M, et al. 2008. Ocean iron fertilization—moving forward in a sea of uncertainty. Science, 319(15): 162.

Canfield D E, Raiswell R. 1999. The evolution of the sulfur cycle. American Journal of Science, 299(7–9): 697–723.

Capone D G, Popa R, Flood B, et al. 2006. Follow the Nitrogen. Science, 312(5774): 708–709.

Chen C T A. 2011. Microbial carbon pump: additional considerations. Nature Reviews Microbiology, 9(7): 555.

Ciobanu M C, Burgaud G, Dufresne A, et al. 2014. Microorganisms persist at record depths in the subseafloor of the Canterbury Basin. The ISME Journal, 8(7): 1370.

Corliss J B, Dymond J, Gordon L I, et al. 1979. Submarine thermal sprirngs on the galapagos rift. Science, 203(4385): 1073–1083.

Danovaro R, Dell'Anno A, Corinaldesi C, et al. 2008. Major viral impact on the functioning of benthic deep-sea ecosystems. Nature, 454(7208): 1084–1087.

Delwiche C F. 1999. Tracing the thread of plastid diversity through the tapestry of life. The American Naturalist, 154(S4): S164–S177.

del Giorgio P A, Duarte C M. 2002. Respiration in the open ocean. Nature, 420(6914): 379–384.

Des Marais D J. 2000. When did photosynthesis emerge on Earth? Science, 289(5485): 1703–1705.

Deutsch C, Sigman D M, Thunell R C, et al. 2004. Isotopic constraints on glacial/interglacial changes in the oceanic nitrogen budget. Global Biogeochemical Cycles, 18(4): GB4012.

Doolittle W F. 1999. Phylogenetic classification and the universal tree. Science, 284(5423): 2124–2128.

Edgcomb V P, Beaudoin D, Gast R, et al. 2011. Marine subsurface eukaryotes: the fungal majority. Environmental microbiology, 13(1): 172–183.

Erwin D H. 1999. The origin of bodyplans. American Zoologist, 39(3): 617–629.

Erwin D, Valentine J, Jablonski D. 1997. The origin of animal body plans:recent fossil finds and new insights into animal development are providing fresh perdpectives on the riddle of the explosion of animals during the Early Cambrian. American Scientist, 85(2): 126–137.

Falkowski P G. 1997. Evolution of the nitrogen cycle and its influence on the biological sequestration of CO_2 in the ocean. Nature, 387(6630): 272.

Falkowski P G. 2015. Life's Engines: How Microbes Made Earth Habitable. Princeton: Princeton University Press.

Falkowski P G, Katz M E, Knoll A H, et al. 2004. The evolution of modern eukaryotic phytoplankton. Science, 305(5682): 354–360.

Falkowski P G, Fenchel T, Delong E F. 2008. The microbial engines that drive Earth's biogeochemical cycles. Science, 320(5879): 1034–1039.

Fike D A, Bradley A S, Rose C V. 2015. Rethinking the ancient sulfur cycle. Annual Review of Earth and Planetary Sciences, 43: 593–622.

Filippelli G M. 2008. The global phosphorus cycle: past, present, and future. Elements, 4(2): 89–95.

Filippelli G M. 2009. Phosphorus Cycle. In: Encyclopedia of Paleoclimatology and Ancient Environments. Berlin: Springer .

Fisher C R, Takai K, Le Bris N. 2007. Hydrothermal vent ecosystems. Oceanography, 20(1): 14–23.

Fisk M R, Giovannoni S J, Thorseth I H. 1998. Alteration of oceanic volcanic glass: textural evidence of microbial activity. Science, 281(5379): 978–980.

Follows M J, Dutkiewicz S, Grant S, et al. 2007. Emergent biogeography of microbial communities in a model ocean. Science, 315(5820): 1843–1846.

Fox D. 2016. What sparked the Cambrian explosion? Nature, 530(7590): 268–270.

Fredrickson J K, Onstott T C. 1996. Microbes deep inside the earth. Scientific American, 275(4): 68–73.

Furnes H, Staudigel H. 1999. Biological mediation in ocean crust alteration: how deep is the deep biosphere? Earth and Planetary Science Letters, 166(3): 97–103.

Furnes H, de Wit M, Staudigel H, et al. 2007. A vestige of Earth's oldest ophiolite. Science, 315(5819): 1704–1707.

Gaillard F, Michalski J, Berger G, et al. 2013. Geochemical reservoirs and timing of sulfur cycling on Mars. Space Science Reviews, 174(1–4): 251–300.

Gold T. 1992. The deep, hot biosphere. Proceedings of the National Academy of Sciences, 89(13): 6045–6049.

Gruber N, Galloway J N. 2008. An Earth-system perspective of the global nitrogen cycle. Nature, 451(7176): 293–296.

Gwynne P. 2013. Microbiology: There's gold in them there bugs. Nature, 495(7440): S12–S13.

Halevy I, Peters S E, Fischer W W. 2012. Sulfate burial constraints on the Phanerozoic sulfur cycle. Science, 337(6092): 331–334.

Hamilton W D, Lenton T M. 1998. Spora and Gaia: how microbes fly with their clouds. Ethology Ecology & Evolution, 10(1): 1–16.

Hansell D A, Carlson C A. 2015. Dissolved organic matter in the ocean carbon cycle. Eos, 96(15): 8–12.

Hansell D A, Carlson C A, Repeta D J, et al. 2009. Dissolved organic matter in the ocean: A controversy stimulates new insights. Oceanography, 22(4): 202–211.

Honjo S. 1997. The rain of ocean particles and Earth's carbon cycle. Oceanus, 40(2): 4–7.

Horner-Devine M C, Martiny A C. 2008. Biogeochemistry: news about nitrogen. Science, 320(5877): 757–758.

Jiao N, Herndl G J, Hansell D A, et al. 2010. Microbial production of recalcitrant dissolved organic matter: long-term carbon storage in the global ocean. Nature reviews. Microbiology, 8(8): 593–599.

Jover L F, Effler T C, Buchan A, et al. 2014. The elemental composition of virus particles: implications for marine biogeochemical cycles. Nature Reviews Microbiology, 12(7): 519–528.

Kaiser D. 2001. Building a multicellular organism. Annual Review of Genetics, 35(1): 103–123.

Kallmeyer J, Pockalny R, Adhikari R R, et al. 2012. Global distribution of microbial abundance and biomass in subseafloor sediment. Proceedings of the National Academy of Sciences, 109(40): 16213–16216.

Karl D M. 2007. Microbial oceanography: paradigms, processes and promise. Nature reviews. Microbiology, 5(10): 759–769.

Kelley D S, Karson J A, Früh-Green G L, et al. 2005. A serpentinite-hosted ecosystem: the Lost City hydrothermal field. Science, 307(5714): 1428–1434.

Kemp A E S, Pearce R B, Grigorov I, et al. 2006. Production of giant marine diatoms and their export at oceanic frontal zones: Implications for Si and C flux from stratified oceans. Global Biogeochemical Cycles, 20(4): GB4S04.

Kenrick P, Crane P R. 1997. The origin and early evolution of plants on land. Nature, 389(6646): 33–39.

Klausmeier C A, Litchman E, Daufresne T, et al. 2004. Optimal nitrogen-to-phosphorus stoichiometry of phytoplankton. Nature, 429(6988): 171–174.

Knoll A H, Bambach R K. 2000. Directionality in the history of life: diffusion from the left wall or repeated scaling of the right? Paleobiology, 26(sp4): 1–14.

Knoll A H, Carroll S B. 1999. Early animal evolution: emerging views from comparative biology and geology. Science, 284(5423): 2129–2137.

Konno U, Kouduka M, Komatsu D D, et al. 2013. Novel microbial populations in deep granitic groundwater from Grimsel Test Site, Switzerland. Microbial Ecology, 65(3): 626–637.

Koonin E V. 2015. Origin of eukaryotes from within archaea, archaeal eukaryome and bursts of gene gain: eukaryogenesis just made easier? Philosophical Transactions of the Royal Society B, 370(1678): 20140333.

Langmuir C H, Broecker W. 2012. How to build a habitable planet: The story of earth from the Big Bang to humankind. Princeton: Princeton University Press.

Levin S A. 2005. Self-organization and the emergence of complexity in ecological systems. Bioscience, 55(12): 1075–1079.

Ledford H. 2008. Death and life beneath the sea floor. Nature, 454(7208): 1038–1039.

Maliva R G, Knoll A H, Siever R. 1989. Secular change in chert distribution: a reflection of evolving biological participation in the silica cycle. Palaios, 4(6): 519–532.

Marshall C R. 2006. Explaining the Cambrian “explosion” of animals. Annual of Review of Earth and Planetary Sciences, 34: 355–384.

Martin J H, Fitzwater S E. 1988. Iron deficiency limits phytoplankton growth in the north-east Pacific subarctic. Nature, 331(6154): 341–343.

Martin J H, Coale K H, Johnson K S, et al. 1994. Testing the iron hypothesis in ecosystems of the equatorial Pacific Ocean. Nature, 371(6493): 123–129.

Martin R, Quigg A. 2013. Tiny plants that once ruled the seas. Scientific American, 308(6): 40–45.

Matsumoto K, Sarmiento J L, Brzezinski M A. 2002. Silicic acid leakage from the Southern Ocean: A possible explanation for glacial atmospheric pCO_2. Global Biogeochemical Cycles, 16(3): 1031.

McLaughlin D J, Hibbett D S, Lutzoni F, et al. 2009. The search for the fungal tree of life. Trends in Microbiology, 17(11): 488–497.

Monastersky R. 2012. Ancient fungi found in deep-sea mud: discovery raises hopes that sea floor could yield previously unknown antibiotics. Nature, 492(7428): 163.

Mora C, Tittensor D P, Adl S, et al. 2011. How many species are there on Earth and in the ocean? PLoS Biology, 9(8): e1001127.

Morita R Y, ZoBell C E. 1955. Occurrence of bacteria in pelagic sediments collected during the Mid-Pacific Expedition. Deep Sea Research (1953), 3(1): 66–73.

Nealson K H. 1997. Sediment bacteria: who's there, what are they doing, and what's new? Annual Review of Earth and Planetary Sciences, 25(1): 403–434.

O'Malley M A. 2015. Endosymbiosis and its implications for evolutionary theory. Proceedings of the National Academy of Sciences, 112(33): 10270–10277.

Onstott T C, Phelps T J, Colwell F S, et al. 1998. Observations pertaining to the origin and ecology of microorganisms recovered from the deep subsurface of Taylorsville Basin, Virginia. Geomicrobiology Journal, 15(4): 353–385.

Orcutt B N, Bach W, Becker K, et al. 2011. Colonization of subsurface microbial observatories deployed in young ocean crust. The ISME Journal, 5(4): 692.

Parkes R J, Cragg B A, Bale S J, et al. 1994. Deep bacterial biosphere in Pacific Ocean sediments. Nature, 371(6496): 410–413.

Parkes R J, Cragg B, Roussel E, et al. 2014. A review of prokaryotic populations and processes in sub-seafloor sediments, including biosphere: geosphere interactions. Marine Geology, 352: 409–425.

Paull C K, Hecker B, Commeau R, et al. 1984. Biological communities at the Florida Escarpment resemble hydrothermal vent taxa. Science, 226: 965–968.

Payne J L, McClain C R, Boyer A G, et al. 2011. The evolutionary consequences of oxygenic photosynthesis: a body size perspective. Photosynthesis Research, 107(1): 37–57.

Pedersen K. 1997. Microbial life in deep granitic rock. FEMS Microbiology Reviews, 20(3–4): 399–414.

Peters S E, Gaines R R. 2012. Formation of the 'Great Unconformity' as a trigger for the Cambrian explosion. Nature, 484(7394): 363–366.

Peterson K J, Lyons J B, Nowak K S, et al. 2004. Estimating metazoan divergence times with a molecular clock. Proceedings of the National Academy of Sciences of the United States of America, 101(17): 6536–6541.

Pomeroy L R, Williams P J, Azam F, et al. 2007. The microbial loop. Oceanography, 20(2): 28–33.

Quigg A, Finkel Z V, Irwin A J, et al. 2003. The evolutionary inheritance of elemental stoichiometry in marine phytoplankton. Nature, 425(6955): 291–294.

Rackebrandt N, Kuhnert H, Groeneveld J, et al. 2011. Persisting maximum Agulhas leakage during MIS 14 indicated by massive Ethmodiscus oozes in the subtropical South Atlantic. Paleoceanography, 26(3): PA3202.

Ramirez-Llodra E, Shank T M, German C R. 2007. Biodiversity and biogeography of hydrothermal vent species: thirty years of discovery and investigations. Oceanography, 20(1): 30–41.

Redfield A C. 1958. The biological control of chemical factors in the environment. American Scientist, 46(3): 230A–221.

Retallack G J. 2001. Cenozoic expansion of grasslands and climatic cooling. The Journal of Geology, 109(4): 407–426.

Reynolds C S, Reynolds S N, Munawar I F, et al. 2000. The regulation of phytoplankton population dynamics in the world's largest lakes. Aquatic Ecosystem Health & Management, 3(1): 1–21.

Ridgwell A. 2005. A Mid Mesozoic revolution in the regulation of ocean chemistry. Marine Geology, 217(3): 339–357.

Ridgwell A. 2011. Evolution of the ocean's "biological pump". Proceedings of the National Academy of Sciences, 108(40): 16485–16486.

Rohwer F, Thurber R V. 2009. Viruses manipulate the marine environment. Nature, 459(7244): 207–212

Rothman D H, Hayes J M, Summons R E. 2003. Dynamics of the Neoproterozoic carbon cycle. Proceedings of the National Academy of Sciences, 100(14): 8124–8129.

Rothschild L J, Mancinelli R L. 2001. Life in extreme environments. Nature, 409(6823): 1092–1101.

Roussel E G, Bonavita M A C, Querellou J, et al. 2008. Extending the sub-sea-floor biosphere. Science, 320(5879): 1046–1046.

Schidlowski M. 1989. Evolution of the sulphur cycle in the Precambrian. In: Evolution of the Global Biogeochemical Sulphur Cycle. New York: Wiley. 3–19.

Schirrmeister B E, de Vos J M, Antonelli A, et al. 2013. Evolution of multicellularity coincided with increased diversification of cyanobacteria and the Great Oxidation Event. Proceedings of the National Academy of Sciences, 110(5): 1791–1796.

Schlesinger W H, Cole J J, Finzi A C, et al. 2011. Introduction to coupled biogeochemical cycles. Frontiers in Ecology and the Environment, 9(1): 5–8.

Schopf J W. 1993. Microfossils of the Early Archean Apex chert: new evidence of the antiquity of life. Science, 260(5108): 640–646.

Seilacher A. 1999. Biomat-related lifestyles in the Precambrian. Palaios, 14(1): 86–93.

Sleep N H, Bird D K, Pope E C. 2011. Serpentinite and the dawn of life. Philosophical Transactions of the Royal Society of London B: Biological Sciences, 366(1580): 2857–2869.

Sleep N H, Bird D K, Pope E. 2012. Paleontology of Earth's mantle. Annual Review of Earth and Planetary Sciences, 40: 277–300.

Spiess F N, Macdonald K C, Atwater T, et al. 1980. East Pacific Rise: Hot springs and geophysical Experiments. Science, 207(4438): 1421–1433.

Stanley S M. 1973. An ecological theory for the sudden origin of multicellular life in the late Precambrian. Proceedings of the National Academy of Sciences, 70(5): 1486–1489.

Stanley S M, Luczaj J A. 2015. Earth System History, 4th Edition. New York: W. H. Freeman.

Sugimura Y, Suzuki Y. 1988. A high-temperature catalytic oxidation method for the determination of non-volatile dissolved organic carbon in seawater by direct injection of a liquid sample. Marine Chemistry,

24(2): 105–131.

Suttle C A. 2005. Viruses in the sea. Nature, 437(7057): 356–361.

Suttle C A. 2007. Marine viruses—major players in the global ecosystem. Nature reviews. Microbiology, 5(10): 801–812.

Takai K, Nakamura K, Toki T, et al. 2008. Cell proliferation at 122℃ and isotopically heavy CH_4 production by a hyperthermophilic methanogen under high-pressure cultivation. Proceedings of the National Academy of Sciences, 105(31): 10949–10954.

Vasconcelos C, McKenzie J A, Bernasconi S, et al. 1995. Microbial mediation as a possible mechanism for natural dolomite formation at low temperatures. Nature, 377(6546): 220–222.

Vörös L, Callieri C, Katalin V, et al. 1998. Freshwater picocyanobacteria along a trophic gradient and light quality range. In: Phytoplankton and Trophic Gradients. Berlin: Springer. 117–125.

Wang P X, Li Q Y, Tian J, et al. 2014. Long-term cycles in the carbon reservoir of the Quaternary ocean: a perspective from the South China Sea. National Science Review, 1(1): 119–143.

Whitman W B, Coleman D C, Wiebe W J. 1998. Prokaryotes: the unseen majority. Proceedings of the National Academy of Sciences, 95(12): 6578–6583.

Woese C R, Fox G E. 1977. Phylogenetic structure of the prokaryotic domain: the primary kingdoms. Proceedings of the National Academy of Sciences, 74(11): 5088–5090.

Woese C R, Kandler O, Wheelis M L. 1990. Towards a natural system of organisms: proposal for the domains Archaea, Bacteria, and Eucarya. Proceedings of the National Academy of Sciences, 87(12): 4576–4579.

Yoon H S, Hackett J D, Ciniglia C, et al. 2004. A molecular timeline for the origin of photosynthetic eukaryotes. Molecular Biology and Evolution, 21(5): 809–818.

Zahnle K, Schaefer L, Fegley B. 2010. Earth's earliest atmospheres. Cold Spring Harbor Perspectives in Biology, 2(10): a004895.

ZoBell C E, Anderson D Q. 1936. Vertical distribution of bacteria in marine sediments. AAPG Bulletin, 20(3): 258–269.

思考题

1. 为什么说微生物才是海洋生物圈的主体？真核类单细胞生物和原核类微生物相比，各有什么长处？两者在现代海洋里的分布有何不同？

2. 热液和冷泉口，及深海海底下的生物群，通过什么机制进行新陈代谢？从哪里取得能量和营养？“深部生物圈”里的微生物，为什么能够“长寿”？

3. 为什么病毒算不算生物有争论？凭什么古菌被认为是生物三大类之一？为什么生物形态分类时动植物的地位高，而分子生物学的分类使得动植物的地位下降？

4. 生物“内共生”和基因横向转移的假说，有什么科学根据？

5. 把生物的新陈代谢，归结为氧化还原电位场里的电子转移，根据是什么？把地球比喻为一个燃料电池，又如何理解？

6. 为什么陆地植物的新陈代谢只有一种模式，都是有氧的光合作用，而海底原核生物的新陈代谢却具有多样性？

7. 水的 Redfield 比值是如何产生的？什么原因造成它的时空变化？对于冰期旋回的碳循环来说，氮和磷哪一种元素更加重要？

8. 海洋碳循环有经典生物泵和微生物碳泵两种途径，什么样的条件下以经典生物泵为主，什么样的海区以微生物碳泵为主？

9. 为什么颗粒有机碳的碳循环周转迅速，而绝大部分溶解有机碳具有惰性？ 海水里颗粒有机碳和溶解有机碳的比例，在地质历史上是越来越大还是越来越小？

10. 为什么动物界的大发展，发生在元古宙末、古生代初，而植物界的大发展，要等到泥盆纪？这两次动物和植物的大发展，对于海底底质和陆地地貌有什么影响？

推荐阅读

焦念志 . 2006. 海洋微型生物生态学 . 北京：科学出版社 .

谢树成 , 殷鸿福 . 2014. 地球生物学前沿：进展与问题 . 中国科学：地球科学 , (6): 1072–1086.

Bowler C, Karl D M, Colwell R R. 2009. Microbial oceanography in a sea of opportunity. Nature, 459(7244): 180–184.

Falkowski P G, Katz M E, Knoll A H, et al. 2004. The evolution of modern eukaryotic phytoplankton. Science, 305(5682): 354–360.

Jiao N, Herndl G J, Hansell D A, et al. 2010. The microbial carbon pump and the oceanic recalcitrant dissolved organic matter pool. Nature Reviews Microbiology, 8(8): 593–599.

Klausmeier C A, Litchman E, Daufresne T, et al. 2004. Optimal nitrogen-to-phosphorus stoichiometry of phytoplankton. Nature, 429(6988): 171–174.

Nealson K H. 1997. Sediment bacteria: who's there, what are they doing, and what's new? Annual Review of Earth and Planetary Sciences, 25(1): 403–434.

Parkes R J, Cragg B, Roussel E, et al. 2014. A review of prokaryotic populations and processes in sub-seafloor sediments, including biosphere: geosphere interactions. Marine Geology, 352: 409–425.

Ridgwell A. 2011. Evolution of the ocean's "biological pump". Proceedings of the National Academy of Sciences, 108(40): 16485–16486.

内容提要：

地球的内热来自地幔对流和陆壳放射性元素的衰变，散发到地球表面驱动着岩石圈的位移和岩浆活动；同时，冰盖消融、风化剥蚀等也可以通过均衡代偿作用使地壳位移，共同引起构造运动。

海陆的纬度分布影响全球气候：极地海洋和环赤道洋流有利于暖室期；极地大陆并被高纬环流围绕有利于冰室期。

太平洋周边有五大海道连接各大洋，它们在地质历史上的启闭影响着南北两极冰盖的形成和大洋的东西不对称性，从而控制着全球气候。

构造运动改变地形，在板块边界最为活跃。海洋张裂产生大洋中脊，大陆张裂产生沉积盆地，板块俯冲产生海沟、岛弧，板块碰撞产生山脉高原。同时，地幔柱造成的大火成岩省可以在板块内部形成高原。

地幔环流驱动的岩浆活动加剧，可以造成地球表层系统的暖室期，出现像白垩纪中期那样的大火成岩省和海底缺氧，而磁宁静期的同时出现说明其共同根源可能深在核幔边界。

地幔柱产生大火成岩省的火山活动不仅影响全球气候，而且影响生物圈的演变，陆上大火成岩省的影响尤甚。显生宙五次生物大灭绝，有四次与大火成岩省事件相关。

海底扩张和热液活动的盛衰影响海水中的镁钙比值，造成“方解石海”与“文石海”的交替，影响钙质骨骼生物的演化进程。

构造变动导致地形和水系的改组，进而改变生物地理布局，南美亚马孙河盆地的演变是个典型实例。晚新生代的板块运动造成地形与河系倒转，与季风相结合使亚马孙河盆地成为世界最大的热带雨林，产生最大的生物多样性。

地球系统与演变

第6章 构造尺度的演变

6

6.1 地球系统演变的时间尺度

本书第 1 章到第 5 章，讲了地球各圈层的成分、结构和来历，是在空间域里探讨地球各个圈层的特征。从本章开始到第 9 章，我们转到时间域里来，按不同的时间尺度讨论地球表层系统的演变，重点在于以不同速度发生的圈层相互作用。先讲地球深部因素也就是“内力作用”推动的构造尺度演变；再讲外力推动的轨道尺度的变化，也就是太阳系里星球引力作用造成的变化；然后讲主要由表层系统内部反馈作用引起的，千年和更短时间尺度的演变。第 6 章讨论的是构造尺度的演变，但是在此之前，需要解释一下地球表层能量的来源与转移。

6.1.1 能量和物质的转移

地球表层系统在不同的时间尺度里发生变化，从人类直观的昼夜、季节到亿万年等级的地质演变，而这些变化又各有不同尺度的空间范围，小到局部地方大到整个地球。所有这些变化从本质上讲，都可以归纳为能量和物质的转移。地球表层的能量有两个来源：地球内部和地球外部的能量。内部能量包括地幔和地壳里放射性元素衰变放出的热能，以及地球形成早期剩余的能量，比如地幔底部的 D" 层可能就是当年“岩浆海”的残留（Labrosse et al.，2007），保留着四十多亿年前的能量（见“2.4.1 地幔底部低速区的不均匀性”）。外部能量主要指太阳辐射，太阳辐射能以电磁短波的形式射向地球表面，现在到达地面的总通量是 173000×10^{12} W。相比之下，地球内能的总通量现在只有 47×10^{12} W（Davies and Davies，2010），相当于接受太阳辐射能量的 0.03%，内能比外能低三千多倍。然而在地质历史上，无论是内部还是外部的能源都经历过巨大的变化。地球产生的早期，内源的能量远强于今天，而太阳辐射量却弱得多，推算 23 亿年前太阳亮度只及现在的 3/4（Sagan and Mullen，1972），因此现在地球系统能量平衡的定量关系，并不适用于地球历史的早期。

如果对地球的内、外能源作进一步的分析，就会发现两者在地球表面的分布都不均匀。地球演化早期，当板块运动开始之前地幔柱活动极为活跃，地球的内热释放容易得多（见 2.1.4 节）。现在内热的释放与地壳的年龄相关，越老的地壳越厚、地热也越弱。因此陆壳的热通量平均 70.9 mW/m^2，而洋壳高达 105.4 mW/m^2，其最高值出现在新生洋壳区，几乎占了全球地热总通量的一半（图 6-1；Davies and Davies，2010）。总起来说，从地球表面散发的地球内热，80% 来自地幔对流，其余主要来自陆壳的放射性元素衰变（Korenaga，2003）。人类日常生活对地球表层能量的感受很不全面，我们对地球内部能量印象最深的是火山爆发和地震海啸，其实主要的内热释放是缓慢的过程，我们看到的这些灾变所释放的能量还不到 1%。然而地球表层对人类影响最大的演变，还是基于外力、也就是太阳能驱动的气候变化。

太阳辐射作为地球表面的外来能源，分布同样很不均匀：低纬区接受的辐射量比高纬区高 2~3 倍（图 6-2 上）。前面说过（见 3.3.2 节），地球表面接受的太阳辐射量以热带为最多，然后又通过感热和潜热两种形式由低纬向高纬输送（见图 3-16）。现在太

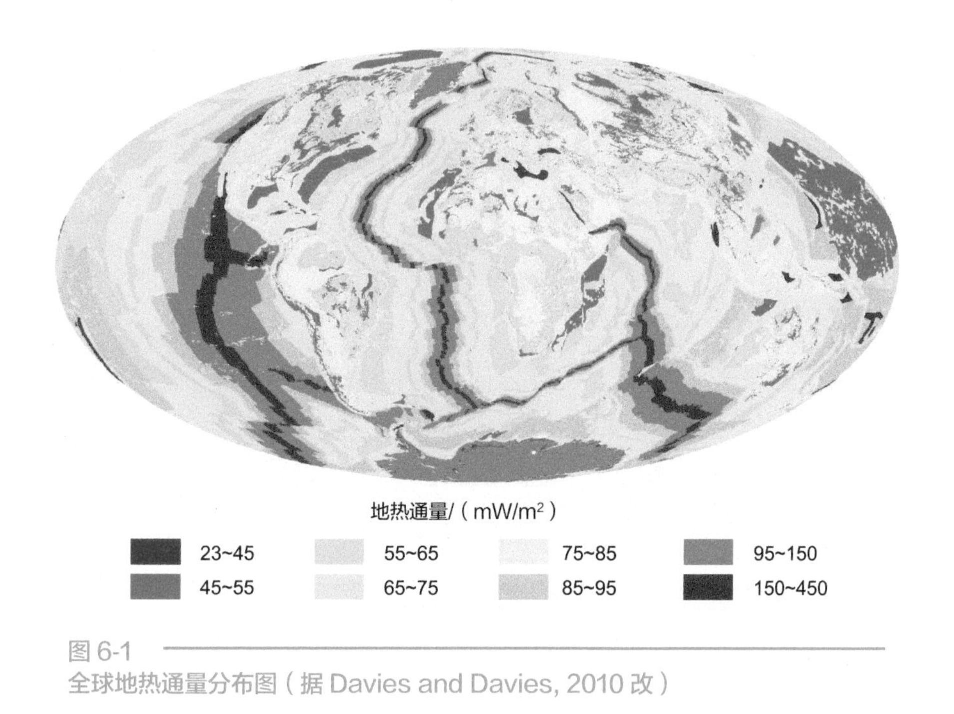

图 6-1
全球地热通量分布图（据 Davies and Davies, 2010 改）

阳和地球表面温度分别为约 5760 K 和约 255 K。太阳辐射量主要以短波辐射的形式入射到地球大气层的顶面，而地球又以红外长波的形式向外辐射能量（图 6-2 下）。由图 6-2 可见：到达地球大气层顶面的太阳辐射能平均约 341 W/m^2，直接被反射出去的有约 102 W/m^2，其余的 239 W/m^2 进入气候系统，经过种种气候过程之后，最终又以长波辐射的形式离开地球，返回太空。无论射入还是射出的波，地理分布都不均匀，正是这种能量分配的不均匀性，驱动着许多地球气候系统的物理过程（Trenberth，2009）。

地球表面的物质运移，就是由地球内部和外来的两种能量所驱动。受地球内部能量驱动的主要是岩石圈，包括构造位移和岩浆活动，同时也影响着大气圈、水圈，并间接影响生物圈，这些正是本章讨论的主要内容。受外能驱动的变化，首先是水圈和大气圈，通过水循环和碳循环改变气候系统，进而影响岩石圈和生物圈，有关过程从第 3 章到第 5 章已经做过讨论。这些物质运移的过程和结果，分别是一系列地球科学的研究对象。总起来说，太阳辐射能从低纬向高纬输运，取道于大气和大洋，而输运的主要载体是水的三相转移，研究这些过程的有大气物理学、水文学、物理海洋学、古今的气候学和海洋学。在生命产生以后的地球上，碳的输运显得特别突出，碳和其他生源元素通过氧化 / 还原的电子转移，通过有机和无机化合物的转换穿越各大圈层，在更长的时间尺度和更深的空间层次里，改变着地球表层系统（图 6-3；Kleidon，2010），成为众多地质、地球化学和生命科学的研究对象。站在地球系统科学的高度看，沉积作用无非是陆壳向洋壳的物质转移，沉积盆地无非是转移过程的中间站，构造运动也就是内力或者外力引起的岩石圈形变，形变的表面就是地貌特征。在这部“地球表层演义”中，地球内、外能量的交织，往往是最为精彩，也最不容易查清的情节，比如构造和气候变化的关系，地球深部和表面水、碳循环的衔接等，都是当前地球科学的前沿课题。

A

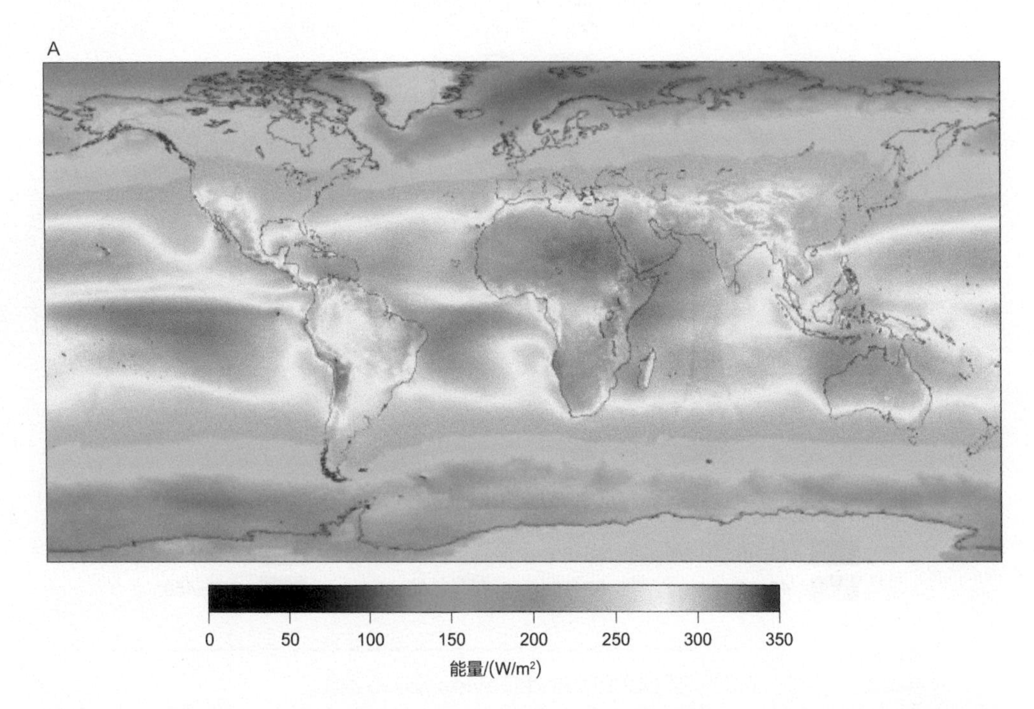

B

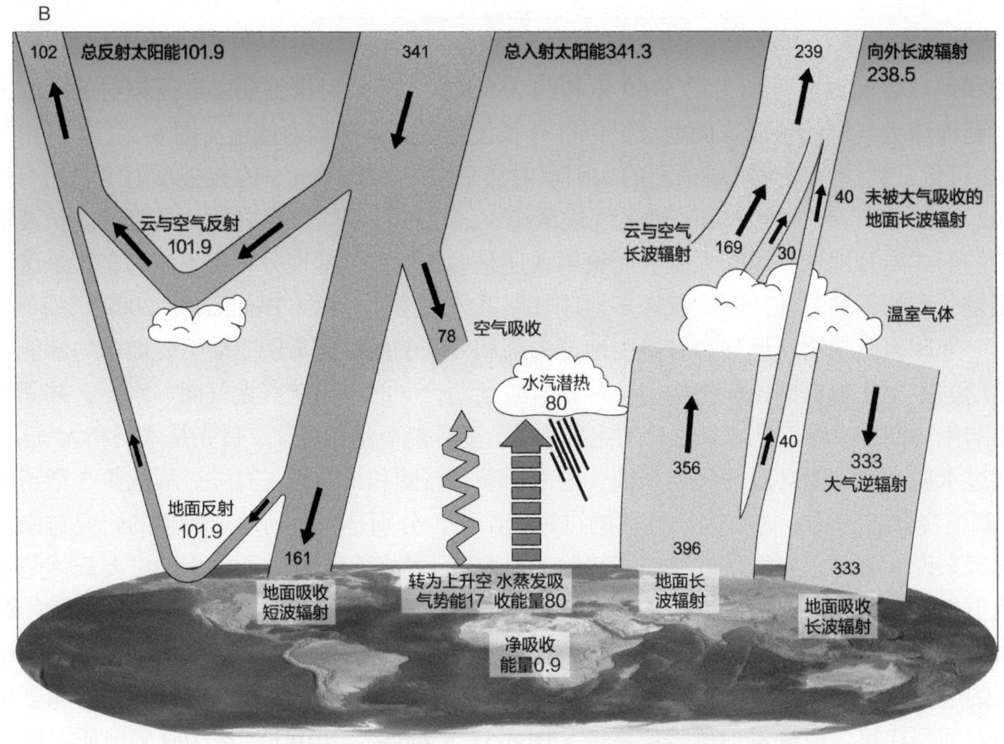

图 6-2

地球表面的太阳辐射能

A. 太阳辐射能量的地理分布（据 The Sheffield Solar Farm 修改）；B. 地球表面能量流的年平均通量（单位：W/m^2；2000~2004 年数据），深黄色示入射短波，浅黄色示向外的辐射长波（据 Trenberth, 2009 改）

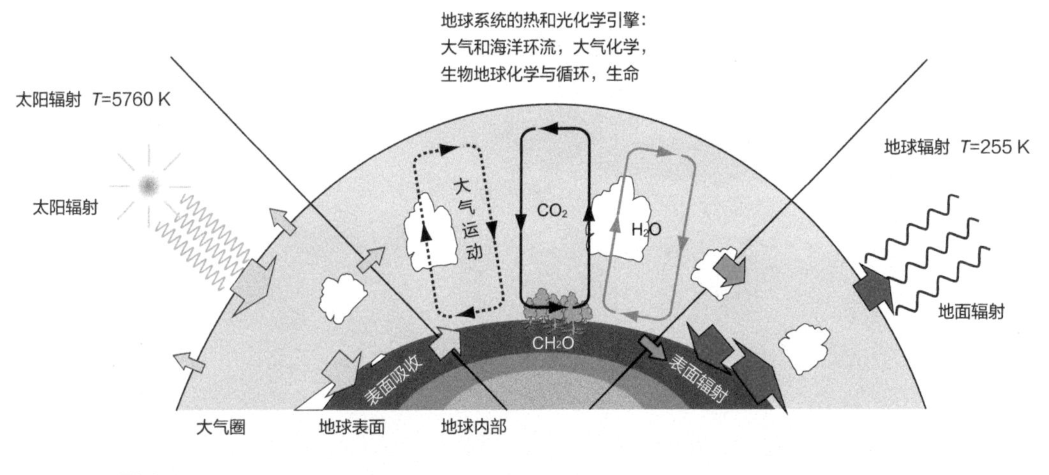

图 6-3
太阳辐射能驱动下地球表面环境和生态系统的物质循环（据 Kleidon, 2010 改）

可以肯定的一点是地球系统对于太阳能的积累和储存。早期的地球，和其他无生命的星球一样，缺乏储存太阳能的机制。而地球上生命的出现和演化，从化学合成到有氧光合作用的产生，从单细胞到多细胞，以至于维管植物和脊椎动物的产生，这三十多亿年的生物演化史就是一部太阳能利用率的技术革新史，今天地球上复杂的环境系统，从氧化环境到巨大的生物多样性，无处不是储存太阳能的成果展览。

6.1.2 构造运动概念的变更

传统概念里的构造运动，是指地壳运动。然而板块学说告诉我们，地壳是和上层地幔构成岩石圈一起运动的，而且和岩浆活动密不可分，因此我们在地球系统的讨论里将构造运动理解为岩石圈形变，并且和岩浆活动一起讨论。传统地质学教材里将构造运动定为“内动力地质作用”，区分于沉积和气候变化等“外动力地质作用”；但是科学发展已经证明，“内”、“外”动力都可以引起岩石圈形变。传统地质学里认为构造运动属于长时间尺度的过程，但现在已经有太多的实例证明，构造运动可以跨越多种时间尺度。2011 年 3 月 11 日日本东北 9 级地震，水平位移 24 m，太平洋缩小 10 cm，这就是构造运动，连地球自转都因此减速百万分之 1.6 秒（Sato et al.，2011）。

板块学说之前构造运动概念的主流，是地台、地槽学说，认为构造运动只发生在特定的地区和特定的时间里：地台稳定，地槽才是发生构造运动的地区（这就是造山带）；平时稳定，特定的时候才有构造运动（这就是构造幕）。现在知道，板块运动不断发生，虽然速度并不均匀。20 世纪 90 年代开始利用 GPS 全球卫星定位技术，可以精确观测到板块边界不断发生的位移。陆地上最强的位移出现在板块碰撞区，如青藏高原（图 6-4 上）；海底的位移集中在板块新生的大洋中脊和板块隐没的俯冲带，但是位移的速度不同，扩张的速率在东太平洋可以接近 20 cm/a，而西印度洋不到 2 cm/a（图 6-4 下）。

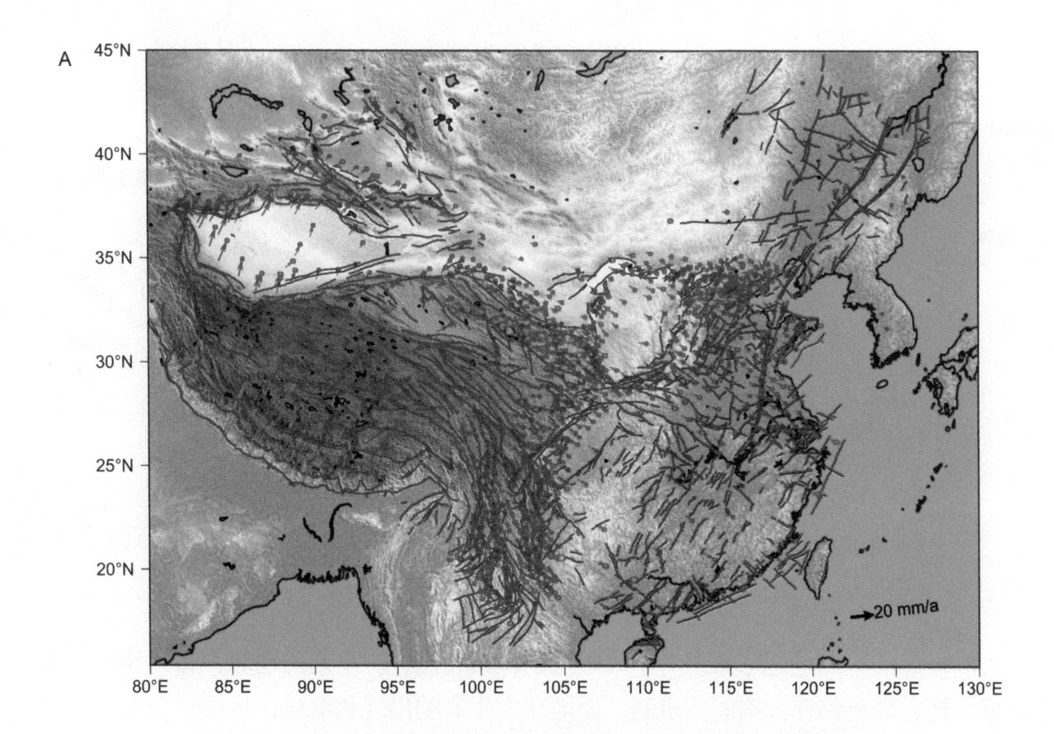

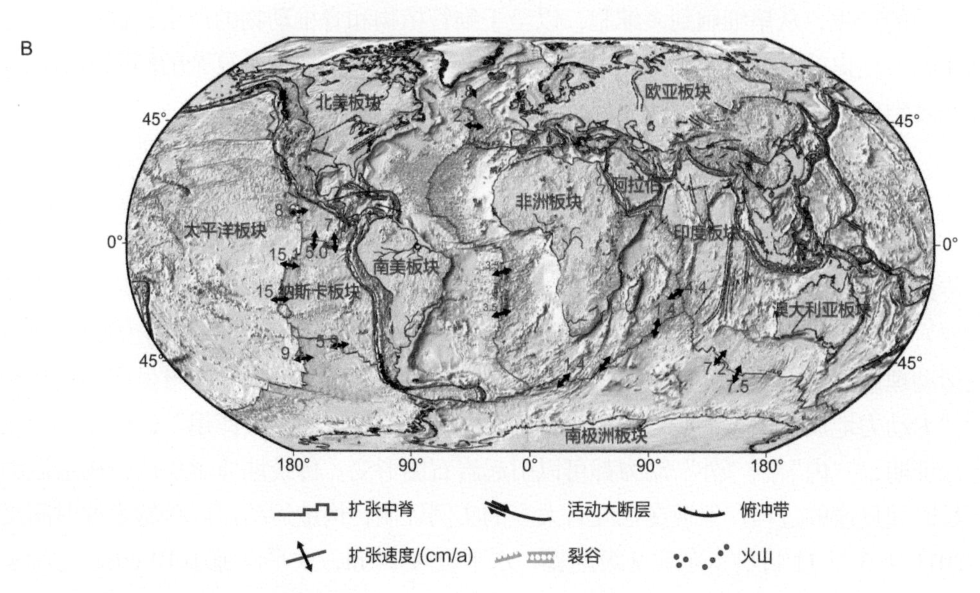

图 6-4

当代地球表面的构造位移

A. 东亚大陆相对于欧亚大陆的水平位移（箭头长度表示 mm/a；根据 GPS 得出）（据 Liu et al., 2007 改）；B. 世界大洋的海底扩张速度（原图来自 https://visibleearth.nasa.gov，经编辑修改）

同样改变概念的是构造形变的原因。这里一个关键是地壳的均衡代偿（isostasy）作用，就是说地壳并非是“铁板一块”的刚体，如果增加或者减少上面的载荷，也可以发生形变。载荷的成分有多种，可以是地质体，也可以是冰盖之类，其中最为著名的是冰期旋回中的海平面变化。晚第四纪的冰期中，有大约 5000 万 km^3 的大洋水，结成冰盖压在北美和欧洲大陆之上，引起世界海平面下降 130~150 m。进入间冰期时，北半球冰盖消融，引起全大洋的海面上升，但是不同地区的变化大不相同：在冰盖附近的地区，因为原有的冰盖载荷消失，在均衡代偿作用下地壳反弹，结果海面在间冰期反而相对下降。最明显的是北欧斯堪的纳维亚半岛，冰期以后反而抬升，因此世界各地的相对海平面升降变化多端，只有经过校正才能得出全球海平面变化的真相（图 6-5；Lambeck and Chappell，2001）。如果忽视这种校正，就会对海平面历史得出错误的认识。晚近时期世界海平面变化的标准取自珊瑚礁，其中最为著名的是大西洋的百慕大和巴哈马，两个剖面的记录都表示 40 万年前氧同位素 11 期（MIS 11）时，海面居然比现在高出 20 m，超出了北极冰盖消融的范围，引起了国际学术界的争论。但是这两个珊瑚礁剖面都距离北美大冰盖太近，模拟表明冰盖消融的均衡代偿作用可以引起约 10 m 的回升，如果加以校正，实际的高海面记录超过现代也不过 10 m 左右，与北极冰盖的历史并不矛盾（Raymo and Mitrovica，2012）。

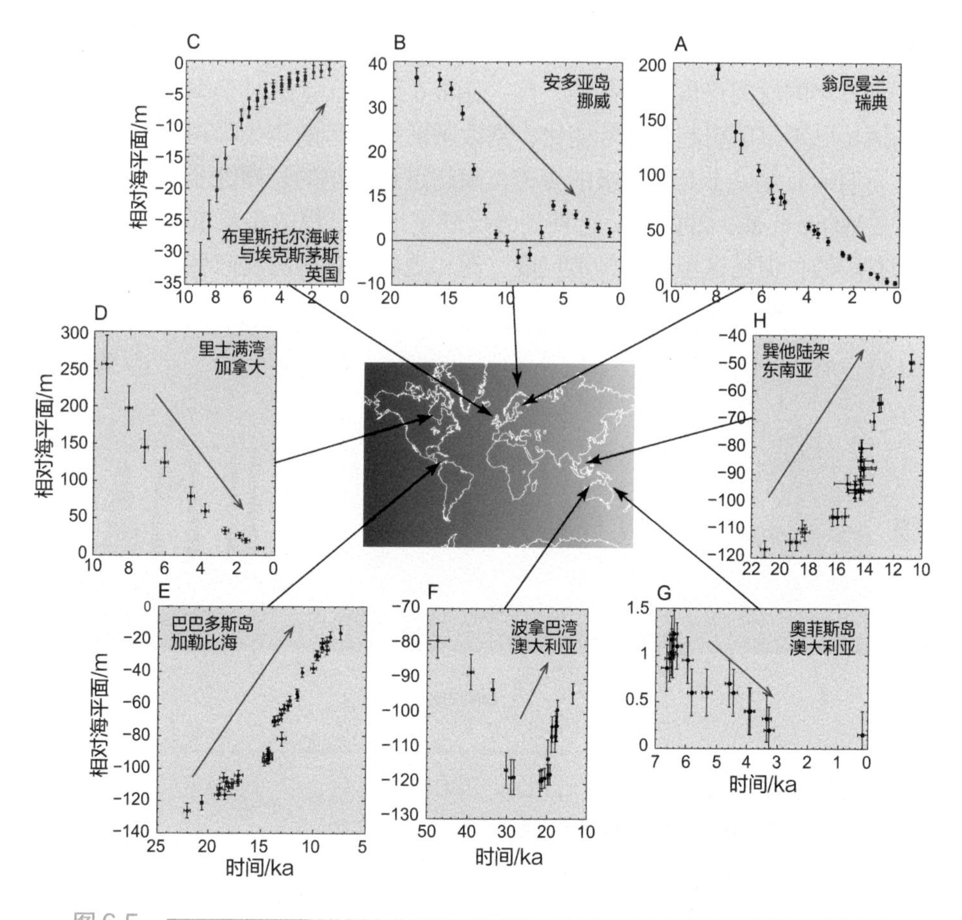

图 6-5
不同地区在末次冰期后不同的相对海平面变化（据 Lambeck and Chappell, 2002 改）

时间尺度更长的均衡代偿是高原隆升。晚新生代是地球气候系统急剧改组的时期，不但高纬区出现巨大冰盖，低纬区也有季风气候的出现或者加强。与此同时，地质证据又表明新生代晚期是地球上高原和山脉隆升时期，不但亚洲有青藏高原和喜马拉雅山脉的升起，纵贯美洲西侧的科迪勒拉山系和非洲东部的高原，也都在新生代晚期形成，于是学术界提出了高原隆升引起气候变化的观点(如Ruddiman and Kutzbach, 1990)。但是，很快又提出了“晚新生代山脉隆升与全球气候变化：谁是鸡，谁是蛋？”的疑问，认为季风气候加强了降水，使得岩石的风化剥蚀加快，而高原上的岩石剥蚀使得载荷减少，由于均衡代偿的作用会使得地壳抬升，因此高原隆升可以是气候变化的后果而不是原因（Molnar and England，1990）。其实，青藏高原隆升和季风气候发育是晚新生代一对相互联系的过程，都是印度和亚洲板块发生板块碰撞的产物，很难说是谁产生了谁，值得重视的是均衡代偿在一定程度上对高原隆升所起的作用。气候演变与构造运动的关系，是地球科学里一个热门而未解的题目，我们在后面还将专门讨论。

6.1.3　构造运动的时间尺度

在传统地质学的概念里，构造运动属于长时间尺度的现象。直到近来，我们还常常把超过几十万年的时间尺度定为构造尺度。图6-6所示，就是对于季风演变时间频率的分类，包括从厄尔尼诺引起的年际变化，到太阳活动引起的年代际和百年等级的变化，以及轨道周期的万年、十万年等级的变化，而超过百万年的长期性变化，都被划归“构造尺度”（Wang et al.，2005）。这种划分反映了地质过程的多尺度性，在很大程度上是正确和有用的，但是这里的“构造尺度”却和地质科学的进展产生了矛盾。

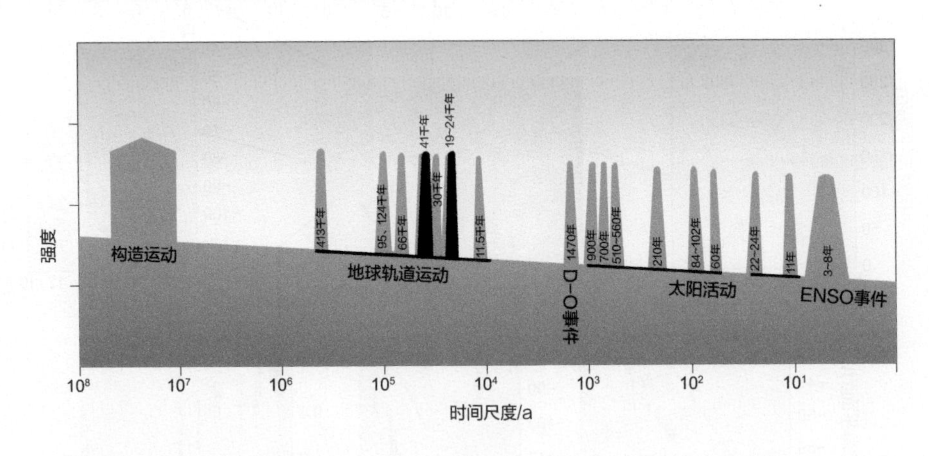

图6-6

季风演变的时间尺度（据Wang et al., 2005改）

图中构造运动的时间尺度反映的是传统地质学的认识（见正文）

简单说，构造过程的频率并不限于百万年以上，百万年以上的过程也并不一定属于构造运动。地球构造形变的发生确实有比较长的间隔，比如威尔逊旋回的周期长达几亿年，但是长周期的现象并不限于构造运动。比如地球运动的轨道周期主要出现在万年和十万年尺度上，但是随着高分辨率长期记录的涌现，已经发现有几百万年超长型轨道周期的变化（见 7.3.2.1 节），更长的还有“银河年”，也就是太阳系绕银河系中心一周，需要两亿多年的时间。

事实上构造运动的过程，或者构造运动发生的频率，都不限于一定的时间尺度，这可以用地震为例加以阐述。地震是典型的地壳位移，但是运用新型的测量技术，发现地震的时间和强度都有着巨大的跨度。地震沿断层发生，通常是将所积聚的能量在数秒到数分钟的时间里释放。2011 年日本东北九级大地震就发生在极短的时间里。但是近年来发现也有所谓的“慢地震（slow slip）”，这种断层滑动事件需要经过几天甚至几星期才能释放掉拥有的能量，比如东北太平洋美国西海岸外 2007 年的慢地震从 1 月 14 日延续到 30 日，超过半个月。这类“慢地震”主要发生在板块俯冲带，发生在比发震带更深的断层里，这类断层滑动的频率也会十分不同，从每秒几次到许多天发生一次都有（Vidale and Houston，2012）。由此可见，构造形变发生的时间尺度有着巨大的变化幅度。

不仅地震发生的频率，连地震波本身的频率也有巨大的变化幅度。随着技术的发展，现在可以测到频率很低的地震波。最先是日本学者发现：地球就算没有地震，也会有一种低频率的背景“噪音”，说明有一种机制不停顿地激发地球产生微小的自由震荡，称之为“地球的低吟（Earth’s hum）”（Nawa et al.，1998）。后来美国的研究发现这种震荡来自海洋，频率在几个毫赫兹（相当于几分钟一次），是大气圈的震荡通过浅水陆架的海洋波浪，对固体地球产生的影响（Webb，2007）。地球“hum”成因的发现，进一步强调了海陆结合进行研究的重要性，原来地球的颤动可以由海水引起，如果脱离海水运动就难以理解地震波中这一类的“本底”值。历来的传统认识以为，固态圈层只在地质尺度上发生变化，在人类生命的短时间尺度上是稳定的。其实，随着全球的观测和高分辨率的测量，发现大气圈和水圈甚至生物圈都在改变着固态地球，只是不能由我们人类的凡胎肉眼察觉而已。固态与流态圈层的关系，也远比我们想象的深刻而全面：波浪可以导致地球的震荡，海底地形可以通过潮汐摩擦驱动深海水流，雨水的风化剥蚀可以通过均衡补偿引起地壳运动，洋底扩张速率可以影响海水化学成分……地球系统内部的丰富多样的相互联系，正等待着地球科学工作者去揭示和运用。

6.2 海陆分布与环境演变

虽然构造运动的时间尺度有很大的跨度，毕竟还是地球表层系统中相对最慢的演变过程。其中影响最大的，当然是超越“翻江倒海”“沧海桑田”的大规模海陆布局的变更。为此，本章对于岩石圈构造位移和岩浆活动的演变进行讨论，首先的切入点就是海陆分布变化的环境效应。

6.2.1 海陆分布的环境影响

地球上最大的构造演变是海陆分布。现在地球上 29% 面积是陆地、71% 是海洋，但是太古宙的局面肯定与之不同。大陆的核心克拉通十分古老，陆壳平均年龄22亿年（见“2.1.2 大陆地壳及其古老性”），就是说太古宙早期还没有形成那么多的大陆，如果地球总面积没有显著变化，那么大洋的相对比例要比现代高。随之而来的是一系列环境差异：从陆地风化、海洋沉积到海水成分，从水循环、碳循环，到当代地球表面的两大特征——高纬区的冰盖和低纬区的季风，也都会迥然不同。虽然在计算机模拟下，没有大陆的地球（所谓“水星球 aquaplanet”）也会产生季风（Chao and Chen，2001），但是在没有大陆的情况下这种风场并不能驱动我们所说的水循环，因而在环境演变中失去意义。而在现实的地质历史上，根据西澳发现44亿年前的锆石判断（见第2章附注3），在岩浆海之后就有最初的陆壳出现，因而“水星球”并不存在。地质历史上历次“超级大陆”的聚合和解体，以及历次大冰期的开始和结束，都必然带来海陆面积比例的变更，但是都不会再有太古宙时期的变化幅度。

海陆分布对气候环境的影响，首先在于大陆和海洋太阳辐射反照率的差异：海水吸收太阳辐射能的能力远胜过陆地，海洋反照率在7%左右，低纬干旱陆地通常在20%以上，而高纬冰雪覆盖的陆地反射率更高，新鲜雪地反射率高达65%~80%。因此，同一纬度的太阳辐射，其环境作用在很大程度上取决于是海还是陆：亚热带干旱陆地辐射热的散发以感热为主，也就是说靠风力驱散；而海洋上辐射热的散发以潜热为主，靠蒸发和降水输出热量（图6-7）。这种差异在水循环中起着重要作用，这也是为什么海陆反差在季风气候中的作用如此重要的原因。

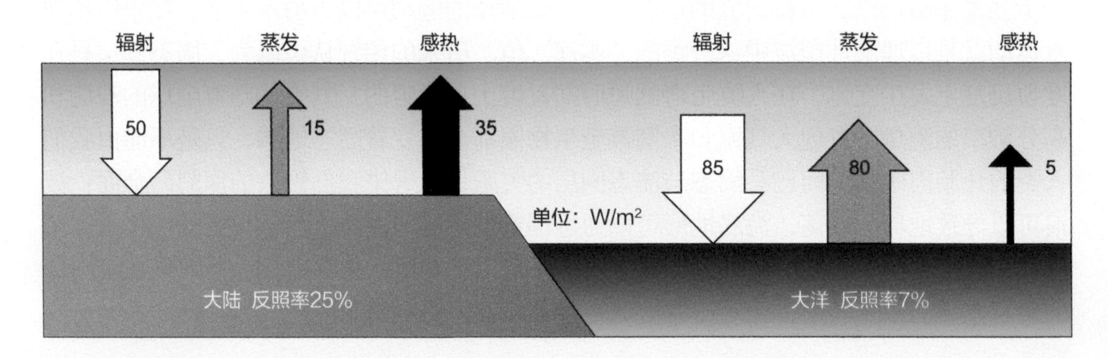

图6-7
亚热带海洋和干旱陆地热平衡的比较
白箭头示接受的太阳辐射热，灰箭头为蒸发失热（潜热），黑箭头为风载失热（感热）

因此，大陆所处的纬度位置是气候系统的关键因素之一。晚新生代冰期就是一个例子：南极因为有大陆的存在，早在三四千万年前就出现冰盖，而北冰洋占据的北极，冰盖要到三四百万年前方才开始形成，前后相差三千多万年（见图3-25；Moran et al.，2006）。虽然南北极同时在晚始新世开始降温，几乎同时出现海冰，但是极地是海洋还是陆地，对于大陆冰盖的形成有重大影响。同样，赤道地区是海洋还是陆地，对于全球气候系统也有决定性的影响。地质历史上最近的暖室期（两极无冰）从白垩纪到始新世，冰室期（大冰盖发育）从渐新世到现在，两者海陆分布的一个根本区别就在于环全球海道的纬度位置：白垩纪时赤道地区是特提斯大洋（图6-8A），并且有经向海道沟通极地与热带，有利于低纬辐射热量向高纬的输送；而晚新生代的冰室期环全球海道在南大洋，阻挠了南极洲与其他海区的热交换，促成了南极冰盖的形成（图6-8B；Hay，2011）。从数值模拟看，环全球洋流的存在可以使热带降温2 ℃，而北半球高纬区升温3~7 ℃（Hotinski and Toggweiler，2003）。不仅是海洋通道，大陆的纬度位置也对气候的形成有重大影响。模拟结果表明，大陆分居两极时地球表面的温度最高，大陆处于赤道时温度最低（见第2章，图2-19）。总之，海陆的纬度分布影响着全球气候的格局：极地海洋和环赤道洋流有利于形成没有冰盖的暖室期；如果极地为大陆并被高纬环流围绕，有利于形成冰室期。

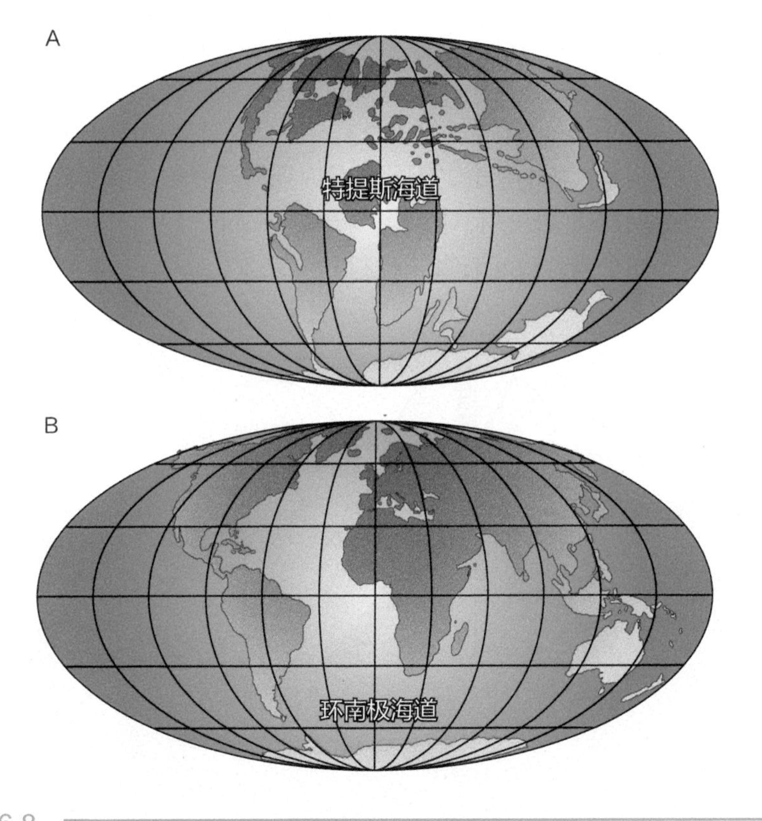

图6-8
暖室期和冰室期的海陆分布比较（据Hay, 2011改）
A. 暖室期——白垩纪中期（9000万年前）；B. 冰室期——现代；注意环全球海道在低纬（A）和高纬（B）的不同格局

海陆分布的一大特点在于南北两半球的不对称性。今天的地球南北半球的海陆分布并不对等：北半球海洋占60.7%，陆地占39.3%；南半球海洋占80.9%，陆地占19.1%，世界的大陆67.3%集中在北半球。正因为如此，“气候热带”ITCZ的位置偏在赤道以北（见第3章，图3-21），全球季风的信号也以北半球为主（Wang et al., 2014）。两半球不对称，是地球表层系统的常情，比如说从渐新世到上新世早期的三千多万年里，只有南极有大冰盖发育，这种“单极冰期”的气候南北不对称性更加强烈（Flohn，1984）。然而古生代的大陆，基本上集中在南半球，整个显生宙有着大陆由南向北的移动趋势，这种移动在气候环境演变中必然留下印记，值得在研究中注意。其实在第四纪环境研究中，南北半球不对称就是一个通常被忽略的重要特征，一些北半球本身解决不了的问题，根子可能就在南半球，50 万年前 MIS 13 期气候“反常”的问题，就是可能的一例（如 Guo et al.，2009）。

海陆分布的环境影响远不止于气候，一项有趣的假说就是大陆分合和生物多样性的关系。这种假设认为海相生物的多样性总量与威尔逊旋回有关，大陆联合时发生全球性的海退，海洋生物分区减弱，多样性总数下降；大陆分解时发生全球性海进，海洋生物分区加强，多样性总数上升。如果将显生宙各时期已知海相生物的科数作为多样性标志加以统计，就可以看出奥陶纪、晚白垩世和新生代是高值期；而寒武纪早期、二叠－三叠纪属于多样性的低谷。与古地理历史对比，前者正好是联合大陆的分解期，后者则是聚合期（图 6-9；Valentine and Moores，1972）。但是这种解释也受到质疑，因为已知化石多样性取决于发现和描述的机会，因此与各时期地层分布的多少有关，各地质时期化石的多样性和各时期沉积岩的估计体积基本一致（Raup，1972）。生物多样性与威尔逊旋回的关系，只是一个尚待验证的假说。

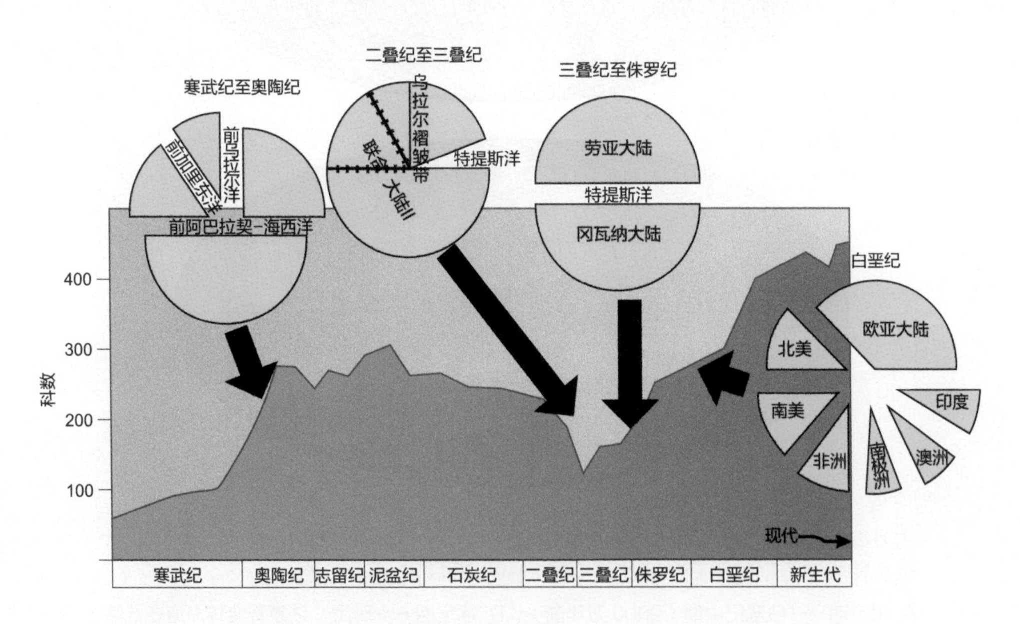

图 6-9
显生宙各时期浅海底栖生物化石已知科数和大陆分合的比较（据 Valentine and Moores, 1972 改）

6.2.2 海道启闭的环境效应

海陆分布各种变化中环境效果最为显著的，当属海道的开启或闭合，海道决定海流，海流决定气候，于是产生一连串的环境效应。尤其是水深较大的海峡，比如现代南海巴士海峡的海槛水深 2600 m，是南海和太平洋唯一的深水通道，巴士海峡的形成决定了整个南海环流的格局（Wang and Li，2009；2.2 节）。格陵兰和冰岛之间的丹麦海峡，尽管只有 630 m 深，却是北大西洋通北冰洋的深水咽喉，也是东格陵兰寒流和大量冰山离开北冰洋的出口，冰期时海峡水深降到 500 m，就会影响整个北大西洋的经向环流（Millo et al.，2006）。然而海道关闭最为惊人的效果，莫过于地中海变干事件。现在的地中海是当年特提斯大洋的残余，虽然保留着五千多米的最大水深，却只留下一个 14 km 宽的直布罗陀海峡与大西洋连通。中新世末距今 600 万年前，直布罗陀海峡关闭，大西洋海水补给线切断，地中海区夏季高温少雨，海水蒸发强烈，形成了上千米厚的膏盐沉积，20 世纪 70 年代被深海钻探发现后，全球为之轰动。尽管海峡关闭的原因至今仍有争论，“地中海变干”事件已成为地质学里环境灾变的经典实例（Hsü，1983）。

总起来说，海道启闭的研究成果最多和全球影响最大的，还是晚新生代环太平洋的五大通道（图 6-10），包括白令海道、印尼海道、巴拿马海道、德雷克海道和塔斯马尼亚海道。这些海道分别将太平洋和北冰洋、印度洋、大西洋相互连接，它们的开启和关闭对于全大洋环流和全球表层环境都是举足轻重的地理因素，值得逐一分别加以讨论。

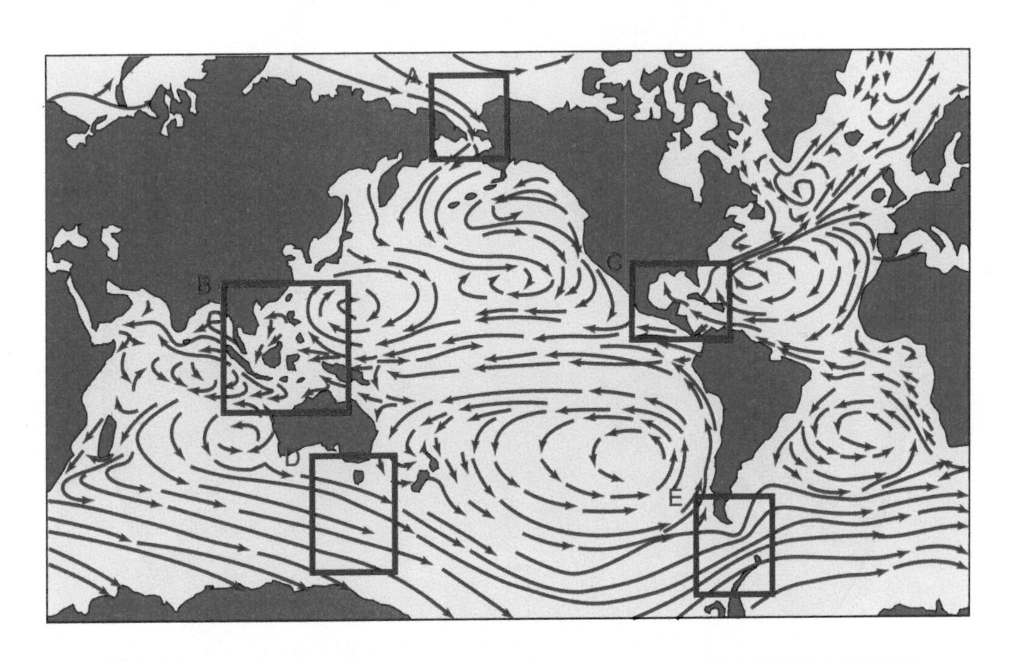

图 6-10
晚新生代太平洋的五大通道
A. 白令海道；B. 印尼海道；C. 巴拿马海道；D. 塔斯马尼亚海道；E. 德雷克海道；蓝色箭头指示表层洋流

6.2.2.1　白令海道开启和北冰洋的演变

太平洋的北端，是连接北冰洋的白令海峡。白令海峡很浅，只有 55 m 深，冰期低海面时出露成陆，形成一条南北宽达千余千米的地带，为亚洲和美洲动物和人类的迁徙提供了通道，称为“白令陆桥”或者“白令古陆（Beringia）”。间冰期海面升高、陆桥切断，太平洋表层水才得以流进北冰洋。因此白令海峡就像十字路口的红绿灯：开启时两大洋水体交换，关闭时两大陆动物交流，是调控北极环境的枢纽。但是白令海道开通的历史不长，根据化石考证，北冰洋和太平洋的联通距今 500 万年前方才实现（Marincovich and Gladenkov，1999；Gladenkov et al.，2002）。

今天的北冰洋两头开口：东半球联通太平洋，西半球联通大西洋。面向大西洋的通道宽，光一个斯瓦尔巴群岛和格陵兰之间的佛拉姆（Fram）海峡就有 450 km 宽，海槛深达 2500 m，是北大西洋与北冰洋的深水通道，也是北冰洋的咽喉。而白令海峡只有 85 km 宽（图 6-11），好比是北冰洋的“后门”，“前门”开向大西洋。从构造上讲，北冰洋的活动大洋中脊也来自大西洋，也就是北大西洋洋中脊的北段，穿过冰岛之

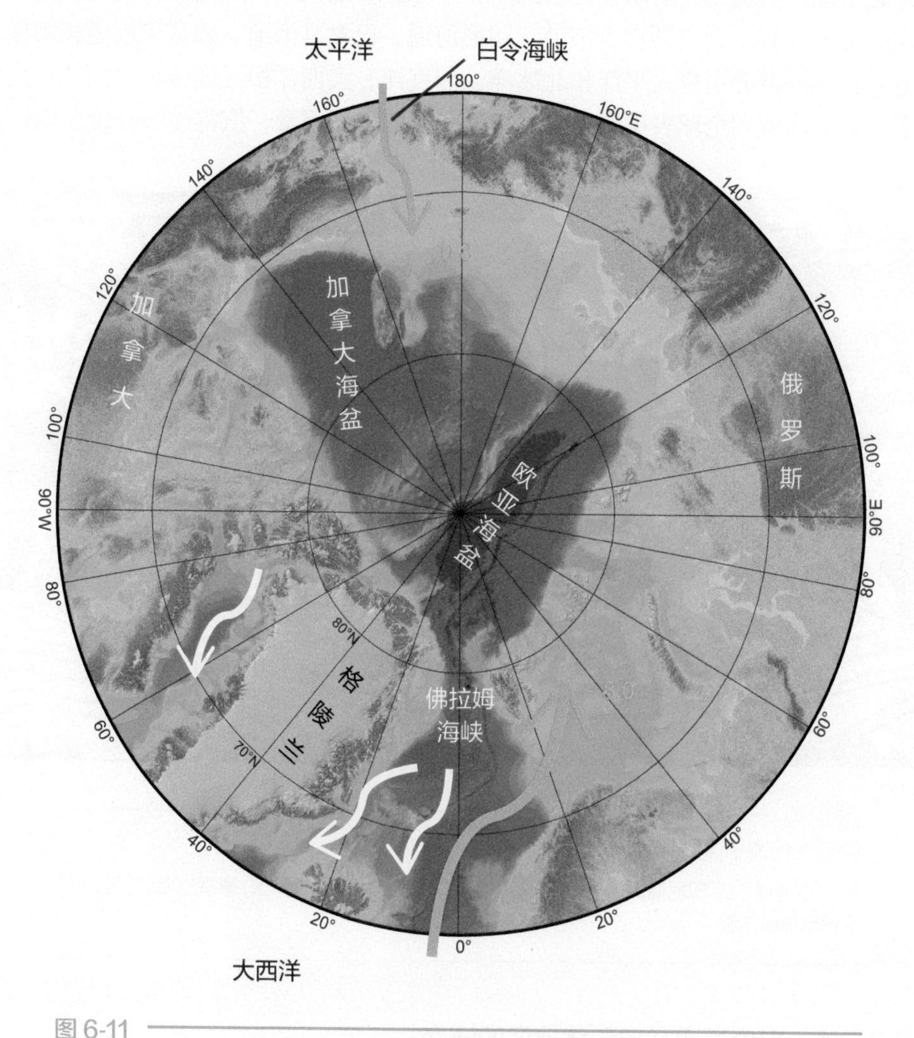

图 6-11
现代北冰洋与太平洋和大西洋的通道（原图来自 https://www.ngdc.noaa.gov，经编辑修改）

箭头表示洋流，橙色流入、浅灰色流出，单位为 100 万 m^3/s

后向北伸进了北冰洋。从水文上讲，从大西洋流入北冰洋的水量达每秒 800 万 m^3，从白令海峡进入北冰洋的流量只有每秒 80 万 m^3，数量上差一个量级，但由于北太平洋水的盐度低，对于北冰洋海冰的形成至关重要。有人假设一旦白令海峡关闭、北冰洋淡水层消失，就会破坏北冰洋海水分层的稳定性，加剧大西洋上层水的注入而使得海冰融化（Martinson and Pitman，2007），因此白令海峡在冰期旋回中可能起过关键作用。

从历史上讲，北冰洋通道的演变经过了三个阶段：始新世开始北冰洋是个封闭湖盆，中新世中期与大西洋连通，上新世又与太平洋连通。2004 年大洋钻探的结果表明：四五千万年前还没有北冰洋，占据北极的是个封闭性的水盆，属于暖水湖泊。虽然有图尔盖海、北海等与外海相通，常常只是个半咸水湖泊。至少有 80 万年长的时期里，湖面有大量淡水蕨类植物满江红（*Azolla*）繁盛，并且传播到周围海域（图 6-12A；Brinkhuis et al.，2006）。岩芯的有机地球化学分析显示当时表层水温在 10 ℃以上，约 5500 万年前曾经高达 23 ℃，简直是亚热带环境（Sluijs et al.，2006）。格外令人注意的是当时北极古湖的生产力极高，沉积物中有机碳常在 5% 以上，甚至高达 14%（Moran et al.，2006）（见附注 1），这种非凡的生油潜力具有极大的吸引力，有人估计，全世界未被开采的石油有 1/4 在北冰洋底下。

北冰洋从湖泊变海洋的转折，得力于北大西洋的构造变化。大约 1750 万年前佛拉姆海峡形成，与大西洋的通道开启，北冰洋终于成为海洋。不过当时的北冰洋和太平洋之间有相当宽的陆地相隔，其实也就是大西洋的一个海湾而已（图 6-12B；Jakobsson et al.，2007）。

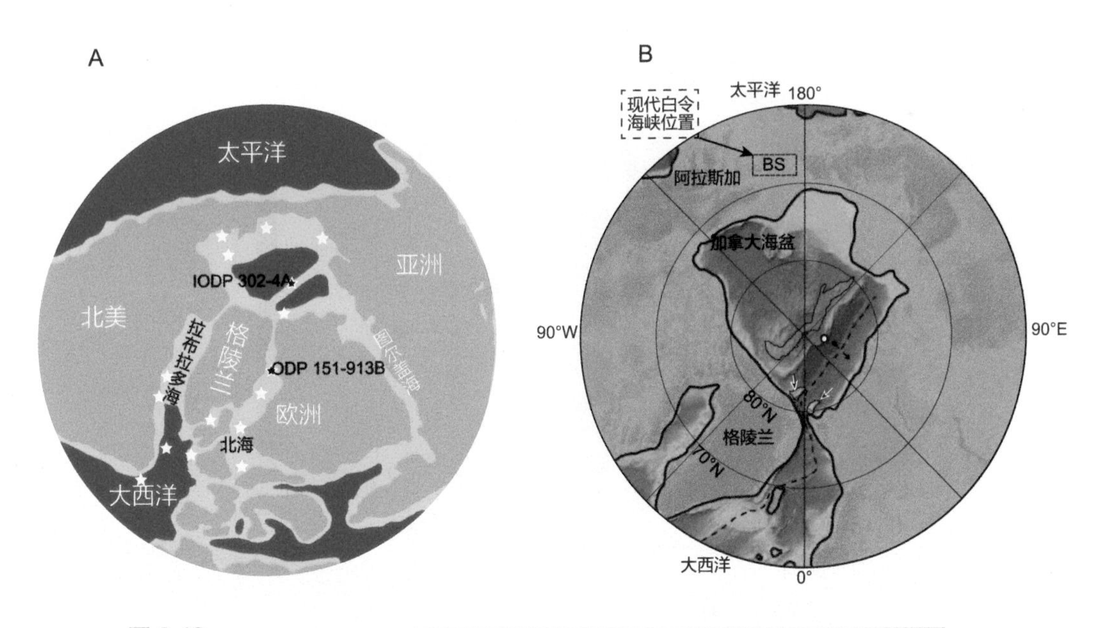

图 6-12
北冰洋的古地理演变

A. 早始新世约 5000 万年前的北极湖泊，黑色星表示大洋钻探井位，白色星表示满江红孢子的发现地（据 Brinkhuis et al., 2006 改）；B. 中新世中期将近 1800 万年前的北冰洋，已与大西洋连通（据 Jakobsson et al., 2007 改）

附注 1：北冰洋大洋钻探

2004 年夏，欧洲三艘破冰船进军北冰洋，在水深约 1300 m，离北极点 250 km 处钻井 4 口，最深一口钻入海底 428 m（见图）。这次综合大洋钻探 IODP 302 航次，是海洋科技史上的一次创举，因为海面有 2~4 m 厚的海冰，需要三艘破冰船协同作战：先由俄罗斯的原子能破冰船把大片的海冰压破开路；再由瑞典破冰船把打开的大冰块进一步破碎。这样才能保证挪威破冰钻探船保持原位、进行钻探（Stoll, 2006）。这场“海冰大战”在技术上是个创新，在科学上是个突破：发现如今天寒地冻的北冰洋，五千万年前居然是个生物繁茂、和暖温馨的湖泊，水面上大量生长着热带、亚热带的淡水蕨类植物满江红（*Azolla*）(Brinkhuis et al., 2006)。大洋钻探揭示了北冰洋的来历，美中不足的是地层缺失：4450 万年到 1820 万年之间，少了 2600 多万年的地质记录。目前科学界正在积极筹备第二次北极大洋钻探，以窥北冰洋身世的全貌。

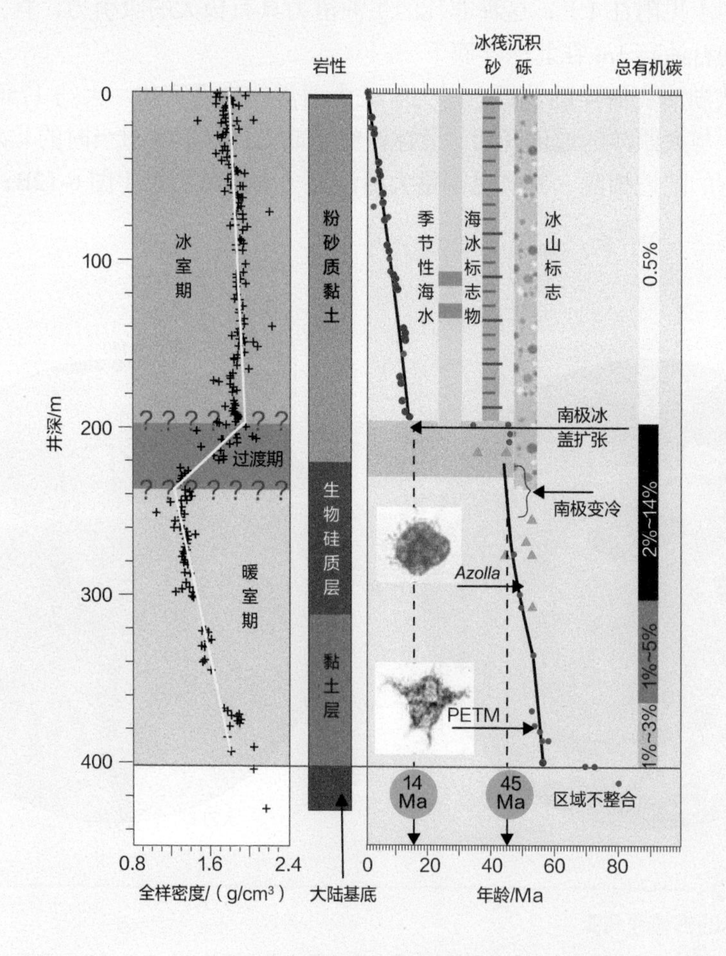

北冰洋 IODP 302 航次的钻探结果（据 Moran et al., 2006 改）

Azolla. 淡水蕨类满江红；PETM. 古新 / 始新世之交高温事件

现在意义上的北冰洋，是大约 500 万年前白令海道开启的结果，也可以说是后来北极冰盖出现的前提。北极形成冰盖与淡水注入北冰洋相关，因为盐度降低会提高海水的冰点，使北冰洋容易结冰，目前北冰洋上层 150 m 海水偏淡，就是大片海冰形成的前提。现在的北冰洋，1/2 的淡水靠河流，1/4 靠通过白令海峡进来的太平洋水，而来自大西洋的水盐度偏高。北冰洋周围河流入海流量占全球河流总流量的 10%，其中主要来自亚洲，来自美洲的不足 1/5。因此，蒙古高原、青藏高原的隆升导致亚洲河系改组，原来向西、向南的西伯利亚大河改向北流注入北冰洋，和白令海峡的开启一样，都为后来北极大冰盖的形成创造了条件（Wang，2004）。

6.2.2.2　巴拿马和印尼海道关闭与大洋的不对称

如果说白令海峡的启闭影响着北极冰盖的历史，那么巴拿马和印尼海道的演变，影响的是热带洋流和气候环境。太平洋是当代地球上唯一的“外大洋”（见图 2-15），是世界大洋的主体，直到中新世中期以前，太平洋东连大西洋、西通印度洋，也是全球热带海洋连接的纽带。但是上新世以来，东西两端的连接口基本切断，环全球洋流从低纬移向高纬的南大洋（见图 6-8），太平洋出现了“西有暖池、东有冷舌”的强烈不对称局面。变化的原因在于海道：中新世中期起先有印尼海道的关闭，后有上新世晚期巴拿马海道的最终切断。

1. 印尼海道

连接太平洋和印度洋的印度尼西亚海道，地质历史上是原来特提斯大洋的东端，和太平洋有着宽阔的连接带。随着特提斯大洋的关闭和澳大利亚板块的北移，印尼海道逐渐收缩，到现在只留下平均流量每秒一千多万立方米的“印尼贯穿流（Indonesian Throughflow）”，作为当代世界连接大洋的唯一热带通道，在洋流和气候系统中起着关键性的作用。现代的印尼贯穿流将热带太平洋，具体说是西太平洋暖池的水运往印度洋，其中 80% 以上的流量取道加里曼丹岛和苏拉威西之间，通过海槛深度 700 m 的望加锡海峡（Makassar Strait），再穿越印尼群岛之间的众多缺口进入印度洋（图 6-13）。印尼贯穿流变化很大，但是在全大洋温盐环流中是一个低纬的枢纽，控制着西太平洋暖池的体积，影响着厄尔尼诺的发生（Gordon and Fine，1996），成为近年来古、今海洋学界共同关注的热点。通过现场实测和数值模拟，现在知道印尼贯穿流最大的流速不在表层，而在 100 m 深处的温跃层，而且在厄尔尼诺期间速度减慢，说明贯穿流和太平洋厄尔尼诺以及印度洋偶极子（IOD）之间有着密切的联系（Sprintall et al.，2014）。

印尼海道的关闭是形成西太平洋暖池和印尼贯穿流的前提，但是关闭的确切时间至今尚不清楚。只知道这是澳大利亚板块向北漂移，和欧亚大陆碰撞的结果，但是两者的碰撞是个漫长而复杂的过程，何况印尼海道至今也并未完全关闭，因此所谓的“关闭”是根据西太平洋暖池的出现反推的，看来发生在 8 Ma 到 10 Ma 的中新世中晚期（如 Kennett et al.，1985；Li et al.，2006）。印尼海道关闭的另一重要后果，是太平洋西部边界流的形成或者加强。利用化石标志，已经发现黑潮和暖池一样，有可能都是在中新

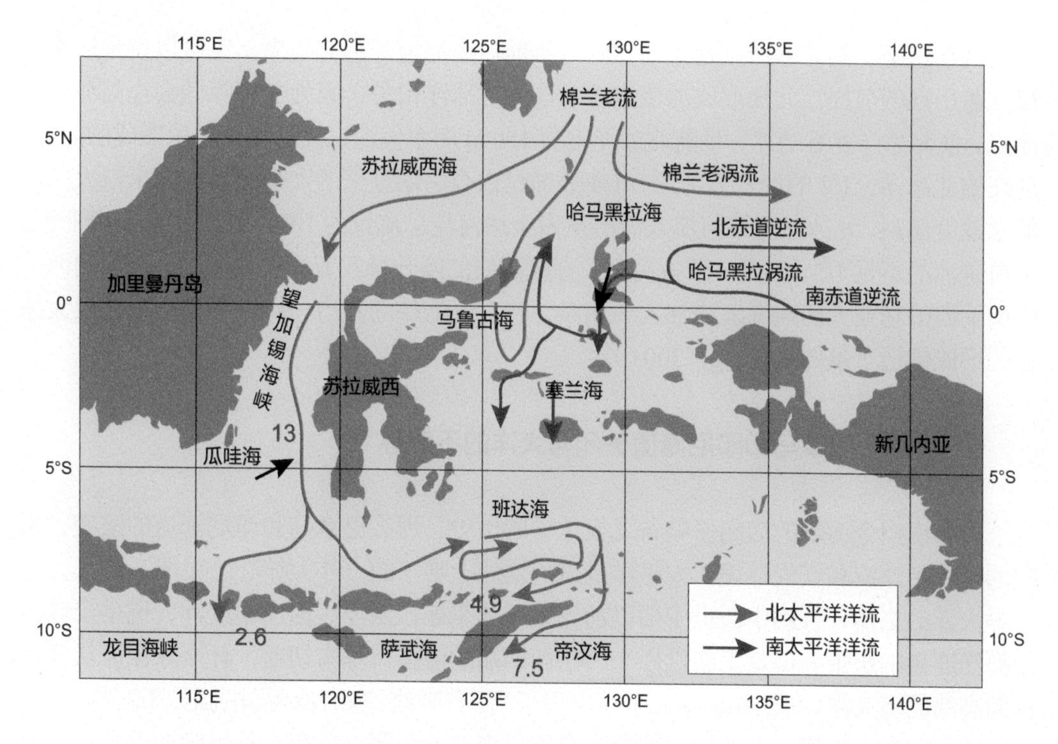

图 6-13
印尼海道及其贯穿流（据 Gordon and Fine, 1996 改）
数字为 2003~2006 年平均流量（单位：百万 m^3；据 Sprintall et al., 2014 改）

世的晚期发生，这方面的研究已经取得初步进展（Gallagher et al.，2009），与暖池的历史并不矛盾。如果从遥相关角度看，还可以看到 4~5 Ma 前印尼海道的进一步关闭，曾经使得印度洋表层水降温，很可能是非洲变干的原因（Cane and Molnar，2001）。不过印度尼西亚群岛的地质构造极其复杂，构造事件十分频繁，印尼海道的演变是一个多阶段过程，不大可能由某一次“关闭”事件来单独承担责任。

2. 巴拿马海道

学术界关于巴拿马海道演变的讨论，要比印尼海道多得多。巴拿马海道也叫中美洲海道，是南、北美洲之间连接太平洋和大西洋的热带通道，从中生代联合大陆瓦解时开始出现，大约三百万年前最后关闭，所以 19 世纪末开凿了十来米深的巴拿马运河让船只穿行。至少有两大群落的科学家关心着巴拿马海道的演变：海洋科学家关心洋流改道产生的后果，陆地科学家关心南北美洲生物的交流迁徙。但是，对于巴拿马海道演变历史的争论，要比印尼海道剧烈得多。

今天的太平洋和大西洋水不能在低纬交换，因此两边的海洋生物群并不相同，太平洋水比较低温、低盐，而大西洋水比较富钙、缺硅，因此两者的同位素值也不相同。但是大洋钻探却发现，两边有孔虫的差异和碳同位素的差异在上新世以前并不存在，直到大约三百万年前才有明显的不同，于是推论这是巴拿马海道关闭的后果（如 Keigwin，

1982）。南北美洲的西缘是 15000 km 长的科迪勒拉山系，全球最长，而巴拿马海道位于科迪勒拉山系和中美洲火山弧的连接处（图 6-14A）。中美洲火山弧像条蛇，早中新世开始形成，晚中新世和南美洲碰撞，自此之后大西洋和太平洋的深水交流就变得不畅（Molnar，2008）。而海道最终什么时候切断却说法不一，说 3 Ma、4 Ma、6 Ma 或更早的都有（如 Montes et al.，2015），因为靠直接的地质资料很难举证；但最为流行的还是 3 Ma 的说法，其中一个原因是大洋环流、生物迁徙、以至于全球气候改组也都发生在 3 Ma 前，很容易把这些变化归因于巴拿马海道的关闭，尽管时间上的对应性只能用作间接的推论。

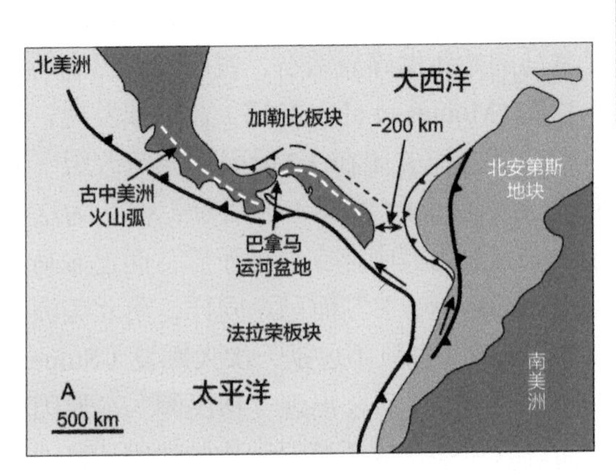

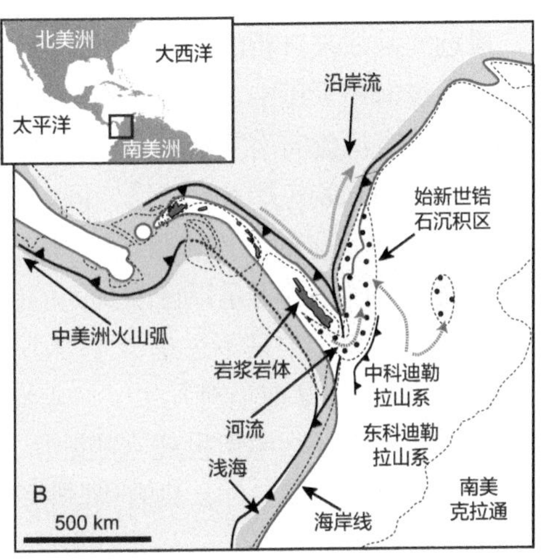

图 6-14
巴拿马海道演变的两种推断

A. 在晚上新世距今 300 万年关闭以前，巴拿马海道是联通太平洋和大西洋的狭窄通道（据 Smithsonian Tropical Research Institute 改）；B. 始新世锆石的发现，表明巴拿马海道早在中新世就已经关闭（据 Montes et al., 2015 改）

无论如何，巴拿马海道关闭引发全球环境变化，一直被认为是构造事件导致环境变迁的典型实例。尽管对关闭的时间有着不同说法，突出点在于巴拿马海道关闭对于大洋产生影响，使得大西洋一侧的西部边界流（即墨西哥湾流）大为加强，形成了现代意义上的大西洋经向环流（Haug and Tiedemann，1998）；而湾流给北大西洋带来的水分还可以向东扩散，增加西伯利亚输向北冰洋的淡水，促成北极冰盖的形成（Driscoll and Haug，1998）。海水的变化又引发了海洋生物有孔虫、钙质超微化石的演变事件，以及海底硅质沉积带的大幅度转移（Schmittner et al.，2004）。在大陆方面，巴拿马海道变成地峡，又是南北美洲动植物经由陆地交流的唯一途径。从古地理看南美洲形成以后长期孤立，生物演化受到地理阻隔的限制，之所以没有形成澳大利亚那样独特而古老的生物区系，应当归功于巴拿马地峡的出现。南、北美洲生物群最大的交流发生在 2.6~2.7 Ma，这次“美洲生物大交流（the Great American Biotic Exchanges）”事件的结果，使得今天南美洲一半的哺乳类是北美“移民”的后裔，而北美的热带却被来自亚马孙盆地的类型所征服（Webb，2006）。巴拿马海道变陆桥这一次事件，居然改变了大洋环流，促成了冰期来临，还改组了美洲大陆的生物区系，雄辩地展现了构造过程对于地球表层系统可以产生多大的影响。

但是地球圈层相互作用如此精彩的经典实例，现在却正在遭受到地质新发现的挑战。应该承认，关于巴拿马海道的上述观点，一直存在争议，原因是对两大洋连通和两大陆交流的证据意见并不一致。因为早在一千多万年的记录里，就发现有陆地生物交换或者海洋连通受阻的证据，所以对直到 3 Ma 前巴拿马海道才关闭的说法留有余地，流行的是一种折衷的假说：承认巴拿马地峡早就产生了，可是不够连续；巴拿马海道也早就阻塞了，可是并未切断。

最近的挑战来自新的地质证据：靠近巴拿马的南美科迪勒拉山区，在中新世中期的河流相和浅海相沉积中，发现了只能来自巴拿马的始新世碎屑锆石，说明当时巴拿马已经成陆并且有河流向南美输送沉积物（图 6-14B；Montes et al.，2015）。这项发现，直接否定了 3 Ma 海道关闭的结论，同时也必然挑战海道关闭在 3 Ma 引起洋流改组、冰盖形成等气候变化的一连串推论，却反倒印证了 Molnar（2008）的质疑：他认为这些事件在时间上的相近不足以证明其间的因果关系，因为其中存在种种矛盾，而巴拿马海道在全球气候变化中只不过是一个“小角色（a bit player）”而已。同样，南北美洲间的动物迁移在 3 Ma 前早有发生，“美洲生物大交流”也只不过是一次大爆发（Stone，2013）。至于为什么中新世建立的陆桥，要等待 3 Ma 之后才出现“移民潮”，原因可能在于中美洲的气候条件，只有当陆桥干旱时，才可能变成干草原动物的适宜迁移通道（Molnar，2008）。

目前，关于巴拿马海道关闭年龄及其环境影响的争论还在继续。争论的科学实质，是构造和气候关系的大问题；而在方法论上的挑战，则是把时间上的对应性当做因果关系的证据。把时间相当的现象说成因果关系，是地质学界长期以来的一种传统习惯，可惜并没有科学依据。时间对应性可以给我们一种启发，但事件的因果关系却需要另外证明。

3. 海道变迁的联合作用

一个海洋可以有多个海道，当两个以上海道一同发生变化时，就可以产生联合的作用。比如说巴拿马海道关闭加强大西洋经向环流（AMOC），计算机模拟表示可以增加 200 万 m^3/s 的流量；但同样也在上新世晚期发生的白令海道开启，却是减弱大西洋经向环流，大约也是 200 万 m^3/s 的流量，两者的效果可以相互抵消（Brierley and Fedorov，2016）。于是有一种意见认为，近三百万年来北极冰盖的形成和全球变冷是一个长期的渐变过程，无需和某次特定的构造事件挂钩（Ravelo et al.，2004）。

更为有趣的是晚中新世以来，印尼海道和巴拿马海道的双双关闭，拦住了太平洋的东西两端。这就是前面所说，晚新生代的环全球海道从热带移到南大洋（见图 6-8B），不仅促成了极地大冰盖的发育，同时也改变了低纬的气候，首先就是造成热带海洋的纬向不对称性。赤道信风将表层暖水向西吹，遇到陆地阻挡就会堆积起来形成“暖池”，而高温的表层水又会驱动大气形成东西向的沃克环流（Walker circulation）。因此，印尼海道关闭的后果，是在西太平洋出现暖池；而巴拿马海道关闭，又会在东太平洋形成上升流的“冷舌”（见第 3 章，图 3-22）。这种东西不对称性现象是太平洋海气相互作用的产物，对气候系统产生着全球性影响。准周期的厄尔尼诺现象，其实就是不对称性的削弱：西太平洋上层的暖水东扩，东西向的温跃层倾角变小，使得东太平洋的表层升温（图 3-23A）。

在地质尺度上看，重要的是大洋纬向不对称性的出现和持续。在东西两端的海道关闭以前，热带太平洋的纬向不对称并不明显（图 6-15B），只有晚中新世印尼海道关闭后才可能形成西太平洋暖池（图 6-15A）。如果说厄尔尼诺现象与太平洋的纬向不对称性相关，那么就只有在晚中新世以后才有可能出现。确实也有作者提出地质证据，表示上新世早期热带东西太平洋表层水温相近，说明沃克环流减弱，气候处于长期的厄尔尼诺状态（Wara et al.，2005）。但是后人又发现他们所依据的古温度标志在时间上并不稳定，西太平洋暖池早上新世时的表层水温应当较今高出 2 ℃（O’Brien et al.，2014），向“长期厄尔尼诺”的假说提出了疑问。关于早上新世暖池水温的争论至今还在继续（Brierley et al.，2015），但是已经有人提出第四纪冰期旋回中也有可能出现长期厄尔尼诺的现象（Mohtadi et al.，2006）。尽管我们对于其中的机制依然缺乏了解，大洋纬向不对称性的强化和削弱，却始终是热带古海洋学研究的重要命题。

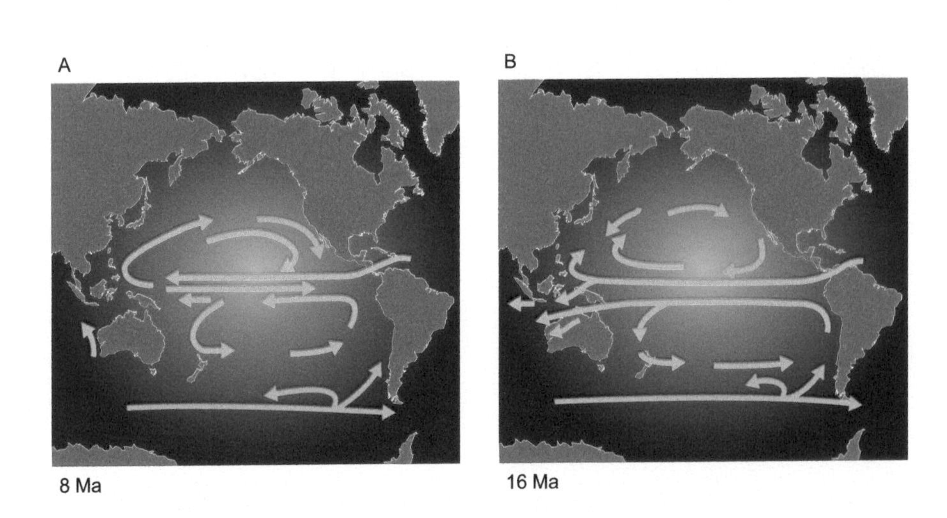

图 6-15
中新世太平洋环流演变的推测示意图（据 Kennett et al., 1985 改）
A. 8 Ma 印尼海道关闭后；B. 16 Ma 印尼海道关闭前

6.2.2.3　德雷克和塔斯马尼亚海道开启与南极冰盖的形成

南极洲周围的环南极洋流流量高达 1.0 亿 ~1.5 亿 m^3/s，相当于全世界河流总流量的一百多倍，是世界上最大的洋流。而太平洋南部的两大海道，澳大利亚和南极洲之间的塔斯马尼亚海道，以及南美洲和南极洲之间的德雷克海道的开启（图 6-10 的 D 和 E），是形成环南极洋流的前提。1973 年深海钻探在塔斯马尼亚海的 DSDP29 航次，发现从始新世进入渐新世时底层水急剧降温 5~6 ℃（Kennett and Shackleton，1976）。由此推论，在始新 / 渐新世之间的约 33.5 Ma 前后，南大洋德雷克和塔斯马尼亚海道开启、环南极洋流形成，由此造成南极洲的“热孤立”，结果导致了南极冰盖的发育（Kennett，1977）。从海道开启到环流开通再到冰盖形成，使全球气候从暖室期转入冰室期，这是深海钻探的结果，揭示了构造运动引起气候转型。这项发现，出色地展现了洋流演变在全球气候中的作用，曾被誉为新学科“古海洋学”的开端（许靖华，1984）。但是这项将构造运动和气候变化直接挂钩的假说，有待海道区直接的地质证据加以验证。

南极连接澳大利亚的塔斯马尼亚海道开启，是从晚白垩世起澳大利亚板块北移的产物。为了追溯海道的历史，专门举行过大洋钻探 ODP 189 航次。结果发现尽管澳大利亚在逐渐北上，70°S~65°S 间的塔斯马尼亚陆桥却一直阻挡着海流通过，直到始新世晚期（约 37 Ma）塔斯马尼亚陆桥及其周围的宽阔陆架开始下沉，并于始新世末（33.5 Ma）与澳大利亚终于切断，塔斯马尼亚海道方才形成（Exon et al.，2004）（图 6-16；Kennett，1982）。因此，塔斯马尼亚海道开通的时间，大体上符合上述南极冰盖成因的假说。

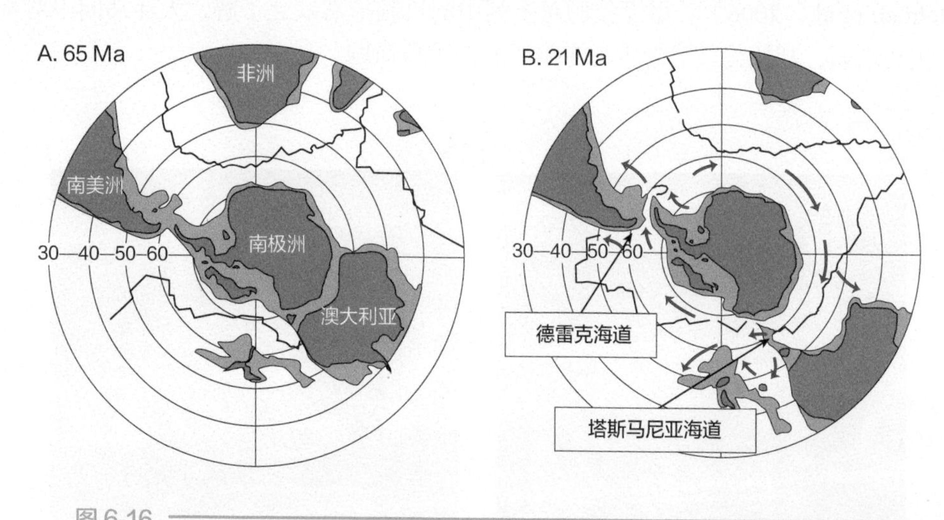

图 6-16
环南极洋流的形成（据 Kennett, 1982 改）

A. 古新世初南美洲和澳大利亚还都与南极洲相连，不可能有环南极洋流；B. 中新世初，环南极洋流穿越塔斯马尼亚海道和德雷克海道

至于分割南美和南极的德雷克海道，演变的过程和研究的历史都比较复杂，关于海道开启的年龄争论很大，而且对上述假说提出了挑战。德雷克海道开通的时间拉得很长，南美板块和南极板块之间的相对运动在始新世发生变化，先是约 50 Ma 出现了较浅的通道，水深不过 1000 m（Livermore et al.，2005）；而深水通道的最后开启，却要等到渐新世中期（约 28.5 Ma），先后相差两千多万年（Maldonado et al.，2014），因此难以将 33.5 Ma 前环南极洋流和南极冰盖形成的原因，归结为如此漫长的构造过程（Siegert et al.，2008）。于是始新 / 渐新世之间两大海道开启导致南极冰盖形成的假说，受到了地质证据的质疑。

形成南极冰盖的另一种成因假说，是温室效应。新生代早期大气 CO_2 浓度高，到晚期显著降低（见图 4-20B），南极以至于北极冰盖的形成，都可能是 CO_2 减少的产物。数值模拟的结果也确实说明洋流变化的作用不大，而大气 CO_2 浓度可以产生重大影响，特别是当 CO_2 的浓度相当于工业化前浓度的 2.8 倍时，东南极冰盖的体积对于地球轨道、山脉隆升以至于植被的变化都特别灵敏（图 6-17；DeConto and Pollard，2003）。

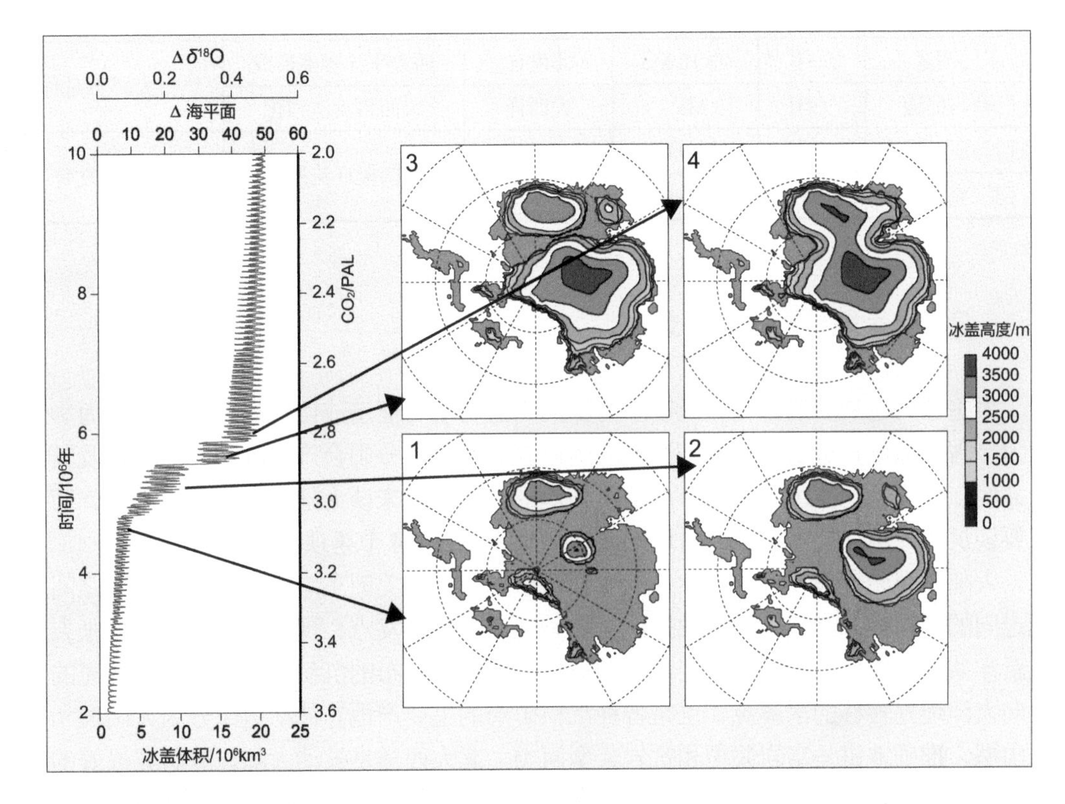

图 6-17

南极冰盖高度和大气 CO_2 浓度变化对应性的数值模拟结果，展示计算机模拟一千万年内的变化（据 DeConto and Pollard, 2003；Siegert et al.，2008 改）

左 . CO_2 浓度（纵坐标）与冰盖体积（横坐标）的关系，PAL 指工业化前的浓度；右 . 模拟所得南极冰盖高度，1~4 指计算机模拟 470 万、520 万、580 万和 600 万年后的结果

归纳起来，南极冰盖成因之争无非是两种观点：一种是构造驱动，海道开启通过环南极洋流造成南极的热孤立；另一种是大气化学，CO_2 浓度通过温室效应导致全球降温。南极冰盖的形成是气候系统从温室期转冰室期的标志，其成因解释涉及地球表层系统气候转型驱动机制的重大问题。问题的解决要求更多的研究，但是现在看来两者并不一定矛盾，南极冰盖很可能是在两者共同作用下形成的。确实有计算机模拟的结果表明：正是在德雷克海道关闭的时候，南极的温度才对 CO_2 升降格外敏感（Sijp et al.，2009），如此说来，CO_2 浓度和德雷克海道两者都很重要。

总之，太平洋五大海道的演变，都会直接影响洋流的改组，并间接影响全球的气候（表 6-1）。但是这些间接影响还都是建立在假设的基础上，同时也都有学术争论。构造与气候的因果关系，是地球科学中一个长期流行但是至今缺乏深入检验的假说，海道与气候演变关系的争论，也正是探讨和检验这项假说的重要组成部分。

表 6-1 环太平洋五大海道的启闭

<table>
<tr><th>海道</th><th>启闭</th><th>年代</th><th>联通海域</th><th>直接环境后果</th><th>间接环境后果</th></tr>
<tr><td>白令海道</td><td>开启</td><td>约 5 Ma</td><td>北冰洋</td><td>北冰洋表层淡化</td><td>北极冰盖发育</td></tr>
<tr><td>印尼海道</td><td>关闭</td><td>约 10 Ma</td><td>印度洋</td><td>西太平洋暖池形成</td><td rowspan="2">热带大洋不对称</td></tr>
<tr><td>巴拿马海道</td><td>关闭</td><td>3 Ma ?</td><td>大西洋</td><td>墨西哥湾流强化</td></tr>
<tr><td>塔斯马尼亚海道</td><td>开启</td><td>约 29 Ma</td><td rowspan="2">南大洋</td><td rowspan="2">环南极环流形成</td><td rowspan="2">南极冰盖发育</td></tr>
<tr><td>德雷克海道</td><td>开启</td><td>约 25 Ma</td></tr>
</table>

6.2.3 大陆破裂的环境效应

太平洋海道启闭的讨论，说明了海洋的构造变动可能造成巨大的环境影响；而影响最为显著的陆地构造变动，则在于大陆的分裂与拼合。分裂会产生被动大陆边缘及其沉积盆地，拼合会产生山脉高原、改造大陆地形。这里先来谈大陆破裂的环境效应，而且主要谈沉积环境，把大陆拼合对地形改造的影响留到 6.4 节再谈。

大陆破裂研究最多的，当然是大西洋的形成。南北美洲东岸和欧非两洲西岸之间岸线走向的相似性，当年是魏格纳提出板块假说的重要出发点，现在是大陆岩石圈张裂形成新洋盆的最佳例证。沿着张裂产生的被动大陆边缘分布的沉积盆地，是大陆地壳的物质向大洋地壳转移的落脚点，也是各种沉积矿产的主要产地。被动边缘分为火山型和非火山型，准确地讲是富岩浆型和贫岩浆型两类。北大西洋是被动大陆边缘研究最好的海区，1985 年开始的大洋钻探（ODP）十年里就开展了 5 个航次进行探索，其北部的格陵兰–挪威边缘是火山型大陆边缘的典型（图 6-18 A），南部的伊比利亚–纽芬兰边缘是非火山型大陆边缘的典型。南大西洋也有火山型被动边缘（图 6-18B），这些典型的火山型边缘都与地幔柱的活动相关（White and McKenzie，1989）。

不论是火山型还是非火山型，大陆破裂的机制都是裂谷作用，所在都是世界重大沉积矿产的分布区，因此受到学术界和产业界共同的注意。在裂谷作用产生的被动大陆边缘，随着岩石圈逐渐拉张变薄必然产生一系列的沉积盆地。先是接受河湖陆相沉积，然后在海陆之交的环境下形成碎屑岩、蒸发岩和碳酸盐，等到进一步的拉张使得岩石圈破裂，进入玄武岩溢出形成新洋壳的海底扩张阶段之后，改为堆积浊流和远洋沉积。这一系列沉积历史就是矿产资源的形成过程，最重要的是油气盆地：碎屑岩生油，碳酸盐岩储油，蒸发岩作盖层。这就是为什么世界上大油田尽管地质年龄不同，却都形成在大陆破裂的裂谷阶段。从中东到墨西哥湾，大油田都是联合大陆裂解过程的产物，集中在中生代被动大陆边缘的裂谷盆地。

从地球系统的角度看，这就是大陆破裂造成的沉积环境，将陆地岩石圈的风化作用产物和生物圈的有机物质，向海洋输运；如果与干旱气候相结合，蒸发量超过降水量，

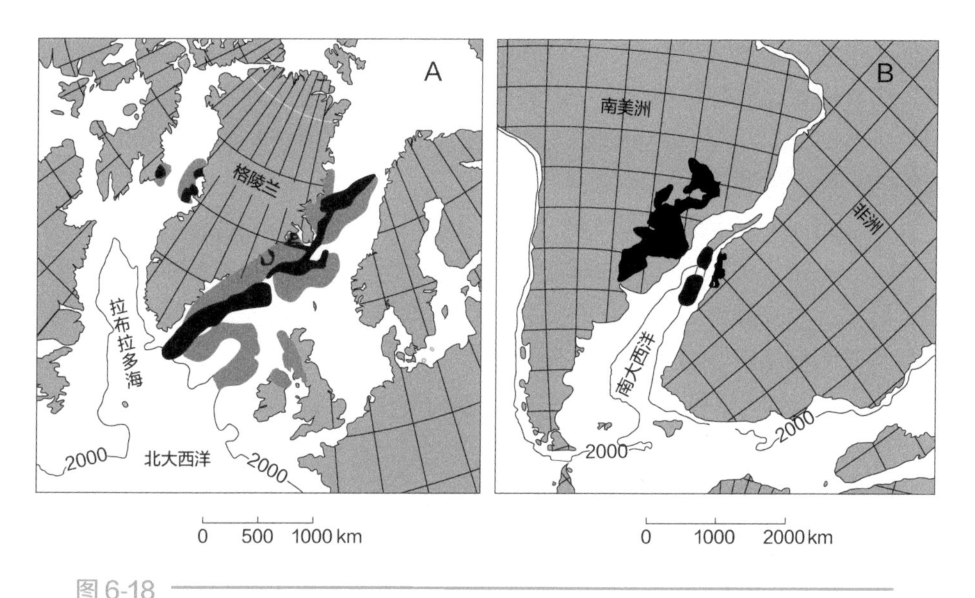

图 6-18
大西洋火山型大陆边缘的张裂（据 White and McKenzie, 1989）
A. 北大西洋北段：始新世，约 50 Ma；B. 南大西洋：早白垩世，约 120 Ma；黑色表示火山喷出岩分布区，灰色表示岩浆岩活动区

陆地化学风化产生的溶解盐还会在海陆之间封闭或者半封闭的盆地里形成蒸发岩，以致这类大油田往往有盐丘发育。因此，在南大西洋的两侧，不但有巴西和西非巨大的深海油田，而且还有巨大的蒸发岩盆地。这些在晚中生代裂谷期形成的膏盐沉积，白垩纪早期曾经共处一个裂谷盆地（图 6-19A），随着南大西洋新洋壳形成和海底扩张，到白垩纪晚期已经分居南美和西非两个被动大陆边缘（图 6-19C；Torsvik et al.，2009）。

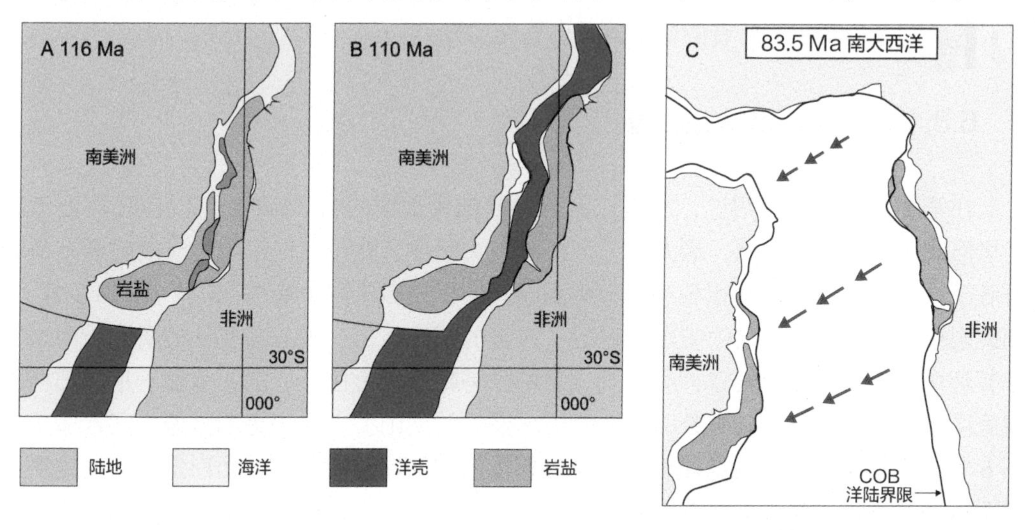

图 6-19
白垩纪的南大西洋及其蒸发岩沉积盆地（据 Torsvik et al., 2009 改）
原来在同一裂谷盆地里生成的蒸发岩（A），随着新洋壳形成和海底扩张（B），分别出现在南美和西非的大陆边缘（C）

裂谷作用造成新的沉积盆地、创造新的沉积环境，是大陆破裂的共同规律。我国南海的新生代含油盆地同样是被动边缘裂谷作用的产物，只是比大西洋年轻、规模比大西洋小而已。然而更为壮观的大陆破裂发生在当前的东非裂谷：非洲大陆开始破裂，形成了世界大陆上最大的断层。地幔柱的上升造成东非高原的三联点：红海、亚丁湾和东非裂谷，各自创造了新的沉积环境。向北的红海由于蒸发量大，盐度高达40‰，在地质历史上曾经产生盐类沉积；向南的东非裂谷中出现湖泊系列，形成了独特的深水湖的沉积环境。总之，大陆破裂造成广大的沉积盆地和多种的沉积环境，在地球表层的环境变化和矿产资源的形成中，都起着重要的作用。

6.3 岩浆活动与环境演变

地球内部能源不仅推动着板块移动、改变着海陆分布，同时也驱动着岩浆作用，从地幔柱形成的海底高原到海底扩张的新生洋壳，从陆地的火山爆发到海底的热液活动，都会对地球表层系统的各个圈层产生环境影响，其中包括生物圈。

6.3.1 地幔柱与大洋缺氧事件

在岩浆海熄灭之后，地球内部产生的最大岩浆活动就是地幔柱涌升造成海底高原。显生宙里最为突出的是白垩纪中期的大暖期，由于地幔对流加剧驱动岩浆活动，释放的CO_2使地球气候进入温室期。面对当前“全球变暖”问题，古气候学不但要研究晚新生代以发育大冰盖为特色的“冰室期”，也要研究以巨型岩浆活动为特色的“暖室期”，前者的典型属第四纪，后者的典型就是白垩纪中期。

6.3.1.1 白垩纪大火成岩省

在第2章里已经介绍过，地幔柱涌升形成的大火成岩省（LIP）可以在几百万年时间里形成巨大的洋底高原，最大的一个在西南太平洋，就是在白垩纪形成的翁通－爪哇海底高原（图2-22），面积相当于青藏高原，体积相当于两个南极冰盖（见2.3.2节），如此规模的岩浆溢出、火山喷发，超出了人类的感性认识，极其需要从地质记录中来了解其环境效应。大火成岩省种类不一，既可以是超级地幔柱形成的像翁通－爪哇那样的海底高原，也可以是大陆破裂时，像挪威－格陵兰火山型大陆边缘的巨型玄武岩体（见图6-18），还可以是陆上像印度德干高原那样的“高原玄武岩”。而白垩纪时期这三大类全都齐备，是岩浆活动格外活跃的特殊时代，并且集中在白垩纪中期，因而引发了一系列的重大环境变化：岩浆活动形成了多处大火成岩省，黑色页岩沉积说明大洋出现缺氧事件，古地磁记录指示发生了长达四千万年的磁宁静期，而生物和地球化学标志物，反映出这是个高CO_2浓度的大暖期和被子植物的快速演化期。上述众多事件发生的时间大体上相互对应，但是有的至今缺乏确切的年代证据，目前还不足以证实其因果关系。

尽管如此，白垩纪中期的一系列变化，是研究地球内部过程与表层演化相互关系的最佳实例之一。

从构造演变看，白垩纪确实发生过巨大的变化，除了西南太平洋的海底高原外，白垩纪也是大西洋（图 6-18B）和印度洋张裂形成的时期。长达 2200 km 的凯尔盖朗海底高原（Kerguelen Plateau）是印度洋最大的大火成岩省，也是冈瓦纳大陆破裂，印度脱离南极洲的产物（图 6-20 B—D；图 2-26，图 2-27）。印度板块北漂形成了 5000 km 的东经九十度海岭（Ninetyeast Ridge），构成地球上最长的线性构造（图 6-20A）。凯尔盖朗大火成岩省形成于白垩纪中期，120 Ma 之后是玄武岩溢流的高峰期（Coffin et al.，2002）。

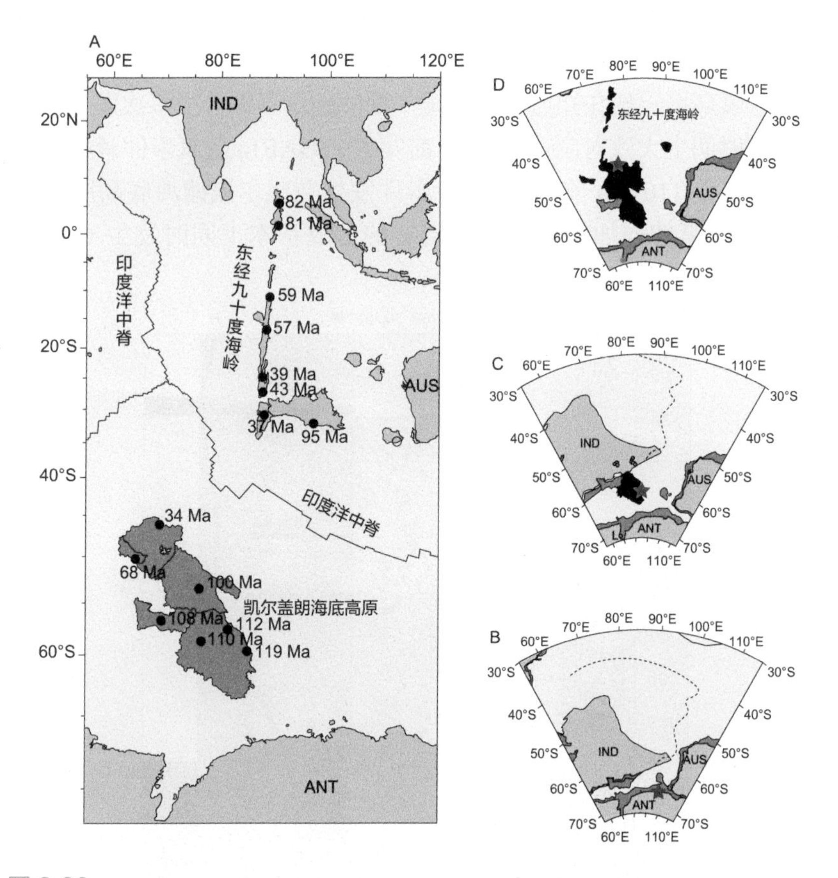

图 6-20
白垩纪中期印度洋凯尔盖朗海底高原（Kerguelen Plateau）的形成（据 Coffin et al., 2002 改）

A. 现代印度洋凯尔盖朗海底高原和东经九十度海岭及其玄武岩测年；B. 130 Ma 时冈瓦纳大陆的破裂；C. 110 Ma 时印度板块北移；D. 新生代初的凯尔盖朗海底高原；IND. 印度；AUS. 澳大利亚；ANT. 南极

白垩纪另一个大火成岩省在加勒比海区（见第 2 章图 2-26 的 CA），主要岩浆溢出发生在 95~88 Ma 期间，推测当时大火成岩省的面积比现在大得多（Hauff et al.，2000）。除此之外，白垩纪也是新生大洋板块形成、大洋中脊扩张加快的时期，据估计白垩纪中期从 120 Ma 到 80 Ma 的 4000 万年期间，洋壳的生产速率超出最近 1.5 亿年

50% ~75%（Larson and Olson，1991）。

6.3.1.2 白垩纪缺氧事件

从地球系统的角度出发，白垩纪大火成岩省的特殊价值在于其与大洋缺氧事件之间的相互关系。白垩纪大洋缺氧事件，是根据大洋黑色页岩的广泛分布而提出来的。封闭盆地里出现缺氧环境并不稀罕，今天的黑海就是一例，稀罕的是开阔大洋的底部缺氧。四十年前的大洋钻探，意外地发现白垩纪中期的远洋沉积，居然有富含有机质的黑色页岩，这只能在含氧不足的环境下形成，于是提出了“大洋缺氧事件（Oceanic Anoxic Event，简称 OAE）”的假说（Schlanger and Jenkyns，1976），认为当时特提斯大洋出现了低氧或者缺氧环境。现在知道，白垩纪中期的缺氧事件曾经多次发生，而且与大火成岩省的形成在时间上大致对应：120 Ma 前发生的 OAE1a 缺氧事件紧接在翁通 - 爪哇海底高原形成之后，110 Ma 前的 OAE1b 事件发生在凯尔盖朗海底高原形成的后期，93 Ma 前的 OAE 2 事件与加勒比大火成岩省的形成基本上同时发生（图 6-21B，C；

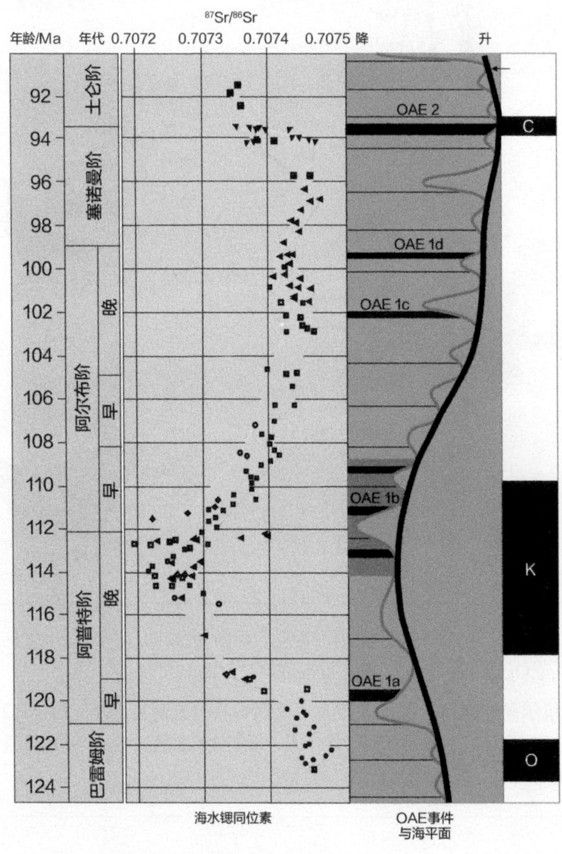

图 6-21

白垩纪中期的大火成岩省形成与推测相关的环境演变（据 Leckie et al., 2002 改）

海水锶同位素反映大洋岩浆活跃程度；C. 加勒比大火成岩省；K. 凯尔盖朗大火成岩省；O. 翁通 - 爪哇大火成岩省；OAE. 大洋缺氧事件

Leckie et al.，2002；Neal et al.，2008）。可以想象，这段时间里大洋生产力大为提高，有机碳大量埋藏，以至于现在世界上的海相油气储量，大部分在此期间生成。

大洋缺氧事件的发现，引起了学术界的广泛讨论，提出过种种假说解释其成因。一种意见认为是洋流改道使得大量富含磷元素的海水上涌，海洋生产力急剧升高；另一种意见是全球变暖加快了化学风化，给大洋提供了丰富的磷和其他养料；也有意见认为是洋壳生长加速、大洋中脊增大使得海平面上升，改变了全球浅海与深海的比例，导致全大洋生产力上升。所有这些想法都有一定道理，可惜至今还没有一个完美的版本（Sageman et al.，2006）。总的可以认为，白垩纪中期地幔对流强化，洋底的岩浆和热液活动特别活跃，地球深部释放大量的温室气体，造成“暖室气候”和大洋水体分层，加上风化作用输送的丰富营养物质，使海洋生产力急剧增高，导致海底的缺氧或低氧环境，堆积远洋的黑色页岩（图 6-22；Bralower，2008；Neal et al.，2008）。

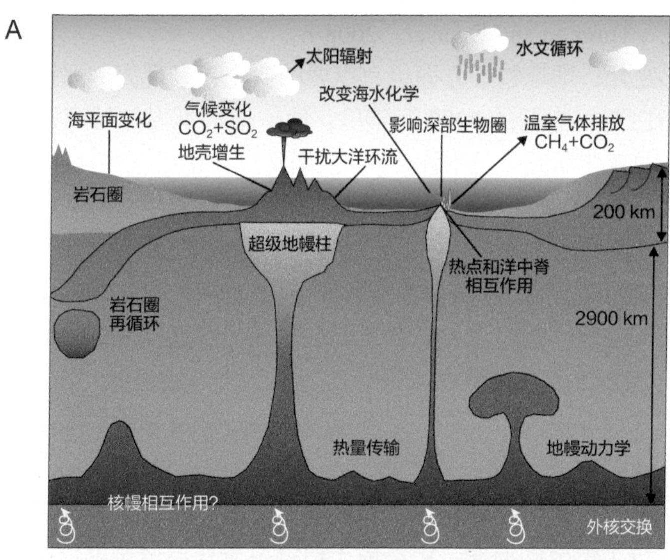

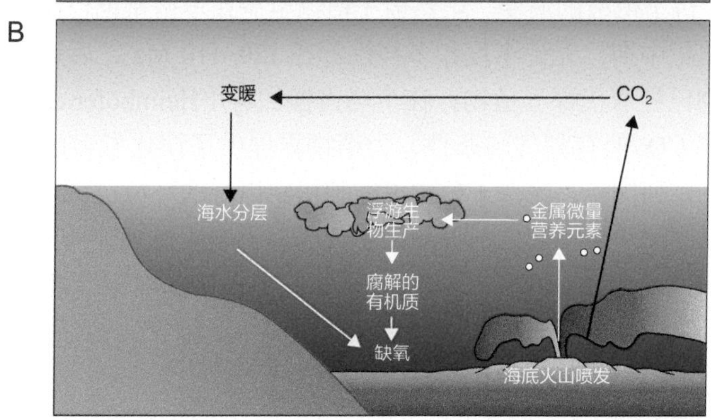

图 6-22
大火成岩省和大洋缺氧事件的关系

A. 大火成岩省的形成及其环境影响（据 Neal et al., 2008 改）；B. 大洋缺氧事件的成因推测（据 Bralower, 2008 改）

6.3.1.3 白垩纪环境变化

白垩纪中期的高生产力和缺氧事件，都有黑色页岩的碳同位素和微量元素等地球化学和古生物学分析的证据，然而说是地球深部原因造成缺氧事件却还只是一种假设。支持此项假说的有地球化学方面的证据，比如锶同位素：海底热液产生的锶同位素（$^{87}Sr/^{86}Sr \approx 0.704$）比大陆古老岩石产生的值（$^{87}Sr/^{86}Sr \approx 0.720$）轻，而白垩纪黑页岩的分析表明海水 $^{87}Sr/^{86}Sr$ 确实变轻，与大火成岩省形成时间相对应（图 6-21A），支持了当时海底岩浆和热液活动加强的假说（Leckie et al.，2002；Snow et al.，2005）。其实另外一种微量元素可以提供更加准确的记录，那就是锇（Os）。锶在海水里的滞留时间有数百万年，而锇只有一万年，当海底热液活动加强时锇的同位素 $^{187}Os/^{188}Os$ 值下降，可以更加准确地指示岩浆活动对海水的影响。果然，OAE 2 缺氧事件的黑色页岩产生时，锇的含量突然增长 30~50 倍，同位素 $^{187}Os/^{188}Os$ 值突然变轻，强烈地支持了岩浆活动促成缺氧事件的假说（Turgeon and Creaser，2008）。

除了地球化学之外，地球物理方面也有重要的变化，表现为白垩纪的磁宁静期。所谓磁宁静期，是指白垩纪中期的 4000 万年里，地球磁场不再倒转而始终保持正向，应当是地球外核环流的变化所致（见附注 2）。前面说过，超级地幔柱产生的大火成岩省，可能是核幔边界（D" 层，见第 2 章附注 4）过程在地球表层的表现。一般的板块运动和海陆变迁，涉及不到地幔的深部，而超级地幔柱上涌带来的却是核幔交换产生的能量，与地幔底部的大环流相关。白垩纪大火成岩省形成的时间，大致与磁宁静期相当，很可能两者都是反映了来自地核的信息，也就是说白垩纪的这场巨变的根源是在地球的最深处，一方面引起外核环流的变化造成磁宁静期，另一方面通过 D" 层的不稳定性形成了超级地幔柱，及其在地球表面系统的一系列反应（Courtillot and Olson，2007）。

对于白垩纪中期的环境变化，生物圈也有反映。在海洋里，高浓度的大气 CO_2 导致海水酸化，钙质超微化石的沉积通量一度下降 80%（Erba et al.，2015）。在陆地上，环境的急剧变化促进了植被的演变。虽然被子植物至少在早白垩世已经出现，而重要的发展期却是在白垩纪中期，无论丰度和多样性都在 120~110 Ma 之后迅猛增加，到了白垩纪末，被子植物已经取代裸子植物，在全球占据优势（Heimhofer et al.，2005）。一方面全球变暖、高 CO_2 的有利气候条件，为植物界提供了演化发育的良机；另一方面被子植物本身的一系列优势，比裸子植物更能利用新出现的环境良机。比如，被子植物产生的枯枝落叶就比裸子植物产生的容易分解，因而土壤能更快地释放营养，便于再次利用（Berendse and Scheffer，2009），使得被子植物能在营养增加的背景下，脱颖而出。

6.3.2 火山喷发与生物大灭绝

以上讨论集中在海底的巨型岩浆活动，但是大火成岩省不光是在海底形成，大陆上同样有岩浆火山活动，同样分布着众多的大火成岩省（图 6-23）。从近年来的发现看，来自地幔深处的大规模岩浆活动在地质历史上曾经反复发生，元古宙以来平均大约每两千万年发生一次，但是相对集中在超级大陆的瓦解时期，属于威尔逊旋回的一个组成部

附注 2：白垩纪磁宁静期

白垩纪中期，从 121 Ma 到 83 Ma，地球的磁场始终保持正向（即与现代一致），而不像其他时期那样出现磁极的正反倒转，被称为白垩纪磁宁静期 (magnetic quiet zone) 或者白垩纪正极性超时（Cretaceous normal superchron, CNS）（Granot et al., 2012）。地球的磁场倒转历史记录在海底的玄武岩洋壳里，因此通过岩石的古地磁测定可以确定地壳的年龄，但是白垩纪磁宁静期因为没有磁场倒转，大片的海底就不能用古地磁作进一步的年代测定（见附图 A 的白色区；Chandler et al., 2015）。前面说过，地球的磁场变化源自外核的“地球电动机（geodynamo）”（见第 1 章，图 1-6），磁极倒转不仅与地核内的流体运动，还与核幔边界的过程有关（朱日祥、刘青松，2010）。由于“超级地幔柱”也是从核幔边界出发的，推测白垩纪磁宁静期的出现很可能与形成大火成岩省的地幔对流有关，两者的根源都在地球内部的最深层——地核与地幔的边界。

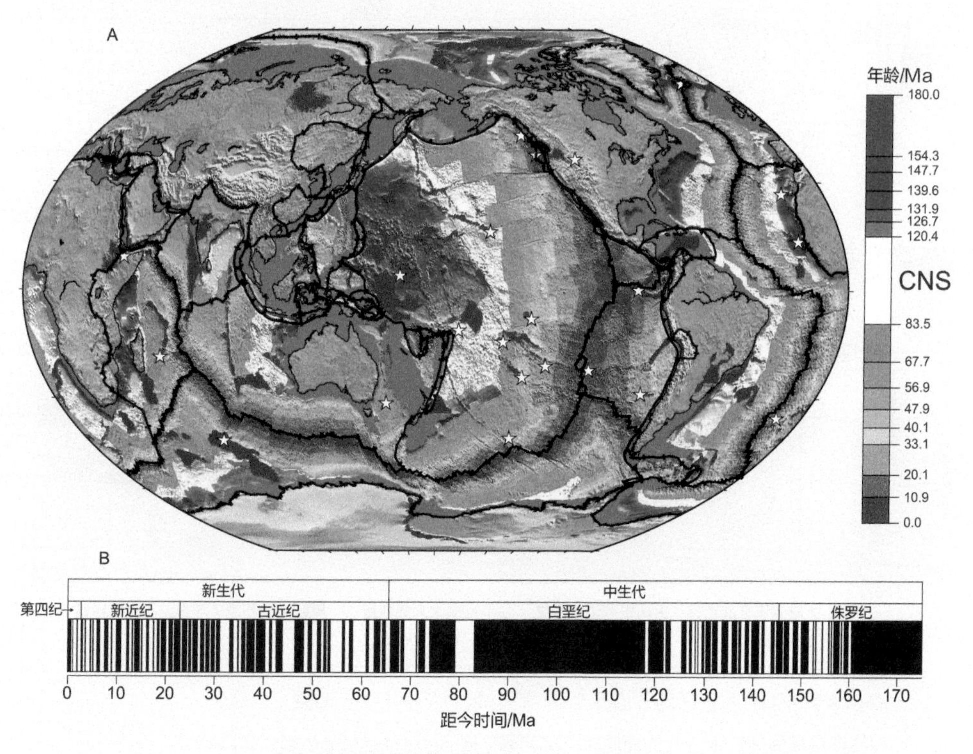

白垩纪磁宁静期（距今 120~83 Ma）

A. 全球洋壳年龄，白色为白垩纪超静磁带（CNS），黑线示板块界线，灰色示大陆边缘，褐色示大火成岩省（LIP），白星示地幔柱（据 Chandler et al., 2015 改）；B. 晚中生代以来的磁性年代表，中段灰色为白垩纪磁宁静期

分，而且以玄武岩为主。每次溢出的岩浆多达几百万乃至几千万立方千米，持续时间长约一百万到五百万年。与海底玄武岩的溢出不同，陆地上形成大火成岩省的环境后果更加直接、更加严重，在岩浆活动的高峰期地球表面至少有 1% 的面积被玄武岩覆盖，有

可能造成生物大灭绝的灾难事件（Bryan and Ferrari，2013）。

火山爆发产生出大量的岩浆和火山灰，拿现在十年、几十年一次的重大火山喷发事件来看，一般的喷出量是几千到几万立方千米的物质。但是火山活动环境影响的重点不在于火山灰，而是喷出的气体。火山喷出的气体以 H_2O 和 CO_2 为主，当然这两种气体在大气圈里有的是，不足为奇，对环境来说重要的喷出物是硫和卤族元素。喷出的卤族元素如果进入平流层，就有可能破坏臭氧（O_3）层，使地球表面的生物失去免受紫外线伤害的屏障。火山喷发气体中 2%~35% 是硫化物，包括 H_2S 和 SO_2，但都会很快变成硫酸的气溶胶，使得阳光暗淡、温度下降，并且破坏臭氧层、造成酸雨（Schmidt and Robock，2015）。例如 1991 年的菲律宾 Pinatubo 火山爆发，将 1700 万 t 的 SO_2 送入大气圈，形成的气溶胶使地面阳光减弱 10%，北半球温度下降 0.5 ℃。因此，火山喷发气体可以对生态系统造成严重损害，以至于引发生物大灭绝。

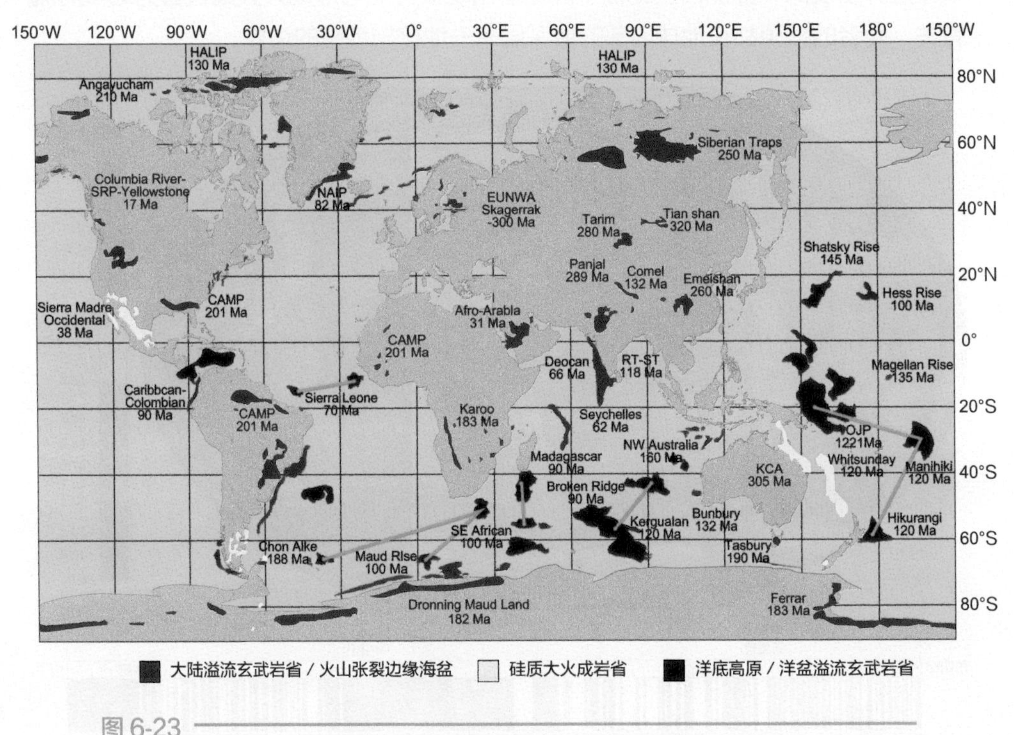

图 6-23

联合大陆形成 (3.2 亿年) 以来海陆大火成岩省 (LIP) 分布图

绿线连接被海底扩张分开的海底大火成岩省 (据 Bryan and Ferrari, 2013 改)

地质历史上最大的一次生物大灭绝事件，发生在 2.5 亿年前的二叠纪末，推测与同时的西伯利亚大火成岩省的形成相关，这也是现在有记录中陆地上最大的一次岩浆溢出事件，覆盖面积高达 200 万 km^2，岩浆体积在 100 万 ~400 万 km^3 之间。这次灭绝事件十分短暂，在不过 10 万年的时间里，造成了 95% 的海相生物和 75% 的陆相生物灭绝。关于这次灭绝事件的成因众说纷纭，究竟是不是西伯利亚的岩浆活动引起的，至今也尚无定论（Shen and Bowring，2014）。尽管导致灭绝事件的具体机制还有待研究，但是火山活

动喷发的 CO_2 和 SO_2 至少为灭绝事件提供了背景（图 6-24；Bond and Wignall，2014）。

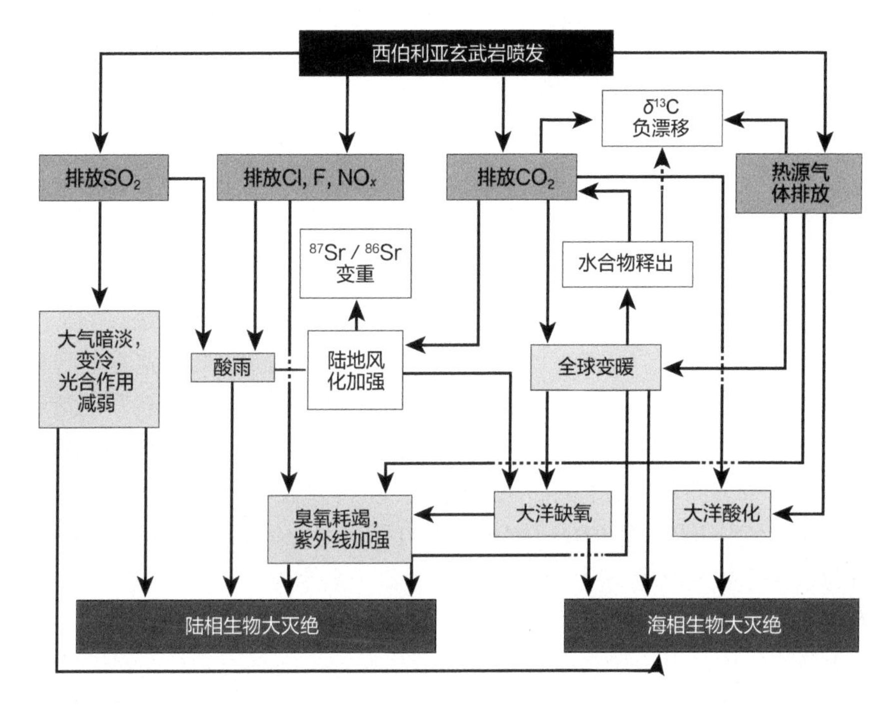

图 6-24
二叠纪末西伯利亚大火成岩省引发生物大灭绝的机制示意图（据 Bond and Wignall, 2014 改）

绿色方块示火山爆发的直接后果，浅蓝方块示生物致死机制

显生宙以来有过五次最大的生物灭绝事件，其中四次（泥盆纪末，二叠纪末，三叠－侏罗纪过渡期，白垩纪末）都与大火成岩省事件相关，只有奥陶纪末的一次例外（见第 2 章，图 2-28；Bond and Wignall，2014）。比如白垩纪末期距今 66 Ma 时形成的印度德干高原大火成岩省，现在保存的面积 50 万 km^2、玄武岩厚达千米，和白垩、古近纪界线 65 Ma 的生物大灭绝事件（即所谓 K/T 界线事件）极其相近。从玄武岩的玻璃包裹体里所含的氯和硫看，当时德干高原每喷出 1 km^3 玄武岩，就要带出 100 万 t 的 HCl 和 350 万 t 的 SO_2（Self et al.，2008），都是剧毒的气体。通常将 K/T 界线事件归因于陨石撞击事件，属于外因引起的灾变。但是这次大灭绝事件似乎早有“先兆”，比如白垩纪晚期菊石的演化已经显示出反常现象。而且这次岩浆活动规模极大，德干高原玄武岩当时覆盖的最大面积估计有 150 万 km^2，相当于半个印度半岛，必然会产生严重的生态效应。由此推测，可能是岩浆火山活动已经使得生态环境恶化，撞击事件是使生态系统崩溃的最后一击（Keller，2005）。

和前面讨论的构造运动与气候变化的因果关系一样，岩浆活动和生物灭绝之间的关系至今不够明确。从发生的时间和一系列地球化学指标看，两者必有联系，至少火山活动为生物灭绝准备了条件。但是至少可以说，生物灭绝并不取决于岩浆活动的规模。比如最大的二叠纪末灭绝事件，当时西伯利亚高原玄武岩溢出的总量只有约 400 万 km^3，而白垩纪翁通－爪哇大火成岩省形成时岩浆溢出量高达约 7700 万 km^3，反倒没有引发大灭绝事件（Bryan and Ferrari，2013）。当然可以说这是陆地上和海底岩浆溢出的差异，但是印度洋凯尔盖朗海底高原的火山活动（图 6-23）最初是从陆上开始，逐渐沉降变为深海的，而在白垩纪中期并没有发生大灭绝事件。岩浆作用的生态效应之谜，还在等待着未来的研究者去解答。

第 2 章里已经谈过：板块运动的威尔逊旋回和地幔柱的大火成岩省，都是地幔环流在地表的不同表现形式，但是地幔柱的活动在地质历史上开始更早，属于地球演化早期岩浆活动的主体。太阳系别的内行星和月球都没有板块运动，但是"大火成岩省"玄武岩溢流的现象却广泛出现，有许多是相当于地球太古宙时候的陈迹。月球上的月海，就是三十多亿年前的玄武岩溢流；火星上有喷发历史长达十亿年、高度超过两万米的火山，成为太阳系里最大的高山；金星、水星也都有过"大火成岩省"的活动（Head and Coffin，1997）。近来"信使号（Messenger）"探测卫星在水星北极高纬区发现溢流玄武岩，占水星表面 6% 以上的面积，属于"陨石大轰炸（Heavy Bombardment）"末期 38 亿 ~37 亿年前的产物（Head et al.，2011）。地外星球上的玄武岩溢流常常由陨石撞击引起，由于没有像地球上那样的板块运动，至今保留着当时的地形，是我们研究"大火成岩省"的好地方。但是外星的研究缺乏实物样品和实地考察，得出的认识常常有不少争议。比如说金星表面 80% 是玄武岩质的火山平原，有人解释是 5 亿 ~3 亿年前岩浆活动使得整个金星"改头换面"，在短短几千万年里形成了 2500 km 厚的新地壳，因此是太阳系里最大的"大火成岩省"，可是这种假说近来正在受到批评（Bryan and Ferrari，2013）。尽管有种种不确定性，研究地球早期的岩浆作用，比较行星学是极其有用的一种辅助途径。

6.3.3 海底扩张与海水化学

海水的化学成分，如果从 Na、Cl 为主的溶解盐来看，在地质历史上基本保持稳定，然而其浓度，也就是海水的盐度，经历过巨大的变化。假如把陆地上的岩盐矿藏和地下卤水的盐分统统送回大洋，海水的盐度就会上升 30%，所有这些盐分都是在大陆出现之后才会从海洋转到陆地的。作为大陆核心的克拉通平均年龄为 22 亿年，假如这确实反映大陆的形成年龄，那么推想二十多亿年之前的海水盐度应当比现在高得多（Knauth，1998）。地球产生初期的冥古宙（43 亿 ~38 亿年前），地球表面的温度和 CO_2 浓度都极高，推测海水呈酸性，pH 值从冥古宙早期的约 5.8 逐渐上升到晚期的约 6.8（Arvidson et al.，2013），并且在地质历史上呈总体上升的趋势，而现在 pH 超过 8.0 是新生代晚期方才达到的高值。

如果将多种元素一道考虑，那么海水的成分当然是在变化的。海水中的盐分无非两大来源：或者来自洋底热液，或者来自大陆风化。如果洋底扩张加剧或者大陆风化增强，海水里两种来源的化学元素或者同位素的比值就会变化，海洋碳酸盐沉积中的锶同位素 $^{87}Sr/^{86}Sr$ 反映的就是这两大物源的消长。在这种变化中，最值得讨论的是钙和镁这两个常量元素，因为海水里钙和镁的比值一方面反映了海底扩张和大洋地壳的生长速率，另一方面又决定了海洋碳酸盐的矿物类型和钙质骨骼生物的演化类型，因此在碳酸盐沉积和化石骨骼上，留下了海水成分地质演变的记录。

镁和钙是元素表里的紧邻，两者的离子 Mg^{2+} 和 Ca^{2+} 化学上相当近似，不但都是正二价，而且直径相差也不太大，常常可以相互替换。海水里结晶形成的碳酸钙有两种同质多象的矿物：三方晶系的方解石和斜方晶系的文石。Mg^{2+} 直径比 Ca^{2+} 大，可以取代方解石里的 Ca^{2+}，却不能进入文石的晶格。实验证明，海水里 Mg^{2+}/Ca^{2+} 值高时，结晶产生文石和高镁方解石；Mg^{2+}/Ca^{2+} 值低时，结晶出来的是方解石。然而当海水进入海底到大洋中脊里循环时，镁和钙的命运却完全不同：海水与高温的新洋壳接触发生化学反应，Ca^{2+} 从岩石里出来进入海水，Mg^{2+} 却是从海水进入岩石。于是当洋壳形成加快、大洋中脊体积增大时，海水在海底的热液活动加强，导致海水失去 Mg^{2+}、得到 Ca^{2+}，海水的 Mg^{2+}/Ca^{2+} 值下降（图 6-25；Stanley and Luczaj，2014）。

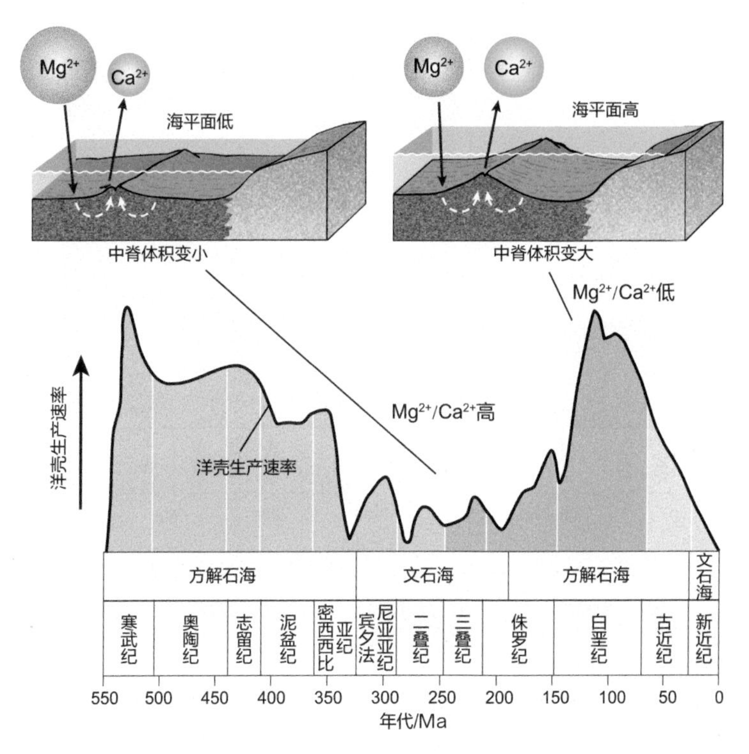

图 6-25
显生宙洋壳生长速率变化对海水化学的影响（据 Stanley and Luczaj, 2014 改）
粗线表示洋壳生长速度，速度高时海面上升、海水 Mg^{2+}/Ca^{2+} 下降

我们从第 2 章里知道：洋壳的生长是不均匀的，当超级大陆瓦解时，海底扩张和洋壳生长加快，海平面也会上升，上一节讨论的白垩纪就是新大洋张裂的洋壳加速生长期。就显生宙而论，寒武纪到石炭纪洋壳生长快，大洋中脊体积增大，海水 Mg^{2+}/Ca^{2+} 值低；而联合大陆聚集的二叠、三叠纪却是洋壳生长的低值期，海平面下降；到联合大陆崩解的白垩纪又出现高值，海水 Mg^{2+}/Ca^{2+} 值重新变低，海平面再度上升（图 6-25）。海水化学的这种反复变化，最初是从碳酸盐鲕粒发现的。三四十年前，发现从寒武纪到

石炭纪早期、从侏罗纪到新生代中期的鲕粒是方解石质的，而石炭纪中晚期到侏罗纪以及新生代晚期却是文石质的，于是提出来显生宙大洋经历过“方解石海”和“文石海”两种阶段（Sandberg，1983；图 6-25），对应于两类不同的海水化学特色。这种区别首先反映在碳酸盐沉积里，“方解石海”时期的鲕粒和钙质胶结物是方解石质的，而“文石海”时期却是文石质的；同时也表现在蒸发岩的成分上，“方解石海”多镁盐（如 $MgSO_4$）、“文石海”多钾盐（如 KCl）（Hardie，1996）。

海底扩张的速率居然会控制海洋 $CaCO_3$ 的同质异象，影响到矿物的晶型，其原因就是海水化学成分的变化，而且这种变化已经得到蒸发岩包裹体中古海水成分的证明（Lowenstein et al.，2001）。不但如此，海水 Mg^{2+}/Ca^{2+} 值的变化，还影响了海洋生物钙质骨骼的矿物类型，进而影响造礁生物的演化进程（图 6-26；Stanley and Hardie，1998）。

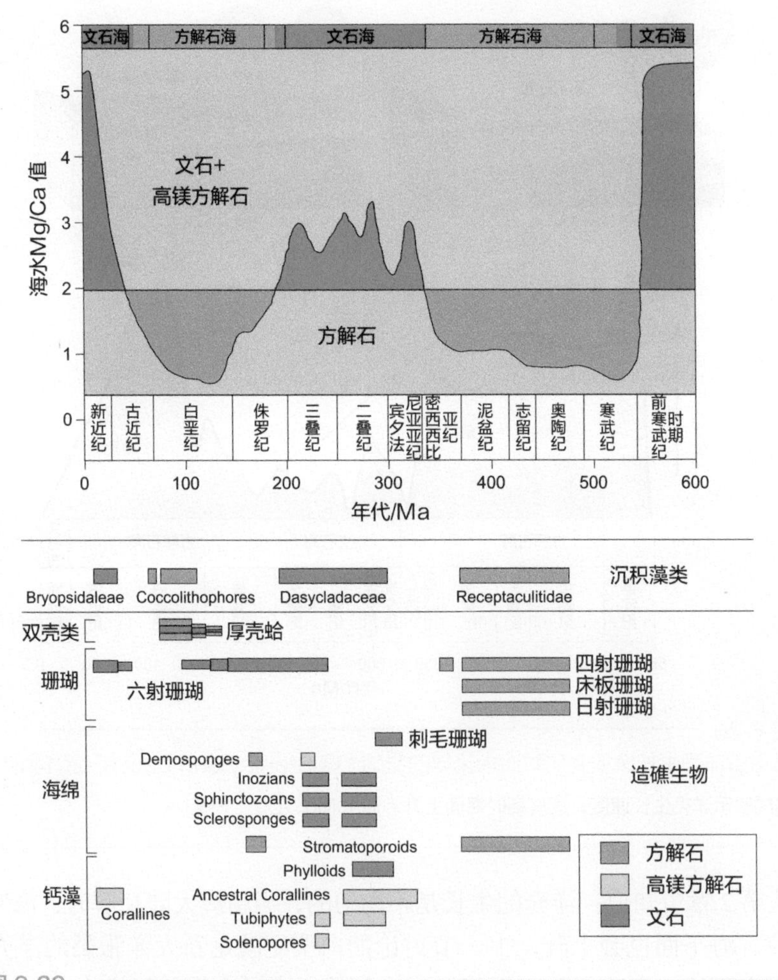

图 6-26
显生宙的方解石海与文石海，及其对应的造礁生物和沉积化石（据 Stanley and Hardie, 1998 改）
方解石海和文石海分别用橙色和蓝色表示

原来文石在海水里要比方解石容易溶解得多，前面第4章里讨论的海洋碳酸盐补偿面（CCD）中的碳酸盐指的是方解石（见4.5.3.2节），而文石的补偿面要比方解石浅二三千米。当世界大洋处在“方解石海”的时候，海水镁含量低，容易形成方解石骨骼，比如说古生代中期的四射珊瑚属于方解石质；进入“文石海”时期，造礁珊瑚就被文石骨骼的六射珊瑚和海绵、钙藻所取代。正因为方解石耐溶，白垩纪温暖的特提斯大洋里才会出现双壳类的造礁生物——厚壳蛤(Rudist)(图6-26)。进入新生代海水变冷，由“方解石海”转为“文石海”，形成厚重的钙质骨骼就不再那么容易。一个绝好的例子是钙质超微化石里的盘星类，这是浮游植物颗石藻中已经灭绝的一支，方解石的骨骼呈星状，演化迅速、规律明显，从古新世到上新世方解石骨骼由笨重变细弱，到上新世末剩下个别种，骨骼的星支也已经细到不能再细，终于灭绝消亡（图6-27；Stanley and Hardie，1998）。

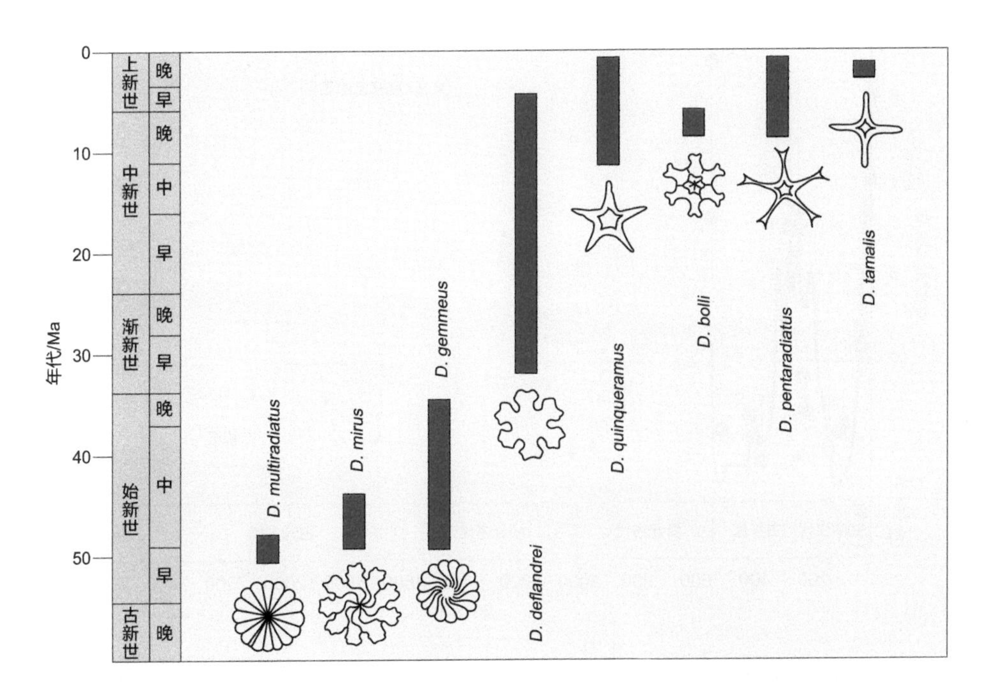

图6-27
新生代钙质超微化石盘星类（*Discoaster*）方解石骨骼由粗壮变纤细的演化趋势示意图（据Stanley and Hardie, 1998改）

海水化学演变的环境影响是全方位的，绝不以碳酸盐沉积为限，有许多意想不到的效应有待今后加以注意。比如说有孔虫壳体中的Mg^{2+}/Ca^{2+}值与水温相关，因此被用于第四纪地层的古温度再造。但是有孔虫壳体的Mg^{2+}/Ca^{2+}值与温度的关系又与海水中的Mg^{2+}/Ca^{2+}值相关，由于第四纪以前海水的Mg^{2+}/Ca^{2+}值较低（图6-26），用有孔虫壳体的Mg^{2+}/Ca^{2+}测上新世的古温度就有可能产生偏差（Evans and Müller，2012）。

总之，地质历史时期中海水Mg^{2+}/Ca^{2+}值的变化，是个十分有趣的研究题目，值得用理论模型加以探讨。现在海水盐分是河流排水和大洋中脊热液混合而成，用简单的模拟就可以发现：热液供应只要有 10% 的升降，就足以改变 Mg^{2+}/Ca^{2+} 值而导致碳酸盐和蒸发岩矿物的变化。我们上面的讨论只涉及显生宙，但是类似的变化在前寒武纪同样可以发生。计算机模拟的结果，提出了太古宙晚期以来有过多次方解石海与文石海的交替，这种交替也得到岩盐液相包裹体和矿物假晶等证据的支持（图 6-28；Ries et al., 2008）。此说如果成立，那就不仅为研究前寒武纪的海水化学，还为洋壳演变的规律性提供了新的线索。海水中 Mg^{2+}/Ca^{2+} 值的变化，从大洋扩张到海水成分再到生物骨骼的演化，是地球系统圈层相互作用中一个富有说服力的例证。

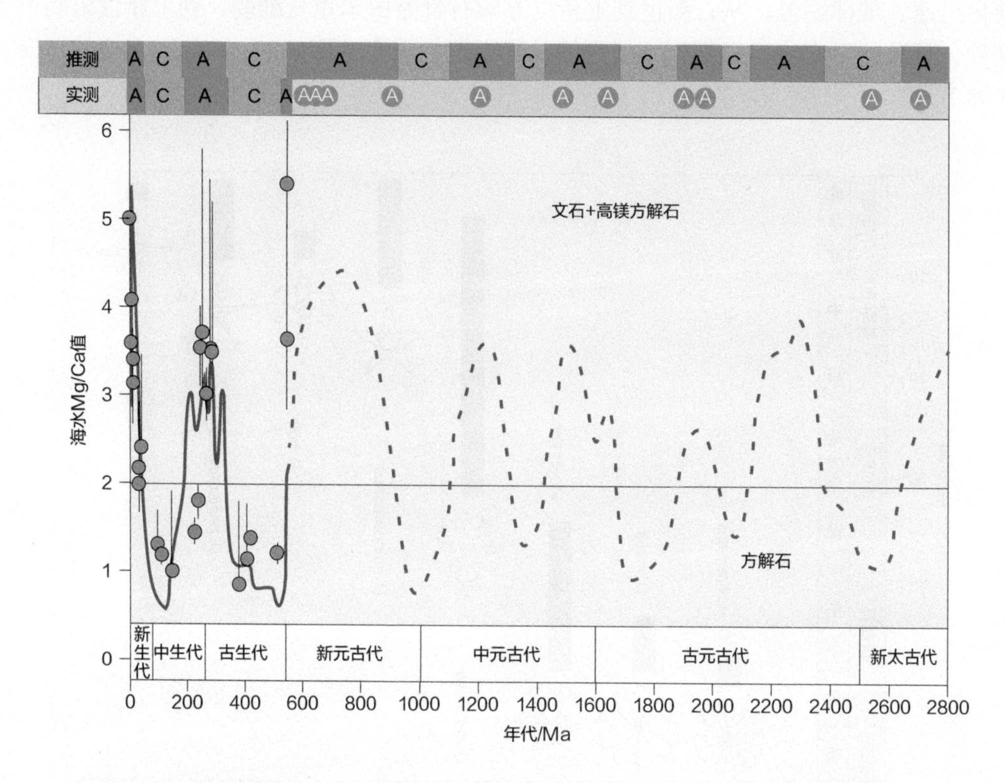

图 6-28

太古宙晚期28亿年以来大洋Mg/Ca值变化的模拟结果（据 Ries et al., 2008 改）

横线以下为方解石海（C）、横线以上为文石海（A）

6.4 地形改组与环境演变

前面讨论了海底扩张和海道闭启的环境影响，现在来看大陆的地形改组又是如何影响着地球表层的环境。在威尔逊旋回中，无论是大陆破裂还是碰撞，都会改变地形，新的地形必然造成不同的水系，从而改变陆地景观和海洋沉积的分布。这些过程本身早已是传统地球科学中的研究内容，似乎并无新意，但如果从圈层相互作用的高度加以串联，就会出现另外一番意境。

6.4.1 古高度再造

在古地理的定量再造中，古高度要比古深度困难得多。即便是现在的青藏高原，隆升的历史还说不清楚，因为缺乏古高度可靠的定量依据，至于古老地质年代的山脉高度，那就更难确定。比如在劳亚大陆和冈瓦纳大陆碰撞形成联合大陆时，曾经引起晚古生代的地壳缩短、山脉隆升，其中就有现在北美东侧的阿巴拉契亚山脉，其规模绝不亚于新生代印度和亚洲板块的碰撞。但是对当时阿巴拉契亚山高度的估计不一，少的说2~3 km，多的说6~7 km（Fluteau et al.，2001）。多少年来，地质界想过用各种办法测古高度，但是至今仍然是个难题。

比较传统的办法是用化石，主要是植物化石作为标志，现在生活在低山上的生物化石在高山上被发现，就说明山脉隆升。这是地质学"将今论古"的经典方法，几百年来一直被广泛用于相对高度的推论，但是已经饱受批评（如 Molnar and England，1990）。因为影响植被分布的不只是高度，生态条件（比如气温）的变更或者生物的适应演化，都可以改变植物种类的分布，因此不宜用作定量标志。现在使用植物化石推算古高度时用的是叶片形态，而不是属种组成（如 Gregory-Wodzicki，2000）。多年来，学术界尝试过用各种方法进行古高度定量再造，其中一种是用地层回剥的技术，在源区地质分析的基础上，将集水盆地里的沉积物"送回"到剥蚀源区去（Shaw and Hay，1989）。这种所谓的"物质平衡法"曾经用于重建美国墨西哥湾西北部（Hay et al.，1989）和北欧格陵兰－冰岛－挪威海的古高度演变（Wold and Hay，1990）。另一种方法是用玄武岩气孔的大小和分布来计算火山口的高度，因为气孔大小与熔岩流所处的高度相关（Sahagian et al.，2002）。此外，也可以根据地形高度对大气环流的影响，在气候模拟的基础上参照古气候记录反推古高度，比如说由此得出石炭－二叠纪时阿巴拉契亚山脉的高度是4500 m（Fluteau et al.，2001）。

然而近年来流行的，是稳定同位素计算古高度的方法。其原理在于雨水的同位素与海拔高度有相关关系，水汽从海面上升到高山的过程里随着降水而发生同位素分馏，因此地面接受降水里的氧和氢的同位素值（$\delta^{18}O$ 和 δD），都会随着高度增加而变低（Gonfiantini et al.，2001）。一旦雨水结合到地面上新产生的矿物里，就可以保留当时的同位素值，成为古高度的标志。这可以是湖相碳酸盐或者古土壤层钙结核的氧同位素（Quade et al.，2007），也可以是花岗岩风化产生高岭石里的氢同位素（Mulch et al.，2006），还可以是哺乳类化石牙齿里的氧、碳同位素（Bershow et al.，2010）。进一步的发展，是测量碳酸钙样品中 ^{18}O 和 ^{13}C 直接结合成 $^{13}C^{18}O^{16}O$ 的比例，称为 Δ_{47} 指标，用来计算古温度和古高度（Ghosh et al.，2006）。稳定同位素古高度计算法，已经成功地运用于南美安第斯山和亚洲青藏高原的隆升历史的再造（Rowley and Garzione，2007），是古地形研究的一种新方向。

6.4.2 地形和水系

运用同位素和其他方法再造古高度，工作做得最多的是安第斯山和青藏高原。南美洲西岸的安第斯山脉，南北绵延 7000 km，平均高度 4000 m，是太平洋板块俯冲在南美之下的产物，但是对其隆升时间多有争议。近年来正是稳定同位素的方法对此提供了答案，以 20°S 一带的“中安第斯山脉”为例：从渐新世之前到晚中新世，大约在 40~10 Ma 期间，安第斯山脉在太平洋板块作用下地壳缩短、缓慢隆升，但是中安第斯山区的高度只有海拔 2000 m 上下；然后在中新世晚期，即 10~6 Ma 期间，由于地幔岩石圈和下地幔脱落的拆沉作用，方才快速隆升，达到四千多米（Garzione et al.，2008；Hoke and Garzione，2008）。

安第斯山脉的隆升，带来了南美的地形倒转与河系改组，其中最大的事件是当今世界最大热带雨林所在地亚马孙河流域的形成。现在的亚马孙河西起安第斯山脉、东入大西洋，是世界流量第一、长度第二的大河，是全球最大热带雨林的所在地，也是世界陆生动植物多样性最高的盆地（见附注 3）。亚马孙河发育在南美克拉通中间一个东西向的古生代盆地里。从白垩纪的河湖相地层看，当时南美洲东高西低，河水西流；进入新生代，分水岭逐步西移，到渐新世末形成了两支河流：一支向北进入加勒比海的大河，和一支向东也就是亚马孙河前身的小河（图 6-29A；Hoorn et al.，2010）。中新世早期，在今天亚马孙河流域西部的位置上形成了广阔的湖泊 / 湿地，极盛时面积可达百万平方千米，在热带气候下雨林发育，有时候又有北方的海水入侵，出现了丰盛多样的动植物群（图 6-29B；Wesselingh and Salo，2006）。 现代东流入海的亚马孙河，是 10 Ma 前

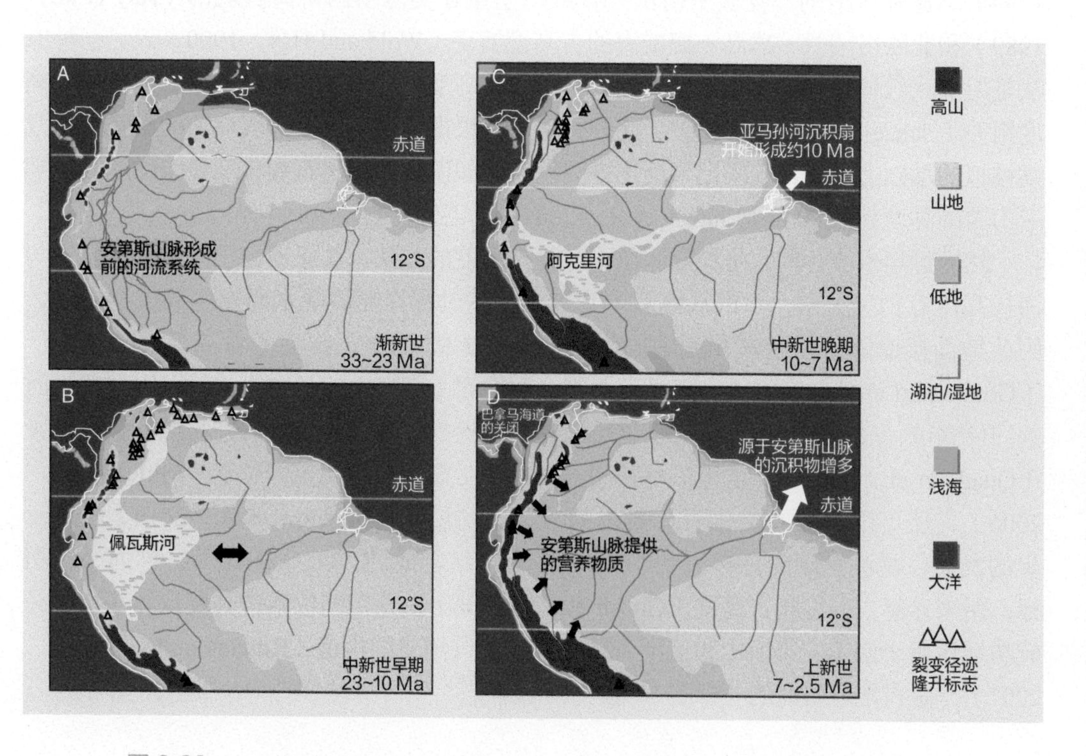

图 6-29

亚马孙河的形成历史（据 Hoorn et al., 2010 改）

A. 渐新世；B. 中新世早期，亚马孙河形成以前；C. 中新世晚期；D. 上新世，亚马孙河形成

安第斯山急速隆升的产物，自此之后方才成为全球入海流量最大、热带雨林最广的集水盆地（图 6-29C，D；Hoorn et al.，2010）。亚马孙河盆地现在拥有全球最为集中的陆生生物量和最高的陆生生物多样性，热带雨林里仅植物就有 4 万种，而世界上 1/5 种类的鱼类和鸟类也都分布在这里（见附注 3）。

亚马孙河流域生物多样性全球称冠的原因何在？在将近半世纪前，飞马石油公司的地质学家兼鸟类学家 J. Haffer 提出了“避难所假说”，认为冰期气候干旱化，大片的热带树林收缩到山坡迎风面零星的多雨区，生物在这些“避难所”里分头演化，方才产生

附注 3：亚马孙河流域

南美亚马孙河是世界最大的热带河流，长 6400 km，流域面积（705 万 km^2）世界第一，占据了南美洲的 40%，入海流量也居世界第一，每年 6600 km^3，占全世界河流总流量的 1/5, 入海后在大西洋海面上形成 250 万 km^2 的淡水层。亚马孙河盆地年降雨量逾 2700 mm，形成 1100 条支流汇聚亚马孙河，其中长度超过 1600 km 的就有 17 条。

亚马孙河盆地也是全球最大的热带雨林。全球的热带雨林有一半聚集在这里，面积达 550 万 km^2，估计总共有 3900 亿株树，分属 16000 个种。亚马孙热带雨林巨大的生物量在全球生态平衡中举足轻重，据 1999 年统计每平方千米有 9 万 t 活生物量，不仅吸收大量的碳，还是全球 20% 氧的供应者，因而被喻为是地球的“肺”。亚马孙热带雨林的生物多样性也居世界第一，鱼类和鸟类在亚马孙河流域分别达到 2200 种和 1300 种，而昆虫的种类竟高达 250 万种。因此，亚马孙河盆地的热带雨林，是对地球系统影响最大的陆地生物圈所在。

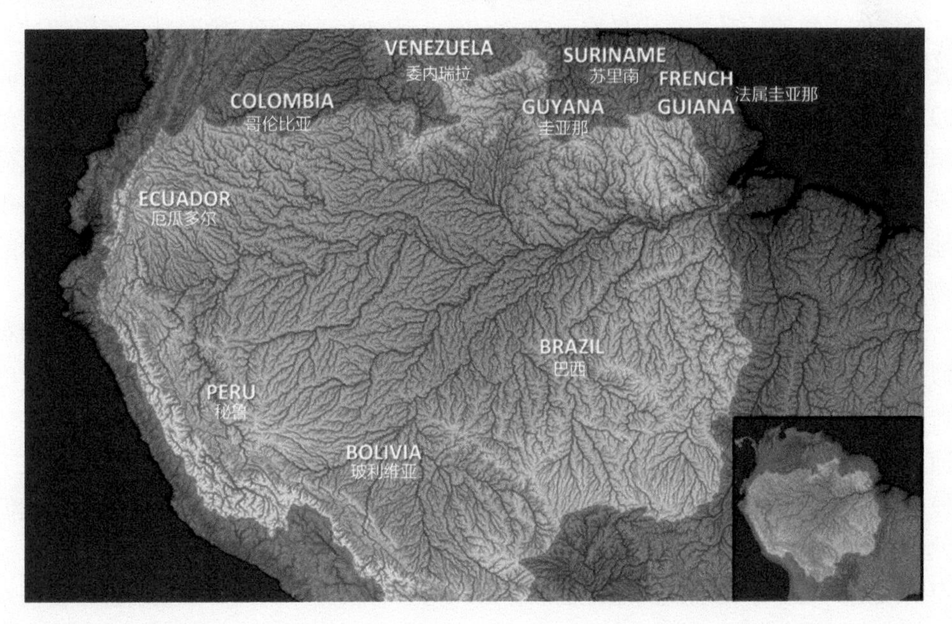

亚马孙河流域地形图（图片来自 https://earthobservatory.nasa.gov，经编辑修改）

出如此高的多样性（Haffer，1969）。“避难所”假说在生物学界曾经风靡一时，被用作研究全球热带森林生物演化的指针，包括东南亚热带雨林在内（Haffer and Prance，2001）。有趣的是所有这些议论都缺乏古生物尤其是古植物研究的介入。直到近年来的钻探和孢粉分析，发现冰期时亚马孙盆地并没有成为干草原，不需要“避难”（Bush and de Oliveira，2006），于是“避难所”假说便不攻自破。同时从新生代植被演变记录和古气候的比较看，是高温气候塑造了南美热带的植物多样性（Jaramillo et al.，2006），随着安第斯山脉的隆升，该区在中新世中期以来就已经有强烈的热带对流和丰富的季节性降水（Poulsen et al.，2010），亚马孙流域的生物多样性应当是中新世以来演化的长期积累，无需借助于晚第四纪的“避难所”机制。

地形和水系研究的另一个热点是亚洲的青藏高原，其隆升历史不仅涉及我国长江、黄河和亚洲季风的起源，也被假设为全球新生代气候从暖室期转为冰室期的一种原因（如Raymo and Ruddiman，1992），但是其隆升的时间至今仍是争论题目。有关青藏高原的内容，国内文献已经基本覆盖，最近对长江起源也有新作（如郑洪波等，2017），本书中不再展开。

6.4.3 剥蚀与沉积

构造运动加速会引起剥蚀和沉积作用加强，这已经是地质学里的常识。然而两者之间的关系，并不如想象的那样简单。原因之一是地质过程的速度，并不容易正确测量，更不容易正确理解。19世纪中叶建立进化论的时候，强调的是均一的慢过程；20世纪后期技术进步之后才明白地质过程的速度极不均匀，许多变化都是快速完成的。捕获器锚系或者海底三脚架的长期观测，都发现主要的沉积量，其实是在短暂时间里堆积的。台湾作为快速抬升的高山岛屿，它的山区小河向大洋的沉积输运量，可以超过平原的大河。据估算，台湾的山脉抬升造成剥蚀速率平均每年可达3~6 mm（Dadson et al.，2003），但是剥蚀产物向海洋的输送是通过快速事件实现的，台风、洪水、地震才是将沉积物送入深海的机制。比如山地河流高屏溪6~9月的洪水期，河流流量和沉积载荷都比干季高出2~3个数量级，沉积通量更是高出5个量级（Liu et al.，2006）。1999年的大地震，在台湾引起了2万多次滑坡，随后的风暴又将沉积物送入河道，使得河水的沉积物浓度增加4倍（Dadson et al.，2004）。

然而剥蚀速率的测定，要比沉积速率困难得多，这和古高度比古深度更加难测有点相似。传统的办法是根据沉积量反推剥蚀量，因为在一个封闭盆地内或者在全球尺度上两者应当平衡，但是这种理想条件的假设常常并不成立。现在受到广泛重视的新方法，是通过原位产生的宇宙核素，来测定岩石的剥蚀速率。所谓宇宙射线是质子（氢核）、氦核等组成的高能粒子流，到了地球大气层里能够撞击产生放射性的宇宙核素，我们比较熟悉的是^{14}C，其实元素表里的一些轻元素Li，Be，B（参见第1章图1-8）本身就是宇宙射线的产物。宇宙射线到达地面后，可以与岩石相互作用而产生放射性宇宙核素，在岩石表面最多，向岩石深部逐渐减少，而宇宙核素的丰度与岩石表面暴露的时间相关，因此可以通过测量宇宙核素来计算岩石剥蚀的速度。广泛应用的宇宙核素有^{3}He，^{10}Be，

^{14}C，^{21}Ne，^{26}Al 和 ^{36}Cl，多年来已经成为再造剥蚀速率的一种主流途径（Lal，1988；Bierman，1994）。近年来，土壤里的 ^{10}Be 作为沉积剥蚀和搬运的标志被广泛采用，通过实验和模拟，不但成功地运用于土壤的剥蚀、搬运，而且河流沉积里的 ^{10}Be 分析，还被用于再造集水盆地剥蚀、沉积的演变历史（Willenbring and von Blanckenburg，2010a）。

理论上讲，剥蚀和沉积作用在全球范围内应当是平衡的，陆地的剥蚀加速必然带来海洋陆源物质的沉积加速。近 2~4 Ma 来随着北极冰盖的形成，全球气候发生剧烈变化，造成气温、降水、海平面、植被等各方面的不稳定性，都可以引起剥蚀和沉积作用的加速。果然，根据白垩纪晚期以来将近 1 亿年来大洋陆源沉积速率的统计，发现最近 5 Ma 的速率较前提高了 4 倍（图 6-30A；Zhang et al.，2001）。但如果真是剥蚀速度加快的结果，宇宙核素的记录里也应该有所反映。可是测量结果并非如此：在海洋沉积和深海铁锰结核里测量铍的宇宙核素 ^{10}Be 和稳定同位素 ^{9}Be 之间的比例，结果发现近 1000 万年来 ^{10}B/^{9}Be 值相对稳定，并没有近 4~2 Ma 以来剥蚀速率加快的证据（图 6-30B；Willenbring and von Blanckenburg，2010b）。

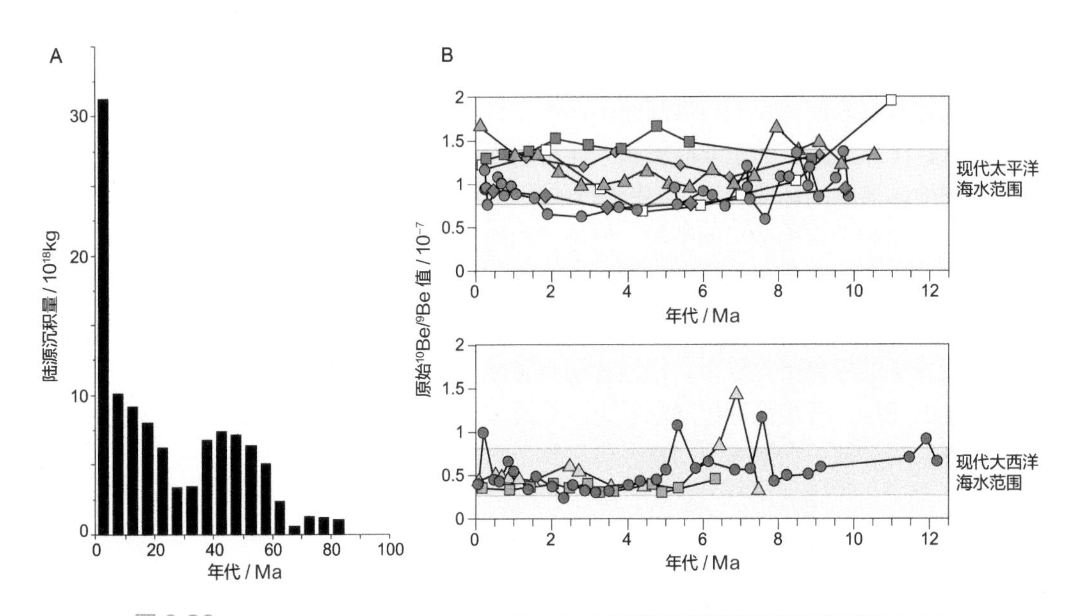

图 6-30
全球剥蚀与沉积速率变化的争论

A. 世界大洋白垩纪晚期以来陆源沉积量的变化（每柱为 500 万年沉积质量）（据 Zhang et al., 2001 改）；B. 太平洋（上）和大西洋（下）海水的原始 ^{10}Be/^{9}Be 值，指示风化剥蚀速率，深色区表示现代的 ^{10}Be/^{9}Be 值范围（据 Willenbring and von Blanckenburg, 2010b 改）

因此，如何正确解释海洋沉积速率的记录，就值得认真推敲。事实上，海洋沉积速率的统计，一般都是选在近代沉积物较多、也就是沉积速率较高的地区进行，因此统计对象的选择就有偏向；同时，古老的地层往往会经历后来的剥蚀，越新的地层保留的机会越多。因此，近五百万年的高沉积速率可能是测量产生的偏差，并不代表真实的地质演变（Willenbring and von Blanckenburg，2010b）。

上述例子挑战的不仅是沉积速率统计的方法，而且也涉及前面谈过的气候与构造运动的关系。地质过程速率的变化，是研究地球系统演变的重要内容，并不限于剥蚀和沉积。早就有人将各种各样地质过程的速度汇编成册（Kukal，1990），也有人提议为地形变化的速率专门设立个测量单位叫作 bubnoff（B），表示每百万年改变 1 m（Fischer，1969），但是并没有被广泛接受。地质过程速率是地球系统科学的一个重要议题，但是如何用正确的而不是简单化的方法研究，还是个有待解决的问题。

回顾本章对于构造尺度演变的讨论，主要涉及两大方面：一是海陆分布与地形的演变，二是这些演变对气候环境的影响，两者都是学术界长期争论的对象。应该说，随着板块理论的确立和对地球内部过程认识的进步，对于前者的看法渐趋成熟，而对后者的争议却在增多。

最显著的地形变化发生在板块边界，大洋沿着板块分裂的界线发生海底扩张，产生了全球最大的海底山脉——6 万 km 长的大洋中脊；沿着板块俯冲的界线出现了深海沟和岛弧山脉，如果是大洋内部的板块俯冲，海沟的深度就会更大，产生像马里亚纳海沟那样深逾万米的深渊。陆地上，在板块分裂的被动大陆边缘，发生下陷形成沉积盆地，而沿着板块俯冲的活动大陆边缘，发生隆升形成山脉，如果是两个大陆板块相互碰撞，就会造成像青藏高原那样的巨大高原。同时在板块内部，地幔柱的岩浆作用可以形成大火成岩省，比如大陆上的东非高原和大洋里的海底高原。

至于地形演变的环境后果，原先流行的观点正在受到挑战。地质界长期盛行的观点，认为重大气候演变由构造运动引起，但是“构造决定气候”的模式至今还是一种假设，并没有科学证明。无论是海道开启还是高原隆升，都被引据为新生代晚期地球进入冰室期的原因，但是这些假设都没有获得直接地质证据的充分支持，说明地球表层系统的演变比我们直觉的想象更为复杂。构造变动有可能是通过其他途径，比如通过改变水循环和碳循环的途径，间接地调控气候系统。构造驱动气候的假设，虽然被广泛接受，似乎是无需证明的真理，在学术上却至今仍在等待着不容置疑的证明。

参考文献

许靖华 . 1984. 古海洋学的历史与趋向 . 海洋学报（中文版）, 6: 830–842.

朱日祥 , 刘青松 . 2004. 地磁场起源 . 见：1000 个科学难题 . 地球科学卷 . 北京：科学出版社 , 635–643.

郑洪波 , 魏晓椿 , 王平 , 等 . 2017. 长江的前世今生 . 中国科学：地球科学 , 47(4): 385–393.

Arvidson R S, Mackenzie F T, Guidry M W. 2013. Geologic history of seawater: A MAGic approach to carbon chemistry and ocean ventilation. Chemical Geology, 362: 287–304.

Berendse F, Scheffer M. 2009. The angiosperm radiation revisited, an ecological explanation for Darwin's 'abominable mystery'. Ecology Letters, 12(9): 865–872.

Bershaw J, Garzione C N, Higgins P, et al. 2010. Spatial-temporal changes in Andean plateau climate and elevation from stable isotopes of mammal teeth. Earth and Planetary Science Letters, 289(3): 530–538.

Bierman P R. 1994. Using in situ produced cosmogenic isotopes to estimate rates of landscape evolution: A review from the geomorphic perspective. Journal of Geophysical Research: Solid Earth, 99(B7): 13885–13896.

Bond D P G, Wignall P B. 2014. Large igneous provinces and mass extinctions: an update. Geological Society of America Special Papers, 505: 29–55.

Bralower T J. 2008. Earth science: Volcanic cause of catastrophe. Nature, 454(7202): 285–287.

Brierley C M, Fedorov A V. 2016. Comparing the impacts of Miocene-Pliocene changes in inter-ocean gateways on climate: Central American Seaway, Bering Strait, and Indonesia. Earth and Planetary Science Letters, 444: 116–130.

Brierley C, Burls N, Ravelo C, et al. 2015. Pliocene warmth and gradients. Nature Geoscience, 8(6): 419–420.

Brinkhuis H, Schouten S, Collinson M E, et al. 2006. Episodic fresh surface waters in the Eocene Arctic Ocean. Nature, 441: 606–609.

Bryan S E, Ferrari L. 2013. Large igneous provinces and silicic large igneous provinces: Progress in our understanding over the last 25 years. Geological Society of America Bulletin, 125(7–8): 1053–1078.

Bush M B, Oliveira P E. 2006. The rise and fall of the Refugial Hypothesis of Amazonian speciation: a paleoecological perspective. Biota Neotropica, 6(1): 784–785.

Cane M A, Molnar P. 2001. Closing of the Indonesian seaway as a precursor to east African aridification around 3–4 million years ago. Nature, 411(6834): 157–162.

Chandler M T, Wessel P, Taylor B. 2015. Tectonic reconstructions in magnetic quiet zones: Insights from the Greater Ontong Java Plateau. Geological Society of America Special Papers, 511: 185–193.

Chao W C, Chen B. 2001. The origin of monsoons. Journal of the Atmospheric Sciences, 58(22): 3497–3507.

Coffin M F, Pringle M S, Duncan R A, et al. 2002. Kerguelen hotspot magma output since 130 Ma. Journal of Petrology, 43(7): 1121–1137.

Courtillot V, Olson P. 2007. Mantle plumes link magnetic superchrons to phanerozoic mass depletion events. Earth and Planetary Science Letters, 260(3): 495–504.

Dadson S J, Hovius N, Chen H, et al. 2003. Links between erosion, runoff variability and seismicity in the Taiwan orogen. Nature, 426(6967): 648–651.

Dadson S J, Hovius N, Chen H, et al. 2004. Earthquake-triggered increase in sediment delivery from an active mountain belt. Geology, 32(8): 733–736.

Davies J H, Davies D R. 2010. Earth's surface heat flux. Solid Earth, 1(1): 5–24.

DeConto R M, Pollard D. 2003. Rapid Cenozoic glaciation of Antarctica induced by declining atmospheric CO_2. Nature, 421(6920): 245–249.

Driscoll N W, Haug G H. 1998. A short circuit in thermohaline circulation: A cause for northern hemisphere glaciation? Science, 282(5388): 436–438.

Erba E, Duncan R A, Bottini C, et al. 2015. Environmental consequences of Ontong Java Plateau and Kerguelen Plateau volcanism. Geological Society of America Special Papers, 511: 271–303.

Evans D, Müller W. 2012. Deep time foraminifera Mg/Ca paleothermometry: Nonlinear correction for secular change in seawater Mg/Ca. Paleoceanography, 27(4): PA4205. doi: 10.1029/2012PA002315.

Exon N F, Kennett J P, Malone M J. 2004. Leg 189 synthesis: Cretaceous-Holocene history of the Tasmanian gateway. Proceedings of the Ocean Drilling Program, Scientific Results, 189(1): 1–37.

Fischer A G. 1969. Geological time-distance rates: the Bubnoff unit. Geological Society of America Bulletin, 80(3): 549–552.

Flohn H. 1984. Climatic belts in the case of a unipolar glaciation. In: Climatic Changes on a Yearly to Millennial Basis. Berlin: Springer. 609–620.

Fluteau F, Besse J, Broutin J, et al. 2001. The Late Permian climate. What can be inferred from climate modelling concerning Pangea scenarios and Hercynian range altitude? Palaeogeography, Palaeoclimatology, Palaeoecology, 167(1): 39–71.

Gallagher S J, Wallace M W, Li C L, et al. 2009. Neogene history of the West Pacific Warm Pool, Kuroshio and Leeuwin currents. Paleoceanography, 24(1): PA1206. doi: 10.1029/2008PA001660.

Garzione C N, Hoke G D, Libarkin J C, et al. 2008. Rise of the Andes. Science, 320(5881): 1304–1307.

Ghosh P, Garzione C N, Eiler J M. 2006. Rapid uplift of the Altiplano revealed through ^{13}C-^{18}O bonds in paleosol carbonates. Science, 311(5760): 511–515.

Gladenkov A Y, Oleinik A E, Marincovich L, et al. 2002. A refined age for the earliest opening of Bering Strait. Palaeogeography, Palaeoclimatology, Palaeoecology, 183(3): 321–328.

Gonfiantini R, Roche M A, Olivry J C, et al. 2001. The altitude effect on the isotopic composition of tropical rains. Chemical Geology, 181(1): 147–167.

Gordon A L, Fine R A. 1996. Pathways of water between the Pacific and Indian oceans in the Indonesian seas. Nature, 379(6561): 146–149.

Granot R, Dyment J, Gallet Y. 2012. Geomagnetic field variability during the Cretaceous Normal Superchron. Nature Geoscience, 5(3): 220–223.

Gregory-Wodzicki K M. 2000. Uplift history of the Central and Northern Andes: a review. Geological Society of America Bulletin, 112(7): 1091–1105.

Guo Z T, Berger A, Yin Q Z, et al. 2009. Strong asymmetry of hemispheric climates during MIS-13 inferred from correlating China loess and Antarctica ice records. Climate of the Past, 5(1): 21–31.

Haffer J. 1969. Speciation in Amazonian forest birds. Science, 165(3889): 131–137.

Haffer J, Prance G T. 2001. Climatic forcing of evolution in Amazonia during the Cenozoic: on the refuge theory of biotic differentiation. Amazoniana, 16(3): 579–607.

Hardie L A. 1996. Secular variation in seawater chemistry: An explanation for the coupled secular variation in the mineralogies of marine limestones and potash evaporites over the past 600 my. Geology, 24(3): 279–283.

Hauff F, Hoernle K, Tilton G, et al. 2000. Large volume recycling of oceanic lithosphere over short time scales: geochemical constraints from the Caribbean Large Igneous Province. Earth and Planetary Science Letters, 174(3): 247–263.

Haug G H, Tiedemann R. 1998. Effect of the formation of the Isthmus of Panama on Atlantic Ocean thermohaline circulation. Nature, 393(6686): 673–676.

Hay W W. 2011. Can humans force a return to a ‘Cretaceous’ climate? Sedimentary Geology, 235(1): 5–26.

Hay W W, Shaw C A, Wold C N. 1989. Mass-balanced paleogeographic reconstructions. Geologische Rundschau, 78(1): 207–242.

Head J W, Coffin M F. 1997. Large igneous provinces: a planetary perspective. In: Mahoney J J, Coffin M F (eds.) Large Igneous Provinces: Continental, Oceanic, and Planetary Flood Volcanism. Washington D C: Geophysical Monograph Series. 411–438.

Head J W, Chapman C R, Strom R G, et al. 2011. Flood volcanism in the northern high latitudes of Mercury revealed by MESSENGER. Science, 333(6051): 1853–1856.

Heimhofer U, Hochuli P A, Burla S, et al. 2005. Timing of Early Cretaceous angiosperm diversification and possible links to major paleoenvironmental change. Geology, 33(2): 141–144.

Hoke G D, Garzione C N. 2008. Paleosurfaces, paleoelevation, and the mechanisms for the late Miocene topographic development of the Altiplano plateau. Earth and Planetary Science Letters, 271(1): 192–201.

Hoorn C, Wesselingh F P, Ter Steege H, et al. 2010. Amazonia through time: Andean uplift, climate change, landscape evolution, and biodiversity. Science, 330(6006): 927–931.

Hotinski R M, Toggweiler J R. 2003. Impact of a Tethyan circumglobal passage on ocean heat transport and “equable” climates. Paleoceanography, 18(1): 1007. doi: 10.1029/2001PA000730.

Hsü K J. 1983. The Mediterranean was a desert: A voyage of the Glomar Challenger. Princeton, New Jersey: Princeton University Press.

Jakobsson M, Backman J, Rudels B, et al. 2007. The early Miocene onset of a ventilated circulation regime in the Arctic Ocean. Nature, 447(7147): 986–990.

Jaramillo C, Rueda M J, Mora G. 2006. Cenozoic plant diversity in the Neotropics. Science, 311(5769): 1893–1896.

Keigwin L. 1982. Isotopic paleoceanography of the Caribbean and East Pacific: role of Panama uplift in late Neogene time. Science, 217(4557): 350–353.

Keller G. 2005. Impacts, volcanism and mass extinction: random coincidence or cause and effect? Australian Journal of Earth Sciences, 52(4–5): 725–757.

Kennett J P. 1977. Cenozoic evolution of Antarctic glaciation, the circum-Antarctic Ocean, and their impact on global paleoceanography. Journal of Geophysical Research, 82(27): 3843–3860.

Kennett J P. 1982. Marine Geology. New Jersey: Prentice-Hall.

Kennett J P, Shackleton N J. 1976. Oxygen isotopic evidence for the development of the psychrosphere 38 Myr ago. Nature, 260(5551): 513–515.

Kennett J P, Keller G, Srinivasan M S. 1985. Miocene planktonic foraminiferal biogeography and paleoceanographic development of the Indo-Pacific region. Geological Society of America Memoirs, 163: 197–236.

Kleidon A. 2010. A basic introduction to the thermodynamics of the Earth system far from equilibrium and maximum entropy production. Philosophical Transactions of the Royal Society of London B: Biological

Sciences, 365(1545): 1303–1315.

Knauth L P. 1998. Salinity history of the Earth's early ocean. Nature, 395(6702): 554–555.

Korenaga J. 2003. Energetics of mantle convection and the fate of fossil heat. Geophysical Research Letters, 30: 1437. doi: 10.1029/2003GRL 016982.

Kukal Z. 1990. Special issue-the rate of geological processes. Earth-Science Reviews, 28(1–3): 7–258.

Labrosse S, Hernlund J W, Coltice N. 2007. A crystallizing dense magma ocean at the base of the Earth's mantle. Nature, 450(7171): 866–869.

Lal D. 1988. In situ-produced cosmogenic isotopes in terrestrial rocks. Annual Review of Earth and Planetary Sciences, 16(1): 355–388.

Lambeck K, Chappell J. 2001. Sea level change through the last glacial cycle. Science, 292(5517): 679–686.

Larson R L, Olson P. 1991. Mantle plumes control magnetic reversal frequency. Earth and Planetary Science Letters, 107(3–4): 437–447.

Leckie R M, Bralower T J, Cashman R. 2002. Oceanic anoxic events and plankton evolution: Biotic response to tectonic forcing during the mid-Cretaceous. Paleoceanography, 17(3). doi: 10.1029/2001PA000623.

Li Q, Li B, Zhong G, et al. 2006. Late Miocene development of the western Pacific warm pool: planktonic foraminifer and oxygen isotopic evidence. Palaeogeography, Palaeoclimatology, Palaeoecology, 237(2): 465–482.

Liu J T, Lin H L, Hung J J. 2006. A submarine canyon conduit under typhoon conditions off Southern Taiwan. Deep Sea Research Part I: Oceanographic Research Papers, 53(2): 223–240.

Liu M, Yang Y, Shen Z, et al. 2007. Active tectonics and intracontinental earthquakes in China: The kinematics and geodynamics. Geological Society of America Special Papers, 425: 299–318.

Livermore R, Nankivell A, Eagles G, et al. 2005. Paleogene opening of Drake passage. Earth and Planetary Science Letters, 236(1): 459–470.

Lowenstein T K, Timofeeff M N, Brennan S T, et al. 2001. Oscillations in Phanerozoic seawater chemistry: Evidence from fluid inclusions. Science, 294(5544): 1086–1088.

Maldonado A, Bohoyo F, Galindo-Zaldívar J, et al. 2014. A model of oceanic development by ridge jumping: opening of the Scotia Sea. Global and Planetary Change, 123: 152–173.

Marincovich Jr L, Gladenkov A Y. 1999. Evidence for an early opening of the Bering Strait. Nature, 397(6715): 149–151.

Martinson D G, Pitman W C. 2007. The Arctic as a trigger for glacial terminations. Climatic Change, 80(3): 253–263.

Millo C, Sarnthein M, Voelker A, et al. 2006. Variability of the Denmark Strait overflow during the last glacial maximum. Boreas, 35(1): 50–60.

Mohtadi M, Hebbeln D, Nuñez Ricardo S, et al. 2006. El Niño-like pattern in the Pacific during marine isotope stages (MIS) 13 and 11? Paleoceanography, 21(1): PA1015. doi: 10.1029/2005PA001190.

Molnar P. 2008. Closing of the Central American Seaway and the Ice Age: A critical review. Paleoceanography, 23(2): PA2201. doi: 10.1029/2007PA001574.

Molnar P, England P. 1990. Late Cenozoic uplift of mountain ranges and global climate change: chicken or egg? Nature, 346(6279): 29–34.

Montes C, Cardona A, Jaramillo C, et al. 2015. Middle Miocene closure of the Central American seaway. Science, 348(6231): 226–229.

Moran K, Backman J, Brinkhuis H, et al. 2006. The cenozoic palaeoenvironment of the arctic ocean. Nature, 441(7093): 601–605.

Mulch A, Graham S A, Chamberlain C P. 2006. Hydrogen isotopes in Eocene river gravels and paleoelevation of the Sierra Nevada. Science, 313(5783): 87–89.

Nawa K, Suda N, Fukao Y, et al. 1998. Incessant excitation of the Earth's free oscillations. Earth, Planets and Space, 50(1): 3–8.

Neal C R, Coffin M F, Arndt N T, et al. 2008. Investigating large igneous province formation and associated paleoenvironmental events: a white paper for scientific drilling. Scientific Drilling, 6: 4–18.

O'brien C L, Foster G L, Martínez-Botí M A, et al. 2014. High sea surface temperatures in tropical warm pools during the Pliocene. Nature Geoscience, 7(8): 606–611.

Poulsen C J, Ehlers T A, Insel N. 2010. Onset of convective rainfall during gradual late Miocene rise of the central Andes. Science, 328(5977): 490–493.

Quade J, Garzione C, Eiler J. 2007. Paleoelevation reconstruction using pedogenic carbonates. Reviews in Mineralogy and Geochemistry, 66(1): 53–87.

Raup D M. 1972. Taxonomic diversity during the Phanerozoic. Science, 177(4054): 1065–1071.

Ravelo A C, Andreasen D H, Mitchell L, et al. 2004. Regional climate shifts caused by gradual global cooling in the Pliocene epoch. Nature, 429(6989): 263–267.

Raymo M E, Mitrovica J X. 2012. Collapse of polar ice sheets during the stage 11 interglacial. Nature, 483(7390): 453–456.

Raymo M E, Ruddiman W F. 1992. Tectonic forcing of late Cenozoic climate. Nature, 359(6391): 117–122.

Ries J B, Anderson M A, Hill R T. 2008. Seawater Mg/Ca controls polymorph mineralogy of microbial $CaCO_3$: A potential proxy for calcite-aragonite seas in Precambrian time. Geobiology, 6(2): 106–119.

Rowley D B, Garzione C N. 2007. Stable isotope-based paleoaltimetry. Annual Review of Earth and Planetary Sciences, 35: 463–508.

Ruddiman W F, Kutzbach J E. 1990. Late Cenozoic plateau uplift and climate change. Earth and Environmental Science Transactions of the Royal Society of Edinburgh, 81(4): 301–314.

Sagan C, Mullen G. 1972. Earth and Mars: evolution of atmospheres and surface temperatures. Science, 177(4043): 52–56.

Sageman B B, Meyers S R, Arthur M A. 2006. Orbital time scale and new C-isotope record for Cenomanian-Turonian boundary stratotype. Geology, 34(2): 125–128.

Sahagian D L, Proussevitch A A, Carlson W D. 2002. Analysis of vesicular basalts and lava emplacement processes for application as a paleobarometer/paleoaltimeter. The Journal of Geology, 110(6): 671–685.

Sandberg P A. 1983. An oscillating trend in Phanerozoic non-skeletal carbonate mineralogy. Nature, 305(5929): 19–22.

Sato M, Ishikawa T, Ujihara N, et al. 2011. Displacement above the hypocenter of the 2011 Tohoku-Oki earthquake. Science, 332(6036): 1395–1395.

Schlanger S O, Jenkyns H C. 1976. Cretaceous oceanic anoxic events: causes and consequences. Geologie En Mijnbouw, 55(3–4): 179–184.

Schmidt A, Robock A. 2015. Volcanism, the atmosphere and climate through time. In: Schmidt A, Fristad K E, Elkins-Tanton L T (eds.) Volcanism and Global Environmental Change. Cambridge: Cambridge University Press. 195–207.

Schmittner A, Sarnthein N, Kinkel H, et al. 2004. Global impact of the Panamanian seaway closure. Eos, Transactions American Geophysical Union, 85(49): 526–526.

Self S, Blake S, Sharma K, et al. 2008. Sulfur and chlorine in Late Cretaceous Deccan magmas and eruptive gas release. Science, 319(5870): 1654–1657.

Shaw C A, Hay W W. 1989. Mass-balanced paleogeographic maps: modeling program and results. In: Cross T A (ed.) Quantitative Dynamic Stratigraphy. New Jersey: Prentice Hall. 277–291.

Shen S, Bowring S A. 2014. The end-Permian mass extinction: a still unexplained catastrophe. National Science Review, 1(4): 492–495.

Siegert M J, Barrett P, DeConto R, et al. 2008. Recent advances in understanding Antarctic climate evolution. Antarctic Science, 20(4): 313–325.

Sijp W P, England M H, Toggweiler J R. 2009. Effect of ocean gateway changes under greenhouse warmth. Journal of Climate, 22(24): 6639–6652.

Sluijs A, Schouten S, Pagani M, et al. 2006. Subtropical Arctic Ocean temperatures during the Palaeocene/Eocene thermal maximum. Nature, 441(7093): 610–613.

Snow L J, Duncan R A, Bralower T J. 2005. Trace element abundances in the Rock Canyon Anticline, Pueblo, Colorado, marine sedimentary section and their relationship to Caribbean plateau construction and oxygen anoxic event 2. Paleoceanography, 20(4): 185–198.

Sprintall J, Gordon A L, Kochlarrouy A, et al. 2014. The Indonesian seas and their role in the coupled ocean-climate system. Nature Geoscience, 7(7): 487–492.

Stanley S M, Hardie L A. 1998. Secular oscillations in the carbonate mineralogy of reef-building and sediment-producing organisms driven by tectonically forced shifts in seawater chemistry. Palaeogeography Palaeoclimatology Palaeoecology, 144(1–2): 3–19.

Stanley S M, Luczaj J A. 2014. Earth System History, 4th Edition. New York: Freeman and Company.

Stoll H M. 2006. Climate change: The Arctic tells its story. Nature, 441(7093): 579–581.

Stone R. 2013. Battle for the Americas. Science, 341(6143): 230–233.

Torsvik T H, Rousse S, Labails C, et al. 2009. A new scheme for the opening of the South Atlantic Ocean and the dissection of an Aptian salt basin. Geophysical Journal International, 177(3): 1315–1333.

Trenberth K E, Fasullo J T, Kiehl J. 2009. Earth's global energy budget. Bulletin of the American Meteorological Society, 90(3): 311–323.

Turgeon S C, Creaser R A. 2008. Cretaceous oceanic anoxic event 2 triggered by a massive magmatic episode. Nature, 454(7202): 323–326.

Valentine J W, Moores E M. 1972. Global tectonics and the fossil record. The Journal of Geology, 80(2): 167–184.

Vidale J E, Houston H. 2012. Slow slip: A new kind of earthquake. Physics Today, 65(1): 38–43.

Wang P. 2004. Cenozoic deformation and the history of Sea-Land interactions in Asia. In: Clift P, Kuhnt W, Wang P, et al. (eds.) Continent-Ocean Interactions within East Asian Marginal Seas. Washington D. C.: AGU Geophysical Monograph Series. 1–22.

Wang P, Li Q. 2009. The South China Sea—Paleoceanography and Sedimentology. Berlin: Springer. 28–49.

Wang P, Clemens S, Beaufort L, et al. 2005. Evolution and variability of the Asian monsoon system: state of the art and outstanding issues. Quaternary Science Reviews, 24(5): 595–629.

Wang P X, Wang B, Cheng H, et al. 2014. The global monsoon across timescales: coherent variability of regional monsoons. Climate of the Past, 10: 1–46

Wara M W, Ravelo A C, Delaney M L. 2005. Permanent El Niño-like conditions during the Pliocene warm period. Science, 309(5735): 758–761.

Webb S C. 2007. The Earth's 'hum' is driven by ocean waves over the continental shelves. Nature, 445(7129): 754–756.

Webb S D. 2006. The great American biotic interchange: Patterns and processes. Annals of the Missouri Botanical Garden, 93(2): 245–257.

Wesselingh F P, Salo J A. 2006. A Miocene perspective on the evolution of the Amazonian biota. Scripta Geologica, 133: 439–458.

White R, McKenzie D. 1989. Magmatism at rift zones: the generation of volcanic continental margins and flood basalts. Journal of Geophysical Research: Solid Earth, 94(B6): 7685–7729.

Willenbring J K, von Blanckenburg F. 2010a. Meteoric cosmogenic Beryllium-10 adsorbed to river sediment and soil: Applications for Earth-surface dynamics. Earth-Science Reviews, 98(1): 105–122.

Willenbring J K, von Blanckenburg F. 2010b. Long-term stability of global erosion rates and weathering during late-Cenozoic cooling. Nature, 465(7295): 211–214.

Wold C N, Hay W W. 1990. Estimating ancient sediment fluxes. American Journal of Science, 290(9): 1069–1089.

Zhang P, Molnar P, Downs W R. 2001. Increased sedimentation rates and grain sizes 2-4 Myr ago due to the influence of climate change on erosion rates. Nature, 410(6831): 891–897.

思考题

1. 为什么说构造运动并不都是由地球内力作用驱动的？传统地质学把构造运动说成是百万年以上长时间尺度的过程，是什么原因？

2. 现代地球南北半球海陆分布的差异，对于气候系统产生了哪些影响？环球洋流的纬度分布，对于极地气候有什么影响？

3. 太平洋五大通道的启闭，都被认为是新生代气候环境演变的重要因素。相比之下，哪个通道的启闭对于全球气候的影响最大？

4. 为什么世界上的大油田分布在被动大陆边缘？从沉积物的分布看，活动大陆边缘和被动大陆边缘的区别何在？

5. 俯冲造成海沟、碰撞造成山脉，但是地貌上的表现强弱不一。在现代的地球上，为什么是太平洋的马里亚纳海沟最深，亚洲的喜马拉雅山最高？

6. 白垩纪中期温度和CO_2浓度高，是典型的暖室期，期间又发生大火成岩省、海底缺氧、磁极宁静等重大事件，所有这些现象之间有没有因果关系？如果有，谁是因、谁是果？

7. 海洋化学成分的演变，和威尔逊旋回有什么关系？和新生代早期的“方解石海洋”相比，现在的“文石海洋”在化石的钙化程度有什么不同？你推测要等到什么时候才会转为下一个“方解石海洋”？

8. 为什么说古高度比古深度难测，剥蚀速度比沉积速度难测？

推荐阅读

Brierley C M, Fedorov A V. 2016. Comparing the impacts of Miocene-Pliocene changes in inter-ocean gateways on climate: Central American Seaway, Bering Strait, and Indonesia. Earth and Planetary Science Letters, 444: 116–130.

Bryan S E, Ferrari L. 2013. Large igneous provinces and silicic large igneous provinces: Progress in our understanding over the last 25 years. Bulletin of the Geological Society of America, 125(7–8): 1053–1078.

Hoorn C, Wesselingh F P, Steege H T, et al. 2010. Amazonia through time: Andean uplift, climate change, landscape evolution, and biodiversity. Science, 330(6006): 927–931.

Kennett J P, Shackleton N J. 1976. Oxygen isotopic evidence for the development of the psychrosphere 38 Myr ago. Nature, 260(5551): 513–515.

Lambeck K, Chappell J. 2001. Sea level change through the last glacial cycle. Science, 292(5517): 679.

Molnar P, England P. 1990. Late Cenozoic uplift of mountain ranges and global climate change: chicken or egg? Nature, 346(6279): 29–34.

Moran K, Backman J, Brinkhuis H, et al. 2006. The Cenozoic palaeoenvironment of the Arctic Ocean. Nature, 441(7093): 601–605.

Ruddiman W F. 2001. Earth’s Climate. Past and Future. Part II Tectonic-Scale. New York: W. H. Freeman and Company.

Schlanger S O, Jenkyns H C. 1976. Cretaceous oceanic anoxic events: Causes and consequences. Geologie En Mijnbouw, 55: 179–184.

Stanley S M, Hardie L A. 1998. Secular oscillations in the carbonate mineralogy of reef-building and sediment-producing organisms driven by tectonically forced shifts in seawater chemistry. Palaeogeography Palaeoclimatology Palaeoecology, 144(1–2): 3–19.

Wang P. 2004. Cenozoic deformation and the history of Sea-Land interactions in Asia. In: Clift P, Kuhnt W, Wang P, et al. (eds.) Continent-Ocean Interactions within East Asian Marginal Seas. Washington D. C.: AGU Geophysical Monograph Series. 1–22.

内容提要：

● 地球过程的时间韵律，大多与天文现象相关，从昼夜、季节到轨道周期，调控着气候环境和生物钟，也是人类社会和地质历史的计时标准。同时，地球过程自身也可以产生出内部的韵律。

● 地球轨道几何形态的变化驱动冰期旋回，是二十世纪地球科学的重大发现，已经得到各种地质记录的证明。但是微小的轨道变化怎样引起气候环境的巨变，其中的非线性作用并不清楚，冰期旋回的轨道驱动解释存在着一系列尚未解答的难题。

● 斜率和岁差，是地球自转轴周期性变化驱动气候周期的两大参数。其中斜率主要影响太阳辐射量在高、低纬之间的空间分布，岁差主要影响太阳辐射量在冬、夏季节之间的时间分布。

● 偏心率主要通过调控气候岁差的变幅进入气候系统，不但有10万年、40万年的两种周期，还有调控偏心率变幅的~240万年和~900万年的超长周期，斜率的变幅也有~120万年的调控周期。

● 作为对轨道周期变化的响应，不但在高纬区造成冰期旋回，而且在低纬区调控着季风等气候过程，两种响应的轨道参数并不相等：斜率驱动在高纬过程中比较突出，岁差和偏心率在低纬过程中更加重要，从而造成暖室期和冰室期气候轨道周期的差异。

● 地球轨道三大参数在地质历史上有定向变化，月地系统的潮汐作用使得月地距离增大，地球自转减慢、每年的天数减少，同时斜率和岁差的周期变长。三大参数中最为稳定的是偏心率40万年长周期，可以作为地质计时的“钟摆”，为地质历史建立天文年表服务。

● 除气候外，潮汐作用同样具有轨道周期。潮汐作用的周期变化不但影响海水运动和沉积作用，而且通过海水压力变化影响着海底地震的发生和上地幔的岩浆活动，反映为海底地震频率和洋中脊岩浆和热液活动的轨道周期。

● 地外星球轨道周期的研究以火星为最好。火星极地冰盖及沉积层记录了轨道驱动的气候旋回，其中极地冰盖受斜率变化的影响最大。斜率过大时极地冰盖消失，改为在低纬区发育山地冰川。推测现在的北极冰盖，是在5百万~4百万年前斜率变小后形成。

地球系统与演变

第7章 轨道尺度的演变

7

7.1　地球上的周期性过程

7.1.1　循环，周期，韵律

地球系统里充满着循环运动，小到原子里的电子跃迁，大到全球的地幔环流，都有周而复始的循环，只不过繁简不一、尺度差距悬殊而已。每次循环的时间，有的构成规律性的周期，有的虽尺度相同但长短欠齐，只能称作准周期。如果周期现象进入地质记录，那就是地层里的韵律。

地球各圈层都有自己的环流，大气、海水、岩石圈板块、地幔以至于外地核，各自都有整体规模或者局部范围的环流，都是物质的循环，但是循环的时间尺度相差极大，大气环流以天计，大洋环流以千年计，地幔环流以亿年计，一般说密度越大的圈层环流越慢。从小里看，一个动物体内的血液循环、一个细胞内的胞质环流（cyclosis），也都是物质循环，也都有自己的周期。这些都是最简单的，复杂一点的循环涉及物态的转换，比如水循环中固、液、气三相转换所体现的气候旋回，碳循环中氧化与还原转换造成的生物地球化学的旋回，如此等等。

由此产生的周期现象遍布于地球和宇宙的各个角落，短到铯原子跃迁周期的九十多亿分之一秒，长到恒星演化周期，甚至宇宙大爆发可能也有周期性，至少要以百亿年计算，时间尺度跨越了三十多个数量级。地球系统的过程就是不同尺度周期的叠加，跨度至少有二十多个量级，为科学研究带来了极大的复杂性。只能像剥笋壳那样层层剖析，才能看清地球过程的内幕、真相。因此地球科学对于周期现象至为敏感，无论为了当前气候变化趋势的预测，还是对深远地质时期超级大陆分合的理解，都需要查明大气运动和板块运动中的周期性。

在地质记录里，周期性的表现就是韵律。韵律是地层学研究最早发现的现象之一，砂 / 泥岩互层或者灰 / 泥岩互层在地层里的重复出现，这种重复性构成了沉积学和古生物学的不同：沉积是重复的，生物是演化的（Schwarzacher，2000）。王鸿祯先生称之为“节律”，并指出不限于沉积学，而是地质过程中普遍存在的现象，构造岩浆作用也有旋回。地层学里把简短的叫韵律，长而复杂的叫旋回，其实反映了时限不同的级别（王鸿祯，1997）。

早在半世纪前就注意到沉积地层的韵律有两类：一类是由周期性变化的外力驱动造成，被称为“外周期型（allocyclic）”韵律，另一类是沉积过程本身造成的，称为“内周期型（autocyclic）”韵律（Beerbower，1965）。“外周期”受沉积系统以外因素的驱动，可以是气候、构造或者海平面的变化，改变了物质供应、沉积速率，这类变化的时间比较规则（图 7-1A）；而“内周期”产生在沉积系统内部，可以是一次沉积事件造成的沉积搬运和沉降过程里的变化，时间上并不规则（图 7-1B）（Einsele，1982；Cecil，2003）。前者的例子如海平面变化，由海平面变化造成相变；后者的例子如浊流沉积，由此造成鲍马序列。

如果跳出沉积学，把韵律的概念用于地球系统，那么“内周期”就是表示物质循环本身在内部产生的周期性。一个鲜明的例子是白垩纪大洋缺氧事件（OAE），距今

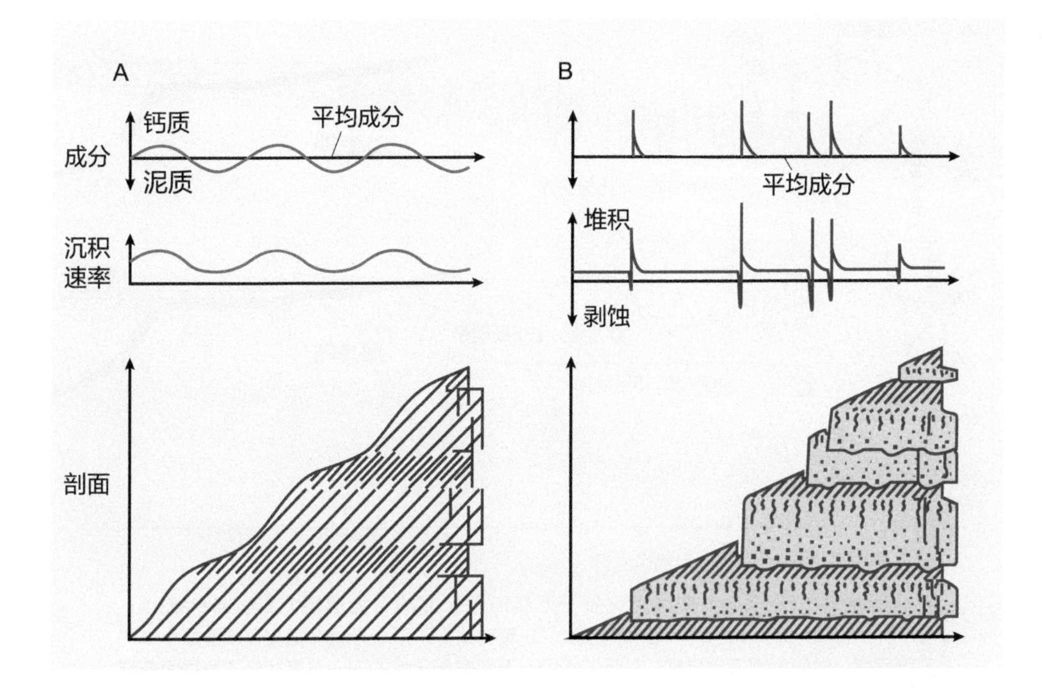

图 7-1
两种不同的韵律地层（据 Einsele，1982 改绘）

A.“外周期型”：由外因造成的沉积韵律，以灰 / 泥岩互层为例； B.“内周期型”：由内因造成的事件沉积，以浊积岩的鲍马序列为例

120~80 Ma 的白垩纪中期，在暖湿气候风化加强背景下，磷的大量输入促使大洋重复发生缺氧事件，各次间隔大体在 5~6 Ma。数值模拟和地质记录表明，5~6 Ma 并非气候周期，只要磷的风化速率超过阈值，就会引起生产力和缺氧的正反馈，导致海洋系统内的“内周期”（Handoh and Lenton，2003）。至于“外周期”在地球系统中十分常见，尤其是轨道周期，我们在后面将要解释：受轨道驱动的远不只是气候变化，从海水混合到岩浆作用，也都对轨道周期有所响应（见 7.3.3 节）。

驱动沉积地层周期性变化的构造、气候与海平面三种因素中，以海平面周期变化的记录最为普遍，其中包括至少五种尺度。20 世纪 70 年代晚期，从美国和苏联的地层对比中发现有全球性的海平面升降旋回，显生宙六亿年经历了两个旋回（图 7-2A；Hallam，1977）。同时通过地震剖面的汇总，发现有多尺度的海平面波动周期，可用作全球地层对比的标准，从而创立了地震地层学（Vail et al.，1977），后来又进一步发展为层序地层学（Haq et al.，1987），根据海平面升降的尺度分出不同等级的地层层序，从几亿年尺度的一级层序，到百万年尺度的三级层序，再到万年尺度的五级层序。在两极无冰的暖室期，海平面波动的幅度较小（图 7-2C）；在极地冰盖发育的冰室期，海面变化幅度增大，在万年到十万年尺度上出现数十米、上百米的海平面升降（图 7-2B），后者也就是冰期旋回的米兰科维奇周期（Wilson，1998）。

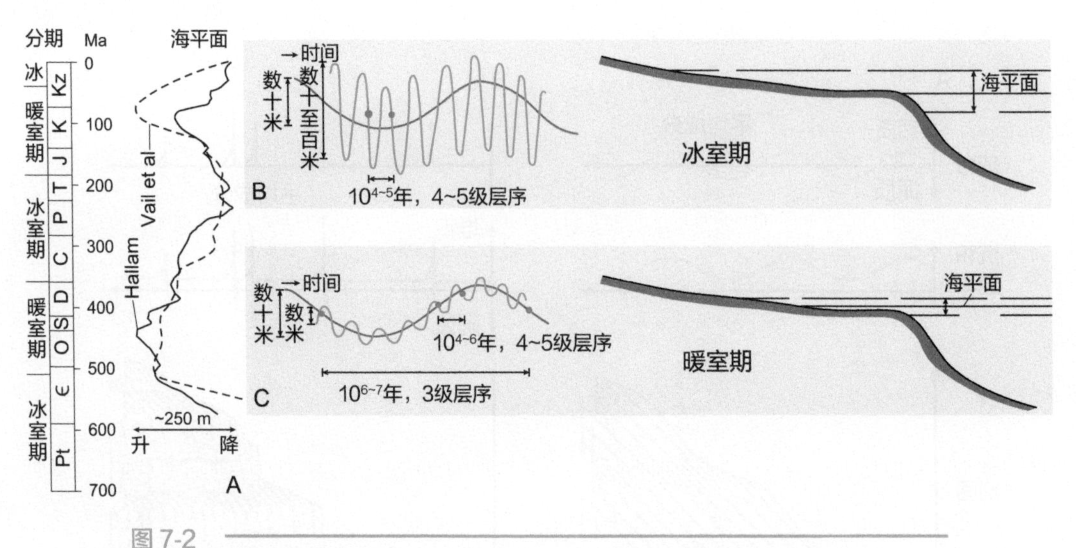

图 7-2
显生宙海平面变化不同尺度的层序

A. 一级层序，在 Hallam 曲线上可见千万年时间尺度的二级层序（曲线据 Hallam，1977；Vail et al.，1977）；B. 冰室期；C. 暖室期；B 和 C 示海平面变化幅度数十米的三级层序，时间为百万年尺度；又示万年到十万年时间尺度的四—五级层序，海平面变幅在暖室期为数米（C）、冰室期为数十米至百米（B）(Wilson，1998)

7.1.2 冰期旋回及其轨道驱动的发现

米兰科维奇理论的冰期旋回，至今是地球科学中唯一公认有定量基础的周期变化。然而冰期旋回在阿尔卑斯山发现的时候，却完全谈不上什么定量依据。19 世纪的进化论否定了大洪水的灾变论，同时也否定了气候突变。直到 20 世纪初，现代科学认为气候变化总是短期、局部的，如果看长期的平均值，那还是稳定的。因此当瑞士科学家根据高山上的漂砾和羊背石上的擦痕，说是发现了大冰期的时候，很少会有人相信。1837 年 7 月，当瑞士科学院 30 岁的院长、古生物学家阿加西斯（Louis Agassiz）向院士们报告，说是发现了阿尔卑斯山有过大冰期的时候，换来的是一片反对声。还要再过几十年，经过德国的彭克（Albrecht Penck）等许多人的努力，发现了阿尔卑斯山有过四次冰期，而且又在美国得到了证据，才终于在 20 世纪初，第四纪有四大冰期的概念得到了公认。四大冰期成了第四纪地质的主体，于 30 年代传到中国，一直流行到 80 年代。

但是，什么原因会产生这四大冰期？在当时对地球气候系统的知识十分有限的条件下，学术界冒出了各式各样的猜想。有些人猜想原因来自天上，比如因为太阳的辐射强度减弱，或者地球穿过一个尘埃区减少了阳光，再或者大气里二氧化碳的浓度太稀薄。另一类猜想说原因在于地下，比如强烈的火山爆发，或者地壳大幅度升高、海拔越高气温越低。也有人猜想原因在海上，比如南极冰盖大片滑进海洋，或者大西洋暖水将水汽带进了北冰洋。还有一种意见认为根本用不着原因，因为根据随机理论时间尺度越长的变化越大，年代际的气候变化比年际的大，百年尺度的变化比年代际的大，冰期无非是很长时间尺度的气候变化。但是与此同时，也有人想到了天文，也就是地球运动的轨道变化（见 Imbrie and Imbrie，1979）。

最先想到地球轨道运动和气候关系的，是英国天文学家 John Herschel（1832）和法国数学家 Joseph Adhémar（1842）（Summerhayes，2015）。然而真正产生影响的，还是英国自学成才的克罗尔（James Croll），他在 1864 年提出黄道的偏心率变化可以引起冰期的假说。由于当时大冰期的说法本身还没有站住脚，而且这种轨道驱动的想法又过于简单，克罗尔的观点当时很难得到支持。倒是在他身后的 20 世纪初，塞尔维亚的机械工程师米兰科维奇（Milutin Milankovitch）对轨道驱动问题产生了兴趣，不过他的看法比克罗尔全面，冰期的产生不仅在于黄道的偏心率，还有地轴的斜率和岁差也都在起作用，所有这些在天文学上都可以计算得出来。可是一百多年前并没有计算机，米兰科维奇硬是靠着铅笔和计算尺，在二十多年里利用业余和休假的时间不断计算，用数学计算论证了地球长期气候变化与地球轨道周期的关系。

米兰科维奇在 20 世纪三四十年代发表的成果，已经为冰期的天文假说提供了数学计算的根据，揭示出万年尺度的周期性。在他 1941 年的论文里，已经为当时所定第四纪的 60 万年里，指出了多次冰期发生的时间，并且与阿尔卑斯的玉木、里斯、民德、贡兹四大冰期进行了对比（图 7-3），但是并没有得到学术界主流的承认。理由之一是冰期太多：当时根据陆地地质的记录，只相信有四大冰期。还需要再等三十年，随着深海地层研究中发现多次的冰期旋回的记录，方才意识到米兰科维奇观点的先见之明。60 年代末深海沉积的氧同位素分析，揭示出大体上等间距的多次冰期旋回，70 年代在比利时 André Berger 等的推动下，在深海沉积证据的基础上，米兰科维奇轨道驱动的假说终于得到公认（Hays et al.，1976）。可惜所有的学术评价和荣誉都来得太晚，在 1958 年去世前米兰科维奇受到的始终只是冷遇。当 1980 年 12 月“米兰科维奇与气候”国际会议在纽约举行时，被邀为米兰科维奇作开幕报告的是他的儿子，报告题目是“纪念我的父亲”。

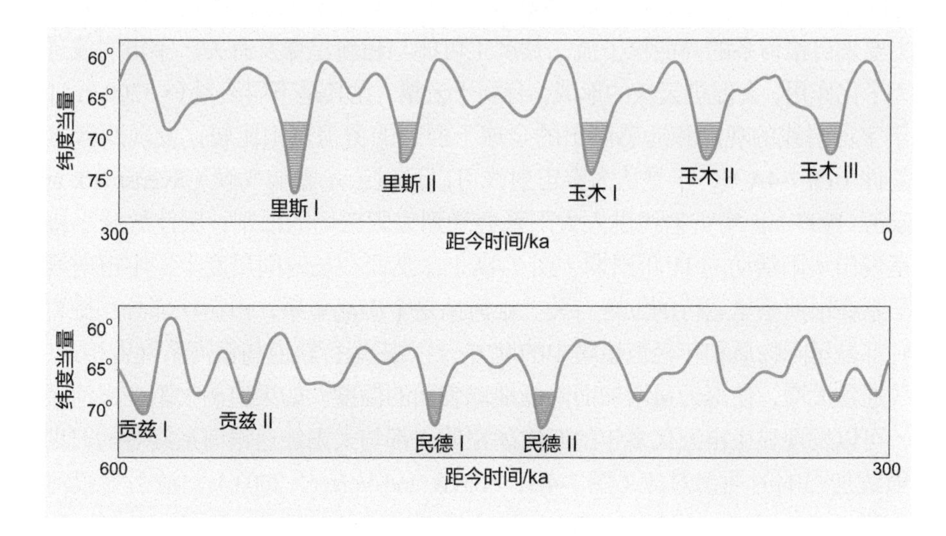

图 7-3
米兰科维奇 (1941) 计算得出的 60 万年来的辐射量变化与冰期旋回
辐射量变化用纬度当量表示，阴影区表示冰期

7.1.3 地球过程中的天文因素

天文因素影响着地球上众多的过程，冰期旋回的轨道周期只是其中的一例。生活在地球上的人类体量太小，如果不是有“日月经天”作参考系，人类决不会觉察到地球的转动，更不会知道这种转动还在不断地变化。最简单的是每天的长度，已经从显生宙开始时的 21~22 小时，增加到现在的 24 个小时；与此相应，每年的天数也从 400 多天减少到现在的 365 天。变化的原因在于月亮：地球和月球太近，月球引起的潮汐使得地球自转速度减慢，也就造成每天的时间拉长，而月球和地球的距离增大。这种现象可以在化石的生长纹或者海洋的潮汐地层里找到证据。古生代四射珊瑚表壁上的纹层可以辨认每年的天数，结果发现 4 亿年前的志留 / 泥盆纪，一年里有 400 天左右（Wells，1963）。也可以在河口三角洲的潮汐纹层中统计一年里的月数和日数，从南澳元古宙末距今 6.2 亿年的地层看，当时每年有 13 个月，每天只有 22 个小时（Williams，2000）。

从大的方面看，太阳和太阳系的变化，也都会影响地球上的过程。我们在 1.2.2 节里所说的“早期太阳黯淡悖论”，就是指太阳演化对地球的影响。太古宙早期太阳光度比现在低 25%~30%，就要求地球大气层里含有高浓度的 CO_2 和 / 或 CH_4，方才不至于海水都结成冰（Sagan and Mullen，1972）。但是至今并没有高浓度温室气体的地质证据，因此另一种可能是地面反射率的不同：太古宙时的陆地比例低，又没有生物成因的颗粒构成云核，因此太阳辐射在地球表面的反射率较低，无需高浓度的温室气体就足以防止水圈冻结（Rosing et al.，2010）。也有可能早期太阳的太阳风强，阻挡了可以导致地球表面降温的宇宙射线（Shaviv，2003）。而宇宙射线来自银河系，因此对地球过程的影响还可以来自太阳系之外。

银河系对地球气候的影响，是气候学里的新命题，有人取名为“宇宙气候学（cosmoclimatology）”（Svensmark，2007），而影响的途径主要是通过宇宙射线。宇宙射线是主要来自银河系的高能粒子流，其产生可能与超新星爆发有关。宇宙射线进入大气层后的离子化作用，会促进云核的形成，有利于云量，尤其是下层云量（<3200 m）的增多。将二十年宇宙射线的观测和遥感测出的全球下层云的覆盖量相比较，发现两者之间有很好的相关性（图 7-4A），于是认为宇宙射线可以通过云量影响气候（Svensmark and Friis-Christensen，1997）。宇宙射线进入太阳系会受到太阳磁场的抵制，因此地球上接收的宇宙射线呈现出太阳活动的 11 年周期（图 7-4A）。然而在长时间尺度上，宇宙射线的通量还与太阳系在银河系里运行的位置有关。银河系是个旋涡星系，由盘状部分和旋臂组成，每条旋臂都是星际物质和年轻恒星集中的地方。当太阳运行轨道与银河系旋臂相遇的时期，宇宙射线通量大增，使得云量增加而降低地球表面的温度。如果追溯太阳在银河系里运行的路径，可以发现显生宙五亿多年的四次冰室期，都与太阳经遇银河系旋臂的时期，也就是宇宙射线加强的时期相对应（图 7-4B；Shaviv and Veizer，2003），被引为银河系影响气候的一例。

当然，银河系影响地球气候的范围应当更广。超新星爆发、旋臂的经遇和恒星形成率的变化都可以产生影响，比如 7 亿年前后“雪球地球”的出现，就有可能和恒星形成率最高期相对应（Svensmark and Friis-Christensen，1997）。有人认为，地质历史上一些

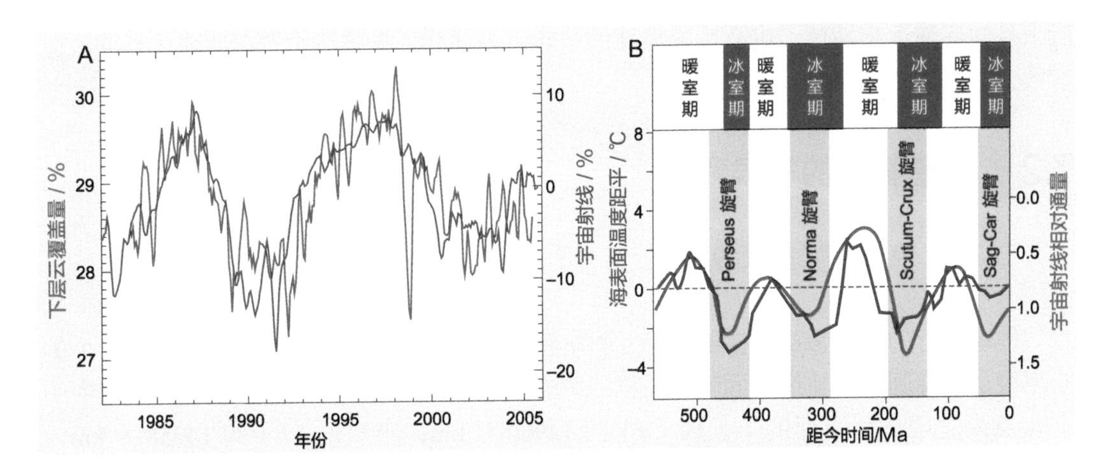

图 7-4
宇宙射线与气候变化的比较

A. 二十年宇宙射线（红线）与下层云量（蓝线）的比较（Svensmark，2007）； B. 太阳在银河系中位置与推测的宇宙射线相对通量（蓝线），和显生宙暖室期 / 冰室期（红线）的比较（据 Shaviv and Veizer，2003 绘）

特大的冰期和生物灭绝期，都有可能与太阳在银河系运行的环境相关（Kataoka et al.，2014）。不难设想，太阳系在银河系中运行的位置，会对地球千万年、上亿年等级的气候变化产生影响。总之，地球的气候变化不能排除太阳系以外天文因素的影响，只是我们的知识还太少，对于上述宇宙射线影响气候的假说也存在着争论，有待于更多的工作和更多的积累。

对于影响地球长期气候变化的天文因素，研究积累最多的当然还是地球自身的轨道周期，而地球的轨道运动是受太阳系控制的。太阳系里 99.86% 的质量集中在太阳，剩下的一点质量 90% 以上又集中在木星和土星，地球只占太阳系质量的 0.0003%，在万有引力的天体运动中只配接受其他星球的支配。因此行星的轨道运动，一方面继承了星云凝聚时原始的角动量，另一方面又经过后来撞击力和吸引力的作用，在太阳系里其他星球的影响下发生变化。因此，太阳系里行星运行的轨道十分不同，比如说自转，内行星里就是地球和火星转得快。而金星的自转方向和其他行星相反，是从东向西转的，可以比喻说“太阳从西边出来”， 不过金星自转一圈的时间比公转一周还要长，相当于地球上的二百多天，因此不可能像地球上那样欣赏日出。再如天王星的自转轴倾斜 98°，所以就像是在公转轨道的平面上“躺着打滚”，天王星公转慢，一年相当于地球的 84 年，南北两极各有 42 年黑、42 年亮，但是得到的太阳辐射量却是比赤道还多（Faure and Mensing，2007）。

地球的运行轨道也就是在这样的背景下形成，并且不断变化。作为距离太阳很近的内行星，地球的公转必须很快，将近每秒 30 km，太慢了离心力不足就会掉到太阳上去。然而公转速度并不固定，每年都会随着日地距离的变化而发生季节变化。更大的变化发生在撞击事件时，比如地球形成初期 Theia 星体的碰撞，就改变了地球转动的角度和速度。

后来月球逐渐远离地球，也会影响地球的自转。下面我们先来讨论现在地球运行的轨道参数，再来探讨其气候效应。

7.2 轨道驱动的气候变化

7.2.1 轨道参数的周期变化

地球运行的轨道参数包括偏心率、斜率和岁差。地球围绕太阳运动的轨迹是一个偏心率很小的椭圆，其轨道平面就是俗称的黄道面，椭圆有两个焦点，太阳就位于其中一个焦点上。现在黄道面的半长轴（a）约 14960 万 km，半短轴（b）约 14958 万 km，地球轨道的偏心率 [$e=(a^2-b^2)^{1/2}/a$] 为 0.016 （图 7-5A）。虽然这长、短轴差得很小，但

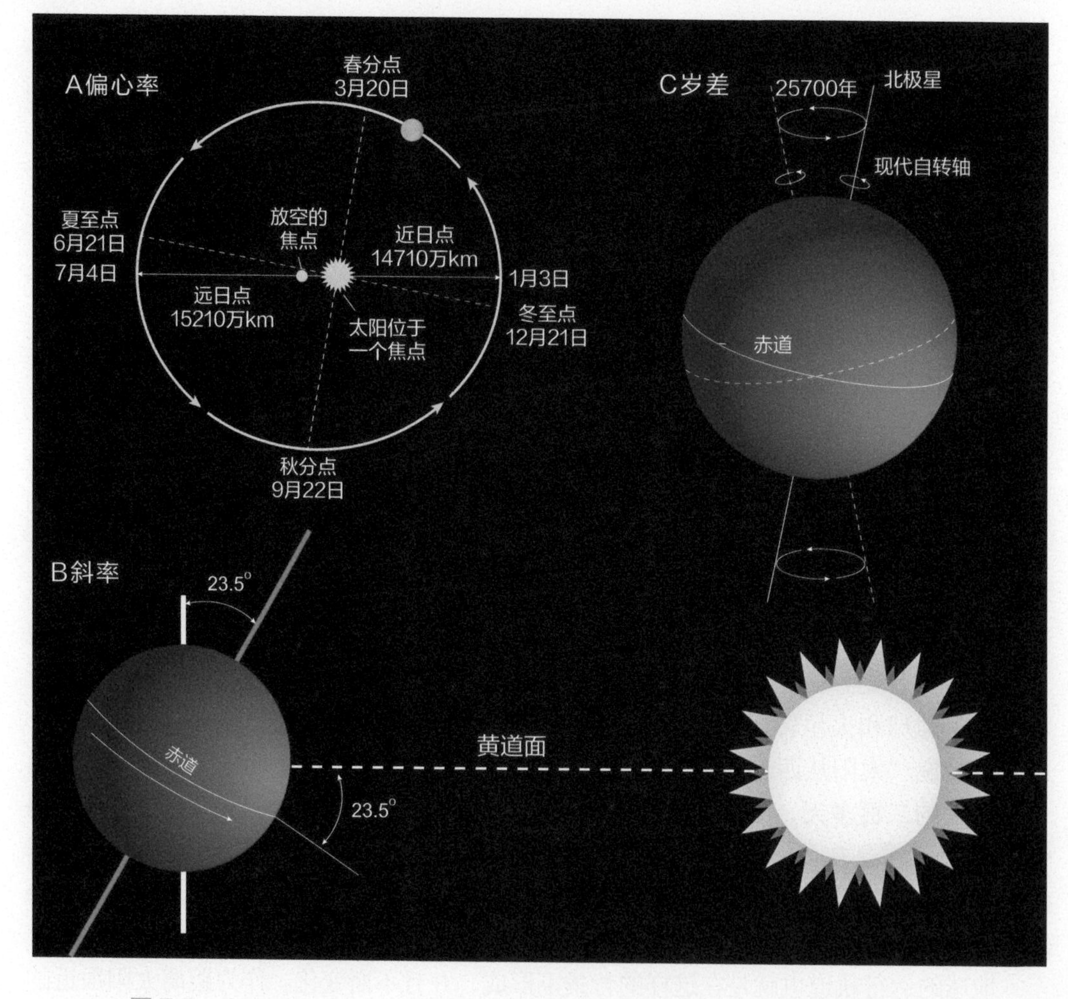

图 7-5
地球轨道运动的三大参数（据 Ruddiman，2001 改绘）
A. 偏心率；B. 斜率；C. 岁差

是地球和太阳之间的距离就有了远近之分：近的时候相距 14710 万 km，远的时候相距 15210 万 km，地球每年在黄道上经过近日点和远日点时，从太阳获得的辐射量就会有所不同。

地球的自转轴是斜的，在赤道面和黄道面之间有个夹角，现在是 23.5°，叫做斜率（图 7-5B），地球仪就是这样设计的。斜率决定一年中 24 个节气的季节变化，黄道 360°每过 15°一个节气。其中四个节气是四季的标志：春分（3 月 20 日）、秋分（9 月 22 日）和夏至（6 月 21 日）、冬至（12 月 21 日）。正是因为斜率，太阳照射地表的角度和每天日照时间的长度，都在发生季节变化。春分和秋分时白天和黑夜一样长，北半球在夏至时白天最长黑夜最短，冬至时白天最短黑夜最长。太阳直射地表的位置，也从夏至的北纬 23.5°到冬至的南纬 23.5°逐渐移动，而在冬至这天，北纬 66.5°（=90° –23.5°）至北极的区域没有太阳照射，南北半球的温度反差最大。

人类最早注意到的轨道周期变化是岁差。所谓岁差就是岁岁有差别，我国晋朝的虞喜就发现冬至点在黄道上的位置每年都在移动，过五十年沿黄道西移一度。古希腊在更早的时候也有类似的发现。岁差实质上是恒星年与回归年的差异。恒星年是地球绕太阳公转一周实际所需的时间，回归年是太阳连续两次通过春分点或秋分点的时间间隔，现在恒星年和回归年的时间相差 20 分 24 秒，这就是岁差。岁差会影响气候的季节性，因为地球在黄道上到达近日点的日期在变：如果在夏至日到达近日点，就会加强季节性；如果冬至日到近日点，就会减弱季节差。从几何上讲，地球自转轴像陀螺那样在转动，现在的轴指向北斗星，但是在逐渐变化，因为自转轴围绕一个通过地心且与黄道面垂直的轴在做圆锥运动（图 7-5C）。

偏心率、斜率和岁差这三大参数都在发生变化，但是变化的周期不一、原因各异，在气候演变中的作用更不相同（表 7-1）。下面我们分别对三个参数逐一介绍，另外增加了“附注 1”来说明讨论轨道周期使用的几个名词。

表 7-1　地球轨道运动三大参数的性质

轨道参数		偏心率	斜率	（气候）岁差
周期		400000 年；100000 年	41000 年	23000 年
数值	现在	$e = 0.016$	$t = 23.5°$	$e\sin\omega = +0.017$
	变幅*	0.0005 至 0.0607	$t = 22.2°\sim24.5°$	–0.05 至 +0.05
主要成因		土星等	星体撞击	月球
对辐射量影响		季节分配（通过气候岁差）	纬度分配	季节分配

* 指近百万年内的变化范围（据 Williams et al.，1998 等）

7.2.1.1　斜率

斜率是三大参数中最为直观的一个：每年春分太阳直射赤道，然后直射点向北移动，到了夏至太阳直射的纬度圈是北纬 23.5°，这就是北回归线，因为从此以后，太阳直射

附注 1：周期和调幅

地球运行轨道的缓慢周期性变化，可以用物理学里波的形式来表达。轨道参数的变化序列可以看成波的一根正弦曲线，波长就是周期，用年数表示，比如现在地球的斜率周期是 41 万年，它的倒数就是频率（附图 A）。波高表达的是变幅，而变幅也可以随着时间发生变化，这种变化称为调幅（modulation）。比如气候岁差的变幅受偏心率控制，偏心率小的时候岁差的气候效果不显著，也就是气候岁差变幅缩小（附图 B）。调幅不等于周期，也就是说偏心率只能间接地控制气候周期的强度。

严格的正弦曲线要求波长、波幅都是稳定的，也就是说时间和幅度都不变的信号才称得上“周期”。而地球的轨道运动并不完全符合典型的正弦曲线，无论时间和变幅都有变化，只能称“准周期”，我们在应用波动方程计算地球气候的轨道驱动时不能忘记。

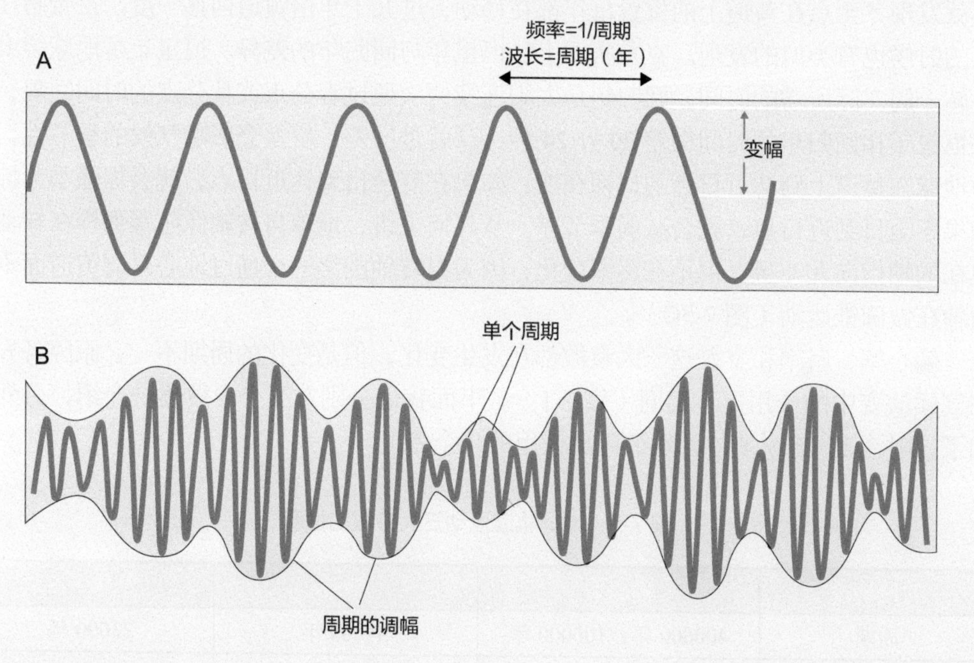

地球轨道运动周期的正弦曲线（A）和变幅调节（B）（据 Ruddiman，2001 改绘）

点逐渐南移回归。每年的寒来暑往，就是太阳直射点在南北两个回归线之间往返移动。回归线在 23.5° 是因为地球的斜率等于 23.5°，但斜率是变的，每 41000 年在 22.2° 和 24.5°之间摆动（图 7-6），现在正接近中间值，向倾角更小的方向移动。由于地球的斜率每年减少 0.5″，南北回归线每年向赤道推进 14.7 m，因此现在地球的热带在逐年变小，热带每年缩小 1100 km^2。这种变化是可以看见的，台湾嘉义在 1908 年建造的北回归线塔，到 1996 年已经落在回归线以北 1.27 km，到 9300 年以后更要相差 90 km（Chao，1996）。由此可见斜率改变着每年太阳辐射量在地球上的纬度分布，具有明显的气候意义。

从图 7-6A—C 可以看出，斜率的变幅和频率都有变化，这种变化本身也有周期性。从长尺度讲，斜率的变幅受 120 万年的周期调控，比如 80 万年前斜率的变幅就要比 20 万年前小得多（图 7-6A），因此在晚新生代气候的周期变化中就有反映，近五百多万年来洋面升降的三级层序很可能就是由此引起（Lourens and Hilgen，1997）。从较短的尺度讲，第四纪晚期出现的十万年冰期旋回找不到原因（见 7.2.2.1 节），有人主张可以用斜率的频率和变幅的变化来解释（Liu，1995），不过这种变化对气候周期的影响太小，不足以解答十万年冰期旋回成因的问题（Melice et al.，2001）。

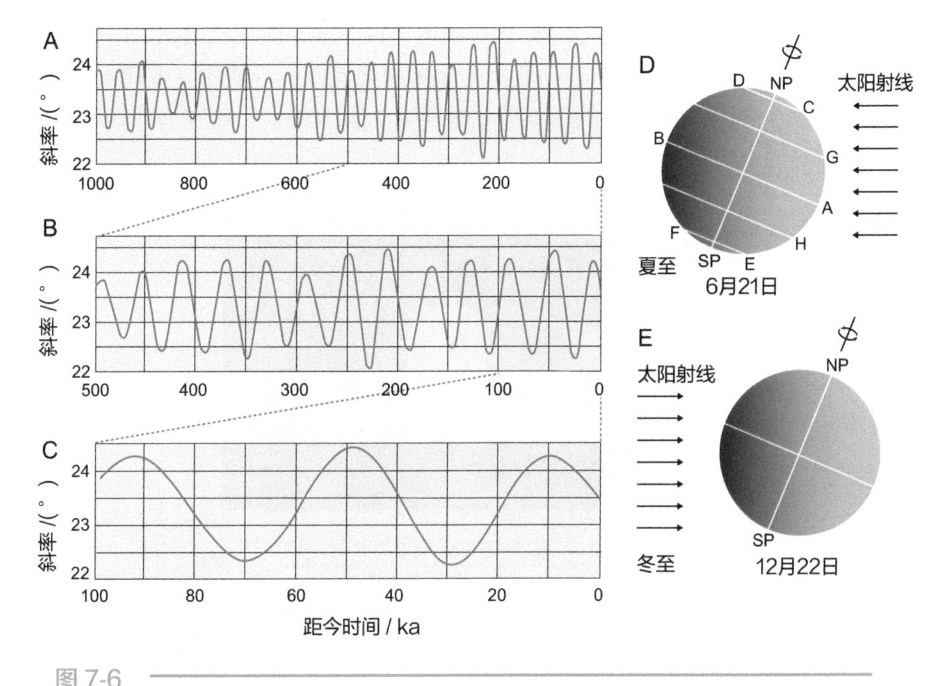

图 7-6
地球轨道斜率的周期变化（据 Williams et al.，1998 等）
A—C. 100 万（A）、50 万（B）和 10 万年（C）来的斜率周期；D，E. 夏至（D）和冬至（E）太阳直射回归线

至于地球四十亿年历史上，斜率是否有过重大变化，则是个有争议的问题。有一种意见认为前寒武纪的斜率非常大，进入显生宙方才稳定下来。理由是地球遭受星体撞击产生月球（见 1.2.3 节），必定造成巨大的倾角，推测可能达到 70°，以后随着潮汐和地幔 / 地核间的摩擦力，斜率变小，但是仍旧会在 54°以上。斜率一旦超过 54°，地球的气候带就要反转：极地得到的辐射量比赤道多，赤道要比极地冷。很可能这就是形成“雪球地球”的原因， 因为在当时的赤道地区发现有冰盖。从元古宙末期进入早古生代，斜率减小到 54°以下，地球上的气候带逐渐正常化，出现宜居环境，这才有“寒武纪生命大爆发”（Williams，1993，2008）。这项大胆的假说试图解答“雪球地球”成因的难题，但是缺乏足够的理论和资料的支持。斜率要发生如此巨大变化的机制，依靠的是地幔 / 地核之间的摩擦力，但是我们至今并不了解外核的黏滞度，其摩擦力的假设并无

依据（Néron de Surgy and Laskar，1997）；从地质上讲，前寒武纪也并没有气候带反转的古地理、古气候证据（Hoffman and Li，2009），至今是个学术上的悬案。

7.2.1.2 偏心率与岁差

在三个轨道参数里，偏心率是讲地球公转轨道几何形状的。偏心率反映黄道圆不圆，偏心率越大或者说黄道越是不圆，地球与太阳的距离的近日点和远日点的差距就越是明显（图 7-7A）。假如太阳系里只有地球一个行星，黄道的形状应该固定不变，但是太阳系里还有其他行星，尤其是巨大的行星影响着地球的运行轨道。具体说，地球轨道主要是在木星和土星两个特大行星的影响下发生变化，其中变化的是黄道面椭圆的半短轴，变化周期有 40 万年和 10 万年两种，分别称为偏心率的长周期和短周期（图 7-7B）。现在地球轨道的偏心率值

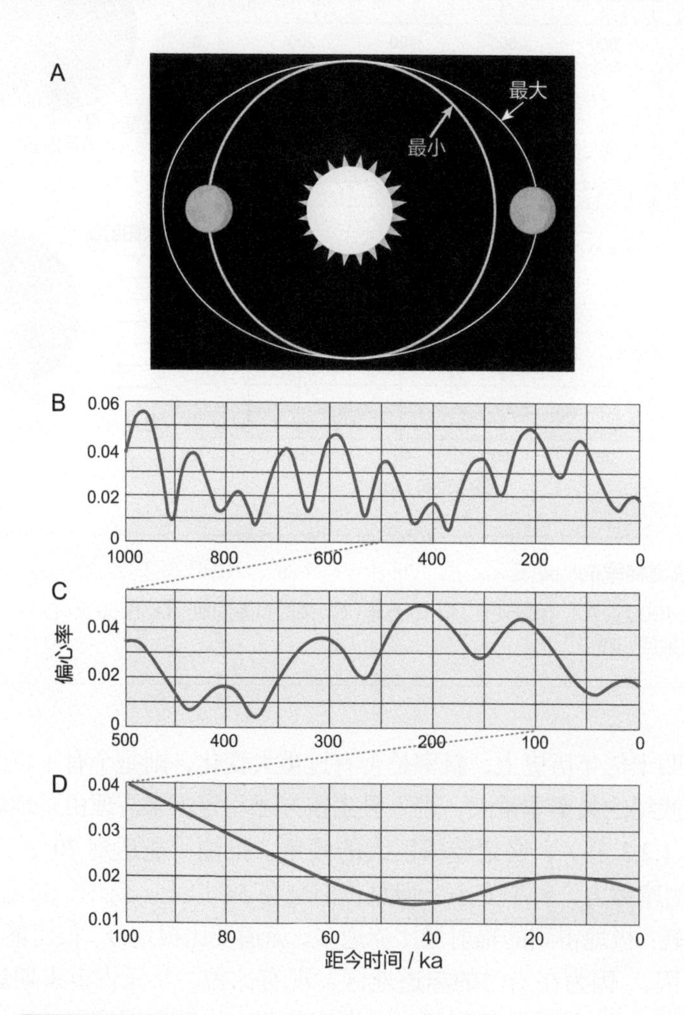

图 7-7
地球轨道偏心率的周期变化（据 Williams et al.，1998 等）
A. 偏心率变化的示意图；B—D. 100 万（B）、50 万（C）和 10 万年（D）以来的偏心率周期

非常低，只有0.016，而且还在减小（图7-7D），而10万年前曾经是0.04，20万年前接近0.05（图7-7C）。但是偏心率直接的气候效应很小，因为地球离太阳太远，近日点和远日点的这点差距起不了多大的作用，偏心率进入地球气候系统的途径，是调控气候岁差的变幅。

前面说过，岁差通过地球到达近日点的季节影响气候。岁差有两种概念：天文岁差是指地轴所指的方向，随着陀螺状的转动产生角度变化，说的是角度（图7-5C）；但是对于气候变化来说，更重要的是冬至日是在近日点还是远日点，这就是所谓气候岁差。气候岁差是指太阳直射回归线时的日地距离，看冬至、夏至是在近日点还是远日点。现在北半球的冬至（12月21日）靠近近日点（1月3日），夏至（6月21日）靠近远日点（7月4日），气候的季节差别减弱；而11000年前北半球夏至在近日点、冬至在远日点（图7-8C），季节性加强，因此全新世早期北半球的季风比现在强。

由于近日点和远日点的差别是偏心率决定的，气候岁差的效果也就取决于偏心率：偏心率小，岁差的气候效应也小；偏心率大，气候岁差造成的季节差异也随之增大，这

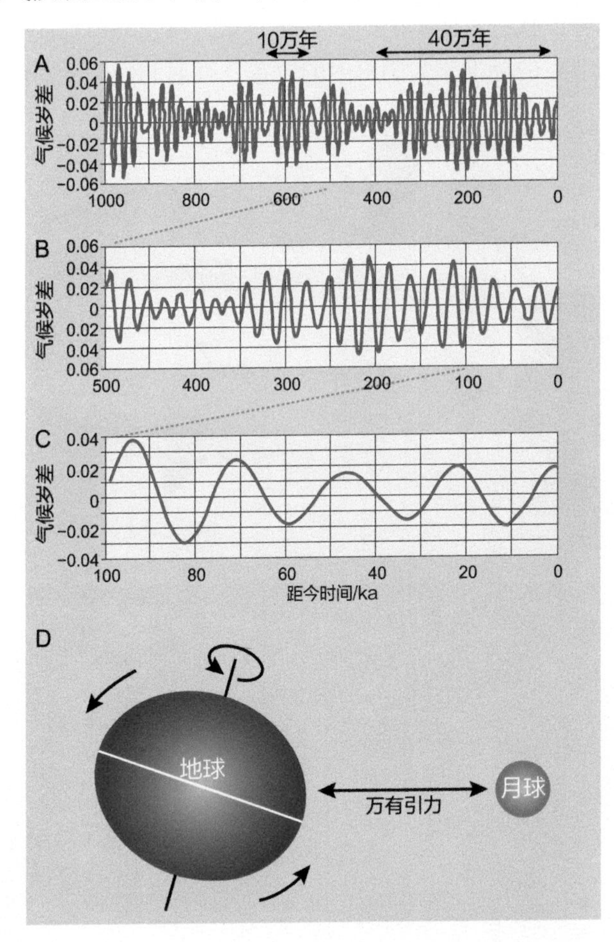

图 7-8
地球轨道气候岁差的周期变化（据 Williams et al.，1998）

A. 近 100 万来的气候岁差变化，示 10 万年和 40 万年偏心率周期的调幅作用；B，C. 50 万年 (B) 和 10 万年 (C) 来的气候岁差变化；D. 岁差的成因：月球对地球的吸引力

就是偏心率的调幅作用（图 7-8A—C）（见附注 1）。从长时间尺度看，当前的地质时期偏心率处在低值期（比较图 7-7 与图 7-8），其气候效应就是季节性减弱，具体表现为全球季风的变幅和强度的收缩（Wang et al.，2010）。

但是，为什么会有岁差？为什么地球到达近日点的日期会发生变化？主要的原因在月球。地球的形状有点扁：赤道的直径比两极间的直径多了 40 km，使得月球和太阳对地球的吸引力聚集在凸出的赤道面上，可是地球的轴又是斜的，大部分质量都落在赤道面之外，于是月球等的吸引力就趋向于把地球的轴扳直（图 7-8D；Williams et al.，1998），扳不直就晃，结果地球的自转轴就像陀螺一样晃动起来（图 7-9A）。现在的地轴延伸出去指向北斗星，但是晃动使得地轴的方向不断变化，逐渐偏离北斗星，等到 25700 年晃完一周之后再回到现在的方向，这就是自转轴的岁差（图 7-9B）。同时还有公转轨道上的岁差，其表现是近日点、远日点的季节变化（图 7-9C）。前面说过恒星年与回归年不同，地球绕太阳公转一周是恒星年，决定近日点、远日点；太阳两次通过同一个季节点（春分或秋分）所需的时间是回归年，决定季节点的位置，这两者之间的差异就是岁差。季节点的标准是太阳直射的位置，直射北回归线时就是北半球的夏至。

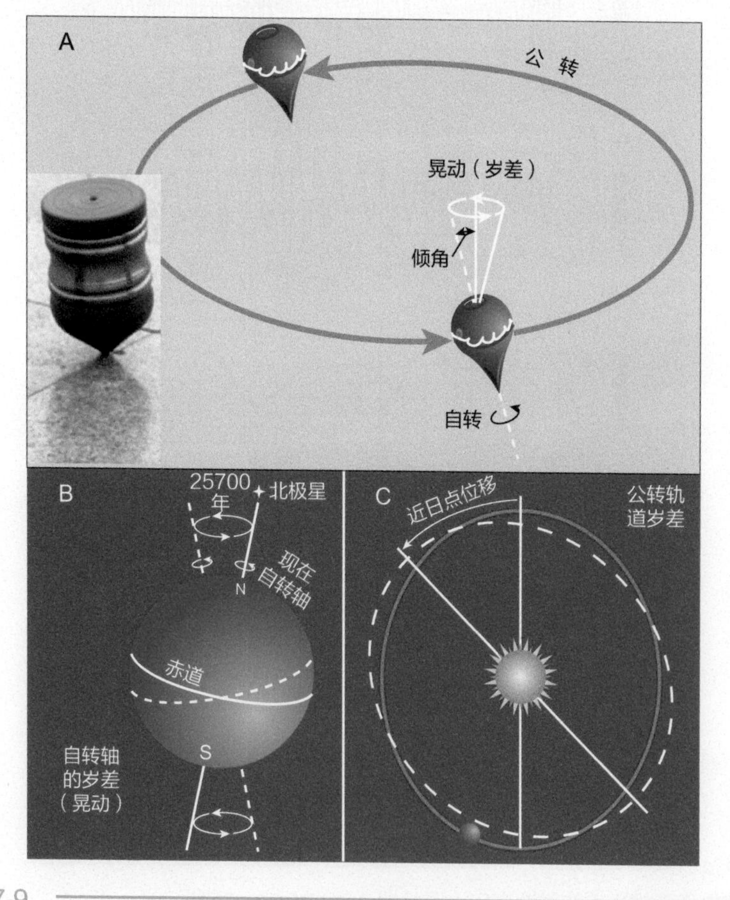

图 7-9
岁差周期的剖析（据 Ruddiman，2001 改绘）
A. 地球的自转轴作陀螺般的晃动；B. 地球自转轴的岁差；C. 地球公转轨道的岁差

因为地轴的晃动，直射回归线的时间在变，因此地球到达近日点的季节也在变，这就是公转轨道上的岁差（图 7-9C；Ruddiman，2001）。由于北半球的冬至就是南半球的夏至，因此气候的岁差驱动，南北半球是相反的。

7.2.1.3　轨道参数的不稳定性

以上讨论的三大轨道参数，斜率和岁差描述地球自转轴的倾角和晃动，偏心率描述地球公转的几何轨迹，有着两类不同成因：前者主要取决于月球与地球的关系，后者取决于太阳系其他行星的运行。如果放眼地球演变历史，那么地球轨道参数并不稳定，他们的周期性必然会受太阳系内部星球演化的影响。

变化最大的是月地关系。月球引起的潮汐摩擦使得地球自转速度减慢，同时月球和地球的距离变长；这就是说在前寒武纪的时候，月球离地球近得多。地球的快速自转，给予赤道很强的离心力，因此地球是扁的，正是地球鼓出来的部分，在月球的引力下产生了岁差的晃动，保持着斜率的倾角。然而这种吸引力与月地的距离有关，距离越近岁差和斜率的周期应当更短。根据推测，20 亿年前岁差和斜率周期一样短，都不到 15000 年（表 7-2；Berger，1988）。当然这些计算都不考虑前述斜率曾经在前寒武纪超过 54°的假说（Williams，1993，2008），因为这种大角度斜率并没有令人信服的论据。

表 7-2　轨道参数周期长度地质演变的推测 (Berger，1988)

距今时间	岁差周期	斜率周期
0 亿年	23000 年	41000 年
5 亿年	20800 年	34000 年
10 亿年	19500 年	29900 年
15 亿年	16800 年	21200 年
20 亿年	14750 年	14800 年

与之不同的是偏心率，因为黄道的几何轨迹受其他行星而不是月球的影响，因此并不像自转轴那样有强烈变化。太阳系各行星对地球轨道的影响与其本身的质量成正比，而与地球距离的平方成反比。因此，各行星中对地球轨道影响最大的是木星，其次是金星，第三是土星（Matthews and Frohlich，2002）。对于地球来说，受影响的是黄道面椭圆的半短轴，半长轴并不受这些行星的影响，而偏心率长周期的长短取决于椭圆的半长轴，所以在地质历史上，40 万年长周期是轨道参数中最为稳定的一项（Laskar et al.，2011）。

偏心率长周期的稳定性具有重要的地质意义。如果 40 万年长周期在前寒武纪也能保持稳定，那就为地质历史提供了时间度量的“标尺”，而且也为整个地质时期的古气候再造，提供了一种外力驱动的节奏。值得格外注意的是当前的地球正在经历着 40 万年偏心率长周期的低值期，使得气候岁差的变幅减小，全球气候的季节反差减弱（Wang et al.，2004）。由于材料和技术的限制，长期以来古气候研究集中在晚第四纪的几十万年，很少注意受 40 万年或更长期轨道驱动的气候变化，而这恰恰是气候旋回研究中一个新的突破口。

7.2.2 气候旋回的轨道驱动

轨道参数对于气候变化的驱动，都是通过调剂太阳辐射量的时空分配。轨道参数对于到达地球的太阳辐射总量几乎没有影响，但是斜率能够控制高低纬度间辐射量的空间分配，岁差和偏心率影响的是辐射量在不同季节的时间分配。辐射量的时空分布可以用最近 10 万年间，北半球冬、夏季（南半球夏、冬季）从南极到北极的辐射量分布图来表示（图 7-10；据 Berger，1978）。

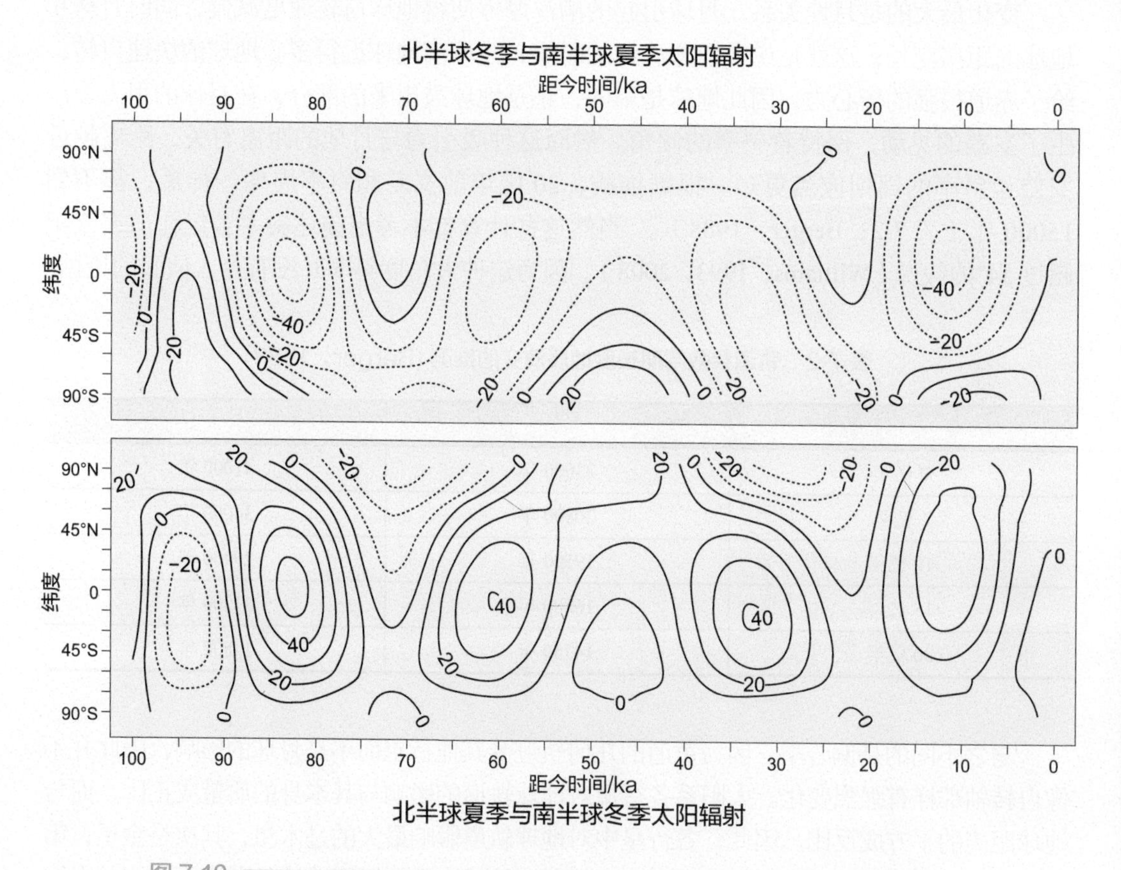

图 7-10 最近 10 万年间北半球冬季（南半球夏季）和北半球夏季（南半球冬季）的辐射量时空分布图（Williams et al.，1998 据 Berger,1978）

与构造尺度或者千年以下尺度的气候变化相比，轨道尺度的驱动因素具有最好的定量基础，因为天文学为轨道参数提供了定量数据，而半世纪来的地质研究为此提供了扎实的量化证据，我们将在下面介绍。但是一个要害问题并没有解决：为什么细微的轨道变化，会引起严重的气候变化；为什么缓慢的参数增减，会导致急剧的气候转型。相信其中必有一系列的非线性关系，但是至今缺乏明确的认识，成为当前气候演变研究的关键环节。

7.2.2.1　冰期旋回的轨道驱动

气候演变轨道驱动的米兰科维奇学说的建立，为第四纪冰期旋回的周期性提供了解释。米兰科维奇在八九十年前计算太阳辐射量的变化时，选择了北纬 65 度夏季辐射量，从而得出了 60 万年里多次冰期的气候曲线（图 7-3）。三十年后，米兰科维奇的曲线得到了深海沉积氧同位素分析结果的证实（Hays et al.，1976），从而确立了冰期旋回轨道驱动的理论。以后的发展，冰芯、黄土、石笋等各种记录都提供同样的证据，使得米兰科维奇学说成为地球科学在理论上的重大突破。

回顾一个多世纪的历程，最初 Croll 只算岁差的影响，得出南北半球间隔两万年轮流产生冰期的结果（图 7-11A），当然很难接受。米兰科维奇用三大轨道参数计算 65°N 的夏季辐射量，取得了实质性进展（图 7-11B）。后来 Imbrie 父子考虑到冰盖消长和辐射量变化之间有时间差，在此基础上又引进了非线性因素进行修改，所得的 25 万年辐射量曲线（图 7-11C；Imbrie and Imbrie，1980），与深海有孔虫氧同位素曲线（图 7-11D，E）相互对应，证明了冰期旋回轨道驱动学说的合理性。值得注意的是当初人工计算的条件下，重要的关键是米兰科维奇对纬度和季节的选择。65°N 纬线穿越斯堪的纳维亚、格陵兰和阿拉斯加，正是北极冰盖

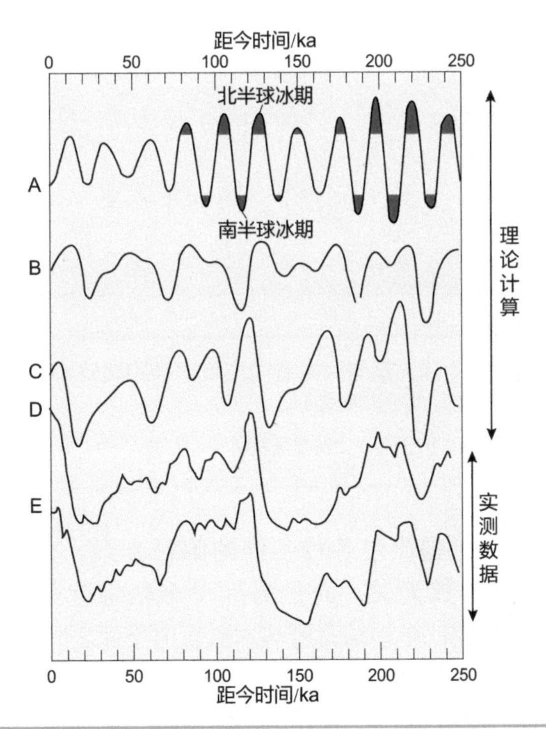

图 7-11

25 万年冰期旋回轨道驱动的理论计算和实测数据（据 Imbrie，1982）

A. 1864 年 Croll 只用岁差周期的计算结果；B. 1930 年米兰科维奇用三种轨道参数的计算结果；C. 1980 年 Imbrie 父子引入非线性因素的计算结果；D. 1976 年 Hays 等的太平洋浮游有孔虫 $\delta^{18}O$ 曲线；E. 1973 年 Shackleton 和 Opdyke 的印度洋浮游有孔虫 $\delta^{18}O$ 曲线

消长的位置。而 Croll 原来选的季节是冬季，以为越冷冰盖越大，米兰科维奇改选六月，因为冰盖增长的关键不在于冬天冷而在于夏天低温，以免冰雪消融（Imbrie，1982）。

米兰科维奇的计算采用的三个轨道参数：斜率、岁差和偏心率对于太阳辐射的变化都有贡献（表 7-1）。但是仔细分析深海沉积氧同位素数据的时候，却发现在辐射量变化中作用最为微弱的 10 万年偏心率短周期，在氧同位素变化中的作用却高居首位（图 7-12；Imbrie et al.，1992），最小的驱动因素产生出最大的变化幅度，这就是所谓的“十万年难题”（Imbrie et al.，1993），威胁到米兰科维奇理论的合理性。

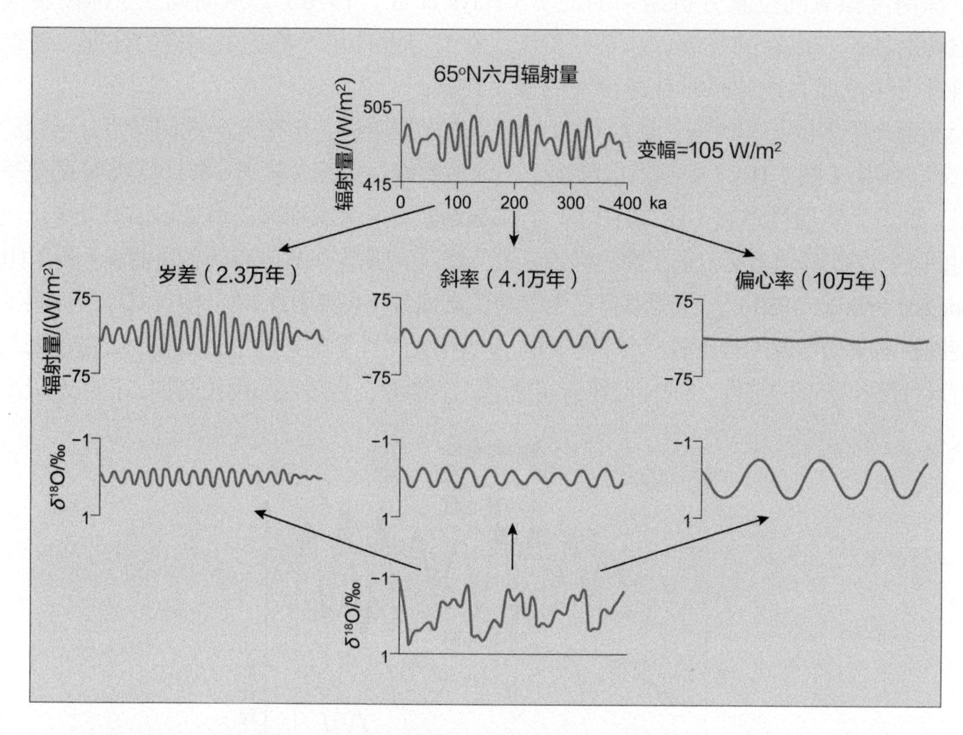

图 7-12
冰期旋回的轨道驱动：辐射量与深海氧同位素记录的比较（Williams et al.，1998 据 Imbrie et al.，1992 改绘）
注意两者在偏心率短周期（10 万年）上的显著差别

针对“十万年难题”，提出过各种各样的解释方案。有的提出 10 万年周期与米兰科维奇的三个轨道参数无关，而是另外一个轨道参数即“轨道倾角（orbital inclination）”的变动周期，也就是地球黄道与木星轨道平面之间夹角的变化周期（Muller and MacDonald，1997）。这种机制理应同时导致宇宙核素丰度的变化周期，但是并没有得到地质证据的支持。也有意见认为 10 万年周期是气候系统对外力作用的一种自然共振（natural resonance），但是这种假设无法回答，为什么这 10 万年周期的优势只在第四纪晚期、最近的六十多万年方才出现。看起来值得注意的解释有两种：一种是气候系统的内反馈，包括冰盖、大气 CO_2、南极过程等因素的作用在内（见 Ruddiman，2006 讨论）；另一种是冰盖动力的作用，不是冰盖顶面与大气的关系，而是冰盖底面与岩石的关系在推动 10 万年周期（Bintanja and van de Wal，2008）。关于冰期旋回在第四纪晚期由 4 万年斜率周期转为 10 万年周期的问题，我们在第 8 章里还要讨论。

7.2.2.2 低纬过程的轨道驱动

正因为米兰科维奇学说是在冰期研究中建立的，古气候的定量研究优势是从第四纪冰期突破的，于是一种最流行的认识，是以为轨道变化就是驱动冰盖消长，然后再由冰盖的变化去推动整个气候系统，但这种观点是不正确的。到达地球表面的太阳辐射大多落在低纬区，能量、热量是从低纬区向高纬区传递的。低纬区至少应当和高纬区一样，能够直接响应轨道驱动，而不必等待极地冰盖转手。但是，高低纬区接受的太阳辐射有着不同的时空分布，因此轨道驱动在低纬过程的表现，也与冰期旋回有所不同，最明显的表现就是季风的变化周期。

不同的轨道参数，在不同纬度的作用不同。数值模拟表明：斜率对高纬区的影响比较大，岁差对低纬区的影响比较大，而偏心率是通过对岁差的调幅作用进入气候系统，因此低纬过程受岁差和偏心率驱动的作用大（Short et al.，1991）。

这种区别，很容易从最近 30 万年来太阳辐射量纬度分布的变化图上看出来（图 7-13）：低纬区主要响应两万年岁差周期（P）的驱动，尤其在偏心率变幅增大的 10 万年前和 20 万年前（比较图 7-8），斜率周期（T）只有在高纬区才变得明显。 再以 2~0 Ma 的高低纬月均太阳辐射为例，图 7-13 中 C 和 D 分别为北纬 15° 和 65°夏季（6 月 21 日到 7 月 21 日）月均太阳辐射曲线。频谱分析证明（图 7-13 E，F），高纬太阳辐射具有很强的岁差和斜率周期；而低纬太阳辐射只具有很强的岁差周期，缺乏斜率周期；10 万年和 40 万年偏心率周期在月均太阳辐射中异常微弱，几乎可以忽略。

因此，在第四纪晚期的高纬过程呈现强烈的 10 万年周期的背景下，低纬过程却出现了以两万年岁差周期为主的记录，包括季风和厄尔尼诺等现象。突出的例子是反映季风气候的石笋氧同位素：记录亚洲季风变化的石笋氧同位素，在 60 万年期间显示出 30 个左右的岁差周期（图 7-14d），与海平面升降反应的高纬冰盖消长（图 7-14e）形成鲜明的对照（Cheng et al.，2016）。同样，极地冰芯气泡中的大气氧同位素曲线也与石笋的记录十分吻合（Petit et al.，1999），反映出全球季风的变化对岁差周期的响应。不仅如此，在季风控制区表层海水的氧同位素，也反映出突出的岁差周期（Wang et al.，2016），晚第四纪厄尔尼诺的地质记录，也同样反映出以两万年岁差为主的周期变化（如 Beaufort et al.，2001；Dang et al.，2015）。以上事实，雄辩地说明低纬过程可以直接响应轨道驱动，第四纪晚期的全球气候并不都是冰盖消长的余波。

总之，地球轨道驱动气候过程的表现随纬度而有所不同，但是首先都是通过水循环的变化。在高纬区表现为冰盖的消长，即水的液态与固态的相变。随着第四纪冰盖变化的幅度越来越大，对于全球气候的影响也越益增强。与此同时， 轨道驱动在低纬的实施途径主要在于水的液态和气态的转换，表现在季风降水和厄尔尼诺等气候过程。在地球历史上，极地有大冰盖发育的冰室期只占少数，在没有大冰盖的暖室期轨道驱动主要

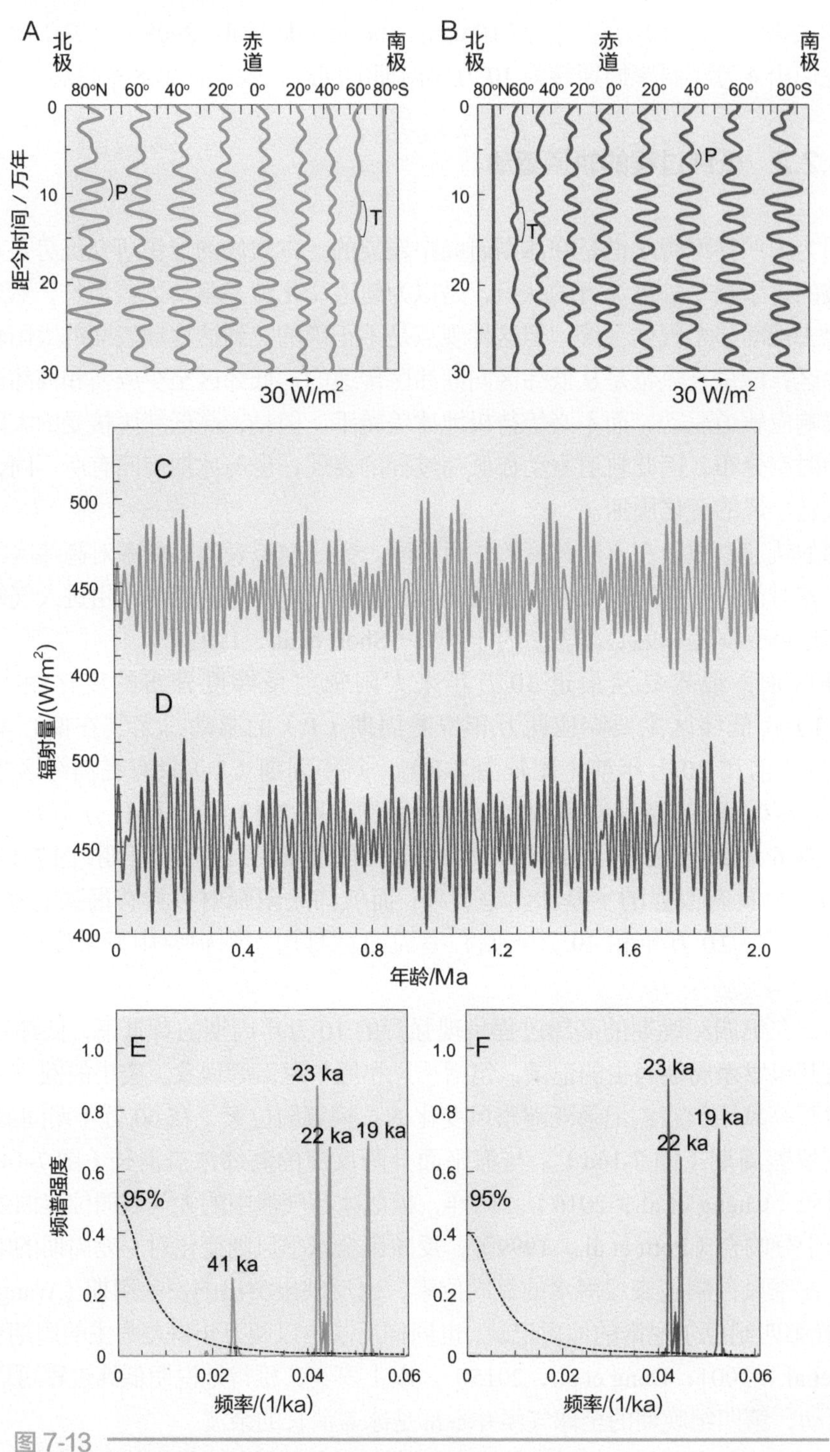

图 7-13
太阳辐射量的纬度分布

A，B. 近 30 万年不同纬度区的辐射量变化：A. 六月；B. 十二月；T. 斜率周期；P. 岁差周期（Ruddiman，2001）。C—F. 近二百万年高低纬度区的辐射量比较：C. 北纬 15° 夏季（6 月）月均太阳辐射；D. 北纬 65° 夏季（6 月）月均太阳辐射；E. 2~0 Ma 北纬 65° 夏季（6 月）月均太阳辐射的频谱；F. 2~0 Ma 北纬 15° 夏季（6 月）月均太阳辐射的频谱

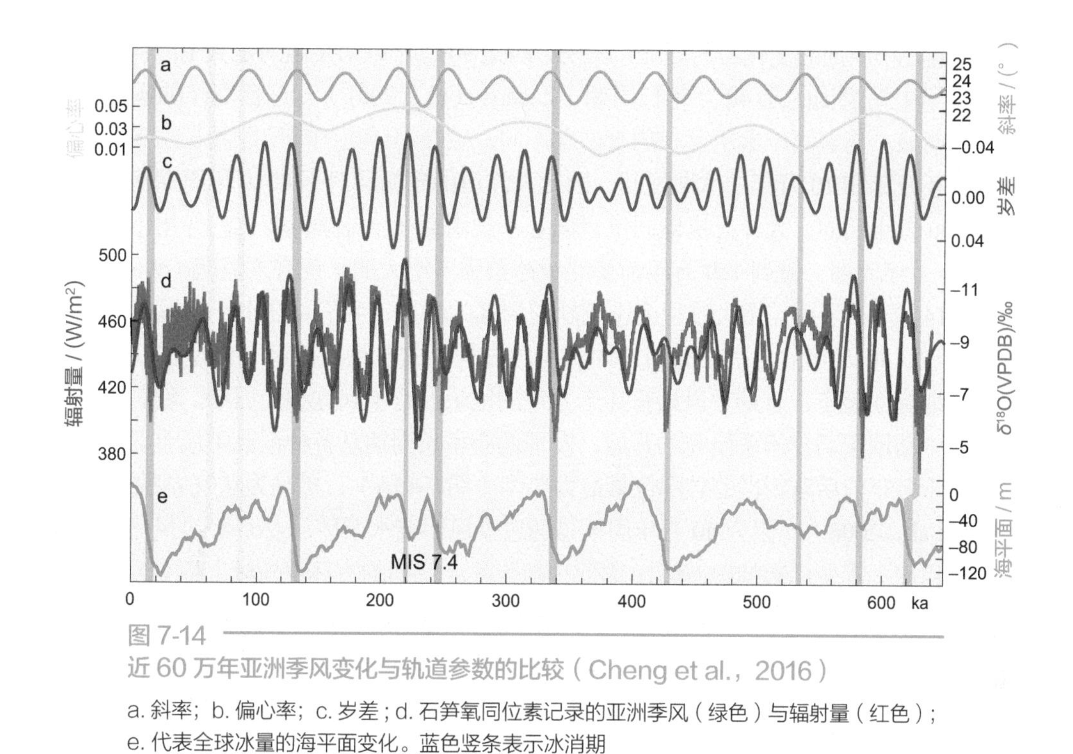

图 7-14
近 60 万年亚洲季风变化与轨道参数的比较（Cheng et al.，2016）

a. 斜率；b. 偏心率；c. 岁差；d. 石笋氧同位素记录的亚洲季风（绿色）与辐射量（红色）；e. 代表全球冰量的海平面变化。蓝色竖条表示冰消期

表现就在季风一类的低纬过程，轨道周期也以岁差周期和调节其变化幅度的偏心率周期为主（见 7.3.1.1 节）。

7.3　地球过程轨道驱动研究的发展

轨道周期的发现是地球科学的重大突破。米兰科维奇从第四纪冰期入手，揭示了地球气候环境演变中的一种基本机制，为地史研究注入了定量元素，使地球科学从现象描述向机理探索迈进了一大步。但是米兰科维奇学说至今面对一系列的难题不能回答，说明在理论上的成熟度不足。原因之一在于所讨论的时间太短，局限于第四纪晚期的几十万年，而且第四纪在整个地球历史上严重缺乏代表性。显生宙五亿多年时间里，两极都有大冰盖的时间只有最近的三百万年。想要了解地球系统正常运行的模式，必须考察更长的地质时期，轨道周期的研究当然不能例外。

7.3.1　地质历史上的轨道周期

7.3.1.1　前第四纪的轨道周期

利用深海沉积的氧同位素分析，第四纪的冰期旋回已经追踪到整个新生代，首先是底层水的氧同位素，说明三大轨道参数的变化贯穿着全部新生代，反映着冰盖和温度的变化，但是随着冰盖的发育，不同轨道参数所起的作用前后不一。其中斜率的作用最为突出而且稳定，而偏心率周期的变化最为明显：在晚第四纪90万年以来突出的是其10万年短周期，而新生代早中期突出的是40万年长周期（Zachos et al.，2001），这在海洋的碳同位素记录里尤为明显。与氧同位素所反映的水循环不同，碳在海洋里的滞留时间长达十余万年，可以超越4万年和10万年的冰期旋回，因此大洋里的碳循环对于40万年周期格外敏感。在最近500万年期间，大洋无机碳同位素偏心率长周期在全球季风变化的作用下，显示出鲜明的40万年周期，直到160万年前受北极冰盖强烈增大的干扰方才消减（Wang et al.，2010，2014）。关于冰盖增大过程会影响轨道周期的现象，我们将在下一章里另外讨论。

应该说，40万年偏心率长周期是地球表层过程中的一种主旋律，但是古环境研究从第四纪冰期旋回起步，总共手里只有几十万年的记录，看不到这类长周期。随着大洋钻探新生代早中期地层高分辨率研究的开展，发现偏心率长周期是各种记录中最重要的韵律，尤其以三千万年前后渐新世的碳同位素最为典型（图7-15A），被喻为“气候系统的脉搏”（Pälike et al.，2006）。因为40万年周期是通过季风影响水循环，然后经过风化速率、生产力和沉积速率等变化影响碳循环，因此在新生代一系列的古环境指标上都有反应。这类过程在地球的暖室期最为典型，因此偏心率长周期的表现在白垩纪最为突出（见8.1.2节），而在冰室期里并不稳定，比如在冰盖迅速扩大期间，包括13.9 Ma的南极冰盖和1.6 Ma的北极冰盖快速增长期，都会干扰和遏制40万年周期的表现（Wang et al.，2014）。

影响偏心率的天文因素主要是木星和金星的运行，这种影响不但会产生10万年和40万年的偏心率长周期，还会在更长的周期上，对偏心率的变化幅度进行调控，当然只有在足够长的记录上才看得出来，这种百万年等级的轨道周期，不妨称作为“超长周期”。具体说，偏心率长周期的变幅有~240万年和~900万年的超长周期调控，其实斜率的变幅也有~120万年的超长周期在调控（Hinnov and Hilgen，2012）。拿新生代的6600万年来看，10万年偏心率短周期的变化幅度曲线上，可以明显看出40万年和240万年的调控周期（图7-15B ①）；40万年偏心率长周期的变幅，受240万年和大约900万年（800~1000万年）的周期调控（图7-15B ②）；而240万年周期的变幅，又受~900万年周期调控（图7-15B ③）。所以新生代6600万年，包含了八个900万年的超长周期（图7-15B ④的Cb1—Cb8）（Boulila et al.，2012）。

白垩纪轨道周期的研究，至少从20世纪80年代就已经开始。与第四纪的冰期旋回不同，对白垩纪天文周期的兴趣来自沉积学和地层学。意大利亚平宁山脉白垩纪灰岩和泥灰岩的韵律，与第四纪地层里的周期性相似，于是就联想到岩性韵律与岁差、斜率以及偏心率短周期对应的可能性（Schwarzacher and Fischer，1982）。等到南大西洋深海钻探取得了晚白垩世地层之后，岩芯的颜色反射率高分辨率记录，就完全证实了米兰科维奇周期在白垩纪的存在。只是与晚新生代的冰室期不同，白垩纪暖室期大洋的碳酸盐周期，不是深层水的溶解作用和海水碱度，而是全球性的海洋生产力所决定（Herbert，1997）。接着二十多年来的研究进展，白垩纪碳循环的40万年偏心率长周期以及调控其变幅的240万年超长周期已经广泛发现（如Sprovieri et al.，2013等），包括地层的磁化率等记录在内（Boulila et al.，2014），充分显示出在暖室期气候下，季风驱动水循环的轨道周期特征。现在，以40万年偏心率长周期为主的轨道韵律，已经上溯到整个中—新生代，而且把偏心率和岁差周期的发现和季风演变相联系。例如美国东北Newark

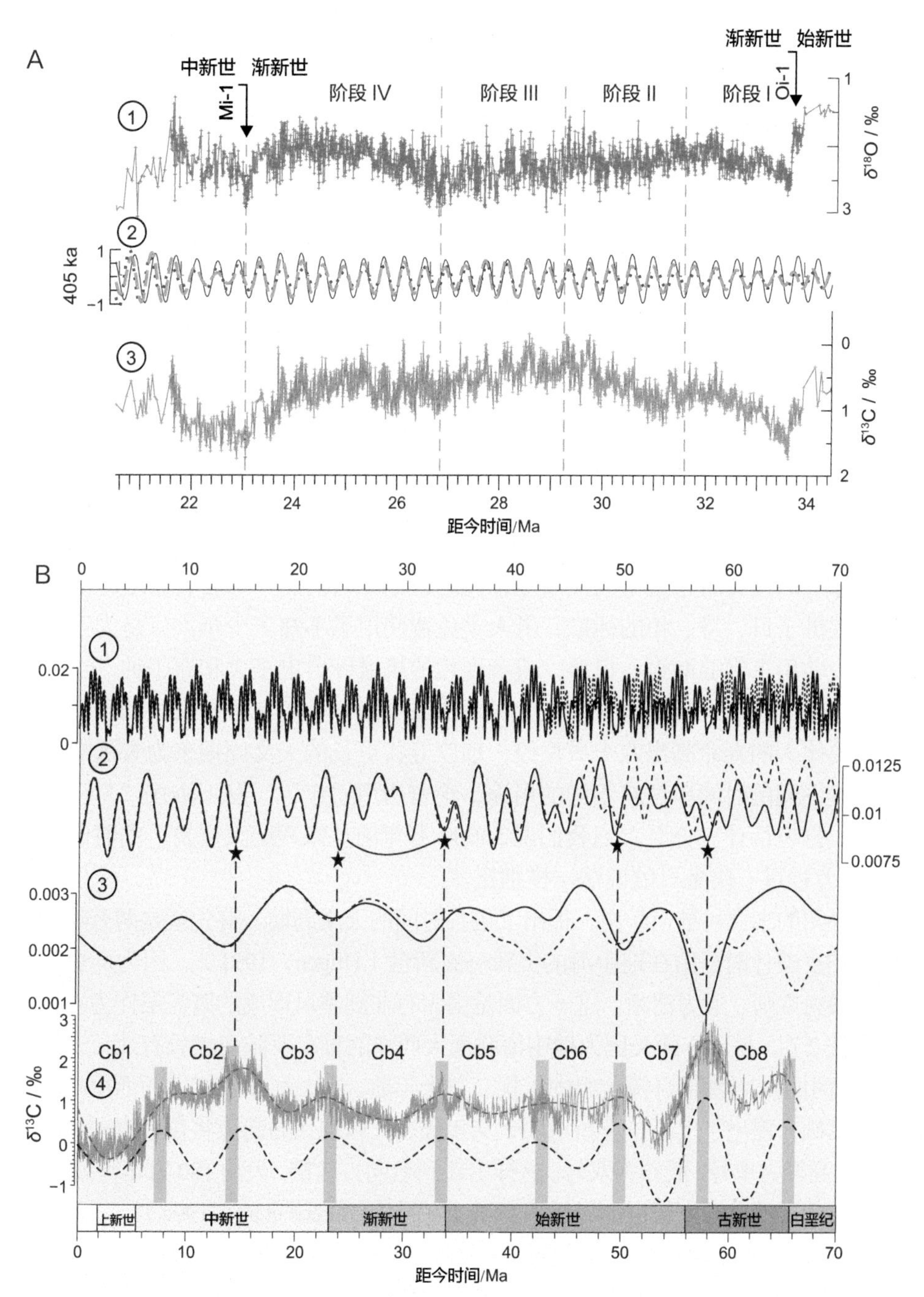

图 7-15

新生代海洋碳同位素记录中的偏心率周期

A. 赤道太平洋渐新世的底栖有孔虫氧、碳同位素：①底栖有孔虫 δ^{18}O；② 40 万年带宽滤波，实线为地球轨道偏心率，虚线为底栖有孔虫 δ^{13}C，点划线为底栖有孔虫 δ^{18}O；③底栖有孔虫 δ^{13}C（Pälike et al.，2006）；B. 调控新生代偏心率周期变幅的超长周期：① 10 万年偏心率短周期的变化幅度曲线，显示 40 万年和 240 万年的调控周期；② 40 万年偏心率长周期的变幅曲线，显示 240 万年和 900 万年的调控周期；③ 240 万年周期的变幅曲线，受 900 万年周期调控；④大洋底层水碳同位素及其低通滤波（红线）和带通滤波曲线（虚线），Cb1—Cb8 表示新生代八个 ~900 万年超长周期 (Boulila et al.，2012)

超群湖相泥岩的微层理，反映了晚三叠世到早侏罗世联合大陆热带区的干湿交替与湖面升降，纹层和较大的沉积韵律显示出“超级季风”变化的岁差和偏心率长、短周期（Olsen，1986；Olsen and Kent，1996）。不仅是大洋钻探，已经抬升到陆地上的中生代早期深海沉积剖面，也为轨道周期的研究提供了新证据。日本本州生物成因燧石和风成泥岩的互层剖面，提供了中三叠世到早侏罗世总共 7 千万年的地层记录，反映出从 2 万年岁差，到 10 万年、40 万年偏心率和 200 万年到 800~1000 万年的韵律（Ikeda and Tada，2013）。现在，轨道周期的研究至少已经推进到古生代的晚期，比如东欧晚泥盆世的灰、泥岩互层就显示出 10 万年、40 万年和 ~240 万年的周期性（de Vleeschouwer et al.，2013），至少晚古生代的气候变化，具有偏心率调控的周期性（Horton et al.，2012）。

7.3.1.2　地质计时的天文标尺

米兰科维奇周期的证实，不仅提供了气候长期演变的一种机制，也为地质纪年提供了量化的标准。人类历来是用天文周期计时的，地球自转、月球公转和地球的公转，分别为我们提供了日、月、年的标准，供人类免费使用了不知多少年。只是为了提高分辨率，才会去动用古代的漏壶、日晷，或者现代的机械钟、电子表和原子钟。当人类研究地球历史的时候，用的就是他在天文计时里的最高级——年。但是人类的寿命太短，地球的年龄要比人的寿命高出八个数量级，理应寻找更长的天文周期来为久远的地质过程计时。长度不同的时间单位有不同的用途，论资历用“年”，发工资按“月”，住旅馆算“日”，打电话计“分”。当我们说 53000 万年前“寒武纪大爆发”的时候，其实和每过 3154 万秒过一次生日的说法一样别扭。

上面介绍的米兰科维奇学说，提出了更长时间的天文周期。首先就是两万年的岁差，最先提出的岁差计时是用在地中海的上新—更新世（Hilgen，1991），因为那里的岁差周期表现得最为规则、最为清晰。这一方面是因为有非洲季风形成的腐泥层作为岁差层的标记（见附注 2），另一方面又因为地中海联通大西洋的直布罗陀海峡只有几百米深，免除了冰盖发育引起大洋深部环流改组的干扰。二十年前，荷兰科学家就以西西里岛的地层标准剖面为基础，提出了上新—更新世的天文年代表，以现代为起点将每个岁差周期编两个号，岁差的高峰为单号，低谷为双号。这样由新到老向古代推，大约 180 万年前编到 176 号，而 260 万年前更新世和上新世的界线相当于 250 号（Lourens et al.，1996）。

但是基于岁差周期的天文年代表用途有限，只能用于新生代的晚期，一则因为越老的地层时间分辨率越低，很难有一两万年的准确度，二则因为岁差的长度本身是个变量，是随着月球离开地球而加长的（表 7-2）。从地球历史的整体着眼，理想的天文计时单位是 40 万年偏心率长周期，不仅因为这是最为稳定的轨道参数，还因为时间跨度大，容易在深远的地质年代里使用。因此，偏心率长周期就像是地质学里的“钟摆”或者“音叉”，将成为地质计时的一种基本单元，目前已经在天文年代学里推荐使用。和岁差计年的办法一样，以现在为 No. 1 向前数， 比如上新世和中新世的交界就在偏心率长周期 No. 14，而中新世底界在 No. 58（图 7-16），到一亿年前早、晚白垩世的界线就已经是 No. 248（Hinnov and Hilgen，2012）。

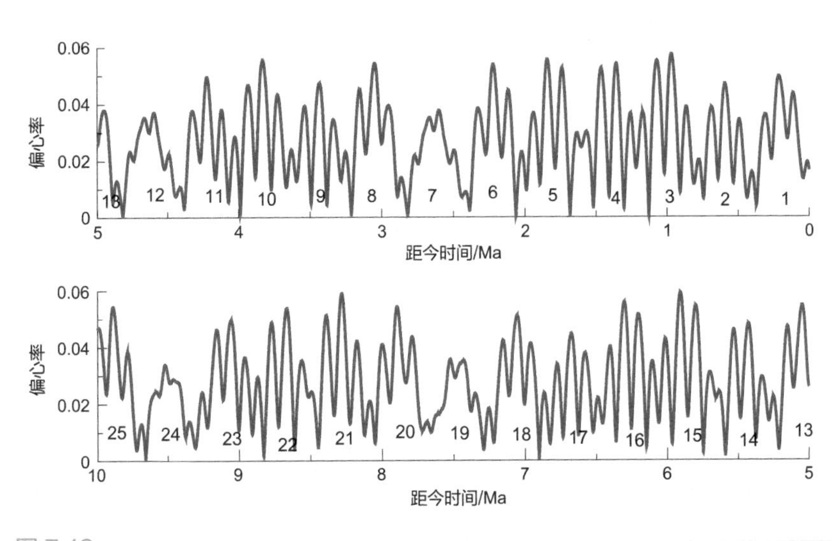

图 7-16
1000 万年内偏心率长周期的编号（据 Laskar et al.，2011 绘）

附注 2：地中海地层的轨道周期

非洲大陆跨越赤道，使得非洲季风受轨道驱动的效果最为清晰。夏季强大的季风雨可以造成尼罗河特大规模的泛滥，洪水流到地中海引起浮游生物的勃发和海水的分层，在海底形成富含有机质的暗色腐泥层，与平时形成的浅色灰岩形成对比。而季风、洪水的强度随着岁差发生周期性变化，2 万年出现一次的腐泥层就是岁差的标记。然而气候岁差的强度又受偏心率调控，偏心率越大，岁差变化幅度越大，气候的季节性和季风气候也越强。地中海按岁差周期出现的“腐泥层”，在偏心率最小的时期不能形成，因此，腐泥层集中在偏心率高值期，而偏心率最小期只有石灰岩的连续沉积。中新世的地中海地层经过抬升，出露在西西里岛旅游胜地的海岸上，其中游泳之后享用日光浴的厚层灰岩，就是 40 万年周期偏心率最小时候的产物。

地中海西西里岛上新世剖面的 40 万年偏心率长周期和 2 万年岁差周期（右上角）

必须指出，基于三大轨道参数的天文计时，更为广泛的应用是在地质记录中年代标尺的天文调谐。因为地质记录中有年代测定的点为数有限，两点之间的年代标尺就要依靠轨道参数加以调谐，推出年龄，所用的方法和其中利弊在有关专业文献中均有介绍，此处不再展开。

7.3.2 轨道驱动的计算和应用

尽管轨道变化驱动气候周期的假说已经得到大量地质资料的证明，尽管轨道周期的概念已经在地球科学许多领域广泛应用，建立在定量基础上的轨道驱动理论本身，却至今面对着众多的学术挑战。当轨道周期开始用于冰期旋回的时候，就遇到了各种难题，其中包括前面已经讨论过的“十万年难题”（7.2.2.1 节），包括偏心率只见 10 万年短周期不见长周期的“40 万年难题”，包括 40 万年前轨道变化微弱而气候强烈变化的“MIS 11 期难题”等（Imbrie et al.，1993）。这些“难题”的根源很大程度上在于讨论的时段太短，只有 60 万年。一旦将几百万年甚至整个新生代的记录连起来看，就变成了另外一种问题。比如“40 万年难题”，就成了为什么偏心率长周期到 160 万年以后弱化消失的问题。同时，从长序列的气候记录中，又冒出前所未料的问题，甚至于对米兰科维奇学说的计算方法，提出了疑问。

7.3.2.1 轨道驱动的计算问题

米兰科维奇理论在处理气候变化对轨道驱动的响应问题上，一般以线性关系作为前提，将气候响应的周期性作为验证理论的标准，这在 20 世纪早期是唯一的选择，时至今日，我们在处理和对待时间序列的定量化计算结果上仍然没有跳出当年的窠臼。古气候研究中的一贯做法，是在时间序列的频谱分析中寻找与轨道参数相匹配的周期。对轨道驱动的响应，也只是盯住几个轨道周期，只看频谱中的几个峰值。从物理学的角度看，气候记录的频谱实际上是一个频谱连续体（spectral continuum），大量的频谱功率包含在年度、季节和地球轨道周期之间，隐含着大量尚未开发的信息（Wunsch，2003）。

冰期旋回轨道驱动研究中的一大问题在于其斜率周期。如果我们来比较三百万年来的几十个冰期旋回，可以看出明显的两类：近百万年来的冰期旋回长，基本上是 10 万年周期；此前的冰期旋回短，属于 4 万年的斜率周期（图 7-16A），为什么？太阳辐射量的分布随着轨道驱动发生时空变化，但是斜率所产的功率远不如岁差（图 7-13E，F），为什么冰期旋回不是岁差的两万年，而是斜率的四万年？这里就用得着“频谱连续体”的概念：不能只看某一天（比如冬至）的辐射量，而要看整个季节辐射量积分的总和。因为地球在黄道上公转的速度并不均匀，在近日点时走得快，使得经过近日点的季节天数较少。因此，岁差效应在驱动冰盖时就发生了相互抵消的现象：夏季经过近日点固然增加了辐射量，但同时夏季的时间总长度缩短，又使得夏季累积的辐射量减少。如果将辐射强度与时间长度结合起来求得辐射量的积分，就发现夏季辐射量的积分，是受斜率而不是岁差周期控制（图 7-17B），从而为 100 万年前 4 万年的冰期旋回提供了解释（Huybers，2006）（附注 3）。不过对于冰期旋回的斜率周期还有另一种解释：因为南北半球的冬夏季节相反，岁差周期也是南北半球反向的，从全球气候角度看，在岁差频道上两半球辐射量的变化相互抵消（图 7-17C 的蓝、红两色代表南北半球，变动方向相反）（Raymo and Huybers，2008）。

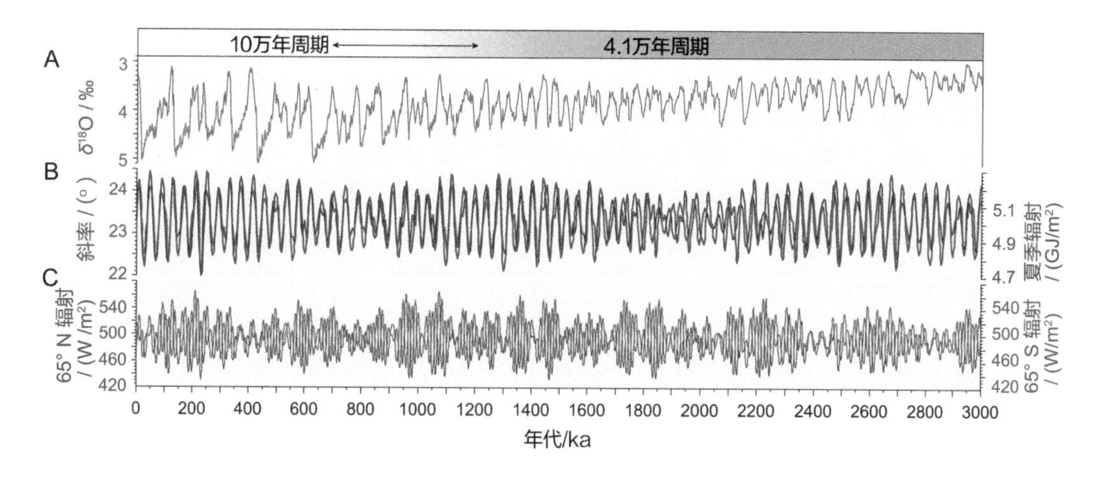

图 7-17
三百万年来冰期气候与太阳辐射的变化（Raymo and Huybers，2008）
A. 底层海水氧同位素记录；B. 斜率（蓝色）与夏季辐射量积分（红色）；C. 南、北半球夏季辐射量：65° S 南半球夏季 12 月 21 日（蓝色）与 65° N 北半球夏季 6 月 21 日（红色）

7.3.2.2　轨道驱动的机制研究

冰期旋回虽然研究了一百多年，但是对冰盖本身却重视不够。我们从大气成分到深海沉积去研究冰期，却对冰盖本身的变化机制不甚了了。近年来对冰盖动力学的观测大为加强，另一方面又开展了冰盖消长的数值模拟，有力地推进了对冰盖演变，特别是冰盖崩解过程的认识。与轨道驱动缓慢的渐变过程不同，冰盖的崩溃是个突变过程，将极地冰盖看做稳定的“白色山脉”是一种错觉。冰盖的消融并不是从上往下慢慢发生，而主要是沿着冰盖周边，在冰盖底下的水流侵蚀下，使得大片的冰盖崩解进入海洋成为冰山。遥感观测表明：冰盖流动部分的流速在一年里就可以翻番，而冰流之下的水可以快速流失而造成冰盖表面下降（Truffer and Fahnestock，2007）。冰盖周围的冰架起着保护作用，在某种程度上阻挡着冰流入海，但是当前的全球变暖使得冰架消融，从而加速冰盖的减薄和崩溃。近年的测量表明格陵兰冰盖平均每年减薄 0.84 m，南极阿蒙森湾的冰盖每年减薄量高达 9 m（Pritchard et al.，2009，2012）。既然冰盖是从下面、从周边崩溃的，海水的温度、冰盖底下的基底性质，都对冰期旋回发生影响。在第 3 章里（见 3.3.2.2 节）我们就介绍过，冰盖下的地质地形条件大不相同，冰盖底下可以是“冷基底”，

附注 3：太阳辐射量及其频谱特征

年均或全年累计太阳辐射量，是按照天文经度 0~360 度积分得出全年的太阳总辐射量，再除以一年的总天数而得，结果以 4 万年斜率周期为主。累积太阳辐射量是纬度、偏心率、斜率和天文经度的函数，并不包含岁差参数，因此累积太阳辐射量只有斜率和偏心率周期。地球绕太阳旋转一周的时间恒定，为 365.2422 天，而年均太阳辐射是太阳总辐射量除以一个常数，所以年均太阳辐射量的频谱与太阳总辐射量的频谱相同。

以赤道地区 (0°) 的太阳累积辐射和年均太阳辐射量为例，年均太阳辐射量以斜率（4.1 万年）周期为主，偏心率（40 万年，10 万年）周期较弱，而岁差（1.9 万年，2.3 万年）周期并不存在（见下图）。天文经度 90° 至 270° ，即夏至点至冬至点的累积太阳辐射量也以 4.1 万年斜率周期为主，10 万年和 40 万年偏心率周期较弱，岁差周期也不存在。

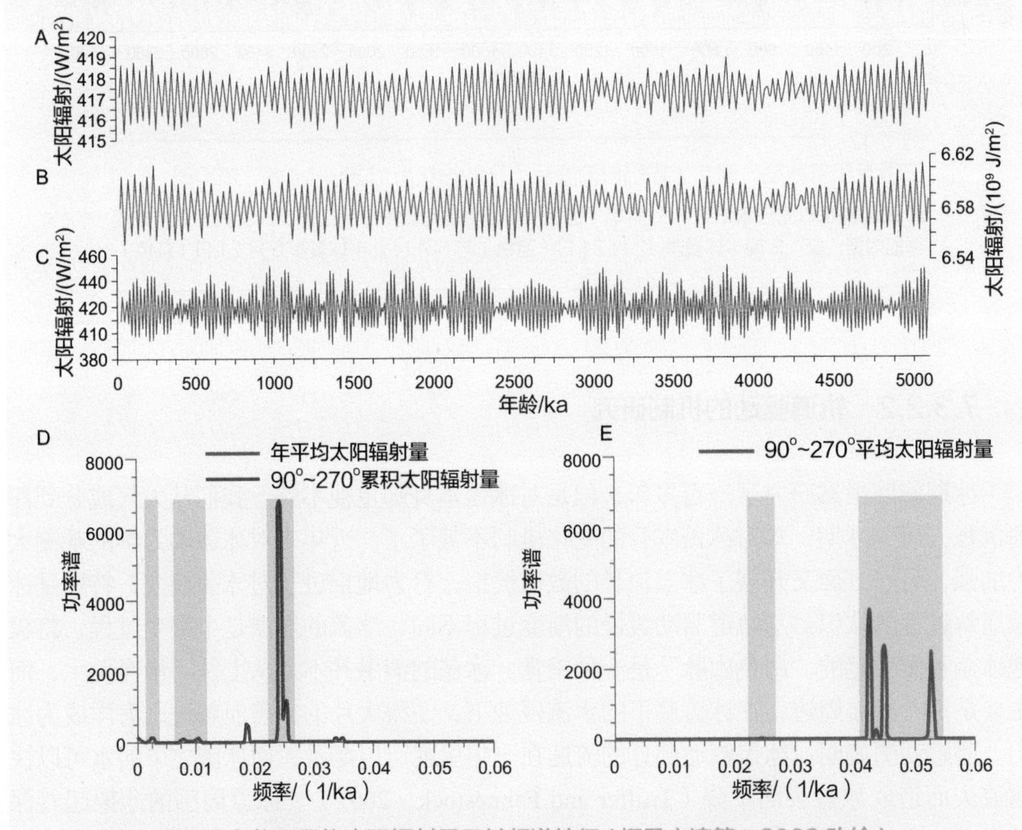

累积、年均和平均太阳辐射量及其频谱特征（据马文涛等，2009 改绘）

A. 赤道 (0°) 全年平均太阳辐射量；B. 天文经度 90° ~270°内累积太阳辐射量；C. 天文经度 90° ~270°内平均太阳辐射量；D. 年平均太阳辐射量 (A) 和天文经度 90° ~270°内累积太阳辐射量 (B) 的频谱；E. 天文经度 90° ~270°内累积太阳辐射量 (C) 的频谱。阴影为岁差，斜率，偏心率周期对应频率

结冰到底不能流动；也可以是“暖基底”，冰盖底下有水能产生冰流，侵蚀冰盖（Marshall et al.，2002）。比如南极中央“冰穹 A”底下，将近 1/4 面积可能就是这种“冷基底”，影响冰盖底部的冰流路径（Bell et al.，2011）。

将这些认识用于数值模拟，就可以改进对于冰期旋回的认识，其中的关键在于冰期如何结束的机制。学术界早就注意到冰期旋回的不对称性：从间冰期到冰期是个缓慢积累的过程，从冰期到间冰期却是个突变过程，正与上述冰盖崩溃的机制相吻合。在新认识的基础上开展数值模拟，对冰盖的演变进行三维空间的再造，就得出了冰盖各个部分不同的厚度变化和消融时间。图 7-18 就是对末次冰期旋回中北美冰盖的厚度分布（图 7-18A）和各部分冰盖存在时间（图 7-18B）的模拟再造（Marshall et al.，2002；Marshall and Clark，2002）。

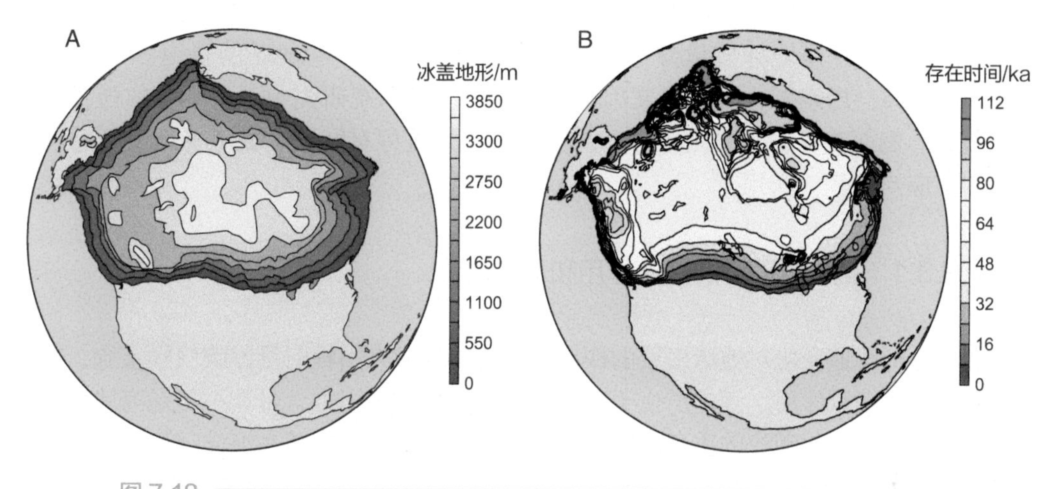

图 7-18
北美冰盖的数值模拟

A. 末次盛冰期时冰盖顶面高度图 (Marshall et al., 2002); B. 在末次冰期旋回的 12 万年内，冰盖各区存在的时间长度 (Marshall and Clark，2002)

从冰盖动力学出发来看第四纪冰期旋回的“十万年难题”，就变成了北极冰盖如何顶住冰盖底部的流动，能坚持到 10 万年的问题（Bintanja and van de Wal，2008）。如果将冰盖演变和深海氧同位素的数据进行比较，可以发现海洋 $\delta^{18}O$ 的 10 万年记录里，前期主要是海水变冷的温度信息，而冰盖的增长主要发生在 10 万年周期的后期（Bintanja et al.，2005）。

总之，从微细而缓慢的轨道变化到强烈而迅速的气候变化，其中必定有某种机制在推动，冰盖动力学的研究为此做出了重要贡献。但是以上讨论的是轨道驱动冰期旋回，只涉及地球表层水循环变化的一半，即固态和液态的转换。对于没有涉及的另外一半，水循环中气态与液态的转换，我们的了解其实更差。这里指的是低纬过程的轨道驱动（见 7.2.2.2 节），包括季风、ENSO 等气候系统的演变。这类过程的轨道周期，研究的历史比冰期旋回的研究短得多，研究程度也低得多，只是近年来才开始以全球视野放到地球系统里探讨。何况低纬过程的驱动机制，在现代气候学里尚不清楚，遑论古代，都有待在今后的研究中发展，并力争通过高、低纬过程的相互结合，揭示出轨道驱动下水循环三相转换相互耦合的气候变化模型。

7.3.3 地球表层过程中的轨道因素

气候变化的轨道周期，只不过是轨道因素在地球系统中的一种表现。从天文角度看来，地球的许多性质都与其运行轨道和速度有关。比如地球的形状，由于高速的自转，地球的球形变扁，两极的直径比赤道的直径小了大约三百分之一。同时，无论地球与月日的关系、冰盖发育和地幔对流，都会导致地球质量分布的变化，从而改变着地球的扁率即所谓动力学扁率（dynamic ellipticity）。严格讲地球的形状无时无刻不在变化，从每天、每年到地质尺度都可以看到地球扁率的波动（Cheng and Tapley，2003）。而地球质量分布和形状的变化，又会影响地球的轨道参数（Forte and Mitrovica，1997），因而天文因素的作用在地球系统研究中不仅不容忽视，而且亟待拓宽。然而在各种天文因素中，对于地球表层过程有特别重要意义而又至今重视不够的，应当是潮汐作用。

7.3.3.1 轨道驱动下的潮汐作用和海洋过程

地球运行轨道变化对地球表层的作用，不只是通过太阳辐射量影响气候系统，另一个重要方面是潮汐作用。潮汐产生于月球和太阳对地球的引力，月球小但是离地球比太阳近四百倍，是引起潮汐的主角。明显的潮汐当然在海里，能够在海洋沉积里留下清晰的记录。前面说过（见7.1.3节），在地质历史上通过潮汐摩擦，地球将角动量向月球转移，地球自转减慢、月球自转增快、月地距离加大，因为地球的公转不变，结果是每年的天数减少、每天的长度增加，这种变化可以从不同地质时期潮汐沉积的纹层数量中计算得出。据推算，距今6.2亿年以前每天只有22个小时（Williams，2000），到9亿年前只有18个小时（Sonett et al.，1996）。

地球的潮汐摩擦和形状即动力学扁率的变化，影响着和地球自转相关的轨道参数，也就是岁差和斜率。这种变化可以从天文上做力学的计算，但也可以根据高分辨率的地质记录进行反演，不过反演结果不一定相同。从热带北大西洋2500万年深海沉积的记录看，潮汐摩擦和动力学扁率均与现代参数一致，潮汐摩擦相当于现在的1.004，动力学扁率相当于现在的0.9999（Pälike and Shackleton，2000）；然而从地中海300万年的深海沉积记录看，这些值和现代并不相同，因此地球的自转减速也较今为慢。按照现在的潮汐摩擦计算，地球自转一周，也就是一天的长度应该每百年减少2.3 ms（毫秒），但是从记录看300万年来每百年只减少1.2 ms（Lourens et al.，2001）。2500万年和300万年记录的差别，可能在于引起变化的机制不同：地球形状发生变化，前者主要由于地幔物质对流，后者却是冰盖发育和海面升降的结果（Morrow et al.，2012）。

不过这还只是潮汐通过地球轨道所起的作用，没有说到潮汐本身会不会影响气候，特别对海洋来说潮汐的作用应当没有异议。海水运动无非两大动力：风力和潮汐，风力驱动表层海水进而影响全大洋，已经成为物理海洋学的基础；然而潮汐通过海底摩擦对于深层海流的影响，研究工作还处在起步阶段。海水深层环流的时间尺度在千年等级，其驱动机制至今不明，因此潮汐作用的研究大有前景。潮汐强度随着月－地－日三者的排列关系发生着周期变化，因此月球的轨道变化可以产生潮汐强度的变化周期，这里值得特别注意的是 18.6 年的月交点周期（lunar nodal cycle）。月球围绕地球公转的轨道和地球围绕太阳公转的黄道之间，有一个 5°的夹角，每 18.6 年两者相交两次，也就是月球经过黄道两次（月交点）， 可以使得潮汐的幅度大增，在现代的观测中十分明显（Cherniawsky et al.，2010）。然而强化的潮汐也可以将低温的深层海水送往上层，降低表层大洋的温度。近一个半世纪的气温记录中，有 6 年周期和将近 10 年的周期，这正是 18.6 年月交点周期的 1/3 周期和半周期，因此有可能是潮汐周期通过深层海水的上升影响着气候变化（Keeling and Whorf，1997）。如果考虑到地球的近日点和月球近地球点的重合，可以进一步加强潮汐幅度，那么就会看到还有更长的 1800 年周期，而这正是晚第四纪气候记录中千年尺度上的常见韵律（Keeling and Whorf，2000）。特大的潮汐可以助长冰盖的崩解，可以在冰期旋回中造成特殊强大的冰筏碎屑沉积事件（Arbic et al.，2004）。不仅如此，潮汐对于深层海水的混合作用还会影响到海洋营养元素的供应和生物地球化学循环，对地球表层产生一系列的影响，是一项重要而被忽视的因素（de Boer et al.，2012）。关于潮汐在千年尺度气候变化中的作用，我们在第 9 章还会做进一步的讨论。

7.3.3.2 轨道周期与内力作用

也许有点令人意外的是：轨道和潮汐周期不仅能影响地表气候的变化，还可以将信号传递到岩石圈，影响地震和岩浆活动等地球的内力作用。最明显的例子是潮汐作用和轨道周期对于地震频率的影响。根据环太平洋火山活动环的三百年统计，火山喷发具有明显的季节性：水在海洋和大陆的分布随着每年水文循环而发生季节变化，而火山喷发相应的季节变率达到 18%，有些地区高达 50%（Mason et al.，2004）。这种影响对于海底，尤其是大洋中脊的喷发格外明显。东太平洋胡安德富卡洋中脊两个月的仪器观测证明：微震的发生和低潮位相应，也就是海水压力最小时最容易发生（Tolstoy et al.，2015）。此外，潮水作用的方向也十分重要。日本地震资料的分析表明：只有当潮水的压力和构造应力方向一致的时候，地震才会发生（Tanaka et al.，2004），因此潮汐只是地震的催化剂，内力作用的助手。

类似的现象出现在岩浆作用过程中，在冰期旋回中同样在大洋中脊及其热液活动区最为明显。当海平面急剧下降时，上地幔上方的压力减少，岩浆熔融和供应中脊的通量上升，因此当 MIS 5 期向 4 期，或者 MIS 3 期向 2 期转折时中脊区岩浆通量增高、热液活动加强，相反在冰期向间冰期转折时（如 MIS 1/2）就会减弱，这种变化也应当反映在与热液活动相关的元素通量上（Lund and Asimov，2013）。大洋中脊的两侧是新生的洋壳，随着海底扩张形成了平行中脊的海山系列，保留着岩浆供应的记录，其中包含着冰期旋回对上地幔岩浆熔融和新生洋壳厚度产生影响的信息。从澳大利亚到南极洲之间，对南大洋洋中脊两侧的海底地形测量结果，发现一百多万年来新生洋壳的岩浆活动反映了三大轨道参数的周期性，证明轨道周期确实影响着岩浆活动（Crowley et al.，2015）（附注 4）。由于海底扩张的岩浆活动也能释放 CO_2，因此有人提出海底扩张可能对冰期旋回中的温室气体的变化产生影响，有关的依据来自东太平洋中隆区。那里中脊两侧在几百千米宽的范围内，沿着 17° S 纬线对海底地形进行高精度测深，通过深度比较取得了 80 万年来新生洋壳厚度变化的记录，结果和冰期旋回大气 CO_2 浓度的变化可以对比（图 7-19A），都有鲜明的 10 万年周期（图 7-19B）（Tolstoy，2015），说明内力作用和表层过程在响应轨道周期的时候也会发生相互作用。

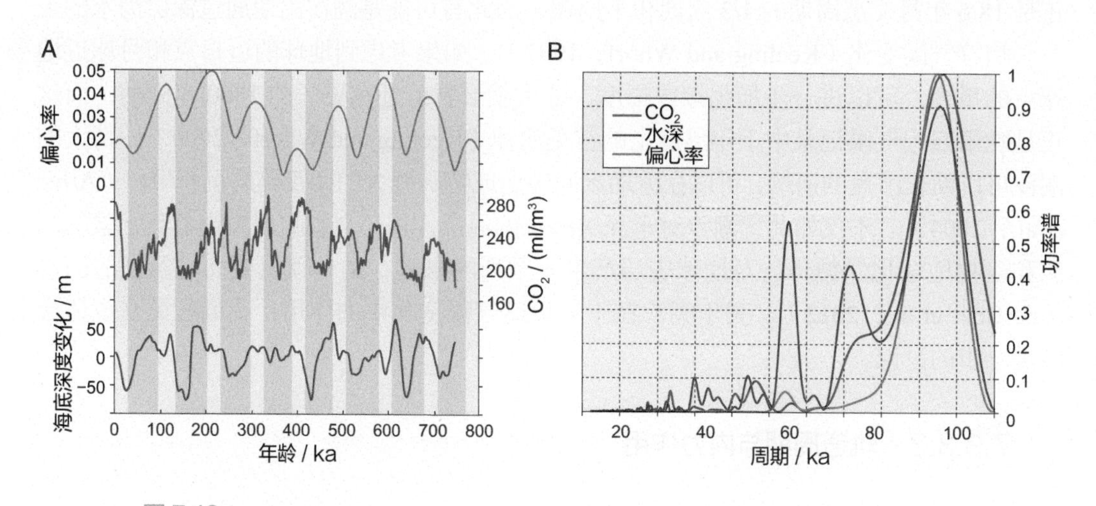

图 7-19

东太平洋中隆大洋中脊的地形反映岩浆供应变化的轨道周期（Tolstoy，2015）

A. 80 万年期间新洋壳形成的海底地形（红线），与南极冰芯 CO_2 丰度（蓝线），以及偏心率周期（褐线）的比较；B. 对 A 图中三种曲线所作的频谱分析

7.3.3.3 地外星球上的轨道周期

所有星球的运行轨道都有变化，因此轨道周期并非地球特有，只是人类对其他星球的轨道周期缺乏了解。随着航天事业和行星科学的进展，近年来对地外星球轨道周期的探索渐趋活跃，条件是要取得这些星球上时间序列的记录。最好当然是有层状的沉积岩（图 7-19A），要不然有层理的冰盖，甚至于有沙丘的分布（图 7-19B，C），也都可以提供追溯轨道周期的线索。比如太阳系里第二大的卫星土卫六（Titan），有着几百千米的大片平行沙丘，根据沙丘的方向变化可以推算风向变化的周期，从而估计土星应当有 3000 年（土星一年接近地球的 30 年）的轨道周期（Ewing et al.，2015）。而沉积地层可以有不同等级的韵律，比如火星在火山口的沉积岩剖面，可以用地形和亮度分出大、小两级韵律，分别代表不同尺度的轨道周期（图 7-20D；Lewis et al.，2008）。

附注 4：岩浆活动的轨道周期

太阳辐射不仅影响地表气候变化，还可以通过地球内部的各种响应机制将轨道驱动传递到岩石圈，海平面对洋中脊之上洋壳厚度的影响就是最典型的例子（Crowley et al.，2015）。海平面变化直接改变洋壳泄压，影响洋中脊以下与火山活动紧密相关的地幔熔融，极可能造成洋壳厚度和高度的变化。从末次冰期到全新世，大约有 5×10^{19} kg 的水从大陆转移到大洋，造成海平面上升百余米，增加大洋岩石圈的静压力。火山活动造成的地幔物质上涌速率大约是每年 3 cm，而在末次冰消期海平面的上升速率每年约为 1 cm。岩浆活动引起的地幔上涌影响岩石圈泄压，而水的密度是岩石的三分之一，所以海平面升降对岩石圈泄压速率的改变约为 10%。海平面的变化速率与洋中脊的扩张速率成反比，上地幔的上涌速率与洋中脊的扩张速率相关，而洋中脊之上的洋壳厚度又与上地幔的上涌速率关联，因此，在海平面变化已知的前提下，理论上可以模拟出洋中脊之上的洋壳厚度变化。

下图根据南大洋洋中脊两侧的海底地形测量结果反演，推出洋中脊两侧不同时期形成的玄武岩洋壳厚度及其频谱分析结果（蓝线）和按照海面变化影响地幔物质上涌的数值模拟结果（黑线），两者均显示出偏心率、斜率和岁差的轨道周期（右图）（Crowley et al.，2015）。

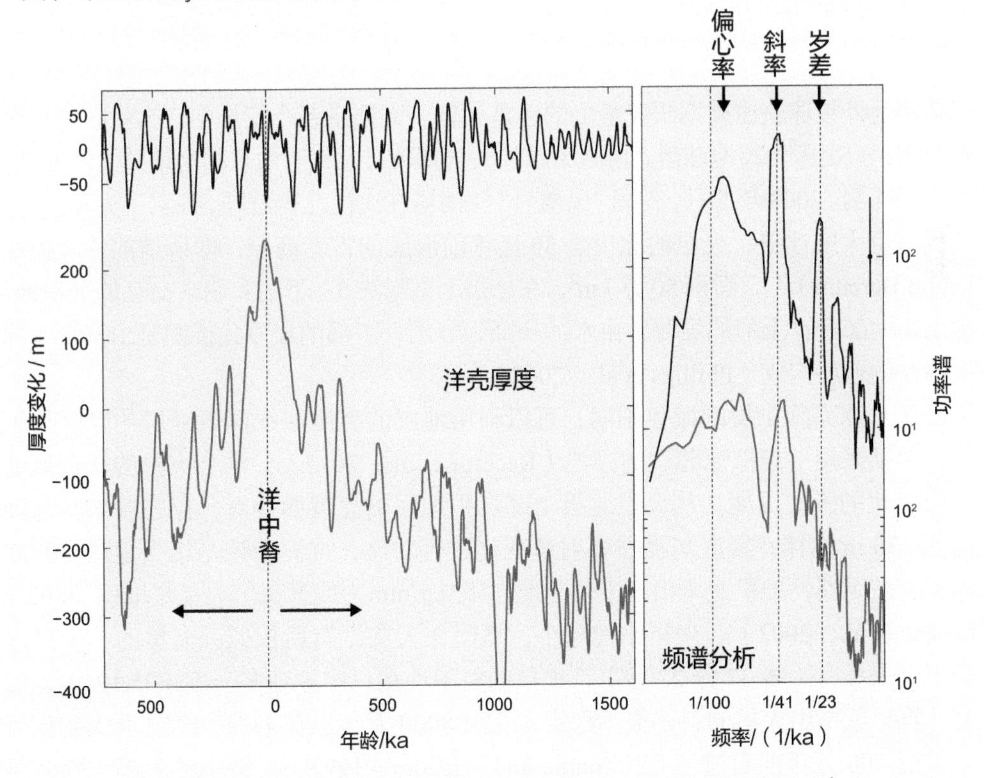

南大洋中脊两侧的洋壳厚度变化及其频谱（Crowley et al.，2015）

左边上部为模拟的地壳厚度，下部为地形数据反演的地壳厚度；右边上部为模拟的地壳厚度变化的频谱，下部为反演的地壳厚度变化频谱

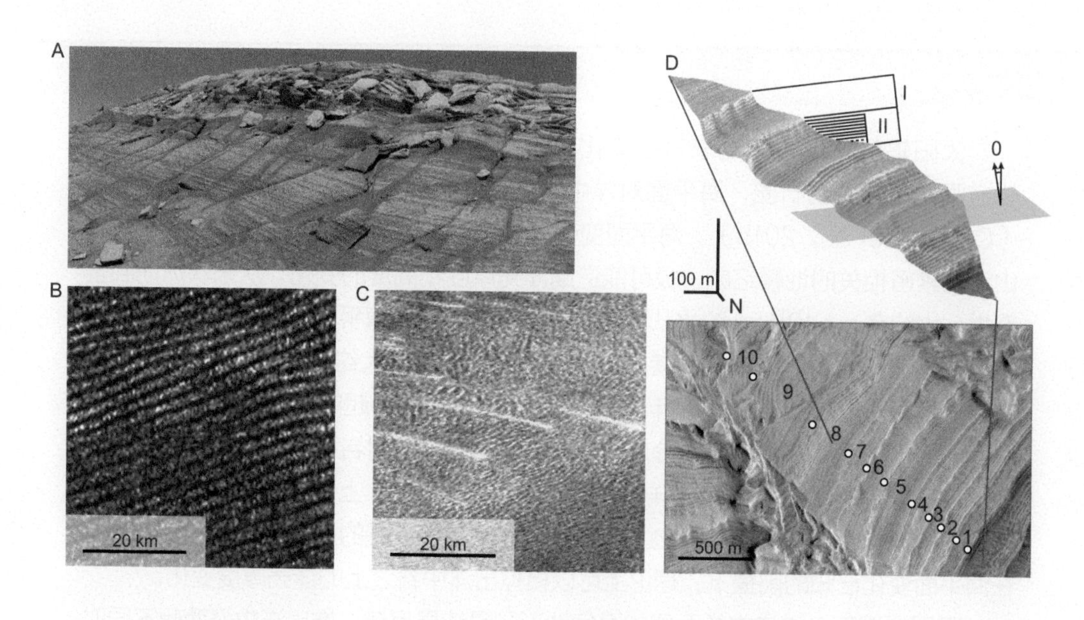

图 7-20
地外星球轨道周期的物质记录举例

A. 火星的沉积层（Forget et al.，2006）；B. 土卫六的沙丘； C. 金星的沙丘（Ewing et al.，2015）；D. 火星沉积岩剖面的 I、II 两级韵律（Lewis et al.，2008）

然而地外星球轨道周期研究最多的还是火星。太阳系各个行星中，火星研究程度最高的原因，一则因为离地球近，再则火星的大气稀薄，大气压力只相当地球上的 0.007，便于空间探测。2008 年 5 月，美国“凤凰号”探测器在火星北极着陆，证实了火星上有水，在北极有巨大的冰盖。火星的北极是 30 亿年前形成的古老高原，即所谓的“北极高原（Planum Boreum）”，面积 80 万 km^2，在冰盖（见附注 5）下面有明暗交互的沉积地层，分为上下两部分：上部的层薄，由水冰和降尘互层；下部的层厚，推测是由富含水冰和富含沙粒的地层构成（Phillips et al.，2008）。

由于水冰和降尘层的颜色不同，可以利用地层的亮度曲线探索互层的厚度与频率变化，包括采用“虚拟冰芯”的办法（Becerra et al.，2017），结合火星的轨道运动推断气候变化的天文周期。从火星北极上部沉积地层的亮度曲线看，存在着水冰与降尘互层的 ~30 m 韵律，经过与夏季辐射量变化进行对比，推测应该是相当地球 51000 年的火星岁差周期，堆积速率相当于每个地球年 0.5 mm，或者每个火星年堆积 ~0.92 mm（Laskar et al.，2002）。火星比地球小，然而在天文上有所相似：火星的一天只比地球长半个来小时（多 37 分 22 秒），火星的斜率现在只比地球多一度（25.19°），但是天文计算早就指出火星的斜率很不稳定，在近 8000 万年里在 11°到 49°之间大幅变化，而且最近 400 万年前有过巨变（Touma and Wisdom，1993）。斜率的大起大落，可以对冰室气候的格局产生颠覆性的后果。斜率愈大，极地得到的太阳辐射量愈大。于是斜率 >40°时极地的冰盖消失，改在热带地区出现山地冰川；斜率 <30°时极地冰盖大增，火星进入“冰期”。由此推断，火星极地夏季的辐射量存在着一个阈值：在阈值以下，

附注 5：火星的两极

火星的直径为地球的 53%，其表面有明显的南北反差：南半球老而且高，是环形坑密布的高原；北半球新而且低，环形坑少，两半球之间平均有 5 km 的高差。这种差异是火星地质演化的结果：南半球保留了火星形成初期的地貌，是 45 亿 ~ 35 亿年前被大量陨石撞击的表面；北半球的平原形成于距今 35 亿 ~20 亿年前，可能有过海洋发育，造成了较新也较平的地形，但所有这些都是地球上晚元古宙以前的事。近代发生变化的是两极的冰盖：北极的冰盖大，直径 ~1100 km，南极的冰盖小，直径 ~400 km，都有大约 3000 m 的厚度。从空中看，南北极的冰盖都有螺旋状的槽，据研究是高密度气流的下降风造成。火星两极的冬天都会有 CO_2 的干冰堆积，北极因为温度较高，到夏季干冰完全升华，造成每小时 400 km 的极大飓风；而南极较冷，可以有数米厚的干冰堆积。

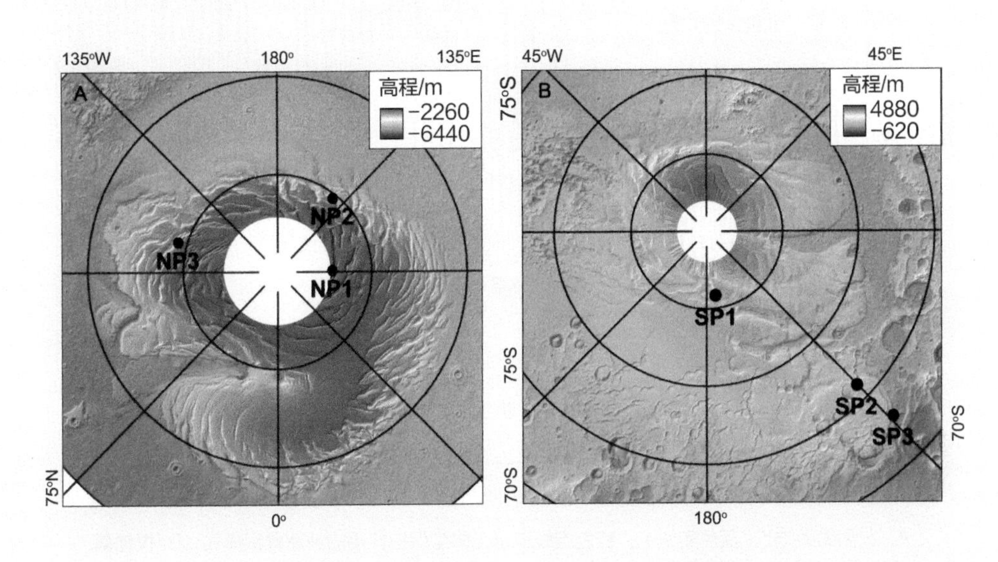

火星南（B）、北（A）两极地形图。注意北极冰盖大，火星南北两半球有 5 km 的高差（Limaye et al.，2012）

北极温度低，极地冰盖发育；超过阈值，北极温度增高，冰盖在低纬区发育，极地冰盖消失（图 7-21B）。按此原理，火星的冰盖在 1000 万年期间经过重大的改组：在距今四五百万年前，火星的斜率突变，极地夏至日辐射量大幅度下降，降到阈值之下，北极冰盖从此得以稳定发展（图 7-21A）。现在火星的北极冰盖，推测就应当是 400 多万年来的产物（Lervard et al.，2004，2007）。

不同星球轨道驱动气候变化的比较研究，能够开拓眼界、启发思路。地球系统和行星演变结合起来研究，是一个全新的学术领域，现在还只是小试牛刀，尚在开始阶段。相信随着我国自身航天事业和空间科学的发展，中国地学界将会越来越注意到比较行星学在气候环境演变中的应用。

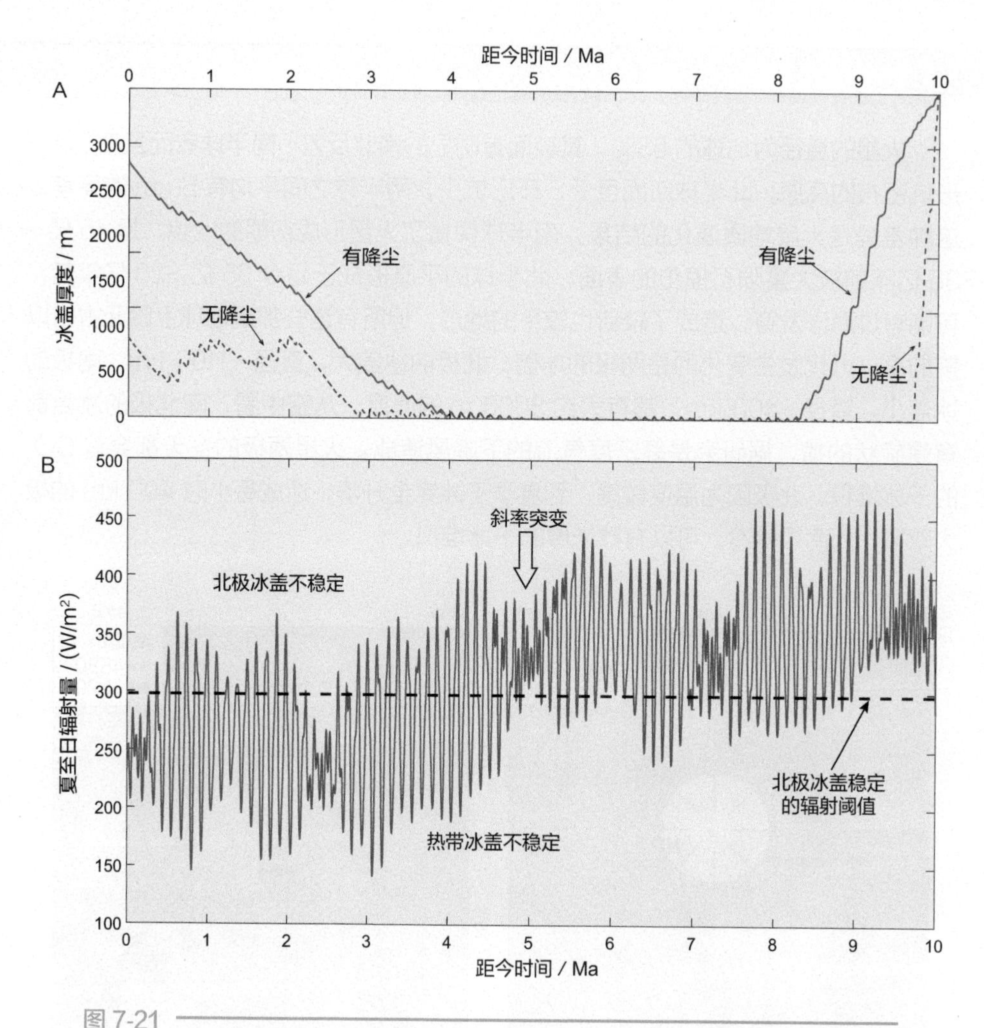

图 7-21

火星北极冰盖 1000 万年厚度变化及其轨道驱动（Levard et al.，2007）

A. 冰盖厚度变化（蓝色实线），红色虚线表示无降尘保护作用的纯冰堆积模式；B. 极地夏至日辐射量变化，注意在 500 万 ~400 万年以前斜率过大，辐射量超越阈值，北极冰盖不稳定，斜率突变之后北极冰盖方才稳定发育

参 考 文 献

马文涛，田军，李前裕 . 2009. 晚上新世赤道太平洋气候转型和北极冰盖扩张的轨道驱动 . 科学通报，(22): 3537–3545.

王鸿祯 . 1997. 地球的节律与大陆动力学的思考 . 地学前缘，4(3): 1–12.

Adhémar J A. 1842. Révolutions de la mer Déluges Periodiques. Paris: Carilian-Goeury et V. Dalmont.

Arbic B K, Macayeal D R, Mitrovica J X, et al. 2004. Palaeoclimate: Ocean tides and Heinrich events. Nature, 432(7016): 460.

Beaufort L, De G T, Mix A C, et al. 2001. ENSO-like forcing on oceanic primary production during the Late Pleistocene. Science, 293(5539): 2440–2444.

Becerra P, Sori M M, Byrne S. 2017. Signals of astronomical climate forcing in the exposure topography of the North Polar Layered Deposits of Mars. Geophysical Research Letters, 44(1): 62–70.

Beerbower J R. 1965. Cyclothems and cyclic depositional mechanisms in alluvial plain sedimentation. Kansas Geological Survey, 169: 31–42.

Bell R E, Fausto F, Creyts T T, et al. 2011. Widespread persistent thickening of the East Antarctic ice sheet by freezing from the base. Science, 331(6024): 1592–1595.

Berger A. 1978. Long-term variations of caloric insolation resulting from the Earth's orbital elements. Quaternary Research, 9(2): 139–167.

Berger A. 1988. Milankovitch Theory and climate. Reviews of Geophysics, 26(4): 624–657.

Bintanja R, van de Wal R S. 2008. North American ice-sheet dynamics and the onset of 100,000-year glacial cycles. Nature, 454(7206): 869–872.

Bintanja R, van de Wal R S, Oerlemans J. 2005. Modelled atmospheric temperatures and global sea levels over the past million years. Nature, 437(7055): 125–128.

Boulila S, Galbrun B, Laskar J, et al. 2012. A ~9 myr cycle in Cenozoic $\delta^{13}C$ record and long-term orbital eccentricity modulation: Is there a link? Earth & Planetary Science Letters, 317–318(3): 273–281.

Boulila S, Galbrun B, Huret E, et al. 2014. Astronomical calibration of the Toarcian Stage: Implications for sequence stratigraphy and duration of the early Toarcian OAE. Earth & Planetary Science Letters, 386(1): 98–111.

Cecil C B. 2003. The concept of autocyclic and allocyclic controls on sedimentation and stratigraphy, emphasizing the climatic variable. Journal of Sedimentary Research, (No. 77): 13–20.

Chao F B. 1996. "Concrete" Testimony to Milankovitch Cycle in Earth's changing obliquity. Eos Transactions American Geophysical Union, 77(44): 433–434.

Cheng H, Edwards R L, Sinha A, et al. 2016. The Asian monsoon over the past 640,000 years and ice age terminations. Nature, 534(7609): 640–646.

Cheng M, Tapley B D. 2003. Variations in the Earth's oblateness during the past 26 years. Journal of Geophysical Research Solid Earth, 109(9): 1404–1406.

Cherniawsky J Y, Foreman M G G, Kang S K, et al. 2010. 18.6-year lunar nodal tides from altimeter data. Continental Shelf Research, 30(6): 575–587.

Crowley J W, Katz R F, Huybers P, et al. 2015. Glacial cycles drive variations in the production of oceanic crust. Science, 347(6227): 1237–1240.

Dang H, Jian Z, Kissel C, et al. 2015. Precessional changes in the western equatorial Pacific Hydroclimate: A 240 kyr marine record from the Halmahera Sea, East Indonesia. Geochemistry Geophysics Geosystems, 16(1): 148–164.

de Boer P L D, Alexandre J T. 2012. Orbitally forced sedimentary rhythms in the stratigraphic record: is there room for tidal forcing? Sedimentology, 59(2): 379–392.

de Vleeschouwer D, Rakociński M, Racki G, et al. 2013. The astronomical rhythm of Late-Devonian climate change (Kowala section, Holy Cross Mountains, Poland). Earth & Planetary Science Letters, 365(1): 25–37.

Einsele G. 1982. General remarks about the nature, occurrence, and recognition of cyclic sequences (Periodites). In: Cyclic and Event Stratification. Berlin, Heidelberg: Springer. 3–7.

Ewing R C, Hayes A G, Lucas A. 2015. Sand dune patterns on Titan controlled by long-term climate cycles. Nature Geoscience, 8(1): 15–19.

Faure G, Mensing T M. 2007. Introduction to Planetary Science. Netherlands: Springer. 526.

Forget F, Costard F, Lognonné P. 2008. Planet Mars—Story of Another World. Springer. 229.

Forte A M, Mitrovica J X. 1997. A resonance in the Earth's obliquity and precession over the past 20 Myr driven by mantle convection. Nature, 390(6661): 676–680.

Hallam A. 1977. Secular changes in marine inundation of USSR and North America through the Phanerozoic. Nature, 269(5631): 769–772.

Handoh I C, Lenton T M. 2003. Periodic mid-Cretaceous oceanic anoxic events linked by oscillations of the phosphorus and oxygen biogeochemical cycles. Global Biogeochemical Cycles, 17(4): 637–640.

Haq B U, Hardenbol J, Vail P R. 1987. Chronology of fluctuating sea levels since the Triassic. Science, 235(4793): 1156–1167.

Hays J D, Imbrie J, Shackleton N J. 1976. Variations in the Earth's orbit: Pacemaker of the ice ages. Science, 194(4270): 1121–1132.

Herbert T D. 1997. A long marine history of carbon cycle modulation by orbital-climatic changes. Proceedings of the National Academy of Sciences of the United States of America, 94(16): 8362–8369.

Herschel J F W. 1832. On the Astronomical Causes which may influence Geological Phaenomena. Transactions of the Geological Society of London, 3: 293–300.

Hilgen F J. 1991. Astronomical calibration of Gauss to Matuyama sapropels in the Mediterranean and implication for the Geomagnetic Polarity Time Scale. Earth and Planetary Science Letters, 104(2–4): 226–244.

Hinnov L A, Hilgen J G. 2012. Cyclostratigraphy and astrochronology. In: Gradstein F M, et al. A Geologic Time Scale. Cambridge, New York: Cambridge University Press. 681–730.

Hoffman P F, Li Z X. 2009. A palaeogeographic context for Neoproterozoic glaciation. Palaeogeography Palaeoclimatology Palaeoecology, 277(4): 158–172.

Horton D E, Poulsen C J, Montañez I P, et al. 2012. Eccentricity-paced late Paleozoic climate change. Palaeogeography Palaeoclimatology Palaeoecology, 331–332(5): 150–161.

Huybers P. 2006. Early Pleistocene glacial cycles and the integrated summer insolation forcing. Science, 313(5786): 508–511.

Ikeda M, Tada R. 2013. Long period astronomical cycles from the Triassic to Jurassic bedded chert sequence (Inuyama, Japan); Geologic evidences for the chaotic behavior of solar planets. Earth Planets & Space, 65(4): 351–360.

Imbrie J. 1982. Astronomical theory of the Pleistocene ice ages: A brief historical review. Icarus, 50(2):

408–422.

Imbrie J, Imbrie J Z. 1980. Modeling the climatic response to orbital variations. Science, 207(4434): 943–953.

Imbrie J, Boyle E A, Clemens S C, et al. 1992. On the structure and origin of major glaciation cycles 1. linear responses to Milankovitch forcing. Paleoceanography, 7(6): 701–738.

Imbrie J, Berger A, Boyle E A, et al. 1993. On the structure and origin of major glaciation cycles 2. The 100,000-year cycle. Paleoceanography, 8(6): 699–735.

Imbrie J I, Imbrie K P. 1979. Ice ages: solving the mystery. Geographical Review, 70(2): 141–144.

Kataoka R, Ebisuzaki T, Miyahara H, et al. 2014. The Nebula Winter: The united view of the snowball Earth, mass extinctions, and explosive evolution in the late Neoproterozoic and Cambrian periods. Gondwana Research, 25(3): 1153–1163.

Keeling C D, Whorf T P. 1997. Possible forcing of global temperature by the oceanic tides. Proceedings of the National Academy of Sciences of the United States of America, 94(16): 8321–8328.

Keeling C D, Whorf T P. 2000. The 1,800-year oceanic tidal cycle: A possible cause of rapid climate change. Proceedings of the National Academy of Sciences of the United States of America, 97(8): 3814–3819.

Laskar J, Levrard B, Mustard J F. 2002. Orbital forcing of the martian polar layered deposits. Nature, 419(6905): 375–377.

Laskar J, Fienga A, Gastineau M, et al. 2011. La2010: A new orbital solution for the long term motion of the Earth. Astronomy & Astrophysics, 532(2): 784–785.

Levrard B, Forget F, Montmessin F, et al. 2004. Recent ice-rich deposits formed at high latitudes on Mars by sublimation of unstable equatorial ice during low obliquity. Nature, 431(7012): 1072–1075.

Levrard B, Forget F, Montmessin F, et al. 2007. Recent formation and evolution of northern Martian polar layered deposits as inferred from a Global Climate Model. Journal of Geophysical Research, 112(112): 623–626.

Lewis K W, Aharonson O, Grotzinger J P, et al. 2008. Quasi-periodic bedding in the sedimentary rock record of Mars. Science, 322(5907): 1532–1535.

Limaye A B S, Aharonson O, Perron J T. 2012. Detailed stratigraphy and bed thickness of the Mars north and south polar layered deposits. Journal of Geophysical Research Planets, 117(E6): 96–109.

Liu H S. 1995. A new view on the driving mechanism of Milankovitch glaciation cycles. Earth & Planetary Science Letters, 131(1): 17–26.

Lourens L J, Hilgen F J. 1997. Long-periodic variations in the Earth's obliquity and their relation to third-order eustatic cycles and late Neogene glaciations. Quaternary International, 40(1): 43–52.

Lourens L J, Antonarakou A, Hilgen F J, et al. 1996. Evaluation of the Plio-Pleistocene astronomical timescale. Paleoceanography, 11(4): 391–413.

Lourens L J, Wehausen R, Brumsack H J. 2001. Geological constraints on tidal dissipation and dynamical ellipticity of the Earth over the past three million years. Nature, 409(6823): 1029–1033.

Lund D C, Asimow P D. 2013. Does sea level influence mid-ocean ridge magmatism on Milankovitch timescales? Geochemistry, Geophysics, Geosystems, 12(12): Q12009.

Marshall S J, Clark P U. 2002. Basal temperature evolution of North American ice sheets and implications for the 100-kyr cycle. Geophysical Research Letters, 29(24): 67-1–67-4.

Marshall S J, James T S, Clarke G K C. 2002. North American Ice Sheet reconstructions at the Last Glacial Maximum. Quaternary Science Reviews, 21(1): 175–192.

Mason B G, Pyle D M, Dade W B, et al. 2004. Seasonality of volcanic eruptions. Journal of Geophysical Research Solid Earth, 109: B04206.

Matthews R K, Frohlich C. 2002. Maximum flooding surfaces and sequence boundaries: Comparisons between observations and orbital forcing in the Cretaceous and Jurassic (65–190 Ma). Geo Arabia, 7(3): 503–538.

Mélice J L, Coron A, Berger A. 2001. Amplitude and frequency modulations of the Earth's obliquity for the last million years. Journal of Climate, 14(6): 1043–1054.

Morrow E, Mitrovica J X, Forte A M, et al. 2012. An enigma in estimates of the Earth's dynamic ellipticity. Geophysical Journal International, 191(3): 1129–1134.

Muller R A, Macdonald G J. 1997. Spectrum of 100-kyr glacial cycle: Orbital inclination, not eccentricity. Proceedings of the National Academy of Sciences of the United States of America, 94(16): 8329–34.

Neron d S O, Laskar J. 1997. On the long term evolution of the spin of the Earth. Astronomy & Astrophysics, 27: 1172.

Olsen P E. 1986. A 40-million-year lake record of early Mesozoic orbital climatic forcing. Science, 234(4778): 842–848.

Olsen P E, Kent D V. 1996. Milankovitch climate forcing in the tropics of Pangaea during the Late Triassic. Palaeogeography, Palaeoclimatology, Palaeoecology, 122(122): 1–26.

Pälike H, Shackleton N J. 2000. Constraints on astronomical parameters from the geological record for the last 25 Myr. Earth & Planetary Science Letters, 182(1): 1–14.

Pälike H, Norris R D, Herrle J O, et al. 2006. The heartbeat of the Oligocene climate system. Science, 314(5807): 1894–1898.

Petit J R, Jouzel J, Raynaud D, et al. 1999. Climate and atmospheric history of the past 420,000 years from the Vostok ice core, Antarctica. Nature, 399(6735): 429.

Phillips R J, Zuber M T, Smrekar S E, et al. 2008. Mars north polar deposits: stratigraphy, age, and geodynamical response. Science, 320(5880): 1182–1285.

Pritchard H D, Arthern R J, Vaughan D G, et al. 2009. Extensive dynamic thinning on the margins of the Greenland and Antarctic ice sheets. Nature, 461(7266):971–975.

Pritchard H D, Ligtenberg S R M, Fricker H A, et al. 2012. Antarctic ice-sheet loss driven by basal melting of ice shelves. Nature, 484(7395): 502–505.

Raymo M E, Huybers P. 2008. Unlocking the mysteries of the ice ages. Nature, 451(7176): 284–285.

Rosing M T, Bird D K, Sleep N H, et al. 2010. No climate paradox under the faint early Sun. Nature, 464(7289): 744–747.

Ruddiman W F. 2001. Earth's Climate: Past and Future. New York: W. H. Freeman and Company.

Ruddiman W F. 2006. Orbital changes and climate. Quaternary Science Reviews, 25(23): 3092–3112.

Sagan C, Mullen G. 1972. Earth and Mars: evolution of atmospheres and surface temperatures. Science, 177(4043): 52–56.

Schwarzacher W. 2000. Repetitions and cycles in stratigraphy. Earth Science Reviews, 50(1): 51–75.

Schwarzacher W, Fischer A G. 1982. Limestone-shale bedding and perturbations of the Earth's orbit. In: Einsele G, Seilacher A. Cyclic and Event Stratification. Berlin: Springe-Verlag. 72–95.

Shaviv N J. 2003. Toward a solution to the early faint Sun paradox: A lower cosmic ray flux from a stronger solar wind. Journal of Geophysical Research Space Physics, 108(A12): SSH 3-1–SSH 3-8.

Shaviv N, Veizer J. 2003. Celestial driver of Phanerozoic climate. GSA Today, 402(13): 4–10.

Short D A, Mengel J G, Crowley T J, et al. 1991. Filtering of milankovitch cycles by Earth's geography. Quaternary Research, 35(2): 157–173.

Sonett C P, Kvale E P, Zakharian A, et al. 1996. Late Proterozoic and Paleozoic tides, retreat of the Moon, and rotation of the Earth. Science, 273(5271): 100–104.

Sprovieri M, Sabatino N, Pelosi N, et al. 2013. Late Cretaceous orbitally-paced carbon isotope stratigraphy from the Bottaccione Gorge (Italy). Palaeogeography, Palaeoclimatology, Palaeoecology, 379(7): 81–94.

Summerhayes C P. 2015. Earth's Climate Evolution. New Jersey: Wiley Blackwell.

Svensmark H. 2007. Cosmoclimatology: a new theory emerges. Astronomy & Geophysics, 48(1): 1.18–1.24.

Svensmark H, Friis-Christensen E. 1997. Variation of cosmic ray flux and global cloud coverage—a missing link in solar-climate relationships. Journal of Atmospheric and Solar-Terrestrial Physics, 59(11): 1225–1232.

Tanaka S, Ohtake M, Sato H. 2004. Tidal triggering of earthquakes in Japan related to the regional tectonic stress. Earth Planets & Space, 56(5): 511–515.

Tolstoy M. 2015. Mid-ocean ridge eruptions as a climate valve. Geophysical Research Letters, 42(5): 1346–1351.

Touma J, Wisdom J. 1993. The chaotic obliquity of Mars. Science, 259(5099): 1294–1297.

Truffer M, Fahnestock M. 2007. Rethinking ice sheet time scales. Science, 315(5818): 1508–1510.

Vail P R, Mitchum Jr R M, Thompson III S. 1997. Seismic stratigraphy and global changes of sea level, Part 4: Global cycles of relative changes of sea level. In: Seismic Stratigraphy — Applications to Hydrocarbon Exploration. American Association of Petroleum Geologist Memoir, 26: 83–97.

Wang P, Tian J, Cheng X, et al. 2004. Major Pleistocene stages in a carbon perspective: The South China Sea record and its global comparison. Paleoceanography, 19(4): 343–353.

Wang P, Tian J, Lourens L J. 2010. Obscuring of long eccentricity cyclicity in Pleistocene oceanic carbon isotope records. Earth & Planetary Science Letters, 290(3): 319–330.

Wang P X, Li Q Y, Tian J, et al. 2014. Long-term cycles in the carbon reservoir of the Quaternary ocean: a perspective from the South China Sea. Notational Science Review, 1(1): 119–143.

Wang P, Li Q, Tian J, et al. 2016. Monsoon influence on planktic $\delta^{18}O$ records from the South China Sea. Quaternary Science Reviews, 142: 26–39.

Wells J W. 1963. Coral growth and geochronometry. Nature, 197(4871): 948–950.

Williams G E. 1993. History of the Earth's obliquity. Earth-Science Reviews, 34(1): 1–45.

Williams G E. 2000. Geological constraints on the Precambrian history of Earth's rotation and the Moon's orbit. Reviews of Geophysics, 38(38): 37–59.

Williams G E. 2008. Proterozoic (pre-Ediacaran) glaciation and the high obliquity, low-latitude ice, strong

seasonality (HOLIST) hypothesis: Principles and tests. Earth Science Reviews, 87(3): 61–93.
Williams M A J, Dunkerley D L, de Deckker P, et al. 1997. Quaternary Environments. Beijing: Science Press.
Williams M, et al. 1998. Chapter 5: Milankovitch hypothesis and Quaternary environment. In: Quaternary Environments Second Edition. London: Arnold. 73–106.
Wilson R C L. 1998. Sequence stratigraphy: a revolution without a cause? Geological Society London Special Publications, 143(1): 303–314.
Wunsch C. 2003. The spectral description of climate change including the 100 ky energy. Climate Dynamics, 20(4): 353–363.
Zachos J, Pagani M, Sloan L, et al. 2001. Trends, rhythms, and aberrations in global climate 65 Ma to present. Science, 292(5517): 686–693.

思考题

1. 地球运动的轨道，为什么会有周期变化？是什么力量改变着地球自转轴的角度和公转黄道的形状？

2. 为什么地球自转速度会变？这种变化，对于我们计时的年、月、日，各有什么影响？

3. 轨道参数并不改变太阳辐射量，而是通过辐射量的分配影响气候。请问这三大参数，影响辐射量分配的方式有何不同？

4. 地球轨道三大参数的变化周期和幅度是多少？你能不能说出来，今天的地球在三大参数变化周期中所处的位置？

5. 冰期旋回的轨道驱动早在19世纪就已经提出，但要到20世纪后期才得到承认，接受米兰科维奇学说的阻力在哪里？

6. 高纬和低纬地区的太阳辐射量变化，受到轨道参数的驱动有何不同？与此相应，有大冰盖的冰室期和没有大冰盖的暖室期，驱动气候周期性变化的轨道因素，又有什么不同？

7. 为什么地质计时建立天文年代表，应当选用偏心率40万年长周期作为基本单元？

8. 为什么海底的微地震和洋中脊的热液活动，都会受潮汐周期的调控？为什么洋中脊两侧新洋壳的厚度，也会有米兰科维奇周期？

9. 除了天文计算以外，地球科学家有什么办法研究地外星球的轨道周期变化？

10. 与地球相比，火星冰期旋回的轨道驱动有什么不同？

推荐阅读

李前裕，田军，汪品先. 2005. 认识偏心率周期的地层古气候意义. 地球科学——中国地质大学学报，30(5): 519–528.

汪品先 . 2006. 地质计时的天文"钟摆". 海洋地质与第四纪地质 , 26(1): 1–7.

徐道一 . 2005. 天文地质年代表与旋回地层学研究进展 . 地层学杂志 , (b11): 635–640.

Hinnov L A, Hilgen J G. 2012. Cyclostratigraphy and astrochronology. In: Gradstein F M, et al. A Geologic Time Scale. New York: Cambridge University Press. 681–730.

Levrard B, Forget F, Montmessin F, et al. 2007. Recent formation and evolution of northern Martian polar layered deposits as inferred from a Global Climate Model. Journal of Geophysical Research, 112(112): 623–626.

Lowe L L. Walker M J C. 2010. 第四纪环境演变（第二版）. 沈吉等译 . 北京：科学出版社 .

Ruddiman W F. 2001. Earth's climate: past and future. In: Part III Orbital-Scale Climate Change. New York: W. H. Freeman and Company. 172–273.

Ruddiman W F. 2006. Orbital changes and climate. Quaternary Science Reviews, 25(23–24): 3092–3112.

Williams M, et al. 1998. Chapter 5: Milankovitch hypothesis and Quaternary environment. In: Quaternary Environments Second Edition. London: Arnold. 73–106.

内容提要：

● 为理解气候变化的轨道周期，不仅要认识冰期旋回的共同性，还必须揭示各次冰期、间冰期之间的差异性及其原因，有的差异源自轨道变化的天文因素，有的则来自地球表层边界条件的变化。

● 研究冰期旋回需要注意跨越冰期的变化，每个冰期旋回的结束并非回归原点；同时，还有更长的周期叠加在冰期旋回之上。

● 新生代气候周期的转型起因于冰盖的发育。然而两半球冰盖的发育时间不同，渐新世和中新世气候转型的原因在于南半球冰盖的增长，而上新世以来的转型由北半球冰盖的发育引起。

● 由于冰盖动力学等原因，冰期旋回在时间上具有不对称性：冰盖的增长是缓慢过程，而冰期的结束却有突发性。冰盖的快速消融产生的洋流改组等跨圈层效应，使得冰消期的转暖过程发生曲折，可以造成“新仙女木期”之类的返冷事件。

● 地外天体撞击、火山爆发与地震等，都可以引起气候环境的灾害性突变。这类自然现象其实都在不断地发生，只是规模不同；其中规模特大的可以改变海气环流和大气成分，甚至引发生物灭绝。

● 气候环境灾变的原因，也可以在气候系统内部，比如特大洪水等事件，容易在冰盖崩解之类的背景下发生。相反，在暖室期的背景下，容易产生海底甲烷释出之类的事件，可以通过温室效应和海水酸化造成灾变。

地球系统与演变

第 8 章
周期转型和气候突变

8

第 7 章的主题，是讨论地球系统周期性的变化，主要介绍地球运行轨道几何形态变化造成的周期性演变，重点在于周期变化的相似性；而本章的讨论将侧重于各个周期之间的差异性以及周期演变中出现的突然变化。

8.1　冰期旋回的多样性与跨冰期变化

8.1.1　冰期的多样性

第四纪冰期旋回，最初于19世纪晚期在阿尔卑斯山区发现，总结为玉木、里斯、民德、贡兹四大冰期（Penk and Brückner，1909）；在北美大陆，也发现了与之对应的威斯康星、伊利诺伊、堪萨斯、内布拉斯加冰期（表 8-1）。四大冰期的确立，奠定了第四纪地质科学的基础。当 20 世纪中期开始研究深海沉积记录的时候，理所当然地去和四大冰期对比，但意外地发现深海记录里的冰期旋回要多得多，结果引发了 20 世纪中叶的一场学术争论（见 7.1.2 节和 2.2.1 节）。现在不但是海洋，包括极地冰芯、洞穴石笋和中国黄土的记录，也都完全证明了深海的发现，冰期旋回绝不是只有四次。

表 8-1　欧洲、北美和深海的第四纪四大冰期对比表

阿尔卑斯	玉木 Würm	里斯 Riss	民德 Mindel	贡兹 Günz
北美	威斯康星 Wisconsin	伊利诺伊 Illinoian	堪萨斯 Kansan	内布拉斯加 Nebrasican
深海	MIS 2	MIS 6	MIS 12	MIS 16

为什么陆地上发现的冰期旋回，数目会比海洋少呢？原因主要在于冰期的多样性。阿尔卑斯发现的第四纪冰期，只是众多冰期旋回中变化幅度最大的四个：玉木冰期相当于两万年前的末次冰期（MIS 2 期），里斯冰期相当于 14 万年前的 MIS 6 期，民德冰期相当于 40 余万年前的 MIS 12 期，贡兹冰期相当于 60 余万年前的 MIS 16 期，这些冰期在深海氧同位素曲线里都是 $\delta^{18}O$ 值最重的深谷（图 8-1 上方）。在新生代晚期大气 CO_2 浓度逐渐下降的背景下，如果轨道参数使得北半球高纬的辐射量下降到 CO_2 浓度临界值以下（图 8-1 下方阴影区），就会出现大冰期（Raymo，1997）。这种现象并不奇怪，因为陆地记录不如深海记录连续和全面。“利用陆地的证据去重建过去环境变化就像玩拼图游戏，而且是要在 90% 的拼图碎片都丢失的情况下把整幅画面拼凑起来。这是因为陆地上的大多数证据都被风化和侵蚀作用破坏掉了”（Lowe and Walker，1997）。

具体说来，晚第四纪所谓 10 万年的冰期旋回，其实都是由 4~5 个 2 万年的岁差周期所构成。如果由于斜率和偏心率作用的叠加，使得北半球高纬夏季低温期的长度超过岁差周期（2 万年）（图 8-1 下方曲线的红色区），就会出现导致海面下降 20~40 m、$\delta^{18}O$ 加重约 0.2%~0.4% 的大冰期（图 8-1 上方）（Raymo，1997）。不过就是这四

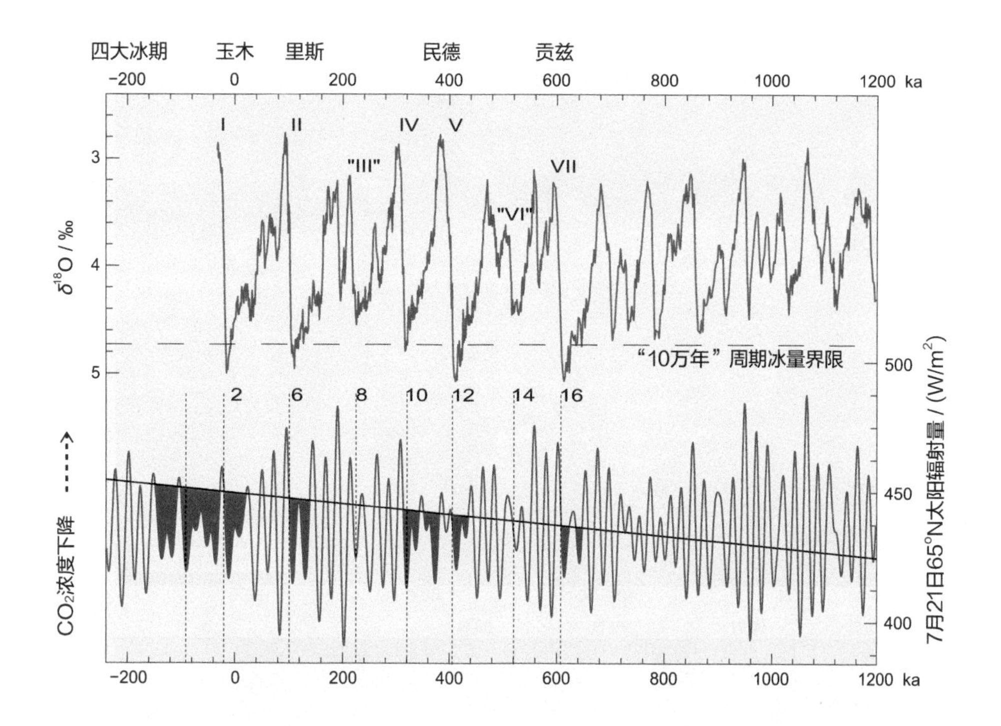

图 8-1
阿尔卑斯第四纪冰期与深海记录的比较（Raymo, 1997）

上方示底栖氧同位素 $\delta^{18}O$ 曲线指示的七次冰期（MIS 2、6、8、10、12、14、16）和冰消期（I—VII）；下方示北半球夏季太阳辐射量的轨道周期变化，直线示大气 CO_2 浓度减少的方向，偏心率和斜率低值相遇时辐射量下降，降到 CO_2 浓度临界值以下（红色区）就会出现大冰期

大冰期也不尽相同，通常说距今 2 万年前的末次冰盛期（LGM）冰盖最大，对于北美冰盖来说确实如此，但是欧亚冰盖最大的却是 14 万年前的 MIS 6 期（Svendsen et al.，2004）。末次冰盛期时西伯利亚偏干，并没有发育大冰盖（图 8-2A），只有在 MIS 6 期时不但西伯利亚陆地被冰覆盖，而且还延伸到北冰洋中部，形成堪与现在南极相比美的巨大冰架（图 8-2B；Colleoni et al.，2010）。追究其中的原因，可能是 MIS 6 期时亚洲季风盛行，水汽输送活跃的缘故，冰盖南边的大量水分聚成大型冰缘湖（Mangerud et al.，2004），连南极冰芯里的降尘都比末次冰期少 40%（Colleoni et al.，2010）。

其他大冰期诸如距今 40 万年 MIS 12 期的民德冰期，全球洋面比末次冰盛期还要低 20 m（Rohling et al.，1998），距今约 60 万年的 MIS 16 也是冰盖最大、海平面最低的时期（Dean et al.，2015），不能在此一一细述。相比之下，MIS 8、MIS 10 或者 MIS 14 等冰期的冰盖就要小得多，尤其是 60 多万年以前北半球冰盖还比较小，难以出现如此大的冰期。不过在气候转型时可以例外，比如 90 万年前的 MIS 22 期，随着冰期旋回的转型，冰盖消长幅度大增。关于冰期旋回的转型，后面（8.2.1 节）还会专题讨论。

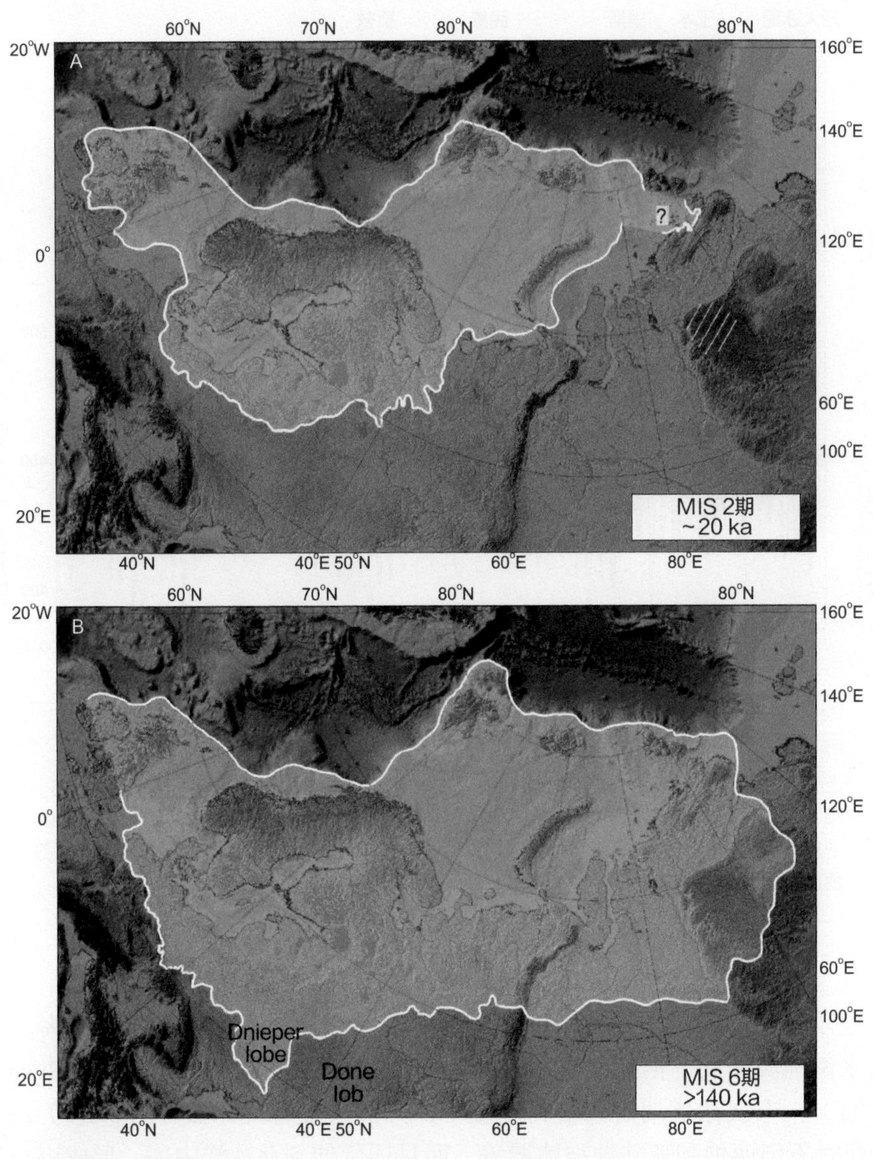

图 8-2

晚第四纪欧亚大陆冰盖的比较（Svendsen et al., 2004）

A. 末次冰盛期（LGM），约 2 万年前；B. MIS 6 期，约 14 万年前

8.1.2 间冰期的多样性

学术界对于间冰期之间的比较研究，要比冰期之间的比较多得多，显然是因为我们生活在间冰期里，需要通过历史比较看到未来的命运。比如说，我们都关心这次间冰期还有多长？从地质记录看，过去的冰期旋回里间冰期都是一万年左右，如此说来现在的间冰期即将结束；但是另一种意见说，这一次间冰期时间特别长，还会延续 5 万年（Berger and Loutre，2002）。无论怎么说，间冰期之间的差异是相当

明显的，有些间冰期的海平面比全新世高，说明当时冰盖较小，比如 MIS 5e 的海面比现在高 5 m，MIS 11 期有可能高出现在海面 20 m（Cronin，2012），而且 MIS 11 期间冰期的延续时间也比其他间冰期长三倍；相反，MIS 7 期无论从海平面高度或者延续时间看，都不如其他间冰期（Desprat et al.，2007）。

与深海沉积相比，极地冰芯记录中间冰期的多样性更加显著。把冰芯记录和深海沉积的氧同位素记录进行对比，可以发现冰期旋回中无论冰芯气泡中大气 CO_2 浓度，或者由冰芯氢同位素 δD 所反映的温度变化幅度，都是在 40 万年以前低，此后显著增高，其中的分界就是所谓“中布容事件（MBE，Mid-Brunhes Event）”（详见 8.2.3 节，图 8-3），于是有人把间冰期分两类：MIS 1、5、7、9、11 可以称为“暖间冰期”，此前的 MIS 13、15、17、19 属于“凉间冰期”（Tzadakis et al.，2009）。

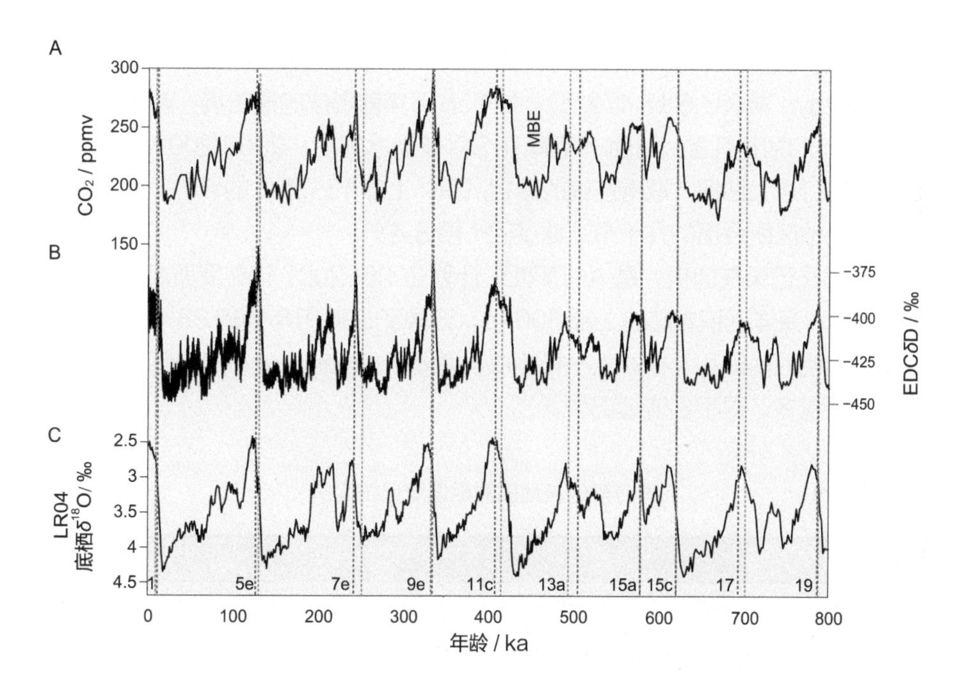

图 8-3
80 万年来的冰期旋回（Tzadakis et al., 2009）

A. 南极冰芯气泡中的大气 CO_2 浓度；B. 南极冰芯的氢同位素 δD；C. 深海沉积底栖氧同位素

冰期旋回的比较要求有长的地质记录。深海记录固然好，但是全球大洋是连通的，有许多记录反映的是全球平均值，所以冰期旋回的最佳记录应当到极地去找。但是南极冰芯记录至今只到 80 万年，再说第四纪冰期发生的变化主要在北半球，在南极记录里反映并不充分。值得庆幸的是国际大陆钻探计划在北极地区进行了湖泊钻探，成功地取得了 280 万年的沉积记录，弥补了地质记录中的缺口（见附注 1）。这里说的是西伯利亚 El’gygytgyn 湖北极圈内的冰上钻井，一下子取得了北极地区几十个冰期旋回的记录（图 8-4）。

附注 1：气候变化高分辨率长记录

无论是比较冰期旋回的多样性，还是研究气候旋回的转型，都要求有高分辨率、长期的连续记录，并且要有准确的年代测定。能够满足所有这些要求的，目前还只有新生代的记录。分辨率最高的当然是冰芯和石笋，南极冰芯和华南石笋样品分析的分辨率都在百年上下，可惜记录长度都不超过几十万年（见下表）。最长的记录来自深海海底，2009 年大洋钻探的“赤道太平洋年龄断面（PEAT）IODP320/321 航次”，在 8 个站位取得了始新世以来 5000 万年的沉积记录。其次是深湖钻探，比如俄、日、美等国合作在贝加尔湖的钻探，取得了晚中新世以来一千多万年的沉积记录，只是地层年代还有争论。

因为近 300 万年来气候变化最大的是北极地区，而格陵兰的冰芯记录又不超过十多万年，所以北极的湖泊钻近年来受到特殊的重视。西伯利亚北极圈以北 100 km 的 El’gygytgyn 湖 (67.5°N, 172°E)，是 358 万年前形成的撞击坑，湖深 170 m、直径 12 km，周围积雪，湖面一年有 9 个月被湖冰封闭。2008/2009 年冬，通过国际合作进行冰上钻探，取得连续的湖相沉积，上部 135.2 m 的岩芯，记录了 280 万年来北极地区所经历的几十个冰期旋回（图 8-4）。

另一套长记录在南极，是 ANDRILL 计划 2006~2007 年在罗斯海上打的冰架钻，1285 m 海洋沉积岩芯的上部 500 m，记录了 500 万年中的 38 个冰期旋回。钻探结果说明西南极和北极冰盖一样响应轨道周期（Naish et al., 2009），可惜浅水沉积间断过多，得不到连续记录。

高分辨的长地质时期连续记录实例

记录类型	地点	地质年代	文献举例
深海沉积	赤道太平洋 IODP 320、321 航次	5000 万年	Lyle et al.，2010
湖泊沉积	北极 El’gygytgyn 湖	280 万年	Melles et al.，2012
冰芯	南极 EPICA Dome C 孔	80 万年	Jouzel et al.，2007
石笋	华南神农架石笋	64 万年	Cheng et al.，2016

El’gygytgyn 湖钻井揭示的岩性为粉砂与泥，80% 属于块状沉积，既有冰期也有间冰期的记录（图 8-4D 的褐色岩相 B）。精彩的是少部分的纹层沉积：黑色纹层对应于湖面长期冰封、湖底缺氧的极端状态，磁化率和 Mn/Fe 值都低，代表冰期中的最冷期（图 8-4D 的蓝色岩相 A）；红褐色纹层则反映湖面季节性开放的间歇有氧环境，生产力高，因此有机碳含量和 Si/Ti 值也高，属于“超级间冰期”（图 8-4D 的红色岩相 C），反映北极地区温度升高，比一般间冰期更暖的时期。在二百多万年间，至少有 MIS 93、91、87、77、55、49、31 和 11 期属于“超级间冰期”。“超级间冰期”

的出现在早期偏多、晚期减少，说明北极冰盖逐渐增大、极地温度变冷的总趋势。这类“超级间冰期”是温度和生产力的高值期，从孢粉和 Si/Ti 值等分析结果看，MIS 11 和 31 期要比 MIS 1 和 5 期温度高 4~5 ℃，降水多 300 mm/a，生产力也明显偏高（Melles et al.，2012）。

关于“超级间冰期”的成因，至今并不清楚（Coletti et al.，2015），但是对于理解地球表层系统的变化却至关重要。早在深海沉积确认米兰科维奇周期的初期，就提出了“11 期难题”，指的就是 MIS 11 期的气候响应与当时的轨道驱动不相符合：从轨道参数看太阳辐射量并不特别高，无法解释为什么出现高温（Imbrie et al.，1993）。但是从轨道参数看，MIS 11 期和当前的间冰期有所相似，海平面可能较今高出 13~20 m，整个

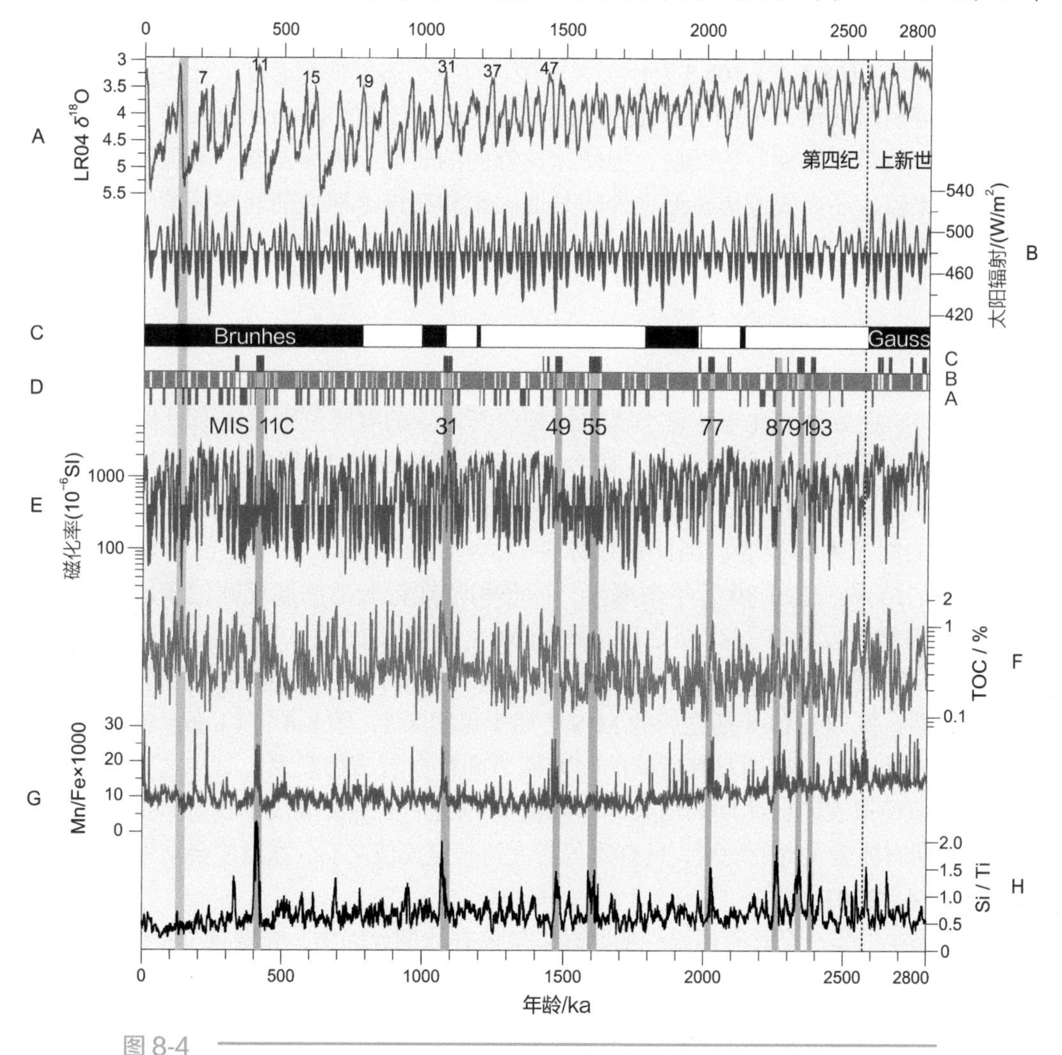

图 8-4

北极西伯利亚 El’gygytgyn 湖钻孔的 280 万年地层 (Melles et al., 2012)

A. 深海 δ^{18}O 记录；B. 北半球七月太阳辐射量；C. 磁性地层年龄；D. 岩相（A 相为暗灰色纹层，强烈冰期；B 相为块状粉砂，一般冰期或间冰期；C 相为红褐色纹层，超级间冰期）；E. 磁化率（SI）；F. 总有机碳；G. 岩芯扫描 Mn/Fe 比；H. 岩芯扫描 Si/Ti 比

西南极冰盖可能消融，而且 MIS 11 间冰期延续 3 万年之久，是不是当前间冰期的“样板”？与现在的全球变暖有没有关系？这类问题是多年来研究米兰科维奇气候周期的热点之一。1998 年在旧金山开过 MIS 11 期的专题研讨会，会后还出了专辑（Droxler et al.，2003），但 MIS 11 期特色的由来迄今还是个待解之谜。

另一个特殊的间冰期是约 50 万年前的 MIS 13 期。从轨道参数和深海氧同位素记录看，这是个比较弱的间冰期，冰芯中大气 CO_2 和 CH_4 含量不算高；但是亚洲季风却特别强烈（Yin and Guo，2008），据分析有可能与南北半球的相互作用有关（Guo et al.，2009）。尤其令人瞩目的是距今 107 万年前的 MIS 31 期，不但西南极冰盖完全消失，而且在北极钻孔中也属于“超级间冰期”（图 8-4D）。研究认为这是轨道驱动为南半球带来的升温，进入了 500 万年来高纬辐射量最大的时期，形成了特别暖而长的间冰期（108.5 万 ~105.5 万年），模型计算南极表层海水温度上升 2~5 ℃，使得西南极冰盖全盘崩溃，海面上升 20 m（Scherer et al.，2008；Pollard and DeConto，2009）。“超级间冰期”的发现，促使冰期旋回的研究向纵深发展：不但要与当时的轨道特征比较，还需要考虑轨道之外的其他因素和在该冰期之前气候环境的联系，其中就包括跨冰期的变化。

8.1.3 跨冰期变化

如果将轨道驱动的北半球夏季辐射量和深海记录的氧同位素相比（图 8-4A，B），很容易发现两者并不是总相符合。距今 40 万年前的 MIS 11 期辐射量变幅很小，而同位素反映的间冰期很强；相反距今 20 万年前的 MIS 7 期辐射量有巨大的变化，同位素反映的间冰期却很弱。因此每个冰期、间冰期的气候，并不是简单地响应当时轨道状态的结果。通过 80 万年来海洋、冰芯和陆地记录的冰期旋回记录比较，发现强的间冰期常常发生在强冰期之后，比如 MIS 12 期（民德冰期）之后出现 MIS 11 期，MIS 6 期（里斯冰期）之后出现 MIS 5 期。相反，接在弱冰期之后的常常也是弱的间冰期，例如 MIS 8 期之后的 MIS 7 期（见图 8-3，图 8-4）（Lang and Wolff，2011）。由此可见，冰期及其后续的间冰期之间存在着某种联系。其中之一是冰盖的存量，数值模拟表明：冰期的结束（即冰消期的到来）不仅取决于轨道参数的变化，还在于冰期时冰盖发育的规模，只有冰盖增大到一定阈值之后，冰期才会结束（Parrenin and Paillard，2003）。

由此产生的是一个具有原则性的问题：气候在冰期旋回中，究竟有没有记忆力和连续性。上述冰期和后续间冰期的联系，说明每个冰期的结束并非一切归零、从头开始，而是上一期的冰盖大小和其他特征都有可能影响下一个冰期，这就是跨冰期变化。犹如财务收支，并非年底都能全部结清，上年的盈余或者欠账会影响下一年，这种影响可以跨越两个以上的冰期旋回，因而气候变化不能单靠当时的轨道参数得到解释。这种跨冰期现象，是我们考察冰期旋回气候变化经常遇到而又不被重视的因素。

跨冰期现象最重要的一例是碳循环。碳通过温室效应等进入气候系统，但是碳在海洋里的滞留时间长达十余万年，本身就已经超过冰期旋回，因此是气候变化跨越冰期的重要因素。海洋碳循环对于偏心率 40 万年长周期的反应最强，由于广泛研究的古气候记录总共只有几十万年，长期以来对于 40 万年长周期缺乏注意，只是在近年来方才成为讨论的新热点。直到距今 160 万年以前，海洋碳同位素记录中具有明显的 40 万年长周期，每逢偏心率的最低值时会出现碳同位素的重值期（$\delta^{13}C_{max}$），这种长周期也出现在碳酸盐溶解程度、生产力标志、化学风化指数和大气降尘等各种记录中（图 8-5），推测是全球季风的信息（Wang et al.，2014a）。但是从 160 万年前开始，随着北极冰盖的增大，冰盖驱动的大洋环流打乱了偏心率长周期的控制，延长为 ~50 万年的准周期（图 8-5；Wang et al.，2010）。这种 40~50 万年的长周期，反映在各种气候环境的指标上，属于典型的跨冰期现象，第四纪古气候记录中相当一部分的难解之谜，可望在这里得到解释（Wang et al.，2004）。

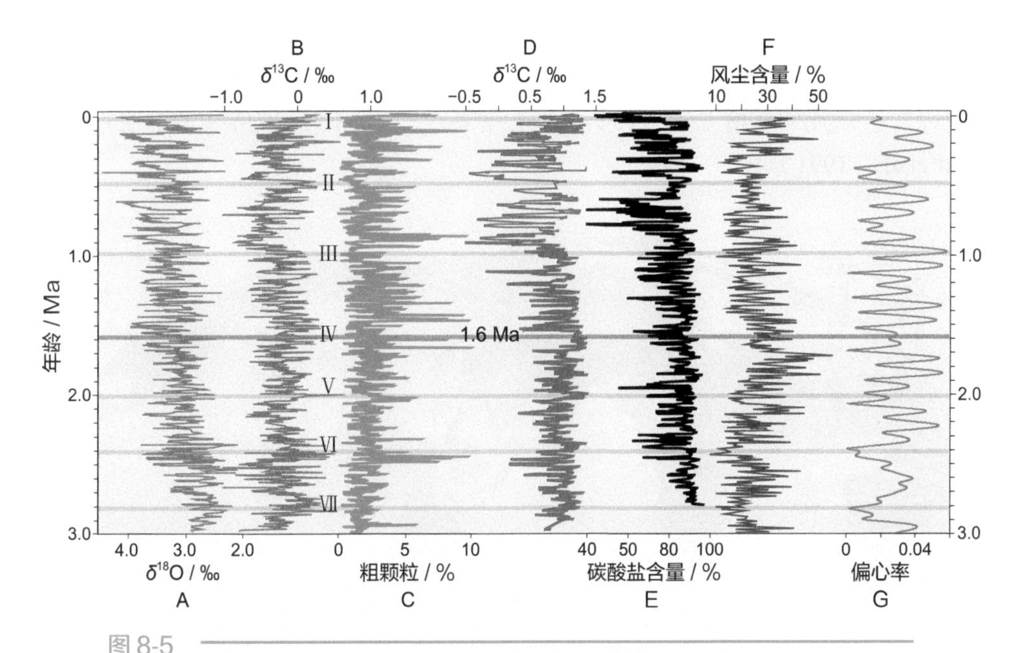

图 8-5

300 万年来海洋记录中的 40 万年偏心率长周期（据 Wang et al., 2010 改绘）

A. 底栖有孔虫 $\delta^{18}O$；B. 底栖有孔虫 $\delta^{13}C$，I-VII 标志碳同位素重值期（$\delta^{13}C_{max}$）；C. 粗颗粒指示碳酸盐溶解度；D. 浮游有孔虫 $\delta^{13}C$；E. 碳酸盐含量；F. 风尘含量；G. 偏心率；A — C 数据来自南海 ODP 1143 孔；D，E 数据来自北大西洋 ODP 607 孔；F 数据来自阿拉伯海 ODP 721/722 孔；注意距今 160 万年前后的不同

8.2　气候周期变化的转型

上述冰期旋回多样性的讨论，涉及的只是第四纪的冰期，如果放眼更长的地质历史，两极有大冰盖的第四纪是显生宙五亿多年绝无仅有的特例，对于地球系统气候的周期变化缺乏代表性。气候变化的轨道周期在新生代最清晰，然而一部新生代历史就是南北极

先后发育冰盖、从暖室期转为冰室期的过程，为此首先要明白轨道驱动的气候周期，在暖室期和冰室期的表现有何不同。

8.2.1　暖室期和冰室期的轨道周期

在第 7 章里已经讲过，暖室期和冰室期的轨道周期并不相同：两极无冰的地球主要是低纬过程在驱动着气候变化。微小的轨道变化影响太阳辐射的时空分布，通过非线性的放大效应，引起地球表层气候环境的周期性变化，而这种变化随纬度和地理条件的不同有所差异。低纬区主要响应 2 万年岁差周期，高纬区还有 4 万年斜率周期的驱动（图 7-13）。有人曾经做过数值模拟：在地球上不同地区，在轨道驱动下求取 80 万年夏季最高温度的时间序列，然后用频谱分析进行比较，结果发现西伯利亚高纬区（60° N，100° E）以 4 万年斜率和 2 万年岁差周期为主（图 8-6A），非洲北部撒哈拉热带（15° N，20° E）以 2 万年岁差为主（图 8-6B），而赤道非洲（0° N，20° E）变化的频率种类最丰富：除岁差以外还有强烈的 40 万年和 10 万年偏心率周期，以及 1 万年的半岁差周期（图 8-6C）（Short et al.，1991）。

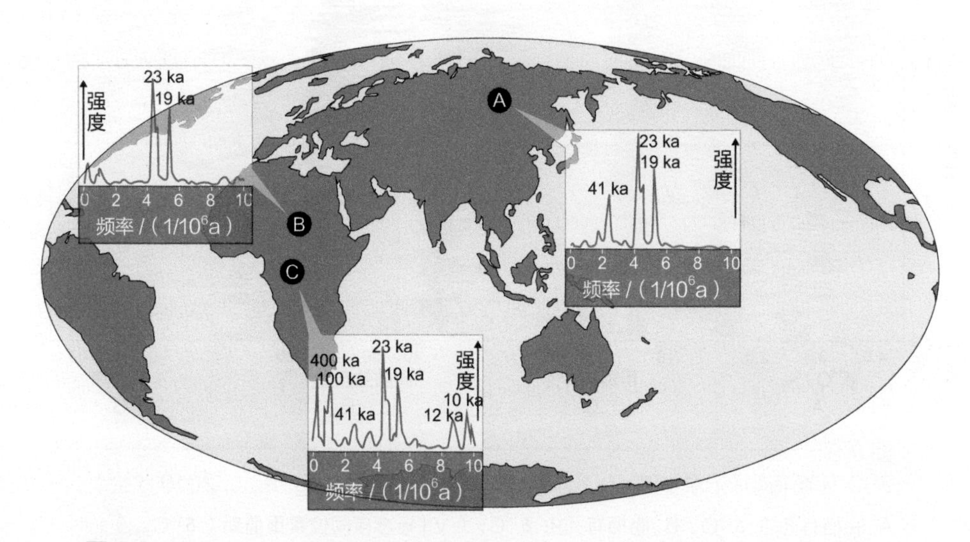

图 8-6
轨道周期驱动下不同地理区气温变化周期性的数值模拟（据 Short et al.，1991 改绘）

示 80 万年夏季最高温度曲线的频谱分析结果（19 ka、23 ka 为岁差，41 ka 为斜率，100 ka、400 ka 为偏心率，10 ka、12 ka 为半岁差）；A. 西伯利亚；B. 非洲撒哈拉；C. 赤道非洲

既然高、低纬区对于同样的轨道变化有不同的反应，那么由高纬过程控制的冰室期和低纬过程控制的暖室期，就会出现不同类型的气候周期。前者如上述第四纪的冰期旋回，后者如白垩纪，其气候变化受季风一类的低纬过程控制（见 7.3.1.1 节）。于是在古气候记录中，出现了两类不同的轨道周期。如果用海水的氧同位素表示气候旋回，就

可以清楚地看出冰盖发育对气候轨道周期的影响。地球历史的大部分时间，属于极地并无大冰盖的暖室期。新生代早期继承着白垩纪的特点，仍然属于暖室期，深海氧同位素曲线的轨道周期变幅很小；距今约 3400 万年南极冰盖形成进入冰室期，变幅明显加大；约 300 万年前北半球冰盖发育，氧同位素的变幅进一步急剧增强（图 8-7）。

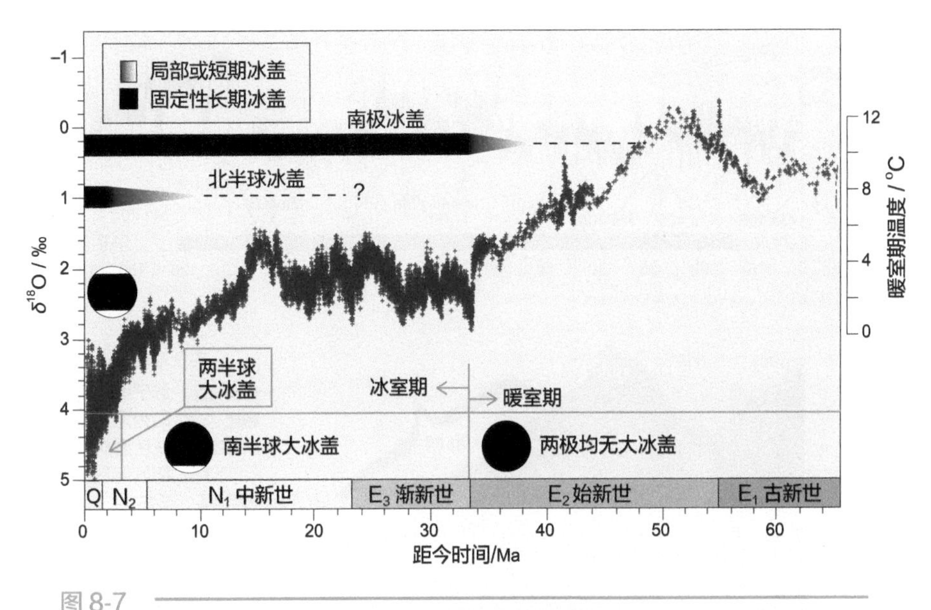

图 8-7
新生代深海底栖氧同位素曲线，展示暖室期和冰室期的差别（据 Zachos et al., 2008 改绘）

暖室期轨道周期更好的表现，见于白垩纪的碳酸盐地层剖面。早在 20 世纪 80 年代初，就已经注意到西欧白垩纪灰岩、泥灰岩互层的韵律和第四纪的冰期旋回相似，都是米兰科维奇周期的表现（见 7.3.1.1 节），而近年来大洋钻探取得的深海沉积，又以高分辨率岩性灰度反射率和磁化率分析为基础，为晚白垩世建立了天文地层年表，其中基本的轨道韵律就是 40 万年的偏心率长周期（Husson et al.，2011）。鲜明的实例来自西班牙北岸的祖玛（Zumaia）剖面，这里的白垩纪露头和西西里岛的晚新生代剖面一样，都是著名的海滨旅游胜地，都可以在野外剖面上直观欣赏米兰科维奇周期的艺术魅力（图 8-8E）。祖玛剖面的 140 m 地层覆盖了白垩纪末期 390 万年的沉积记录，根据岩性的磁化率、反射率高分辨率测量（图 8-4A—C）以及碳同位素 $\delta^{13}C$ 分析，可以清晰地分辨出九个半 40 万年的偏心率长周期（Batenburg et al.，2012）。

所有这些白垩纪剖面的共同特点都是有明显的偏心率和岁差周期，与晚新生代冰室期记录中突出的斜率周期绝然不同，反映了暖室期低纬过程在气候演变中的主导作用。碳酸盐的轨道周期在新生代晚期也十分明显，而白垩纪大洋的碳酸盐周期不是深层水的溶解作用和海水碱度，而是全球性的海洋生产力所决定（Herbert，1997），又一次强调了地球表层系统的运行方式，在暖室期和冰室期里的不同。

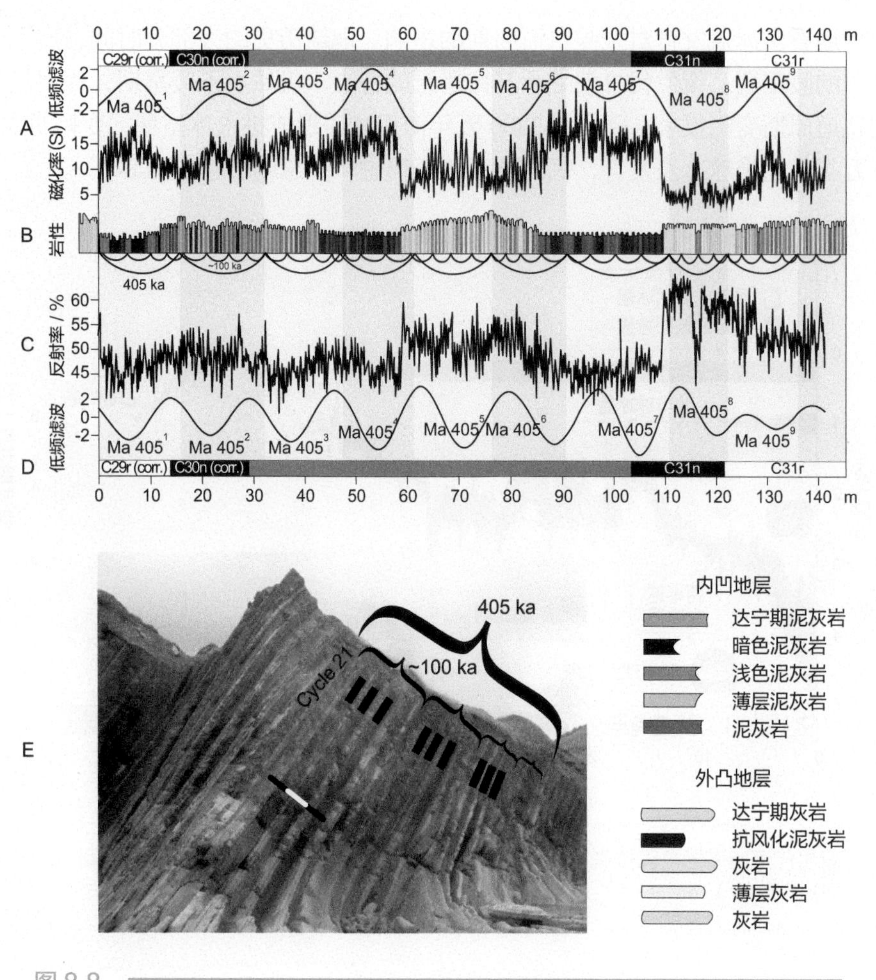

图 8-8

西班牙祖玛剖面白垩系顶部共 390 万年地层的轨道周期（Batenburg et al., 2012）

A. 磁化率 (SI) 及其低频滤波；B. 岩性剖面（图例见右下方）；C. 岩性反射率 (%) 及其低频滤波；D. 磁性地层年代，横坐标为剖面长度，顶界（左侧 0）为白垩 / 古近纪界面，图中 Ma405 示白垩系天文地层表序号，以 40.5 万年偏心率为单位；E. 祖玛剖面之一角，显示 40 万年和 10 万年偏心率周期，黑色条标志最显著的泥灰岩层，黑白标尺代表 1 m

总之，白垩纪和晚新生代可以看作轨道驱动下，暖室期和冰室期气候响应的两大类型。两者之间的转折，就是气候周期变化的转型。最近一次暖室到冰室的转型，发生在新生代的中期。三四千万年前开始发育南极冰盖，三四百万年前开始发育北半球冰盖（图 8-7），最后两极均被大冰盖覆盖，出现了显生宙独一无二的双冰盖地球。然而冰盖发育的每一步都来之不易，都是地球表层系统气候环境不同程度的转型。

8.2.2 南极冰盖发育中的气候转型

尽管始新世晚期海底已经有冰筏沉积物出现，真正意义上南极冰盖的形成还是在始

新 / 渐新世交界的 3400 万年前。从此以后，南极的气候经历了多次反复，但总的趋势是温度下降、冰盖增大，其中出现了多次冰盖增大事件，最为重要的是 2300 万年前的 Mi-1 事件和 1390 万年前的中中新世事件（图 8-9A）。这些事件不仅记录了南极冰盖的增大，而且在不同程度上改变了气候系统对轨道驱动的响应方式和地球表层系统的生物地球化学过程，甚至影响了生物界的演化进程（Miller et al.，1991；Zachos et al.，2001a）。

始新 / 渐新世交界的 Oi-1 事件是气候系统从暖室期转为冰室期的重大变革，底栖有孔虫氧同位素加重 1.5‰，深海碳酸碳补偿面加深 1 km（图 8-9B），无论冰盖、洋流和碳循环都发生了重大变化，导致气候环境的转型（Coxall et al.，2005）。但是从模拟结果看，光是南极冰盖还不足以引起 δ^{18}O 加重 1.5‰的变化，应当还有北半球冰盖的贡献，而且最近的地质资料也表明，当时的格陵兰可能已经有局部的冰盖出现（Eldrett et al.，2007）。

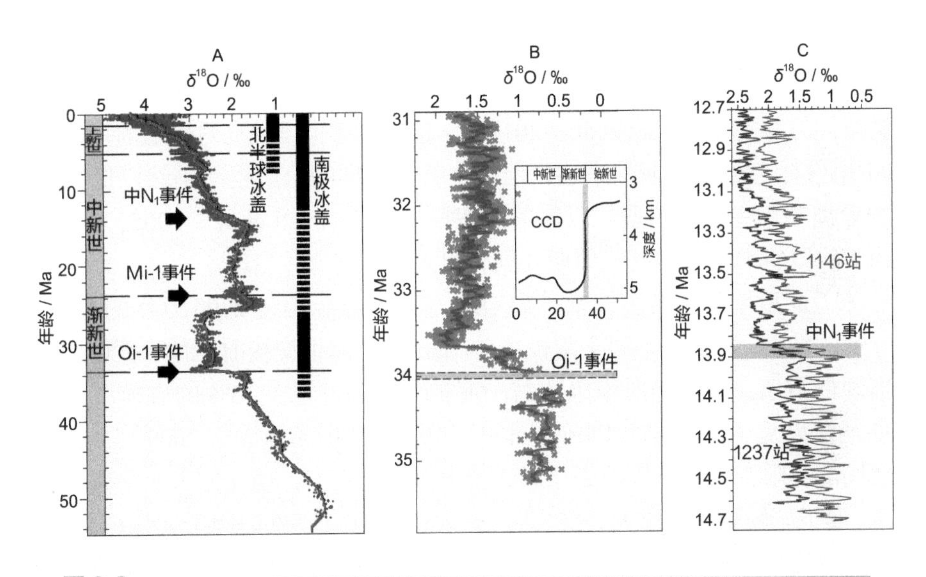

图 8-9
南极冰盖发育中的气候转型事件

A. 4000 万年以来深海氧同位素变化与极地冰盖发育事件，黑柱表示冰盖，其断续线表示冰盖不连续（Zachos et al., 2001a）；B. 始新 / 渐新世交接期的氧同位素曲线记录的 Oi-1 事件，灰色横线示始新 / 渐新世界线（34 Ma），插图表示深海碳酸盐补偿深度下降 ~1 km（Coxall et al., 2005）；C. 氧同位素曲线表示的中新世中期事件，红线为南海 ODP1146 孔，黑线为太平洋 ODP1237 孔（Holbourn et al., 2005）

暖室期到冰室期的快速转型，早期认为是由构造运动引起，亦即德雷克和塔斯马尼亚海道开启、环南极洋流形成的结果（图 6-16）。然而按照地质记录，德雷克海道深水通道的开通要到渐新世的中期，现在流行的看法是大气 CO_2 浓度的阈值是关键，一旦越过阈值，南极冰盖就可以快速形成（图 6-17）。值得注意的是南极冰盖形成过程的阶段性：大气 CO_2 浓度的阈值大概在 600 ppm 左右，Oi-1 事件从 3400 万年前开始，当 CO_2 浓度 >600 ppm 的时候冰盖还比较小，降到阈值以下时冰盖迅速增大，到 3280 万年前稳定的大冰盖最终形成（Galeotti et al.，2016）。

从暖室期进入冰室期，海洋环流最大的变化是现代分层型大洋的形成，其中的关键在于环南极洋流（Antarctic Circumpolar Current，ACC；Katz et al.，2011）。这是现代世界上最强的洋流，流量超过全球河流总量百倍以上，环南极洋流和南极冰盖一道形成，将全球最冷的海水封在 ACC 以南，使南极洲遭受热孤立，同时也结束了暖室型的大洋模式。两极结冰的现代大洋里海水分层，深层海水只有在极地附近才能“重见天日”。白垩纪和新生代初期的大气和大洋环流与今大不相同，在两极无冰的地球上，经向的哈德雷环流（Hadley Cell）弱小得多，海洋既无所谓极锋也没有副热带锋，大洋深层水并不在极地形成，海水的垂向交换很可能是通过涡流的形式，被比喻为“涡流大洋”（Hay，2008；Hay and Floegel，2012）。因此，暖室期和冰室期的区别不仅在于冰盖发育，大洋的结构就属于不同的类型。

在构造上，环南极洋流的出现要求澳大利亚和南美洲与南极洲分割，也就是打开塔斯马尼亚海道和德雷克海道，对此我们在 6.2.2.3 节中已经有过阐述（见图 6-16）。但是深水海道并不是一举而成，虽然始新世晚期已经开始，还需在渐新世分多步实现，直到中新世早期方才完成（Katz et al.，2011）。这种现象也反映在对轨道周期的响应上，尽管 Oi-1 事件标志着冰室期的来临，但是中新世早期的轨道驱动仍然以低纬过程的偏心率和岁差周期为主，与白垩纪以来的暖室期相似（Coxall et al.，2005；Westerhold et al.，2014），以斜率为主的气候周期要到有更大冰盖时方才出现。

南极冰盖此后增长的转型，都不如 Oi-1 事件重要，但是 2300 万年的 Mi-1 事件也是个全球性的转型，影响远不限于南极冰盖。渐新 / 中新世交接时，海洋 $\delta^{18}O$ 加重 1.2‰，$\delta^{13}C$ 也出现最重值，推断当时南极冰盖一度扩大到超过现在 25% 的规模，但是几十万年之后便很快恢复（图 8-9A；Flower et al.，1997；Wilson et al.，2009）。这是新生代两个纪之间的界限，气候环境的变化远远超出南极的范围，现在的东亚季风很可能也在那时起源，属于气候转型的重大关键。现在一般也将 Mi-1 事件归因于大气 CO_2 浓度下降，其实下垫面的变化非常值得注意。

Mi-1 事件之后经历了相当一段的相对稳定期，中新世中期又出现暖期，要到距今 1390 万 ~1380 万年前才再次出现南极冰盖扩张事件（图 8-9；Holbourn et al.，2005）。北太平洋在中新世中期广泛堆积了富含有机质和硅藻化石的蒙特雷组（Monterey Formation）地层，反映暖湿的高生产力环境，到 1390 万年前南极冰盖突然增大，海洋 $\delta^{18}O$ 加重 1.0‰（图 8-9C），此前海洋 $\delta^{13}C$ 明显的 40 万年偏心率长周期也从此消失，表层水 $\delta^{18}O$ 的变幅也大大超过底层水，说明大洋环流的严重改组（Tian et al.，2013）。可见，新生代晚期进入冰室期之后，重大的气候转型都与冰盖的演变相关，南极冰盖的扩增成为气候转型的主要推动力，直至北半球大型冰盖的形成。

8.2.3 北半球冰盖发育中的气候转型

北半球冰盖的形成，使得地球进入双冰盖的特殊时期，改变了气候响应轨道周期的方式，这种变化反映在海水氧同位素的轨道参数上。渐新世末期到中新世初期（24.5~20.5 Ma）只有南极冰盖发育，反映高纬过程的斜率周期（41 ka）十分显著，但是调控气候岁差变幅的偏心率周期（400 ka 和 100 ka）同样突出（图 8-10A，B）；等到北极冰盖发育的晚上新世与更新世（4~0 Ma），斜率成为主导周期，偏心率不再突出，只是在最后的几十万年里转变为以十万年周期为主（Zachos et al.，2001）。然而北半球大冰盖的形成并非一蹴而就，而是经过多阶段发展的结果，其中最重要的有 270 万、90 万年和 40 万年等几个阶段，每个阶段本身又是一系列事件的组合。

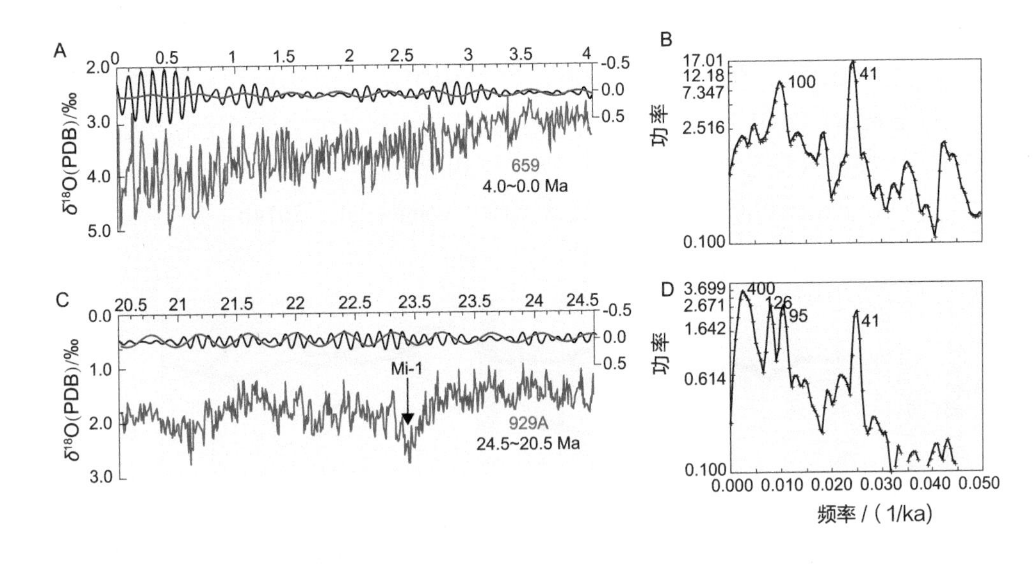

图 8-10

晚新生代大西洋底层水氧同位素曲线记录及其频谱分析显示的轨道驱动（据 Zachos et al., 2001b 改绘）

A. 晚上新世与更新世（4~0 Ma）曲线及其 B. 频谱分析；C. 渐新世末一中新世初（24.5~20.5 Ma）及其 D. 频谱分析。A，C 上方示 10 万年和 40 万年的偏心率周期；B，D 的年代单位为 ka，41 ka 为斜率周期，96 ka、126 ka、400 ka 为偏心率周期

现在的地球南极是陆地、北极是海洋，两极的冰盖形成时间相差三千万年。但是 2004 年北冰洋大洋钻探的结果，发现南北半球极地冰盖的形成过程是相互呼应的：北冰洋的冰筏沉积最早出现在 4500 万年前，和南极冰筏沉积的出现基本同时；1400 万年前南极冰盖扩大，北冰洋钻孔中的冰源沉积物也有显著增加，可见两极冰盖的发育具有共同的推动因素，很可能就是大气 CO_2 浓度在起作用（Stoll，2006）。然而这些指的都是零星或者小型的冰盖，北半球大冰盖的形成是在 310 万 ~270 万年前。为什么在那时候形成，有过种种猜测，可能的原因有巴拿马海道的关闭（Driscoll and Haug，1998）、印尼海道的关闭（Cane and Molnar，2001）、北太平洋上层水分层（Haug et al.，2005）、中亚隆起使得西伯利亚河系改向北流（Wang，2004）等，也可能是长期的渐变过程，并不需要和某个构造事件挂钩（Ravelo et al.，2004；见 6.2.2.2 节）。北半球大冰盖出现的驱动机制，至今并无定论。

然而北半球冰盖形成在 270 万年前，则是有多项地质记录证明的，其中包括北太平洋冰筏沉积的开始（Prueher and Rea，2001）。从记录看，深海氧同位素曲线不仅从三百余万年前开始变重，而且从 270 万年起有明显的冰期旋回，呈现出 4 万年斜率周期（图 8-11C）。深海沉积记录了水温下降、冰筏沉积剧增等一系列变化，而且还记录了大洋结构的改组，成为这次事件的重要标志。冰盖的形成促进了深层高密度海水和表层海冰的形成，结果造成海水分层。从南大西洋看，原来碳同位素 $\delta^{13}C$ 值相似的中层水和深层水，2.7 Ma 以后就分道扬镳：深层水的 $\delta^{13}C$ 随着冰盖加大、温度下降而逐渐变轻，而中层水的 $\delta^{13}C$ 却相对稳定，于是两者的差距逐渐拉大（图 8-11A；Hodell and Venz-Curtis，2006）。从北太平洋看，上层海水的分层切断了表层水的营养来源，使得亚极区表层水的生产力在 2.7 Ma 之后突然下降，沉积物中主要由硅藻组成的蛋白石含量一落千丈（图 8-11B；Haug et al.，2005）。从单冰盖到双冰盖，是地球系统的深刻变化，因此北半球冰盖带来了气候环境系统全方位的转型，大洋结构的改组只是其中的一方面。在陆地，270 万年事件对于亚洲和非洲季风都有重大影响（Wang et al.，2014b）。

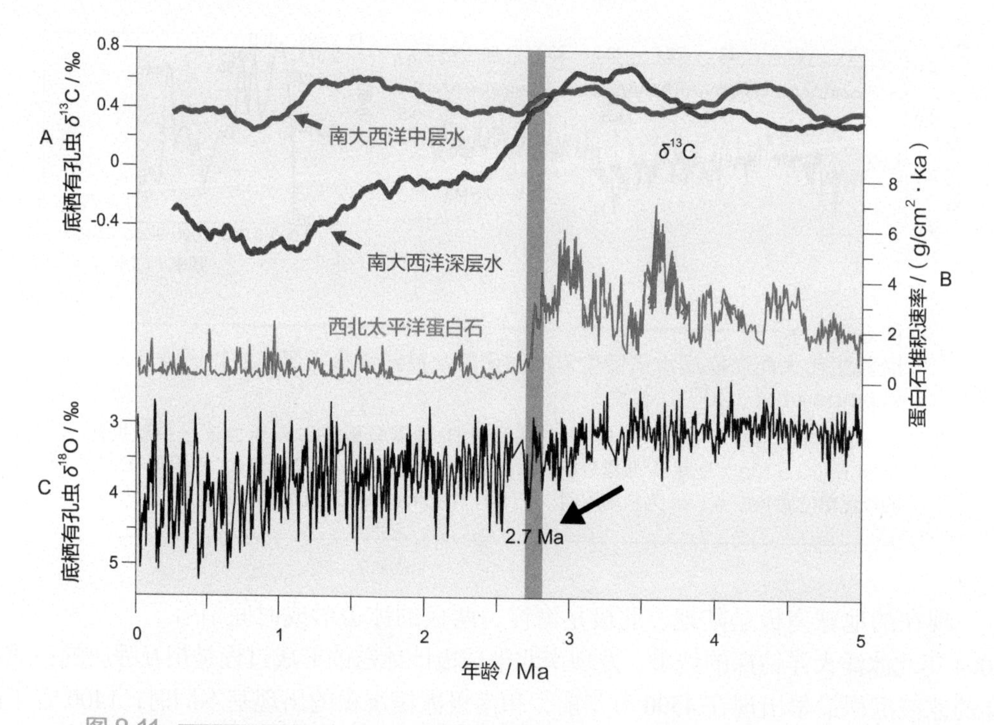

图 8-11
270 万年前北半球冰盖形成事件与大洋的改组

A. 南大西洋中层水底栖有孔虫碳同位素（蓝线；ODP1088 井，水深 2082 m），南大西洋深层水底栖有孔虫碳同位素（红线；ODP 1090 井，水深 3702 m）（均为 50 点滑动平均值曲线；Hodell and Venz-Curtis, 2006）；B. 西北太平洋深海沉积蛋白石含量(ODP882 井，水深 3244 m)(Haug et al., 2005)；C. 深海底栖有孔虫碳同位素（大西洋 ODP659 井）（Tiedemann et al., 1994）

更新世中晚期的重大转型事件，有 90 万年前的“中更新世革命”（图 8-12A）和 40 来万年前的“中布容事件”（图 8-12B），都是在深海氧同位素曲线上最为清晰。“中更新世革命”是指冰期旋回从 4 万年斜率周期转为 10 万年短偏心率周期的转折，但是后续的研究发现这不是 90 万年前一次突然的转折，而是从 120 万年到 70 万年间的逐渐过渡，因此够不上 “革命”，应当称作“中更新世过渡（Mid-Pleistocene Transition，MPT）”（图 8-12）。早先以为这是北半球冰盖形成以后的扩大事件，但是后来的研究发现 $\delta^{18}O$ 表达的主要不是冰盖大小而是海水温度的信息（Sosdian and Rosenthal，2009），即便冰量变化也并非来自北半球，而是南极冰盖的变化（Elderfield et al.，2012）。然而中更新世过渡的转型影响深远，涉及海洋和陆地物理、化学、生物各个领域，不但强化了赤道太平洋的沃克环流、使得东西太平洋的温度梯度达到现代的规模（McClymont and Rosell-Mele，2005），而且造成 76 种深海底栖有孔虫的灭绝，成为地质历史上最晚的一次全球性深海生物大灭绝事件（Hayward et al.，2007）。不但如此，2.7 Ma 和 0.9 Ma 也都是非洲气候干旱化的强化阶段，对人类的演化产生过重大的影响（deMenocal，2004）。

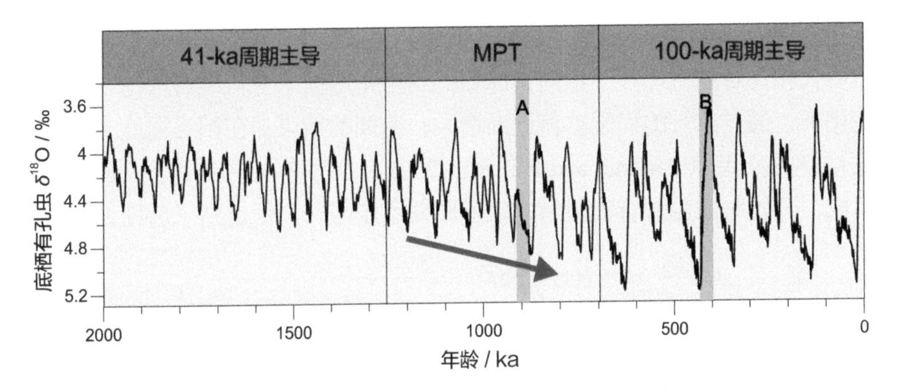

图 8-12
深海底栖氧同位素 $\delta^{18}O$（据 Clark et al., 2006 改绘）
A. 中更新世转型（MPT，90 万年前）；B. 中布容事件（MBE，40 万年前）

最近的一次气候变化转型发生在43万~40万年前，即所谓“中布容事件（Mid-Brunhes Event，MBE）”，因为处在古地磁布容正向期（约最近的 70 万年）的中段而得名（Jansen et al.，1986）。这次的气候转型，表现为轨道周期气候变化幅度的增大：此前的 “凉间冰期” 从此以后变为 “暖间冰期”（图 8-3；Tzadakis et al.，2009），换句话说就是冰期旋回的变幅增大（图 8-12）。虽然对于中布容事件气候意义的全球性尚有争论（Candy et al.，2010），作为气候环境的转型则并无异议。无论如何，中布容事件对于大洋碳循环的影响十分显著，被广泛报道为大洋碳酸盐的溶解期，很可能由钙质超微化石的高生产力事件引起（Barker et al.，2006）。可见，冰盖增大的过程影响到地球表面一系列的圈层，从冰盖到海水、大气以至于生物圈。

总之，新生代从暖室型到冰室型，从单冰盖到双冰盖，经历了一系列的气候变化转型，与每次转型相联接的又有从海洋和大气环流到碳循环和生物圈的各种变化，为研究地球表层系统演变提供了典型素材。虽然目前我们对这些事件本身的性质了解不够，想要论述与相关圈层变化的因果关系更嫌资料不足，但都是深入研究地球系统演变的绝佳题材。

8.3 气候环境的突变

第 7、8 两章讨论的轨道驱动气候变化，集中在万年到十万年的时间尺度上。千年以下时间尺度的变化，从千年尺度的 Heinrich 事件和 Dansggard-Oeschger 事件，到十年到百年的太阳黑子活动周期，与人类活动和社会历史接近，将在第 9 章“人类尺度的演变”里阐述。除此之外，气候环境有一些突然发生的变化，难以按时间尺度归纳，但是对地球系统的环境演变至关重要，需要在这里先作介绍，其中包括冰消期里的气候突变，和火山爆发、星体撞击、洪水泛滥以及突发升温事件。

8.3.1 冰消期的气候突变

晚第四纪冰期旋回的曲线具有不对称的“锯齿形”特征：每次冰期到来时冰盖要经过八九万年的增长，但结束时却在几千年里迅速崩溃（图 8-13C；Ridgwell et al.，1999）。可见冰盖增长和瓦解的机理并不相同，冰期的到来是遵循米兰科维奇理论，在轨道驱动辐射量的变化下，通过冰雪的积累冰盖逐渐增大；冰期的结束却在相当程度上是冰盖动力学而不是气候学的结果（Parrenin and Paillard，2003）。每次冰期由 4 个或者 5 个 2 万年岁差周期组成，开始时冰盖顺着辐射量的轨道周期逐步增长，但是到了后期，在经过辐射量

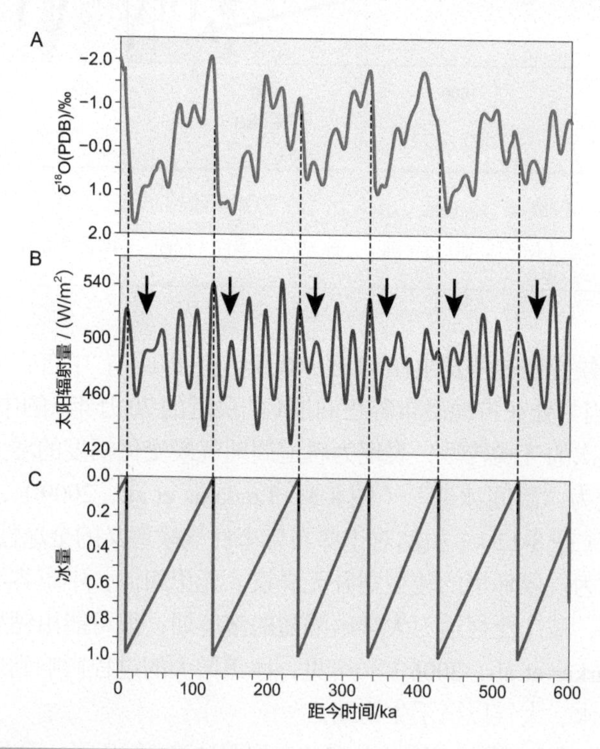

图 8-13

晚第四纪冰期旋回的“锯齿形”特征

A. 表层海水氧同位素 (SPECMAP 合成曲线)；B. 北半球高纬夏季辐射量（65°N, 6 月 21 日）；C. 冰期旋回的“锯齿形”（Ridgwell et al., 1999）

最低期（图 8-13B 的箭头所指）之后，庞大的冰盖发生崩解事件（图 8-13A），这就是所谓的冰消期。现在地球上的气候环境，就是末次冰消期的产物，我们的讨论就从这里开始。

8.3.1.1 末次冰消期

结束末次大冰期的冰消期，用了大约 8000 年（19000 到 11000 年前）的时间。然而这段大地回春的转暖经历却极不平稳，里面充满了突变、灾变，甚至反复事件。就海平面而言，8000 年的融冰使海面回升 80 m，但回升过程极不均匀。比如在融冰事件 MWP-1A（meltwater pulse-1A，14650~14310 年前）的 340 年里海面上升 16 m（图 8-14D），也就是每十年上升半米（Hanebuth et al.，2000；Deschamps et al.，2012）。总的说来，冰消期转暖走的是蛇形曲线，连大气 CO_2 浓度的回升也是一波三折（图 8-14）。这说明冰期的结束是两大因素叠加的结果：一方面是温室气体 CO_2 和 CH_4 的浓度随着轨道周期逐步上升，在大气圈里发生全球性变化（Shakun et al.，2012）；另一方面在南北两极随着冰盖消融，引起大西洋经向环流（AMOC，见第 3 章）的改变，其中包含了负反馈在内的反复过程，两大因素的叠加决定了冰消期的曲折性质（Clark et al.，2012）。

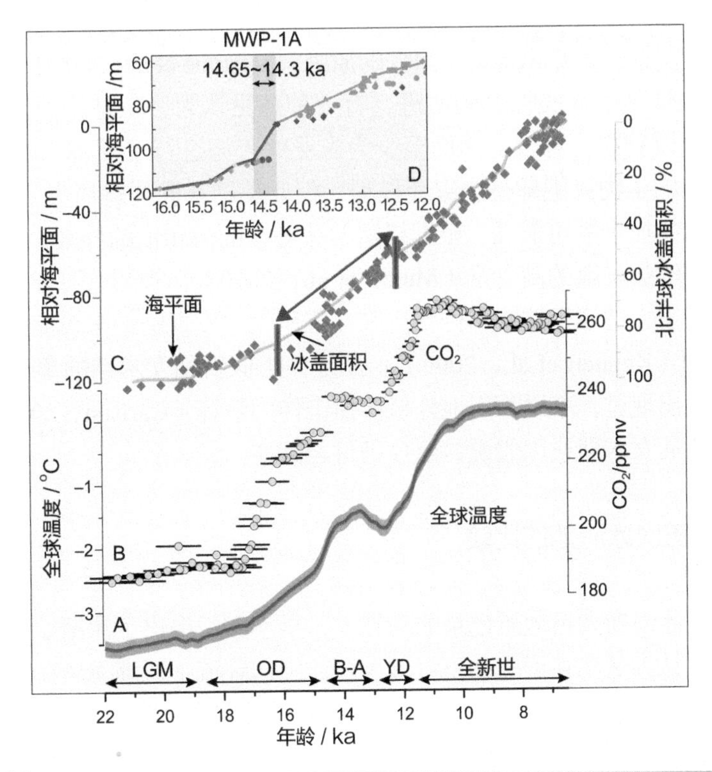

图 8-14
末次冰消期

A. 全球温度；B. 大气 CO_2 浓度；C. 海平面（色块）和北半球冰盖面积（实线）；D. 16.2~12.0 ka 期间的海平面（相当于 C 的红色箭头范围），浅蓝色区为 MWP-1A 事件 (14.65~14.3 ka)（据 Shakun et al., 2012；Deschamps et al., 2012 改绘）。LGM. 末次冰盛期；OD. 最老仙女木冷期；B-A. Bølling-Allerød 暖期；YD. 新仙女木冷期

末次冰消期中最大的反复，是新仙女木事件（YD，Younger Dryas）（图 8-14；见附注 2）。12900~11700 年前，在全球转暖期过程中出人意料地来了一个 1200 年的冷期，而且来得快去得快，北半球的高纬区在短短几十年里温度下降 2~6 ℃，正在退缩中的冰川又卷土重来，低纬区的夏季风减弱、气候变干，而新仙女木事件的结束也是突如其来的过程。这在冰芯记录里最为明显：格陵兰上空的温度在新仙女木事件开始时 50 年里骤降 7 ℃，结束时在 10 年里飙升 10 ℃。殷鉴不远，这类变化对人类社会的意义极大，必须弄明白其发生的原因以作戒备（Carlson，2013）。

最先提出解释新仙女木事件的假设，是冰盖融化造成冰前湖的泛滥。北美冰盖的融冰水原来向南流入墨西哥湾，随着水量增多冲破了冰前湖转向东流，借道圣劳伦斯湾注入北大西洋（见附注 2），从而切断了北大西洋深层水的源头，中止大西洋经向环流，重新返回冰期时的洋流和气候格局（Broecker et al.，1989）。但是，后来的地质考察表明流向圣劳伦斯湾的通道出现在新仙女木事件之后，东流的假说不能成立。于是又出现了冰前湖水不是向东，而是向北注入北冰洋的假设，同样可以引起温度变冷、冰盖扩大的效应（Tarasov and Peltier，2005）。

然而新仙女木事件之所以重要，还因为这场灾变的影响所及，超出了气候变化的范畴。这次突变事件不仅使北欧的树林变成冻土，而且带来了哺乳类和鸟类生物的灭绝，还可能是北美古印第安人 Clovis 文化消亡的原因（Firestone et al.，2007）。从另一方面看，这场灾变可能也催化了人类社会的演进。有一种意见认为，正是新仙女木期的气候灾变迫使早期人类改狩猎为种植，因而至少为农业的起源进行了准备（Balter，2010）。可是新仙女木期的生物灭绝却是个灾变过程，仅北美的哺乳类就消失了 35 个属，于是学术界提出了星体撞击的可能性。根据格陵兰冰芯中的铱和铂的异常（Gabrielli et al.，2004），以及硝酸盐和氨的高含量（Melott et al.，2010），推测有可能是地球遭受了彗星带来的流星袭击，造成了这次事件，近来在沉积物中发现的纳米级撞击金刚石，进一步支持撞击成因（Kennett et al.，2009）。但是，类似新仙女木期的事件也曾在以前的冰消期相似阶段出现过，难以都用地外星体撞击作为解释（Carlson，2010）。总之，能被广泛接受的新仙女木期成因假说，至今仍付之阙如。

8.3.1.2 历次冰消期的比较

在总结末次冰消期大量地质记录的基础上，科学家们提出了冰期如何结束的理论模型（图 8-15），认为是在轨道驱动下经过大西洋经向环流、亚洲季风和南北极互动的结果（Denton et al.，2010）。但是，末次冰消期对于众多的冰期旋回有没有代表性？类似新仙女木期的那种气候变化反复事件，是不是冰消期的共性？

这就需要长期的高分辨率记录。起初古海洋学家在深海沉积中比较 65 万年来的六次冰消期，试图从每次冰消期里都找出类似“新仙女木期式”的气候事件（Sarnthein et al.，1990；Gebhardt et al.，2008）。但是四五万年以前深海沉积的年代可靠程度有限，因为是依靠与轨道参数曲线调谐得出的年龄，难以在以前冰期旋回里辨识千年尺度的突变事件。近年来，石笋 $\delta^{18}O$ 记录经过高分辨率铀系法测年标定以后，将独立的精确测年技术

附注 2：新仙女木期

仙女木（*Dryas octopetala*）是北极和阿尔卑斯山区的一种高寒植物（见附图），开八瓣白花的亚灌木，常见于冻土带。西欧在末次冰消期的气候反复中，每当寒冷期来到时仙女木就会广泛繁殖，仙女木花粉在地层里大量出现。西欧的冰后期划分分带中划出了三个仙女木花粉高值期：最老仙女木期 (Oldest Dryas), 老仙女木期 (Older Dryas) 和新仙女木期 (Younger Dryas)（见附图）。1981 年格陵兰的冰芯中发现：新仙女木期结束不到 50 年的时间里格陵兰上空的气温上升 7 ℃，冰雪的堆积速率三年里增加了一倍 (Dansgaard et al., 1989；Alley et al., 1993)。惊人的变化速度震动了学术界，于是“新仙女木期”的名词不胫而走，成为古环境研究的热点，几十年来盛况不衰。最早提出的新仙女木期成因假说，是北美冰盖融溶造成的负反馈。随着北美冰盖消融，积累过多的融冰水突破 Agassiz 冰前湖的决口泛滥东流，进入现在加拿大的圣劳伦斯河和圣劳伦斯湾进入北大西洋（见附图），引起北大西洋表层水的淡化，中止北大西洋深层水的形成，使得洋流返回冰期模式（Broecker et al., 1989）。但是这项聪明的假设在地质验证中遭到否决，一种意见是为融冰水另找通道（Broecker, 2006），另一类意见是更换假设，出现了彗星撞击等其他假说（见正文）。

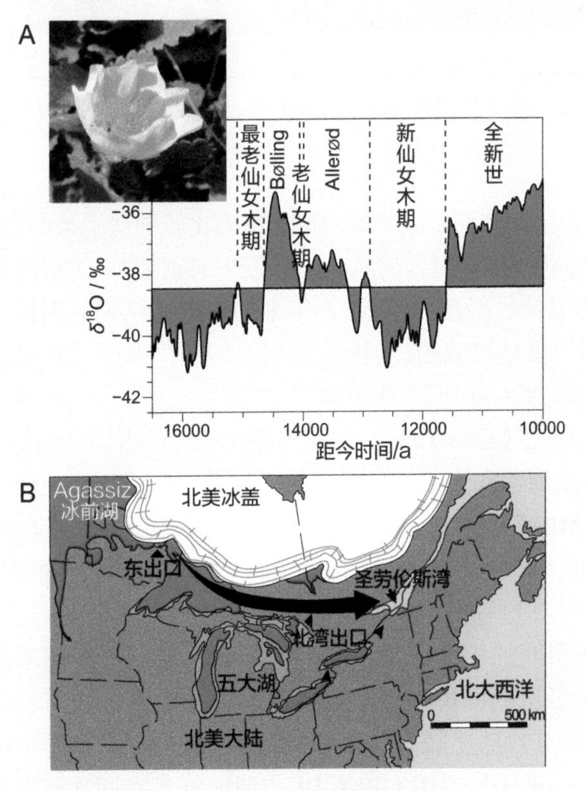

A. 末次冰消期格陵兰冰芯氧同位素和西欧孢粉分带（Stuiver et al.，1995），左上角示仙女木花；B. 新仙女木期成因的最初假设（Broecker et al., 1989）

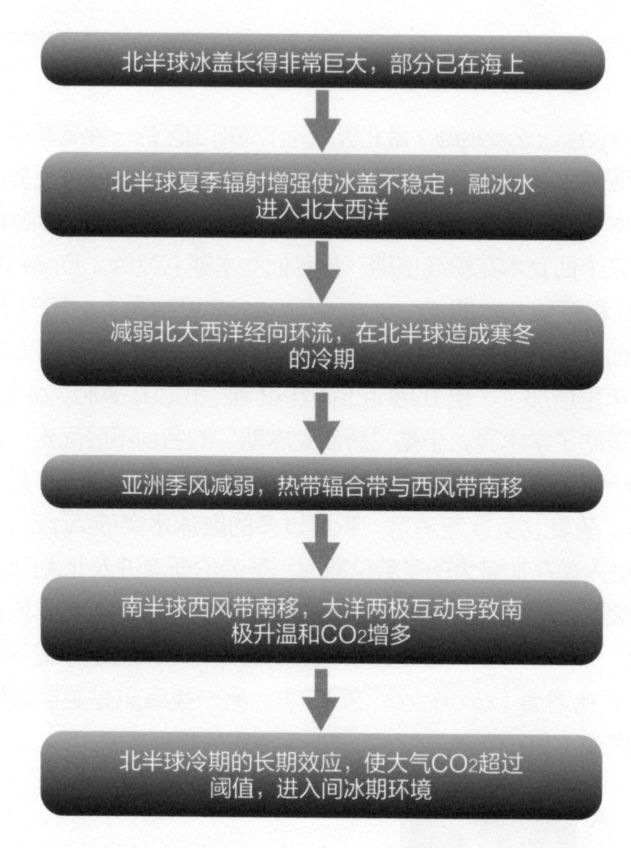

图 8-15
冰期结束的理论模型（根据末次冰消期推出）（Denton et al., 2010）

上推数十万年，方才为早期冰期旋回中冰消期的精确比较创造了条件。目前已经可以将深海沉积、陆地石笋和冰芯气泡里包含的海、陆、空三方面信息，进行高分辨率的直接对比。

目前华南石笋的记录已经覆盖了 64 万年来的 7 次冰消期，对比的结果显示出冰期旋回及其冰消期基本上都是相似的，但是相互之间又有不同。每个冰期、或者说每两个冰消期之间，相隔都在 92000 年到 115000 年之间，所谓“十万年周期”其实是个 4~5 个岁差周期相加的平均值（图 8-16A）。每次冰消期的开始都是辐射量上升引起冰盖融溶，进而由融冰水造成海水和大气环流的改组，使低纬区进入“亚洲季风减弱期（Weak Monsoon Interval，WMI）”之后，大气 CO_2 浓度回升，最后促成冰盖消融、冰期结束（图 8-16C）（Cheng et al.，2009，2016）。因而大体上支持图 8-15 的理论模型，不同的是强调了季风，也就是低纬过程的作用。

正是由于这种圈层间的相互作用，使得每个冰消期的气候都不是随着辐射量上升的线性过程，但是所经历的曲折程度又各不相同。比如说，中布容事件以前冰消期的亚洲季风减弱期（WMI）都比较短，而以后就变得比较长（图 8-16C 的绿色条带；Cheng et al.，2016）；再比如说第 I 和第 III 冰消期都各有两次亚洲季风减弱期，其中末次冰消期的后一次就是“新仙女木期”，因此第 I 和第 III 冰消期都有“新仙女木式”的气候事件，但并未出现在于其他冰消期中（图 8-16C）（Cheng et al.，2009）。

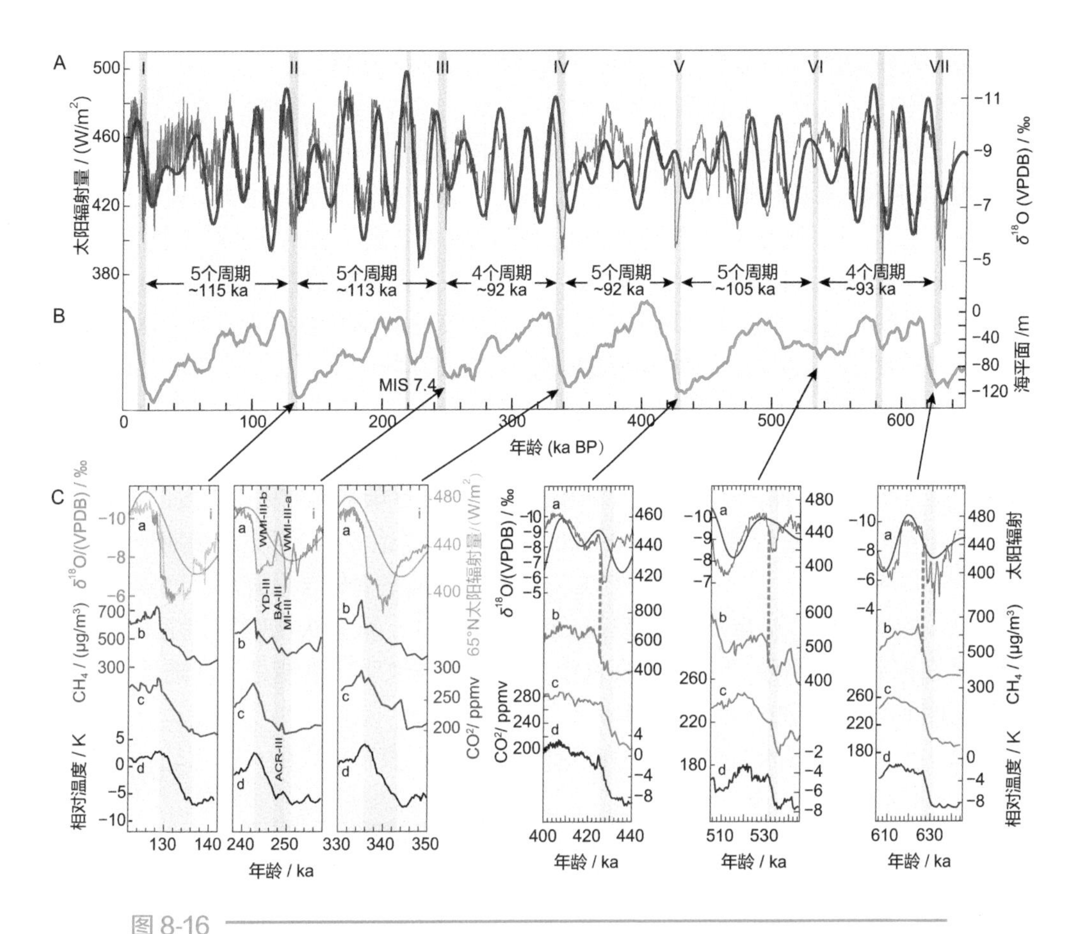

图 8-16
64 万年来历次冰消期的比较（据 Cheng et al.，2009，2016 改绘）

A. 华南石笋的氧同位素（绿色）与 65° N 夏季辐射量（红色），每个冰期旋回包括 4~5 个岁差周期；B. 深海氧同位素反映冰盖引起的海平面升降，灰色条带表示历次冰消期（I-VII）；C. 六次冰消期（II-VII）的比较：a. 华南石笋氧同位素及辐射量曲线，b. 南极冰芯气泡 CH_4 浓度，c. 南极冰芯气泡 CO_2 浓度，d. 南极冰芯温度相对变化，绿色条带表示亚洲季风减弱期（WMI）

上述讨论集中在气候系统的物理变化，其实冰消期见证了多种生命过程和生物地球化学过程的突变，关键是要有合适的载体加以记录。一个实例是加利福尼亚岸外圣巴巴拉盆地的纹层沉积，记录了 631000 年前 MIS 16 到 MIS 15 之间，第 VII 冰消期的环境突变，在短短的 50 年里表层海水温度上升 4~5 ℃，海水变暖引发了多次海底天然气水合物释出事件，进而造成海水 $\delta^{13}C$ 的强烈负偏移和海底氧化还原条件的剧变（Dean et al., 2015）。

8.3.2　火山爆发事件

火山爆发是典型的突变事件。前面在构造尺度框架下，结合地幔柱的岩浆活动，已经介绍过火山活动与显生宙生物灭绝的关系（见 6.3.2 节）。现在讨论轨道驱动的地球过程，需要在较短的时间尺度上探讨火山爆发引发的环境事件。

上一章里已经谈到，轨道周期会对地震活动和岩浆作用产生影响（见 7.3.3.2 节）。而在末次冰消期间，也确实发现有火山爆发增多的现象。最突出的例子来自冰岛：冰期时冰岛的洋中脊被压在两千米的冰盖底下，在这六万年里海底扩张速率减慢；但是一旦两千米冰盖在冰消期的一千年里突然消失，岩浆熔融加快，使得海底扩张速率剧增 30 倍（Jull and MacKenzie，1996）。同样，火山喷发的速率也随着冰盖消失而加快，在 12000 年前冰岛的火山喷发平均速率增高 100 倍，喷发的高峰期在延续两千年之后方才结束。在高峰期里喷发的岩浆成分也有变化，不相容性的稀土元素含量降低，说明岩浆熔融产生的速度加快（Maclennen et al.，2002）。

冰盖消失火山喷发加快，并不是局部现象。冰期冰盖的重压，不但使陆地的火山喷发减少，而且压制了岩浆的熔融分化。如果比较全球 4 万年来陆地火山喷发的相对频率，以最近两千年的频率为 1，距今 12000~7000 年前可以高达 6~7，可见冰消期是火山活动最强时期（图 8-17A），火山喷发的 CO_2 对于冰期后温室气体含量升高、气候返暖也有相当贡献（图 8-17B）（Huybers and Langmuir，2009）。大型火山喷发产生的气溶胶，也会记录在冰芯里。格陵兰冰芯中的 SO_4^{2-} 含量，同样说明冰消期是全球陆地火山喷发的高峰（图 8-17C；Zielinski，2000）。

当然，火山活动与冰期旋回只是在统计上的关系，真正巨大的火山活动并不在冰消

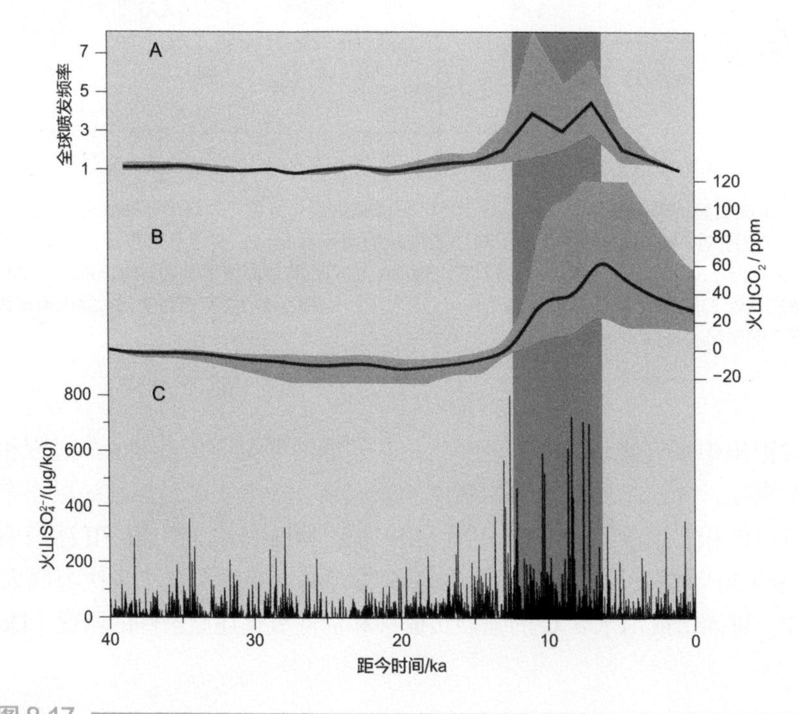

图 8-17
近四万年来陆地火山活动的变化

橙色条带表示 12000~7000 年前火山活动最强时期。A. 全球火山喷发频率（相对比值）；B. 火山喷发对大气 CO_2 的贡献 (Huybers and Langmuir，2009)；C. 格陵兰冰芯中的 SO_4^{2-} 含量作为火山喷发量的标志（Zielinski，2000）

期里发生。如果将火山喷出物总量在 10^{12} t（超过 1991 年皮纳图博火山爆发的 150 倍）以上的称为“特大火山爆发”，统计结果表明新生代中后期 3600 万年以来总共发生 42 次，空间上集中在南北美洲西边的大陆板块边缘，时间上集中在 36~25 Ma 和 13.5 Ma 以来两个构造和气候急剧变化的时段（图 8-18），其中像美国西部黄石公园一带是多次特大火山爆发的地方（Mason et al.，2004）。这类特大火山爆发都是构造事件，但是都会产生严重的气候效应。仅就短期效应而言，火山喷发的硫酸盐气溶胶，对太阳辐射进行反射，使得地面降温，却使得平流层升温，同时还会破坏臭氧层（Robock，2000）。

从图 8-18 可以看出，特大火山相对集中在太平洋周围的活动大陆边缘（见图 2-20），因此值得注意东南亚地区发生的，与我们关系最为密切的特大火山事件。最近的一次是 1991 年 6 月 15 日菲律宾的皮纳图博（Pinatubo）火山爆发，喷出了大约 10 km^3 的岩浆和 2200 万 t 的 SO_2，使得两三年里全球温度降低半度。但是与其他特大火山爆发事件相比，皮纳图博并不算大。比如说，1983 年爪哇和苏门答腊之间的喀拉喀托（Krakatao）岛火山爆发，喷出岩浆 ~12 km^3，使得第二年全球降温 1.2 ℃；再如 1815 年印尼南边坦博拉（Tambora）的火山爆发，喷出岩浆 ~50 km^3，引起的降温使得 1816 成为“失夏之年”。但假如与苏门答腊岛上托巴（Toba）火山的爆发相比，这些事件的规模还差好几个数量级（图 8-19B）（Sparks et al.，2005）。

苏门答腊北部的托巴湖，是个破火山口，这里一百多万年来经历了四期火山爆发事件（120 万年、84 万年、50 万和 7.5 万年前），其中最晚的一次最大，喷出的岩浆多

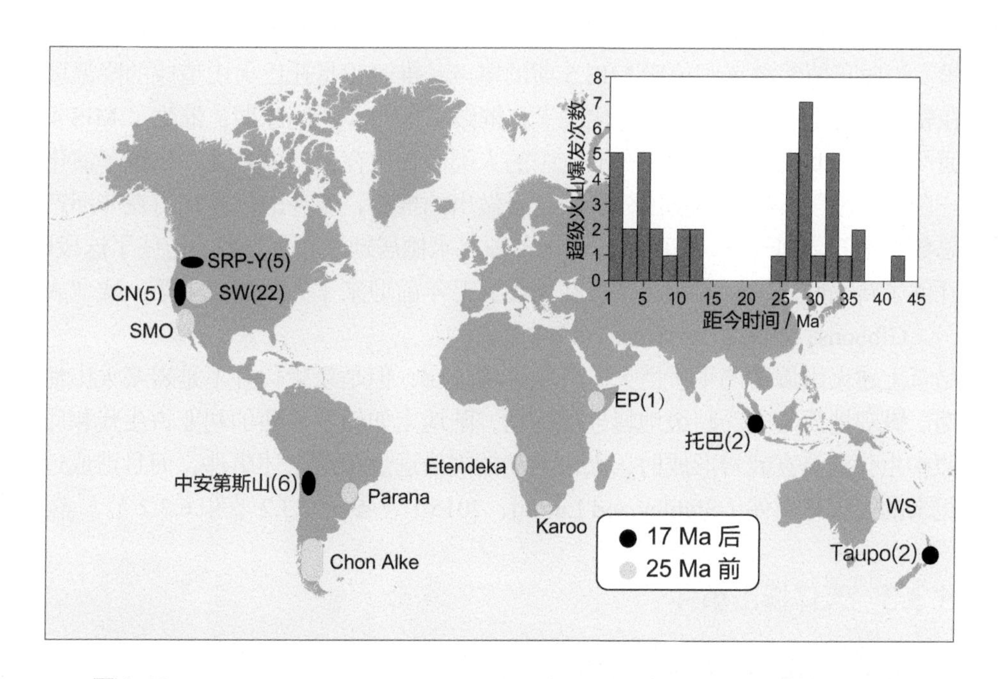

图 8-18
新生代特大火山爆发的分布

展示 25 Ma 前和 17 Ma 后的特大火山爆发次数，括号内为爆发次数。右上角为超级火山爆发的时间分布（Mason et al., 2004）。SRP-Y. 黄石公园一带；SW. 美国西南区；CN. 加利福尼亚与内华达

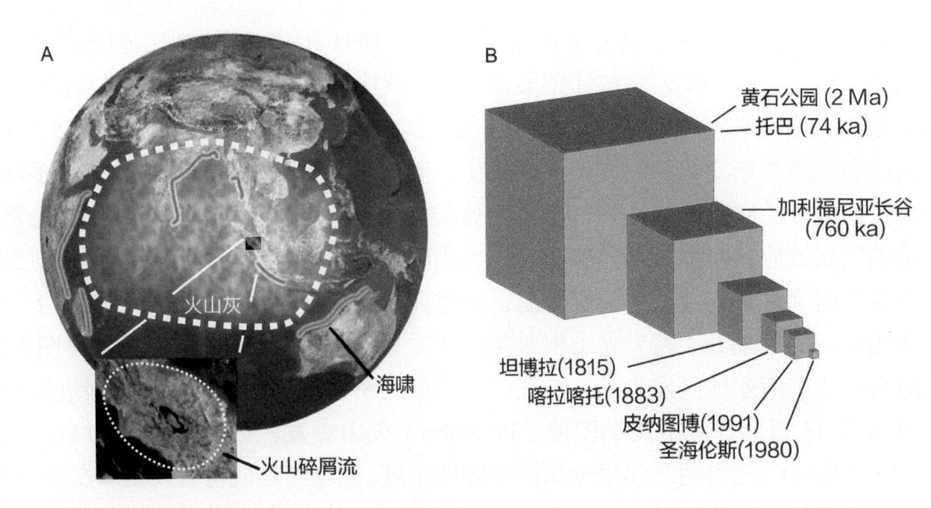

图 8-19
75000 年前印尼托巴火山爆发的影响（Miller and Wark, 2008）

A. 火山碎屑、火山灰和海啸的影响范围；B. 火山碎屑喷发量的比较：1991 年菲律宾皮纳图博火山爆发只相当于托巴火山爆发的五百分之一

达数千立方千米（图 8-19A），是迄今所知第四纪里全球最大的火山事件（Chesner et al.，1991）。7.5 万年前的托巴火山事件，对于全球气候环境和生物演化都产生了深刻的影响。特大规模的火山喷发带来了六年的火山型寒冬，接着出现了上千年的临时性冰期气候。当时正值深海氧同位素 MIS 5 期的尾声，推测正是托巴火山造成的降温事件，叠加在轨道周期驱动的气候缓慢变化之上，摧毁了 MIS 5 的间冰期，催生了 MIS 4 的冰期。而严酷的气候突变，又使正在演化中的人类面临生存环境的挑战，出现了演化进程中的一段“瓶颈”。根据与基因分析相结合做出的推测，寒冷的气候使得在非洲产生的人类总数从十万降到一万，进而被迫走出非洲寻求栖居地。然而人类经历住了这段磨炼，终于开创了新局面、重新繁荣起来，在大约五万年前迎来了人类历史上第一次“人口大爆炸”（Gibbons，1993；Ambrose，1998）。

尽管上述火山爆发产生了巨大的气候环境效应，但是新生代并不是岩浆火山活动的高峰期。纵观地质历史，超级地幔柱的活动，陆地上如俄罗斯西伯利亚古生代和印度德干高原中生代溢流玄武岩形成时，火山活动的规模远远超过上述事件，而且造成过类如二叠纪末的大灭绝事件（Stanley and Luczaj，2015）（参看 2.3.2 节和 6.3.2 节）。

8.3.3 天体撞击事件

8.3.3.1 从微陨石到小行星

说起天体撞击一定会想到恐龙灭绝的巨型陨石事件，其实这种极大的灾变亿年难逢，要全面认识撞击事件，还要先从地外物质的背景值说起。到达地球表面的地外物质主要是陨石和微陨石两类，微陨石是 50 μm 至 2 mm 的细颗粒，而陨石可以大到有 1 m 直径

（Rubin and Grossman，2010），当然与 100 m 到 1000 km 直径的小行星相比都小得可怜。陨石就是流星，经过大气层的时候熔融挥发，有的就此消失，有的得以保留或者重新凝结后降落地面。然而陨石要比微陨石少得多，论质量还不到微陨石的百分之一，因此微陨石才是地外物质进入地球的主体（Yada et al.，2004）。根据测算，每年进入大气层顶的微陨石有 40000 ± 20000 t（Love and Brownlee，1993），能够到达地球陆地表面的还不足 1/10（2700 ± 1400 t）（Taylor et al.，1998）。

与地球表面的沉积量相比，这点质量犹如沧海一粟，只有在没有或者极少陆源沉积的地方才能看到，这主要出现在两种情况下：或者是远离大陆的深海海底，或者是极地冰川的表面。早在 19 世纪英国"挑战者"号环球航行时，已经从深海沉积中发现了"宇宙球粒"，也就是微陨石。多少年来，极地冰盖一直是采集陨石的理想去处，后来干脆把冰化掉了找微陨石，都大有斩获。深海沉积的分析结果表明，世界大洋每年接受地外物质 30000 ± 15000 t，与现在进入大气层顶的总量相近（Peucker-Ehrenbrink，1996），而且是从晚白垩世 8000 万年来大体都在 37000 ± 13000 t/a 上下，基本保持稳定（Peucker-Ehrenbrinkand Ravizza，2000）。从南极冰盖上采集的微陨石看，末次冰期以来的微陨石通量也和现代相似（Yada et al.，2004）。

这些地外物质从哪里来？第 1 章讲太阳系和地球成因时（见 1.2.2 节）说过，先是石质和冰质的尘埃颗粒凝聚的团块，相互碰撞形成星子（planetesimals），再由星子碰撞结合为星球，但是那些没有加入星球而"掉队"的星子，至今在太阳系里遨游，石质的是小行星，冰质加石质的是彗星，上面所说的陨石、微陨石就是它们的碎屑。碎屑无时无刻不在"撞击"地球，但是在大气层里就被"烧"掉，到达地面的所剩无几，构不成危害；假如小行星或者彗星自己撞上地球来，那才真的会形成灾害。但是今天已经不是 40 亿年前"晚期大轰炸"的光景（见 1.3.1 节），这种撞击已经极其罕见。

太阳系里的小行星集中分布在火星和木星之间的"小行星带"里，数量有十几万个之多，但是一般与地球无关；直接对地球构成威胁的是大约 2500 颗"近地小行星（NEAs，near-Earth asteroids）"，其中大约有 1100 颗个头在 1 km 以上，威胁最大（Chapman，2004）。世界媒体中时不时会出现小行星来袭的警告，但都是有惊无险。比如 2002 年一颗 ~10 m 直径的天体撞击地球，但在东地中海上空大气层中爆炸消失，威力相当于原子弹，但并没有造成陨石撞击。

8.3.3.2　白垩纪末撞击事件与生物大灭绝

地质历史上产生灾难的撞击事件不少，若是比较产生的后果和研究的程度，当推白垩纪末的那次最为突出。古生物研究早就注意到白垩 / 古近纪交界，有恐龙等众多生物类别的灭绝事件，但并不清楚确切的时间，更不明白灾变的原因。1980 年，Alvarez 父子从意大利的深水灰岩露头中，在白垩 / 古近纪地层界面上分析发现了铱异常，因为铱在陨石里富集而地壳里极为罕见，于是将灭绝事件锁定在 6500 万年，推断是一颗 10 km 大小的小行星撞击所造成（Alvarez et al.，1980）。十年后，又发现墨西哥尤卡坦半岛上的一个圆环形构造，就是那次撞击造成的坑。这个直径 180 km 的圆环形构造靠近希克苏鲁伯

（Chicxulub）城，石油公司从 50 年代就开始打钻找油，结果打到的是安山岩，石油勘探便被放弃。后来是一位美国研究生在地球物理资料和石油钻井的基础上，提出了希克苏鲁伯就是白垩纪末小行星撞击坑的假设（Hidebrand et al.，1991），后来得到进一步研究的证明。2016 年，国际大洋钻探 IODP 364 航次在岸外 30 km 的浅海打钻，探索撞击过程及其产物——峰环（peak ring）。大洋钻探曾经多次在深海沉积中钻到过白垩 / 古近纪地层界面，找到了撞击事件的确凿证据，然而钻探陨石坑还是第一回（见附注 3）。

白垩纪末撞击事件最严重的后果是生物大灭绝，有人估计有 75% 的生物消失，其中以恐龙灭绝最为著名。但是不同门类的灭绝程度和时间并不一致，比如海洋无脊椎动物中的菊石在白垩纪末期早就开始减少，最后的一波绝灭潮也要比撞击事件早三千万年。其实恐龙也是好几百万年前就已经开始没落，只不过最后的灭绝发生在白垩纪末。可能海洋浮游生物抗灾能力比较强，像钙质超微化石和浮游有孔虫这些门类，临近白垩纪末期时并无萎缩的迹象，真到了白垩纪末才有大批灭绝（Macleod et al.，1997）。因此，这次生物大灭绝应当是个长时间的过程，很难全都算在一次撞击事件身上（Keller et al.，2004）。

在第 2 章里我们讨论过白垩纪晚期地幔柱的活动（见 2.3.2 节），正是上述生物门类衰落的时候，印度德干高原的玄武岩大量喷发。大约在一百万年里玄武岩浆多次溢出，每次都有 10^3~10^4 km 之多，气体直喷平流层下部，其中有上百亿吨的 SO_2 毒化了生存环境，应当是生物大灭绝的重要原因（Self et al.，2006）。通过对德干高原玄武岩 3500 m 剖面的全面分析，发现总共大约有 30 次大喷发，每次喷发量为 1000 到 20000 km^3 岩浆，集中在三个时段发生，第一次在 ~67.5 ± 1 Ma，第二、三次在 65 ± 1 Ma 前后，在时间上比较分散，不大符合白垩纪末突然大灭绝的要求（Chenet et al.，2009）。相反，大洋钻探和陆地剖面揭示的撞击事件和大灭绝在时间上的吻合，表明德干高原的地幔柱只是开启了白垩纪末生物圈的衰败过程，而希克苏鲁伯的小行星撞击才是直接的元凶（图 8-20；Schulte et al.，2010）。然而对这两大原因的重要性看法不一，有人坚持认为，撞击事件只不过是压断骆驼背脊骨的最后一根稻草。

尽管白垩纪末的撞击和灭绝事件几乎家喻户晓，在地质历史上却并不见得是最大的一个。两亿五千万年前古生代末有 90% 的生物灭绝，一种推测也是由撞击事件引起，或者由地幔柱隆升的火山和撞击事件共同造成（见 6.3.2 节）。撞击事件在地球演化的早期极其频繁，到了晚近地质时期也并不罕见，环形的撞击坑近年来也陆续有所发现。但是像希克苏鲁伯陨石坑保存得如此之好，产生如此大威力的撞击事件，在地质历史上还是独一无二的。

8.3.4 特大洪水事件

洪涝灾害，是人类历史上谈论最多的气候环境突变现象。有些现象比如河流泛滥、森林火灾，在自然界属于正常现象，比如桉树林若干年后要靠火烧来维持进一步的生长，河水溢流也是河床演变、河流沉积过程中的必然现象。但是一旦河谷、树林为人类社会所占用，就成了自然灾害。 需要在这里讨论的是特大洪水事件，是指由突变事件引起的特大规模的洪水泛滥，这可以是地震构造运动，也可以是是冰盖融溶造成的水系突变。

附注 3：钻探陨石坑

墨西哥湾和加勒比海之间的尤卡坦（Yucatan）半岛以玛雅文化的遗址出名，而近年来又增添了更早的古迹景点：六千多万年前的希克苏鲁伯（Chicxulub）陨石坑。希克苏鲁伯是个几千人的小镇，现在因为陨石坑成为旅游的热点。拿陨石坑边缘算，直径有 180~200 km，推断是 10 km 大小的小行星撞击的产物。撞击的深度推测有一二十千米，可能连下层地壳都曾融化，飞溅的物质堆在周围，坑里的圆环形脊，应该就是撞击产生的峰环（见附图；Hand, 2016）。

圆形的希克苏鲁伯陨石坑半个在陆上、半个在水下，海岸线上的港口 Progreso 就在其中心。这是全世界迄今所知保存的最好的巨型陨石坑，不光是撞击事件的环境生态效应极其重要，陨石坑本身对地壳结构的改造同样具有重大学术价值。陨石坑陆上的一半已经有过钻探，2016 年 4~5 月的大洋钻探，在 17 m 左右的浅海上进行大洋钻探 IODP 364 航次（Gilick et al.，2016；Witze，2016）。

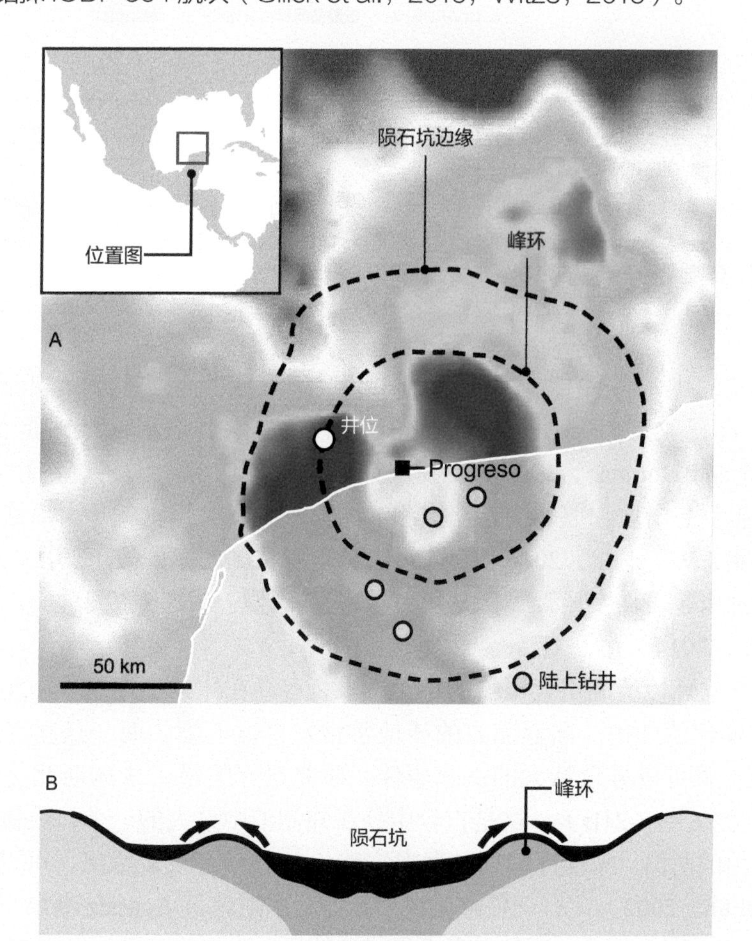

墨西哥希克苏鲁伯陨石坑 (Hand, 2016)

A. 陨石坑及其井位，橙色点为原有的陆地钻井，白色点为 IODP 364 航次大洋钻探钻井，Progreso 为港口城，正好位于陨石坑的中心；B. 陨石坑切面图，展示钻探的峰环

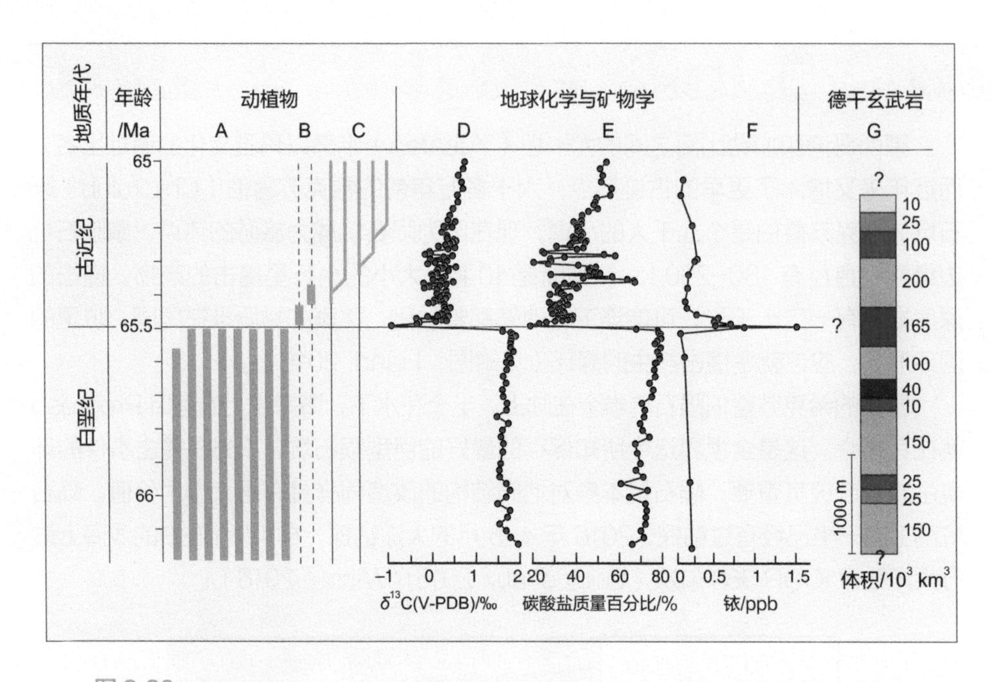

图 8-20

白垩纪末生物大灭绝事件的地层界面（以北大西洋大洋钻探 ODP 207 井为例）(Schulte, 2010)

A. >60% 白垩纪物种在中 / 新生代界限上灭绝；B. 灭绝事件之后有些机会种 (opportunity species) 勃发；C. 新种的辐射繁盛；D. 海洋 δ^{13}C 的负漂移；E. 碳酸盐含量骤降；F. 铱异常；G. 显示德干高原玄武岩喷出量，注意最早的喷发比铱异常早 40 万 ~60 万年

地震诱发的洪水事件相当常见，近期经过详细研究的实例，比如 1980 年地中海南岸阿尔及利亚 7.3 级地震造成 Fodda 河的大洪水，堆积起半米厚的泛滥沉积（Meghraoui and Doumaz，1996）。我国最近也报道黄河上游，青海积石峡在四千年前发生地震引起滑坡和堰塞湖，据推测溃坝形成的超大洪水就是大禹治水、建立夏朝的历史源头（Wu et al.，2016）。这篇涉及华夏文化起源的故事，虽然其可靠性和解释合理性都引起了许多质疑，但是积石峡曾经有地震造成堰塞湖这一点却早有共识（Dong et al.，2014）。

对全球气候环境造成重大影响的特大洪水，容易在冰盖演变过程中发生。随着冰盖增长的均衡代偿作用，冰盖前方的洼地常常发育冰前湖，而一旦冰盖退缩冰前湖水改道外溢，就可以导致特大的洪水事件。研究最好的是末次冰期北美冰盖南边的 Agassiz 冰前湖（图 8-21B），这是古今中外所知湖泊中最大的一个，最盛时的面积相当于现在里海的两倍。末次冰消期过程中，Agassiz 湖曾经反复溢出，可以造成重大影响（Teller et al.，2002），有一种意见认为新仙女木期就是 Agassiz 湖第一次泛滥的产物（见 8.3.1 节，图 8-14）。近年来学术界热议的另一次变冷事件，发生在 8200 年前，这次所谓“8.2 ka 事件”在格陵兰冰芯里表现最为清晰。根据冰芯同位素判断，温度在 5 年里下降 5~6 ℃（图 8-21A），气候同时变干变冷：雪的堆积速率下降，降尘增多，大气里甲烷浓度降低（Alley and Ágústsdóttir，2005）。

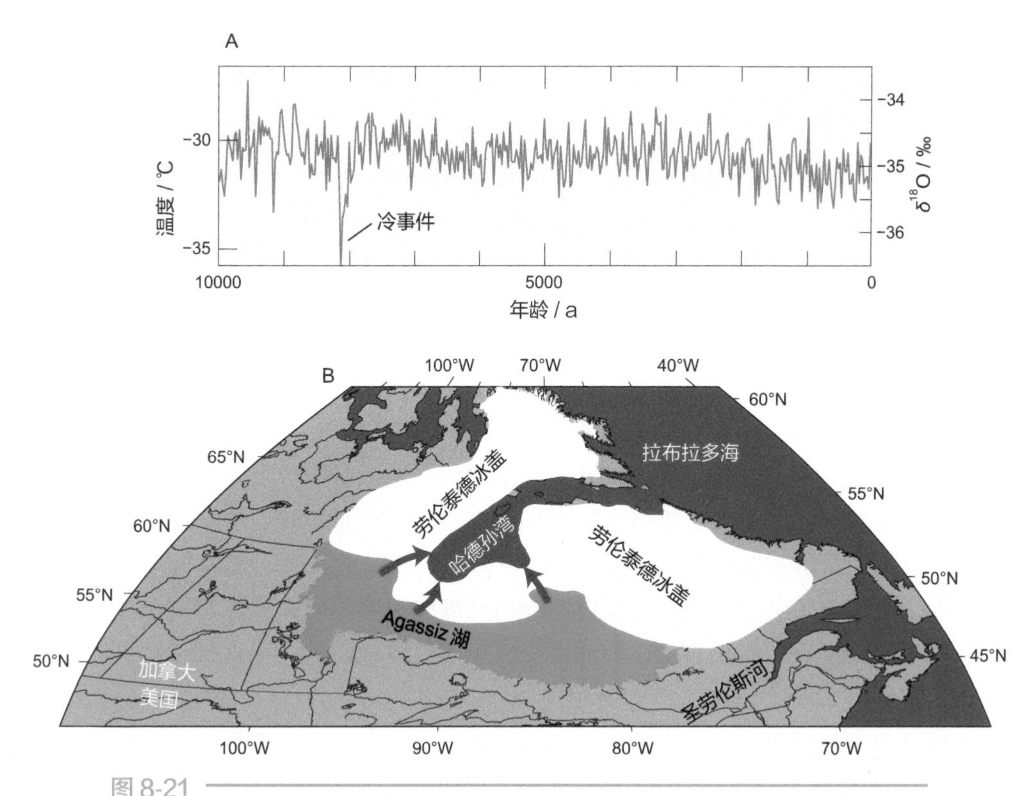

图 8-21
8200 年前特大洪水事件及其成因（Clarke et al., 2003）

A. 格陵兰冰芯氧同位素曲线中记录的 8.2 ka 变冷事件；B. 北美冰盖南边的 Agassiz 冰前湖（浅蓝色）及其通向大西洋（深蓝色）的三个通道（红箭头）

8.2 ka 事件延续了大约 200 年，时间虽短，其气候影响却具有全球性。高纬地区温度下降，低纬地区气候变干，而产生影响的渠道据分析是在北大西洋。北美冰盖后撤，原来南行的 Agassiz 湖水决口北流，通过哈德孙湾进入北大西洋，淡化的表层水减弱了北大西洋经向环流的强度，并使得赤道辐合带（ITCZ）南移，从而影响了整个北半球的气候（Clarke et al.，2003）。这种机理和前述新仙女木事件的成因假说十分相似。北大西洋在近代气候变化中的作用，在下一章里还会进一步讨论。

上述 8.2 ka 事件说的是湖水进入海里引起的灾变，但是也有相反的，海水进入湖里造成灾难的例子，最有名的是黑海的故事。二十年前美国科学家发现，7500 年前地中海的海水突破博斯普鲁斯（Bosborus）海峡灌入黑海，大片土地突然淹没。其背景也是冰盖后撤、河流改道，当时的黑海已经成为湖泊，水面低于洋面一百多米；随着冰后期海面上升，地中海海水最终突破海槛涌入黑海，原来的平原顿成汪洋（Ryan et al.，1997）。由于这段故事很像是圣经里“诺亚方舟”大洪水的原型，在欧美引起了轰动效应（Ryan and Pitman，2000）。此后，组织过多次钻探和地质调查，虽然对于海水注入黑海并无异议，但是对其规模及其突然性质，以及发生的时间多有争论（如 Yanko-Hombach et al.，2007）。最近，原作者引用更多的资料证明原先的假设（Yanchilina et al.，2017），黑海洪水事件的争论显然还将继续下去。

8.3.5 突发升温事件

上面讨论的许多气候灾害往往都和冰盖、降温相关，而对于温室气体从水底喷发造成的灾害，我们都并不熟悉，其实三十年前就发生过。1986 年 8 月 21 日傍晚，西非喀麦隆的尼奥斯（Nyos）湖突然喷发出纯 CO_2 气体，使周围约 1700 人窒息而死。尼奥斯湖是个 200 多米深的死火山口玛珥湖，湖底和湖岸的众多温泉将来自地下深部的 CO_2 输入湖水深处，这次发生的就是湖水翻转（overturning），突然喷出水柱，形成约 50 m 厚的 CO_2 云层，笼罩半径超过 23 km，使得人和牛羊、鸟类、昆虫等动物几乎全军覆没（Kling et al.，1987）。

这种“湖喷”的天灾十分罕见，被称为 20 世纪最奇怪的灾祸之一。但是 CO_2 或者 CH_4 之类的温室气体从水底，尤其是海底突然喷出，在地质历史上并不奇怪，原因是水底下存在着温室气体的储库。在 4.3.3 节里讲过，海底下可以有甲烷水合物和“二氧化碳湖”（见第 4 章附注 2），一旦水温增加就可能突然释放，通过温室效应造成升温事件，但不会直接杀死生物。山区的尼奥斯湖与开放的海面不同，原本溶解在湖水里的几千万立方米的 CO_2 突然脱出水面，形成比空气重的气体紧贴地面沿着火山壁流入山谷，动物在这团 CO_2 云雾中只有死路一条。

海底温室气体快速排放，最常见的就是陆坡上的天然气水合物。或者因为海底的水温增高，或者因为海平面下降压力减小，都可以使锁在笼状构造里的甲烷从水合物里解脱出来。比如我国南海北部由水合物分解造成的冷泉碳酸盐，经 ^{14}C 测年表明多为末次冰期的产物，说明低海面时海底甲烷排放格外活跃。国际上这方面最有名的研究，当推美国加利福尼亚岸外的圣巴巴拉（Santa Barbara）盆地。钻井发现在最近的六万年里，冷期时海底富氧，而暖期时海底缺氧、形成纹层沉积。变化的原因原来在于水合物里的 CH_4：在这水深五百多米的盆地里，冷期时流入的中层水对海底水合物没有影响，而暖期时流入的中层水温度较高，使得海底天然气水合物分解而放出 CH_4，造成海底缺氧、形成纹层，同时海水无机碳的同位素突然变轻，也证明有大量 CH_4 释出（图 8-22；Kennett et al.，2000）。大量 CH_4 从海底可燃冰释出的温室效应，能够突然改变海水 pH 值、增加大气温度。认为这类现象可以在多种情况下出现，引起气候环境的突然变化的观点，被比喻为“可燃冰枪（Clathrate gun）假设”（Kennett et al.，2003）。

上述圣巴巴拉盆地的“可燃冰枪”规模不大，引起的也不过是千年尺度的气候变化。如果海底放出的甲烷数量极大，那就可能造成巨大的地质灾难，目前有把握讲的突出例子就是古新世末的高温事件，或者叫古新 / 始新世高温事件（Paleocene/Eocene Thermal Maximum，PETM）。这是距今约 5600 万年前总共不过 20 万年的突变，推断有特大量的甲烷气在短短的 2 万年里从海底放出，引起的温室效应造成高温，海水从表层到深部增温 5~8 ℃，达到了新生代的最高值（图 8-23；McInerney and Wing，2011）。

这场突发性升温产生了严重的气候后果和极端的水文事件，季节性的强降雨形成过宽阔的河床和砾岩平原（Schmitz and Pujalte，2007）。同时也改变了众多生物门类演化的轨迹，但是并没有造成生物的灭绝，而陆地的植被多样性反而增加，唯一的例外是底

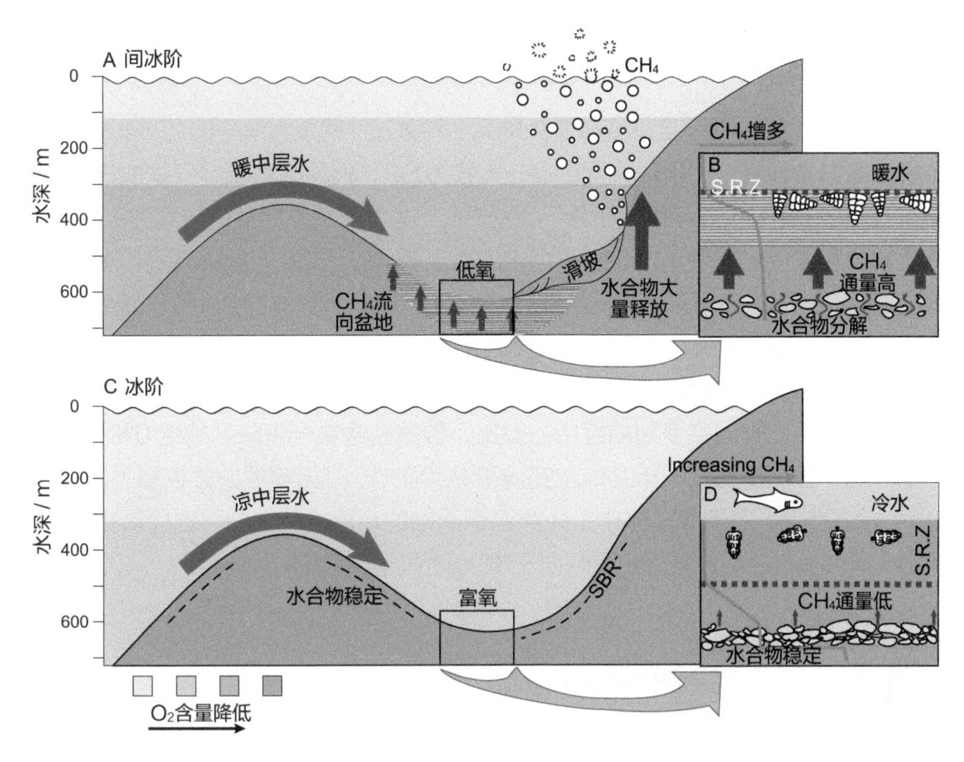

图 8-22
加利福尼亚圣巴巴拉盆地海底 CH_4 释出的机制（Kennet et al., 2000）

A，B. 间冰阶时中层水较暖，海底天然气水合物分解，CH_4 从海底大量释出，造成海底低氧环境；C，D. 冰阶时中层水较冷，海底天然气水合物稳定

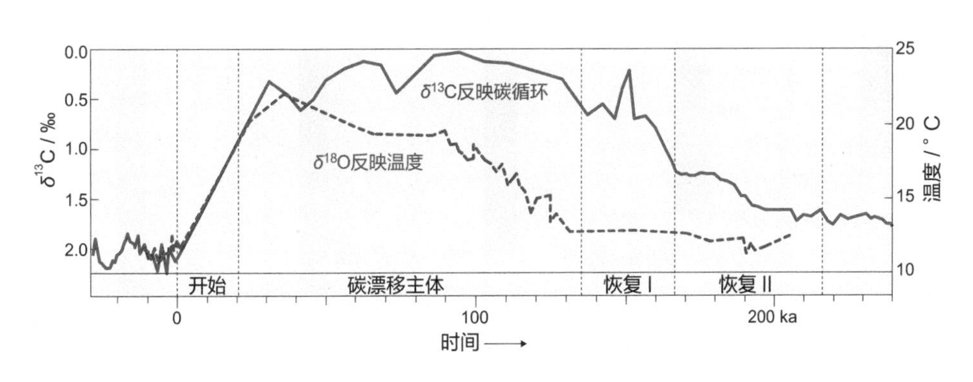

图 8-23
古新世末高温事件在 20 万年期间的突然变化（McInerney and Wing, 2011）

展示南大西洋大洋钻探岩芯中，底栖有孔虫氧同位素 $\delta^{18}O$ 记录的水温变化（红线）和全岩碳同位素 $\delta^{13}C$ 记录的碳循环变化（蓝线）

栖有孔虫。据研究，大洋底栖有孔虫在 1000 年内灭绝 35%~50%，尤其是深水底栖有孔虫，灭绝的规模可与白垩纪末相比（Kennett and Stott，1991）。

附注 4：大洋酸化事件

人类排放 CO_2 除了全球变暖之外的另一种效应，就是大洋酸化（见 4.4.1 节）。显生宙的海水偏碱性，现代大洋的 pH 大致为 8.1，但是随着温室气体的进一步积累，到 2300 年 pH 有可能下降 0.7。这样的“大洋酸化”会促使碳酸钙沉积溶解，地质记录里最突出的例子就在古新世末的高温事件。5500 万年前海底甲烷溢漏引起温度上升，同时由于甲烷在水中氧化成 CO_2，降低了大洋的 pH 值，减少海水中碳酸根离子 CO_3^{2-} 含量，从而造成大洋酸化。下图所示，是南大西洋大洋钻探钻井中古新世末高温事件层段的岩性突变：从两千多米到四、五千米的深海，沉积物都从碳酸盐富集的软泥突变到褐红色的黏土，碳酸盐含量一度降到几近 0%，说明大洋碳酸盐补偿深度在几千年之内就变浅了 2000 m，几万年后方才恢复（Zachos et al., 2005）。由于大洋酸化是人类当前面临的环境挑战之一，地质历史上的先例对于研究其发生与修复的机理和对于未来的预测都有重要意义。

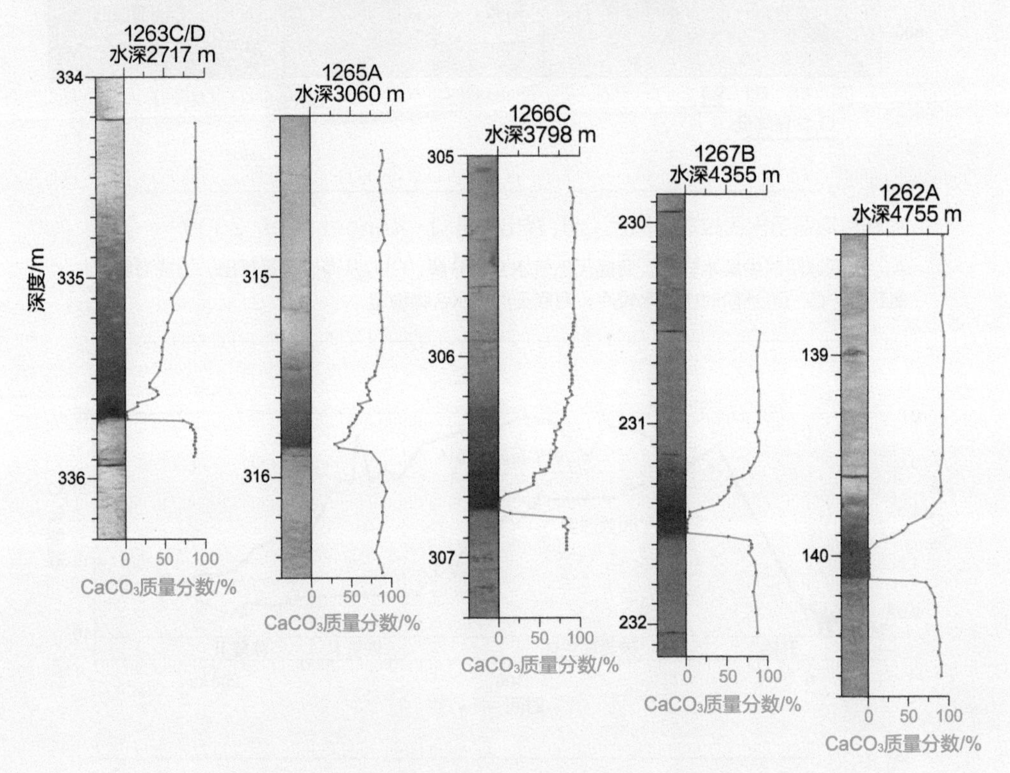

古新世末高温事件的大洋酸化（Zachos et al., 2005）

图示大西洋东南大洋钻探 ODP 208 航次钻井中该事件的岩性和碳酸盐含量的突变

古新世末高温事件的驱动机制尚在探索之中，但学术界普遍认为是由一次大规模的海底甲烷气溢漏事件引起。证据来自两方面：首先是全球大洋底栖有孔虫壳体的稳定同位素 $\delta^{13}C$ 值出现了幅度达到 3‰的负漂移（carbon isotope excursion），其次是大洋深海碳酸盐的强烈溶解，两者共同指向海底甲烷溢出事件。生物成因甲烷气的 δ^{13}C 平均值约 –60‰，如果有 11000 亿 ~21000 亿 t 的甲烷碳释放到海洋中，经过氧化作用足以使大洋水体的 δ^{13}C 变轻 2‰ ~3‰（Dickens et al.，1995），一方面激起大气温室效应，另一方面造成大洋酸化（Zachos et al.，2005）（见附注 4）。

至于是什么原因在古新世末会发生海底甲烷溢漏，那又是一个值得探索的课题。无非是内因和外因两种：内因比如说洋底的热液活动，外因比如大洋碳储库的轨道驱动。据研究，白垩纪到始新世暖期里发现了多起短暂的变暖和海水 δ^{13}C 变轻、碳酸盐溶解的事件，虽然规模都不能与古新世末高温事件相比，但也都具有全大洋性质（Lunt et al.，2011）。这些事件看来与偏心率周期有关，根据同位素推断，有可能是封存在深海里的溶解有机碳释放出来，进入海水表层和大气的结果，于是提出了在暖室期，深海有机碳通风可以造成高温事件的假说（Sexton et al.，2011）。由此可见，引起气候环境突变事件的不仅可以是高纬的水循环过程，也可以是低纬的碳循环过程，只是后者的研究更欠成熟而已。

归纳起来，第 7、8 两章讨论的轨道尺度变化，主要涉及万年以上的时间尺度，到 8.3 节“气候环境的突变”，开始涉及不同尺度的变化，包括千年甚至更短的时间尺度，但是这里只是从突变事件的角度进行讨论。从千年到年代际的气候环境演变，是近年来快速发展的研究新领域，接下来将在第 9 章里进行系统阐述。

参考文献

Alley R B, Ágústsdóttir A M. 2005. The 8k event: cause and consequences of a major Holocene abrupt climate change. Quaternary Science Reviews, 24(10): 1123–1149.

Alley R B, Meese D A, Shuman C A, et al. 1993. Abrupt increase in Greenland snow accumulation at the end of the Younger Dryas event. Nature, 362(6420): 527–529.

Alvarez LW, Alvarez W, Asaro F, Michel HV. 1980. Extraterrestrial cause for the Cretaceous-Tertiary extinction. Science, 208 (4448): 1095–1108

Ambrose S H. 1998. Late Pleistocene human population bottlenecks, volcanic winter, and differentiation of modern humans. Journal of Human Evolution, 34(6): 623–651.

Balter M. 2010. The tangled roots of agriculture. Science, 327(5964): 404–406.

Barker S, Archer D, Booth L, et al. 2006. Globally increased pelagic carbonate production during the Mid-Brunhes dissolution interval and the CO_2 paradox of MIS 11. Quaternary Science Reviews, 25(23): 3278–3293.

Batenburg S J, Sprovieri M, Gale A S, et al. 2012. Cyclostratigraphy and astronomical tuning of the Late Maastrichtian at Zumaia (Basque country, Northern Spain). Earth and Planetary Science Letters, 359: 264–278.

Berger A, Loutre M F. 2002. An exceptionally long interglacial ahead? Science, 297(5585): 1287–1288.

Broecker W S. 2006. Was the Younger Dryas triggered by a flood? Science, 312(5777): 1146–1148.

Broecker W S, Kennett J P, Flower B P, et al. 1989. Routing of meltwater from the Laurentide Ice Sheet during the Younger Dryas cold episode. Nature, 341(6240): 318–321.

Candy I, Coope G R, Lee J R, et al. 2010. Pronounced warmth during early Middle Pleistocene interglacials: Investigating the Mid-Brunhes Event in the British terrestrial sequence. Earth-Science Reviews, 103(3): 183–196.

Cane M A, Molnar P. 2001. Closing of the Indonesian seaway as a precursor to east African aridification around 3-4 million years ago. Nature, 411(6834): 157–162.

Carlson A E. 2010. What caused the Younger Dryas cold event? Geology, 38(4): 383–384.

Carlson A E. 2013. PALEOCLIMATE | The Younger Dryas climate event. Encyclopedia of Quaternary Science, 339(6225): 126–134.

Chapman C R. 2004. The hazard of near-Earth asteroid impacts on earth. Earth and Planetary Science Letters, 222(1): 1–15.

Chenet A L, Courtillot V, Fluteau F, et al. 2009. Determination of rapid Deccan eruptions across the Cretaceous-Tertiary boundary using paleomagnetic secular variation: 2. Constraints from analysis of eight new sections and synthesis for a 3500-m-thick composite section. Journal of Geophysical Research: Solid Earth, 114: B06103.

Cheng H, Edwards R L, Broecker W S, et al. 2009. Ice age terminations. Science, 326(5950): 248–252.

Cheng H, Edwards R L, Sinha A, et al. 2016. The Asian monsoon over the past 640,000 years and ice age terminations. Nature, 534(7609): 640.

Chesner C A, Rose W I, Deino A L, et al. 1991. Eruptive history of Earth's largest Quaternary caldera (Toba, Indonesia) clarified. Geology, 19(3): 200–203.

Clark P U, Archer D, Pollard D, et al. 2006. The middle Pleistocene transition: characteristics, mechanisms, and implications for long-term changes in atmospheric pCO_2. Quaternary Science Reviews, 25(23): 3150–3184.

Clark P U, Shakun J D, Baker P A, et al. 2012. Global climate evolution during the last deglaciation. Proceedings of the National Academy of Sciences, 109(19): E1134–E1142.

Clarke G, Leverington D, Teller J, et al. 2003. Superlakes, megafloods, and abrupt climate change. Science, 301(5635): 922–923.

Coxall H K, Wilson P A, Pälike H, et al. 2005. Rapid stepwise onset of Antarctic glaciation and deeper calcite compensation in the Pacific Ocean. Nature, 433(7021): 53–57.

Coletti A J, DeConto R M, Brigham-Grette J, et al. 2015. A GCM comparison of Pleistocene super-interglacial periods in relation to Lake El'gygytgyn, NE Arctic Russia. Climate of the Past, 11(7): 979–989.

Colleoni F, Krinner G, Jakobsson M. 2010. The role of an Arctic ice shelf in the climate of the MIS 6 glacial maximum (140 ka). Quaternary Science Reviews, 29(25): 3590–3597.

Cronin T M. 2012. Rapid sea-level rise. Quaternary Science Reviews, 56: 11–30.

Dansgaard W, White J W C, Johnsen S J. 1989. The abrupt termination of the Younger Dryas climate event. Nature, 339(6225): 532–534.

deMenocal P B. 2004. African climate change and faunal evolution during the Pliocene-Pleistocene. Earth and Planetary Science Letters, 220(1–2): 3–24.

Dean W E, Kennett J P, Behl R J, et al. 2015. Abrupt termination of Marine Isotope Stage 16 (Termination VII) at 631.5 ka in Santa Barbara Basin, California. Paleoceanography, 30(10): 1373–1390.

Denton G H, Anderson R F, Toggweiler J R, et al. 2010. The last glacial termination. Science, 328(5986): 1652–1656.

Deschamps P, Durand N, Bard E, et al. 2012. Ice-sheet collapse and sea-level rise at the Bølling warming 14,600 years ago. Nature, 483(7391): 559–564.

Desprat S, Goñi M F S, Naughton F, et al. 2007. 25. Climate variability of the last five isotopic interglacials: Direct land-sea-ice correlation from the multiproxy analysis of North-Western Iberian margin deep-sea cores. Developments in Quaternary Sciences, 7: 375–386.

Dickens G R, O'Neil J R, Rea D K, et al. 1995. Dissociation of oceanic methane hydrate as a cause of the carbon isotope excursion at the end of the Paleocene. Paleoceanography, 10(6): 965–971.

Dong G, Zhang F, Ma M, et al. 2014. Ancient landslide-dam events in the Jishi Gorge, upper Yellow River valley, China. Quaternary Research, 81(3): 445–451.

Driscoll N W, Haug G H. 1998. A short circuit in thermohaline circulation: A cause for northern hemisphere glaciation? Science, 282(5388): 436–438.

Droxler A W, Poore R Z, Burckle L H. 2003. Earth's Climate and Orbital Eccentricity: The Marine Isotope Stage 11 Question. Washington DC: American Geophysical Union Geophysical Monograph Series, 137.

Elderfield H, Ferretti P, Greaves M, et al. 2012. Evolution of ocean temperature and ice volume through the mid-Pleistocene climate transition. Science, 337(6095): 704–709.

Eldrett J S, Harding I C, Wilson P A, et al. 2007. Continental ice in Greenland during the Eocene and Oligocene. Nature, 446(7132): 176–179.

Firestone R B, West A, Kennett J P, et al. 2007. Evidence for an extraterrestrial impact 12,900 years ago that contributed to the megafaunal extinctions and the Younger Dryas cooling. Proceedings of the National Academy of Sciences, 104(41): 16016–16021.

Flower B P, Zachos J C, Paul H. 1997. Milankovitch-scale climate variability recorded near the Oligocene/Miocene boundary. Proceedings of the Ocean Drilling Program Scientific Results, 154. College Station, TX.

Gabrielli P, Barbante C, Plane J M C, et al. 2004. Meteoric smoke fallout over the Holocene epoch revealed by iridium and platinum in Greenland ice. Nature, 432(7020): 1011.

Galeotti S, DeConto R, Naish T, et al. 2016. Antarctic Ice Sheet variability across the Eocene-Oligocene boundary climate transition. Science, 352(6281): 76–80.

Gebhardt H, Sarnthein M, Grootes P M, et al. 2008. Paleonutrient and productivity records from the subarctic North Pacific for Pleistocene glacial terminations I to V. Paleoceanography, 23: PA4212.

Gibbons A. 1993. Pleistocene population explosions. Science, 262(5130): 27–29.

Gulick S, Morgan J, Mellett C L. 2016. Expedition 364 Scientific Prospectus: Chicxulub: drilling the K-Pg impact crater. International Ocean Discovery Program, 364: 2332–1385.

Guo Z T, Berger A, Yin Q Z, et al. 2009. Strong asymmetry of hemispheric climates during MIS-13 inferred from correlating China loess and Antarctica ice records. Climate of the Past, 5(1): 21–31.

Hand E. 2016. Scientists to drill into dinosaur-killing blast. Science, 351(6277): 1015–1016.

Hanebuth T, Stattegger K, Grootes P M. 2000. Rapid flooding of the Sunda Shelf: a late-glacial sea-level record. Science, 288(5468): 1033–1035.

Haug G H, Ganopolski A, Sigman D M, et al. 2005. North Pacific seasonality and the glaciation of North America 2.7 million years ago. Nature, 433(7028): 821–825.

Hay W W. 2008. Evolving ideas about the Cretaceous climate and ocean circulation. Cretaceous Research, 29(5): 725–753.

Hay W W, Floegel S. 2012. New thoughts about the Cretaceous climate and oceans. Earth-Science Reviews, 115(4): 262–272.

Hayward B W, Kawagata S, Grenfell H R, et al. 2007. Last global extinction in the deep sea during the mid-Pleistocene climate transition. Paleoceanography, 22(3): PA3103.

Herbert T D. 1997. A long marine history of carbon cycle modulation by orbital-climatic changes. Proceedings of the National Academy of Sciences, 94(16): 8362–8369.

Hildebrand A R, Penfield G T, Kring D A, et al. 1991. Chicxulub crater: a possible Cretaceous/Tertiary boundary impact crater on the Yucatan Peninsula, Mexico. Geology, 19(9): 867–871.

Hodell D A, Venz-Curtis K A. 2006. Late Neogene history of deepwater ventilation in the Southern Ocean. Geochemistry, Geophysics, Geosystems, 7: Q09001.

Holbourn A, Kuhnt W, Schulz M, et al. 2005. Impacts of orbital forcing and atmospheric carbon dioxide on Miocene ice-sheet expansion. Nature, 438(7067): 483–487.

Husson D, Galbrun B, Laskar J, et al. 2011. Astronomical calibration of the Maastrichtian (late Cretaceous). Earth and Planetary Science Letters, 305(3): 328–340.

Huybers P, Langmuir C. 2009. Feedback between deglaciation, volcanism, and atmospheric CO_2. Earth and Planetary Science Letters, 286(3): 479–491.

Imbrie J, Berger A, Boyle E A, et al. 1993. On the structure and origin of major glaciation cycles 2. The 100,000-year cycle. Paleoceanography, 8(6): 699–735.

Jansen J H F, Kuijpers A, Troelstra S R. 1986. A mid-Brunhes climatic event: long-term changes in atmosphere and ocean circulation. Science, 232(4750): 619–622.

Jouzel J, Masson-Delmotte V, Cattani O, et al. 2007. Orbital and millennial Antarctic climate variability over the past 800,000 years. Science, 317(5839): 793–796.

Jull M, McKenzie D. 1996. The effect of deglaciation on mantle melting beneath Iceland. Journal of Geophysical Research: Solid Earth, 101(B10): 21815–21828.

Katz M E, Cramer B S, Toggweiler J R, et al. 2011. Impact of Antarctic Circumpolar Current development on late Paleogene ocean structure. Science, 332(6033): 1076–1079.

Keller G, Adatte T, Stinnesbeck W, et al. 2004. Chicxulub impact predates the KT boundary mass extinction. Proceedings of the National Academy of Sciences of the United States of America, 101(11): 3753–3758.

Kennett J P, Stott L D. 1991. Abrupt deep sea warming, paleoceanographic changes and benthic extinctions at the end of the Paleocene. Nature, 353(6341): 225–229.

Kennett J P, Cannariato K G, Hendy I L, et al. 2000. Carbon isotopic evidence for methane hydrate instability during Quaternary interstadials. Science, 288(5463): 128–133.

Kennett J P, Cannariato K G, Hendy I L, et al. 2003. Methane Hydrates in Quaternary Climate Change: The

Clathrate Gun Hypothesi. Washington D C: American Geophysical Union.

Kennett D J, Kennett J P, West A, et al. 2009. Nanodiamonds in the Younger Dryas boundary sediment layer. Science, 323(5910): 94.

Kling G W, Clark M A, Compton H R, et al. 1987. The 1986 Lake Nyos gas disaster in Cameroon, West Africa. Science, 236(4798): 169–175.

Lang N, Wolff E W. 2011. Interglacial and glacial variability from the last 800 ka in marine, ice and terrestrial archives. Climate of the Past, 7(2): 361–380.

Love S G, Brownlee D E. 1993. A direct measurement of the terrestrial mass accretion rate of cosmic dust. Science, 262: 550–553.

Lowe J J, Walker M J C. 1997. Reconstructing Quaternary Environments 2nd ed. Harlow: Addison Wesley Longman. 1907–1916.

Lunt D, Ridgwell A , Sluijs A, et al. 2011. A model for orbital Pacing of methane hydrate destabilization during the Palaeogene. Nature Geoscience, 4: 775–778.

Lyle M, Pälike H, Nishi H, et al. 2010. The pacific equatorial age transect, IODP expeditions 320 and 321: building a 50-million-year-long environmental record of the equatorial pacific. Scientific Drilling, 9: 4–15.

Maclennan J, Jull M, McKenzie D, et al. 2002. The link between volcanism and deglaciation in Iceland. Geochemistry, Geophysics, Geosystems, 3(11): 1–25.

MacLeod N, Rawson P F, Forey P L, et al. 1997. The Cretaceous-tertiary biotic transition. Journal of the Geological Society, 154(2): 265–292.

Mangerud J, Jakobsson M, Alexanderson H, et al. 2004. Ice-dammed lakes and rerouting of the drainage of northern Eurasia during the Last Glaciation. Quaternary Science Reviews, 23(11): 1313–1332.

Mason B G, Pyle D M, Oppenheimer C. 2004. The size and frequency of the largest explosive eruptions on Earth. Bulletin of Volcanology, 66(8): 735–748.

McClymont E L, Rosell-Melé A. 2005. Links between the onset of modern Walker circulation and the mid-Pleistocene climate transition. Geology, 33(5): 389–392.

McInerney F A, Wing S L. 2011. The Paleocene-Eocene Thermal Maximum: a perturbation of carbon cycle, climate, and biosphere with implications for the future. Annual Review of Earth and Planetary Sciences, 39: 489–516.

Meghraoui M, Doumaz F. 1996. Earthquake-induced flooding and paleoseismicity of the El Asnam, Algeria, fault-related fold. Journal of Geophysical Research: Solid Earth, 101(B8): 17617–17644.

Melles M, Brigham-Grette J, Minyuk P S, et al. 2012. 2.8 million years of Arctic climate change from Lake El'gygytgyn, NE Russia. Science, 337(6092): 315–320.

Melott A L, Thomas B C, Dreschhoff G, et al. 2010. Cometary airbursts and atmospheric chemistry: Tunguska and a candidate Younger Dryas event. Geology, 38(4): 355–358.

Miller C F, Wark D A. 2008. Supervolcanoes and their explosive supereruptions. Elements, 4(1): 11–15.

Miller K G, Wright J D, Fairbanks R G. 1991. Unlocking the ice house: Oligocene-Miocene oxygen isotopes, eustasy, and margin erosion. Journal of Geophysical Research: Solid Earth, 96(B4): 6829–6848.

Naish T, Powell R, Levy R, et al. 2009. Obliquity-paced Pliocene West Antarctic ice sheet oscillations. Nature,

458(7236): 322–328.

Parrenin F, Paillard D. 2003. Amplitude and phase of glacial cycles from a conceptual model. Earth and Planetary Science Letters, 214(1): 243–250.

Penk A, Brückner E. 1909. Die Alpen in Eiszeitalter. V. III. Leipzig: Tauchnitz.

Peucker-Ehrenbrink B. 1996. Accretion of extraterrestrial matter during the last 80 million years and its effect on the marine osmium isotope record. Geochimica et Cosmochimica Acta, 60(17): 3187–3196.

Peucker-Ehrenbrink B, Ravizza G. 2000. The effects of sampling artifacts on cosmic dust flux estimates: A reevaluation of nonvolatile tracers (Os, Ir). Geochimica et Cosmochimica Acta, 64(11): 1965–1970.

Pollard D, DeConto R M. 2009. Modelling West Antarctic ice sheet growth and collapse through the past five million years. Nature, 458(7236): 329–332.

Prueher L M, Rea D K. 2001. Volcanic triggering of late Pliocene glaciation: Evidence from the flux of volcanic glass and ice-rafted debris to the North Pacific Ocean. Palaeogeography, Palaeoclimatology, Palaeoecology, 173(3): 215–230.

Ravelo A C, Andreasen D H, Lyle M, et al. 2004. Regional climate shifts caused by gradual global cooling in the Pliocene epoch. Nature, 429(6989): 263–267.

Raymo M E. 1997. The timing of major climate terminations. Paleoceanography, 12(4): 577–585.

Ridgwell A J, Watson A J, Raymo M E. 1999. Is the spectral signature of the 100 kyr glacial cycle consistent with a Milankovitch origin? Paleoceanography, 14(4): 437–440.

Robock A. 2000. Volcanic eruptions and climate. Reviews of Geophysics, 38(2): 191–219.

Rohling E J, Fenton M, Jorissen F J, et al. 1998. Magnitudes of sea-level lowstands of the past 500,000 years. Nature, 394(6689): 162–165.

Rubin A E, Grossman J N. 2010. Meteorite and meteoroid: New comprehensive definitions. Meteoritics & Planetary Science, 45(1): 114–122.

Ryan W, Pitman W. 2000. Noah's Flood: The New Scientific Discoveries about the Event that Changed History. New York: Simon and Schuster.

Ryan W B F, Pitman W C, Major C O, et al. 1997. An abrupt drowning of the Black Sea shelf. Marine Geology, 138(1–2): 119–126.

Sarnthein M, Tiedemann R. 1990. Younger Dryas-Style Cooling Events at Glacial Terminations I-VI at ODP Site 658: Associated benthic $\delta^{13}C$ anomalies constrain meltwater hypothesis. Paleoceanography, 5(6): 1041–1055.

Scherer R P, Bohaty S M, Dunbar R B, et al. 2008. Antarctic records of precession-paced insolation-driven warming during early Pleistocene Marine Isotope Stage 31. Geophysical Research Letters, 35: L03505.

Schmitz B, Pujalte V. 2007. Abrupt increase in seasonal extreme precipitation at the Paleocene-Eocene boundary. Geology, 35(3): 215–218.

Schulte P, Alegret L, Arenillas I, et al. 2010. The Chicxulub asteroid impact and mass extinction at the Cretaceous-Paleogene boundary. Science, 327(5970): 1214–1218.

Self S, Widdowson M, Thordarson T, et al. 2006. Volatile fluxes during flood basalt eruptions and potential effects on the global environment: A Deccan perspective. Earth and Planetary Science Letters, 248(1):

518–532.

Sexton P F, Norris R D, Wilson P A, et al. 2011. Eocene global warming events driven by ventilation of oceanic dissolved organic carbon. Nature, 471(7338): 349.

Shakun J D, Clark P U, He F, et al. 2012. Global warming preceded by increasing carbon dioxide concentrations during the last deglaciation. Nature, 484(7392): 49–54.

Short D A, Mengel J G, Crowley T J, et al. 1991. Filtering of Milankovitch cycles by Earth's geography. Quaternary Research, 35(2): 157–173.

Sosdian S, Rosenthal Y. 2009. Deep-sea temperature and ice volume changes across the Pliocene-Pleistocene climate transitions. Science, 325(5938): 306–310.

Sparks S. 2005. Super-eruptions: Global Effects and Future Threats, Report of a Geological Society of London Working Group. London: The Geological Society.

Stanley S M, Luczaj J A. 2015. Earth System History, 4th Edition. New York: Freeman.

Stoll H M. 2006. Climate change: The Arctic tells its story. Nature, 441(7093): 579–581.

Stuiver M, Grootes P M, Braziunas T F. 1995. The GISP2 $\delta^{18}O$ climate record of the past 16,500 years and the role of the sun, ocean, and volcanoes. Quaternary Research, 44(3): 341–354.

Svendsen J I, Alexanderson H, Astakhov V I, et al. 2004. Late Quaternary ice sheet history of northern Eurasia. Quaternary Science Reviews, 23(11): 1229–1271.

Tarasov L, Peltier W R. 2005. Arctic freshwater forcing of the Younger Dryas cold reversal. Nature, 435(7042): 662.

Taylor S, Lever J H, Harvey R P. 1998. Accretion rate of cosmic spherules measured at the South Pole. Nature, 392(6679): 899–903.

Teller J T, Leverington D W, Mann J D. 2002. Freshwater outbursts to the oceans from glacial Lake Agassiz and their role in climate change during the last deglaciation. Quaternary Science Reviews, 21(8): 879–887.

Tian J, Yang M, Lyle M W, et al. 2013. Obliquity and long eccentricity pacing of the Middle Miocene climate transition. Geochemistry, Geophysics, Geosystems, 14(6): 1740–1755.

Tiedemann R, Sarnthein M, Shackleton N J. 1994. Astronomic timescale for the Pliocene Atlantic $\delta^{18}O$ and dust flux records of Ocean Drilling Program Site 659. Paleoceanography, 9(4): 619–638.

Tzedakis P C, Raynaud D, McManus J F, et al. 2009. Interglacial diversity. Nature Geoscience, 2(11): 751–755.

Wang P. 2004. Cenozoic Deformation and the History of Sea-Land Interactions in Asia. Continent-Ocean Interactions within East Asian Marginal Seas, Geophysical Monograph Series 149. Washington D C: American Geophysical Union.

Wang P, Tian J, Cheng X, et al. 2004. Major Pleistocene stages in a carbon perspective: The South China Sea record and its global comparison. Paleoceanography, 19: PA4005.

Wang P, Tian J, Lourens L J. 2010. Obscuring of long eccentricity cyclicity in Pleistocene oceanic carbon isotope records. Earth and Planetary Science Letters, 290(3): 319–330.

Wang P X, Wang B, Cheng H, et al. 2014a. The global monsoon across timescales: coherent variability of regional monsoons. Climate of the Past, 10: 2007–2052.

Wang P X, Li Q Y, Tian J, et al. 2014b. Long-term cycles in the carbon reservoir of the Quaternary ocean: a perspective from the South China Sea. National Science Review, 1(1): 119–143.

Westerhold T, Röhl U, Pälike H, et al. 2014. Orbitally tuned timescale and astronomical forcing in the middle Eocene to early Oligocene. Climate of the Past, 10(3): 955–973.

Wilson G S, Pekar S F, Naish T R, et al. 2008. The Oligocene-Miocene Boundary-Antarctic climate response to orbital forcing. Developments in Earth and Environmental Sciences, 8: 369–400

Witze A, Magazine N. 2016. Geologists to Drill into the Heart of a Dinosaur-Killing Impact. Nature News and Comment,19643.

Wu Q, Zhao Z, Liu L, et al. 2016. Outburst flood at 1920 BCE supports historicity of China's Great Flood and the Xia dynasty. Science, 353(6299): 579–582.

Yada T, Nakamura T, Takaoka N, et al. 2004. The global accretion rate of extraterrestrial materials in the last glacial period estimated from the abundance of micrometeorites in Antarctic glacier ice. Earth, Planets and Space, 56(1): 67–79.

Yanchilina A G, Ryan W B F, McManus J F, et al. 2017. Compilation of geophysical, geochronological, and geochemical evidence indicates a rapid Mediterranean-derived submergence of the Black Sea's shelf and subsequent substantial salinification in the early Holocene. Marine Geology, 383: 14–34.

Yanko-Hombach V, Gilbert A S, Dolukhanov P. 2007. Controversy over the great flood hypotheses in the Black Sea in light of geological, paleontological, and archaeological evidence. Quaternary International, 167: 91–113.

Yin Q Z, Guo Z T. 2008. Strong summer monsoon during the cool MIS-13. Climate of the Past, 4(1): 29–34.

Zachos J, Pagani M, Sloan L, et al. 2001a. Trends, rhythms, and aberrations in global climate 65 Ma to present. Science, 292(5517): 686–693.

Zachos J C, Shackleton N J, Revenaugh J S, et al. 2001b. Climate response to orbital forcing across the Oligocene-Miocene boundary. Science, 292(5515): 274–278.

Zachos J C, Röhl U, Schellenberg S A, et al. 2005. Rapid acidification of the ocean during the Paleocene-Eocene thermal maximum. Science, 308(5728): 1611–1615.

Zachos J C, Dickens G R, Zeebe R E. 2008. An early Cenozoic perspective on greenhouse warming and carbon-cycle dynamics. Nature, 451(7176): 279.

Zielinski G A. 2000. Use of paleo-records in determining variability within the volcanism-climate system. Quaternary Science Reviews, 19(1): 417–438.

思考题

1. 为什么第四纪在阿尔卑斯山区的记录中有四大冰期，而在深海沉积、冰芯、石笋的记录中，却出现了许多次冰期？

2. 第四纪历史上，有过哪些“超级间冰期”？当前的间冰期算不上“超级”，但是和哪次间冰期最为相像？

3. 有什么证据说明下一个冰期会受到上一个冰期的影响？有什么机制可以造成“跨冰期现象”？

4. 在轨道驱动的周期变化中，为什么说40万年偏心率长周期是低纬过程的信息？为什么这种周期在白垩纪的碳酸盐剖面里表现最显著，到第四纪记录里就不那么明显？

5. 冰盖的形成和发育会造成大洋海水结构的改组，从而导致全球气候周期的转型。试对南、北两极做个比较，哪个冰盖的形成对全球气候的影响更大？

6. 为什么冰期开始慢、结束快？为什么冰消期回暖，温度不能直线上升？为什么新仙女木事件的成因假说里都有北大西洋，而不说别的海洋？

7. 火山爆发对于地球环境，除了气候还有什么影响？为什么火山爆发会导致生物灭绝？

8. 有什么证据说白垩纪末生物大灭绝是撞击事件造成的？有什么证据说小行星的撞击就在墨西哥希克苏鲁伯的陨石坑？反对撞击造成大灭绝假说的人，根据的又是什么理由？

9. 冰室期和温室期里都会有气候环境的突发事件，但是两者之间有没有区别？比如说哪一类气候突变在冰室期里容易发生，哪一类在暖室期里容易发生？

推荐阅读

汪品先，李前裕，田军，等．2015．从南海看第四纪大洋碳储库的长周期循环．第四纪研究，35(6): 1297–1319.

许靖华．1997．大灭绝：寻找一个消失的年代．北京：生活•读书•新知三联书店．

黄恩清，田军．2008．末次冰消期冰融水事件与气候突变．科学通报，53(12): 1437–1447.

Broecker W S. 2006. Geology. Was the Younger Dryas triggered by a flood? Science, 312(5777): 1146–1148.

Cheng H, Edwards R L, Sinha A, et al. 2016. The Asian monsoon over the past 640,000 years and ice age terminations. Nature, 534(7609): 640–646.

Denton G H, Anderson R F, Toggweiler J R, et al. 2010. The last glacial termination. Science, 328(5986): 1652–1656.

Elderfield H, Ferretti P, Greaves M, et al. 2012. Evolution of ocean temperature and ice volume through the mid-Pleistocene climate transition. Science, 337(6095): 704–709.

Ruddiman W F. 2001. Earth's Climate: Past and Future. New York: W. H. Freeman and Company.

Schulte P, Alegret L, Arenillas I, et al. 2010. The Chicxulub asteroid impact and mass extinction at the Cretaceous-Paleogene boundary. Science, 327(5970): 1214–1218.

Wang P X, Li Q Y, Tian J, et al. 2014. Long-term cycles in the carbon reservoir of the Quaternary ocean: a perspective from the South China Sea. National Science Review, 1(1): 119–143.

Zachos J C, Röhl U, Schellenberg S A, et al. 2005. Rapid acidification of the ocean during the Paleocene-Eocene thermal maximum. Science, 308(5728): 1611–1615.

内容提要：

近年来高分辨率的古环境记录正在增多。除了历史和沉积记录外，冰芯和石笋分别提供了大气和雨水的“化石”，发现气候可以在人类时间尺度上发生剧变，甚至有 10 年里气温飙升 10 ℃的记录。

触发千年至年际尺度气候波动的机制有两种，一种是外因，包括地球轨道、太阳活动强度和潮汐等作用的变化；另一种是内因，主要是地球气候系统内部的相互作用及其反馈机制。

千年尺度的气候波动广泛存在于各种气候子系统中，从极地温度、大洋环流到热带季风降雨等都有。研究最好的是与大西洋经向翻转流相关的变化，被比喻为“大洋传送带”，很可能是传输这些波动的重要途径，并且导致了两极跷跷板现象。

地球上的风和星体间的潮汐作用，是推动“大洋传送带”的原动力，而水团的温盐性质是这些运动的被动产物。但是水团密度的改变，又会反过来影响大洋传送带的运转。

低纬过程同样能够产生人类尺度上的变化，比如季风和厄尔尼诺的波动。赤道地区太阳辐射量的半岁差及其谐波周期，也会引发热带气候产生千年尺度的波动，并很可能对高纬过程产生影响。

月球运行的轨道变化也能影响地球的气候环境。月球轨道的 18 年周期能够通过潮汐作用，造成地球表层系统年代际至千年，甚至更长时间尺度的变化。在地球系统的演变中，星体的潮汐作用是唯一能够影响所有圈层的外力驱动，可惜至今未能得到足够的重视。

太阳辐射本身也在变化。太阳活动存在着年代际至千年尺度的变化，在各类气候记录中均有发现，特别与近千年的气候记录有良好的对应性。但是微弱的太阳辐射强度波动如何驱动气候变化至今仍是未解之谜。

厄尔尼诺是热带地区纬向能量不平衡导致的海气耦合和振荡现象，也是全球规模最大的年际尺度变化。厄尔尼诺和季风、信风共同控制着低纬水循环的变化，在地质历史时期也经历过巨大差异，是研究气候演变的重要课题。

地球系统与演变

第9章 人类尺度的演变

9

前面两章讨论了轨道尺度的气候环境周期变化及其转型，虽然也谈了突变，但重心还是在万年和十万年的时间尺度上。尽管从几十亿年的地质历史看来这已经属于“高分辨率”，而相对人类来说却是“一万年太久，只争朝夕”。20 世纪 90 年代以来的研究进展证明，地球系统还存在千年、百年、年代际以及更短时间尺度的变化。本章将这些时间等级统称为人类尺度，并择要介绍地球表层系统在该尺度上的典型演化过程。

9.1　人类尺度环境变化的研究

直到 19 世纪末，现代科学并不承认气候环境会有重大变化。承认有短期的波动，但是只要取长时期的记录加以平均，就会发现气候基本上还是稳定的。到 20 世纪晚期，发现地球的气候环境是一个有着高度敏感性的非线性系统。当环境参数超过某个阈值，地球气候就会突然从一个状态跳跃到另一个状态，跳变的过程常在数十年甚至数年内完成，这就是人类时间尺度上的变化。例如在末次冰消期（见 8.3.1.1 节），气候的变暖进程突然被一个千余年的新仙女木冷期所打断。当这个冷期结束时，三年内格陵兰岛冰雪堆积速率增加一倍，水汽源区出现突变，说明输送水汽的大气系统出现大范围调整（Alley et al.，1993）。并且在几十年时间内，格陵兰上空大气温度升高约 15 ℃（Severinghaus et al.，1998）！极地的降尘堆积速率下降超过 10 倍，说明风尘源区的亚洲内陆变得潮湿，并且横扫欧亚大陆和北美大陆的西风急流减弱，或者路径出现变化（Fischer et al.，2007a）。

进入全新世后气候相对稳定，但千百年尺度的气候波动依然存在，其中包括我国五千年来文物历史的记载（竺可桢，1973）和西方大量历史文档记录的中世纪暖期和小冰河期。除去被人类活动严重影响的 20 世纪这段时间，发生于公元 950 至 1250 年间的中世纪暖期是过去两千年以来最温暖的时段。北欧气温的升高尤其明显，维京人殖民活动相当活跃，在格陵兰岛南部的东西两岸以及纽芬兰岛都开拓了定居点。而在随后的公元 1300 至 1850 年期间，欧洲进入寒冷的小冰河期。大量高海拔和高纬度的农业开拓点被抛弃，冬季河流封冻状况严重。中世纪暖期和小冰河期时，东亚和中美洲夏季风强度也分别出现强弱交替，说明至少是波及整个北半球的气候事件。比这个尺度更短的是全新世典型的 200 年气候周期，比如玛雅文明的衰弱终结都与这个周期存在关联（Haug et al.，2003）。

最直接影响现代人类社会的是年代际和年际尺度气候变化，这其中又以厄尔尼诺现象最为突出。厄尔尼诺是赤道太平洋东西两侧热不对称引发的年际气候波动。在厄尔尼诺年，东西太平洋热梯度和赤道信风带减弱，秘鲁沿岸上升流和渔场消失，鸟类因为找不到充足食物大量死去。同时期大气对流中心转移到太平洋中部，拉丁美洲的太平洋地区沿岸出现洪涝灾害，而澳大利亚、印度和印尼等地出现大规模的干旱。厄尔尼诺又通过遥相关作用影响其他的气候子系统，北美、非洲甚至欧洲的气候都出现调整（Zahn et al.，2003）。因此，从千年到年际尺度的环境演变和灾难，与人类文明和个人生命的时间跨度相当，这也正是本章的重要性所在。

9.1.1　人类尺度演变的记录载体

研究人类尺度环境变迁需要高分辨率的气候环境信息载体，其中包括物质和文字两类。物质记录应该具有高沉积速率、信息连续无扰动、易于准确定年等特点，常用的有冰芯、石笋、纹层沉积、珊瑚、树轮等（图 9-1 左）；文字记录包括历史档案和器测资料。人类记录气候变化有着数千年的历史，但大部分时期内只有定性和零星的描述，散见于卷帙浩繁的古文献档案中，如果将这些资料收集和定量化处理，也可以提供近几千年气候变化资料。我国历史悠久，在这方面可以做出独特的贡献（如张德二、蒋光美，2004）。人类利用仪器定量和连续观测气温变化始于 1659 年的英格兰，之后从 1850 年开始有全球陆地气温变化资料。近几十年来利用遥感技术更是可以对地球环境进行大规模监测，获得的海量数据极大拓展了人类对地球系统的认识（详见第 11 章）。但是文字记录的时间尺度偏短，千年以上的记录只能依靠大自然界留下的气候档案（图 9-1 右）。

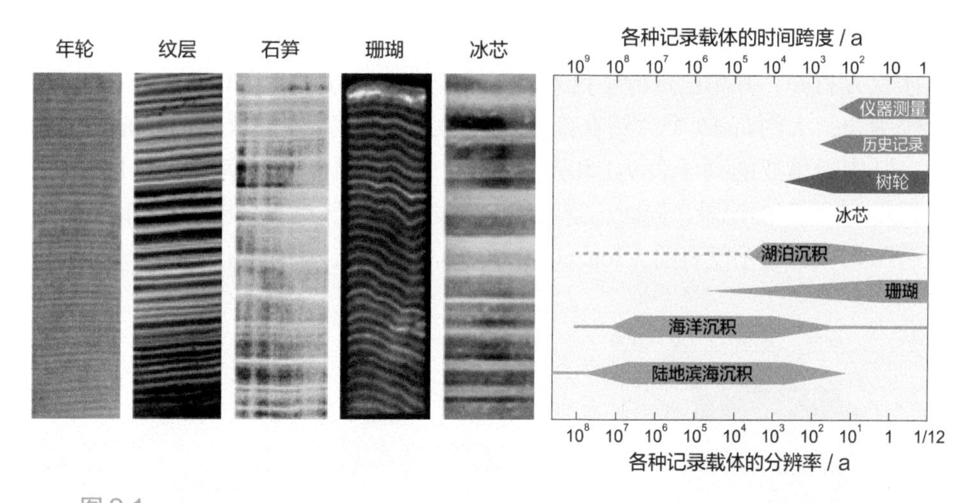

图 9-1
高分辨率环境演变记录载体

左 . 几种年纹层标本的切片（并非都是天然色）（据 Ojala et al., 2003 改绘）；右 . 不同记录载体的时间跨度和分辨率（据 Ruddiman，2001 改绘）

9.1.1.1　冰芯

人类尺度环境演变的研究，主要进展只是半个多世纪的事，其中的头功应该归于冰芯。尽管欧洲科学家早在 20 世纪 30 年代就在格陵兰 15 m 深的冰雪坑里研究气候记录，真正冰钻和冰芯研究的起步是在 1957~1958 年的国际地球物理年（Langway，2008）。20 世纪六七十年代美军为准备冰下中程导弹基地和雷达基地，在格陵兰以科学名义钻探了 Camp Century 和 Dye-3 站的冰芯。格陵兰冰盖的堆积速率极高，仅全新世冰层的厚度就达 1500 余米。90 年代起，欧洲和美国在格陵兰中部的 GRIP 和 GISP2 站分头钻取 3000 多米的冰芯，但都还没有打穿末次冰期。经过再一轮的努力，终于到 21 世纪在格陵兰中北部获得了上次间冰期的冰芯，NGRIP 井得到了 123000 年、NEEM 井得到了 128500 年的记录（Jouzel，2013；NEEM Community members，2013）（图 9-2）。

最早的南极冰钻是西南极的 Byrd 井，和格陵兰 Camp Century 井一道，都是 20 世纪 60 年代冰芯钻的“元老”，但是打了两千米还是在末次冰期里。南极冰盖的优势在于长记录。今天的南极是冰雪的沙漠，冰盖的堆积速率极低。在格陵兰冰盖即便打到基底，3000 m 深处的年龄也只不过 10 万年（如 GRIP、GISP2 站），想取得超过上次间冰期的冰芯记录，就只有在堆积速率低的东南极钻取。果然，东南极冰盖已经取得了 80 万年的冰芯记录，其中最重要的钻井有三处：东方站、富士站和冰穹 C（Jouzel，2013）。东南极最早，也是打得最艰苦的井，在苏联的东方站（Vostok），从 1970 年开始，直到 1996 年底钻到 3623 m 深处，获得了 42 万年的记录，离冰下的“东方湖”（见 3.2.1.3 节）顶面只有 120 m。最终，俄罗斯科学家在 2012 年 2 月钻进“东方湖”顶，取得了长期封闭在冰盖下的湖水及其微生物（Gramling，2012）。东南极取得记录最长的，是欧洲在冰穹 C 的 EPICA Dome C 井，终孔深度 3270 m，获得了 80 万年的记录。日本的富士井（图 9-2 中的 Dome F）在井深 3000 m 处打到约 70 万年前的记录。此外，我国也计划在南极制高点冰穹 A 打井，并早已进行了百米井深的试验（Xiao et al.，2008）（图 9-2）。

迄今为止，大约有 15 个冰钻在南极和格陵兰打到了基岩（Raynaud and Parrenin，2009），其中最重要的列于表 9-1 和图 9-2。下一步的目标是在南极取得 150 万年、在格陵兰取得 15 万年的记录。同时，需要进一步发展冰芯气泡的分析技术，因为这种“大气的化石”几乎是绝无仅有的（Jouzel，2013）。

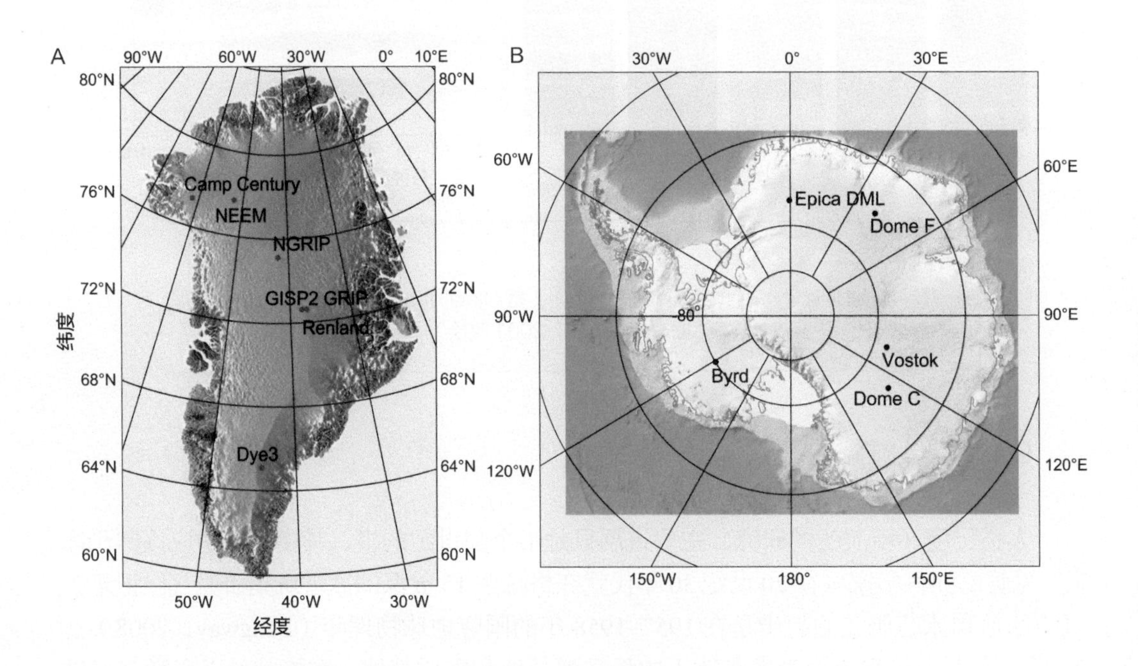

图 9-2
极地冰盖主要冰芯钻井位置图（底图取自 Raynaud and Parrenin，2009）
A. 格陵兰；B. 南极；详见表 9-1，Dome F 即富士井，Dome C 即 EPICA Dome C 井

表 9-1　极地冰盖的主要钻井（据 Raynaud and Parrenin, 2009 修改）

冰盖	钻井	完成年份	井深 /m	井底年龄
格陵兰	Camp Century	1966	1387	末次冰期
	Dye 3	1981	2037	
	GRIP	1992	3029	~10.5 万年
	GISP 2	1993	3053	
	North GRIP	2003	3085	12.3 万年
	NEEM	2012	2540	12.85 万年
西南极	Byrd	1968	2164	末次冰期
东南极	Vostok 东方站	1998	3623	42 万年
	EPICA Dome C	2004	3270	~80 万年
	EPICA DML	2006	2774	~15 万年
	Dome F 富士站	2006	3029	~70 万年

9.1.1.2　纹层，石笋，珊瑚，树轮

虽然现代大部分气候观测资料可以做到逐月、逐周的分辨率，但古环境研究中最好的记录载体也就是季节纹层。纹层沉积形成于有强烈季节性环境变化的湖泊和海盆里。例如，季节性的物源输入和生物勃发会分别形成碎屑纹层和生物纹层，而水体理化性质的季节性变化会形成化学纹层。除此以外，底层水缺氧环境可以抑制生物扰动作用，是纹层记录得以保存的重要条件。最容易形成年纹层的是冰川湖，夏季融冰水注入和冬季的结冰最能满足上述条件，因此最早的纹层研究就是 19 世纪从瑞典开始，纹层的英文词 varve 就来自瑞典文。据 2014 年的统计，国际文献中发表的 143 个湖泊纹层的研究，主要来自西欧和北美的高纬区。时间上覆盖全新世以及部分的晚更新世（图 9-3；

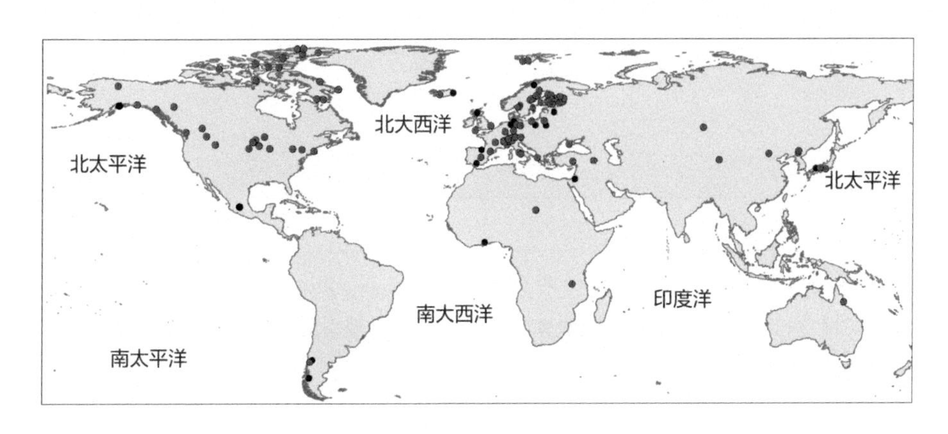

图 9-3
国际文献报道的 143 处湖泊纹层分布图（据 Zolitschka et al., 2015 改绘）
红点示年代测定 >100 年，蓝点 <100 年，黑点年代待确定

Zolitschka et al.，2015）。纹层并不限于湖泊，海底贫氧的边缘海盆地或者大洋边缘也会出现海洋纹层，例如加州岸外的圣巴巴拉海盆、日本海、印度洋北部、南美岸外的卡里亚科海盆等。

在各种高分辨率古环境记录中，石笋是颗最晚升起的新星。其实早在20世纪60年代已经注意到洞穴碳酸钙的年轮（Broecker，1960），随后出现探索利用石笋同位素再造古气候的博士论文（Hendy，1971）。到90年代国内外已经有不少石笋古气候的研究工作，然而真正震动学术界的还是新世纪从华南葫芦洞开始的发现（Wang et al.，2001）。作为"雨水的化石"，石笋已经成为全球中低纬地区水循环变化的最重要记录载体。研究进展的关键在于测年技术的突破。美国明尼苏达大学通过多年的努力，让石笋铀系法的定年精度大为提升，20万年以来的定年误差仅仅为百年等级，因此可以精确厘定关键气候事件的发生时间（Cheng et al.，2009）。石笋的生长并不连续，但是绝对测年结果可以把不同时期的石笋拼接在一起。目前最长的石笋拼接记录来自中国南方，揭示了亚洲季风过去64万年以来的变迁历史（Cheng et al.，2016）。这是第四纪研究中绝无仅有的具备连续定年结果的古气候记录，是各类古环境记录对比的基准曲线。未来有希望把这一记录延伸到100多万年以前。受降水、地面和洞穴环境影响，不同地区的石笋生长速率并不一样，长得最快的石笋可以提供年际分辨率的气候记录。目前重要的石笋记录主要分布在华南、南亚、南美等低纬地区（图9-4）。

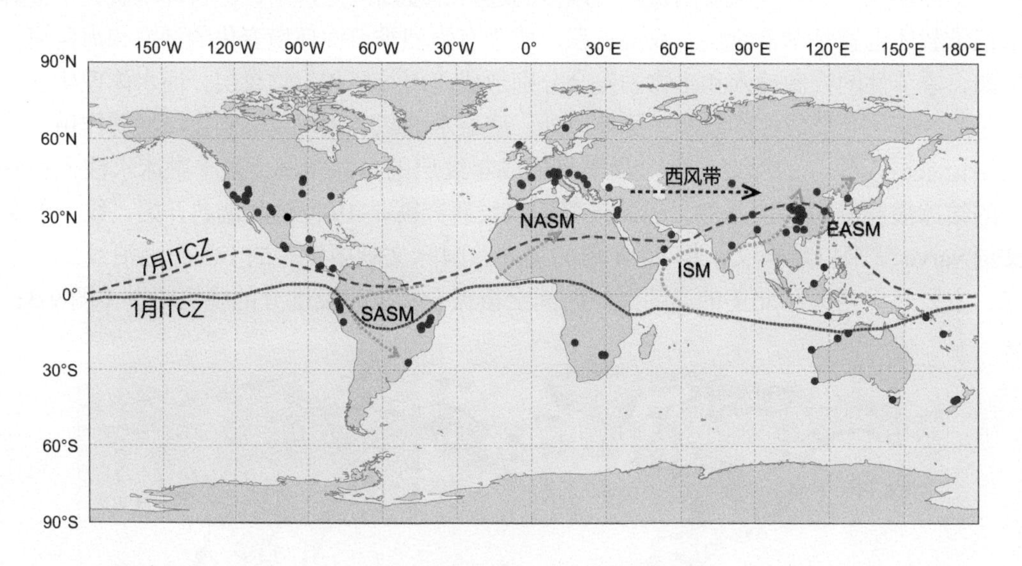

图9-4

石笋古气候研究地点与季风的分布（据Wang et al., 2017改绘）

EASM. 东亚夏季风；ISM. 印度夏季风；NASM. 北非夏季风；SASM. 南美夏季风；ITCZ. 热带辐合带

树轮是高分辨率古气候指标中最早发现的一类，达·芬奇就说过年轮的宽度可以指示当年气候是干旱还是多雨，而树轮年代学（dendrochronology）早在20世纪初就已经诞生（Buckley，2009），当然现在树轮的研究方法要先进得多。树轮出现在温带以及干湿季交替明显的热带地区的树木中。通过同一地区不同树轮记录的拼接，可以得到该区数百年甚至数千年以来温度、降水等气候信息的变化历史。更古老的树桩在一些特殊的地质环境中也可以较完整地保存下来。例如在欧洲河床的砂砾质沉积物中，就保存有年龄一万余年的树木化石。树轮提供的时间标尺比海洋、湖泊纹层沉积物还要精确。国际标准 ^{14}C 校正曲线中 12000 年以来的数据，一直采用的就是树轮标定的结果（Reimer et al.，2013）。

热带的树木没有年轮，但是海里有珊瑚。珊瑚用于古环境重建的原理和年轮类似，都是随着外部环境变化而形成可供识别的“生长条带”。热带造礁珊瑚的生长条带可以提供分辨率达到月和周的古环境记录，因此是研究年际尺度变化，例如厄尔尼诺－南方涛动的理想材料。热带珊瑚生长对于光照的依赖极大，必须贴近海平面才能存活。这一方面使得珊瑚成为恢复古海平面高度的良好材料，另一方面海平面变动也使得珊瑚生长缺乏连续性。好在可以通过铀系方法的精确定年，将不同的测量点拼接成高分辨率的古环境连续记录。近年来对塔希提和大堡礁水下古礁盘进行的大洋钻探，都取得了巨大的成功（Camoin et al.，2007；Yokoyama et al.，2011）。针对热带珊瑚生长深度的限制，近年来又在利用冷水珊瑚来重建深海温度和化学性质。原来珊瑚不只是生长在温暖的表层海水中，水深 2000 m、水温 4 ℃的深海大洋中，尤其是油苗出口附近，也存在着耐低温、不依赖光合作用能量的冷水珊瑚，为我们提供了末次冰期以来深部海水理化性质的高分辨率记录（Hovland and Risk，2003）。

9.1.2　人类尺度演变的测年方法

人类尺度气候环境研究的进展，不仅要有高质量物质记录的材料，还依靠分析方法的进步。就冰芯而言，丹麦 W. Dansgaard 对于稳定同位素的分析和瑞士 H. Oeschger 对于放射性同位素定年的贡献，都为高分辨率的古气候研究奠定了基础。所谓高分辨率，并不是样品分析的数量多、间距小就可以达到的，只有具有精确测年的保证才值得去做大量样品的分析，否则不但浪费精力，还可以产生误导的效果，比不做还坏。这里就当前人类尺度古环境研究中最大的亮点——冰芯和石笋的测年方法，作一简要的讨论。

冰芯的定年模式有多种。在冰盖上部，冰芯的季节纹层可以通过测量多种的化学示踪指标进行识别和计数。最理想状况下，这种纹层计年技术可以一直应用到数万年老的冰层中（Alley et al.，1997）。在下部，随着冰层的压实减薄，相邻年份的冰雪融合在一起，季节纹层就不能识别了。这时可应用的方法有：①冰盖流动模型。冰盖是一个堆积－消融的动态体，在已知一定边界条件时，可以用数学方法计算出冰层减薄速率，继而推算出冰层年龄。②事件地层标志。火山喷发、大气层核武器试验等事件都会在冰芯里留下记录，从而提供时间锚点。③放射性同位素定年。可以使用的同位素包括 $^{36}Cl/^{10}Be$，$^{26}Al/^{10}Be$ 和气泡中氩气的 $^{40}Ar/^{38}Ar$ 等。但这种方法面临的不确定因素多，定年误差巨大。④古环境记录对比方法。由于不同地区古环境重建记录存在相似性，假定气候事件在各个地区是同步发生的，就可以把冰芯记录调适到经过良好定年的古环境记录上。例如，近年来极地冰芯年龄常常采用中国石笋的铀系定年结果。⑤天文调谐方法。研究发现南

极冰芯气泡里 N_2/O_2 值与当地太阳辐射量存在强烈的相关性，可以将此指标记录调适到地球轨道参数上，从而获得年龄模式（Kawamura et al.，2007）。

石笋研究近年来的“走红”与测年技术的突破相关。早就知道石笋可以用铀系法测年，但是在 20 世纪 90 年代以前因为要的样品太大、测出结果又不够准，很难得到应用。1988 年加州理工学院 L. Edwards 的博士论文建立了新的分析方法，即利用热电离质谱对原子直接计数获得结果，之后和程海等一起实现了石笋铀系法测年的突破（Edwards et al.，1987）。后来在华南葫芦洞石笋的分析中，选用铀钍比值高的样品（Wang et al.，2001），进一步发展新的方法，掀起了新世纪石笋研究的高潮。尤其可贵的是，近半个世纪来晚第四纪的年代学以深海记录为准，而有孔虫的 ^{14}C 测年只能上溯到 5 万年以内，更老的年龄主要依靠轨道周期的调谐取得。而石笋的铀系法测年完全独立于深海的年代序列，能够纠正调谐过程中产生的偏差，目前已经建立起 60 万年独立的年代表（Cheng et al.，2016）。

与此同时，也不该忽视湖泊和海洋近代沉积在高分辨率测年上的进展，主要依靠的是放射性同位素的应用。由于同位素半衰期的长度十分悬殊，长寿命的如 ^{10}Be（160 万年）和 ^{36}Cl（30 万年）一类的宇宙成因核素，主要用于测量岩石长期暴露风化的年龄；而 ^{210}Pb（22.3 年）和 ^{137}Cs（30 年）一类的短寿命核素，则广泛用于近两百年的沉积，属于人类尺度高分辨率测年的利器。这类方法在众多教科书里都有介绍，无须在此赘述，这里只想突出一下铯（Cs）同位素的作用。放射性同位素 ^{137}Cs 是人工核裂变的产物，1945 年以后随着大规模核武器试验才有大量产生，尤其是 20 世纪 60 年代的核弹竞赛和 1986 年切尔诺贝利核电站事故，都产生了强烈的峰值，易于测年对比。目前，^{210}Pb 和 ^{137}Cs 结合起来测年，已成为探索环境污染沉积记录的先进方法。

9.1.3　人类尺度演变的驱动机制

千年和千年以下时间尺度的气候环境演变，与人类社会的关系最为密切，但是演变的驱动机制并不清楚。其研究深度甚至不如万年、十万年尺度的气候演变，因为并没有类似米兰科维奇理论那种公认的假说。迄今为止，千年尺度变化研究最多的是末次冰期和间冰期，最为流行的解释就是北半球冰盖的变化通过北大西洋深层水的生产和大西洋经向环流，推动全球的气候变化，这就是“大洋传送带”的假说。W. Broecker（Broecker et al.，1985）提出的这项假说，指明了大洋环流和海气交换可以有不止一种的稳定模式。经过 30 年的磨炼和发展，该假说已经达到相当成熟的程度，揭示了千年尺度上气候突变的机制（Broecker，2010），并为学术界普遍接受（Alley，2007），成为近 30 年古气候研究的主流。

但是我们认为，解释千年和千年以下尺度的变化还没有确立的理论，那是因为北半球冰盖变化本身需要推动力，“大洋传送带”揭示的只是其传播机制。更不清楚的是深层洋流改组的动力，因为连今天深层海流的动力机制也没有认识，何谈古代。依靠海水密度差推动“大洋传送带”，在物理海洋学上难以通过（Wunsch，2002）。至于百年尺度和更短时间尺度的气候变化，尽管有大量的研究成果，在成因解释上却更加缺乏系统的理论。如何在接受前人发现的同时保持清醒头脑，洞悉主流观点中的弱点，是科学进一步发展的必由之路。

气候变化的推动力，无非是外力推动和内力反馈两种。外力推动指的是地球表层系统以外的因素，包括太阳本身辐射量的变化和太阳辐射量在地球不同纬度和季节上的分布变化。其实至今还缺乏重视的一种外力因素，是太阳和月球对于地球潮汐作用的影响。内力反馈是指气候系统内部的相互作用，包括海气相互作用造成的季风、ENSO 和各种“涛动”。冰盖和温室气体介于这两类之间，既是内反馈，又可以看作外力因素，取决于所讨论的时间尺度。本章后面三节，将按照千年尺度变化、外来因素和内部反馈等三个方面逐一展开。

9.2　千年尺度演变的发现及其机理探索

千年尺度演变从发现至今的五十年，是地球表层系统研究逐步深入的经历，也是科学发现在曲折的道路上不断前进的过程（Broecker，2010）。很值得先来回顾这段历程，然后再行讨论演变机理的认识。

9.2.1　冰芯记录的千年尺度变化

千年尺度气候波动的发现，始于 20 世纪六七十年代格陵兰冰芯记录的研究。在相当于深海氧同位素 3 期的阶段，冰芯氧同位素值出现振幅巨大的快速频繁波动，这揭示了一种迥异于轨道周期的气候突变现象。12 万年以来，这样的快速波动一共出现了 25 次，后来被命名为 Dansgaard-Oeschger（D-O）事件（图 9-5A）。一个典型的 D-O 事件呈现出“类梯形”结构，大致包含如下过程：①从低温的冰阶（stadial，GS）开始，氧同位素值在不到几十年的时间内快速变重 4‰~7‰，气候进入温和的间冰阶（interstadial，

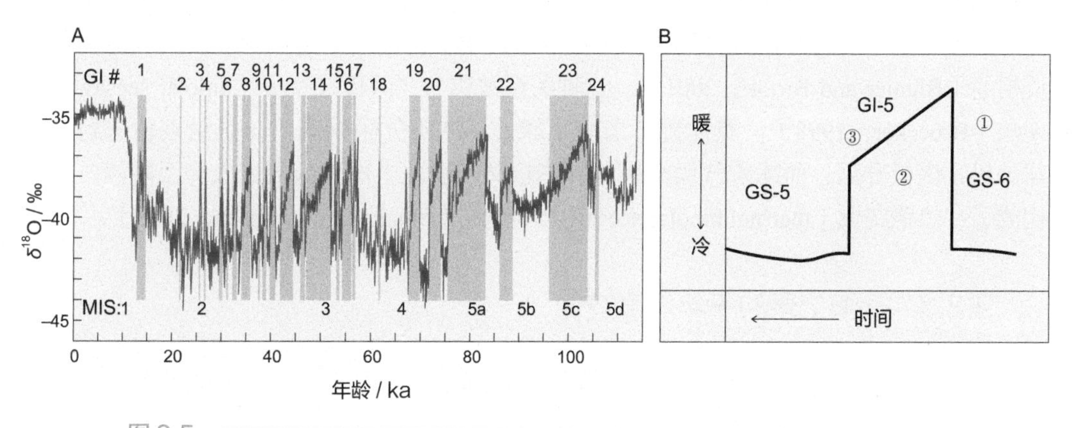

图 9-5
Dansgaard-Oeschger（D-O）事件（据 Mogensen, 2009 改绘）

A. 格陵兰冰芯 $\delta^{18}O$ 显示的末次冰期旋回 D-O 事件，灰色表示间冰阶（GI）；B. D-O 事件中冰阶 (GS) 和间冰阶 (GI) 的转变，以 GS6-GS5 为例

GI）；②间冰阶氧同位素值分两个阶段变轻，先是比较缓慢的变轻，这个阶段可以延续数百年到数千年不等；③之后在几十年的时间内快速变轻，最终重新进入冰阶状态（图 9-5B）（Dansgaard et al.，1993；North Greenland Ice Core Project members，2004）。冰芯氧同位素波动代表着极地大气温度的变化，D-O 事件的升温幅度大约相当于冰期－间冰期温差的一半，在几十年的时间内，格陵兰上空年均大气温度可以上升 8~15 ℃（Huber et al.，2006）。更具戏剧性的是，冰阶时极地的季节差异要比现在严重许多。以新仙女木冷期为例，格陵兰夏季气温比现在只低约 5 ℃，但是冬季温度要低 27 ℃（Denton et al.，2005）！

格陵兰冰芯如此大幅度的变化，确实出乎意料，而且只见于冰盖不大不小的 MIS 3 期，全新世和盛冰期都没有这种千年尺度的强烈波动。那么，D-O 事件是局部还是全球性的现象？首先，冰芯的分析做出了回答。在冰阶和间冰阶之间转换时，冰芯中的 Ca^{2+} 和 Na^{+} 浓度分别有 15~20 倍和 4~5 倍的变化（Fischer et al.，2007），两者分别代表冰芯中粉尘和盐分的含量。粉尘主要来自亚洲内陆，粉尘通量在冰阶时急剧升高说明亚洲内陆出现大范围干旱；盐分通量变化则说明北大西洋的海冰面积在冰阶时急剧扩增。与此同时，冰芯气泡中甲烷含量也会突然上升 50~250 ppb①，说明热带－亚热带的水循环也出现相应的快速变化（Brook et al.，1996）。其次，相应的 D-O 事件也在低纬区的石笋和海洋沉积中发现，我们在后面还将专门讨论。因此，D-O 事件至少在北半球范围内是广泛存在的，只是高纬地区的“冷”“暖”转换，到低纬气候主要是“干”“湿”的交替。

然而，南极冰芯的记录却明显不同。格陵兰冰芯中的新仙女木期，在南极冰芯记录中是升温；而此前格陵兰冰芯中的 Bølling-Allerød 暖期，在南极却是个“南极冷倒转（Antarctic cold reversal，ACR）”（图 9-6A，B）（Broecker，1998）。MIS 3 期南极也有千年尺度的变化，最强的转暖期有 7 次（A1—A7），但是变暖和变冷的过程都比较匀速和缓慢，整体上为对称结构。由于全球的气体交换极快，两极冰芯气泡里的甲烷记录可以为两地的古气候记录建立统一的时间标尺（图 9-6C，D），从而可以为两极气候记录的相位提供准确对比。结果发现 A1—A7 事件的变暖阶段对应于北极几次延续时间较长的冰阶；而南极变暖阶段结束之时，格陵兰气温正好跳变进入间冰阶，于是 A1—A7 事件的变冷阶段对应于北半球的间冰阶气候（图 9-6A，B）。因此，南极和北极的气温变化是反相的（Blunier and Brook，2001）。这种关系被称为“两极跷跷板（bipolar seesaw）”现象（Broecker，1998）。具体说，当北半球处于冰阶气候状态时，热量被输送到南半球聚集，南极升温；而冰阶气候结束时，热量又回到北半球，南极进入降温阶段，因此构成了“热跷跷板（thermal bipolar seesaw）”模式（Stocker and Johnsen，2003）。

9.2.2　深海记录的千年尺度变化

至今我们说的都是冰盖，海洋记录又怎么样呢？ 1988 年，德国科学家在北大西洋水深约 4 km 的沉积物钻孔中，发现末次冰期时存在 6 个冰筏碎屑层（图 9-6A；

---

① 1 ppb=10^{-9}

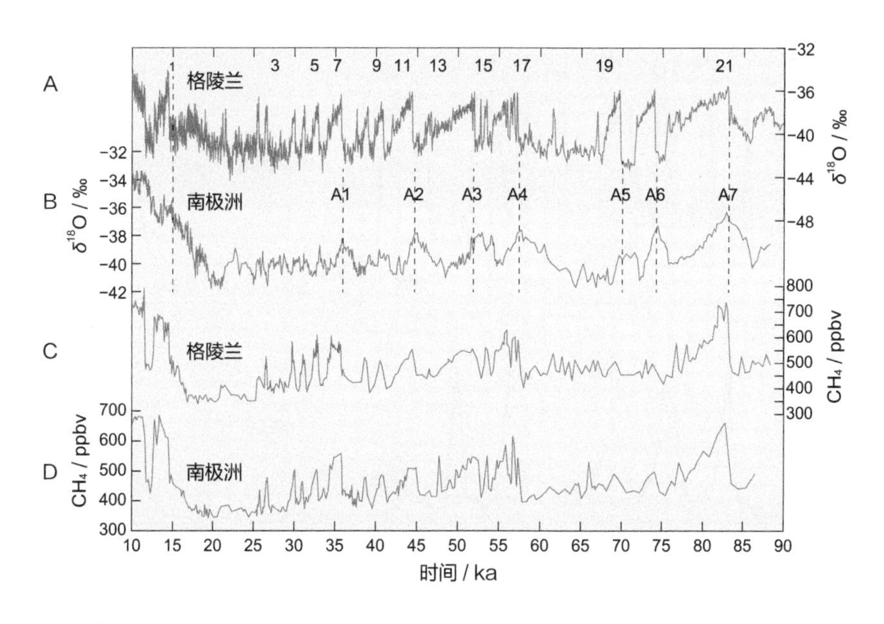

图 9-6
两极冰芯千年尺度变化的比较 (8 万年至 1 万年前)（据 Blunier and Brook, 2001 改绘）

A 和 B 分别代表格陵兰与南极冰芯的 $\delta^{18}O$ 记录；C 和 D 分别代表格陵兰与南极冰芯的 CH_4 浓度；1 ppbv=1 nl/L

Heinrich，1988）。在北大西洋亚极地海区，冰筏碎屑并不稀罕，在冰期沉积物里随处可见。然而在这 6 个层位，粗颗粒的岩屑碎片异常富集，说明当时环北大西洋的冰盖很不稳定，其边缘在冰期时曾数次崩解，形成规模巨大的“冰山舰队”漂流南下，这就是所谓的 Heinrich 事件（Broecker，1994）。Heinrich 层集中分布在北大西洋 40°N~50°N 区域，其中四个层位（H1，H2，H4 和 H5）的冰筏碎屑来自 3000 km 之外加拿大哈德孙湾的基岩（Hemming，2004）。在靠近哈德孙湾的海区，Heinrich 层厚达几十厘米，而在开放的东大西洋厚度减至几厘米。同层位的浮游有孔虫氧同位素值有大幅度的负偏现象，指示当时表层海水的淡化（Bond et al.，1992）。这些证据说明北美冰盖在哈德孙湾的凸出部分发生崩解，形成大量冰山随着洋流向东南方向运动，最终在北大西洋 40° N~50° N 区间大规模融化消失（图 9-7B）。每次 Heinrich 事件的延续时间长度不一，平均可以说是 500 年左右（495±255 年，Hemming，2004）。

这样就出现了两种千年尺度的气候环境变化：冰芯里发现的 D-O 事件和深海沉积里的 Heinrich 事件，关键问题是两者之间的关系。幸好这些北大西洋深海沉积里的有孔虫群及其同位素，还显示出更多的千年尺度温度波动，与冰芯里的 D-O 事件相互对应（图 9-8A，B）。当 Heinrich 事件发生时，浮游有孔虫左旋 *Neogloboquadrine pachyderma* 比例特别高，说明是海水温度降到最低谷（图 9-8A）。如果将 D-O 事件和 Heinrich 事件联系起来看，发现 D-O 事件序列中，间冰阶的温暖程度是逐渐下降的，降到最低的时候就发生 Heinrich 事件，因此每隔几个 D-O 事件出现一次 Heinrich 事件，配成的一套被称为 Bond 旋回（图 9-8C；Bond et al.，1993）。

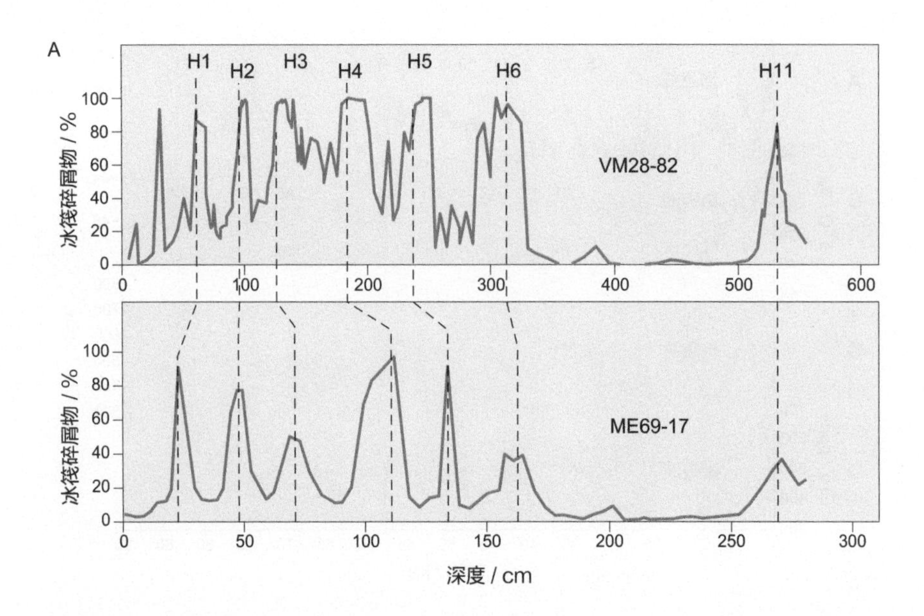

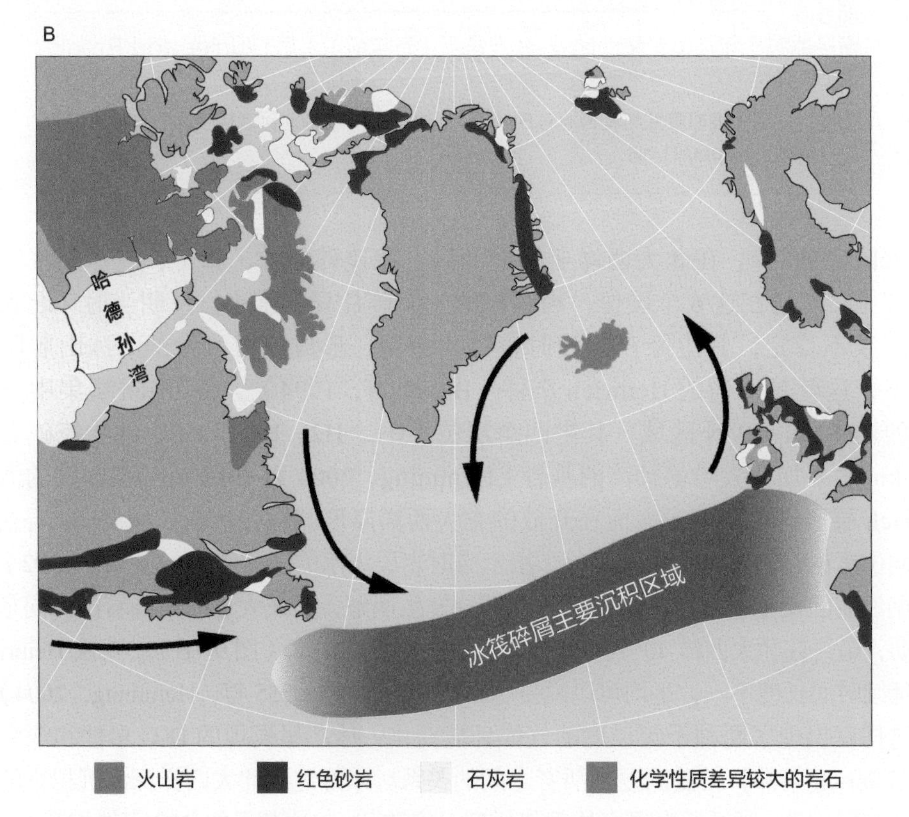

图 9-7
Heinrich 事件

A. 北大西洋两个站位深海沉积中冰筏沉积含量指示的 Heinrich 层（据 Heinrich，1988 改）；B. 北大西洋冰筏碎屑物源区和沉积带，以及哈德孙湾“冰山舰队”进入大西洋的路径示意图（据 Ruddimann，2001 改绘）

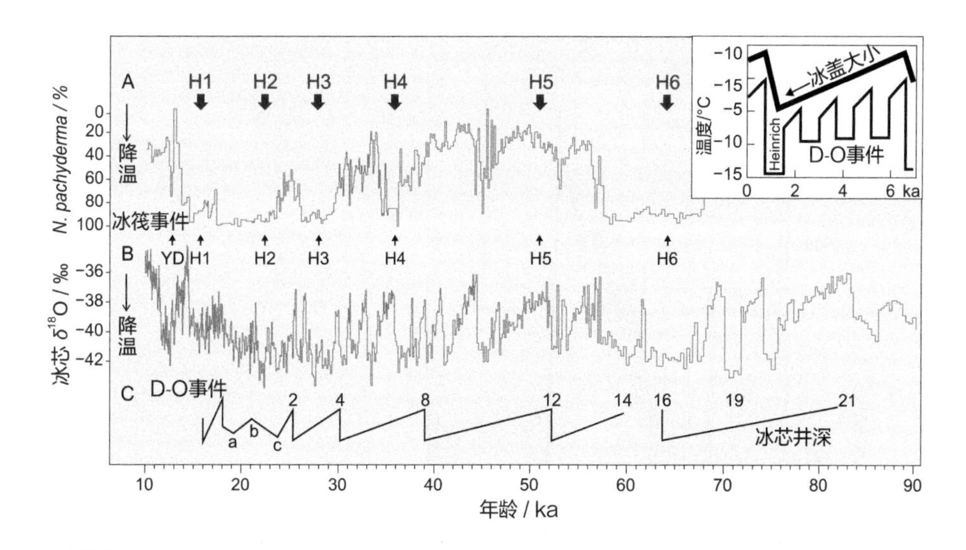

图 9-8
D-O 事件，Heinrich 事件和 Bond 旋回 (8 万 ~1 万年前)（据 Alley et al., 1999 改绘）

A. 北大西洋 V23-81 站深海沉积中浮游有孔虫左旋 *N. pachyderma* 的百分比例；B. 格陵兰冰芯 $\delta^{18}O$；C. Bond 旋回（据 Bond et al., 1993 改）。右上方：Bond 旋回组成示意图

我们会在后面谈到，D-O 和 Heinrich 事件对北半球气候都有重大影响，其影响途径一般归因于北大西洋深层水形成机制的开启和关闭。Heinrich 冰筏碎屑沉积事件时大量冰山带来淡水，可以阻止北大西洋深层水的形成，继而影响全球气候，和上一章讨论的新仙女木事件和 8.2 ka 事件是一个道理（见第 8 章“附注 2：新仙女木期”和图 8-21）。那么 D-O 事件是否也和淡水注入相关？格陵兰冰芯发现的 D-O 事件是气候突然转暖的快速变化，学术界试图用各种各样的假设来解释，最先提出的假设就是淡水注入量的变化，但是缺乏地质证据支持。其实能够快速影响格陵兰气温的不是陆地冰盖，而是海冰。海冰可以切断海洋向大气传输热量的途径，而大陆冰盖做不到；而且原来大陆冰盖分布的地区，消融后冬季还是被降雪覆盖，因此海冰对于冬季降温的作用大于冰盖（Broecker, 2010）。模拟表明：如果将北大西洋一大片冬季海冰除去，格陵兰的气温可以上升 5~7 ℃（Li et al., 2005）。因此，海冰的消长可能就是格陵兰 D-O 事件反复发生的机制。如图 9-9 所示，先是北美冰盖南缘浮在海水上的冰架破裂，海冰后撤，格陵兰气温突然上升，气候进入 D-O 事件中的间冰阶；然后随着冰架的逐渐增长，格陵兰的气温再度缓慢下降；等增长到超过阈值之后，海冰面积重新扩大，气温又急剧下降，回到冰阶气候，D-O 事件结束。这里气温的快速升降来自海冰变化，慢速升降来自冰架变化。当然作为一种假设，有待进一步地质证据的检验（Petersen et al., 2013）。

9.2.3　石笋记录的千年尺度变化

新世纪初华南葫芦洞石笋的研究，发现 7.5 万年到 1 万年间氧同位素有鲜明的千

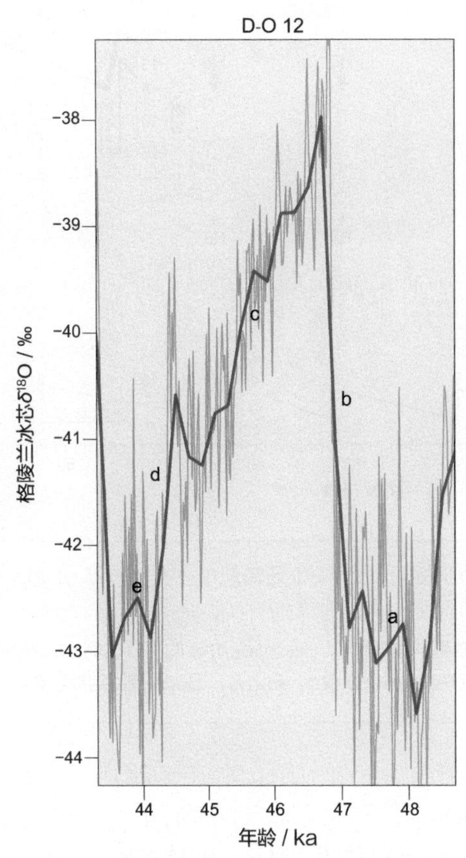

图 9-9
D-O 事件成因的假说（据 Petersen et al., 2013 改绘）
以 D-O 12（距今 4.9 万 ~4.3 万年前）为例，蓝线为格陵兰 NGRIP 冰芯的氧同位素记录，a—e 为 D-O 事件的发展阶段

年尺度波动，而且与格陵兰冰芯的 D-O 和 Heinrich 事件可以对比（图 9-10A；Wang et al.，2001）。千年尺度事件在石笋记录中的发现，是对高分辨率古气候研究的巨大鼓舞。石笋 $\delta^{18}O$ 是季风降雨的“化石”，反映的是低纬地区水循环的信息（见 3.3.2.1 节）。与冰芯和深海沉积相比，石笋的形成机制和测年手段都不相同，而反映的气候变化进程却是共同的。葫芦洞的发现说明在 MIS 3 期里，格陵兰气温升高时东亚夏季风加强，下降时季风减弱，而且这种高低纬间的对应关系，适用于更大的时空范围。全球各大洲季风的对比表明，印度、北非、北美的季风都和东亚季风一样，具有和格陵兰对应的千年尺度变化，而南美等南半球季风却呈现相反的相位（Cheng et al.，2012；Wang et al.，2014）。不仅如此，葫芦洞石笋中前一次冰期即 MIS 6 期的记录，还揭示出从 17.8 万年到 12.9 万年间有 16 次千年尺度的季风加强事件（B1—B10 和 Ba—Bf）（图 9-10B）。如果 MIS 3 的季风强化事件与 D-O 的间冰阶对应，那么石笋记录的季风加强事件也就是 16 个间冰阶。由于格陵兰冰芯记录只到 MIS 5，前次冰期的间冰阶只能在华南低纬记录里发现，因而被命名为“中国间冰阶”（Cheng et al.，2006）。

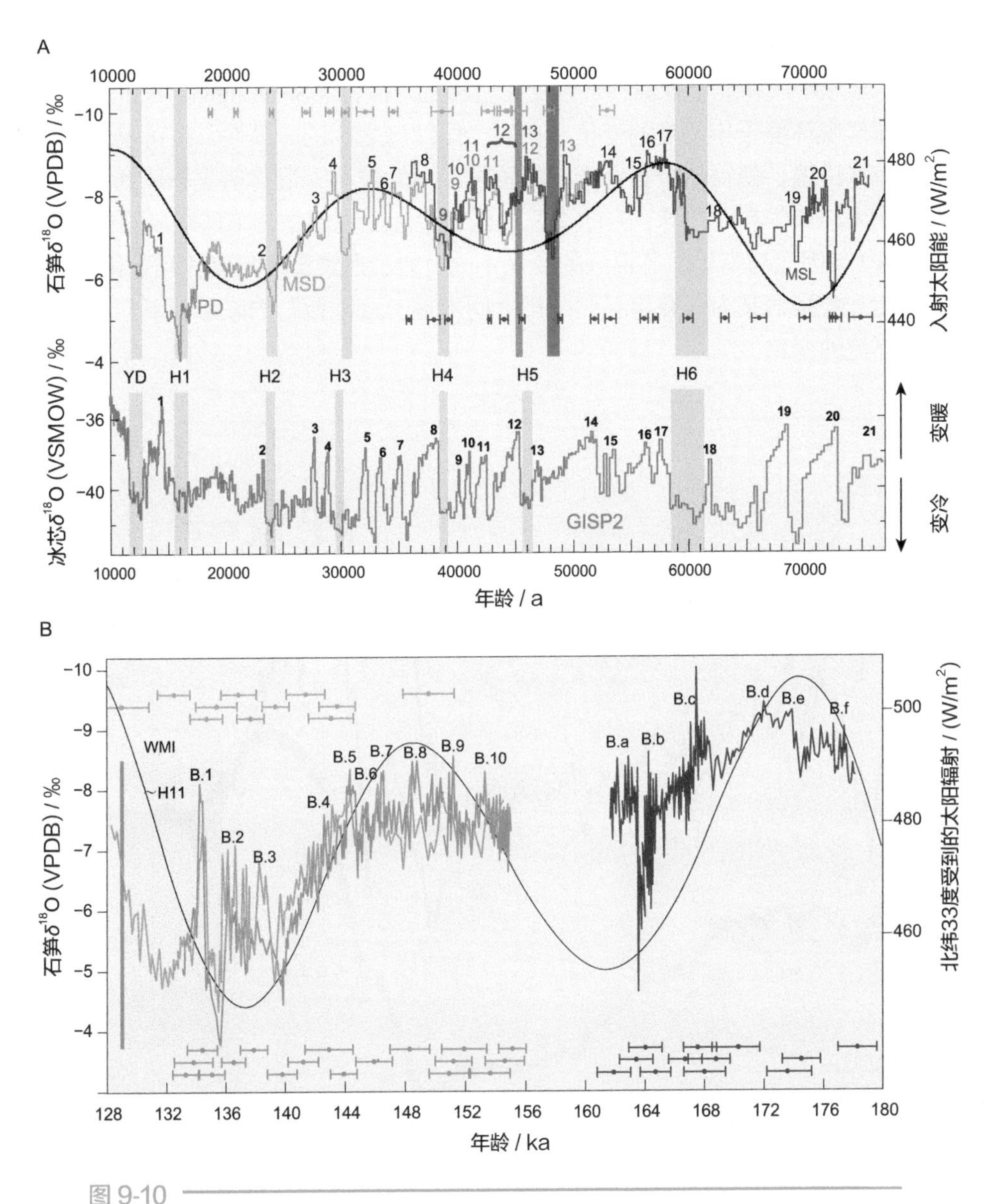

图 9-10
华南石笋氧同位素记录的千年尺度变化

A. 末次冰期葫芦洞石笋（上）和格陵兰冰芯（下）从 7.5 万至 1 万年 $\delta^{18}O$ 的对比，展示 Heinrich 事件（黄条，H1—H6）和 D-O（数字编号）的对应性（据 Wang et al., 2001 改）；B. 葫芦洞石笋前次冰期（MIS 6 期）的 $\delta^{18}O$ 记录，展示 B.1—B.10 和 B.a—B.f 共 16 个“中国间冰阶”（据 Cheng et al., 2006 改绘）

也许更加令人兴奋的发现，是冰芯气泡里氧气的同位素，居然也有这种千年尺度的变化。我们呼吸的氧气，是从海面蒸发的水汽降到陆地，经过植物光合作用分解之后的产物，过程中必然发生同位素分馏（参看 3.4.1 节）。冰芯气泡里的气体，是极其珍贵的“大气化石”，如果将气泡中氧气的 $\delta^{18}O$，去和当时海水的 $\delta^{18}O$ 相比，可以推算出陆地的 $^{18}O/^{16}O$ 分馏值 $\Delta\varepsilon_{LAND}$，其中包含了全球植被新陈代谢活跃程度的信息。比较的结果是，

氧气 δ^{18}O 的变化（$\Delta\varepsilon_{LAND}$）竟和石笋 δ^{18}O 的变化相一致（图 9-11），共同反映出在千年尺度上，全球季风和北半球高纬气候变化过程的对应性（Severinghaus et al.，2009）。

北半球气候环境千年尺度的变化，在高、低纬度之间的一致性，很可能反映的是高纬海区的海冰进退，使得热带辐合带的位置发生南北位移，最终造成季风的盛衰。由于现在地球上大陆集中在北半球，全球季风的盛衰实际上也就是北半球季风的信息（Wang et al.，2014），因此与南极冰芯记录的变化不同。为了探索千年尺度气候变化如何在高、低纬之间相互连接，又为何在南、北两极之间出现“跷跷板”的联系，下面我们来考察大洋经向环流的变化。

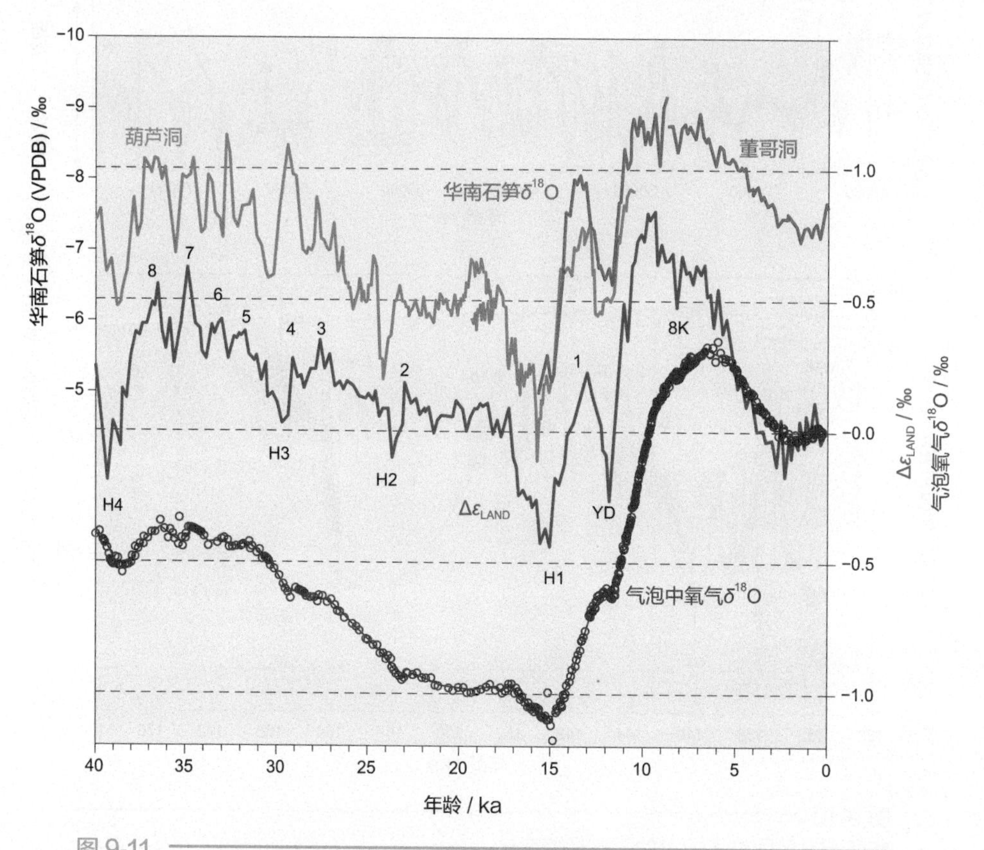

图 9-11
四万年来冰芯气泡氧气和石笋方解石氧同位素记录中，千年尺度事件的相互对应（据 Severinghaus et al., 2009 改绘）

$\Delta\varepsilon_{LAND}$ 代表氧气在陆地上的 ^{18}O/^{16}O 分馏作用，根据气泡中氧气 δ^{18}O 和当时海水 δ^{18}O 比较算出；橙色、绿色曲线共用左侧坐标轴，蓝色、红色曲线共用右侧坐标轴

9.2.4 “大洋传送带”

气候学里的一个基本问题是热传输，地球高低纬接受的太阳辐射量差异悬殊，需要通过海洋和大气过程进行输送和调节。现代测量表明，输往中、高纬度的 80%~90% 的

热量需要依靠大气过程来完成(Trenberth and Caron，2001)，但是大气的"记忆力"太短，在我们讨论的时间尺度上还需要依靠洋流的热量输送和分配过程。大洋经向环流包括两个部分，既有风力驱动的上层洋流，还有温盐和潮汐驱动的深层洋流。其中深层洋流是这里讨论的重点。

深层洋流的形成必须要有表层水团的潜沉并形成垂向流。只有密度高的海水才能下沉，而水的密度取决于温度和盐度。在冰室型气候条件下，高密度海水可以在冰盖或者海冰周边通过盐析效应（brine rejection）形成。而在温室型气候下（比如白垩纪），表层水团可能是在地中海式的半封闭盆地里经过强烈蒸发，从而形成高盐高温的潜沉水团进入深海。现在大洋深层水的源地是在大西洋的两端，即北大西洋深层水（NADW）和南极底层水（AABW），其中北大西洋深层水和大洋上部的风海流共同构成了"大西洋经向翻转流（Atlantic Meridional Overturning Circulation，AMOC）"（见图 9-12 和附注 1）。

北大西洋深层水和南极底层水在第 3 章里已经介绍过，两者具有显著的物理和化

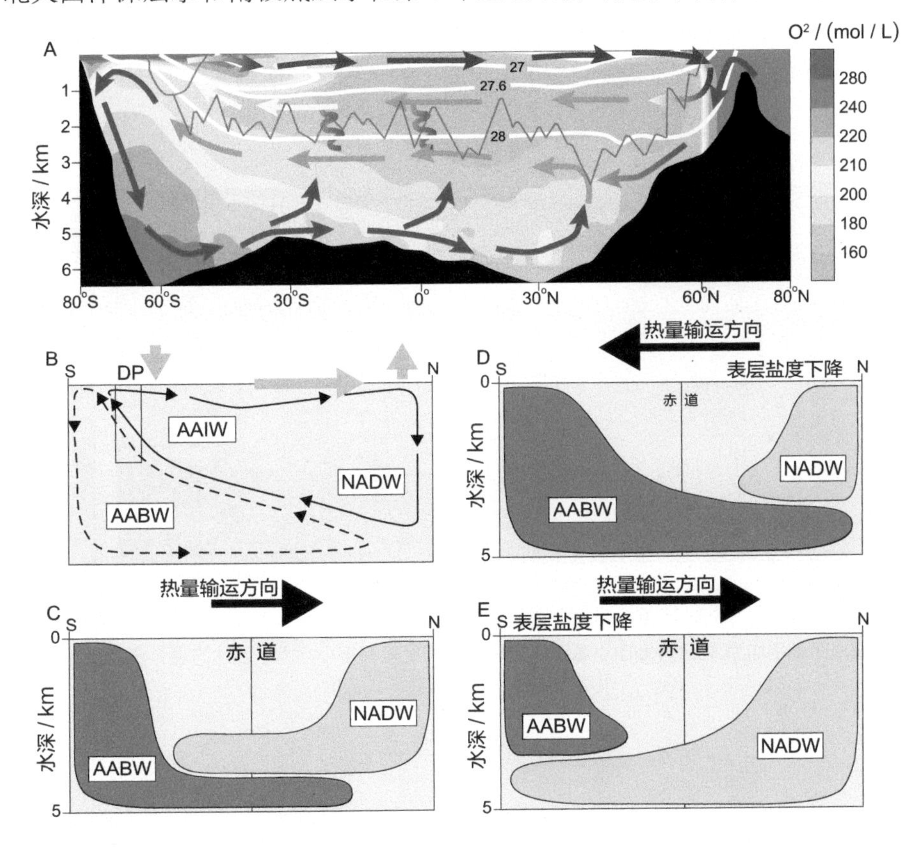

图 9-12
大洋经向环流及其变化

A. 现代大西洋环流的经向剖面，颜色表示海水含氧量（越老海水含氧量越低），白线表示密度（kg/m^3），箭头表示洋流：红色上层水，黄色深层水上部，绿色北大西洋深层水，蓝色南极底层水（据 Marshall and Speer，2012 改绘）；B. 现代大西洋深部水团的三个组分：NADW 为北大西洋深层水，AABW 为南极底层水，AAIW 为南极中层水，DP 示德雷克海道（据 Weaver and Saenko，2009 改绘）；C—E. 经向环流的演变：C. 现代模式；D. 北极融冰事件，如 Heinrich 事件；E. 南极融冰事件（据 Seidov，2009 改绘）（解释见正文）

附注 1：大西洋经向翻转流

大西洋经向翻转流由向北、向下、向南、向上总共四段海流组成。在上层海洋，强劲的西部边界流，即墨西哥湾流将大量暖水输往北边，到达亚极地海区后表层水团潜沉形成北大西洋深层水，之后深层水团向南运移，到达南大洋后通过上升流返回大洋上层。大西洋经向翻转流之下为向北运移的南极底层水（AABW）（Kuhlbrodt et al., 2007）（见附图；参看 3.4.2 节）。经向翻转流可以得到维持的关键在于深层水团的形成。现今世界大洋里，北太平洋表层水盐度偏低，因此深层水只在大西洋的两端形成。在北大西洋，进入格陵兰海和拉布拉多海等海域的上层水，由于降温和海冰的产生而变得又冷又咸，使得密度增加而发生潜沉。南极底层水常在海冰间隙或者海冰之下通过盐析效应发生潜沉。由于南极底层水的温度更低，密度更大，因此北大西洋深层水到达南大洋后只能位于南极底层水之上（见附图和正文图 9-12）。北大西洋深层水和南极底层水的体积消长，指示了大洋深层水团结构的重大重组，进而可能影响冰期旋回和千年尺度上的全球气候格局。

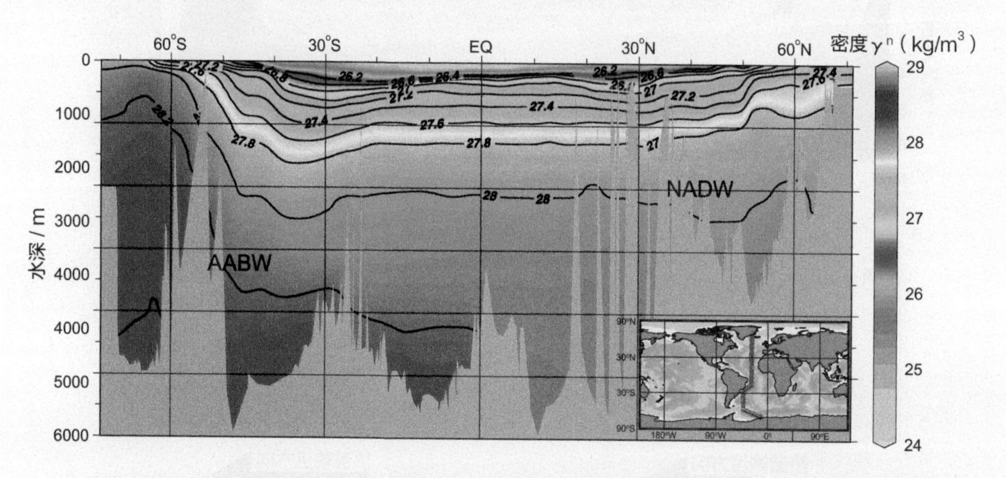

大西洋经向剖面的密度分布（剖面位置见右下角）（据 Kuhlbrodt et al., 2007 改绘）

注意：海水密度平均为 1026 kg/m^3，海洋学里研究的密度差都很小，为了表达方便，将密度数值减去 1000，所以用 26 表达平均密度

学特征差异，分析水团的营养盐或者示踪指标就可以加以辨别（见第 3 章图 3-36 和图 3-37）。当今世界大洋的深层水团主要来自这两个源区。北大西洋深层水的密度较轻、分布的深度较浅；南极底层水的密度较大，分布在世界大洋的最底层（图 9-12A—C）。海水里的溶解氧，只有在出露海面的时候才能通过海气交换得到补充，一旦下沉深海，因为生命活动的消耗而逐步减少。因此离开海面越早的海水，也就是年龄越老的海水，其含氧量大致就越低。南、北两极产生深层水的通量在地质历史时期是在变化的。比如上述 Heinrich 事件时有大量冰山融化产生淡水，或者新仙女木期时有融冰湖水注入

海洋，都会造成表层海水淡化和海水分层，阻止或者减少北大西洋深层水的生产，于是大西洋经向翻转流被迫停闭或者减弱，阻止低纬向高纬的热量传输，造成北半球气候变冷（图 9-12D）。在这种情况下，本来向北输送的热量（图 9-12C 箭头）变为向南输送（图 9-12D 箭头），在南极区引起升温和融冰事件，继而减少南极底层水的产生，又将热量改为北向输送（图 9-11E 箭头），使得北极再度升温，这就是发生“两极跷跷板”的原因（Seidov，2009）。

这样，在温度和淡水影响下发生的大西洋经向翻转流变化，为千年尺度的气候变化提供了相当完美的解释。由于翻转流是水团温度和盐度的差异所引起，因此也被称为“温盐环流（thermohaline circulation）”。为了形象地表达温盐环流在气候演变中的枢纽作用，Broecker（1991）称之为“大洋传送带（the Great Conveyor Belt）”（图 9-13A）。传送带的开启和停闭就可以造成千年尺度的气候突变（图 9-13B），科幻电影《后天》

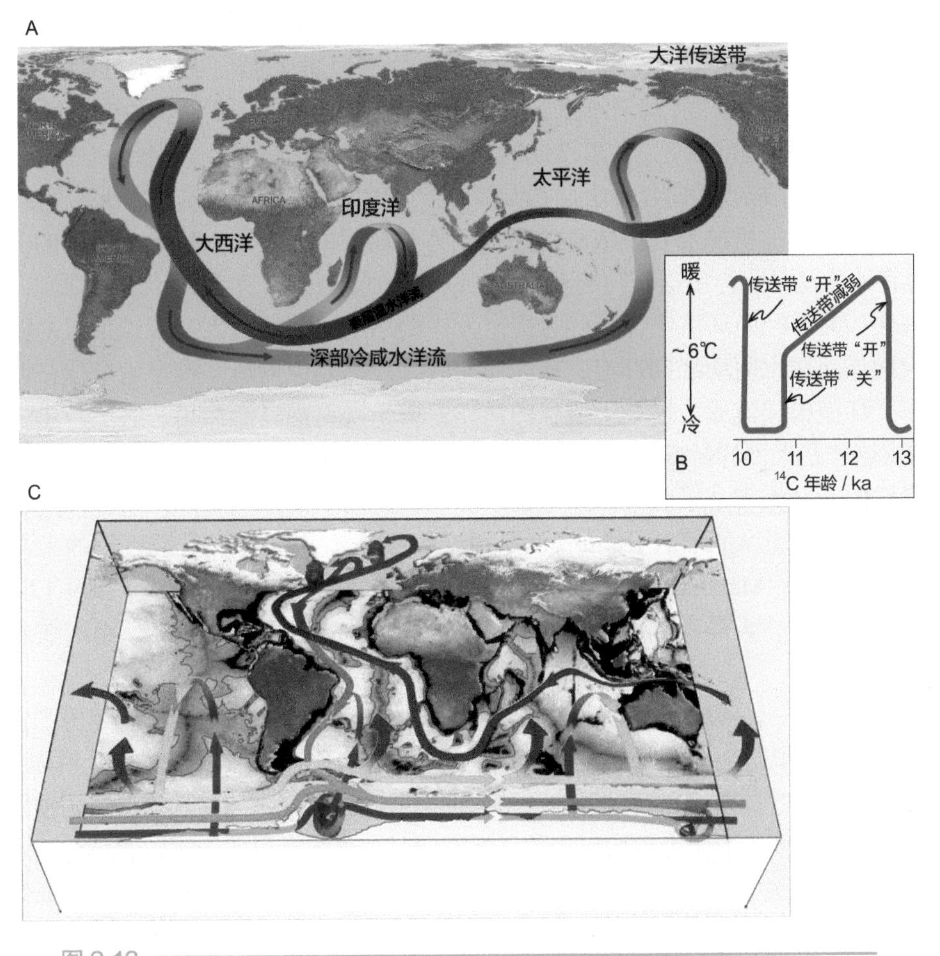

图 9-13
“大洋传送带”

A，B. “大洋传送带”的原型 (A) 及其开启与停闭造成的气候剧变 (B)(Broecker,1991)；C. 新版本的“大洋传送带”，强调南大洋上升流的作用（黄色箭头表示南大洋的上升流，红箭头表示北运的上层水，蓝箭头表示北大西洋深层水的形成，通过绿色箭头南下）（据 Marshall and Speer, 2012 改绘）

所表达的就是“传送带”切断造成的灾害。的确，大西洋经向翻转流在气候演变中的作用不容置疑，最近深海沉积记录中铀系同位素 $^{231}Pa/^{230}Th$ 的分析，进一步证实了翻转流变化导致气候突变的假说（Henry et al.，2016）。更古老的记录表明强劲的大西洋经向翻转流是在 320 万 ~270 万年前开始确立的，这可能也是第四纪得以出现冰期旋回式的气候演变格局的一个前提（Sarnthein et al.，2009）。

“大洋传送带”概念的提出，是古气候研究在近二三十年里的一项重大突破。它为海洋化学中一系列的观测现象提供了解释，包括深部海水中放射性碳、磷等营养元素的分布；也为第四纪冰期旋回中一系列地质记录的理解设定了基调。该概念的核心在于北大西洋深层水的主导作用，认为 NADW 的运作方式决定着高低纬的相互连接，NADW 的强弱决定着全球气候的格局，其他现象比如低纬的气候变化，无非是 NADW 变化的响应。但是随着科学的发展，近年来的新发现对于这种北大西洋中心论提出了挑战。

首先，“大洋传送带”设想的驱动力得不到物理海洋学理论的支持。因为依靠淡水注入等因素改变海水密度，不可能推动深层海水的经向环流。海水运动的推动力只能是风力和潮汐，不可能是温度、盐度造成的密度差（Wunsch，2002）。因此，“温盐环流”的概念需要修正，应当同时包括上层和深部两个过程：先是表层水团穿越众多密度跃层，后是在海洋深部的机械混合，依靠的还是风力和潮汐的驱动（Rahmstorf，2003）。依靠融冰淡水驱动“大洋传送带”的说法，已经不再通行。

其次，大洋经向环流中，不能忽视南大洋的作用。按照“大洋传送带”的概念，是北大西洋深层水驱动经向环流，南大洋和低纬只是响应而已。但是南半球在西风带驱动下，环南极洋流成为地球上最强的洋流。由于埃克曼环流作用，必然产生强劲的上升流，这才是大西洋经向环流的驱动力（Toggweiler and Samuels，1998）。换句话说，是南大洋的上升流带动了北大西洋深层水的下沉，而不是相反。即经向环流的驱动力在南大洋，不在北大西洋（Kuhlbrodt et al.，2007）。南大洋上升流驱动的大洋经向环流（图 9-13C；Marshall and Speer，2012）和传统“大洋传送带”（图 9-13A）的不同是多方位的，大洋深部水的上翻只能发生在南大洋（图 9-13C），而不在北太平洋（图 9-13A）。

总之，自从“大洋传送带”概念提出以后，该假说的雏形在三十年间经历了各种各样的发展、修改和批评（Richardson，2008）。大洋经向环流概念的更新，以及对传统“大洋传送带”概念的批评，有着深远的意义，也为古气候研究中重新认识洋流的作用打开了大门。尤其需要听取研究现代过程的科学家们对古气候学界的告诫，切忌在学术上跟风，切忌为追求成果发表而对不成熟观点的盲从（Wunsch，2010）。其实在研究千年尺度变化中还有更深层次的问题。如果说是冰山或者海冰驱动了 D-O 或者 Heinrich 事件，那又是什么力量导致冰盖崩解、淡水入海或者海冰的消长呢？如果说变化的源头是南大洋的上升流，那么又如何解释千年尺度的突发事件呢？也有模拟结果表明，冰盖的高度变化越过某个阈值，也可以造成气候突变（Zhang et al.，2014）。所有这些，显然是今后长期研究的题目，但说起来也无非是气候系统内反馈和外力驱动两类因素，我们下面就来讨论外部因素可能起的作用。

9.3　外因驱动下的人类尺度演变

引起人类尺度演变的外部因素，包括地球轨道、月球轨道和太阳活动三方面，其中有些因素很少受到国内学术界重视，有必要逐一加以讨论。

9.3.1　轨道驱动的千年尺度变化

9.3.1.1　半岁差和 1/4 岁差

读过 9.2.3 节“大洋传送带”之后，可能会产生一种印象：千年尺度的变化，也就是北半球冰盖和大西洋经向翻转流的产物，其实不然。20 年前就发现赤道大西洋深海沉积中的超微化石组合具有 8400 年长的周期，说明热带风系有千年尺度的变化。八千多年的周期有点像前述的 Heinrich 事件（见 9.2.2 节），但是 Heinrich 事件是冰期时“冰山舰队”南下造成的，赤道大西洋超微化石的周期却在全新世也有发生，因此只能是低纬过程自己的产物。什么样的低纬过程可以造成千年尺度的变化？一种可能的机制，就是轨道参数岁差周期在热带产生的谐波（harmonics）（McIntyre and Molfino，1996）。

7.2.1.2 节里说过，岁差周期会影响气候，主要是因为地球到达近日点的季节在变。如果到达近日点是夏至日，太阳正在直射北回归线，那么北半球的辐射量就会增大；反之，如果在冬至日到达，那就是南半球辐射量增大。这都是一次性的：每根回归线被太阳直射，一年只有一次；每个岁差周期里，夏至日到达近日点也只有一次。但是岁差影响气候并不限于夏至和冬至，别的季节有影响。所谓岁差，就是春分、秋分点在黄道椭圆形轨道上位置上的移动，所以岁差也称为“二分点进动（precession of equinoxes）”，就是指春分、秋分点的后退。对于赤道来说，春分和秋分时太阳直射赤道，辐射量达到最高值；而夏至和冬至太阳直射回归线，赤道得到的辐射量是最低值。因此，赤道接受的辐射量每年有两次最高值（春分、秋分）和两次最低值（夏至和冬至）；而在每个岁差周期里，也会出现两次赤道的辐射量最高值：一次是春分、另一次是秋分到达近日点。现在是冬至（12 月 21 日）靠近近日点（1 月 3 日），冬至和夏至都是赤道辐射量的最低值，而春分和秋分的辐射量最高值相差不大；反之，17000 年前春分接近于近日点，赤道的辐射量最高值就远远高于秋分的最高值（图 9-14）（Berger et al.，2006）。

这样就使得赤道辐射量在一个岁差周期里出现两次最高值：一次在春分、一次在秋分。换句话说，太阳一年直射南、北回归线各一次，因此一个岁差周期在南、北半球各有一次辐射量高值期，而且相位相反；但是每年太阳直射赤道两次，因此每个岁差周期在赤道地区就有两次辐射量高值期，两者的作用互不矛盾，这就形成了“半岁差”周期（图 9-14B；Berger et al.，2006）。这是辐射量轨道驱动的非线性作用的一种，是热带气候变化的重要特色，对于季风演变等过程有特殊意义。

由此可见，“半岁差”是岁差周期派生的一种谐波。不但有“半岁差”，如果考虑冬至和夏至最低值和春分和秋分最高值的差值，赤道辐射量还会有 5500 年的 1/4 岁差，这种周期性现象都可以传播出去影响赤道以外的气候，尤其是热带过程（Berger

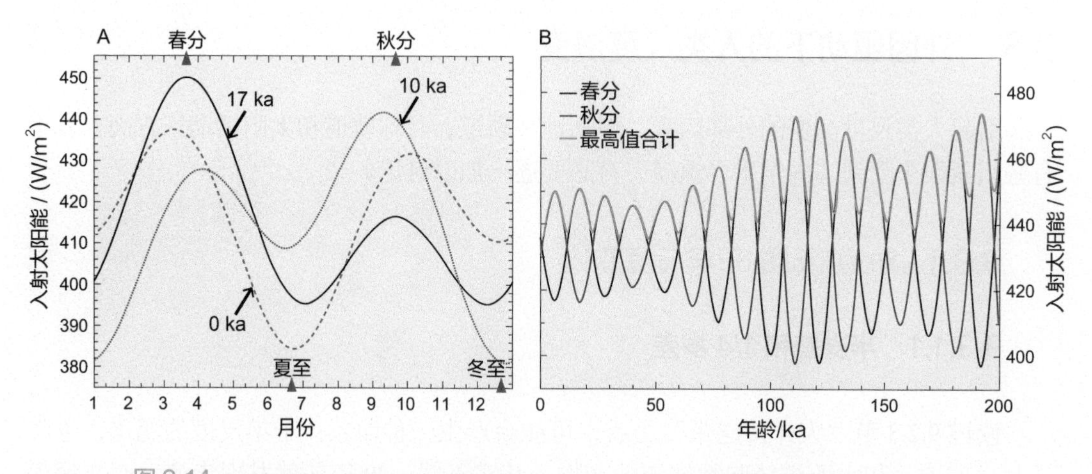

图 9-14
半岁差周期的成因（Berger et al., 2006）

A. 赤道辐射量的季节变化：现代，1 万年前和 1.7 万年前的比较；B. 20 万年来春分（黑线）、秋分（红线）赤道 24 小时辐射量的变化，两者最高值的合计（绿线）就形成"半岁差"周期

et al.，2006）。其实由岁差的谐波所产生的千年尺度热带气候波动，在 30 年前就已经注意到，早就提出了热带季风气候变化中有半岁差和 1/4 岁差周期。非洲的季风，可以将干旱湖泊底里的淡水硅藻吹到赤道大西洋，而分析发现 25 万年以来大西洋沉积中淡水硅藻的分布曲线，只有 2 万年岁差，没有 4 万年斜率周期，还有岁差的 2~5 次谐波所产生的 11000 年，7300 年，5500 年和 4400 年周期（Pokras and Mix，1987）。由此推论，赤道大西洋超微化石的 8400 年周期，很可能也是岁差周期派生的谐波（McIntyre and Molfino，1996）。

赤道每年受太阳直射两次的现象，对现代气候环境会造成多方面的影响，这包括西太平洋暖池区的海平面、表层水温、风速和温跃层深度，都有一年两次的准周期波动现象。这也正是古气候中出现"半岁差"现象的原因（Hagelberg et al.，1994）。用二维的能量平衡模拟，就可以得出太阳直射赤道两次所产生的气候周期，最显著的就是 40 万年、10 万年的偏心率，以及 2 万年、1 万年、5 千年的岁差、半岁差、1/4 岁差周期（Crowley，1992）。这种原理适用于各个地质时期，比如半岁差在白垩纪地层中早已发现。对于超级大陆的"超级季风"气候来说，其效果尤为显著。比如三叠纪时赤道地区的夏季最高温度曲线，模拟结果和最近 80 万年的曲线相类似（图 9-15A），频谱分析结果也相互一致，只是偏心率和半岁差的变幅更加显著（图 9-15B；Crowley，1992）。

现在，半岁差和千年尺度的气候变化已经在厄尔尼诺和季风演变的记录中广泛发现，无须在此综述。值得指出的是其驱动机制至今不够清楚，既有前述高纬的作用，又有这里讨论的低纬驱动。比如太平洋厄尔尼诺记录中的千年尺度变化与 D-O 事件一类的高纬过程相对应，因此可能是高纬的成因，但反过来也有可能是低纬过程影响着高纬（如 Turney et al.，2004），此类问题显然需要更多的研究才能回答。

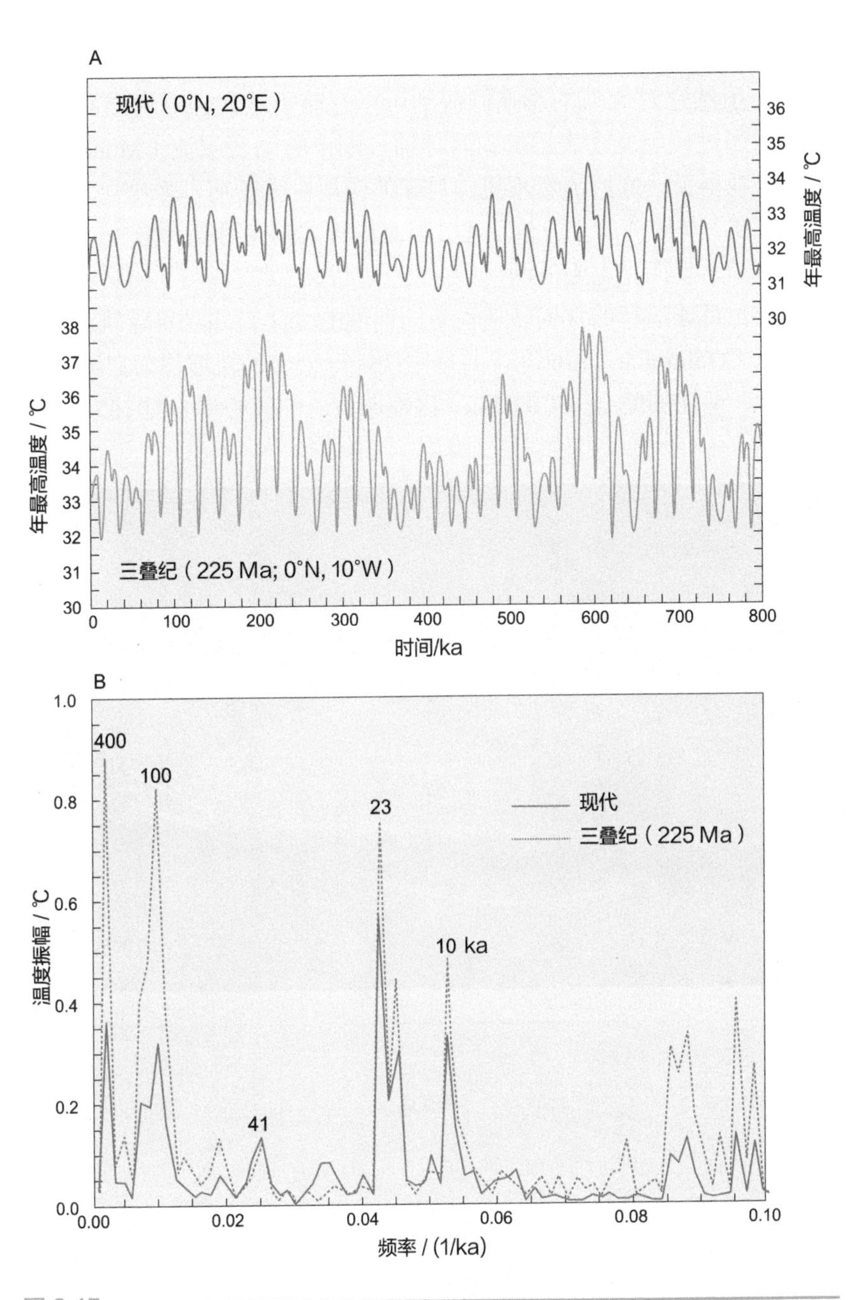

图 9-15
近代与三叠纪各 80 万年夏季最高温度时间序列的比较，用能量平衡模拟求出（据 Crowley，1992 改绘）

A. 时间域；B. 频率域

9.3.1.2　潮汐作用与月球轨道周期

气候变化的轨道驱动，我们至今谈论的只是太阳的辐射量，没有提及月球及其潮汐作用。地球气候环境出现天文周期，不仅有太阳，还应该有月球的因素。太阳的作用主要在于辐射能量，而月亮的作用在于潮汐。潮汐是唯一能够影响地球几乎所有圈层环流的一种营力。虽然它对大气的影响微弱到可以忽略不计，但对海洋潮汐的影响至关重要。太阳辐射通过风场驱动表层流，月球通过潮汐驱动底层流（Munk and Wunsch，1998）。表层流看得见、底层流看不见，月球的作用也就长期不受重视。由于引潮力与星体的质量成正比，与距离的立方成反比，因此尽管太阳比月亮大得多，但是距离太远，月亮对地球的引潮力反而是太阳的两倍多。

和地球一样，月球运行的几何轨道也有周期性的变化，并且月球轨道的演变早就引起学术界的注意（Goldreich，1966）。月球围绕地球公转的轨道称为白道（图 9-16A），白道也呈椭圆形，现在的偏心率（0.0549）比地球黄道的偏心率（0.0165）大 3 倍以上，

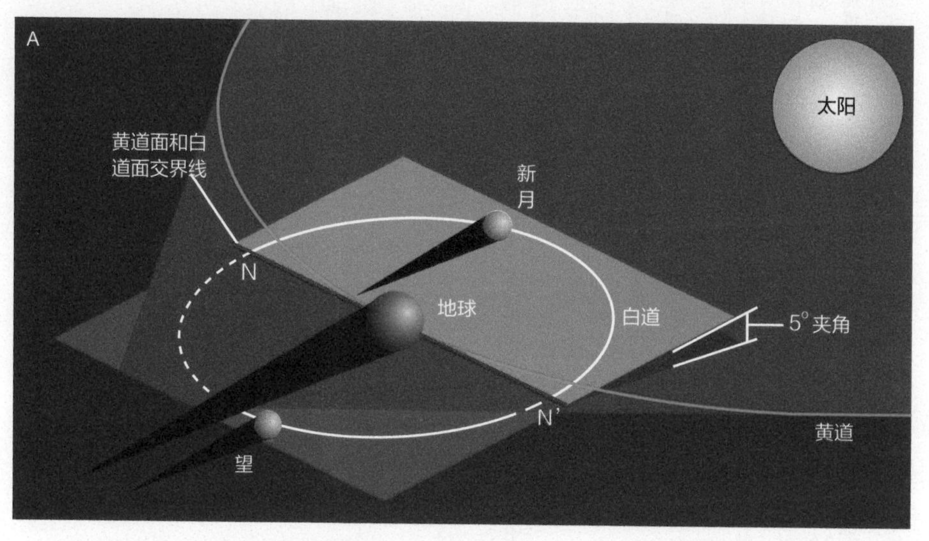

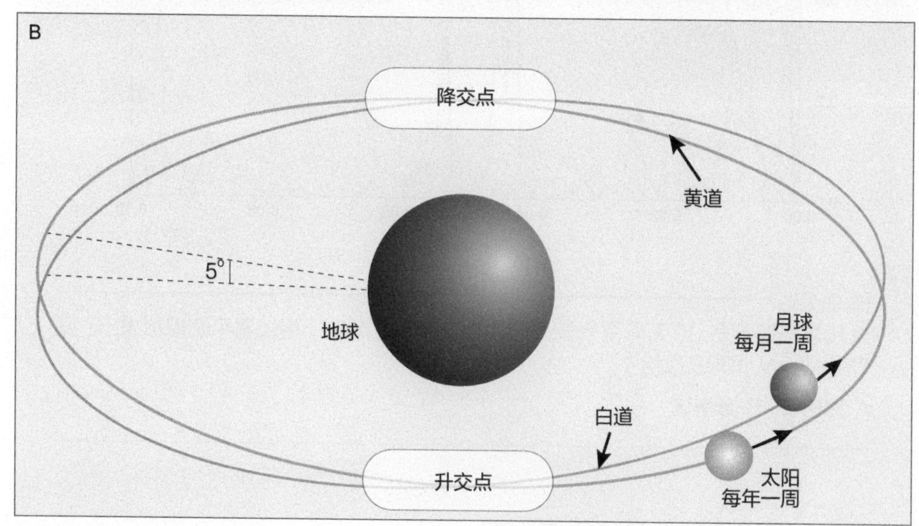

图 9-16
月球运行轨道
A. 地球黄道和月球白道的关系；B. 黄道与白道相交的月交点

因此月球的近地点和远地点，对于地球的潮汐作用有着显著的差别。但是地球的起潮力，更取决于日 – 地 – 月三者的关系，当三者都在一条线上时潮汐作用最强。这其中还有倾角的问题，月亮不但有朔望盈缺，还有高度的不同，这就是倾角。

月球的白道面和地球的黄道面之间存在 5°的夹角（见附注 2），两个面相交的“月交点”也有周期变化。地球的赤道和黄道相交就是春分点和秋分点，而白道和黄道相交的是月交点：月球穿越黄道进入北方的是升交点，穿越黄道进入南方的是降交点（图 9-16B）。如果考虑到地球本身的赤道和黄道还有 23.5°的倾角，月 – 地之间的倾角就可以在 18.5°（23.5° –5°）至 28.5°（23.5° +5°）之间发生很大的变化，而这种周期性的变化取决于月交点的位置。当月球的升交点正好在春分，月球驱动的潮汐力就会有 7% 的变幅，或者说日月合力中有 4%~5% 的变幅。然而和地球有岁差一样，月球运行的轨道也有进动现象，因此月球升交点在春分的周期是 18.6 年。这样，地球中纬度区的潮汐力有 18.6 年的周期，而低纬区和极区会有其一半，即 9.3 年的周期（de Boer and Alexandre，2012）。通过这种 18.6 年的交点周期，月球对于地球的环境产生周期性的影响。

18.6 年的月交点周期，调控着全日潮和半日潮的幅度，从而影响海洋的潮流和垂向混合，结果引起水温、气温以及海洋生产力的周期性变化，并对海洋沉积也造成影响。自从 20 世纪 90 年代引进海面测高的遥感技术以来，潮汐作用的 18.6 年周期在观测记录中就格外突出（Cherniawsky et al.，2010）。月交点周期在浅海的影响最为显著，同时也波及到深海。在北极海区，表层温度和盐度都有 18.6 年、9.3 年的周期和 74 年的次谐波周期（sub-harmonic）（Yndestad et al.，2008）；北美西海岸外的东北太平洋，冬季的大气和海水温度也都发现 18.6 年的周期（McKinnell and Crawford，2007）。

在现代观测的基础上，就可以探讨月交点周期通过潮汐作用在千年尺度上对气候变化的影响。潮汐的推动力取决于日 – 地 – 月三者的位置关系，最强的潮汐要求四大天文要素的重合：朔望（syzygy）、月球近地点（perigee）、（日月）食（eclipse）、和地球近日点（perihelion）。Keeling 和 Whorf（1997）指出：这种机会出现的周期非常长，重合的程度也不一样，其中就有长达 1800 年的周期。其实潮汐作用有 1800 年长周期的想法，早在一百年前就有人提出过。公元 1433 年在日、月共同作用下，北半球高纬度出现过极端的高潮（Lamb，1972）。由于 1800 年周期的变幅还受 5000 年周期的调控，因此他们认为，在北大西洋根据深海冰筏沉积发现的千年尺度周期，很可能就是月交点长周期引发的潮汐强度改变的一种表现（Keeling and Whorf，2000）。

月球轨道和潮汐作用在周期性气候变化中的作用，是一个十分重要但是被忽视的问题。尤其在古海洋学研究中，潮汐周期尤为重要，因为潮汐为海水的垂向混合提供了一半以上的能量。而且讨论潮汐过程的地质意义，决不应该以月球的引潮力为限，太阳对地球的潮汐作用就受到地球本身轨道周期的影响。现在地球处在偏心率的低值期（0.0165），每年日 – 地之间距离的变化（即近日点和远日点的差别）只有 3%，一年之内近日点和远日点的太阳引潮力相差不过 10%；但是当偏心率最大值达到 0.0728 时，日 – 地之间距离的变化增至 15%，一年之内引潮力的差别可以增至 50%（de Boer and Alexandre，2012）。偏心率变化有 40 万年的长周期（参看 7.3.2.1 节），这类长周期气候环境变化中潮汐驱动的作用，有待今后的研究揭示。

附注 2：赤道、黄道与白道

月球绕地球转，地球绕太阳转，而三者之间的关系却大有讲究。月球绕地球公转一周 27.3 天，自转一周也是 27.3 天，所以我们看不到月球的背面。太阳直径比月球大 400 倍，但是日地距离也是月地距离的 400 倍，因此从地球上看到的月球和太阳几乎一样大，这样才会发生日全食。月球正好把太阳挡住，但是挡不住太阳大气最外边的日冕。地球的早期可不同，那时的月球离地球近，地球上看到的月球比太阳大，假如那时候地球上也有观察者，他就看不到现代日全食时的日珥、日冕等现象。

黄道是地球绕太阳公转的轨道，白道是月球绕地球公转的轨道，这两个平面和地球的赤道面都有夹角。黄道面和赤道面现在夹角为 23.5°，这就是地球轨道的斜率；白道面和黄道面现在夹角为 5°（见下图），这 5° 的夹角却成了月球成因学说中的难题。按照月球碰撞形成的理论（见 1.2.3 节），气化硅酸盐在围绕地球的岩浆盘里聚结成为月球，该事件只能发生在地球公转轨道的平面里，倾斜度不超过 1°，随着月球演化至今最多只能剩 0.5°。而现在黄道、白道的夹角居然高达 5°，说明月球产生之初该夹角必须达到 10°，这就成了天文理论上的难解之谜（Ward and Canup, 2000），提出的各种猜想都难以自圆其说。最近的一种假设认为在碰撞形成月球的前后，在地球附近还有众多的星子，它们与月球遇而不撞，共同作用的结果造成了白道的倾角（Pahlevan and Morbidelli, 2015）。

赤道、黄道、白道之间的夹角

图片来自维基百科 https://en.wikipedia.org/wiki/Orbit_of_the_Moon，经编辑修改

9.3.2　太阳活动周期与气候

9.3.2.1　太阳活动周期的发现

太阳辐射是驱动地球表层气候变化的能量源泉，通常它被认为是一种不变的因素，变化的是地球本身，由于运转轨道和大气成分等因素，改变着地球表面实际收到太阳辐射能的时空分布。其实要从地球历史来看并非如此，根据恒星演化的规律，早期的太阳并没有现在那样亮，23 亿年前的辐射量比现在少 25%，照理当时的地球表面应当和火星一样寒冷冰冻，但是地质证据显示太古宙既有液态海洋又有生命演化，并没有那么寒冷，这就是所谓的“早期太阳黯淡之谜”（Sagan and Mullen，1972）。学者们提出了各种假设试图解释，比如说当时温室气体的浓度特别高（见 Feulner，2012 综述），或者大气受到含 NH_3 的有机质层保护（Wolf and Toon，2010），但至今仍是个待解之谜。不过这种 10^9 年尺度上的变化，并不影响显生宙的地球，何况这里我们讨论的还是人类尺度。

太阳活动周期是 19 世纪德国的天文爱好者观测太阳黑子时发现的，后来将黑子数量变化的记录上溯到 17 世纪。最重要的发现是每年黑子的数量不同，每隔 9 到 14 年出现一次极小值，构成了平均 11.1 年的数量变化周期。黑子增多说明太阳内部活动加强，太阳向外辐射的能量增多（图 9-17A；见附注 3）。在最近三次太阳活动周期，由于有卫星观测数据，可以准确估算出每个周期内到达地球上空的太阳辐射能有 1 W/m^2 的变化，这仅仅相当于太阳辐射均值 1366 W/m^2 的 0.07%（Gray et al.，2010）。叠加在这年代际变化之上的，还有百年尺度的太阳活动周期。最为明显的是 1645~1715 年的蒙德太阳活动极小期（Maunder Minimum），在这几十年里几乎完全没有黑子活动（图 9-17B）。由于缺乏太阳物理的精确模型，人类迄今无法估测蒙德极小期时的太阳辐射量变化，只能笼统地认为比现代均值小 4~7 W/m^2（Lean，2010）。

观测记录表明，全球温度和太阳黑子活动具有相关性（图 9-17C），但是太阳周期里辐射量的变化太小，究竟如何影响气候，是当前亟待查明的科学问题。本质上讲，所有的太阳活动都与太阳的磁场周期密切相关，黑子活动也就是太阳内部发电机磁流体过程的反映。黑子就是被强烈磁化的区域，11 年的太阳活动周期也就是平均为 22 年的磁场周期的一半，因此黑子活动对地球的影响并不以太阳辐射量变化为限。太阳活动波动伴随着太阳风带电粒子流和紫外线等电磁波的变化，会对地球大气层上层产生深刻的影响，进而改变地球的云物理等等。也正是太阳活动的这种性质，为我们提供了利用宇宙核素追溯太阳黑子周期变化的途径。

上面说过，太阳黑子活动的观测 17 世纪才开始，靠四百年记录研究周期性是远远不够的。好在太阳活动的强弱，还会影响宇宙核素的产量。当宇宙射线轰击地球大气层时，会产生放射性的 ^{14}C 和 ^{10}Be，而进入地球的宇宙射线数量，取决于太阳风和地磁场强度，因为这二者对宇宙射线都有屏蔽作用。若能去除地磁场因素，就能间接估算出太阳活动的相对变化（图 9-18）。具体来说，树轮里的 ^{14}C 和极地冰芯里 ^{10}Be 浓度的记录，都是估测太阳活动变化的最好指标（Steinhilber et al.，2012）。从长时间序列记录里，可以发现太阳活动变化存在从千年到年代际尺度的丰富频谱，除了 11 年周期，较强的周期还包括 22 年的 Hale 周期，88 年的 Gleissberg 周期，205 年的 Suess 周期和 2300 年的 Hallstatt 周期等。

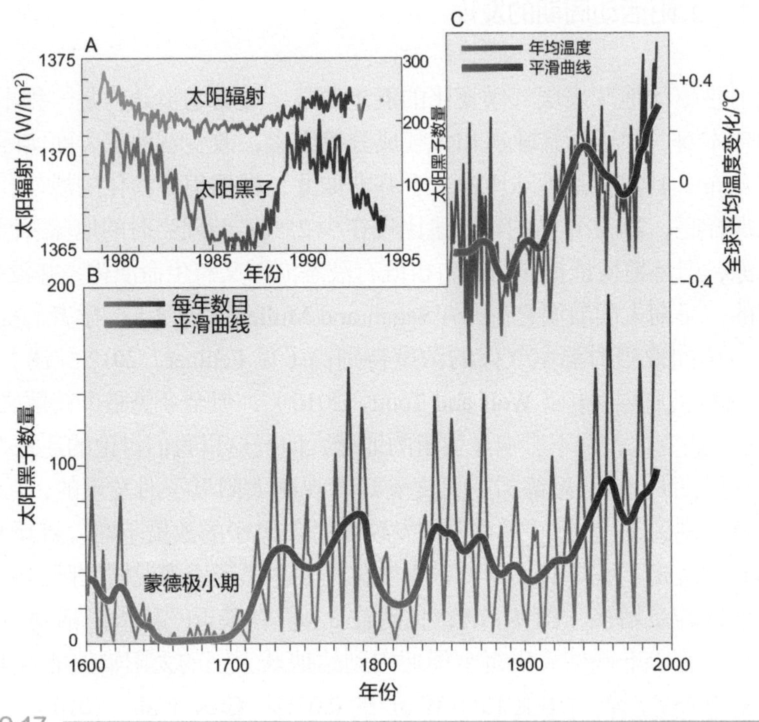

图 9-17

太阳黑子活动的周期性及其温度效应（据 Ruddiman, 2001 改绘）

A. 太阳黑子数目和太阳辐射量的比较；B. 太阳黑子活动 400 年记录显示的周期性；C. 近百余年来的温度变化，显示其与黑子数目（B）的对应性

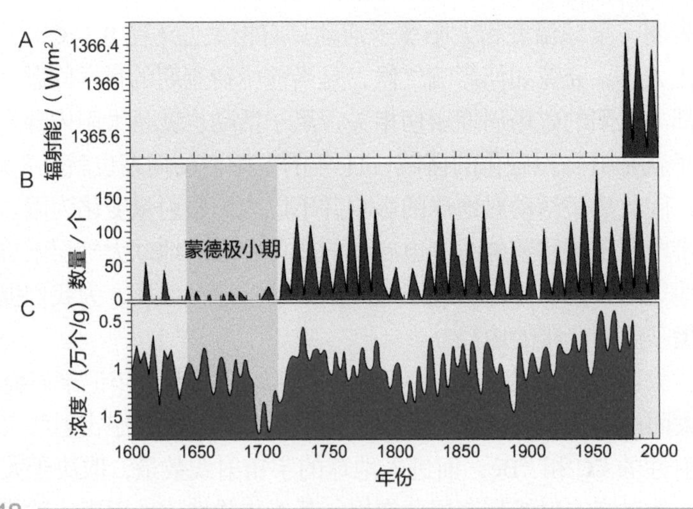

图 9-18

过去 400 年来的太阳黑子周期与太阳辐射量、宇宙核素含量的对比（据 Gray et al., 2010 改绘）

A. 太阳辐射能；B. 太阳黑子数量； C. ^{10}Be 在大气中的浓度

附注 3：太阳的黑子

人类生活在地球上，很容易“将心比心”以为太阳和地球相像，其实太阳是个气体球，平均密度只有水的几亿分之一；我们凭肉眼的直觉，以为太阳表面很光滑，其实那里是一片火海，满布着沸腾翻滚的“米粒组织”。这里所说的表面，也就是太阳光球层的外面，还有一层更加稀薄的大气，就是色球层。通常所指的太阳活动，就是指色球和光球上的现象。色球上会发生耀斑，耀斑爆发产生太阳风暴，射出高能的带电粒子流。光球上发生的主要是黑子活动。黑子是太阳光球上的巨型气流漩涡，大的比地球直径还大十多倍。黑子的寿命不长，从产生到消失也就是几天到几个月。实际上黑子是非常亮的，只因为太阳光球的温度约 5800 K，黑子的温度约 4000 K，因此显得相对暗黑才被叫成黑子。黑子不是孤立的现象，黑子的大量出现是太阳活动加剧的表现，太阳表面会同时出现更多光亮的耀斑，所以黑子增多时太阳不是变暗、而是更亮。

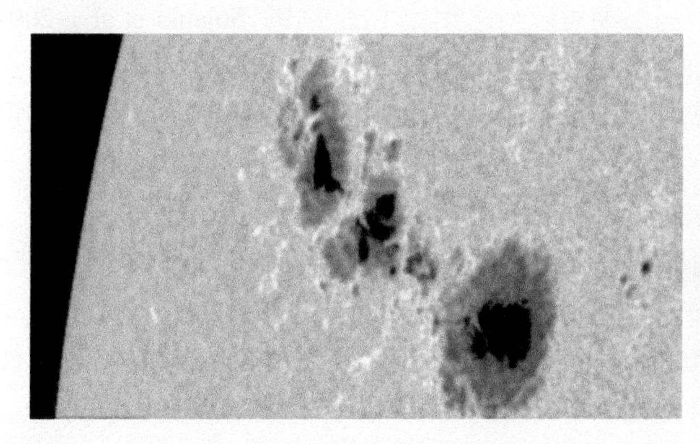
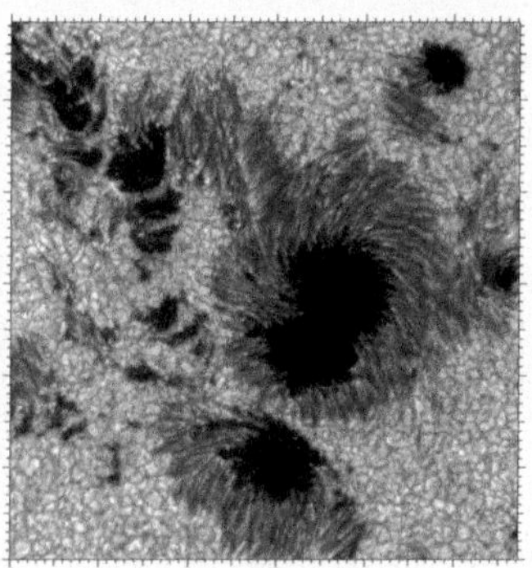

太阳表面的黑子（左）及其细节（右）
图片来自维基百科 https://en.wikipedia.org/wiki/Sunspot，经编辑修改

9.3.2.2　气候演变中的太阳活动周期

太阳活动和气候变化的关系相当复杂。太阳辐射能量主要存在于紫外线和可见光两个波段，两者可以通过两种不同的方式影响地球气候。一种是“自上而下”方式，紫外波段主要被平流层的臭氧吸附。当太阳活动增强时，臭氧产生速率变大，平流层温度升高，继而间接影响对流层的大气环流。在 11 年周期上，太阳活动可以引起热带上空平流层温度 2 ℃左右的变化。另一种是“自下而上”方式，可见光波段主要被地球表面吸收。虽然 1 W/m^2 的太阳辐射差异只能引起全球表温 0.07 ℃的变化，但不同区域的响应方式存在巨大差别。例如，缺乏云层遮蔽的亚热带大洋吸收额外太阳辐射后，增温效应会加强哈德雷环流，并促使亚热带地区的气流沉降和少云状况进一步增强（Gray et al., 2010）。这是一个正反馈过程，其累加效应可能最终调整整个低纬的海气耦合体系，从而影响水循环。除了能量，太阳风也可以通过调制宇宙射线数目改变地球的云量和气溶

胶，从而影响全球气候。宇宙射线中的带电粒子可以帮助云的形成，改变地球表面的水循环。就温度而言，云量有两个相反的效应，一是增加星体反射率导致地球降温，二是增强温室效应导致全球升温。由于前一个效应大过后一个效应，云量减少总体上是提升地球温度的（Engels and van Geel，2012）。因此，太阳辐射能量变化和太阳风活动影响地球气候的效应，是可以互相叠加的。

从记录来看，太阳活动的 11 年周期，在近百年的观测中十分明显（图 9-17，图 9-18）。比如说，20 世纪六七十年代的低温，就相当于太阳黑子活动的低值期。在更长的尺度上，最有名的是蒙德极小期（1645~1715 年；Eddy，1976），通常与 16 到 19 世纪中期的“小冰期”对比。但是相关关系不等于因果关系，在机制不明的情况下，不能过早下结论说这就是太阳活动造成的气候周期。近来发现，小冰期的变冷在 14~15 世纪就已经开始，很可能是火山作用的结果（Miller et al.，2012）。

然而，对太阳活动气候效应的不同认识，涉及当前全球变暖的驱动机制之争，因而让科学争论卷入了政治漩涡（见 10.2.2 节）。地质记录表明最近 70 多年太阳活动特别活跃，全新世一万年来只有 8000 年前的高温期可以与之相比（图 9-19；Solanki et al.，2004；Helama et al.，2010）。一部分人由此推测当前的全球变暖与太阳黑子活动有关，并进一步反对人类活动和碳排放导致全球变暖的说法。可见太阳活动气候效应的研究具有重要的现实意义和理论价值。

从理论上讲，同样重要的是太阳活动千年尺度的周期变化，因为这也涉及到气候变化驱动因素的归属。最有用的证据来自树轮和冰芯。欧洲高纬区七千多年（公元前 5500 年到公元 2004 年）来的树轮标本，可以同时提供大气温度和太阳活动的记录。发现两者从年到千年尺度上都具有对应性，尤其显眼的是有 2000~3000 年周期性的“Denton-Karlen 冷期”存在，并且发现千年尺度的气候响应滞后太阳活动变化 60~80 年。也就是说，近期来的太阳活动活跃期，其气候效应可能要到本世纪后期才会呈现，值得我们高度注意（Helama et al.，2010）。

这里需要再进一步指出的是 1500 年周期的“Bond 事件”。根据北大西洋深海的冰筏沉积，Bond 等（1997）提出全新世和末次冰期都有 1470 ± 500 年的气候周期，被广泛称为“Bond 事件”。几年后，通过与宇宙核素 ^{14}C 和 ^{10}Be 的比对，又进一步提出太阳活动变化导致北大西洋出现周期性冰筏沉积的假说（Bond et al.，2001）。尽管 1500 年的太阳周期不见得真实存在，但是数值模拟表明，87 年和 210 年的太阳周期造成的淡水输入，可以为北大西洋带来 1500 的冰筏周期（Braun et al.，2005）。不过近来的另一种意见，认为这“1500 年周期”无非是 1000 年和 2000 年周期在统计操作上的产物，质疑其真实意义（Obrochta et al.，2012）。

总之，太阳活动的气候效应肯定存在，但是并不如人们期望的那么简单。而且太阳活动的气候效应相当复杂，并不局限于温度变化。比如说，玛雅文化的衰亡是由于中美洲地区出现严重干旱，而从当地湖泊纹层记录和和宇宙核素 $\Delta^{14}C$ 的对比来看，旱灾源头很可能是太阳活动的 200 年周期（Hodell et al.，2001）。太阳活动可以通过改变区域水循环，对季风降雨产生影响。模拟表明，最近一千年全球季风的弱化期与太阳活动的极小期对应，而强化期发生在太阳活动的活跃期（Liu et al.，2009）。

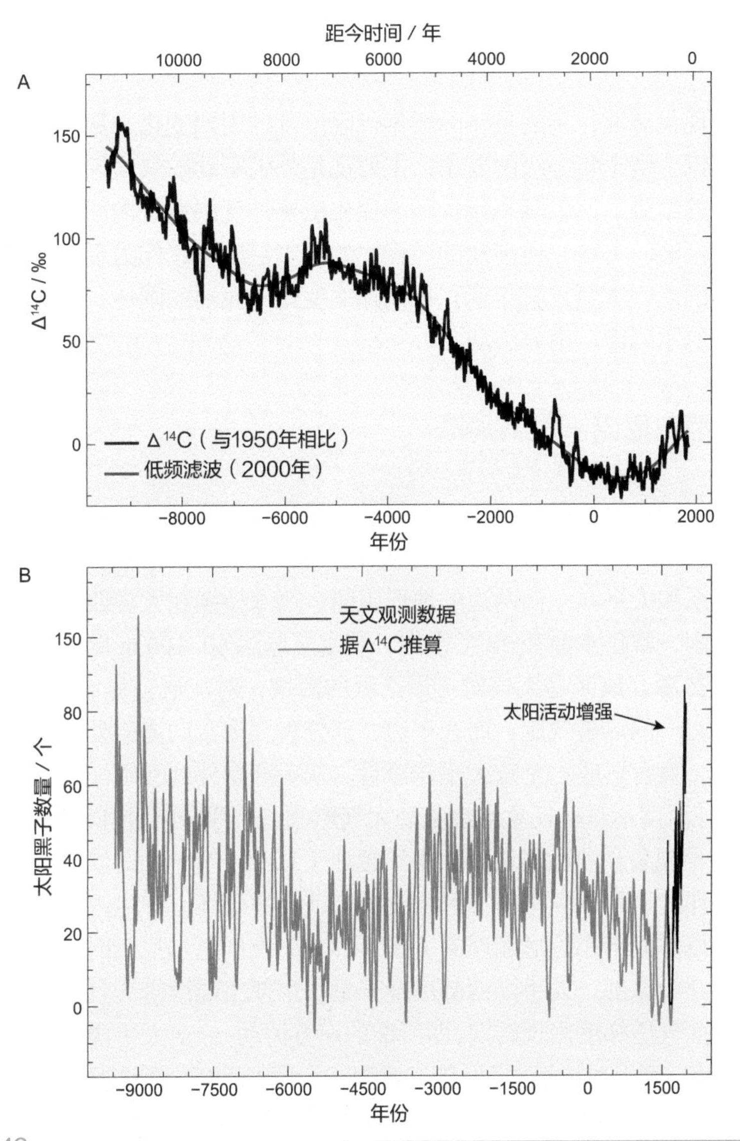

图 9-19
全新世的太阳活动

A. 根据树轮记录重建大气 $Δ^{14}C$ 水平的波动（据 Solanki et al., 2004 改绘）；B. 太阳黑子数目的变化（每 10 年平均值），黑线表示实测值，蓝线根据 $Δ^{14}C$ 记录推算得出（据 Helama et al., 2010 改绘）

以上的讨论，列举的都是全新世和末次冰期的研究实例，太阳活动在地质历史上当然一直存在，问题在于能否找到适于研究的记录。根据树木化石和纹层沉积，已经有不少文章探讨从中新世到三叠纪可能的太阳活动，及其从年代际尺度到千年尺度的周期性（Raspopov et al.，2011）。最近又在年轮分析的基础上，提出 2.9 亿年前二叠纪时 11 年的太阳周期延续时间更短，只有 10.62 年的说法（Luthardt and Rößler，2017）。研究太阳活动的历史，不但是要在频谱分析中找到确切的“周期”，更重要的是分析周期的成因机制。因此目前的挑战是如何从众多的影响因素里，鉴别出确实是太阳活动产生的结果。

9.4 现代环境的周期变化

这里所谓现代环境，指的是年际和年代际尺度的周期变化。从第 6 章到第 9 章，着重讨论百万年以上到千年等级的变化，主要都是外因驱动的气候环境变化，属于地球多圈层相互作用的结果；而年际和年代际的变化主要是气候系统内部反馈的过程，完全属于气候科学的范畴。再者，所涉及的过程比如厄尔尼诺等，作为现代过程已经在前面简单做过介绍。因此，本节只就年际和年代际的变化作扼要的阐述，不予展开，而主要的年际变化就是厄尔尼诺 – 南方涛动。

9.4.1 厄尔尼诺 – 南方涛动

地球上的气候变化一般是由于经向能量差异和输送引起的，但厄尔尼诺 – 南方涛动（El Niño-Southern Oscillation，ENSO）却是一种典型的纬向气候变化。由于地球自转产生的行星风系和太平洋东西两边的地形阻隔，热水持续在大洋西边堆聚，形成一个面积超过两个中国，常年水温在 28 ℃以上，暖水层厚达 60~100 m 的西太平洋暖池。作为地球上最大的热源，该区是大气对流最活跃的海域，对流层顶界高达 17.5 km，并且孕育了全球三分之一的热带气旋。而在东边，部分表层海水向赤道外辐散，较冷的次表层海水强烈上涌，发育形成一个东太平洋冷舌。从美洲岸外到开阔洋面，平均水温比西边低 3~9 ℃。这种温度不对称现象也会驱动大气形成一个纬向闭合环流圈，即沃克环流（见图 3-23）。这种现象在前面讨论西太平洋暖池（3.3.2.1 节）的时候已经说过。

赤道太平洋的这种气候平衡态每隔 2~7 年就会被破坏，产生内部振荡，其中最强的非平衡态就是厄尔尼诺和拉尼娜现象（图 3-23）。出现厄尔尼诺时，暖水和大气对流中心转移到太平洋中东部，太平洋西部出现干旱，东部出现洪涝天气。澳大利亚东岸和东太平洋的近地面气压梯度出现转向，即所谓的南方涛动。赤道太平洋温跃层的“西深东浅”现象也出现缓和。而出现拉尼娜时，信风增强，冷舌区面积扩张，向西边输出更多的热水。暖池面积缩小，但同时储存了更多热量，因此温跃层深度加深。暖池对流中心也向西偏移，太平洋中东部降雨显著减少。厄尔尼诺和拉尼娜现象，会产生全球规模的影响，而且超越气候的范围，甚至于通过海陆降水的比例改变全球海平面（Boening et al.，2012），通过大洋的物质分布改变地球的扁度（Cheng et al.，2004）。现在作为地球上年际变化的最大源头，ENSO 是影响中长期气候预报准确度的最重要因素。厄尔尼诺是气候变化中海气相互作用的典型，也是 20 世纪海洋研究对气候学的重大贡献（McPhaden et al.，2006）。

厄尔尼诺现象具有特征性的 2~7 年准周期，很容易在具有年分辨率的记录中辨识，最典型的就是热带海洋的珊瑚记录。造礁珊瑚样品的分析可以达到月甚至周的分辨率，借此厄尔尼诺的重建记录可以上溯到 150 年（如 Charles et al.，1997）、1100 年（Cobb et al.，2003）直到 13 万年之前（Hughen et al.，1999；Tudhope et al.，2001）。同样利用湖泊的年纹层，也可以取得 1.5 万年以来（Rodbell et al.，1999），甚至三千多万年前的厄尔尼诺记录（Huber and Caballero, 2003）。而从地质记录来看古厄尔尼诺，首先产生的问题是：厄尔尼诺现象从什么时候开始？是从来就有的吗？

在南美西海岸，厄尔尼诺的表现之一是雨量剧增。南美洲厄瓜多尔湖泊里的浅色纹层，就是厄尔尼诺大雨产生的沉积物，因此那里 12000 年的湖泊纹层提供了全新世厄尔尼诺盛衰的记录（Rodbell et al.，1999）。从分析结果看，全新世早期很少有厄尔尼诺发生，现在看到的厄尔尼诺现象基本上是 7000 年以来才有的（图 9-20A，B；Moy et al.，

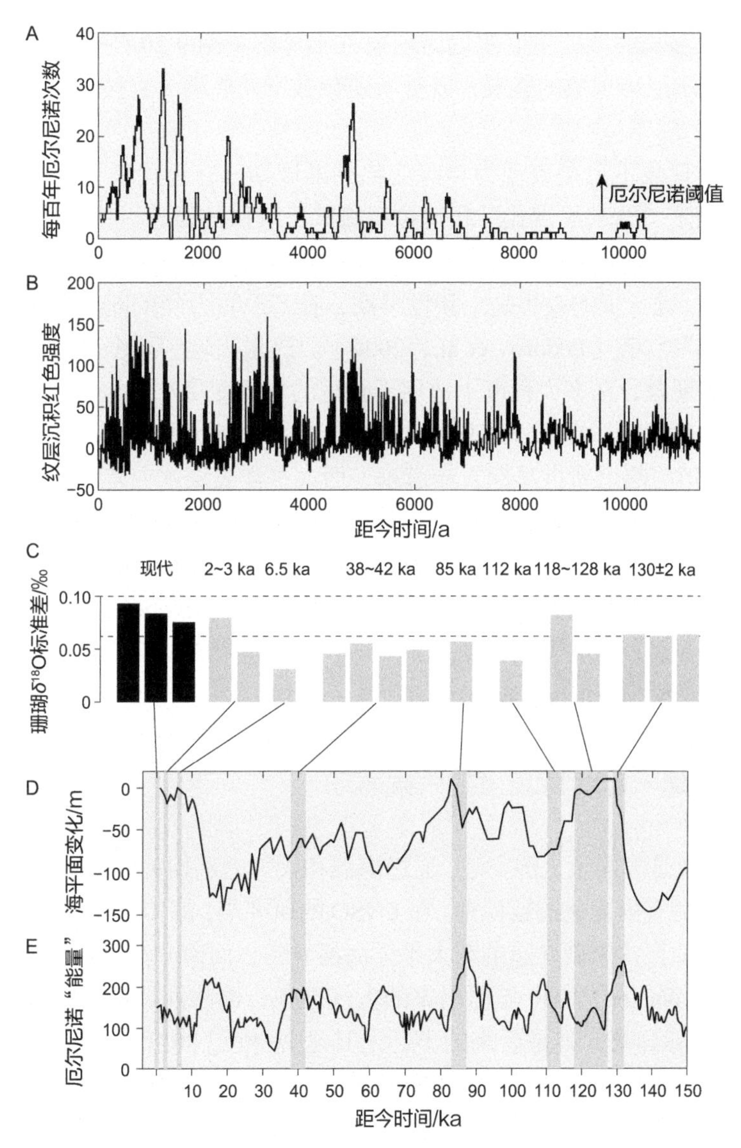

图 9-20
厄尔尼诺现象的地质记录

A，B. 12000 年来湖泊纹层中的厄尔尼诺记录（据 Moy et al., 2002 改）；A. 每一百年厄尔尼诺事件的次数；B. 纹层沉积红色强度；C—E. 13 万年来珊瑚记录中的厄尔尼诺演变（据 Tudhope et al., 2001 改绘）；C. 各时段珊瑚 $\delta^{18}O$ 的标准差，黑色为现代珊瑚，灰色为化石珊瑚，虚线为现代珊瑚记录的最大和最小标准差；D. 海平面变化；E. 数值模拟的厄尔尼诺“能量”，显示 2 万年岁差周期

2002）。数值模拟同样表明，赤道太平洋温度场在轨道驱动下逐渐变化，只有到全新世晚期的温度差异才有利于ENSO发生，而推动这种长期变化的应当是岁差周期（Clement et al.，2000）。

厄尔尼诺现象在全新世晚期的强化，也在珊瑚记录中得到证明（Cane，2005）。巴布亚－新几内亚的现代与古代珊瑚礁，提供了13万年以来的不连续记录，同样可以看到只在全新世晚期才有强烈的厄尔尼诺信号，另外就是在十二三万年前的末次间冰期也比较明显，而在漫长的冰期里厄尔尼诺现象并不显著（图9-20 C—E；Tudhope et al.，2001）。可见厄尔尼诺现象的盛衰，既受轨道参数岁差周期的直接驱动，又受冰期旋回的控制。

然而ENSO现象不只是表现为年际变化的准周期，它还代表了海气交换的不同模式，因此又提出了“厄尔尼诺式”和“拉尼娜式”气候的概念。比如说四五十万年前MIS 11和13期的气候怪象，就试图用“厄尔尼诺式”气候来予以解释（Mohtadi et al.，2006）。进一步的设想是上新世早期，在二三百万年的时间里大洋曾经长期处于“厄尔尼诺式”状态（Fedorov et al.，2006）。这里出现了一个严肃的问题，也就是年际、年代际的现象，在多大程度上适用于长期的气候变化？因为气候系统内部的反馈作用，在时间尺度上往往短于外部驱动的变化。根据东西太平洋深海记录的对比，发现450万到300万年前的上新世早期，赤道东、西太平洋表层水温差别不大，有人认为这就是长期“厄尔尼诺式”的证据。这种现象被用来解释上新世的暖期，以为随着冰期气候的降临，长期厄尔尼诺宣告结束（Wara et al.，2005；Ravelo et al.，2006）。但是这种长期厄尔尼诺的设想，并没有得到数值模拟的支持（Haywood et al.，2007），即便赤道东、西太平洋温度差从6℃减少到1℃，3~4年准周期的厄尔尼诺现象也会照样发生，只是强度有所减弱（Manucharyan and Fedorov，2014）。

9.4.2　年际－年代际尺度的气候涛动

ENSO的发现是气候学上的突破，通过海温和大气的遥相关揭示出气候变异的模式，开拓了理解和预测气候变化的新视角。在ENSO的研究中，海和气的两大部分来历不同：厄尔尼诺是秘鲁渔民古来就知道的东太平洋海温异常，而南方涛动则是英国气候科学泰斗沃克爵士（G. Walker）1930年提出来的大气现象，而将两者联系起来作为横跨赤道太平洋最强的年际异常，则是后来的事，尤其是20世纪80年代热带太平洋TOGA观测之后的进展。现在知道，南方涛动是ENSO的大气部分，而厄尔尼诺则相当于海洋部分。两者各有一对“偶极子”或者说一副“跷跷板”：海温的一对偶极子是东太平洋的冷舌和西太平洋的暖池，而大气的一对偶极子是与之对应的大气压力，通常用澳大利亚达尔文和东南太平洋塔希提岛上空的气压差，作为南方涛动的指数。

其实当年沃克讨论世界气候，同时提出的有三大涛动：北大西洋涛动（North Atlantic Oscillation，NAO），北太平洋涛动（North Pacific Oscillation，NPO）和南方涛动（Southern Oscillation，SO）（Walker and Bliss，1932），前两者主要都在北半球，而论规模南方涛动最大，专指东南太平洋与印度洋/印尼地区之间的反相气压振动，也就是东南太平洋气压偏高时印度洋/印尼地区气压偏低，反之亦然。这种格局的翻转，造成了气候格局几年一次的转变。但是地球上不光有南方涛动，北半球也有，现在看来除北大西洋、北太平洋外还有更多的涛动，共同构成了年际－年代际气候波动的主体。

年际－年代际气候波动是指两个地方的大气或者海洋过程产生准周期性或者不规律的“跷跷板”变化，通过海气耦合和反馈放大效应产生显著的区域性气候异常，因此学界将这类现象称为气候的“涛动”或者“偶极振荡”。一部分气候涛动的“韵律”可以延续较长时间，达到十年—数十年等级。例如太平洋十年涛动和北大西洋年代际涛动；另一部分气候涛动主要在季节－年际尺度上进行，主要包括北大西洋涛动、北极涛动、南极涛动和印度洋偶极子（见表9-2）。可以选其中最为典型的太平洋十年涛动和北大西洋涛动，作简要介绍。

表9-2　年际－年代际气候涛动类型

类型	代表性气候参数的变化	涛动周期规律
太平洋十年涛动	北太平洋东西两岸表层海温振荡	不规则，但有约20~30年准周期
北大西洋年代际涛动	去除线性趋势后的北大西洋海表温度振荡	不规则，但有30~40年准周期
北大西洋涛动	冰岛与亚速尔两地气压梯度振荡	无明显规律，年际尺度波动
北极涛动	北极与北半球中纬度气压梯度振荡	无明显规律，波动从数周到数年均有
南极涛动	威德尔海与阿蒙森海的海冰面积消长	年际尺度，追随ENSO周期
印度洋偶极子	印度洋东西两岸海表温度梯度振荡	无明显规律，可能有3~8年准周期

太平洋十年涛动（Pacific Decadal Oscillation，PDO）是1996年首先在一篇美国水产学博士论文里提出来的（Hare and Mantua，2000），与ENSO对气候的影响类似，只不过重点在中纬区而不在热带，而且主要表现为年代际、而不只是年际变化，每种相位的延续时间可以长达20~30年（图9-21）。PDO处于正相位（或称“暖相位”）时，20° N以北的西太平洋表层温度处于负异常，而热带以及北美大陆太平洋沿岸的表层水温处于正异常，从阿拉斯加到美国西北冬季都受到温暖气流影响，而美国东南气温低于平均值（图9-20A）。当PDO处于负相位（“凉相位”）时，所有气候异常现象正好相反（图9-20B）。太平洋十年涛动还会对北太平洋的海洋生态系统造成明显影响，PDO的气候波动现象最早就是通过统计阿拉斯加鲑鱼产量变化发现的。从20世纪的记录看，1925~1946年PDO处于正相位，1947~1976年负相位，1977年以后又是正相位。而20世纪中期PDO处于负相位时，热带太平洋表层温度长时间处于负异常，同时期全球变暖趋势停滞甚至出现变冷的趋势。因此在全球变暖的争论中，有一种学术观点认为太平洋气候波动决定了该时间尺度上的全球表温变化，甚至企图用来解释20世纪全球变暖现象，但是更多的数据又对PDO与全球温度相关性的论证不利。

北大西洋涛动（North Atlantic Oscillation，NAO）是由冰岛与亚速尔两地气压梯度振荡引起的。当亚速尔在冬季处于高气压控制时，冰岛地区出现低压。两个气压中心

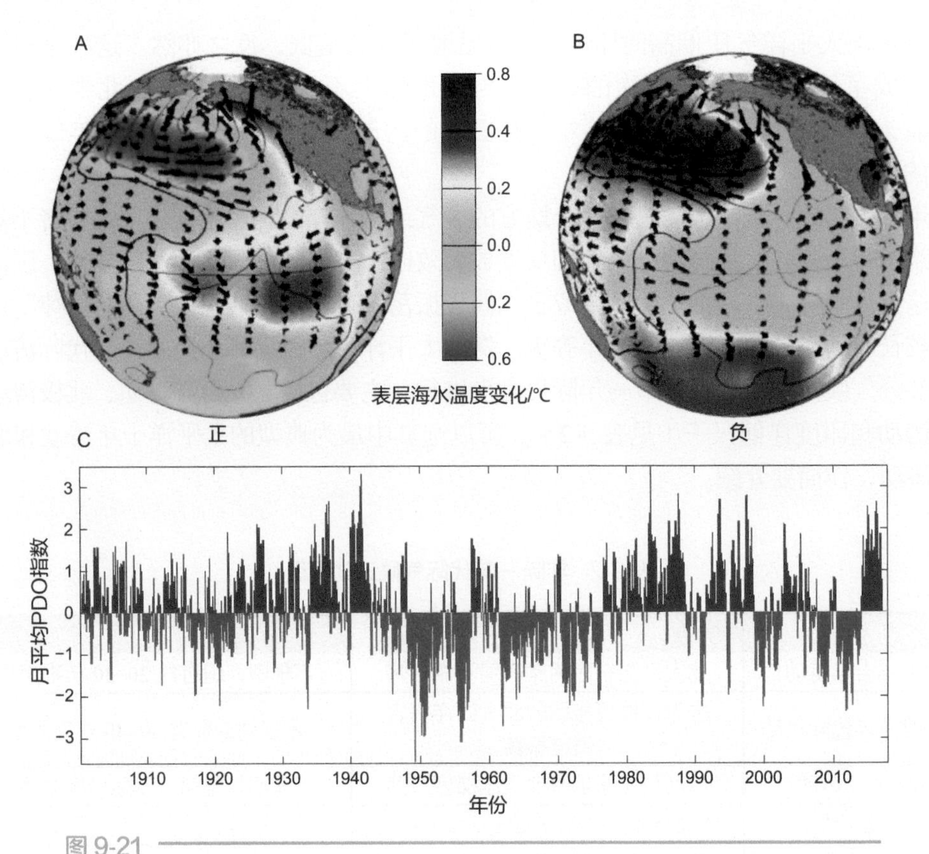

图 9-21
太平洋十年涛动 PDO

A，B. 冬季表层海水温度波动；A. 正（暖）相位；B. 负（凉）相位，线条和箭头示海面气压与风场；C. 1900~2016 年 PDO 指数，红色为正相位，蓝色为负相位（图片来自 http://research.jisao.washington.edu/pdo/，经编辑修改）

的西风带增强，导致欧洲地区受到暖湿的海洋气流影响，出现暖冬现象；而地中海地区出现冷干的气候现象。同时期大西洋热带贸易风加强，非洲地区向海洋输出大量风尘。NAO 的正、负相位也有年代际的变化，对于冬季气候产生的影响可以远及亚洲北部（Visbeck et al.，2001）。

目前对各类气候涛动驱动机制的研究并不成熟。由于区域的气候现象常常叠加了全球信号，在各类气候记录中，常常需要去掉“全球趋势”，才能得到年际－年代际时间尺度上的涛动现象。然而不同研究群体分解信号的方法存在差异，再加上观测序列尚短，导致对气候涛动的定义各不相同。此外，各类区域气候涛动现象并非独立，相互间存在相当复杂的关联（图 9-22）。例如，ENSO 作为全球最大热储库地区的气候波动现象，通过调制热带表层的海水温度，影响了中低纬地区各个大陆上的季风过程，而且通过控制西太平洋暖池的西边界，影响了印度洋偶极子的出现频率和幅度。在太平洋十年涛动和南极涛动记录中，常常发现 ENSO 信号领先的迹象。一旦出现极端 ENSO 事件，这两种涛动也会出现特别突出的异常信号。ENSO 还通过控制热带大西洋－太平洋的水汽输送，影响大西洋的深层环流速率和表层热量分布，继而影响北

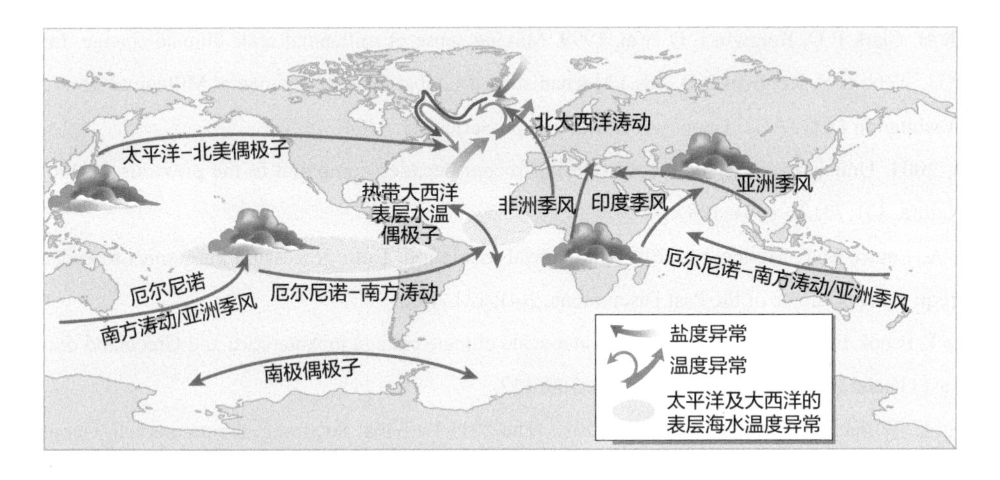

图 9-22
年际 – 年代际尺度气候涛动及其遥相关作用示意图（Zahn，2003）

大西洋涛动。因此，目前记录的缺乏及其复杂性制约了我们对年代际－年际尺度演变现象的认识。

近几十年以来，由于观测和重建古环境技术的进步，人类发现地球表层系统存在着从千年到年际尺度的巨大波动。对于轨道尺度的变动，我们已经明确知道它的驱动机制来自地球轨道参数的周期性变化，而人类尺度演变的驱动源头，却至今并不清楚。一类可能是外力，另一类可能是表层系统自身的内部振荡。无论哪一种，都牵涉到气候的非线性反馈机制和复杂的内部相互作用过程。结果导致该时间尺度演变的规律性较差，并且表现形式复杂多样。但是这类演变与人类社会发展的关系最为密切，对它们运行机制的理解，也是准确预测中长时期气候演变和各类气候灾难的关键。

参 考 文 献

沃利 • 布洛克 . 2012. 大洋传送带：发现气候突变出发器 . 中国第四纪科学研究会高分辨率气候记录专业委员会译 . 西安：西安交通大学出版社 .

张德二 , 蒋光美 . 2004. 中国三千年气象记录总集 . 南京：凤凰出版社、江苏教育出版社 .

竺可桢 . 1973. 中国近五千年来气候变迁的初步研究 . 中国科学 , 16(2): 168–189.

Alley R B. 2007. Wally Was Right: Predictive Ability of the North Atlantic “Conveyor Belt” Hypothesis for Abrupt Climate Change. The Annual Review of Earth and Planetary Sciences, 35(1): 241–272.

Alley R B, Meese D A, Shuman C A, et al. 1993. Abrupt increase in Greenland snow accumulation at the end of the Younger Dryas event. Nature, 362(6420): 527–529.

Alley R B, Mayewski P A, Sowers T, et al. 1997. Holocene climatic instability: A prominent, widespread event 8200 yr ago. Geology, 25(6): 483.

Alley R B, Clark P U, Keigwin L D et al. 1999. Making sense of millennial-scale climate change. In: Clark P U, Webb R S, Keigwin L D (eds.) Mechanisms of Global Climate Change at Millennial Time Scales. Washington D. C.: AGU Geophysical Monograph Series. 385–394.

Beer J. 2004. Unusual activity of the Sun during recent decades compared to the previous 11,000 years. Nature, 431(7012): 1084–1087.

Berger A, Loutre M F, Mélice J L. 2006. Equatorial insolation: from precession harmonics to eccentricity frequencies. Climate of the Past Discussions, 2(4): 131–136.

Blunier T, Brook E J. 2001. Timing of millennial-scale climate change in Antarctica and Greenland during the Last Glacial Period. Science, 291(5501): 109–112.

Boening C, Willis J K, Landerer F W, et al. 2012. The 2011 La Niña: So strong, the oceans fell. Geophysical Research Letters, 39(19): L19602. doi: 10.1029/2012GL053055.

Bond G, Broecker W, Johnsen S, et al. 1993. Correlations between climate records from North Atlantic sediments and Greenland ice. Nature, 365(6442): 143–147.

Bond G, Heinrich H, Broecker W, et al. 1992. Evidence for massive discharges of icebergs into the North Atlantic ocean during the last glacial period. Nature, 360(6401): 245–249.

Bond G, Kromer B, Beer J, et al. 2001. Persistent solar influence on North Atlantic climate during the Holocene. Science, 294(5549): 2130–2136.

Bond G, Showers W, Cheseby M, et al. 1997. A pervasive millennial-scale cycle in North Atlantic Holocene and glacial climates. Science, 278(5341): 1257–1266.

Braun H, Christl M, Rahmstorf S, et al. 2005. Possible solar origin of the 1,470-year glacial climate cycle demonstrated in a coupled model. Nature, 438(7065): 208–211.

Broecker W S, Olson&Amp E A, Orr P C. 1960. Radiocarbon measurements and annual rings in cave formations. Nature, 185(4706): 93–94.

Broecker W S, Peteet D M, Rind D. 1985. Does the ocean-atmosphere system have more than one stable mode of operation? Nature, 315(6014): 21–26.

Broecker W S. 1994. Massive iceberg discharges as triggers for global climate change. Nature, 372(6505): 421–424.

Broecker W S. 1998. Paleocean circulation during the Last Deglaciation: A bipolar seesaw? Paleoceanography, 13(2): 119–121.

Broecker W. 1991. The great ocean conveyor. Oceanography, 4(2): 79–89.

Broecker W. 2010. The Great Conveyor: Discovering the Trigger for Abrupt Climate Change. New Jersey: Princeton University Press.

Brook E J, Sowers T, Orchardo J. 1996. Rapid variations in atmospheric methane concentration during the past 110,000 years. Science, 273(5278): 1087–1091.

Camoin G F, Iryu Y, Mcinroy D B. 2007. IODP Expedition 310 reconstructs sea level, climatic, and environmental changes in the South Pacific during the last deglaciation. Scientific Drilling, 5(5): 4–12.

Cane M A. 2005. The evolution of El Niño, past and future. Earth & Planetary Science Letters, 230(3–4): 227–240.

Charles C D, Fairbanks R G. 1997. Interaction between the ENSO and the Asian monsoon in a coral record of tropical climate. Science, 277(5328): 925–928.

Cheng H, Edwards R L, Wang Y, et al. 2006. A penultimate glacial monsoon record from Hulu Cave and two-phase glacial terminations. Geology, 34(3): 217–220.

Cheng H, Edwards R L, Sinha A, et al. 2016. The Asian monsoon over the past 640,000 years and ice age terminations. Nature, 534(7609): 640–646.

Cheng H, Sinha A, Wang X, et al. 2012. The Global Paleomonsoon as seen through speleothem records from Asia and the Americas. Climate Dynamics, 39(5): 1045–1062.

Cheng M, Tapley B D. 2005. Variations in the Earth's oblateness during the past 28 years. Journal of Geophysical Research Solid Earth, 110(B3): 1404–1406.

Cherniawsky J Y, Foreman M G G, Kang S K, et al. 2010. 18.6-year lunar nodal tides from altimeter data. Continental Shelf Research, 30(6): 575–587.

Clement A C, Seager R, Cane M A. 2000. Suppression of El Niño during the Mid-Holocene by changes in the Earth's orbit. Paleoceanography, 15(6): 731–737.

Cobb K M, Charles C D, Cheng H, et al. 2003. El Niño/Southern Oscillation and tropical Pacific climate during the last millennium. Nature, 424(6946): 271–276.

Crowley T J, Kim K Y, Mengel J G, et al. 1992. Modeling 100,000-year climate fluctuations in pre-pleistocene time series. Science, 255(5045): 705–707.

Cunde X, Yuansheng L, Allison I, et al. 2008. Surface characteristics at Dome A, Antarctica: first measurements and a guide to future ice-coring sites. Annals of Glaciology, 48(1): 82–87.

Dansgaard W, Johnsen S J, Clausen H B, et al. 1993. Evidence for general instability of past climate from a 250-kyr ice-core record. Nature, 364(6434): 218–220.

De Boer P L, Alexandre J T. 2012. Orbitally forced sedimentary rhythms in the stratigraphic record: is there room for tidal forcing? Sedimentology, 59(2): 379–392.

Denton G H, Alley R B, Comer G C, et al. 2005. The role of seasonality in abrupt climate change. Quaternary Science Reviews, 24(10–11): 1159–1182.

Eddy J A. 1976. The maunder minimum. Science, 192(4245): 1189–1202.

Edwards R L, Chen J H, Wasserburg G J. 1987. ^{238}U, ^{234}U, ^{230}Th, ^{232}Th systematics and the precise measurement of time over the past 500,000 years. Earth & Planetary Science Letters, 81(2): 175–192.

Engels S, van Geel B. 2012. The effects of changing solar activity on climate: contributions from palaeoclimatological studies. Journal of Space Weather and Space Climate, 2: A09. doi: 10. 1051/swsc/2012009.

Fedorov A V, Dekens P S, Mccarthy M, et al. 2006. The Pliocene paradox (Mechanisms for a permanent El Niño). Science, 312(5779): 1485–1489.

Feulner G. 2012. The faint young Sun problem. Reviews of Geophysics, 50(2): 93–102.

Fischer H, Fundel F, Ruth U, et al. 2007. Reconstruction of millennial changes in dust emission, transport and regional sea ice coverage using the deep EPICA ice cores from the Atlantic and Indian Ocean sector of Antarctica. Earth and Planetary Science Letters, 260(1–2): 340–354.

Goldreich P. 1966. History of the lunar orbit. Reviews of Geophysics, 4(4): 411–439.

Gornitz V. 2009. Encyclopedia of Paleoclimatology and Ancient Environments. Berlin: Springer.

Gramling C. 2012. Polar science. A tiny window opens into Lake Vostok, while a vast continent awaits. Science, 335(6070): 788–789.

Gray L J, Beer J, Geller M, et al. 2010. Solar influence on Climate. Reviews of Geophysics, 48(4): 1032–1047.

Hagelberg T K, Bond G, Demenocal P. 1994. Milankovitch band forcing of sub-Milankovitch climate variability during the Pleistocene. Paleoceanography, 9(4): 545–558.

Hare S R, Mantua N J. 2000. Empirical evidence for North Pacific regime shifts in 1977 and 1989. Progress in Oceanography, 47(2): 103–145.

Hartmut H. 1988. Origin and consequences of cyclic ice rafting in the Northeast Atlantic Ocean during the past 130,000 years. Quaternary Research, 29(2): 142–152.

Haug G H, Günther D, Peterson L C, et al. 2003. Climate and the collapse of Maya civilization. Science, 299(5613): 1731–1735.

Haywood A M, Valdes P J, Peck V L. 2007. A permanent El Niño-like state during the Pliocene? Paleoceanography, 22(1): PA1213. doi: 10.1029/2006PA001323.

Heinrich H. 1988. Origin and consequences of cyclic ice rafting in the northeast Atlantic Ocean during the past 130,000 Years. Quaternary Research, 29(2): 142–152.

Helama S, Fauria M M, Mielikainen K, et al. 2010. Sub-Milankovitch solar forcing of past climates: Mid and late Holocene perspectives. Bulletin of the Geological Society of America, 122(11–12): 11–12.

Hemming S R. 2004. Heinrich events: Massive late Pleistocene detritus layers of the North Atlantic and their global climate imprint. Reviews of Geophysics, 42(1): 235–273.

Hendy C H. 2011. The isotopic geochemistry of speleothems-I. The calculation of the effects of different modes of formation on the isotopic composition of speleothems and their applicability as palaeoclimatic indicators. Geochimica et Cosmochimica Acta, 35(8): 801–824.

Henry L G, Mcmanus J F, Curry W B, et al. 2016. North Atlantic ocean circulation and abrupt climate change during the last glaciation. Science, 353(6298): 471–474.

Hodell D A, Brenner M, Curtis J H, et al. 2001. Solar forcing of drought frequency in the Maya lowlands. Science, 292(5520): 1367–1370.

Hovland M, Risk M. 2003. Do Norwegian deep-water coral reefs rely on seeping fluids? Marine Geology, 198(1–2): 83–96.

Huber C, Leuenberger M, Spahni R, et al. 2006. Isotope calibrated Greenland temperature record over Marine Isotope Stage 3 and its relation to CH_4. Earth & Planetary Science Letters, 243(3–4): 504–519.

Huber M, Caballero R. 2003. Eocene El Nino: evidence for robust tropical dynamics in the“hothouse”. Science, 299(5608): 877–881.

Hughen K A, Schrag D P, Jacobsen S B, et al. 1999. El Niño during the Last Interglacial Period recorded by a fossil coral from Indonesia. Geophysical Research Letters, 26(20): 3129–3132.

Jian L, Kuang X Y, Wang B, et al. 2009. Centennial variations of the global monsoon precipitation in the last millennium: results from ECHO-G model. Journal of Climate, 22(9): 2356–2371.

Jouzel J. 2013. A brief history of ice core science over the last 50 yr. Climate of the Past, 9(6): 2525–2547.

Jr C C L. 2008. The history of early polar ice cores. Cold Regions Science & Technology, 52(2): 101–117.

Kawamura K, Parrenin F, Lisiecki L, et al. 2007. Northern Hemisphere forcing of climatic cycles in Antarctica over the past 360,000 years. Nature, 448(7156): 912–916.

Keeling C D, Whorf T P. 1997. Possible forcing of global temperature by the oceanic tides. Proceedings of the National Academy of Sciences of the United States of America, 94(16): 8321–8328.

Keeling C D, Whorf T P. 2000. The 1,800-year oceanic tidal cycle: A possible cause of rapid climate change. Proceedings of the National Academy of Sciences of the United States of America, 97(8): 3814–3819.

Kelly M J, Gallup C D, Edwards R L. 2006. A penultimate glacial monsoon record from Hulu Cave and two-phase glacial terminations. Geology, 34(3): 217–220.

Kuhlbrodt T, Griesel A, Montoya M, et al. 2007. On the driving processes of the Atlantic meridional overturning circulation. Reviews of Geophysics, 45(2): 638–646.

Lamb H H, 1972. Chapter 6, Cyclic and quasi-periodic phenomena. In: Climate: Present, Past, and Future. London: Routledge. 221–253.

Lean J L. 2010. Cycles and trends in solar irradiance and climate. Wiley Interdisciplinary Reviews Climate Change, 1(1): 111–122.

Li C, Battisti D S, Schrag D P, et al. 2005. Abrupt climate shifts in Greenland due to displacements of the sea ice edge. Geophysical Research Letters, 32(19): 245–262.

Liu J, Wang B, Ding Q, et al. 2009. Centennial variations of the global monsoon precipitation in the last millennium: Results from ECHO-G model. Journal of Climate, 22: 2356–2371.

Luthardt L, Rößler R. 2017. Fossil forest reveals sunspot activity in the early Permian. Geology, 45(3): 279–282.

Manucharyan G E, Fedorov A V. 2014. Robust ENSO across climates with a wide range of mean east-west SST gradients. Journal of Climate, 27: 5836–5850.

Marshall J, Speer K. 2012. Closure of the meridional overturning circulation through Southern Ocean upwelling. Nature Geoscience, 5(5): 171–180.

Mcintyre A, Molfino B. 1996. Forcing of Atlantic equatorial and subpolar millennial cycles by precession. Science, 274(5294): 1867–1870.

McKinnell S M, Crawford W R. 2007. The 18.6-year lunar nodal cycle and surface temperature variability in the northeast Pacific. Journal of Geophysical Research, 112(C2): 97–108.

McPhaden M J, Zebiak S E, Glantz M H. 2006. ENSO as an integrating concept in earth science. Science, 314(5806): 1740–1745.

Members N C. 2013. Eemian interglacial reconstructed from a Greenland folded ice core. Nature, 493(7433): 489–494.

Miller G H, Áslaug Geirsdóttir, Zhong Y, et al. 2012. Abrupt onset of the Little Ice Age triggered by volcanism and sustained by sea-ice/ocean feedbacks. Geophysical Research Letters, 39(2): L02708. doi: 10.1029/2011GL050118.

Mogensen I A. 2009. Dansgaard-Oeschger cycles. In: Gornitz V (ed.) Encyclopedia of Paleoclimatology and Ancient Environments. Berlin: Springer, 229–233.

Mohtadi M, Hebbeln D, Ricardo S N, et al. 2006. El Niño-like pattern in the Pacific during marine isotope stages (MIS) 13 and 11? Paleoceanography, 21: PA1015. doi: 10.1029/2005PA00/190.

Moy C M, Seltzer G O, Rodbell D T, et al. 2002. Variability of El Niño/Southern Oscillation activity at millennial timescales during the Holocene epoch. Nature, 420(6912): 162–165.

Munk W. 1997. The Moon, of course. Oceanography, 10(3): 132–134.

Munk W, Wunsch C. 1998. Abyssal recipes II: energetics of tidal and wind mixing. Deep Sea Research Part I, 45(12): 1977–2010.

NEEM community members. 2013. Eemian interglacial reconstructed from a Greenland folded ice core. Nature, 493(7433): 489–494.

North Greenland Ice Core Project members. 2004. High-resolution record of the Northern Hemisphere climate extending into the last interglacial period. Nature, 431: 147–151.

Obrochta S P, Miyahara H, Yokoyama Y, et al. 2012. A re-examination of evidence for the North Atlantic "1500-year cycle" at Site 609. Quaternary Science Reviews, 55: 23–33.

Ojala A, Kull C, Alverson K. 2003. PAGES News, vol. 11. Bern: PAGES International Project Office.

Pahlevan K, Morbidelli A. 2015. Collisionless encounters and the origin of the lunar inclination. Nature, 527(7579): 492–494.

Petersen S V, Schrag D P, Clark P U. 2013. A new mechanism for Dansgaard-Oeschger cycles. Paleoceanography, 28(1): 24–30.

Pokras E M, Mix A C. 1987. Earth's precession cycle and Quaternary climatic change in tropical Africa. Nature, 326(6112): 486–487.

Rahmstorf S. 2003. Thermohaline circulation: The current climate. Nature, 421(6924): 699.

Raspopov O M, Dergachev V A, Ogurtsov M G, et al. 2011. Variations in climate parameters at time intervals from hundreds to tens of millions of years in the past and its relation to solar activity. Journal of Atmospheric and Solar-Terrestrial Physics, 73(2): 388–399.

Ravelo A C, Dekens P S, Mccarthy M. 2006. Evidence for El Niño-like conditions during the Pliocene. GSA Today, 16(3): 4–11.

Raynaud D, Parrenin F. 2009. Ice cores, Antarctica and Greenland. In: Gornitz V. Encyclopedia of Paleoclimatology and Ancient Environments. Berlin: Springer. 453–457

Reimer P J, Bard E, Bayliss A, et al. 2013. IntCal13 and Marine13 radiocarbon age calibration curves 0–50,000 years cal BP. Radiocarbon, 51: 1111–1150.

Richardson P L. 2008. On the history of meridional overturning circulation schematic diagrams. Progress in Oceanography, 76(4): 466–486.

Rodbell D T, Seltzer G O, Anderson D M, et al. 1999. An approximately 15,000-year record of El Nino-driven alluviation in southwestern Ecuador. Science, 283(5401): 516.

Ruddiman W F. 2001. Earth's Climate. Past and Future. New York: W. H. Freeman and Company.

Sagan C, Mullen G. 1972. Earth and Mars: evolution of atmospheres and surface temperatures. Science, 177(4043): 52–56.

Sarnthein M, Bartoli G, Prange M, et al. 2009. Mid-Pliocene shifts in ocean overturning circulation and the onset of Quaternary-style climates. Climate of the Past Discussions, 222(1–6): 1–8.

Seidov D. 2009. Heat transport, oceanic and atmospheric. In: Gornitz V (ed.) Encyclopedia of Paleoclimatology and Ancient Environments. Berlin: Springer. 407–409

Severinghaus J P, Beaudette R, Headly M A, et al. 2009. Oxygen-18 of O_2 records the impact of abrupt climate change on the terrestrial biosphere. Science, 324(5933): 1431–1434.

Severinghaus J P, Sowers T, Brook E J, et al. 1998. Timing of abrupt climate change at the end of the Younger Dryas interval from thermally fractionated gases in polar ice. Nature, 391: 141–146.

Solanki S K, Usoskin I G, Kromer B, et al. 2004. Unusual activity of the Sun during recent decades compared to the previous 11,000 years. Nature, 431(7012): 1084–1087.

Steinhilber F, Abreu J A, Beer J, et al. 2012. 9400 years of cosmic radiation and solar activity from ice cores and tree rings. Proceedings of the National Academy of Sciences of the United States of America, 109(16): 5967–5971.

Stocker T F, Johnsen S J. 2003. A minimum thermodynamic model for the bipolar seesaw. Paleoceanography, 20(1): 211–227.

Toggweiler J R, Samuels B. 1998. On the Ocean's Large-Scale Circulation near the Limit of No Vertical Mixing. Journal of Physical Oceanography, 28(9): 1832–1852.

Trenberth K E, Caron J M. 2001. Estimates of meridional atmosphere and ocean heat transports. Journal of Climate, 14(16): 3433–3443.

Tudhope A W, Chilcott C P, Mcculloch M T, et al. 2001. Variability in the El Niño-southern oscillation through a glacial-interglacial cycle. Science, 291(5508): 1511–1517.

Turney C S, Kershaw A P, Clemens S C, et al. 2004. Millennial and orbital variations of El Niño/Southern Oscillation and high-latitude climate in the last glacial period. Nature, 428(6980): 306–310.

Visbeck M H, Hurrell J W, Polvani L, et al. 2001. The North Atlantic Oscillation: past, present, and future. Proceedings of the National Academy of Sciences of the United States of America, 98(23): 12876–12877.

Walker G T, Bliss E W. 1932. World Weather V. Memoirs of the Royal Meteorological Society, 4: 53–84.

Wang P X, Wang B, Cheng H, et al. 2014. The global monsoon across time scales: is there coherent variability of regional monsoons? Climate of the Past, 10: 1–46.

Wang P X, Wang B, Cheng H, et al. 2017. The global monsoon across time scales: Mechanisms and outstanding issues. Earth-Science Reviews, 174: 84–121.

Wang Y J, Cheng H, Edwards R L, et al. 2001. A high-resolution absolute-dated Late Pleistocene monsoon record from Hulu Cave, China. Science, 294(5550): 2345–2348.

Wara M W, Ravelo A C, Delaney M L. 2005. Permanent El Niño-like Conditions during the Pliocene Warm Period. Science, 309(5735): 758–761.

Ward W R, Canup R M. 2000. Origin of the Moon's orbital inclination from resonant disk interactions. Nature, 403(6771): 741–743.

Weaver A J, Saenko O A. 2009. Thermohaline circulation. In: Gornitz V (ed.) Encyclopedia of Paleoclimatology and Ancient Environments. Berlin: Springer. 943–948.

Wolf E T, Toon O B. 2010. Fractal organic hazes provided an ultraviolet shield for early Earth. Science, 328(5983): 1266–1268.

Wunsch C. 2002. Oceanography. What is the thermohaline circulation? Science, 298(5596): 1179–1181.

Wunsch C. 2010. Towards understanding the Paleocean. Quaternary Science Reviews, 29(17): 1960–1967.

Yndestad H, Turrell W R, Ozhigin V. 2008. Lunar nodal tide effects on variability of sea level, temperature, and salinity in the Faroe-Shetland Channel and the Barents Sea. Deep Sea Research Part I: Oceanographic Research Papers, 55(10): 1201–1217.

Yokoyama Y, Webster J M, Cotterill C, et al. 2011. IODP Expedition 325: Great Barrier Reefs reveals past sea-level, climate and environmental changes since the Last Ice Age. Scientific Drilling, 12(12): 32–45.

Zahn R. 2003. Global change: Monsoon linkages. Nature, 421(6921): 324.

Zhang X, Lohmann G, Knorr G, et al. 2014. Abrupt glacial climate shifts controlled by ice sheet changes. Nature, 512(7514): 290–294.

Zolitschka B, Francus P, Ojala A E K, et al. 2015. Varves in lake sediments—a review. Quaternary Science Reviews, 117: 1–41.

思考题

1. 研究人类尺度的古环境变化要有高分辨率记录，这种高分辨率分析要具备哪些条件？是不是加密采样就能实现？

2. 为什么近年来冰芯和石笋成了快速气候变化研究的两大新支柱？相比之下，冰芯和石笋哪种记录更好？

3. 构造和轨道尺度上的气候环境变化常常会有全球性，千年尺度上的变化是否也能全球一致？不同区域的变化之间有什么相互联系？

4. “大洋传送带”是种假设，提出来的根据是什么、用处在那里？为什么会有人反对？

5. “新仙女木期”的成因有多种说法，你相信哪一种？像那样的气候突变，地球上什么时候再会发生？

6. 高纬地区有冰盖，在人类时间尺度上容易发生气候突变；低纬地区没有冰盖，为什么也会有气候突变？

7. 地球轨道周期通过太阳辐射量的分配影响气候，月球轨道通过什么途径影响地球的环境？这种影响在什么条件下会得到加强？

8. 为什么太阳表面的黑子越多，辐射量越强？有什么证据说明太阳黑子的活动周期，影响着地球的气候系统？

9. 为何说厄尔尼诺－南方涛动是年际尺度上最强的全球性变化？世界上为什么会有多种年代际的气候涛动？这类年际—年代际的涛动，相互之间有什么联系？通过什么途径可以影响更长时间尺度的变化？

推荐阅读

竺可桢 . 1972. 中国近五千年来气候变迁的初步研究 . 考古学报 , (1): 15–38.

布洛克 . 2012. 大洋传送带 : 发现气候突变触发器 . 西安 : 西安交通大学出版社 .

Berger A, Loutre M F, Mélice J L. 2006. Equatorial insolation: from precession harmonics to eccentricity frequencies. Climate of the Past, 2(2): 131–136.

Broecker W. 2010. The Great Ocean Conveyor: Discovering the Trigger for Abrupt Climate Change. New Jersey: Princeton University Press.

Cane M A. 1986. El Niño. Annual Review of Earth and Planetary Sciences, 14(1): 43–70.

Goldreich P. 1966. History of the lunar orbit. Reviews of Geophysics, 4(4): 411–439.

Gray L J, Beer J, Geller M, et al. 2010. Solar influence on Climate. Reviews of Geophysics, 48(4): 1032–1047.

Jouzel J. 2013. A brief history of ice core science over the last 50 yr. Climate of the Past, 9(6): 2525–2547.

Mcphaden M J, Zebiak S E, Glantz M H. 2006. ENSO as an integrating concept in Earth science. Science, 314(5806): 1740–1745.

Ruddiman W F. 2008. Earth's Climate. Past and Future (Second Edition). New York: W. H. Freeman and Company. 251–342.

Wang P X, Wang B, Cheng H, et al. 2014. The Global Monsoon across Time Scales: is there coherent variability of regional monsoons? Climate of the Past, 10: 1–46.

Wunsch C. 2010. Towards understanding the Paleocean. Quaternary Science Reviews, 29(17): 1960–1967.

内容提要：

● 全球变化以追踪人类排放温室气体的下落作为起点，推动了地球圈层相互作用的研究，成为地球系统科学发展的催化剂；同时，针对人类生存环境可持续性的全球变暖，成为历史上第一个由科学界提出的全球性政治问题。

● 三十年“国际地圈－生物圈计划（IGBP）”，及其下属的十几个跨圈层主题的核心项目，为地球表层系统的研究组织了空前规模的国际战役，取得了彪炳科学史册的成绩。

● 温室效应作为物理现象早在19世纪已经证明，但是在气候学的应用上，CO_2含量与大气温度的关系相当复杂，无论实际记录和理论计算上都存在着未解之谜。

● 三十多年来全球变化的研究，围绕碳循环在揭示圈层相互作用上十分成功，但涉及当前气候变化趋势的预测和人类活动所起作用的评价，都发生了长期的剧烈争论，反映出科学认识的不成熟性。

● “人类世”和“气候工程学”的提出，对于拆除古今研究的隔墙、科学和技术的结合，都具有重要的推进作用，但也都需要在充分科学论证的前提下进行。

● 全球变化研究的重点在人类生存环境，与地球系统运作的时间尺度并不相符，为此古代全球变化的研究显得格外重要。比如大洋酸化高温事件之类地质记录的研究，可以为预测环境演变提供借鉴。

● 在没有生命，甚至没有水的外星上，圈层之间也有相互作用，因此外星上“全球变化”的研究有助于理解地球早期的演变过程，有助于从复杂的相互作用系统中抽提出简单的关键机理。

10

地球系统与演变

第 10 章 全球变化与古环境研究

10.1 全球变化的提出与研究现状

20/21世纪之交，地球科学被推上了人类社会的“风口浪尖”，这就是“全球变化”之争。以温室效应为出发点，“全球变化”对当前人类生存环境的可持续性提出了疑问。于是随着温室气体排放限制措施的提出，“全球变化”进入了各国内政外交的核心圈，成为历史上第一个由科学界提出的全球性政治问题。学术问题一旦进入政治领域，虽然会受到各种非科学因素的干扰，却会给学科发展带来天赐良机，现在全球变化已经变成了社会的热点、科研的“显学”。

以追踪温室气体的下落作为起点，全球变化将地球看作整体，推动了地球表层圈层相互作用的研究，从而将地球科学推进到系统科学的新阶段。实质上讲，全球变化就是地球系统科学在人类尺度上的应用，她作为地球系统科学发展的催化剂，改变了地球科学发展的轨迹。

“后之视今，亦犹今之视昔”。有人已经在将温室效应当前的争论，和日心说、相对论的建立相比拟，相信全球变化将会在科学史上留下浓重的一笔（Sherwood，2011）。全球变化之社会价值，在于亮出了人类生存环境的底线。地球经过四十亿年的演化，不但形成了丰富多样的生物圈，并且产生了具有智能的人类，而人类的智能已经发展到能够改变地球表层系统的程度，甚至出现了超越底线、破坏本身生存环境的危险。为此，全球变化必须从描述型转化为预测型的科学，从而空前地提高了地球科学的社会价值。

10.1.1 全球变化科学问题的提出

虽然二十世纪初期学术界已经认识到历史上有过重大气候变化，但是直到二十世纪晚期，气候变化仍然是个学术争论问题。不清楚的是气候变化的性质，是缓慢的还是突然的？当前是在朝什么方向变化？更加不清楚的是原因，气候变化是天然的还是人为的？从20世纪70年代到新世纪，学术界爆发出一阵阵剧烈的争论，伴随着主流意识的翻盘，其结果则是气候科学的突飞猛进。

和现在不同，1945年开始全球的气温缓慢下降，到20世纪70年代初经历了三十年的缓慢降温（图10-1）。当时对于气候变化的知识十分有限，虽然已经有了冰期旋回轨道周期的理论，但是没有人知道大气CO_2浓度有过什么重大变化。尽管当时不知道气候变冷变热的原因，却已经提出了人类活动影响气候的假说：放出CO_2会使气候变暖，放出黑炭等气溶胶颗粒会使气候变冷，推测气溶胶屏蔽辐射量可能就是当时全球变冷的原因（Mitchell，1971）。更为重要的是按照新近建立起来的冰期旋回学说，新的冰期可能正在降临。间冰期一般延续一万年，而全新世已经过了一万年。在当时冷战的背景下，本来人类就面临着核武器造成“核冬天”的威胁，冰期降临的信息更是雪上加霜。1972年，在美国布朗大学举办了学术讨论会，题目就是“当前的间冰期：如何以及何时结束？”会后两位主席向尼克松总统写信，说“目前变冷的趋势如果继续下去，冰期时的温度有可能会在百年内降临”，建议总统赶紧设法应对（Broecker and Kunzig，2008）。

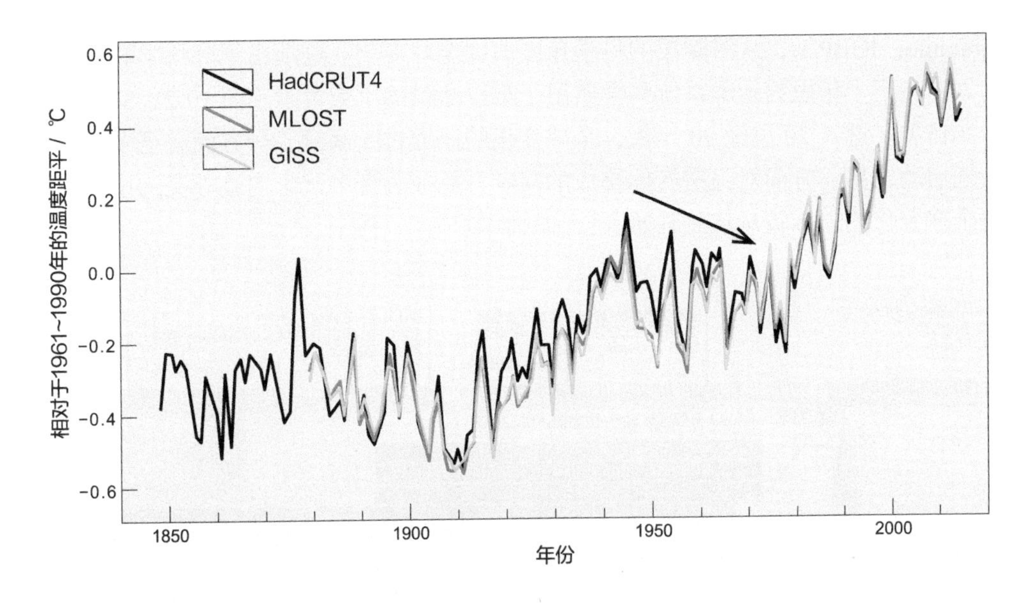

图 10-1
1850~2012 年全球平均（包括陆地和海表）温度距平变化（据 IPCC，2013 改绘）
颜色表示不同的数据集，箭头指示 1970 年代之前的降温期

20 世纪 70 年代的科学界是迷茫的：气候可能快速变化的问题已经正式提上日程，但是不知道变暖还是变冷。权威做出的总结回顾了历史，说从前的冰期气候可以在一两百年里结束，所以气候变化可以很快；而且很小的驱动因素可以引起很大的气候变化，包括人类活动影响大气的透明度（粉尘）和 CO_2 的浓度（Bryson，1974）。美国科学院对气候变化也提供了专题报告，认为“假如 CO_2 和大气颗粒物的增长速度相等的话，由于这两种污染物在大气里的滞留时间相差悬殊，颗粒物产生的效应要比 CO_2 大”（NAS，1975），看得出倾向是在变冷的一边。当时也有气候总趋势是增暖的意见，但并不构成主流。因为那时候格陵兰冰盖打钻，揭示出有几十年的天然气候周期，Broecker（1975）从而推测 1940 年代以来的变冷结束，就会出现几十年的增暖。果不其然，就在 1975 年之后出现了快速增温，80 年代成为有测量记录以来温度最高的十年（图 10-1）。

进入 20 世纪 80 年代，气候明显变暖，而随着一系列环保政策和燃料结构的改变，大气里的气溶胶增长明显减速，使二氧化碳问题突出起来。同时 1982 年的格陵兰冰芯进一步揭示出气候快速变化的历史，其中最为突出的是新仙女木期（Younger Dryas），短短的几十年里降温 2~6 ℃（第 8 章附注 2）；1985 年南极冰芯的 15 万年记录，又显示出 CO_2 浓度和温度有大幅度的共同变化（Lorius et al.，1985）。于是，温室气体终于成为全球气候变化讨论的主题和争论的核心。

在上述背景下，设立了一系列国际学术计划，研究气候变化和人类在其中的作用。1980 年建立了国际气象组织和国际科学联合会支持下的世界气候研究计划（World Climate Research Programme，WCRP），探讨气候有没有变化、能不能预测、是不是受人类作用的影响；1987 年，开始了国际地圈 – 生物圈计划（International Geosphere-Biosphere

Programme，IGBP），从跨圈层的科学角度研究全球变化。这项由国际科学联合会支持的计划，在三十年里为地球系统科学做出了难以估量的巨大贡献（图 10-2；Seitzinger et al.，2015）。进入 20 世纪 90 年代，全球变化的研究进入高潮，一方面有更多的国际合作计划启动，另一方面对温室气体排放的限制开始成为许多国家内政外交的重要议程，围绕全球变化的国际较量从此开始。

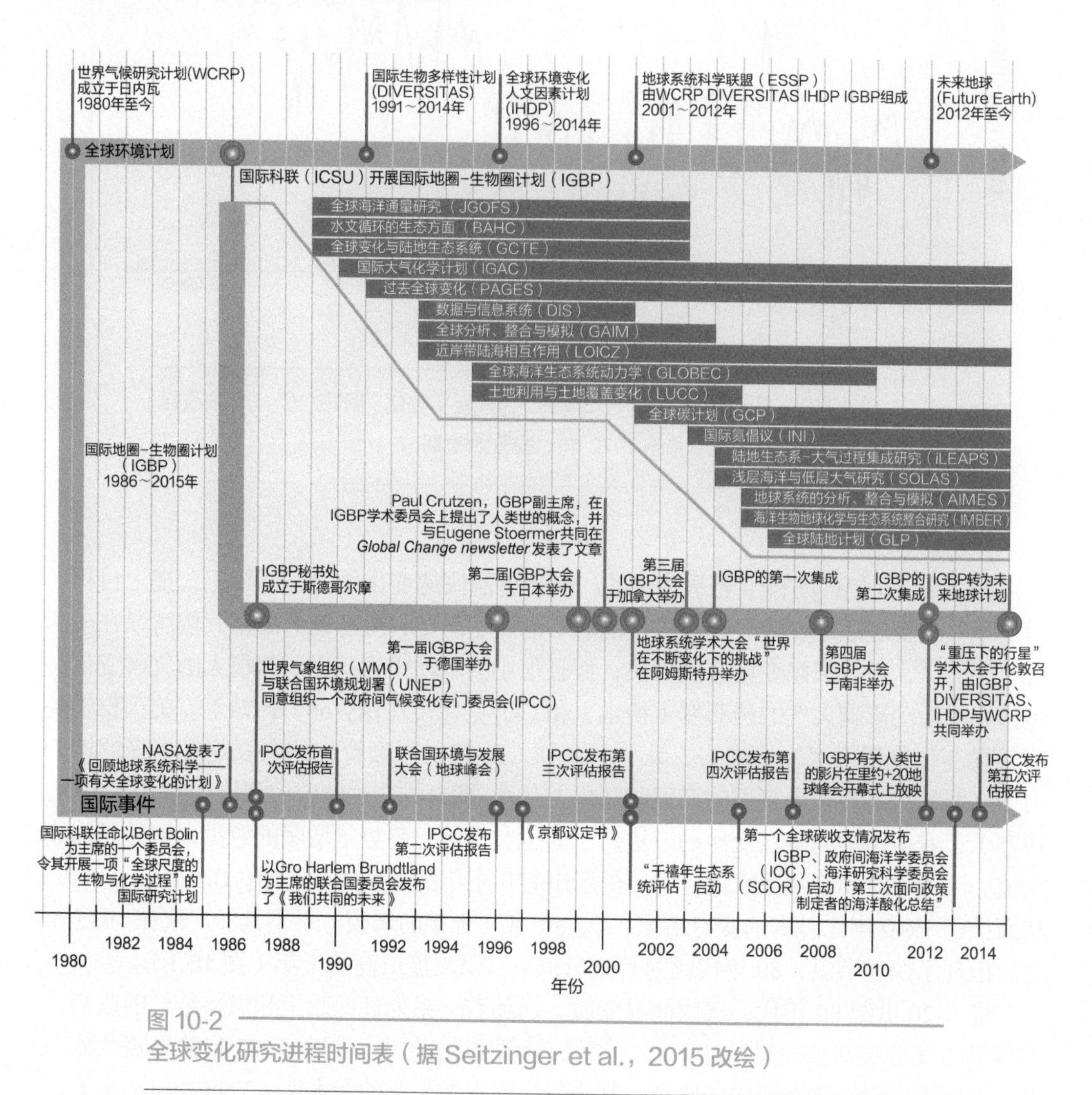

图 10-2

全球变化研究进程时间表（据 Seitzinger et al.，2015 改绘）

10.1.2 全球变化与气候外交

气候变化之所以成为社会问题、进入政治领域，是和环境污染问题连接在一起的。20 世纪 60 年代初，美国揭示杀虫剂破坏环境的著作《寂静的春天》，点燃了全世界环境保护的熊熊烈火；到 70 年代初，发现氟利昂不仅破坏臭氧层，而且有着比 CO_2 高一万倍的温室效应，温室气体的排放成为环境污染的重点内容之一。科学界保护环境反对污染的努力取得了效果，1987 年在联合国环境署组织下，签订了《关于消耗臭氧层物质的蒙特利尔议定书》，规定在 2000 年停止使用氟利昂。在初战告捷的鼓舞下，学术界进一步向限制温室气体 CO_2 的排放进军。

在联合国主持下，针对减排温室气体的“气候外交”从 20 世纪 90 年代起逐步展开。1992 年通过了“联合国气候变化框架公约”（United Nations Framework Convention on Climate Change，UNFCCC），从 1995 年起每年举行一次“联合国气候变化大会”，协调各国为控制气候变化所做的努力。1997 年的第三次会上通过了《京都议定书》，以发达国家为主要对象，规定发达国家从 2005 年开始承担减少碳排放量的义务，发展中国家则从 2012 年开始承担减排义务，但是执行并不顺利。美国当初签了字但事后始终没有批准，原定在 2009 年哥本哈根大会上确定“议定书”2012 年以后的方案，结果未能达成协议。虽然 2015 年巴黎的大会，在中美两个最大碳排放国的率先支持下，通过了新的《巴黎协议》，但是实现的道路并不平坦，美国总统一换班就立即反悔，宣布退出。围绕减排的外交博弈看不到尽头，因为减排举措牵涉到经济利益，属于国际国内的政治问题。

在国内政治上，减排就是要改变能源政策和环保政策，反映为企业和政治集团的党派斗争；在国际外交上，都希望别国多分摊减排份额，不仅发达国家之间相互推诿，还希望把更多份额转到发展中国家头上。无论历史上或者现在，发达国家都是造成现在温室气体过多的原因，应该承担减排的主要责任，并且有义务帮助发展中国家转向清洁能源；但是发达国家却要求发展中国家同样减排，客观上也就是要求他们减慢发展速度。在减排上讲“天赋人权”就是要算人均排放量。据美国统计，2003 年中国人均排放 CO_2 比 1990 年增长了 40%，但仍然只相当美国人均的 1/8。当然，推行低碳政策、发展清洁能源符合中国和国际的利益，中国早就承诺到 2020 年，单位国内生产总值（GDP）的 CO_2 排放量要比 2005 年下降 40%~45%。

由科学问题引发的政治斗争，也必然会延伸进入科学界，既推进了科学研究，又激化了学术争论。1987 年，国际气象组织和联合国环境署决定共同建立“政府间气候变化专门委员会（Intergovernmental Panel on Climate Change，IPCC）”，负责发表《联合国气候变化框架公约》有关的专题报告。这个机构组织了大量科学家，在自身研究和已发表文献的基础上撰写气候变化评估报告。至今，IPCC 已分别在 1990 年、1995 年、2001 年、2007 年及 2013 年发表五次正式的《气候变化评估报告》（图 10-2）。在每份 IPCC 报告中，都有《自然科学基础》的部分，综述报告期间气候环境的观测和研究进展，对于地球系统研究有很重要的价值。比如在 IPCC-5 评估报告中，提出的观测结果有（IPCC，2013）：

• 过去 30 年的地表已连续偏暖于 1850 年以来的任何一个十年。在北半球，1983~2012 年可能是过去 1400 年中最暖的 30 年。

•19 世纪中叶以来的海平面上升速率，比过去两千年来的平均速率为高。1901~2010 年期间，全球平均海平面上升了 0.19 m。

• 二氧化碳、甲烷和氧化亚氮的大气浓度至少已上升到过去 80 万年以来前所未有的水平。自工业化以来，二氧化碳浓度已增加了 40%，海洋已经吸收了大约 30% 的人为二氧化碳排放，导致了海洋酸化。

IPCC-5 报告的一个重要信息，是辐射能量在海水中的储存，报告中指出：

• 海洋变暖在气候系统储存能量的增加中占主导地位，1971~2010 年间累积能量的 90% 以上可由此加以解释。

• 几乎确定的是，1971~2010 年，海洋上层（0~700 m）已经变暖。21 世纪全球海洋将持续变暖。热量将从海面输送到深海，并影响海洋环流。

当前的表层变暖，到什么时候转换为深层水变暖，这将是跨越时间尺度研究气候变化的新命题。

10.1.3 全球变化的观测证据

20/21 世纪之交，是全球变化研究最为活跃的时期，一方面受政治力量的驱动，另方面也是因为全球变暖迹象的显现。在温度升高背景下，最为显著的现象是冰盖和海冰的退缩。北冰洋的海冰面积在缩小，1979~2012 年间每十年退缩 4% 左右，其中夏季最甚，每十年缩小 9.4%~13.6%（图 3-27）。陆地冰盖以格陵兰冰盖的损失最快，从 1992~2001 年平均每年减少 340 亿 t，增加到 2002~2011 年的每年 2150 亿 t（图 10-3A—C；IPCC，2013）。低纬区山地冰川的退缩尤为明显，非洲最高峰坦桑尼亚的乞力马扎罗山（Kilimanjaro）接近 5900 m 高，山顶的热带冰川 19 世纪 80 年代的面积为 20 km^2，到了 2011 年已经融缩到不足 2 km^2，估计 2020 年将完全消失。

温室效应正在对地球表层造成全面的影响，远不以海冰和冰川为限。全球海平面上升的速度正在加快，从 1901 到 2010 年平均每年上升 1.7 mm，到 1971~2010 年间为每年 2.0 mm，其中 1993~2010 年间为每年 3.2 mm（IPCC，2013）。估算在当前海平面上升的各种原因中，陆地冰盖融化占 55%，海水的热膨胀占 30%（Cazenave and Llovel，2010）。

全球变化中另一种突出的现象是“大洋酸化”，指的是海水 pH 下降（Orr et al.，2005）。在全球变化研究的众多主题中，这是一个提出较晚却富含新意的题目，因为其后果涉及海洋化学与生物多样性，将一个原来以为是地质尺度上的长期过程放到了人类的眼前。大洋酸化是指大气 CO_2 增加以后海水酸碱度下降，pH 值从 1751 年的 8.25 降到 2004 年的 8.14，两个半世纪里下降 0.1（Jacobson，2005）。看起来 0.1 的数目很小，可别忘了 pH 值是 H^+ 浓度的对数，变化 0.1 就意味着海水里 H^+ 浓度增加 30%，预计 21 世纪末 pH 值可能再下降 0.3 到 0.4，也就是海水里 H^+ 浓度再增加 100%~150%，那就直接威胁到生物钙质骨骼的形成。钙质骨骼有方解石和文石两种，由于文石的溶解度比方解石高得多（见 6.3.3 节），大洋酸化首先侵害的是文石骨骼的生物，如珊瑚和翼足类（浮游腹足类），它们不能在低于文石饱和度的海水里生长。根据数值模拟的结果，如果当前的趋势继续下去，2050 年南大洋表层水将变为文石不饱和，2100 年整个南大洋和亚极区的北太平洋都会文石不饱和，翼足类只能消失。翼足类虽然名气不大，但是在高纬海域里的种群密度很高，比如南极的罗斯海，翼足类构成每年碳酸盐和有机碳输出通量的主体（Orr et al.，2005）。

更早引起注意的是大家都熟悉的珊瑚礁。在大气 CO_2 增加、海水酸碱度变化的条

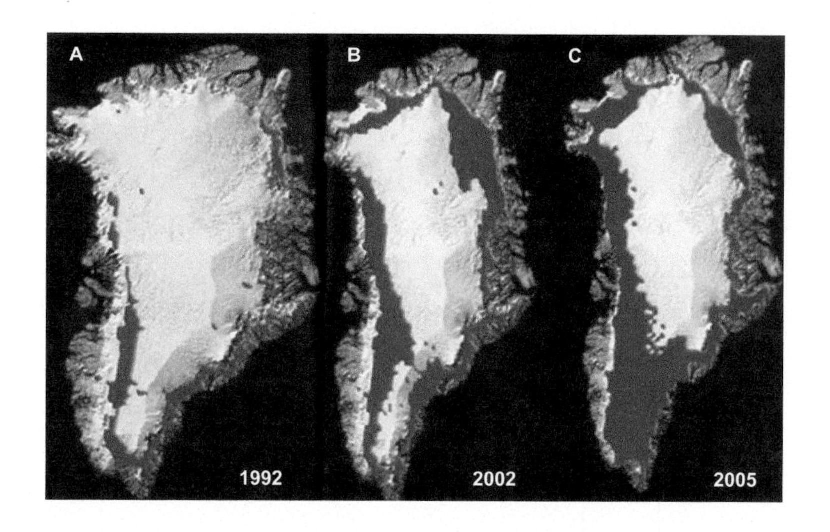

图 10-3
全球变暖背景下冰冻圈的收缩（图片来自 An Inconvenient Truth，Al Gore, 2006)
格陵兰陆地冰盖面积：A. 1992 年；B. 2002 年；C. 2005 年

件下，海洋里最容易看到的是珊瑚类文石骨骼的萎缩（Kleypas et al.，1999）。现在，珊瑚礁的保护已经成为海洋生态学的热点，比如澳大利亚大堡礁根据块状珊瑚 *Porites*（滨珊瑚）的统计，钙化作用从 1990 年到 2008 年下降了 14.2%，主要是由于侧向生长减少了 13.3%（De'ath et al.，2009）。

海洋里浮游生物生产的碳酸盐主要是方解石，并不是文石骨骼，主角就是浮游有孔虫和颗石藻：今天的海洋里碳酸钙的生产，1/4~1/2 归功于有孔虫（Moy et al.，2009），1/3 归颗石藻（Iglesias-Rodriguez et al.，2008）。大气 CO_2 增加使海洋浮游生物的壳体钙化减弱，首先就是从颗石藻发现的（Riebesell et al.，2000）。地中海 12 年沉积捕获器里的颗石藻 *Emiliania huxleyi*，从 2000 年以来颗石的重量出现了急剧变轻的趋势（图 10-4A；Meier et al.，2014），可见大洋酸化是在削弱颗石藻钙化的能力。但是学术界也有不同的声音，比如人工试验发现 CO_2 增加时颗石的体积反而增大（Iglesias-Rodriguez et al.，2008），说明 CO_2 对生物的影响比较复杂。

实验证明，浮游有孔虫对于大洋酸化的反应，也是壳体的钙化减弱。一次有趣的实验，是取 20 世纪 50 年代和 60 年代之间核试验放出大量放射性 ^{14}C 的时间作为界限，比较在此前后有孔虫的钙化程度。在阿拉伯海的表层沉积中取红拟抱球虫 *Globigerinoides ruber*，测量其壳体重量、厚度和溶解程度，并且和壳体的 ^{14}C 测年值进行对比，结果发现轻而薄的壳体年龄新，厚而重的壳体年龄老，说明较新的有孔虫确实遭受了 pH 下降的影响（de Moel et al.，2009）。这种大气 CO_2 浓度和有孔虫钙化程度的关联，在地质时期里更加明显。比如南大洋五万年沉积记录中的浮游有孔虫 *Globigerina bulloides* 的壳体重量和南极冰芯气泡中记录的大气 CO_2 变化具有对应性（图 10-4B；Moy et al.，2009）。

当然，大洋酸化对于海洋生物的影响不限于上述几个门类，但是对不同门类产生的影响并不相同。总的来说对钙质骨骼的生物影响最大，不过也因门类而异，骨骼有软体包裹的要比直接暴露在海水里的受影响小些，能够积极运动的（比如鱼类和甲壳类）比固着生活的受影响小些，而有些非钙质骨骼的生物甚至因海水酸化而更为繁盛（比如硅藻）（Kroeker et al.，2013）。

这样，起初由温室气体排放提出来的全球变化之忧，已经从气候变化拓展到人类生存环境的方方面面，从极地冰盖的消融到热带雨林的收缩，从海平面上升到生物多样性的损失，都造成生态条件的恶化。科学界从揭示农药污染环境开始，发展到对温室气体排放提出警告，最终在世纪之交前后变成当代各国内政外交的焦点之一，向全世界发问：

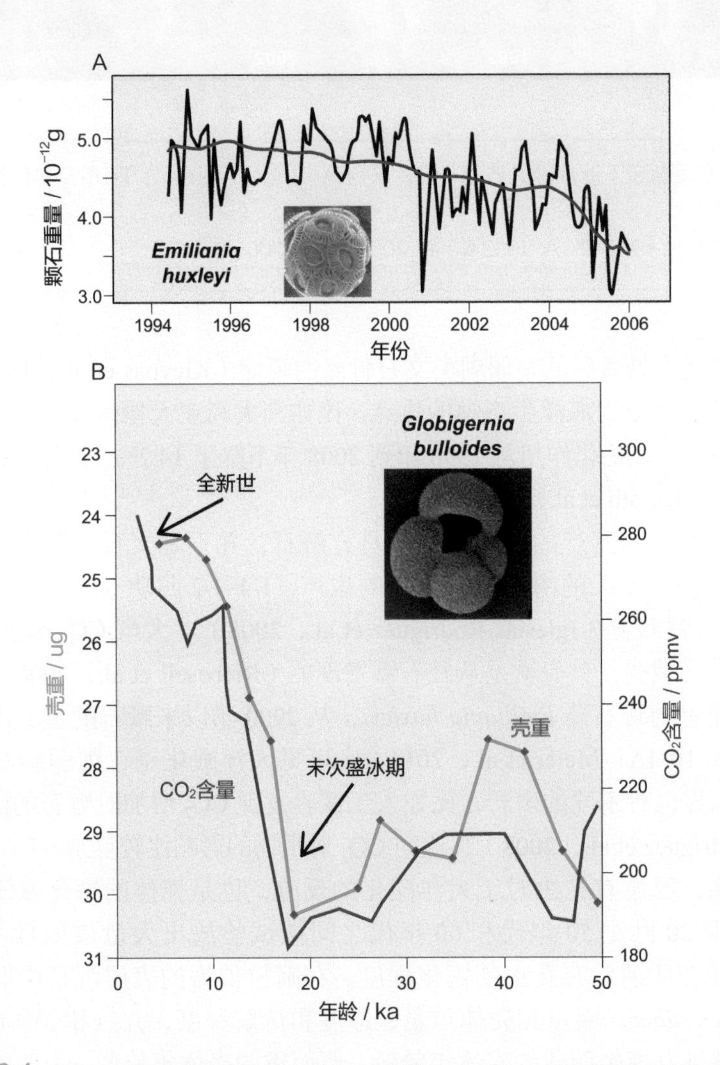

图 10-4
大洋酸化与钙质骨骼的海洋浮游生物

A. 地中海沉积捕获器中 *Emiliania huxleyi* 颗石重量的减轻（Meier et al., 2014）；B. 南大洋五万年沉积记录中浮游有孔虫 *Globigerina bulloides* 的重量变化和冰芯气泡 CO_2 含量的比较（Moy et al., 2009）

人类目前社会经济发展，是不是在全面地破坏自己的生存环境？正是在这种背景下，出现了全球变化三十年的研究高潮。

10.1.4　全球变化研究的国际合作

10.1.4.1　国际研究计划的演进

全球变化关心的大气成分是个世界性问题，因此其研究也只能通过国际合作进行。这种合作先易后难，先从气候的物理过程起步，发展到生物地球化学过程，进而拓展到宏观生物学……这就是全球变化研究国际大合作的三十年。

从物理过程起步，1980 年设立了“世界气候研究计划（WCRP）”，目的是通过物理气候系统的定量理解，确定气候可预测的程度，以及人类对气候影响的程度。在此基础上，1987 年建立了研究圈层相互作用的“国际地圈 - 生物圈计划（IGBP）”，以描述和理解地球系统的物理、化学和生物过程及其相互作用为己任，构成了全球变化研究的主干。人类活动另外一方面影响是生物的灭绝，从而造成全球生物多样性的丧失，以至于现在物种灭绝的速度比地质历史背景值高出千倍。为此于 1991 年成立了“国际生物多样性计划 DIVERSITAS”，由联合国教科文组织等五个组织加以支持，研究目标从生物多样性在生态系统运作中的作用，到生态系统运行的社会经济方面。与此同时，1992 年的联合国环境与发展大会上通过了国际“生物多样性公约”，并于 1993 年生效，将生物多样性的保护纳入各国政府的议程。除了物理、化学、生物几大方面之外，1996 年又设立了“全球环境变化人文因素计划（IHDP）”，这是个由国际社会科学联盟理事会（ISSC）发起，着重人文方面的计划，是自然科学和社会科学的衔接（图 10-2，图 10-5）。

因此在新世纪的前夕，出现了各国、各学科从各方面共同研究全球变化问题的学术盛况。为了加强计划间的协调，上述四大研究计划于 2001 年联合组成了“地球系统科学联盟（Earth System Science Partnership，ESSP）”，下设碳、食物、水和人类健康四大专题，成功地运行十年（图 10-5；Ignaciuk et al.，2012），其中第一个启动的就是“全球碳计划”，从碳浓度的观测变率、碳循环过程中的相互作用，直到碳的减排方案、碳管理制度，进行一竿子到底的通盘研究（Canadell et al.，2003）。到 2012 年，ESSP 十年计划结束，DIVERSITAS 和 IHDP 计划也到 2014 年终止，最后 IGBP 也于 2015 年结束，转入由“未来地球（Future Earth）”计划统一组织的新计划。

“未来地球”计划建立于 2012 年，从 2015 年开始执行十年。该计划仍然是研究全球环境变化的方式和原因，但是与 IGBP 自然科学的属性不同，强调自然与社会科学相结合，包括经济、法律和行为科学的研究在内，通过科学和技术的结合来支持全球的可持续发展（Future Earth，2013，2014）。未来地球计划由国科联、联合国教科文等众多组织支持，聚焦于动态地球、全球可持续发展、向可持续性转型等三大研究主题，定位在向可持续发展转型提供知识的全球研究平台。未来地球一方面设立了新的核心项目，另方面也从原来全球变化国际计划中继承了相当数量的核心项目（见图 10-2），但是重心有所转移。如果说原来全球变化的重点在于科学认识，那么未来地球的重点在移向解决方案，例如其核心项目之一“地球系统的管理（Earth System Governance）”，主题就是研究环境政策，属于社会科学的范畴。

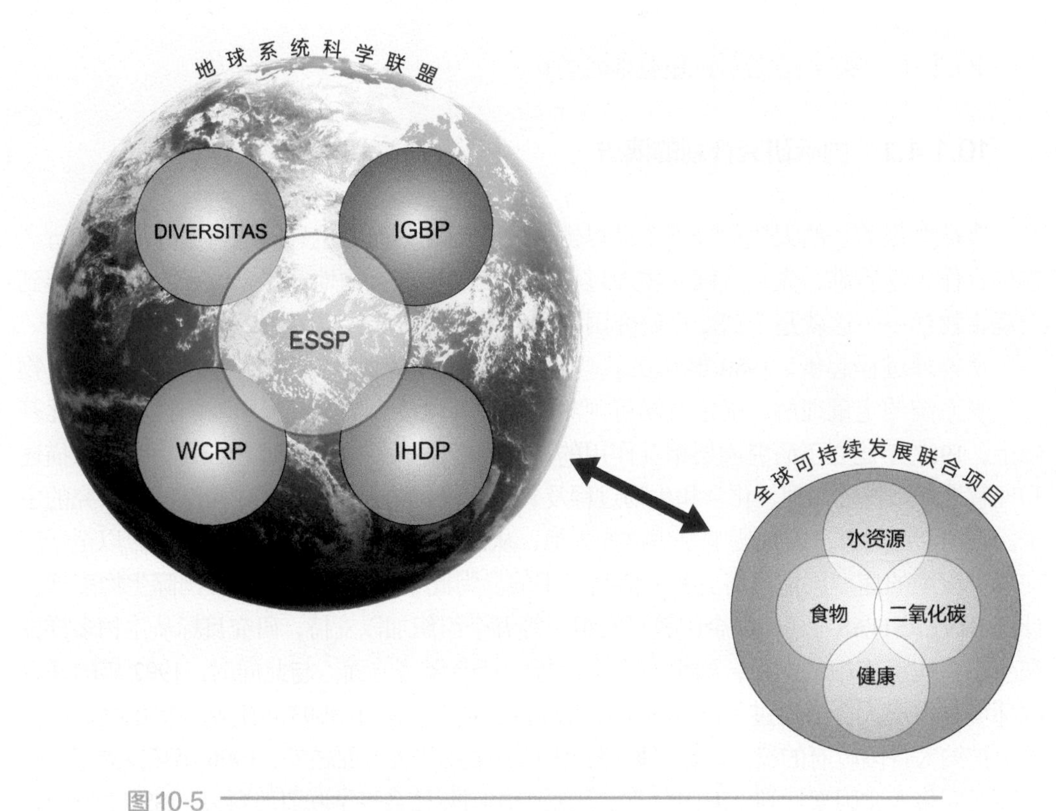

图 10-5
“地球系统科学联盟”的构成及其专题计划（图片据 www.essp.org 改绘）

回顾 20 世纪 80 年代中期以来三十年的全球变化研究，是地球科学一场史无前例的跨学科大战役，反映在科学文献上就是一系列新学报的诞生和有关论文数量的剧增。根据世界最大的文摘和索引数据库 Scopus 的统计，以全球变化为主题的论文数，于 20 世纪 80 年代开始出现，到 90 年代中期开始飙升，至今方兴未艾（图 10-6；Uhrqvist and Linnér，2015）。

10.1.4.2 国际地圈 - 生物圈计划三十年

从地球系统科学的角度看，全球变化研究中最有价值的是国际地圈 - 生物圈计划 IGBP，因为这是全面覆盖地球表层各圈层，将目标瞄准其相互作用的计划。IGBP 于 1986 年启动，2015 年结束，三十年成绩斐然。回顾往昔，这三十年既是地球系统思想联合各个学科的经历，也是通过国际计划形成跨学科学术群体的过程（Sieitzinger et al.，2015）。IGBP 的成绩，主要由其下属十余个核心项目（core projects）所取得，而项目的设计也确切地反映了全球视野下的圈层相互作用。如果我们考察一下 IGBP 所设立的十个核心项目，其跨越圈层的思路至为清晰（图 10-7）。

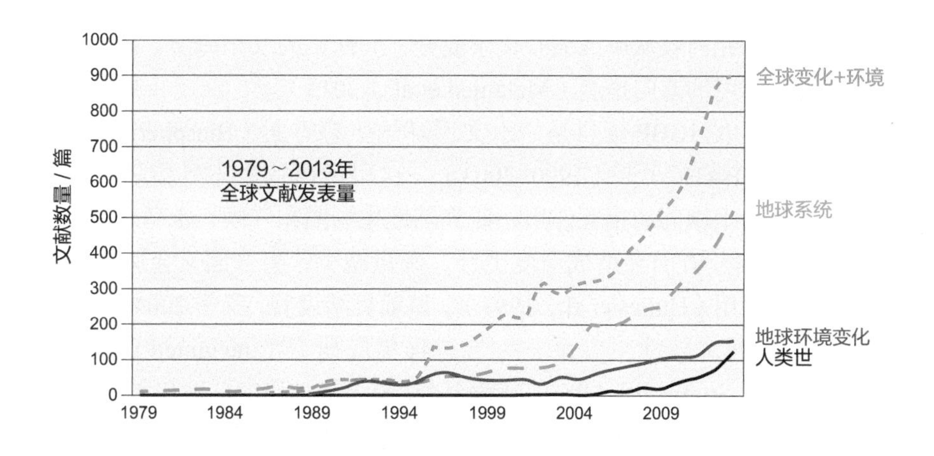

图 10-6
全球变化文献数量统计（Uhrqvist and Linnér， 2015）
展示 Scopus 对 1979~2013 年间，在四大主题下逐年发表的文献数量的统计

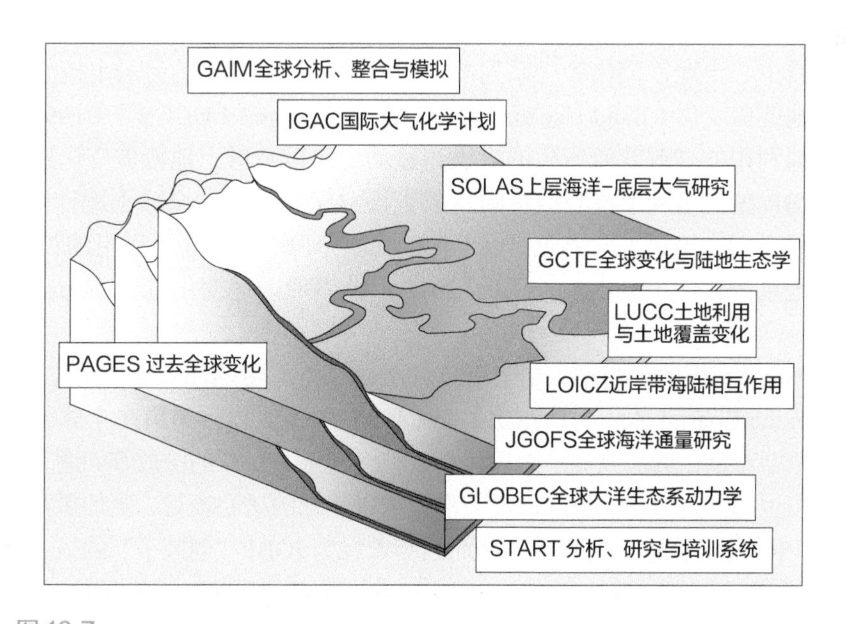

图 10-7
国际地圈 - 生物圈计划 IGBP 早期设立的核心项目（据 IGBP 报告改绘，http://www.igbp.net）

回头分析 IGBP 当年的项目设计，实质上是对地球表层系统相互作用的一种系统探索。“国际大气化学计划（International Global Atmospheric Chemistry，IGAC）”（1990~）是全球变化里启动很早，至今还在“未来地球”框架下延续的核心项目（图 10-2）。当初全球变化从探索臭氧和温室气体起步，IGAC 的任务就是针对大气化学成分的变化及其原因，去追索大气内部及大气与其他圈层之间的相互作用（Prinn，1994）。经过四分之一个世纪的努力，IGAC 加深了对大气化学如何影响空气质量、气候变化和生态系

统的理解，而且使研究内容从单纯关心化学成分，向探索大气和海洋、冰冻圈、生物圈以及人类活动相互作用的方向拓展（Melamed et al.，2015）。

另一个很早启动的IGBP项目是“水文循环的生态方面（Biospheric Aspects of the Hydrological Cycle，BAHC）”（1990~2003）。这里所谓的生态是指陆地植被，其实是探索大气－植物－土壤间的相互作用，研究陆地生物圈和气候、水循环的关系。比如说，热带雨林的收缩一方面会造成温度上升、雨量减少，另方面又会影响大气CO_2从而削弱陆地碳汇的作用（Hutjes et al.，1998）。该项目结束后，又于2004年在其基础上，设立了新的核心项目“陆地生态系－大气过程集成研究（integrated Land Ecosystem-Atmosphere Processes Study，iLEAPS）”延续至今，围绕植被研究陆地和大气的相互作用，包括土壤碳排放的增加、永久冻土带的融解、林线迁移以及土地沙漠化等（Suni et al.，2015）。

陆地全球变化研究的另一个重点对象是植被。核心项目“全球变化与陆地生态系统（Global Changes and Terrestrial Ecosystem，GCTE）”（1992~2004）聚焦在植被与大气CO_2的关系（IGBP，1990），研究温室气体增加和气候变化对于植被的影响。同时，人类活动改变着土地的覆盖，毁林开荒、农村城市化和环境破坏，带来了土壤退化、森林减少、土地沙漠化等一系列严重的后果。为此设立的另一个核心项目“土地利用与土地覆盖变化（Land Use and Land Cover Change，LUCC）”（1994~2005），就是研究土地利用方式改变所产生的后果和驱动力，以及对土地覆盖变化进行预测。2006年，IGBP在上述两个核心项目的基础上设立了新项目“全球土地计划（Global Land Project）”（2006~），将土地覆盖的观测、理解和可持续利用的设计结合起来，建立土地系统科学（Verburg et al.，2015）或者叫陆地变化科学（Turner et al.，2007）。

在IGBP涉及海域的项目中，最靠近陆地的是“近岸带陆海相互作用（Land-ocean Interactions in the Coastal Zone，LOICZ）”（1993~），该项目聚焦在全球变化对近岸带的影响，早期着重在近海究竟是碳源还是碳汇，河水在海洋的排放等问题，后期转向海岸带管理和生态经济等社会层面，现在作为未来地球的核心项目，更加重视近岸带的可持续发展（Ramesh et al.，2015）。然而当年曾经为IGBP“创牌子”的核心项目，则是“全球海洋通量研究（Joint Global Ocean Flux Study，JGOFS）”（1999~2003）。这个项目的研究其实早在20世纪80年代就已经开始，当时急着要弄清人类排放的CO_2上哪里去了。看来是进了海洋，但是谁也说不清究竟进去多少和如何进去的，于是从海气交换入手追索碳的通量，为学术界开跨圈层调查之先河。因此，JGOFS的十多年就是海洋生物地球化学发展的历程（Fasham et al.，2001）。接着JGOFS的核心项目“浅层海洋与低层大气研究（Surface Ocean Lower Atmosphere Study，SOLAS）”（2004~）对此作了进一步的发展，把海气交换扩展到N_2O和DMS（二甲基硫）等成分，并且把降尘中的铁、氮加入进来，从更广的角度研究大气与海水的相互作用（Sieitzinger et al.，2015）。如果从生物学角度看，JGOFS和SOLAS主要涉及的是浮游植物，而1995年开始的另一个核心项目“全球海洋生态系统动力学（Global Ecosystem Dynamics，GLOBEC）”（1995~2010）范围较宽，目标是理解包括鱼类和浮游动物在内的海洋生物与全球变化的关系，主体是海洋生态系（IGBP，2003）。在 JGOFS 和 SOLAS 的基础上，2005 年又增设了“海洋生物地球化学与生态系统整合研究（Integrated Marine Biogeochemistry and Ecosystem Research，IMBER）”（2005~）核心项目，试图对海洋生态系及其在全球变化中的作用和响应取得全面的了解，这也是在当前未来地球框架下继续研究的课题（Hofmann et al.，2015）。

除了以上列举的项目以外，IGBP 还设有涉及地球系统整体的核心项目，比如跨越时间尺度，研究地质和人类历史上全球变化的“过去全球变化（Past Global Changes，PAGES）”（1990~）。这个项目从头到底贯穿了整个 IGBP 的三十年，而且还延续进入了目前的未来地球计划，对此我们将在后面（见 10.3 节）作进一步的讨论。上述所有核心项目的成果中，都有各种过程的数值模拟，具有不同程度的预测功能。与此相应，在 IGBP 整体的层面上，设有专门的项目“全球分析、整合与模拟（Global Analysis Integration and Modeling，GAIM）”（1993~2004），十多年来在碳循环对气候系统的反馈，陆地生态系与大气交换过程动力学，以及发展中等复杂程度的地球系统模型等方面，都做出了出色的贡献（Sieitzinger et al.，2015）。该方面的研究，现在由新的核心项目“地球系统的分析、整合与模拟（Analysis，Integration and Modeling of the Earth System，AIMES）”（2005~）所接替（Schimel et al.，2015）。

相信三十年 IGBP 取得的辉煌成绩必将载入科学史册。目前从 IGBP 向“未来地球”的转变，似乎代表着基础研究高潮的基本结束，以应用为重点的新阶段正在来临。然而地球系统科学还没有脱离孩提时代，有太多的基础机理有待揭示、太多的科学难题有待破解。至少大气化学界已经发出声音，呼吁科学研究凳子的“实验、观测、模拟”三条腿需要摆平，假如为追求为环境评价服务而热衷于数值模拟，忽视基本原理的实验研究，受到伤害的必将是科学研究的真实效果（Abbatt et al.，2014）。

10.2　全球变化的科学问题与争论

10.2.1　温室效应的历史争论

全球变化的提出，是由于人类排放温室气体造成全球变暖（见附注 1）。作为一个新领域里的新问题，全球变化的研究始终是在科学争论中前进。全球真的在变暖吗？温室气体真的能使全球变暖吗？当前的变暖是人类活动造成的吗？……因为每个问题的答案都会牵涉到政府的政策和集团的利益，这种争论就很难心平气和地进行。

全球变暖是真的吗？ 回顾历史，变冷变暖的争论早就发生，因为气候变化不是现在才有。早在 18 世纪末，后来的美国总统杰斐逊（T. Jefferson）利用新出现的温度计测量他家乡弗吉尼亚的气温，发现几十年间美国北部的冬季在逐渐变暖；然而“美国文化之父”韦伯斯特（N. Webster）根据长期的证据加以驳斥，否定了变暖的结论，可见气候争论由来已久（Kendall，2011）。变冷变暖之争到了最近几十年更加剧烈，然而 20 世纪 70 年代的主流观点是全球变冷，直到 1975 年之后出现快速增温，才被全球变暖的主张所替代（见 10.1.1 节，图 10-1）。最近又发现 1998 年以来全球变暖的趋势减缓，增暖的速度只有其前面六十年的 1/2 到 1/3（IPCC，2013），原来说的变暖发生了停顿，因而被喻为“全球变暖的间断（hiatus）”（Meehl et al.，2014）。但是也有不同意见，因为 1998 年是厄尔尼诺年，统计数据不够全面，其实增温速度并没有降低（Karl et al.，2015）；也有的说变暖“间断”的假象来自测温方法的变化：近二十年来大量使用浮标测表层水温，而浮标测得的温度比船测温度偏低（Wendel，2015）。这种间断十分可能只是能量分配上的变化，十年里积累的辐射能 30% 进入了超过 700 m 的深海，变暖的“间断”只是表面现象（Trenberth and Fasullo，2013；Yan et al.，2016）。

那么，温室气体会使全球增温吗？这个现在看来不成问题，但当年还真的有过争论。作为物理现象，温室效应早在 19 世纪就已经发现：1827 年法国傅里叶（J. Fourier）提出红外热辐射现象；1863 年英国丁铎尔（J. Tyndall）用实验证明水汽和 CO_2 能吸收红外辐射，确定了温室气体和温室效应；1896 年瑞典阿伦尼乌斯（S. Arrhenius）又对温室效应做出了定量计算，因此作为物理现象的温室效应已经清楚。但是走出实验室，要想说温室气体有什么气候效应，那就立刻引起争议。1900 年瑞典物理学家 K. Ångstrom 提出：大气中增加 CO_2 不会导致增温，因为大气里 CO_2 已经饱和，何况 CO_2 能吸收的红外辐射已经被水汽所吸收，CO_2 没有用武之地。现在看来他的错误在于当时测量手段过于粗犷，不知道地球大气圈里的 CO_2 远没有饱和，而且水汽和 CO_2 吸收的红外辐射谱线并不完全重叠（见附注 1 的图）。再说受 CO_2 影响的谱段，红外辐射是从干冷的上层大气来，而不是从湿热的下层大气散逸出去的（Pierrrhumbert，2011）。

时至今日，作为基础知识的温室效应已经确定无疑，但是 CO_2 含量与大气温度的关系，无论从实际记录和理论计算看都存在着未解之谜。新生代早期大气 CO_2 含量比现在高一个量级，气温比现在高得多，符合温室效应；但是到了中新世，CO_2 含量并不比现在高，气候却明显较今为暖（图 10-8；Pearson and Palmer，2000），又作如何解释？看来地质历史上 CO_2 含量与大气温度之间不存在简单的线性关系，而这种关系的揭示，既有待于地球科学进一步提供资料，又要求物理科学的理论进展。在物理学上，辐射传输（radiative transfer）是温室效应的理论基础。近年来比较行星学的发展，揭示了其他星球上大气成分和温度的关系，大大拓展了研究温室效应的视野。比如氮气在今天的地球上并不吸收红外辐射，而对于土卫六（Titan）稠密而寒冷的大气来说，氮气就成了最主要的温室气体。再比如臭氧也是温室气体，地球由于臭氧层吸热造成了平流层升温，而火星和金星的大气圈没有臭氧层也就没有升温的平流层。地外星球大气圈多样性的发现，为辐射传输的理论研究提供了新的推动力（Pierrrhumbert，2011），也启发着地球科学界对于地球自身的温室效应进行更加深入的探索。

关于温室效应的另一种争论，是温室气体增多对人类社会的影响，温室气体究竟是祸还是福？直到 20 世纪 80 年代，并不认为温室气体对人类社会构成威胁，相反，以为这是保护温暖环境、提高农业产量的好事情。前面讲过，70 年代学术界担心的是新冰期的来临（见 10.1.1 节）。1983 年，美国学者正式提出“核冬天”，警告超级大国的核战争可以造成不复之劫，估算核战争可以造成 15~25 ℃（Turco et al.，1983）或者

10~20 ℃（Turco et al.，1990）的降温。因此温室气体增加，当时看来是求之不得的好事："如果大气 CO_2 增加为 3 倍，全球食品生产就会翻番"。因此主张"全球规模大量生产 CO_2，并泵入大气"。为此"至少要烧掉 5000 亿 t 煤，超过人类历史上烧掉的 6 倍。煤不够了，可以烧石灰来增加 CO_2"（Brown，1954）。

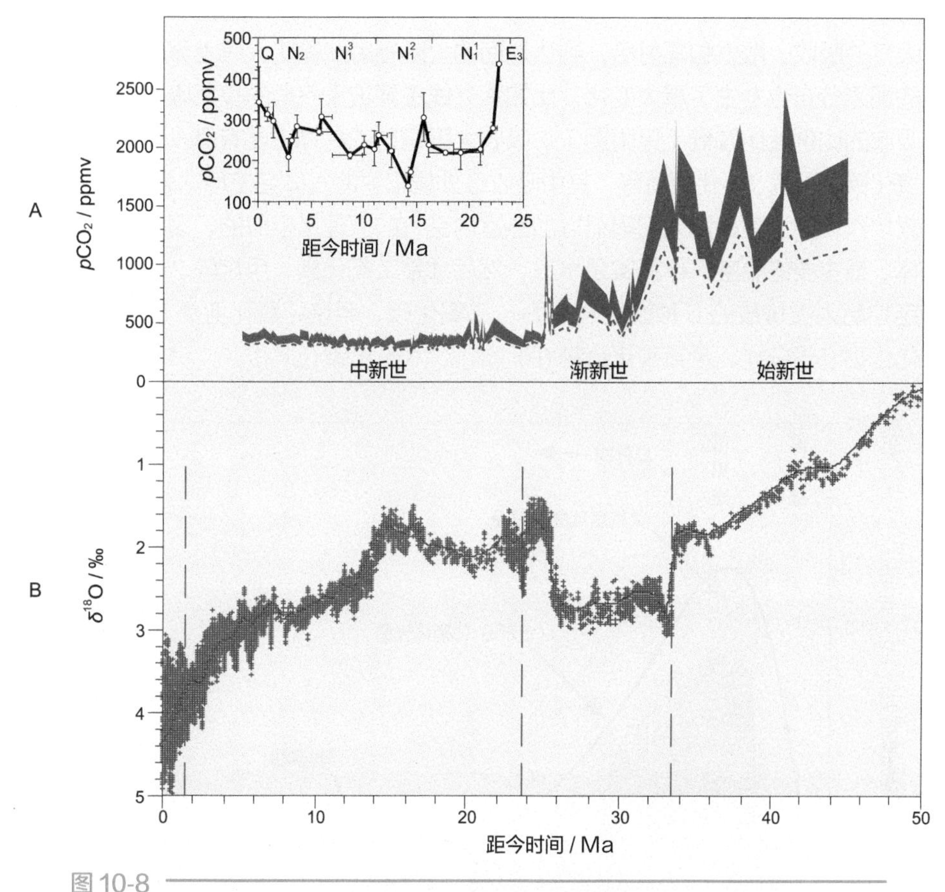

图 10-8
新生代 5000 万年来大气 CO_2 浓度和温度变化的比较

A. 大气 CO_2 浓度（Pagani et al., 2005），插块示近 2500 万年来的 CO_2 浓度（Pearson and Palmer, 2000）；B. 用底层水 $\delta^{18}O$ 表示的温度变化（Zachos et al., 2001）

这番话今天听起来不可思议，但是这里提出的"碳施肥（Carbon Fertilization）"，却至今仍是个富有活力的科学命题。很可能正是大气 CO_2 的增多促进了当前树木的生长速率，从而又反过来吸收大气 CO_2。美国东北近 22 年来的数据表明，树木生长的速率超过预期 2~4 倍，原因出在大气 CO_2 和温度的增高（McMahon et al.，2010）。树林加速生长从大气吸收了大量 CO_2，如果不是热带毁林，全球森林的加快生长有可能吸收掉人类活动排放 CO_2 的一半之多（Pan et al.，2011）。但是这些观测的范围有限、讨论的时段也不长，因此难以判断是不是真的代表长期趋势。全球大约 4000 亿棵树，很难逐一调查，必须要有新技术才能得出全面的结论（Popkin，2015）。最近采用遥感技术探测，发现全球陆地植被的叶面积指数（leaf area index）在最近 28 年里（1982~2009 年）

附注 1：温室气体

讲到温室气体，通常想到的就是 CO_2，其实 CO_2 并不是最主要的温室气体。到达大气层顶面的太阳辐射，只有一半能量是可见光（波长 400~760 nm），其余的是紫外线（波长 <400 nm）和红外线 (>760 nm)。太阳辐射通过大气层，经过大气的吸收、散射和辐射后，到达地面的太阳辐射能量比大气上界要少得多，光谱的能量分布也发生了重大变化。比如紫外线主要被大气层的臭氧吸收，而可见光被吸收的比例就比较低（见附图）。吸收太阳辐射的气体主要有氧、臭氧、水汽、二氧化碳、甲烷、氧化亚氮等。其中吸收红外线辐射的气体会使地球表面变得更暖，与栽培作物的温室截留太阳辐射以加热室内空气的原理是相似的，因此被称为温室气体。最主要的温室气体其实是水汽，然后才是二氧化碳、甲烷等。京都议定书中规定控制人类排放的 6 种温室气体为：二氧化碳、甲烷、氧化亚氮 (N_2O) 、氢氟碳化合物 (HFCs) 、全氟碳化合物 (PFCs) 、六氟化硫 (SF_6)

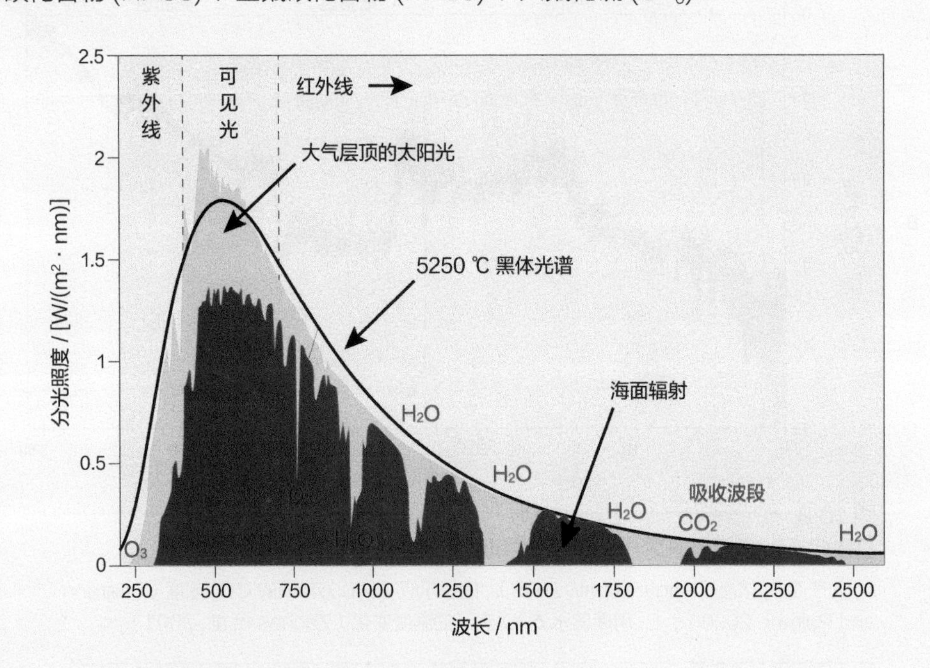

太阳辐射在大气层被气体吸收的不同波段（据 Tanaka, 2012 修改）

黄色表示到达大气层顶面的太阳辐射电磁波；红色表示海面辐射的电磁波，其缺口处表示太阳辐射被气体吸收的波段

增加了 1/4 到 1/2，也就是植被变得更绿了，从模型看 70% 的功劳归于大气的 CO_2 增多（Zhu et al.，2016）。总之，对碳施肥做结论性评价尚待时日。回顾学术界三十年前后主流观点的反差之大，简直令人难以置信，只能归因于对温室效应科学认识的不成熟性。温室效应的气候表现作为一个学术问题，尚待结合地质历史和地外行星的时空比较，在新的高度上取得突破。

10.2.2　围绕全球变化的科学争论

与一般的科学争论不同，关于全球变化不同观点的争论极容易引爆社会新闻。2006年，美国前副总统戈尔（Al Gore）主办的纪录片《难以忽视的真相》（*An Inconvenient Truth*）上演，警示全球变暖的严重后果，驳斥对全球变暖的怀疑。次年，他和发布气候变化评估报告的政府间气候变化专门委员会（IPCC）被授予 2007 年度诺贝尔和平奖，将全球变化的社会热浪推向高潮。但是几乎与此同时，英国 BBC 电视台 4 频道却在同年 3 月 8 日播出《全球变暖的大骗局》（*The Great Global Warming Swindle*），引用某些科学家的话来否定人类活动造成气候变化的说法，指斥“全球变暖”的背后，是反工业化的狂热环保分子制造出来的“高达数百亿美元的全球产业”。两种极端不同的观点交锋，主要的依靠当然还是科学根据，于是就有被引用的科学家出来澄清，说媒体的表达不同于自己的原意。

应该说，围绕全球变化的科学争论确有一部分受利益驱使，但是也有相当一部分源自学术上的矛盾，反映出现有的科学认识不够成熟，或者在科学取证上存在缺陷，因此对于主流观点的挑战并非全是空穴来风。从根本上说，对于当前的气候变化至今缺乏令人满意的解释，而气候资料的采集也不无缺陷。比如说，自从有仪器记录以来的全球平均地表温度，确实是在加速升高，但是这温度变化记录中有着 60~70 年的基本周期，这就意味着近 25 年的线性趋势可能只反映年代际的变率，比如 1910~1940 年期间也有显著的变暖，而我们并没有办法说清其原因（图 10-1）。再比如说，历次 IPCC 评估报告中使用资料的来源偏重于欧洲和北美，很难排除其中有以偏概全的可能。

21 世纪的头十年，争论聚焦在上世纪温度的反常上。M. Mann 等（1999）根据替代性标志的记录和新的统计方法，提出了一千年来北半球温度异常的证据：在持续缓慢降温的背景下，1900 年以来快速上升，根据形状这根温度曲线被比喻为“曲棍球曲线”（图 10-9A）。这项成果，是当时攻读博士学位的 Mann 采用处理长记录的新方法，和近两千年气候演变专家 R. Bradley 教授长期积累相结合的产物（Mann et al.，1995），说明 20 世纪温度突然上升，应该说科学上富有新意。但是“曲棍球曲线”的发表正值气候政治的高风险期，当时限制碳排放的“京都议定书”（1997）已经通过，各国在批准与否的问题上已经掀起轩然大波，而 IPCC（2001）第三次报告又将“曲棍球曲线”作为重要依据，于是围绕“曲棍球曲线”展开了一场多年的科学上和政治上的争论。

提出的问题是针对“曲棍球曲线”的数据以及处理方法的可信度。有的作者认为其数据陈旧、方法有误（McIntyre and McKitrick，2003），有的认为该曲线是信息噪声的产物，对于早期的变化幅度至少低估了一倍（von Storch et al.，2004）。也有一篇文章提出中世纪暖期其实和 20 世纪一样暖，从而否认 20 世纪是近千年来气候最特殊世纪的说法（Soon and Baliunas，2003），但是这篇论文发表后遭到学术界的强烈反对，甚至对发表该论文的学报审稿质量提出质疑，导致该刊主编和多位编委的集体辞职（Kinne，2003）。鉴于争论主题的政治价值，美国参议院环境委员会于 2003 年 7 月举行听证会，听取争辩双方的论点。2005 年美国众议院委托美国科学院提出意见，结果由美国国家研究委员会（NRC，2006）发表了《两千年来表层温度再造》的报告，这份由 12 位科学家和统计学家撰写的报告认为20世纪晚期的温度确实在最近400年里最高，但是对于公元900~1600年间的温度再造可靠性较低。在方法上，报告认为“曲棍球曲线”采用的主成分分析法确有偏颇，因此不值得提倡，但是用其他方法也得到类似的结果，可见该方法对其结论的影响不大。后来，Mann等（2008）根据该报告的建议，又对两千年的全球温度重新进行计算再造，结果看来20世纪晚期的温度至少超越了近1300年以来的记录。

但是一波未平，一波又起。2009年9月，就在哥本哈根国际气候大会前夕，黑客盗取了东英吉利大学气候研究组一千多封电子邮件和三千多份其他文件，用摘取文句的

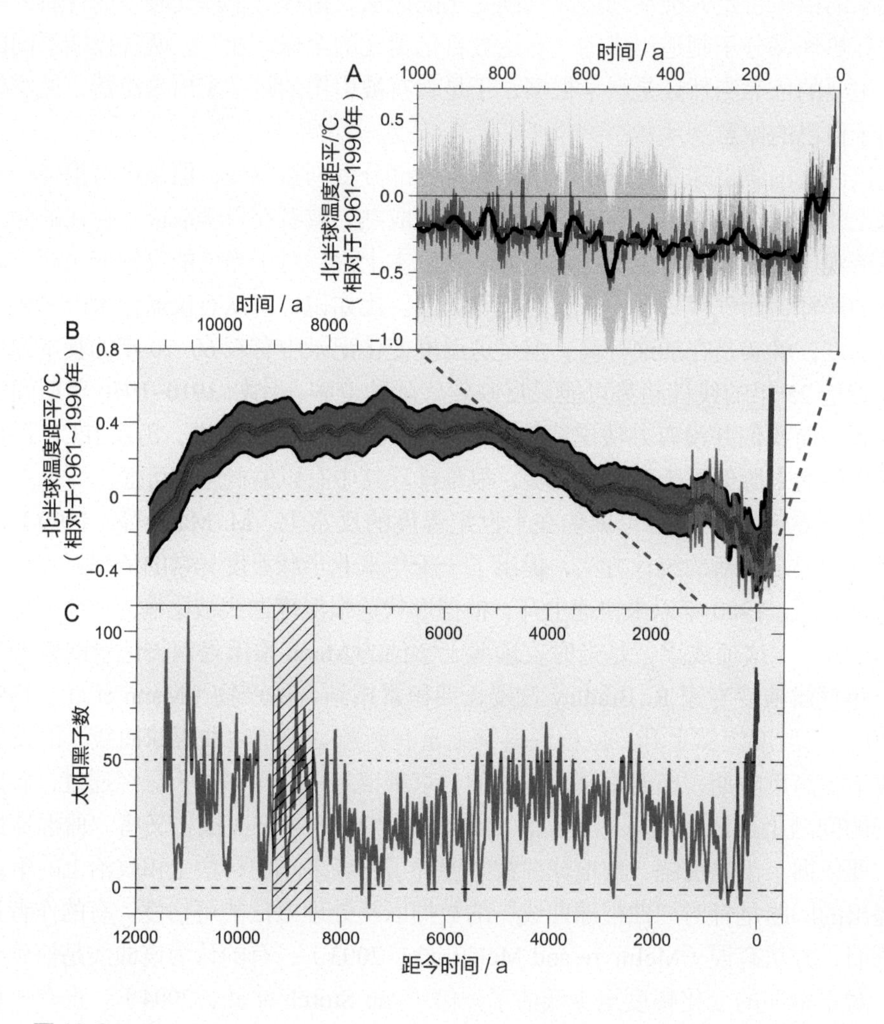

图10-9
全新世和近千年来的气候变化

A. 近千年来北半球温度变化曲线，即所谓“曲棍球曲线”（Mann et al., 1999, 据IPCC，2001），蓝线示平均值，灰色示不确定性，红色为仪器记录；B. 全新世全球温度变化再造曲线（Marcott et al., 2013），紫线为平均值，蓝色示不确定性，灰线为“曲棍球曲线”；C. 全新世太阳黑子数变化（Solanki et al., 2004），蓝线根据 $\Delta^{14}C$、红线根据望远镜观测，斜线区表示8000年前与近来相似的太阳黑子活跃期

方法加以公布，想说明全球变暖其实是科学家们在作假，这就是轰动一时的“气候门”事件。后来的调查证明，科学家们来往的信件里没有什么不妥之处，黑客用断章取义的手法加罪于人倒是有不择手段的嫌疑。不过只要科学上的问题得不到澄清，政治上的矛盾得不到解决，全球变化的争论也绝不会停息。

当然根子还在科学本身，因为我们距离全面揭示全球变化的真谛，还有很大的距离。就说 20 世纪晚期的温度，确实在最近 1500 年里冒尖，但是放在全新世一万多年的记录里来看，并没有超出全新世的温度记录。这一万年间最暖的是前五千年，然后逐步降温 0.7 ℃直到两百年前“小冰期”的最低谷（图 10-9B）（Marcott et al.，2013）。至于 20 世纪暖期出现的原因，在分析人类活动温室效应的同时，确实也不能忽视自然因素。反映太阳活动强度的太阳黑子数目，就是被用来反对全球变暖的论据之一。如果将全新世太阳黑子数进行比较，最近的 70 多年是太阳活动特别活跃的时期，一万年来只有 8000 年前的高温期可以与之相比（图 10-9C；Solanki et al.，2004），由此推测当前的变暖与太阳黑子活动有关。前面在第 9 章 9.1 节太阳活动周期和人类尺度演变里已经讲过，太阳黑子数增多可以加强太阳辐射，只是其变化幅度太小，很难理解如何能驱动当前的全球变暖，但是肯定有所贡献，值得在全球变化研究中注意。

10.2.3　关于气候工程学的争论

经过三十年的努力，全球变化已经得到社会支持，并且形成了减排温室气体的国际协议，但就是执行不力，说得到做不到。于是产生了另一种方案：与其被动地减少排放、减缓升温，不如主动出手，回收温室气体、降低地面温度，这就是所谓的“气候工程学（climate engineering）”也叫“地球工程学（geoengineering）”。

最为突出的例子是将二氧化硫注入平流层的气候工程计划。诺贝尔奖得主、大气化学家克鲁岑（P. Crutzen）提出：1991 年菲律宾皮纳图博（Pinatubo）火山爆发，将大约一千万吨硫送入对流层，使得当年地球降温 0.5 ℃，如果我们能够将硫送进平流层，硫的滞留时间更长（对流层里只有一周，平流层里 1~2 年），地球降温的效果必定更好。这些硫酸盐气溶胶可以反射太阳辐射、形成云核增加云量，促使地面降温（Crutzen，2006）。这项“气候工程”的建议后来被英国采纳，2009 年设立了“平流层加注颗粒”的气候工程项目（Stratospheric Particle Injection for Climate Engineering，SPICE），准备用巨大的气球将硫酸盐气溶胶送入 20 km 高的平流层。但是试验尚未开始就遭到公众的反对，2011 年被迫中止。理由是这种向大气圈输送气溶胶的“气候工程”即使试验成功，也只能减少增温，却不能解决大洋酸化等问题，因此“地球工程”必须与减缓温室效应的措施结合起来进行（Wigley，2006），更严重的问题是并不知道会派生出何种其他气候效应与生态后果，有可能带来意想不到的灾害。

当然，气候工程的概念要广得多，远不止硫的一项。确实如果有办法减少到达地球表面的太阳辐射量，那是对付全球变暖最快、最直接的办法，因此曾经提出过各种建议，把阳光从太空射向地面的路上反射掉。这类建议五花八门，包括在城市的屋顶到热带的沙漠喷射人工涂料以增加地面反射率，用飞机和船只散布细颗粒海盐以增加海洋上空的云量，甚至将大批反射镜送上太空，或者用尘粒制造一个像土星那样的光环，围绕地球的赤道运行等。这些大胆的设想共同的问题是造价太高、后果难料（The Royal Society，2009）。

对此英国皇家学会组织了调研，并在2009年发布了报告，将“气候工程”分为两类：一类是“太阳辐射管理（Solar Radiation Management）”，一类是“二氧化碳移除（Carbon Dioxide Removal）”。报告建议对“太阳辐射管理”类的建议谨慎处理，因为很可能会引发改变表层环流之类的副作用，产生出乎预料而无法返回的后果，而将“二氧化碳移除”类的建议和目前正在推行的减排措施结合进行（The Royal Society，2009）。在“二氧化碳移除”方面，确实有安全、高效而又可行的方法，是国际学术界探讨多年而且已经实行的举措，主要采用的是碳收集及储存技术，比如将火力发电厂产生的CO_2收集起来，储存到地下或者海底长期隔离。当然也可以从大气里收回CO_2，但是技术上要困难得多。一种方案是提倡生物能源，由生物吸收CO_2产生可再生能源，和碳储存结合起来进行，实行所谓“生物能源加碳捕获和碳储存（Bio-energy with carbon capture and storage）”的方针（Rhode and Keith，2008），被认为是降低CO_2浓度的有效途径，但是也有意见认为期望值过高，现实性不大（Tollefson，2015）。对海洋来说，最著名的举措是对海水施铁肥、提高生产力吸收CO_2的“铁假说”，已经做过多次“铁施肥”的实验，但是其效果可能并不持久，5.2.2一节里已经有过介绍，此处不再重复。近来又提出推广亚马孙河流域土著民的做法，生产生物炭（biochar）并储在土壤里作为肥料，也就是将生物原料焖烧，将热裂解的产物存在地里，既能提高产量又能截存大气CO_2，据说推广以后可望回收每年人类排放量的12%（Woolf et al.，2010；Yousaf et al.，2017）。

总之，全球变化提出的科学问题，不可能指望在近期内解决，但是作为人类生存环境的保护，又不可能等到科学问题查明之后再说。因此，各国政府联合起来采取限制温室气体排放、推广低碳经济，是造福全人类的必要举措。但是各国的社会发展阶段不同，各国排放温室气体的历史记录和人均数字相差悬殊，采取的举措必须符合公平合理的原则。同时，“气候工程”也是人类应对全球变化的积极行动，但是我们对地球系统运作机制的理解还十分有限，采取的应对措施必须经过充分的科学论证。因此有的科学家提出：对于“太阳辐射管理”之类的主张，目前只应限于计算机模拟和实验室试验，对于任何户外实验必须谨言慎行。

10.2.4 关于地球未来的争论

如果气候变化的争论再往前走一步，那就是地球未来的问题。对几十年以后的气候进行预测应当是当前对策的出发点，而气候变化的观点分歧导致政治主张的对立，因此地球未来就成为科学、政治乃至文化层面的争论热点。一方面，《巴黎协定》给学术界带来了乐观情绪，以至于提出来通过每十年全球碳排放减少一半，结合碳截存的举措，达到大气CO_2零增长的路线图（图10-10；Rockström et al.，2016）。另一方面与之形成对照的，是未来地球暗淡前景的悲观论调。著名物理学家史蒂芬•霍金教授认为，疾病、战争和机器人可能摧毁人类。最近他在为Julian Guthrie的新书《如何制造宇宙飞船》

（*How to Make a Spaceship*）写的后记中警告：“我们的星球正成为危险的地方，我们唯一的希望就是离开地球。”（Hawking，2016）。读了这番话之后再来看移民火星一类的闹剧，恐怕就不至于感到奇怪。

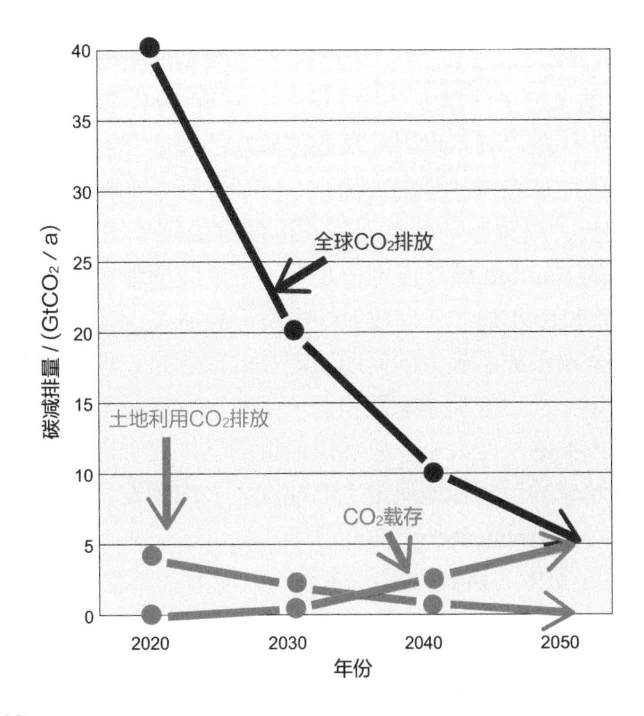

图 10-10
每十年碳减排一半基础上，实现大气 CO_2 零增长的路线图（Rockström et al., 2017）

从科学角度看，地球未来之争的根源在于对人类活动温室效应的评价。众多的研究成果指出，现在的地球系统，正面对着一系列的“临界点（tipping points）”，一旦超过阈值就可能引起生态系统的崩溃（Lenton et al.，2008）。有一种观点认为，现在我们看到的温室效应，其实只反映了工业化以来温室气体排放后果的 1/4，余下的 3/4 都将在 21 世纪表现出来，因此就算现在开始大气 CO_2 停止增长，今后的全球变暖仍然在劫难逃（Ramanathan and Feng，2008）。虽然这种悲观估计的立足点在学术上有待商榷（Schellnhuber，2008），有相当多的科学家相信未来气候变化的前景严峻，现在的人类正在拿自己的生存环境进行着一场豪赌（Rockström et al.，2016）。前英国皇家学会会长马丁•里斯在《终极时刻》一书里说，人类对地球的危害更甚于地震、火山爆发及小行星撞击等自然灾害，今后几十年人类所作的选择将决定地球和地球以外的生命的前途和命运（Rees，2004）。尤其是每届世界气候大会之前，有些国家的媒体里通常都会掀起“拯救世界的最后机会”之类的宣传运动。

地球未来争论之所以剧烈，源头在于政治上的升温。在许多西方国家里，气候环境对策已经成为内政外交的斗争焦点，成为政党竞选中主打的一张政治牌。英国政府首席科学顾问曾经在 *Science* 上撰文，认为“气候变化是当今我们面临的最严峻的问题，更甚于恐怖主义的威胁”（King，2004）。因此相关的学术争论，很容易被“上纲上线”贴上政治标签。何况“地球未来”本身又是自古以来的文化主题，“地球未来”的题目只要转个身就是“世界末日”的言论。从这个意义上讲，地球未来还真是一个古老的话题。在西方，世界末日的概念有着深厚的宗教根源，因此不仅社会上每隔若干年会刮一次像 2012 那样的“世界末日”风，甚至于严肃的学术界也采用这种概念来警示社会。比如美国芝加哥大学的《原子科学家公报》杂志，早在 1947 年就设立了“世界末日钟（Doomsday Clock）”，藉以表示世界受核武器威胁的程度。

“地球未来”摆到地球系统科学的层面上，实质上就是如何看待气候环境变化的时间尺度问题。当今社会，只顾眼前利益无视长远危害的例子比比皆是。1943 年美国首都按曼哈顿计划建立的 Hanford 核反应堆，几十年下来装桶埋在哥伦比亚河边的核废料已经超过十万吨，到了 2010 年代才发现放射性物质已经渗入土壤中，有进入河水的危险，于是核废料处理的安全期限成了极大的问题。现在的问题是：埋在深海低下的核废料究竟能够“安全”几千年？荷兰地质学家萨洛蒙•克罗宁博格写了《人类尺度：一万年后的地球》一书，指出人类的尺度太小，要认识最近的气候变暖以及地球的未来，要从地球的立场出发，理解地球的运转和地质史上的地震、火山爆发、海平面波动、生物灭绝和气候变化等自然过程（Kroonenberg，2006）。

然而人类对长尺度变化的认识太差，缺乏预报能力。下次冰期什么时候来？有的认为这次间冰期特别长，有五万年，现在刚过了一万多年，所以早着呢（Berger and Loutre，2002）；但也有人认为，天文上讲冰期已经到来，只是因为人类造成的全球变暖冰期才被推迟（Ruddiman，2003，2007）。现在，学术界对于“地球未来”日益重视，2015 年开始国际全球变化研究计划的名称就叫“未来地球”，2013 年底，一个以“地球未来（Earth's Future）”命名的月刊学报创刊（Brasseur and van der Pluijm，2013），都是地球科学从缅怀过去转为面向未来的进展。只是期望对“未来”的定义不至于太短，不至于“海水斗量”，只拿人类自己的寿限当做衡量地球过程的标尺。

10.3 全球变化与古环境研究

10.3.1 “人类世”——在“古”“今”之间拆墙

10.3.1.1 “人类世”的提出

从地球系统的角度看，所谓全球变化就是人类活动改变了地球表层系统的自然运行，也就是具有智能的人类已经成为地球系统前所未有的一种营力。科学界其实早就注意到人类智慧对自然过程的影响，早在八九十年前，苏联地球化学家维尔纳茨基（Vladimir I. Vernadsky，1863~1945）和法国古生物学家德日进神父（Pierre Teilhard de Chardin，1881~1955）、法国哲学家爱德华•勒罗伊（Édouard Le Roy，1870~1954）共同提出了“智慧圈（noosphere）”的概念，用来标志地球进入了有人类作用介入的新时期（Levit，2000）。近年来在当前全球变化研究的高潮中，克鲁岑撰写了一篇短文（Crutzen and Stoermer，2000），提议将工业化以来的现代化作一个新的地质时期“人类世（Anthropocene）”，以强调人类在地质学和生态学中的特殊作用，并区别于冰期后的“全新世”。

一石激起千层浪，“人类世”的建议立即获得热烈响应，我国最先响应的是刘东生先生（刘东生，2004）。十五年里，世界上至少发表了 300 篇国际论文、创刊了三种新学报专门讨论“人类世”，包括自然科学和社会科学在内（Chin et al.，2016）。反应之热烈，说明这不只是一个新名词或者地层单元的问题，而是打开了一扇新的科学之窗：把现代的人类活动和社会变迁，放到地质的时空尺度里探讨；又把古老的地质过程和演变历史，延伸到了今天。“人类世”的提出，把“现代”和地质历史上“古代”的概念，在地球系统的背景上统一起来，从而推倒了“古”“今”之间在学术上的隔墙，用地质的眼光看今天，同时也促进了用现代过程的眼光去看地质历史。这与传统的“将今论古”完全不同：19 世纪进化论产生的“将今论古”忽略了不同时期地质过程的差异，20 世纪科学界早就指出“第四纪的通量不是地球的标准”（Hay，1994），而 21 世纪“人类世”概念的提出进一步点明了现代过程的特殊性，进一步揭示了各种通量的变化。正因为认识到了这种差异，才能刻画出地球系统的动态性质，才为“古”“今”一体化奠定了基础。

“人类世”的提出，促使学术界用新的眼光去观测森林（Lugo，2015）、观测海洋（Tyrrell，2011），从中识别出人类因素的影响。这种影响遍及地球表层的各种地质过程，从地貌学看，人类改变了地球一半以上陆地的地貌和物质通量，世界上大河的河道基本上都因为筑坝而发生变化，森林开发和农耕土地改变了剥蚀和沉积的速率，使得“人类活动地貌学”走红（Jefferson et al.，2013）。从沉积学看，3000 年前开始人类活动就已经加速了水土流失，1000 年前加剧，但是从 20 世纪 50 年代起又因为筑坝而降低了沉积物入海流量（Syvitski and Kettner，2011）。而且从 50 年代起，沉积物里的塑料、工业黑炭、水泥屑等大量出现，成为辨识“人类世”地层的“技术化石”（Waters et al.，2016）。尤其是塑料，由于其快速的改进和广泛的传播，有希望成为“人类世”地层划分的“标志”（Waters et al.，2016）；至于小于 5 mm 的“微塑料”已经被当做沉积颗粒，通过粒度和成分分析，用于近海的人类世沉积学研究（Alomar et al.，2016）。

10.3.1.2 “人类世”的争论

提出“人类世”的建议虽然为时不久，但是围绕“人类世”的争论却从未间断，很大程度上来自地层学。首先是关于“人类世”开始的年代，有一部分科学家力主将“人类世”正式纳入国际地层表，成为完整意义上的地层单元。然而地质学里的地层单元，必须有明确的上下界面；作为国际地层单元，更需要有全球层型剖面和地点（Global Stratotype Section and Point，简称 GSSP），也就是所谓的“金钉子”。于是有一些科学家开始寻找其下界，也就是人类世开始的时间。克鲁岑在 2000 年的文章里笼统讲了人类世始于工业化，也就是两百年前，但究竟划在什么时候，意见发生了分歧，归纳起来无非两种：近的放在几百年内，远的放在几千年前。主张近的意见是划在1800年前后，也就是工业化开始、大量使用矿物燃料的时间，大气CO_2浓度从工业化前的270~275 ppm上升到1950年的310 ppm（Steffen et al.，2007），但是CO_2浓度上升是个渐变过程，没有明确的界线。于是另一种主张是取20世纪50年代的核试验作为人类世的下界，因为当时大气受到核污染，放射性碳的含量剧增，很容易通过$\Delta^{14}C$值加以辨识（Zalasiewicz et al.，2011）；具体说，可以干脆划在1945年7月16日，因为那是第一颗原子弹爆炸的日子（Zalasiewicz et al.，2011）。此外还有其他意见，比如选在“地理大发现”后，东西方文化开始交汇的1610年（图10-11C“环球GSSP”），或者核试验造成^{14}C值顶峰的1964年（图10-11D，“核弹GSSP”）作为人类世的开始（Lewis and Maslin，2015）。

但是将“人类世”列为正式地层单元的观点，遭到另外一些科学家的反对，有两个原因：首先，人类活动对地球表层过程的影响，至少在全新世早中期就已经开始；再者，将百年尺度的“人类世”定作地层单元只能产生社会效应，缺乏科学上的可行性和必要性。

首先的问题是人类对地球表层产生影响从何时开始。世界总人口从十亿出头飙升到六十亿，确实发生在短短的一个20世纪里，但是土地利用的人均面积也在急剧下降，不能用今天的人均耕地面积，去衡量几千年前土地利用的环境效应，认为人那么少作用不可能大。正因为这种原因使学术界长期以来低估了早期人类活动的影响，低估了几千年前人类破坏森林、排放温室气体的作用（Ruddiman，2013）。再者，今天我们才谈论保护“生物多样性”，其实史前人类早就造成了生物灭绝事件，最明显的例子来自热带岛屿。太平洋岛屿上考古遗迹的骨骼表明，演化产生的许多鸟类在人类上岛以后即行灭绝，尤其是热带树林里不能飞的鸟类（Steadman，1995）。澳大利亚的巨鸟——重量超过百公斤的走禽，在五万年前灭绝，看来也是人类到达澳大利亚带来的恶果（Miller et al.，1999，2016）。距今50000年到12500年前之间，有65%的大型哺乳类灭绝，在澳大利亚和美洲都发生过缺乏气候背景的大灭绝事件，最大的可能就是人类迁移到达之后狩猎和焚林的结果（Barnosky et al.，2004）。从大气成分看，进入新石器时代之后随着农作物和家畜的饲养，焚林和农业释放的CO_2和CH_4都早在7000年和5000年前就已经开始进入记录。回顾过去展望将来，人类的作用在历史尺度上在逐渐增强，但绝不是从工业化开始（图10-12）。无视这长期变化的背景，单独将最近时期划作一个“地层”，社会效果值得赞赏，科学论证根据不足（Ruddiman et al.，2015）。

再说从地层学的用途考虑，地层表的建立是为了确定地质年龄，进行地质填图和地质找矿，难道今天世界上的纪年也要改用地质年表吗？从技术上讲，作为正式的国际地层单元要求有“金钉子”的标准剖面，而总共百把年的“人类世”地层通常只是几公分厚的沉积，大张旗鼓地建立专门的地层单元，到底会有什么实用价值呢（Walker et al.，2015）？事实上，更新世两百多万年以来出现过五十来次间冰期，有的长达好几万年，都没有建“世”，唯独最近一次间冰期被定为“全新世”，其原因就是考虑到由人类活动因素的特殊性，因此“全新世”就是“人类世”（图10-11A；Smith and Zeder，2013）。如果现在不但要有一万年的全新世和前第四纪几千万年长的“世”并列，还要在上面加个百年尺度的“人类世”，必然动摇整个“地层表”的立足之本。将“人类世”正式列入国际地层表，确实可以在政治上进一步强调全球变化的严重性，能够满足媒体炒作的需求，

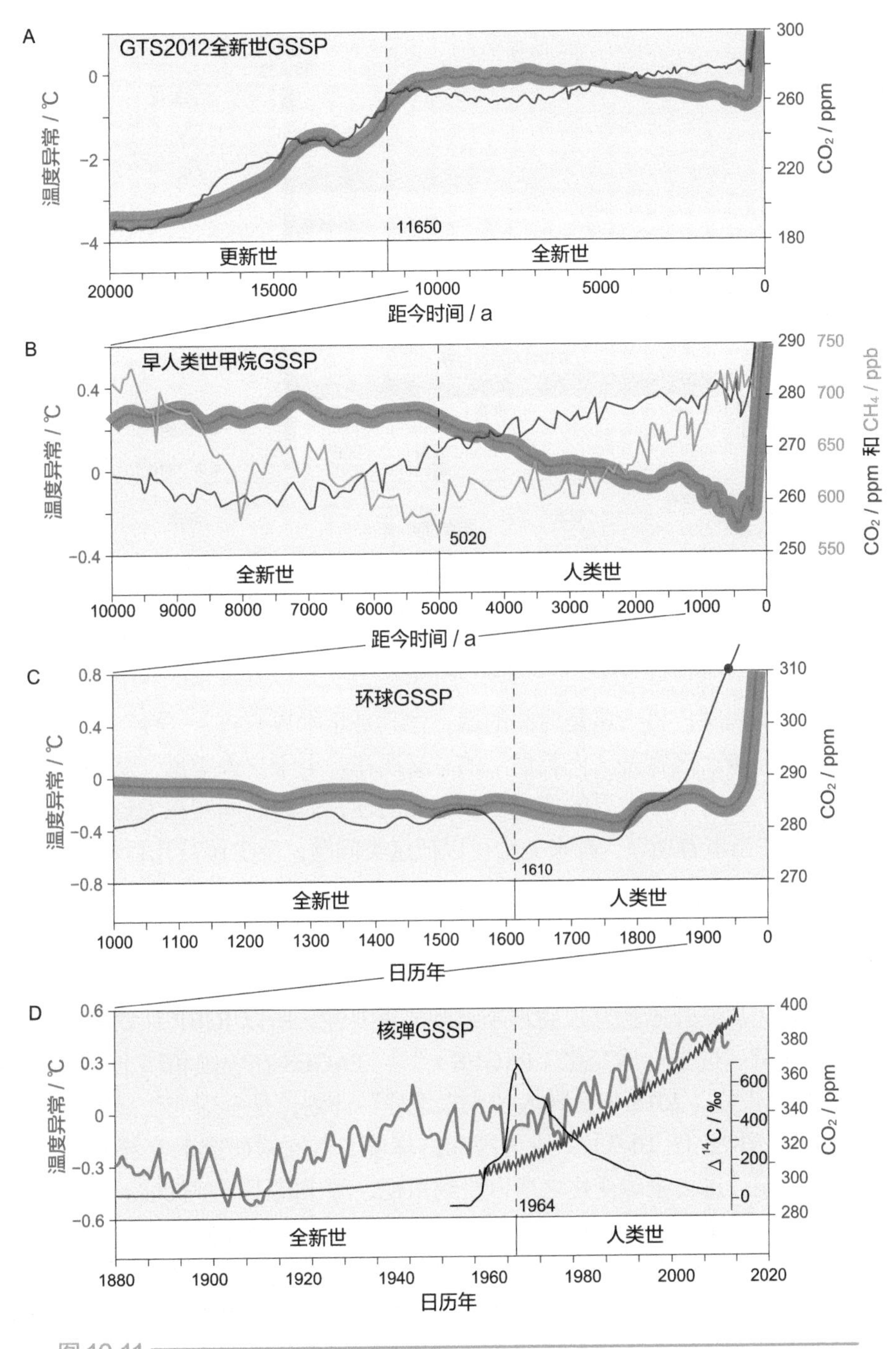

图 10-11
人类世年代界线的几种方案（Lewis and Maslin, 2015）

A 中温度异常相对于早全新世平均值；B，C，D 中温度异常相对于 1961~1990 年平均值；
1 ppm=1 μl/L；1 ppb=1 nl/L

但这种做法，不应该以牺牲科学标准作为代价（Monastersky，2015）。

总之，“人类世”的价值在于冲破了地球科学里“古”和“今”的隔墙，并不在于又多了根地层界线。地球系统科学的大发展，要求突破两堵墙：一堵是空间的墙，主要

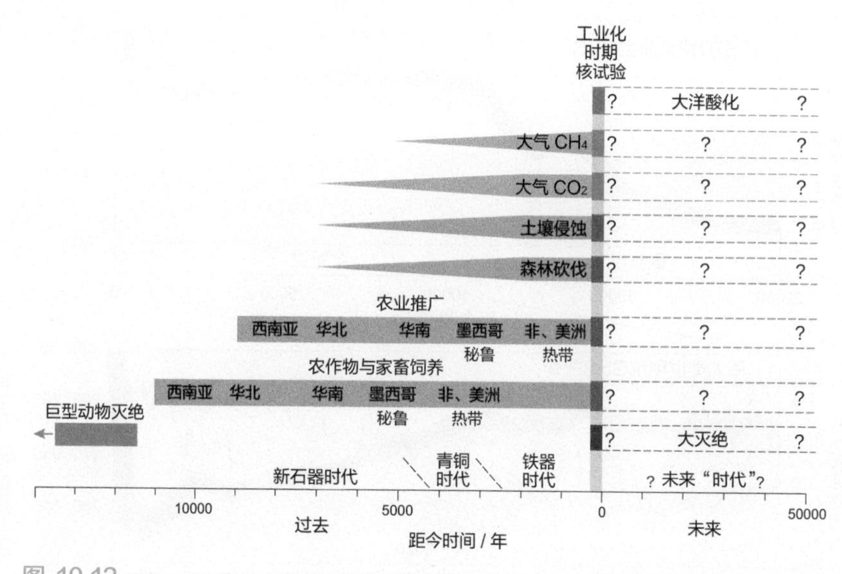

图 10-12
人类活动造成的长期变化：过去和未来 (Ruddiman et al., 2015)

是各大圈层之间的隔阂；另一堵是时间的墙，尤其是学术界“古”“今”研究长期分家的墙。突破古今隔墙，这就是“人类世”的意义所在。至于“人类世”从哪年开始，实在用不着过分操心，看来学术界的意见分歧不无道理，因为时间实在太短。有道是当代不修史，原因是“当事者迷”，看来完全可以把这类问题，至少留待几百年后再去讨论。

10.3.2 地质时期的全球变化

全球变化研究从一开始就意识到古今结合的重要性，所以 IGBP 计划第一批设立的核心项目中，就有“过去全球变化（PAGES）”。PAGES 在美国和瑞士两国的基金会支持下于 1991 年设立，2015 年又转入“未来地球”计划，是全球变化最稳定、最持久的一个项目（图 10-2，图 10-7），成为国际古环境、古气候研究的交流基地，在地学界有着广泛的影响。过去全球变化之所以受到重视，源于其不可替代性。政治家需要从历史吸收经验教训，全球变化的研究也必须从古代的记录里吸取养分。当代的人类成了地球的“啃老族”，挥霍着三亿年前树木森林和两亿年前浮游生物储蓄在地里的太阳能，把有机碳氧化了散发在空中，换取自身的物质享受。这种行为犹如“夜半临深池”的盲人瞎马，因为人类并不明白地球环境运作的机理，更不知道自己行为将会产生的后果。“过去全球变化”的任务就是提供前车之鉴，通过历史记录揭示地球系统运行的机制。IGBP 前十年的成果总结中指出，地质记录给了最好的证据，证明地球表层是作为完整系统在运作，而最有说服力的莫过于冰芯记录及其气泡里“化石大气”的比较。南极冰芯的记录时间长，提供了万年尺度上的证据（图 10-13）；格陵兰冰芯堆积速率快，提供了千、百年尺度上的证据，两者都同样证明了地表温度和 CO_2 浓度的对应关系。通过这些周期变化的规律性和变幅的局限性，都可以看出地球表层是一个自我调节、自我限制的系统（Steffen et al.，2004）。

全球变化研究的重大关键，是要鉴别人为因素和天然因素造成的变化，但是当代的观测结果几乎都是两者共同作用的产物。为了正确解读当代的观测结果，就需要研究没有人类作用时候的天然过程，这就是古代全球变化。当代观测的另一个弱点，是覆盖的时间过于短暂，难以对其中类似规律性的变化作出判断，这又需要借助古代全球变化的长记录进行比较，比如厄尔尼诺和一些年代际的变化，都需要放到地质尺度的记录中加以探索。此外，当前全球变化研究的要害是要找到从量变到质变的“阈值”和“临界点”，而这又需要从历史记录中寻找先例以便引以为鉴。然而，全球变化的古、今结合并非一帆风顺，因为两者分属不同学术群体的研究范围。由于 IGBP 的目标在于现代的气候环境，PAGES 在其起步阶段设置了时间界限，只限于 2000 年和 20 万年以内；随着研究的进展，拓展到冰芯记录所及的几十万年（图 10-13）。而另一方面，地质界又自行发起地质时间尺度上的地球系统研究，比如“地球系统过程（Earth System Processses）大会”，2001 年的第一届由英美两国，2005 年的第二届由美加两国的地质学会联合举办，重点都放在深远的地质年代（汪品先，2002）。经过多年的发展，两方面的研究已经深度交叉，现在的古代全球变化已经不设年代限制，凡是对理解当前全球变化的地质过程都在研究之列，其中一个实例就是始新世的高温期和“大洋酸化”。

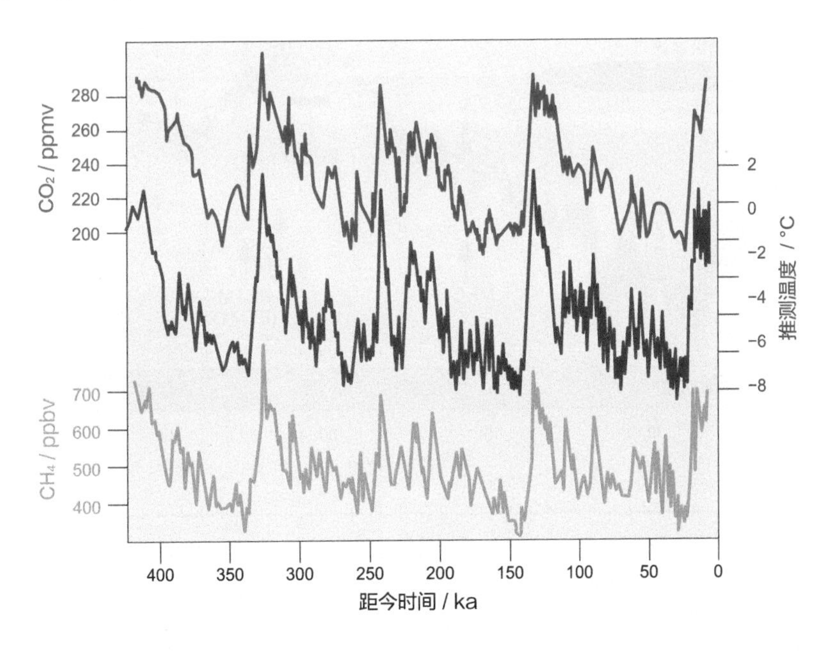

图 10-13
南极东方站 42 万年冰芯记录中的气候旋回和大气成分（Steffen et al., 2004）

10.3.2.1　早新生代的高温期

新生代早期从 6000 万到 4000 万年前，火山喷发十分活跃，地球上不但没有大冰盖而且温度较今高出许多，其中多次高温事件对于理解当前的全球变暖具有宝贵的参考价值。首先出现的是将近 5600 万年前的古新 / 始新世高温事件（PETM），我们对此在第 8 章 8.3.5 节中已经做过介绍，而且相伴出现的大洋酸化，也是当前全球变化的一个严重威胁（见 10.1.3 节），因而被广泛用来为预测温室效应的长期后果作为参考（Zeebe et al.，2013）。PETM 事件好比是一次巨大规模的实验，在不过 2 万年的时间里，至少有 2 万亿 t 的甲烷从海底水合物中析出，造成全球的高温和海水的酸化，至少几千年的海水温度升高 5~9 ℃，甚至于热带海域也能够增温 3 ℃（Aze et al.，2014）。

但是这不是一次孤立的事件，始新世早、中期出现过多次高温事件（Lauretano et al.，2015），其中第一次高温事件就是 PETM，5400 万年前又发生第二次始新世高温事件（ETM2，Eocene Thermal Maximum 2）（Lourens et al.，2005；图 10-14）。虽然规模不如 PETM，但也是海水 $\delta^{13}C$ 变低、碳酸盐溶解的全大洋事件（Lunt et al.，2011）。接着就是距今 5100 万 ~5300 万年的早始新世气候最佳期（EECO，Early Eocene Climate Optimum），延续 200 万年之久，成为新生代最长的高温期（Zachos et al.，2008）。此后还有中始新世气候最佳期（MECO，Mid-Eocene Climate Optimum）（图 10-14），可能都属于大洋碳储库释放温室气体所造成的高温事件。

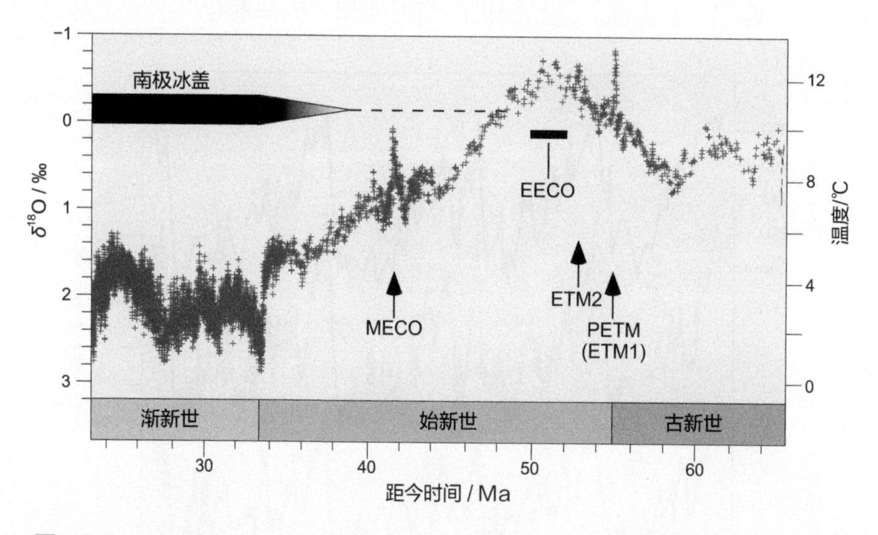

图 10-14
始新世高温期（据 Zachos et al.，2008 改绘）

曲线示底栖有孔虫氧同位素 $\delta^{18}O$，在 ~35 Ma 南极冰盖形成前主要反映高纬区温度（见右侧标尺）；PETM. 古新 / 始新世高温事件；ETM. 始新世高温事件；EECO. 早始新世气候最佳期；MECO. 中始新世气候最佳期

10.3.2.2 高温期的全球变化

从全球变化角度看，研究最为详细的当然是 PETM 事件（Alley，2016）（见附注 2）。PETM 高温事件的发现，轰动了地学界。发表的国际论文头十年（20 世纪 90 年代）50 篇、第二个十年 400 篇，至今仍是学术热点之一，其中探讨的不仅是大洋酸化事件本身，

还在于由此产生的气候和生态环境效应（McInerney and Wing，2011）。首先，温室气体灾难性的排放引起了全球变暖，在几千年时间里使得表层海水在热带升温 5 ℃、在高纬区升温 9 ℃，底层水升温 4~5 ℃，整个的升温过程延续大约三万年（Zachos et al.，2005）。同时，温室效应也改变了水文循环，显著增强了大陆的季节性降水，比如在美国西部的河流相剖面中出现了大套砂层，说明当时引发了强烈的季风降水，并且延续到 PETM 事件之后（Foreman et al.，2012）。从古植被记录看，降水过程中也发生过剧烈的变化，PETM 事件开始时干旱，后来又变为潮湿，反差之大可以和冰期前后的变化相比（Wing et al.，2005）。由于水循环变得不稳定，土壤的肥力下降，陆地生物向高纬和高海拔区迁移（Wing and Currano，2013）；而受高温条件或者食物缺乏的限制，大型哺乳类的个体趋于变小（Secord et al.，2012）。但是在事件之后一二万年，却迎来了哺乳类大发展，标志着始新世初哺乳类繁盛和大迁移的开始，古植物方面也发现有快速的变化。

除此之外，PETM 超级温室事件如何结束，温室气体排出以后又如何收场，对于今天研究全球变化都很有价值。现在看来是风化作用加快吸收了大气 CO_2，最后将碳送入海底埋藏。也有作者提出海洋酸化很可能促进了海洋上层的输出生产力，因为海水升温使得海洋细菌活动加强，促使颗粒有机碳加快转化为惰性溶解有机碳，从而提升了大洋生物泵的效率（Ma et al.，2014）。

古新世 / 始新世高温事件只是一个例子，地质记录和历史里有许多这类急剧变化的事件，有待我们去发掘，然后通过新的分析手段、采用新的视角重新研究，供我们应对当代的温室效应、处理现在的全球变化时参考。

10.3.3　地外星球的全球变化

在地球上，全球变化的研究，将地球科学推向系统科学的高度；走出地球，全球变化的原理同样可以应用于地外星球的研究。只是缺少了生命，甚至缺少了水，地外星球的环境都比地球简单得多。有了生命和水，地球才成为你我生活的乐园，可同时也给解译地球系统之谜出了难题。解剖地外星球简单的“全球变化”，可以帮助我们认识自己星球演变的奥秘，而这方面内容最为丰富的，当然是火星。

10.3.3.1　火星上的全球变化

我们在第 3 章里讲过火星上有水流、有沉积岩，第 7 章介绍了火星两极冰盖和轨道周期，这里又来谈火星的全球变化，这种“偏爱”的原因是火星和地球的相似性。论距离，火星是地球的近邻；论半径，火星是地球的一半；地球一天 24 小时，火星 24 小时 40 分；地轴的倾角 23.4°，火星倾斜 25.2°。而且对火星的研究程度高，已经编出了地质图、提出了年代表，两者的比较对研究地球大有裨益。

从地形上看，火星和地球的南北半球都不对称。地球的北半球大陆多、南半球大洋多，而火星的南北差异要严重得多：南半球比北半球高 5000 m，是个环形坑密布的高

附注 2：古新世 / 始新世高温事件

古新世 / 始新世高温事件，是三十年前南极威德尔海的大洋钻探发现的。古新世末期底层海水突然变暖，同时有 1/3 到 1/2 的底栖有孔虫种类灭绝，但是浮游有孔虫却影响不大 (Kennett and Stott, 1991)。后来这次事件在各大洋都有发现，知道这是海底“可燃冰”的甲烷大量析出的结果。当时在短短的17万年时间里，全大洋沉积中氧、碳同位素发生急剧的负偏移，同时海底碳酸盐发生强烈溶解 (见附图；Zachos et al., 2008)，随之大量碳从海底进入海洋和大气，造成“超级温室效应”，使全球升温 5~8 ℃ (McInherney and Wing, 2011)。PETM 事件使得深海碳酸盐补偿面上升 2000 m，原来的红藻和珊瑚的造礁生物群被大有孔虫群落取代，甚至连遗迹化石的类型也发生变化 (Beck, 2012) 。大灭绝事件则发生在海底，推测在水合物分解、甲烷放出的背景下，大陆坡中下部的底栖有孔虫种类减少 30%~50%，即便活着的种类钙质壳也变薄变小 (McInerney and Wing，2011) 。而从同位素的记录看 (见附图)，这是一次来得快、去得慢的不对称过程，甲烷析出、温度上升最多不过 2 万年，而高温与酸化事件之后的恢复期，却经历了几乎 20 万年。至于海底天然气水合物突然释放的起因，至今并无一致意见：一种可能是水合物的热分解；另一种可能是陆坡的滑坡造成水合物灾难性释出 (Katz et al., 2001)；最近又发现了微陨石，据此推测也可能是陨石撞击造成水合物分解 (Schaller et al., 2016) 。

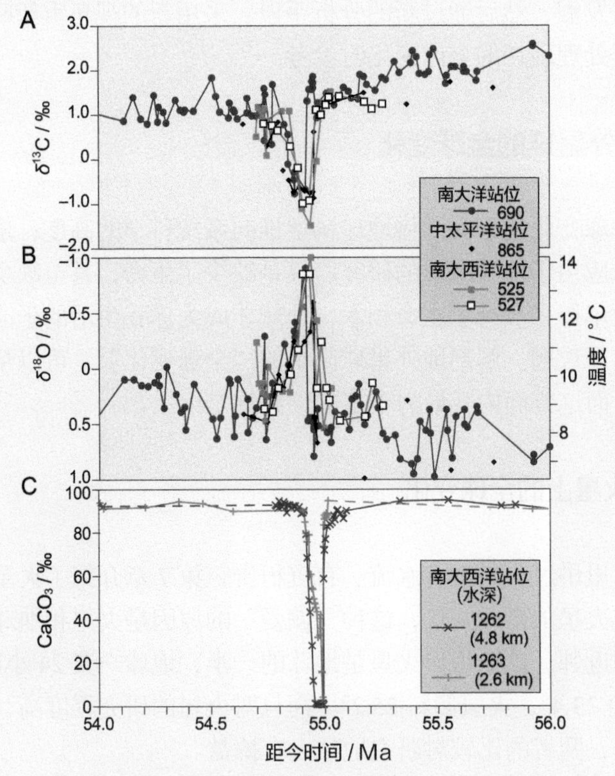

古新世末高温事件的底栖碳 (A)、氧 (B) 同位素和碳酸钙含量 (C) 变化
(Zachos et al., 2008)

原，保留着火星形成初期陨石撞击的表面；北半球可能发育过海洋，造成了较新也较平的地形。最为突出的地形特色是峡谷和火山：赤道上 4000 km 长的水手号大峡谷（Valles Marineris），300 km 宽、7000 m 深，占据了火星圆周的 1/4，是太阳系里最大的峡谷，推测是地幔隆升造成的断裂；奥林帕斯（Olympus）火山高 20000 m，直径 600 km，是太阳系里已知的最大火山，推测是因为火星没有板块运动，岩浆房在上亿年的时间里在同一地点喷发，形成巨型山体。奥林帕斯可能在 2 亿到 1 亿年前形成，最近的一次喷发估计距今只有 200 万年，对当时火星的环境产生过重大影响（Forget et al., 2008）。

从气候来看，火星的气候属于“超级大陆性”：火星上缺水，土壤也是干的，因此表层的热容量极低；火星的大气层极其稀薄，表面的大气压力只相当地球上 3 万米高空的气压，因此火星的昼夜、季节温差都比地球强烈得多。火星南半球夏季白天可以到 20 ℃，夜里会降到 −100 ℃。火星的温差在于南北半球之间而不是地球上那样在热带与两极之间；而且稀薄的火星大气没有同温层，这就决定了火星大气环流与地球不同。地球上的大气，从赤道到 30° 纬区形成哈德雷环流圈，南北半球各有一个（图 10-15 左）（见第 3 章附注 4），而火星上却只有一个哈德雷环流圈（图 10-15 右）。

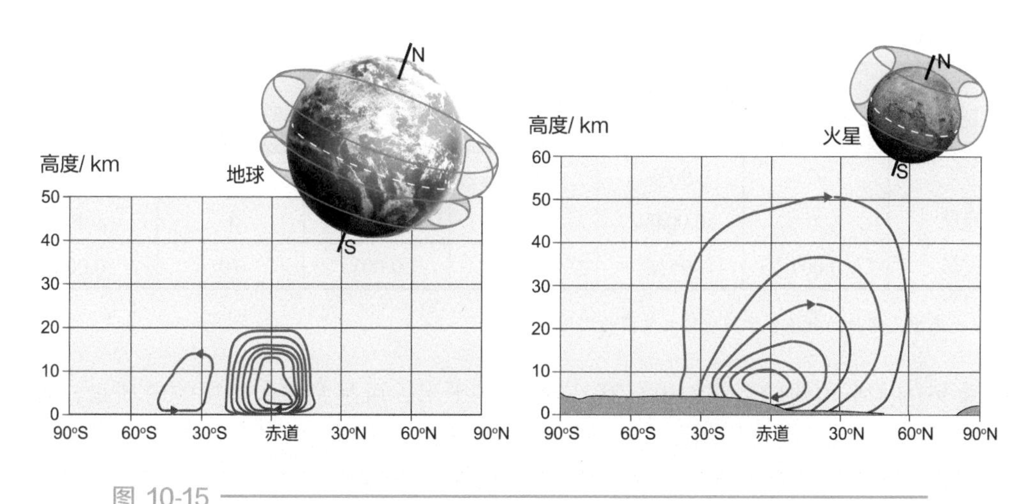

图 10-15
地球（左）和火星（右）大气圈的哈德雷环流（Forget et al., 2008）

火星上的强烈温差决定了风场的强度，干旱的气候又造成风尘的发育，因此风尘作用对于气候的影响之大，也是地球上所不见的。火星上常常发生巨型尘暴，高达 10 km，直径数十或数百米，向高空输送尘粒，甚至使天空变色。因此火星上也有季节性，只不过没有雨季与旱季，而是“晴空季”和“风尘季”（Forget et al., 2008）。

现在相信，30 亿年前的早期火星曾经有过活跃的水圈，很可能还有生物圈（Grotzinger, 2014）。现在火星的“大气圈”太稀，但正因为稀而“大惊小怪”，容易“激动”；水圈太冷，全变成冰，缺乏活力；岩石圈之下的地幔又不够热，没有板块运动。所以今天的火星，是个无生命、无板块、无液态水的“三无世界”，处在“失控的冰室”状态。一颗星球的“全球变化”，关键在于圈层相互作用。一旦轻元素逸散，水、气消尽，剩下孤零零一个岩石圈，对外无法吸收太阳能，对内缺乏深部核反应，便落得“死球”的下场，月球便是一例。如果把圈层相互作用称作星球的“生命力”，地球与月球居其两端，火星便是个“中间分子”，在30亿年前的“辉煌时期”之后，有时还会有火山活动引起的变化，但只能是些零星出现的尾声而已。

10.3.3.2 金星的大气圈

在地球各个圈层中，对于全球变化最为敏感的是大气圈。因此，比较星球间全球变化的切入点，也就在大气圈。在第4章里已经介绍过太阳系星球间大气成分的不同（见第4章附注3），现在再以地球为出发点，对各个星球的大气圈进行比较。

太阳系四颗内行星，水星太小，和月球一样留不住大气圈，水星表面的气压只相当地球表面的2×10^{-12}，只是些太阳风带来的氢和氦。如果将火星、地球和金星的大气圈相比（表10-1），可以看出金星的大气圈最重、温室效应最强，对于为“全球变暖”发愁的地球人来说，也最值得研究。

表10-1 太阳系内行星大气圈比较

行星	大气		表层温度	水		
	压力	CO_2		气态	液态	固态
金星	92	96%	+460 ℃	2.6	0	0
地球	1	0.004%	+15 ℃	1	1	1
火星	0.007	95%	– 60 ℃	0.001	~0	0.002

注：表中无单位的数值表示与地球大气圈的比值

金星的大小和地球最像，半径都是6000多千米，可是金星大气层的总质量，是地球大气层的92倍，大气层的厚度都差不多，区别在于金星大气的浓度大。如果宇航员在金星表面着落，他身上承受的气压和地球上900多米深的海底相当，而且这大气的成分96.5%是CO_2，剩下的3.5%主要是N_2，氧气只在0.002%以下。大气里也极少有水，所有的水汽凝聚到地面上也只有1 cm厚，而地球上的水铺平了厚度会超过两千米，相差十万倍以上。金星有巨厚的硫酸云层，分布在五六十千米的高处，构成20~30 km的厚层（见附注3）。云层反射掉75%的太阳辐射，因此云层以下的能见度很低，而温度急剧升高。地球上即便是高层云，离地面也只有几千米，与金星的差距太大。如果根据大气压力比较金星和地球的大气层，那么地球海平面的大气层只能和金星五六十千米的高处相比，此层以下金星的气温和压力呈直线上升，高温高压将是未来登陆金星所面临的极大挑战（图10-16；Ingersoll，2007）。

在太阳系行星形成的早期，金星、地球和火星的情况应当相似，而现在三者的大气层相差如此悬殊（表10-1），反映出不同的演化途径。火星的大气几乎丧失殆尽，陷入失控的“冰室型气候”，表层温度−60 ℃；金星的CO_2浓集，变为失控的“暖室型气候”，现在表层温度高达+460 ℃。推测40亿年前，早期的太阳光度比现在低

25%~30%（见 1.2.2 节），金星上也曾有水，和当时地球表层的环境大同小异，以后随着太阳的演化，在离太阳较近的金星上液态水都会汽化，而大气里的水又被太阳辐射分解为氧和氢，较重的氧可以留在金星表面和岩石圈相互作用，而较轻的氢则逸散到太空，留下其较重的同位素氘，所以今天金星上的氘/氕（D/H）值，比地球上高出 100~150 倍（Ingersoll，2007）。失去了水的金星，没有能力回收火山喷发产生的 CO_2 和 SO_2，只能留在大气圈里造成失控的温室效应和毒性的硫酸云（Swedhem et al.，2007）。回顾当年的内行星同胞“三兄弟”，经过三四十亿年的分道扬镳，现在已经“差之千里”。

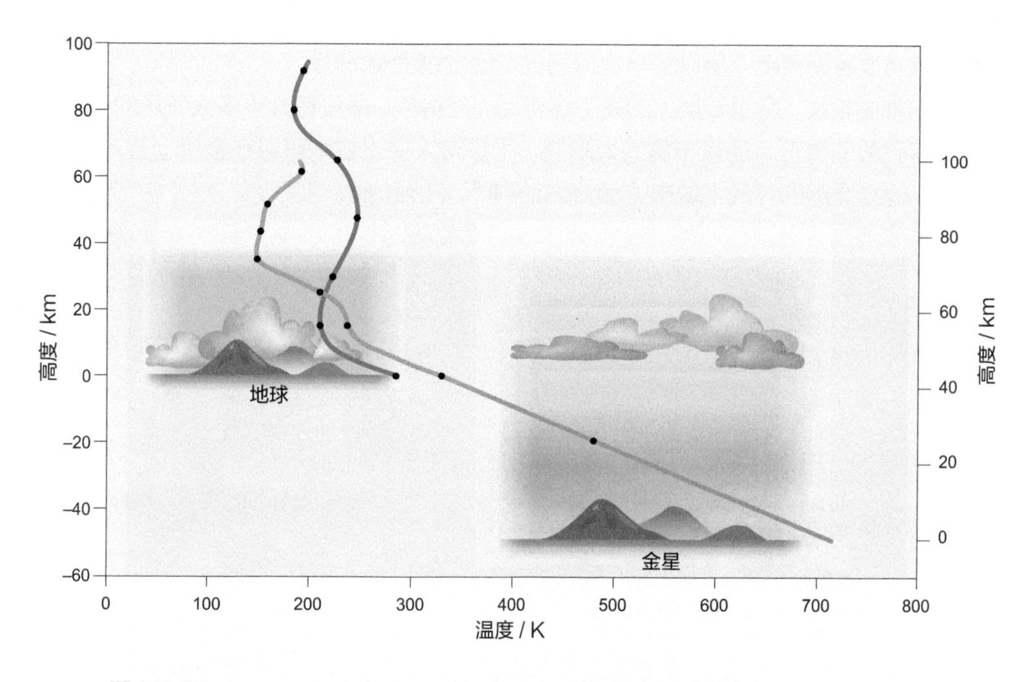

图 10-16
金星和地球大气圈及其温度曲线的比较（据 Ingersoll，2007 改绘）

10.3.3.3　外行星卫星上的全球变化

太阳系外行星和地球的差别太大，木星和土星主要是氢和氦，在极度高温高压下“细小”的固态内核即便有“石质”成分也不能与地球相比，倒是他们的某些卫星，和地球有若干相似之处，值得一比。这里拿来比较的是木星的木卫二（Europa），土星的土卫二（Enceladus）和土卫六（Titan），这三颗卫星在第 3 章讲水的时候都曾经提到过，他们都有海洋，因此也都有相当有趣的全球变化。水在宇宙里其实并不罕见，氢和氧在宇宙里的丰度排在第一和第三位，但是水呈液态出现的温度压力范围太小，在宇宙里十分稀罕。可是液态水不仅是生命存在的条件，也是众多化学反应和地貌过程的必要条件，全球变化有了液态水才会丰富多彩。

这三颗卫星都有两个部分：里面是石质的核心，外面包着水冰。其中以木卫二的名气最大，前面也已经有过介绍（见第 3 章附注 2 与插图），原因是在十来千米厚的冰层

附注 3：金星上的硫酸云

各大行星相比，金星的名字最好听，西方语言里叫维纳斯（Venus），那更是古罗马的爱神。但是 20 世纪 60 年代行星探索一开始，就发现在这美好名字掩盖下的现实世界，却是座活地狱，最为可怕的是金星上的硫酸云。地球上云的成分是水蒸气，金星的云却是由 SO_2 和一些硫酸云滴组成。地球上的云会下雨和雪；金星上的云也会下雨，不过下的不是水，而是硫酸。但是金星的云都在五六万米以上，加上几百度的高温，这些硫酸雨滴永远也下不到地面，只能在空中上下循环。由于硫酸雨滴很容易荷电，所以第一次探测就发现金星上有闪电。

与地面相比，金星云层上的高空环境反而好得多，既没有九十多大气压的压力，也没有硫酸的毒害，还有丰富的太阳能，于是有人提出将来可以在金星上五万米的高空，建立漂浮的“云上城市（cloud city）”（Landis，2003）。

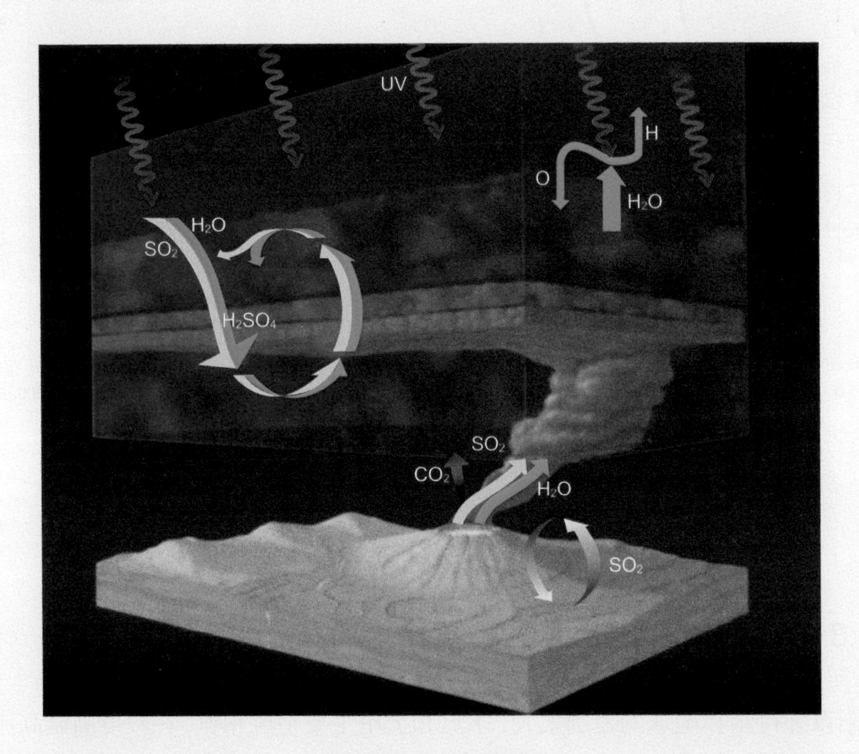

艺术家笔下的金星云层

底下有个上百千米的深海，海底的水岩相互作用可能产生与地球上相似的化学反应，从而提供了生命存在的可能性（Vance et al.，2016）。作为大行星的卫星，这三颗卫星共同的特色在于强烈的潮汐作用。木星的质量是地球的三百多倍，木卫二距离木星 27 万 km，每三天半围绕木星转一圈，受到巨大的潮汐吸引力，这也就是木卫二全球变化主要的能量来源。潮汐的能量足以使得卫星上的冰层融化为液态水。不但木卫二，靠近木星的木卫三（Ganymede）和木卫四（Callisto）在冰层底下也都可能有液态水，推测三颗卫星的水量可能相当地球大洋水的 30~35 倍（Spohn and Schubert，2003；Hand et al.，2007）。至于离木星最近的木卫一（Io，相距才 3600 km），已经没有冰盖或水层，而是有着数以百计的活火山，最高者逾 17000 m（Schenk et al.，2001），是太阳系中地质活动最为活跃的天体。活跃的原因就在于潮汐摩擦产生的热量，导致木卫一的硅酸盐类融熔产生岩浆（Lopes et al.，2004）。

土星比木星小，但质量还是地球的近百倍，因此土星的卫星同样受到巨大的潮汐引力。土卫二最大的特色在于喷气（Porco et al.，2006）：土卫二的南极有四条“虎纹”状平行断裂，每条 130 km 长，中间是 0.5 km 深的沟，两边为相隔 2 km 的隆起，羽状流就从这沟里喷出（图 10-17）。土卫二喷出的气体柱要是水汽，喷出的颗粒 99% 是微米级的冰晶，1% 是盐分，大概因为这些喷出物的缘故，土卫二的反照率高达 80%，是太阳系里反射最强的星体。这种喷气的动力只能来自潮汐：土卫二太小，直径只及月球的 1/7，不可能有核裂变造成的内能，只能依靠潮汐力。推断由于内潮作用的加热活动，使得南部的冰层与石核之间形成“海洋”，产生出汽夹冰粒的羽状流通过狭窄通道，从南极的“虎纹”喷出（图 10-17；Spencer，2011）。近年来发现木卫二上也有水气柱喷出，高达 200 km，而且是每当运转到接近木星的位置方才发生，显然也是潮汐作用的产物（Roth et al.，2014）。

土卫六是颗类似于行星的卫星，论体积比水星还大，而且在石质核心、水层和冰层之外还有大气层。土卫六上存在丰富的有机化合物和氮等元素，与地球早期生命形成时的环境相似。由于温度过低，也未发现有液态水，不大可能会有生命存在，但是土卫六有液态的甲烷。因此土卫六和地球相似，有云、有雨、有湖泊，不过成分不是水、都是甲烷。土卫六表面温度极低，平均为 −180 ℃，然而甲烷和土卫六表面的其他碳水化合物在这一温

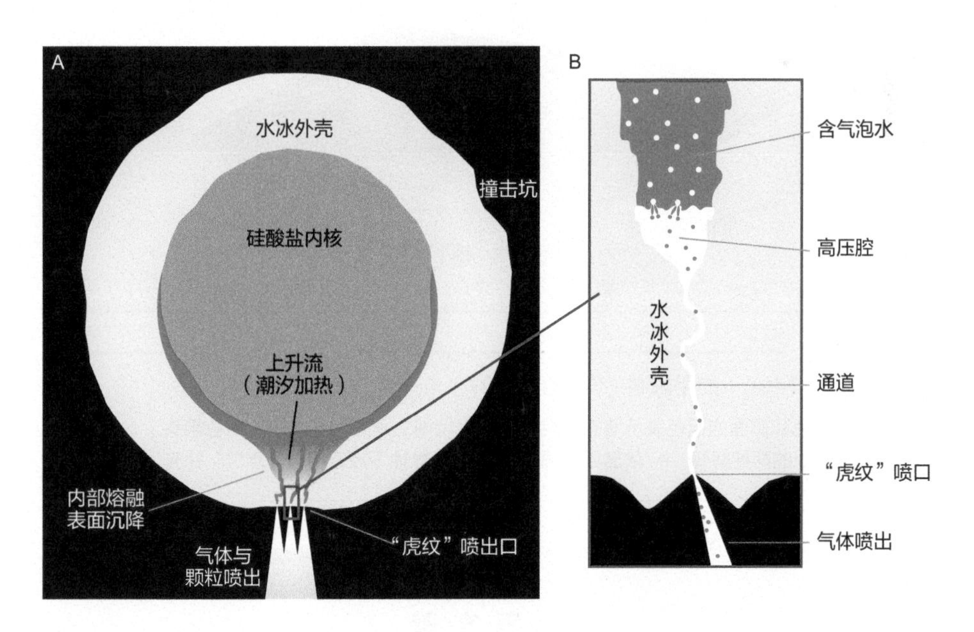

图 10-17
土卫二（Enceladus）南极的“虎纹”喷气口的解释示意图（Spencer, 2011）
A. 土卫二的切面，蓝色为潮汐加热形成的“海洋”；B. 喷气口的通道

度下仍可以保持液态，至于与蒸发作用的平衡，可以由“甲烷雨”或者“甲烷地下水”提供补充（图 10-18；Sotin，2007）。土卫六表面的大气压力是地球表面的一倍半，主要由氮气和甲烷组成，尤其值得注意的是土卫六大气圈的有机质雾霾层，可能在地球演化的早期也曾出现，因此对于研究地球演变具有特殊价值（Trainer et al.，2006）。

浩瀚太空气象万千，遥远星球上的全球变化并不影响地球人的生活，但可能有助于我们解放思想、拓宽视野，尤其在研究地球早期演化时，说不定会起传说中牛顿树上苹果的作用。

图 10-18
土卫六（Titan）的甲烷湖（Sotin, 2007）
表面的黑色和侧面的蓝色表示液态甲烷，两个甲烷湖之间有河道沟通（白色箭头）；甲烷湖保持平衡的两种解释：A. 依靠甲烷雨补充；B. 依靠地下液态甲烷“水位”补充

参 考 文 献

刘东生 . 2004. 开展“人类世”环境研究 , 做新时代地学的开拓者——纪念黄汲清先生的地学创新精神 . 第四纪研究 , 24(4): 369–378.

马丁 • 里斯 . 2010. 终极时刻：来自一位科学家的警告 . 陈艳艳 , 赵敏译 . 湖南科学技术出版社 .
全球碳计划 . 2004. 全球碳计划 . 柴育成 , 周广胜 , 周莉 , 许振柱译 . 北京：气象出版社 .
萨洛蒙 • 克罗宁博格 . 2011. 人类尺度：一万年后的地球 . 殷瑜译 . 上海：上海文艺出版社 .
汪品先 . 2002. 穿越圈层横跨时空——记“地球系统过程”国际大会 . 地球科学进展 , 17(3): 311–313.
Abbatt J, George C, Melamed M, et al. 2014. New Directions: Fundamentals of atmospheric chemistry: Keeping a three-legged stool balanced. Atmospheric Environment, 84(2): 390–391.
Alley R B. 2016. A heated mirror for future climate. Science, 352(6282): 151–152.
Alomar C, Estarellas F, Deudero S. 2016. Microplastics in the Mediterranean Sea: Deposition in coastal shallow sediments, spatial variation and preferential grain size. Marine Environmental Research, 115: 1–10.
Aze T, Pearson P N, Dickson A J, et al. 2014. Extreme warming of tropical waters during the Paleocene-Eocene Thermal Maximum. Geology, 42(9): 739–742.
Barnosky A D, Koch P L, Feranec R S, et al. 2004. Assessing the Causes of Late Pleistocene Extinctions on the Continents. Science, 306: 70–75.
Berger A, Loutre M F. 2002. Climate. An exceptionally long interglacial ahead? Science, 297(5585): 1287–1288.
Brasseur G P, van der Pluijm B. 2014. Earth’s Future: Navigating the science of the Anthropocene. Earth’s Future, 1(1): 1–2.
Broecker W S. 1975. Climatic change: are we on the brink of a pronounced global warming? Science, 189(4201): 460.
Broecker W S, Kunzig R. 2008. Fixing Climate. New York: Hill and Wang.
Brown H. 1954. The Challenge of Man’s Future. New York: Viking Press.
Brown H, Thorndike A M. 1954. The challenge of man’s future. In: The Challenge of Man’s Future. New York: Viking Press. 15–16.
Bryson R A. 1974. A perspective on climatic change. Science, 184(4138): 753–760.
Canadell J G, Dickinson R, Hibbard K, et al. 2003. Global Carbon Project (2003) Science Framework and Implementation. Earth System Science Partnership (IGBP, IHDP, WCRP, DIVERSITAS) Report, (1). Canberra.
Cazenave A, Llovel W. 2010. Contemporary sea level rise. Annual Review of Marine Science, 2(1): 145–173.
Chin A, Gillson L, Quiring S, et al. 2016. An evolving Anthropocene for science and society. Anthropocene, 13: 1–3.
CLIMAP. 1976. The surface of the ice-age Earth. Science, 191(4232): 1131–1137.
CLIMAP, Mcintyre A, Cline R. 1981. Seasonal Reconstruction of the Earth’s Surface at the Last Glacial Maximum. Geological Society of America.
Crutzen P J. 2006. Albedo enhancement by stratospheric sulfur injections: A contribution to resolve a policy dilemma? Climatic Change, 77(3–4): 211–219 .
Crutzen P J, Stoermer E F. 2000. The Anthropocene. IGBP News Letter, 41 (1): 17–18.
de Moel H , Ganssen G M, Peeters F J C, et al. 2009. Planktic foraminiferal shell thinning in the Arabian Sea

due to anthropogenic ocean acidification? Biogeosciences, 6(9): 1917–1925.

De'ath G, Lough J M, Fabricius K E. 2009. Declining coral calcification on the Great Barrier Reef. Science, 323(5910): 116–119.

Fasham M J R, Baliño B M, Bowles M C. 2001. A New Vision of Ocean Biogeochemistry After a Decade of the Joint Global Ocean Flux Study (JGOFS). Ambio Special Report, No. 10. New York: Springer.

Foreman B Z, Heller P L, Clementz M T. 2012. Fluvial response to abrupt global warming at the Palaeocene/Eocene boundary. Nature, 491(7422): 92–95.

Forget F, Costard F, Lognonné P. 2008. Planet Mars — Story of Another World. Dordrecht: Springer.

Future Earth. 2013. Future Earth Initial Design: Report of the Transition Team. Paris: International Council for Science.

Future Earth. 2014. Future Earth Strategic Research Agenda 2014. Paris: International Council for Science.

Grotzinger J P. 2014. Exploring martian habitability. Habitability, taphonomy, and the search for organic carbon on Mars. Introduction. Science, 343(6169): 386–387.

Hand K P, Carlson R W, Chyba C F. 2007. Energy, chemical disequilibrium, and geological constraints on Europa. Astrobiology, 7(6): 1006–1022.

Hawking S. 2016. Afterword, 2016. In: Guthrie J. How to Make a Spaceship: A Band of Renegades, an Epic Race, and the Birth of Private Spaceflight. Penguin.

Hay W W. 1994. Pleistocene-Holocene fluxes are not the Earth's norm. In: Hay W W, Usselmann T. Material Fluxes on the Surface of the Earth. Washington D C: National Academy Press. 15–27.

Hönisch B, Ridgewell A, Schmidt D N, et al. 2012. The geological record of ocean acidification. Science, 335(6072): 1058–1063.

Hofmann E, Bundy A, Drinkwater K, et al. 2015. IMBER – Research for marine sustainability: Synthesis and the way forward. Anthropocene, 12: 42–53.

Hutjes R W A, Kabat P, Running S W, et al. 1998. Biospheric aspects of the hydrological cycle. Journal of Hydrology, 212–213(1–2): 1–21.

IGBP. 1990. The International Geosphere-Biosphere Programme: A Study of Global Change. The Initial Core Projects, Report 12. Infoscience - École polytechnique fédérale de Lausanne.

IGBP. 2003. Marine Ecosystem and Global Change. IGBP Science No. 5. http://www.igbp.net/publications/scienceseries/scienceseries/scienceseriesno5.5.1b8ae20512db692f2a680007701.html

IGBP, Rosswall T. 1988. The international geosphere-biosphere programme: A study of global change (IGBP). Environmental Conservation, 15(4): 355–356.

Iglesiasrodriguez M D, Halloran P R, Rickaby R E M, et al. 2008. Phytoplankton calcification in a high-CO_2 world. Science, 320(5874): 336.

Ignaciuk A, Rice M, Bogardi J, et al. 2012. Responding to complex societal challenges: A decade of Earth System Science Partnership (ESSP) interdisciplinary research. Current Opinion in Environmental Sustainability, 4(1): 147–158.

Ingersoll A P. 2007. Venus: Express dispatches. Nature, 450(7170): 617–618.

IPCC. 2013. 决策者摘要 . 政府间气候变化专门委员会第五次评估报告第一工作组报告——气候变化

2013：自然科学基础 . 剑桥大学出版社 .

IPCC, Houghton J E T, Ding Y H, Griggs J, et al. 2001. IPCC 2001. Climate Change 2001: the scientific basis// Climate Change 2001: The Scientific Basis. 227–239.

Jacobson M Z. 2005. Studying ocean acidification with conservative, stable numerical schemes for nonequilibrium air-ocean exchange and ocean equilibrium chemistry. Journal of Geophysical Research Atmospheres, 110(D7): 1–17.

Jefferson A J, Wegmann K W, Chin A. 2013. Geomorphology of the Anthropocene: Understanding the surficial legacy of past and present human activities. Anthropocene, 2: 1–3.

Karl T R, Arguez A, Huang B, et al. 2015. Possible artifacts of data biases in the recent global surface warming hiatus. Science, 348(6242): 1469–1472.

Katz M E, Cramer B S, Mountain G S, et al. 2010. Uncorking the bottle: What triggered the Paleocene/Eocene thermal maximum methane release? Paleoceanography, 16(6): 549–562.

Kendall J. 2011. America’s first great global warming debate. Smithsonian Magazine, July 15, http://www.Smithsonian.com

Kennett J P, Stott L D. 1991. Abrupt deep-sea warming, palaeoceanographic changes and benthic extinctions at the end of the Palaeocene. Nature, 353(6341): 225–229.

King D A. 2004. Environment. Climate change science: adapt, mitigate, or ignore? Science, 303(5655): 176–177.

Kinne O. 2003. Climate Research: an article unleashed worldwide storms. Climate Research, 24(3): 197–198.

Kleypas J A, Buddemeier R W, Archer D, et al. 1999. Geochemical consequences of increased atmospheric carbon dioxide on coral reefs. Science, 284(5411): 118–120.

Kroeker K J, Kordas R L, Crim R, et al. 2013. Impacts of ocean acidification on marine organisms: quantifying sensitivities and interaction with warming. Global Change Biology, 19(6): 1884–1896.

Kroonenberg S. 2006. De Arrde Over Tienduizend jaae. Atlas.

Landis G A. 2003. Colonization of Venus. In: Space Technology & Applications Intforum-staif: Confon Thermophysics in Microgravity; Commercial/civil Next Generation Space Transportation; Human Space Exploration; Sympson Space Nuclear Power & Propulsion. American Institute of Physics. 1193–1198.

Lauretano V, Littler K, Polling M, et al. 2015. Frequency, magnitude and character of hyperthermal events at the onset of the Early Eocene Climatic Optimum. Climate of the Past Discussions, 11(3): 1795–1820.

Lenton Timothy M. 2008. Hermann Held, Elmar Kriegler, Jim W. Hall, Wolfgang Lucht, Stefan Rahmstorf, Hans Joachim Schellnhuber. INAUGURAL ARTICLE by a Recently Elected Academy Member: Tipping elements in the Earth’s climate system. Proceedings of the National Academy of Sciences of the United States of America, 105(6): 1786–1793.

Levit G S. 2000. The biosphere and the noosphere theories of V.I. Vernadsky and P. Teilhard de Chardin: a methodological essay. Archives Internationales Dhistoire Des Sciences, 50: 160–177.

Lewis S L, Maslin M A. 2015. Defining the anthropocene. Nature, 519(7542): 171–180.

Linnér B O. 2015. Narratives of the past for Future Earth: The historiography of global environmental change research. Anthropocene Review, 21(2): 406–412.

Lopes R M C, Kamp L W, Smythe W D, et al. 2004. Lava lakes on Io: observations of Io’s volcanic activity from Galileo NIMS during the 2001 fly-bys. Icarus, 169(1): 140–174.

Lorius C, Jouzel J, Ritz C, et al. 1985. A 150,000-year climatic record from Antarctic ice. Nature, 316(6029): 591–596.

Lourens L J, Sluijs A, Kroon D, et al. 2005. Astronomical pacing of late Palaeocene to early Eocene global warming events. Nature, 435(7045): 1083–1087.

Lugo A E. 2015. Forestry in the Anthropocene. Science, 349(6250): 771.

Lunt D J, Ridgwell A, Sluijs A, et al. 2011. A model for orbital pacing of methane hydrate destabilization during the Palaeogene. Nature Geoscience, 4(11): 775–778.

Ma Z, Gray E, Thomas E, et al. 2014. Carbon sequestration during the Palaeocene-Eocene Thermal Maximum by an efficient biological pump. Nature Geoscience, 7(5): 382–388.

Mann M E, Park J, Bradley R S. 1995. Global interdecadal and century-scale climate oscillations during the past five centuries. Nature, 378(6554): 266–270.

Mann M E, Bradley R S, Hughes M K. 1999. Northern hemisphere temperatures during the past millennium: Inferences, uncertainties, and limitations. Geophysical Research Letters, 26(6): 759–762.

Mann M E, Zhang Z, Hughes M K, et al. 2008. Proxy-based reconstructions of hemispheric and global surface temperature variations over the past two millennia. Proceedings of the National Academy of Sciences of the United States of America, 105(36): 13252–13257.

Marcott S A, Shakun J D, Clark P U, et al. 2013. A reconstruction of regional and global temperature for the past 11,300 years. Science, 339(6124): 1198–1201.

McInerney F A, Wing S L. 2011. The Paleocene-Eocene thermal maximum: A perturbation of carbon cycle, climate, and biosphere with implications for the future. Annual Review of Earth & Planetary Sciences, 39(1): 489–516.

McIntyre S, Mckitrick R. 2003. Corrections to the Mann et. al. (1998) proxy data base and Northern hemispheric average temperature series. Energy & Environment, 14(6): 751–771.

Mcmahon S M, Parker G G, Miller D R. 2010. Evidence for a recent increase in forest growth. Proceedings of the National Academy of Sciences of the United States of America, 107(8): 3611–3615.

Meehl G A, Teng H, Arblaster J M. 2014. Climate model simulations of the observed early-2000s hiatus of global warming. Nature Climate Change, 4(10): 898–902.

Meier K J S, Beaufort L, Heussner S, et al. 2014. The role of ocean acidification in Emiliania huxleyi coccolith thinning in the Mediterranean Sea. Biogeosciences, 11(10): 2857–2869.

Melamed M L, Monks P S, Goldstein A H, et al. 2015. The international global atmospheric chemistry (IGAC) project: Facilitating atmospheric chemistry research for 25 years. Anthropocene, 12: 17–28.

Miller G H, Magee J W, Johnson B J, et al. 1999. Pleistocene extinction of genyornis newtoni: human impact on australian megafauna. Science, 283(5399): 205–208.

Miller G, Magee J, Smith M, et al. 2016. Human predation contributed to the extinction of the Australian megafaunal bird *Genyornis newtoni* ~47 ka. Nature Communications, 7: 10496.

Mitchell J M J. 1971. The effect of atmospheric aerosols on climate with special reference to temperature near the Earth's surface. Journal of Applied Meterology, 10(4): 703–714.

Monastersky R. 2015. Anthropocene: The human age. Nature, 519(7542): 144–147.

Moy A D, Howard W R, Bray S G, et al. 2009. Reduced calcification in modern Southern Ocean planktonic foraminifera. Nature Geoscience, 2(4): 276–280.

National Research Council. 1975. Understanding Climatic Change, a Program for Action. Washington D C: National Academy of Sciences.

North G R. 2006. Surface Temperature Reconstructions for the Last 1000 Years. In: Surface Temperature Reconstructions for the Last 2,000 years. Washington D C: National Academies Press.

NRC (National Research Council). 2006. Surface Temperature Reconstructions for the Last 2,000 Years. Washington D C: Natl Acad Press.

Orr J C, Fabry V J, Aumont O, et al. 2005. Anthropogenic ocean acidification over the twenty-first century and its impact on calcifying organisms. Nature, 437(7059): 681–686.

Pagani M, Zachos J C, Freeman K H, et al. 2005. Marked decline in atmospheric carbon dioxide concentrations during the Paleogene. Science, 309(5734): 600–603.

Pan Y, Birdsey R A, Fang J, et al. 2011. A large and persistent carbon sink in the world's forests. Science, 333(6045): 988–993.

Pearson P N, Palmer M R. 2000. Atmospheric carbon dioxide concentrations over the past 60 million years. Nature, 406(6797): 695–699.

Pierrehumbert R T. 2011. Infrared radiation and planetary temperature. Physics Today, 64(1): 33–38.

Popkin G. 2015. Weighing the world's trees. Nature International Weekly Journal of Science, 523: 20–22.

Porco C C, Helfenstein P, Thomas P C, et al. 2006. Cassini observes the active south pole of Enceladus. Science, 311(5766): 1393–1401.

Prinn R G. 1994. The interactive atmosphere—Global atmospheric-biospheric chemistry. Ambio, 23(1): 50–61.

Ramanathan V, Feng Y. 2008. On avoiding dangerous anthropogenic interference with the climate system: formidable challenges ahead. Proceedings of the National Academy of Sciences of the United States of America, 105(38): 14245–14250.

Ramesh R, Chen Z, Cummins V, et al. 2015. Land-Ocean Interactions in the Coastal Zone: Past, present & future. Anthropocene, 12: 85–98.

Rees M J. 2004. Our Final Century: Will Civilisation Survive the Twenty-first Century? London: Arrow Books.

Rhodes J S, Keith D W. 2008. Biomass with capture: negative emissions within social and environmental constraints: an editorial comment. Climatic Change, 87(3–4): 321–328.

Riebesell U, Zondervan I, Rost B, et al. 2000. Reduced calcification of marine plankton in response to increased atmospheric CO_2. Nature, 407(6802): 364–367.

Rockström J, Schellnhuber H J, Hoskins B, et al. 2016. The world's biggest gamble. Earths Future, 4: 465–470.

Rockström J, Gaffney O, Rogelj J, et al. 2017. A roadmap for rapid decarbonization. Science, 355(6331): 1269–1271.

Roth L, Nimmo F. 2014. Transient water vapor at Europa's south pole. Science, 343(6167): 171–174.

Ruddiman W F. 2003. The anthropogenic greenhouse era began thousands of years ago. Climatic Change, 61(3): 261–293.

Ruddiman W F. 2007. The early anthropogenic hypothesis: Challenges and responses. Reviews of Geophysics, 45: RG4001.

Ruddiman W F. 2013. The Anthropocene. Annual Review of Earth & Planetary Sciences, 41(41): 45–68.

Ruddiman W F, Ellis E C, Kaplan J O, et al. 2015. Defining the epoch we live in. Science, 348(6230): 38–39.

Schaller M F, Fung M K. 2016. Impact ejecta at the Paleocene-Eocene boundary. Science, 354(6309): 225–229.

Schellnhuber H J. 2008. Global warming: Stop worrying, start panicking? Proceedings of the National Academy of Sciences of the United States of America, 105(38): 14239–14240.

Schenk P, Hargitai H, Wilson R, et al. 2001. The mountains of Io: Global and geological perspectives from Voyager and Galileo. Journal of Geophysical Research, 106(E12): 33201–33222.

Schimel D, Hibbard K, Costa D, et al. 2015. Analysis, Integration and Modeling of the Earth System (AIMES): Advancing the post-disciplinary understanding of coupled human—environment dynamics in the Anthropocene. Anthropocene, 12: 99–106.

Secord R, Bloch J I, Chester S G, et al. 2012. Evolution of the earliest horses driven by climate change in the Paleocene-Eocene Thermal Maximum. Science, 335(6071): 959–962.

Seitzinger S P, Gaffney O, Brasseur G, et al. 2015. International Geosphere—Biosphere Programme and Earth system science: Three decades of co-evolution. Anthropocene, 12: 3–16.

Sherwood S. 2011. Science controversies past and present. Physics Today, 64(10): 39–44.

Smith B D, Zeder M A. 2013. The onset of the Anthropocene. Anthropocene, 4: 8–13.

Solanki S K, Usoskin I G, Kromer B, et al. 2004. Unusual activity of the Sun during recent decades compared to the previous 11,000 years. Nature, 431(7012): 1084–1087.

Soon W, Baliunas S. 2003. Proxy climatic and environmental changes of the past 1000 years. Energy & Environment, 23(2): 233–296.

Sotin C. 2007. Planetary science: Titan's lost seas found. Nature, 445(7123): 29–30.

Spencer J. 2011. Watery Enceladus. Physics Today, 64(11): 38–44.

Spohn T, Schubert G. 2003. Oceans in the icy Galilean satellites of Jupiter? Icarus, 161(2): 456–467.

Steadman D W. 1995. Prehistoric extinctions of Pacific island birds: Biodiversity meets zooarchaeology. Science, 267: 1123–1130.

Steffen W, Sanderson A, Tyson P D, et al. 2004. Global Change and the Earth System: A Planet Under Pressure. Springer.

Steffen W, Crutzen J, Mcneill J R. 2007. The Anthropocene: are humans now overwhelming the great forces of Nature? Ambio, 36(8): 614–621.

Suni T, Guenther A, Hansson H C, et al. 2015. The significance of land-atmosphere interactions in the Earth system—iLEAPS achievements and perspectives. Anthropocene, 12: 69–84.

Svedhem H, Titov D V, Taylor F W, et al. 2007. Venus as a more Earth-like planet. Nature, 450(7170): 629–

632.

Syvitski J P, Kettner A. 2011. Sediment flux and the Anthropocene. Philosophical Transactions Mathematical Physical & Engineering Sciences, 369(1938): 957–975.

Tanaka Y, Manolache L, Petrescu-Seceleanu D, et al. 2012. Impact of near-infrared radiation in dermatology. World, 1(3): 30–37.

The Royal Society, Shepherd J G. 2009. Geoengineering the climate: science, governance and uncertainty. Social Science Electronic Publishing, 17: 10–11.

Tollefson J. 2015. The 2 C dream. Nature, 527(7579): 436–438.

Trainer M G, Pavlov A A, Dewitt H L, et al. 2006. Organic haze on Titan and the early Earth. Proceedings of the National Academy of Sciences of the United States of America, 103(48): 18035–18042.

Trenberth K E, Fasullo J T. 2013. An apparent hiatus in global warming? Earths Future, 1(1): 19–32.

Turco R P, Toon O B, Ackerman T P, et al. 1983. Nuclear winter: global consequences of multple nuclear explosions. Science, 222(4630): 1283–1292.

Turco R P, Toon O B, Ackerman T P, et al. 1990. Climate and smoke: an appraisal of nuclear winter. Science, 247(4939): 166–176.

Turner B L, Lambin E F, Reenberg A. 2007. The emergence of land change science for global environmental change and sustainability. Proceedings of the National Academy of Sciences of the United States of America, 104(52): 20666–20671.

Tyrrell T. 2011. Anthropogenic modification of the oceans. Philosophical Transactions Mathematical Physical & Engineering Sciences, 369(1938): 887.

Uhrqvist O, Linnér B O. 2015. Narratives of the past for Future Earth: The historiography of global environmental change research. The Anthropocene Review, 2(2): 159–173.

Vance S D, Hand K P, Pappalardo R T. 2016. Geophysical controls of chemical disequilibria in Europa. Geophysical Research Letters, 43(10): 4871–4879.

Verburg P H, Crossman N, Ellis E C, et al. 2015. Land system science and sustainable development of the earth system: A global land project perspective. Anthropocene, 12: 29–41.

von Storch H , Zorita E, Jones J M, et al. 2004. Reconstructing past climate from noisy data. Science, 306(5696): 679–682.

Walker M, Gibbard P, Lowe J. 2015. Comment on “When did the Anthropocene begin? A mid-twentieth century boundary is stratigraphically optimal” by Jan Zalasiewicz et al. (2015), Quaternary International, 383, 196–203. Quaternary International, 383: 204–207.

Waters C N, Zalasiewicz J, Summerhayes C, et al. 2016. The Anthropocene is functionally and stratigraphically distinct from the Holocene. Science, 351(6269): aad2622.

Wendel J A. 2015. Global Warming “Hiatus” Never Happened, Study Says. EOS, 96. doi: 10.1029/2015031147.

Wigley T M L. 2006. A combined mitigation/geoengineering approach to climate stabilization. Science, 314(5798): 452–454.

Wing S L, Currano E D. 2013. Plant response to a global greenhouse event 56 million years ago. American

Journal of Botany, 100(7): 1234–1254.

Wing S L, Harrington G J, Smith F A, et al. 2005. Transient floral change and rapid global warming at the Paleocene-Eocene boundary. Science, 310(5750): 993–996.

Woolf D, Amonette J E, Street-Perrott F A, et al. 2010. Sustainable biochar to mitigate global climate change. Nature Communications, 1(5): 56.

Yan X, Boyer T, Trenberth K, et al. 2016. The global warming hiatus: Slowdown or redistribution? Earth's Future, 4: 472–482.

Yousaf B, Liu G, Wang R, et al. 2017. Investigating the biochar effects on C—mineralization and sequestration of carbon in soil compared with conventional amendments using the stable isotope ($\delta^{13}C$) approach. Global Change Biology Bioenergy, 9: 1085–1099.

Zachos J, Pagani M, Sloan L, et al. 2001. Trends, rhythms, and aberrations in global climate 65 Ma to present. Science, 292(5517): 686–693.

Zachos J C, Röhl U, Schellenberg S A, et al. 2005. Rapid Acidification of the Ocean during the Paleocene-Eocene Thermal Maximum. Science, 308(5728): 1611–1615.

Zachos J C, Dickens G R, Zeebe R E. 2008. An early Cenozoic perspective on greenhouse warming and carbon-cycle dynamics. Nature, 451(7176): 279–283.

Zalasiewicz J, Williams M, Haywood A, et al. 2011. Introduction: The Anthropocene: a new epoch of geological time? Philosophical Transactions Mathematical Physical & Engineering Sciences, 369(1938): 835–841.

Zeebe R E, Zachos J C. 2013. Long-term legacy of massive carbon input to the Earth system: Anthropocene versus Eocene. Philosophical Transactions, 371: 20120006.

Zhu Z, Piao S, Myneni R B, et al. 2016. Greening of the Earth and its drivers. Nature Climate Change, 6(8): 791–795.

思考题

1. 气候变化现在大家说的都是全球变暖，为什么 1970 年代时却都在说全球变冷？

2. 地球科学中争论的问题很多，为什么唯有全球变化的争论，会发展成为政治问题？

3. 大气 CO_2 含量高，对人类究竟是好事还是坏事？试从正反两方面加以论述。

4. 现在地球上哪些是温室气体？为什么说气体的温室效应也有时空变化？

5. 围绕全球变化的科学争论题目很多，你认为关键问题是哪一个？要对当前气候变化趋势作出结论，还缺少什么？缺理论，还是缺观测？

6. 你如何评价“人类世”？是否赞同将“人类世”正式纳入国际地层表？试述理由何在。

7. 什么是“气候工程学”？为什么“气候工程学”也会引起争论？

8. 地质记录上的历史事件和全球变化探讨的人类生存环境时间尺度不同。既然如此，研究古代全球变化有用吗？试就古新 / 始新世的高温事件为例，说明对于当前全球变暖的研究有何意义。

9. 在没有水的星球上，大气环流和地球上有什么不同？在大行星的卫星上，全球变化过程的“外力驱动”不能依靠太阳，那么靠的是什么？

推荐阅读

IPCC. 2013. 政府间气候变化专门委员会第五次评估报告第一工作组报告——气候变化 2013：自然科学基础 . 剑桥大学出版社 .

《全球变化及其区域响应》科学指导与评估专家组 . 2012. 深入探索全球变化机制——国家自然科学基金委重大研究计划的战略研究 . 中国科学：地球科学 , (6): 795–804.

Crutzen P J, Stoermer E F. 2000. The Anthropocene. IGBP News1, 41 (1): 17–18.

Forget F, Lognonné P, Costard F. 2008. Planet Mars: Story of Another World. Chichester: Springer.

Ruddiman W F, Ellis E C, Kaplan J O, et al. 2015. Defining the epoch we live in. Science, 348(6230): 38–39.

Seitzinger S P, Gaffney O, Brasseur G, et al. 2015. International Geosphere-Biosphere Programme and Earth system science: three decades of co-evolution. Anthropocene, 12: 3–16.

Shepherd J G. 2009. Geoengineering the Climate: Science, Governance and Uncertainty. London: The Royal Society.

Steffen W, Sanderson R A, Tyson P D, et al. 2006. Global Change and the Earth System: A Planet under Pressure. New York: Springer Science & Business Media.

Svedhem H, Titov D V, Taylor F W, et al. 2007. Venus as a more Earth-like planet. Nature, 450(7170): 629–632.

Zachos J C, Dickens G R, Zeebe R E. 2008. An early Cenozoic perspective on greenhouse warming and carbon-cycle dynamics. Nature, 451(7176): 279–283.

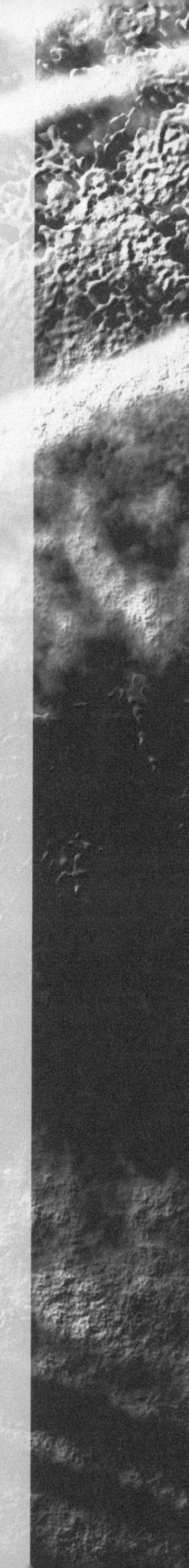

内容提要：

● 定量化是地球系统科学的发展方向，但其中又分两类：以流态圈层为对象或者以物理方法为基础的学科，本来就在研究定量数据；而对建立在形态基础上的学科来说，主要指固体地球科学中的传统学科，定量化的道路相对更长。

● 回归分析、因子分析等多元统计方法的应用，有效地推进了传统固体地球科学的定量化；而通过数值模拟检验假设、揭示机理，则是定量化发展的大方向。

● 地球过程的观测，已经发展到三个平台：地面 / 海面、遥感和海底观测。遥感技术的发展，使人类得以从空中观测地球的整体，为地球系统科学的定量研究提供了观测基础。

● 深海海底，是地球表面最接近地球内部的地方。海底观测网对上观测海水、对下观测地球内部，为改变人类和海洋关系、进入海洋科学新时期，开辟了技术途径。

● 替代性标志的分析是获取古代地球过程信息的主要手段。随着从定性向定量研究过渡，替代性标志也正在从主要依靠形态特征，向更多依靠化学成分（同位素、元素比值、有机化学）的方向发展。利用化石壳体再造海水古温度的方法演变，就是这种发展的最佳实例。

● 古环境替代性标志的定量应用，必须符合统计数学的要求。不考虑适用范围和误差幅度而盲目夸大其定量功能，必然产生误导性结论，是替代性标志的错用。

● 地球科学定量化的目标是数值模拟，通过数学方程来定量描述地球系统，揭示地球系统的运行机制，定量预测未来的变化，从而将地球科学提升到系统科学的高度。

● 地球科学的不同学科在数值模拟的发展上进度不一，以流态圈层为对象的学科发展较快，其中尤以大气科学最为活跃。固体地球科学在地球动力学、古气候学等方面都有很快的进展，而地球系统的整体模拟在我国尚待开展。

第 11 章 地球表层系统的定量研究

11

地球科学的研究方法是个非常大的概念，从科学哲学到测量技术都可以称为研究方法。但本书的定位只是入门的引导，无意对此进行全面综述，而本章只是集中讨论地球表层系统研究中最关键的一个方法问题：从定性到定量的转变。

11.1 从定性到定量：地球科学的演变

11.1.1 地球科学定量化的起步

人类通过感官认识世界，依靠双目观测开创了地球科学。因此早期的地球科学只能建立在形态识别的基础上，比如 19 世纪在化石识别的基础上建立了地层学，20 世纪初在冰川地貌对比的基础上确认了大冰期。根据形态得出的科学推论，有时候也可以走得很远，比如在化石古今比较的基础上，11 世纪的沈括得出了海陆变迁和气候更替的推论；在南美和非洲海岸植物相似的基础上，19 世纪的洪博德提出了大西洋两岸曾经相连的假设。

然而不能用数字表达的科学，很难说是现代科学。地球科学提升到系统科学的高度，定量化、数字化是一项基本要求。当然，数量关系无所不在，地球科学并不例外。现代科学的开始就是建立在数学基础上的天文学，其中就包含有地球物理的问题，因此有人认为数学在地球科学里的应用 17 世纪就已经开始（Howarth，2001）。也有人主张用狭义的地质学作为标准，那就要到 19 世纪：莱伊尔在《地质学原理》（Lyell，1833）里，用软体动物化石群中现生种所占比例划分第三纪的“世”：<3% 属于始新世，>8% 定作中新世，>50% 归为上新世。其实在地球科学发展的早期，更多关心的定量问题还是地球表面过程的运行速度。达尔文晚年的兴趣集中在地质过程上，相信蚯蚓翻地就是一种地质营力，他曾经试图通过长期测量自家花园里石头下沉的速率，来推算蚯蚓改造地表的力度（Darwin，1881）。再比如对地球“冷却速度”的估算，曾经是 19 世纪关于地球年龄争论的依据，早先根据冷却时间计算，地球产生至今最多只有几千万年，最后靠着放射性元素的发现，这场误会才得到澄清（见 1.2.2 节）。有关速率的探讨，实际上贯穿着地球科学的始终，为此多年前曾有位捷克作者收集了各种地质过程的速度，汇成专著（Kukal，1990）。

如果全面考察地球科学，那就必须承认不同学科的定量程度有着巨大的差别。大体上可以分两类：有一类地球科学采集的资料本来就是定量数据，比如以流态圈层为对象的大气科学与海洋科学，以及陆地的水文学、水文地质学和依靠物理方法的地球物理学；另外一类则是主要建立在形态基础上的学科，指的是固体地球科学的传统学科，如地层学、古生物学和岩石学、构造学等，依据的是实体（如化石、岩石）和图像（如地图）的形态。前一类从来就是用数字形式表达，正随着观测技术和信息技术的进步而发展；而后一类的情况不同，至少 60 多年来就面对着如何定量化、数字化的问题。

将数学方法引进传统地质学的努力虽然早就开始，而作为新潮流涌现则是在 20 世纪 50 年代之后。比如沉积岩石学在粒度分析的数据处理中，经过美国的 W. C. Krumbein 和

R. Folk 等人的努力，引进了偏度、峰度、标准方差等多种粒度参数；在应用地质学方面，数理统计方法被用于矿床和油田的预测。值得格外注意的是古生物学，因为这是完全建立在形态基础上的传统学科。随着显微技术和计算技术的发展，古生物学、尤其是微体化石的定量研究，从 60 年代开始明显加强。包括两个方面：一是化石形态的定量描述，二是对化石群作群落结构的定量分析。比如在计算机应用开始推广的时候，古生物学家就通过四个参数对螺壳形态进行了计算机再造（Raup，1962），并且分析有哪些可能的形态不见于自然界，进而探讨其中的原因（Raup，1966）。同样，浮游有孔虫的壳体也可以用三项参数加以描述，定量说明圆球虫（*Orbulina*）壳体形态演化的来源（图 11-1；Berger，1969）。

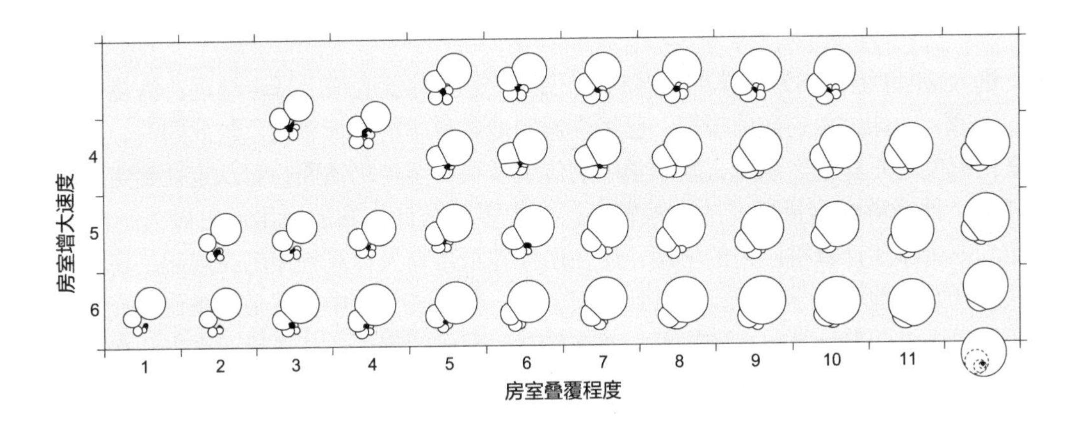

图 11-1
浮游有孔虫壳体形态的数值模拟（Berger，1969）
房室切面均作圆形，纵坐标表示房室增大的速度，横坐标表示房室叠覆的程度，右下角示演化结果形成 *Orbulina* 壳体

应用更广的是化石群落结构的定量分析。20 世纪六七十年代定量古生态学成为热点，分析对象一方面是化石埋藏学的测量数据（如 Reyment，1971），另一方面是化石群的群落结构，也就是对化石群的分异度或译为多样性（diversity）进行定量分析（如 Walton，1964）。分异度分两类：简单分异度只是数化石群里总共有多少种，复合分异度则要分析不同物种所占个体数量的分布情况，为此可以选用多种指数，其中包括信息函数熵（entropy），也被引入古群落分析（Beerbower and Jordan，1969）。有趣的是西方几十年来长期发展的过程，到我国浓缩在改革开放后的几年内快速完成，古生物学的定量分析很快进入汉语文献，比如同济大学海洋地质系的《化石群的分异度与古地理分析》，在 1976 年作为“内部资料”传播；在公开文献中，介绍古生物学中定量概念的《古生物学原理》（Raup and Stanley，1971）也在 1978 年翻译出版；接着又对微体化石的定量研究方法进行了系统介绍，包括有孔虫（汪品先，1987）和孢子花粉（孙湘君，1987）等门类，从而有力地促进了新方向的发展。

回顾起来，20 世纪中期传统地质学中数学方法的引进，只能说是小部分科学家在热情驱动下进行的尝试，有的非常成功，也有的不够成熟，因而在学术界也有不同的看法。当时有的学者仍然相信地质学是“一门不精确的科学和艺术”（Link，1954），不见得能够定量；还有人说“……许多人利用统计学方法，如同历来的醉汉利用路灯杆一样，与其说是用于照明，莫如说是用作支撑”（S. C. Robinson，1974）（引文均据Agterberg，1974）。此话虽然挖苦，但确实有的统计方法并不解决问题，只不过是“锦上添花”，并没有导致后续的发展。地球科学真正的定量化高潮还要等到20世纪的晚期，在卫星遥感技术和信息技术的革命性变化推动下，进入“数字地球”、“大数据”的时代，方才为地球科学提升到系统科学的高度铺平了道路。

11.1.2 多元统计方法的应用

进入21世纪，作为整体的地球科学已经在定量科学道路上越走越远，海量观测数据的处理，地球过程的数值模拟，已经渗透到地球科学的各大领域。与此同时，各学科定量化程度的差异依然悬殊，地质学中的传统学科，至今仍然面临着从定性到定量的过渡任务。地球科学定量研究的方法繁多，其中多元统计方法的应用历史最久。自从20世纪六七十年代计算机应用的早期，还在用穿孔纸带输入计算程序的时候起，多元统计方法就开始在地球科学界流行，直到今天，在一些传统学科中仍然是定量化研究的主要手段，只不过随着计算技术的发展，现在都有了现成的程序，往往只要点击几次鼠标的功夫就能完成。

与物理、化学里的线性关系相比，地球科学研究的现象复杂得多，通常只能用统计方法加以处理。地球科学早期的定量化研究也就是统计分析，其目的是从数据里寻找参数的相关性，寻求事件之间的因果联系。多元统计的方法很多，这里只选回归分析和因子分析为例，加以说明。

回归分析是用来分析变量之间相关关系的。在地球科学中，我们关心的变量往往受多个因素制约，它和其他变量之间存在某种依赖性，能用统计数学的方法找出它们间的相关程度，这就是回归分析。以海水氧同位素和温度的关系为例（详见3.4节），诺贝尔化学奖得主Urey（1947）从热力学理论出发，推导出氧同位素分馏与温度之间存在着数学关系，这种关系被用于海洋沉积，就可以利用化石壳体的氧同位素计算海水的古温度变化。McCrea（1950）通过实验总结出碳酸盐氧同位素与温度变化的关系为：$T(°C)= a+b(\delta^{18}O_c-\delta^{18}O_w)+c(\delta^{18}O_c-\delta^{18}O_w)^2$，其中$\delta^{18}O_c$，$\delta^{18}O_w$为方解石和水体的氧同位素，a、b和c取值分别为：16.0，−5.17和0.09。这种利用实验数据来确定经验公式的方法就属于回归分析。回归分析是建立和检验古环境替代性标志的基本手段。过去数十年中，科学家利用海洋沉积中的有孔虫建立了$\delta^{18}O$与温度的多个经验公式，用于再造古海水的变化，例如Shackleton（1974）、Erez和Luz（1983）、Bemis等（1998）等，但是最后终于意识到海洋记录的$\delta^{18}O$更多反映了全球冰盖体积的消长，并非温度的升降。除此之外还有利用有孔虫壳体Mg/Ca值推算海水温度的公式：$\frac{Mg}{Ca}(mmol/mol)=Be^{AT(°C)}$，式中的系数A，B也是根据实验、调查数据回归得到（Lea et al.，1999）。在更大的范围看，回归分析是地球科学中许多统计分析方法的基础，也是找矿勘探预测矿床等生产实践中的常用工具。

因子分析的基本目的，是用少数几个因子去描述众多指标或者因素之间的联系；换句话说，是将相关比较密切的几个变量归成为一个因子，以较少的几个因子反映原资料的大部分信息，以便进行成因及分类研究。如图 11-2（左）所示，两组物体 A、B 拥有两种属性 x_1 和 x_2。无论单独用属性 x_1 还是 x_2 描述 A 和 B 都存在重叠部分，无法将两者区分开来。好比海洋两个水团具有温度、盐度两种属性，无论单独用温度或者盐度都不能分开。但如果能合成一个新的坐标（如对角线方向），A 和 B 就可以完全分开，而这个新的方向就是由属性 x_1 和 x_2（温度和盐度）合成得到的主因子。进一步计算因子载荷（factor loading），就可以看出 x_1 和 x_2 在该主因子中的显著程度。还是以古环境研究为例加以说明，有孔虫、硅藻等微体化石的群落随着时间发生的变化，都含有一定的环境意义。因子分析的作用就是将化石群落指示的环境意义（如温度、盐度、营养盐等）归纳为几个相互独立的简单因子，借以对化石群的数据进行环境解释。早期的例子如 Malmgren 和 Kennett（1976）利用墨西哥湾 22 个钻孔内 19 个有孔虫种的化石群数据进行因子分析，发现第一因子载荷中暖水种和冷水种正好反相关，因而被解释为海水温度的贡献，该因子的得分（factor score）随钻孔深度的变化也就反映了海水温度的变化历史。果然，所得的温度曲线与 $\delta^{18}O$ 的变化相对应，支持了因子分析得出的解释（图 11-2 右）。

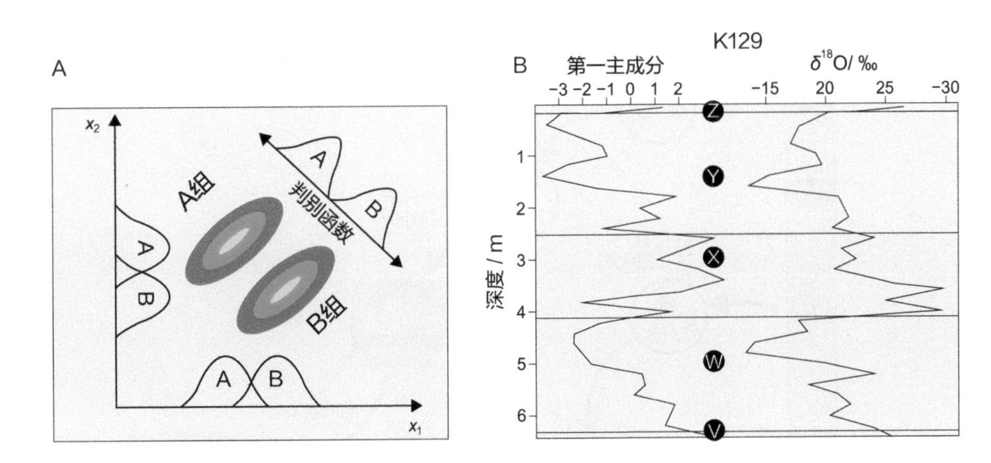

图 11-2
因子分析及其应用（Malmgren and Kennett, 1976）
A. 因子分析原理示意图，两个群落按照 x_1 和 x_2 方向都存在重叠，而按对角线方向则能够完全区分；B. 墨西哥湾柱状样中有孔虫群第一因子得分的曲线和有孔虫氧同位素 $\delta^{18}O$ 曲线的比较，V—Z 标志近 20 万年来的地层年代

回归分析和因子分析都是统计分析中一些最基本的方法，应用极广，而且不同方法的结合就可以解决更多的问题。古环境研究中广为流传的“转换函数法”，就是在因子分析和线性回归分析的基础上建立起来的，一度成为古海洋学再造古温度的基本手段。这是将古生物鉴定统计的信息，“转换”为海洋环境信息的统计方法，基本原理是用现

代有孔虫群落与环境参数的关系，去解释有孔虫化石群所反映的古海洋环境。先是对大洋表层沉积中的浮游有孔虫组合进行因子分析（图 11-3 中红色箭头所示），将现代浮游有孔虫划分为热带、亚热带、极区、亚极区和环流边缘五个组合；然后与取样站位的环境信息（如温度、盐度等控制因素）作比较，通过回归分析得到因子组合与环境信息的转换函数，指示出浮游有孔虫组合与表层海水冬季、夏季温度以及盐度的关系（见表 11-1）。应用于化石群时，先对有孔虫化石组合进行因子分析（图 11-3 中蓝色箭头所示），然后根据回归系数求取古海洋的冬、夏表层温度和盐度（Imbrie and Kipp，1971）。转换函数方法的应用不以有孔虫为限，放射虫、硅藻等门类，尤其是孢子花粉分析都在应用。四十年前，正是基于用转换函数处理的多种微体化石数据，CLIMAP 计划（1981）建立了末次盛冰期全球海水表层温度的平面图。自此之后，“转换函数法”出现过多种改进方案，在古环境研究中得到广泛应用。但是“转换函数法”的前提是生物群与环境之间的关系自古至今保持不变，难以反映生物演变中的适应性，容易导致片面化的结论。近年来单纯古生物统计的方法逐渐被化学方法所取代，我们在后面还会讨论（见本章 11.3.1 节）。

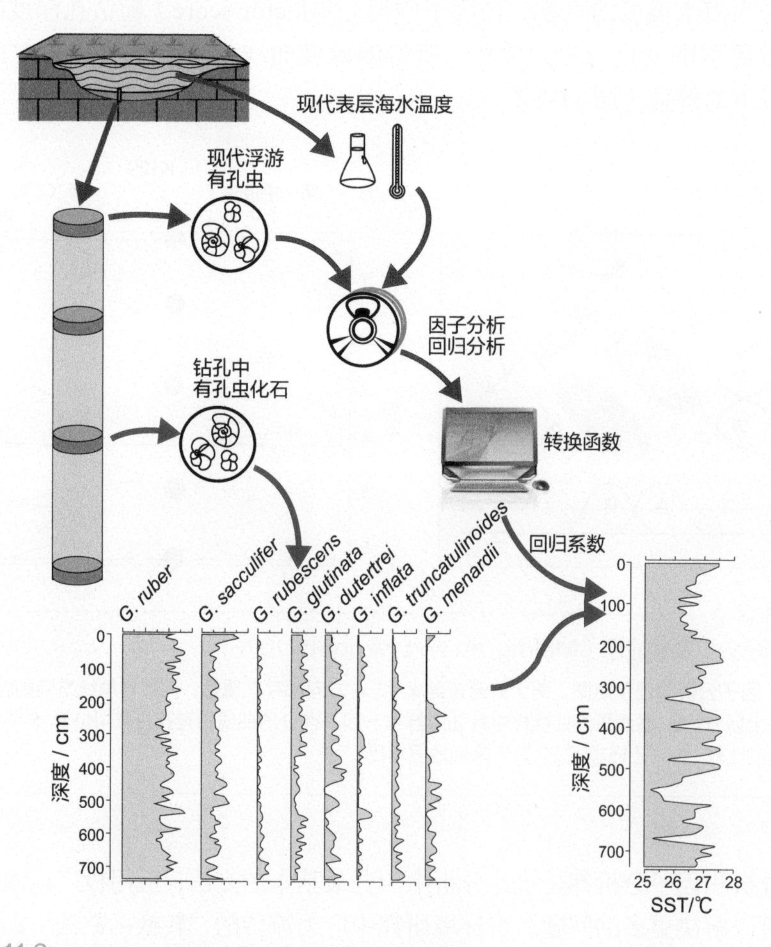

图 11-3
古生态转换函数法示意图（据 Juggins，2009 修改）

表 11-1　Imbrie 和 Kipp 用浮游有孔虫推算古温度和古盐度的公式

环境参数	转换函数
夏季表层海水平均温度	T_s=19.7A+11.6B+2.7C+0.3D+7.6
冬季表层海水平均温度	T_w=23.6A+10.4B+2.7C+2.7D+2.0
表层平均盐度	S=2.0A+1.9B+0.8C-1.6D+33.8

注：A、B、C、D 分别代表地层样品中热带、亚热带、亚极区和环流边缘组合的数值

11.1.3　地球科学定量化的发展

上述各例，反映了 20 世纪六七十年代以来传统地球科学定量化的新潮流，重点在于多元统计分析的应用，除上述外还有聚类分析、判别分析、趋势面分析等方法，在基础研究和应用科学中开拓了众多的新方向。比如在气候变化轨道驱动的研究中（见 7.2.2 节），引进了频谱分析等时间序列的各种分析手段；在矿产和石油地质的预测中，使用了聚类分析、判别分析等多种方法，以处理空间分布的数据。随着计算机技术的迅速发展和普及，到了 60 年代晚期，定量化、数字化几乎遍及地质科学的所有分支。1968 年，第 23 届国际地质会议上成立了“国际数学地质协会（IAMG）”，并在 1969 年开始出版《国际数学地质协会杂志》，现在出版的有《数学地球科学》（*Mathematical Geosciences*），《计算机与地学》（*Computer & Geosciences*）和《自然资源研究》（*Natural Resources Research*）等三种学报（Agterberg，2014）。我国数学地质的研究 20 世纪 70 年代已经开始，在矿产资源勘探中的应用起步较早，改革开放后迅速推进，无论在科学研究和人才培养上都取得了很好的成绩。

与此同时，地球观测和计算技术在 20 世纪晚期经历了翻天覆地的变化，卫星遥感技术和网络通讯等信息技术的发展，使得地球科学进入了一个新的时期。当代地球科学面对的数据及其处理能力，已经与 20 世纪六七十年代的能力不可同日而语，由此产生的科学命题也已经今非昔比。最大的变化在于数值模拟方向的兴起。从 40 年代曼哈顿计划中原子弹爆炸的模拟开始，数值模拟随着计算机技术的改进和观测数据的爆发性增长，几十年来迅速发展，已经成为当代地球科学定量研究的主流方向。任何假说的提出，都必须经过数值模拟的检验，从而也就改变了地球科学原有的发展轨迹，使得原来以描述和定性为主的地球科学，进入了探索机理、定量发展的新阶段。与此相应，数字化、定量化不再是传统地质科学的装饰品、锦上花，而是实现学科现代化的必由之路，是当代科学的立足之本。

这种新趋势的一种反映就是定量化方向的普及。定量统计、数值模拟的趋势正在以不同速度渗入各个学科。值得指出的是，随着地质学里数学和计算机的应用越来越广，数学地质却并没有作为一门单独的学科自行发展，而是深入到了各学科的内部。这里有点像改革开放初期“专业外语”的培训，当大家都不会英语时，急需速成教育以解决看英语论文的当务之急。数学地质的道理也一样，当缺乏数学头脑的地质学家要面对计算机时，急于找到一条捷径以掌握基本的数学应用的技能，于是相应的专业和项目应运而

生。现在，定量统计已经充满在各个学科本身的学报里，迫切要求向数值模拟推进，于是美、欧系统的地球科学数值模拟的学报走红，无论美国地球物理协会 AGU 的《地球系统模拟进展学报》（*Journal of Advances in Modeling Earth Systems*），还是欧洲地学联盟 EGU 的《地学模拟进展》（*Geoscientific Model Development*），都有很高的影响因子。

归根结底，地球科学的终极目标在于揭示机理，数字化的目的也是从复杂交错的地球过程里找出变化的机制。早在半世纪前，国际数学地质协会杂志创刊的时候，协会主席就点明了“数学地质”的这种学术目标。他认为，归纳思维的地质学和演绎思维的数学两者“联姻”，其基础就是数值模拟，通过数学模型来检验地球过程的某种假设（Vistelius，1969）。七年后，他在综述数学地质方向时，把这种思想表达得更加清楚。他认为在地球科学获得全球视野、囊括海陆资料的背景下，不能墨守 150 年来的传统方法，只有引入概率论和统计科学才能理解地球过程（Vistelius，1976），从而清晰地将数学地质定位为研究地球系统科学的一种手段。如果这位地质学数字化的俄罗斯先哲活到今天，应当为 21 世纪的进展感到欣慰。

11.2 地球表层的观测系统与数据管理

观测是地球科学的基础，近四五十年来观测与信息技术突飞猛进，地球表层观测系统迅速发展。从观测设施和组织看，地球表层观测包括遥感、海洋和陆地三方面，其中陆地观测涉及水文、生物和土地等多个领域。如果从观测平台看，则可以分为地面/海面、空中、海底三类。人类作为陆生生物，认识世界、观测世界的立足平台在于地面，是地球观测的第一个平台。20 世纪中晚期航天技术的发展，使人类克服地球引力进入太空，第一次看到地球的全貌，发展了观测地球的遥感平台，为人类提供了观测地球的第二个平台。21 世纪以来传感器、信息技术和深潜技术的发展，使人类已经能够在深海建设观测网，将“气象站”和“实验室”放到海底，连续、原位、实时地观测深海和海底以下的地球深部，为人类观测地球建立起第三个平台。三者之中，以遥感平台的进展最快，也是地球系统科学产生的重要前提，为此我们的讨论可以先从遥感观测平台开始。

11.2.1 遥感观测平台

遥感是对地球表面过程进行非接触式的物理测量，通过远离地面的遥感器采集信息，从上空实现对地观测。早期的遥感平台有高空气球和飞机，自从 1957 年苏联发射人造卫星以来，卫星观测逐步发展为遥感的主力。电磁波辐射是遥感信息采集的基础，按电磁谱段不同分为可见光遥感、红外遥感和微波遥感等。在陆地上，可见光的绿光段用来探测地下水、岩石和土壤的特性；红光段探测植物生长、变化及水污染等；红外段探测土地、矿产及资源。此外，还有微波段，用来探测气象云层及海底鱼群的游弋。卫星遥感的优越性极其明显，陆地卫星轨道的高度在 900 km 左右，一张陆地卫星图像覆盖的地面范围就有 3 万多平方千米，全中国只要 600 多张左右的陆地卫星图像就可以全部覆盖，十多天就可以取得一套全球的图像资料，比实地测绘快了许多个数量级。

其实遥感技术的应用包括海陆空三方面，除了陆地遥感还有海洋遥感和气象遥感。自从 1960 年美国发射 TIROS 卫星以来，全世界已经发射了一百余颗气象卫星，包括我国的“风云号”，取得的卫星云图可以识别不同的天气系统（如图 11-4 左所示的台风），为天气分析和天气预报提供依据。气象卫星有两种，在太阳同步轨道上运行的是极轨气象卫星，在 600~1500 km 高度飞行，每天在固定时间内经过同一地区 2 次，每隔 12 小时就可获得一份全球的气象资料；另一种是在地球静止轨道上运行的同步气象卫星，运行高度约 35800 km，可以对地球近 1/5 的地区连续进行气象观测，因而 5 颗这样的卫星就可形成覆盖全球中、低纬度地区的观测网。

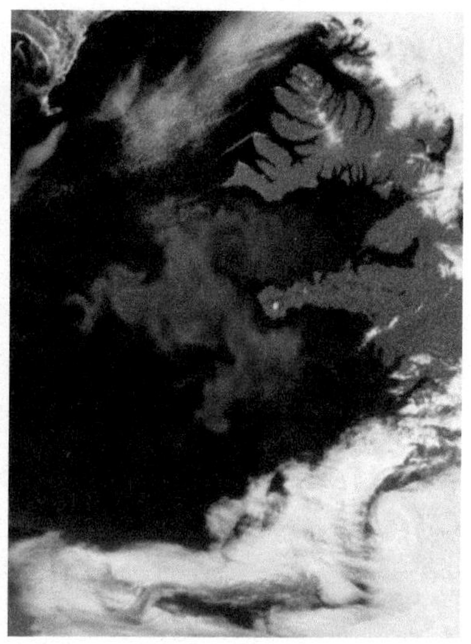

图 11-4
遥感图像
左 . 台风的云层；右 . 海洋藻类勃发（中央）（2010.6.14. 爱尔兰岸外大西洋，NASA’s Earth Observatory）

海洋遥感相对起步较晚，美国于 1978 年发射第一颗海洋卫星 Seasat-A 以来，欧美国家、日本和中国、印度、韩国等都发射了海洋卫星，为海洋科学提供了新的观测平台。卫星遥感在海洋学中的应用首先是水色遥感，就是利用海面反射光谱来反演相关水色要素，如叶绿素浓度、悬浮泥沙含量、溶解有机碳含量、浊度等信息，比如说用来监测海洋浮游植物的勃发（图 11-4 右）。同时，卫星遥感也可以利用红外波段和微波波段的信息，求取海水的表面温度，利用微波辐射计反演海水盐度，还可以测得风力、海平面高度、洋流、波浪和潮流等海洋动力学的信息。比如 QuickSCAT 卫星通过散射计可以计算海洋风场；Jason1、2 卫星通过高度计可以计算海平面的起伏和表面流场。

卫星遥感虽有诸多优点，但目前也只能对大气圈、海表和陆面进行探测，不能进入地球内部和深海内部。此外，卫星遥感产品根据反射或辐射的电磁波信号进行反演，而反演公式需要用实测数据来标定，还要通过其他的观测手段配合，才能取得海洋和地表内部的信息。

如果从地球系统科学的角度来评价，遥感观测平台最为重要的优势，是取到了从地面/海面平台无法获得的地球信息。以海水温度为例，从船上测量海水温度需要很长的时间，因此从来不能测得海洋同时间的温度图，只有遥感技术才能提供大洋甚至全球规模的水温图，并且可以长期追踪其变化。原因就在于观测平面远离地面和海面，甚至于远离地球，提高了观测平台，改变了视域。人类视域的第一次突变发生在17世纪。人们用新发明的显微镜，看到了细胞，看到了微生物；用新发明的望远镜观察行星，提出了“日心说”，导致了“哥白尼革命”。第二次突变发生在20世纪，航天技术使人类克服地球引力进入太空，第一次看到地球的全貌，开始将地球看作一个整体，将地球上种种现象连结为“牵一发而动全身”的系统。和17世纪发明“显微镜”相反，这次用的遥测遥感技术是一种“显宏镜”，通过观测对象的缩小才看到了地球整体。和17世纪从地球向外看太阳系相反，遥感是从太空向内看地球，带来的科学进步被喻为“第二次哥白尼革命”（Schellnhuber，1999）。

11.2.2　地面/海洋观测平台

地球表面观测最早的系统实践，应该是地面的气象观测。在各种地面观测平台上，用仪器及目力对气象要素和天气现象进行测量和观察。在没有气象仪器之前，人们全凭目力（风、云、雨、雪）和感觉（冷、热、干、湿）判定天气状况。在气象仪器发展的基础上，17~18世纪欧洲陆续组建了气象观测网。至19世纪末，随着通信网络的发展，基本建成了系统的气象台站网。虽然从20世纪初期以来就有探空气球配合气象观测，但是总的说来所有的观测都是在地面进行。现在世界气象组织对地面/洋面气象观测站近3万个，观测内容包括：温度（气温、海水温度、土壤温度）、相对湿度、气压、云（云状、云量、云高）、风（风速、风向、阵风）、降水、太阳辐射量、能见度、蒸发、波浪（浪高、周期与波向）等等。依靠这些地面观测站以及遥感观测，一个全球性的气候观测网——全球气候观测系统（GCOS）于1992年成立。这个观测系统还包括海洋观测，整合了综合全球观测系统（WIGOS）、全球海洋观测系统（GOOS）和全球陆地观测系统（GTOS）三大组成部分，是目前最大、最全面的地面/海洋观测平台联合体。

海洋与陆地不同，除了海岛和海岸的气象站外，主要依靠船只走航或者短暂停留的观测。海洋科学最早的观测，是从海洋物理运动开始的。然而事实表明：海水运动在时间里的变化，远远超过在空间里的差异；我们对海流流速的概念，也已经“从10±1 cm/s变为1±10 cm/s”（Munk，2002）。因此就像大气科学不只研究“气候”，还要研究“天气”一样，海洋科学也必须研究中尺度的“天气”变化。因此，长期连续观测就成为海洋科学的迫切需求，使用的工具就是浮标。浮标有两类，一类是固定位置的锚系浮标，一类是自由漂浮的剖面浮标。前者应用极为广泛，最为著名的是1985~1994年的“热带大气海洋计划（TAO）”，在太平洋赤道两侧投放了将近70个锚系，对水文、风速、风向等重要变量进行连续测量。终于发现厄尔尼诺现象的原因在于赤道的东风减弱，西太平洋暖池的次表层水东侵，压住了东太平洋上升流（见图 3-23；Field et al.，2002），如今 TAO 计划已扩展至热带印度洋和大西洋。

由于海洋实在太大，零星的锚系犹如沧海一粟，还需要有自由漂浮的剖面浮标来扩大覆盖面。新世纪开始，已经发展为国际深海探测计划的 Argo，利用三四千个大约 2 m 长的剖面浮标，构成覆盖全球海洋的网络，从海表面到 2000 m 深度范围内，测量高质量的温度与盐度剖面（见图 11-5）。由于这些浮标带有电池，能够自主下沉测量数据，每隔 10 天上浮至水面一次并通过卫星传输数据上浮，提供途中 6 小时记录的温、盐剖面。Argo 浮标的优势是能够到达一些人迹罕至的海区。例如在南大洋，Argo 浮标一个冬季测量的数据量就比之前该海区船测数据的总和还要多（Roemmich and Team，2009）。Argo 观测网的剖面浮标最初只是为了物理海洋学和水文地理学设计的，目前新一代的浮标还装载上了微型化学、光学和生物学传感器用于综合性海洋观测（邢小罡等，2012）。

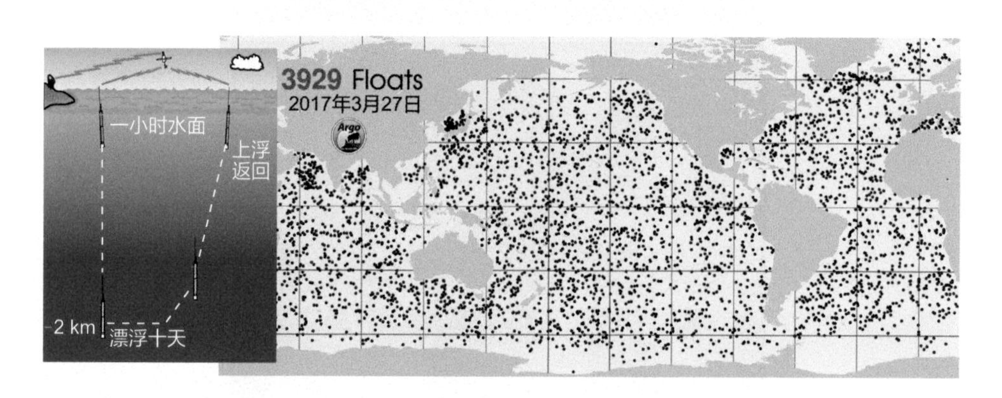

图 11-5
Argo 浮标的工作原理（左）与分布图（右）(图片来源：http://www.argo.ucsd.edu/)

从海面和海岸进行的观测从岸基雷达到走航，种类繁多，不胜枚举。比如在生物地球化学领域，1978 年第一台“沉积捕获器”被投放到百慕大外海。这种下面装有杯子的“漏斗”每隔几天换一次“杯”，看沉积颗粒究竟是怎样降到海底的。这种装置被大量挂载在锚系上，用于观测海洋的沉积物通量。20 世纪 80 年代开始的 JGOFS 计划（Fowler and Knauer，1986）获取了大量的物质通量数据，对认识海洋碳循环过程起到重大推动作用。以上的观测系统都是海水里的观测，没有到海底。但凡是在海里作连续观测都有能源供应和信息回收的限制，因为必须定期替换电池取回观测记录。近年来的研究动向是把观测点放到海底去进行“蹲点调查”，这就是海底观测。

11.2.3　海底观测平台

地面 / 海洋和遥感观测平台的共同局限性，在于观测的深度限制。从海面投放的浮标主要观测海水的上层，而遥感技术缺乏深入穿透的能力，隔了平均 3700 m 厚的水层，难以达到大洋海底，于是将传感器联网放到海底的海底观测系统应运而生。海底观测网之所以成为可能，依靠的是新技术的集成，不但使多年连续自动化观测成为可能，而且能随时提供实时观测信息；另一方面的优点在于摆脱了电池寿命、船时与舱位、天气和数据延迟等种种局限性。科学家可以从陆上通过网络实时监测自己的深海实验，命令自己的实验设备冒着风险去监测风暴、藻类勃发、地震、海底喷发、滑坡等各种突发事件（图 11-6）。

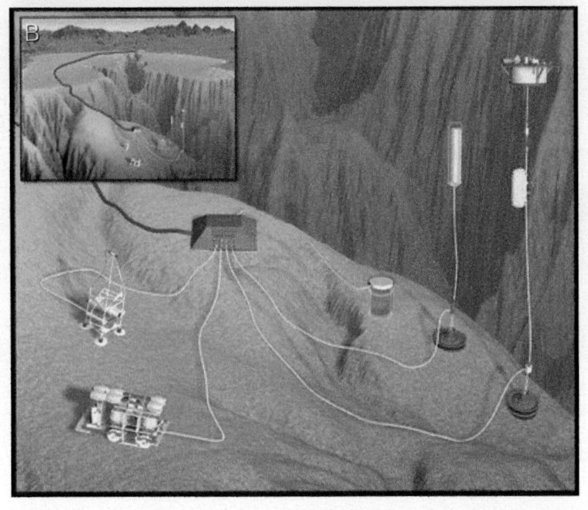

图 11-6
海底观测系统

A. 艺术家眼里的海底热液口观测站；B. 美国 MARS 深海观测网（http://www.mbari.org/at-sea/cabled-observatory/）

最早的用缆线连接的海底观测网是 20 世纪 90 年代中期美国的两个站：一个是罗格斯大学的 LEO-15 近岸站，虽然水深不过 15 m、缆线只有 15 km 长，却开创了海洋生态学长期实时观测之先河；另一个是夏威夷大学的 HUGO 站，虽然建立 5 年后就因缆线短路被毁，却是原位实时观测海底火山的创举。现在，海底观测网建设方兴未艾。2009 年底，加拿大海王星计划（NAPTUNE-Canada）建成，用 800 km 长的光电缆连接六大节点，是全球第一个建成的区域深海海底观测网；美国的OOI计划经过十几年的设计、筹备，终于在 2016 年正式启动，由区域网、近岸网和全球网 3 部分组成，是世界最大规模的海底观测系统；日本针对太平洋板块俯冲的发震带，已经建成 5700 km 的 S-net 海底地震观测网，全球最长（见后，图 11-7A）；我国在东海、南海的国家科学观测网，也即将开建。有关海底观测系统的国际背景，可以参阅上海海洋中心和同济大学编著的《海底观测》

（2011），Favoli 等（2015）和同济大学海洋地质国家重点实验室（2017）的综述。

深海海底，是地球表面距离地球内部最近的地方，海底的大洋中脊和海沟俯冲带，都是地球内部连接地表的窗口，也是地球内部能量向外释放的通道。将对地观测系统直接放到海底这些通道口上，就是为揭示深部与表层的相互作用铺路架桥（汪品先，2009）。因此，海底的"热液"和"冷泉"正是海底观测的重点，这些地方都具有极高的化学梯度，可以发生重要的成矿作用。伴随着化学作用，还形成了以化学合成作用为基础的"黑暗食物链"。比如欧洲多学科海底和水柱观测网（EMSO）曾对亚速尔群岛南部大西洋洋中脊的 Lucky Strike 喷口的生物群落进行了长期观测（Sarrazin et al.，2014）。东太平洋大洋中脊的热液口，就是美国 OOI 区域网和加拿大海王星计划共同监测的对象（图 11-6A），其中 Axial 活火山尤其是多年来密切监测的对象（Kelley et al.，2014），果然"不负众望"在美国区域网刚铺好之后，于 2015 年 4 月 24 日终于爆发，留下了 7 台地震仪的记录数据，人类第一次预测和现场记录了海底地震。

当然，海底观测除了从海底向下看之外，也能向上看，观测水体中的变化。放到深海海底的定点锚系，迄今已有二十多年历史。具有长时间序列的观测站有四个，它们是夏威夷的 HOT 站，百慕大的 BATS 站，加利福尼亚岸外的 M 站和爱尔兰西南的 PAP 站。这些站位建立之初只是定期派船考察，后来又投放了锚系进行连续观测，现在有的如 PAP 站已经纳入 OOI 计划［见上海海洋科技中心（筹），同济大学海洋地质国家重点实验室，2011］。总之，建立起第三个观测平台，从海底深部向上观测海水、向下观测地球内部，是地球科学的战略性拓展。人类一旦真的能够长期连续地从海洋内部观测海洋，其结果必将改变整个海洋科学的发展走向，开拓一系列海洋科学的新方向，进入一个海洋科学和海洋技术紧密结合、携手并进的新时期。

11.2.4　地球内部的观测

在第 2~4 章里，我们讨论过地球内部过程的重要性，不光是地幔对流通过板块和地幔柱调控着地球表层的地质过程，地球表层的水循环和碳循环也都与深部过程密切相连。近年来，国际学术界对于地球深部的观测给予空前的重视。北美、西欧发起了对地球内部观测、揭示岩石圈结构和动向的宏大计划，比如美国基金委设立的"Earthscope"计划，通过地质和地球物理的手段探测北美大陆的结构和演变，揭示地震和火山活动的控制因素；日本也设立了"地球深部活动研究计划"，以地震为重点进行探测；我国国土资源部以"向地球深部进军"为目标，从 2008 年起实施"深部探测技术与实验研究（SinoProbe）"计划。地球内部探测的课题范围很广，然而最为迫切的还是针对地震灾害的观测，而这种观测需要在海洋和陆地共同开展。

世界上 80% 的地震发生在海底，而且多发生在俯冲带和大洋中脊。最早提出海底观测需求的就是地震监测（Sutton et al.，1965）。如果占地球表面 71% 面积的海洋内没有地震台站的话，不仅影响了地震机制研究和灾害预警能力，而且给地球内部结构研究造成很大困难。地震海啸是日本最大的天灾，迫切需要对地球深部进行实时监测，不但在陆地上密布监测站，而且在沿日本海沟，在北起北海道、南抵东京湾的 25 万 km^2 广大海域，布设了 S-net

海底地震观测网（图 11-7A；见同济大学海洋地质国家重点实验室，2017 的第 4 章）。

我们知道医学 CT 是利用 X 射线穿透人体，通过放置在人体周围的接收器计算射线衰减的程度对人体组织成像。给地球内部成像具有相似的原理，如果地球表面有足够多的接收器，我们也能利用穿透地球的地震波对地球内部成像。要给地球做“CT”至少需要 128 个接收器，其中 20 个需要放置在深海之中（Stephen et al.，2003）。为了克服噪声干扰，最好的办法是将地震仪放置在海底深井或沉积物中。1991 年，美国提出“大洋地震网（OSN）”计划，并在夏威夷西南水深 4400 m 处钻探了 ODP 843 井。后来在井孔中放置了地震仪，这就是大洋地震网一号井（OSN-1），1998 年 1~6 月，利用该井进行了“大洋地震网先导实验（OSNPE）”，仅四个月就记录了 55 次远震（Stephen et al.，2003）。此后的 13 年里，大洋钻探在 18 个井口安装了这类“海底井塞”装置，使地震仪能原位安置在地层中，不受海底噪音影响，从而大大推进了“大洋地震网”计划。“海底井塞”原称 CORK 装置，是在海底钻井中放置传感器进行长期原位测量的新技术（Stephen et al.，2006；图 11-7B），不仅用于地震监测，还是海底下的地下水环流和深部生物圈等多种研究的新技术设备，在深部探测中起了重要的作用。

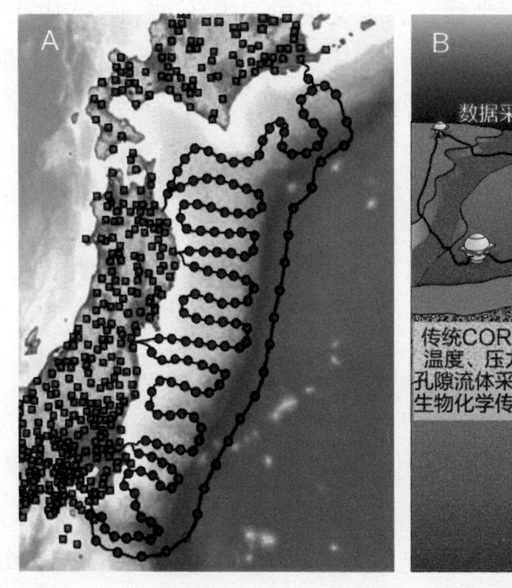

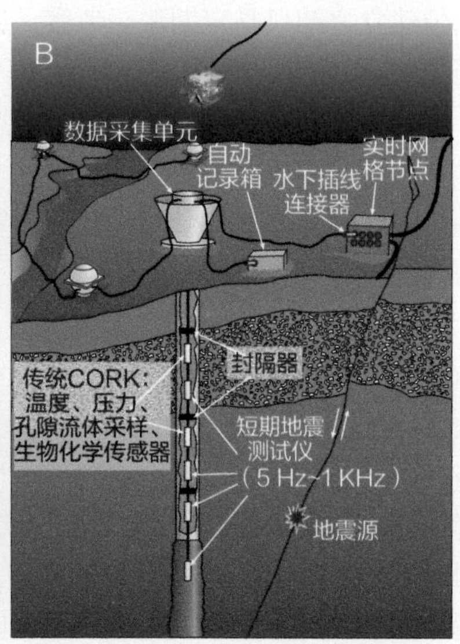

图 11-7
地球深部观测的地震观测系统（Stephen et al., 2006）

A. 日本 S-net 海底观测网（红色，蓝色为陆地地震监测点）；B. 地震井塞装置

11.2.5 大数据和互联网

现代观测系统的建立，不断地为地球系统产生着海量的数据。以海底观测为例，单独一个加拿大海王星计划从 2009 年建成，设计寿命 25 年，预计将传送大约 60×10^{12} 字节的数据，印成书籍足有六千万本之多！因此，地球系统观测的数据，从采集、管理到

分析和提供使用，是一个崭新的任务，也是艰巨的过程。美国采用了新名词“信息基础架构（Cyberinfrastructure，CI）”来加以概括，利用网络技术将地理位置不同的计算设施、存储设备、仪器仪表等集成在一起，建立面向网络服务的通用基础支撑环境，在互联网上实现计算资源、数据资源和服务资源的有效聚合和广泛共享，从而建立一个区域或全球协作的虚拟科研和实验环境，支持以大规模计算和数据处理为特征的科学活动（参看同济大学海洋地质国家重点实验室，2017，第 12 章）。对于大规模的观测系统来说，“信息基础架构”是个极具挑战性的工作，美国 OOI 海底观测系统，就是被这个环节拖后腿而临阵换将，推迟一年，到 2016 年方才建成（Witze，2014）。

地球观测海量数据产生的另一方面问题，是科学数据的开放共享。目前已有许多国际组织在数据共享上作出了重要贡献，其中最著名的要数世界数据系统（WDS）。WDS 的前身是成立于 1957 年的世界数据中心（WDC），主要工作包括数据采集、归档管理和查询下载等服务。目前全球共有61个学科中心加入了WDS，它们分布在美国、欧洲、中国、日本和印度等国家和地区，提供不同学科的数据下载。这些数据在时间尺度上涵盖了从秒到百万年量级，内容包括地球科学、地球环境和空间科学领域，对科技创新具有重大意义。

地球科学观测数据的意义远不限于学术界，而且为政府决策、社会服务提供着不可替代的重要信息。随着地球表层观测系统的迅速发展，国家、区域和全球的地球观测计划和合作组织纷纷涌现，目前已经在不同程度上形成了全球规模的数据共享和科技合作交流网络。其中包括遥感观测的“地球观测卫星委员会（Committee on Earth Observation Satellites，CEOS）”和原位观测的三大方面：“全球海洋观测系统（Global Ocean Observing System，GOOS）”，“全球气候观测系统（Global Climate Observing System，GCOS）”，“全球陆地观测系统（Global Terrestrial Observing System，GTOS）”。联合这些系统的，是在联合国和一百多国政府支持下的“地球观测团（Global Observation Group，GEO；网址 www.earthobservations.org）”，其目的是建成“全球综合地球观测系统（Global Earth Observation System of Systems，GEOSS）”。这是一个综合、协调和可持续的全球地球综合观测系统，目标在于更好地认识地球系统，包括天气、气候、海洋、大气、水、陆地、地球动力学、自然资源、生态系统，以及自然和人类活动引起的灾害等。GEOSS 将这些观测数据整合在一个搜索平台上，为用户提供下载服务。

除了类似 WDS 和 GEOSS 的专门数据下载平台外，一些大的科学计划如气候变率与可预测性研究计划（CLIVAR），世界大洋环流实验（WOCE）等观测计划也建立了数据中心向用户提供海洋和大气数据下载。另外还有一类虽然不是观测数据，但是对于分析地球系统的运行规律同样重要，这就是数值模拟数据。数值模拟数据与观测数据对比可以验证机理，同时也可预测未来。国际上模拟现代气候和古气候有两个模式对比计划：耦合模式对比计划（CMIP）和古气候模式对比计划（PMIP）。不同国家和研究单位的模式，按照相同的边界条件和外部强迫，模拟特定时间段的气候状态。在相同条件下，对个别参数进行微调，模式可以计算出一个数据集合（ensemble）。CMIP 和 PMIP 将不同时间段和不同模式的数据集合通过地球系统网格联盟（ESGF）发布。

近 20 年来，计算机、互联网、云计算等领域飞速发展，使得数据存储规模呈指数级增长，大数据时代已经来临。1998 年美国前副总统戈尔首次提出“数字地球”的概念①，设想普通老百姓甚至小孩子都能方便地了解自然和人文方面的信息，如山川、地貌、气候、经济、文化、人口、交通、风土人情等。1999 年第一届国际数字地球会议在北京召开，该会由国际数字地球协会（ISDE）主办，两年一届，延续至今。十余年前，曾经将数字地球通俗地解释为“把地球放到计算机里”。现今面向 2020 年的数字地球理念，是个利用海量、多分辨率、多时相、多类型对地观测数据和社会经济数据及其分析算法和模型构建的虚拟地球，可以对复杂地学过程与社会经济现象进行可重构的系统仿真与决策支持（Craglia et al.，2012；郭华东等，2014）。

11.3 古环境定量再造与替代性标志

地球系统科学跨越时间尺度。现代过程可以通过观测获取定量数据，而古代的过程除近几千年内有文字记载外，只能靠物质记录做间接的推论。早期使用的是古环境“标志（tracer）”，包括化石标志和矿物标志，比如岩盐标志干旱、煤炭标志湿润，珊瑚指示温暖、猛犸象指示寒冷。但是这种“标志”通常只有定性的功能，难以用作古环境的定量分析。现在进行古环境再造，通常使用的都是“替代性标志”，即 proxy，一般要求能对环境参数提供定量的信息，其中包括误差或者可信度的估计值（Hillaire-Marcel and de Vernal，2007）。

替代性标志是可以用来定量测定环境参数的物质记录，被用于气候环境变化的各个方面。替代性标志的正确使用，是古环境研究多年来的热门话题（如 Wefer et al.，1999），我国在几年前又对“地球表层系统环境重建”涉及的十余种参数有过综述（丁仲礼，2013），故而无需在此逐一再加点评。本节的内容，只是对替代性指标的正确应用进行讨论。为此，我们先通过海水古温度标志的实例，来回顾替代性标志的发展历程和现状，然后在此基础上讨论替代性标志应用中存在的问题，评述今后发展的方向。

11.3.1 海水古温度——替代性标志的实例

传统地质学里的古生态研究是采用所谓“标志性化石”，通常根据某一种化石推测生存环境。在第四纪海洋沉积的研究中用的是微体化石，比如在北大西洋用浮游有孔虫 *Globorotalia menardii* 指示间冰期，在高纬海区用放射虫 *Cycladophora davisiana* 指示冰期等等。另外还可以用某个种的形态变化推论古温度，比如高纬的浮游有孔虫 *Neogloboquadrina pachyderma* 左旋壳指冷、右旋壳指暖，而两者的比值曲线被用于指示古温度。这种单变量的古环境再造使用方便、结果清晰，具有广大的应用范围，但是因为信息过于简单，很容易造成错误。最著名的例子是六十多年前第四纪冰期旋回多寡之争，用单种（*G. menardii*）指标得出的冰期旋回太少，需要用浮游有孔虫群体才能得出正确的结论，这就是“古生态转换函数”产生的价值（见附注 1）。

---

① Gore A. 1998. The Digital Earth: Understanding our planet in the 21st Century. Given at the California Science Center, Los Angeles, California, on January 31.

附注 1：古生态转换函数的产生

20 世纪 70 年代初，地球科学开始应用计算机，其中古环境研究也因此取得重要进展。当时美国有三个团队分别将三种古环境分析的统计数据，用计算机处理求取气候环境参数的定量数值，包括有孔虫（Imbrie and Kipp, 1971）、孢粉（Webb and Bryson，1972）和树轮，称为“古生态转换函数”，其中以有孔虫转换函数影响最大。当时对于深海沉积记录里究竟有多少次冰期，发生了争论：同一个加勒比海的柱状样，根据浮游有孔虫间冰期的标志种 *Globorotalia menardii* 计算，只有三个冰期旋回（附图 A），而根据氧同位素分析的结果看，有六个冰期旋回之多（附图 B）。针对争论的焦点，J. Imbrie 改换思路：不是只看一个标志种，而是对整个浮游有孔虫群落进行统计（具体方法参看 11.1.2 节），得出了多个冰期旋回（附图 C；Imbrie and Kipp，1971），与同位素分析的结果相对应。从此之后，转换函数法被广泛用于硅藻、放射虫、颗石藻、沟鞭藻等各个门类的古气候再造，几十年来转换函数法已经成为古海洋学古温度再造的主流方法，但是一直存在着批评意见。近年来通过与化学方法的结合，正在进一步发展之中。

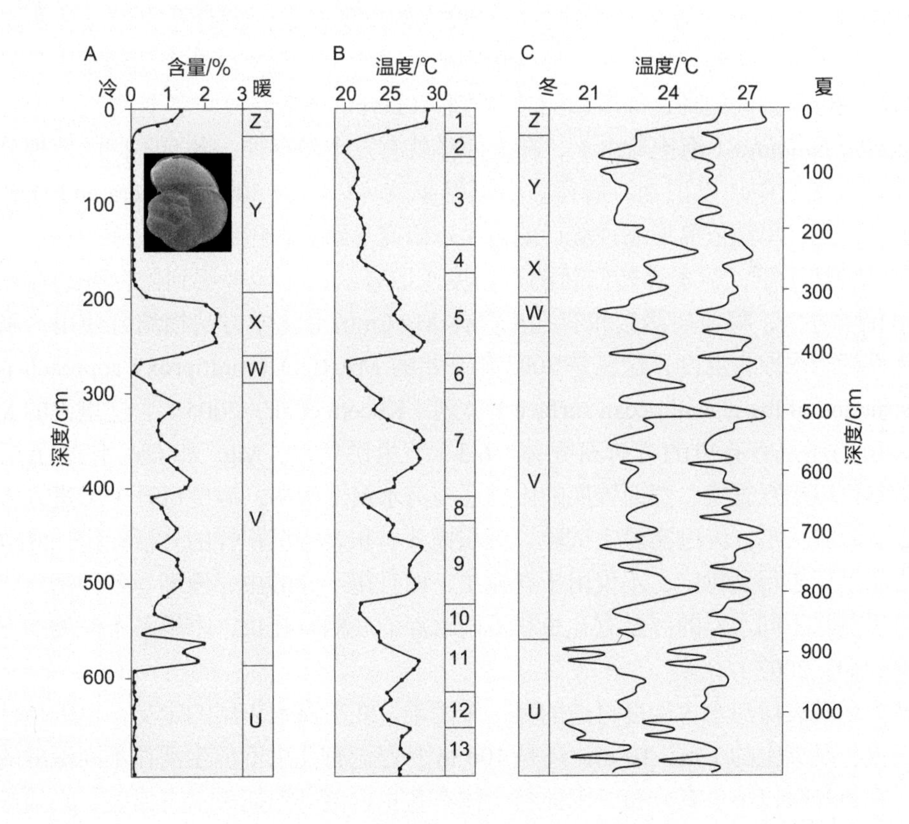

海水古温度再造的不同途径

A. 单个标志种 *G. menardii* 含量；B. 浮游有孔虫氧同位素得出的古温度 (A，B 用加勒比海同一个柱状样，据 Imbrie and Imbrie, 1979); C. 古生态转换函数计算出的冬、夏温度（Imbrie and Kipp, 1971）

古生态转换函数的方法是利用现代浮游有孔虫的已知生态分布，对化石群落进行标定，得出当时表层海水的冬、夏温度（见附注1图B；Imbrie and Kipp，1971），具体的方法在11.1.2节和图11-3已经作过介绍。接着又有人提出了“现代类比法（Modern Analogue Technique，MAT）”，通过与化石群落最相似的现代群落，去求取对应的环境参数。在这两大方向的基础上，后人又做了种种方法上的改进（综述见Guiot and de Vernal，2007）。转换函数法自从20世纪70年代产生以来，被广泛用于多种门类微体化石的定量统计结果，求取古环境参数，七八十年代著名的全球古气候再造计划CLIMAP和COHMAP，也都以转换函数古温度作为基础。

但是转换函数的应用结果也产生出不少问题，其中突出的是CLIMAP在古温度再造中，得出末次盛冰期热带大洋温度与今天相似的结论（CLIMAP，1976，1981），与陆地的古气候记录或者古气候数值模拟都产生了矛盾。原因之一在于转换函数法标定的标准来自现在海底的表层沉积，而冰期时热带海区出现的有孔虫群组合并不见于现代海洋，因此缺乏可供标定的标准。经过统计方法的改进，绕过“缺乏现代类比”的难题，重新计算出来的冰期时热带表层温度，就有了明显的降低，与模拟结果相当吻合（Mix et al.，1999）。但是，建立在有孔虫形态种鉴定统计基础上的转换函数法，受到生物本身属种识别、生态演变等多种干扰。一个惊人的发现，是浮游有孔虫形态种和遗传种的区别。分子生物学的分析表明：形态相同的种其实可以包含好几个遗传基因各异、因此行为习性也不相同的种，即所谓的“隐存种（cryptic species）”。比如同一个形态种*Globigerina bulloides*（泡抱球虫），在大西洋就有三个隐存种，各有不同的地理分布，如果在转换函数中加以识别，所得古温度结果就可以改善30%（Kucera and Darling，2002）。因此，单纯依靠形态种统计的古生态研究受到了严重的挑战。

在这种情况下，学术界转向新的古温度求取方法，不但考虑到隐存种的存在，而且采用化学方法，将转换函数和有孔虫壳体Mg/Ca值等化学方法相结合使用，采用多种替代性标志求取古温度，这就是2002年开始的MARGO（multiproxy approach for the reconstruction of the glacial ocean surface）计划（Kucera et al.，2005）。这里说的Mg/Ca值法，用的还是有孔虫的方解石壳体。6.3.3节里说到过，Mg^{2+}和Ca^{2+}化学上相当近似，常常可以相互置换，然而置换的比例还与海水温度相关，温度每升1 ℃进入方解石的Mg会增加~3%。经过实验室试验、沉积捕获器和表层沉积样的分析标定，Mg/Ca值作为古温度标志得到肯定，不仅用于有孔虫，而且用于介形虫、珊瑚等各种钙质化石，而且可以测量不同水层的浮游有孔虫和不同水深的底栖有孔虫，求得各个深度的古温度（Rosenthal，2007）。

转换函数表层海水古温度再造的另一个困难，在于海水表层的定义，也就是什么叫表层温度：是顶上的1 m，10 m，还是100 m？浮游有孔虫不但生活在不同深度的表层水里，在真光带以下也有分布，因此将全体有孔虫群落一把抓来求古温度，必须假定上层海水温度均匀、变化一致，可惜这种假设的前提完全不符合事实。因此“表层古温度”必须明确所指的深度，如果能正确使用转换函数，并且与不同属种Mg/Ca的化学方法相结合，就有可能分辨出表层水和次表层水的不同温度变化。

比如北大西洋高纬区，用硅藻和有机地化标志得出全新世早、中期是个暖期，但是有孔虫和放射虫却指示全新世早、中期变冷。为此，选择了两种在不同水层生活的有孔虫，表层种 *Globigerina bulloides* 和次表层种 *Globorotalia inflata*，分析 Mg/Ca 的结果真的发现有不同变化趋势：次表层水在 8000 年前后有一次明显的变冷（图 11-8A），记

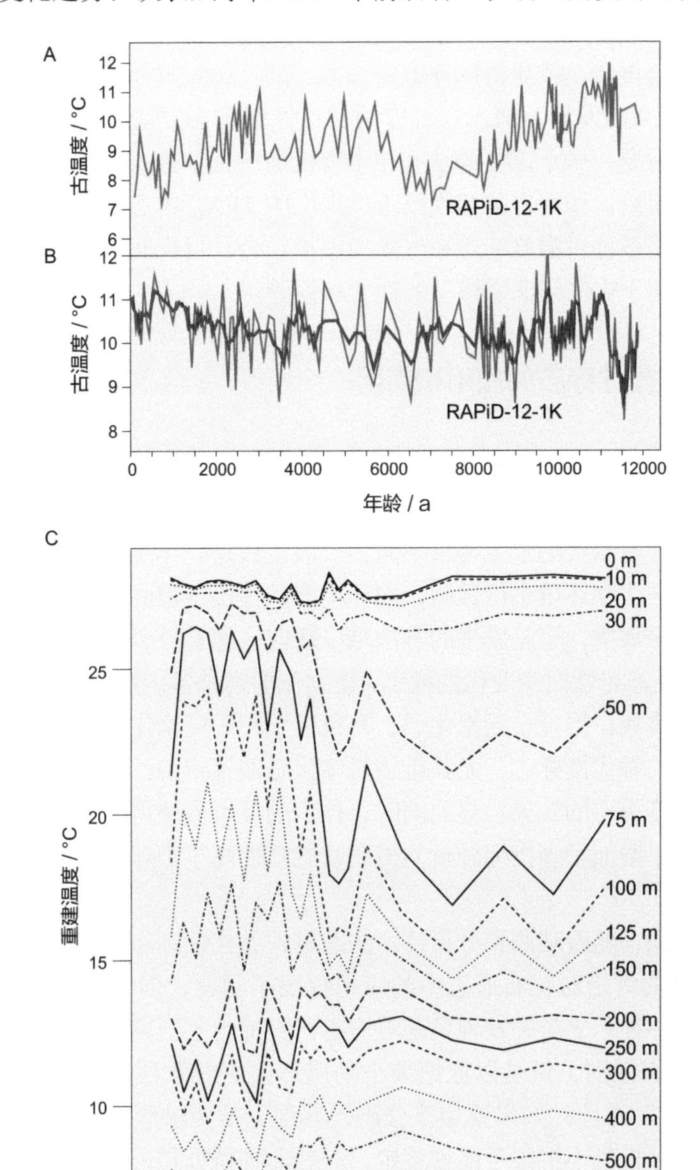

图 11-8
表层和次表层海水的古温度记录

A，B. 北大西洋北部 RAPiD-12-1K 站次表层水有孔虫 *Globorotalia inflata* (A) 和表层水有孔虫 *Globigerina bulloides* (B) 的 Mg/Ca 全新世古温度（Andersson et al., 2010）；C. 赤道南大西洋 V30-36 站三万年来上层海水不同深度的古温度再造（Telford et al., 2013）

录了冷水入侵事件，而表层种无此变化（图 11-8B；Andersson et al.，2010），可见不能笼统地讲“表层温度”。又如热带南大西洋，在最近三万年间表层水的温度变化不大，而 75~100 m 深处的次表层水，在冰消期内温度上升了 ~5℃（图 11-8C；Telford et al.，2013）。正因为在热带海洋，次表层水对冰期旋回的灵敏度比表层水还大，这种上层海水全深度的古温度再造，就显得格外重要。

回顾 40 多年来的发展，海水古温度的替代性标志在方法上日趋成熟，在全球变化的应用上也越显重要。一个重要的发展在于有机地球化学方法的进展，用颗石藻长链不饱和烯酮的 $U_{37}^{K'}$ 指数，和用古菌细胞膜脂类得出的 TEX_{86} 古温度，都已经在广泛应用。当前的方向，是将多种古温度标志和气候模拟相结合，目标明确、有针对性地求取一定深度的古温度，用于古气候演变模型的建立和检验。

11.3.2 替代性标志的应用和错用

上面以海水古温度为例，回顾了替代性标志的产生和演变的历史，反映出从粗略到精细、从形态到化学、从单指标到多指标的发展过程。早期的古环境研究时空分辨率都比较低，因此对环境参数的定量要求不高，一般也只是个半定量的水平；近年来的全球变化研究要对人类生存环境进行预测，向环境参数提出了很高的要求，其精密度在向现代环境测量的水平靠拢，于是原来的方法难以适应。随着分子生物学对“隐存种”的发现，和同一物种生态习性时空变化的揭示，建立在形态种鉴定统计基础上的替代性指标，都面临着严重的挑战；相反，元素化学、有机化学和同位素化学分析技术的发展，又开拓出一系列化学的替代性标志，尤其是将微体化石的鉴定统计和化学手段结合使用，显著地改进了古温度再造的效果。与此同时，技术的发展也使得很少量的样品就可以供多种标志分析使用，增加了多指标分析的机会，也就提高了全球变化研究中古环境分析的水平。

在这几十年间，随着观测和分析技术的改进，替代性标志的覆盖面和应用范围大为扩展。我们上面的讨论对化石形态中的应用提出了问题，但绝不是说形态研究不再重要。相反，“隐存种”之类的发现只是对形态研究提出了更高的要求。“隐存种”之间并非完全没有形态区别，只是以往把细小的形态区别看做种内变异，作为“生态表型（ecophenotype）”看待，如果要加以分辨，客观上就要求形态分析也要更上一层楼。再者化石的形态分析也不再限于属种鉴定，一些非种特征和形态细节也很具有环境指示价值。比如说双子叶植物的叶缘（leaf margin）分析用于测量古温度（Wolfe，1993），叶子背面的气孔密度用于再造大气 CO_2 浓度（Royer，2001）等等，都在一定程度上取得了成功。在海洋里，早就发现浮游有孔虫壳体细孔密度与水团的关系，近来又发现底栖有孔虫壳体的细孔密度与含氧量有关（Kuhnt et al.，2013），微细结构的古环境应用应该大有发展空间。

然而在替代性标志的广泛应用中，也不乏盲目性。抛开我国在治学中的常见通病不谈，在替代性标志的使用中，至少要注意以下三点：

（1）标志的有限适用范围。凡是替代性标志，都有其适用范围，用到范围之外就是错用，就会产生误导。这里涉及的往往是替代性标志使用的背景值，或者说是所用生物化石生态习性的时空变化。比如都知道轮藻是陆相的，可是泥盆纪时却是海相的（Racki and Racka，1981）；同一种颗石藻，低纬海区在冬天繁殖、高纬海区在夏天繁殖，两个海区的 $U_{37}^{K'}$ 指数自然就不容易对比。因此对每个替代性标志，都必须知道其使用的前提。用有孔虫壳体 Mg/Ca 值测古温度非常好，但是除了温度外这比值还决定于海水中 Mg 和 Ca 浓度的比值，在地质长尺度上这是个变量。比如上新世海水 Mg/Ca 比第四纪低，用 Mg/Ca 测出的上新世古温度就会偏低（Evans and Müller，2012）。

（2）形成标志的多因素性。所有替代性标志的变化，都不会只由一种因素造成，必定同时有多种因素在起作用，典型的例子就是有孔虫的氧同位素。20 世纪 50 年代 $\delta^{18}O$ 作为温度标志建立，以为找到了“更新世的温度计”（Emiliani，1955）；60 年代发现全球冰量是主要因素，以为把温度、盐度独立测出来加以扣除，就可以得到冰量；现在才知道水循环里有复杂的同位素分馏，雨水的同位素就在变。理想的办法是通过多种替代性标志的结合使用，分辨出各种因素的贡献；如果一时做不到至少也要分清主次，确定哪种参数起了主导作用。

（3）定量分析的统计学要求。既然替代性标志用于古环境定量再造，用于数值模型的定量检验，那就必须按照统计科学的要求操作。比如说，两根曲线的对应性就不能只靠肉眼观测，给出的数据就不能没有误差范围，找到周期变化的驱动因素就得讨论相位关系，如此等等。总之，替代性标志的继续发展和正确应用，是全球变化研究中环境预测的迫切要求，更是地球系统科学探索变化机理的必由之路。

11.3.3　替代性标志的发展前景

定量古环境研究的历史并不长，替代性标志的发展严格讲来只有几十年的经历，进一步的研究有着广阔的天地。新标志的探索，是我国古环境学科面临的挑战。当前的古环境研究已经远远超出早年只讲温度、深度的阶段，提出了一系列的新目标，比如大气化学成分的再造。同时，许多古环境参数的替代性标志存在缺口，比如前面说过的古高度再造就缺乏成熟的标志。在研究水循环中，大气中的云量和地下水的总量都是极其重要的环境参数，但是至今还没有可以实用的替代性标志。随着同位素和有机地化测量技术的提高，开发新型替代性标志的前景十分光明，我们应当也能开发新标志，而不是以紧跟国外方法为满足。

然而新标志的建立，是一项光荣而艰巨的任务。如果说早年的替代性标志源自观测，看到不同环境下的不同形态后，再去求取其间的定量关系；那么现代寻找的新型标志，常常是根据不同环境下化学反应的差别“主动出击”，有了目标再去建立定量方法的。比如根据方解石结晶温度高低对 Mg/Ca 离子的影响，建立了有孔虫壳体的 Mg/Ca 古温度计，而这类新方法的开拓在寻找碳循环标志中最为突出。

海水中溶解二氧化碳浓度（$p\mathrm{CO_2}$）的再造，是研究温室气体浓度和碳循环历史的基础，然而 $p\mathrm{CO_2}$ 替代性标志的寻找从 20 世纪 80 年代以来一直是古海洋学研究中的难点（Wefer et al.，1999）。最早的设想，是用碳同位素。随着大洋生物泵概念的产生，很快就提出浮游有孔虫和底栖有孔虫壳 $\delta^{13}C$ 的差值（$\Delta\delta^{13}C$）可以代表海水生物泵的强度，从而反映海水的 pCO_2（Shackleton and Pisias，1985）。$\Delta\delta^{13}C$ 和 pCO_2 确实有一定联系，但是生物泵中碳同位素分馏的影响因素太多，这种早期的想法终被放弃，而将注意力转到寻找海水碳酸盐系统的标志上来。结果发现有孔虫壳体中硼同位素值（$\delta^{11}B$）反映海水的 pH（Palmer et al.，1998；Palmer，2009），进而又根据海水中 B/Ca 和 $\delta^{11}B$ 之间的正相关，发现了直接用壳体 B/Ca 值求取海水 pH 的途径。由于 B/Ca 值还受海水温度的影响，需要通过 Mg/Ca 测得古温度加以校正，从而求出海水的 pH 和 pCO_2（Yu et al.，2007）。利用各大洋不同时期底栖有孔虫 B/Ca 值的变化，成功地再造了冰期旋回中深海碳酸盐系统的演变，肯定了南大洋作为全球碳储库的作用（Yu et al.，2014）。

目前，海水碳酸盐系统定量再造的方法正在乘胜追击，从 B/Ca 发展到 U/Ca、U/Mn 等比值，但是海水化学是个复杂系统，除了碳酸盐系统参数外，成岩作用中的氧化还原条件等都可以影响元素比值（Russell et al.，2004；Chen et al.，2017），微量元素或者稳定同位素标志的解释切忌简单化。同样具有远大前景的是生物成因的有机化学标志，这是古环境新标志的另一个的源头，前面介绍过的有机地球化学标志物 IP_{25} 是海冰硅藻的产物，已成为指示古海洋海冰分布的标志（见 3.4.2 节）。总之，从古生物的化学特征里寻找古海洋、古湖泊演变的替代性标志，是一项大有可为但又任重道远的工作。

替代性标志发展的另一个方向，是提高现用标志的应用水平，正确解释标志的古环境含义。目前通用的替代性标志，特别是基于生物的标志，我们对其适用范围和时空变化并不清楚，非常需要通过现代过程的现场观测和关键环节的人工试验加以标定。这里首先应当强调的是应用最广的同位素标志，$\delta^{18}O$ 和 $\delta^{13}C$。在古环境再造中，氧、碳同位素是追溯水循环和碳循环最常用的标志，但仍然有许多争论，比如石笋氧同位素指示季风的含义（见 3.3.1 节），或者海洋碳同位素与生产力的关系（见 4.5.3.1 节）等。还须指出，近年来一个新趋向是将替代性标志和数值模拟结合起来应用，从数值模拟里找出关键的位置或者时段，有针对性地开展替代性标志的分析；或者根据数值模拟的结果，选取关键性标志对模型进行检验。我国有着世界上最大的研究队伍，近年来又添置了国际水平的硬件设备，完全可以通过古环境标志的发展和应用，走上全球变化研究的国际前列。

11.4 地球系统的数值模拟

无论是现代地球过程的观测数据，或者历史过程替代性指标的分析数据，都把地球科学推进了定量化的时代，从而为数值模拟创造了条件。地球科学从现象描述到机理探索，关键就在于机理需要证明，而证明可以是物理的或者数值的。 物理实验在地球科学里十分普遍，从模拟碎屑沉积过程的水槽试验，到探索地幔过程的高温高压实验，都是物理模拟。但是地球系统中有许多过程难以进行物理模拟，因而从宇宙大爆炸到下世纪的温度预测，全都是以数值模拟为基础。现在，数值模拟已经渗入地球科学各个领域，凡是提出一种机理的假设，都会被要求提供数值模拟作为支撑。因此，地球作为一个复杂系统，数值模拟是揭示其运作机制和演化成因的必由之路，是表达地球系统科学研究成果不可替代的途径。

从早期简单的概念模式，到现在复杂的地球系统模拟器，数值模拟本身经历了一个演变和发展的过程。

11.4.1　数值模拟的产生

数值模拟是一种定量描述地球系统如何运转的工具。简单来说，是将地球系统内各种物理、化学和生物理论用数学公式表达，通过计算机程序求解微分方程来研究各种过程的因果关系和相互作用，并预测未来将会发生的变化。这种方法能突破时间和空间的限制，在短时间、大范围内获得模拟数据。进行数值模拟最重要的目的，是理解和解释系统的运行规律（McGuffie and Henderson-Sellers，2014）。然而，地球科学的范围极大，不同学科数值模拟的目标、方式和进展相差悬殊，大体可分为固态圈层和流态圈层数值模拟两类。

数值模拟在固体地球科学中的应用有相当长的历史，比如 20 世纪 60 年代有限元法在提出之后，很快就在岩石力学中得到应用（Nikolić et al.，2016），作为基本研究手段之一，岩石力学的数值模拟广泛用于矿山地质、工程地质等应用固体地球科学领域当中。数值模拟也是固体地球物理学的基础，比如说复杂介质中地震波传播的数值模拟，对于地震波传播机理的研究和波场成像有着十分重要的意义，构成了地震勘探和地震学的基础。从地球系统科学的角度看，重点在于地球动力学（geodynamics）的模拟。地球表面山脉的形成、大陆的升降，原因都在于触摸不着的地球深部，只能在地球物理探测的基础上通过数值模拟揭示其动力机制，犹如内雕鼻烟壶，需要从地球里面才能看懂外面的变化，其办法只有数值模拟（Gurnis，2001）。构造地质问题的研究包括物理模拟和数值模拟，数值模拟也先要针对构造问题建立几何模型，然后结合地质介质的流变学知识给出模型内介质的本构方程，最终以观测为约束，通过求解模型的动量守恒方程得出模拟结果（何建坤，2013）。这类构造地质的模型应用极为广泛，不胜枚举。随着对地球内部过程的追踪，已经发展到地幔对流的模拟（见熊熊等，2013 综述），而鉴于地质体的复杂性，即便是物理模拟的结果也往往还需要经过数值模拟才能应用。

然而地球流态圈层模拟的发展道路与固体地球科学十分不同。整体上讲，地球系统的数值模拟来自大气科学。数值模型应该起源于概念模型，也就是大气环流概念的提出。17 世纪晚期，英国哈雷（Edmond Halley）描述了大气环流的模型，即赤道附近大气被加热上升，而更高纬度的低空大气补充过来形成了季风（Halley，1686）。50 多年后，英国哈德雷（G. Hadley）和美国费雷尔（W. Ferrel）分别依据科氏力和极地风向补充了哈雷的大气环流模型，形成了经典的大气“三圈环流”模型（见第 3 章附注 4）。随着概念模型发展为能量平衡模型和辐射对流模型，越来越多的数学方法被用来求解大气温度对能量输入与输出平衡的响应，我们从此有了计算气候变化的有效手段。但是这些模型都无法描述类似行星大气和海洋这样大尺度的流体运动。早在 1904 年，挪威流体力学家威廉 • 皮叶克尼斯（Vilhelm Bjerknes）就已经把天气预报描述为求解一组控制大气行为的原始方程的问题，但当时数值解法还没发明出来。Bjerknes 只能感叹道：“让上帝去积分吧！”（Bjerknes et al.，1933）。后来英国数学家刘易斯•理查德森（Lewis Richardson）于1922年发明了一套用于天气预报的数值求解方法（Richardson，1922），可惜这一解法计算量巨大，需要64000人的团队进行计算才能跑赢天气变化。Richardson个人曾进行过小规模的计算试验，他算出的6小时后地面气压变化比实际观测值高出一百多倍，宣告失败。尽管如此，数值天气预报的想法已经出现。后来的几代科学家们先后提出了“准地转模式”和“斜压原始方程模式”，等到20世纪50年代电子计算机出现后，地球系统科学数值模拟的序幕终于拉开（王会军等，2014）。

11.4.2　数值模拟的类型

回顾研究历史，地球系统的数值模拟就是以大气科学为主线，发展出各种各样的模型，从概念模型、环流模式，直到复杂的地球系统模式（Edwards，2011）。按照计算的复杂程度，地球系统的数值模拟可以分为概念模式（conceptional model）和综合模式（comprehensive model）两大类（图11-9；Claussen et al.，2002）。综合模式是指建立在环流模拟基础上的大气、大洋或者海气耦合的模式，是当今从天气预报到环境预测采用的主要工具；概念模式也叫简单模式，或者辅导模式（tutorial model），并不涉及环流的细节，而是检验地球科学中某种过程的合理性。概念模式有的是与物理模拟结合产生，比如在丁铎尔（J. Tyndall）实验基础上得出温室效应的概念，在D. Fultz转桶（dishpan）实验基础上得出大气涡流的概念；有的是在观测基础上提出，例如米兰科维奇冰期旋回轨道驱动的概念。这里就用到两类模式：前者是“类比模式（analogue model）”，后者是“能量平衡模式（energy balance model，EBM）”（Edwards，2011）。

概念模式在地球科学上往往起着开拓性的作用，尤其对大尺度时空变化进行探讨时，无论实际数据和计算工作量都不允许采用环流模拟为基础的综合模式，古环境研究就属于这一类。比如Paillard（1998）就曾经用简单的概念模式，论证近百万年来冰期旋回的驱动关键在于北半球的夏季辐射量，全球气候超过某个阈值就会转入另一种运行模式。但是概念模式过于简单，能够对科学假设提供检验，却并不具备预测功能，也不能揭示具体的演变过程，即便在地质尺度上也难以满足要求。于是在古环境研究中提出了折中方案，这就是“中等复杂程度模式”，无论在整合的因素数目上和描述的细节上，都处在概念模式和综合模式之间（图11-9；Claussen et al.，2002），对此我们在后面还要讨论。

与经典的物理学、化学不同，地球科学的研究对象很难用人类可控的实验方法进行研究，于是数值模拟就成了地球科学的“实验”手段，出现了大气科学等学科的“数值实验室”。但所有的模式都是自然过程的简化，具体说一种是对控制方程的简化，另一种是对时间和空间分辨率的简化。对控制方程进行简化的原因可能是对物理过程的理解还不够深入，也可能缺乏足够信息，还可能受困于计算机效率。时空分辨率也受制于控制方程，时空分辨率的选择要与控制方程所能描述的时空尺度相适应。比如统计一个区域内的生物群落生长模型，不能计算每一个生物个体的生长。因此模型对过程的简化与分辨率的简化是相互关联的，模型中需要大量的参数化方案以表达简化方程组无法描述的微观过程。控制气候系统的因素大体上可以总结为四大过程：辐射过程、动力学过程、

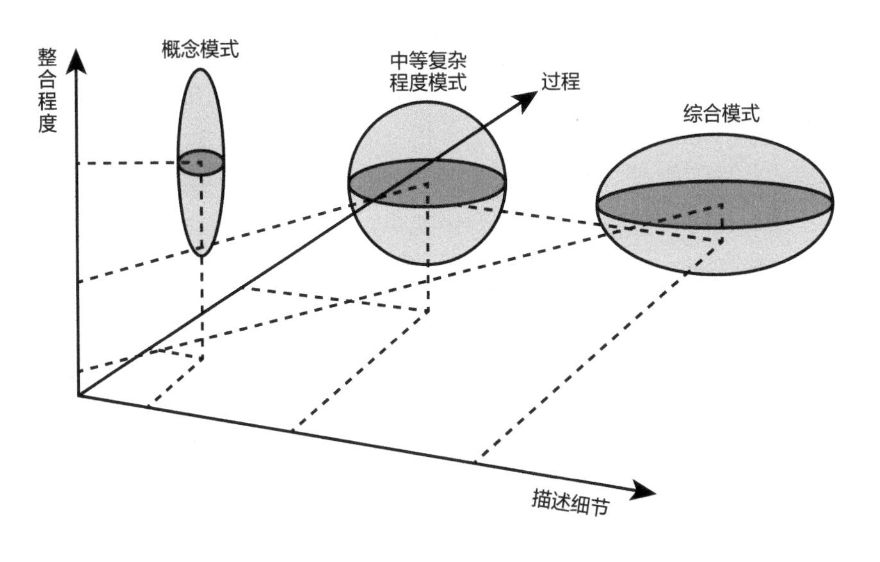

图 11-9
概念模型与综合模型（Claussen et al., 2002）

表面过程和化学过程。辐射过程描述地球接收和吸收太阳短波辐射，散失长波辐射。动力学过程描述流体（大气、海洋）在能量驱动下的运动。表面过程描述海表、冰川和植被的变化及引起的反照率和大气温度、湿度变化。化学过程描述大气、陆地和海洋的生物地球化学循环。数值模式根据这四大过程的复杂程度可以构成一个“模式金字塔”（图 11-10；McGuffie and Henderson-Sellers，2014）。

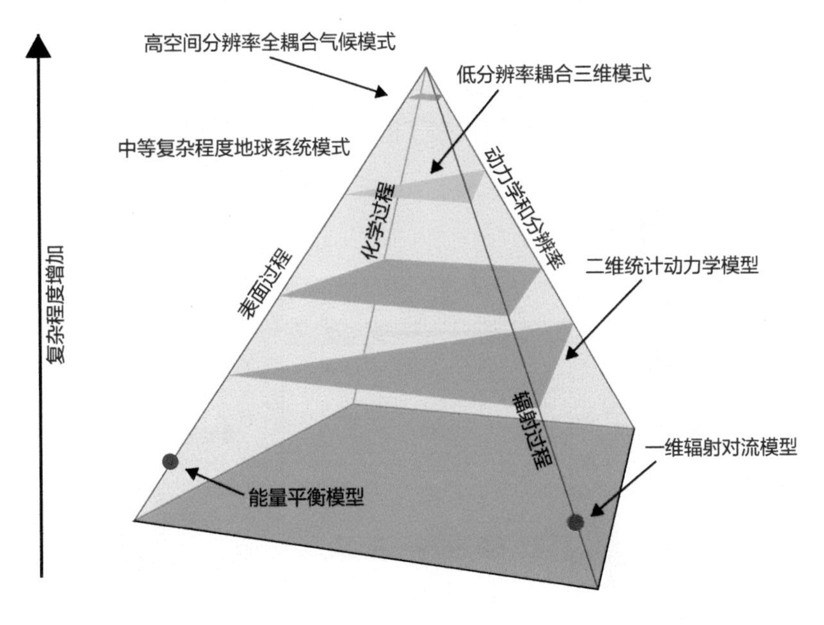

图 11-10
数值模式金字塔（McGuffie and Henderson-Sellers, 2014）
模式在金字塔中的位置由其辐射过程、动力学过程、表面过程和化学过程的复杂程度决定金字塔最底端列出的是上面说的概念模式，指简单概念性的气候模式，包括能量平衡模式(EBMs)、辐射对流模式(RCMs)等。金字塔顶端是三维空间的GCM模式(general circulation model 或 global climate model)，指全球总的环流模式。这类模型包含了大气模式、海洋模式、陆面模式、海冰模式等多个子模块，用以研究包括大气和海洋状况、冰雪过程、土壤温湿等在内的气候系统变化规律，是目前研究大气、海洋及陆地之间复杂相互作用的主要工具。GCM 模式的基本出发点是用完善的方程组描述气候系统的物理过程，模型的复杂程度、时空分辨率和计算花费都比较高。值得我们特别重视的，是介于简单概念性模式和 GCM 之间，相当于金字塔中部的是中等复杂程度模式（即 Earth System Model of Intermediate Complexity，EMIC）（图 11-9，图 11-10）。这是从古环境研究的角度提出来（Claussen et al.，2002），作为对气候模拟“金字塔”系列的补充。它涵盖了 GCM 中的大多数过程，不过采用更加简化的方法来表述大气和海洋动力学过程，弥补了 EBM 和 GCM 之间的空缺（Weber，2010），特别适合于古环境研究的需要。

其实在古环境研究中，还广泛使用着对数据定量和计算机机时要求更低的箱式模型（附注 2），这也是概念模式的常用途径。箱式模型把研究对象看成若干个独立空间——“箱”，通过比较简单的计算就可以检验物质循环之类的假设。比如 20 世纪 80 年代 W. Broecker 等将世界大洋分成若干个“箱”，对冰期旋回中的碳循环进行箱式模拟(Broecker and Peng, 1986 等),成了当年探索全球不同圈层碳交换的主要方法(Sundquist, 1985）。箱式模型概念清楚、建模容易，很容易用于不同时间尺度的过程。

箱式模型虽然对自然过程进行了大量简化，空间分辨率通常只有 0 维或者 1 维，但它在验证特定机制和长时间序列模拟上具有优势。例如在大洋温盐环流的模式问题研究中，1961 年美国物理海洋学家 Henry Stommel 第一次用箱式模型证明海洋环流存在两种稳定状态。Stommel(1961)将海洋划分为两个箱体：热而咸的低纬海和冷而淡的高纬海，两个管道连接箱体的表层和底层，分别代表了温盐环流的表层流和底层流（图 11-11）。

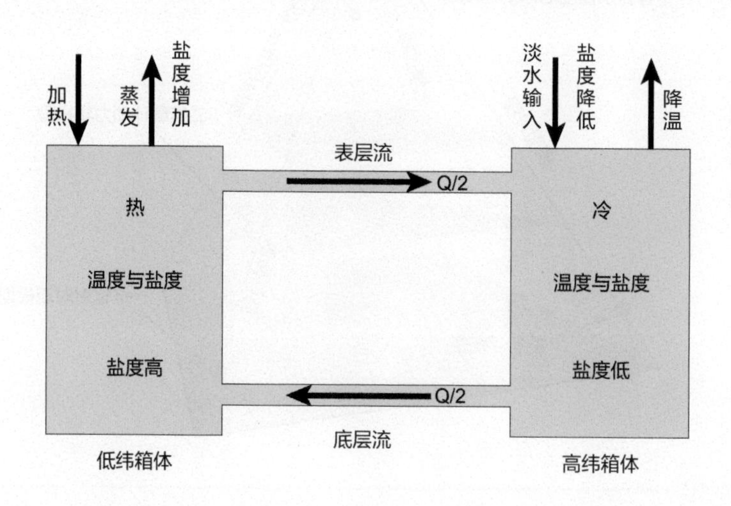

图 11-11
Stommel 大洋环流箱式模型(据 Stommel, 1961 改绘)

附注 2：箱式模型

箱式模型是将复杂系统简化为数量较少的储库（箱体），每个箱体内的物质均匀分布，箱体之间通过物质通量连接。物质在储库之间的流动构成了物质循环。例如海洋、大气和陆地之间的水分的流动就构成了简单的水循环过程（附图）。在箱式模型中，需要了解几个重要概念：

储库：存储物质和能量的空间或某种物理化学属性（如大气 CO_2、海水盐度、温度等）。

通量：单位时间内传输的物质的量（如海水流量，降水量等）。

源：流入储库的通量。

汇：流出储库的通量。

反馈：某一个变量变化造成的影响进一步引起这个变量自身的变化。

根据反馈造成的影响可进一步分为正反馈和负反馈。正反馈能够加剧初始变化的发展，如厄尔尼诺现象发生时，东太平洋海表温度升高，导致信风减弱，信风减弱进一步引起东太平洋海表温度升高；负反馈则能够阻止初始变化的发展，如大气 CO_2 能够加强化学风化，化学风化又能消耗大气 CO_2。

在箱式模型中，物质流动和储库变化遵循着物质守恒这一基本规律。每个箱体内物质的变化由流入和流出这个箱体的通量所决定。数学表达式为：

$$\frac{\mathrm{d}C}{\mathrm{d}t}=F_{\mathrm{in}}-F_{\mathrm{out}}$$

其中 C 代表储库的大小，F_{in} 和 F_{out} 分布为流入和流出的通量，t 代表时间。我们通过前进欧拉法或龙格－库塔法等数值解法来求解储库 C 随时间的变化。

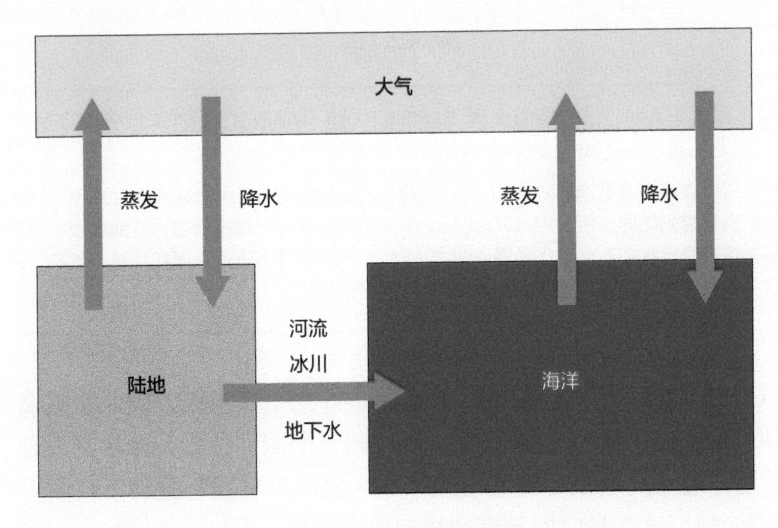

水循环箱式模型示意图

方框代表储库，箭头表示物质通量及方向

温盐环流的强度是高低纬箱体间密度差的函数，而密度差又由温度差和盐度差决定。这个模式是对大西洋经向环流模式的高度简化，但 Stommel 发现这个系统存在两个稳定状态。一种是由盐度差控制的稳定状态，另一种则是温度差控制的稳定状态，而这两种稳定状态中的温盐环流强度有着明显差异。更为重要的是，一个小的扰动可以将温盐环流模式从一种稳定状态切换到另一种稳定状态。这种环流模式的切换引起的气候响应是高低纬度间温差和盐度差发生改变。Cessi（1994）后来利用改进的 Stommel 箱式模型发现短时期内一个大的淡水脉冲能够引起温盐环流模式的切换，解释了新仙女木变冷事件的物理机制。后来复杂的 GCM 模式中也模拟出温盐环流在淡水强迫下可以在不同稳定状态间切换（图 11-12）。

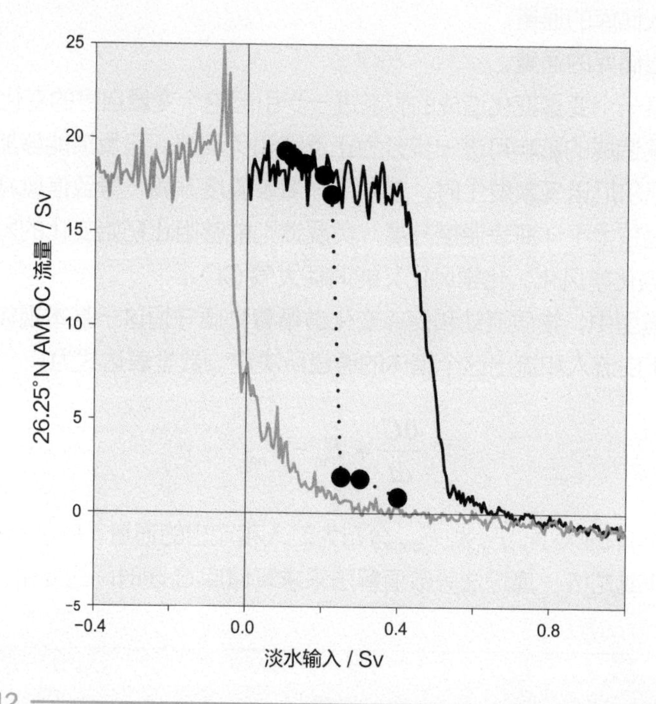

图 11-12

GCM 模式 FAMOUS 模拟大西洋经向翻转流（AMOC）随淡水强迫通量的变化（据 Boulton et al.，2014 修改）

黑色曲线代表淡水通量增加时 AMOC 的变化，灰色曲线代表淡水通量减小时 AMOC 变化。当淡水通量增到临界点后，AMOC 突然变小，切换至另一种稳定状态，并随着淡水通量增加保持这种稳定状态。当淡水通量逐渐减小时，AMOC 并不迅速返回初始稳定状态，只有当淡水通量减小到临界点时才会快速切换至初始稳定状态

相对于 GCM 模式，箱式模型的计算量要小好几个数量级，因此箱式模型常被用来模拟长时间尺度的时间序列。例如渐新世和中新世的碳同位素记录中都发现了非常明显的 40 万年周期，这些周期很可能是由热带地区的风化过程所驱动。目前只有箱式模型这类简单模型能模拟这么长时间尺度的物理化学过程。Pälike 等（2006）利用海洋－大气箱式模型模拟得到与地质记录一致的 40 万年碳同位素曲线（图 7-14A），说明轨道参数驱动的生产力和碳埋藏变化可以解释这一碳循环过程。

11.4.3 地球系统模式

箱式模型虽然在验证假说合理性和某些关键作用有效性方面具有优势，但缺陷是时间和空间分辨率低，物理和化学过程过于简化，定量计算方面也受到了时空分辨率低和过程简化的限制。随着复杂程度增加，模型不再是仅仅计算物质通量那么简单，而是将动力、物理、化学和生物过程构建成动力学方程组和参数化方案，通过高性能计算机求解地球系统各个部分（大气圈、水圈、冰雪圈、岩石圈、生物圈）的性状，这就是 EMIC 和 GCM 模式。前文已经讲过，EMIC 和 GCM 模式的根本区别在于对物理、化学方程的简化程度不同，但模型的结构具有很多相似之处。简单说来，EMIC 和 GCM 模式是将大气和海洋等子系统在三维空间内划分成很多个小的箱体（或网格点），每个箱体内温度、速度等属性都是均匀的，并且每个箱体与周围的其他箱体发生物质和能量交换（图 11-13）。这一点与箱式模型具有相似性，而与箱式模型最大区别在于它描述了系统空间内对应位置的运动状态，即能告诉我们每个网格点上流体的运动速度和方向。

A

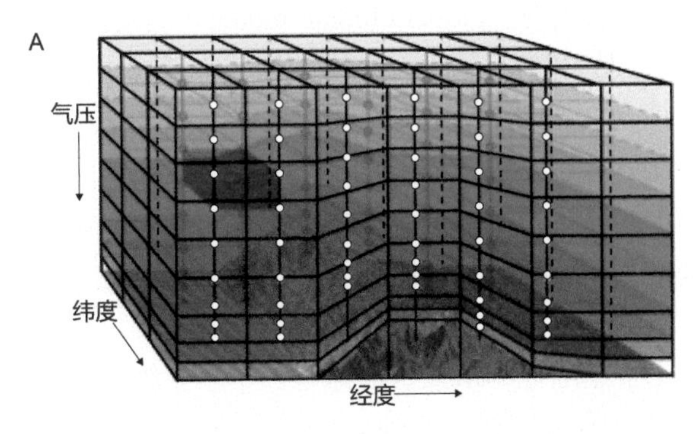

B

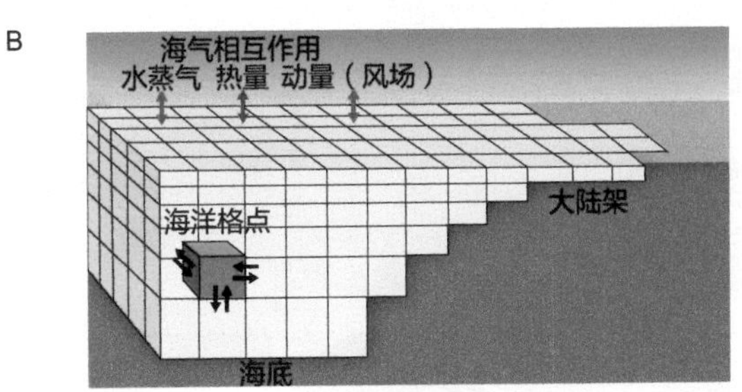

C

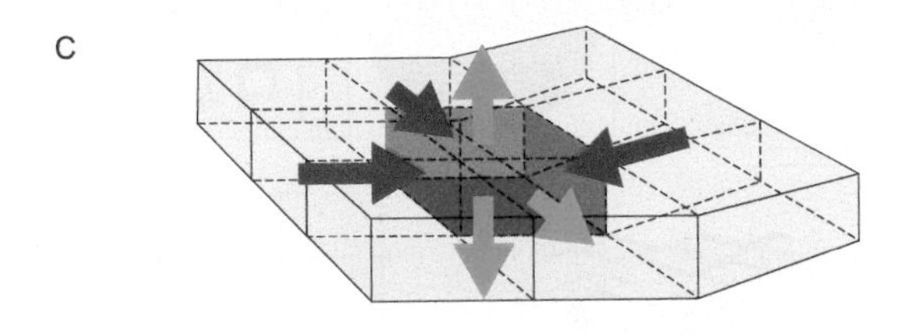

图 11-13
GCM 模式大气、海洋网格划分（据 McGuffie and Henderson-Sellers, 2014 改绘）

A. 大气网格；B. 海洋网格；C. 网格与相邻网格点物质交换

网格的划分通常是陆地和海洋表面向上、向下在垂向上划分为若干层，然后在横向上划分成网格。垂向网格一般在接近地球表面处密集，而在深海和高空稀疏（图 11-13）。三维模式的另一特点是模块化处理。由于地球系统的复杂性，模式一般将系统分割为大气、海洋、陆地、海冰和沉积物等多个子系统。各子系统拥有独立的网格，将所有网格分散后输入高性能计算机，进行并行计算，最后汇总得到整个三维地球系统模式运行的结果。

GCM 最早是“general circulation model”的简称，意指模拟大气或者海洋大尺度环流的模型。1956 年，美国学者 N. Phillips 利用数学模型计算出全球大气对流层的季节性变化，这是第一个 GCM 模式（Phillips，1956）。从那之后，多个研究单位开始开发大气和海洋的 GCM 模型。那时的 GCM 研究单位主要集中在美国，NOAA 的地球流体力学实验室（GFDL）、加州大学洛杉矶分校气象系和国家大气研究中心（NCAR）是模式开发的主阵地。20 世纪 60 年代，GFDL 相继开发出大气、海洋和海洋 – 大气耦合的 GCM 模式（Manabe et al.，1965；Bryan and Cox，1967；Manabe and Bryan，1969）。从 20 世纪 70 年代开始，世界上更多研究单位加入了 GCM 开发，三维模式广泛应用于气候变化模拟中，GCM 也成为“global climate model”的缩写。近 30 年来 GCM 模式中逐渐加入了海冰模式、大气化学、陆地植被和碳循环等子模块，发展成为地球系统模型。

现今各模块完全耦合的 GCM 叫做 CGCM（coupled GCM）模式，一般包括大气、陆地、海洋和冰盖四个子系统（图 11-14）。每个系统都有各自的物理、化学和生物方程。各子系统通过耦合器联接，按照指定的时间间隔与其他子系统交换物质与能量。以美国的“共同体地球系统模式（CESM）”为例，它是由 NCAR 的固定人员以及美国各主要大学和研究单位的科学家参加的研究共同体开发而成。模型包含了大气和大气化学、海洋和生物地球化学、陆地和植被、海冰等四个子系统以及耦合器。目前国际上有

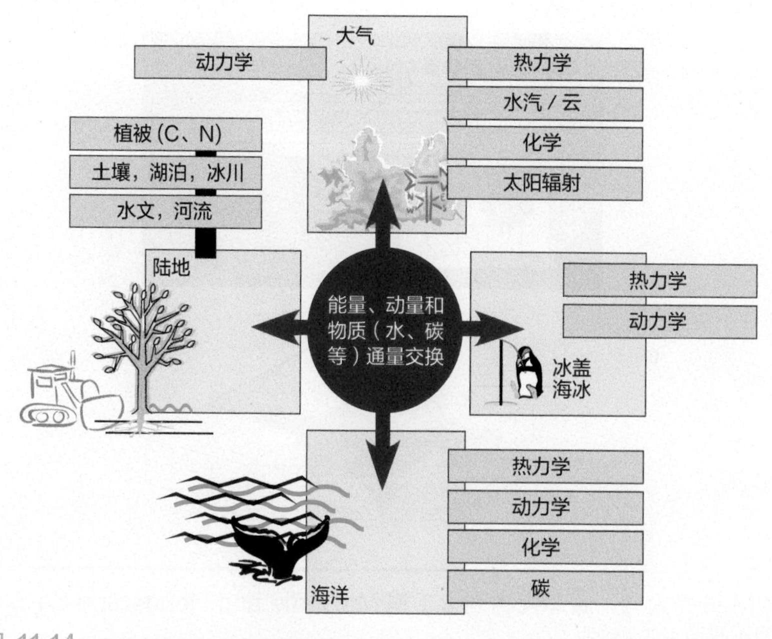

图 11-14
CGCM 模块结构示意图（据 McGuffie and Henderson-Sellers，2014 改绘）

20 多家研究单位都在开发 GCM 模式。不同的模式因计算方案不同，采用了不同的耦合方法。北美（美国、加拿大）的模式中模块的封装程度更高，所有物质能量交换由耦合器完成。欧洲模式一般采用海洋－大气的二元结构，减少了耦合过程（Alexander and Easterbrook，2015）。

目前有专门的国际组织如世界气候研究计划（WCRP）推动了诸多国际模式比较计划，其中影响力最大的是耦合模式对比计划（CMIP）。CMIP 提供统一的边界条件和强迫数据供参加的模型使用，目的是：①通过开展一系列模拟试验理解全球气候变化的机理，确定气候系统内部的各种影响气候变化的关键反馈因子；②评估当代气候模式对不同气候环境的模拟能力。WCRP 于 1995 年推出第 1 次国际耦合模式比较计划 CMIP1，随后近 20 年，又陆续推出了第 2 到第 5 次比较计划。CMIP 关于气候模式性能的评估、对当前气候变化的模拟以及未来气候变化的情景预估结果，都被 IPCC 气候变化评估报告所引用（Zhou et al.，2014）。

除了预测未来气候变化外，CMIP 还要模拟地质历史气候变化。古环境模拟部分独立称作古气候模拟比较计划（PMIP），主要包括四个主题：①基准（benchmark）时段（6 ka 和 21 ka）模拟；②间冰期和温暖期气候模拟；③快速气候变化模拟；④不确定性研究。我国学术界从多年前就开始给予古气候模拟相当的重视，并对其成果作过系统的总结回顾（丁仲礼、熊尚发，2006；Jiang et al.，2015），故而此处仅对古气候模拟的新进展做一些简要介绍。古气候中很多状态是现代气候没有出现过或者未来气候可能出现的状态，模拟古气候变化就是为了更加全面地了解地球系统运行规律。过去受计算机机时的限制，对冰期－间冰期旋回这样长时间尺度的古气候模拟常常采用较粗空间分辨率的模式，现在 GCM 在古气候瞬变（长时间序列）模拟方面已取得了重要进展，例如 Liu 等（2009）利用 NCAR-CCSM3 模式对末次冰消期（21~10 ka）过程进行了模拟，分析出快速气候变化与 CO_2 和大洋环流的联系。GCM 今后的发展是从气候模式向更加完备的地球系统模式方向发展（图 11-15）。参加 CMIP5 的地球系统模式已达到近

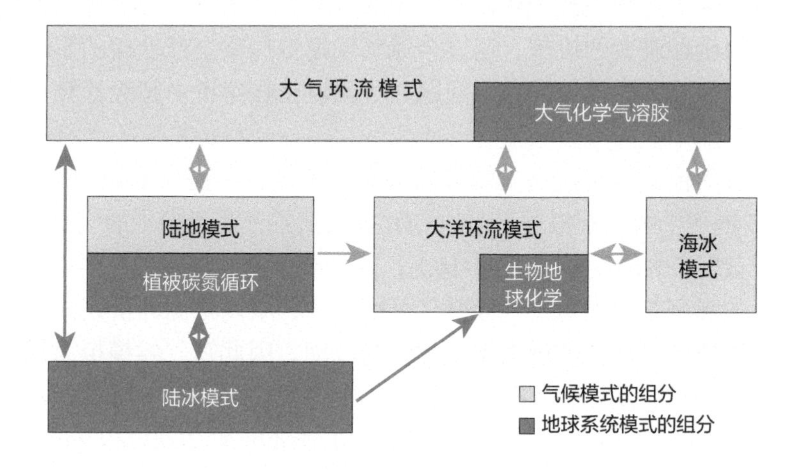

图 11-15
气候模式的组分（黄色）与地球系统模式的增加成分（蓝色）（Donner and Large, 2008）

40 个（Flato et al.，2013），今后将会有更多包含多种地球化学示踪元素和同位素的模型参加已经开始的 CMIP6（Eyring et al.，2016）。例如 CESM 已经发展出包含碳同位素的 CESM 2.0 版本（Jahn et al.，2015），更多同位素观测数据将可以与模式数据直接对比。未来 10 年将是地球系统模式发展的黄金时期，人们对于地球系统的认识也必将更加深入（Zhou et al.，2014）。

11.4.4　数值模拟的前景和局限性

概括起来，数值模拟的主要功能应该是解释观测和重建记录，验证假说，发现机理，预测未来。还是以气候演变为例，近 30 年来，在格陵兰和南极冰芯中发现末次冰期（11 万~1.2 万年前）中有一系列快速变暖和变冷事件。当格陵兰快速变暖（DO）事件时，南极开始逐渐变冷，而当格陵兰快速变冷时，南极逐渐升温，表现出两极“跷跷板”的现象（EPICA Community Members，2006）（见 9.2.1 节）。这一现象被归因于北大西洋淡水输入，导致热量在南、北半球间重新分布（Stocker and Wright，1996；Broecker，1998）。如今大多数模型都可以模拟出北大西洋淡水输入会导致北大西洋翻转流快速减弱，造成北半球降温，南半球升温。最近 Liu 等（2009）利用超级计算机模拟了过去上万年以来的气候变化。根据这个模拟结果，从 Heinrich 1 事件开始，冰融水增加造成北半球高纬剧烈降温、南半球高纬升温。到 Bolling-Allerod 变暖时期，冰川融水突然停止可以重新启动大西洋经向翻转环流（AMOC）。这样温暖的表层水便可以从南方运送到格陵兰，同时北大西洋深层积聚的暖水也释放出来。这对格陵兰 15 ℃增温的贡献多达 1/3。这个模型把剩余的 10 ℃的升温归结于大气 CO_2 的增加以及 AMOC 超过 LGM 时期的过度恢复。利用这样的瞬变模拟，我们有可能对未来 200 年的气候进行预报。

地球科学数值模拟一个的重要方向，是基于超级计算机的地球系统模式。日本政府投入 600 亿日元建造了“地球模拟器（Earth Simulator）”，2002 年开始运行，是地球系统数值模拟全球最大的设施，通过全球气候模拟探索全球变暖的影响，通过地球物理的数值模拟探索固体地球的科学问题。我国也正在建设由超级计算机支撑的地球系统模拟器。

当然，现有的模式结果也还有诸多缺陷和不确定性。例如 IPCC 第五次评估报告中参加 CMIP5 的各个模式都根据不同的 CO_2 排放情景预测了未来的气温变化。不同的模型结果之间有相当大的误差（图 11-16），这反映了不同模式的气候敏感性有很大区别。由于现代的观测年代太短，气候变化范围太窄，难以全面评价模式预测结果的有效性。而古气候中的气候波动远大于现代气候波动，因此古气候模拟为模式评价提供了绝佳机会。本章“11.3.1 海水古温度”一节中，我们介绍过 CLIMAP（1976）计划重建 LGM 时期 SST 的失误。后来 MARGO Project Members（2009）和 Bartlein 等（2011）分别重建了更为准确的 SST 和陆地温度，这为 LGM 时期大气温度模拟提供了可对比的数据。

不过在古气候研究中，替代性标志的记录与模拟结果的矛盾屡见不鲜，对于科学发展来说不见得是坏事。比如第 10 章里谈到，根据资料汇总得出距今 ~5000 年全球温度逐渐下降 0.7 ℃，直到 200 年前为止（Marcott et al.，2013；图 10-9）；但是气候数值模拟得出的结论是全新世后期气候变暖而不是变冷（Liu et al.，2014）。于是学术界出现了“全新世温度之谜”，两者里总有一个是错的：或者替代性标志的记录有问题，或者是气候模拟有问题，比如说遗漏了什么关键过程。但无论揭示出哪一种谜底，都将是科学的进步。相似的例子也发生在上新世中期，距今三百万年前的海水温度地质数据和数值模拟相当一致，唯独北大西洋中纬度海区，同样向记录和模拟两方面研究人员提出了新问题（Dowsett et al.，2012）。

从 CMIP5 的 LGM 时期模拟结果来看，大部分模式模拟得到较为一致的全球平均降温幅度、增强的海陆热力差异以及高纬放大效应。但是从区域空间分布和变化幅度来看，各个模式结果都与重建数据有很大的差别（Annan and Hargreaves，2015；Harrison et al.，2015）。这样我们也就难以判断 IPCC 报告中未来气候预测是真实反映了气候系统的变化还是模型的缺陷。只有在大部分模式能同时准确模拟出现代和古气候的前提下，气候预测可信度才会大幅提高。这也将是未来数值模拟前进的方向。

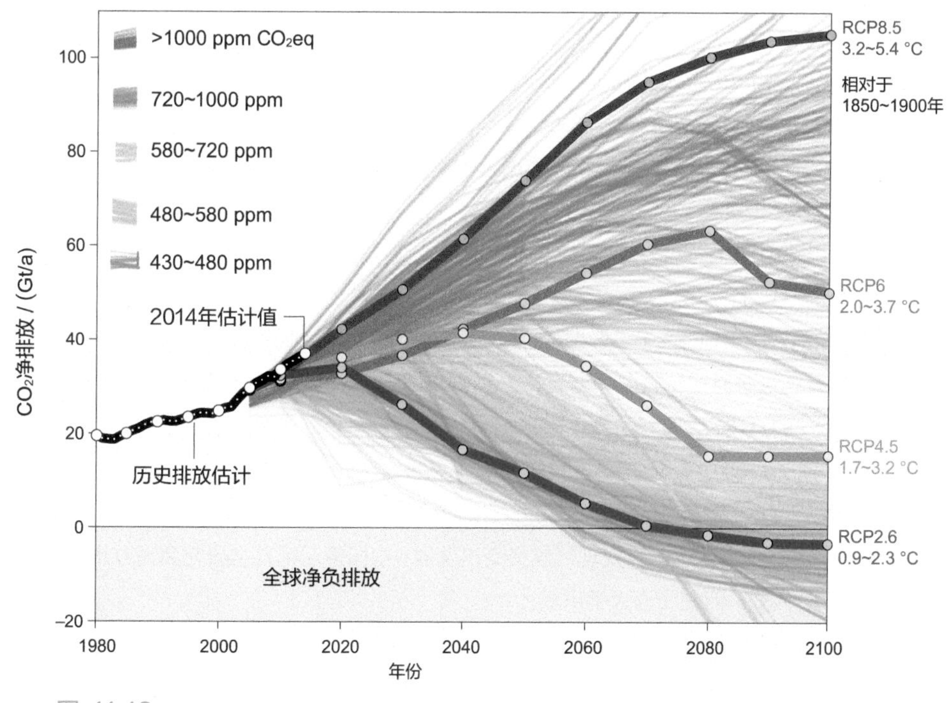

图 11-16
IPCC 第五次评估报告未来 100 年 CO_2 排放及温度预测（据 Fuss et al.，2014 改绘）

总之，数值模拟是地球科学定量化发展的方向，也是地球科学从描述转向机理探索的必由之路。需要强调的是，计算机只是一种工具，数值模拟也只是研究的一种手段，地球科学的基础还是地球过程的实际观测。地球科学不同学科的性质相差悬殊，但是所有信息和科学问题的源头，都在地球而不在室内。远离野外现场工作，忽视实际数据的产生，只会在计算机上工作的习气，把科学问题当做数字游戏的倾向，绝不应当提倡。地球科学知识创新的源泉不是计算机，而是地球本身。当代地球科学大师 W. Broecker（2010）坦言："我的思想很少受到计算机模拟的影响。……可以说，模拟不过是在试图复制古气候的观察结果而已"。如何将现场观测和数值模拟相互结合，将实践成果进行理论升华，是值得当代地球科学工作者尤其是青年学子深思的重大问题。

参考文献

阿格特伯格 F P. 1980. 地质数学 . 北京：科学出版社 .

丁仲礼 . 2013. 固体地球科学研究方法 , 第一部分：地球表层系统环境重建 . 北京：科学出版社 . 37–284.

郭华东 , 王力哲 , 陈方 , 等 . 2014. 科学大数据与数字地球 . 科学通报 , (12): 1047–1054.

海洋地质国家重点实验室 . 2017. 海底科学观测的国际进展 . 上海：同济大学出版社 .

何建坤 . 2013. 构造地质学中的数值模拟方法 . 见：丁仲礼 . 固体地球科学研究方法 . 北京：科学出版社，969–980.

劳普 D M，斯坦利 S M. 1978. 古生物学原理 . 武汉地质学院古生物教研室译 . 北京：地质出版社 .

雷门特 R A. 1983. 定量古生态学导论 . 肖义越译 . 北京：科学出版社 .

上海海洋科技中心（筹），同济大学海洋地质国家重点实验室 . 2011. 海底观测——科学与技术的结合 . 上海：同济大学出版社 .

孙湘君 . 1987. 第四纪花粉学研究方法某些方面的进展 . 见：穆西南 . 古生物学研究的新技术新方法 . 北京：科学出版社 . 119–143.

汪品先 . 2009. 从海底观察地球 ——地球系统的第三个观测平台 . 自然杂志 , 29: 125–130.

汪品先 . 1987. 有孔虫研究的新技术和新方法。见：穆西南 . 古生物学研究的新技术新方法 . 北京：科学出版社 . 87–118.

王会军 , 朱江 , 浦一芬 . 2014. 地球系统科学模拟有关重大问题 . 中国科学：物理学力学天文学 , 44: 1116–1126.

沃利 • 布洛克 . 2012. 大洋传送带：发现气候突变出发器 . 中国第四纪科学研究会高分辨率气候记录专业委员会译 . 西安：西安交通大学出版社 .

邢小罡 , 赵冬至 , Claustre H, 等 . 2012. 一种新的海洋生物地球化学自主观测平台：Bio-Argo 浮标 . 海洋环境科学，31: 733–739.

熊熊，郑勇，钟世杰，冷伟，2013. 地幔对流研究的数值模拟方法 . 见：丁仲礼 . 固体地球科学研究方法 . 北京：科学出版社，435–452.

Agterberg F P. 1974. Geomathematics: Mathematical Background and Geo-science Applications. Netherland: Elsevier.

Agterberg F. 2014. Geomathematics: Theoretical Foundations, Applications and Future Developments. Berlin: Springer.

Alexander K, Easterbrook S M. 2015. The software architecture of climate models: a graphical comparison of

CMIP5 and EMICAR5 configurations. Geoscientific Model Development, 8(4): 1221–1232.

Andersson C, Pausata F S R, Jansen E, et al. 2010. Holocene trends in the foraminifer record from the Norwegian Sea and the North Atlantic Ocean. Climate of the Past, 6(2): 179–193.

Annan J D, Hargreaves J C. 2015. A perspective on model-data surface temperature comparison at the Last Glacial Maximum. Quaternary Science Reviews, 107: 1–10.

Bartlein P J, Harrison S P, Brewer S, et al. 2011. Pollen-based continental climate reconstructions at 6 and 21 ka: a global synthesis. Climate Dynamics, 37(3-4): 775–802.

Beerbower J R, Jordan D. 1969. Application of information theory to paleontologic problems: Taxonomic diversity. Journal of Paleontology, 43(5): 1184–1198.

Bemis B E, Spero H J, Bijma J, et al. 1998. Reevaluation of the oxygen isotopic composition of planktonic foraminifera: Experimental results and revised paleotemperature equations. Paleoceanography, 13(2): 150–160.

Berger W H. 1969. Planktonic foraminifera: basic morphology and ecologic implications. Journal of Paleontology, 43(6): 1369–1383.

Bjerknes V, Bjerknes J, Solberg H, et al. 1933. Physikalische Hydrodynamik. Berlin: Springer.

Boulton C A, Allison L C, Lenton T M. 2014. Early warning signals of Atlantic Meridional Overturning Circulation collapse in a fully coupled climate model. Nature Communications, 5: 5752.

Broecker W S. 1998. Paleocean circulation during the last deglaciation: a bipolar seesaw? Paleoceanography, 13(2): 119–121.

Broecker W. 2010. The Great Ocean Conveyor: Discovering the Trigger for Abrupt Climate Change. Princeton: Princeton University Press.

Broecker W S, Peng T H. 1986. Carbon cycle: 1985 glacial to interglacial changes in the operation of the global carbon cycle. Radiocarbon, 28(2A): 309–327.

Bryan K, Cox M D. 1967. A numerical investigation of the oceanic general circulation. Tellus, 19(1): 54–80.

Cessi P. 1994. A simple box model of stochastically forced thermohaline flow. Journal of Physical Oceanography, 24(9): 1911–1920.

Chen P, Yu J, Jin Z. 2017. An evaluation of benthic foraminiferal U/Ca and U/Mn proxies for deep ocean carbonate chemistry and redox conditions. Geochemistry, Geophysics, Geosystems, 18(2): 617–630.

Claussen M, Mysak L, Weaver A, et al. 2002. Earth system models of intermediate complexity: closing the gap in the spectrum of climate system models. Climate Dynamics, 18(7): 579–586.

CLIMAP Project. 1981. Seasonal Reconstructions of the Earth's Surface at the Last Glacial Maximum. Geological Society of America, Map and Chart Seriess, Mc-36.

CLIMAP Project Members. 1976. The surface of the ice-age earth. Science, 191(4232): 1131–1137.

Craglia M, de Bie K, Jackson D, et al. 2012. Digital Earth 2020: towards the vision for the next decade. International Journal of Digital Earth, 5(1): 4–21.

Darwin C. 1881. The Formation of Vegetable Mould, through the Action of Worms, with Observations on Their Habits. London: John Murray.

Donner L J, Large W G. 2008. Climate modeling. Annual Review of Environment and Resources, 33: 1–17.

Dowsett H J, Robinson M M, Haywood A M, et al. 2012. Assessing confidence in Pliocene sea surface temperatures to evaluate predictive models. Nature Climate Change, 2(5): 365.

Edwards P N. 2011. History of climate modeling. Wiley Interdisciplinary Reviews: Climate Change, 2(1): 128–139.

EPICA Community Members. 2006. One-to-one coupling of glacial climate variability in Greenland and Antarctica. Nature, 444(7116): 195–198.

Erez J, Luz B. 1983. Experimental paleotemperature equation for planktonic foraminifera. Geochimica et Cosmochimica Acta, 47(6): 1025–1031.

Evans D, Müller W. 2012. Deep time foraminifera Mg/Ca paleothermometry: Nonlinear correction for secular change in seawater Mg/Ca. Paleoceanography, 27(4): PA4205.

Eyring V, Bony S, Meehl G A, et al. 2016. Overview of the Coupled Model Intercomparison Project Phase 6 (CMIP6) experimental design and organization. Geoscientific Model Development, 9(5): 1937–1958.

Favali P, Beranzoli L, De Santis A. 2015. Seafloor Observatories: A New Vision of the Earth from the Abyss. Berlin: Springer.

Field J G, Hempel G, Summerhayes C P. 2002. Oceans 2020: Science, Trends, and the Challenge of Sustainability. Washington: Island Press.

Flato G, Marotzke J, Abiodun B, et al. 2013. Evaluation of climate models. In: Climate Change 2013: The Physical Science Basis. Contribution of Working Group I to the Fifth Assessment Report of the Intergovernmental Panel on Climate Change. Cambridge: Cambridge University Press.

Fowler S W, Knauer G A. 1986. Role of large particles in the transport of elements and organic compounds through the oceanic water column. Progress in Oceanography, 16(3): 147–194

Fuss S, Canadell J G, Peters G P, et al. 2014. Betting on negative emissions. Nature Climate Change, 4(10): 850–853.

Guiot J, de Vernal A. 2007. Transfer functions: methods for quantitative paleoceanography based on microfossils. In: Hilleire-Marcel C, de Vernal A. Proxies in Late Cenozoic Paleoceanography. Netherland: Elsevier. 523–563.

Gurnis M. 2001. Sculpting the Earth from inside out. Scientific American, 284(3): 40–47.

Harrison S P, Bartlein P J, Izumi K, et al. 2015. Evaluation of CMIP5 palaeo-simulations to improve climate projections. Nature Climate Change, 5(8): 735–743.

Hillaire-Marcel C, de Vernal A. 2007. Methods in Late Cenozoic paleoceanography: Introduction. In: Hillaire-Marcel C, de Vernal A. Proxies in Late Cenozoic Paleoceanography. Netherland: Elsevier. 1–15.

Howarth R J. 2001. A history of regression and related model-fitting in the earth sciences (1636?-2000). Natural Resources Research, 10(4): 241–286.

Imbrie J I, Imbrie K P. 1979. Ice Ages: Solving the Mystery. Short Hills, N. J.: Enslow Publishers.

Imbrie J, Kipp N G. 1971. A new micropalaeontological method for quantitative Paleoclimatology: application to late Pleistocene Carribean core V28-238. In: Turkian K K. The Late Cenozoic Glacial Ages. New Haven: Yale University Press. 77–181.

Jahn A, Lindsay K, Giraud X, et al. 2015. Carbon isotopes in the ocean model of the Community Earth System

Model (CESM1). Geoscientific Model Development, 8(8): 2419–2434.

Jiang D, Yu G, Zhao P, et al. 2015. Paleoclimate modeling in China: a review. Advances in Atmospheric Sciences, 32(2): 250–275.

Juggins S. 2009. Transfer functions. In: Gornitz V. Encyclopedia of Paleoclimatology and Ancient Environments. Berlin: Springer. 959–962.

Kelley D S, Delaney J R, Juniper S K. 2014. Establishing a new era of submarine volcanic observatories: Cabling Axial Seamount and the Endeavour Segment of the Juan de Fuca Ridge. Marine Geology, 352: 426–450.

Kucera M, Darling K F. 2002. Cryptic species of planktonic foraminifera: their effect on palaeoceanographic reconstructions. Philosophical Transactions of the Royal Society of London A: Mathematical, Physical and Engineering Sciences, 360(1793): 695–718.

Kucera M, Weinelt M, Kiefer T, et al. 2005. Reconstruction of sea-surface temperatures from assemblages of planktonic foraminifera: multi-technique approach based on geographically constrained calibration data sets and its application to glacial Atlantic and Pacific Oceans. Quaternary Science Reviews, 24(7): 951–998.

Kuhnt T, Friedrich O, Schmiedl G, et al. 2013. Relationship between pore density and bottom-water oxygen content in benthic Foraminifera. Deep-Sea Research Part I-Oceanographic Research Papers, 76: 85–95.

Kukal Z. 1990. Special issue—the rate of geological processes. Earth-Science Reviews, 28(1-3): 7–258.

Lea D W, Mashiotta T A, Spero H J. 1999. Controls on magnesium and strontium uptake in planktonic foraminifera determined by live culturing. Geochimica et Cosmochimica Acta, 63(16): 2369–2379.

Link W K. 1954. Robot geology. AAPG Bulletin, 38(11): 2411–2411.

Liu Z, Otto-Bliesner B L, He F, et al. 2009. Transient simulation of last deglaciation with a new mechanism for Bølling-Allerød warming. Science, 325(5938): 310–314.

Liu Z, Zhu J, Rosenthal Y, et al. 2014. The Holocene temperature conundrum. Proceedings of the National Academy of Sciences, 111(34): E3501–E3505.

Lyell C. 1833. Principles of Geology, Being an Attempt to Explain the Former Changes of the Earth's Surface, Vol.2. London: John Murray.

Malmgren B, Kennett J P. 1976. Principal component analysis of Quaternary planktic foraminifera in the Gulf of Mexico: Paleoclimatic applications. Marine Micropaleontology, 1(1): 299–306.

Manabe S, Bryan K. 1969. Climate calculations with a combined ocean-atmosphere model. Journal of the Atmospheric Sciences, 26(4): 786–789.

Manabe S, Smagorinsky J, Strickler R. 1965. SIimulated climatology of a general circulation model with a hydrological cycle. Monthly Weather Review, 93: 769–798.

Marcott S A, Shakun J D, Clark P U, et al. 2013. A reconstruction of regional and global temperature for the past 11,300 years. Science, 339(6124): 1198–1201.

MARGO Project Members. 2009. Constraints on the magnitude and patterns of ocean cooling at the Last Glacial Maximum. Nature Geoscience, 9(2): 127–132.

McCrea J M. 1950. On the isotopic chemistry of carbonates and a paleotemperature scale. The Journal of

Chemical Physics, 18(6): 849–857.

Mcguffie K, Hendersonsellers A. 2014. The Climate Modelling Primer, 4th Edition. New York: Wiley.

Mix A C, Morey A E, Pisias N G, et al. 1999. Foraminiferal faunal estimates of paleotemperature: Circumventing the no-analog problem yields cool ice age tropics. Paleoceanography, 14(3): 350–359.

Munk W. 2002. The evolution of physical oceanography in the last hundred years. Oceanography, 15(1): 135–142.

Nikolić M, Roje-Bonacci T, Ibrahimbegović A. 2016. Overview of the numerical methods for the modelling of rock mechanics problems. Tehnički vjesnik, 23(2): 627–637.

Paillard D. 1998. The timing of Pleistocene glaciations from a simple multiple-state climate model. Nature, 391(6665): 378–381.

Pälike H, Norris R D, Herrle J O, et al. 2006. The heartbeat of the Oligocene climate system. Science, 314: 1894–1898.

Palmer M P. 2009. Paleo-ocean pH. In: Gornitz V. Encyclopedia of Paleoclimatology and Ancient Environments. Berlin: Springer Netherlands. 743–746.

Palmer M R, Pearson P N, Cobb S J. 1998. Reconstructing past ocean pH-depth profiles. Science, 282: 1468–1471.

Phillips N A. 1956. The general circulation of the atmosphere: A numerical experiment. Quarterly Journal of the Royal Meteorological Society, 82(352): 123–164.

Racki G, Racka M. 1981. Ecology of the Devonian charophyte algae from the Holy Cross Mts. Acta Geologica Polonica, 31(3-4): 213–222.

Raup D M. 1962. Computer as aid in describing form in gastropod shells. Science, 138(3537): 150–152.

Raup D M. 1966. Geometric analysis of shell coiling: general problems. Journal of Paleontology, 40(5): 1178–1190.

Raup D M, Stanley S M. 1971. Principles of Paleontology. New York: W. H. Freeman.

Reyment R A. 1971. Introduction to Quantitative Paleoecology. Netherland: Elsevier.

Richardson L F. 1922. Weather Prediction by Numerical Process. Cambridge: Cambridge University Press.

Roemmich D, Argo Steering Team. 2009. Argo: the challenge of continuing 10 years of progress. Oceanography, 22(3): 46–55.

Rosenthal Y. 2007. Elemental Proxies for Reconstructing Cenozoic Seawater Paleotemperatures from Calcareous Fossils. In: Hilleire-Marcel C, de Vernal A. Proxies in Late Cenozoic Paleoceanography. Netherland: Elsevier. 765–797.

Royer D L. 2001. Stomatal density and stomatal index as indicators of paleoatmospheric CO_2 concentration. Review of Palaeobotany and Palynology, 114(1): 1–28.

Russell A D, Hönisch B, Spero H J, et al. 2004. Effects of seawater carbonate ion concentration and temperature on shell U, Mg, and Sr in cultured planktonic foraminifera. Geochimica et Cosmochimica Acta, 68(21): 4347–4361.

Sarrazin J, Cuvelier D, Peton L, et al. 2014. High-resolution dynamics of a deep-sea hydrothermal mussel assemblage monitored by the EMSO-Açores MoMAR observatory. Deep Sea Research Part I:

Oceanographic Research Papers, 90: 62–75.

Schellnhuber H J. 1999. Earth system's analysis and the second Copernican revolution. Nature, 402: C19–C23.

Shackleton N J. 1974. Attainment of isotopic equilibrium between ocean water and the benthonic foraminifera genus Uvigerina: isotopic changes in the ocean during the last glacial. Colloques Internationaux du C. N. R. S., 219: 203–209.

Shackleton N J, Pisias N G. 1985. Atmospheric carbon dioxide, orbital forcing, and climate. In: Sundquist E T, Broecker W S. The Carbon Cycle and Atmospheric CO_2: Natural Variations Archean to Present. Geophysical Monograph Series 32. Washington: AGU. 303–317.

Stephen R A, Spiess F N, Collins J A, et al. 2003. Ocean seismic network pilot experiment. Geochemistry, Geophysics, Geosystems, 4(10): 1092.

Stephen R A, Pettigrew T L, Becker K, et al. 2006. SeisCORK Meeting Report, WHOI Technical Memorandum. WHOI, Woods Hone, MA.

Stocker T F, Wright D G. 1996. Rapid changes in ocean circulation and atmospheric radiocarbon. Paleoceanography, 11(6): 773–795.

Stommel H. 1961. Thermohaline convection with two stable regimes of flow. Tellus, 13(2): 224–230.

Sundquist E T. 1985. Geological perspectives on carbon dioxide and the carbon cycle. In: Sundquist E T, Broecker W S, The Carbon Cycle and Atmospheric CO_2: Natural Variations Archean to Present, Geophysical Monograph Series 32. Washington: AGU. 55–59.

Sutton G H, McDonald W G, Prentiss D D, et al. 1965. Ocean-bottom seismic observatories. Proceedings of the IEEE, 53(12): 1909–1921.

Telford R J, Li C, Kucera M. 2013. Mismatch between the depth habitat of planktonic foraminifera and the calibration depth of SST transfer functions may bias reconstructions. Climate of the Past, 9(2): 859–870.

Urey H C. 1947. The thermodynamic properties of isotopic substances. Journal of the Chemical Society, 562–581.

Vistelius A B. 1969. Preface. Journal of the International Association for Mathematical Geology, 1(1): 1–2.

Vistelius A B. 1976. Mathematical geology and the progress of geological sciences. The Journal of Geology, 84(6): 629–651.

Walton W R. 1964. Recent foraminiferal ecology and paleoecology. In: Imbrie J, Newell N. Approaches to Paleoecology. New York: Wiley. 151–237.

Webb T, Bryson R A. 1972. Late-and postglacial climatic change in the northern Midwest, USA: quantitative estimates derived from fossil pollen spectra by multivariate statistical analysis. Quaternary Research, 2(1): 70–115.

Weber S L. 2010. The utility of Earth system models of intermediate complexity (EMICs). Wiley Interdisciplinary Reviews: Climate Change, 1(2): 243–252.

Wefer G, Berger W H, Bijma J, et al. 1999. Clues to ocean history: a brief overview of proxies. In: Fischer G, Wefer G. Use of Proxies in Paleoceanography: Examples from the South Atlantic. Berlin: Springer-Verlag. 1–68.

Witze A. 2014. Ocean observatory project hits rough water. Nature, 515(7528): 474–475.

Yu J, Elderfield H, Hönisch B. 2007. B/Ca in planktonic foraminifera as a proxy for surface seawater pH. Paleoceanography, 22(2): PA2202. doi: 10.1029/2006PA001347.

Yu J, Anderson R F, Rohling E J. 2014. Deep ocean carbonate chemistry and glacial-interglacial atmospheric CO_2 changes. Oceanography, 27(1): 16–25.

Zhou T, Zou L, Wu B, et al. 2014. Development of earth/climate system models in China: A review from the Coupled Model Intercomparison Project perspective. Journal of Meteorological Research, 28(5): 762–779.

思考题

1. 为什么有“数学地质”，却没有“数学海洋”或者“数学大气”？各个学科中定量成分不同，是什么原因？

2. 遥感观测为什么重要？为什么被比喻为“第二次哥白尼革命”？从另一方面看，遥感观测的弱点在哪里？

3. 进入海洋内部观测海洋，和从海面 / 海岸进行的观测相比，有哪些优势？设想一下海底观测对于海洋的开发将会有什么影响？

4. 人类如何从地球表层观测地球内部？“上天、入地、下海”，为什么说“入地”最难？

5. 海水古温度的定量分析历史较长，主要有古生态转换函数法，和同位素或元素化学比值法。试对这两类方法的优缺点作一比较。

6. 使用替代性标志再造古环境，用什么办法来判断标志的准确性？又有什么办法可以发现新的替代性标志？

7. 数值模拟方法繁多，概念模型、箱式模型、三维的 GCM 模型一种比一种先进，那为什么至今这三种方法还都有人在使用？

8. 为什么说数值模拟需要和现场观测、野外探索相结合？作为研究方法，数值模拟有哪些局限性？

推荐阅读

丁仲礼，熊尚发 . 2006. 古气候数值模拟：进展评述 . 地学前缘，13(1): 21–31.

上海海洋科技研究中心（筹），同济大学海洋地质国家重点实验室 . 2011. 海底观测：科学与技术的结合 . 上海：同济大学出版社 .

同济大学海洋地质国家重点实验室 . 2017. 海底科学观测的国际进展 . 上海：同济大学出版社 . 1–4.

王会军，朱江，浦一芬 . 2014. 地球系统科学模拟有关重大问题 . 中国科学：物理学，力学，天文学，(010): 1116–1126.

Claussen M, Mysak L, Weaver A, et al. 2002. Earth system models of intermediate complexity: closing the gap in the spectrum of climate system models. Climate Dynamics, 18(7): 579–586.

Gornitz V. 2009. Encyclopedia of Paleoclimatology and Ancient Environments. Berlin: Springer.

Guiot J, de Vernal A. 2007.Transfer functions: methods for quantitative paleoceanography based on microfossils. In: Hilleire-Marcel C, de Vernal A. Proxies in Late Cenozoic Paleoceanography. Netherland: Elsevier. 523–563

Guiot J, Vernal A D. 2007. Chapter Thirteen Transfer Functions: Methods for Quantitative Paleoceanography Based on Microfossils. In: Developments in Marine Geology. Elsevier Science & Technology. 523–563.

Juggins S. 2009. Transfer Functions. Berlin: Springer.

Merriam D F. 2004. The quantification of geology: from abacus to Pentium: A chronicle of people, places, and phenomena. Earth-Science Reviews, 67(1): 55–89.

Schellnhuber H J. 1999. ‘Earth system’ analysis. Nature, 402: C19–C23.

Wefer G, Berger W H, Bijma J, et al. 1999. Clues to ocean history: a brief overview of proxies. In: Use of Proxies in Paleoceanography. Berlin: Springer. 1–68.

一部地球科学发展史，也就是人类扩大视野的历史，20 世纪后期起，开始向空间和深海发展。但是人类“入地”的能力远逊于“上天”和“下海”，从表面向深处发展是 21 世纪地球科学面临的挑战。

地球科学各学科的定律，往往是物理、化学等兄弟学科在地球科学中的应用；很可能地球系统运行、演变的规律，才会成为地球科学自己的理论。经过 19 世纪进化论和 20 世纪活动论的争论，21 世纪气候变化争论的结果，将有可能导致地球系统理论的突破。

“盖娅假说”将地球看作具有自我调节能力的巨大有机体，生物圈的变化可以调节无机世界，使得环境适于生命的存在和演化。尽管引起剧烈的争论，这项假说应当是地球系统理论突破的一次重要尝试。

比较行星学为认识地球系统演变提供类比，为建立地球系统理论提供参考。火星保留着 30 亿年前表层系统的原来面貌，可在研究早期地球系统时用作对照；星体大气圈多样性的比较，可以加深对地球大气圈的认识。

将能量和熵的概念用于地球系统，尤其是“最大熵产生”概念的引入，有望为超越具体细节、对地球系统进行宏观的定量探索，开启新的途径。

生物系统内部唯一可用的能源是电子能，也就是化学键能。所有细胞的能量供应都依靠“能量通货”ATP，其生产机制类似于电池。因此，每个细胞里都有“纳米发电机”，全球生物圈好比个大电场。

生命产生以来的三十多亿年间，地球系统经历了有氧光合作用、有氧呼吸、生命大爆发、生物圈登陆、中生代中期海水革命、晚新生代草原发展等重大事件，地球表层的生物圈渐次扩大、生命活动逐步加强，通过生物圈和地圈的协同发展，终于形成现今的表层系统。

地球系统科学的终极目标是揭示运行机制，预测演变方向。地球作为分层最多的星球，空间上横跨圈层、时间上穿越尺度的过程及其机制，构成了地球系统科学突破的关键。

地球系统与演变

第 12 章 探索地球系统的运行机制

12

12.1 地球科学的历程：从现象描述到机理探索

地球科学的用处，无非是资源与环境。从资源着眼，更多的是要面向过去，了解资源的形成；从环境出发，重点在于面向未来，预测环境的变化，尤其是灾害。20 世纪晚期以来，人类生存环境的压力剧增，地球表层流态圈层的定量研究快速发展。然而新世纪的研究越来越表明地球是个整体，需要站到地球系统科学的高度，跳出学科的分界，才能揭示地球系统运作的机制和演变的方向。

12.1.1 地球科学的视野

一部地球科学发展史，其实也就是人类扩大视野的历史。早期的人类社会从来没有想到世界会有这么大，古希腊的托勒密地图（图 12-1）上是没有太平洋的，当然更不会有美洲。15 世纪末的哥伦布就是相信从西班牙向西，穿过大西洋就会到达亚洲，取回印度和中国的香料和丝绸。到达美洲后以为到了印度，这才有了“西印度群岛”“印第安人”的名称；要等后来另一位意大利人亚美利哥（Amerigo Vespucci）的到来，才确认这是“新大陆”，因而称作“美洲”。15 世纪开始的“地理大发现”，打破了古人的局限性，拓展了人类对地球表面的视野。最后一个是南极大陆，19 世纪发现后 20 世纪才进入南极内地。古人相信大陆才是世界的主体，“上帝造这么多海洋干什么”，而结果却发现大洋才是地球表面的主体。

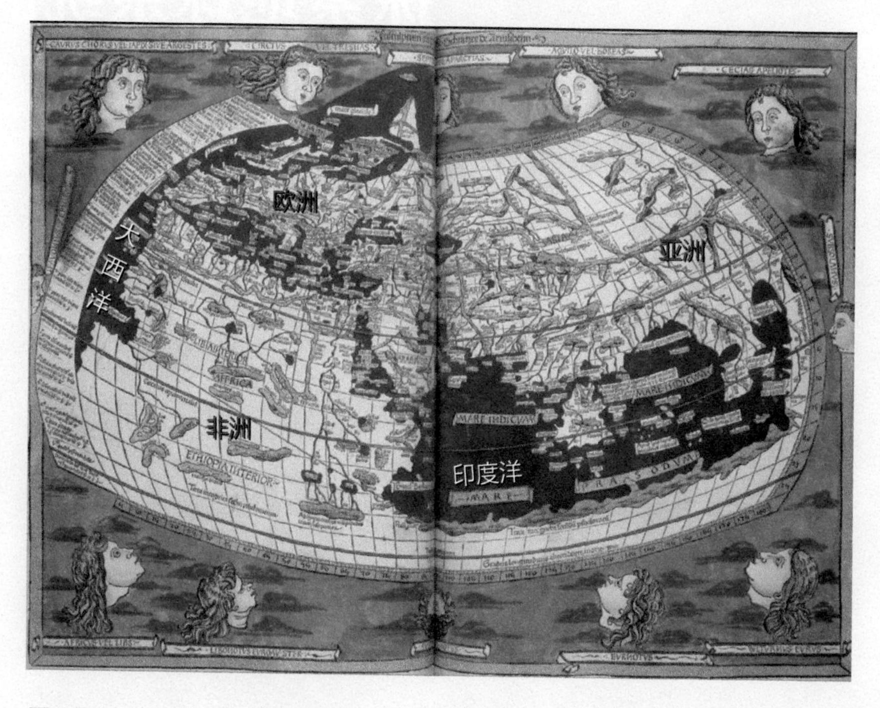

图 12-1
托勒密地图（据 1482 年雕版印刷）

如果说“地理大发现”在平面上拓宽了人类的视野，那么垂向上拓宽视野就要等到 20 世纪才能实现。向上探测大气圈，向下探测深海，人类在两个方向上又一次开阔了科学视野。先说向上，早期科学家依靠气球探索大气层。早在 18 世纪晚期，法国 Joseph-Michel 和 Jacques-Étienne Montgolfier 两兄弟就发明了热气球，1783 年成功载人探空；19 世纪末，法国 Teisserenc de Bort 用气球探测高空，上升到一二万米高处时测得气温递减率为零，从而发现对流层之上的平流层。然而科学气球探测上层大气圈的高潮到 20 世纪 30 年代方才出现，其中瑞士一对双胞胎兄弟 Auguste Piccard 和 Jean Piccard 作出了杰出的贡献。1931 年 Auguste 乘气球打破纪录，上升到 15781 m；1934 年 Jean 夫妇乘气球升到 17550 m，夫人 Jeannette 成为第一位升入平流层的女性。而 Auguste 又以同样原理发明了探索深海的载体，1960 年设计制造了“Trieste”号深潜器，由他儿子驾驶下到海底 10916 m，创造出永远打不破的世界纪录。现在，中高层大气探测已经由科学卫星来执行，近二三十年来发现了平流层降温、中高纬臭氧层损耗等现象（见陈洪滨，2009）。科学气球也不再需要载人上天，但是现在的气球可以将两吨多重的设备送上三万米的高空，仍然是中高层大气探测的有用工具。

上一章已经介绍了气象遥感和海洋遥感为大气过程研究带来的飞跃（11.2.1 遥感观测平台），但是卫星观测难以深入海洋内部，深海探测需要新的科技突破，首先是第一次世界大战时德国发明的回声测深技术。19 世纪“挑战者号”环球航行探测深海，虽然发现了马里亚纳海沟，但受技术限制只能用缆绳测量水深，测得深度只有 8000 多米；到 20 世纪 50 年代用回声声呐才测出这世界最深海沟有 10900 多米深。正是利用了新的测深技术，二次大战时美国等发现了深海中脊和详细的深海地形，为海底扩张、板块运动理论的产生创造了前提。至于载人深潜，在 20 世纪 30 年代就已经下潜到近千米的深处，1960 年更达到了世界海底的最深处。现在，各种载人和不载人的深潜设备琳琅满目、各显神通，并且发展了海底长期观测技术（见 11.2.3 海底观测平台）。

人类观测地球当前最大的挑战，是从地球表面如何深入到地球的内部。在应对“上天、入地、下海”三大挑战中，“入地”的能力最差，人类至今下到最深的纪录，也就是南非金矿的 5 km，不及地球半径的千分之一。即便如此，人类入地的直接观测也会带来意外的发现，比如南非金矿数千米深处发现的多细胞动物（Borgonie et al.，2011），以及可能上亿年前的古老地下水（Kieft and McCuddy，2005）。然而研究地球内部的方法，至今还主要依靠地球物理的间接探测（参看 11.2.4 节），以及依靠火山活动从地球深处带上来或者板块俯冲时被刮下来的岩石（如蛇绿岩套）作研究。另一种途径是钻井探测，至今最深的记录是苏联在科拉半岛的科学超深钻，深达 12262 m，从 1970 年打到 1994 年，但是离几万米深处的地幔还十分遥远。地球表面离地球内部最近的是深海海底，只要几千米就能打穿地壳，因此在海底打“莫霍钻”是世界地球科学界长期的梦想。半世纪来，国际大洋钻探计划在世界大洋大约 1500 个站位取回了四五万米长的岩芯，但是并没有能叩开“入地之门”，实现“莫霍钻”之梦将是 21 世纪的新挑战。回顾地球科学发展的踪迹，人类观测的目标总是倾向于表面，而忽视深处。我们看到的南极，总以为是座“白色高原”，而不见冰盖底下 200 多个冰下湖泊的水网（Priscu et al.，2008）；我们看到的撒哈拉，也只是沙漠一片，看不见下面有世界最大的地下水储库之一（DeVries et al.，2000）；我们更不会看到上亿年前隐没在地幔里的古老板片，至今还在左右着地球表面的构造运动。更加深远的是地核，人们很早发现地磁场、我们的祖先发明了指南针，但要了解地磁场的起源，需要深入到更深的地球外核。总之，如何将科学的视野深入到地球内部，同样是新世纪的新挑战。

12.1.2 地球科学的理论探索

12.1.2.1 地球科学中的定律

什么是地球科学的理论？从“板块理论”到“米兰科维奇理论”，地球科学的各个分支学科，各自都有自己的“理论”，但是有没有地球科学整体的理论？

我们知道，在地球科学历史上，确实出现过许多“定律”，为各自的学科发展作出了贡献。以地层学为例，丹麦的 N. Steno 在 1669 年提出：先形成的岩层位于下面，后形成的岩层位于上面，这就是著名的“地层层序律”；德国 J. Walther 在 1883~1884 年提出：横向上成因相近且紧密相邻而发育着的相，才能在垂向上依次叠覆出现而没有间断，这就是著名的“瓦尔特相律”。这些现在看来“太简单”的定律，都曾经在学科建立的早期发挥过开拓作用。

地理学自从引进遥感技术之后，遇到了地理空间信息的新问题。于是美国的 W. Tobler（1970）年提出了“地理学第一定律”，主张“万物皆相关联，但是近者比远者的相关度高”。乍看起来这是天经地义的一句哲学真理，其实却涉及空间距离的概念问题，什么叫“远、近”都缺乏定义，于是有人提出关于空间异质性问题的“地理学第二定律”（Goodchild，2004）。所有这些都关系到地理学上空间邻近度、甚至于“时空邻近度”的定义，属于地理学从定性人文科学转向定量自然学科时新产生的概念问题（李小文等，2007）。

覆盖面更大的，是美国的 R. Fairbridge 在 1980 年提出的“地球五大定律”。这位古环境地质学家很早就将地球环境演变作为整体来看，指出了调节地球环境演变的宏观因素，他将①太阳系变化，②银河周期，③月地演变，④生命演化和⑤动态平衡或者译为自我调节（homeostasis）原则，称作为五个“地球定律（Earth Laws）”（Fairbridge and Gornitz，2009）。这里所谓的“地球定律”实质上是分析古气候演变的控制因素，其中第五条涉及地球系统的演变规律，对于深入理解地球表层系统具有指导意义。这里“地球定律”的名称是否妥当姑且不论，Fairbridge 将地球系统放在太阳系、银河系的大框架里考虑，无论如何都标志着地球科学界宏观思维的一种进步。

其实地球科学的不同学科，各有各的定律，只是命名的方式不一。分析起来，往往是物理、化学等兄弟学科在地球科学中的应用。比如瑞典 V. W. Ekman 在 1902 年提出的埃克曼螺旋，C.-G. Rossby 在 1940 年发现的位势涡度守恒定律，都是流体力学在大气、海洋科学中的运用，属于广义的地球物理范畴。地球物理、地球化学里的定律，本质上就是物理、化学在地球科学中的应用，古生物学也是生命科学向地质时期的延伸。那么地球科学有没有自己的理论？“地球系统过于复杂，不大可能用牛顿定律或者门捷列夫周期表这样简明的基础理论加以概括，但是必然会有地球系统运行、演变的自身规律”（汪品先，2003），这种规律，可能就是地球科学所寻找的理论。

12.1.2.2　19 世纪的进化论

地球科学在理论高度的争论，首先在 19 世纪早期“灾变论”和“渐变论”之间发生。“灾变论”符合“创世说”，但也有其科学研究上的根据，并非简单的宗教信仰。“灾变论”代表人物法国的居维叶（G. Cuvier，1769~1832）是位杰出的科学家，比较解剖学和古生物学的奠基人，他研究的结果似乎排除了生物演变的可能性。他在解剖学的基础上发现，物种各器官对于环境的适应极为精确，任何变异都将使得个体不能存活。他解剖了拿破仑从埃及带回来的猫和鸟的木乃伊，发现这些动物几千年来在结构上没有差异，因此认为生物进化的说法没有根据。相反，他的同胞拉马克（J.-B. de Lamarck，1744~1829）主张进化论，提出了用进废退与获得性遗传的概念，主张生物从低级向高级发展，是进化论的倡导者，但在当时与居维叶比，无论研究成果或者学术地位都不能望其项背。进化论要等到达尔文来建立，然后才为拉马克带来百年后的哀荣。

渐变论在 19 世纪的确立是一个漫长的过程，首先的突破口是在地质学。18 世纪晚期流行的观点是德国魏尔纳（A. G. Werner，1749~1817）的水成论（neptunism），认为岩石都是从水里沉淀出来的，连花岗岩、玄武岩也不例外；海水退掉以后出露的部分就成为大陆，但这些都是过去的事，现在不再发生，因此属于灾变论。相反的观点是以英国赫顿（J. Hutton，1726~1797）为代表的火成论（plutonism），认为岩浆活动形成岩石，而岩石可以经过风化之后再沉积形成新的岩石，这种缓慢的过程至今仍在发生，因此主张地质过程的渐变性。当时两派的争论中，渐变的主张不占优势。比如当时歌德（J. W. von Goethe）就是支持水成论的，他在诗剧《浮士德》里描写了水成论和火成论的对话，而主张火成论的那位就是魔鬼。渐变论在地质学里的确立，要等到 19 世纪 30 年代英国莱伊尔（C. Lyell，1797~1875）《地质学原理》的发表。莱伊尔论证了“均变论（uniformitarism）”，认为地质现状的塑造者就是今天仍在发生的过程，否定了创世论的灾变假说。

达尔文（C. Darwin，1809~1882）《物种起源》（1859 年）的发表，以及进化论在 19 世纪后期的胜利，为地球科学这场争论做出了评判。由此建立起来的渐变论或者均变论，否定了神创世界的传统观点；不过这新的观点又为另一种偏向埋下了种子。当时“均变论”的经典版本，认为地质过程及其变化速率都是古今一样的，主张“现在是过去的钥匙”，而忽视了现代地球系统的特殊性。现在看来，地质历史上含氧量高的大气只占地质历史的后期，其中有冰盖的“冰室期”不如“暖室期”长，间冰期也不及冰期长（图 12-2），当代所属的第四纪和全新世都是地质上非常特殊的时段，没有代表性（Hay，1994）。因此，地质过程古今并无二致，但是以为地质过程的速率也是均衡不变，那种矫枉过正的“均变论”也与事实不符。

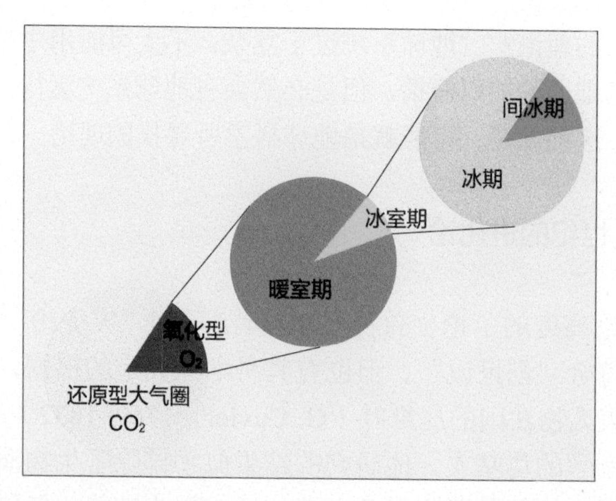

图 12-2
现代（冰室期里的间冰期）地球表层环境在地质历史上的特殊性
注意，此处的“氧化型大气圈”不是指大气圈出现 O_2（第 1 章“1.5.1”），而是指 O_2 含量达现代水平

12.1.2.3　20 世纪的活动论

18~19 世纪的争论，涉及的对象是地球表面和生物的变化，至于地壳的变化，都以为只有风化剥蚀和垂向升降。一直到 20 世纪中叶，地质界说到的“地壳运动”都是指垂向运动。不过垂向运动也可以产生横向效果，按照苏联别洛乌索夫（B. B. Белоусов）的比喻，堆高的冰激凌可以横溢出杯，但是不可能想象坚硬的地壳可以作大规模的横向位移，而这也正是假定大陆地壳（而不是岩石圈）能够“漂移”的要害问题。60 年代海洋地质的发展，方才解开了学术发展路上的死结，建立了“海底扩张”和“板块运动”的全新概念，实现了以“活动论”为主题的地学革命。70 年代开始，板块学说的逐步确立产生辐射效应，改变了整个固体地球科学发展的轨迹，使得从“文革”噩梦里醒过来的中国科学家看得目瞪口呆。板块学说的发展，是 20 世纪中期地球科学理论争论的核心。

板块学说的学术思路源于陆地，而答案和证据则来自海洋。中文文献里几乎无例外地说，大陆漂移说的源头是德国的魏格纳（A. L. Wegener，1880~1930）和他在 1912 年发表的《海陆的起源》一书。他发现南美和非洲海岸线几乎平行，然后根据两边化石的相似，提出是联合大陆的横向分离产生了大西洋。其实类似的想法，美国地质学家泰勒（F. B. Taylor，1860 ~1938）提出在先。1908 年泰勒在美国地质学会根据南美和非洲海岸的相似走向，提出大陆曾经在地面移动，而大陆的碰撞能够形成山脉。在一次大战之后的 1920 年，魏格纳的书在进一步充实证据的基础上出版了修订本，但是直到 20 世纪 50 年代，“大陆漂移说”不但未被学术界主流接受，而且常常是被嘲笑的对象。当时古生物学的权威，都用“陆桥”来解释不同大陆上发现的相同化石；构造地质学的权威，都认为“大陆漂移”只是一种无稽之谈。而批判“大陆漂移说”最容易的论据，是“魏格纳是个气象学家”，不懂地质。直到 1955 年，当美国的 C. Hapgood 发表《移动的地壳》

驳斥大陆漂移说时，前面居然还载有爱因斯坦为该书写的序言。

变化发生在 20 世纪 60 年代：利用回声测深技术制作深海地形图，美国的尤因（M. Ewing，1906~1974）、赫斯（H. H. Hess，1906~1969）带领的团队发现了大西洋中脊，走向正好同时与美洲和欧、非的海岸平行（图 12-3 A），于是在 1962 年发表了“海底扩张”的观点，提出了洋壳在大洋中脊产生后向两侧扩张的假说。同时古地磁研究的进展，发现地磁场倒转的历史，可以在洋壳形成中得到保存，通过大洋中脊两侧洋壳玄武岩的古地磁测定，为海底扩张提供了证据。1963 年，加拿大地球物理学家莫雷（L. Morley，1920~2013）据此撰文投稿，不幸都被退回；而剑桥大学研究生瓦因（F. Vine，1939~）和他老师马修斯（D. Matthews，1931~1997）同样想法的文章被 *Nature* 发表（Vine and Matthews，1963），于是这项磁异常条带指示海底扩张的发现，在后人的称呼里就成了“瓦因－马修斯－莫雷假说”（Frankel，1982）。同时期的另一项重要突破，是加拿大威尔逊

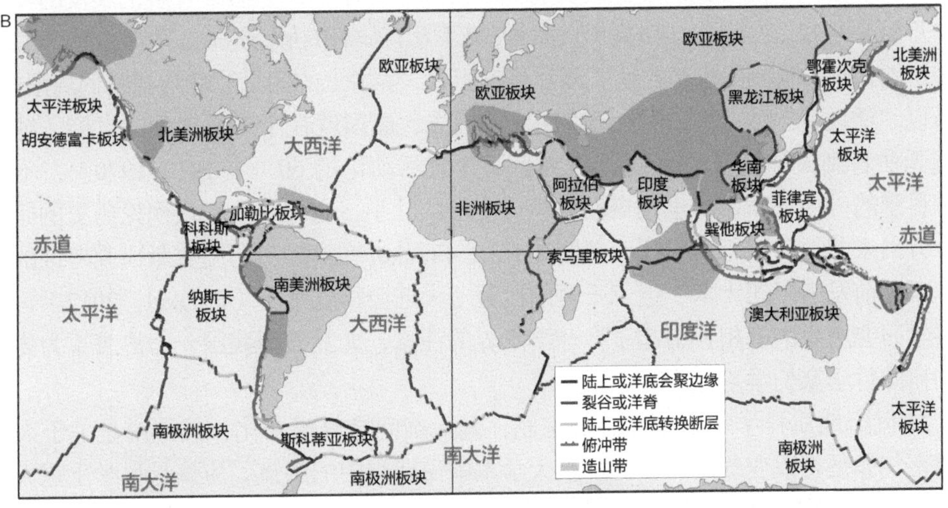

图 12-3
现代全球的地形与板块

A. 地形与水深图（Amante and Eakins, 2009）；B. 全球主要板块分布图（据 https://commons.wikimedia.org，经编辑修改）

（J. T. Wilson，1908~1993）提出的“转换断层”概念（Wilson，1967）。

多年的研究积累终于成熟，1968 年一系列文章的发表标志着板块理论的建立。其中美国的 W. J. Morgan（1935~）提出板块运动不是地壳，而是岩石圈在软流圈上移动（Morgan，1968）；美国的 B. Isacks 等三人划出了地球上的六大板块，及其与地震带的关系（Isack et al.，1968）；法国的 X. Le Pichon（1937~）根据板块的移动速度，得出了新生代板块构造的演变史（Le Pichon，1968）。1968 年美国开始的深海钻探，经过洋底玄武岩的测年又进一步证实了海底扩张，确立了板块运动的理论。板块学说的建立，不但冲破了固体地球科学“固定论”的束缚，而且使地质学从陆地扩展到海洋，从表层深入到地幔，开拓了以活动论为基础的“全球构造”新阶段。只有将大洋与陆地的地质联接起来，才能够理解大陆海岸和山脉的走向；只有将洋中脊到俯冲带看成同一个过程，才能够理解地球表面的构造格局。

板块学说的确立，是地球科学历史经历的最大转折，这场经过带来了事后多年的分析和回味。许靖华先生撰写的《地学革命风云录》（Hsu，1982），追述了这场科学革命的经过，以及他自己作为“固定论”的信徒，如何通过参加深海钻探而皈依“活动论”的转变。这场革命的一位成功参与者 J. E. Oliver（1923~2011），在分析了板块学说各个学术突破过程的基础上，撰写了一本《科学发现艺术的不完整指导书》（Oliver，1991），得出的结论是“科学的成就通常并不落在最能干、最有知识或者最了不起的科学家身上，而是归于最懂得战略、策略的人”。

确实，“活动论”的证实经过了漫长而曲折的道路，有关的争论延伸到了 21 世纪。1996 年第 30 届国际地质大会上，还成立了“全球构造新概念”组织出版“通讯”，主张非板块的构造观念，自称板块学说的“反对派”（Pratt，2006）。回顾“进化论”和“活动论”的争论，不同意见的产生确实有其客观原因。比如前述居维叶解剖埃及的脊椎动物木乃伊（见 12.1.2.2 节），毕竟年代太新，来不及有显著的形态进化；又如主张“水成论”的魏尔纳，确实他所在地区的地质还都是沉积岩，学术上的偏见往往与视野的局限相关。之所以“活动论”要等到 20 世纪晚期才能确立，原因就在于海洋地质的发展，缺了深海就无法看到大陆地质的真面目。20 世纪建立活动论的 60 年（1910~1970），不仅是地球科学的一场大革命，也是自然科学历史上的壮举，有关建立板块理论历史的研究，至今方兴未艾。科学哲学教授、美国的 H. R. Frankel 在许多年历史文献研究考证的基础上，不久前发表了四大本、近三千页的巨著《大陆漂移之争》（Frankel，2012），澄清了科学研究历史的真相，引起了全球学术界的注意，尤其值得我国一心热衷于为先贤立言的自然哲学家们学习。

21 世纪地质科学争论最突出的主题，毫无疑问是气候变化，具体说是关于人类排放温室气体是否改变气候的争论。重大学术争论期望中的终点，应该是科学上重大的理论突破，但是突破的主题，不一定就等于开始争论的问题。回顾历史，19 世纪争论的起点是物种能不能变，而最后理论突破产生的是地球演化过程的“均变论”，远远超出了生物属种的范围；20 世纪争论的起点在于大陆能否“漂移”，而最后理论突破得出的“活动论”，囊括了深部过程和全球构造，也远远超越了起初的争论。同样，当前全球气候变化之争，也触动了地球科学中的一个根本问题，那就是地球表层圈层的相互作用，预期中的突破有可能就是地球系统的理论。当前的气候变化之争一旦提升到地球系统的理论高度，就可以发现：其实有关学术思想的萌芽，在学术界早已产生。

12.1.3　寻求地球系统科学的理论

当前“全球变化”的理论问题中，突出的是两个要点：一是生命活动能够产生气候效应，二是人类活动成为地质营力。在这两方面贡献最大的学界先驱，首推苏俄科学家、地球化学的创始人维尔纳茨基（В. И. Вернадский，1863~1945）。他是提出“生物圈”和“生物地球化学（Biogeochemistry）”概念，从化学角度将生物和地球科学联接起来的第一人。“生物圈（Biosphere）”的名词，最先是奥地利地质学家 E. Suess 于 1875 年提出来的，指的是岩石圈上所有生物的总和；而维尔纳茨基将生物圈放在地球系统里，作为利用太阳能、运行地球化学过程的现生生物的整体。他所建立的生物地球化学，首次将生命活动视作地球化学过程，从而开拓了研究的新领域（Вернадский，1993）。

前面说过（见 10.3.1.1 节），维尔纳茨基还和古生物学家、北京猿人发现者之一、法国神父德日进（T. de Chardin），以及法国哲学家 E. Le Roy 共同提出了“智慧圈（Noosphere）”的新概念。但是与后两位不同，他还将地球的历史演变分为生命产生前的“地球圈”，生命产生后的“生物圈”和人类智慧作用下的“智慧圈”三个阶段，其中“智慧圈”与近年来克鲁岑（P. Crutsen）提出的“人类世”概念有异曲同工之妙（参看 10.3.1 节）。维尔纳茨基这些思想早在 1920 年代就已经产生，但是因语言等障碍，直到 20 世纪 40 年代以后才为西方学术界所认识（如 Vernadsky，1945，2006）。

20 世纪晚期，朝向地球系统科学的理论方向跨出的一大步，是“盖娅假说（The Gaia hypothesis）”的产生。60 年代美国准备探测火星，目标之一是探索火星上有没有生命，关于如何检验的方法众说纷纭，而英国化学家洛夫洛克（James Lovelock，1919~）力排众议、另辟蹊径，提出用火星的大气成分来检验有无生物存在。他认为，尽管地外生物的成分、结构都无从猜测，但凡是有新陈代谢的生命活动，必定会改变大气圈的成分（图 12-4），为此提议用测量大气来检验火星是否存在生命（Lovelock，1965）。

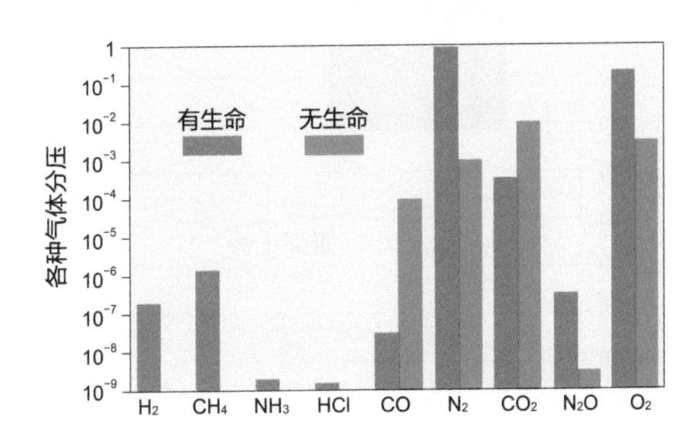

图 12-4
利用星球的大气成分检测生命活动 (Lovelock,1972)
横坐标表示大气成分，纵坐标表示分压

生命活动和大气成分的关系，启发了地球演变理论的新思路。生命起源几十亿年来，地球的无机环境曾经多次遭受巨大变迁，太阳辐射量的增加、地球自身的地质变化，但是都没有毁掉生命存在的基础。无论大气温度还是海水的酸碱度，都只在某种范围内变动，始终保持着相对稳定而且适于生物圈存在，可见地球上的生命体和非生命体，形成了一个互相作用而有利于生命体的复杂系统。于是洛夫洛克提出了大胆的假设：认为地球本身就是一个具有自我调节能力的巨大有机体，并且借用希腊神话中地神盖娅（Gaia）的名字，称之为“盖娅假说”（Lovelock，1972）。这项假说得到了美国微生物学家 L. Margulis 从生物学角度的支持和发展，正式为地球表层系统的演变提出了崭新的、也必然引起争论的盖娅假说（Lovelock and Margulis，1974）。洛夫洛克后来在科普性的表达中，又进一步把他的学说称为“地球生理学（geophysiology）”（Lovelock，1995），甚至于“行星医学（science of planetary medicine）”（Lovelock，2000），认为地球犹如有机体，出了问题能够治愈。

乍一看来，“盖娅假说”有点邪乎：地球怎么成了个生物？为了论证新假说的科学性，洛夫洛克做了个著名的“雏菊世界”计算机模型（Watson and Lovelock，1983）。“雏菊世界（Daisyworld）”是个最简单的假想星球，没有大气、没有地形、更没有动物，只有灰色的土壤和一种植物——雏菊。而且这小小的菊花还分白色和黑色两种：白色的反照率高、很少吸收阳光；黑色的反射率低、大量吸收阳光。计算机模拟从太阳光度的增强入手，在没有雏菊的星球上，温度随着光度上升（图 12-5 红色线），而在雏菊世界里温度就会被雏菊调控（图 12-5 蓝色线）。具体说来，太阳光度增强到一定程度时，就适宜于黑色雏菊生存，而黑色雏菊吸收阳光、增强了星球的升温；于是环境就变得适于白色雏菊生长，逐步排挤黑色雏菊，因为白雏菊的反射力强、使得温度下降。这时候，黑、白两色的雏菊达到平衡，通过两者间的消长保持着星球温度的大致平衡，也就是说太阳光度的增张会被白雏菊覆盖面积的扩张所抵消。如果太阳亮度再继续上升，超过了雏菊生存的温度极限，雏菊世界便告崩溃。这个“雏菊世界”模型被后人广泛采用和改

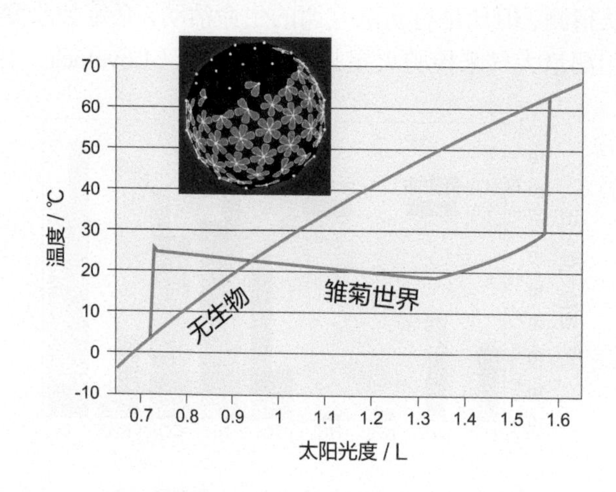

图 12-5
雏菊世界 (Daisyworld) 的数值模拟（据 http://gingerbooth.com/flash/daisyball/ 等改）

进，用来模拟生物圈和地圈的相互作用，表明生物圈本身的变化可以对无机世界产生调节作用，使得环境适于生命的存在和演化，并不需要神秘的力量。

"盖娅假说"的提出，给地球科学和生命科学界同时带来了震动，尤其对当前人类生存环境的研究，产生了巨大的影响。从 1988 到 2006 年，在美国和西班牙举行过四届"盖娅大会（Gaia Conference）"，争论和发展盖娅假说。同时不出预料，盖娅假说也激起了众多的批评（如 Kirchner，2003）。有人把盖娅假说分为软、硬两层，软的一层是指生物对气候的调控和生物圈与地圈的相互作用，这点已经证实、无需争论；而硬的一层指地球是个有机体，能够自我调节，这就成了争论的焦点。有人说这只能算个比喻，并不等于机制；有人质疑生物圈内如何能够相互沟通、共同调控环境。本书无意对盖娅假说进行评论，只是想从地球系统科学的角度，肯定盖娅假说是在理论突破上的一次重要尝试。到目前为止，认为整个地球具有自我调节气候能力的看法，仍是一个未经证实的假说；至于通过什么机制调节，那更是有待研究的主题。一种有趣的观点是生物群共生（symbiosis）的理论，这是前述共同提出盖娅学说的微生物学家 Margulis 的主张，她的学生把"盖娅假说"比喻为"从太空看到的共生现象"，把整个地球上的生物圈全看成一个共生体。

总之，对于 21 世纪气候变化的争论来说，地球表层系统的运作机制应该是它的本质问题，也是这场争论结果可以预料的归宿。地球科学历史上有过多次大争论，最近有人归为四次：地球年龄之争，大陆漂移之争，星体撞击之争和当前的气候变化之争（Powell，2014）。更有人把气候变化之争列为四百多年来物理学三大争论之一：17 世纪地心说与日心说之争，20 世纪相对论之争，以及 21 世纪气候变暖之争，认为这类争论在时间尺度上都具有世纪规模，不能指望近期内能够结束（Sherwood，2011）。的确，地球表层系统过于复杂，仅从本书讨论的问题来看，想要建立一个能够解释其运行和演化机制的理论，还需要经过漫长的道路（《全球变化及其区域响应》科学指导与评估专家组，2012）。

12.2　地球系统：理论探索的展望

建立地球表层系统的科学理论，现在讨论恐怕为时过早；但是当前学术前沿出现的一系列新方向，为我们展现了研究的前景，可惜这些学术前沿的命题，基本上不在汉语学术圈的视域之内。在这里我们试就行星循环和比较行星学、能量和熵、生物圈大电场等三大方向，作一些粗浅的介绍。这三者不但属于当今学术的前沿，而且都有强烈的跨学科性质，超越了本书作者的知识范围；之所以不揣浅陋作此讨论，其实是想激起行家的兴趣，一起来把这类富有前瞻性的研究方向在汉语学术圈里升温。

12.2.1　行星循环和比较行星学

板块理论和全球变化，是 20 世纪地球科学中的两大突破性进展。进入 21 世纪，地球系统科学面临着将这两大方向结合起来，探索地球深部和表层系统的相互作用，这就是“行星循环（planetary cycle）”或者称作“地球联系（Earth connection）”（IODP，2011）。其中包含两层意思：一方面地球表层部分过程的根子在深部，比如板块运动其实就是地幔环流在地面的表现；另一方面地球表层和内部有着物质和能量的交流，单纯依靠表层系统无法理解（汪品先，2009a）。随着技术的进步，人类对地球内部的认识逐渐深入，预计将为地球系统的理论研究带来新的突破。下面先来谈地球内部过程，再以水循环、碳循环为重点谈表层与内部的交流。

地球内部的主体是地幔，本书第 2 章已经对地幔做过比较系统的阐述，谈得较少的是地核，尤其是内核，内核的变化至少影响着地球表层的磁场。前面说过，地球的磁场来自液态金属组成的外核（见 1.1.2 节），然而内核在东西两半球非对称的增长，可以造成地球表层磁场的不对称性（Finlay，2012）。当然，对固体地球动力学产生直接影响的主要还是地幔过程，板块运动的正确理解，就有待于对地幔对流认识的深入。比如说半个多世纪来，一直以为地幔柱是垂直的、固定的，像一支蜡烛在其顶部形成热点，如果有板块运动经过其上方就会形成火山作用的海山系列。典型例子就是夏威夷 - 天皇海岭海山：天皇海岭的海山系列接近南北向排列，测年得到 80~47 Ma，说明当时太平洋板块向北移动；而夏威夷海岭的海山系列向东变新，直到今天夏威夷的火山正在活动，可见两列海山之间曾经发生板块运动的方向突变（图 12-6A；Wilson，1963）。这种假设的前提是地幔柱不变，热点保持在纬度 19° N，移动的只是板块。但是 2001 年的大洋钻探 197 航次取芯进行古地磁分析，发现天皇海岭上海山的古纬度并非固定在 19° N，说明地幔柱的热点曾经快速向南移动，因此海山系列并不指示板块移动（Tarduno，2008）。可见热点的位置并非像蜡烛那样垂直，而是随着地幔环流的变化可以移动（图 12-6B），这种新概念加深了对地幔柱的理解，强调了研究地球内部、认识地幔环流的必要性（Stock，2003）。

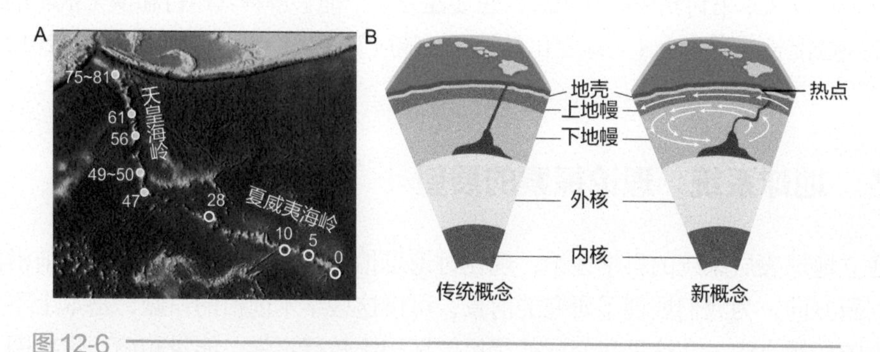

图 12-6
夏威夷 - 天皇海岭热点转移的解释 (Tarduno，2008)
A. 夏威夷 - 天皇海岭的海山年龄，数字单位为 Ma；B. 传统概念和新概念里地幔柱的不同

地外星球的认识是理解地球系统不可或缺的条件，一种是通过外星的研究揭示地球形成、演化的历史，例如月岩分析提供了地球形成的证据；另一种是为地球系统提供对比，例如内行星可以用来与地球演化的早期进行对照。本书在前面各章曾经多次与地外星球进行比较，如第 3 章介绍过“火星上的水”和“木卫二的冰下海洋”（见第 3 章附注 1、附注 2）；7.3.3.3 节“地外星球上的轨道周期”，曾经对火星的轨道周期有过

重点讨论；第 10 章专门有 10.3.3“地外星球的全球变化”一节，讨论了火星和金星的大气圈和全球变化。当前太空探测的迅速发展，必然会给地球系统演化的研究，拓展新的视野、带来新的动力。最引人瞩目的当然是地外生命的探索，比如土卫二的冰下海洋，就是探索地外生命之谜的优先对象。

这里特别值得注意的是外行星的卫星。由于离太阳太远，这类卫星固态的内核往往为厚层的水冰包裹。1989 年发射的伽利略号木星探测器，意外地发现木卫二、三、四等几颗卫星都有磁场，而这些卫星无论岩石内核或者水冰外壳都不可能产生磁场，可见应有液态水存在。根据推测，由于行星引起的潮汐摩擦作用，卫星冰下的水会融溶为液态；加上太阳系外行星区常见甲烷、氨和盐分，只要有它们的少量存在就可以大大降低水冰熔点，形成巨厚的冰下海洋（表 12-1；Hussmann et al.，2006）。这类冰下海洋有的可以深达十多万米，水量也可以远远超过地球大洋，相信几十年后地外海洋的研究，必将极大地推进地球海洋科学的发展。

表 12-1　地外星球上推测的冰下海洋（均为估计数据）（据 Wikipedia 等资料）

卫星	所属行星	面积 / km^2	水深 / m	备注
木卫二 Europe	木星	3000 万	5 万 ~10 万	相当于 2 个地球大洋
木卫三 Ganymede		8000 万	10 万	相当于 6 个地球大洋
木卫四 Callisto		6500 万	12 万 ~18 万	相当于 8 个地球大洋
土卫二 Enceladus	土星	65 万	2.6 万 ~3.1 万	
土卫四 Dione		100 万	?	
土卫五 Rhea		100~200 万	1.5 万	
土卫六 Titan		8000 万	< 30 万	冰面有液态烃类海洋
天卫三 Titania	天王星	500 万	1.5 万 ~5 万	
天卫四 Oberon		300 万	1.5 万 ~4 万	
海卫一 Triton	海王星	200 万	15 万 ~20 万	

“他山之石，可以攻玉”。除海洋之外，地外星球也为研究地球其他圈层提供了比较。比如研究固体地球动力学，一个理想的比较对象就是金星。因为金星的大小、年龄、密度、成分，及其与太阳的距离都和地球相近，但就是没有板块运动。金星的内力运动就是地幔柱的岩浆活动，在表层的体现就是大火成岩省（LIP），因此为研究地球上的地幔柱提供了“干净的”样板（Hansen，2007）。又如大气圈，并非所有星球上都有大气。要有大气圈需要具备一定条件，至少不能太小，水星就是太小、又太靠近太阳，几乎没有大气。随着各个行星演化历程和处境的不同，各自的大气成分十分悬殊，远离太阳的外行星，大气圈主要成分是 H_2；金星（见第 10 章附注 3）和火星火山活动活跃，大气主要是 CO_2；唯独地球的大气以 N_2 和 O_2 为主，显示出具有生命活动的特征（图 12-7）。

至于行星的地质方面，以火星的探索最为突出。通过 20 世纪 60 年代以来各种宇宙飞船的反复探索，现在对火星从地质地貌到内部结构、从沉积岩石到极地冰盖都进行了

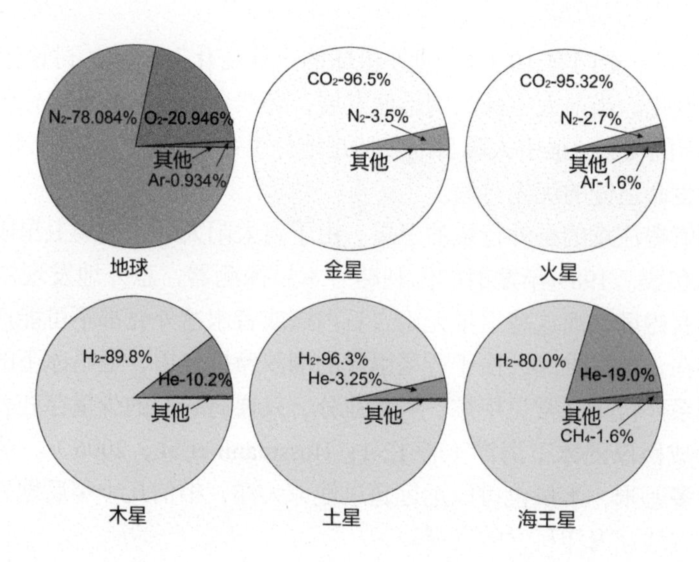

图 12-7
太阳系行星大气圈成分的比较

大量工作，目前已经编制出火星地质图（见附注 1）和地质年表，追溯出火星大体上的演变历史。火星和地球同庚，其最初的历程也和地球一样难以追踪，根据留在星球表面上的记录可以分出三大时期：41 亿到 37 亿年前的“诺亚宙（Noachian）”、37 亿到 30 亿年前的“西方宙（Hesperian）”和 30 亿年以来的“亚马孙宙（Amazonian）”，而火星表面的地貌特征基本上都是在 30 亿年前的星体撞击和火山活动所造成，相伴还有流体活动塑造的沉积地貌与地层（见 10.3.3.1 节），时间相当于地球上的太古宙（图 12-8；Carr and

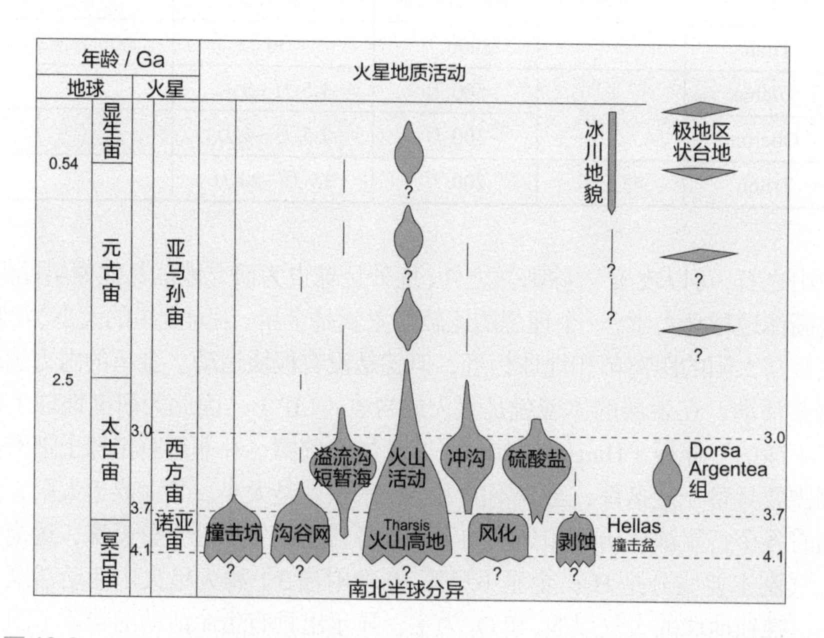

图 12-8
火星的地质历史（据 Carr and Head, 2010）

附注 1：火星地质图

火星地质图最大的特点，在于南北半球的巨大差异：火星南边的 2/3 要比北边的 1/3 高出 5 km，面貌是南边老、北边新，地壳也是南边厚（58 km）、北边薄（32 km）。这种差异出现极早，可能是最初受星球撞击的结果（Leone et al., 2014）。现在，南半球保留了三四十亿年前被大量陨石撞击的表面，其中一个 Hellas 盆地就是直径 1800 km 的超大陨石坑（见下图右下角）；而北半球出现了 35 亿年后形成的较新也较平的地形，有许多是火山活动的结果，如西半球赤道附近的 Tharsis 区，是个 5000 km 直径的 5000 m 高地，上面的奥林帕斯山（Olympus Mont）高 20000 m，直径 600 km，是太阳系里已知的最大火山，体积比地球上的火山大 50~100 倍（Forget et al., 2008）。

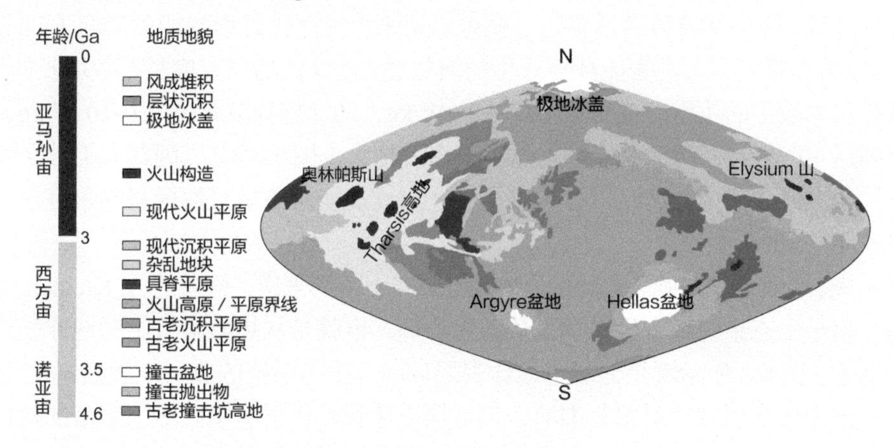

火星的简化地质地貌图（据 Forget et al., 2008）

Head，2010）。可见，火星当年曾经有过辉煌，但是在地球还没有产生氧化大气之前就已经“退出江湖”，只剩下一些极地冰盖的活动。加上火星又没有板块活动，因此火星表面为我们研究地球产生初期的过程，保留了极其宝贵的遗产，比如火星的地壳可能还是当初“岩浆海”的产物（Elkins-Tanton et al.，2005），是地球人求之不得的超国宝级“文物”。

展望 21 世纪，在地球内部和地外星球的探索上，肯定将有越来越高超的技术手段和科学发现，将与理论的探索一起，为逐步深入揭示地球系统的演化和运作机制，建设地球科学自身的科学理论作出贡献。

12.2.2　能量和熵

近年来出现的一种新趋势，是从热力学能量平衡的角度研究地球系统，将能量和熵（entropy）的概念用于地球系统，从地幔到生物圈进行整体的宏观探讨。这种趋势的出现有两方面原因：一方面，当前气候环境的预测模型越做越细，即便气候系统内部机制并不清楚，也能使得模拟结果看起来与观测结果相符合，但是只要其中一个参数（比如气溶胶）的作用一变，就立即失去对比关系（Knutti，2008； Schwartz et al.，2010），因此逼得学术界试图另找出路，从宏观角度、而不是内部的细节来探测系统的整体，这也就是“熵产生（entropy production）”的视角。另一方面，地球系统研究的进展，已经发展到能够将热力学定律用于地球内部和表层的演变，将地球演变的过程拿到物理学的定量层面上来进行研究（如 Douce，2011）。

先看能量。演化是要能量的，如果把宇宙大爆发到人类智能产生的整个演化过程放在同一个层面上看，总的趋势是局部系统的复杂化，而贯穿始终的动力就是能量。自由能量的来源是宇宙的膨胀，它推动了银河系与星体的演化，也推动了生物与人类社会的演化。但是能量流的速度不同，系统越是复杂，对能量流的需求也越大。当然，系统本身有大小，一个动物的内部系统比一个星体复杂，但是星体比动物的质量大得多。如果把能量流除以该系统的质量，得出单位质量的能量流或者叫“功率密度（power density，用每千克的瓦特数表达）”，就可以用来表征演化过程的能量消耗（Chaisson，2004）。宇宙大爆发到人类智能社会产生的演化过程，就是功率密度呈指数增长的历史：银河系和星体演化的功率密度只是 10^{-4}~10^{-2} W/kg，动、植物演化是 0.1~10 W/kg，而人类社会高达 10^{2} W/kg，而且社会越发达功率密度越大（图 12-9）。因此人类社会发展的可持续性，不仅在于控制温室气体的排放，还应该从能量流呈对数增长的角度加以检讨（Chaisson，2008）。

近年来，也开始将“熵”的概念引入地球系统。举例来说，德国的 A. Kleidon（2010）把“熵”用于生态系统和古生物学，从能量和熵，也就是从热力学入手对地球表层系统做宏观探索。图 6-3 所示就是他对于地球表层环境与生态系统的热力学解读：大气环流、水循环、碳循环都要有“引擎”推动，包括热引擎和光化学引擎。热引擎指的是由太阳和地球表面温度差所驱动的辐射通量，通过加热差别推动着地球的大气环流；光化学引擎是直接利用低熵太阳辐射进行光合作用（见第 6 章图 6-3）。

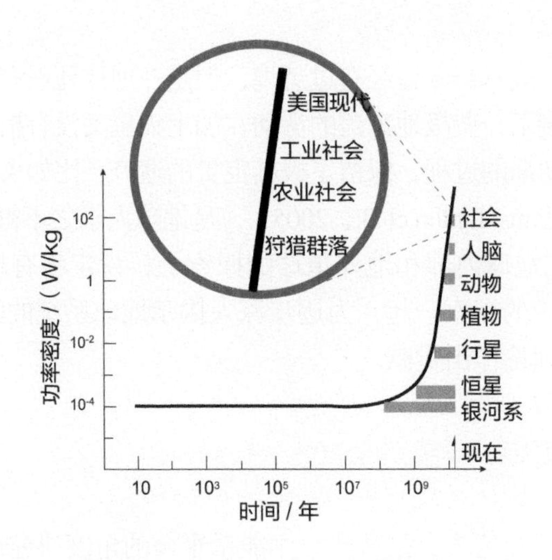

图 12-9
宇宙和地球系统演化过程中能量流的增加 (Chaisson, 2008)
用功率密度（W/kg）表示，注意纵横都采用对数坐标

地球系统的能量很容易理解，可能不够熟悉的是“熵”。研究地球系统不能只看能量，任何地球过程都要消耗能量，同时又一定产生熵。地球系统各种活动，包括大气、海洋与生物，可以整体地用内部熵产生的速率来表征。地球和太空进行的辐射交换，既有能量、又有熵。地球从太阳辐射得到的辐射通量，特点是高能、低熵；而地球向太空的辐射通量，是低能、高熵（图 12-10）（Wu and Liu，2010）。如果将“能”和“熵”的通量，作为研究地球系统的两个把手，就有可能摆脱具体细节、从宏观上探索地球系统整体的演变和运作。

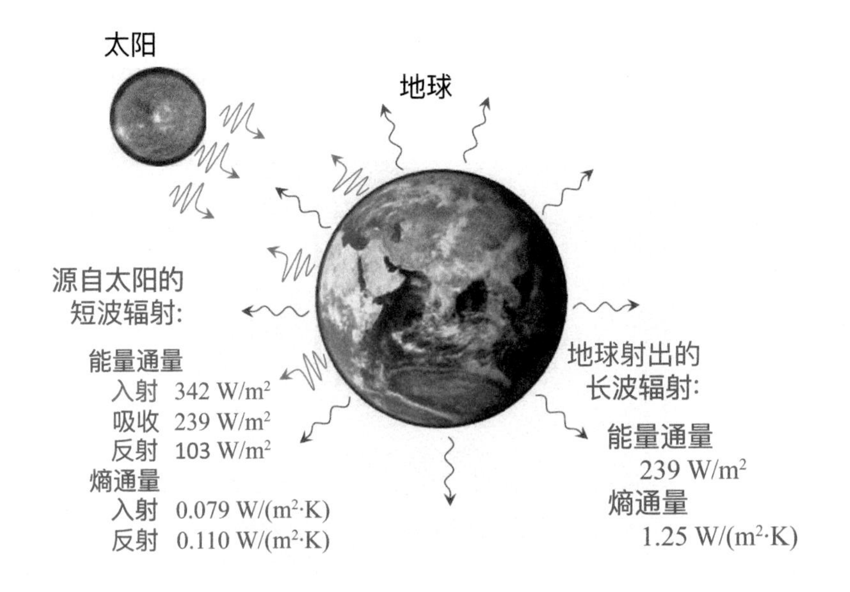

图 12-10
地球系统能量与熵的平均通量（Wu and Liu, 2010）
蓝色为源自太阳的短波辐射，红色为源自地球的长波辐射。就能量而言，地球射出的长波能量和吸收的短波能量，其通量是平衡的；但是熵不同：地球射出长波辐射的熵通量，比吸收短波辐射的熵通量高出一个量级

熵是物理学的概念，根据热力学第二定律，能量在空间分布的天然趋势是均匀化，能量分布完全均匀时熵最大。最大熵的产生，就像能量的消耗一样，都是地球系统所有各种过程的共性。因此，最大熵产生的速率，可以用来表征所有各种地球过程进行的速率，用来作为研究地球系统演变和运作的基础。于是近年来提出的“最大熵产生（maximum entropy production）”和“最大熵产生定律（LMEP）”（见附注 2），已经成为当今物理、化学、生物学等多学科复杂系统的研究前沿，地球科学则首先在大气研究中得到响应。

比如地球系统中的冰盖，从“雪球地球”到无冰地球，以及不同程度的冰盖发育，都可以用最大熵产生的角度加以研究（Herbert et al.，2011）。从热力学角度看，雪球包裹的和现今较暖的地球属于两种状态，冷的地球以经向反射率的差异主导大气环流，而暖的地球则以潜热通量的强度起决定作用。当太阳常数增加时，这两种状态下的气候机器都会增高熵的产生，不过在暖地球状态下的增加，比雪球状态下要快 4 倍（Lucarini et al.，2010b）。因此，在目前全球变暖的背景下，气候系统中潜热通量的变化会起决定作用，

附注 2：熵和最大熵产生定律

来自物理热力学第二定律的熵（entropy），是指一个体系的混乱程度。它用来表示任何一种能量在空间中分布的均匀程度，能量分布得越均匀，熵就越大。在一个系统中，如果听任它自然发展，能量差总是倾向于消除的，那时候这个系统的熵就达到最大值，这就是熵增大原理。通俗地说，杯子碎了不会自行修复，茶水凉了不会自行变热。熵在许多学科都得到重要应用，可惜经常被误解为“无序”的代名词；而自从“最大熵产生”新概念提出后，关于“熵”的定律，应当看做是演化过程的普遍规律。

“熵”最简单的解释：杯子打碎就是熵的增加

图片来源：http://www.sciencephoto.com/media/154331/view

“最大熵产生定律（law of maximum entropy production，LMEP）”是美国 Rod Swenson（1989）提出来的新概念。热力学第二定律指出系统中能量差自然倾向于消除、熵自然增大，而 LMEP 是说熵的增大或者能量差的消除，天然地会以最快的捷径实现。比如寒冷森林里有座温暖的小屋，一旦小屋里取暖的火炉熄灭，冷气就会通过墙壁逐渐侵入小屋，但如果把小屋的门窗打开，冷空气就会狂飙般扫荡小屋，而不会等待墙壁的传热——这就是产生最大熵的过程。LMEP 等于为热力学第二定律的实施途径提供了补充，所以有人把它叫做“热力学第四定律”。其实，这也正是自然界演变的普遍规律，无论生物圈还是地球的演化，都同时遵守这些定律。

熵的产生更快，气候系统的变化也更加不可逆转（Lucarini et al.，2010a）。现在，最大熵产生的概念不但逐渐成为大气潜热对流的宏观物理理论（Ozawa and Ohmura，1997），而且已经相当广泛地适用于更广的范围，比如土卫六（Titan）和地球大气圈的比较，地球地幔的对流研究等等（Ozawa et al.，2003），是地球系统理论研究中值得注意的新前沿。

最大熵产生的提出，可以说是为洛夫洛克的“盖娅”学说提供了物理支撑。生物圈在地球上保持了三十多亿年，并不是一种偶然现象；而对地球来说，正因为有了生物圈才能更成功地对付多种变化。这里的关键在于生物界为地球系统的过程增添了许多自由度（degree of freedom），因此更容易进入最大熵产生的状态（Lenton，2002）。现在的地球系统就是处于这种状态之下。以热带向极地输送热量为例，如果高低纬之间没有热量输送，则两者之间的温差极大，但是不能产生熵；如果热量输送太强则温差降到极低，在相似温度条件下热的转换也产生不了熵。只有当温差中等时，热量输送也是中等，才有最大熵的产生，集中产生在吸收太阳辐射能最强的地方（图 12-11； Kleidon，2004，2009）。

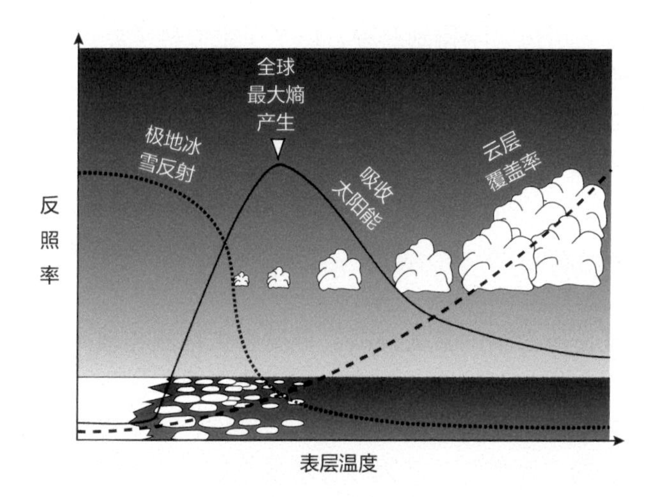

图 12-11
地球表面最大熵产生位于太阳辐射量吸收最强的位置（Kleidon，2009）

从最大熵产生的角度探讨生物圈的演化，那么生命演化就是最大熵产生的增加过程，地球系统的演化也就是尽量偏离热力学平衡状态。用热力学观点回顾地球历史，可以看到一部全球熵产生、水文循环和生命活动逐级增加的过程（图 12-12）。地球演变史经历的三大变革在图中用褐色条带表示，分别标志着 38 亿年前产生生命，23 亿年前产生自由氧，和 5 亿年前多细胞和陆地生物的产生。图中的虚线表示全球熵产生（EP）、水分净输运（P–E，即降水量和蒸发量的差）和生命活动（BIO）的逐级上升，实线表示大气含氧量（pO_2）的逐级上升，而点线表示的二氧化碳含量（pCO_2）、云的覆盖量（CC）和表面温度（Ts）却有相反趋势，逐级下降（Kelidon， 2009）。

总之，熵和最大熵产生定律的提出，为地球系统科学的理论探索提供了新颖武器，可望在未来研究中发挥重要作用。值得指出的是，熵作为物理定律用于地球科学，并不等于为地球科学提供了理论。比如地球系统中生物圈的活动，并不能归结为物理过程；

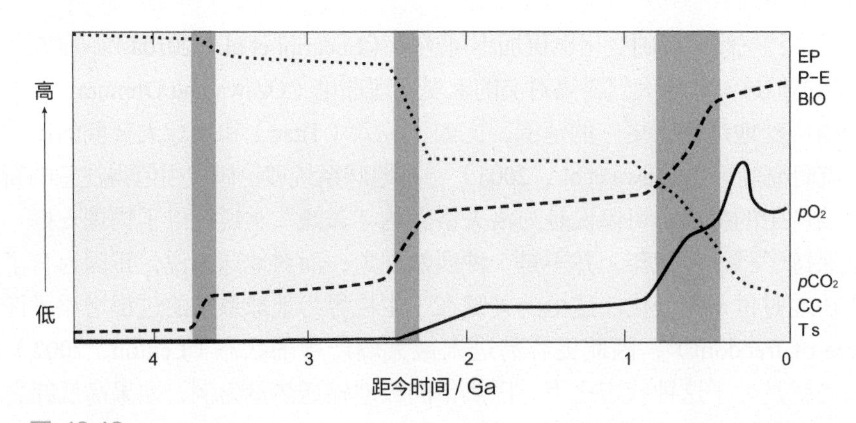

图 12-12

地球历史的热力学解读（Kleidon, 2009）

EP. 全球熵产生；P-E. 水分净输运；BIO. 生命活动；CC. 云的覆盖；Ts. 表面温度

新陈代谢过程也不容易用热力学得到解释，以至于生命科学界提出了"负熵（negative entropy）"和"反熵（anti-entropy）"的概念（Bailly and Longo，2009）。鉴于地球系统的复杂性，如何借鉴不同学科理论探索的进展，来发展地球科学自己的理论，是摆在我们面前不容推诿的责任。

12.2.3　生物圈大电场

建立地球系统理论所面临的最大挑战，是要将生物圈和地圈、将生命活动和地球过程在能量和熵的平台上相互结合，将有机和无机世界的过程，在同一个平台用同一种标准讨论。这就要求我们超越生物界极大的多样性，从中提炼出生命活动最基本的共性，找到生物学里的"元素"。基因的发现就是最好的实例，这就是生物遗传最基本的"元素"。可喜的是近几十年来生命科学的飞跃式发展，尤其是微生物研究的巨大进展，已经对生命活动的基本机制取得了许多新认识，发现生物界尽管形态不一、性状各异，然而一些重要的基本机制却是共享的，这实在是地球系统研究的一大福音。其中一个亮点就是生命活动与电的关系：每个细胞里都有纳米发电机，全球生物圈就是个大电场。

我们在第 5 章里已经讨论了生物物质的合成，既有光合作用，又有化学合成作用，也讨论了生命元素的循环。但是，生物圈不但要合成生命物质构建生物体，还要为新陈代谢提供能量。比如说，几乎所有细胞都以相同的方式，通过核糖体（ribosome）用氨基酸制造蛋白质。但是氨基酸自己不会自发产生化学键，要形成两个氨基酸之间的键就需要能量。近几十年来十分有趣的发现是：几乎所有细胞的能量供应都有共同的机制，都是通过同一种有机化合物进行的，这就是三磷酸腺苷（adenosine triphosphate），简称 ATP（见附注 3 的解释）。

ATP 被比喻为细胞内的"能量通货"，因为地球上几乎所有细胞的能量收支，都通过 ATP 分子来进行，因为它能够自如地吸收和释放能量。当 ATP 与水分子结合时，就会水解而分出一个磷酸基团，形成二磷酸腺苷（ADP，adenosine diphosphate）和无机的磷酸盐。正是这种反应，为所有细胞提供着生命所需的能量（图 12-13）。反过来，ADP 也能够吸收能量重新变为 ATP，因而是一种可逆反应。凭着这身能量自由兑换的本事，既能传递又能储存能量的 ATP 分子，就成了生物圈共用的“通货”（Falkowski，2015；保罗 • G • 法尔科夫斯基，2018）。

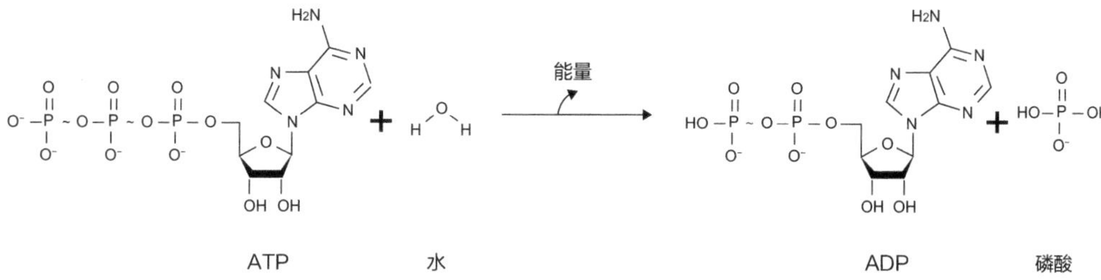

图 12-13
ATP 水解成为 ADP 并释出能量（据 Falkowski, 2015 改）

附注 3：生命活动的“能量通货”ATP

三磷酸腺苷即 ATP（adenosine triphosphate，ATP），也就是有三个磷酸基团的腺苷（下图），当水解失去一个磷酸基团之后，就会变成二磷酸腺苷（ADP）（图 12-13）。ATP 在生物化学上不过是一种核苷酸，但是在生物能学（bioenergetics）上却是所有生命活动都不可缺少的分子，是细胞内能量传递和储存的“分子通货”，蛋白质、脂肪、糖和核苷酸的合成都要有 ATP 参与。动物的线粒体（mitochondrion）就是生产 ATP、提供能量的地方，相当于细胞的“发电厂”，所以活动量越大的细胞线粒体越多，比如心脏和脑细胞里就特别多；植物的叶绿体里也产生 ATP，光合作用先靠太阳能使 ADP 变成 ATP，再由 ATP 为 CO_2 合成糖类提供化学能。所以把 ATP 称为“能量通货”是因为它既能释放也能储存能量。因为 ATP 不能储存，只能现产现用，所以活细胞内部的 ATP 和 ADP 时刻都在转化。人体细胞每天的能量需求要水解 200~300 mol 的 ATP，但是人体内只有 0.1 mol 的 ATP，也就是说平均每个 ATP 分子每天被重复使用二三千次。

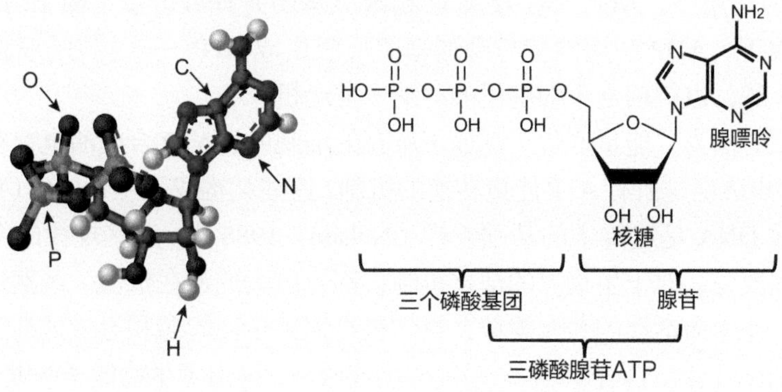

如此有用的“通货”是怎么来的？发现 ATP 形成机制的，是英国的 Peter Mitchell。细胞里的线粒体产生 ATP，而 Mitchell（1961）发现线粒体的内膜两侧，质子（H^+）浓度并不相等，当质子从高浓度一侧向低浓度一侧移动时，就会产生出 ATP 来（图 12-14），他把这机制称为化学渗透（chemiosmosis），也就是说在膜两侧的离子浓度差异可以产生能量。这项生物系统内能量传输普遍机制的发现，后来使 Mitchell 获得了诺贝尔奖。这个过程类似于电池运行的方式，实际上所有的生物都是个发电系统，它们的工作原理是将离子（如 H^+）穿越一个膜，产生自己的电荷梯度，而质子和电子的来源是宇宙中最为丰富的元素氢（Falkowski，2015；保罗・G・法尔科夫斯基，2018）。

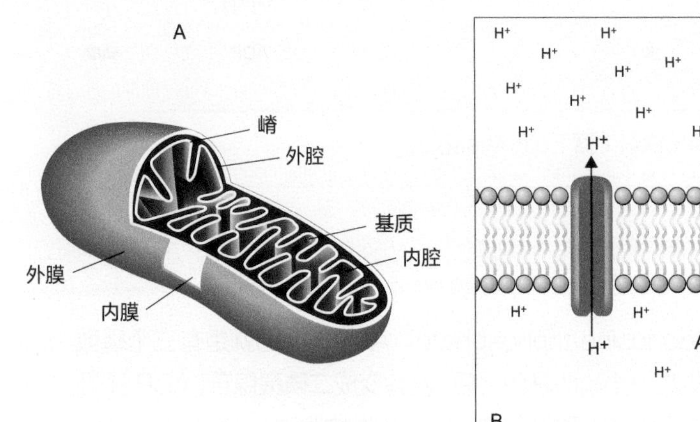

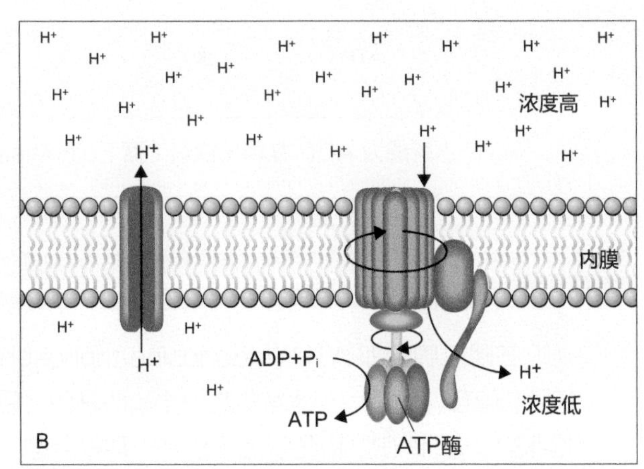

图 12-14

线粒体内的化学渗透（据 Falkowski，2015 改）

A. 线粒体；B. 依靠内膜两侧的质子梯度由 ADP 和磷酸合成 ATP 的示意图

ATP 与 ADP 的转换，实质上就是化学键的变化。生物系统内部唯一可用的能源是电子能，也就是化学键能。而在一般生理科学的条件下，要切断一个共价键或者离子键，需用 80~200 kcal/mol 的能量（1 kcal=4.18 kJ），而对付化学变化中这种巨大热力学障碍，只能依靠酶。线粒体里的 ATP 酶，就是在内膜上的“跨膜分子机器”（图 12-14）。正是在 ATP 酶的作用下，ATP 水解为 ADP 和磷酸基团并释放能量（图 12-13）；也是在 ATP 酶的作用下，ADP 利用能量与磷酸基团反应生成 ATP——这就是细胞内能量传输的机制，ATP 酶，也就相当于细胞里的“纳米发电机”。

总之，ATP 作为“能量通货”流通于所有的细胞中，ATP 合成酶也存在于所有的生物体内，化学渗透也是所有 ATP 能量转换的机制，这些就构成了生物能学（bioenergetics）的基础，就像 DNA 是遗传学的基础一样（Nelson，1988）。这些规律的发现，对于地球系统运行和演变，对于生物界的演化机制，都有巨大的潜在价值。既然通过离子浓度差获取能量，是生命活动的普遍规律，当然也是探索生命起源和寻找地外生命所必须考虑的问题。目前，已经有人按照生命起源的热液假说，提出了生物能学的演化方案（Lane and Martin，2012）。

如果我们把目光从细胞移到生物圈，就可以把全球的生物圈看成一个巨型的电场。六大生命元素——H，C，N，O，S，P——的生物通量，通过氧化还原反应连成一体，好比一个极大的电流板（图 12-15）。电流的功能就是生物的新陈代谢，图中标出了六大代谢过程：I，有氧糖代谢；II，硫酸盐还原；III，反硝化作用；IV，氢的氧化；V，甲烷生成；VI，产氧光合作用。当然，动、植物这些高等生物的新陈代谢没有那么多样，图中所示的代谢途径中，六大生命元素的过程除了 P 以外主要来自微生物，因为微生物才是地球生态系统最根本的基础（参看 5.2.1 节）。形象地说，这个全球电场有两根“电线”：大气和海洋，而催化这些氧化还原反应的主要是不到五百种的酶，这就是地球上的“微生物引擎”（Falkowski et al.，2008；Kim et al.，2013）。

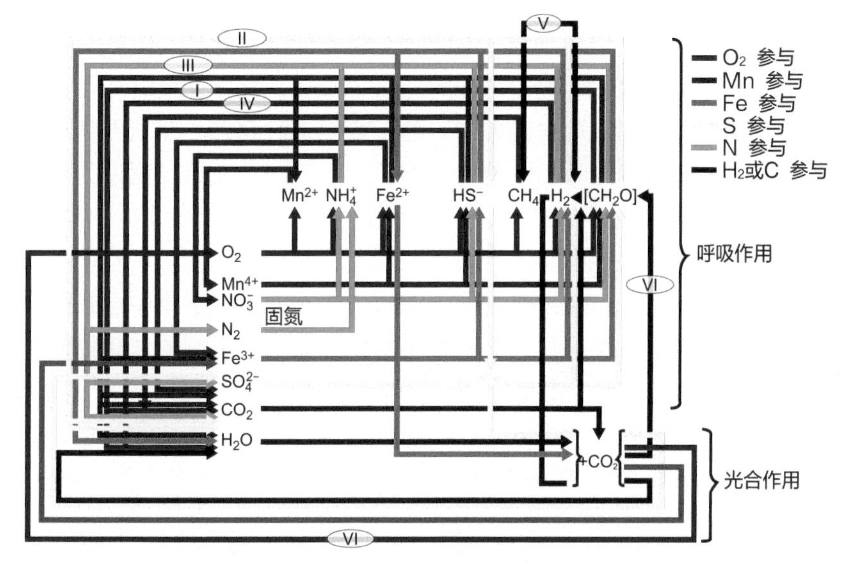

图 12-15
重大生命元素（C, H, O, N, S, Fe）电子转移反应的“电流板”（Kim et al., 2013）

展示六类代谢过程中的全球循环；I–VI 表示代谢途径

当前生命科学中出现的亮点是从电的角度看待生物世界：细胞生命活动的基础是电子的转移，而全球的生物圈相当于一个巨型的电流场。生命过程的能量可以看做一种缓慢的电流，其中充满着电子的转移，而碳是这种转移的关键介质。经过几十亿年的转移，造成了今天地球的大电场：还原的内部和氧化的表层，构成了电场的两极，在太阳能和地球内能的驱动下，运作着地球表层系统（见图 5-16）。这种新颖的观念，有可能与地球系统的“盖娅假说”相结合（见 12.1.3 节），提供地球系统运作和演变的物理机制，为地球系统科学的理论建设做出贡献。

12.3 地球演变：变化历程与运行机制

本书从大气到地幔对地球做了全面的探讨，最后再对地球系统的演变过程做一次简短回顾，看一看今天我们生活环境的来历。地球历史犹如一部电影，科学家在尾声时进了影院看到了结局；但是电影应该从头看，才能看懂。下面就想用最简短的语言，对于地球历史做一次扫描，从地球如何通过演化变得适宜于生物生存，说到当今的地球表层系统如何形成。

12.3.1 从元素起源到生命产生

推测宇宙是在 138 亿年前，从一个只有 10^{-40} m 大小、却有 10^{32} K 高温的“奇点”爆炸，10^{-4} 秒后冷却到 10^{12} K 出现质子和中子，3 分钟以后降到 10^{9} K 结合成氦核，38 万年后的时候温度降到 3000 K，结合成氢原子和氦原子，化学从此开始。其实“奇点”的宇宙大爆发，是人类所有认知中最大的难题。空间、时间，一切从无到有，超越了所有现代科学和数学逻辑的覆盖面，倒是为神学留下了空间。大爆发假说为宇宙起源建立了理论系统，但是留下了太多的空缺，至今不能回答。1998 年开始，哈勃望远镜的观测告诉我们，大爆发以后的宇宙膨胀目前还在加速，这能量从哪里来？于是学术界推测有我们不知道的“暗能量”，而且要占据宇宙的 70%；同时，宇宙中已知的物质太少，不足以解释观测到的现象，于是又推测有既不是星体又不是黑洞的“暗物质”存在，关于“暗物质”我们只知道它们“不是什么”，但不知道他们“是什么”。这些“暗能量”和“暗物质”占据了宇宙的绝大部分，我们认识的宇宙，包括物质和能量，加起来只有 4%（图 12-16）（Langmuir and Broecker，2012）。本书讨论的所有内容，都超不出这 4%

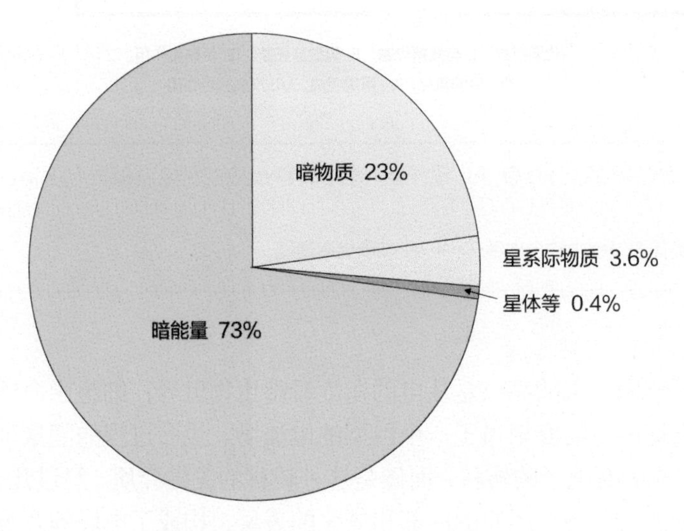

图 12-16
宇宙的构成
我们观测所及只占其 4%（Langmuir and Broecker, 2012）

的范围，我们对地球系统的讨论也超不出这 4% 的认知，可见人类对世界的认识过程，还远远看不到尽头。

元素起源却不同，我们对元素产生和演化的认识具有严格的科学基础。大爆发只是产生氢与氦，其他的元素都要有更重的原子核，这只能在高温高压的恒星内部合成。因此，恒星是元素的加工厂，氢在恒星里聚合为 C、O、Si 等等，但是最多只能到 56 个质子加中子，这就是 Fe。所以恒星演化可以聚合产生元素表里头 26 个元素（见图 1-9），所有恒星内部“燃烧”的最终产物就是 Fe。所以在宇宙里元素序号越大丰度越小，而且双数的比单数的稳定，使得丰度曲线呈锯齿状，唯独 Fe 的丰度特别高（见图 1-8）。比 Fe 更重的元素，都是在恒星演化末期因超新星爆发而产生并抛向太空的。这就是诸多元素的来源，在我们所在的银河系历史上，已经有一亿颗恒星将银河系 2% 的氢和氦炼成了更重的元素（Langmuir and Broecker，2012）。不仅是我们的银河系，所有的星系都有产生这类元素的共同机理。

宇宙大爆发后的膨胀过程中，分布不均匀的物质发生收缩，经过几亿年后形成众多的星系，银河系就是其中之一。银河系内有成千亿颗恒星，其中之一就是太阳。约 50 亿年前，一团以氢分子为主的“太阳星云”，由于自转的离心力而逐渐变扁，其中收缩快、密度高的中心区形成了太阳，占据太阳系质量的 >99%；外围比较小的物质团形成了包括地球在内的八大行星，地球的质量只占太阳系的三十几万分之一。

地球产生在距今约 45 亿年前，大约经过三千万年后，遭到一颗火星大小的星体撞击，从而产生了月球，地球上层也熔融成为岩浆海（见图 1-12）。在最初的五亿年里，地球不断遭受外来星体的撞击和内部的喷发，直到距今 40 亿年才出现相对稳定的环境，并开始有地质记录。早期地球岩浆海的上空有浓厚的大气，和今天的金星相似，以 CO_2 和 H_2O 为主，只是 H_2O 的含量可能比今天的金星大气高得多。随着温度下降，地球表面形成玄武岩将大气和地球内部隔开，于是大气温度急剧下降、水分迅速凝结，从而形成了大洋（图 1-14）。

生命起源只能发生在水圈形成之后，但是具体的途径至今不明，甚至于不知道最早的生命是否在地球上产生。从岩浆海冷却下来的早期地球没有臭氧层，不能阻挡紫外线，因此地球上最早的生命只能在水下的还原环境里生活。现在看来，很可能是出现在海底的热液活动区，属于化学自养、不产氧的嗜热微生物。根据最早的化石判断，至少在 35 亿年前已经产生。

地球集结了众多较重的元素，从而和宇宙的成分大不相同（参看图 1-10）；而地球的圈层分异又使得元素重新集结，大气圈、水圈和生物圈里集中较轻的元素，而地壳和地球内部集中较重的元素，但是一般都以氧元素居首位。有趣的是丰度居第二位的元素，在地壳和岩石圈里是 Si，在生物圈里是 C（图 1-10）。Si 和 C 在元素表里同属 IV 族，都有四个价位，Si^{4+} 比较小而 O^{2-} 较大，结合形成十分稳定的四面体，而 O^{2-} 还留下一键与其他元素结合，使得 SiO_4^{4-} 成为岩石圈成岩矿物的基础（见图 12-17）。同时，C—H 键是一切有机化合物的共性，C 正是通过这种形式成为生物圈一切有机物的化学基础（Langmuir and Broecker，2012；图 12-17）。

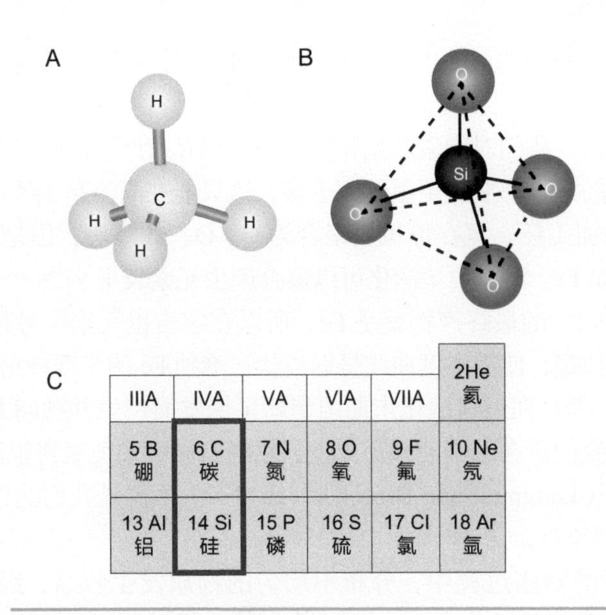

图 12-17
碳和硅是地球生物圈和岩石圈中的基本元素
A. 碳和氢的四面体；B. 硅和氧的四面体；C. 元素周期表的右上角，示碳和硅同属 IVA 族

12.3.2　生物圈和地圈的协同演化

生物圈和地圈的相互作用，关键在于合成有机物的植物。以含碳量计算，陆地植被才是生物圈的主体，与之相比，海洋生物或者陆上动物都要少二三个数量级（见 4.2.2 节）。“生物演化和地球系统”的关系，前面已经有过讨论（见 5.3 节），这里再对自养微生物和植物的变化作重点讨论。

在生命产生以前，早期的地球表层系统相当简单，单靠星体撞击和内热外泄只能造成满目疮痍的荒凉大地。正是生命的产生为地球带来了活力，能够将太阳能转化为化学能，激活了地球表面各个圈层。尽情享用着地球宜居环境的人类，如果也懂得“礼不忘本”，就该“忆苦思甜”去回溯生态环境如何来之不易，而其中最值得“怀念”的当然是最初的生命。关键的环节是利用外来能源合成有机物，也就是“自养”能力的产生。在地球早期还原条件下细菌合成有机物、产生 ATP，只能依靠用地球内部能量产生的 H_2 或者 H_2S，现在看来最大的可能是在海底热液，尤其是低温热液的喷口（见 1.4.1 节）。

但是，热液口在地球表面占的面积很小，对整个地球系统造成的影响可能微不足道。重大突破是产氧光合作用的“发明”：生命演化出现的蓝细菌含有叶绿素，能够在光合作用中释放氧气。这是生物起源以来最大的革新，因为产氧光合作用制造有机物的效率提高了几个数量级。不仅如此，当时微生物席里蓝细菌所产生的少量 H_2、CO 和 CH_4，可以为生长在一起的化能自养和异养微生物所利用，通过这种连锁反应的放大作用，逐步改变整个大气与大洋的化学成分（Hoehler et al.，2001）。前面说过（1.4.2 节）：合成有机质是碳的还原，同时必须有还原剂的氧化。海底生物合成有机质时，还原剂是热液口的 H_2 和 H_2S；而蓝细菌用的还原剂是 H_2O，海里有着源源不断的水。因此，产氧

附注 4：黑海的两种生态系统

欧亚之间的黑海犹如地球的历史博物馆，在同一个水柱里保留了还原和氧化两种光合作用。黑海是个内陆海，面积 44 万 km^2, 水深 2200 多米，单靠 100 m 深的达达尼尔海峡与地中海联通，因此深层水不能流通，90% 水呈还原性，只有上层百把米的海水才是氧化的，有蓝细菌进行产氧光合作用。由于深部水不能上返造成海水分层，沉降的生物遗体将 O_2 耗尽，使得海底深部出现 H_2S, 只能有硫细菌进行厌氧光合作用。

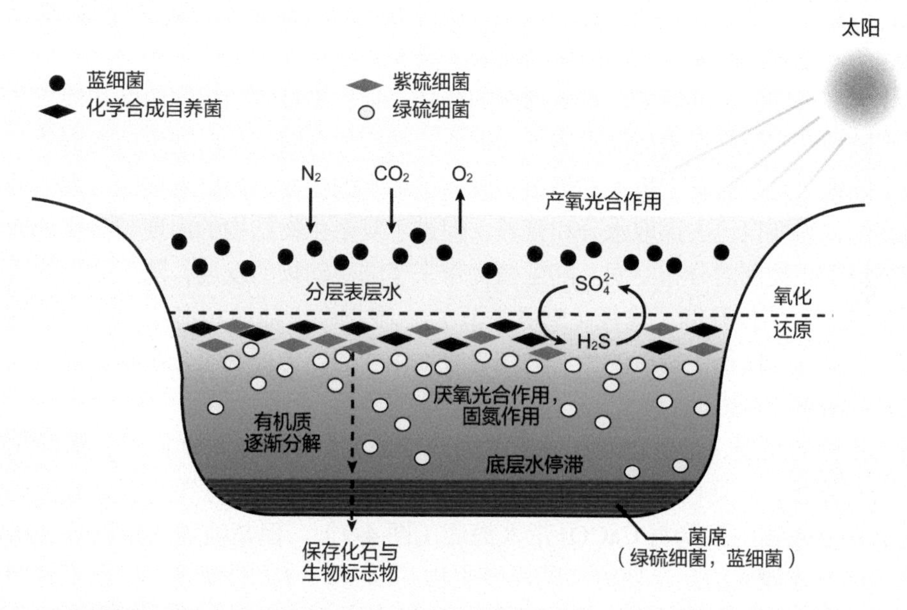

黑海海水分层和两种生态系统的示意图（Langmuir and Broecker, 2012）

光合作用的出现，是地球表层系统重大的“能源革命”：原来只是海底“星星之火”的生命活动，获得了燎原之势，席卷海洋。经过二十亿年释放氧的积累，终于将地球表层从还原改造为氧化环境。还原环境原始的生物群在今天的地球上几乎已经消失，只在个别海区比如黑海，还能看到氧化和还原这两种“生产方式”（见附注 4）。

大气氧化的本身，又带来了地球系统的另一次“能源革命”——有氧呼吸。生物不但需要合成有机物，还要消耗有机物产生能量进行新陈代谢，这就是呼吸作用，其中能量的载体就是“通货”ATP（见 12.2.3 节）。而有氧和无氧呼吸的效果大不相同：同是一个分子的有机物甘油，无氧呼吸产生 2 个分子的 ATP，有氧呼吸产生 36 个 ATP，提高效率高达 18 倍。

无氧呼吸：

$$C_6H_{12}O_6\text{（甘油）} \longrightarrow 2CH_3CH_2OH\text{（乙醇）} + 2CO_2 + 2ATP$$

有氧呼吸：

$$C_6H_{12}O_6\text{（甘油）} + O_2 \longrightarrow CO_2 + H_2O + 36\ ATP$$

因此接着产氧光合作用而来的“能源革命”是“有氧呼吸”的产生，但这需要等待氧的积累。与还原环境相比，氧化的地球表层各种过程普遍加速，不但生物圈的新陈代谢加快，岩石的风化速率也大为提高（Langmuir and Broecker，2012）。元古宙末期，随着超级大陆分解和“雪球”式大冰期的发生，大约 7.5 亿年前大气含氧量达到现代的水平（图 1-19），导致了海洋底层水的氧化和底栖生物的活跃，钻泥生物的产生打开了底栖生物的新生境，把海底的生态环境从两维变成了三维空间，造成了寒武纪的“生命大爆发”。同时，食肉动物的出现向动物界宣告了死亡的威胁，促使各种动物寻找躲藏的出路。由洋中脊的海底扩张或者是大陆长期风化的结果，增加了海水中 Ca^{2+} 等的离子含量，为生物建造外壳、加快逃逸，或者钻进海底、构筑生物礁等防护措施提供了条件，掀起了五亿多年前海洋生物演化的高潮（见 5.3.1.2 节）。

氧化大气长期发展的后果，是生物圈的登陆。猜想先是蓝细菌的菌席和地衣从潮间带拓展到陆地，腐蚀岩石表面促进表土的形成，然后才有四亿年前陆生植物群的产生。生物登上陆地，是生命史上极大的创新。脱离了海水的生物，需要直接面对太阳的曝晒和风雨变幻，需要自己去谋取水分和营养，促进了复杂生物结构的出现与演化；同时也极大地拓展了生物圈的分布空间。陆生植物带来了陆生动物的发展，陆生动物的活动性又为植物的空间传播开辟了途径（5.3.1.3 节）。根据今天陆地和海洋悬殊的生物量比例推想，植物登陆使得生物圈的生产力和吸收太阳能的能力提升了几个数量级，成为地球表层系统的重要营力。

陆生生物的发展，是生物圈和地圈共同演变的有力例证。与此同时，海洋生物的演变也没有停止，一场巨变发生在距今两亿多年前。现代海洋调节大气 CO_2 的碳酸盐泵，是靠浮游生物的沉降将 $CaCO_3$ 带入海底（图 4-9），但是地球系统的这种机制是在两亿年前方才建立的。早期海洋的浮游生物并没有矿物质的骨骼，三叠纪晚期到侏罗纪，颗石藻和浮游有孔虫等具钙质壳体的浮游生物大量出现，形成深海碳酸盐，生源碳酸盐沉积由底栖生物的浅海型，转向浮游生物的深水型，被称为海洋化学的“中生代中期革命”（见图 4-21；Ridgwell，2005）。从此之后，深海碳酸盐沉积的堆积和溶化，才成为地球表层系统碳循环的重要环节，出现了调控大气 CO_2 浓度的新型缓冲机制（参看 4.5.3.2 节）。

进入新生代，地球生物圈的“技术革新”继续进行。被子植物在中生代后期的起源，是植物演化史上的旷古伟绩，到新生代迅速发展为陆地植被的主角，这场生物界的重大革新加速了陆地风化和向海洋输送养料的效率。格外突出的事件是草原的出现，由于全球气候变冷和季风的盛行，使得以 C_4 型光合作用为特色的草原植被在晚中新世迅速蔓延，以致现在草原占全球陆地（除南极外）面积的 40%，成为陆地上最大的生态系统。草原的发育改造了地球表面的环境，不但改变了地面的反射率和陆地水分的存储运移，而且促进了大陆风化向海洋输送硅的能力，从而促使硅藻在新生代晚期迅速发展（见图 5-35D），成为当代大洋浮游植物中最为成功的一类。硅藻和草类的繁盛，又增大了气候系统的不稳定性，是新生代气候周期演变的重大因素之一（Falkowski et al.，2004），也是海洋生物与陆地植被协同发展的绝佳实例。

生物圈演化对地圈产生最晚也是最严重的影响，来自一个物种——智人（*Homo*

sapiens）——的出现，和相应的智力产生。智力的发展，已经使得人类成为改造地球表层系统的力量（见 10.3.1 人类世），而人类智力的演化可能和基因的演化有关。近年来医学上发现有关语言能力的 FOXP2 等基因（Enard et al.，2002），在近二十万年里经历了一系列进化，导致了人类独有的复杂语言和抽象思维的能力，使得人类不需要通过基因传递就可以获得技能。这类极其重要的探索，对于了解地球系统的未来有重大意义，但已经超越了本书讨论的范围。

12.3.3　地球系统运行机制的探索

以上从元素起源到人类产生的回顾，提供了地球系统演变的浓缩简介，目的还是便于地球系统理论探索的宏观思考。然而地球系统的演变应该不但有整体的理论，也还有不同环节各自的规律。如果说地球科学每个学科内部的规律，往往是兄弟科学在地球科学中应用的产物，那么在圈层之间和不同尺度之间的连接关系，很可能反映了地球系统运行机制特有的规律，即使不能提到“理论”高度，至少也会对于研究工作有指导意义。下面我们可以分时间尺度和空间圈层两方面加以讨论。

12.3.3.1　跨越时间尺度的现象

地球系统最大的特点在于不同尺度的叠加。我们研究的地球系统里，既有宇宙大爆炸留下 138 亿年前的残余微波，又有每 10 分钟繁殖一次的海洋细菌，是一个极为复杂的系统。这种多尺度现象极为普遍，以土壤为例，这里有岩石圈的矿物，有来自生物圈的有机质，还有与水圈联通的水分，三者在土壤里的变化时间尺度不同：矿物以 10^4 年计，有机质以 10^2~10^3 年计，水以 10^{-2}~10^{-1} 年甚至以分计，进行着非常复杂的相互作用。

循环运动是地球系统的普遍现象，使得各种过程呈现出不同的周期性或者准周期性。温度升降是气候系统变化中研究最多的一项环境参数，然而地球历史上有亿年等级的“暖室期”与“冰室期”的交替，“冰室期”内又有万年等级的“冰期”与“间冰期”的周期，冰期之内又有千年等级的“冰阶”与“间冰阶”的轮换。这三种尺度上的变化，分别是构造、轨道和气候系统内反馈因素驱动的结果，某一时间里观测到的温度升降，必然是三种尺度变化相互叠加的结果，不经梳理不可能正确认识变化的原因。磁性地层学里也有同样的现象：不但有千万—亿年的极性超带、百万年的极性带和千年极性偏移，还有时间尺度更短的古强度（paleointensity）变化。

这些时间尺度体系的辨识，显然具有实际和理论意义。体系中高层与低层变化之间存在着联系，比如冰期旋回只在“冰室期”里出现，“冰阶”与“间冰阶”的轮换也是在冰期里方才明显。同样，在地磁场变化中，极性偏移，都对应于磁场强度的低谷。这些联系的认识，对于其成因研究具有重要价值。此外，正确识别变化的周期性，也是进行预测的必要条件。全球变化首当其冲的科学难题是人为因素与自然因素的区分，而其中的关键就在于辨别变化的时间尺度。某年出现暖冬，这究竟是年际、年代际振荡或者更长的周期变化，还是大气成分变化的长期效应？时间尺度的判断是正确预测的先决条件。

不同尺度叠加的另一种严重后果，是对同一现象反馈的时间差异。以当前全球增温与碳循环关系为例，中纬度区的增温可以加速林区土壤有机质分解而放出 CO_2，因而是碳源，但由于碳储库有限，这种碳源效应的时间短暂；而增温又会加速土壤氮的矿化，相当于施加氮肥加快树木生长，结果在长时间尺度上却是吸收 CO_2 的碳汇（Melillo et al.，2002）。同一过程中不同成分变化的时间尺度不同，因而引出变化的“迟到”现象或者相位差。比如冰期旋回中海水化学成分的同位素变化可以反映不同的过程：海水中滞留时间短的如 Os（3.5 万 ~5 万年）和 Pb（<30 年），其同位素变化反映的是冰期旋回中大陆化学风化的速率；而滞留时间长达 200 万年和 1000 万年的 Sr 和 Mg，同位素对冰期旋回并不敏感，反映的是地球系统在构造尺度上的演变（Vance et al.，2009）。

不同时间尺度的叠加，是地球系统的特色。同一事件的效应可以出现于不同的时间，而同一时间出现现象可能反映不同的事件。不同海底的“表层沉积”会产生于不同时期，不同深度的海水会测出不同的年龄，这种差异性的原因在于对以往事件的“记忆力”不同，如果不加分辨，就会造成对过程的误解。总之，地球系统科学面临的一大挑战是“穿凿时间隧道”，从多尺度纠缠的现象中理出头绪（汪品先，2009b）。

12.3.3.2 穿越空间圈层的交换

地球是迄今所知分层最多的星球。除了圈层内部各有自己的环流外，分层界面上也在不断进行物质交换，成为地球过程最为活跃的场所（见 1.1.2 节）。蒸发 / 降水是大气圈和水圈的交换，风化 / 沉积是水圈和岩石圈的交换，板块的新生和俯冲是地壳和地幔的交换。与此相应，圈层的界面也在变动，海进海退就是水圈和岩石圈界线的移动，是我们最熟悉的圈层界面变化之一。

近几十年来的重要发现，是穿越空间的圈层交换。物质交换发生在两个本来不相接触的圈层之间，其结果可以产生不同寻常的效果，包括一些灾变事件。例如火山爆发和“湖喷”现象（见 8.3.5 突发升温事件），就可以是地幔物质穿越地壳，或者岩石圈物质穿越水圈，直接进入大气造成的灾害。又如水圈和大气圈的水汽交换发生在大气圈下部的对流层，对流层上方的平流层水汽含量极低。但是在热带上空，尤其是热带大陆的上方，当蒸发过强时深对流的水汽可以穿越对流层顶进入平流层，发生冲破对流层的上射（overshooting）现象，为平流层带来水汽、并且影响臭氧层（Fueglistaler et al.，2004）。这类穿越平流层的作用主要在热带发生，但是也出现于中纬度区。虽然具体的机制还不清楚，是否存在“平流层喷泉”现象也有争议，穿越对流层的深对流已经成为当前研究的重要方向（Liu and Liu，2016）（参看 3.2.1.1 节）。

更为重要的是地幔和水圈之间穿越地壳的交换（Langmuir and Broecker，2012）。在深海底的大洋中脊区，物质和能量交换在地幔 ~1200 ℃的岩浆和水圈 ~4 ℃的海水之间发生，不仅导致海底热液成矿、支持热液生物，而且逐步改变着海水的化学成分，造成显生宙“文石大洋”和“方解石大洋”的交替（Hardie，1996）。相反，海水可以通过断层深入地幔上部，将橄榄岩变为蛇纹岩。地幔岩里如果 1000 个 Si 能加上一个 H，其黏滞度就会下降两个量级，因此水的渗入为缺水的岩石圈提供了板块运动的条件（见

3.2.2.3 板块运动与水）。不仅如此，蛇纹岩化的地幔岩还可能为微生物提供生存条件，从而将深部生物圈拓展到地幔顶层。

俯冲带是地幔与水圈直接交换的又一窗口。在海底的俯冲带，地壳的岩石连同海水一道带进地幔深处，经过变质作用又将挥发性物质通过火山口返回大气和海洋，形成穿越空间圈层交换的“俯冲工厂”（见 2.1.3）。地球表层和内部的水循环和碳循环，很大程度上就是通过穿越性的圈层交换来实现的，构成了“行星循环”研究的重点。

现代科学的发展，使得时空尺度分别跨越了 35 个和 40 多个数量级，地球科学占据其中的 20 多个（图 12-18；汪品先，2009b）。而在研究地球系统的运行和演变中，可以遇到许许多多涉及时空尺度的有趣问题。比如说，空间尺度小的现象，时间尺度通常也小，两者之间有某种联系；循环性的过程，强烈的变化往往会引来强烈的反弹，造成“物极必反”的后果，如此等等。总的说，地球圈层之间在空间里联系的认识，有了突破性的成绩；而有关过程在时间里的关系，认识还相当落后，甚至还没有引起足够的重视。可以预料，地球系统科学必将在时空尺度的跨越中前进，并且从中找到自己的理论。

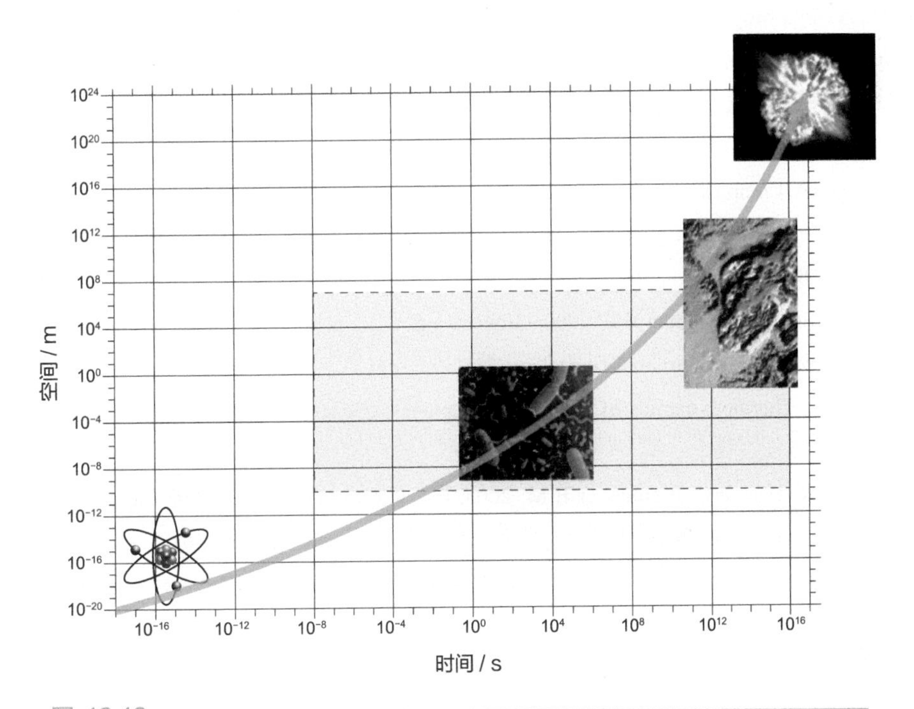

图 12-18
地球科学时空尺度示意图（汪品先，2009b）
内插图自左向右依次为：电子活动、海洋细菌繁殖、南海盆地形成和宇宙大爆炸

参考文献

保罗 • G • 法尔科夫斯基 . 2018. 生命的引擎：微生物如何创造宜居的地球 . 肖湘，蹇华哗，张宇，徐俊，刘喜鹏，王风平译 . 上海：上海科技教育出版社 .

陈洪滨 . 2009. 中高层大气研究的空间探测 . 地球科学进展 , 24(3): 229–241.
李小文 , 曹春香 , 常超一 . 2007. 地理学第一定律与时空邻近度的提出 . 自然杂志 , 29(2): 69–71.
《全球变化及其区域响应》科学指导与评估专家组 . 2012. 深入探索全球变化机制——国家自然科学基金委重大研究计划的战略研究 . 中国科学：地球科学 , (6): 795–804.
汪品先 . 2003. 我国的地球系统科学研究向何处去？地球科学进展 , 18(6): 2–7.
汪品先 . 2009a. 地球深部与表层的相互作用 . 地球科学进展 , 24(12): 1331–1338.
汪品先 . 2009b. 穿凿地球系统的时间隧道 . 中国科学：D 辑 , 39(10): 1313–1338.
Amante C, Eakins B W. 2009. ETOPO1 1 Arc-Minute Global Relief Model: Procedures, Data Sources and Analysis, NOAA Technical Memorandum NESDIS NGDC-24. Boulder, Colorado: National Oceanic and Atmospheric Administration.
Bailly F, Longo G. 2009. Biological organization and anti-entropy. Journal of Biological Systems, 17(01): 63–96.
Bickle M, Arculus R, Barrett P, et al. Illuminating Earth's Past, Present and Future. The Science Plan for the International Ocean Discovery Program 2013–2023.
Borgonie G, García-Moyano A, Litthauer D, et al. 2011. Nematoda from the terrestrial deep subsurface of South Africa. Nature, 474(7349): 79–82.
IODP. 2011. 照亮地球：过去、现在与未来 . 上海：同济大学出版社 .
Carr M H, Head J W. 2010. Geologic history of Mars. Earth and Planetary Science Letters, 294(3): 185–203.
Chaisson E J. 2004. Complexity: An energetics agenda. Complexity, 9(3): 14–21.
Chaisson E J. 2008. Long-term global heating from energy usage. Eos, Transactions American Geophysical Union, 89(28): 253–254.
DeVries J J, Selaolo E T, Beekman H E. 2000. Groundwater recharge in the Kalahari, with reference to paleo-hydrologic conditions. Journal of Hydrology, 238(1): 110–123.
Douce A P. 2011. Thermodynamics of the Earth and planets. Geochimica et Cosmochimica Acta, 71(14): 3533–3544.
Elkins-Tanton L T, Hess P C, Parmentier E M. 2005. Possible formation of ancient crust on Mars through magma ocean processes. Journal of Geophysical Research: Planets, 110: E12S01.
Enard W, Przeworski M, Fisher S E, et al. 2002. Molecular evolution of FOXP2, a gene involved in speech and language. Nature, 418(6900): 869–872.
Fairbridge R W, Gornitz V. 2009. Earth laws and paleoclimatology. In: Encyclopedia of Paleoclimatology and Ancient Environments. Netherlands: Springer. 294–301.
Falkowski P G. 2015. Life's Engines: How Microbes Made Earth Habitable. New Jersey: Princeton University Press.
Falkowski P G, Katz M E, Knoll A H, et al. 2004. The evolution of modern eukaryotic phytoplankton. Science, 305(5682): 354–360.
Falkowski P G, Fenchel T, Delong E F. 2008. The microbial engines that drive Earth's biogeochemical cycles. Science, 320(5879): 1034–1039.
Finlay C C. 2012. Core processes: Earth's eccentric magnetic field. Nature Geoscience, 5(8): 523–524.
Forget F, Lognonné P, Costard F. 2008. Planet Mars: Story of Another World. Dordrecht: Springer.

Frankel H. 1982. The development, reception, and acceptance of the Vine-Matthews-Morley hypothesis. Historical Studies in the Physical Sciences, 13(1): 1–39.

Frankel H R. 2012. The Continental Drift Controversy. Cambridge: Cambridge University Press.

Fueglistaler S, Wernli H, Peter T. 2004. Tropical troposphere-to-stratosphere transport inferred from trajectory calculations. Journal of Geophysical Research: Atmospheres, 109: D03108.

Goodchild M F. 2004. The validity and usefulness of laws in geographic information science and geography. Annals of the Association of American Geographers, 94(2): 300–303.

Hansen V L. 2007. LIPS on Venus. Chemical Geology, 241(3): 354–374.

Hardie L A. 1996. Secular variation in seawater chemistry: An explanation for the coupled secular variation in the mineralogies of marine limestones and potash evaporites over the past 600 my. Geology, 24(3): 279–283.

Hay W W. 1994. Pleistocene-Holocene fluxes are not the Earth's norm. Material Fluxes on the Surface of the Earth Board on Earth Sciences and Resources. Studies in Geophysics. Washington D C: National Academy Press.

Herbert C, Paillard D, Dubrulle B. 2011. Entropy production and multiple equilibria: the case of the ice-albedo feedback. Earth System Dynamics, 2(1): 13–23.

Hoehler T M, Bebout B M, Des Marais D J. 2001. The role of microbial mats in the production of reduced gases on the early Earth. Nature, 412(6844): 324.

Hsü K J. 1982. Ein Schiff revolutioniert die Wissenschaft. In: Die Forschungsreisen der Glomar Challenger. Hoffmann und Campe. Hamburg: Springer.

Hussmann H, Sohl F, Spohn T. 2006. Subsurface oceans and deep interiors of medium-sized outer planet satellites and large trans-neptunian objects. Icarus, 185(1): 258–273.

Isacks B, Oliver J, Sykes L R. 1968. Seismology and the new global tectonics. Journal of Geophysical Research, 73(18): 5855–5899.

Kirchner J W. 2003. The Gaia hypothesis: conjectures and refutations. Climatic Change, 58(1): 21–45.

Kieft T L, McCuddy S M, Onstott T C, et al. 2005. Geochemically generated, energy-rich substrates and indigenous microorganisms in deep, ancient groundwater. Geomicrobiology Journal, 22(6): 325–335.

Kim J D, Senn S, Harel A, et al. 2013. Discovering the electronic circuit diagram of life: structural relationships among transition metal binding sites in oxidoreductases. Philosophical Transactions of the Royal Society of London, 368(1622): 37–48.

Kleidon A. 2004. Beyond Gaia: thermodynamics of life and Earth system functioning. Climatic Change, 66(3): 271–319.

Kleidon A. 2009. Maximum entropy production and general trends in biospheric evolution. Paleontological Journal, 43(8): 980–985.

Kleidon A. 2010. A basic introduction to the thermodynamics of the Earth system far from equilibrium and maximum entropy production. Philosophical Transactions of the Royal Society of London B: Biological Sciences, 365(1545): 1303–1315.

Knutti R. 2008. Why are climate models reproducing the observed global surface warming so well? Geophysical Research Letters, 35(18): 102–102.

Lane N, Martin W F. 2012. The origin of membrane bioenergetics. Cell, 151(7): 1406–1416.

Langmuir C H, Broecker W. 2012. How to Build a Habitable Planet: The Story of Earth from the Big Bang to Humankind. New Jersey: Princeton University Press.

Lenton T M. 2002. Testing Gaia: the effect of life on Earth's habitability and regulation. Climatic Change, 52(4): 409–422.

Le Pichon X. 1968. Sea-floor spreading and continental drift. Journal of Geophysical Research, 73(12): 3661–3697.

Leone G, Tackley P J, Gerya T V, et al. 2014. Three-dimensional simulations of the southern polar giant impact hypothesis for the origin of the Martian dichotomy. Geophysical Research Letters, 41(24): 8736–8743.

Liu N, Liu C. 2016. Global distribution of deep convection reaching tropopause in 1 year GPM observations. Journal of Geophysical Research: Atmospheres, 121(8): 3824–3842.

Lovelock J. 1995. The Ages of Gaia: A Biography of Our Living Earth. New York: Oxford University Press.

Lovelock J E. 1965. A physical basis for life detection experiments. Nature, 207(4997): 568–570.

Lovelock J E. 1972. Gaia as seen through the atmosphere. Atmospheric Environment, 6(8): 579–580.

Lovelock J E. 2000. Gaia: A New Look at Life on Earth. New York: Oxford Paperbacks.

Lovelock J E, Margulis L. 1974. Atmospheric homeostasis by and for the biosphere: the Gaia hypothesis. Tellus, 26(1-2): 2–10.

Lucarini V, Fraedrich K, Lunkeit F. 2010a. Thermodynamics of climate change: generalized sensitivities. Atmospheric Chemistry & Physics Discussions, 10(2): 9729–9737.

Lucarini V, Fraedrich K, Lunkeit F. 2010b. Thermodynamic analysis of snowball earth hysteresis experiment: efficiency, entropy production and irreversibility. Quarterly Journal of the Royal Meteorological Society, 136(646): 2–11.

Melillo J M, Steudler P A, Aber J D, et al. 2002. Soil warming and carbon-cycle feedbacks to the climate system. Science, 298(5601): 2173–2176.

Mitchell P. 1961. Coupling of phosphorylation to electron and hydrogen transfer by a chemi-osmotic type of mechanism. Nature, 191(4784): 144–148.

Morgan W J. 1968. Rises, trenches, great faults, and crustal blocks. Journal of Geophysical Research, 73(6): 1959–1982.

Nelson N. 1988. Structure, function, and evolution of proton-ATPases. Plant Physiology, 86(1): 1–3.

Oliver J E. 1991. The Incomplete Guide to the Art of Discovery. New York: Columbia University Press.

Ozawa H, Ohmura A. 1997. Thermodynamics of a global-mean state of the atmosphere—a state of maximum entropy increase. Journal of Climate, 10(3): 441–445.

Ozawa H, Ohmura A, Lorenz R D, et al. 2003. The second law of thermodynamics and the global climate system: A review of the maximum entropy production principle. Reviews of Geophysics, 41(4): 1–24.

Powell J L. 2014. Four Revolutions in the Earth Sciences: From Heresy to Truth. New York: Columbia University Press.

Pratt D. 2006. Organized opposition to plate tectonics: The new concepts in global tectonics group. Nature Structural Biology, 3(4): 382–387.

Priscu J C, Tulaczyk S, Studinger M, et al. 2008. Antarctic subglacial water: origin, evolution and ecology. In: Polar Lakes and Rivers: Limnology of Arctic and Antarctic Aquatic Ecosystems. Oxford: Oxford University Press. 119–135.

Ridgwell A. 2005. A Mid Mesozoic Revolution in the regulation of ocean chemistry. Marine Geology, 217(3): 339–357.

Schwartz S E, Charlson R J, Kahn R A, et al. 2010. Why hasn't Earth warmed as much as expected? Journal of Climate, 23(10): 2453–2464.

Sherwood S. 2011. Science controversies past and present. Physics Today, 64(10): 39–44.

Stock J. 2003. Hotspots come unstuck. Science, 301(5636): 1059–1060.

Swenson R. 1989. Emergent attractors and the law of maximum entropy production: foundations to a theory of general evolution. Systems Research and Behavioral Science, 6(3): 187–197.

Tarduno J A. 2008. Hot spots unplugged. Scientific American, 298(1): 88–93.

Tobler W R. 1970. A computer movie simulating urban growth in the Detroit region. Economic Geography, 46(sup1): 234–240.

Vance D, Teagle D A H, Foster G L. 2009. Variable Quaternary chemical weathering fluxes and imbalances in marine geochemical budgets. Nature, 458(7237): 493–496.

Vernadsky V I. 1945. The biosphere and the noosphere. American Scientist, 33(1): 1–12.

Vernadsky V I. 2006. Essays on Geochemistry & the Biosphere, tr. Olga Barash. Santa Fe, N. M.: Synergetic Press.

Vine F J, Matthews D H. 1963. Magnetic anomalies over oceanic ridges. Nature, 199(4897): 947–949.

Watson A J, Lovelock J E. 1983. Biological homeostasis of the global environment: the parable of Daisyworld. Tellus B: Chemical and Physical Meteorology, 35(4): 284–289.

Wilson J T. 1963. A possible origin of the Hawaiian Islands. Canadian Journal of Physics, 41(6): 863–870.

Wilson J T. 1967. A new class of faults and their bearing on continental drift. Nature, 207(4995): 343–347.

Wu W, Liu Y. 2010. Radiation entropy flux and entropy production of the Earth system. Reviews of Geophysics, 48(2): 3040–3040.

Вернадский В. 1993. Жизнеописание. Избранные труды Воспоминания современников. Суждения потомков. Современник, М. 1–689.

思考题

1. 地球科学发展的历史就是研究视野扩大的过程。从当前地球科学的发展势头看，最需要在什么方向上扩大视野？

2. 物理、化学等学科应用在地球科学中产生了地球物理、地球化学的理论，但是地球科学还有没有自己的理论？如何才能找到这种理论？

3. 你赞成“盖娅假说”吗？把地球比作有自我调节能力的有机体，有什么根据？

4. 火星与地球的地质历史相比，有哪些相似，又有哪些不同？为什么外星球的海洋，只能到外行星的卫星上去寻找？

5. 为什么说能量和熵的通量，是对地球系统进行宏观定量研究的两大“把手”？为什么“最大熵产生”的提出，被认为是“盖娅假说”的物理基础？

6. 生物体内部靠什么输送能量？为什么把 ATP（三磷酸腺苷）称作细胞的“能量通货”？每个细胞里都有纳米发电机、全球生物圈就是个大电场的说法，有什么科学根据？

7. 地球表层系统的演化，是生物圈逐步提高生产效率的过程。回顾地质历史，地球生物圈经历了哪几次重大的“技术革命”？

8. 为什么说研究地球系统科学，有可能产生出地球科学自身的理论？在你的想象中，这种理论该是什么模样？

推荐阅读

保罗 • G • 法尔科夫斯基 . 2018. 生命的引擎：微生物如何创造宜居的地球 . 肖湘，蹇华哗，张宇，徐俊，刘喜鹏，王风平译 . 上海：上海科技教育出版社 .

汪品先 . 2009. 穿凿地球系统的时间隧道 . 中国科学：D 辑 , 39(10): 1313–1338.

Fairbridge R W, Gornitz V. 2009. Earth laws and paleoclimatology In: Encyclopedia of Paleoclimatology and Ancient Environments. Springer Netherlands. 294–301.

Falkowski P G. 2015. Life’s Engines: How Microbes Made Earth Habitable. New Jersey: Princeton University Press.

Kleidon A. 2010. A basic introduction to the thermodynamics of the Earth system far from equilibrium and maximum entropy production. Philosophical Transactions of the Royal Society of London B: Biological Sciences, 365(1545): 1303–1315.

Langmuir C H, Broecker W. 2012. How to Build a Habitable Planet: The Story of Earth from the Big Bang to Humankind. New Jersey: Princeton University Press.

Lenton T M. 2002. Testing Gaia: the effect of life on Earth’s habitability and regulation. Climatic Change, 52(4): 409–422.

Lovelock J. 2000. Gaia: the Practical Science of Planetary Medicine. New York: Oxford University Press.

Sherwood S. 2011. Science controversies past and present. Physics Today, 64(10): 39–44.

缩写名词

AABW	南极底层水 Antarctic Bottom Water
AAIW	南极中层水 Antarctic Intermediate Water
ACC	环南极洋流 Antarctic Circumpolar Current
ACR	南极冷倒转 Antarctic Cold Reversal
ADP	二磷酸腺苷 Adenosine Diphosphate
AGU	美国地球物理协会 American Geophysical Union
AIMES	地球系统的分析、整合与模拟 Analysis, Integration and Modelling of the Earth System
AMOC	大西洋经向翻转流 Atlantic Meridional Overturning Circulation
ANDRILL	南极地质钻探（计划） ANtarctic geological DRILLing
Argo	国际深海探测计划 The broad-scale global array of temperature/salinity profiling floats
ATP	三磷酸腺苷 Adenosine Triphosphate
B-A	Bølling-Allerød 暖期
BAHC	水文循环的生态方面 Biospheric Aspects of Hydrological Cycle
BIF	条带状含铁建造 Banded Iron Formation
CCD	碳酸盐补偿深度 Carbonate Compensation Depth
CCN	云凝结核 Cloud Condensation Nuclei
CEOS	地球观测卫星委员会 Committee on Earth Observation Satellites
CESM	共同体地球系统模式 Community Climate System Model
CI	信息基础架构 Cyberinfrastructure
CLIMAP	远期气候调查、测绘和预报 Climate Long-rang Investigation Mapping And Prediction
CLIVAR	气候变率与可预测性研究计划 Climate Variability and Predictability Program
CMIP	耦合模式对比计划 Coupled Model Intercomparison Project
CNS	白垩纪正极性超时 Cretaceous Normal Superchron
COHMAP	全新世制图合作研究计划 COoperative Holocene MApping Project
CORK	深海井塞 Circulation Obviation Retrofit Kit
CT	计算机断层扫描 Computed Tomography
DIC	溶解无机碳 Dissolved Inorganic Carbon
DIS	数据与信息系统 Data and Information System

DIVERSITAS	国际生物多样性计划 An International Programme of Biodiversity Science
DMS	二甲基硫 Dimethyl Sulfide
DNA	脱氧核糖核酸 DeoxyriboNucleic Acid
D-O	Dansgaard-Oeschger 事件
DOC	溶解有机碳 Dissolved Organic Carbon
DSDP	深海钻探计划 Deep Sea Drilling Project
EASM	东亚夏季风 East Asian Summer Monsoon
EBM	能量平衡模式 Energy Balance Model
EECO	早始新世气候最佳期 Early Eocene Climate Optimum
EGU	欧洲地学联盟 European Geophysical Union
EMIC	中等复杂程度模式 Earth System Model of Intermediate Complexity
EMSO	欧洲多学科海底和水柱观测网 European Multidisciplinary Seafloor and water column Observatory
ENSO	厄尔尼诺－南方涛动 El Niño-Southern Oscillation
EPICA	南极冰芯欧洲计划 European Project for Ice Coring in Antarctica
ESGF	地球系统网格联盟 Earth System Grid Federation
ESP	环境样品处理系统 Environmental Sample Processor
ESSP	地球系统科学联盟 Earth System Science Partnership
ETM	始新世高温事件 Eocene Thermal Maximum
ETM2	第二次始新世高温事件 Eocene Thermal Maximum 2
GAIM	全球分析、整合与模拟 Global Analysis, Integration and Modelling
GCM	一般环流模式 / 全球气候模式 General Circulation Model/ Global Climate Model
GCOS	全球气候观测系统 Global Climate Observing System
GCP	全球碳计划 Global Carbon Project
GCTE	全球变化与陆地生态系统 Global Change and Terrestrial Ecosystem
GDP	国内生产总值 Gross Domestic Product
GEO	地球观测团 Global Observation Group
GEOSS	全球综合地球观测系统 Global Earth Observation System of Systems
GEWEX	全球能量与水循环试验 Global Energy and Water Cycle Experiment
GI	间冰阶 Glacial Interstadial
GISP	格陵兰冰盖计划 Greenland Ice Sheet Project
GLOBEC	全球海洋生态动力学 Global Ocean Ecosystem Dynamics
GLODAP	全球海洋数据分析计划 Global Data Analysis Project
GLP	全球陆地计划 Global Land Project
GOOS	全球海洋观测系统 Global Ocean Observing System
GOSECS	海洋地球化学断面研究 Geochemical Oceans Sections Study
GPM	全球降水测量计划 Global Precipitation Measurement
GPS	全球定位系统 Global Positioning System

GRIP 格陵兰冰芯计划 Greenland Ice Core Project
GS 冰阶 Glacial Stadial
GSSP 全球层型剖面和地点（俗称“金钉子”） Global Stratotype Section and Point
GTOS 全球陆地观测系统 Global Terrestrial Observing System
HADES 超深渊的生态研究 Hadal Ecosystem Studies
HIRS 高分辨率红外辐射探测器 High Resolution Infrared Radiation Sounder
HNLC 高营养盐低叶绿素 High-Nutrient, Low-Chlorophyll
IAMG 国际数学地质协会 International Association for Mathematical Geosciences
ICSU 国际科联 International Council for Science
IGAC 国际大气化学计划 International Global Atmospheric Chemistry
IGBP 国际地圈－生物圈计划 International Geosphere-Biosphere Programme
IHDP 全球环境变化人文因素计划 International Human Dimensions Programme
iLEAPS 陆地生态系－大气过程集成研究 Integrated Land Ecosystem-Atmosphere Processes Study
IMBER 海洋生物地球化学与生态系统整合研究 Integrated Marine Biosphere Research project
INI 国际氮倡议 International Nitrogen Initiative
IOC 政府间海洋学委员会 Intergovernmental Oceanographic Commission
IOD 印度洋偶极子 Indian Ocean Dipole
IODP 综合大洋钻探计划 / 国际大洋发现计划 Integrated Ocean Drilling Program/International Ocean Discovery Program
IPCC 政府间气候变化专门委员会 Intergovernmental Panel on Climate Change
ISDE 国际数字地球协会 International Society for Digital Earth
ISM 印度夏季风 Indian Summer Monsoon
ISSC 国际社会科学联盟理事会 International Social Science Council
ITCZ 热带辐合带 InterTropical Convergence Zone
JGOFS 全球海洋通量研究 Joint Global Ocean Flux Study
LDOC 活性溶解有机碳 Labile Dissolved Organic Carbon
LGM 末次冰盛期 Last Glacial Maximum
LIP 大火成岩省 Large Igneous Province
LLSVP 大型剪切波低速区 Large Low-Shear Velocity Provinces
LMEP 最大熵产生定律 Law of Maximum Entropy Production
LOICZ 近岸带海陆相互作用 Land-Ocean Interactions in the Coastal Zone
LUCC 土地利用与土地覆盖变化 Land-Use and Land-Cover Change
MARGO 多指标方法重建冰期表层海洋研究 Multiproxy Approach for the Reconstruction of the Glacial Ocean surface
MAT 现代类比法 Modern Analogue Technique
MBE 中布容事件 Mid-Brunhes Event
MCP 微生物碳泵 Microbial Carbon Pump

MECO	中始新世气候最佳期 Mid-Eocene Climate Optimum
MIF	非质量分馏效应 Mass Independent Fractionation
MIS	大洋氧同位素期次 Marine isotope stages
MORB	大洋中脊玄武岩 Mid-Ocean-Ridge Basalts
MPT	中更新世过渡 Mid-Pleistocene Transition
MWP	融冰事件 MeltWater Pulse
NADW	北大西洋深层水 North Atlantic Deep Water
NAO	北大西洋涛动 North Atlantic Oscillation
NASA	美国国家航空航天局 The National Aeronautics and Space Administration
NASM	北非夏季风 North African Summer Monsoon
NEEM	北格陵兰埃米安期冰钻（计划） North Greenland Eemian Ice Drilling
NGRIP	北格陵兰冰芯计划 North Greenland Ice Core Project
NMHCs	非甲烷烃 Nonmethane Hydrocarbons
NPO	北太平洋涛动 North Pacific Oscillation
NRC	美国国家研究委员会 National Research Council
OAE	大洋缺氧事件 Oceanic Anoxic Event
ODP	大洋钻探计划 Ocean Drilling Program
OIB	岛弧玄武岩 Ocean Island Basalts
OOI	大洋观测计划 Ocean Observatories Initiative
OSN	大洋地震网 Ocean Seismic Network
PDO	太平洋十年涛动 Pacific Decadal Oscillation
PEAT	赤道太平洋年龄断面 The Pacific Equatorial Age Transect
PETM	古新 / 始新世高温事件 Paleocene/Eocene Thermal Maximum
PMIP	古气候模式对比计划 Paleoclimate Modelling Intercomparison Project
POC	颗粒有机碳 Particulate Organic Carbon
RDOC	惰性溶解有机碳 Recalcitrant Dissolved Organic Carbon
RNA	核糖核酸 Ribonucleic Acid
RUBISCO	核酮糖 -1,5- 二磷酸羧化酶 RibUlose BIsphoSphate Carboxylase Oxygenase
SASM	南美夏季风 South American Summer Monsoon
SCOR	海洋研究科学委员会 Scientific Committee on Oceanic Research
SGD	海底地下水排放 Submarine Groundwater Discharge
SMOS	土壤湿度与海水盐度计划 Soil Moisture and Ocean Salinity
SOLAS	浅层海洋与低层大气研究 International Convention for Safety of Life at Sea
SP	溶解泵 Solubility Pump
SPECMAP	基于频谱周期的时间标尺计划 SPECtral MAping Project
SPICE	平流层加注颗粒的气候工程项目 Stratospheric Particle Injection for Climate Engineering
SSMI	微波成像仪 Special Sensor Microwave/Imager

START 分析、研究与培训系统 System for Analysis, Research and Training

SubFac 俯冲带加工厂 Subduction Factory

SWOT 地表水与海水地形计划 The Surface Water Ocean Topography

TAO 热带大气海洋计划 Tropical Atmosphere Ocean project

TIROS 电视和红外辐射观测卫星 Television and Infrared Observation Satellite

TOC 总有机碳 Total Organic Carbon

ULVZs 超低速区 Ultra-Low Velocity Zones

UNEP 联合国环境规划署 United Nations Environment Programme

UNFCCC 联合国气候变化框架公约 United Nations Framework Convention on Climate Change

USGS 美国地质调查局 United States Geological Survey

WCRP 世界气候研究计划 World Climate Research Program

WDC 世界数据中心 World Data Center

WIGOS 世界气象组织综合全球观测系统 WMO Integrated Global Observing System

WMI 亚洲季风减弱期 Weak Monsoon Interval

WMO 世界气象组织 World Meteorological Organization

WOCE 世界大洋环流实验 World Ocean Circulation Experiment

WPTZ 西太平洋三角 Western Pacific Triangular Zone

YD 新仙女木事件 Younger Dryas

索　引

E

F

G

H

J

K

L

M

N

O

P

Q

T

W

X

Y

Z